DIN-Taschenbuch 74

Für das Fachgebiet Bauleistungen bestehen folgende DIN-Taschenbücher:

TAB			Titel
70	Bauleistungen	1.	Putz- und Stuckarbeiten VOB/StLB. Normen
71	Bauleistungen	2.	Abdichtungsarbeiten VOB/StLB. Normen
72	Bauleistungen	3.	Dachdeckungsarbeiten, Dachabdichtungsarbeiten VOB/StLB. Normen
73	Bauleistungen	4.	Estricharbeiten, Gußasphaltarbeiten VOB/StLB. Normen
74	Bauleistungen	5.	Parkettarbeiten. Bodenbelagarbeiten. Holzpflasterarbeiten VOB/StLB. Normen
75	Bauleistungen	6.	Erdarbeiten, Verbauarbeiten, Rammarbeiten. Einpreßarbeiten. Naßbaggerarbeiten, Untertagebauarbeiten VOB/StLB/STLK. Normen
76	Bauleistungen	7.	Verkehrswegebauarbeiten. Oberbauschichten ohne Bindemittel, Oberbauschichten mit hydraulischen Bindemitteln. Oberbauschichten aus Asphalt, Pflasterdecken, Plattenbeläge und Einfassungen VOB/StLB/STLK. Normen
77	Bauleistungen	8.	Mauerarbeiten VOB/StLB/STLK. Normen
78	Bauleistungen	9.	Beton- und Stahlbetonarbeiten VOB/StLB. Normen
79	Bauleistungen	10.	Naturwerksteinarbeiten. Betonwerksteinarbeiten VOB/StLB. Normen
80	Bauleistungen	11.	Zimmer- und Holzbauarbeiten VOB/StLB. Normen
81	Bauleistungen	12.	Landschaftsbauarbeiten VOB/StLB/STLK. Normen
82	Bauleistungen	13.	Tischlerarbeiten VOB/StLB. Normen
83	Bauleistungen	14.	Metallbauarbeiten, Schlosserarbeiten VOB/StLB/STLK. Normen
84	Bauleistungen	15.	Heizanlagen und zentrale Wassererwärmungsanlagen VOB/StLB. Normen
85	Bauleistungen	16.	Lüftungstechnische Anlagen VOB/StLB. Normen
86	Bauleistungen	17.	Klempnerarbeiten VOB/StLB. Normen
87	Bauleistungen	18.	Trockenbauarbeiten VOB/StLB. Normen
88	Bauleistungen	19.	Entwässerungskanalarbeiten, Druckrohrleitungsarbeiten im Erdreich. Dränarbeiten. Sicherungsarbeiten an Gewässern, Deichen und Küstendünen VOB/StLB. Normen
89	Bauleistungen	20.	Fliesen- und Plattenarbeiten VOB/StLB. Normen
90	Bauleistungen	21.	Dämmarbeiten an technischen Anlagen VOB/StLB. Normen, Verordnungen
91	Bauleistungen	22.	Bohrarbeiten, Brunnenbauarbeiten. Wasserhaltungsarbeiten VOB/StLB/STLK. Normen
92	Bauleistungen	23.	Förderanlagen, Aufzugsanlagen, Fahrtreppen und Fahrsteige VOB/StLB. Normen
93	Bauleistungen	24.	Stahlbauarbeiten VOB/StLB. Normen
94	Bauleistungen	25.	Fassadenarbeiten VOB/StLB. Normen
95	Bauleistungen	26.	Gas-, Wasser- und Abwasser-Installationsarbeiten innerhalb von Gebäuden VOB/StLB. Normen
96	Bauleistungen	27.	Beschlagarbeiten VOB/StLB. Normen
97	Bauleistungen	28.	Maler- und Lackierarbeiten VOB/StLB. Normen
98	Bauleistungen	29.	Elektrische Kabel- und Leitungsanlagen in Gebäuden VOB. Normen
99	Bauleistungen	30.	Verglasungsarbeiten VOB/StLB. Normen

DIN-Taschenbücher aus den Fachgebieten "Bauwesen" siehe Seite 501 und "Bauen in Europa" siehe Seite 502.

DIN-Taschenbücher sind vollständig oder nach verschiedenen thematischen Gruppen auch im Abonnement erhältlich.

Für Auskünfte und Bestellungen wählen Sie bitte im Beuth Verlag Tel.: (030) 2601 - 2260.

DIN-Taschenbuch 74

Parkettarbeiten
Bodenbelagarbeiten
Holzpflasterarbeiten
VOB/StLB

Normen
(Bauleistungen 5)

VOB Teil B: DIN 1961
VOB Teil C: ATV DIN 18299
              ATV DIN 18356
              ATV DIN 18365
              ATV DIN 18367

7. Auflage
Stand der abgedruckten Normen: Mai 1998

Herausgeber: DIN Deutsches Institut für Normung e.V.

Beuth

Beuth Verlag GmbH · Berlin · Wien · Zürich

Die Deutsche Bibliothek – CIP-Einheitsaufnahme

Bauleistungen
Hrsg.: DIN, Deutsches Institut für Normung e.V.
Berlin ; Wien ; Zürich : Beuth
 (DIN-Taschenbuch ; ...)
 Teilw. außerdem im Bauverl., Wiesbaden, Berlin
 Früher u.d.T.: Bauleistungen ... VOB und: Bauleistungen ... VOB, StLB, STLK und: Bauleistungen ... VOB, StLB

 5. Parkettarbeiten, Bodenbelagarbeiten, Holzpflasterarbeiten VOB, StLB.
 7. Aufl., Stand der abgedr. Normen: Mai 1998
 1998

Parkettarbeiten, Bodenbelagarbeiten, Holzpflasterarbeiten VOB, StLB : Normen ; VOB Teil B: DIN 1961, VOB Teil C: ATV DIN 18299, ATV DIN 18356, ATV DIN 18365, ATV DIN 18367
Hrsg.: DIN, Deutsches Institut für Normung e.V.
7. Aufl., Stand der abgedr. Normen: Mai 1998
Berlin ; Wien ; Zürich : Beuth
1998
 (Bauleistungen ; 5)
 (DIN-Taschenbuch ; 74)
 ISBN 3-410-14291-6

Titelaufnahme nach RAK entspricht DIN V 1505-1.
ISBN nach DIN ISO 2108.
Übernahme der CIP-Einheitsaufnahme auf Schrifttumskarten durch Kopieren oder Nachdrucken frei.
536 Seiten, A5, brosch.
ISSN 0342-801X   1. Nachdruck, 1999
(ISBN 3-410-13758-0   6. Aufl.   Beuth Verlag)
© DIN Deutsches Institut für Normung e.V. 1998
Das Werk einschließlich aller seiner Teile ist urheberrechtlich geschützt. Jede Verwertung außerhalb der engen Grenzen des Urheberrechtsgesetzes ist ohne Zustimmung des Verlages unzulässig und strafbar. Das gilt insbesondere für Vervielfältigungen, Übersetzungen, Mikroverfilmungen und die Einspeicherung und Verarbeitung in elektronischen Systemen.
Printed in Germany. Druck: Oskar Zach GmbH & Co. KG, Berlin

Inhalt

	Seite
Die deutsche Normung	VI
Vorwort	VII
Hinweise für das Anwenden des DIN-Taschenbuches	IX
Hinweise für den Anwender von DIN-Normen	IX
DIN-Nummernverzeichnis	X
Verzeichnis abgedruckter Normen und Norm-Entwürfe (nach Sachgebieten geordnet)	XI
Übersicht über die Leistungsbereiche (LB) des Standardleistungsbuches für das Bauwesen (StLB)	XV
Hinweise zu den Allgemeinen Bestimmungen für die Vergabe von Bauleistungen – VOB/A, DIN 1960, Ausgabe 1992 –	XVII
Hinweis auf die Veröffentlichung "VOBaktuell"	XXI
Zusätzliches Stichwortverzeichnis zu VOB Teil B: DIN 1961 sowie VOB Teil C: ATV DIN 18299, ATV DIN 18356, ATV DIN 18365 und ATV DIN 18367	XXVII
VOB Teil B: DIN 1961	1
VOB Teil C: ATV DIN 18299	21
ATV DIN 18356	33
ATV DIN 18365	45
ATV DIN 18367	55
Abgedruckte Normen und Norm-Entwürfe (nach steigenden DIN-Nummern geordnet)	63
Verzeichnis nicht abgedruckter Normen und Norm-Entwürfe	486
Anschriftenverzeichnis von "VOB-Stellen/Vergabeprüfstellen", nach Bundesländern geordnet	490
Druckfehlerberichtigung	493
Gesamt-Stichwortverzeichnis	494

Die in den Verzeichnissen in Verbindung mit einer DIN-Nummer verwendeten Abkürzungen und Zeichen bedeuten:

E   Entwurf

EN   Europäische Norm, deren Deutsche Fassung den Status einer Deutschen Norm erhalten hat

VDE   Norm, die nach DIN 820-11 zugleich VDE-Bestimmung oder VDE-Leitlinie ist

---

Maßgebend für das Anwenden jeder in diesem DIN-Taschenbuch abgedruckten Norm ist deren Fassung mit dem neuesten Ausgabedatum. Bei den abgedruckten Norm-Entwürfen wird auf den Anwendungswarnvermerk verwiesen.

Vergewissern Sie sich bitte im aktuellen DIN-Katalog mit neuestem Ergänzungsheft oder fragen Sie: (0 30) 26 01 - 22 60.

Die deutsche Normung

Grundsätze und Organisation

Normung ist das Ordnungsinstrument des gesamten technisch-wissenschaftlichen und persönlichen Lebens. Sie ist integrierender Bestandteil der bestehenden Wirtschafts-, Sozial- und Rechtsordnungen.

Normung als satzungsgemäße Aufgabe des DIN Deutsches Institut für Normung e.V.*) ist die planmäßige, durch die interessierten Kreise gemeinschaftlich durchgeführte Vereinheitlichung von materiellen und immateriellen Gegenständen zum Nutzen der Allgemeinheit. Sie fördert die Rationalisierung und Qualität in Wirtschaft, Technik, Wissenschaft und Verwaltung. Normung dient der Sicherheit von Menschen und Sachen, der Qualitätsverbesserung in allen Lebensbereichen sowie einer sinnvollen Ordnung und der Information auf dem jeweiligen Normungsgebiet. Die Normungsarbeit wird auf nationaler, regionaler und internationaler Ebene durchgeführt.

Träger der Normungsarbeit ist das DIN, das als gemeinnütziger Verein Deutsche Normen (DIN-Normen) erarbeitet. Sie werden unter dem Verbandszeichen

vom DIN herausgegeben.

Das DIN ist eine Institution der Selbstverwaltung der an der Normung interessierten Kreise und als die zuständige Normungsorganisation für das Bundesgebiet durch einen Vertrag mit der Bundesrepublik Deutschland anerkannt.

Information

Über alle bestehenden DIN-Normen und Norm-Entwürfe informieren der jährlich neu herausgegebene DIN-Katalog für technische Regeln und die dazu monatlich erscheinenden kumulierten Ergänzungshefte.

Die Zeitschrift DIN-MITTEILUNGEN + elektronorm – Zentralorgan der deutschen Normung – berichtet über die Normungsarbeit im In- und Ausland. Deren ständige Beilage "DIN-Anzeiger für technische Regeln" gibt sowohl die Veränderungen der technischen Regeln sowie die neu in das Arbeitsprogramm aufgenommenen Regelungsvorhaben als auch die Ergebnisse der regionalen und internationalen Normung wieder.

Auskünfte über den jeweiligen Stand der Normungsarbeit im nationalen Bereich sowie in den europäisch-regionalen und internationalen Normungsorganisationen vermittelt: Deutsches Informationszentrum für technische Regeln (DITR) im DIN, Postanschrift: 10772 Berlin, Hausanschrift: Burggrafenstraße 6, 10787 Berlin; Telefon: (0 30) 26 01 - 26 00, Telefax: (0 30) 26 28 125.

Bezug der Normen und Normungsliteratur

Sämtliche Deutsche Normen und Norm-Entwürfe, Europäische Normen, Internationale Normen sowie alles weitere Normen-Schrifttum sind beziehbar durch den organschaftlich mit dem DIN verbundenen Beuth Verlag GmbH, Postanschrift: 10772 Berlin, Hausanschrift: Burggrafenstraße 6, 10787 Berlin; Telefon: (0 30) 26 01 - 22 60, Telex: 184 273 din d, Telefax: (0 30) 26 01 - 12 30.

DIN-Taschenbücher

In DIN-Taschenbüchern sind für einen Fach- oder Anwendungsbereich wichtige DIN-Normen, auf Format A5 verkleinert, zusammengestellt. Die DIN-Taschenbücher haben in der Regel eine Laufzeit von drei Jahren, bevor eine Neuauflage erscheint. In der Zwischenzeit kann ein Teil der abgedruckten DIN-Normen überholt sein: Maßgebend für das Anwenden jeder Norm ist jeweils deren Fassung mit dem neuesten Ausgabedatum.

---

*) Im folgenden in der Kurzform DIN verwendet

Vorwort

Mit den DIN-Taschenbüchern der Reihe "Bauleistungen VOB" werden dem Praktiker jeweils auf bestimmte Arbeiten von Bauleistungen ausgerichtete Zusammenstellungen von DIN-Normen an die Hand gegeben, um die Arbeit im Büro und auf der Baustelle zu erleichtern.

Die "Verdingungsordnung für Bauleistungen" (VOB) wird durch den Deutschen Verdingungsausschuß für Bauleistungen (DVA) aufgestellt und weiterentwickelt. Seit ihrer ersten Einführung im Jahre 1926 bilden die Teile B (DIN 1961 "Allgemeine Vertragsbedingungen für die Ausführung von Bauleistungen") und C ("Allgemeine technische Vertragsbedingungen für Bauleistungen" – ATV –) der VOB, als sinnvolle – speziell auf die besonderen Bedingungen des Bauens ausgerichtete – Ergänzung des Werkvertragsrechts des Bürgerlichen Gesetzbuches (BGB), eine bewährte Grundlage für die rechtliche Ausgestaltung der Bauverträge.

In der VOB werden nur die im unmittelbaren Zusammenhang mit der Regelung stehenden DIN-Normen zitiert. Daneben sind bei der Ausführung von Bauleistungen selbstverständlich die anerkannten Regeln der Technik – zu denen die weiteren in Frage kommenden DIN-Normen zählen – und die gesetzlichen und behördlichen Bestimmungen zu beachten (DIN 1961 VOB Teil B § 4 Nr 2 Abs. (1)).

Das vom Gemeinsamen Ausschuß Elektronik im Bauwesen (GAEB) aufgestellte "Standardleistungsbuch für das Bauwesen" (StLB) wird ebenfalls vom DIN Deutsches Institut für Normung e.V.[1]) herausgegeben und enthält – gegliedert nach Leistungsbereichen – systematisch erfaßte Texte für die standardisierte Beschreibung aller gängigen Bauleistungen. Die technisch einwandfreien, straff formulierten Texte sind mit Schlüsselnummern versehen und ermöglichen entsprechend dem 1960 VOB Teil A, Abschnitte 1, 2 und 3, jeweils § 9 Abs. (1), eine eindeutige, erschöpfende Leistungsbeschreibung, die sowohl manuell als auch mit Hilfe der Datenverarbeitung erfolgen kann. Die als Buch erschienenen Leistungsbereiche des StLB sind auch auf Datenträgern (Magnetband und Disketten) erhältlich. Zur voll integrierten Verarbeitung des StLB stehen geeignete DV-Programme und DV-Programmsysteme zur Verfügung. Hinweise auf die einschlägigen DIN-Normen sind in den einzelnen Leistungsbereichen eingearbeitet.

Auf den Abdruck der VOB Teil A (DIN 1960 "Allgemeine Bestimmungen für die Vergabe von Bauleistungen") ist verzichtet worden.

Zur Erläuterung sind jedoch die "Hinweise zu den Allgemeinen Bestimmungen für die Vergabe von Bauleistungen – VOB/A, DIN 1960, Ausgabe 1992 –" in diesem DIN-Taschenbuch abgedruckt.

VOB Teil A ist vollständig in dem Zusatzband "Verdingungsordnung für Bauleistungen – Allgemeine Bestimmungen für die Vergabe von Bauleistungen – VOB Teil A – DIN 1960"[1]) abgedruckt, der auch das "Zweite Gesetz zur Änderung des Haushaltsgrundsätzegesetzes" sowie die "Vergabeverordnung" enthält. Die VOB Teil B und die vollständige VOB Teil C sind in dem "VOB-Ergänzungsband 1998"[1]) abgedruckt.

---

[1]) Siehe Seite VIII

Die vorliegende 7. Auflage[2]) des DIN-Taschenbuches 74 "Parkettarbeiten, Bodenbelagarbeiten, Holzpflasterarbeiten" enthält VOB Teil B "Allgemeine Vertragsbedingungen für die Ausführung von Bauleistungen", ATV DIN 18299 "Allgemeine Regelungen für Bauarbeiten jeder Art", ATV DIN 18356 "Parkettarbeiten", ATV DIN 18365 "Bodenbelagarbeiten" und ATV DIN 18367 "Holzpflasterarbeiten" sowie die wichtigsten darin und in den Leistungsbereichen LB 028 und LB 036 des Standardleistungsbuches für das Bauwesen (StLB) zitierten Normen sowie Normen, die für deren Anwendung noch von Bedeutung sind.

Gegenüber der 6. Auflage haben sich bei einer Reihe von Normen Änderungen ergeben, die auch bei der Auswahl der abgedruckten Normen von Bedeutung waren.

Berlin, im August 1998
                                        Normenausschuß Bauwesen im DIN
Deutsches Institut für Normung e.V.
Dipl.-Ing. E. Vogel

---

[1]) Zu beziehen durch den Beuth Verlag GmbH, 10772 Berlin, Tel.: (0 30) 26 01 - 22 60, Fax: (0 30) 26 01 - 12 60.

[2]) Änderungsvorschläge für die nächste Auflage dieses DIN-Taschenbuches werden erbeten an das DIN Deutsches Institut für Normung e.V., Normenausschuß Bauwesen, 10772 Berlin.

Hinweise für das Anwenden des DIN-Taschenbuches

Eine **Norm** ist das herausgegebene Ergebnis der Normungsarbeit.

Deutsche Normen (DIN-Normen) sind vom DIN Deutsches Institut für Normung e.V. unter dem Zeichen DIN herausgegebene Normen.

Sie bilden das Deutsche Normenwerk.

Eine **Vornorm** war bis etwa März 1985 eine Norm, zu der noch Vorbehalte hinsichtlich der Anwendung bestanden und nach der versuchsweise gearbeitet werden konnte. Seit April 1985 wird eine Vornorm nicht mehr als Norm herausgegeben. Damit können auch Arbeitsergebnisse, zu deren Inhalt noch Vorbehalte bestehen oder deren Aufstellungsverfahren gegenüber dem einer Norm abweichen, als Vornorm herausgegeben werden (Einzelheiten siehe DIN 820-4).

Eine **Auswahlnorm** ist eine Norm, die für ein bestimmtes Fachgebiet einen Auszug aus einer anderen Norm enthält, jedoch ohne sachliche Veränderungen oder Zusätze.

Eine **Übersichtsnorm** ist eine Norm, die eine Zusammenstellung aus Festlegungen mehrerer Normen enthält, jedoch ohne sachliche Veränderungen oder Zusätze.

Teil (früher Blatt) kennzeichnete bis Juni 1994 eine Norm, die den Zusammenhang zu anderen Teilen mit gleicher Hauptnummer dadurch zum Ausdruck brachte, daß sich die DIN-Nummern nur in den Zählnummern hinter dem Zusatz "Teil" voneinander unterschieden haben. Das DIN hat sich bei der Art der Nummernvergabe der internationalen Praxis angeschlossen. Es entfällt deshalb bei der DIN-Nummer die Angabe "Teil"; diese Angabe wird in der DIN-Nummer durch "-" ersetzt. Das Wort "Teil" wird dafür mit in den Titel übernommen. In den Verzeichnissen dieses DIN-Taschenbuches wird deshalb für alle ab Juli 1994 erschienenen Normen die neue Schreibweise verwendet.

Ein **Beiblatt** enthält Informationen zu einer Norm, jedoch keine zusätzlichen genormten Festlegungen.

Ein **Norm-Entwurf** ist das vorläufig abgeschlossene Ergebnis einer Normungsarbeit, das in der Fassung der vorgesehenen Norm der Öffentlichkeit zur Stellungnahme vorgelegt wird.

Die Gültigkeit von Normen beginnt mit dem Zeitpunkt des Erscheinens (Einzelheiten siehe DIN 820-4). Das Erscheinen wird im DIN-Anzeiger angezeigt.

Hinweise für den Anwender von DIN-Normen

Die Normen des Deutschen Normenwerkes stehen jedermann zur Anwendung frei.

Festlegungen in Normen sind aufgrund ihres Zustandekommens nach hierfür geltenden Grundsätzen und Regeln fachgerecht. Sie sollen sich als "anerkannte Regeln der Technik" einführen. Bei sicherheitstechnischen Festlegungen in DIN-Normen besteht überdies eine tatsächliche Vermutung dafür, daß sie "anerkannte Regeln der Technik" sind. Die Normen bilden einen Maßstab für einwandfreies technisches Verhalten; dieser Maßstab ist auch im Rahmen der Rechtsordnung von Bedeutung. Eine Anwendungspflicht kann sich aufgrund von Rechts- oder Verwaltungsvorschriften, Verträgen oder sonstigen Rechtsgründen ergeben. DIN-Normen sind nicht die einzige, sondern eine Erkenntnisquelle für technisch ordnungsgemäßes Verhalten im Regelfall. Es ist auch zu berücksichtigen, daß DIN-Normen nur den zum Zeitpunkt der jeweiligen Ausgabe herrschenden Stand der Technik berücksichtigen können. Durch das Anwenden von Normen entzieht sich niemand der Verantwortung für eigenes Handeln. Jeder handelt insoweit auf eigene Gefahr.

Jeder, der beim Anwenden einer DIN-Norm auf eine Unrichtigkeit oder eine Möglichkeit einer unrichtigen Auslegung stößt, wird gebeten, dies dem DIN unverzüglich mitzuteilen, damit etwaige Mängel beseitigt werden können.

DIN-Nummernverzeichnis

Hierin bedeuten:
- ● Neu aufgenommen gegenüber der 6. Auflage des DIN-Taschenbuches 74
- ☐ Geändert gegenüber der 6. Auflage des DIN-Taschenbuches 74
- (en) Von dieser Norm gibt es auch eine vom DIN herausgegebene englische Übersetzung

Dokument	Seite	Dokument	Seite	Dokument	Seite
DIN 280-1	63	DIN 51961 (en)	220	DIN EN 622-2 ☐ (en)	324
DIN 280-2	67	DIN 51963	222	DIN EN 622-3 ☐ (en)	333
DIN 280-5	69	DIN 52128 (en)	227	DIN EN 622-4 ☐ (en)	343
DIN 281 (en)	71	DIN 52129	229	DIN EN 622-5 ☐ (en)	350
DIN 1101 (en)	75	DIN 53516 (en)	231	DIN EN 649 ● (en)	363
DIN 1151 (en)	89	DIN 53855-3 (en)	237	DIN EN 650 ● (en)	370
DIN 1961 ☐	1	DIN 54325	239	DIN EN 651 ● (en)	377
DIN 16850	91	DIN 61151	244	DIN EN 652 ● (en)	383
E DIN 16850	94	DIN 66081	252	DIN EN 653 ● (en)	389
DIN 16851	102	DIN 66095-1	254	DIN EN 654 ● (en)	395
E DIN 16851	105	DIN 66095-4 [1]	257	DIN EN 687 ● (en)	401
DIN 18032-2	112	DIN 68365	261	DIN EN 760 ● (en)	407
E DIN 18032-2	127	DIN 68701 (en)	266	DIN EN 826 ● (en)	415
DIN 18164-1 (en)	170	DIN 68702 (en)	271	DIN EN 985 (en)	423
DIN 18164-2 (en)	180	DIN 68752	275	DIN EN 1081 ●	430
DIN 18165-1 (en)	189	DIN 68763 (en)	276	DIN EN 1307 ☐ (en)	436
DIN 18165-2 (en)	200	DIN 68771	284	DIN EN 1399 ☐	449
DIN 18201 ☐ (en)	209	DIN EN 312-5 ● (en)	288	DIN EN 1470 ●	454
DIN 18202 ☐ (en)	212	DIN EN 316 (en)	296	DIN EN 1816 ☐	464
DIN 18299 (en)	21	E DIN EN 316 ●	300	DIN EN 1817 ☐	471
DIN 18356 ☐	33	DIN EN 423 (en)	307	DIN EN 12199 ☐	478
DIN 18365 ☐	45	DIN EN 548 ☐ (en)	311		
DIN 18367 ☐	55	DIN EN 622-1 ☐ (en)	317		

[1]) Siehe Druckfehlerberichtigung Seite 493

Gegenüber der letzten Auflage nicht mehr abgedruckte Normen

DIN 16852	Ersetzt durch DIN EN 12199	DIN 66095-2	Ersetzt durch DIN EN 1307
DIN 16950	Ersetzt durch DIN EN 654		
DIN 16951	Ersetzt durch DIN EN 649	DIN 66095-3	Ersetzt durch DIN EN 1470
DIN 16952-1	Ersetzt durch DIN EN 650		
DIN 16952-2	Ersetzt durch DIN EN 652	DIN 68750	Ersetzt durch DIN EN 622-1, DIN EN 622-2 und DIN EN 622-4
DIN 16952-3	Ersetzt durch DIN EN 651		
DIN 16952-4	Ersetzt durch DIN EN 650		
DIN 16952-5	Ersetzt durch DIN EN 653	E DIN EN 667	Ersatzlos zurückgezogen
DIN 18171	Ersetzt durch DIN EN 548	E DIN EN 668	Ersatzlos zurückgezogen
DIN 18173	Ersetzt durch DIN EN 687	E DIN EN 1535	Ersatzlos zurückgezogen
DIN 51953	Ersetzt durch DIN EN 1081		

Verzeichnis abgedruckter Normen und Norm-Entwürfe
(nach Sachgebieten geordnet)

Dokument	Ausgabe	Titel	Seite
		1 Vertragsbedingungen	
DIN 1961	1998-05	VOB Verdingungsordnung für Bauleistungen – Teil B: Allgemeine Vertragsbedingungen für die Ausführung von Bauleistungen	1
DIN 18299	1996-06	VOB Verdingungsordnung für Bauleistungen – Teil C: Allgemeine Technische Vertragsbedingungen für Bauleistungen (ATV); Allgemeine Regelungen für Bauarbeiten jeder Art	21
DIN 18356	1998-05	VOB Verdingungsordnung für Bauleistungen – Teil C: Allgemeine Technische Vertragsbedingungen für Bauleistungen (ATV) – Parkettarbeiten	33
DIN 18365	1998-05	VOB Verdingungsordnung für Bauleistungen – Teil C: Allgemeine Technische Vertragsbedingungen für Bauleistungen (ATV) – Bodenbelagarbeiten	45
DIN 18367	1998-05	VOB Verdingungsordnung für Bauleistungen – Teil C: Allgemeine Technische Vertragsbedingungen für Bauleistungen (ATV) – Holzpflasterarbeiten	55
		2 Baustoffe und Bauteile	
		2.1 Parkett, Holzpflaster	
DIN 280-1	1990-04	Parkett; Parkettstäbe, Parkettriemen und Tafeln für Tafelparkett	63
DIN 280-2	1990-04	Parkett; Mosaikparkettlamellen	67
DIN 280-5	1990-04	Parkett; Fertigparkett-Elemente	69
DIN 281	1994-03	Parkettklebstoffe; Anforderungen, Prüfung, Verarbeitungshinweise	71
DIN 68701	1993-09	Holzpflaster GE für gewerbliche und industrielle Zwecke	266
DIN 68702	1990-06	Holzpflaster RE für Räume in Versammlungsstätten, Schulen, Wohnungen (RE-V), für Werkräume im Ausbildungsbereich (RE-W) und ähnliche Anwendungsbereiche	271
		2.2 Kunststoff- und Elastomer-Bodenbeläge	
DIN 16850	1980-11	Bodenbeläge; Homogene und heterogene Elastomer-Beläge, Anforderungen, Prüfung	91
E DIN 16850	1985-11	Bodenbeläge; Homogene und heterogene Elastomer-Beläge, Anforderungen, Prüfung	94
DIN 16851	1980-11	Bodenbeläge; Elastomer-Beläge mit Unterschicht aus Schaumstoff, Anforderungen, Prüfung	102
E DIN 16851	1985-11	Bodenbeläge; Elastomer-Beläge mit Unterschicht aus Schaumstoff; Anforderungen, Prüfung	105

Dokument	Ausgabe	Titel	Seite
DIN EN 423	1993-10	Elastische Bodenbeläge; Verhalten gegenüber Flecken; Deutsche Fassung EN 423 : 1993	307
DIN EN 649	1997-01	Elastische Bodenbeläge – Homogene und heterogene Polyvinylchlorid-Bodenbeläge – Spezifikation; Deutsche Fassung EN 649 : 1996	363
DIN EN 650	1997-01	Elastische Bodenbeläge – Bodenbeläge aus Polyvinylchlorid mit einem Rücken aus Jute oder Polyestervlies oder auf Polyestervlies mit einem Rücken aus Polyvinylchlorid – Spezifikation; Deutsche Fassung EN 650 : 1996	370
DIN EN 651	1997-01	Elastische Bodenbeläge – Polyvinylchlorid-Bodenbeläge mit einer Schaumstoffschicht – Spezifikation; Deutsche Fassung EN 651 : 1996	377
DIN EN 652	1997-01	Elastische Bodenbeläge – Polyvinylchlorid-Bodenbeläge mit einem Rücken auf Korkbasis – Spezifikation; Deutsche Fassung EN 652 : 1996	383
DIN EN 653	1997-01	Elastische Bodenbeläge – Geschäumte Polyvinylchlorid-Bodenbeläge – Spezifikation; Deutsche Fassung EN 653 : 1996	389
DIN EN 654	1997-01	Elastische Bodenbeläge – Polyvinylchlorid-Flex-Platten – Spezifikation; Deutsche Fassung EN 654 : 1996	395
DIN EN 760	1996-05	Schweißzusätze – Pulver zum Unterpulverschweißen – Einteilung; Deutsche Fassung EN 760 : 1996	407
DIN EN 1816	1998-05	Elastische Bodenbeläge – Spezifikation für homogene und heterogene ebene Elastomer-Bodenbeläge mit Schaumstoffbeschichtung; Deutsche Fassung EN 1816 : 1998	464
DIN EN 1817	1998-05	Elastische Bodenbeläge – Spezifikation für homogene und heterogene ebene Elastomer-Bodenbeläge; Deutsche Fassung EN 1817 : 1998	471
DIN EN 12199	1998-05	Elastische Bodenbeläge – Spezifikation für homogene und heterogene profilierte Elastomer-Bodenbeläge; Deutsche Fassung EN 12199 : 1998	478

2.3 Linoleum

Dokument	Ausgabe	Titel	Seite
DIN EN 548	1997-09	Elastische Bodenbeläge – Spezifikation für Linoleum mit und ohne Muster; Deutsche Fassung EN 548 : 1997	311
DIN EN 687	1997-09	Elastische Bodenbeläge – Spezifikation für Linoleum mit und ohne Muster mit Korkmentrücken; Deutsche Fassung EN 687 : 1997	401

2.4 Textile Bodenbeläge

Dokument	Ausgabe	Titel	Seite
DIN 61151	1976-12	Textile Fußbodenbeläge; Begriffe, Einteilung, Kennzeichnende Merkmale	244
DIN 66095-1	1990-04	Textile Bodenbeläge; Produktbeschreibung; Merkmale für die Produktbeschreibung	254

Dokument	Ausgabe	Titel	Seite
DIN 66095-4	1988-06	Textile Bodenbeläge; Produktbeschreibung; Zusatzeignungen; Einstufung, Prüfung, Kennzeichnung ...	257
DIN EN 1307	1997-06	Textile Bodenbeläge – Einstufung von Polteppichen; Deutsche Fassung EN 1307 : 1997	436
DIN EN 1470	1998-01	Textile Bodenbeläge – Einstufung von Nadelvlies-Bodenbelägen, ausgenommen Polvlies-Bodenbeläge; Deutsche Fassung EN 1470 : 1997	454

2.5 Dämmstoffe

Dokument	Ausgabe	Titel	Seite
DIN 1101	1989-11	Holzwolle-Leichtbauplatten und Mehrschicht-Leichtbauplatten als Dämmstoffe für das Bauwesen; Anforderungen, Prüfung	75
DIN 18164-1	1992-08	Schaumkunststoffe als Dämmstoffe für das Bauwesen; Dämmstoffe für die Wärmedämmung	170
DIN 18164-2	1991-03	Schaumkunststoffe als Dämmstoffe für das Bauwesen; Dämmstoffe für die Trittschalldämmung; Polystyrol-Partikelschaumstoffe	180
DIN 18165-1	1991-07	Faserdämmstoffe für das Bauwesen; Dämmstoffe für die Wärmedämmung	189
DIN 18165-2	1987-03	Faserdämmstoffe für das Bauwesen; Dämmstoffe für die Trittschalldämmung	200
DIN EN 826	1996-05	Wärmedämmstoffe für das Bauwesen – Bestimmung des Verhaltens bei Druckbeanspruchung; Deutsche Fassung EN 826 : 1996	415

2.6 Sonstige Baustoffe

Dokument	Ausgabe	Titel	Seite
DIN 1151	1973-04	Drahtstifte, rund; Flachkopf, Senkkopf	89
DIN 52128	1977-03	Bitumendachbahnen mit Rohfilzeinlage; Begriff, Bezeichnung, Anforderungen	227
DIN 52129	1993-11	Nackte Bitumenbahnen; Begriff, Bezeichnung, Anforderungen	229
DIN 68365	1957-11	Bauholz für Zimmerarbeiten; Gütebedingungen	261
DIN 68752	1974-12	Bitumen-Holzfaserplatten; Gütebedingungen	275
DIN 68763	1990-09	Spanplatten; Flachpreßplatten für das Bauwesen; Begriffe, Anforderungen, Prüfung, Überwachung	276
DIN EN 312-5	1997-06	Spanplatten; Anforderungen – Teil 5: Anforderungen an Platten für tragende Zwecke zur Verwendung im Feuchtbereich; Deutsche Fassung EN 312-5 : 1997	288
DIN EN 316	1993-08	Holzfaserplatten; Definition, Klassifizierung und Kurzzeichen; Deutsche Fassung EN 316 : 1993	296
E DIN EN 316	1997-05	Holzfaserplatten – Definition, Klassifizierung und Kurzzeichen; Deutsche Fassung prEN 316 : 1997	300
DIN EN 622-1	1997-08	Faserplatten – Anforderungen – Teil 1: Allgemeine Anforderungen; Deutsche Fassung EN 622-1 : 1997	317
DIN EN 622-2	1997-08	Faserplatten – Anforderungen – Teil 2: Anforderungen an harte Platten; Deutsche Fassung EN 622-2 : 1997	324

Dokument	Ausgabe	Titel	Seite
DIN EN 622-3	1997-08	Faserplatten – Anforderungen – Teil 3: Anforderungen an mittelharte Platten; Deutsche Fassung EN 622-3 : 1997	333
DIN EN 622-4	1997-08	Faserplatten – Anforderungen – Teil 4: Anforderungen an poröse Platten; Deutsche Fassung EN 622-4 : 1997	343
DIN EN 622-5	1997-08	Faserplatten – Anforderungen – Teil 5: Anforderungen an Platten nach dem Trockenverfahren (MDF); Deutsche Fassung EN 622-5 : 1997	350

3 Ausführung

Dokument	Ausgabe	Titel	Seite
DIN 18032-2	1991-03	Sporthallen; Hallen für Turnen und Spiele; Sportböden; Anforderungen, Prüfungen	112
E DIN 18032-2	1996-02	Sporthallen – Hallen für Turnen, Spiele und Mehrzwecknutzung – Teil 2: Sportböden; Anforderungen, Prüfungen	127
DIN 18201	1997-04	Toleranzen im Bauwesen – Begriffe, Grundsätze, Anwendung, Prüfung	209
DIN 18202	1997-04	Toleranzen im Hochbau – Bauwerke	212
DIN 68771	1973-09	Unterböden aus Holzspanplatten	284

4 Prüfung von Baustoffen und Bauteilen

Dokument	Ausgabe	Titel	Seite
DIN 51961	1984-08	Prüfung von Kunststoff-Oberflächen; Verhalten gegen Zigarettenglut	220
DIN 51963	1980-12	Prüfung von organischen Bodenbelägen (außer textilen Bodenbelägen); Verschleißprüfung (20-Zyklen-Verfahren)	222
DIN 53516	1987-06	Prüfung von Kautschuk und Elastomeren; Bestimmung des Abriebs	231
DIN 53855-3	1979-01	Prüfung von Textilien; Bestimmung der Dicke textiler Flächengebilde, Fußbodenbeläge	237
DIN 54325	1988-01	Prüfung von Textilien; Bestimmung des Polschichtgewichts, der Polschichtdicke und der Pol-Rohdichte von Polteppichen; Verfahren mit der Bandmesser-Schermaschine	239
DIN 66081	1989-05	Klassifizierung des Brennverhaltens textiler Erzeugnisse; Textile Bodenbeläge	252
DIN EN 985	1995-05	Textile Bodenbeläge – Stuhlrollenprüfung; Deutsche Fassung EN 985 : 1994	423
DIN EN 1081	1998-04	Elastische Bodenbeläge – Bestimmung des elektrischen Widerstandes; Deutsche Fassung EN 1081 : 1998	430
DIN EN 1399	1998-02	Elastische Bodenbeläge – Bestimmung der Widerstandsfähigkeit gegen Ausdrücken und Abbrennen von Zigaretten; Deutsche Fassung EN 1399 : 1997	449

Übersicht über die Leistungsbereiche (LB) des Standardleistungsbuches für das Bauwesen (StLB)

LB-Nr	Bezeichnung
000	Baustelleneinrichtung
001	Gerüstarbeiten
002	Erdarbeiten
003	Landschaftsbauarbeiten
004	Landschaftsbauarbeiten; Pflanzen
005	Brunnenbauarbeiten und Aufschlußbohrungen
006	Bohr-, Verbau-, Ramm- und Einpreßarbeiten, Anker, Pfähle und Schlitzwände
007	Untertagebauarbeiten (z. Zt. zurückgezogen)[1]
008	Wasserhaltungsarbeiten
009	Entwässerungskanalarbeiten
010	Dränarbeiten
011	Abscheideranlagen, Kleinkläranlagen
012	Mauerarbeiten
013	Beton- und Stahlbetonarbeiten
014	Naturwerksteinarbeiten, Betonwerksteinarbeiten
016	Zimmer- und Holzbauarbeiten
017	Stahlbauarbeiten
018	Abdichtungsarbeiten
020	Dachdeckungsarbeiten
021	Dachabdichtungsarbeiten
022	Klempnerarbeiten
023	Putz- und Stuckarbeiten
024	Fliesen- und Plattenarbeiten
025	Estricharbeiten
027	Tischlerarbeiten
028	Parkettarbeiten, Holzpflasterarbeiten
029	Beschlagarbeiten
030	Rolladenarbeiten; Rollabschlüsse, Sektionaltore, Sonnenschutz- und Verdunkelungsanlagen
031	Metallbauarbeiten
032	Verglasungsarbeiten
033	Baureinigungsarbeiten
034	Maler- und Lackierarbeiten
035	Korrosionsschutzarbeiten an Stahl- und Aluminiumbaukonstruktionen
036	Bodenbelagarbeiten
037	Tapezierarbeiten
039	Trockenbauarbeiten
040	Heizanlagen und zentrale Wassererwärmungsanlagen; Wärmeerzeuger und zentrale Einrichtungen
041	Heizanlagen und zentrale Wassererwärmungsanlagen; Heizflächen, Rohrleitungen, Armaturen
042	Gas- und Wasserinstallationsarbeiten; Leitungen und Armaturen
043	Druckrohrleitungen für Gas, Wasser und Abwasser
044	Abwasserinstallationsarbeiten; Leitungen, Abläufe
045	Gas-, Wasser- und Abwasserinstallationsarbeiten; Einrichtungsgegenstände, Sanitärausstattungen
046	Gas-, Wasser- und Abwasserinstallationsarbeiten; Betriebseinrichtungen
047	Wärme- und Kältedämmarbeiten an betriebstechnischen Anlagen
048	Sanitärausstattung für den medizinischen Bereich[1]
049	Feuerlöschanlagen, Feuerlöschgeräte
050	Blitzschutz- und Erdungsanlagen
051	Bauleistungen für Kabelanlagen
052	Mittelspannungsanlagen
053	Niederspannungsanlagen
055	Ersatzstromversorgungsanlagen
058	Leuchten und Lampen
059	Notbeleuchtung
060	Elektroakustische Anlagen, Sprechanlagen, Personenrufanlagen
061	Fernmeldeleitungsanlagen
063	Meldeanlagen
069	Aufzüge
070	Gebäudeautomation; Einrichtungen und Programme der Managementebene[1]
071	Gebäudeautomation; Automationseinrichtungen, Hardware und Funktionen[1]
072	Gebäudeautomation; Schaltschränke, Feldgeräte, Verbindungen
074	Raumlufttechnische Anlagen; Zentralgeräte und Bauelemente
075	Raumlufttechnische Anlagen; Luftverteilsysteme und Bauelemente
076	Raumlufttechnische Anlagen; Einzelgeräte
077	Raumlufttechnische Anlagen; Schutzräume
078	Raumlufttechnische Anlagen; Kälteanlagen
080	Straßen, Wege, Plätze
081	Betonerhaltungsarbeiten

[1] In Vorbereitung

LB-Nr	Bezeichnung
085	Rohrvortrieb
098	Winterbauschutz-Maßnahmen [1]
099	Allgemeine Standardbeschreibungen
309	Bauen im Bestand (BiB); Reinigung, Inspektion von Abwasserkanälen und -leitungen
310	Bauen im Bestand (BiB); Sanierung von Abwasserkanälen und -leitungen [1]
312	Bauen im Bestand (BiB); Mauerarbeiten
314	Bauen im Bestand (BiB); Natursteinarbeiten
323	Bauen im Bestand (BiB); Putzinstandsetzung, Wärmedämmsysteme
382	Bauen im Bestand (BiB); Schutz vorhandener Bausubstanz
383	Bauen im Bestand (BiB); Entfernen und Entsorgen asbesthaltiger Bauteile
384	Bauen im Bestand (BiB); Abbrucharbeiten [1]
385	Bauen im Bestand (BiB); Bauwerkstrockenlegung
386	Bauen im Bestand (BiB); Hausschornsteine und Schächte
396	Bauen im Bestand (BiB); Abfallentsorgung; Verwertung und Beseitigung
482	Bauarbeiten an Bahnübergängen [2]
486	Bauarbeiten an Gleisen und Weichen [2]
501	Bauen im Bestand (BiB); Block- und Plattenbau; Wärmedämmverbundsysteme
502	Bauen im Bestand (BiB); Block- und Plattenbau; Vorgehängte hinterlüftete Fassaden
503	Bauen im Bestand (BiB); Block- und Plattenbau; Fassadenbeschichtungen/-putze
504	Bauen im Bestand (BiB); Block- und Plattenbau; Fugeninstandsetzung
505	Bauen im Bestand (BiB); Block- und Plattenbau; Betonerhaltung
506	Bauen im Bestand (BiB); Block- und Plattenbau; Instandsetzung und Erneuerung von Balkonen und Loggien
507	Bauen im Bestand (BiB); Block- und Plattenbau; Wärmedämmfassaden mit angemörtelter, mineralischer Bekleidung
510	Bauen im Bestand (BiB); Block- und Plattenbau; Fenster
511	Bauen im Bestand (BiB); Block- und Plattenbau; Erneuerung von Haus- und Wohnungseingängen [1]
520	Bauen im Bestand (BiB); Block- und Plattenbau; Instandsetzung und Erneuerung von Dächern mit Deckungen
521	Bauen im Bestand (BiB); Block- und Plattenbau; Instandsetzung und Erneuerung von Dächern mit Abdichtungen
540	Bauen im Bestand (BiB); Block- und Plattenbau; Strangsanierung Küche, Bad [1]

[1] In Vorbereitung
[2] Vertrieb Buch und Datenträger:
Deutsche Bahn AG
Geschäftsbereich Netz
Geschäftsführende Stelle System Bauinformation
Postfach 21 02 29, 50528 Köln
Tel.: (02 21) 1 41 21 89,
Fax: (02 21) 1 41 32 27

Auskunft erteilt:
Gemeinsamer Ausschuß Elektronik im Bauwesen (GAEB)
Deichmanns Aue 31–37, 53179 Bonn
Tel.: (02 28) 3 37 - 0, Durchwahl 337 - 51 42/3/5
Fax: (02 28) 3 37 - 30 60

Hinweise zu den Allgemeinen Bestimmungen für die Vergabe von Bauleistungen
— VOB/A, DIN 1960, Ausgabe 1992 —

Anwendungsbereich

Abschnitt 1: Basisparagraphen

Die Regelungen gelten für die Vergabe von Bauaufträgen unterhalb des Schwellenwertes der EG-Baukoordinierungsrichtlinie (§ 1a) und der EG-Sektorenrichtlinie (§ 1b) durch Auftraggeber, die durch die Bundeshaushaltsordnung, die Landeshaushaltsordnungen und die Gemeindehaushaltsverordnungen zur Anwendung der VOB/A verpflichtet sind.

Abschnitt 2: Basisparagraphen mit zusätzlichen Bestimmungen nach der EG-Baukoordinierungsrichtlinie

1. Die Regelungen gelten für die Vergabe von Bauaufträgen, die den Schwellenwert der EG-Baukoordinierungsrichtlinie erreichen oder übersteigen (§ 1a) durch Auftraggeber, die zur Anwendung der EG-Baukoordinierungsrichtlinie verpflichtet sind.
2. Die Bestimmungen der a-Paragraphen finden keine Anwendung, wenn die unter Nr. 1 genannten Auftraggeber Bauaufträge auf dem Gebiet der Trinkwasser- oder Energieversorgung sowie des Verkehrs- oder Fernmeldewesens vergeben (vgl. Hinweise zu den Anwendungsbereichen der Abschnitte 3 und 4).

Abschnitt 3: Basisparagraphen mit zusätzlichen Bestimmungen nach der EG-Sektorenrichtlinie

Die Regelungen gelten für die Vergabe von Bauaufträgen durch Auftraggeber, die zur Anwendung der Vergabebestimmungen nach der EG-Sektorenrichtlinie (VOB/A – SKR) verpflichtet sind und daneben die Basisparagraphen anwenden.

Abschnitt 4: Vergabebestimmungen nach der EG-Sektorenrichtlinie (VOB/A – SKR)

Die Regelungen gelten für die Vergabe von Bauaufträgen, die den Schwellenwert der EG-Sektorenrichtlinie erreichen oder übersteigen (§ 1 SKR), durch Auftraggeber, die auf dem Gebiet der Trinkwasser- oder Energieversorgung sowie des Verkehrs- oder Fernmeldewesens tätig sind.

Zu § 1 Abgrenzung der Bauleistungen

Unter § 1 fallen alle zur Herstellung, Instandhaltung oder Änderung einer baulichen Anlage zu montierenden Bauteile, insbesondere die Lieferung und Montage maschineller und elektrotechnischer Einrichtungen.

Nicht unter § 1 fallen Einrichtungen, die von der baulichen Anlage ohne Beeinträchtigung der Vollständigkeit oder Benutzbarkeit abgetrennt werden können und einem selbständigen Nutzungszweck dienen,

z. B.: — maschinelle und elektrotechnische Anlagen, soweit sie nicht zur Funktion einer baulichen Anlage erforderlich sind, z. B. Einrichtungen für Heizkraftwerke, für Energieerzeugung und -verteilung,

- öffentliche Vermittlungs- und Übertragungseinrichtungen,
- Kommunikationsanlagen (Sprach-, Text-, Bild- und Datenkommunikation), soweit sie nicht zur Funktion einer baulichen Anlage erforderlich sind,
- EDV-Anlagen und Geräte, soweit sie nicht zur Funktion einer baulichen Anlage erforderlich sind,
- selbständige medizintechnische Anlagen.

Zu § 3b   Wahl der Vergabeart
Der nicht zur Anwendung verpflichtete Auftraggeber entscheidet, ob er bei der Wahl der Vergabearten nach § 3 vorgeht.

Zu § 8 Nr. 3 Buchst. f, § 5 SKR Nr. 2 Buchst. f
Angabe des Berufsregisters
Von den Bewerbern oder Bietern dürfen zum Nachweis ihrer Eignung auch der Nachweis ihrer Eintragung in das Berufsregister ihres Sitzes oder Wohnsitzes verlangt werden. Die Berufsregister der EG-Mitgliedstaaten sind:
- für Belgien das „Registre du Commerce" — „Handelsregister";
- für Dänemark das „Handelsregister", „Aktieselskabsregistret" und „Erhvervsregistret";
- für Deutschland das „Handelsregister", die „Handwerksrolle" und das „Mitgliederverzeichnis der Industrie- und Handelskammer";
- für Griechenland kann eine vor dem Notar abgegebene eidesstattliche Erklärung über die Ausübung des Berufs eines Bauunternehmers verlangt werden;
- für Spanien der „registro Oficial de Contratistat del Ministerio de Industria y Energia";
- für Frankreich das „Registre du commerce" und das „Répertoire des métiers";
- für Italien das „Registro della Camera di commercio, undustria, agricoltura e artigianato";
- für Luxemburg das „Registre aux firmes" und die „Róle de la Chambre des métiers";
- für die Niederlande das „Handelsregister";
- für Portugal der „Commissao de Alvarás de Empresas de Obras Públicas e Particulares (CAEOPP)";
- im Falle des Vereinigten Königreichs und Irlands kann der Unternehmer aufgefordert werden, eine Bescheinigung der „Registrar of Companies" oder des „Registrat of Friendly Societies" vorzulegen oder andernfalls eine Bescheinigung über die von den Betreffenden abgegebene eidesstattliche Erklärung, daß er den betreffenden Beruf in dem Lande, in dem er niedergelassen ist, an einem bestimmten Ort unter einer bestimmten Firmenbezeichnung ausübt.

Zu § 9 Nr. 4 Abs. 2, § 6 SKR   Bezugnahme auf technische Spezifikationen
Die technischen Anforderungen an eine Bauleistung müssen unter Bezugnahme auf gemeinschaftsrechtliche technische Spezifikationen, insbesondere durch Bezugnahme auf eine als innerstaatliche Norm übernommene Europäische Norm

(DIN-EN) festgelegt werden, soweit für die Leistung eine solche Norm vorliegt und kein Ausnahmetatbestand (§ 9 Nr. 4 Abs. 3, § 6 SKR Nr. 2 Abs. 1) gegeben ist.

Im Teil C der VOB, den Allgemeinen Technischen Vertragsbedingungen, werden die jeweils zu beachtenden bzw. anzuwendenden DIN-EN aufgenommen.

Die Aufsteller von standardisierten Texten einer Leistungsbeschreibung (z. B. Texte des Standardleistungsbuchs) werden in den Texten die anzuwendenden DIN-EN zitieren.

Der Aufsteller einer Leistungsbeschreibung, der keine standardisierten Texte verwendet, hat im Einzelfall zu prüfen, ob für die zu beschreibenden technischen Anforderungen auf eine DIN-EN Bezug zu nehmen ist.

Das DIN gibt eine Liste mit den geltenden DIN-EN heraus.

Zu § 10 Nr. 4 Abs. 1

1. **Wartungsvertrag für maschinelle und elektrotechnische Einrichtungen**

    Ist Gegenstand der Leistung eine maschinelle oder elektrotechnische Anlage, bei der eine ordnungsgemäße Pflege und Wartung einen erheblichen Einfluß auf Funktionsfähigkeit und Zuverlässigkeit der Anlage haben, z. B. bei Aufzugsanlagen, Meß-, Steuer- und Regelungseinrichtungen, Anlagen der Gebäudeleittechnik, Gefahrenmeldeanlagen, ist dem Auftragnehmer während der Dauer der Verjährungsfrist für die Gewährleistungsansprüche die Pflege und Wartung der Anlage zu übertragen (0. 2. 19 ATV DIN 18 299). Es empfiehlt sich, hierfür das Vertragsmuster „Wartung 85" für technische Anlagen und Einrichtungen, herausgegeben vom Arbeitskreis Maschinen- und Elektrotechnik staatlicher und kommunaler Verwaltungen (AMEV-Veröffentlichung 1985 Wartung 85, Stand 20. 06. 1991) zugrunde zu legen.

2. **Vorauszahlungen (Absatz 1 Buchstabe k)**

    Im Gegensatz zu Abschlagszahlungen müssen Vorauszahlungen jeweils besonders vereinbart werden. Sie können vorgesehen werden, wenn dies allgemein üblich oder durch besondere Umstände gerechtfertigt ist. Als allgemein üblich sind Vorauszahlungen anzusehen, wenn in einem Wirtschaftszweig regelmäßig Vorauszahlungen vereinbart werden. Vorauszahlungen sind z. B. im Bereich der elektrotechnischen Industrie sowie im Maschinen- und Anlagenbau allgemein üblich.

Zu § 11 Nr. 4 Pauschalierung des Verzugsschadens

Die Pauschalierung des Verzugsschadens soll in den Fällen vereinbart werden, in denen die branchenüblichen Allgemeinen Geschäftsbedingungen des jeweiligen Fachbereichs eine Begrenzung des Verzugsschadens der Höhe nach vorsehen. Derartige Allgemeine Geschäftsbedingungen gibt es z. B. in der elektrotechnischen Industrie und im Bereich des Maschinen- und Anlagenbaus.

Zu § 17a Nr. 1, § 17b Nr. 2, § 8 SKR Nr. 2 Verpflichtung zur Vorinformation

Die Auftraggeber sind zur Bekanntmachung der Vorinformation verpflichtet. Die Nichtbeachtung dieser Verpflichtung stellt einen Verstoß gegen die VOB/A und gegen das EG-Recht dar.

Zu § 21 Nr. 2, § 6 SKR Nr. 7   Leistungen mit abweichenden technischen Spezifikationen

Ein Angebot mit einer Leistung, die von den vorgesehenen technischen Spezifikationen abweicht, gilt nicht als Änderungsvorschlag oder Nebenangebot, es kann in der Bekanntmachung oder in der Aufforderung zur Angebotsabgabe nicht ausgeschlossen werden. Das Angebot muß gewertet werden, wenn die Voraussetzungen von § 21 Nr. 2 bzw. § 6 SKR Nr. 7 erfüllt sind.

Zu § 31, § 13 SKR   Vergabeprüfstelle

Die Vergabeprüfstellen für Vergabeverfahren nach Abschnitt 1 ist die Behörde, die die Fach- oder Rechtsaufsicht über die Vergabestelle ausübt.

Die Vergabeprüfstelle für Vergabeverfahren nach Abschnitt 2 bis Abschnitt 4 werden mit der Umsetzung der EG-Überwachungsrichtlinie festgelegt.

Zu den Mustern:

1. **Anhang B Nr. 15, C Nr. 13, D Nr. 13**

   In den Anhängen nicht vorgesehene Angaben:

   Die Anhänge enthalten für nachfolgende Angaben keine Textvorgabe:
   - Gründe für die Ausnahme von der Anwendung gemeinschaftsrechtlicher technischer Spezifikationen (§ 9 Nr. 4 Abs. 3).
   - Angabe, daß Anträge auf Teilnahme auch durch Telegramm, Fernschreiben, Fernkopierer, Telefon oder in sonstiger Weise elektronisch übermittelt werden dürfen (§ 17 Nr. 3).
   - Angabe der Möglichkeit der Anwendung des Verfahrens nach § 3a Nr. 5 Buchstabe f bei der Ausschreibung des ersten Bauabschnitts (Wiederholung gleichartiger Bauleistungen durch denselben Auftraggeber).

   Diese Angaben sind unter den Nummern 15 bzw. 13 „Sonstige Angaben" aufzunehmen.

2. **Anhang A/SKR Nr. 15, B/SKR Nr. 13, C/SKR Nr. 13**

   In den Anhängen nicht vorgesehene Angaben:

   Die Anhänge enthalten für nachfolgende Angaben keine Textvorgabe:
   - Angabe, daß Anträge auf Teilnahme auch durch Telegramme, Fernschreiben, Fernkopierer, Telefon oder in sonstiger Weise elektronisch übermittelt werden dürfen (§ 17 Nr. 3 bzw. § 8 SKR Nr. 9).
   - Angabe der Möglichkeit der Anwendung des Verfahrens nach § 3b Nr. 2 Buchstabe f bzw. § 3 SKR Nr. 3 Buchstabe f bei der Ausschreibung des ersten Bauabschnitts (Wiederholung gleichartiger Bauleistungen durch denselben Auftraggeber).

   Diese Angaben sind unter den Nummern 15 bzw. 13 „Sonstige Angaben" aufzunehmen.

Hinweis auf die Veröffentlichung "VOBaktuell" [1])

Die VOB '92 mit der Aktualisierung von Mai 1998 ist gültig und in Kraft, das Regelwerk jedoch entwickelt sich weiter. Als inhaltliche Ergänzung zur Buchausgabe der VOB gibt es deshalb VOBaktuell. VOBaktuell berichtet kontinuierlich über Änderungen und Neuregelungen im Baubereich, z. B.:

- veränderte Normen in der VOB (blaue Seiten) – zur Aktualisierung und Ergänzung der VOB-Buchausgabe

sowie

- Aktuelles aus der Vergabepraxis (weiße Seiten), Berichte, Tips, Erfahrungen, Anwendungsbeispiele, Rechtsfälle, Neuerungen im Baubereich,

und über interessante Rechtsfälle, den Einfluß der europäischen Normung auf die VOB, Anwendungsbeispiele und Veränderungen jedweder Art.

Nationale Normen werden schrittweise durch Europäische Normen ersetzt. Damit sind fortlaufende Änderungen des Bau-Regelwerkes unvermeidbar.

VOBaktuell listet kontinuierlich die in das nationale Regelwerk übernommenen baurelevanten Europäischen Normen auf und bietet dem VOB-Anwender so eine ständig aktuelle Übersicht über die bisher erschienenen DIN-EN-Normen. Dies ist besonders hilfreich, da die Benummerung der DIN-EN-Normen in fast allen Fällen von der Benummerung der bekannten DIN-Normen abweicht.

VOBaktuell erweist sich als eine lückenlose, authentische Arbeitsgrundlage, die Sie zweimal jährlich über die Entwicklungen auf dem laufenden hält. Diese Informationsquelle hat daher vor dem Hintergrund des europäischen Einigungsprozesses und den damit einhergehenden Veränderungen im bautechnischen Regelwerk immer stärker an Gewicht hinzugewonnen.

Für den VOBaktuell-Abonnenten stellen Neuregelungen, auf die man sonst nur zufällig aufmerksam wird, kein Problem mehr dar.

Beispielhaft werden zur Erläuterung der VOBaktuell Auszüge aus dem Heft 1/98 wiedergegeben.

---

[1]) Bezugsquelle: Beuth Verlag GmbH, Burggrafenstraße 6, 10787 Berlin,
  Tel.: (0 30) 26 01 - 22 60, Fax: (0 30) 26 01 - 12 60

Redaktionell veränderter Auszug aus VOBaktuell, Heft 1/98

"Normen in der VOB

Teil 1: Übersicht baurelevanter DIN-EN-Normen

Nach § 9 Nr. 4 Absatz 2, VOB/A, sind die technischen Anforderungen an die zu erbringende Leistung unter Bezugnahme auf gemeinschaftsrechtliche technische Spezifikationen festzulegen. Das sind an erster Stelle als DIN-EN-Normen übernommene Europäische Normen. Die Auflistung im Teil 1 der im nationalen Regelwerk enthaltenen baurelevanten DIN-EN-Normen soll dem VOB-Anwender eine Übersicht und damit eine Hilfe bei der Vertragsgestaltung und dem Bemühen um Vertragssicherheit geben. Sie enthält die bis zum [1]) veröffentlichten baurelevanten DIN-EN-Normen einschließlich einer Zusammenfassung der in den vorangegangenen Heften VOBaktuell aufgeführten Normen. Diese Auflistung erhebt jedoch keinen Anspruch auf Vollständigkeit und schränkt die Verantwortung des Aufstellers von Leistungsbeschreibungen zur Beachtung aller für den Einzelfall einschlägigen Normen nicht ein.

Teil 2: Ersatz der in der VOB Teil C zitierten Normen durch DIN-EN-Normen

In der VOB Teil C sind in den Abschnitten 1 bis 5 aller ATV eine Reihe von Normen zitiert. Im Zuge der europäischen Normung werden die nationalen Normen schrittweise durch Europäische Normen ersetzt. Die im nachstehenden Teil 2 aufgeführten Änderungen erfassen alle seit dem [1]) durch DIN-EN-Normen ersetzten DIN-Normen. Die Auswirkungen der Änderungen auf die Regelungen der ATVen, insbesondere im Abschnitt 3, werden durch den DVA geprüft."

---

[1]) Datum ist in der jeweiligen Ausgabe von "VOBaktuell" genannt.

Auszug aus Heft 1/98:

Nur als Beispiel anzusehen!
Beachten Sie bitte die aktuelle Ausgabe von "VOBaktuell".

Teil 1: Übersicht baurelevanter DIN-EN-Normen (Stand Juni 1998)

DIN EN 54-2 12.97	Brandmeldeanlagen - Teil 2: Brandmeldezentralen; Deutsche Fassung EN 54-2:1997
Vorgängernorm:	DIN 14675/A2
Änderung:	Der Inhalt der Abschnitte 3.4 und 4.2 wurde mit dem Entwurf A2 ersetzt und dem Stand der Technik angepaßt (z. B. Softwaresteuerung, Meldeadressierung, Displayanzeige). Die Anforderungen wurden auf verbindliche und wählbare Funktionen umgestellt. Die Angaben zu den Leistungsmerkmalen und Betriebsbedingungen wurden ergänzt.
DIN EN 54-4 12.97	Brandmeldeanlagen - Teil 4: Energieversorgungseinrichtungen; Deutsche Fassung EN 54-4:1997
Änderung:	Der Inhalt des Abschnittes 3.5 wurde teilweise ersetzt und dem Stand der Technik angepaßt. Die Anforderungen wurden auf verbindliche Funktionen umgestellt. Die Angaben zu den Prüfverfahren für Leistungsmerkmale und Betriebsbedingungen wurden ergänzt.
DIN EN 480-1 03.98	Zusatzmittel für Beton, Mörtel und Einpreßmörtel - Prüfverfahren - Teil 1: Referenzbeton und Referenzmörtel für Prüfungen; Deutsche Fassung EN 480-1:1997
DIN EN 480-12 01.98	Zusatzmittel für Beton, Mörtel und Einpreßmörtel - Prüfverfahren - Teil 12: Bestimmung des Alkaligehalts von Zusatzstoffen; Deutsche Fassung EN 480-12:1997
DIN EN 593 03.98	Industriearmaturen - Metallische Klappen; Deutsche Fassung EN 593:1998
Vorgängernorm:	DIN 3354-1, DIN 3354-2, DIN 3354-3, DIN 3354-4
Änderung:	Der Anwendungsbereich wurde um Angaben zu Klappen für Regelzwecke und Klappen zum Einklemmen zwischen Flanschen und auf andere metallische Werkstoffe als Eisenwerkstoffe erweitert. Der Nennweitenbereich wurde bis DN 40 ausgedehnt. Der PN-Bereich wurde um die Angaben zu PN 40 erweitert. Die Angaben Class 125, Class 150 und Class 300 wurden zusätzlich aufgenommen.
DIN EN 621 03.98	Gasbefeuerte Warmlufterzeuger mit erzwungener Konvektion zum Beheizen von Räumen für den nicht-häuslichen Bereich mit einer Nennwärmebelastung nicht über 300 kW ohne Gebläse zur Beförderung der Verbrennungsluft und/oder Abgase; Deutsche Fassung EN 621:1998
DIN EN 737-1 02.98	Rohrleitungssysteme für medizinische Gase - Teil 1: Entnahmestellen für medizinische Druckgase und Vakuum; Deutsche Fassung EN 737-1:1998
Vorgängernorm:	DIN 13260-2
DIN EN 737-4 02.98	Rohrleitungssysteme für medizinische Gase - Teil 4: Entnahmestellen für Anästhesiegas-Fortleitungssysteme; Deutsche Fassung EN 737-4:1998

XXIII

Redaktionell veränderter Auszug aus Heft 1/98:

Nur als Beispiel anzusehen!
Beachten Sie bitte die aktuelle Ausgabe von "VOBaktuell".

Teil 2: Ersatz der in der VOB Teil C zitierten Normen durch DIN-EN-Normen (Stand Juni 1998)

ATV Raumlufttechnische Anlagen - DIN 18379

Normzitat:	DIN 24145 Lufttechnische Anlagen - Wickelfalzrohre, Anschlußenden, Verbinder
Ersatznorm	DIN EN 1506 (1998-02); teilweiser Ersatz Lüftung von Gebäuden - Luftleitungen und Formstücke aus Blech mit rundem Querschnitt - Maße

Normzitat:	Reihe DIN 24147 Lufttechnische Anlagen - Formstücke
Ersatznorm:	DIN EN 1506 (1998-02) und DIN 24147-1 (1993-06) DIN 24147-1 Lufttechnische Anlagen; Formstücke; Übersicht, Maße, Allgemeine Grundlagen DIN EN 1506 Lüftung von Gebäuden - Luftleitungen und Formstücke aus Blech mit rundem Querschnitt - Maße

Normzitat:	DIN 24151-1 Rohrbauteile für lufttechnische Anlagen - Blechrohre - Reihe 1, geschweißt
Ersatznorm	DIN EN 1506 (1998-02); teilweiser Ersatz Lüftung von Gebäuden - Luftleitungen und Formstücke aus Blech mit rundem Querschnitt - Maße

Normzitat:	DIN 24152 Rohrbauteile für lufttechnische Anlagen - Blechrohre längsgefalzt
Ersatznorm	DIN EN 1506 (1998-02); teilweiser Ersatz Lüftung von Gebäuden - Luftleitungen und Formstücke aus Blech mit rundem Querschnitt - Maße

ATV Heizungsanlagen und zentrale Wassererwärmungsanlagen - DIN 18380

Normzitat:	DIN 2856 Kapillarlötfittings - Anschlußmaße und Prüfungen
Ersatznorm:	DIN EN 1254-1 (1998-03) Kupfer und Kupferlegierungen - Fittings - Teil 1: Kapillarlötfittings für Kupferrohre (Weich- und Hartlöten)

Zusätzliches Stichwortverzeichnis zu

VOB Teil B: DIN 1961
VOB Teil C: ATV DIN 18299
ATV DIN 18356
ATV DIN 18365
ATV DIN 18367

Zusätzliches Stichwortverzeichnis zu VOB Teil B: DIN 1961 sowie VOB Teil C: ATV DIN 18299, ATV DIN 18356, ATV DIN 18365 und ATV DIN 18367

Abfall, Entsorgen von 18299 (Abschnitte 0, 4)

Abkommen über den Europäischen Wirtschaftsraum 1961 (§ 7)

Abnahme von Bauleistungen 1961 (§§ 7, 8, 12, 13, 14, 16)

Abrechnung von Bauleistungen 1961 (§§ 6, 8, 9, 11, 13, 14, 15, 16), 18299 (Abschnitte 0, 5), 18356, 18365, 18367 (jeweils Abschnitt 5)

Abrechnungseinheiten 18299, 18356, 18365, 18367 (jeweils Abschnitt 0)

Abschlagszahlung 1961 (§§ 2, 16, 17)

Abschleifen 18356 (Abschnitt 3)

Abstecken von Hauptachsen, Grenzen usw. 1961 (§§ 3, 9, 13)

Abweichung von vorgeschriebenen Maßen 18367 (Abschnitt 3)

Abweichungen von ATV 18299, 18356, 18365, 18367 (jeweils Abschnitt 0)

Allgemeine Technische Vertragsbedingungen für Bauleistungen 18356, 18365, 18367

Anbringen von Leisten 18365 (Abschnitt 3)

Anbringen von Profilen 18365 (Abschnitt 3)

Anbringen von Stoßkanten 18365 (Abschnitt 3)

Angaben zum Gelände 1961 (§ 3)

Angaben zur Ausführung 18299, 18356, 18365, 18367 (jeweils Abschnitte 0, 3)

Angaben zur Baustelle 18299 (Abschnitte 2, 4), 18356, 18365, 18367 (jeweils Abschnitt 0)

Art der Leistungen 1961 (§§ 2, 4, 13, 18)

ATV, Abweichungen von 18299 (Abschnitt 0), 18356, 18365, 18367 (jeweils Abschnitt 0)

Aufmaß 1961 (§ 14)

Aufstellung, Leistungsbeschreibung 18299, 18356, 18365, 18367 (jeweils Abschnitte 0, 2, 4)

Auftraggeber 1961 (§§ 2, 8, 13, 16, 18)

Auftragnehmer 1961 (§§ 2, 4, 7, 8, 10, 13, 14, 15, 16)

Ausführung 18356, 18365, 18367 (jeweils Abschnitte 0, 3)

Ausführung, Angaben zur 18299 (Abschnitte 0, 3)

Ausführung, Behinderungen und Unterbrechungen 1961 (§§ 2, 3, 6, 12)

Ausführung, Leistungen 1961 (§§ 1, 2, 3, 4, 5, 9, 10, 13, 17), 18299 (Abschnitt 0)

Ausführung von Leistungen 1961 (§§ 1, 2, 3, 4, 5, 9, 10, 13), 18299 (Abschnitt 0)

Ausführungsfristen 1961 (§§ 5, 6)

Ausführungsunterlagen 1961 (§§ 1, 2, 3, 4, 8, 9, 13)

Ausgleichsmasse 18365 (Abschnitt 2)

Aussehen 18365 (Abschnitt 2)

Bauleistungen 1961 (§§ 1, 4, 5, 6, 7, 12, 13)

Baustelle 1961 (§ 4), 18299 (Abschnitte 0, 2, 4), 18356, 18365, 18367 (jeweils Abschnitt 0)

Baustelle, Angaben zur 18299 (Abschnitte 0, 2, 4)

Baustelleneinrichtungen 1961 (§ 12), 18299 (Abschnitte 0, 4)

Bauteile 1961 (§§ 4, 7, 8, 13, 16, 18), 18299 (Abschnitte 0, 2, 3, 4), 18356, 19365, 18367 (jeweils Abschnitt 2)

Bauvertrag 1961 (§§ 1, 2, 8, 11)

Bedenken 18356, 18365, 18367 (jeweils Abschnitt 3)

Bedenken gegen Ausführung 1961 (§ 4 und sinngemäß § 13)

Behinderung der Ausführung 1961 (§§ 2, 3, 6, 12)

XXVII

Berechnungen 1961 (§§ 2, 4, 10, 13, 15)
Beseitigung von Eis 1961 (§ 4)
Besondere Leistung 18299 (Abschnitte 0, 3, 4), 18356, 18365, 18367 (jeweils Abschnitt 4)
Bodenbelag 18365 (Abschnitt 2)
Bodenbelag aus Kunststoff 18365 (Abschnitt 2)
Bodenbelag aus Linoleum 18365 (Abschnitt 2)
Bodenbelag aus Naturkautschuk 18365 (Abschnitt 2)
Bodenbelag aus Textilien 18365 (Abschnitt 2)
Bodenbelagarbeiten 18365 (Abschnitt 1), 18365 (Abschnitte 0, 1)
Bürge 1961 (§ 17)
Bürgschaft eines Kreditinstituts bzw. Kreditversicherers 1961 (§ 17)

Dämmstoff 18356 (Abschnitt 2)
Darstellung der Bauaufgabe 1961 (§ 9)
Deckleiste 18356 (Abschnitte 2, 3)

Einbehalt von Geld 1961 (§ 17)
Einheitspreis 1961 (§§ 2, 6, 14)
Einrichtungen der Baustelle 1961 (§ 12)
Einzelangaben bei Abweichungen von den ATV 18356, 18365, 18367 (jeweils Abschnitt 0)
Einzelangaben zu Besonderen Leistungen 18356, 18365, 18367 (jeweils Abschnitt 0)
Einzelangaben zu Nebenleistungen 18356, 18365, 18367 (jeweils Abschnitt 0)
Eisbeseitigung 1961 (§ 4)
Entsorgen von Abfall 18299 (Abschnitte 0, 4)
Europäische Gemeinschaft 1961 (§ 17)
Europäischer Wirtschaftsraum 1961 (§ 17)

Fertigparkett-Elemente, schwimmend verlegt 18356 (Abschnitt 3)
Fristen 1961 (§§ 4, 5, 6, 8, 9, 11, 12, 13, 14, 15, 16)
Fußbodenwachs 18356 (Abschnitt 2)
Fußbodenwäsche 18356 (Abschnitt 2)
Fußleiste 18356 (Abschnitt 3)

Gefahrenverteilung 1961 (§ 7)
Gehalts- und Lohnkosten 1961 (§ 5)
Gelände, Angaben zum 1961 (§ 3)
Geräte zur Baudurchführung 1961 (§§ 6, 9)
Gewährleistung 1961 (§§ 4, 8, 12, 13, 16, 17, 18)
Grundwasser 1961 (§§ 2, 4, 10)

Haftung 1961 (§§ 2, 4, 7, 8, 10, 13, 16)
Hinterlegung von Geld 1961 (§ 17)
Hinweise für das Aufstellen der Leistungsbeschreibung 18356, 18365, 18367 (jeweils Abschnitt 0)
Hinweise zur Leistungsbeschreibung 18299 (Abschnitte 0, 2, 4)
Hölzerne Deckleisten 18356 (Abschnitt 2)
Hölzerne Fußleisten 18356 (Abschnitt 2)
Holzpflaster 18367 (Abschnitt 2)
Holzpflaster GE 18367 (Abschnitt 3)
Holzpflaster RE-V 18367 (Abschnitt 3)
Holzpflaster RE-W 18367 (Abschnitt 3)
Holzpflasterarbeiten 18367 (Abschnitte 0, 1)

Klebstoff 18365 (Abschnitt 2)
Kreditinstitut in der Europäischen Gemeinschaft 1961 (§ 17)
Kreditinstitut in einem Staat der Vertragsparteien des Abkommens über den Europäischen Wirtschaftsraum 1961 (§ 17)
Kreditinstitut in einem Staat der Vertragsparteien des WTO-Übereinkommens über das öffentliche Beschaffungswesen 1961 (§ 17)
Kreditversicherer in der Europäischen Gemeinschaft 1961 (§ 17)
Kreditversicherer in einem Staat der Vertragsparteien des Abkommens über den Europäischen Wirtschaftsraum 1961 (§ 17)

Kreditversicherer in einem Staat der Vertragsparteien des WTO-Übereinkommens über das öffentliche Beschaffungswesen 1961 (§ 17)
Kündigung des Vertrages 1961 (§§ 1, 2, 3, 4, 5, 6, 8, 9, 16)
Kunststoff 18365 (Abschnitt 2)

Lagern von Stoffen und Bauteilen 18299 (Abschnitt 2)
Leisten 18365 (Abschnitt 3)
Leistungen, Art und Umfang 1961 (§§ 1, 2, 4, 5, 6, 7, 8, 12, 13)
Leistungsbeschreibung, Aufstellung 18299 (Abschnitte 0, 2, 4)
Liefern von Stoffen und Bauteilen 18299 (Abschnitte 2, 4)
Linoleum 18365 (Abschnitt 2)
Lohn- und Gehaltskosten 1961 (§§ 5, 15)

Mängel 1961 (§§ 3, 4, 12, 13, 18)
Maßtoleranz 18365 (Abschnitt 3)
Mehr- oder Minderkosten 1961 (§§ 4, 8, 13)
Meinungsverschiedenheiten bei Verträgen 1961 (§ 18)
Mengenangaben 1961 (§§ 2, 14)
Mosaikparkett 18356 (Abschnitt 3)

Nägel 18356 (Abschnitt 2)
Naturkautschuk 18365 (Abschnitt 2)
Nebenleistung 18299 (Abschnitte 0, 4), 18356, 18365, 18367 (jeweils Abschnitte 0, 4)

Parkett 18356 (Abschnitt 3)
Parkett, geklebt 18356 (Abschnitt 3)
Parkett, genagelt 18356 (Abschnitt 3)
Parkett-Versiegelungsmittel 18356 (Abschnitt 2)
Parkettarbeiten 18356 (Abschnitt 1)
Parketthölzer 18356 (Abschnitt 2)
Parkettklebstoff 18356 (Abschnitte 2, 3)
Parkettriemen 18356 (Abschnitt 3)
Parkettunterlage 18356 (Abschnitte 2, 3)
Preise 1961 (§§ 2, 15)
Profile 18365 (Abschnitt 3)

Rechnungen 1961 (§§ 6, 8, 12, 14, 16)
Schadenersatz 1961 (§§ 2, 3, 4, 5, 6, 7, 8, 10, 11, 13, 16, 17, 18)
Schichtstoff-Elemente 18365 (Abschnitt 2)
Schichtstoff-Elemente, schwimmend verlegt 18365 (Abschnitt 3)
Schlußrechnung 1961 (§§ 14, 16)
Schlußzahlung 1961 (§§ 12, 16, 17)
Schnee 1961 (§ 4)
Sicherheit 1961 (§§ 13, 16, 17)
Sicherheitseinbehalt 1961 (§ 17)
Sicherheitsleistung 1961 (§§ 2, 11, 13, 14, 16, 17)
Spachtelmasse 18365 (Abschnitt 2)
Staat der Vertragsparteien 1961 (§ 17)
Stabparkett 18356 (Abschnitt 3)
Stoffe 1961 (§§ 4, 13), 18299 (Abschnitte 0, 2, 4)
Stoffe und Bauteile 1961 (§§ 4, 7, 8, 13, 18), 18299 (Abschnitte 0, 2, 4), 18356, 18365, 18367 (jeweils Abschnitt 2)
Stoßkante 18365 (Abschnitt 3)
Streik 1961 (§ 6)
Streitigkeiten 1961 (§§ 2, 6, 15, 16, 18)
Stundenlohnarbeiten 1961 (§ 15)
Synthesekautschuk 18365 (Abschnitt 2)

Tafelparkett 18356 (Abschnitt 3)
Textilien 18365 (Abschnitt 2)
Teilabnahme 1961 (§§ 12, 13)
Teilleistung 1961 (§§ 4, 5, 6, 12, 13)

Umfang der Leistungen 1961 (§§ 2, 4, 13, 15, 18)
Unterbrechung der Ausführung 1961 (§§ 2, 3, 6, 12)
Unterlage 18365 (Abschnitt 2)
Unterlagen 1961 (§§ 1, 2, 3, 4, 8, 9, 13)

Verdingungsordnung für Bauleistungen 18356, 18365, 18367 (jeweils Abschnitt 0)
Vergütung 1961 (§§ 1, 2, 4, 6, 8, 12, 13, 14, 15, 16)

XXIX

Verjährungsfrist 1961 (§§ 2, 4, 6, 9, 10, 13, 14, 16, 17, 18)
Verlegen der Bodenbeläge 18365 (Abschnitt 3)
Verlegen von Parkett 18356 (Abschnitt 3)
Versiegeln 18356 (Abschnitt 3)
Vertrag 1961 (§§ 1, 2, 4, 5, 6, 8, 10, 11, 12, 13, 17)
Vertrag, Kündigung 1961 (§§ 1, 2, 4, 5, 6, 8, 10, 11, 12, 13, 17)
Vertrag, Meinungsverschiedenheiten 1961 (§§ 1, 2, 4, 5, 6, 8, 10, 11, 12, 13, 17)
Vertragsbedingungen, allgemeine 1961 (§§ 1, 2, 4, 5, 6, 8, 10, 11, 12, 13, 17)
Vertragspartei 1961 (§ 17)
Vertragsstrafe 1961 (§§ 2, 4, 6, 9, 10, 13, 14, 16, 18)

Vorauszahlung 1961 (§§ 2, 16, 17)
Vorbehalte wegen Mängeln 1961 (§§ 11, 12, 16)
Vorbereiten des Untergrundes 18365 (Abschnitt 3)
Vorhalten von Stoffen und Bauteilen 18299 (Abschnitte 0, 2, 4)
Vorstrich 18365 (Abschnitt 2)

Wachsen 18356 (Abschnitt 3)
Wagnis des Unternehmers 1961 (§§ 2, 7)
Wasseranschlüsse 1961 (§§ 4, 10, 13)
WTO-Übereinkommen über das öffentliche Beschaffungswesen 1961 (§ 17)

Zahlung 1961 (§§ 15, 16)
Zeichnungen 1961 (§ 2)

Inserentenverzeichnis

Die inserierenden Firmen und die Aussagen in Inseraten stehen nicht notwendigerweise in einem Zusammenhang mit den in diesem Buch abgedruckten Normen. Aus dem Nebeneinander von Inseraten und redaktionellem Teil kann weder auf die Normgerechtheit der beworbenen Produkte oder Verfahren geschlossen werden, noch stehen die Inserenten notwendigerweise in einem besonderen Zusammenhang mit den wiedergegebenen Normen. Die Inserenten dieses Buches müssen auch nicht Mitarbeiter eines Normenausschusses oder Mitglied des DIN sein. Inhalt und Gestaltung der Inserate liegen außerhalb der Verantwortung des DIN.

Fachverband Holzpflaster e.V.   Seite 503
40474 Düsseldorf

Informationsgemeinschaft Parkett e.V.
und
Chemische Technische Arbeitsgemeinschaft
Parkettversiegelung (CTA)
40474 Düsseldorf

Georg Gunreben   Seite 505
Parkettfabrik und Holzgroßhandlung GmbH
96129 Strullendorf

Zuschriften bezüglich des Anzeigenteils werden erbeten an:

Verlag für Technische Regelwerke GmbH
Burggrafenstraße 6
10787 Berlin

Mai 1998

VOB Verdingungsordnung für Bauleistungen
Teil B: Allgemeine Vertragsbedingungen
für die Ausführung von Bauleistungen

DIN 1961

ICS 91.010.20

Ersatz für Ausgabe 1996-06

Deskriptoren: Bauleistung, Verdingungsordnung, Vertragsbedingung, VOB, Bauwesen

Contract procedures for building works – Part B: General conditions of contract for the execution of building works

Cahier des charges pour des travaux du bâtiment – Partie B: Conditions généralés de contrat pour d'execution des travaux du bâtiment

Vorwort
Diese Norm wurde vom Deutschen Verdingungsausschuß für Bauleistungen (DVA) aufgestellt.

Änderungen
Gegenüber der Ausgabe Juni 1996 wurden folgende Änderungen vorgenommen:
- § 17 Nr. 2 Angaben zum WTO-Übereinkommen ergänzt.

Frühere Ausgaben
DIN 1961: 1926-05, 1934-08, 1937-01, 1952x-11, 1973-11, 1979-10, 1988-09, 1990-07, 1992-12, 1996-08

Inhalt

		Seite			Seite
§ 1	Art und Umfang der Leistung	2	§ 10	Haftung der Vertragsparteien	10
§ 2	Vergütung	2	§ 11	Vertragsstrafe	11
§ 3	Ausführungsunterlagen	4	§ 12	Abnahme	11
§ 4	Ausführung	5	§ 13	Gewährleistung	12
§ 5	Ausführungsfristen	7	§ 14	Abrechnung	14
§ 6	Behinderung und Unterbrechung der Ausführung	7	§ 15	Stundenlohnarbeiten	14
§ 7	Verteilung der Gefahr	8	§ 16	Zahlung	15
§ 8	Kündigung durch den Auftraggeber	9	§ 17	Sicherheitsleistung	17
§ 9	Kündigung durch den Auftragnehmer	10	§ 18	Streitigkeiten	18

Fortsetzung Seite 2 bis 19

DIN Deutsches Institut für Normung e. V.

§ 1
Art und Umfang der Leistung

1. Die auszuführende Leistung wird nach Art und Umfang durch den Vertrag bestimmt. Als Bestandteil des Vertrages gelten auch die Allgemeinen Technischen Vertragsbedingungen für Bauleistungen.

2. Bei Widersprüchen im Vertrag gelten nacheinander:
   a) die Leistungsbeschreibung,
   b) die Besonderen Vertragsbedingungen,
   c) etwaige Zusätzliche Vertragsbedingungen,
   d) etwaige Zusätzliche Technische Vertragsbedingungen,
   e) die Allgemeinen Technischen Vertragsbedingungen für Bauleistungen,
   f) die Allgemeinen Vertragsbedingungen für die Ausführung von Bauleistungen.

3. Änderungen des Bauentwurfs anzuordnen, bleibt dem Auftraggeber vorbehalten.

4. Nicht vereinbarte Leistungen, die zur Ausführung der vertraglichen Leistung erforderlich werden, hat der Auftragnehmer auf Verlangen des Auftraggebers mit auszuführen, außer wenn sein Betrieb auf derartige Leistungen nicht eingerichtet ist. Andere Leistungen können dem Auftragnehmer nur mit seiner Zustimmung übertragen werden.

§ 2
Vergütung

1. Durch die vereinbarten Preise werden alle Leistungen abgegolten, die nach der Leistungsbeschreibung, den Besonderen Vertragsbedingungen, den Zusätzlichen Vertragsbedingungen, den Zusätzlichen Technischen Vertragsbedingungen, den Allgemeinen Technischen Vertragsbedingungen für Bauleistungen und der gewerblichen Verkehrssitte zur vertraglichen Leistung gehören.

2. Die Vergütung wird nach den vertraglichen Einheitspreisen und den tatsächlich ausgeführten Leistungen berechnet, wenn keine andere Berechnungsart (z. B. durch Pauschalsumme, nach Stundenlohnsätzen, nach Selbstkosten) vereinbart ist.

3. (1) Weicht die ausgeführte Menge der unter einem Einheitspreis erfaßten Leistung oder Teilleistung um nicht mehr als 10 v. H. von dem im Vertrag vorgesehenen Umfang ab, so gilt der vertragliche Einheitspreis.

   (2) Für die über 10 v. H. hinausgehende Überschreitung des Mengenansatzes ist auf Verlangen ein neuer Preis unter Berücksichtigung der Mehr- oder Minderkosten zu vereinbaren.

(3) Bei einer über 10 v. H. hinausgehenden Unterschreitung des Mengenansatzes ist auf Verlangen der Einheitspreis für die tatsächlich ausgeführte Menge der Leistung oder Teilleistung zu erhöhen, soweit der Auftragnehmer nicht durch Erhöhung der Mengen bei anderen Ordnungszahlen (Positionen) oder in anderer Weise einen Ausgleich erhält. Die Erhöhung des Einheitspreises soll im wesentlichen dem Mehrbetrag entsprechen, der sich durch Verteilung der Baustelleneinrichtungs- und Baustellengemeinkosten und der Allgemeinen Geschäftskosten auf die verringerte Menge ergibt. Die Umsatzsteuer wird entsprechend dem neuen Preis vergütet.

(4) Sind von der unter einem Einheitspreis erfaßten Leistung oder Teilleistung andere Leistungen abhängig, für die eine Pauschalsumme vereinbart ist, so kann mit der Änderung des Einheitspreises auch eine angemessene Änderung der Pauschalsumme gefordert werden.

4. Werden im Vertrag ausbedungene Leistungen des Auftragnehmers vom Auftraggeber selbst übernommen (z. B. Lieferung von Bau-, Bauhilfs- und Betriebsstoffen), so gilt, wenn nichts anderes vereinbart wird, § 8 Nr. 1 Abs. 2 entsprechend.

5. Werden durch Änderung des Bauentwurfs oder andere Anordnungen des Auftraggebers die Grundlagen des Preises für eine im Vertrag vorgesehene Leistung geändert, so ist ein neuer Preis unter Berücksichtigung der Mehr- oder Minderkosten zu vereinbaren. Die Vereinbarung soll vor der Ausführung getroffen werden.

6. (1) Wird eine im Vertrag nicht vorgesehene Leistung gefordert, so hat der Auftragnehmer Anspruch auf besondere Vergütung. Er muß jedoch den Anspruch dem Auftraggeber ankündigen, bevor er mit der Ausführung der Leistung beginnt.

(2) Die Vergütung bestimmt sich nach den Grundlagen der Preisermittlung für die vertragliche Leistung und den besonderen Kosten der geforderten Leistung. Sie ist möglichst vor Beginn der Ausführung zu vereinbaren.

7. (1) Ist als Vergütung der Leistung eine Pauschalsumme vereinbart, so bleibt die Vergütung unverändert. Weicht jedoch die ausgeführte Leistung von der vertraglich vorgesehenen Leistung so erheblich ab, daß ein Festhalten an der Pauschalsumme nicht zumutbar ist (§ 242 BGB), so ist auf Verlangen ein Ausgleich unter Berücksichtigung der Mehr- oder Minderkosten zu gewähren. Für die Bemessung des Ausgleichs ist von den Grundlagen der Preisermittlung auszugehen. Nummern 4, 5 und 6 bleiben unberührt.

(2) Wenn nichts anderes vereinbart ist, gilt Absatz 1 auch für Pauschalsummen, die für Teile der Leistung vereinbart sind; Nummer 3 Absatz 4 bleibt unberührt.

8. (1) Leistungen, die der Auftragnehmer ohne Auftrag oder unter eigenmächtiger Abweichung vom Vertrag ausführt, werden nicht vergütet. Der Auftragnehmer hat sie auf Verlangen innerhalb einer angemessenen Frist zu beseitigen; sonst kann es auf seine Kosten geschehen. Er haftet außerdem für andere Schäden, die dem Auftraggeber hieraus entstehen.

(2) Eine Vergütung steht dem Auftragnehmer jedoch zu, wenn der Auftraggeber solche Leistungen nachträglich anerkennt. Eine Vergütung steht ihm

auch zu, wenn die Leistungen für die Erfüllung des Vertrags notwendig waren, dem mutmaßlichen Willen des Auftraggebers entsprachen und ihm unverzüglich angezeigt wurden.

(3) Die Vorschriften des BGB über die Geschäftsführung ohne Auftrag (§ 677 ff.) bleiben unberührt.

9. (1) Verlangt der Auftraggeber Zeichnungen, Berechnungen oder andere Unterlagen, die der Auftragnehmer nach dem Vertrag, besonders den Technischen Vertragsbedingungen oder der gewerblichen Verkehrssitte, nicht zu beschaffen hat, so hat er sie zu vergüten.

(2) Läßt er vom Auftragnehmer nicht aufgestellte technische Berechnungen durch den Auftragnehmer nachprüfen, so hat er die Kosten zu tragen.

10. Stundenlohnarbeiten werden nur vergütet, wenn sie als solche vor ihrem Beginn ausdrücklich vereinbart worden sind (§ 15).

§ 3
Ausführungsunterlagen

1. Die für die Ausführung nötigen Unterlagen sind dem Auftragnehmer unentgeltlich und rechtzeitig zu übergeben.

2. Das Abstecken der Hauptachsen der baulichen Anlagen, ebenso der Grenzen des Geländes, das dem Auftragnehmer zur Verfügung gestellt wird, und das Schaffen der notwendigen Höhenfestpunkte in unmittelbarer Nähe der baulichen Anlagen sind Sache des Auftraggebers.

3. Die vom Auftraggeber zur Verfügung gestellten Geländeaufnahmen und Absteckungen und die übrigen für die Ausführung übergebenen Unterlagen sind für den Auftragnehmer maßgebend. Jedoch hat er sie, soweit es zur ordnungsgemäßen Vertragserfüllung gehört, auf etwaige Unstimmigkeiten zu überprüfen und den Auftraggeber auf entdeckte oder vermutete Mängel hinzuweisen.

4. Vor Beginn der Arbeiten ist, soweit notwendig, der Zustand der Straßen und Geländeoberfläche, der Vorfluter und Vorflutleitungen, ferner der baulichen Anlagen im Baubereich in einer Niederschrift festzuhalten, die vom Auftraggeber und Auftragnehmer anzuerkennen ist.

5. Zeichnungen, Berechnungen, Nachprüfungen von Berechnungen oder andere Unterlagen, die der Auftragnehmer nach dem Vertrag, besonders den Technischen Vertragsbedingungen, oder der gewerblichen Verkehrssitte oder auf besonderes Verlangen des Auftraggebers (§ 2 Nr. 9) zu beschaffen hat, sind dem Auftraggeber nach Aufforderung rechtzeitig vorzulegen.

6. (1) Die in Nummer 5 genannten Unterlagen dürfen ohne Genehmigung ihres Urhebers nicht veröffentlicht, vervielfältigt, geändert oder für einen anderen als den vereinbarten Zweck benutzt werden.

(2) An DV-Programmen hat der Auftraggeber das Recht zur Nutzung mit den vereinbarten Leistungsmerkmalen in unveränderter Form auf den festge-

legten Geräten. Der Auftraggeber darf zum Zwecke der Datensicherung zwei Kopien herstellen. Diese müssen alle Identifikationsmerkmale enthalten. Der Verbleib der Kopien ist auf Verlangen nachzuweisen.

(3) Der Auftragnehmer bleibt unbeschadet des Nutzungsrechts des Auftraggebers zur Nutzung der Unterlagen und der DV-Programme berechtigt.

§ 4
Ausführung

1. (1) Der Auftraggeber hat für die Aufrechterhaltung der allgemeinen Ordnung auf der Baustelle zu sorgen und das Zusammenwirken der verschiedenen Unternehmer zu regeln. Er hat die erforderlichen öffentlich-rechtlichen Genehmigungen und Erlaubnisse – z. B. nach dem Baurecht, dem Straßenverkehrsrecht, dem Wasserrecht, dem Gewerberecht – herbeizuführen.

    (2) Der Auftraggeber hat das Recht, die vertragsgemäße Ausführung der Leistung zu überwachen. Hierzu hat er Zutritt zu den Arbeitsplätzen, Werkstätten und Lagerräumen, wo die vertragliche Leistung oder Teile von ihr hergestellt oder die hierfür bestimmten Stoffe und Bauteile gelagert werden. Auf Verlangen sind ihm die Werkzeichnungen oder andere Ausführungsunterlagen sowie die Ergebnisse von Güteprüfungen zur Einsicht vorzulegen und die erforderlichen Auskünfte zu erteilen, wenn hierdurch keine Geschäftsgeheimnisse preisgegeben werden. Als Geschäftsgeheimnis bezeichnete Auskünfte und Unterlagen hat er vertraulich zu behandeln.

    (3) Der Auftraggeber ist befugt, unter Wahrung der dem Auftragnehmer zustehenden Leitung (Nummer 2) Anordnungen zu treffen, die zur vertragsgemäßen Ausführung der Leistung notwendig sind. Die Anordnungen sind grundsätzlich nur dem Auftragnehmer oder seinem für die Leitung der Ausführung bestellten Vertreter zu erteilen, außer wenn Gefahr im Verzug ist. Dem Auftraggeber ist mitzuteilen, wer jeweils als Vertreter des Auftragnehmers für die Leitung der Ausführung bestellt ist.

    (4) Hält der Auftragnehmer die Anordnungen des Auftraggebers für unberechtigt oder unzweckmäßig, so hat er seine Bedenken geltend zu machen, die Anordnungen jedoch auf Verlangen auszuführen, wenn nicht gesetzliche oder behördliche Bestimmungen entgegenstehen. Wenn dadurch eine ungerechtfertigte Erschwerung verursacht wird, hat der Auftraggeber die Mehrkosten zu tragen.

2. (1) Der Auftragnehmer hat die Leistung unter eigener Verantwortung nach dem Vertrag auszuführen. Dabei hat er die anerkannten Regeln der Technik und die gesetzlichen und behördlichen Bestimmungen zu beachten. Es ist seine Sache, die Ausführung seiner vertraglichen Leistung zu leiten und für Ordnung auf seiner Arbeitsstelle zu sorgen.

    (2) Er ist für die Erfüllung der gesetzlichen, behördlichen und berufsgenossenschaftlichen Verpflichtungen gegenüber seinen Arbeitnehmern allein verantwortlich. Es ist ausschließlich seine Aufgabe, die Vereinbarungen und Maßnahmen zu treffen, die sein Verhältnis zu den Arbeitnehmern regeln.

3. Hat der Auftragnehmer Bedenken gegen die vorgesehene Art der Ausführung (auch wegen der Sicherung gegen Unfallgefahren), gegen die Güte der vom Auftraggeber gelieferten Stoffe oder Bauteile oder gegen die Leistungen anderer Unternehmer, so hat er sie dem Auftraggeber unverzüglich – möglichst schon vor Beginn der Arbeiten – schriftlich mitzuteilen; der Auftraggeber bleibt jedoch für seine Angaben, Anordnungen oder Lieferungen verantwortlich.

4. Der Auftraggeber hat, wenn nichts anderes vereinbart ist, dem Auftragnehmer unentgeltlich zur Benutzung oder Mitbenutzung zu überlassen:

   a) die notwendigen Lager- und Arbeitsplätze auf der Baustelle,

   b) vorhandene Zufahrtswege und Anschlußgleise,

   c) vorhandene Anschlüsse für Wasser und Energie. Die Kosten für den Verbrauch und den Messer oder Zähler trägt der Auftragnehmer, mehrere Auftragnehmer tragen sie anteilig.

5. Der Auftragnehmer hat die von ihm ausgeführten Leistungen und die ihm für die Ausführung übergebenen Gegenstände bis zur Abnahme vor Beschädigung und Diebstahl zu schützen. Auf Verlangen des Auftraggebers hat er sie vor Winterschäden und Grundwasser zu schützen, ferner Schnee und Eis zu beseitigen. Obliegt ihm die Verpflichtung nach Satz 2 nicht schon nach dem Vertrag, so regelt sich die Vergütung nach § 2 Nr. 6.

6. Stoffe oder Bauteile, die dem Vertrag oder den Proben nicht entsprechen, sind auf Anordnung des Auftraggebers innerhalb einer von ihm bestimmten Frist von der Baustelle zu entfernen. Geschieht es nicht, so können sie auf Kosten des Auftragnehmers entfernt oder für seine Rechnung veräußert werden.

7. Leistungen, die schon während der Ausführung als mangelhaft oder vertragswidrig erkannt werden, hat der Auftragnehmer auf eigene Kosten durch mangelfreie zu ersetzen. Hat der Auftragnehmer den Mangel oder die Vertragswidrigkeit zu vertreten, so hat er auch den daraus entstehenden Schaden zu ersetzen. Kommt der Auftragnehmer der Pflicht zur Beseitigung des Mangels nicht nach, so kann ihm der Auftraggeber eine angemessene Frist zur Beseitigung des Mangels setzen und erklären, daß er ihm nach fruchtlosem Ablauf der Frist den Auftrag entziehe (§ 8 Nr. 3).

8. (1) Der Auftragnehmer hat die Leistung im eigenen Betrieb auszuführen. Mit schriftlicher Zustimmung des Auftraggebers darf er sie an Nachunternehmer übertragen. Die Zustimmung ist nicht notwendig bei Leistungen, auf die der Betrieb des Auftragnehmers nicht eingerichtet ist.

   (2) Der Auftragnehmer hat bei der Weitervergabe von Bauleistungen an Nachunternehmer die Verdingungsordnung für Bauleistungen zugrunde zu legen.

   (3) Der Auftragnehmer hat die Nachunternehmer dem Auftraggeber auf Verlangen bekanntzugeben.

9. Werden bei Ausführung der Leistung auf einem Grundstück Gegenstände von Altertums-, Kunst- oder wissenschaftlichem Wert entdeckt, so hat der Auftragnehmer vor jedem weiteren Aufdecken oder Ändern dem Auftraggeber den Fund anzuzeigen und ihm die Gegenstände nach näherer Weisung abzu-

liefern. Die Vergütung etwaiger Mehrkosten regelt sich nach § 2 Nr. 6. Die Rechte des Entdeckers (§ 984 BGB) hat der Auftraggeber.

§ 5
Ausführungsfristen

1. Die Ausführung ist nach den verbindlichen Fristen (Vertragsfristen) zu beginnen, angemessen zu fördern und zu vollenden. In einem Bauzeitenplan enthaltene Einzelfristen gelten nur dann als Vertragsfristen, wenn dies im Vertrag ausdrücklich vereinbart ist.

2. Ist für den Beginn der Ausführung keine Frist vereinbart, so hat der Auftraggeber dem Auftragnehmer auf Verlangen Auskunft über den voraussichtlichen Beginn zu erteilen. Der Auftragnehmer hat innerhalb von 12 Werktagen nach Aufforderung zu beginnen. Der Beginn der Ausführung ist dem Auftraggeber anzuzeigen.

3. Wenn Arbeitskräfte, Geräte, Gerüste, Stoffe oder Bauteile so unzureichend sind, daß die Ausführungsfristen offenbar nicht eingehalten werden können, muß der Auftragnehmer auf Verlangen unverzüglich Abhilfe schaffen.

4. Verzögert der Auftragnehmer den Beginn der Ausführung, gerät er mit der Vollendung in Verzug oder kommt er der in Nummer 3 erwähnten Verpflichtung nicht nach, so kann der Auftraggeber bei Aufrechterhaltung des Vertrages Schadenersatz nach § 6 Nr. 6 verlangen oder dem Auftragnehmer eine angemessene Frist zur Vertragserfüllung setzen und erklären, daß er ihm nach fruchtlosem Ablauf der Frist den Auftrag entziehe (§ 8 Nr. 3).

§ 6
Behinderung und Unterbrechung der Ausführung

1. Glaubt sich der Auftragnehmer in der ordnungsgemäßen Ausführung der Leistung behindert, so hat er es dem Auftraggeber unverzüglich schriftlich anzuzeigen. Unterläßt er die Anzeige, so hat er nur dann Anspruch auf Berücksichtigung der hindernden Umstände, wenn dem Auftraggeber offenkundig die Tatsache und deren hindernde Wirkung bekannt waren.

2. (1) Ausführungsfristen werden verlängert, soweit die Behinderung verursacht ist:
   a) durch einen vom Auftraggeber zu vertretenden Umstand,
   b) durch Streik oder eine von der Berufsvertretung der Arbeitgeber angeordnete Aussperrung im Betrieb des Auftragnehmers oder in einem unmittelbar für ihn arbeitenden Betrieb,
   c) durch höhere Gewalt oder andere für den Auftragnehmer unabwendbare Umstände.

   (2) Witterungseinflüsse während der Ausführungszeit, mit denen bei Abgabe des Angebots normalerweise gerechnet werden mußte, gelten nicht als Behinderung.

3. Der Auftragnehmer hat alles zu tun, was ihm billigerweise zugemutet werden kann, um die Weiterführung der Arbeiten zu ermöglichen. Sobald die hindernden Umstände wegfallen, hat er ohne weiteres und unverzüglich die Arbeiten wiederaufzunehmen und den Auftraggeber davon zu benachrichtigen.

4. Die Fristverlängerung wird berechnet nach der Dauer der Behinderung mit einem Zuschlag für die Wiederaufnahme der Arbeiten und die etwaige Verschiebung in eine ungünstigere Jahreszeit.

5. Wird die Ausführung für voraussichtlich längere Dauer unterbrochen, ohne daß die Leistung dauernd unmöglich wird, so sind die ausgeführten Leistungen nach den Vertragspreisen abzurechnen und außerdem die Kosten zu vergüten, die dem Auftragnehmer bereits entstanden und in den Vertragspreisen des nicht ausgeführten Teils der Leistung enthalten sind.

6. Sind die hindernden Umstände von einem Vertragsteil zu vertreten, so hat der andere Teil Anspruch auf Ersatz des nachweislich entstandenen Schadens, des entgangenen Gewinns aber nur bei Vorsatz oder grober Fahrlässigkeit.

7. Dauert eine Unterbrechung länger als 3 Monate, so kann jeder Teil nach Ablauf dieser Zeit den Vertrag schriftlich kündigen. Die Abrechnung regelt sich nach Nummern 5 und 6; wenn der Auftragnehmer die Unterbrechung nicht zu vertreten hat, sind auch die Kosten der Baustellenräumung zu vergüten, soweit sie nicht in der Vergütung für die bereits ausgeführten Leistungen enthalten sind.

§ 7
Verteilung der Gefahr

1. Wird die ganz oder teilweise ausgeführte Leistung vor der Abnahme durch höhere Gewalt, Krieg, Aufruhr oder andere unabwendbare vom Auftragnehmer nicht zu vertretende Umstände beschädigt oder zerstört, so hat dieser für die ausgeführten Teile der Leistung die Ansprüche nach § 6 Nr. 5; für andere Schäden besteht keine gegenseitige Ersatzpflicht.

2. Zu der ganz oder teilweise ausgeführten Leistung gehören alle mit der baulichen Anlage unmittelbar verbundenen, in ihre Substanz eingegangenen Leistungen, unabhängig von deren Fertigstellungsgrad.

3. Zu der ganz oder teilweise ausgeführten Leistung gehören nicht die noch nicht eingebauten Stoffe und Bauteile sowie die Baustelleneinrichtung und Absteckungen. Zu der ganz oder teilweise ausgeführten Leistung gehören ebenfalls nicht Baubehelfe, z. B. Gerüste, auch wenn diese als Besondere Leistung oder selbständig vergeben sind.

§ 8
Kündigung durch den Auftraggeber

1. (1) Der Auftraggeber kann bis zur Vollendung der Leistung jederzeit den Vertrag kündigen.

   (2) Dem Auftragnehmer steht die vereinbarte Vergütung zu. Er muß sich jedoch anrechnen lassen, was er infolge der Aufhebung des Vertrags an Kosten erspart oder durch anderweitige Verwendung seiner Arbeitskraft und seines Betriebs erwirbt oder zu erwerben böswillig unterläßt (§ 649 BGB).

2. (1) Der Auftraggeber kann den Vertrag kündigen, wenn der Auftragnehmer seine Zahlungen einstellt, das Vergleichsverfahren beantragt oder in Konkurs gerät.

   (2) Die ausgeführten Leistungen sind nach § 6 Nr. 5 abzurechnen. Der Auftraggeber kann Schadenersatz wegen Nichterfüllung des Restes verlangen.

3. (1) Der Auftraggeber kann den Vertrag kündigen, wenn in den Fällen des § 4 Nr. 7 und des § 5 Nr. 4 die gesetzte Frist fruchtlos abgelaufen ist (Entziehung des Auftrags). Die Entziehung des Auftrags kann auf einen in sich abgeschlossenen Teil der vertraglichen Leistung beschränkt werden.

   (2) Nach der Entziehung des Auftrags ist der Auftraggeber berechtigt, den noch nicht vollendeten Teil der Leistung zu Lasten des Auftragnehmers durch einen Dritten ausführen zu lassen, doch bleiben seine Ansprüche auf Ersatz des etwa entstehenden weiteren Schadens bestehen. Er ist auch berechtigt, auf die weitere Ausführung zu verzichten und Schadenersatz wegen Nichterfüllung zu verlangen, wenn die Ausführung aus den Gründen, die zur Entziehung des Auftrags geführt haben, für ihn kein Interesse mehr hat.

   (3) Für die Weiterführung der Arbeiten kann der Auftraggeber Geräte, Gerüste, auf der Baustelle vorhandene andere Einrichtungen und angelieferte Stoffe und Bauteile gegen angemessene Vergütung in Anspruch nehmen.

   (4) Der Auftraggeber hat dem Auftragnehmer eine Aufstellung über die entstandenen Mehrkosten und über seine anderen Ansprüche spätestens binnen 12 Werktagen nach Abrechnung mit dem Dritten zuzusenden.

4. Der Auftraggeber kann den Auftrag entziehen, wenn der Auftragnehmer aus Anlaß der Vergabe eine Abrede getroffen hatte, die eine unzulässige Wettbewerbsbeschränkung darstellt. Die Kündigung ist innerhalb von 12 Werktagen nach Bekanntwerden des Kündigungsgrundes auszusprechen. Die Nummer 3 gilt entsprechend.

5. Die Kündigung ist schriftlich zu erklären.

6. Der Auftragnehmer kann Aufmaß und Abnahme der von ihm ausgeführten Leistungen alsbald nach der Kündigung verlangen; er hat unverzüglich eine prüfbare Rechnung über die ausgeführten Leistungen vorzulegen.

7. Eine wegen Verzugs verwirkte, nach Zeit bemessene Vertragsstrafe kann nur für die Zeit bis zum Tag der Kündigung des Vertrags gefordert werden.

§ 9
Kündigung durch den Auftragnehmer

1. Der Auftragnehmer kann den Vertrag kündigen:
   a) wenn der Auftraggeber eine ihm obliegende Handlung unterläßt und dadurch den Auftragnehmer außerstande setzt, die Leistung auszuführen (Annahmeverzug nach §§ 293 ff. BGB),
   b) wenn der Auftraggeber eine fällige Zahlung nicht leistet oder sonst in Schuldnerverzug gerät.
2. Die Kündigung ist schriftlich zu erklären. Sie ist erst zulässig, wenn der Auftragnehmer dem Auftraggeber ohne Erfolg eine angemessene Frist zur Vertragserfüllung gesetzt und erklärt hat, daß er nach fruchtlosem Ablauf der Frist den Vertrag kündigen werde.
3. Die bisherigen Leistungen sind nach den Vertragspreisen abzurechnen. Außerdem hat der Auftragnehmer Anspruch auf angemessene Entschädigung nach § 642 BGB; etwaige weitergehende Ansprüche des Auftragnehmers bleiben unberührt.

§ 10
Haftung der Vertragsparteien

1. Die Vertragsparteien haften einander für eigenes Verschulden sowie für das Verschulden ihrer gesetzlichen Vertreter und der Personen, deren sie sich zur Erfüllung ihrer Verbindlichkeiten bedienen (§§ 276, 278 BGB).
2. (1) Entsteht einem Dritten im Zusammenhang mit der Leistung ein Schaden, für den auf Grund gesetzlicher Haftpflichtbestimmungen beide Vertragsparteien haften, so gelten für den Ausgleich zwischen den Vertragsparteien die allgemeinen gesetzlichen Bestimmungen, soweit im Einzelfall nicht anderes vereinbart ist. Soweit der Schaden des Dritten nur die Folge einer Maßnahme ist, die der Auftraggeber in dieser Form angeordnet hat, trägt er den Schaden allein, wenn ihn der Auftragnehmer auf die mit der angeordneten Ausführung verbundene Gefahr nach § 4 Nr. 3 hingewiesen hat.

   (2) Der Auftragnehmer trägt den Schaden allein, soweit er ihn durch Versicherung seiner gesetzlichen Haftpflicht gedeckt hat oder innerhalb der von der Versicherungsaufsichtsbehörde genehmigten Allgemeinen Versicherungsbedingungen zu tarifmäßigen, nicht auf außergewöhnliche Verhältnisse abgestellten Prämien und Prämienzuschlägen bei einem im Inland zum Geschäftsbetrieb zugelassenen Versicherer hätte decken können.
3. Ist der Auftragnehmer einem Dritten nach §§ 823 ff. BGB zu Schadenersatz verpflichtet wegen unbefugten Betretens oder Beschädigung angrenzender Grundstücke, wegen Entnahme oder Auflagerung von Boden oder anderen Gegenständen außerhalb der vom Auftraggeber dazu angewiesenen Flächen oder wegen der Folgen eigenmächtiger Versperrung von Wegen oder Wasserläufen, so trägt er im Verhältnis zum Auftraggeber den Schaden allein.

4. Für die Verletzung gewerblicher Schutzrechte haftet im Verhältnis der Vertragsparteien zueinander der Auftragnehmer allein, wenn er selbst das geschützte Verfahren oder die Verwendung geschützter Gegenstände angeboten oder wenn der Auftraggeber die Verwendung vorgeschrieben und auf das Schutzrecht hingewiesen hat.

5. Ist eine Vertragspartei gegenüber der anderen nach Nummern 2, 3 oder 4 von der Ausgleichspflicht befreit, so gilt diese Befreiung auch zugunsten ihrer gesetzlichen Vertreter und Erfüllungsgehilfen, wenn sie nicht vorsätzlich oder grob fahrlässig gehandelt haben.

6. Soweit eine Vertragspartei von dem Dritten für einen Schaden in Anspruch genommen wird, den nach Nummern 2, 3 oder 4 die andere Vertragspartei zu tragen hat, kann sie verlangen, daß ihre Vertragspartei sie von der Verbindlichkeit gegenüber dem Dritten befreit. Sie darf den Anspruch des Dritten nicht anerkennen oder befriedigen, ohne der anderen Vertragspartei vorher Gelegenheit zur Äußerung gegeben zu haben.

§ 11
Vertragsstrafe

1. Wenn Vertragsstrafen vereinbart sind, gelten die §§ 339 bis 345 BGB.

2. Ist die Vertragsstrafe für den Fall vereinbart, daß der Auftragnehmer nicht in der vorgesehen Frist erfüllt, so wird sie fällig, wenn der Auftragnehmer in Verzug gerät.

3. Ist die Vertragsstrafe nach Tagen bemessen, so zählen nur Werktage; ist sie nach Wochen bemessen, so wird jeder Werktag angefangener Wochen als $1/6$ Woche gerechnet.

4. Hat der Auftraggeber die Leistung abgenommen, so kann er die Strafe nur verlangen, wenn er dies bei der Abnahme vorbehalten hat.

§ 12
Abnahme

1. Verlangt der Auftragnehmer nach der Fertigstellung – gegebenenfalls auch vor Ablauf der vereinbarten Ausführungsfrist – die Abnahme der Leistung, so hat sie der Auftraggeber binnen 12 Werktagen durchzuführen; eine andere Frist kann vereinbart werden.

2. Besonders abzunehmen sind auf Verlangen:
   a) in sich abgeschlossene Teile der Leistung,
   b) andere Teile der Leistung, wenn sie durch die weitere Ausführung der Prüfung und Feststellung entzogen werden.

3. Wegen wesentlicher Mängel kann die Abnahme bis zur Beseitigung verweigert werden.

4. (1) Eine förmliche Abnahme hat stattzufinden, wenn eine Vertragspartei es verlangt. Jede Partei kann auf ihre Kosten einen Sachverständigen zuziehen. Der Befund ist in gemeinsamer Verhandlung schriftlich niederzulegen. In die Niederschrift sind etwaige Vorbehalte wegen bekannter Mängel und wegen Vertragsstrafen aufzunehmen, ebenso etwaige Einwendungen des Auftragnehmers. Jede Partei erhält eine Ausfertigung.

(2) Die förmliche Abnahme kann in Abwesenheit des Auftragnehmers stattfinden, wenn der Termin vereinbart war oder der Auftraggeber mit genügender Frist dazu eingeladen hatte. Das Ergebnis der Abnahme ist dem Auftragnehmer alsbald mitzuteilen.

5. (1) Wird keine Abnahme verlangt, so gilt die Leistung als abgenommen mit Ablauf von 12 Werktagen nach schriftlicher Mitteilung über die Fertigstellung der Leistung.

(2) Hat der Auftraggeber die Leistung oder einen Teil der Leistung in Benutzung genommen, so gilt die Abnahme nach Ablauf von 6 Werktagen nach Beginn der Benutzung als erfolgt, wenn nichts anderes vereinbart ist. Die Benutzung von Teilen einer baulichen Anlage zur Weiterführung der Arbeiten gilt nicht als Abnahme.

(3) Vorbehalte wegen bekannter Mängel oder wegen Vertragsstrafen hat der Auftraggeber spätestens zu den in den Absätzen 1 und 2 bezeichneten Zeitpunkten geltend zu machen.

6. Mit der Abnahme geht die Gefahr auf den Auftraggeber über, soweit er sie nicht schon nach § 7 trägt.

§ 13
Gewährleistung

1. Der Auftragnehmer übernimmt die Gewähr, daß seine Leistung zur Zeit der Abnahme die vertraglich zugesicherten Eigenschaften hat, den anerkannten Regeln der Technik entspricht und nicht mit Fehlern behaftet ist, die den Wert oder die Tauglichkeit zu dem gewöhnlichen oder dem nach dem Vertrag vorausgesetzten Gebrauch aufheben oder mindern.

2. Bei Leistungen nach Probe gelten die Eigenschaften der Probe als zugesichert, soweit nicht Abweichungen nach der Verkehrssitte als bedeutungslos anzusehen sind. Dies gilt auch für Proben, die erst nach Vertragsabschluß als solche anerkannt sind.

3. Ist ein Mangel zurückzuführen auf die Leistungsbeschreibung oder auf Anordnungen des Auftraggebers, auf die von diesem gelieferten oder vorgeschriebenen Stoffe oder Bauteile oder die Beschaffenheit der Vorleistung eines anderen Unternehmers, so ist der Auftragnehmer von der Gewährleistung für diese Mängel frei, außer wenn er die ihm nach § 4 Nr. 3 obliegende Mitteilung über die zu befürchtenden Mängel unterlassen hat.

4. (1) Ist für die Gewährleistung keine Verjährungsfrist im Vertrag vereinbart, so beträgt sie für Bauwerke und für Holzerkrankungen 2 Jahre, für Arbeiten

an einem Grundstück und für die vom Feuer berührten Teile von Feuerungsanlagen ein Jahr.

(2) Bei maschinellen und elektrotechnischen/elektronischen Anlagen oder Teilen davon, bei denen die Wartung Einfluß auf die Sicherheit und Funktionsfähigkeit hat, beträgt die Verjährungsfrist für die Gewährleistungsansprüche abweichend von Absatz 1 ein Jahr, wenn der Auftraggeber sich dafür entschieden hat, dem Auftragnehmer die Wartung für die Dauer der Verjährungsfrist nicht zu übertragen.

(3) Die Frist beginnt mit der Abnahme der gesamten Leistung; nur für in sich abgeschlossene Teile der Leistung beginnt sie mit der Teilabnahme (§ 12 Nr. 2a).

5. (1) Der Auftragnehmer ist verpflichtet, alle während der Verjährungsfrist hervortretenden Mängel, die auf vertragswidrige Leistung zurückzuführen sind, auf seine Kosten zu beseitigen, wenn es der Auftraggeber vor Ablauf der Frist schriftlich verlangt. Der Anspruch auf Beseitigung der gerügten Mängel verjährt mit Ablauf der Regelfristen der Nummer 4, gerechnet vom Zugang des schriftlichen Verlangens an, jedoch nicht vor Ablauf der vereinbarten Frist. Nach Abnahme der Mängelbeseitigungsleistung beginnen für diese Leistung die Regelfristen der Nummer 4, wenn nichts anderes vereinbart ist.

(2) Kommt der Auftragnehmer der Aufforderung zur Mängelbeseitigung in einer vom Auftraggeber gesetzten angemessenen Frist nicht nach, so kann der Auftraggeber die Mängel auf Kosten des Auftragnehmers beseitigen lassen.

6. Ist die Beseitigung des Mangels unmöglich oder würde sie einen unverhältnismäßig hohen Aufwand erfordern und wird sie deshalb vom Auftragnehmer verweigert, so kann der Auftraggeber Minderung der Vergütung verlangen (§ 634 Abs. 4, § 472 BGB). Der Auftraggeber kann ausnahmsweise auch dann Minderung der Vergütung verlangen, wenn die Beseitigung des Mangels für ihn unzumutbar ist.

7. (1) Ist ein wesentlicher Mangel, der die Gebrauchsfähigkeit erheblich beeinträchtigt, auf ein Verschulden des Auftragnehmers oder seiner Erfüllungsgehilfen zurückzuführen, so ist der Auftragnehmer außerdem verpflichtet, dem Auftraggeber den Schaden an der baulichen Anlage zu ersetzen, zu deren Herstellung, Instandhaltung oder Änderung die Leistung dient.

(2) Den darüber hinausgehenden Schaden hat er nur dann zu ersetzen:
a) wenn der Mangel auf Vorsatz oder grober Fahrlässigkeit beruht,
b) wenn der Mangel auf einem Verstoß gegen die anerkannten Regeln der Technik beruht,
c) wenn der Mangel in dem Fehlen einer vertraglich zugesicherten Eigenschaft besteht oder
d) soweit der Auftragnehmer den Schaden durch Versicherung seiner gesetzlichen Haftpflicht gedeckt hat oder innerhalb der von der Versicherungsaufsichtsbehörde genehmigten Allgemeinen Versicherungsbedingungen zu tarifmäßigen, nicht auf außergewöhnliche Verhältnisse abgestellten Prämien und Prämienzuschlägen bei einem im Inland zum Geschäftsbetrieb zugelassenen Versicherer hätte decken können.

(3) Abweichend von Nummer 4 gelten die gesetzlichen Verjährungsfristen, soweit sich der Auftragnehmer nach Absatz 2 durch Versicherung geschützt hat oder hätte schützen können oder soweit ein besonderer Versicherungsschutz vereinbart ist.

(4) Eine Einschränkung oder Erweiterung der Haftung kann in begründeten Sonderfällen vereinbart werden.

§ 14
Abrechnung

1. Der Auftragnehmer hat seine Leistungen prüfbar abzurechnen. Er hat die Rechnungen übersichtlich aufzustellen und dabei die Reihenfolge der Posten einzuhalten und die in den Vertragsbestandteilen enthaltenen Bezeichnungen zu verwenden. Die zum Nachweis von Art und Umfang der Leistung erforderlichen Mengenberechnungen, Zeichnungen und andere Belege sind beizufügen. Änderungen und Ergänzungen des Vertrags sind in der Rechnung besonders kenntlich zu machen; sie sind auf Verlangen getrennt abzurechnen.

2. Die für die Abrechnung notwendigen Feststellungen sind dem Fortgang der Leistung entsprechend möglichst gemeinsam vorzunehmen. Die Abrechnungsbestimmungen in den Technischen Vertragsbedingungen und den anderen Vertragsunterlagen sind zu beachten. Für Leistungen, die bei Weiterführung der Arbeiten nur schwer feststellbar sind, hat der Auftragnehmer rechtzeitig gemeinsame Feststellungen zu beantragen.

3. Die Schlußrechnung muß bei Leistungen mit einer vertraglichen Ausführungsfrist von höchstens 3 Monaten spätestens 12 Werktage nach Fertigstellung eingereicht werden, wenn nichts anderes vereinbart ist; diese Frist wird um je 6 Werktage für je weitere 3 Monate Ausführungsfrist verlängert.

4. Reicht der Auftragnehmer eine prüfbare Rechnung nicht ein, obwohl ihm der Auftraggeber dafür eine angemessene Frist gesetzt hat, so kann sie der Auftraggeber selbst auf Kosten des Auftragnehmers aufstellen.

§ 15
Stundenlohnarbeiten

1. (1) Stundenlohnarbeiten werden nach den vertraglichen Vereinbarungen abgerechnet.

(2) Soweit für die Vergütung keine Vereinbarungen getroffen worden sind, gilt die ortsübliche Vergütung. Ist diese nicht zu ermitteln, so werden die Aufwendungen des Auftragnehmers für

Lohn- und Gehaltskosten der Baustelle, Lohn- und Gehaltsnebenkosten der Baustelle, Stoffkosten der Baustelle, Kosten der Einrichtungen, Geräte, Maschinen und maschinellen Anlagen der Baustelle, Fracht-, Fuhr- und Ladekosten, Sozialkassenbeiträge und Sonderkosten,

die bei wirtschaftlicher Betriebsführung entstehen, mit angemessenen Zuschlägen für Gemeinkosten und Gewinn (einschließlich allgemeinem Unternehmerwagnis) zuzüglich Umsatzsteuer vergütet.

2. Verlangt der Auftraggeber, daß die Stundenlohnarbeiten durch einen Polier oder eine andere Aufsichtsperson beaufsichtigt werden, oder ist die Aufsicht nach den einschlägigen Unfallverhütungsvorschriften notwendig, so gilt Nummer 1 entsprechend.

3. Dem Auftraggeber ist die Ausführung von Stundenlohnarbeiten vor Beginn anzuzeigen. Über die geleisteten Arbeitsstunden und den dabei erforderlichen, besonders zu vergütenden Aufwand für den Verbrauch von Stoffen, für Vorhaltung von Einrichtungen, Geräten, Maschinen und maschinellen Anlagen, für Frachten, Fuhr- und Ladeleistungen sowie etwaige Sonderkosten sind, wenn nichts anderes vereinbart ist, je nach der Verkehrssitte werktäglich oder wöchentlich Listen (Stundenlohnzettel) einzureichen. Der Auftraggeber hat die von ihm bescheinigten Stundenlohnzettel unverzüglich, spätestens jedoch innerhalb von 6 Werktagen nach Zugang, zurückzugeben. Dabei kann er Einwendungen auf den Stundenlohnzetteln oder gesondert schriftlich erheben. Nicht fristgemäß zurückgegebene Stundenlohnzettel gelten als anerkannt.

4. Stundenlohnrechnungen sind alsbald nach Abschluß der Stundenlohnarbeiten, längstens jedoch in Abständen von 4 Wochen, einzureichen. Für die Zahlung gilt § 16.

5. Wenn Stundenlohnarbeiten zwar vereinbart waren, über den Umfang der Stundenlohnleistungen aber mangels rechtzeitiger Vorlage der Stundenlohnzettel Zweifel bestehen, so kann der Auftraggeber verlangen, daß für die nachweisbar ausgeführten Leistungen eine Vergütung vereinbart wird, die nach Maßgabe von Nummer 1 Abs. 2 für einen wirtschaftlich vertretbaren Aufwand an Arbeitszeit und Verbrauch von Stoffen, für Vorhaltung von Einrichtungen, Geräten, Maschinen und maschinellen Anlagen, für Frachten, Fuhr- und Ladeleistungen sowie etwaige Sonderkosten ermittelt wird.

§ 16
Zahlung

1. (1) Abschlagszahlungen sind auf Antrag in Höhe des Wertes der jeweils nachgewiesenen vertragsgemäßen Leistungen einschließlich des ausgewiesenen, darauf entfallenden Umsatzsteuerbetrags in möglichst kurzen Zeitabständen zu gewähren. Die Leistungen sind durch eine prüfbare Aufstellung nachzuweisen, die eine rasche und sichere Beurteilung der Leistungen ermöglichen muß. Als Leistungen gelten hierbei auch die für die geforderte Leistung eigens angefertigten und bereitgestellten Bauteile sowie die auf der Baustelle angelieferten Stoffe und Bauteile, wenn dem Auftraggeber nach

seiner Wahl das Eigentum an ihnen übertragen ist oder entsprechende Sicherheit gegeben wird.

(2) Gegenforderungen können einbehalten werden. Andere Einbehalte sind nur in den im Vertrag und in den gesetzlichen Bestimmungen vorgesehenen Fällen zulässig.

(3) Abschlagszahlungen sind binnen 18 Werktagen nach Zugang der Aufstellung zu leisten.

(4) Die Abschlagszahlungen sind ohne Einfluß auf die Haftung und Gewährleistung des Auftragnehmers; sie gelten nicht als Abnahme von Teilen der Leistung.

2. (1) Vorauszahlungen können auch nach Vertragsabschluß vereinbart werden; hierfür ist auf Verlangen des Auftraggebers ausreichende Sicherheit zu leisten. Diese Vorauszahlungen sind, sofern nichts anderes vereinbart wird, mit 1 v. H. über dem Lombardsatz der Deutschen Bundesbank zu verzinsen.

(2) Vorauszahlungen sind auf die nächstfälligen Zahlungen anzurechnen, soweit damit Leistungen abzugelten sind, für welche die Vorauszahlungen gewährt worden sind.

3. (1) Die Schlußzahlung ist alsbald nach Prüfung und Feststellung der vom Auftragnehmer vorgelegten Schlußrechnung zu leisten, spätestens innerhalb von 2 Monaten nach Zugang. Die Prüfung der Schlußrechnung ist nach Möglichkeit zu beschleunigen. Verzögert sie sich, so ist das unbestrittene Guthaben als Abschlagszahlung sofort zu zahlen.

(2) Die vorbehaltlose Annahme der Schlußzahlung schließt Nachforderungen aus, wenn der Auftragnehmer über die Schlußzahlung schriftlich unterrichtet und auf die Ausschlußwirkung hingewiesen wurde.

(3) Einer Schlußzahlung steht es gleich, wenn der Auftraggeber unter Hinweis auf geleistete Zahlungen weitere Zahlungen endgültig und schriftlich ablehnt.

(4) Auch früher gestellte, aber unerledigte Forderungen werden ausgeschlossen, wenn sie nicht nochmals vorbehalten werden.

(5) Ein Vorbehalt ist innerhalb von 24 Werktagen nach Zugang der Mitteilung nach Absätzen 2 und 3 über die Schlußzahlung zu erklären. Er wird hinfällig, wenn nicht innerhalb von weiteren 24 Werktagen eine prüfbare Rechnung über die vorbehaltenen Forderungen eingereicht oder, wenn das nicht möglich ist, der Vorbehalt eingehend begründet wird.

(6) Die Ausschlußfristen gelten nicht für ein Verlangen nach Richtigstellung der Schlußrechnung und -zahlung wegen Aufmaß-, Rechen- und Übertragungsfehlern.

4. In sich abgeschlossene Teile der Leistung können nach Teilabnahme ohne Rücksicht auf die Vollendung der übrigen Leistungen endgültig festgestellt und bezahlt werden.

5. (1) Alle Zahlungen sind aufs äußerste zu beschleunigen.

(2) Nicht vereinbarte Skontoabzüge sind unzulässig.

(3) Zahlt der Auftraggeber bei Fälligkeit nicht, so kann ihm der Auftragnehmer eine angemessene Nachfrist setzen. Zahlt er auch innerhalb der Nachfrist nicht, so hat der Auftragnehmer vom Ende der Nachfrist an Anspruch auf Zinsen in Höhe von 1 v. H. über dem Lombardsatz der Deutschen Bundesbank, wenn er nicht einen höheren Verzugsschaden nachweist. Außerdem darf er die Arbeiten bis zur Zahlung einstellen.

6. Der Auftraggeber ist berechtigt, zur Erfüllung seiner Verpflichtungen aus Nummern 1 bis 5 Zahlungen an Gläubiger des Auftragnehmers zu leisten, soweit sie an der Ausführung der vertraglichen Leistung des Auftragnehmers aufgrund eines mit diesem abgeschlossenen Dienst- oder Werkvertrags beteiligt sind und der Auftragnehmer in Zahlungsverzug gekommen ist. Der Auftragnehmer ist verpflichtet, sich auf Verlangen des Auftraggebers innerhalb einer von diesem gesetzten Frist darüber zu erklären, ob und inwieweit er die Forderungen seiner Gläubiger anerkennt; wird diese Erklärung nicht rechtzeitig abgegeben, so gelten die Forderungen als anerkannt und der Zahlungsverzug als bestätigt.

§ 17
Sicherheitsleistung

1. (1) Wenn Sicherheitsleistung vereinbart ist, gelten die §§ 232 bis 240 BGB, soweit sich aus den nachstehenden Bestimmungen nichts anderes ergibt.

   (2) Die Sicherheit dient dazu, die vertragsgemäße Ausführung der Leistung und die Gewährleistung sicherzustellen.

2. Wenn im Vertrag nichts anderes vereinbart ist, kann Sicherheit durch Einbehalt oder Hinterlegung von Geld oder durch Bürgschaft eines Kreditinstituts oder Kreditversicherers geleistet werden, sofern das Kreditinstitut oder der Kreditversicherer
   - in der Europäischen Gemeinschaft oder
   - in einem Staat der Vertragsparteien des Abkommens über den Europäischen Wirtschaftsraum oder
   - in einem Staat der Vertragsparteien des WTO-Übereinkommens über das öffentliche Beschaffungswesen
   zugelassen ist.

3. Der Auftragnehmer hat die Wahl unter den verschiedenen Arten der Sicherheit; er kann eine Sicherheit durch eine andere ersetzen.

4. Bei Sicherheitsleistung durch Bürgschaft ist Voraussetzung, daß der Auftraggeber den Bürgen als tauglich anerkannt hat. Die Bürgschaftserklärung ist schriftlich unter Verzicht auf die Einrede der Vorausklage abzugeben (§ 771 BGB); sie darf nicht auf bestimmte Zeit begrenzt sein und muß nach Vorschrift des Auftraggebers ausgestellt sein.

5. Wird Sicherheit durch Hinterlegung von Geld geleistet, so hat der Auftragnehmer den Betrag bei einem zu vereinbarenden Geldinstitut auf ein Sperrkonto einzuzahlen, über das beide Parteien nur gemeinsam verfügen können. Etwaige Zinsen stehen dem Auftragnehmer zu.

6. (1) Soll der Auftraggeber vereinbarungsgemäß die Sicherheit in Teilbeträgen von seinen Zahlungen einbehalten, so darf er jeweils die Zahlung um höchstens 10 v. H. kürzen, bis die vereinbarte Sicherheitssumme erreicht ist. Den jeweils einbehaltenen Betrag hat er dem Auftragnehmer mitzuteilen und binnen 18 Werktagen nach dieser Mitteilung auf Sperrkonto bei dem vereinbarten Geldinstitut einzuzahlen. Gleichzeitig muß er veranlassen, daß dieses Geldinstitut den Auftragnehmer von der Einzahlung des Sicherheitsbetrags benachrichtigt. Nr. 5 gilt entsprechend.

(2) Bei kleineren oder kurzfristigen Aufträgen ist es zulässig, daß der Auftraggeber den einbehaltenen Sicherheitsbetrag erst bei der Schlußzahlung auf Sperrkonto einzahlt.

(3) Zahlt der Auftraggeber den einbehaltenen Betrag nicht rechtzeitig ein, so kann ihm der Auftragnehmer hierfür eine angemessene Nachfrist setzen. Läßt der Auftraggeber auch diese verstreichen, so kann der Auftragnehmer die sofortige Auszahlung des einbehaltenen Betrags verlangen und braucht dann keine Sicherheit mehr zu leisten.

(4) Öffentliche Auftraggeber sind berechtigt, den als Sicherheit einbehaltenen Betrag auf eigenes Verwahrgeldkonto zu nehmen; der Betrag wird nicht verzinst.

7. Der Auftragnehmer hat die Sicherheit binnen 18 Werktagen nach Vertragsabschluß zu leisten, wenn nichts anderes vereinbart ist. Soweit er diese Verpflichtung nicht erfüllt hat, ist der Auftraggeber berechtigt, vom Guthaben des Auftragnehmers einen Betrag in Höhe der vereinbarten Sicherheit einzubehalten. Im übrigen gelten Nummern 5 und 6 außer Absatz 1 Satz 1 entsprechend.

8. Der Auftraggeber hat eine nicht verwertete Sicherheit zum vereinbarten Zeitpunkt, spätestens nach Ablauf der Verjährungsfrist für die Gewährleistung, zurückzugeben. Soweit jedoch zu dieser Zeit seine Ansprüche noch nicht erfüllt sind, darf er einen entsprechenden Teil der Sicherheit zurückhalten.

§ 18

Streitigkeiten

1. Liegen die Voraussetzungen für eine Gerichtsstandvereinbarung nach § 38 Zivilprozeßordnung vor, richtet sich der Gerichtsstand für Streitigkeiten aus dem Vertrag nach dem Sitz der für die Prozeßvertretung des Auftraggebers zuständigen Stelle, wenn nichts anderes vereinbart ist. Sie ist dem Auftragnehmer auf Verlangen mitzuteilen.

2. Entstehen bei Verträgen mit Behörden Meinungsverschiedenheiten, so soll der Auftragnehmer zunächst die der auftraggebenden Stelle unmittelbar vorgesetzte Stelle anrufen. Diese soll dem Auftragnehmer Gelegenheit zur mündlichen Aussprache geben und ihn möglichst innerhalb von 2 Monaten nach der Anrufung schriftlich bescheiden und dabei auf die Rechtsfolgen des Satzes 3 hinweisen. Die Entscheidung gilt als anerkannt, wenn der Auftragnehmer nicht innerhalb von 2 Monaten nach Eingang des Bescheides schriftlich Einspruch beim Auftraggeber erhebt und dieser ihn auf die Ausschlußfrist hingewiesen hat.

3. Bei Meinungsverschiedenheiten über die Eigenschaft von Stoffen und Bauteilen, für die allgemeingültige Prüfungsverfahren bestehen, und über die Zulässigkeit oder Zuverlässigkeit der bei der Prüfung verwendeten Maschinen oder angewendeten Prüfungsverfahren kann jede Vertragspartei nach vorheriger Benachrichtigung der anderen Vertragspartei die materialtechnische Untersuchung durch eine staatliche oder staatlich anerkannte Materialprüfungsstelle vornehmen lassen; deren Feststellungen sind verbindlich. Die Kosten trägt der unterliegende Teil.

4. Streitfälle berechtigen den Auftragnehmer nicht, die Arbeiten einzustellen.

	VOB Verdingungsordnung für Bauleistungen Teil C: Allgemeine Technische Vertragsbedingungen für Bauleistungen (ATV) **Allgemeine Regelungen für Bauarbeiten jeder Art**	**Juni 1996** **DIN** **18299**

ICS 91-030 Ersatz für Ausgabe 1992-12

Deskriptoren: VOB, Verdingungsordnung, Bauleistung, Bauarbeit, Vertragsbedingung

Contract procedures for building works – Part C: General technical specifications for building works – General rules for all kinds of building works

Cahier des charges pour des travaux du bâtiment – Partie C: Règlements techniques généralés de contrat pour d'execution des travaux du bâtiment – Règles généralés pour toute sorte des travaux

Vorwort

Diese Norm wurde vom Deutschen Verdingungsausschuß für Bauleistungen (DVA) aufgestellt.

Änderungen

Gegenüber der Ausgabe 1992-12 wurden folgende Änderungen vorgenommen:
- Abschnitt 0 wurde unter Berücksichtigung umweltrechtlicher Vorschriften und aufgrund von Erkenntnissen aus dem Bauablauf ergänzt.

Frühere Ausgaben

DIN 18299: 1988-09, 1992-12

Normative Verweisungen

Diese Norm enthält durch datierte oder undatierte Verweisungen Festlegungen aus anderen Publikationen. Diese normativen Verweisungen sind an den jeweiligen Stellen im Text zitiert, und die Publikationen sind nachstehend aufgeführt. Bei datierten Verweisungen gehören spätere Änderungen oder Überarbeitungen dieser Publikationen nur zu dieser Norm, falls sie durch Änderung oder Überarbeitung eingearbeitet sind. Bei undatierten Verweisungen gilt die letzte Ausgabe der in Bezug genommenen Publikation.

DIN 1960
VOB Verdingungsordnung für Bauleistungen – Teil A: Allgemeine Bestimmungen für die Vergabe von Bauleistungen

DIN 1961
VOB Verdingungsordnung für Bauleistungen – Teil B: Allgemeine Vertragsbedingungen für die Ausführung von Bauleistungen

DIN 18300
VOB Verdingungsordnung für Bauleistungen – Teil C: Allgemeine Technische Vertragsbedingungen für Bauleistungen (ATV); Erdarbeiten

DIN 18301
VOB Verdingungsordnung für Bauleistungen – Teil C: Allgemeine Technische Vertragsbedingungen für Bauleistungen (ATV); Bohrarbeiten

DIN 18302
VOB Verdingungsordnung für Bauleistungen – Teil C: Allgemeine Technische Vertragsbedingungen für Bauleistungen (ATV); Brunnenbauarbeiten

DIN 18303
VOB Verdingungsordnung für Bauleistungen – Teil C: Allgemeine Technische Vertragsbedingungen für Bauleistungen (ATV); Verbauarbeiten

DIN 18304
VOB Verdingungsordnung für Bauleistungen – Teil C: Allgemeine Technische Vertragsbedingungen für Bauleistungen (ATV); Rammarbeiten

DIN 18305
VOB Verdingungsordnung für Bauleistungen – Teil C: Allgemeine Technische Vertragsbedingungen für Bauleistungen (ATV); Wasserhaltungsarbeiten

DIN 18306
VOB Verdingungsordnung für Bauleistungen – Teil C: Allgemeine Technische Vertragsbedingungen für Bauleistungen (ATV); Entwässerungskanalarbeiten

DIN 18307
VOB Verdingungsordnung für Bauleistungen – Teil C: Allgemeine Technische Vertragsbedingungen für Bauleistungen (ATV); Gas- und Wasserleitungsarbeiten im Erdreich

Fortsetzung Seite 2 bis 12

DIN Deutsches Institut für Normung e.V.

DIN 18308
VOB Verdingungsordnung für Bauleistungen – Teil C: Allgemeine Technische Vertragsbedingungen für Bauleistungen (ATV); Dränarbeiten

DIN 18309
VOB Verdingungsordnung für Bauleistungen – Teil C: Allgemeine Technische Vertragsbedingungen für Bauleistungen (ATV); Einpreßarbeiten

DIN 18310
VOB Verdingungsordnung für Bauleistungen – Teil C: Allgemeine Technische Vertragsbedingungen für Bauleistungen (ATV); Sicherungsarbeiten an Gewässern, Deichen und Küstendünen

DIN 18311
VOB Verdingungsordnung für Bauleistungen – Teil C: Allgemeine Technische Vertragsbedingungen für Bauleistungen (ATV); Naßbaggerarbeiten

DIN 18312
VOB Verdingungsordnung für Bauleistungen – Teil C: Allgemeine Technische Vertragsbedingungen für Bauleistungen (ATV); Untertagebauarbeiten

DIN 18313
VOB Verdingungsordnung für Bauleistungen – Teil C: Allgemeine Technische Vertragsbedingungen für Bauleistungen (ATV); Schlitzwandarbeiten mit stützenden Flüssigkeiten

DIN 18314
VOB Verdingungsordnung für Bauleistungen – Teil C: Allgemeine Technische Vertragsbedingungen für Bauleistungen (ATV); Spritzbetonarbeiten

DIN 18315
VOB Verdingungsordnung für Bauleistungen – Teil C: Allgemeine Technische Vertragsbedingungen für Bauleistungen (ATV); Verkehrswegebauarbeiten, Oberbauschichten ohne Bindemittel

DIN 18316
VOB Verdingungsordnung für Bauleistungen – Teil C: Allgemeine Technische Vertragsbedingungen für Bauleistungen (ATV); Verkehrswegebauarbeiten, Oberbauschichten mit hydraulischen Bindemitteln

DIN 18317
VOB Verdingungsordnung für Bauleistungen – Teil C: Allgemeine Technische Vertragsbedingungen für Bauleistungen (ATV); Verkehrswegebauarbeiten, Oberbauschichten aus Asphalt

DIN 18318
VOB Verdingungsordnung für Bauleistungen – Teil C: Allgemeine Technische Vertragsbedingungen für Bauleistungen (ATV); Verkehrswegebauarbeiten, Pflasterdecken, Plattenbeläge, Einfassungen

DIN 18319
VOB Verdingungsordnung für Bauleistungen – Teil C: Allgemeine Technische Vertragsbedingungen für Bauleistungen (ATV); Rohrvortriebsarbeiten

DIN 18320
VOB Verdingungsordnung für Bauleistungen – Teil C: Allgemeine Technische Vertragsbedingungen für Bauleistungen (ATV); Landschaftsbauarbeiten

DIN 18325
VOB Verdingungsordnung für Bauleistungen – Teil C: Allgemeine Technische Vertragsbedingungen für Bauleistungen (ATV); Gleisbauarbeiten

DIN 18330
VOB Verdingungsordnung für Bauleistungen – Teil C: Allgemeine Technische Vertragsbedingungen für Bauleistungen (ATV); Maurerarbeiten

DIN 18331
VOB Verdingungsordnung für Bauleistungen – Teil C: Allgemeine Technische Vertragsbedingungen für Bauleistungen (ATV); Beton- und Stahlbetonarbeiten

DIN 18332
VOB Verdingungsordnung für Bauleistungen – Teil C: Allgemeine Technische Vertragsbedingungen für Bauleistungen (ATV); Naturwerksteinarbeiten

DIN 18333
VOB Verdingungsordnung für Bauleistungen – Teil C: Allgemeine Technische Vertragsbedingungen für Bauleistungen (ATV); Betonwerksteinarbeiten

DIN 18334
VOB Verdingungsordnung für Bauleistungen – Teil C: Allgemeine Technische Vertragsbedingungen für Bauleistungen (ATV); Zimmer- und Holzbauarbeiten

DIN 18335
VOB Verdingungsordnung für Bauleistungen – Teil C: Allgemeine Technische Vertragsbedingungen für Bauleistungen (ATV); Stahlbauarbeiten

DIN 18336
VOB Verdingungsordnung für Bauleistungen – Teil C: Allgemeine Technische Vertragsbedingungen für Bauleistungen (ATV); Abdichtungsarbeiten

DIN 18338
VOB Verdingungsordnung für Bauleistungen – Teil C: Allgemeine Technische Vertragsbedingungen für Bauleistungen (ATV); Dachdeckungs- und Dachabdichtungsarbeiten

DIN 18339
VOB Verdingungsordnung für Bauleistungen – Teil C: Allgemeine Technische Vertragsbedingungen für Bauleistungen (ATV); Klempnerarbeiten

DIN 18349
VOB Verdingungsordnung für Bauleistungen – Teil C: Allgemeine Technische Vertragsbedingungen für Bauleistungen (ATV); Betonerhaltungsarbeiten

DIN 18350
VOB Verdingungsordnung für Bauleistungen – Teil C: Allgemeine Technische Vertragsbedingungen für Bauleistungen (ATV); Putz- und Stuckarbeiten

DIN 18352
VOB Verdingungsordnung für Bauleistungen – Teil C: Allgemeine Technische Vertragsbedingungen für Bauleistungen (ATV); Fliesen- und Plattenarbeiten

DIN 18353
VOB Verdingungsordnung für Bauleistungen – Teil C: Allgemeine Technische Vertragsbedingungen für Bauleistungen (ATV); Estricharbeiten

DIN 18354
VOB Verdingungsordnung für Bauleistungen – Teil C: Allgemeine Technische Vertragsbedingungen für Bauleistungen (ATV); Gußasphaltarbeiten

DIN 18355
VOB Verdingungsordnung für Bauleistungen – Teil C: Allgemeine Technische Vertragsbedingungen für Bauleistungen (ATV); Tischlerarbeiten

DIN 18356
VOB Verdingungsordnung für Bauleistungen – Teil C: Allgemeine Technische Vertragsbedingungen für Bauleistungen (ATV); Parkettarbeiten

DIN 18357
VOB Verdingungsordnung für Bauleistungen – Teil C: Allgemeine Technische Vertragsbedingungen für Bauleistungen (ATV); Beschlagarbeiten

DIN 18358
VOB Verdingungsordnung für Bauleistungen – Teil C: Allgemeine Technische Vertragsbedingungen für Bauleistungen (ATV); Rolladenarbeiten

DIN 18360
VOB Verdingungsordnung für Bauleistungen – Teil C: Allgemeine Technische Vertragsbedingungen für Bauleistungen (ATV); Metallbauarbeiten

DIN 18361
VOB Verdingungsordnung für Bauleistungen – Teil C: Allgemeine Technische Vertragsbedingungen für Bauleistungen (ATV); Verglasungsarbeiten

DIN 18363
VOB Verdingungsordnung für Bauleistungen – Teil C: Allgemeine Technische Vertragsbedingungen für Bauleistungen (ATV); Maler- und Lackiererarbeiten

DIN 18364
VOB Verdingungsordnung für Bauleistungen – Teil C: Allgemeine Technische Vertragsbedingungen für Bauleistungen (ATV); Korrosionsschutzarbeiten an Stahl- und Aluminiumbauten

DIN 18365
VOB Verdingungsordnung für Bauleistungen – Teil C: Allgemeine Technische Vertragsbedingungen für Bauleistungen (ATV); Bodenbelagarbeiten

DIN 18366
VOB Verdingungsordnung für Bauleistungen – Teil C: Allgemeine Technische Vertragsbedingungen für Bauleistungen (ATV); Tapezierarbeiten

DIN 18367
VOB Verdingungsordnung für Bauleistungen – Teil C: Allgemeine Technische Vertragsbedingungen für Bauleistungen (ATV); Holzpflasterarbeiten

DIN 18379
VOB Verdingungsordnung für Bauleistungen – Teil C: Allgemeine Technische Vertragsbedingungen für Bauleistungen (ATV); Raumlufttechnische Anlagen

DIN 18380
VOB Verdingungsordnung für Bauleistungen – Teil C: Allgemeine Technische Vertragsbedingungen für Bauleistungen (ATV); Heizanlagen und zentrale Wassererwärmungsanlagen

DIN 18381
VOB Verdingungsordnung für Bauleistungen – Teil C: Allgemeine Technische Vertragsbedingungen für Bauleistungen (ATV); Gas-, Wasser- und Abwasserinstallationsarbeiten innerhalb von Gebäuden

DIN 18382
VOB Verdingungsordnung für Bauleistungen – Teil C: Allgemeine Technische Vertragsbedingungen für Bauleistungen (ATV); Elektrische Kabel- und Leitungsanlagen in Gebäuden

DIN 18384
VOB Verdingungsordnung für Bauleistungen – Teil C: Allgemeine Technische Vertragsbedingungen für Bauleistungen (ATV); Blitzschutzanlagen

DIN 18385
VOB Verdingungsordnung für Bauleistungen – Teil C: Allgemeine Technische Vertragsbedingungen für Bauleistungen (ATV); Förderanlagen, Aufzugsanlagen, Fahrtreppen und Fahrsteige

DIN 18386
VOB Verdingungsordnung für Bauleistungen – Teil C: Allgemeine Technische Vertragsbedingungen für Bauleistungen (ATV); Gebäudeautomation

DIN 18421
VOB Verdingungsordnung für Bauleistungen – Teil C: Allgemeine Technische Vertragsbedingungen für Bauleistungen (ATV); Dämmarbeiten an technischen Anlagen

DIN 18451
VOB Verdingungsordnung für Bauleistungen – Teil C: Allgemeine Technische Vertragsbedingungen für Bauleistungen (ATV); Gerüstarbeiten

– Leerseite –

Inhalt

Seite

0 Hinweise für das Aufstellen der Leistungsbeschreibung . 5

1 Geltungsbereich 9

2 Stoffe, Bauteile 9

3 Ausführung 10

4 Nebenleistungen, Besondere Leistungen 10

5 Abrechnung 12

0 Hinweise für das Aufstellen der Leistungsbeschreibung

Diese Hinweise für das Aufstellen der Leistungsbeschreibung gelten für Bauarbeiten jeder Art; sie werden ergänzt durch die auf die einzelnen Leistungsbereiche bezogenen Hinweise in den Abschnitten 0 der ATV DIN 18300 ff.

Die Beachtung dieser Hinweise ist Voraussetzung für eine ordnungsgemäße Leistungsbeschreibung gemäß A § 9.

Die Hinweise werden nicht Vertragsbestandteil.

In der Leistungsbeschreibung sind nach den Erfordernissen des Einzelfalls insbesondere anzugeben:

0.1 Angaben zur Baustelle

0.1.1 Lage der Baustelle, Umgebungsbedingungen, Zufahrtsmöglichkeiten und Beschaffenheit der Zufahrt sowie etwaige Einschränkungen bei ihrer Benutzung.

0.1.2 Art und Lage der baulichen Anlagen, z. B. auch Anzahl und Höhe der Geschosse.

0.1.3 Verkehrsverhältnisse auf der Baustelle, insbesondere Verkehrsbeschränkungen.

0.1.4 Für den Verkehr freizuhaltende Flächen.

Seite 6
DIN 18299 : 1996-06

0.1.5 Lage, Art, Anschlußwert und Bedingungen für das Überlassen von Anschlüssen für Wasser, Energie und Abwasser.

0.1.6 Lage und Ausmaß der dem Auftragnehmer für die Ausführung seiner Leistungen zur Benutzung oder Mitbenutzung überlassenen Flächen, Räume.

0.1.7 Bodenverhältnisse, Baugrund und seine Tragfähigkeit. Ergebnisse von Bodenuntersuchungen.

0.1.8 Hydrologische Werte von Grundwasser und Gewässern. Art, Lage, Abfluß, Abflußvermögen und Hochwasserverhältnisse von Vorflutern. Ergebnisse von Wasseranalysen.

0.1.9 Besondere umweltrechtliche Vorschriften.

0.1.10 Besondere Vorgaben für die Entsorgung, z. B. besondere Beschränkungen für die Beseitigung von Abwasser und Abfall.

0.1.11 Schutzgebiete oder Schutzzeiten im Bereich der Baustelle, z. B. wegen Forderungen des Gewässer-, Boden-, Natur-, Landschafts- oder Immissionsschutzes; vorliegende Fachgutachten o. ä.

0.1.12 Art und Umfang des Schutzes von Bäumen, Pflanzenbeständen, Vegetationsflächen, Verkehrsflächen, Bauteilen, Bauwerken, Grenzsteinen u. ä. im Bereich der Baustelle.

0.1.13 Im Baugelände vorhandene Anlagen, insbesondere Abwasser- und Versorgungsleitungen.

0.1.14 Bekannte oder vermutete Hindernisse im Bereich der Baustelle, z. B. Leitungen, Kabel, Dräne, Kanäle, Bauwerksreste, und, soweit bekannt, deren Eigentümer.

0.1.15 Vermutete Kampfmittel im Bereich der Baustelle, Ergebnisse von Erkundungs- oder Beräumungsmaßnahmen.

0.1.16 Besondere Anordnungen, Vorschriften und Maßnahmen der Eigentümer (oder der anderen Weisungsberechtigten) von Leitungen, Kabeln, Dränen, Kanälen, Straßen, Wegen, Gewässern, Gleisen, Zäunen und dergleichen im Bereich der Baustelle.

0.1.17 Art und Umfang von Schadstoffbelastungen, z. B. des Bodens, der Gewässer, der Luft, der Stoffe und Bauteile; vorliegende Fachgutachten o. ä.

0.1.18 Art und Zeit der vom Auftraggeber veranlaßten Vorarbeiten.

0.1.19 Arbeiten anderer Unternehmer auf der Baustelle.

0.2 Angaben zur Ausführung

0.2.1 Vorgesehene Arbeitsabschnitte, Arbeitsunterbrechungen und -beschränkungen nach Art, Ort und Zeit sowie Abhängigkeit von Leistungen anderer.

0.2.2 Besondere Erschwernisse während der Ausführung, z. B. Arbeiten in Räumen, in denen der Betrieb weiterläuft, Arbeiten im Bereich von Verkehrswegen, oder bei außergewöhnlichen äußeren Einflüssen.

0.2.3 Besondere Anforderungen für Arbeiten in kontaminierten Bereichen, gegebenenfalls besondere Anordnungen für Schutz- und Sicherheitsmaßnahmen.

0.2.4 Besondere Anforderungen an die Baustelleneinrichtung und Entsorgungseinrichtungen, z. B. Behälter für die getrennte Erfassung.

0.2.5 Besonderheiten der Regelung und Sicherung des Verkehrs, gegebenenfalls auch, wieweit der Auftraggeber die Durchführung der erforderlichen Maßnahmen übernimmt.

0.2.6 Auf- und Abbauen sowie Vorhalten der Gerüste, die nicht Nebenleistung sind.

0.2.7 Mitbenutzung fremder Gerüste, Hebezeuge, Aufzüge, Aufenthalts- und Lagerräume, Einrichtungen und dergleichen durch den Auftragnehmer.

0.2.8 Wie lange, für welche Arbeiten und gegebenenfalls für welche Beanspruchung der Auftragnehmer seine Gerüste, Hebezeuge, Aufzüge, Aufenthalts- und Lagerräume, Einrichtungen und dergleichen für andere Unternehmer vorzuhalten hat.

0.2.9 Verwendung oder Mitverwendung von wiederaufbereiteten (Recycling-)Stoffen.

0.2.10 Anforderungen an wiederaufbereitete (Recycling-)Stoffe und an nicht genormte Stoffe und Bauteile.

0.2.11 Besondere Anforderungen an Art, Güte und Umweltverträglichkeit der Stoffe und Bauteile, auch z. B. an die schnelle biologische Abbaubarkeit von Hilfsstoffen.

0.2.12 Art und Umfang der vom Auftraggeber verlangten Eignungs- und Gütenachweise.

0.2.13 Unter welchen Bedingungen auf der Baustelle gewonnene Stoffe verwendet werden dürfen bzw. müssen oder einer anderen Verwertung zuzuführen sind.

0.2.14 Art, Zusammensetzung und Menge der aus dem Bereich des Auftraggebers zu entsorgenden Böden, Stoffe und Bauteile; Art der Verwertung bzw. bei Abfall die Entsorgungsanlage; Anforderungen an die Nachweise über Transporte, Entsorgung und die vom Auftraggeber zu tragenden Entsorgungskosten.

0.2.15 Art, Menge, Gewicht der Stoffe und Bauteile, die vom Auftraggeber beigestellt werden, sowie Art, Ort (genaue Bezeichnung) und Zeit ihrer Übergabe.

0.2.16 In welchem Umfang der Auftraggeber Abladen, Lagern und Transport von Stoffen und Bauteilen übernimmt oder dafür dem Auftragnehmer Geräte oder Arbeitskräfte zur Verfügung stellt.

0.2.17 Leistungen für andere Unternehmer.

0.2.18 Mitwirken beim Einstellen von Anlageteilen und bei der Inbetriebnahme von Anlagen im Zusammenwirken mit anderen Beteiligten, z. B. mit dem Auftragnehmer für die Gebäudeautomation.

0.2.19 Benutzung von Teilen der Leistung vor der Abnahme.

0.2.20 Übertragung der Wartung während der Dauer der Verjährungsfrist für die Gewährleistungsansprüche für maschinelle und elektrotechnische/elektronische Anlagen oder Teile davon, bei denen die Wartung Einfluß auf die Sicherheit und die Funktionsfähigkeit hat (vergleiche B § 13 Nr 4, Abs. 2), durch einen besonderen Wartungsvertrag.

0.2.21 Abrechnung nach bestimmten Zeichnungen oder Tabellen.

0.3 Einzelangaben bei Abweichungen von den ATV

0.3.1 Wenn andere als die in den ATV DIN 18299 ff. vorgesehenen Regelungen getroffen werden sollen, sind diese in der Leistungsbeschreibung eindeutig und im einzelnen anzugeben.

0.3.2 Abweichende Regelungen von der ATV DIN 18299 können insbesondere in Betracht kommen bei

Abschnitt 2.1.1, wenn die Lieferung von Stoffen und Bauteilen nicht zur Leistung gehören soll,

Abschnitt 2.2, wenn nur ungebrauchte Stoffe und Bauteile vorgehalten werden dürfen,

Abschnitt 2.3.1, wenn auch gebrauchte Stoffe und Bauteile geliefert werden dürfen.

0.4 Einzelangaben zu Nebenleistungen und Besonderen Leistungen

0.4.1 Nebenleistungen

Nebenleistungen (Abschnitt 4.1 aller ATV) sind in der Leistungsbeschreibung nur zu erwähnen, wenn sie ausnahmsweise selbständig vergütet werden sollen. Eine ausdrückliche Erwähnung ist geboten, wenn die Kosten der Nebenleistung von erheblicher Bedeutung für die Preisbildung sind; in diesen Fällen sind besondere Ordnungszahlen (Positionen) vorzusehen.

Dies kommt insbesondere in Betracht für

- *das Einrichten und Räumen der Baustelle,*
- *Gerüste,*
- *besondere Anforderungen an Zufahrten, Lager- und Stellflächen.*

0.4.2 Besondere Leistungen

Werden Besondere Leistungen (Abschnitt 4.2 aller ATV) verlangt, ist dies in der Leistungsbeschreibung anzugeben; gegebenenfalls sind hierfür besondere Ordnungszahlen (Positionen) vorzusehen.

0.5 Abrechnungseinheiten

Im Leistungsverzeichnis sind die Abrechnungseinheiten für die Teilleistungen (Positionen) gemäß Abschnitt 0.5 der jeweiligen ATV anzugeben.

1 Geltungsbereich

Die ATV "Allgemeine Regelungen für Bauarbeiten jeder Art" – DIN 18299 – gilt für alle Bauarbeiten, auch für solche, für die keine ATV in C – DIN 18300 ff. – bestehen. Abweichende Regelungen in den ATV DIN 18300 ff. haben Vorrang.

2 Stoffe, Bauteile

2.1 Allgemeines

2.1.1 Die Leistungen umfassen auch die Lieferung der dazugehörigen Stoffe und Bauteile einschließlich Abladen und Lagern auf der Baustelle.

2.1.2 Stoffe Bauteile, die vom Auftraggeber beigestellt werden, hat der Auftragnehmer rechtzeitig beim Auftraggeber anzufordern.

2.1.3 Stoffe und Bauteile müssen für den jeweiligen Verwendungszweck geeignet und aufeinander abgestimmt sein.

2.2 Vorhalten

Stoffe und Bauteile, die der Auftragnehmer nur vorzuhalten hat, die also nicht in das Bauwerk eingehen, dürfen nach Wahl des Auftragnehmers gebraucht oder ungebraucht sein.

2.3 Liefern

2.3.1 Stoffe und Bauteile, die der Auftragnehmer zu liefern und einzubauen hat, die also in das Bauwerk eingehen, müssen ungebraucht sein. Wiederaufbereitete (Recycling-)Stoffe gelten als ungebraucht, wenn sie Abschnitt 2.1.3 entsprechen.

2.3.2 Stoffe und Bauteile, für die DIN-Normen bestehen, müssen den DIN-Güte- und -Maßbestimmungen entsprechen.

2.3.3 Stoffe und Bauteile, die nach den deutschen behördlichen Vorschriften einer Zulassung bedürfen, müssen amtlich zugelassen sein und den Zulassungsbedingungen entsprechen.

2.3.4 Stoffe und Bauteile, für die bestimmte technische Spezifikationen in der Leistungsbeschreibung nicht genannt sind, dürfen auch verwendet werden, wenn sie Normen, technische Vorschriften oder sonstigen Bestimmungen anderer Staaten entsprechen, sofern das geforderte Schutzniveau in bezug auf Sicherheit, Gesundheit und Gebrauchstauglichkeit gleichermaßen dauerhaft erreicht wird.
Sofern für Stoffe und Bauteile eine Überwachungs-, Prüfzeichenpflicht oder der Nachweis der Brauchbarkeit, z. B. durch allgemeine bauaufsichtliche Zulassung, allgemein vorgesehen ist, kann von einer Gleichwertigkeit nur ausgegangen werden, wenn die Stoffe und Bauteile ein Überwachungs- oder Prüfzeichen tragen oder für sie der genannte Brauchbarkeitsnachweis erbracht ist.

3 Ausführung

3.1 Wenn Verkehrs-, Versorgungs- und Entsorgungsanlagen im Bereich des Baugeländes liegen, sind die Vorschriften und Anordnungen der zuständigen Stellen zu beachten. Kann die Lage dieser Anlagen nicht angegeben werden, ist sie zu erkunden. Solche Maßnahmen sind Besondere Leistungen (siehe Abschnitt 4.2.1).

3.2 Die für die Aufrechterhaltung des Verkehrs bestimmten Flächen sind freizuhalten. Der Zugang zu Einrichtungen der Versorgungs- und Entsorgungsbetriebe, der Feuerwehr, der Post und Bahn, zu Vermessungspunkten und dergleichen darf nicht mehr als durch die Ausführung unvermeidlich behindert werden.

3.3 Werden Schadstoffe angetroffen, z. B. in Böden, Gewässern oder Bauteilen, ist der Auftraggeber unverzüglich zu unterrichten. Bei Gefahr im Verzug hat der Auftragnehmer unverzüglich die notwendigen Sicherungsmaßnahmen zu treffen. Die weiteren Maßnahmen sind gemeinsam festzulegen. Die getroffenen und die weiteren Maßnahmen sind Besondere Leistungen (siehe Abschnitt 4.2.1).

4 Nebenleistungen, Besondere Leistungen

4.1 Nebenleistungen

Nebenleistungen sind Leistungen, die auch ohne Erwähnung im Vertrag zur vertraglichen Leistung gehören (B § 2 Nr 1).

Nebenleistungen sind demnach insbesondere:

4.1.1 Einrichten und Räumen der Baustelle einschließlich der Geräte und dergleichen.

4.1.2 Vorhalten der Baustelleneinrichtung einschließlich der Geräte und dergleichen.

4.1.3 Messungen für das Ausführen und Abrechnen der Arbeiten einschließlich des Vorhaltens der Meßgeräte, Lehren, Absteckzeichen usw., des Erhaltens der Lehren und Absteckzeichen während der Bauausführung und des Stellens der Arbeitskräfte, jedoch nicht Leistungen nach B § 3 Nr 2.

4.1.4 Schutz- und Sicherheitsmaßnahmen nach den Unfallverhütungsvorschriften und den behördlichen Bestimmungen, ausgenommen Leistungen nach Abschnitt 4.2.4.

4.1.5 Beleuchten, Beheizen und Reinigen der Aufenthalts- und Sanitärräume für die Beschäftigten des Auftragnehmers.

4.1.6 Heranbringen von Wasser und Energie von den vom Auftraggeber auf der Baustelle zur Verfügung gestellten Anschlußstellen zu den Verwendungsstellen.

4.1.7 Liefern der Betriebsstoffe.

4.1.8 Vorhalten der Kleingeräte und Werkzeuge.

4.1.9 Befördern aller Stoffe und Bauteile, auch wenn sie vom Auftraggeber beigestellt sind, von den Lagerstellen auf der Baustelle bzw. von den in der Leistungsbeschreibung angegebenen Übergabestellen zu den Verwendungsstellen und etwaiges Rückbefördern.

4.1.10 Sichern der Arbeiten gegen Niederschlagswasser, mit dem normalerweise gerechnet werden muß, und seine etwa erforderliche Beseitigung.

4.1.11 Entsorgen von Abfall aus dem Bereich des Auftragnehmers sowie Beseitigen der Verunreinigungen, die von den Arbeiten des Auftragnehmers herrühren.

4.1.12 Entsorgen von Abfall aus dem Bereich des Auftraggebers bis zu einer Menge von 1 m^3, soweit der Abfall nicht schadstoffbelastet ist.

4.2 Besondere Leistungen

Besondere Leistungen sind Leistungen, die nicht Nebenleistungen gemäß Abschnitt 4.1 sind und nur dann zur vertraglichen Leistung gehören, wenn sie in der Leistungsbeschreibung besonders erwähnt sind. Besondere Leistungen sind z. B.:

4.2.1 Maßnahmen nach den Abschnitten 3.1 und 3.3.

4.2.2 Beaufsichtigen der Leistungen anderer Unternehmer.

4.2.3 Sicherungsmaßnahmen zur Unfallverhütung für Leistungen anderer Unternehmer.

4.2.4 Besondere Schutz- und Sicherheitsmaßnahmen bei Arbeiten in kontaminierten Bereichen, z. B. meßtechnische Überwachung, spezifische Zusatzgeräte für Baumaschinen und Anlagen, abgeschottete Arbeitsbereiche.

4.2.5 Besondere Schutzmaßnahmen gegen Witterungsschäden, Hochwasser und Grundwasser, ausgenommen Leistungen nach Abschnitt 4.1.10.

4.2.6 Versicherung der Leistung bis zur Abnahme zugunsten des Auftraggebers oder Versicherung eines außergewöhnlichen Haftpflichtwagnisses.

4.2.7 Besondere Prüfung von Stoffen und Bauteilen, die der Auftraggeber liefert.

4.2.8 Aufstellen, Vorhalten, Betreiben und Beseitigen von Einrichtungen zur Sicherung und Aufrechterhaltung des Verkehrs auf der Baustelle, z. B. Bauzäune, Schutzgerüste, Hilfsbauwerke, Beleuchtungen, Leiteinrichtungen.

4.2.9 Aufstellen, Vorhalten, Betreiben und Beseitigen von Einrichtungen außerhalb der Baustelle zur Umleitung und Regelung des öffentlichen und Anlieger-Verkehrs.

4.2.10 Bereitstellen von Teilen der Baustelleneinrichtung für andere Unternehmer oder den Auftraggeber.

4.2.11 Besondere Maßnahmen aus Gründen des Umweltschutzes, der Landes- und Denkmalpflege.

4.2.12 Entsorgen von Abfall über die Leistungen nach den Abschnitten 4.1.11 und 4.1.12 hinaus.

4.2.13 Besonderer Schutz der Leistung, der vom Auftraggeber für eine vorzeitige Benutzung verlangt wird, seine Unterhaltung und spätere Beseitigung.

4.2.14 Beseitigen von Hindernissen.

4.2.15 Zusätzliche Maßnahmen für die Weiterarbeit bei Frost und Schnee, soweit sie dem Auftragnehmer nicht ohnehin obliegen.

4.2.16 Besondere Maßnahmen zum Schutz und zur Sicherung gefährdeter baulicher Anlagen und benachbarter Grundstücke.

4.2.17 Sichern von Leitungen, Kabeln, Dränen, Kanälen, Grenzsteinen, Bäumen, Pflanzen und dergleichen.

5 Abrechnung

Die Leistung ist aus Zeichnungen zu ermitteln, soweit die ausgeführte Leistung diesen Zeichnungen entspricht. Sind solche Zeichnungen nicht vorhanden, ist die Leistung aufzumessen.

DEUTSCHE NORM   Mai 1998

VOB Verdingungsordnung für Bauleistungen
Teil C: Allgemeine Technische Vertragsbedingungen
für Bauleistungen (ATV)
Parkettarbeiten

DIN
18356

ICS 91.010.20   Ersatz für Ausgabe 1996-06

Deskriptoren: VOB, Bauleistung, Verdingungsordnung, Parkettarbeit

Contract procedures for building works – Part C: General technical specifications for building works – Parquet works

Cahier des charges pour des travaux du bâtiment – Partie C: Règlements techniques générales de contrat pour d'execution des travaux du bâtiment – Travaux de parqueteur

Vorwort
Diese Norm wurde vom Deutschen Verdingungsausschuß für Bauleistungen (DVA) aufgestellt.

Änderungen
Gegenüber der Ausgabe Juni 1996 wurden folgende Änderungen vorgenommen:
– Die Norm wurde fachtechnisch überarbeitet.

Frühere Ausgaben
DIN 1973: 1925-08
DIN 18356: 1961-02, 1974-08, 1979-10, 1988-09, 1992-12, 1996-06

Normative Verweisungen
Diese Norm enthält durch datierte oder undatierte Verweisungen Festlegungen aus anderen Publikationen. Diese normativen Verweisungen sind an den jeweiligen Stellen im Text zitiert, und die Publikationen sind nachstehend aufgeführt. Bei datierten Verweisungen gehören spätere Änderungen oder Überarbeitungen dieser Publikationen nur zu dieser Norm, falls sie durch Änderung oder Überarbeitung eingearbeitet sind. Bei undatierten Verweisungen gilt die letzte Ausgabe der in Bezug genommenen Publikation.

DIN 1960
  VOB Verdingungsordnung für Bauleistungen – Teil A: Allgemeine Bestimmungen für die Vergabe von Bauleistungen

DIN 1961
  VOB Verdingungsordnung für Bauleistungen – Teil B: Allgemeine Vertragsbedingungen für die Ausführung von Bauleistungen

DIN 18032-2
  Sporthallen – Hallen für Turnen und Spiele, Sportböden – Anforderungen, Prüfungen

DIN 18299
  VOB Verdingungsordnung für Bauleistungen – Teil C: Allgemeine Technische Vertragsbedingungen für Bauleistungen (ATV); Allgemeine Regelungen für Bauarbeiten jeder Art

DIN 18334
  VOB Verdingungsordnung für Bauleistungen – Teil C: Allgemeine Technische Vertragsbedingungen für Bauleistungen (ATV); Zimmer- und Holzbauarbeiten

DIN 18201
  Toleranzen im Bauwesen – Begriffe, Grundsätze, Anwendung, Prüfung

DIN 18202
  Toleranzen im Hochbau – Bauwerke

Weitere normative Verweisungen siehe Abschnitt 2.1 und Abschnitte 2.3 bis 2.5.

Fortsetzung Seite 2 bis 11

DIN Deutsches Institut für Normung e. V.

– Leerseite –

Seite 3
DIN 18356 : 1998-05

Inhalt

		Seite
0	Hinweise für das Aufstellen der Leistungsbeschreibung.	3
1	Geltungsbereich	5
2	Stoffe, Bauteile	5
3	Ausführung	6
4	Nebenleistungen, Besondere Leistungen	9
5	Abrechnung	11

0 Hinweise für das Aufstellen der Leistungsbeschreibung

Diese Hinweise ergänzen die ATV DIN 18299 "Allgemeine Regelungen für Bauarbeiten jeder Art", Abschnitt 0. Die Beachtung dieser Hinweise ist Voraussetzung für eine ordnungsgemäße Leistungsbeschreibung gemäß A § 9.
Die Hinweise werden nicht Vertragsbestandteil.
In der Leistungsbeschreibung sind nach den Erfordernissen des Einzelfalles insbesondere anzugeben:

0.1 Angaben zur Baustelle
Keine ergänzende Regelung zur ATV DIN 18299, Abschnitt 0.1.

0.2 Angaben zur Ausführung

0.2.1 Art und Beschaffenheit des Untergrundes.

0.2.2 Art und Anzahl der geforderten Proben.

0.2.3 Abweichung des Untergrundes von der Waagerechten.

0.2.4 Holzart, Art des Parketts, Güte und Maße der Parketthölzer, Verlegeart und Parkett-Unterlagen (siehe Abschnitte 2.1 und 2.5).

0.2.5 Benutzung des Parketts unter außergewöhnlichen Feuchte- und Temperaturverhältnissen.

35

0.2.6 Außergewöhnliche Druckbeanspruchungen des Parketts.

0.2.7 Holzart und Breite von Wandfriesen und Zwischenfriesen.

0.2.8 Holzart, Abmessungen und Profil von Fußleisten und Deckleisten (siehe Abschnitt 2.2).

0.2.9 Bei Versiegelung Verwendungszweck des Raumes oder vorgesehene Beanspruchung des versiegelten Parketts.

0.2.10 Aussparungen, mit denen der Bieter nach der Sachlage nicht ohne weiteres rechnen kann (siehe Abschnitte 4.1.3 und 4.2.6).

0.2.11 Vom Rechteck abweichende Form der zu belegenden Fläche.

0.3 Einzelangaben bei Abweichungen von den ATV

0.3.1 Wenn andere als die in dieser ATV vorgesehenen Regelungen getroffen werden sollen, sind diese in der Leistungsbeschreibung eindeutig und im einzelnen anzugeben.

0.3.2 Abweichende Regelungen können insbesondere in Betracht kommen bei

Abschnitt 2.2,	wenn für hölzerne Fußleisten und Deckleisten die Gütebestimmungen für die genormten Parketthölzer nicht gelten sollen,
Abschnitt 3.2.1.1,	wenn Parkett aus einer anderen Sortierung hergestellt werden soll,
Abschnitt 3.2.1.4,	wenn Fugen an Vorstoß- und Trennschienen nicht mit elastischen Stoffen gefüllt werden sollen,
Abschnitt 3.2.1.5,	wenn über Bewegungsfugen im Parkett und/oder in den Parkettunterlagen keine Fugen anzulegen sind,
Abschnitt 3.2.6.1,	wenn Parkett auf Parkettunterlage verlegt werden soll,
Abschnitt 3.2.8,	wenn hölzerne Fußleisten nicht mit Stahlstiften befestigt werden sollen, sondern z. B. mit Schrauben,
Abschnitt 3.3.1,	wenn Parkett nicht versiegelt, sondern mit einer anderen Oberflächenbehandlung ausgeführt werden soll, z. B. Wachsen,
Abschnitt 3.3.2,	wenn ein bestimmtes Mittel für die Versiegelung verwendet werden soll.

0.4 Einzelangaben zu Nebenleistungen und Besonderen Leistungen

Keine ergänzende Regelung zur ATV DIN 18299, Abschnitt 0.4.

0.5 Abrechnungseinheiten

Im Leistungsverzeichnis sind die Abrechnungseinheiten wie folgt vorzusehen:

0.5.1 Flächenmaß (m^2), getrennt nach Bauart und Maßen, für
- Parkett,
- Parkettunterlagen,
- Versiegelungen.

Seite 5
DIN 18356 : 1998-05

0.5.2 Längenmaß (m), getrennt nach Bauart und Maßen, für
- *Fußleisten, Deckleisten,*
- *Versiegelung von Fußleisten,*
- *Verfugungen,*
- *Dämmstreifen.*

0.5.3 Anzahl (Stück), getrennt nach Bauart und Maßen, für
- *Versiegelung von Stufen, Türschwellen und dergleichen.*

1 Geltungsbereich

1.1 Die ATV "Parkettarbeiten" – DIN 18356 – gilt für das Verlegen von Parkett der Normenreihe DIN 280.

1.2 Die ATV DIN 18356 gilt nicht für das Verlegen von Lagerhölzern und Blindböden (siehe ATV DIN 18334 "Zimmer- und Holzbauarbeiten").

1.3 Ergänzend gelten die Abschnitte 1 bis 5 der ATV DIN 18299 "Allgemeine Regelungen für Bauarbeiten jeder Art". Bei Widersprüchen gehen die Regelungen der ATV DIN 18356 vor.

2 Stoffe, Bauteile

Ergänzend zur ATV DIN 18299, Abschnitt 2, gilt:

Für die gebräuchlichsten genormten Stoffe und Bauteile sind die DIN-Normen nachstehend aufgeführt.

2.1 Parketthölzer

DIN 280-1	Parkett – Parkettstäbe, Parkettriemen und Tafeln für Tafelparkett
DIN 280-2	Parkett – Mosaikparkettlamellen
DIN 280-5	Parkett – Fertigparkett-Elemente

Parketthölzer dürfen auch bei der Anlieferung an der Verwendungsstelle keinen anderen als den nach den Normen der Reihe DIN 280 zulässigen Feuchtegehalt haben.

2.2 Hölzerne Fußleisten und Deckleisten

Für hölzerne Fußleisten und Deckleisten gelten die Gütebestimmungen für genormte Parketthölzer sinngemäß.

2.3 Nägel

DIN 1151   Drahtstifte, rund – Flachkopf, Senkkopf

2.4 Parkettklebstoffe

DIN 281   Parkettklebstoffe – Anforderungen, Prüfung, Verarbeitungshinweise

2.5 Parkettunterlagen und Dämmstoffe

Parkettunterlagen und Dämmstoffe müssen so beschaffen sein, daß sie die fachgerechte Verlegung gewährleisten und dem vorgesehenen Verwendungszweck entsprechen.

DIN 1101	Holzwolle-Leichtbauplatten und Mehrschicht-Leichtbauplatten als Dämmstoffe für das Bauwesen – Anforderungen, Prüfung
DIN 18164-1	Schaumkunststoffe als Dämmstoffe für das Bauwesen – Dämmstoffe für die Wärmedämmung
DIN 18164-2	Schaumkunststoffe als Dämmstoffe für das Bauwesen – Dämmstoffe für die Trittschalldämmung – Polystyrol-Partikelschaumstoffe
DIN 18165-1	Faserdämmstoffe für das Bauwesen – Dämmstoffe für die Wärmedämmung
DIN 18165-2	Faserdämmstoffe für das Bauwesen – Dämmstoffe für die Trittschalldämmung
DIN 68752	Bitumen-Holzfaserplatten – Gütebedingungen
DIN 68763	Spanplatten – Flachpreßplatten für das Bauwesen – Begriffe, Anforderungen, Prüfung, Überwachung
DIN 68771	Unterböden aus Holzspanplatten
DIN EN 312-5	Spanplatten – Anforderungen – Teil 5: Anforderungen an Platten für tragende Zwecke zur Verwendung im Feuchtbereich

Normen der Reihe

DIN EN 622	Faserplatten – Anforderungen
DIN EN 826	Wärmedämmstoffe für das Bauwesen – Bestimmung des Verhaltens bei Druckbeanspruchung

2.6 Fußbodenwachse

Fußbodenwachse für Parkett müssen so beschaffen sein, daß sie die Parketthölzer nur wenig verfärben, den verwendeten Klebstoff in den Stößen nicht an die Oberfläche ziehen und keinen aufdringlichen Geruch haben.

2.7 Parkett-Versiegelungsmittel

Parkett-Versiegelungsmittel müssen so beschaffen sein, daß sie die Oberfläche des Parketts gegen Eindringen von Schmutz und Flüssigkeiten schützen. Das natürliche Aussehen des Parketts darf durch die Versiegelung und etwaige Nachversiegelungen mit dem gleichen Versiegelungsmittel nicht oder nur unwesentlich beeinträchtigt werden.

3 Ausführung

Ergänzend zur ATV DIN 18299, Abschnitt 3, gilt:

3.1 Allgemeines

3.1.1 Der Auftragnehmer hat bei seiner Prüfung Bedenken (siehe B § 4 Nr 3) insbesondere geltend zu machen bei
- größeren Unebenheiten,
- Rissen im Untergrund,

- nicht genügend trockenem Untergrund,
- nicht genügend fester Oberfläche des Untergrundes,
- zu poröser und zu rauher Oberfläche des Untergrundes,
- ungenügenden Bewegungsfugen im Untergrund,
- verunreinigter Oberfläche des Untergrundes, z. B. durch Öl, Wachs, Lack, Farbreste,
- unrichtiger Höhenlage der Oberfläche des Untergrundes im Verhältnis zur Höhenlage anschließender Bauteile,
- ungeeigneter Temperatur des Untergrundes,
- ungeeignetem Raumklima,
- fehlendem Aufheizprotokoll bei beheizten Fußbodenkonstruktionen,
- fehlender Markierung von Meßstellen bei beheizten Fußbodenkonstruktionen.

3.1.2 Abweichungen von vorgeschriebenen Maßen sind in den durch

DIN 18201 Toleranzen im Bauwesen – Begriffe, Grundsätze, Anwendung, Prüfung

DIN 18202 Toleranzen im Hochbau – Bauwerke

bestimmten Grenzen zulässig.

Bei Streiflicht sichtbar werdende Unebenheiten in den Oberflächen von Bauteilen sind zulässig, wenn die Toleranzen von DIN 18202 eingehalten worden sind. Werden an die Ebenheit von Flächen erhöhte Anforderungen nach DIN 18202 gestellt, so sind die zu treffenden Maßnahmen Besondere Leistungen (siehe Abschnitt 4.2.1).

3.1.3 Vor Verlegung des Parketts auf beheizten Fußbodenkonstruktionen müssen diese ausreichend lange aufgeheizt gewesen sein. Zur Vermeidung von Beschädigungen an der Heizungsinstallation dürfen Feuchtemessungen nur an den markierten Meßstellen vorgenommen werden.

3.1.4 Der Auftragnehmer hat dem Auftraggeber schriftliche Pflegeanweisungen zu übergeben. Diese müssen auch Hinweise auf das zweckmäßige Raumklima enthalten.

3.2 Verlegen von Parkett
3.2.1 Allgemeines
3.2.1.1 Parkett ist aus Parketthölzern nach DIN 280-1, DIN 280-2 und DIN 280-5 herzustellen, und zwar bei Verlegung von
- Parkettstäben oder Parkettriemen aus Sortierung Natur nach DIN 280-1,
- Mosaikparkettlamellen aus Sortierung Natur nach DIN 280-2,
- Parkettdielen und Parkettplatten mit stabparkettartiger Oberseite aus Sortierung Natur nach DIN 280-1,
- Parkettdielen und Parkettplatten mit mosaikparkettartiger Oberseite aus Sortierung Natur nach DIN 280-2,
- Fertigparkett-Elementen aus Sortierung, z. B. Eiche (EI-XXX), nach DIN 280-5.

Nicht deckend zu streichende Fuß- und Deckleisten müssen den obengenannten Sortierungen entsprechen.

Seite 8
DIN 18356 : 1998-05

3.2.1.2 Parketthölzer dürfen auch beim Verlegen keinen anderen als den nach den Normen der Reihe DIN 280 zulässigen Feuchtegehalt haben.

3.2.1.3 Zwischen dem Parkett sowie gegebenenfalls den Parkettunterlagen und angrenzenden festen Bauteilen, z. B. Wänden, Pfeilern, Stützen, sind Fugen anzulegen. Ihre Breite ist nach der Art des Parketts, der Art der Parkettunterlagen und der Verlegung sowie der Größe der Parkettflächen zu bestimmen.

3.2.1.4 An Vorstoß- und Trennschienen sind Fugen anzulegen, wenn es nach Holzart und Verlegeart nötig ist; diese Fugen sind mit einem elastischen Stoff zu füllen.

3.2.1.5 Über Bewegungsfugen im Bauwerk sind im Parkett und gegebenenfalls auch in den Parkettunterlagen Fugen anzulegen.

3.2.1.6 Durch Verwendung von Parkettstäben mit unterschiedlichen Maßen darf das Gesamtbild des Parketts nicht beeinträchtigt werden. Nebeneinanderliegende Stäbe dürfen dabei nicht mehr als 50 mm in der Länge und nicht mehr als 10 mm in der Breite voneinander abweichen. Außerdem dürfen bei Parkettflächen bis zu 30 m^2 Stäbe in höchstens drei unterschiedlichen Maßen verwendet werden.

3.2.2 Parkett genagelt
Parkettstäbe (Nutstäbe) und Parkettafeln sind durch Hirnholzfedern, Parkettriemen und Parkettdielen sowie Fertigparkettelemente durch einseitig angehobelte Federn miteinander zu verbinden, dicht zu verlegen und verdeckt zu nageln. Bei Parkettstäben (Nutstäben) und Parkettafeln müssen die Hirnholzfedern auf der ganzen Länge der Nuten verteilt und fest eingeklemmt sein. Der Anteil der Hirnholzfedern muß mindestens ¾ der Länge der Nut betragen.

3.2.3 Parkett geklebt
Parkettstäbe, Parkettriemen und Tafelparkett sowie Fertigparkettelemente sind mit hartplastischem (schubfestem) Parkettklebstoff zu kleben. Der Parkettklebstoff ist vollflächig auf den Untergrund oder gegebenenfalls auf die Parkettunterlage aufzutragen. Parkettstäbe und Parkettafeln sind durch Hirnholzfedern, Parkettriemen und Fertigparkettelemente durch angehobelte Federn miteinander zu verbinden und dicht zu verlegen. Die Hirnholzfedern müssen auf der ganzen Länge der Nuten verteilt und fest eingeklemmt sein. Der Anteil der Hirnholzfedern muß mindestens ¾ der Länge der Nut betragen.

3.2.4 Mosaikparkett
Mosaikparkett ist mit hartplastischem (schubfestem) Parkettklebstoff zu kleben. Der Parkettklebstoff ist vollflächig auf den Untergrund aufzutragen. Das Mosaikparkett ist in die Klebstoffschicht einzuschieben, einzudrücken und dicht zu verlegen.

3.2.5 Fertigparkett-Elemente schwimmend verlegt
Fertigparkett-Elemente sind schwimmend zu verlegen, sie sind in der Nut an Längs- und Kopfseite mit Leim zu verbinden. Die Dicke der Fertigparkett-Elemente muß mindestens 13 mm betragen. Metallabschluß- bzw. Übergangsprofile sind einzubauen.

3.2.6 Parkett und Parkettunterlage

3.2.6.1 Parkett ist ohne Parkettunterlage zu verlegen.

3.2.6.2 Wenn Parkettunterlagen auszuführen sind, sind sie versetzt und – wenn erforderlich – mit Bewegungsfugen zu verlegen, auch wenn sie aufgeklebt werden; ihre Fugen müssen versetzt zu den Fugen des Parketts liegen.

Parkettunterlagen, die wegen ihrer Beschaffenheit aufgeklebt werden müssen, sind auf dem Untergrund vollflächig zu kleben.

Schwimmend verlegte verleimte Holzspanplatten sind diagonal zu verlegen. Bei Mosaikparkett sind Unterlagsplatten diagonal zur Verlegerichtung des Parketts zu verlegen.

Sollen Holzspanplatten parallel zur Verlegerichtung des Mosaikparketts verlegt werden, so sind sie in Nut und Feder zu verbinden und zum Untergrund zu verschrauben und zu kleben.

3.2.6.3 Die Dämmwirkung von Dämmstoffen darf durch die Parkettklebstoffe nicht wesentlich beeinträchtigt werden.

3.2.7 Parkettböden in Sporthallen sind nach DIN 18032-2 "Sporthallen – Hallen für Turnen und Spiele, Sportböden – Anforderungen, Prüfungen" auszuführen.

3.2.8 Fußleisten und Deckleisten

Hölzerne Fußleisten und Deckleisten müssen an Ecken und Stößen auf Gehrung geschnitten werden; Fußleisten sind mit Stahlstiften in Abständen von weniger als 60 cm dauerhaft an der Wand zu befestigen. Deckleisten sind mit Drahtstiften zu befestigen. Die Deckfläche der Sockelleiste ist nach der größten Breite der erforderlichen Randfuge zu bemessen.

3.2.9 Abschleifen

Genageltes Parkett ist nach dem Verlegen, geklebtes Parkett nach genügendem Abbinden des Parkettklebstoffes gleichmäßig abzuschleifen. Die Anzahl der Schleifgänge und die Feinheit des Abschleifens richten sich nach der vorgeschriebenen anschließenden Oberflächenbehandlung.

3.3 Versiegeln

3.3.1 Parkett ist unmittelbar nach dem Abschleifen zu versiegeln.

3.3.2 Versiegelungsart und Versiegelungsmittel sind entsprechend dem Verwendungszweck des Raumes und der vorgesehenen Beanspruchung zu wählen und auf die jeweilige Holzart abzustimmen.

3.3.3 Die Versiegelung ist so auszuführen, daß eine gleichmäßige Oberfläche entsteht.

4 Nebenleistungen, Besondere Leistungen

4.1 Nebenleistungen sind ergänzend zur ATV DIN 18299, Abschnitt 4.1, insbesondere:

4.1.1 Reinigen des Untergrundes, ausgenommen Leistungen nach Abschnitt 4.2.3.

4.1.2 Liefern aller erforderlichen Hilfsstoffe.

4.1.3 Anschließen des Parketts an alle angrenzenden Bauteile, z. B. an Rohrleitungen, Zargen, Bekleidungen, Anschlagschienen, Vorstoßschienen, Säulen, Schwellen, ausgenommen Leistungen nach Abschnitt 4.2.6.

4.1.4 Auffüttern bis zu 1 cm Dicke auf Balken oder Lagerhölzern.

4.1.5 Absperrmaßnahmen bis zur Begehbarkeit des Parketts.

4.1.6 Vorlegen erforderlicher Muster.

4.1.7 Einmalige Messung der Feuchte der Untergründe zur Feststellung der Verlegefähigkeit.

4.2 Besondere Leistungen sind ergänzend zur ATV DIN 18299, Abschnitt 4.2, z. B.:

4.2.1 Maßnahmen nach Abschnitt 3.1.2.

4.2.2 Vorhalten von Aufenthalts- und Lagerräumen, wenn der Auftraggeber Räume, die leicht verschließbar gemacht und zur Lagerung von Parketthölzern nötigenfalls beheizt werden können, nicht zur Verfügung stellt.

4.2.3 Reinigen des Untergrundes von grober Verschmutzung, z. B. Gipsreste, Mörtelreste, Farbreste, Öl, soweit diese von anderen Unternehmern herrühren.

4.2.4 Vorbereiten des Untergrundes zur Erzielung eines guten Haftgrundes, z. B. Vorstreichen, maschinelles Bürsten oder Anschleifen und Absaugen.

4.2.5 Beseitigen alter Beläge und Klebstoffschichten.

4.2.6 Herstellen von Aussparungen im Parkett für Rohrdurchführungen und dergleichen in Räumen mit besonderer Installation; Anarbeiten des Parketts an Einbauteile oder Einrichtungsgegenstände. Anschließen des Parketts an Einbauteile und Wände, für die keine Leistenabdeckung vorgesehen ist.

4.2.7 Einbauen von Vorstoßschienen, Trennschienen, Armaturen, Matten, Revisionsrahmen und dergleichen.

4.2.8 Ausgleichen von Unebenheiten des Untergrundes und ganzflächiges Spachteln.

4.2.9 Auffüttern von mehr als 1 cm Dicke auf Balken oder Lagerhölzern.

4.2.10 Schließen und/oder Abdecken von Fugen, z. B. Bewegungs-, Anschluß- und Scheinfugen.

Seite 11
DIN 18356 : 1998-05

4.2.11 Einbauen von Dübeln für Fußleisten und Anbringen von Schalldämmstreifen an Sockelleisten.

4.2.12 Voranstriche oder Vorbehandlung von Estrichen.

4.2.13 Abschneiden überstehender Wand-Randstreifen und deren Abdeckung.

4.2.14 Vom Auftraggeber verlangtes Anfertigen von Probeflächen, wenn diese weder am Bau noch anderweitig verwendet werden können.

5 Abrechnung

Ergänzend zur ATV DIN 18299, Abschnitt 5, gilt:

5.1 Allgemeines

5.1.1 Der Ermittlung der Leistung − gleichgültig, ob sie nach Zeichnung oder Aufmaß erfolgt − sind zugrunde zu legen:
Bei Parkettböden, Parkettunterlagen, Oberflächenbehandlungen
− auf Flächen mit begrenzenden Bauteilen die Maße der zu belegenden Flächen bis zu den begrenzenden, ungeputzten bzw. nicht bekleideten Bauteilen,
− auf Flächen ohne begrenzende Bauteile deren Maße,
− auf Flächen von Stufen und Schwellen deren größte Maße.

5.1.2 Bei der Ermittlung des Längenmaßes wird die größte Bauteillänge gemessen.

5.1.3 In Böden nachträglich eingearbeitete Teile werden übermessen, z. B. Intarsien, Markierungen.

5.2 Es werden abgezogen:

5.2.1 Bei Abrechnung nach Flächenmaß (m^2):
Aussparungen, z. B. für Pfeiler, Pfeilervorlagen, Rohrdurchführungen, über 0,1 m^2 Einzelgröße.

5.2.2 Bei Abrechnung nach Längenmaß (m):
Unterbrechungen über 1 m Einzellänge.

DEUTSCHE NORM Mai 1998

VOB Verdingungsordnung für Bauleistungen
Teil C: Allgemeine Technische Vertragsbedingungen für Bauleistungen (ATV)
Bodenbelagarbeiten

DIN 18365

ICS 91.010.20 Ersatz für Ausgabe 1992-12

Deskriptoren: VOB, Bauleistung, Verdingungsordnung, Bodenbelagarbeit

Contract procedures for building works – Part C: General technical specifications for building works – Flooring works

Cahier des charges pour des travaux du bâtiment – Partie C: Règlements techniques généralés de contrat pour d'execution des travaux du bâtiment – Travaux de revêtement du sol

Vorwort
Diese Norm wurde vom Deutschen Verdingungsausschuß für Bauleistungen (DVA) aufgestellt.

Änderungen
Gegenüber der Ausgabe Dezember 1992 wurden folgende Änderungen vorgenommen:
– Die Norm wurde fachtechnisch überarbeitet.

Frühere Ausgaben
DIN 1977: 1925-08, 1958-12
DIN 18365: 1965-10, 1974-08, 1979-10, 1988-09, 1992-12

Normative Verweisungen
Diese Norm enthält durch datierte oder undatierte Verweisungen Festlegungen aus anderen Publikationen. Diese normativen Verweisungen sind an den jeweiligen Stellen im Text zitiert, und die Publikationen sind nachstehend aufgeführt. Bei datierten Verweisungen gehören spätere Änderungen oder Überarbeitungen dieser Publikationen nur zu dieser Norm, falls sie durch Änderung oder Überarbeitung eingearbeitet sind. Bei undatierten Verweisungen gilt die letzte Ausgabe der in Bezug genommenen Publikation.

DIN 1960
  VOB Verdingungsordnung für Bauleistungen – Teil A: Allgemeine Bestimmungen für die Vergabe von Bauleistungen
DIN 1961
  VOB Verdingungsordnung für Bauleistungen – Teil B: Allgemeine Vertragsbedingungen für die Ausführung von Bauleistungen
DIN 18032-2
  Sporthallen – Hallen für Turnen und Spiele, Sportböden – Anforderungen, Prüfungen
DIN 18201
  Toleranzen im Bauwesen – Begriffe, Grundsätze, Anwendung, Prüfung

DIN 18202
  Toleranzen im Hochbau – Bauwerke
DIN 18299
  VOB Verdingungsordnung für Bauleistungen – Teil C: Allgemeine Technische Vertragsbedingungen für Bauleistungen (ATV); Allgemeine Regelungen für Bauarbeiten jeder Art
DIN 18353
  VOB Verdingungsordnung für Bauleistungen – Teil C: Allgemeine Technische Vertragsbedingungen für Bauleistungen (ATV); Estricharbeiten
DIN 18354
  VOB Verdingungsordnung für Bauleistungen – Teil C: Allgemeine Technische Vertragsbedingungen für Bauleistungen (ATV); Gußasphaltarbeiten
DIN 18356
  VOB Verdingungsordnung für Bauleistungen – Teil C: Allgemeine Technische Vertragsbedingungen für Bauleistungen (ATV); Parkettarbeiten
DIN 18367
  VOB Verdingungsordnung für Bauleistungen – Teil C: Allgemeine Technische Vertragsbedingungen für Bauleistungen (ATV); Holzpflasterarbeiten

Weitere normative Verweisungen siehe Abschnitt 2.

Fortsetzung Seite 2 bis 10

DIN Deutsches Institut für Normung e. V.

– Leerseite –

Inhalt

		Seite
0	Hinweise für das Aufstellen der Leistungsbeschreibung	3
1	Geltungsbereich	5
2	Stoffe, Bauteile	6
3	Ausführung	7
4	Nebenleistungen, Besondere Leistungen	9
5	Abrechnung	10

0 Hinweise für das Aufstellen der Leistungsbeschreibung

Diese Hinweise ergänzen die ATV DIN 18299 "Allgemeine Regelungen für Bauarbeiten jeder Art", Abschnitt 0. Die Beachtung dieser Hinweise ist Voraussetzung für eine ordnungsgemäße Leistungsbeschreibung gemäß A § 9.
Die Hinweise werden nicht Vertragsbestandteil.
In der Leistungsbeschreibung sind nach den Erfordernissen des Einzelfalls insbesondere anzugeben:

0.1 Angaben zur Baustelle
Keine ergänzende Regelung zur ATV DIN 18299, Abschnitt 0.1.

0.2 Angaben zur Ausführung

0.2.1 Art, Beschaffenheit und Dicke der einzelnen Schichten des Untergrundes.

0.2.2 Besondere thermische Einflüsse und Feuchtigkeitseinwirkungen auf den Untergrund von unten nach oben sowie von außen nach innen.

0.2.3 Bei beheizten Fußbodenkonstruktionen Art der Heizung.

0.2.4 Art und Vorbehandlung der Untergrundoberflächen, z. B. Bürsten, Anschleifen, Absaugen, Vorstreichen, ganzflächiges Spachteln.

0.2.5 Farbtönung, Flächenaufteilung, Oberflächenbeschaffenheit, Dicke, Verwendungszweck, besondere Eigenschaften der Bodenbeläge, z. B. Stuhlrolleneignung, Feuchtraumeignung, zusätzlich bei textilen Belägen Strapazierwert, Komfortwert, Treppeneignung.

0.2.6 Besondere Anforderungen an die Bodenbeläge, z. B. bei hoher mechanischer, thermischer und chemischer Einwirkung. Elektrisch isolierende oder elektrisch leitfähige bzw. antistatische oder permanent antistatische Ausrüstung der Bodenbeläge und entsprechende Verlegung.

0.2.7 Verlegen von Bodenbelägen auf Unterlagen.

0.2.8 Verspannen textiler Bodenbeläge auf Nagelleisten einschließlich Unterlagen.

0.2.9 Art und Ausbildung der Anschlüsse an Bauwerksteile.

0.2.10 Art und Ausbildung von Bewegungsfugen.

0.2.11 Art und Anzahl der geforderten Proben und Probeflächen.

0.2.12 Verlegerichtung von Platten und Bahnenware.

0.2.13 Verlegen von Bodenbelägen mit besonderer Art und Gestaltung, z. B. Diagonalverlegung, Friese, Einlagen, Markierungen.

0.2.14 Vom Rechteck abweichende Form der zu belegenden Flächen, z. B. schiefwinklige Flächen, runde Flächen, gerundete Treppen.

0.2.15 Art der Treppen, Ausbildung der zu belegenden Stufen, der Treppensockel, wenn nötig, unter Beifügung von Zeichnungen.

0.2.16 Abweichen des Untergrundes von der Waagerechten.

0.2.17 Anzahl, Maße und Art von Aussparungen, Rohrdurchführungen, Rahmen, Trenn- und Anschlagschienen u. ä.

0.2.18 Art, Abmessung, Profil und Befestigung von Fußleisten und Deckleisten.

0.2.19 Lage von nicht erkennbaren Leitungen, Rohren usw. im Boden- und Wandbereich.

0.3 Einzelangaben bei Abweichungen von den ATV

0.3.1 Wenn andere als die in dieser ATV vorgesehenen Regelungen getroffen werden sollen, sind diese in der Leistungsbeschreibung eindeutig und im einzelnen anzugeben.

0.3.2 Abweichende Regelungen können insbesondere in Betracht kommen bei

Abschnitt 3.2,	wenn erhöhte Anforderungen an die Ebenheit gestellt werden,
Abschnitt 3.3,	wenn der Untergrund für Beläge, die ohne Unterlage verlegt werden, nicht mit Spachtelmasse geglättet werden soll,
Abschnitt 3.4.1,	wenn Bodenbeläge mit Unterlagen verlegt werden sollen,
Abschnitt 3.4.3,	wenn Bodenbeläge nicht vollflächig geklebt, sondern z. B. lose verlegt, mit Haftkleber fixiert oder gespannt werden sollen,
Abschnitt 3.4.4,	wenn die Verlegerichtung der Bahnen dem Auftragnehmer nicht überlassen werden soll,
Abschnitt 3.4.6,	wenn Bodenflächen von Türöffnungen, Nischen und dergleichen entgegen der vorgesehenen Regelung verlegt werden sollen,
Abschnitt 3.4.7,	wenn Kunststoffbeläge verschweißt werden sollen,
Abschnitt 3.4.8,	wenn Linoleum-, Natur- und Synthesekautschukbeläge verfugt werden sollen,

Abschnitt 3.4.9,	wenn die Kanten von textilen Bodenbelägen in Bahnen nicht geschnitten werden sollen,
Abschnitt 3.5,	wenn bei der Verlegung von Schichtstoff-Elementen der Untergrund nicht mit einer PE-Folie abgedeckt werden soll,
Abschnitt 3.6.2,	wenn Treppenstoßkanten und andere Stoßkanten nicht durch Kleben befestigt werden sollen, sondern z. B. durch Schrauben.

0.4 Einzelangaben zu Nebenleistungen und Besonderen Leistungen
Keine ergänzende Regelung zur ATV DIN 18299, Abschnitt 0.4.

0.5 Abrechnungseinheiten
Im Leistungsverzeichnis sind die Abrechnungseinheiten wie folgt vorzusehen:

0.5.1 Flächenmaß (m^2), getrennt nach Bauart und Maßen, für
- Vorbereiten des Untergrundes, z. B. Reinigen, Spachteln, Schleifen,
- Unterlagen, Bodenbeläge und Schutzabdeckungen,
- Verschweißen und Verfugen.

0.5.2 Längenmaß (m), getrennt nach Bauart und Maßen, für
- Abschneiden von Wand-Randstreifen und Abdeckungen,
- Bodenbeläge von Stufen und Schwellen,
- Leisten, Profile, Kanten, Schienen,
- Friese, Kehlen, Beläge von Kehlen und Markierungslinien,
- Verschweißen und Verfugen,
- Anarbeiten der Bodenbeläge an Einbauteile und Einrichtungsgegenstände,
- Schließen von Fugen.

0.5.3 Anzahl (Stück), getrennt nach Bauart und Maßen, für
- Bodenbeläge von Stufen und Schwellen,
- seitliche Stufenprofile,
- Intarsien und Einzelmarkierungen,
- Abschluß- und Trennschienen,
- vorgefertigte Innen- und Außenecken bei Sockelleisten,
- Anarbeiten von Bodenbelägen in Räumen mit besonderen Installationen, z. B. Rohrdurchführungen, Einbauteile, Einrichtungsgegenstände.

1 Geltungsbereich

1.1 Die ATV "Bodenbelagarbeiten" – DIN 18365 – gilt für das Verlegen von Bodenbelägen in Bahnen und Platten aus Linoleum, Kunststoff, Natur- und Synthesekautschuk, Textilien und Kork sowie für das Verlegen von Schichtstoff-Elementen.

1.2 Die ATV DIN 18365 gilt nicht für
- Estriche (siehe ATV DIN 18353 "Estricharbeiten"),
- Asphaltbeläge (siehe ATV DIN 18354 "Gußasphaltarbeiten"),
- Parkettfußböden (siehe ATV DIN 18356 "Parkettarbeiten") und
- Holzpflasterarbeiten (siehe ATV DIN 18367 "Holzpflasterarbeiten").

Seite 6
DIN 18365 : 1998-05

1.3 Ergänzend gelten die Abschnitte 1 bis 5 der ATV DIN 18299 "Allgemeine Regelungen für Bauarbeiten jeder Art". Bei Widersprüchen gehen die Regelungen der ATV DIN 18365 vor.

2 Stoffe, Bauteile

Ergänzend zur ATV DIN 18299, Abschnitt 2, gilt:
Für die gebräuchlichsten genormten Stoffe und Bauteile sind die DIN-Normen nachstehend aufgeführt.

2.1 Bodenbeläge aus Linoleum

DIN EN 548   Elastische Bodenbeläge – Spezifikation für Linoleum mit und ohne Muster; Deutsche Fassung EN 548 : 1997

DIN EN 687   Elastische Bodenbeläge – Spezifikation für Linoleum mit und ohne Muster mit Korkmentrücken; Deutsche Fassung EN 687 : 1997

2.2 Bodenbeläge aus Kunststoff

DIN EN 649   Elastische Bodenbeläge – Homogene und heterogene Polyvinylchlorid-Bodenbeläge – Spezifikation; Deutsche Fassung EN 649 : 1996

Sowie elastische Bodenbeläge aus Polyvinylchlorid nach DIN EN 650, DIN EN 651, DIN EN 652 und DIN EN 653.

2.3 Bodenbeläge aus Natur- und Synthesekautschuk

DIN 16850   Bodenbeläge – Homogene und heterogene Elastomer-Beläge – Anforderungen, Prüfung

DIN 16851   Bodenbeläge – Elastomer-Beläge mit Unterschicht aus Schaumstoff – Anforderungen, Prüfung

DIN 16852   Bodenbeläge – Elastomer-Beläge mit profilierter Oberfläche – Anforderungen, Prüfung

2.4 Bodenbeläge aus Textilien

DIN 66095-1   Textile Bodenbeläge – Produktbeschreibung – Merkmale für die Projektbeschreibung

DIN 66095-3   Textile Bodenbeläge – Produktbeschreibung – Strapazierwert und Komfortwert für Nadelvlieserzeugnisse; Einstufung, Prüfung, Kennzeichnung

DIN 66095-4   Textile Bodenbeläge – Produktbeschreibung – Zusatzeignungen; Einstufung, Prüfung, Kennzeichnung

DIN EN 1307   Textile Bodenbeläge – Einstufung von Polteppichen; Deutsche Fassung EN 1307 : 1997

DIN EN 1470   Textile Bodenbeläge – Einstufung von Nadelvlies-Bodenbelägen, ausgenommen Polvlies-Bodenbeläge; Deutsche Fassung EN 1470 : 1997

2.5 Schichtstoff-Elemente

Schichtstoff-Elemente, z. B. Laminate, müssen den Herstellerangaben entsprechen und für den vorgesehenen Verwendungszweck geeignet sein.

2.6 Aussehen
Farbabweichungen gegenüber Proben dürfen nur geringfügig sein.

2.7 Klebstoffe
Klebstoffe müssen so beschaffen sein, daß durch sie eine feste und dauerhafte Verbindung erreicht wird. Sie dürfen Bodenbelag, Unterlagen und Untergrund nicht nachteilig beeinflussen und nach der Verarbeitung keine Belästigung durch Geruch hervorrufen.

2.8 Unterlagen
Unterlagen, z. B. Korkfilzpappen, Korkment, Holzspanplatten, Schaumstoffe, elastisch gebundenes Granulat, müssen für die vorgesehenen Klebstoffe einen guten Haftgrund bilden. Sie dürfen nicht zerfallen, ihr Gefüge nicht verändern, nicht faulen und Klebstoffe und Untergründe nicht nachteilig beeinflussen.

2.9 Vorstriche, Spachtel- und Ausgleichsmassen
Vorstriche, Spachtel- und Ausgleichsmassen müssen sich fest und dauerhaft mit dem Untergrund verbinden, einen Haftgrund für den Klebstoff ergeben und so beschaffen sein, daß der Bodenbelag darauf ohne Formveränderungen liegt. Sie dürfen Untergrund, Unterlage, Klebstoff und Bodenbelag nicht nachteilig beeinflussen. Spachtel- und Ausgleichsmassen für spezielle Einsatzgebiete müssen für den jeweiligen Verwendungszweck, z. B. Stuhlrollen, Fußbodenheizung, geeignet sein.

3 Ausführung
Ergänzend zur ATV DIN 18299, Abschnitt 3, gilt:

3.1 Allgemeines
3.1.1 Der Auftragnehmer hat bei seiner Prüfung Bedenken (siehe B § 4 Nr 3) insbesondere geltend zu machen bei
- größeren Unebenheiten,
- Rissen im Untergrund,
- nicht genügend trockenem Untergrund,
- nicht genügend fester Oberfläche des Untergrundes,
- zu poröser und zu rauher Oberfläche des Untergrundes,
- verunreinigter Oberfläche des Untergrundes, z. B. durch Öl, Wachs, Lacke, Farbreste,
- unrichtiger Höhenlage der Oberfläche des Untergrundes im Verhältnis zur Höhenlage anschließender Bauteile,
- ungeeigneter Temperatur des Untergrundes,
- ungeeignetem Raumklima,
- fehlendem Aufheizprotokoll bei beheizten Fußbodenkonstruktionen,
- fehlendem Überstand des Randdämmstreifens,
- fehlender Markierung von Meßstellen bei beheizten Fußbodenkonstruktionen.

3.1.2 Vor Verlegen der Bodenbeläge muß der Untergrund ausreichend trocken sein. Um Beschädigungen an der Heizungsinstallation zu vermeiden, dürfen Feuchtemessungen bei beheizten Fußbodenkonstruktionen nur an den markierten Meßstellen vorgenommen werden.

3.1.3 Bewegungsfugen im Untergrund dürfen nicht kraftschlüssig geschlossen oder sonst in ihrer Funktion beeinträchtigt werden.

3.1.4 Der Auftragnehmer hat dem Auftraggeber die schriftliche Pflegeanleitung für den Bodenbelag zu übergeben.

3.2 Maßtoleranzen

Abweichungen von vorgeschriebenen Maßen sind in den durch

DIN 18201   Toleranzen im Bauwesen – Begriffe, Grundsätze, Anwendung, Prüfung

DIN 18202   Toleranzen im Hochbau – Bauwerke

bestimmten Grenzen zulässig.

Bei Streiflicht sichtbar werdende Unebenheiten in den Oberflächen von Bauteilen sind zulässig, wenn die Maßtoleranzen von DIN 18202 eingehalten worden sind.

3.3 Vorbereiten des Untergrundes

Der Untergrund für Beläge, die ohne Unterlagen verlegt werden, ist mit Spachtelmasse zu glätten; bei größeren Unebenheiten ist Ausgleichsmasse zu verwenden.

Spachtelmasse oder Ausgleichsmasse ist so aufzubringen, daß sie sich fest und dauerhaft mit dem Untergrund verbindet, nicht reißt und ausreichend druckfest ist.

Auf Estrichen und Trockenunterböden, mit denen sich die Spachtelmasse oder Ausgleichsmasse ungenügend verbindet, ist ein Voranstrich aufzubringen, z. B. auf Magnesia- und Anhydritestrichen.

3.4 Verlegen der Bodenbeläge

3.4.1 Bodenbeläge sind ohne Unterlagen zu verlegen.

3.4.2 Sind Unterlagen auszuführen, so sind sie so zu verlegen, daß ihre Stöße und Nähte zu den Stößen und Nähten des Bodenbelages versetzt sind.

3.4.3 Unterlagen und Bodenbeläge sind vollflächig zu kleben.

Klebstoffrückstände auf dem Bodenbelag sind sofort zu entfernen.

3.4.4 Die Verlegerichtung des Bodenbelages bleibt dem Auftragnehmer überlassen.

Kopfnähte sind nur bei Bahnenlängen über 5 m zulässig, wobei eine Ansatzlänge von 1 m nicht unterschritten werden darf.

3.4.5 Bahnen mit Rapport sind mustergleich zu verlegen.

3.4.6 Bahnen, die auf Türöffnungen, Nischen und dergleichen zulaufen, müssen so verlegt werden, daß diese Flächenbereiche überdeckt werden; solche Bodenflächen dürfen nicht mit Streifen belegt werden.

Bodenflächen von Türöffnungen, Nischen und dergleichen, auf die die Bahnen nicht zulaufen, dürfen mit Streifen belegt werden.

3.4.7 Kunststoffbeläge sind unverschweißt zu verlegen.

3.4.8 Linoleum-, Natur- und Synthesekautschukbeläge sind unverfugt zu verlegen.

3.4.9 Textile Bodenbeläge in Bahnen sind, soweit dafür geeignet, an den Kanten zu schneiden und stumpf zu stoßen.

3.4.10 Sind Bodenbeläge elektrisch ableitfähig zu verlegen, müssen die VDE-Vorschriften beachtet werden.

3.4.11 Bodenbeläge in Sporthallen sind nach DIN 18032-2 "Sporthallen – Hallen für Turnen und Spiele, Sportböden – Anforderungen, Prüfungen" auszuführen.

3.5 Schichtstoff-Elemente schwimmend verlegt

Schichtstoff-Elemente sind schwimmend zu verlegen, sie sind in der Nut an Längs- und Kopfseite mit Leim zu verbinden. Der Untergrund ist, ausgenommen bei Holzunterkonstruktionen, mit einer mindestens 0,2 mm dicken PE-Folie überlappt, lose verlegt abzudecken.

3.6 Anbringen von Leisten, Stoßkanten und Profilen

3.6.1 Sockel- und Deckleisten aus Holz, Metall und Hart-PVC sind materialentsprechend zu befestigen und an den Ecken und Stößen auf Gehrung zu schneiden.

Andere Sockel- und Deckleisten aus flexiblem Material sind dauerhaft zu befestigen, den Ecken anzupassen und materialentsprechend zu stoßen.

Die Befestigung erfolgt durch Kleben oder Nageln.

3.6.2 Treppenstoßkanten und andere Stoßkanten sind durch Kleben zu befestigen.

Treppenstoßkanten aus Kunststoff oder Natur- und Synthesekautschuk sind nur auf den Trittflächen der Stufen zu befestigen.

4 Nebenleistungen, Besondere Leistungen

4.1 Nebenleistungen sind ergänzend zur ATV DIN 18299, Abschnitt 4.1, insbesondere:

4.1.1 Vorlegen der geforderten Muster.

4.1.2 Säubern des Untergrundes, ausgenommen Leistungen nach Abschnitt 4.2.2.

4.1.3 Ausgleichen von Unebenheiten des Untergrundes bis 1 mm.

4.1.4 Herstellen von Aussparungen in Bodenbelägen für Rohrdurchführungen und dergleichen sowie Anschließen der Bodenbeläge an Einbauteile, z. B. Zargen, Bekleidungen, Anschlagschienen, Vorstoßschienen, Säulen, Schwellen, ausgenommen Leistungen nach Abschnitt 4.2.7 und Abschnitt 4.2.11.

4.1.5 Einmalige Messung der Feuchte der Untergründe zur Feststellung der Verlegefähigkeit.

4.1.6 Schutz von Boden- und Treppenbelägen durch Absperren bis zur Begehbarkeit.

4.2 Besondere Leistungen sind ergänzend zur ATV DIN 18299, Abschnitt 4.2, z. B.:

4.2.1 Vorhalten von Aufenthalts- und Lagerräumen, wenn der Auftraggeber Räume, die leicht verschließbar gemacht werden können, nicht zur Verfügung stellt.

4.2.2 Reinigen des Untergrundes von grober Verschmutzung durch Bauschutt, Gips, Mörtelreste, Farbreste u. ä., soweit sie von anderen Unternehmern herrührt.

4.2.3 Vorbereiten des Untergrundes zur Erzielung eines guten Haftgrundes, z. B. Vorstreichen, maschinelles Bürsten oder Anschleifen und Absaugen.

4.2.4 Beseitigen alter Beläge und Klebstoffschichten.

4.2.5 Einbauen von Stoßkanten, seitlichen Stufenprofilen, Trennschienen, Bewegungsfugenprofilen, Armaturen, Matten- und Revisionsrahmen u. ä.

4.2.6 Befestigen mit Schrauben und Dübeln.

4.2.7 Herstellen von Aussparungen in Bodenbelägen für Rohrdurchführungen und dergleichen in Räumen mit besonderer Installation. Anarbeiten der Bodenbeläge an Einbauteile oder Einrichtungsgegenstände in solchen Räumen. Anschließen der Bodenbeläge an Einbauteile und Wände, für die keine Leistenabdeckung vorgesehen ist.

4.2.8 Ausgleichen von Unebenheiten in anderen Fällen als nach Abschnitt 4.1.3 und ganzflächiges Spachteln.

4.2.9 Schließen und/oder Abdecken von Fugen, z. B. Bewegungs-, Anschluß- und Scheinfugen.

4.2.10 Zusätzliche Maßnahmen für die Weiterarbeit bei Raumtemperaturen, die die Leistung gefährden, soweit sie dem Auftragnehmer nicht ohnehin obliegen.

4.2.11 Nachträgliches Herstellen von Anschlüssen an angrenzende Bauteile.

4.2.12 Abschneiden überstehender Wand-Randstreifen und deren Abdeckung.

4.2.13 Thermisches Verschweißen von Kunststoffbelägen, Verfugen von Linoleum-, Natur- und Synthesekautschukbelägen.

4.2.14 Herstellen von Friesen, Kehlen, Markierungslinien und Belägen in Kehlen.

4.2.15 Einbauen vorgefertigter Innen- und Außenecken bei Sockelleisten.

5 Abrechnung

Ergänzend zur ATV DIN 18299, Abschnitt 5, gilt:

5.1 Allgemeines

5.1.1 Der Ermittlung der Leistung, gleichgültig, ob sie nach Zeichnung oder nach Aufmaß erfolgt, sind bei Bodenbelägen, Unterlagen und Schutzabdeckungen zugrunde zu legen:
- auf Flächen mit begrenzenden Bauteilen die Maße der zu belegenden Flächen bis zu den begrenzenden, ungeputzten bzw. nicht bekleideten Bauteilen,
- auf Flächen ohne begrenzende Bauteile deren Maße,
- auf Flächen von Stufen und Schwellen deren größte Maße.

5.1.2 Bei der Ermittlung des Längenmaßes wird die größte Bauteillänge gemessen.

5.1.3 In Bodenbeläge nachträglich eingearbeitete Teile werden übermessen, z. B. Intarsien, Markierungen.

5.2 Es werden abgezogen:

5.2.1 Bei Abrechnung nach Flächenmaß (m^2):
Aussparungen über 0,1 m^2 Einzelgröße, z. B. für Öffnungen, Pfeiler, Pfeilervorlagen, Rohrdurchführungen.

5.2.2 Bei Abrechnung nach Längenmaß (m):
Unterbrechungen über 1 m Einzellänge.

DEUTSCHE NORM   Mai 1998

VOB Verdingungsordnung für Bauleistungen
Teil C: Allgemeine Technische Vertragsbedingungen
für Bauleistungen (ATV)
Holzpflasterarbeiten

**DIN
18367**

ICS 91.010.20

Ersatz für Ausgabe 1992-12

Deskriptoren: VOB, Bauleistung, Verdingungsordnung, Holzpflasterarbeit

Contract procedures for building works – Part C: General technical specifications for building works – Wood blocks paving works
Cahier des charges pour des travaux du bâtiment – Partie C: Règlements techniques généralés de contrat pour d'execution des travaux du bâtiment – Travaux de pavage en bois

Vorwort
Diese Norm wurde vom Deutschen Verdingungsausschuß für Bauleistungen (DVA) aufgestellt.

Änderungen
Gegenüber der Ausgabe Dezember 1992 wurden folgende Änderungen vorgenommen:
— Die Norm wurde fachtechnisch überarbeitet.

Frühere Ausgaben
DIN 1984: 1925-08, 1958-12
DIN 18367: 1965-10, 1976-09, 1979-10, 1988-09, 1992-12

Normative Verweisungen
Diese Norm enthält durch datierte oder undatierte Verweisungen Festlegungen aus anderen Publikationen. Diese normativen Verweisungen sind an den jeweiligen Stellen im Text zitiert, und die Publikationen sind nachstehend aufgeführt. Bei datierten Verweisungen gehören spätere Änderungen oder Überarbeitungen dieser Publikationen nur zu dieser Norm, falls sie durch Änderung oder Überarbeitung eingearbeitet sind. Bei undatierten Verweisungen gilt die letzte Ausgabe der in Bezug genommenen Publikation.

DIN 1960
    VOB Verdingungsordnung für Bauleistungen – Teil A: Allgemeine Bestimmungen für die Vergabe von Bauleistungen
DIN 1961
    VOB Verdingungsordnung für Bauleistungen – Teil B: Allgemeine Vertragsbedingungen für die Ausführung von Bauleistungen
DIN 18201
    Toleranzen im Bauwesen – Begriffe, Grundsätze, Anwendung, Prüfung
DIN 18202
    Toleranzen im Hochbau – Bauwerke
DIN 18299
    VOB Verdingungsordnung für Bauleistungen – Teil C: Allgemeine Technische Vertragsbedingungen für Bauarbeiten jeder Art
DIN 68701
    Holzpflaster GE für gewerbliche und industrielle Zwecke
DIN 68702
    Holzpflaster RE für Räume in Versammlungsstätten, Schulen, Wohnungen (RE-V), für Werkräume im Ausbildungsbereich (RE-W) und ähnliche Anwendungsbereiche

Fortsetzung Seite 2 bis 8

DIN Deutsches Institut für Normung e. V.

– Leerseite –

Inhalt

		Seite
0	Hinweise für das Aufstellen der Leistungsbeschreibung..	3
1	Geltungsbereich	5
2	Stoffe, Bauteile	5
3	Ausführung	5
4	Nebenleistungen, Besondere Leistungen	7
5	Abrechnung	7

0 Hinweise für das Aufstellen der Leistungsbeschreibung

Diese Hinweise ergänzen die ATV DIN 18299 "Allgemeine Regelungen für Bauarbeiten jeder Art", Abschnitt 0. Die Beachtung dieser Hinweise ist Voraussetzung für eine ordnungsgemäße Leistungsbeschreibung gemäß A § 9.

Die Hinweise werden nicht Vertragsbestandteil.

In der Leistungsbeschreibung sind nach den Erfordernissen des Einzelfalls insbesondere anzugeben:

0.1 Angaben zur Baustelle

Keine ergänzende Regelung zur ATV DIN 18299, Abschnitt 0.1.

0.2 Angaben zur Ausführung

0.2.1 Art und Beschaffenheit des Untergrundes.

0.2.2 Art und Anzahl der geforderten Proben.

0.2.3 Art und Beschaffenheit von Abdichtungen des Untergrundes.

0.2.4 Gefälle des Holzpflasterbelages.

0.2.5 Bewegungsfugen im Untergrund.

0.2.6 Art des Heizungssystems.

0.2.7 Verwendungszweck der Räume; Druck- und Schubbeanspruchungen des Holzpflasters, z. B. Fahrverkehr.

Seite 4
DIN 18367 : 1998-05

0.2.8 Benutzung des Belages unter außergewöhnlichen Feuchte- und Temperaturverhältnissen.

0.2.9 Vom Rechteck abweichende Form der zu pflasternden Fläche.

0.2.10 Bei Holzpflaster GE nach DIN 68701 Holzart und Höhe der Holzpflasterklötze, Art des Holzschutzes und der Verlegung.

0.2.11 Bei Holzpflaster RE nach DIN 68702 Holzart und Höhe der Holzpflasterklötze, Art der Oberflächenbehandlung, z. B. Schleifen und Versiegeln.

0.2.12 Anzahl, Größe und Lage der Aussparungen für Kabelkanäle, Maschinenfundamente und dergleichen (siehe Abschnitt 4.1.2).

0.3 Einzelangaben bei Abweichungen von den ATV

0.3.1 Wenn andere als die in dieser ATV vorgesehenen Regelungen getroffen werden sollen, sind diese in der Leistungsbeschreibung eindeutig und im einzelnen anzugeben.

0.3.2 Abweichende Regelungen können insbesondere in Betracht kommen bei

Abschnitt 3.1.7,	wenn Fugen über Bewegungsfugen des Bauwerkes nicht mit plastischen Stoffen gefüllt werden sollen,
Abschnitt 3.3.1,	wenn Holzpflaster nicht versiegelt, sondern eine andere Oberflächenbehandlung ausgeführt werden soll, z. B. Wachsen,
Abschnitt 3.3.2,	wenn ein bestimmtes Mittel für die Versiegelung verwendet werden soll.

0.4 Einzelangaben zu Nebenleistungen und Besonderen Leistungen

Keine ergänzende Regelung zur ATV DIN 18299, Abschnitt 0.4.

0.5 Abrechnungseinheiten

Im Leistungsverzeichnis sind die Abrechnungseinheiten wie folgt vorzusehen:

0.5.1 Flächenmaß (m^2), getrennt nach Holzart, Klotzhöhe und Verlegeart, für
- Holzpflaster,
- Holzschutz,
- Oberflächenschutz.

0.5.2 Längenmaß (m), getrennt nach Bauart und Maßen, für
- Schließen von Fugen,
- Anarbeiten von Holzpflaster an Einbauteile und Einrichtungsgegenstände,
- Dämmstreifen,
- Leisten, Profile, Kanten, Schienen.

0.5.3 Anzahl (Stück), getrennt nach Bauart und Maßen, für
- Holzpflaster auf Stufen und Schwellen,
- Abschluß- und Trennschienen,
- Anarbeiten von Holzpflaster in Räumen mit besonderer Installation.

1 Geltungsbereich

1.1 Die ATV "Holzpflasterarbeiten" – DIN 18367 – gilt für Holzpflaster in Innenräumen.

1.2 Ergänzend gelten die Abschnitte 1 bis 5 der ATV DIN 18299 "Allgemeine Regelungen für Bauarbeiten jeder Art". Bei Widersprüchen gehen die Regelungen der ATV DIN 18367 vor.

2 Stoffe, Bauteile

Ergänzend zur ATV DIN 18299, Abschnitt 2, gilt:
Für die gebräuchlichsten genormten Stoffe und Bauteile sind die DIN-Normen nachstehend aufgeführt.

DIN 68701	Holzpflaster GE für gewerbliche und industrielle Zwecke
DIN 68702	Holzpflaster RE für Räume in Versammlungsstätten, Schulen, Wohnungen (RE-V), für Werkräume im Ausbildungsbereich (RE-W) und ähnliche Anwendungsbereiche

3 Ausführung

Ergänzend zur ATV DIN 18299, Abschnitt 3, gilt:

3.1 Allgemeines

3.1.1 Für die Ausführung gelten DIN 68701 und DIN 68702.

3.1.2 Der Auftragnehmer hat bei seiner Prüfung Bedenken (siehe B § 4 Nr 3) insbesondere geltend zu machen bei
- größeren Abweichungen von der Ebenheit,
- Rissen im Untergrund,
- nicht genügend trockenem Untergrund,
- nicht genügend festen Oberflächen des Untergrundes,
- zu poröser und zu rauher Oberfläche des Untergrundes,
- ungenügenden Bewegungsfugen im Untergrund,
- verunreinigten Oberflächen des Untergrundes, z. B. durch Öl, Wachs, Lacke, Farbreste,
- unrichtiger Höhenlage der Oberfläche des Untergrundes, im Verhältnis zur Höhenlage anschließender Bauteile,
- ungeeigneter Temperatur des Untergrundes,
- ungeeigneten Temperatur- und Luftverhältnissen im Raum,
- fehlendem Aufheizprotokoll bei beheizter Fußbodenkonstruktion,
- Fehlen von Schienen, Schwellen und dergleichen als Anschlag für das Holzpflaster,
- fehlender Markierung von Meßstellen bei beheizten Fußbodenkonstruktionen.

Seite 6
DIN 18367 : 1998-05

3.1.3 Abweichungen von vorgeschriebenen Maßen sind in den durch

DIN 18201 Toleranzen im Bauwesen – Begriffe, Grundsätze, Anwendung, Prüfung

DIN 18202 Toleranzen im Hochbau – Bauwerke

bestimmten Grenzen zulässig.
Bei Streiflicht sichtbar werdende Unebenheiten in den Oberflächen von Bauteilen sind zulässig, wenn die Maßtoleranzen von DIN 18202 eingehalten worden sind.

Werden an die Ebenheit von Flächen erhöhte Anforderungen nach DIN 18202 gestellt, so sind die zu treffenden Maßnahmen Besondere Leistungen (siehe Abschnitt 4.2.1).

3.1.4 Bei Verlegung auf Betonuntergrund ist ein Voranstrich aufzubringen.

3.1.5 Klötze sind im Verband mit geradlinig durchgehenden Längsfugen zu verlegen. Sie müssen parallel zur Schmalseite der zu pflasternden Fläche verlaufen.

3.1.6 Zwischen dem zu verlegenden Holzpflaster und angrenzenden Bauteilen sind Fugen anzulegen. An Schienen sind die Klötze unmittelbar anzuarbeiten.

3.1.7 Über Bewegungsfugen des Bauwerkes sind Fugen auch im Holzpflaster RE anzulegen. Diese Fugen sind mit plastischen Stoffen zu füllen.

3.1.8 Bewegungsfugen im Untergrund dürfen nicht kraftschlüssig geschlossen oder sonst in ihrer Funktion beeinträchtigt werden.

3.1.9 Vor Verlegung des Holzpflasters auf beheizten Fußbodenkonstruktionen müssen diese ausreichend lange aufgeheizt gewesen sein. Zur Vermeidung von Beschädigungen an der Heizungsinstallation dürfen Feuchtemessungen nur an den markierten Meßstellen vorgenommen werden.

3.1.10 Der Auftragnehmer hat dem Auftraggeber schriftliche Pflegeanweisungen zu übergeben. Diese müssen auch Hinweise auf das zweckmäßige Raumklima enthalten.

3.2 Holzpflaster GE

Preßverlegtes Holzpflaster GE ohne Fugenleisten ist mit heißflüssiger Klebermasse auszuführen und mit Quarzsand abzukehren.

3.3 Holzpflaster RE-V

3.3.1 Holzpflaster RE-V ist unmittelbar nach dem Schleifen zu versiegeln.

3.3.2 Versiegelungsart und Versiegelungsmittel sind entsprechend dem Verwendungszweck des Raumes und der vorgesehenen Beanspruchung zu wählen und auf die jeweilige Holzart abzustimmen.

3.3.3 Die Versiegelung ist so auszuführen, daß eine gleichmäßige Oberfläche entsteht.

3.4 Holzpflaster RE-W

Holzpflaster RE-W ist nach dem Verlegen zur Verzögerung der Feuchteaufnahme mit einem öligen paraffinhaltigen Mittel zu behandeln.

4 Nebenleistungen, Besondere Leistungen

4.1 Nebenleistungen sind ergänzend zur ATV DIN 18299, Abschnitt 4.1, insbesondere:

4.1.1 Reinigen des Untergrundes, ausgenommen Leistungen nach Abschnitt 4.2.3.

4.1.2 Anpassen des Holzpflasters an die angrenzenden Bauwerksteile, z. B. an Wände, Pfeiler, Stützen, Schwellen, Maschinenfundamente, Rohrleitungen, Schienen aller Art, und Anschließen an diese Bauwerksteile in anderen Fällen als nach Abschnitt 4.2.4.

4.1.3 Absperrmaßnahmen bis zur Begehbarkeit des Holzpflasters.

4.1.4 Einmalige Messung der Feuchte der Untergründe zur Feststellung der Verlegefähigkeit.

4.2 Besondere Leistungen sind ergänzend zur ATV DIN 18299, Abschnitt 4.2, z. B.:

4.2.1 Maßnahmen nach Abschnitt 3.1.3.

4.2.2 Vorhalten von Aufenthalts- und Lagerräumen, wenn der Auftraggeber Räume, die leicht verschließbar gemacht werden können, nicht zur Verfügung stellt.

4.2.3 Reinigen des Untergrundes von grober Verschmutzung, z. B. Gipsreste, Mörtelreste, Farbreste, Öl, soweit diese von anderen Unternehmern herrührt.

4.2.4 Herstellen von Aussparungen und Anschlüssen sowie Anpassung an schräg oder gekrümmt zum Fugenverlauf angrenzende Bauteile, mit denen der Auftragnehmer bei Abgabe des Angebotes nicht rechnen konnte.

4.2.5 Schleifen von Holzpflaster RE-W.

5 Abrechnung
5.1 Allgemeines

5.1.1 Der Ermittlung der Leistung – gleichgültig, ob sie nach Zeichnung oder nach Aufmaß erfolgt – sind zugrunde zu legen:
Bei Holzpflaster
– auf Flächen mit begrenzenden, Bauteilen die Maße der zu belegenden Flächen bis zu den begrenzenden, ungeputzten bzw. nicht bekleideten Bauteilen,
– auf Flächen ohne begrenzende Bauteile deren Maße,
– auf Flächen von Stufen und Schwellen deren größte Maße.

5.1.2 Bei der Ermittlung des Längenmaßes wird die größte Bauteillänge gemessen.

5.1.3 In Holzpflaster nachträglich eingearbeitete Teile werden übermessen.

5.2 Es werden abgezogen:

5.2.1 Bei Abrechnung nach Flächenmaß (m^2):

Aussparungen, z. B. für Pfeiler, Pfeilervorlagen, Rohrdurchführungen, über 0,1 m^2 Einzelgröße.

5.2.2 Bei Abrechnung nach Längenmaß (m):

Unterbrechungen über 1 m Einzellänge.

DK 674-4 : 674.213 : 692.535.13 April 1990

Parkett
Parkettstäbe, Parkettriemen und Tafeln für Tafelparkett

DIN 280
Teil 1

Parquet; parquet strips and panels for panel parquet

Ersatz für Ausgabe 12.70 und
DIN 280 T 3/12.70

Maße in mm

1 Anwendungsbereich

Diese Norm gilt für Parkettstäbe, Parkettriemen und Tafeln für Tafelparkett (im folgenden kurz Parketthölzer genannt) aus Eiche, Rotbuche, Kiefer, Esche sowie anderen geeigneten europäischen und überseeischen Laub- und Nadelhölzern.

2 Begriffe

Parkett ist ein Holzfußboden, der aus Parkettstäben, Parkettriemen, Tafeln für Tafelparkett, Mosaikparkettlamellen oder industriell hergestellten Fertigparkett-Elementen besteht.

Parkettstäbe sind ringsum genutete Parketthölzer, die beim Verlegen mit Hirnholzfedern (Querholzfedern) verbunden werden.

Parkettriemen sind Parketthölzer, die an einer Kantenfläche (Längskante und Hirnholzkante) eine angehobelte Feder und an der anderen eine Nut haben. Beide Hirnholzkantenflächen können auch genutet sein (nach Wahl des Herstellers).

Tafeln für Tafelparkett sind Verlegeeinheiten, die nach Mustern oder Zeichnungen aus verschiedenen Holzarten in verschiedenen Formen und Abmessungen, massiv oder furniert, hergestellt werden. Die Tafeln sind ringsum genutet und werden beim Verlegen mit Hirnholzfedern (Querholzfedern) verbunden, oder sie haben Nut und angehobelte Feder.

Fortsetzung Seite 2 bis 4

Normenausschuß Holzwirtschaft und Möbel (NHM) im DIN Deutsches Institut für Normung e.V.

3 Maße und Bezeichnung

Grenzabmaße für nicht tolerierte Maße: ± 0,2 mm
Grenzabmaße für nicht tolerierte Winkelmaße: bei Oberwange einschließlich Nut und Feder: ±1°, bei Unterwange: ± 3°.

3.1 Dicke, Profil- und Federmaße

Alle Außenkanten — mit Ausnahme derjenigen an der Oberseite — sind mit einem Radius von 0,5 mm gerundet.
Die Längsseiten können über die Dicke verlaufend schräg unterfügt sein (1° nach Bild 1) oder die Unterwange kann senkrecht zur Unterseite zurückgesetzt sein (0,5 mm nach Bild 2).

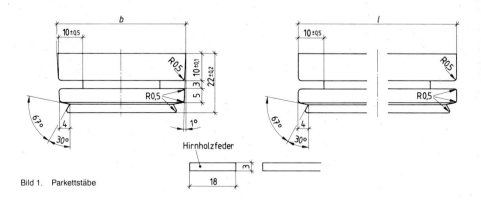

Bild 1. Parkettstäbe

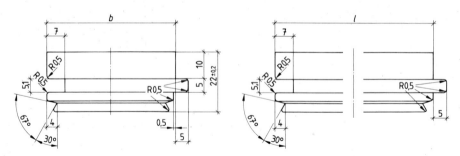

Bild 2. Parkettriemen

3.2 Breite b

| 45 | 50 | 55 | 60 | 65 | 70 | 75 | 80 |

3.3 Länge l

Tabelle 1. Längen für Parkettstäbe und -riemen

250	280	300	320	350	360	400	420
450	460*)	490	500	550	560	600**)	

und darüber hinaus, von 50 zu 50 gestuft, bis 1000

*) Nur für überseeische Hölzer
**) Stäbe ab 600 mm werden auch Langstäbe genannt

Anmerkung: Hölzer aus Importfriesen und für Würfelabmessungen dürfen innerhalb der Breiten und Längen nach dieser Norm zum Vermeiden von Holzverlusten auf bestmögliche Nutzbreite und Nutzlänge bearbeitet werden.

3.4 Bezeichnung

Bezeichnung eines Parkettstabes (ST) von b = 60 mm Breite und l = 360 mm Länge, Eiche-Natur (EI-N)[1], einschließlich der erforderlichen Hirnholzfedern:

Parkettstab DIN 280 – ST – 60 × 360 EI-N

Bezeichnung eines Parkettriemens (RI) von b = 70 mm Breite und l = 600 mm Länge, Buche-Rustikal (BU-R)[1]):

Parkettriemen DIN 280 – RI – 70 × 600 – BU-R

Bezeichnung einer Tafel (TA) für Tafelparkett, das den Anforderungen dieser Norm entspricht:

Tafel DIN 280 – TA

4 Sortiermerkmale

4.1 Allgemeines

Zur Berücksichtigung unvermeidbarer Sortierungsunterschiede dürfen 2 % der Parketthölzer die Merkmale der nachfolgenden Sortierung haben, z. B. 98 % Natur, 2 % Gestreift.

4.2 Eiche (EI)

4.2.1 Eiche-Natur (EI-N)

Die Parketthölzer müssen auf der Oberseite riß- und splintfrei sein. Ihre Farbe ist durch das natürliche Wachstum gegeben. Besonders auffallende grobe Struktur- und Farbunterschiede sind unzulässig. Gesunde, festverwachsene Äste bis 8 mm größtem Durchmesser sind zulässig. Schwarze Äste bis 1 mm sind zulässig, wenn sie nicht in Gruppen auftreten.

4.2.2 Eiche-Gestreift (EI-G)

Die Parketthölzer müssen auf der Oberseite rißfrei sein. Fester Splint, Farbe und Struktur ergeben das lebhafte Gesamtbild dieser Sortierung. Besonders auffallende, grobe Strukturunterschiede sind unzulässig. Gesunde, festverwachsene Äste bis 10 mm Durchmesser sind zulässig.

4.2.3 Eiche-Rustikal (EI-R)

Der Charakter dieser Sortierung wird durch betonte Farben, Äste und lebhafte Struktur bestimmt. Fester Splint, gesunde, festverwachsene Äste und Lagerflecken sind zulässig, schwarze Äste jedoch nur bis 15 mm Durchmesser.

4.3 Rotbuche (BU), gedämpft/ungedämpft

4.3.1 Buche-Natur (BU-N)

Die Parketthölzer müssen auf der Oberseite rißfrei sowie ohne grauen, braunen und roten Kern sein. Ihre Farbe ist durch das natürliche Wachstum gegeben.

Gesunde, festverwachsene Äste bis 8 mm Durchmesser sind zulässig.

4.3.2 Buche-Rustikal (BU-R)

Die Parketthölzer dürfen festverwachsene Äste haben. Grauer, brauner und roter Kern, Farbunterschiede sowie Stock- und Lagerflecken sind zulässig.

4.4 Kiefer (KI)

4.4.1 Kiefer-Natur (KI-N)

Die Parketthölzer müssen auf der Oberseite frei von Bläue sein. Festverwachsene Äste bis 8 mm Durchmesser sowie Strukturunterschiede sind zulässig.

4.4.2 Kiefer-Rustikal (KI-R)

Die Parketthölzer dürfen an der Oberseite Bläue und gesunde, festverwachsene Äste haben.

4.5 Esche und andere europäische Holzarten

Parketthölzer aus Esche und anderen geeigneten europäischen Holzarten richten sich hinsichtlich der Maße, Bezeichnung, Anforderungen und Bearbeitung nach den Angaben dieser Norm. Die Sortierung erfolgt nach den Gegebenheiten der jeweiligen Holzart.

4.6 Überseeische Nadelhölzer
(z. B. Carolinapine: PIR) und Laubhölzer
(z. B. Amerikanisches Mahagoni: MAE)

4.6.1 Natur (N)

Die Parketthölzer müssen auf der Oberseite ast-, riß-, splint- und bläuefrei sein. Ihre Farbe ist durch das natürliche Wachstum gegeben.

4.6.2 Rustikal (R)

Die Parketthölzer dürfen gesunde, festverwachsene Äste bis 10 mm Durchmesser und Farbunterschiede haben.

5 Anforderungen

Die Abschnitte 5.1 bis 5.3 gelten sinngemäß für alle Parkethölzer, auch wenn sie in Holzart, Profil und Maßen von dieser Norm abweichen.

5.1 Holzbeschaffenheit

Das Holz muß gesund sein. Kleine Trockenrisse in Ästen und Haarrisse auf der Oberseite dürfen mit Füllstoffen behandelt werden. Die Oberseite muß frei von Insektenfraßstellen sein, siehe Erläuterungen.

Stehende und liegende Jahrringe sowie Markstrahlen sind zulässig.

Die losen Federn sollen aus Weichholz (Hirnholz) bestehen.

5.2 Feuchtegehalt *)

Der Feuchtegehalt *) der fertigen Parketthölzer hat bei europäischen Holzarten zum Zeitpunkt der Lieferung (9 ± 2) %, bezogen auf die Darrmasse, zu betragen (Bestimmung nach DIN 52 183).

Die Federn dürfen keinen höheren Feuchtegehalt als die Parketthölzer haben.

Anmerkung: Abweichende Gleichgewichts-Holzfeuchten einiger überseeischer Hölzer sind entsprechend zu berücksichtigen.

5.3 Bearbeitung

Die Parketthölzer müssen in Länge und Breite parallel, rechtwinklig, an der Oberseite scharfkantig, gerade bearbeitet und gehobelt oder geschliffen sein. Die Unterseite kann mit Einfräsungen versehen sein.

5.4 Tafeln für Tafelparkett

Bei furniertem Tafelparkett muß die begehbare Schicht mindestens 5 mm dick und aus fehlerfreiem, ausgesuchtem Sägefurnier hergestellt sein.

---

[1]) Kurzzeichen für Holzarten nach DIN 4076 Teil 1
*) Der Begriff „Feuchtigkeitsgehalt" ist inzwischen normungstechnisch überholt. Es ist vorgesehen, den in dieser Norm festgelegten Begriff „Feuchtegehalt" bei der Überarbeitung von DIN 52 183 zu übernehmen.

Zitierte Normen

DIN 4076 Teil 1	Benennungen und Kurzzeichen auf dem Holzgebiet; Holzarten
DIN 52 183	Prüfung von Holz; Bestimmung des Feuchtigkeitsgehaltes

Weitere Normen

DIN 280 Teil 2	Parkett; Mosaikparkettlamellen	
DIN 280 Teil 5	Parkett; Fertigparkett-Elemente	
DIN 281	(z. Z. Entwurf)	Parkettklebstoffe; Anforderungen, Prüfung
DIN 68 283	(z. Z. Entwurf)	Parkett-Rohfriesen aus Eiche und Rotbuche

Frühere Ausgaben

DIN 280 Teil 3: 02.65, 12.70
DIN 280: 07.31, 06.37, 06.52, 06.54, 12.55, 08.62
DIN 280 Teil 1: 12.70

Änderungen

Gegenüber der Ausgabe Dezember 1970 und DIN 280 T 3/12.70 wurden folgende Änderungen vorgenommen:
a) Teil 1 und Teil 3 der Norm wurden zusammengefaßt.
b) 2 % Grenzabmaße von den Sortiermerkmalen wurden aufgenommen.
c) Die Sortierungen wurden geändert:
Die bisherigen Sortierungen „Exquisit" und „Standard" wurden als „Natur" zusammengefaßt.
Bei Eiche wurde die Sortierung „Gestreift" neu aufgenommen.
d) Verschiedene Holzarten wurden neu aufgenommen.

Erläuterungen

Der Arbeitsausschuß NHM-4.7 „Parkett" hat DIN 280 Teil 1 und Teil 3 überarbeitet und wegen verschiedener technischer Entwicklungsprozesse im Teil 1 zusammengefaßt.
Nach Abschnitt 5.1 muß das Parkettholz gesund sein. Insektenfraßstellen sind an der Oberseite der Parkettstäbe unzulässig. Seit Jahrzehnten werden gesunder Splint und Insektenfraß an der Unterseite zugelassen, da sie den Gebrauchswert des Parketts nicht beeinträchtigen. Parketthölzer nach dieser Norm sind bei Temperaturen von mehr als 60 °C und hoher Luftfeuchte technisch getrocknet; Insekten, deren Eier, Larven und Puppen im Holz werden dadurch abgetötet.

Internationale Patentklassifikation

B 27 M 3/04
E 04 F 15/04

DK 674-4 : 674.213 : 692.535.13   April 1990

Parkett
Mosaikparkettlamellen

DIN 280
Teil 2

Parquet; parquet-mosaic fingers   Ersatz für Ausgabe 12.70

Maße in mm

1 Anwendungsbereich

Diese Norm gilt für Mosaikparkettlamellen aus Eiche sowie anderen geeigneten europäischen und überseeischen Laub- und Nadelhölzern.

2 Begriffe

Mosaikparkettlamellen sind kleine Parketthölzer, deren Kanten (schmale Seiten) glatt bearbeitet sind und die, zu bestimmten Verlegeeinheiten (Platten) flach zusammengesetzt, Muster verschiedener Art ergeben.

Weitere Begriffe siehe DIN 280 Teil 1.

3 Maße und Bezeichnung

Breite b: bis 25 mm $^{+\ 0,1}_{-\ 0,2}$ mm

Länge l: bis 165 mm ± 0,2 mm

Bezeichnung einer Mosaikparkettlamelle (Ml) von b = 24 mm Breite und l = 120 mm Länge, Eiche-Natur (EI-N)[1]):

Lamelle DIN 280 – Ml – 24 × 120 – EI-N

4 Sortiermerkmale

Zur Berücksichtigung unvermeidbarer Sortierungsunterschiede dürfen 2% der Mosaikparkettlamellen die Merkmale der nachfolgenden Sortierung haben.

4.1 Eiche (EI)

4.1.1 Eiche-Natur (EI-N)

Die Mosaikparkettlamellen sind auf der Oberseite ast-[2]), riß- und splintfrei. Ihre Farbe ist durch das natürliche Wachstum gegeben. Besonders auffallende grobe Struktur- und Farbunterschiede sind unzulässig.

4.1.2 Eiche-Gestreift (EI-G)

Die Mosaikparkettlamellen sind auf der Oberseite ast-[2]) und rißfrei. Fester Splint prägt den lebhaften Charakter dieser Sortierung. Besonders auffallende, grobe Strukturunterschiede sind unzulässig.

4.1.3 Eiche-Rustikal (EI-R)

Der Charakter dieser Sortierung wird durch betonte Farben, Äste und lebhafte Struktur bestimmt. Die Äste müssen fest sein und dürfen die Haltbarkeit der Lamellen nicht beeinträchtigen.

4.2 Andere europäische sowie überseeische Laub- und Nadelhölzer, z. B. Buche (BU), Amerikanisches Mahagoni (MAE)

4.2.1 Natur (N)

Die Mosaikparkettlamellen müssen auf der Oberseite ast-[2]), riß- und bläuefrei sein. Naturbedingte Farbunterschiede sind zulässig.

4.2.2 Rustikal (R)

Der Charakter dieser Sortierung wird durch betonte Farben, Äste und lebhafte Struktur bestimmt. Die Äste müssen fest sein und dürfen die Haltbarkeit der Lamellen nicht beeinträchtigen.

5 Anforderungen

Die Abschnitte 5.1 bis 5.3 gelten sinngemäß für alle Mosaikparkettlamellen, auch wenn sie in Holzart, Bearbeitung und Abmessungen von dieser Norm abweichen.

5.1 Holzbeschaffenheit

Das Holz muß gesund sein. Kleine Trockenrisse in Ästen und Haarrisse auf der Oberseite dürfen mit Füllstoffen behandelt werden. Die Oberseite muß frei von Insektenfraßstellen sein.

Stehende und liegende Jahrringe sowie Markstrahlen sind zulässig.

5.2 Feuchtegehalt *)

Der Feuchtegehalt*) der fertigen Mosaikparkettlamellen hat bei europäischen Holzarten zum Zeitpunkt der Lieferung (9 ± 2) %, bezogen auf die Darrmasse, zu betragen (Bestimmung nach DIN 52 183).

Anmerkung: Abweichende Gleichgewichts-Holzfeuchten einiger überseeischer Hölzer sind entsprechend zu berücksichtigen.

5.3 Bearbeitung

Die Mosaikparkettlamellen müssen in der Länge und Breite parallel, rechtwinklig, an der Oberseite scharfkantig, gerade bearbeitet und an den Längskantenflächen gehobelt, gefräst oder geschliffen sein.

---

[1]) Kurzzeichen für Holzarten nach DIN 4076 Teil 1

[2]) Gesunde Äste bis 2 mm Durchmesser sind zulässig. Schwarze Äste mit weniger als 1 mm Durchmesser sind dann zulässig, wenn sie nicht in Gruppen auftreten.

*) Der Begriff „Feuchtigkeitsgehalt" ist inzwischen normungstechnisch überholt. Es ist vorgesehen, den in dieser Norm festgelegten Begriff „Feuchtegehalt" bei der Überarbeitung von DIN 52 183 zu übernehmen.

Fortsetzung Seite 2

Normenausschuß Holzwirtschaft und Möbel (NHM) im DIN Deutsches Institut für Normung e.V.

Zitierte Normen

DIN 280 Teil 1	Parkett; Parkettstäbe, Parkettriemen und Tafeln für Tafelparkett
DIN 4076 Teil 1	Benennungen und Kurzzeichen auf dem Holzgebiet; Holzarten
DIN 52 183	Prüfung von Holz; Bestimmung des Feuchtigkeitsgehaltes

Weitere Normen

DIN 280 Teil 5	Parkett; Fertigparkett-Elemente
DIN 281	(z.Z. Entwurf) Parkettklebstoffe; Anforderungen, Prüfung
DIN 68 283	(z.Z. Entwurf) Parkett-Rohfriesen aus Eiche und Rotbuche

Frühere Ausgaben
DIN 280 Teil 2: 08.62, 12.70

Änderungen
Gegenüber der Ausgabe Dezember 1970 wurden folgende Änderungen vorgenommen:
a) 2% Grenzabmaße von den Sortiermerkmalen wurden aufgenommen.
b) Abschnitt 4.2 wurde erweitert um andere europäische Holzarten.
c) In Abschnitt 4.2.2 wurde „Gestreift" ersetzt durch „Rustikal".

Erläuterungen
Der Arbeitsausschuß NHM-4.7 „Parkett" hat DIN 280 Teil 2 zusammen mit den anderen Teilen dieser Norm überarbeitet.

Internationale Patentklassifikation
B 27 M 3/04
E 04 F 15/022
E 04 F 15/04

DK 674-41 : 674.213 : 692.535.13 April 1990

Parkett
Fertigparkett-Elemente

DIN 280 Teil 5

Parquet; prefabricated parquet   Ersatz für Ausgabe 06.73

Maße in mm

1 Anwendungsbereich

Diese Norm gilt für Fertigparkett-Elemente mit stab- oder mosaikparkettähnlichem Erscheinungsbild aus Eiche sowie anderen geeigneten europäischen und überseeischen Laub- und Nadelhölzern.

2 Begriffe

Fertigparkett-Element ist ein industriell hergestelltes, fertig oberflächenbehandeltes (z. B. versiegeltes) Fußbodenelement aus Holz oder einer Verbindung von Holz, Holzwerkstoffen und anderen Baustoffen, dessen Oberseite aus Holz besteht und das auch unmittelbar nach seiner Verlegung (Montage) auf der Baustelle keiner Nachbehandlung (z. B. weiterer Versiegelung) bedarf. Fertigparkett-Elemente haben im allgemeinen quadratische oder rechteckige Formen.

Weitere Begriffe siehe DIN 280 Teil 1.

3 Maße und Bezeichnung

Die Maße für die Dicke, Breite und Länge werden vom Hersteller aufgrund der technischen Gegebenheiten gewählt. Die Art des Unterbodens und die vorgesehene Beanspruchung sollten bei der Bestellung angegeben werden.

Tabelle 1. **Maße**

Form	Dicke t	Breite b (Deckmaß) ± 0,1 %	Länge l (Deckmaß) ± 0,1 %
lang	7 bis 26	100 bis 240	ab 1200
kurz	7 bis 26	100 bis 400	ab 400
quadratisch	7 bis 26	200 bis 650	200 bis 650

Bezeichnung eines Fertigparkett-Elementes (FE) von t = 14 mm Dicke, b = 200 mm Breite und l = 2500 mm Länge aus Eiche (EI) [1], Sortierung XX (siehe Abschnitt 4.2.2):

Fertigparkett-Element DIN 280 - FE - 14 × 200 × 2500 - EI-XX

4 Sortiermerkmale
4.1 Allgemeines

Die Sortierung hat den Zweck holztechnologischer und gestalterischer Charakterisierung der Fertigparkett-Elemente.

Die Sortierungskennzeichnung, z. B. XXX, kann durch eine werkseigene ergänzt werden.

Wenn als Zusatz eine genormte Sortierungsbezeichnung, z. B. „Natur", verwendet wird, muß die Oberseite der Fertigparkett-Elemente den entsprechenden Festlegungen nach DIN 280 Teil 1 oder Teil 2 entsprechen.

Zur Berücksichtigung unvermeidbarer Sortierungsunterschiede dürfen 2 % der Fertigparkett-Elemente die Merkmale der nachfolgenden Sortierung haben.

4.2 Eiche (EI)
4.2.1 Eiche XXX (EI-XXX)

Die Fertigparkett-Elemente sind auf der Oberseite ast-[2], riß- und splintfrei. Ihre Farbe ist durch das natürliche Wachstum gegeben. Besonders auffallende grobe Struktur- und Farbunterschiede sind unzulässig[3].

4.2.2 Eiche XX (EI-XX)

Die Fertigparkett-Elemente sind auf der Oberseite ast-[2]) und rißfrei. Der Charakter kann durch Splint und lebhafte Struktur bestimmt sein.

4.2.3 Eiche X (EI-X)

Die Fertigparkett-Elemente sind auf der Oberseite rißfrei. Der Charakter wird durch betonte Holzfarben, Äste und lebhafte Struktur bestimmt. Die Äste müssen fest sein.

4.3 Anwendung

Diese Sortierungsbestimmungen gelten für die Holzart Eiche bei stab- oder mosaikparkettähnlichem Erscheinungsbild. Fertigparkett-Elemente aus anderen Holzarten richten sich hinsichtlich der Maße, Bezeichnung, Anforderung und Bearbeitung nach den Angaben dieser Norm. Die Sortierung erfolgt nach den Gegebenheiten der jeweiligen Holzart.

---

[1]) Kurzzeichen für Holzarten nach DIN 4076 Teil 1
[2]) Gesunde Äste bis 2 mm Durchmesser sind zulässig. Schwarze Äste mit weniger als 1 mm Durchmesser sind dann zulässig, wenn sie nicht in Gruppen auftreten.
[3]) Ausgenommen sind Farbtönungen der Parketthölzer, die z. B. bei Polymerholz erzeugt werden.

Fortsetzung Seite 2

Normenausschuß Holzwirtschaft und Möbel (NHM) im DIN Deutsches Institut für Normung e. V.
Normenausschuß Bauwesen (NABau) im DIN

5 Allgemeine Anforderungen

Fertigparkett-Elemente müssen in jeder Richtung unter Berücksichtigung der holztechnologischen Eigenschaften formstabil sein. Je nach Konstruktionsart werden sie schwimmend verlegt, mit der Unterkonstruktion vernagelt oder mit dem Unterboden verklebt.

Die Dicke der begehbaren Schicht ist auf die Gesamtkonstruktion des Elementes abzustimmen und muß mindestens 2,0 mm betragen.

6 Gütebedingungen

Die Abschnitte 6.1 bis 6.3 gelten sinngemäß für alle Fertigparkett-Elemente, auch wenn sie in Holzart und Abmessungen von dieser Norm abweichen.

6.1 Holzbeschaffenheit

Das Holz der Fertigparkett-Elemente muß gesund sein. Kleine Trockenrisse in Ästen und Haarrisse auf der Oberseite dürfen mit Füllstoffen behandelt werden. Die Oberseite muß frei von Insektenfraßstellen sein. Stehende und liegende Jahrringe sowie Markstrahlen sind zulässig.

6.2 Feuchtegehalt*)

Der Feuchtegehalt*) der Fertigparkett-Elemente hat bei europäischen Holzarten zum Zeitpunkt der Lieferung (8 ± 2) %, bezogen auf die Darrmasse, zu betragen (Bestimmung nach DIN 52 183).

Anmerkung: Bei überseeischen Holzarten und bei speziellen Anwendungsbereichen, wie z.B. Einsatz von Fußbodenheizung, sind die Feuchtegehalte dem Erfahrungswert des jeweiligen Holzes und der Holzwerkstoffe sowie der Verwendungsart anzupassen.

6.3 Bearbeitung

Die Fertigparkett-Elemente müssen in Länge und Breite parallel, rechtwinklig und an der Oberseite scharfkantig, gerade bearbeitet, gehobelt oder gefräst, geschliffen und fertig oberflächenbehandelt sein. Bei fachgerecht hergestelltem und verlegtem Fertigparkett darf die Kante eines Elementes höchstens 0,2 mm über der Kante des angefügten Elementes liegen.

Zitierte Normen

DIN 280 Teil 1	Parkett; Parkettstäbe, Parkettriemen und Tafeln für Tafelparkett
DIN 280 Teil 2	Parkett; Mosaikparkettlamellen
DIN 4076 Teil 1	Benennungen und Kurzzeichen auf dem Holzgebiet; Holzarten
DIN 52 183	Prüfung von Holz; Bestimmung des Feuchtigkeitsgehaltes

Weitere Normen

| DIN 281 | (z.Z. Entwurf) | Parkettklebstoffe; Anforderungen, Prüfung |
| DIN 68 283 | (z.Z. Entwurf) | Parkett-Rohfriesen aus Eiche und Rotbuche |

Frühere Ausgaben

DIN 280 Teil 5: 06.73

Änderungen

Gegenüber der Ausgabe Juni 1973 wurden folgende Änderungen vorgenommen:
a) Abschnitt „Anwendungsbereich" aufgenommen.
b) Die Mindestdicke der Elemente wurde von 8 mm auf 7 mm reduziert.
c) Die Mindestdicke der begehbaren Schicht wurde auf 2 mm festgelegt.
d) Wenn bei der Sortierung eine genormte Sortierungsbezeichnung zusätzlich verwendet wird, so kann sich diese auch auf DIN 280 Teil 2 beziehen.
e) 2% zulässige Abweichungen von den Sortiermerkmalen wurden aufgenommen.

Erläuterungen

Diese Norm wurde vom Arbeitsausschuß NHM-4.7 aufgestellt.

Internationale Patentklassifikation

E 04 F 15/02

---

*) Der Begriff „Feuchtigkeitsgehalt" ist inzwischen normungstechnisch überholt. Es ist vorgesehen, den in dieser Norm festgelegten Begriff „Feuchtegehalt" bei der Überarbeitung von DIN 52 183 zu übernehmen.

DK 621.792 : 674.213-41 : 692.535.13 : 620.1 März 1994

Parkettklebstoffe
Anforderungen Prüfung Verarbeitungshinweise

DIN 281

Parquet adhesives; Requirements, testing, instructions for processing
Adhésifs pour parquet; Exigences, méthodes d'essai, instructions de traitement

Ersatz für Ausgabe 04.91

Maße in mm

1 Anwendungsbereich

Diese Norm gilt für Parkettklebstoffe (im folgenden kurz Klebstoffe genannt) auf der Basis dispergierter oder gelöster Bindemittel.

2 Begriffe

Parkettklebstoffe (P) im Sinne dieser Norm sind Klebstoffe zum Aufkleben von Parkett. Erst durch Austrocknen nehmen sie ihren endgültigen Zustand an.

Dispergierte (D) Klebstoffe oder Dispersionsklebstoffe sind zusammengesetzt aus dispergierten Bindemitteln auf der Basis von Kunstharzen und/oder anderen für diese Klebstoffe geeigneten Bindemitteln und geeigneten Zusätzen mit einem Wasser-Massenanteil von max. 40%.

Gelöste (G) Klebstoffe oder Lösemittelklebstoffe sind zusammengesetzt aus Bindemitteln auf der Basis von Natur- und/oder Kunstharzen, geeigneten Lösemitteln und geeigneten Zusätzen.

3 Bezeichnung

Ein Parkettklebstoff (P), der den Anforderungen dieser Norm entspricht, wird bezeichnet je nachdem, ob er als dispergierter (D) oder gelöster (G) Klebstoff vorliegt.

BEISPIEL:

Bezeichnung eines Parkettklebstoffes (P) als dispergierter (D) Klebstoff:

Klebstoff DIN 281 — P — D

4 Anforderungen

	Eigenschaft	Anforderungen	Prüfung nach Abschnitt
4.1	Verstreichbarkeit	Die Klebstoffe müssen gut streichbar sein. Die Struktur (Riefen) des aufgetragenen Klebstoffes muß nach dem Streichen erhalten bleiben.	5.1
4.2	Benetzungsfähigkeit	Vollflächige Benetzung mit dem Klebstoff nach dreiminütiger Verbindung eines auf eine geschliffene Holzspanplatte aufgeklebten Eichenparkettstabes.	5.2
4.3	Längsscherfestigkeit	Mindestens 3,5 N/mm^2 nach der Lagerung nach Abschnitt 5.3 a), mindestens 3,0 N/mm^2 nach der Lagerung nach Abschnitt 5.3 b). Gleichzeitig ist Abschnitt 4.4 zu berücksichtigen.	5.3
4.4	Verformbarkeit	Verschiebungsstrecke bei der Ermittlung der Längsscherfestigkeit mindestens 0,5 mm bei 3 N/mm^2 Scherbeanspruchung nach der Lagerung nach Abschnitt 5.3a) bzw. bei 2,5 N/mm^2 Scherbeanspruchung nach der Lagerung nach Abschnitt 5.3 b).	5.4
4.5	Alkalibeständigkeit	Die Schicht darf sich innerhalb der Prüfdauer weder auflösen noch ihre zusammenhängende Struktur verlieren.	5.5
4.6	Geruch	Nach 24stündiger Lagerung im Normalklima DIN 50 014 — 23/50-2 nur noch Eigengeruch der Grundstoffe und schwacher Geruch nach den Lösemitteln.	5.6
4.7	Wasser-Massenanteil	Der Wasser-Massenanteil wird nur bei dispergierten Klebstoffen geprüft.	5.7

Fortsetzung Seite 2 bis 4

Normenausschuß Holzwirtschaft und Möbel (NHM) im DIN Deutsches Institut für Normung e.V.
Normenausschuß Materialprüfung (NMP) im DIN

5 Prüfung

Wenn nichts anderes angegeben ist, wird im Normalklima DIN 50 014 — 23/50-2 geprüft.

Die für die Herstellung von Prüfkörpern erforderlichen Materialien sind bis zur Gewichtskonstanz bei Normalklima DIN 50 014 — 23/50-2 zu lagern. Der Klebstoff ist auf $(23 \pm 2)\,°C$ zu temperieren.

5.1 Verstreichbarkeit

Der Klebstoff ist mit einem Zahnspachtel (Zahnlückentiefe 3 mm, Zahnlückenbreite 3,5 mm) auf eine geschliffene, waagerecht liegende, 600 mm × 600 mm große Holzspanplatte V 100 G nach DIN 68 763 zu verstreichen.

Es ist zu prüfen, ob die Anforderungen nach Abschnitt 4.1 erfüllt sind.

5.2 Benetzungsfähigkeit

Für die Bestimmung werden 2 Prüfkörper benötigt. Der gut durchgerührte Klebstoff wird in etwa 1 mm dicker Schicht auf eine geschliffene Holzspanplatte V 100 G nach DIN 68 763 (siehe Bild 1) vollflächig aufgetragen. In diese Schicht werden nach 1 Minute 2 Eichen-Parkettstäbe nach DIN 280 Teil 1 von 70 mm Breite und 250 mm Länge (sie müssen an der Unterseite voll ausgehobelt, eben, im übrigen gerade, gleich breit, rechtwinklig geschnitten und sauber bearbeitet sein) so aufgelegt, daß sie mit einer Längs- und einer Schmalseite bündig mit der Holzspanplatte abschließen und die andere Schmalseite übersteht. Seitliche Verschiebung ist unzulässig. Nach dem Einlegen in die Schicht werden die Parkettstäbe sofort mit einem 2-kg-Gewichtstück belastet. Nach 3 Minuten werden die Stäbe an der überstehenden Schmalseite ohne Gleitbewegung in einem Viertelkreis abgehoben (siehe Bild 1).

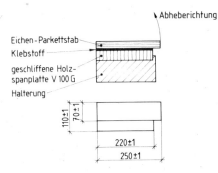

Bild 1: Prüfkörper und Abheberichtung zur Prüfung der Benetzungsfähigkeit

Es ist zu prüfen, ob die Anforderungen nach Abschnitt 4.2 erfüllt sind.

5.3 Längsscherfestigkeit

Die Längsscherfestigkeit τ im Sinne dieser Norm ist der Quotient aus der Höchstkraft F_{max} und der Klebefläche A einer Parkett-Klebstoff-Verbindung:

$$\tau = \frac{F_{max}}{A}$$

Es bedeuten:

F_{max} Höchstkraft in N
A Klebefläche in mm^2

Für die Bestimmung werden 20 Prüfkörper benötigt. Diese werden hergestellt, indem der gut durchgerührte Klebstoff mit einem Zahnspachtel (Zahnlückentiefe 3 mm, Zahnlückenbreite 3,5 mm) auf eine Eichenmosaikparkettlamelle mit den Maßen 138 mm × 23 mm × 8 mm quer zur Längsseite im Bereich der zu verklebenden Fläche aufgetragen wird.

Nach einer Ablüftezeit, die vom Hersteller angegeben wird, wird die Eichenmosaikparkettlamelle so aufgelegt, daß eine Verklebungsfläche von (26 mm × 23 mm) $\approx$ 6 cm^2 entsteht. Dabei ist zu beachten, daß die obere Parkettlamelle symmetrisch und parallel zur Kante der unteren Parkettlamelle aufgelegt wird. Die Prüfkörper für die Lagerung nach Aufzählung a) können auch in Anlehnung an DIN EN 205 hergestellt werden. Nach dem Auflegen wird die verklebte Fläche 1 Minute mit 2 kg/6 cm^2 belastet.

Jeweils 10 Prüfkörper werden gelagert:

a) insgesamt 28 Tage, und zwar

   24 Stunden bei Normalklima DIN 50 014 — 23/50-2

   20 Tage bei 40 °C im Wärmeschrank und

   7 Tage bei Normalklima DIN 50 014 — 23/50-2

b) 3 Tage ($\approx$ 72 Stunden) bei Normalklima DIN 50 014 — 23/50-2

Nach Ablauf der Lagerzeiten werden die einzelnen Prüfkörper in eine Vorrichtung so eingespannt, daß kein Schrägzug erfolgt, und mit dem Zugfestigkeitsprüfgerät bei einer Vorschubgeschwindigkeit von 20 mm/min auf ihre Längsscherfestigkeit geprüft (Angaben zum Prüfmaschinenbereich 5000 N bzw. 10 000 N, Wertaufzeichnung im elektronischen Gerät mit XY-Schreiber, Schreibereinstellung 10 : 1).

Das arithmetische Mittel der ermittelten Werte ist in N/mm^2, auf 0,1 N/mm^2 gerundet, anzugeben.

5.4 Verformbarkeit

Die plastischen und elastischen Eigenschaften der Klebstoffe werden gleichzeitig mit der Prüfung der Längsscherfestigkeit (siehe Abschnitt 5.3) bestimmt. Dazu wird die Verschiebungsstrecke einer verklebten Parkettlamelle bis zum Abscheren gemessen.

Bei der Prüfung im Zugfestigkeitsprüfgerät fällt der Verschiebungsweg mit an.

Das arithmetische Mittel der ermittelten Werte ist in mm, auf 0,1 mm gerundet, anzugeben.

5.5 Alkalibeständigkeit

Der gut durchgerührte Klebstoff wird in etwa 1 mm dicker Schicht als 30 mm breiter Streifen auf eine entfettete 100 mm × 100 mm große Glasplatte aufgetragen. Die so vorbereitete Glasplatte wird 28 Tage zugfrei und schattig gelagert und anschließend 8 Stunden zur Hälfte in gesättigte Ca(OH)$_2$-Lösung von 20 °C eingetaucht.

Es ist zu prüfen, ob die Anforderungen nach Abschnitt 4.5 erfüllt sind.

5.6 Geruch

0,35 g bis 0,40 g des gut durchgerührten Klebstoffes werden auf eine 40 mm × 100 mm große Glasplatte gleichmäßig über die Fläche verteilt. Die so vorbereitete Glasplatte wird 24 Stunden zugfrei und schattig gelagert. Dann wird die Glasplatte 1 Stunde bei $(30 \pm 1)\,°C$ in einer geruchfreien 1-Liter-Blechdose eingeschlossen. Beim Öffnen der Dose werden Intensität und Art des Geruches geprüft.

Es ist zu prüfen, ob die Anforderungen nach Abschnitt 4.6 erfüllt sind.

5.7 Wasser-Massenanteil

Der Wasser-Massenanteil wird nach dem in DIN 52 048 für Emulsionen festgelegten Verfahren (Xylolmethode) bestimmt, jedoch mit 30 g Einwaage.

6 Kennzeichnung

Werden Klebstoffe nach dieser Norm gekennzeichnet, so muß die Kennzeichnung wie folgt aufgebaut sein:
a) Name oder Zeichen des Herstellers bzw. Lieferers oder Importeurs
b) Werkstyp (eventuell verschlüsselt)
c) Hinweis auf diese Norm
d) Art des Parkettklebstoffes, d. h. dispergierter (D) oder gelöster (G) Klebstoff

BEISPIEL:

    Müller 123 — Parkettklebstoff DIN 281 — D

oder

    Müller 123 — Parkettklebstoff DIN 281 — G

7 Lieferart

Nach Wahl des Herstellers.

8 Verarbeitungshinweise

8.1 Allgemeine Verarbeitungshinweise für Dispersions- und Lösemittelklebstoffe

8.1.1 Die Angaben des Klebstoff-Herstellers sind zu beachten.

8.1.2 Der Unterboden ist vor der Verlegung nach DIN 18 356 zu prüfen. Er muß druck- und zugfest, rißfrei, nicht einritzbar (Gitterritzprobe), trocken, eben und sauber sein.

8.1.3 Die Raumtemperatur soll zum Verlegezeitpunkt mindestens 12 bis 15 °C betragen (je nach Anweisung des Klebstoff-Herstellers). Die relative Luftfeuchte soll zwischen 40 % und 75 % liegen.

8.1.4 Die Wahl des Klebstoffes ist abhängig von:
a) Dem vorhandenen Unterboden und dessen Zustand, z. B.:
Zementestrich
Gußasphalt
Anhydritestrich
Anhydrit-Fließestrich
Spanplatten V 100 (E 1)[1]
b) Dem zu verlegenden Parkett, z. B.:
Parkettstäbe und Parkettriemen nach DIN 280 Teil 1
Mosaikparkettlamellen nach DIN 280 Teil 2
Fertigparkett-Elemente nach DIN 280 Teil 5
10 mm — Massivparkett
Hochkant — Lamellenparkett
c) Der zu verlegenden Holzart, z. B.:
Eiche
Buche
Esche, Ahorn und andere Buntlaubhölzer
Nadelhölzer
Überseeische Hölzer

---

[1] E 1 bedeutet Emissionsklasse 1 nach ETB-Richtlinie

8.1.5 Vorbereitungsmaßnahmen (Besondere Leistungen nach DIN 18 356)

Um eine zuverlässige Verklebung zu erreichen, ist bei bestimmten Kombinationen nach Abschnitt 8.1.4 der Unterboden von Fall zu Fall fachgerecht vorzubereiten, z. B. durch:

Abschleifen oder Abbürsten mit anschließendem Absaugen
Spachteln mit geeigneten Spachtelmassen
Vorstreichen

8.1.6 Mit dem Schleifen ist erst zu beginnen, wenn der Klebstoff abgebunden hat.

8.2 Klebstoffe

8.2.1 Dispergierter (D) Klebstoff oder Dispersionsklebstoff

Einlegezeit:
etwa 10 bis 15 Minuten (je nach Klebstoff verschieden)

Verbrauchsmengen:
Parkettstäbe und Parkettriemen: etwa 1000 bis 1200 g/m^2
Mosaikparkettlamellen: etwa 800 bis 1000 g/m^2
Fertigparkett-Elemente: etwa 800 bis 1000 g/m^2
10 mm-Massivparkett: etwa 800 bis 1000 g/m^2
Hochkant-Lamellenparkett: etwa 1000 g/m^2

Werkzeug für den Klebstoffauftrag:
Die Zahnung der Spachtel muß so beschaffen sein, daß die erforderliche Auftragsmenge gewährleistet ist.

Vorstreichen:
Sehr rauhe und saugfähige Zementestriche sind mit verdünntem Klebstoff (1 Raumteil Klebstoff und 1 Raumteil Wasser) vorzustreichen. Dasselbe gilt bei Fußbodenheizungen. Die Wartezeit bis zum Verkleben des Parketts beträgt mindestens 12 Stunden. Abweichungen sind nach Anweisung des Klebstoff-Herstellers möglich.

Lagerung:
Klebstoff möglichst bei Raumtemperatur, jedoch unbedingt frostgeschützt und trocken lagern.
ANMERKUNG: Der Klebstoff ist nicht brennbar.

8.2.2 Gelöster (G) Klebstoff oder Lösemittelklebstoff

Einlegezeit:
etwa 5 bis 10 Minuten (je nach Klebstoff verschieden)

Verbrauchsmengen:
Parkettstäbe und Parkettriemen: mindestens 1500 g/m^2
Mosaikparkettlamellen: etwa 800 bis 1000 g/m^2
Fertigparkett-Elemente: etwa 800 bis 1200 g/m^2
10 mm-Massivparkett: etwa 1000 bis 1200 g/m^2
Hochkant-Lamellenparkett: mindestens 1500 g/m^2

Werkzeug für den Klebstoffauftrag:
Die Zahnung der Spachtel muß so beschaffen sein, daß die erforderliche Auftragsmenge gewährleistet ist.

Vorstreichen:
Spanplatten und stark saugfähige Unterböden sind mit verdünntem Klebstoff (1 Raumteil Klebstoff und 1 Raumteil Verdünnung) vorzustreichen.
Anhydritestriche und Anhydrit-Fließestriche sind mit verdünntem Klebstoff (1 Raumteil Klebstoff und 2 Raumteile Verdünnung) vorzustreichen.
Auch bei Fußbodenheizungen ist entsprechend vorzustreichen.

Seite 4   DIN 281

Ist der Voranstrich soweit getrocknet, daß der Boden begehbar ist, kann nach etwa 30 Minuten mit unverdünntem Klebstoff geklebt werden.

Abweichungen sind nach Anweisung des Klebstoff-Herstellers möglich.

Lagerung:
Klebstoff möglichst bei Raumtemperatur und trocken lagern.

ANMERKUNG: Der Klebstoff und die Verdünnung sind brennbar und leicht entzündlich.

Zitierte Normen und andere Unterlagen

DIN 280 Teil 1	Parkett; Parkettstäbe, Parkettriemen und Tafeln für Tafelparkett
DIN 280 Teil 2	Parkett; Mosaikparkettlamellen
DIN 280 Teil 5	Parkett; Fertigparkett-Elemente
DIN 18 356	VOB, Verdingungsordnung für Bauleistungen; Teil C: Allgemeine Technische Vertragsbedingungen für Bauleistungen (ATV); Parkettarbeiten
DIN 50 014	Klimate und ihre technische Anwendung; Normalklimate
DIN 52 048	Prüfung bituminöser Bindemittel; Bestimmung des Wassergehaltes bituminöser Emulsionen; Destillationsverfahren
DIN 68 763	Spanplatten; Flachpreßplatten für das Bauwesen; Begriffe, Anforderungen, Prüfung, Überwachung
DIN EN 205	Prüfverfahren für Holzklebstoffe für nichttragende Bauteile; Bestimmung der Klebfestigkeit von Längsklebungen im Zugversuch; Deutsche Fassung EN 205 : 1991

ETB-Richtlinie über die Verwendung von Spanplatten hinsichtlich der Vermeidung unzumutbarer Formaldehydkonzentration in der Raumluft[2])

Frühere Ausgaben
DIN 281: 08.42, 09.64, 12.73, 04.91

Änderungen
Gegenüber der Ausgabe April 1991 wurden folgende Änderungen vorgenommen:
  a) Die Norm wurde technisch und redaktionell überarbeitet.
  b) Im Abschnitt 8 „Verarbeitungshinweise" wurde die Anwendung für Holzpflaster nach DIN 68 701 und nach DIN 68 702 gestrichen.

Erläuterungen
Diese Norm wurde erstellt vom NHM-Arbeitsausschuß 4.7 „Parkett".

Der Haupttitel der Norm wurde auf „Parkettklebstoffe" beschränkt, weil nur noch kaltstreichbare Klebstoffe angewendet werden. Bituminöse Klebstoffe werden nicht mehr angewendet.

Internationale Patentklassifikation
C 09 D 9/00
G 01 N 33/44

---

[2]) Zu beziehen durch: Beuth Verlag GmbH, Burggrafenstraße 6, 10787 Berlin, Postanschrift 10772 Berlin.

DK 691.115-41:674.821-41   November 1989

Holzwolle-Leichtbauplatten und Mehrschicht-Leichtbauplatten als Dämmstoffe für das Bauwesen Anforderungen, Prüfung	DIN 1101

Woodwool slaps and multilayered slaps as insulating materials in building; requirements, testing

Panneaux légers en laine de bois et panneaux fibragglo composites utilisés en tant que matériaux isolants dans le bâtiment; exigences, essais

Ersatz für
Ausgabe 03.80 und
DIN 1104 T 1/03.80

Maße in mm

Inhalt

		Seite			Seite
1	**Anwendungsbereich und Zweck**	2	7.2	Form	8
2	**Begriffe**	2	7.2.1	Rechtwinkligkeit	8
2.1	Holzwolle-Leichtbauplatten	2	7.2.2	Vollkantigkeit	8
2.2	Mehrschicht-Leichtbauplatten	2	7.3	Maße	8
3	**Bezeichnung**	2	7.4	Flächenbezogene Masse (Flächengewicht) und Rohdichte	8
3.1	Holzwolle-Leichtbauplatten (HWL-Platten)	2	7.5	Biegefestigkeit	8
3.2	Mehrschicht-Leichtbauplatten (ML-Platten)	2	7.6	Querzugfestigkeit von ML-Platten	8
4	**Anwendungstypen**	2	7.7	Druckspannung bei 10 % Stauchung	9
5	**Lieferformen**	3	7.8	Wärmeleitfähigkeit	9
6	**Anforderungen**	3	7.9	Brandverhalten	9
6.1	Allgemeines	3	7.10	Bestimmung des Anteils an wasserlöslichem Chlorid	9
6.2	Form	3			
6.2.1	Rechtwinkligkeit	3	8	**Kennzeichnung**	9
6.2.2	Vollkantigkeit	3	9	**Überwachung**	10
6.3	Maße	3	9.1	Allgemeines	10
6.4	Flächenbezogene Masse (Flächengewicht) und Rohdichte	3	9.2	Eigenüberwachung	10
			9.3	Fremdüberwachung	10
6.5	Biegefestigkeit	3	9.3.1	Umfang und Häufigkeit der Fremdüberwachung	10
6.6	Querzugfestigkeit	3	9.3.1.1	Holzwolle-Leichtbauplatten (HWL-Platten)	10
6.7	Druckspannung bei 10 % Stauchung	3	9.3.1.2	Mehrschicht-Leichtbauplatten (ML-Platten)	10
6.8	Wärmeleitfähigkeit	7	9.3.2	Überwachungsbericht	10
6.8.1	Holzwolle-Leichtbauplatten (HWL-Platten)	7	**Anhang A**		
6.8.2	Mehrschicht-Leichtbauplatten (ML-Platten)	7	Mustervordruck für ein Prüfzeugnis für Holzwolle-Leichtbauplatten	11
6.9	Brandverhalten	7	**Anhang B**		
6.10	Ausgangsstoffe	7	Mustervordruck für ein Prüfzeugnis für Mehrschicht-Leichtbauplatten	12
6.10.1	Holzwolle-Leichtbauplatten (HWL-Platten)	7			
6.10.2	Mehrschicht-Leichtbauplatten (ML-Platten)	7	**Zitierte Normen und andere Unterlagen**		13
6.11	Bindemittel	7	**Frühere Ausgaben**		13
6.12	Schädliche Bestandteile	7	**Änderungen**		13
7	**Prüfung**	7	**Erläuterungen**		14
7.1	Allgemeines	7			
7.1.1	Probenanzahl	7			
7.1.2	Probenvorbereitung	7			

Fortsetzung Seite 2 bis 14

Normenausschuß Bauwesen (NABau) im DIN Deutsches Institut für Normung e.V.
Normenausschuß Materialprüfung (NMP) im DIN
Normenausschuß Holzwirtschaft und Möbel (NHM) im DIN
Normenausschuß Kunststoffe (FNK) im DIN

1 Anwendungsbereich und Zweck

Diese Norm gilt für werksmäßig hergestellte Holzwolle-Leichtbauplatten und Mehrschicht-Leichtbauplatten, die als Dämmstoffe für den Wärmeschutz, Schallschutz (Schalldämmung und Schallschluckung) und Brandschutz im Bauwesen verwendet werden. Sie gilt auch für Holzwolle-Leichtbauplatten und Mehrschicht-Leichtbauplatten mit zusätzlichen Ausstattungen wie profilierte Kanten und/oder Oberflächen und/oder einseitige oder beidseitige Oberflächen-Beschichtung und/oder Dampfsperre.

Für die Verwendung und Verarbeitung gilt DIN 1102.

2 Begriffe

2.1 Holzwolle-Leichtbauplatten

Holzwolle-Leichtbauplatten sind Leichtbauplatten aus Holzwolle und mineralischen Bindemitteln – nachstehend auch HWL-Platten (HWL) genannt.

2.2 Mehrschicht-Leichtbauplatten

Mehrschicht-Leichtbauplatten sind Leichtbauplatten aus einer Schicht aus den Dämmstoffen Hartschaum oder Mineralfasern und einer ein- (Zweischichtplatten) oder beidseitigen (Dreischichtplatten) Schicht aus mineralisch gebundener Holzwolle – nachstehend auch Hartschaum-ML-Platten (HS-ML) und Mineralfaser-ML-Platten (Min-ML) oder, wenn beide Arten gemeint sind, ML-Platten genannt.

3 Bezeichnung

3.1 Holzwolle-Leichtbauplatten (HWL-Platten)

HWL-Platten sind in folgender Reihenfolge zu bezeichnen:
- Benennung
- Norm-Hauptnummer
- Kurzzeichen der HWL-Platte (bei Abweichung von den Vorzugsdicken ist das Kurzzeichen entsprechend abzuwandeln)
- Brandverhalten nach DIN 4102 Teil 1
- Abweichungen von den Standardplatten (wie zusätzliche Ausstattungen der Platten nach Tabelle 2 sowie Länge und Breite bei Abweichung von der Vorzugslänge und -breite nach Tabelle 3) sind zusätzlich anzugeben

Bezeichnung einer HWL-Platte von 50 mm Dicke mit 2000 mm Länge und 500 mm Breite, schwerentflammbar nach DIN 4102 Teil 1 (B 1):

Leichtbauplatte
DIN 1101 – HWL 50 – B 1

3.2 Mehrschicht-Leichtbauplatten (ML-Platten)

ML-Platten sind in folgender Reihenfolge zu bezeichnen:
- Benennung
- Norm-Hauptnummer
- Kurzzeichen der ML-Platte (bei Abweichung von den Vorzugsdicken ist das Kurzzeichen entsprechend abzuwandeln)
- Dicke der Schichten
- Wärmeleitfähigkeitsgruppe der Hartschaumschicht bzw. Mineralfaserschicht
- Brandverhalten nach DIN 4102 Teil 1
- Abweichungen von den Standardplatten (wie zusätzliche Ausstattungen der Platten nach Tabelle 2 sowie Länge und Breite bei Abweichung von der Vorzugslänge und -breite nach Tabelle 4) sind zusätzlich anzugeben

Bezeichnung einer Hartschaum-ML-Platte von 50 mm Dicke als Dreischichtplatte mit beidseitigen Holzwolleschichten von je 5 mm Dicke, 2000 mm Länge und 500 mm Breite, Wärmeleitfähigkeitsgruppe 040 der Hartschaumschicht, normalentflammbar nach DIN 4102 Teil 1 (B 2):

Leichtbauplatte
DIN 1101 – HS-ML 50/3 – 5/40/5 – 040 – B 2

Bezeichnung einer Mineralfaser-ML-Platte von 50 mm Dicke als Dreischichtplatte mit Holzwolleschichten von 5 mm Dicke auf der einen und 10 mm Dicke auf der anderen Seite, 2000 mm Länge und 500 mm Breite, Wärmeleitfähigkeitsgruppe 045 der Mineralfaserschicht, schwerentflammbar nach DIN 4102 Teil 1 (B 1):

Leichtbauplatte
DIN 1101 – Min-ML 50/3 – 5/35/10 – 045 – B 1

4 Anwendungstypen

Nach der Verwendbarkeit der HWL-Platten und ML-Platten als Wärmedämmstoffe im Bauwerk werden diesen die in Tabelle 1 aufgeführten Anwendungstypen mit den entsprechenden Typkurzzeichen zugeordnet. Die HWL-Platten und ML-Platten müssen stets allen denen in Tabelle 1 zugeordneten Anwendungstypen gleichzeitig entsprechen; HWL-Platten und ML-Platten, die nur einzelnen Anwendungstypen entsprechen, sind nicht zulässig.

Anmerkung: Hinsichtlich der Eignung der HWL-Platten und ML-Platten für die Anwendungsbereiche Luftschalldämmung, Trittschalldämmung, Schallabsorption (Schallschluckung) und Brandschutz (Feuerwiderstandsdauer von Bauteilen) siehe DIN 1102.

Tabelle 1. **Anwendungstypen**

Zeile	Typkurzzeichen	Verwendung im Bauwerk	Zuordnung der Platten zu den Anwendungstypen	
1	W	Wärmedämmstoffe, nicht druckbelastbar, z.B. für Wände, Decken und belüftete Dächer	HWL-Platten	ML-Platten
2	WD	Wärmedämmstoffe, druckbelastbar, z.B. zum Anbetonieren als verlorene Schalung, für Dächer und Böden		
3	WV	Wärmedämmstoffe, beanspruchbar auf Abreißfestigkeit (Querzugfestigkeit), z.B. für Fassaden mit mineralischem Putz		
4	WB [1]	Wärmedämmstoffe, beanspruchbar auf Biegung, z.B. zur Bekleidung von windbelasteten Fachwerk- und Ständerkonstruktionen		
5	WS	Wärmedämmstoffe mit erhöhter Belastbarkeit für Sondereinsatzgebiete, z.B. für Parkdecks		–

[1]) Ausgenommen HWL-Platten der Dicken < 15 mm und ML-Zweischichtplatten aller Dicken.

5 Lieferformen

Als Lieferformen werden bei HWL-Platten und ML-Platten Standardplatten und Platten mit zusätzlicher Ausstattung unterschieden (siehe Tabelle 2).

Tabelle 2. Lieferformen

Lieferform	
Standardplatten	Platten mit zusätzlicher Ausstattung (auch nach Vereinbarung)
HWL-Platten	Profilierungen an Kanten und/oder Oberflächen
ML-Platten:	und/oder
Hartschaum-ML-Platten zweischichtig dreischichtig	Oberflächen-Beschichtung einseitig oder beidseitig
Mineralfaser-ML-Platten zweischichtig dreischichtig[1]	und/oder
	Dampfsperre

[1] mit unterschiedlichen Holzwolleschichtdicken (siehe Tabelle 4)

6 Anforderungen

6.1 Allgemeines

Für den Nachweis der Einhaltung der Anforderungen sind die Prüfungen nach Abschnitt 7 anzuwenden.

Die HWL-Platten und ML-Platten müssen stets allen diesen in Tabelle 1 zugeordneten Anwendungstypen gleichzeitig entsprechen. Demzufolge müssen HWL-Platten und ML-Platten die Anforderungen der Abschnitte
- 6.5 für Anwendungstyp WB
- 6.6 für Anwendungstyp WV und
- 6.7 für Anwendungstyp WD bei ML-Platten (schließt Anwendungstyp W ein) bzw.
  für Anwendungstyp WS nur bei HWL-PLatten (schließt Anwendungstypen W und WD ein)

stets gleichzeitig erfüllen; HWL-Platten und ML-Platten, die nur einzelne Anforderungen erfüllen, sind nicht zulässig.

6.2 Form

HWL-Platten und ML-Platten müssen rechtwinklig und vollkantig sein. Bei ML-Platten muß die Hartschaum- oder Mineralfaserschicht an allen Seitenflächen gut und gleichmäßig sichtbar sein, und die Holzwolleschicht muß die Hartschaumbzw. Mineralfaserschicht vollflächig abdecken.

6.2.1 Rechtwinkligkeit

HWL-Platten und ML-Platten gelten als rechtwinklig, wenn ein an zwei aneinanderstoßenden Seitenflächen angelegter rechter Winkel bei 500 mm Schenkellänge um höchstens 3 mm abweicht. Die Abweichung vom rechten Winkel zwischen den Deckflächen und den Seitenflächen darf höchstens 5° betragen.

6.2.2 Vollkantigkeit

HWL-Platten und ML-Platten gelten als vollkantig, wenn sie unter Berücksichtigung der Struktur von HWL- und ML-Platten scharfe Kanten haben.

6.3 Maße

Für die Maße der HWL-Platten gelten die Anforderungen nach Tabelle 3, für die Maße der ML-Platten die nach Tabelle 4.

6.4 Flächenbezogene Masse (Flächengewicht) und Rohdichte

Für die flächenbezogene Masse und die Rohdichte der HWL-Platten gelten die Anforderungen nach Tabelle 5.

Für die flächenbezogene Masse der ML-Platten gelten die Anforderungen nach Tabelle 6.

6.5 Biegefestigkeit

Für die Biegefestigkeit
- der HWL-Platten gelten die Anforderungen nach Tabelle 5; an Platten der Dicken < 15 mm werden keine Anforderungen gestellt.
- der ML-Platten gelten die Anforderungen nach Tabelle 6; an Zweischichtplatten werden keine Anforderungen gestellt.

Anmerkung: HWL-Platten der Dicken < 15 mm und ML-Zweischichtplatten aller Dicken dürfen nicht auf Biegung beansprucht werden.

6.6 Querzugfestigkeit

Für die Querzugfestigkeit
- der HWL-Platten gilt der Wert von mindestens 0,02 N/mm^2 ohne Nachweis als erfüllt.
- der ML-Platten gelten die Anforderungen nach Tabelle 6.

6.7 Druckspannung bei 10% Stauchung

Für die Druckspannung bei 10% Stauchung gelten
- für HWL-Platten die Anforderungen nach Tabelle 5; bei Platten der Dicken < 15 mm gilt der Wert von mindestens 0,20 N/mm^2 ohne Nachweis als erfüllt.
- für ML-Platten die Anforderungen nach Tabelle 6.

Tabelle 3. **Holzwolle-Leichtbauplatten (HWL-Platten), Maße, Grenzabmaße und Kurzzeichen**

Kurzzeichen	Dicke[1] $\pm ^3_2$ [2]	Breite[1] ± 5 [2]	Länge[1] $\pm ^5_{10}$ [2]
HWL 15	15		
HWL 25	25		
HWL 35	35	500	2000
HWL 50	50		
HWL 75	75		
HWL 100	100		

[1] Vorzugsmaße; andere Maße sind zu vereinbaren.
[2] Grenzabmaße des gemessenen Mittelwertes der Einzelplatte von den angegebenen Maßen.

Tabelle 4. **Mehrschicht-Leichtbauplatten (ML-Platten), Maße, Grenzabmaße und Kurzzeichen**

Kurzzeichen	Dicke[1] $\pm \frac{3}{2}$ [3]		Breite[2] ± 5 [3]	Länge[2] $\pm \substack{5 \\ 10}$ [3]	Anzahl der Schichten	Schichtdicke[1]			
	Hartschaum-ML-Platten	Mineralfaser-ML-Platten				erste Holzwolleschicht im Mittel	Hartschaumschicht	Mineralfaserschicht	zweite Holzwolleschicht im Mittel
HS-ML 15/2	–	15	–				10	–	–
HS-ML 25/2	–	25	–				20	–	–
HS-ML 35/2	–	35	–				30	–	–
HS-ML 50/2	–	50	–				45	–	–
–	Min-ML 50/2	–	50			2	5	–	45	–
HS-ML 75/2	–	75	–				70	–	–
–	Min-ML 75/2	–	75				–	70	–
HS-ML 100/2	–	100	–				95	–	–
–	Min-ML 100/2	–	100				–	95	–
HS-ML 25/3	–	25	–	500	2000		15	–	
HS-ML 35/3	–	35	–				5	25	–	5
HS-ML 50/3	–	50	–				40	–	
–	Min-ML 50/3	–	50				5 / 7,5	–	35	10 / 7,5
HS-ML 75/3	–	75	–			3	5	65	–	5
–	Min-ML 75/3	–	75				5 / 7,5	–	60	10 / 7,5
HS-ML 100/3	–	100	–				5	90	–	5
–	Min-ML 100/3	–	100				5 / 7,5	–	85	10 / 7,5
HS-ML 125/3	–	125	–				5	115	–	5

[1] Vorzugsdicken. Andere Dicken und/oder im Aufbau abweichende Schichtdicken sind zu vereinbaren; die Holzwolleschicht (Einzelschicht) muß hierbei im Mittel mindestens 5 mm dick sein. Bei Mineralfaser-ML-Platten der Baustoffklasse A 2 nach DIN 4102 Teil 1 (nichtbrennbar) sind auch Holzwolleschichten (Einzelschichten) zulässig, die im Mittel unter 5 mm dick sind.

[2] Vorzugsmaße. Andere Breiten und Längen sind zu vereinbaren.

[3] Grenzabmaße des gemessenen Mittelwertes der Einzelplatte von den angegebenen Maßen.

Tabelle 5. **Holzwolle-Leichtbauplatten (HWL-Platten), flächenbezogene Masse und Rohdichte, Biegefestigkeit und Druckspannung bei 10% Stauchung**

Kurzzeichen	Flächenbezogene Masse[1),2),4)] Mittelwert kg/m² höchstens	Rohdichte[1),4),5)] Mittelwert kg/m³ höchstens	Biegefestigkeit[6] Mittelwert N/mm² mindestens	Druckspannung bei 10% Stauchung[6] Mittelwert N/mm² mindestens
HWL 15	8,5	570	1,7	
HWL 25	11,5	460	1,0	0,20[7]
HWL 35	14,5	415	0,7	
HWL 50	19,5	390	0,5	
HWL 75	28 (36)[3]	375 (480)[3]	0,4	0,15
HWL 100	36 (44)[3]	360 (440)[3]	0,4	

[1] Einzelwerte dürfen die angegebenen Mittelwerte um höchstens 15% überschreiten.
[2] HWL-Platten mit Oberflächen-Beschichtung dürfen die angegebenen Mittelwerte um bis zu 20 kg/m² überschreiten, solche mit Dampfsperre um bis zu 2 kg/m².
[3] Die in Klammern gesetzten Werte gelten für in der Dicke zusammengeklebte HWL-Platten.
[4] Für HWL-Platten der Dicken < 15 mm gilt zur Ermittlung der Mittelwerte für die flächenbezogene Masse und für die Rohdichte:

Dicke	Rohdichte Mittelwert höchstens
< 10 mm	800 kg/m³
von 10 bis < 15 mm	650 kg/m³

[5] Stoffrohdichte ohne Oberflächen-Beschichtung und Dampfsperre.
[6] Einzelwerte dürfen die angegebenen Mittelwerte um höchstens 10% unterschreiten.
[7] Für HWL-Platten der Dicke $\leq$ 15 mm siehe Abschnitt 6.7.

Tabelle 6. **Mehrschicht-Leichtbauplatten (ML-Platten), flächenbezogene Masse, Biegefestigkeit, Querzugfestigkeit und Druckspannung bei 10 % Stauchung**

Kurzzeichen	Flächenbezogene Masse[1),2),3)] Mittelwert kg/m² höchstens Hartschaum-ML-Platten	Flächenbezogene Masse Mittelwert kg/m² höchstens Mineralfaser-ML-Platten	Biegefestigkeit[4)] Mittelwert N/mm² mindestens	Querzugfestigkeit[5)] Mittelwert N/mm² mindestens	Druckspannung bei 10 % Stauchung[4)] Mittelwert N/mm² mindestens
HS-ML 15/2	–	4,2	–	–	
HS-ML 25/2	–	4,3	–	–	
HS-ML 35/2	–	4,5	–	–	
HS-ML 50/2	–	4,7	–	–	
–	Min-ML 50/2	–	12	–	
HS-ML 75/2	–	5,1	–	–	
–	Min-ML 75/2	–	15	–	
HS-ML 100/2	–	5,4	–	–	
–	Min-ML 100/2	–	18	–	0,02	0,05
HS-ML 25/3	–	8,2	–	1,0	
HS-ML 35/3	–	8,4	–	0,7	
HS-ML 50/3	–	8,6	–	0,5	
–	Min-ML 50/3	–	15	0,5	
HS-ML 75/3	–	9,0	–	0,4	
–	Min-ML 75/3	–	18	0,4	
HS-ML 100/3	–	9,4	–	0,3	
–	Min-ML 100/3	–	21	0,3	
HS-ML 125/3	–	9,7	–	0,2	

[1)] Einzelwerte dürfen die angegebenen Mittelwerte um höchstens 15 % überschreiten.
[2)] Vorzugswerte. Die Mittelwerte für die flächenbezogene Masse von ML-Platten, die andere Dicken und/oder abweichende Schichtdicken haben und/oder im Aufbau abweichen, ergeben sich für die verwendete Hartschaumschicht aus der Rohdichte nach DIN 18 164 Teil 1, für die verwendete Mineralfaserschicht aus der Rohdichte nach DIN 18 165 Teil 1 (und eventuell produktionstechnisch bedingter Stoffe) und für die Holzwolleschicht wie folgt:

Dicke	Rohdichte höchstens
< 5 mm	1000 kg/m³
von 5 bis < 10 mm	800 kg/m³
von 10 bis < 15 mm	650 kg/m³
≥ 15 mm	nach Tabelle 5; Zwischenwerte sind geradlinig zu interpolieren

[3)] ML-Platten mit Oberflächen-Beschichtung dürfen die angegebenen Mittelwerte um bis zu 20 kg/m² überschreiten, solche mit Dampfsperre um bis zu 2 kg/m².
[4)] Einzelwerte dürfen die angegebenen Mittelwerte um höchstens 10 % unterschreiten.
[5)] Einzelwerte dürfen den angegebenen Mittelwert um höchstens 20 % unterschreiten.

6.8 Wärmeleitfähigkeit

6.8.1 Holzwolle-Leichtbauplatten (HWL-Platten)

Bei HWL-Platten muß die Wärmeleitfähigkeit λ_Z nach DIN 52 612 Teil 2 wie folgt eingehalten werden:
- Dicke ≥ 25 mm:
  λ_Z höchstens 0,090 W/(m · K)
- Dicke 15 mm:
  λ_Z höchstens 0,15 W/(m · K)

HWL-Platten der Dicken < 15 mm dürfen wärmeschutztechnisch nicht berücksichtigt werden.

6.8.2 Mehrschicht-Leichtbauplatten (ML-Platten)

Bei ML-Platten dürfen Holzwolleschichten (Einzelschichten) mit Dicken < 10 mm zur Berechnung des Wärmedurchlaßwiderstandes $1/\Lambda$ nicht berücksichtigt werden. Bei Holzwolleschichten mit Dicken ≥ 10 mm muß für die Einzelschicht die Wärmeleitfähigkeit λ_Z nach DIN 52 612 Teil 2 wie folgt eingehalten werden:
- Holzwolleschicht Dicke von 10 mm bis < 25 mm:
  λ_Z höchstens 0,15 W/(m · K)
- Holzwolleschicht Dicke ≥ 25 mm:
  λ_Z höchstens 0,090 W/(m · K)

Für die Hartschaum- bzw. Mineralfaserschicht gilt hinsichtlich der Wärmeleitfähigkeit λ_Z nach DIN 52 612 Teil 2:
- Hartschaumschicht (Polystyrol-Partikelschaum) nach DIN 18 164 Teil 1 mit der Wärmeleitfähigkeitsgruppe 040: λ_Z höchstens 0,040 W/(m · K)
- Mineralfaserschicht nach DIN 18 165 Teil 1 mit der Wärmeleitfähigkeitsgruppe
  040: λ_Z höchstens 0,040 W/(m · K)
  045: λ_Z höchstens 0,045 W/(m · K)

Andere als die genannten Wärmeleitfähigkeitsgruppen sowie andere Hartschaumschichten nach DIN 18 164 Teil 1 als die genannte und deren Wärmeleitfähigkeitsgruppen sind zu vereinbaren, und es gelten dann für die Wärmeleitfähigkeit λ_Z nach DIN 52 612 Teil 2 die Anforderungen nach DIN 18 164 Teil 1 bzw. DIN 18 165 Teil 1.

6.9 Brandverhalten

HWL-Platten und Mineralfaser-ML-Platten müssen der Baustoffklasse B 1 nach DIN 4102 Teil 1 (schwerentflammbar) entsprechen.

Hartschaum-ML-Platten müssen mindestens der Baustoffklasse B 2 nach DIN 4102 Teil 1 (normalentflammbar) entsprechen.

Anmerkung: In DIN 4102 Teil 4 sind klassifiziert
- Holzwolle-Leichtbauplatten (HWL-Platten) als Baustoffe der Klasse B 1 (schwerentflammbar),
- Hartschaum-Mehrschicht-Leichtbauplatten (Hartschaum-ML-Platten) als Baustoffe der Klasse B 2 (normalentflammbar);
  der Nachweis über das Brandverhalten nach DIN 4102 Teil 1 ist damit erbracht.
  Für Mineralfaser-Mehrschicht-Leichtbauplatten (Mineralfaser-ML-Platten) ist der Nachweis der Baustoffklasse B 1 nach DIN 4102 Teil 1 (schwerentflammbar) derzeit durch ein Prüfzeichen[1]) zu führen; eine Klassifizierung in DIN 4102 Teil 4 ist in Vorbereitung.
  Ein- oder beidseitiger mineralischer Porenverschluß der Holzwollestruktur als Oberflächen-Beschichtung und/oder Dampfsperren aus anorganischen Stoffen (Alu-Folie oder ähnliches) verschlechtert das Brandverhalten nicht; eine Klassifizierung in DIN 4102 Teil 4 ist in Vorbereitung.

Leichtbauplatten mit nicht mineralischen Oberflächen-Beschichtungen und/oder Dampfsperren aus organischen Stoffen müssen mindestens der Baustoffklasse B 2 nach DIN 4102 Teil 1 (normalentflammbar) entsprechen, wobei der Nachweis durch ein Prüfzeugnis einer hierfür anerkannten Prüfstelle zu führen ist.

Leichtbauplatten mit nicht mineralischen Oberflächen-Beschichtungen und/oder Dampfsperren aus organischen Stoffen der Baustoffklasse B 1 nach DIN 4102 Teil 1 (schwerentflammbar) sowie Hartschaum-Mehrschicht-Leichtbauplatten (Hartschaum-ML-Platten) der Baustoffklasse B 1 und Mineralfaser-Mehrschicht-Leichtbauplatten (Mineralfaser-ML-Platten) der Baustoffklasse A 2 nach DIN 4102 Teil 1 (nichtbrennbar) unterliegen der Prüfzeichenpflicht[1]).

6.10 Ausgangsstoffe

6.10.1 Holzwolle-Leichtbauplatten (HWL-Platten)

Für HWL-Platten darf nur langfaserige Holzwolle aus gesundem Holz verwendet werden.

6.10.2 Mehrschicht-Leichtbauplatten (ML-Platten)

Bei Hartschaum-ML-Platten müssen die Hartschaumschichten DIN 18 164 Teil 1 entsprechen.

Bei Mineralfaser-ML-Platten müssen die Mineralfaserschichten DIN 18 165 Teil 1 und der Baustoffklasse A nach DIN 4102 Teil 1 (nichtbrennbar) entsprechen.

Für die Holzwolleschichten von ML-Platten darf nur langfaserige Holzwolle aus gesundem Holz verwendet werden.

6.11 Bindemittel

Als Bindemittel für HWL-Platten und die Holzwolleschichten der ML-Platten sind Zement nach DIN 1164 Teil 1 oder kaustisch gebrannter Magnesit zu verwenden.

6.12 Schädliche Bestandteile

HWL-Platten und ML-Platten dürfen keine schädlichen Bestandteile enthalten, insbesondere nicht solche, die auf andere, üblicherweise mit HWL-Platten in Verbindung kommende Bauteile, Befestigungsmittel, Anstriche und Putze schädlich wirken. Der Anteil wasserlöslicher Chloride in HWL-Platten und den Holzwolleschichten der ML-Platten darf höchstens 0,35 % Cl$^-$, bezogen auf die Masse, betragen.

Als wasserlösliches Chlorid gilt die bei dreimaliger Extraktion mit destilliertem Wasser in der Soxhlet-Apparatur auslaugbare Chloridmenge (Durchführung siehe Abschnitt 7.10). Sie wird in Prozent, bezogen auf die Masse der bei 105 °C getrockneten Auslaugprobe, angegeben.

7 Prüfung

7.1 Allgemeines

7.1.1 Probenanzahl

Zur Prüfung sind fünf Platten je Dicke erforderlich. Die Prüfungen sind an allen fünf Platten vorzunehmen, sofern nichts anderes bestimmt ist.

7.1.2 Probenvorbereitung

Vor der Prüfung sind die Platten mindestens 14 Tage im Normalklima DIN 50 014 – 23/50-2 so zu lagern, daß die Oberflächen der Umgebungsluft ausgesetzt sind.

7.2 Form

7.2.1 Rechtwinkligkeit

Die Rechtwinkligkeit wird an den vier Ecken jeder Platte mit einem Winkel von 500 mm Schenkellänge und mindestens

---

[1]) Prüfzeichen werden durch das Institut für Bautechnik, Reichpietschufer 74–76, 1000 Berlin 30, erteilt.

Seite 8 DIN 1101

20 mm Schenkelbreite und mit einem Meßschieber ermittelt. Die Messung des Winkels zwischen Deckflächen und Seitenflächen erfolgt mit einem Winkelmesser.

7.2.2 Vollkantigkeit
Die Vollkantigkeit wird nach Augenschein festgestellt.

7.3 Maße
Die Länge und die Breite sind mit einem Stahlbandmaß, die Dicke ist mit einem Meßschieber von mindestens 100 mm Meßschenkellänge zu messen (siehe Tabelle 7).

7.4 Flächenbezogene Masse (Flächengewicht) und Rohdichte
Die flächenbezogene Masse von HWL- und ML-Platten und die Rohdichte von HWL-Platten sind durch Wägung zu bestimmen. Der Skalenteilungswert der Waage darf höchstens 50 g betragen.
Die flächenbezogene Masse von HWL- und ML-Platten ist auf 0,1 kg/m^2, die Rohdichte von HWL-Platten auf ganze kg/m^3 zu runden.

7.5 Biegefestigkeit
Aus jeder Platte werden 1320 mm lange Plattenstücke in Herstellbreite geprüft. Diese werden auf zwei Rollen bei 660 mm Stützweite mit beiderseits gleichen Überständen frei aufgelegt, um den Einfluß des Eigengewichtes auszuschalten. Sie werden in der Mitte der Stützweite mit einer gleichmäßig über eine Fläche von 40 mm mal Probenbreite verteilten Kraft belastet. Die Anstiegsgeschwindigkeit der Beanspruchung soll so eingerichtet sein, daß die Spannungen je Sekunde um etwa 0,01 bis 0,02 N/mm^2 steigen.

7.6 Querzugfestigkeit von ML-Platten
Aus jeder Platte ist eine Probe von 100 mm × 100 mm unter Vermeidung der Randzonen zu entnehmen. Die Probe ist mit einem geeigneten Kleber zwischen zwei quadratischen, ebenen Stahlplatten von mindestens 100 mm Kantenlänge und mindestens 10 mm Dicke einzukleben. Die Stahlplatten besitzen im Diagonalschnittpunkt ein Gewinde, in das eine Abziehvorrichtung eingeschraubt ist. Die so vorbereitete Probe ist auf Zug zu beanspruchen.
Um während der Prüfung eine Biegung zu verhindern, ist zwischen Abziehvorrichtung und Spannbacke der Zugprüfmaschine ein kardanisches Gelenk einzubauen. Die Anstiegsgeschwindigkeit der Beanspruchung soll etwa 1,2 kN/min betragen.

7.7 Druckspannung bei 10% Stauchung
Aus jeder Platte ist eine Probe von 200 mm × 200 mm unter Vermeidung der Randzonen zu entnehmen. Die Probe ist zwischen zwei quadratischen, ebenen Stahlplatten von mindestens 200 mm Kantenlänge und mindestens 10 mm Dicke einzulegen. Die Ausgangsdicke wird unter einer Vorbeanspruchung von 100 N bestimmt. Sodann wird die Probe mit einer Anstiegsgeschwindigkeit von 5 kN/min so lange gleichmäßig beansprucht, bis eine Stauchung von 10% der Ausgangsdicke erreicht ist. Das Ergebnis ist auf 0,01 N/mm^2 gerundet anzugeben.

Tabelle 7. **Meßstellen zur Bestimmung der Länge, Breite und Dicke**

Gemessen werden:		
Länge	Breite	Dicke
3 Meßstellen: Querkantenmitte und jeweils in 50 mm Abstand von den Längskanten	4 Meßstellen: Jeweils in 100 mm und 700 mm Abstand von den Querkanten	10 Meßstellen: An beiden Längskanten in 100 mm und 700 mm Abstand von den Querkanten und in der Mitte jeder Querkante

7.8 Wärmeleitfähigkeit

Die Wärmeleitfähigkeit λ_Z wird nach DIN 52 612 Teil 1 und Teil 2 an zwei quadratischen Probekörpern mit einer Kantenlänge von 500 mm bestimmt.

Die Prüfung der Wärmeleitfähigkeit λ_Z ist durchzuführen
- für HWL-Platten an zwei Platten der gleichen Dicke,
- für Holzwolleschichten von ML-Platten, die zur Berechnung des Wärmedurchlaßwiderstandes $1/\Lambda$ herangezogen werden können (Dicke $\geq$ 10 mm der Einzelschicht), an zwei Platten der gleichen Dicke, die von der Hartschaumschicht bzw. Mineralfaserschicht befreit wurden; bei asymmetrischem Aufbau ist die Prüfung für jede Dicke der Holzwolleschicht durchzuführen.

Da die Wärmeleitfähigkeit λ_Z der Hartschaum- oder Mineralfaserschicht von ML-Platten bereits im Rahmen der Überwachung nach DIN 18 164 Teil 1 bzw. DIN 18 165 Teil 1 gemessen wird, ist eine erneute Prüfung nicht erforderlich. Bei ML-Platten mit Mineralfaserschicht ist darauf zu achten, daß die Wärmeleitfähigkeit λ_Z auch für senkrecht zu den Holzwolleschichten stehende Mineralfaser nachzuweisen ist; gegebenenfalls ist zu diesem Zwecke an zwei Platten der gleichen Dicke die Mineralfaserschicht von den Holzwolleschichten zu befreien.

Die Probekörper müssen
- bei HWL-Platten in ihrer Rohdichte der mittleren Rohdichte
- bei ML-Platten in iher flächenbezogenen Masse der mittleren flächenbezogenen Masse

aller geprüften Platten der gleichen Dicke möglichst nahe kommen.

7.9 Brandverhalten

Das Brandverhalten von HWL-Platten und ML-Platten nach dieser Norm wird, soweit erforderlich (siehe Abschnitt 6.9), nach DIN 4102 Teil 1 geprüft.

7.10 Bestimmung des Anteils an wasserlöslichem Chlorid

An drei verschiedenen Stellen wird aus einer HWL-Platte bzw. einer von der Hartschaumschicht bzw. Mineralfaserschicht befreiten ML-Platte je eine Probe von 100 mm × 30 mm herausgesägt. Die Proben werden bei 105 °C bis zur Massenkonstanz getrocknet und auf 10 mg gewogen.

Jeweils eine Probe wird unzerkleinert ohne Extraktionshülse in einen Soxhlet-Apparatur eingesetzt, die mit 200 ml destilliertem Wasser beschickt ist.

Der Siedekolben wird erhitzt und das Wasser entweder zwei Stunden oder so lange, bis sich der Extraktionsraum dreimal entleert hat, am Sieden gehalten. Die Chloridbestimmung erfolgt durch potentiometrische Titration.

Der Anteil an wasserlöslichem Chlorid wird in % Cl$^-$, bezogen auf die Masse der bei 105 °C getrockneten Auslaugprobe, angegeben.

8 Kennzeichnung

Nach dieser Norm hergestellte und überwachte HWL-Platten und ML-Platten sind wie folgt zu kennzeichnen:
- **jede Platte**
  (bei ML-Zweischichtplatten mindestens jede zweite Platte) mit „DIN 1101" und dem Namen oder Zeichen des Herstellers (bzw. des Lieferers, falls dieser die Platten unter seinem Namen oder Zeichen in den Handel bringt) deutlich lesbar mit wischfester Farbe, darüber hinaus
- **jede Verpackungseinheit**
  (an dieser oder auf der Verpackung) mittels Kennzeichnungszettel in deutlicher Schrift mit folgenden Angaben:
  - „Holzwolle-Leichtbauplatten" bzw. „Hartschaum-Mehrschicht-Leichtbauplatten" oder „Mineralfaser-Mehrschicht-Leichtbauplatten"

- „DIN 1101"
- Anwendungstypen (Typkurzzeichen)
- Dicke
- bei ML-Platten Wärmeleitfähigkeitsgruppe der Hartschaumschicht bzw. Mineralfaserschicht sowie Wärmedurchlaßwiderstand $1/\Lambda$ für das Gesamtprodukt
- Brandverhalten nach DIN 4102 Teil 1[2])
- etwaige Sonderformen, z. B. Angaben über Oberflächen-Beschichtung und Dampfsperre
- Name und Anschrift des Herstellers (bzw. des Lieferers, falls dieser die Platten unter seinem Namen in den Handel bringt)
- Herstellwerk[3])
- Einheitliches Überwachungszeichen[4])

Bei Sichtplatten (unverputzt bleibend oder mit Oberflächen-Beschichtung) genügt die Kennzeichnung der Verpackungseinheit; der Kennzeichnungszettel muß dauerhaft befestigt sein.

Beispiele für die Verpackungseinheit:

Holzwolle-Leichtbauplatten
DIN 1101 – W, WD, WV, WB, WS
50 mm
DIN 4102 – B 1
Müller, Postfach 100, 9200 Adorf
Werk Adorf
... (Einheitliches Überwachungszeichen)

Hartschaum-Mehrschicht-Leichtbauplatten
DIN 1101 – W, WD, WV, WB
50 mm – Wärmeleitfähigkeitsgruppe 040 –
$1/\Lambda = 1{,}00$ m$^2 \cdot$ K/W
DIN 4102 – B 2
Maier, Postfach 90, 7100 Bdorf
Werk 02
... (Einheitliches Überwachungszeichen)

Mineralfaser-Mehrschicht-Leichtbauplatten
DIN 1101 – W, WD, WV, WB
75 mm – Wärmeleitfähigkeitsgruppe 045 –
$1/\Lambda = 1{,}33$ m$^2 \cdot$ K/W
DIN 4102 – B 1 – PA-III 2... (Nr des Prüfzeichens)
Schuster, Postfach 80, 5100 Cdorf
Werk Cdorf
... (Einheitliches Überwachungszeichen)

9 Überwachung

9.1 Allgemeines

Die Einhaltung der in den Abschnitten 6 und 8 festgelegten Anforderungen ist in jedem Herstellwerk durch eine Überwachung, bestehend aus Eigen- und Fremdüberwachung, zu prüfen. Grundlage für das Verfahren der Überwachung ist DIN 18 200.

Für Umfang und Häufigkeit der Eigen- und Fremdüberwachung sind die Festlegungen in den Abschnitten 9.2 und 9.3

---

[2]) Bei nicht in DIN 4102 Teil 4 klassifizierten Leichtbauplatten der Baustoffklasse B 1 nach DIN 4102 Teil 1 (schwerentflammbar) und Mineralfaser-ML-Platten der Baustoffklasse A 2 nach DIN 4102 Teil 1 (nichtbrennbar) Kennzeichnung laut Prüfbescheid des Instituts für Bautechnik, Berlin.

[3]) Kann auch verschlüsselt angegeben werden, wenn der Schlüssel bei der fremdüberwachenden Stelle hinterlegt ist.

[4]) Siehe z. B. „Mitteilungen Institut für Bautechnik", Heft 2/ 1982, Seite 41.

Nach den bauaufsichtlichen Vorschriften ist als Nachweis der Überwachung auf dem Produkt oder seiner Verpackungseinheit das einheitliche Überwachungszeichen zu führen.

maßgebend. Die Prüfungen sind nach Abschnitt 7 durchzuführen.

Die Fremdüberwachung ist von einer für die Fremdüberwachung anerkannten Prüfstelle oder einer für die Fremdüberwachung von HWL- und ML-Platten anerkannten Überwachungsgemeinschaft aufgrund eines Überwachungsvertrages durchzuführen.[5]

9.2 Eigenüberwachung

Für jede Lieferform[6]) und Plattendicke sind zu prüfen:
je Fertigungstag:
Form, Maße und flächenbezogene Masse an einer Platte

Außerdem ist für ML-Platten zu kontrollieren, ob die zur Verwendung vorgesehenen Dämmstoffe aus Hartschaum bzw. Mineralfasern aus einer überwachten Herstellung stammen, ordnungsgemäß gekennzeichnet sind und bezüglich Wärmeleitfähigkeitsgruppe (bei Mineralfaser-ML-Platten sofern erforderlich – siehe Abschnitt 7.3) und Brandverhalten geeignet sind.

Die Eigenüberwachung des Brandverhaltens prüfzeichenpflichtiger Leichtbauplatten (siehe Abschnitt 6.9) richtet sich nach dem Prüfbescheid.

9.3 Fremdüberwachung

9.3.1 Umfang und Häufigkeit der Fremdüberwachung

Von der fremdüberwachenden Stelle sind mindestens zweimal jährlich die Eigenüberwachung und die Einhaltung der Kennzeichnung nach Abschnitt 8 nachzuprüfen.

Die Probenahme ist so vorzunehmen, daß einmal im Jahr von jeder gefertigten Lieferform[6]) und Dicke – auch bei der Erstprüfung – die angenannten Prüfungen (Anzahl der Platten je Dicke nach Abschnitt 7) durchgeführt werden können, sofern in den folgenden Abschnitten nichts anderes bestimmt ist.

9.3.1.1 Holzwolle-Leichtbauplatten (HWL-Platten)

Es sind nachstehende Prüfungen durchzuführen:
a) Form
b) Maße
c) Flächenbezogene Masse und Rohdichte
d) Biegefestigkeit
e) Druckspannung bei 10 % Stauchung

Die Prüfung der Wärmeleitfähigkeit nach Abschnitt 7.8 der HWL-Platten[6]) ist bei der Erstprüfung an der Dicke 25 mm sowie an der kleinsten und größten Dicke durchzuführen und bei der weiteren Überwachung einmal jährlich an der 25 mm dicken HWL-Platte.

Für die Fremdüberwachung des Brandverhaltens nicht in DIN 4102 Teil 4 klassifizierter HWL-Platten (siehe Abschnitt 6.9) gilt:

Für prüfzeichenpflichtige HWL-Platten richtet sich die Fremdüberwachung nach dem Prüfbescheid sowie den Richtlinien für die Überwachung von prüfzeichenpflichtigen schwerentflammbaren (Klasse B 1) Baustoffen[7]), für HWL-Platten der Baustoffklasse B 2 nach DIN 4102 Teil 1 (normalentflammbar) muß ein gültiges Prüfzeugnis einer hierfür anerkannten Prüfstelle vorliegen.

Die Bestimmung des Anteils an wasserlöslichem Chlorid ist einmal jährlich, auch bei der Erstprüfung, nur an einer Lieferform[6]) und Dicke erforderlich.

9.3.1.2 Mehrschicht-Leichtbauplatten (ML-Platten)

Es sind nachstehende Prüfungen durchzuführen:
a) Form
b) Maße
c) Flächenbezogene Masse
d) Biegefestigkeit
e) Druckspannung bei 10 % Stauchung

Die Prüfung der Querzugfestigkeit ist einmal jährlich, auch bei der Erstprüfung, je Lieferform[6]) nur an einer Dicke durchzuführen.

Die Prüfung der Wärmeleitfähigkeit nach Abschnitt 7.8 der Holzwolleschichten von ML-Platten[6]), die zur Berechnung des Wärmedurchlaßwiderstandes $1/\Lambda$ herangezogen werden können (Dicke $\geq$ 10 mm der Einzelschicht), ist bei der Erstprüfung an der kleinsten und der größten Dicke der Holzwolleschichten (Einzelschichten) durchzuführen und bei der weiteren Überwachung einmal jährlich an der hergestellten Holzwollschicht, der die Dicke 25 mm am nächsten liegt.

Wird bei einem Hersteller von ML-Platten die Wärmeleitfähigkeit von HWL-Platten überwacht (Erstprüfung und weitere Überwachung), genügt der für HWL-Platten geführte Nachweis der Wärmeleitfähigkeit für den Nachweis im Sinne des vorstehenden Absatzes.

Ist für Mineralfaser-ML-Platten[6]) die Prüfung der Wärmeleitfähigkeit der Mineralfaserschicht nach Abschnitt 7.8 erforderlich, ist diese bei der Erstprüfung an der kleinsten und größten Dicke durchzuführen und bei der weiteren Überwachung einmal jährlich an der 50 mm dicken Platte.

Für die Fremdüberwachung des Brandverhaltens nicht in DIN 4102 Teil 4 klassifizierter ML-Platten (siehe Abschnitt 6.9) gilt:

Für prüfzeichenpflichtige ML-Platten richtet sich die Fremdüberwachung nach dem Prüfbescheid sowie den Richtlinien für die Überwachung von prüfzeichenpflichtigen schwerentflammbaren (Klasse B 1) und nichtbrennbaren (Klasse A) Baustoffen[7]), für ML-Platten der Baustoffklasse B 2 nach DIN 4102 Teil 1 (normalentflammbar) muß ein gültiges Prüfzeugnis einer hierfür anerkannten Prüfstelle vorliegen.

Die fremdüberwachende Stelle hat sich im übrigen davon zu überzeugen, daß die zur Verwendung vorgesehenen Dämmstoffe aus Hartschaum der Norm DIN 18 164 Teil 1 bzw. die zur Verwendung vorgesehenen Dämmstoffe aus Mineralfasern der Norm DIN 18 165 Teil 1 und der Baustoffklasse A nach DIN 4102 Teil 1 (nichtbrennbar) entsprechen.

Die Bestimmung des Anteils an wasserlöslichem Chlorid ist einmal jährlich, auch bei der Erstprüfung, nur an einer Lieferform[6]) der ML-Platten und an einer Dicke erforderlich. Werden bei einem Hersteller von ML-Platten auch HWL-Platten überwacht, genügt der für HWL-Platten geführte Nachweis.

9.3.2 Überwachungsbericht

Die Ergebnisse der Fremdüberwachung sind in einem Überwachungsbericht festzuhalten.

Hierfür sind die nachstehenden Mustervordrucke (siehe Anhang A und Anhang B) zu verwenden.

---

[5]) Verzeichnisse der bauaufsichtlich anerkannten Prüfstellen und Überwachungsgemeinschaften werden beim Institut für Bautechnik geführt und in seinen „Mitteilungen" veröffentlicht.

[6]) HWL-Platten und ML-Platten mit zusätzlichen Ausstattungen nach Tabelle 2 gelten im Zusammenhang mit der Überwachung nicht als gesonderte Lieferformen, ausgenommen die Überwachung des Brauchverhaltens von Leichtbauplatten mit nicht mineralischen Oberflächen-Beschichtungen und/oder Dampfsperren aus organischen Stoffen.

[7]) Fassung Januar 1988, veröffentlicht in „Mitteilungen Institut für Bautechnik", Heft 3/1988.

DIN 1101 Seite 11

Anhang A

(Für den Anwender dieser Norm unterliegt der Anhang A nicht dem Vervielfältigungsrandvermerk auf Seite 1)

Mustervordruck für ein Prüfzeugnis für Holzwolle-Leichtbauplatten

Prüfstelle

Prüfung von Holzwolle-Leichtbauplatten nach DIN 1101 Zusammenfassung der Prüfergebnisse nach Abschnitt 9.3 „Fremdüberwachung" Diese Zusammenfassung gilt nicht als Nachweis der Überwachung[1]

Prüfzeugnis Nr:

Antragsteller:	Herstellwerk:
Probenahme (Entnahmeort, Datum):	Probenehmer:

Probematerial:
Bezeichnung nach Abschnitt 3:
Kennzeichnung nach Abschnitt 8:
Kennzeichnung bei Entnahme:
Prüfergebnisse:

		Maße Mittelwerte			Größte Abweichung vom rechten Winkel		Flächen- bezogene Masse	Roh- dichte	Biege- festig- keit	Druck- spannung bei 10% Stauchung
Lfd. Nr		Dicke mm	Breite mm	Länge mm	mm	Grad	kg/m^2	kg/m^3	N/mm^2	N/mm^2
1										
2										
3										
4										
5										
Mittelwert		–	–	–	–	–				
Zu-läs-sige Wer-te	Höchstwert	505	2005	3	5				–	–
	Mindestwert	495	1990	–	–					
	Mittelwert	–	–	–	–	–	≤	≤	≥	≥
Anforderungen erfüllt = Anwendungstyp		–	–	–	–	–	–	–	= WB[2]	= WS[3],[4]

Für die Querzugfestigkeit gilt der Wert von mindestens 0,02 N/mm^2 ohne Nachweis als erfüllt; damit entsprechen die Holzwolle-Leichtbauplatten dem Anwendungstyp WV.
Vollkantigkeit:
Anteil an wasserlöslichem Chlorid _____ % Cl$^-$, bezogen auf die Masse (höchstens 0,35% Cl$^-$)
Nachweis der Wärmeleitfähigkeit:
Brandverhalten:
Eigenüberwachung:
Kennzeichnung:
Erfüllung der Anforderungen nach DIN 1101:

_____, den _____   _____
                                                        Siegel und Unterschrift

[1] Als Nachweis der bauaufsichtlich erforderlichen Überwachung gilt nach den Landesbauordnungen (entsprechend § 24 Absatz 3 Musterbauordnung) insbesondere die Kennzeichnung des Baustoffes oder seiner Verpackungseinheit durch das einheitliche Überwachungszeichen.
[2] Ausgenommen Holzwolle-Leichtbauplatten der Dicken < 15 mm.
[3] Bei Holzwolle-Leichtbauplatten der Dicke ≤ 15 mm gilt für die Druckspannung bei 10% Stauchung der Wert von mindestens 0,20 N/mm^2 ohne Nachweis als erfüllt; damit entsprechen diese Platten dem Anwendungstyp WS.
[4] WS schließt Anwendungstypen W und WD ein.

Seite 12   DIN 1101

Anhang B

(Für den Anwender dieser Norm unterliegt der Anhang B nicht dem Vervielfältigungsrandvermerk auf Seite 1)

Mustervordruck für ein Prüfzeugnis für Mehrschicht-Leichtbauplatten

Prüfstelle

Prüfung von Hartschaum-Mehrschicht-Leichtbauplatten nach DIN 1101/ Mineralfaser-Mehrschicht-Leichtbauplatten nach DIN 1101 Zusammenfassung der Prüfergebnisse nach Abschnitt 9.3 „Fremdüberwachung" Diese Zusammenfassung gilt nicht als Nachweis der Überwachung[1]

Prüfzeugnis Nr:

Antragsteller: Probenahme (Entnahmeort, Datum): Probematerial: Bezeichnung nach Abschnitt 3: Kennzeichnung nach Abschnitt 8: Kennzeichnung bei Entnahme: Prüfergebnisse:	Herstellwerk: Probenehmer:

| Lfd. Nr | Maße Mittelwerte | | | Größte Abweichung vom rechten Winkel | | Flächenbezogene Masse | Biegefestigkeit | Querzugfestigkeit | Druckspannung bei 10% Stauchung |
	Dicke mm	Breite mm	Länge mm	mm	Grad	kg/m^2	N/mm^2	N/mm^2	N/mm^2
1									
2									
3									
4									
5									
Mittelwert	–	–	–	–	–				
Zulässige Werte — Höchstwert	505	2005	3	5	–	–	–	
Zulässige Werte — Mindestwert	495	1990	–	–	–	–	0,016	0,045
Zulässige Werte — Mittelwert	–	–	–	–	–	≤	≥	≥ 0,020	≥ 0,050
Anforderungen erfüllt = Anwendungstyp	–	–	–	–	–	–	= WB [2]	= WV	= WD [3]

Vollkantigkeit:
Anteil an wasserlöslichem Chlorid in den Holzwolleschichten: _____ % Cl$^-$, bezogen auf die Masse
(höchstens 0,35% Cl$^-$)
Der Überwachungsnachweis nach DIN 18164 Teil 1/DIN 18165 Teil 1 einschließlich Wärmeleitfähigkeit und Brandverhalten für den verwendeten Dämmstoff aus Hartschaum / aus Mineralfasern der Baustoffklasse A nach DIN 4102 Teil 1 (nichtbrennbar) hat vorgelegen:
Nachweis der Wärmeleitfähigkeit für die Mineralfaserschicht von Mineralfaser-Mehrschicht-Leichtbauplatten (sofern erforderlich):
Nachweis der Wärmeleitfähigkeit für Holzwolleschichten (Einzelschichten) der Dicke ≥ 10 mm:
Brandverhalten:
Eigenüberwachung:
Kennzeichnung:
Erfüllung der Anforderungen nach DIN 1101:

_____, den _____   _____
                                              Siegel und Unterschrift

[1] Als Nachweis der bauaufsichtlich erforderlichen Überwachung gilt nach den Landesbauordnungen (entsprechend § 21 Absatz 3 Musterbauordnung) insbesondere die Kennzeichnung des Baustoffes oder seiner Verpackungseinheit durch das einheitliche Überwachungszeichen.

[2] Ausgenommen Zweischichtplatten

[3] Schließt Anwendungstyp W ein.

Zitierte Normen und andere Unterlagen

DIN 1102	Holzwolle-Leichtbauplatten und Mehrschicht-Leichtbauplatten nach DIN 1101 als Dämmstoffe für das Bauwesen; Verwendung, Verarbeitung
DIN 1164 Teil 1	Portland-, Eisenportland-, Hochofen- und Traßzement; Begriffe, Bestandteile, Anforderungen, Lieferung
DIN 4102 Teil 1	Brandverhalten von Baustoffen und Bauteilen; Baustoffe, Begriffe, Anforderungen und Prüfungen
DIN 4102 Teil 4	Brandverhalten von Baustoffen und Bauteilen; Zusammenstellung und Anwendung klassifizierter Baustoffe, Bauteile und Sonderbauteile
DIN 18 164 Teil 1	Schaumkunststoffe als Dämmstoffe für das Bauwesen; Dämmstoffe für die Wärmedämmung
DIN 18 165 Teil 1	Faserdämmstoffe für das Bauwesen; Dämmstoffe für die Wärmedämmung
DIN 18 200	Überwachung (Güteüberwachung) von Baustoffen, Bauteilen und Bauarten; Allgemeine Grundsätze
DIN 50 014	Klima und ihre technische Anwendung; Normalklima
DIN 52 612 Teil 1	Wärmeschutztechnische Prüfungen; Bestimmung der Wärmeleitfähigkeit mit dem Plattengerät; Durchführung und Auswertung
DIN 52 612 Teil 2	Wärmeschutztechnische Prüfungen; Bestimmung der Wärmeleitfähigkeit mit dem Plattengerät; Weiterbehandlung der Meßwerte für die Anwendung im Bauwesen

„Mitteilungen Institut für Bautechnik", zu beziehen beim Verlag Ernst & Sohn, Berlin

„Richtlinie für die Überwachung von prüfzeichenpflichtigen schwerentflammbaren (Klasse B 1) Baustoffen" und „Richtlinie für die Überwachung von prüfzeichenpflichtigen nichtbrennbaren (Klasse A) Baustoffen", jeweils Fassung Januar 1988 (siehe z. B. „Mitteilungen Institut für Bautechnik")

Frühere Ausgaben
DIN 1104 Teil 1: 04.70, 03.80
DIN 1101: 09.38, 01.52x, 10.60, 04.70, 03.80

Änderungen

Gegenüber der Ausgabe März 1980 und DIN 1104 T 1/03.80 wurden folgende Änderungen vorgenommen:

a) DIN 1101 und DIN 1104 Teil 1 unter dem Titel „Holzwolle-Leichtbauplatten und Mehrschicht-Leichtbauplatten als Dämmstoffe für das Bauwesen; Anforderungen, Prüfung" zu einer Norm zusammengefaßt und dabei die Benennung „Schaumkunststoff" durch „Hartschaum" ersetzt (nunmehr Hartschaum-Mehrschicht-Leichtbauplatten), gleichzeitig Mineralfaser-Mehrschicht-Leichtbauplatten neu aufgenommen und in allen Bereichen integriert, des weiteren den Inhalt nach DIN 820 Teil 22 neu gegliedert und insgesamt redaktionell überarbeitet.

b) Platten mit zusätzlichen Ausstattungen neu aufgenommen und in allen Bereichen integriert.

c) Bezeichnung geändert und ergänzt: für HWL-Platten und ML-Platten die einheitliche Benennung „Leichtbauplatte" festgelegt und für ML-Platten Angabe der Dicke der Schichten sowie Angabe der Wärmeleitfähigkeitsgruppe für die Hartschaum- bzw. Mineralfaserschicht neu aufgenommen, desgleichen Profilierungen, Oberflächen-Beschichtung und Dampfsperren.

d) Anwendungstypen für die Verwendung als Wärmedämmstoffe neu aufgenommen und den HWL- und ML-Platten zugeordnet.

e) Lieferformen neu aufgenommen.

f) Anforderungen in Teilbereichen geändert und erweitert, insbesondere
  1. dickere Vorzugsdicken für ML-Platten und abweichende Vorzugsschichtdicken für Mineralfaser-ML-Dreischichtplatten neu aufgenommen
  2. zum Ausdruck gebracht, daß die HWL- und ML-Platten stets allen diesen zugeordneten Anwendungstypen gleichzeitig entsprechen müssen, demzufolge die Anforderungen an
     - die Biegefestigkeit für den Anwendungstyp WB (hierbei ML-Zweischichtplatten vollständig ausgenommen),
     - die Querzugfestigkeit für den Anwendungstyp WV (hierbei HWL-Platten miteinbezogen) und
     - die Druckspannung bei 10% Stauchung für den Anwendungstyp WD bei ML-Platten, wobei der Anwendungstyp W eingeschlossen ist, (erstmals Anforderungen festgelegt) bzw. für den Anwendungstyp WS bei HWL-Platten, wobei die Anwendungstypen W und WD eingeschlossen sind, (Platten der Dicke ≤ 15 mm miteinbezogen) stets gleichzeitig zu erfüllen haben, und daß HWL-Platten und ML-Platten, die nur einzelne Anforderungen erfüllen, nicht zulässig sind
  3. Wärmeleitfähigkeit λ_Z für HWL-Platten der Dicke ≥ 25 mm und für Holzwolleschichten der Dicke ≥ 25 mm von ML-Platten von 0,093 auf 0,090 W/(m · K) geändert
  4. Wärmeleitfähigkeitsgruppen für die Hartschaum- bzw. Mineralfaserschicht von ML-Platten neu aufgenommen
  5. zum Brandverhalten Anforderungen für Mineralfaser-ML-Platten und für HWL- und ML-Platten mit zusätzlichen Ausstattungen festgelegt sowie für Mineralfaser-ML-Platten die Möglichkeit der Baustoffklasse A 2 (nichtbrennbar) eröffnet
  6. für Ausgangsstoffe von Mineralfaser-ML-Platten Anforderungen festgelegt

g) Prüfung in Teilbereichen überarbeitet, insbesondere bei der Wärmeleitfähigkeit Probekörper näher bestimmt und klargestellt, daß bei ML-Platten mit Mineralfaserschicht die Wärmeleitfähigkeit λ_Z auch für die unmittelbar an den Holzwolleschichten stehende Mineralfaser nachzuweisen ist.

h) Kennzeichnung geändert und erweitert:
  – Kennzeichnung der Platten: auch Namen oder Zeichen des Lieferers zugelassen
  – Kennzeichnung der Verpackungseinheit: Anwendungstypen, Dicke, bei ML-Platten Wärmeleitfähigkeitsgruppe der Hartschaum- bzw. Mineralfaserschicht sowie Wärmedurchlaßwiderstand 1/Λ für das Gesamtprodukt, Sonderformen, Anschrift des Herstellers bzw. Name und Anschrift des Lieferers, Herstellwerk und einheitliches Überwachungszeichen, das als Nachweis

der Überwachung zu führen ist, neu aufgenommen; bei Sichtplatten Kennzeichnung auf Verpackungseinheit beschränkt

i) Überwachung neu gegliedert und überarbeitet, insbesondere
   1. Verweis auf DIN 18 200 als Grundlage für das Verfahren der Überwachung aufgenommen
   2. zu überwachende Lieferformen präzisiert
   3. Fremdüberwachung
      - der Wärmeleitfähigkeit von HWL-Platten und von Holzwolleschichten von ML-Platten, die zur Berechnung des Wärmedurchlaßwiderstandes $1/\Lambda$ herangezogen werden können, auf einmal jährlich festgelegt (bisher in Abständen von 3 Jahren)
      - der Wärmeleitfähigkeit der Mineralfaserschicht von ML-Platten geregelt (sofern erforderlich)
      - des Brandverhaltens nicht in DIN 4102 Teil 4 klassifizierter Platten geregelt
      - der Druckspannung bei 10% Stauchung bei ML-Platten neu aufgenommen

j) Anhang A und Anhang B den Änderungen und Ergänzungen angepaßt.

k) Verzeichnis „Zitierte Normen und andere Unterlagen" aufgenommen.

Erläuterungen

Die Normen DIN 1101/03.80 und DIN 1104 T 1/03.80 sind in dieser Norm zusammengefaßt, da deren Aussagen in weiten Bereichen, insbesondere auch was Anforderungen und Prüfung betrifft, übereinstimmten.

Für die neu aufgenommenen Mineralfaser-Mehrschicht-Leichtbauplatten wurden im wesentlichen die für Hartschaum-Mehrschicht-Leichtbauplatten bestehenden Anforderungen festgelegt. Die für Mineralfaser-Mehrschicht-Leichtbauplatten zu verwendende Mineralfaserschicht muß allerdings nicht nur DIN 18 165 Teil 1, sondern auch der Baustoffklasse A nach DIN 4102 Teil 1 (nichtbrennbar) entsprechen. Hierauf beruht auch die Anforderung B 1 nach DIN 4102 Teil 1 (schwerentflammbar) für das Gesamtprodukt; die Möglichkeit der Baustoffklasse A 2 (nichtbrennbar) wurde eröffnet. Die Wärmeleitfähigkeitsgruppe für die Mineralfaserschicht kann gleich der der Hartschaumschicht sein, aber auch abweichen. Schließlich weichen noch die Vorzugsschichtdicken ab.

Die neu aufgenommenen Platten mit zusätzlichen Ausstattungen tragen der vermehrten Nachfrage nach solchen Platten hauptsächlich im Sichtbereich Rechnung.

Mit den neu aufgenommenen Anwendungstypen für die Verwendung als Wärmedämmstoffe wird eine Vergleichbarkeit mit anderen Wärmedämmstoffen geschaffen. Da HWL- und ML-Platten die Anforderungen aller ihnen zugeordneten Anwendungstypen stets gleichzeitig erfüllen müssen, wurde klargestellt, daß HWL- und ML-Platten, die nur einzelne Anforderungen erfüllen, nicht zulässig sind.

Die neu aufgenommenen dickeren Vorzugsdicken für ML-Platten tragen dem verstärkten Dämmbewußtsein Rechnung.

Mit der Einführung von Wärmeleitfähigkeitsgruppen für die Hartschaum- und Mineralfaserschicht von ML-Platten soll die Möglichkeit einer Variierung offengehalten werden, die Angabe des Wärmedurchlaßwiderstandes $1/\Lambda$ für das Gesamtprodukt ML-Platte soll die Unsicherheit, wann Holzwolleschichten wärmeschutztechnisch berücksichtigt werden können und wann nicht, beseitigen. Dem verstärkten Verbraucherschutz trägt Rechnung, daß die Wärmeleitfähigkeit, soweit sie zu überwachen ist, nunmehr im jährlichen Turnus überprüft wird.

Es wurde die Möglichkeit geschaffen, daß Leichtbauplatten auch ein Lieferer unter seinem Namen bzw. Zeichen in den Handel bringen kann, wobei das Herstellwerk jedoch zu dokumentieren ist.

Bei Sichtplatten wurde auf die in diesem Fall störende Kennzeichnung (Beschriftung) der Platten verzichtet und die Kennzeichnung der Verpackungseinheit für ausreichend erachtet.

Internationale Patentklassifikation

B 27 N 3/00
D 21 J 1/00
E 04 B 1/74
E 04 B 1/94
E 04 C 2/16
G 01 B
G 01 L

DK 621.886.2 April 1973

Drahtstifte rund
Flachkopf Senkkopf

DIN 1151

Round plain head nails

Maße in mm

Nicht angegebene Einzelheiten sind zweckentsprechend zu wählen.

Form A Flachkopf glatt

Form B Senkkopf geriffelt

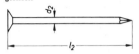

Bezeichnung eines runden Drahtstiftes mit glattem Flachkopf (A) von Größe 12 x 20, blank (bk):

Stift A 12 x 20 DIN 1151 — bk

Größe	d_1		l_1	Füllgewicht der Pakete
		zul. Abw. *)	± 1 d_1	kg
9 x 13	0,9	± 0,03	13	1
10 x 15	1	± 0,04	15	1
12 x 20	1,2	± 0,04	20	1
14 x 25	1,4	± 0,04	25	1
16 x 30	1,6	± 0,06	30	1

*) Bezogen auf den blanken Stift

Werkstoff: Stahl (Sorte nach Wahl des Herstellers)

Ausführung: bk [1]) = blank,
  zn [1]) = verzinkt,
  me = metallisiert (Lacküberzug mit Metallpigment angereichert)

Lieferart: In Paketen

Bestellbeispiel für 100 kg runde Stifte mit glattem Flachkopf (A), von Größe 12 x 20 blank (bk):

100 kg Stifte A 12 x 20 DIN 1151 — bk

[1]) Kurzzeichen für Oberflächenbeschaffenheit nach DIN 1653

Größe	d_2		l_2	Füllgewicht der Pakete
		zul. Abw. *)	± 1 d_2	kg
18 x 35	1,8	± 0,06	35	2,5
20 x 40	2	± 0,06	40	2,5
22 x 45	2,2	± 0,06	45	2,5
22 x 50	2,2	± 0,06	50	2,5
25 x 55	2,5	± 0,08	55	2,5
25 x 60	2,5	± 0,08	60	2,5
28 x 65	2,8	± 0,08	65	2,5
31 x 65	3,1	± 0,08	65	2,5
31 x 70	3,1	± 0,08	70	2,5
31 x 80	3,1	± 0,08	80	5
34 x 80	3,4	± 0,08	80	5
34 x 90	3,4	± 0,08	90	5
38 x 100	3,8	± 0,08	100	5
42 x 100	4,2	± 0,10	100	5
42 x 110	4,2	± 0,10	110	5
42 x 120	4,2	± 0,10	120	5
46 x 130	4,6	± 0,10	130	5
55 x 140	5,5	± 0,10	140	5
55 x 160	5,5	± 0,10	160	5
60 x 180	6	± 0,10	180	5
70 x 210	7	± 0,15	210	5
76 x 230	7,6	± 0,15	230	10
76 x 260	7,6	± 0,15	260	10
88 x 260	8,8	± 0,15	260	10

*) Bezogen auf den blanken Stift

Erläuterungen Seite 2

Fachnormenausschuß Stahldraht und Stahldrahterzeugnisse im Deutschen Normenausschuß (DNA)

Erläuterungen

Im Frühjahr 1971 hat der Fachnormenausschuß Stahldraht und Stahldrahterzeugnisse das gesamte Normenwerk über Nägel von DIN 1151 bis DIN 1163 einschließlich DIN 1144 überprüft. Dabei hat man festgestellt, daß zahlreiche Streichungen, Änderungen und Ergänzungen erforderlich waren, um das Normenwerk auf den neuesten Stand zu bringen.

Die Normen

DIN 1153 Drahtnägel, rund, tiefversenkt (sogenannte Wagnerstifte)
DIN 1155 Drahtnägel mit Halbrundkopf
DIN 1156 Drahtstifte ohne Kopf, Fitschbandstifte, Verbandstifte
DIN 1161 Keilnägel, Stemmnägel
DIN 1162 Kleiderbügelstifte

wurden zurückgezogen.

Die übrigen Normen wurden gründlich überarbeitet und den neuesten Gesichtspunkten angepaßt.
Die Änderungen sind in den Erläuterungen zu den einzelnen Normen angegeben.

In dieser Neuausgabe wurde die Benennung „Drahtnägel" in „Drahtstifte" geändert. Die Größen 7 × 7, 7 × 9, 8 × 11, 11 × 17, 16 × 25, 20 × 45, 75 × 230, 80 × 260 und 90 × 310 sind gestrichen, die Größen 34 × 80, 42 × 100, 42 × 120, 76 × 230, 76 × 260 und 88 × 260 neu aufgenommen worden.

Die zulässigen Abweichungen für die Durchmesser wurden in Anlehnung an DIN 177 eingeengt.

DK 69.025.356-036 : 62-408.7/.8 : 001.4 : 620.1

November 1980

Bodenbeläge
Homogene und heterogene Elastomer-Beläge
Anforderungen Prüfung

**DIN
16 850**

Floor covering; homogene and heterogene elastomeres flooring; requirements, test methods

1 Geltungsbereich
Diese Norm gilt für homogene und heterogene Elastomer-Beläge im Anlieferungszustand im Sinne der Begriffsbestimmungen nach Abschnitt 3.

2 Mitgeltende Normen

DIN 875	Winkel 90°; Maße, Technische Lieferbedingungen
DIN 4102 Teil 1	Brandverhalten von Baustoffen und Bauteilen; Baustoffe; Begriffe, Anforderungen und Prüfungen
DIN 6174	Farbmetrische Bestimmungen von Farbabständen bei Körperfarben nach der CIELAB-Formel
DIN 50 014	Klimate und ihre technische Anwendung; Normalklimate
DIN 51 955	Prüfung von organischen Fußbodenbelägen (außer textilen Fußbodenbelägen); Eindruckversuch zur Bestimmung der Wiedererholung nach konstanter Belastung
DIN 51 958	Prüfung von organischen Fußbodenbelägen (außer textilen Fußbodenbelägen); Chemisch-physikalische Einwirkung von Prüfmitteln bis 24 Stunden
DIN 51 961	Prüfung von organischen Fußbodenbelägen; Einwirkung glimmender Tabakwaren
DIN 51 962	Prüfung von organischen Fußbodenbelägen (außer textilen Fußbodenbelägen); Bestimmung der Maßänderung durch Wärmeeinwirkung
DIN 51 963	Prüfung von organischen Bodenbelägen (außer textilen Bodenbelägen); Verschleißprüfung (20-Zyklen-Verfahren)
DIN 51 964	Prüfung von organischen Fußbodenbelägen (außer textilen Bodenbelägen); Bestimmung der Nutzschichtdicke
DIN 53 389	Prüfung von Kunststoffen; Kurzprüfung der Lichtbeständigkeit (Simulation von Globalstrahlung hinter Fensterglas durch gefilterte Xenonbogen-Strahlung)
DIN 53 505	Prüfung von Elastomeren; Härteprüfung nach Shore A und D
DIN 53 516	Prüfung von Kautschuk und Elastomeren; Bestimmung des Abriebs
DIN 54 001	Prüfung der Farbechtheit von Textilien; Herstellung und Handhabung des Graumaßstabes zur Bewertung der Änderung der Farbe
DIN 54 004	Prüfung der Farbechtheit von Textilien; Bestimmung der Lichtechtheit von Färbungen und Drucken mit künstlichem Tageslicht (gefiltertes Xenonbogenlicht)

3 Begriffe
3.1 Elastomer-Beläge
Homogene und heterogene Elastomer-Beläge im Sinne dieser Norm sind Bodenbeläge, die auf Basis Synthese-Kautschuk und/oder Natur-Kautschuk unter Zugabe von Farb-, Füll- und sonstigen Zusatzstoffen hergestellt sind.
Bei diesen Elastomer-Belägen werden unterschieden:
— Homogene Elastomer-Beläge, bestehend aus einer Schicht oder mehreren Schichten gleicher Zusammensetzung. Sie sind mehrfarbig durchgehend gemustert oder durchgehend einfarbig.
— Heterogene Elastomer-Beläge, bestehend aus der Nutzschicht und einer Schicht oder mehreren Schichten gleicher oder anderer Stoffgrundlage verschiedener Zusammensetzung, jedoch nicht geschäumt.

3.2 Nutzschicht
Nutzschicht im Sinne dieser Norm ist die für das Begehen bestimmte und damit die für die Nutzungsdauer des Belages maßgebende Schicht.

3.3 Nutzschichtdicke
Die Nutzschichtdicke ist:
a) bei homogenen Belägen gleich der Gesamtdicke
b) bei heterogenen Belägen gleich der Oberschicht.

4 Bezeichnung
Bodenbeläge nach dieser Norm sind in folgender Reihenfolge zu bezeichnen:
— Benennung
— DIN-Hauptnummer
— Lieferart
Zeichen für Platten: P
Zeichen für Bahnen: B
Bezeichnung eines Bodenbelages nach dieser Norm in Form von Platten (P):

Bodenbelag DIN 16 850 — P

Fortsetzung Seite 2 und 3

Normenausschuß Kunststoffe (FNK) im DIN Deutsches Institut für Normung e. V.
Normenausschuß Materialprüfung (NMP) im DIN
Normenausschuß Bauwesen (NABau) im DIN
Normenausschuß Kautschuktechnik (FAKAU) im DIN

5 Lieferart

Homogene und heterogene Elastomer-Beläge werden in Form von Platten und Bahnen geliefert.

6 Anforderungen
6.1 Maße
6.1.1 Kantenlänge bei Platten

Bei Prüfung nach Abschnitt 7.4.1 darf die Abweichung der Mittelwerte der gemessenen Einzelwerte der Kantenlänge der Platten nicht mehr als ±0,15 % des Nennmaßes betragen.

6.1.2 Rechtwinkligkeit und Geradheit der Kanten bei Platten

Bei Prüfung nach Abschnitt 7.4.2 darf sich bei Platten bis zu 1000 mm Kantenlänge die Fühlerlehre an keiner Stelle zwischen Probenplatte und Winkelschenkel einschieben lassen.

6.1.3 Länge und Breite der Bahnen

Die Länge und Breite der Bahnen dürfen die Nennmaße nicht unterschreiten.

6.1.4 Dicke
6.1.4.1 Gesamtdicke

Das Nennmaß der Gesamtdicke muß mindestens 2 mm betragen.
Bei Prüfung nach Abschnitt 7.4.4.1 sind Abweichungen des Mittelwertes der gemessenen Gesamtdicke vom Nennmaß bis ±0,2 mm zulässig. Die Einzelwerte dürfen nur bis ±0,2 mm vom Mittelwert abweichen.

6.1.4.2 Nutzschichtdicke

Für die Nutzschichtdicke von Belägen, bestimmt nach Abschnitt 7.4.4.2, müssen folgende Werte eingehalten werden:
Homogene Beläge nach Abschnitt 3.3, Aufzählung a); min. 2 mm (entspricht der Gesamtdicke)
Heterogene Beläge nach Abschnitt 3.3, Aufzählung b); min. 1,0 mm

6.2 Verhalten beim Eindruckversuch

Bei Prüfung nach Abschnitt 7.5 darf der Mittelwert des Resteindruckes e nicht mehr als 0,10 mm betragen.

6.3 Shore-A-Härte

Die Shore-A-Härte, bestimmt nach Abschnitt 7.6, muß mindestens 80 betragen.

6.4 Maßänderung durch Wärmeeinwirkung

Bei Prüfung nach Abschnitt 7.7 darf die Maßänderung der Mittelwerte nicht mehr als 0,6 mm betragen.

6.5 Verschleißverhalten

Die Nutzschicht darf bei Prüfung nach Abschnitt 7.8 bei keiner Probe an keiner Stelle nach 20 Zyklen abgetragen sein. Der Dickenverlust ist anzugeben.

6.6 Abreibverhalten, ermittelt durch den Abrieb

Bei Prüfung nach Abschnitt 7.9 darf der Abrieb 250 mm^3 nicht überschreiten.

6.7 Lichtechtheit

Bei Prüfung nach Abschnitt 7.10 darf die Farbänderung der bestrahlten Proben im Vergleich zu den im Dunkeln gelagerten Proben nicht größer als ΔE^*_{ab} = 3 nach DIN 6174 sein (entspricht der Stufe 3 des Graumaßstabes nach DIN 54001).

6.8 Einwirkung glimmender Tabakwaren

Bei Prüfung nach Abschnitt 7.11 darf sich die Oberfläche des Belages durch Einwirkung von Tabakglut nur soweit verändern, daß mit geeigneten Mitteln das ursprüngliche Aussehen weitgehend wieder erreicht werden kann.

6.9 Brandverhalten

Bei Prüfung nach Abschnitt 7.12 muß der Belag mindestens „Klasse B2 nach DIN 4102 Teil 1" sein.

6.10 Chemisch-physikalische Einwirkung von Prüfmitteln

Bei Prüfung nach Abschnitt 7.13 dürfen keine Farbänderungen an den Proben auftreten.

7 Prüfung
7.1 Probenahme

Für die in den Abschnitten 7.2 bis 7.13 genannten Prüfungen sind Proben zu verwenden, die frei von Reinigungs- und Pflegemitteln sind.

7.2 Vorbehandlung der Proben

Die Proben werden, sofern in den einzelnen Prüfvorschriften nichts anderes angegeben ist, vor der Prüfung mindestens 24 Stunden im Normalklima DIN 50014 – 23/50 – 2 so gelagert, daß die Luft freien Zutritt zu beiden Seiten der Proben hat.

7.3 Prüfklima

Die Prüfungen werden im Normalklima DIN 50014 – 23/50 – 2 durchgeführt, sofern für die einzelnen Prüfungen nichts anderes angegeben ist.

7.4 Maße
7.4.1 Kantenlänge bei Platten

Die Kantenlängen werden an mindestens 3 Platten an allen Plattenseiten im Abstand von 5 bis 10 mm von der Kante auf 0,1 mm genau gemessen.

7.4.2 Rechtwinkligkeit und Geradheit der Kanten bei Platten

Ein Flachwinkel nach DIN 875 wird auf eine ebene Stahlplatte gelegt. Die Probeplatte wird in den Normalwinkel so eingelegt, daß sie an einem Winkelschenkel fest anliegt und an den anderen Winkelschenkel anstößt und wird dann in dieser Lage festgespannt. Mit einer Fühlerlehre von 0,35 mm Dicke und 10 mm Breite, deren eines Ende einen Rundungsradius von 0,5 mm hat, wird über die ganze Kantenlänge der Probeplatte geprüft, ob sich die Fühlerlehre zwischen Probeplatte und Winkelschenkel einschieben läßt. Auf diese Weise werden alle Kanten von mindestens 3 Probeplatten geprüft.

7.4.3 Längen und Breiten der Bahnen

Länge und Breite der zu prüfenden Bahnen werden durch je eine Messung parallel zur Längsrichtung der Bahn bzw. in einem Winkel von 90° zur Längsrichtung gemessen. Zum Messen wird die zu prüfende Bahn mit dem Träger nach unten ohne Zugbeanspruchung völlig eben auf eine ebene, harte und waagerecht liegende Unterlage gelegt. Länge und Breite der Bahn werden mit einem Meßgerät, dessen Fehlergrenze ±0,1 % beträgt, auf 1 cm gemessen. Das Meßergebnis wird in m oder cm angegeben.

7.4.4 Dicke
7.4.4.1 Gesamtdicke

Die Gesamtdicke wird mit einem mechanischen Dickenmeßgerät mit einer Meßfläche von 50 mm Durchmesser mit einem Anpreßdruck von 0,025 N/mm^2 gemessen. 3 Sekunden nach stoßfreiem Aufsetzen des Meßgerätes wird die Dicke auf 0,01 mm abgelesen.

Bei 3 Platten wird die Gesamtdicke in einem Abstand von etwa 20 mm von der Kante in der Mitte jeder Kante gemessen. Hieraus wird der Mittelwert berechnet.

Bei Bahnen wird ein Probestreifen von 100 mm Länge in voller Breite abgeschnitten. 50 mm vom Rand beginnend werden in gleichen Abständen in der Mitte des Probestreifens 10 Dickenmessungen durchgeführt, aus denen der Mittelwert berechnet wird.

7.4.4.2 Nutzschichtdicke
Die Nutzschichtdicke bei Belägen nach Abschnitt 3.3, Aufzählung b) wird nach DIN 51 964 bestimmt.

7.5 Eindruckversuch
Die Prüfung wird nach DIN 51 955 durchgeführt. Ermittelt wird nur der Resteindruck e 1500 min nach der Entlastung.

7.6 Shore-A-Härte
Die Prüfung wird nach DIN 53 505 durchgeführt.

7.7 Maßänderung durch Wärmeeinwirkung
Die Prüfung wird nach DIN 51 962 durchgeführt.

7.8 Verschleißverhalten
Die Prüfung wird nach DIN 51 963 durchgeführt.

7.9 Abrieb
Die Prüfung wird nach DIN 53 516, jedoch bei der Beanspruchung von 5 N, durchgeführt.

7.10 Lichtechtheit
Die Lichtechtheit wird durch die Kurzprüfung nach DIN 53 389 (Vornorm) bestimmt. Sie wird beendet, wenn die Proben einer Bestrahlung von 350 MW · s/m² ausgesetzt waren (entspricht etwa der Bestrahlung vom Typ 6 des Lichtechtheitsmaßstabes nach DIN 54 004 bis zur Stufe 3 des Graumaßstabes nach DIN 54 001).

7.11 Einwirkung glimmender Tabakwaren
Die Prüfung wird nach DIN 51 961 durchgeführt.

7.12 Brandverhalten
Die Prüfung wird nach DIN 4102 Teil 1 durchgeführt.

7.13 Chemisch-physikalische Einwirkung von Prüfmitteln
Die Prüfung wird nach DIN 51 958 durchgeführt.
Einwirkungszeiten der Prüfmittel auf die Proben: 2 min und 1 h.
Die Beurteilung erfolgt visuell.

Prüfmittel:
Angaben in % bedeuten Massenanteile in % (bisher Gewichtsprozent genannt)

Testbenzin	Wasserstoffperoxid, 3%ig
Terpentinöl	Sagrotanlösung, 2%ig
Ether	Formalinlösung, 2%ig
Aceton	Salpetersäure, 10%ig
Mineralöl	Natriumcarbonat-Lösung, 20%ig
Öle und Fette tierischer und pflanzlicher Art	Ammoniaklösung, 33%ig
Milchsäure, 5%ig	Ethylacetat
Essigsäure, 5%ig	Waschaktive Substanzen in üblicher Form
Zitronensäure, 5%ig	

8 Kennzeichnung
Elastomer-Beläge, die dieser Norm entsprechen, dürfen auf ihrer Rückseite oder auf der Verpackung mit DIN 16850 oder dem Verbandszeichen DIN gekennzeichnet und benannt werden.

Mit dieser Kennzeichnung bestätigt der Hersteller verbindlich, daß die Elastomer-Beläge den in dieser Norm festgelegten Anforderungen entsprechen.

9 Prüfbericht
Im Prüfbericht sind unter Hinweis auf diese Norm anzugeben:
a) Art und Bezeichnung des Bodenbelages
b) Prüfwerte nach Maßgabe der einschlägigen Abschnitte
c) Beginn und Ende der Prüfungen
d) Von dieser Norm abweichende, vereinbarte Prüfbedingungen
e) Datum des Prüfberichtes

DK 692.535.6-036:620.1   *Entwurf* **November 1985**

Bodenbeläge
Homogene und heterogene Elastomer-Beläge
Anforderungen   Prüfung

DIN 16 850

Floor coverings; homogene and heterogene elastomers flooring; requirements; test methods

Einsprüche bis 28. Feb 1986 Anwendungswarnvermerk auf der letzten Seite beachten!

Vorgesehen als Ersatz für Ausgabe 11.80

1 Anwendungsbereich

Diese Norm gilt für homogene und heterogene Elastomer-Beläge im Anlieferungszustand im Sinne der Begriffsbestimmungen nach Abschnitt 2.

2 Begriffe und Einteilung

Homogene und heterogene Elastomer-Beläge im Sinne dieser Norm sind Bodenbeläge, die auf Basis Synthese- und/oder Natur-Kautschuk unter Zugabe von Farb-, Füll- und sonstigen Zusatzstoffen hergestellt sind.

Bei diesen Elastomer-Belägen werden unterschieden:

- Homogene Elastomer-Beläge, bestehend aus einer Schicht oder mehreren Schichten gleicher Zusammensetzung. Sie sind mehrfarbig durchgehend gemustert oder durchgehend einfarbig.

- Heterogene Elastomer-Beläge, bestehend aus der Nutzschicht und einer Schicht oder mehreren Schichten gleicher oder verschiedener Zusammensetzung, jedoch nicht geschäumt.

3 Bezeichnung

Bezeichnung eines Bodenbelages in Form von Platten (P):

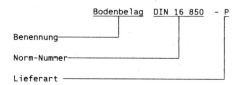

4 Lieferart

Homogene und heterogene Elastomer-Beläge werden in Form von Platten (P) und Bahnen (B) geliefert.

Fortsetzung Seite 2 bis 8

Normenausschuß Kunststoffe (FNK) im DIN Deutsches Institut für Normung e.V.
Normenausschuß Materialprüfung (NMP) im DIN
Normenausschuß Bauwesen (NABau) im DIN
Normenausschuß Kautschuktechnik (FAKAU) im DIN

Seite 2   Entwurf DIN 16 850

5 Anforderungen

5.1 Abmessungen

5.1.1 Kantenlänge bei Platten

Bei Prüfung nach Abschnitt 6.4.1 darf die Abweichung der Mittelwerte der gemessenen Einzelwerte der Kantenlänge der Platten nicht mehr als ± 0,15 % des Nennmaßes betragen.

5.1.2 Rechtwinkligkeit und Geradheit der Kanten bei Platten

Bei Prüfung nach Abschnitt 6.4.2 darf sich bei Platten bis zu 1000 mm Kantenlänge die Fühlerlehre an keiner Stelle zwischen Probenplatte und Winkelschenkel einschieben lassen.

5.1.3 Länge und Breite der Bahnen

Bei Prüfungen nach Abschnitt 6.4.3 dürfen die Nennmaße für Länge und Breite der Bahnen nicht unterschritten werden.

5.1.4 Dicke

5.1.4.1 Gesamtdicke

Die Gesamtdicke muß mindestens 2 mm betragen.

Bei Prüfung nach Abschnitt 6.4.4.1 sind Abweichungen des Mittelwertes der gemessenen Gesamtdicke vom Nennmaß bis ± 0,2 mm zulässig. Die Einzelwerte dürfen nur bis ± 0,2 mm vom Mittelwert abweichen.

5.1.4.2 Nutzschichtdicke

Die Nutzschichtdicke ist

a) bei homogenen Belägen gleich der Gesamtdicke,
b) bei heterogenen Belägen gleich der Belagoberschicht.

Bei Prüfung nach Abschnitt 6.4.4.2 muß die Nutzschichtdicke bei a) mindestens 2,0 mm und bei b) mindestens 1,0 mm mit den in Abschnitt 5.1.4.1 genannten Toleranzen betragen.

5.2 Verhalten beim Eindruckversuch

Bei Prüfung nach Abschnitt 6.5 darf der Mittelwert des Resteindruckes e nicht mehr als 0,10 mm betragen.

5.3 Shore-A-Härte

Die Shore-A-Härte, bestimmt nach Abschnitt 6.6, muß mindestens 80 betragen.

5.4 Maßänderung durch Wärmeeinwirkung

Bei Prüfung nach Abschnitt 6.7 darf die Maßänderung der Mittelwerte nicht mehr als 0,6 mm betragen.

Entwurf DIN 16 850 Seite 3

5.5 Verschleißverhalten

Die Nutzschicht darf bei Prüfung nach Abschnitt 6.8 bei keiner Probe an keiner Stelle nach 20 Zyklen abgetragen sein. Der Dickenverlust ist zusammen mit der Nutzschichtdicke anzugeben.

Anmerkung: Der Gebrauchswert eines Belages bezüglich seines Verschleißverhaltens kann nicht allein nach dem Dickenverlust beurteilt werden, sondern ist auch von der Dicke der Nutzschicht abhängig.

5.6 Abrieb

Bei Prüfung nach Abschnitt 6.9 darf der Abrieb 250 mm^3 nicht überschreiten.

5.7 Lichtechtheit

Bei Prüfung nach Abschnitt 6.10 muß die Farbänderung der bestrahlten Proben in Vergleich zu den im Dunkeln gelagerten Proben E^*_{ab} ≤ 3 nach DIN 6174 sein (entspricht der Stufe ≥ 3 des Graumaßstabes nach DIN 54 001).

5.8 Verhalten gegen Zigarettenglut

Bei Prüfung nach Abschnitt 6.11 darf sich die Oberfläche des Belages durch Einwirkung von Zigarettenglut nur soweit verändern, daß mit geeigneten Mitteln das ursprüngliche Aussehen weitgehend wieder erreicht werden kann.

5.9 Brandverhalten

Bei Prüfung nach Abschnitt 6.12 muß der Belag mindestens "Klasse B2 nach DIN 4102 Teil 1" sein.

5.10 Chemisch-physikalische Einwirkung von Prüfmitteln

Bei Prüfung nach Abschnitt 6.13 dürfen keine bleibenden Oberflächenveränderungen an den Proben auftreten.

5.11 Klebverhalten

5.11.1 Schälwiderstand

Bei Prüfung nach Abschnit 6.14.1 muß der Schälwiderstand der geklebten Proben nach Lagerung im Normalklima DIN 50 014-23/50-2 mindestens 1,2 N/mm und nach Lagerung bei 50 °C mindestens 1,0 N/mm betragen.

5.11.2 Maßänderung

Bei Prüfung nach Abschnitt 6.14.2 darf die Maßänderung der geklebten Proben höchstens 0,2 % für jede Hauptrichtung des Bodenbelages betragen.

6 Prüfung

6.1 Probenahme

Für die in den Abschnitten 6.4 bis 6.14 genannten Prüfungen sind Proben zu verwenden, bei denen Reinigungs- und Pflegemittel vorher entfernt worden sind.

Seite 4   Entwurf DIN 16 850

6.2 Vorbehandlung der Proben

Die Proben werden, sofern in den einzelnen Prüfvorschriften nichts anderes angegeben ist, vor der Prüfung mindestens 24 Stunden im Normalklima DIN 50 014-23/50-2 so gelagert, daß die Luft freien Zutritt zu beiden Seiten der Proben hat.

6.3 Prüfklima

Die Prüfungen werden im Normalklima DIN 50 014-23/50-2 durchgeführt, sofern für die einzelnen Prüfungen nichts anderes angegeben ist.

6.4 Abmessungen

6.4.1 Kantenlänge bei Platten

Die Kantenlängen werden an mindestens 3 Platten an allen Plattenseiten im Abstand von 5 bis 10 mm von der Kante auf 0,1 mm gemessen.

6.4.2 Rechtwinkligkeit und Geradheit der Kanten und Platten

Ein Stahlwinkel nach DIN 875 wird auf eine ebene Stahlplatte gelegt. Die Probeplatte wird in den Normalwinkel so eingelegt, daß sie an einem Winkelschenkel fest anliegt und an den anderen Winkelschenkel anstößt und wird dann in dieser Lage festgespannt. Mit einer Fühlerlehre von 0,35 mm Dicke und 10 mm Breite, deren 10 mm breites Ende einen Rundungsradius von 0,5 mm hat, wird über die ganze Kantenlänge der Probeplatte geprüft, ob sich die Fühlerlehre zwischen Probeplatte und Winkelschenkel einschieben läßt. Auf diese Weise werden alle Kanten von mindestens 3 Probeplatten geprüft.

6.4.3 Länge und Breite der Bahnen

Länge und Breite der zu prüfenden Bahnen werden durch je eine Messung prallel zur Längsrichtung der Bahn bzw. in einem Winkel von 90° zur Längsrichtung gemessen. Zum Messen wird die zu prüfende Bahn mit dem Träger nach unten ohne Zugbeanspruchung völlig eben auf eine Ebene, harte und waagerecht liegende Unterlage gelegt. Länge und Breite der Bahnen werden mit einem Meßgerät, dessen Fehlergrenze ± 0,1 % beträgt, auf 1 cm gemessen. Das Meßergebnis wird in m oder cm angegeben.

6.4.4 Dicke

6.4.4.1 Gesamtdicke

Die Gesamtdicke wird mit einem mechanischen Dickenmeßgerät mit einer Meßfläche von 50 mm Durchmesser mit einem Anpreßdruck von 0,025 N/mm² gemessen. 3 Sekunden nach stoßfreiem Aufsetzen des Meßgerätes wird die Dicke auf 0,01 mm abgelesen.

Bei 3 Platten wird die Gesamtdicke in einem Abstand von etwa 20 mm von der Kante in der Mitte jeder Kante gemessen. Hieraus wird der Mittelwert berechnet.

Bei Bahnen wird ein Probestreifen von 100 mm Länge in voller Breite abgeschnitten. 50 mm vom Rand beginnend werden in gleichen Abständen in der Mitte des Probestreifens 10 Dickenmessungen durchgeführt, aus denen der Mittelwert berechnet wird.

Entwurf DIN 16 850 Seite 5

6.4.4.2 Nutzschichtdicke

Die Nutzschichtdicke wird nach DIN 51 964 bestimmt.

6.5 Eindruckversuch

Die Prüfung wird nach DIN 51 955 durchgeführt.
150 min nach der Entlastung wird der Resteindruck e ermittelt.

6.6 Shore-A-Härte

Die Prüfung wird nach DIN 53 505 durchgeführt.

6.7 Maßänderung durch Wärmeeinwirkung

Die Prüfung wird nach DIN 51 962 durchgeführt.

6.8 Verschleißverhalten

Die Prüfung wird nach DIN 51 963 durchgeführt.

6.9 Abrieb

Die Prüfung wird nach DIN 53 516, jedoch bei einer Belastung von 5 N, durchgeführt.

6.10 Lichtechtheit

Die Lichtechtheit wird durch die Kurzprüfung nach DIN 53 389 bestimmt. Sie wird beendet, wenn die Proben einer Bestrahlung von 350 MJ/m² ausgesetzt waren (entspricht etwa der Bestrahlung vom Typ 6 des Lichtechtheitsmaßstabes nach DIN 54 004 bis zur Stufe 3 des Graumaßstabes nach DIN 54 001).

6.11 Verhalten gegen Zigarettenglut

Die Prüfung wird nach DIN 51 961 durchgeführt.

6.12 Brandverhalten

Die Prüfung wird nach DIN 4102 Teil 1 durchgeführt.

6.13 Chemisch-physikalische Einwirkung von Prüfmitteln

Die Prüfung wird in Anlehnung an DIN 51 958 bei Einwirkungszeiten der Prüfmittel von 2 min und 1 h durchgeführt.
Die Beurteilung erfolgt visuell. Die zu vereinbarenden Prüfmittel sind mit den gewählten Einwirkungszeiten im Prüfbericht anzugeben.

6.14 Klebverhalten

Für die Prüfung sind folgende Testklebstoffe[1]) zu verwenden:

    Bau 1 (Kunstkautschuk-Lösung)   Bau 2 (Kunstharz-Dispersion)

Seite 6   Entwurf DIN 16 850

6.14.1 Schälwiderstand

Die Prüfung wird nach folgenden Normen durchgeführt:

DIN 53 278 Teil 3*) (Kunstharz-Dispersion)
DIN 53 278 Teil 4*) (Kunstkautschuk-Lösung)

Vor der Durchführung der Prüfung werden die Proben entsprechend den Angaben in DIN 53 278 Teil 3*) bzw. Teil 4*), Abschnitte 7.1 (23 °C und 50 % rel. Feuchte) und 7.2 (50 °C) gelagert.

6.14.2 Maßänderung

Die Prüfung wird nach folgenden Normen durchgeführt:

DIN 53 279 Teil 3*) (Kunstharz-Dispersion)
DIN 53 279 Teil 4*) (Kunstkautschuk-Lösung)

Anmerkung: Der in den Normen DIN 53 278 Teil 3*) und Teil 4*) und DIN 53 279 Teil 3*) und Teil 4*) vorgesehene Testbelag ist zur Prüfung des Klebverhaltens gegen den nach der vorliegenden Norm zu prüfenden Belag auszutauschen.

7 Kennzeichnung

Elastomer-Beläge, die dieser Norm entsprechen, dürfen auf ihrer Rückseite oder auf der Verpackung mit DIN 16 850 oder dem Verbandszeichen DIN gekennzeichnet und benannt werden.

Mit dieser Kennzeichnung bestätigt der Hersteller verbindlich, daß die Elastomer-Beläge den in dieser Norm festgelegten Anforderungen entsprechen.

8 Prüfbericht

Im Prüfbericht sind unter Hinweis auf diese Norm anzugeben:

a) Art und Bezeichnung des Bodenbelages

b) Prüfergebnisse

- bei Prüfung der Lichtechtheit nach Abschnitt 6.10 ist zusätzlich die Farbbezeichnung des geprüften Belages anzugeben

- bei Prüfung nach Abschnitt 6.13 sind Prüfmittel und Einwirkzeiten anzugeben.

c) Von dieser Norm abweichende, vereinbarte Prüfbedingungen

d) Datum des Prüfberichtes

---

¹) Über die Bezugsquellen gibt Auskunft:
DIN-Bezugsquellen für normgerechte Erzeugnisse im DIN, Burggrafenstraße 4-10, 1000 Berlin 30
*) Z. Z. noch Entwurf

Entwurf DIN 16 850 Seite 7

Zitierte Normen

DIN	875	Stahlwinkel 90°
DIN	4102 Teil 1	Brandverhalten von Baustoffen und Bauteilen; Baustoffe; Begriffe, Anforderungen und Prüfungen
DIN	6174	Farbmetrische Bestimmungen von Farbabständen bei Körperfarben nach der CIELAB-Formel
DIN	50 014	Klimate und ihre technische Anwendung; Normalklimate
DIN	51 955	Prüfung von organischen Fußbodenbelägen (außer textilen Fußbodenbelägen); Eindruckversuch zur Bestimmung der Wiedererholung nach konstanter Belastung
DIN	51 958	Prüfung von organischen Fußbodenbelägen (außer textilen Fußbodenbelägen); Chemisch-physikalische Einwirkung von Prüfmitteln bis 24 Stunden
DIN	51 961	Prüfung von Platten mit dekorativen Oberflächen und von Bodenbelägen; Verhalten gegen Zigarettenglut
DIN	51 962	Prüfung von organischen Fußbodenbelägen (außer textilen Fußbodenbelägen); Bestimmung der Maßänderung durch Wärmeeinwirkung
DIN	51 963	Prüfung von organischen Bodenbelägen (außer textilen Bodenbelägen); Verschleißprüfung (20-Zyklen-Verfahren)
DIN	51 964	Prüfung von organischen Fußbodenbelägen (außer textilen Bodenbelägen); Bestimmung der Nutzschichtdicke
DIN	53 278 Teil 3	(Z. Z. Entwurf) Prüfung von Klebstoffen für Bodenbeläge; Prüfung des Schälwiderstandes von Klebung, Dispersionsklebstoffe für Elastomer-Belag nach DIN 16 850
DIN	53 278 Teil 4	(Z. Z. Entwurf) Prüfung von Klebstoffen für Bodenbeläge; Prüfung des Schälwiderstandes nach Klebungen, Klebstoffe auf Basis von Kunstkautschuklösungen für Elastomer-Beläge nach DIN 16 850
DIN	53 279 Teil 3	(Z. Z. Entwurf) Prüfung von Kunststoffen für Bodenbeläge; Prüfung des Einflusses auf die Maßhaltigkeit, Dispersionsklebstoffe für Elastomer-Beläge nach DIN 16 850
DIN	53 279 Teil 4	(Z. Z. Entwurf) Prüfung von Klebstoffen für Bodenbeläge; Prüfung des Einflusses auf die Maßhaltigkeit, Klebstoffe auf Basis von Kunstkautschuklösungen für Elastomer-Beläge nach DIN 16 850
DIN	53 389	Prüfung von Kunststoffen; Kurzprüfung der Lichtbeständigkeit (Simulation von Globalstrahlung hinter Fensterglas durch gefilterte Xenonbogen-Strahlung)
DIN	53 505	Prüfung von Elastomeren; Härteprüfung nach Shore A und D

Seite 8 Entwurf DIN 16 850

DIN 53 516	Prüfung von Kautschuk und Elastomeren; Bestimmung des Abriebs
DIN 54 001	Prüfung der Farbechtheit von Textilien; Herstellung und Handhabung des Graumaßstabes zur Bewertung der Änderung der Farbe
DIN 54 004	Prüfung der Farbechtheit von Textilien; Beststimmung der Lichtechtheit von Färbungen und Drucken mit künstlichem Tageslicht (gefiltertes Xenonbogenlicht)

Änderungen

Gegenüber der Ausgabe November 1980 ist zu beachten:

Neben einer redaktionellen Überarbeitung wurden die Abschnitte 5.11 und 6.14 neu aufgenommen.

Erläuterungen

Der vorliegende Norm-Entwurf wurde vom Unterausschuß FNK 403.5 "Bodenbeläge" (Obmann: Dipl.-Ing. O. Krüger, Berlin) ausgearbeitet.

Die Herausgabe eines Entwurfes wurde notwendig, da gegenüber der DIN 16 850, Ausgabe November 1980, wesentliche Änderungen, insbesondere Anforderungen und Prüfungen zum Klebverhalten der Beläge aufgenommen worden sind.

Anwendungswarnvermerk

Dieser Norm-Entwurf wird der Öffentlichkeit zur Prüfung und Stellungnahme vorgelegt.

Weil die beabsichtigte Norm von der vorliegenden Fassung abweichen kann, ist die Anwendung dieses Entwurfes besonders zu vereinbaren.

Stellungnahme werden erbeten an den Normenausschuß Kunststoffe (FNK) im DIN Deutsches Institut für Normung e.V., Postfach 11 07, 1000 Berlin 30.

DK 69.025.356-036 : 62-408.7/.8
: 62-405.8 : 001.4 : 620.1

November 1980

Bodenbeläge
Elastomer-Beläge mit Unterschicht aus Schaumstoff
Anforderungen   Prüfung

**DIN
16 851**

Floor coverings; elastomeres flooring with foorm backing; requirements, test methods

1 Geltungsbereich

Diese Norm gilt für homogene und heterogene Elastomer-Beläge mit einer Unterschicht aus Schaumstoff im Anlieferungszustand im Sinne der Begriffsbestimmungen nach Abschnitt 3.

2 Mitgeltende Normen

DIN 4102 Teil 1	Brandverhalten von Baustoffen und Bauteilen; Baustoffe; Begriffe, Anforderungen, Prüfung
DIN 6174	Farbmetrische Bestimmung von Farbabständen bei Körperfarben nach der CIELAB-Formel
DIN 50 014	Klimate und ihre technische Anwendung; Normalklimate
DIN 51 955	Prüfung von organischen Fußbodenbelägen (außer textilen Fußbodenbelägen); Eindruckversuch zur Bestimmung der Wiedererholung nach konstanter Belastung
DIN 51 958	Prüfung von organischen Fußbodenbelägen (außer textilen Fußbodenbelägen); Chemisch-physikalische Einwirkung von Prüfmitteln bis 24 Stunden
DIN 51 961	Prüfung von organischen Fußbodenbelägen; Einwirkung glimmender Tabakwaren
DIN 51 962	Prüfung von organischen Fußbodenbelägen (außer textilen Fußbodenbelägen); Bestimmung der Maßänderung durch Wärmeeinwirkung
DIN 51 963	Prüfung von organischen Bodenbelägen (außer textilen Bodenbelägen); Verschleißprüfung (20-Zyklen-Verfahren)
DIN 51 964	Prüfung von organischen Fußbodenbelägen (außer textilen Bodenbelägen); Bestimmung der Nutzschichtdicke
DIN 52 210 Teil 1	Bauakustische Prüfungen; Luft- und Trittschalldämmung; Meßverfahren
DIN 53 389	Prüfung von Kunststoffen; Kurzprüfung der Lichtbeständigkeit (Simulation der Globalstrahlung hinter Fensterglas durch gefilterte Xenonbogen-Strahlung)
DIN 53 505	Prüfung von Elastomeren; Härteprüfung nach Shore A und D
DIN 53 516	Prüfung von Kautschuk und Elastomeren; Bestimmung des Abriebs
DIN 54 001	Prüfung der Farbechtheit von Textilien; Herstellung und Handhabung des Graumaßstabes zur Bewertung der Änderung der Farbe
DIN 54 004	Prüfung der Farbechtheit von Textilien; Bestimmung der Lichtechtheit von Färbungen und Drucken mit künstlichem Tageslicht (gefiltertes Xenonbogenlicht)

3 Begriffe

3.1 Elastomer-Beläge

Elastomer-Beläge im Sinne dieser Norm sind Bodenbeläge bestehend aus einer Oberschicht von Synthese-Kautschuk und/oder Natur-Kautschuk unter Zugabe von Farb-, Füll- und sonstigen Zusatzstoffen mit einer fest mit dieser Oberschicht verbundenen Unterschicht aus Schaumstoff, beispielsweise aus Synthese-Kautschuk, Natur-Kautschuk, Polyurethan, Polyolefin.

3.2 Nutzschicht

Nutzschicht im Sinne dieser Norm ist die für das Begehen bestimmte und damit die für die Nutzungsdauer des Belages maßgebende Schicht.

3.3 Nutzschichtdicke

Die Nutzschichtdicke ist gleich der Elastomerschichtdicke.

4 Bezeichnung

Bodenbeläge nach dieser Norm sind in folgender Reihenfolge zu bezeichnen:
— Benennung
— DIN-Hauptnummer
— Lieferart
  Zeichen für Bahnen: B

Bezeichnung eines Bodenbelages nach dieser Norm mit Unterschicht aus Schaumstoff in Form von Bahnen (B):

Bodenbelag DIN 16 851 — B

5 Lieferart

Elastomer-Beläge mit Unterschicht aus Schaumstoff werden in Form von Bahnen geliefert.

Fortsetzung Seite 2 und 3

Normenausschuß Kunststoffe (FNK) im DIN Deutsches Institut für Normung e. V.
Normenausschuß Materialprüfung (NMP) im DIN
Normenausschuß Bauwesen (NABau) im DIN
Normenausschuß Kautschuktechnik (FAKAU) im DIN

6 Anforderungen

6.1 Maße

6.1.1 Länge und Breite der Bahnen
Die Länge und Breite der Bahnen dürfen die Nennmaße nicht unterschreiten.

6.1.2 Dicke

6.1.2.1 Gesamtdicke
Das Nennmaß der Gesamtdicke muß mindestens 3,5 mm betragen.

Bei Prüfung nach Abschnitt 7.4.2.1 sind Abweichungen des Mittelwertes der gemessenen Gesamtdicken vom Nennmaß bis ±10 % zulässig. Die Einzelwerte dürfen nur bis ±10 % vom Mittelwert abweichen.

6.1.2.2 Nutzschichtdicke
Bei Prüfung nach Abschnitt 7.4.2.2 muß die Nutzschichtdicke mindestens 1,0 mm betragen.

6.2 Verhalten beim Eindruckversuch
Bei Prüfung nach Abschnitt 7.5 darf der Mittelwert des Resteindruckes e nicht mehr als 0,25 mm betragen.

6.3 Shore-A-Härte
Die Shore-A-Härte der Elastomerschicht, bestimmt nach Abschnitt 7.6, muß mindestens 80 betragen.

6.4 Maßänderung durch Wärmeeinwirkung
Bei Prüfung nach Abschnitt 7.7 darf die Maßänderung der Mittelwerte nicht mehr als 0,6 mm betragen.

6.5 Verschleißverhalten
Die Nutzschicht darf bei Prüfung nach Abschnitt 7.8 bei keiner Probe an keiner Stelle nach 20 Zyklen abgetragen sein. Der Dickenverlust ist anzugeben.

6.6 Abreibverhalten, ermittelt durch den Abrieb
Bei Prüfung nach Abschnitt 7.9 darf der Abrieb 250 mm^3 nicht überschreiten.

6.7 Lichtechtheit
Bei Prüfung nach Abschnitt 7.10 darf die Farbänderung der bestrahlten Proben im Vergleich zu den im Dunkeln gelagerten Proben nicht größer als $\Delta E_{ab}^* =$ 3 nach DIN 6174 sein (entspricht der Stufe 3 des Graumaßstabes nach DIN 54 001).

6.8 Einwirkung glimmender Tabakwaren
Bei Prüfung nach Abschnitt 7.11 darf sich die Oberfläche des Belages durch Einwirkung von Tabakglut nur soweit verändern, daß mit geeigneten Mitteln das ursprüngliche Aussehen weitgehend wieder erreicht werden kann.

6.9 Brandverhalten
Bei Prüfung nach Abschnitt 7.12 muß der Belag mindestens „Klasse B2 nach DIN 4102 Teil 1" sein.

6.10 Trittschallminderung
Bei Prüfung nach Abschnitt 7.13 muß die Trittschallminderung (Verbesserung der Trittschalldämmung) mindestens 15 dB betragen.

6.11 Chemisch-physikalische Einwirkung von Prüfmitteln
Bei Prüfung nach Abschnitt 7.14 dürfen keine Farbänderungen an den Proben auftreten.

7 Prüfung

7.1 Probenahme
Für die in den Abschnitten 7.2 bis 7.14 genannten Prüfungen sind Proben zu verwenden, die frei von Reinigungs- und Pflegemitteln sind.

7.2 Vorbehandlung der Proben
Die Proben werden, sofern in den einzelnen Prüfvorschriften nichts anderes angegeben ist, vor der Prüfung mindestens 24 Stunden im Normalklima DIN 50 014 – 23/50 – 2 so gelagert, daß die Luft freien Zutritt zu beiden Seiten der Proben hat.

7.3 Prüfklima
Die Prüfungen werden im Normalklima DIN 50 014 – 23/50 – 2 durchgeführt, sofern für die einzelnen Prüfungen nichts anderes angegeben ist.

7.4 Maße

7.4.1 Längen und Breiten der Bahnen
Länge und Breite der zu prüfenden Bahn werden durch je eine Messung parallel zur Längsrichtung der Bahn bzw. in einem Winkel von 90° zur Längsrichtung gemessen. Zum Messen wird die zu prüfende Bahn mit dem Träger nach unten ohne Zugbeanspruchung völlig eben auf eine ebene, harte und waagerecht liegende Unterlage gelegt. Länge und Breite der Bahn werden mit einem Meßgerät, dessen Fehlergrenze ±0,1 % beträgt, auf 1 cm gemessen. Das Meßergebnis wird in m oder cm angegeben.

7.4.2 Dicke

7.4.2.1 Gesamtdicke
Die Gesamtdicke wird mit einem mechanischen Dickenmeßgerät mit einer Meßfläche von 50 mm Durchmesser mit einem Anpreßdruck von 0,025 N/mm^2 gemessen. 3 Sekunden nach stoßfreiem Aufsetzen des Meßgerätes wird die Dicke auf 0,01 mm abgelesen.

Es wird ein Probestreifen von 100 mm Länge in voller Breite abgeschnitten. 50 mm vom Rand beginnend werden in gleichen Abständen in der Mitte des Probestreifens 10 Dickenmessungen durchgeführt, aus denen der Mittelwert berechnet wird.

7.4.2.2 Nutzschichtdicke
Die Elastomerschichtdicke wird nach DIN 51 964 bestimmt.

7.5 Eindruckversuch
Die Prüfung wird nach DIN 51 955 durchgeführt. Ermittelt wird nur der Resteindruck e 1500 min nach der Entlastung.

7.6 Shore-A-Härte
Die Prüfung wird nach DIN 53 505 durchgeführt.

7.7 Maßänderung durch Wärmeeinwirkung
Die Prüfung wird nach DIN 51 962 durchgeführt.

7.8 Verschleißverhalten
Die Prüfung wird nach DIN 51 963 durchgeführt.

7.9 Abrieb
Die Prüfung wird nach DIN 53 516, jedoch bei der Beanspruchung von 5 N, durchgeführt.

7.10 Lichtechtheit
Die Lichtechtheit wird durch die Kurzprüfung nach DIN 53 389 (Vornorm) bestimmt. Sie wird beendet, wenn die Proben einer Bestrahlung von 350 MW · s/m^2 ausgesetzt waren (entspricht der Bestrahlung von Typ 6 des Lichtechtheitsmaßstabes nach DIN 54 004 bis zur Stufe 3 des Graumaßstabes nach DIN 54 001).

7.11 Einwirkung glimmender Tabakwaren
Die Prüfung wird nach DIN 51 961 durchgeführt.

7.12 Brandverhalten
Die Prüfung wird nach DIN 4102 Teil 1 durchgeführt.

7.13 Trittschallminderung
Die Prüfung wird nach DIN 52 210 Teil 1 durchgeführt.

7.14 Chemisch-physikalische Einwirkung von Prüfmitteln

Die Prüfung wird nach DIN 51958 durchgeführt. Einwirkungszeiten der Prüfmittel auf die Proben: 2 min und 1 h. Die Beurteilung erfolgt visuell.

Prüfmittel:

Angaben in % bedeuten Massenanteile in % (bisher Gewichtsprozent genannt)

Testbenzin	Wasserstoffperoxid, 3%ig
Terpentinöl	Sagrotanlösung, 2%ig
Ether	Formalinlösung, 2%ig
Aceton	Salpetersäure, 10%ig
Mineralöl	Natriumcarbonat-Lösung, 20%ig
Öle und Fette tierischer und pflanzlicher Art	Ammoniaklösung, 33%ig
Milchsäure, 5%ig	Ethylacetat
Essigsäure, 5%ig	Waschaktive Substanzen in üblicher Form
Zitronensäure, 5%ig	

8 Kennzeichnung

Elastomer-Beläge, die dieser Norm entsprechen, dürfen auf ihrer Rückseite oder auf der Verpackung mit DIN 16851 oder dem Verbandszeichen DIN gekennzeichnet und benannt werden.

Mit dieser Kennzeichnung bestätigt der Hersteller verbindlich, daß die Elastomer-Beläge den in dieser Norm festgelegten Anforderungen entsprechen.

9 Prüfbericht

Im Prüfbericht sind unter Hinweis auf diese Norm anzugeben:

a) Art und Bezeichnung des Bodenbelages
b) Prüfwerte nach Maßgabe der einschlägigen Abschnitte
c) Beginn und Ende der Prüfungen
d) Von dieser Norm abweichende, vereinbarte Prüfbedingungen
e) Datum des Prüfberichtes

DK 692.535.6-036:620.1

Entwurf November 1985

Bodenbeläge

Elastomer-Beläge mit Unterschicht aus Schaumstoff

Anforderungen   Prüfung

DIN 16 851

| Floor coverings; elastomers flooring with foam; requirements; test methods | Einsprüche bis 28. Feb 1986 Anwendungswarnvermerk auf der letzten Seite beachten! | Vorgesehen als Ersatz für Ausgabe 11.80 |

1 Anwendungsbereich

Diese Norm gilt für Elastomer-Beläge mit einer Unterschicht aus Schaumstoff im Anlieferungszustand im Sinne der Begriffsbestimmungen nach Abschnitt 2.

2 Begriffe

Elastomer-Beläge im Sinne dieser Norm sind Bodenbeläge mit folgendem Aufbau:

- Oberschicht (Nutzschicht) hergestellt aus Synthese- und/oder Naturkautschuk unter Zugabe von Farb-, Füll- und sonstigen Zusatzstoffen.

- Unterschicht aus Schaumstoff, die fest mit der Oberschicht verbunden ist, z. B. aus Synthese-Kautschuk, Naturkautschuk, Polyurethan, Polyolefin.

3 Bezeichnung

Bezeichnung eines Bodenbelages in Form von Bahnen (B):

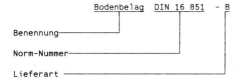

Benennung

Norm-Nummer

Lieferart

4 Lieferart

Elastomer-Beläge mit Unterschicht aus Schaumstoff werden in Form von Bahnen (B) geliefert.

Fortsetzung Seite 2 bis 7

Normenausschuß Kunststoffe (FNK) im DIN Deutsches Institut für Normung e.V.
Normenausschuß Materialprüfung (NMP) im DIN
Normenausschuß Bauwesen (NABau) im DIN
Normenausschuß Kautschuktechnik (FAKAU) im DIN

5 Anforderungen

5.1 Abmessungen

5.1.1 Länge und Breite der Bahnen

Bei Prüfungen nach Abschnitt 6.4.1 dürfen die Nennmaße für Länge und Breite der Bahnen nicht unterschritten werden.

5.1.2 Dicke

5.1.2.1 Gesamtdicke

Die Gesamtdicke muß mindestens 3,5 mm betragen.

Bei Prüfung nach Abschnitt 6.4.2.1 sind Abweichungen des Mittelwertes der gemessenen Gesamtdicke vom Nennmaß bis ± 10 % zulässig. Die Einzelwerte dürfen nur bis ± 10 % vom Mittelwert abweichen.

5.1.2.2 Nutzschichtdicke

Die Nutzschichtdicke ist gleich der Dicke der Belagoberseite.

Bei Prüfung nach Abschnitt 6.4.2.2 muß die Nutzschichtdicke mindestens 1,0 mm mit den in Abschnitt 5.1.2.1 genannten Toleranzen betragen.

5.2 Verhalten beim Eindruckversuch

Bei Prüfung nach Abschnitt 6.5 darf der Mittelwert des Resteindruckes e nicht mehr als 0,25 mm betragen.

5.3 Shore-A-Härte

Die Shore-A-Härte der Belagoberschicht, bestimmt nach Abschnitt 6.6, muß mindestens 80 betragen.

5.4 Maßänderung durch Wärmeeinwirkung

Bei Prüfung nach Abschnitt 6.7 darf die Maßänderung der Mittelwerte nicht mehr als 0,6 mm betragen.

5.5 Verschleißverhalten

Die Nutzschicht darf bei Prüfung nach Abschnitt 6.8 bei keiner Probe an keiner Stelle nach 20 Zyklen abgetragen sein. Der Dickenverlust ist zusammen mit der Nutzschichtdicke anzugeben.

Anmerkung: Der Gebrauchswert eines Belages bezüglich seines Verschleißverhaltens kann nicht allein nach dem Dickenverlust beurteilt werden, sondern ist auch von der Dicke der Nutzschicht abhängig.

5.6 Abrieb

Bei Prüfung nach Abschnitt 6.9 darf der Abrieb 250 mm³ nicht überschreiten.

5.7 Lichtechtheit

Bei Prüfung nach Abschnitt 6.10 muß die Farbänderung der bestrahlten Proben in Vergleich zu den im Dunkeln gelagerten Proben $E^*_{ab} \leqslant 3$ nach DIN 6174 sein (entspricht der Stufe $\geqslant 3$ des Graumaßstabes nach DIN 54 001).

5.8 Verhalten gegen Zigarettenglut

Bei Prüfung nach Abschnitt 6.11 darf sich die Oberfläche des Belages durch Einwirkung von Zigarettenglut nur soweit verändern, daß mit geeigneten Mitteln das ursprüngliche Aussehen weitgehend wieder erreicht werden kann.

5.9 Brandverhalten

Bei Prüfung nach Abschnitt 6.12 muß der Belag mindestens "Klasse B2 nach DIN 4102 Teil 1" sein.

5.10 Chemisch-physikalische Einwirkung von Prüfmitteln

Bei Prüfung nach Abschnitt 6.13 dürfen keine bleibenden Oberflächenveränderungen an den Proben auftreten.

5.11 Trittschallminderung

Bei Prüfung nach Abschnitt 6.14 muß das Trittschallverbesserungsmaß mindestens 15 dB betragen.

6 Prüfung

6.1 Probenahme

Für die in den Abschnitten 6.4 bis 6.14 genannten Prüfungen sind Proben zu verwenden, bei denen Reinigungs- und Pflegemittel vorher entfernt worden sind.

6.2 Vorbehandlung der Proben

Die Proben werden, sofern in den einzelnen Prüfvorschriften nichts anderes angegeben ist, vor der Prüfung mindestens 24 Stunden im Normalklima DIN 50 014-23/50-2 so gelagert, daß die Luft freien Zutritt zu beiden Seiten der Proben hat.

6.3 Prüfklima

Die Prüfungen werden im Normalklima DIN 50 014-23/50-2 durchgeführt, sofern für die einzelnen Prüfungen nichts anderes angegeben ist.

Seite 4   Entwurf DIN 16 851

6.4 Abmessungen

6.4.1 Länge und Breite der Bahnen

Länge und Breite der zu prüfenden Bahnen werden durch je eine Messung prallel zur Längsrichtung der Bahn bzw. in einem Winkel von 90° zur Längsrichtung gemessen. Zum Messen wird die zu prüfende Bahn mit dem Träger nach unten ohne Zugbeanspruchung völlig eben auf eine Ebene, harte und waagerecht liegende Unterlage gelegt. Länge und Breite der Bahnen werden mit einem Meßgerät, dessen Fehlergrenze ± 0,1 % beträgt, auf 1 cm gemessen. Das Meßergebnis wird in m oder cm angegeben.

6.4.2 Dicke

6.4.2.1 Gesamtdicke

Die Gesamtdicke wird mit einem mechanischen Dickenmeßgerät mit einer Meßfläche von 50 mm Durchmesser mit einem Anpreßdruck von 0,025 N/mm² gemessen. 3 Sekunden nach stoßfreiem Aufsetzen des Meßgerätes wird die Dicke auf 0,01 mm abgelesen.

Es wird ein Probestreifen von 100 mm Länge in voller Breite abgeschnitten.
50 mm vom Rand beginnend werden in gleichen Abständen in der Mitte des Probestreifens 10 Dickenmessungen durchgeführt, aus denen der Mittelwert berechnet wird.

6.4.4.2 Nutzschichtdicke

Die Nutzschichtdicke wird nach DIN 51 964 bestimmt.

6.5 Eindruckversuch

Die Prüfung wird nach DIN 51 955 durchgeführt.
150 min nach der Entlastung wird der Resteindruck e ermittelt.

6.6 Shore-A-Härte

Die Prüfung wird in Anlehnung an DIN 53 505 an Probekörpern aus der Oberschicht des Belages (nach Entfernen der Unterschicht, z. B. durch Abschleifen) durchgeführt.

Die Dicke des Probekörpers soll mindestens 3 mm betragen.

Dünneres Material kann geschichtet werden, wenn die Mindestdicke des Probekörpers mit mindestens 3 Schichten, von denen keine dünner als 1 mm sein darf, erreicht wird.

6.7 Maßänderung durch Wärmeeinwirkung

Die Prüfung wird nach DIN 51 962 durchgeführt.

Entwurf DIN 16 851 Seite 5

6.8 Verschleißverhalten

Die Prüfung wird nach DIN 51 963 durchgeführt.

6.9 Abrieb

Die Prüfung wird nach DIN 53 516, jedoch bei einer Belastung von 5 N, durchgeführt.

6.10 Lichtechtheit

Die Lichtechtheit wird durch die Kurzprüfung nach DIN 53 389 bestimmt. Sie wird beendet, wenn die Proben einer Bestrahlung von 350 MJ/m² ausgesetzt waren (entspricht etwa der Bestrahlung vom Typ 6 des Lichtechtheitsmaßstabes nach DIN 54 004 bis zur Stufe 3 des Graumaßstabes nach DIN 54 001).

6.11 Verhalten gegen Zigarettenglut

Die Prüfung wird nach DIN 51 961 durchgeführt.

6.12 Brandverhalten

Die Prüfung wird nach DIN 4102 Teil 1 durchgeführt.

6.13 Chemisch-physikalische Einwirkung von Prüfmitteln

Die Prüfung wird in Anlehnung an DIN 51 958 bei Einwirkungszeiten der Prüfmittel von 2 min und 1 h durchgeführt.
Die Beurteilung erfolgt visuell. Die zu vereinbarenden Prüfmittel sind mit den gewählten Einwirkungszeiten im Prüfbericht anzugeben.

6.14 Trittschallminderung

Die Prüfung wird nach DIN 52 210 Teil 1 durchgeführt.

7 Kennzeichnung

Elastomer-Beläge, die dieser Norm entsprechen, dürfen auf ihrer Rückseite oder auf der Verpackung mit DIN 16 851 oder dem Verbandszeichen DIN gekennzeichnet und benannt werden.

Mit dieser Kennzeichnung bestätigt der Hersteller verbindlich, daß die Elastomer-Beläge den in dieser Norm festgelegten Anforderungen entsprechen.

8 Prüfbericht

Im Prüfbericht sind unter Hinweis auf diese Norm anzugeben:

a) Art und Bezeichnung des Bodenbelages

b) Prüfergebnisse

- bei Prüfung der Lichtechtheit nach Abschnitt 6.10 ist zusätzlich die Farbbezeichnung des geprüften Belages anzugeben

- bei Prüfung nach Abschnitt 6.13 sind Prüfmittel und Einwirkzeiten anzugeben.

c) Von dieser Norm abweichende, vereinbarte Prüfbedingungen

d) Datum des Prüfberichtes

Zitierte Normen

DIN 4102 Teil 1	Brandverhalten von Baustoffen und Bauteilen; Baustoffe; Begriffe, Anforderungen und Prüfungen
DIN 6174	Farbmetrische Bestimmungen von Farbabständen bei Körperfarben nach der CIELAB-Formel
DIN 50 014	Klimate und ihre technische Anwendung; Normalklimate
DIN 51 955	Prüfung von organischen Fußbodenbelägen (außer textilen Fußbodenbelägen); Eindruckversuch zur Bestimmung der Wiedererholung nach konstanter Belastung
DIN 51 958	Prüfung von organischen Fußbodenbelägen (außer textilen Fußbodenbelägen); Chemisch-physikalische Einwirkung von Prüfmitteln bis 24 Stunden
DIN 51 961	Prüfung von Platten mit dekorativen Oberflächen und von Bodenbelägen; Verhalten gegen Zigarettenglut
DIN 51 962	Prüfung von organischen Fußbodenbelägen (außer textilen Fußbodenbelägen); Bestimmung der Maßänderung durch Wärmeeinwirkung
DIN 51 963	Prüfung von organischen Bodenbelägen (außer textilen Bodenbelägen); Verschleißprüfung (20-Zyklen-Verfahren)
DIN 51 964	Prüfung von organischen Fußbodenbelägen (außer textilen Bodenbelägen); Bestimmung der Nutzschichtdicke
DIN 52 210 Teil 1	Bauakustische Prüfungen; Luft- und Trittschalldämmung; Meßverfahren
DIN 53 389	Prüfung von Kunststoffen; Kurzprüfung der Lichtbeständigkeit (Simulation von Globalstrahlung hinter Fensterglas durch gefilterte Xenonbogen-Strahlung)

Entwurf DIN 16 851 Seite 7

DIN 53 505	Prüfung von Elastomeren; Härteprüfung nach Shore A und D
DIN 53 516	Prüfung von Kautschuk und Elastomeren; Bestimmung des Abriebs
DIN 54 001	Prüfung der Farbechtheit von Textilien; Herstellung und Handhabung des Graumaßstabes zur Bewertung der Änderung der Farbe
DIN 54 004	Prüfung der Farbechtheit von Textilien; Beststimmung der Lichtechtheit von Färbungen und Drucken mit künstlichem Tageslicht (gefiltertes Xenonbogenlicht)

Änderungen

Gegenüber der Ausgabe November 1980 ist zu beachten:

Neben einer redaktionellen Überarbeitung wurde der Abschnitt 6.6 präzisiert.

Erläuterungen

Der vorliegende Norm-Entwurf wurde vom Unterausschuß FNK 403.5 "Bodenbeläge" (Obmann: Dipl.-Ing. O. Krüger, Berlin) ausgearbeitet.

Gegenüber DIN 16850 (z. Z. Entwurf) und DIN 16 852 (z. Z. Entwurf) wurde das Klebverhalten nicht aufgenommen, da zum gegenwärtigen Zeitpunkt kein Testbelag zur Verfügung steht.

Anwendungswarnvermerk

Dieser Norm-Entwurf wird der Öffentlichkeit zur Prüfung und Stellungnahme vorgelegt.

Weil die beabsichtigte Norm von der vorliegenden Fassung abweichen kann, ist die Anwendung dieses Entwurfes besonders zu vereinbaren.

Stellungnahme werden erbeten an den Normenausschuß Kunststoffe (FNK) im DIN Deutsches Institut für Normung e.V., Postfach 11 07, 1000 Berlin 30.

DK 796.02 : 725.852 : 692.53 : 620.1 März 1991

Sporthallen **Hallen für Turnen und Spiele** **Sportböden** Anforderungen, Prüfungen	**DIN** **18 032** Teil 2

Sport halls; halls for gymnastics and games; floors for sporting activities, requirements, testing
Salles de sport; salles de gymnastique et de jeux; planchers pour activités sportives, exigences, essais

Ersatz für Ausgabe 03.86

Maße in mm

Inhalt

	Seite			Seite
1 **Anwendungsbereich**	1	5	**Prüfverfahren**	5
		5.1	Allgemeines	5
2 **Begriffe**	1	5.2	Kraftabbau (KA)	6
		5.3	Standardverformung, vertikal (StV_v)	6
3 **Anforderungen**	2	5.4	Durchbiegungsmulde (W)	9
3.1 Allgemeines	2	5.5	Verhalten bei rollender Last (VRL)	9
3.2 Konstruktionsabhängige Anforderungen	4	5.6	Schlagfestigkeit (SF)	10
3.3 Konstruktionsunabhängige Anforderungen	4	5.7	Resteindruck (RE)	10
		5.8	Ballreflexion (BR)	11
4 **Prüfungen**	5	5.9	Gleitverhalten (GV)	11
4.1 Eignungsprüfung	5			
4.2 Überwachungsprüfung	5	6	**Prüfzeugnis/Untersuchungsbericht**	14
4.3 Kontrollprüfung	5	7	**Reinigung und Pflege**	14

1 Anwendungsbereich

Diese Norm beschreibt die Anforderungen an bestimmte sportfunktionelle, schutzfunktionelle und materialtechnische Eigenschaften der Sportböden von Hallen für Turnen und Spiele sowie deren Prüfung.

2 Begriffe

2.1 Kraftabbau (KA)

Der Kraftabbau ist die Verringerung der Rückprallkraft (Stoßkraft) des Bodens bei Belastung mit dem „Künstlichen Sportler (KSP) Berlin modifiziert" gegenüber einem unnachgiebigen Boden.
(Angabe in % ; Fallhöhe in mm)

2.2 Standardverformung, vertikal (StV_v)

Die vertikale Standardverformung ist die senkrechte Verformung des Bodens bei Belastung mit dem „Künstlichen Sportler (KSP) Stuttgart" an der Fallgewichtsachse.
(Angabe in mm)

2.3 Dickenfaktor (D)

Der Dickenfaktor ist das Verhältnis der Dicke einer elastischen Schicht zu ihrer Standardverformung, vertikal.
(Angabe als Zahlenfaktor)

2.4 Durchbiegungsmulde (W)

Die Durchbiegungsmulde ist eine konzentrische Mulde im Boden bei seiner Standardverformung, vertikal.
(Angabe ihrer Tiefe in % der vertikalen Standardverformung mit Abstand von der Fallgewichtsachse in mm)

2.5 Flächenelastischer Sportboden

Ein flächenelastischer Sportboden ist ein nachgiebiger, biegesteifer Boden. Er hat die charakteristische Eigenschaft, bei punktförmiger Belastung an seiner Oberfläche eine konzentrische, großflächige Verformungsmulde zu bilden, die den Umfang der unmittelbar belasteten Fläche erheblich überschreitet.

Fortsetzung Seite 2 bis 15

Normenausschuß Bauwesen (NABau) im DIN Deutsches Institut für Normung e.V.

2.6 Punktelastischer Sportboden

Ein punktelastischer Sportboden ist ein nachgiebiger, biegeweicher Boden. Er hat die charakteristische Eigenschaft, bei punktförmiger Belastung an seiner Oberfläche eine der Form der Belastungsfläche angepaßte, kleinflächige Verformungsmulde zu bilden, die den Umfang der unmittelbar belasteten Fläche nur geringfügig überschreitet.

2.7 Kombinierter Sportboden

Ein kombinierter Sportboden ist ein flächenelastischer Sportboden mit punktelastischer Oberschicht. Er hat die charakteristische Eigenschaft, bei Belastung an seiner Oberfläche eine konzentrische, großflächige und unmittelbar an der Belastungsfläche eine deren Form angepaßte, kleinflächige Verformungsmulde zu bilden.

2.8 Sportfunktion

Die Sportfunktion ist die Eigenschaft des Sportbodens, der bestmöglichen Anwendung der verschiedenen Techniken einzelner Sportarten unter Vermeidung zu großer Risiken bei der Belastung des Bewegungsapparates und zu hohen Energieverbrauchs (Ermüdung) dient.
Der Sportfunktion dienen insbesondere die Anforderungen:
— Standardverformung, vertikal (siehe Tabelle 1, Zeile 3),
— Durchbiegungsmulde (siehe Tabelle 1, Zeile 5),
— Ballreflexion (siehe Tabelle 1, Zeile 9),
— Gleitverhalten (siehe Tabelle 1, Zeile 10),
— Ebenheit (siehe Abschnitt 3.3.1),
— Geräuschentwicklung und Erschütterungsausbreitung (siehe Abschnitt 3.3.2),
— Oberbelag (siehe Abschnitt 3.3.3),
— Spielfeldmarkierungen (siehe Abschnitt 3.3.6).

2.9 Schutzfunktion

Die Schutzfunktion ist die Eigenschaft des Sportbodens, die der Entlastung des Bewegungsapparates des Sportlers bei Lauf, Ballspiel und Gymnastik sowie der Verringerung der Verletzungsgefahr bei Stürzen dient. Zusätzliche Bodenmatten sind bei anderen Sportarten, z.B. Turnen, Ringen oder Judo, in jedem Fall erforderlich. Der Schutzfunktion dienen insbesondere die Anforderungen:
— Kraftabbau (siehe Tabelle 1, Zeile 2),
— Standardverformung, vertikal (siehe Tabelle 1, Zeile 3),
— Dickenfaktor (siehe Tabelle 1, Zeile 4),
— Durchbiegungsmulde (siehe Tabelle 1, Zeile 5),
— Gleitverhalten (siehe Tabelle 1, Zeile 10),
— Ebenheit (siehe Abschnitt 3.3.1),
— Oberbelag (siehe Abschnitt 3.3.3),
— Bodenöffnungen (siehe Abschnitt 3.3.4).

2.10 Technische Funktion

Die technische Funktion ist die Eigenschaft des Sportbodens, die der langfristigen Erhaltung seiner Sportfunktion und Schutzfunktion sowie seiner Gebrauchstauglichkeit für den Transport und die Benutzung von Geräten und Einrichtungen, z.B. Stühle und Tribünen, dient.
Der technischen Funktion dienen insbesondere die Anforderungen:

— Verhalten bei rollender Last (siehe Tabelle 1, Zeile 6),
— Schlagfestigkeit (siehe Tabelle 1, Zeile 7),
— Resteindruck (siehe Tabelle 1, Zeile 8),
— Unterkonstruktion (siehe Tabelle 1, Zeile 14),
— Oberbelag (siehe Abschnitt 3.3.3),
— Bodenöffnung (siehe Abschnitt 3.3.4),
— Anschlüsse an Wände und angrenzende Böden (siehe Abschnitt 3.3.5),
— Spielfeldmarkierungen (siehe Abschnitt 3.3.6) gegebenenfalls
— Fußbodenheizung (siehe Abschnitt 3.3.7).

3 Anforderungen

3.1 Allgemeines

3.1.1 Sportfunktion, Schutzfunktion, Technische Funktion

Die Anforderungen gehen davon aus, daß der Boden
— einen wesentlichen, sportfunktionellen Bestandteil einer Sporthalle darstellt,
— wesentliche schutzfunktionelle Aufgaben erfüllt,
— bestimmten Kriterien Rechnung trägt, die sich aus seiner technischen Funktion ergeben,
— wegen seiner Schutzfunktion nur begrenzt mechanisch beanspruchbar ist (stehende, fallende und rollende Lasten).

Den Anforderungen kann nur unter gegenseitiger Abwägung und zusammenfassender Betrachtung der sportfunktionellen, schutzfunktionellen und konstruktiven Gesichtspunkte Rechnung getragen werden. Die Veränderung einer Eigenschaft — auch wenn sie unter Umständen eine funktionelle Verbesserung in einem der Bereiche bedeutet — kann für Eigenschaften in anderen Bereichen eine Verschlechterung oder sogar eine Untauglichkeit ergeben. Eine, die Anforderungen unterschreitende Eigenschaft in einem Bereich kann also nicht durch eine, die Anforderungen überschreitende Eigenschaft in einem anderen Bereich ausgeglichen werden. Ferner ist bei der Konstruktion von Geräten und Einrichtungen, die der Nutzung in der Sporthalle dienen, eine entsprechende Berücksichtigung der Belastungsgrenzen des Bodens erforderlich, da deren Überschreitung zu Schäden an der Bodenkonstruktion oder zu ihrer Zerstörung führen kann (siehe auch Abschnitt 3.3.8).

3.1.2 Sportbodenarten

Unter den in Abschnitt 3.1.1 genannten Voraussetzungen stehen folgende Sportbodenarten zur Verfügung:
a) Flächenelastischer Sportboden, bestehend aus elastischer Schicht oder Konstruktion, biegesteifer Lastverteilungsschicht und Oberbelag.
Er kommt mit seiner biegesteifen Oberfläche den Anforderungen an die Standsicherheit, an das Gleitverhalten, an die Resteindrucktiefe und für rollende Lasten besonders entgegen. Auch eine vorzeitige Ermüdung des Sportlers ist im Regelfall nicht zu befürchten. Rad- und Rollsportarten können durchgeführt werden. Dafür müssen Einschränkungen bei der Schutzfunktion durch die harte Oberfläche und das träge Ansprechen des Sportbodens sowie eventuelle Beeinträchtigungen benachbarter Sportler durch die relativ große Durchbiegungsmulde in Kauf genommen werden.
b) Punktelastischer Sportboden, bestehend aus elastischer Schicht und Oberbelag.

DIN 18032 Teil 2 Seite 3

Tabelle 1. Konstruktionsabhängige Einzelanforderungen an Sportböden

Spalte	1	2	3	4	5
Zeile	Anforderungen	Flächenelastischer Sportboden[1])	Punktelastischer Sportboden[1])	Kombinierter Sportboden	Prüfung nach Abschnitt
1	**Gesamtaufbau**				
2	Kraftaufbau (KA_{55}) Eignungsprüfung (Kontrollprüfung am eingebauten Boden)	min. 53 % (min. 50 %)	min. 51 % (min. 50 %)	min. 58 % (min. 56 %)	5.2
3	Standardverformung, vertikal (StV_v)	min. 2,3 mm	max. 3,0 mm	min. 3,0 mm max. 5,0 mm	5.3
4	Dickenfaktor (D)	–	min. 4,0	–	–
5	Durchbiegungsmulde (W_{500})	max. 15 %	–	max. 5 %	5.4
6	Verhalten bei rollender Last (VRL) — Achslast ohne Schäden —	1500 N	1000 N	1500 N	5.5
7	Schlagfestigkeit (SF) bei 10 °C	–	min. 8 Nm	min. 8 Nm	5.6
8	Resteindruck (RE)	–	max. 0,5 mm	max. 0,5 mm	5.7
9	Ballreflexion (BR)		min. 90 %		5.8
10	Gleitverhalten (GV)	Gleitreibungsbeiwert min. 0,5 und max. 0,7 oder Mittelwert der Gleitstrecke min. 0,6 m und max. 0,9 m			5.9.1 5.9.2
11	**Obere elastische Schicht des kombinierten Sportbodens**				
12	Standardverformung, vertikal (StV_v)	–	–	min. 0,8 mm	5.3
13	Dickenfaktor (D)	–	–	min. 5,0	–
14	Unterkonstruktion	Die Unterkonstruktion, die die Nachgiebigkeit des Bodens bewirkt, darf sich in ihrem Verhalten weder unter dynamischen noch unter statischen Beanspruchungen wesentlich verändern. Verbindungen in der Unterkonstruktion müssen den vorgenannten Belastungen dauerhaft standhalten. Verklebungen müssen dauerelastisch sein; sie dürfen durch Alterung weder in ihrer Festigkeit gemindert werden noch wesentlich verspröden, verhärten oder erweichen. Die Unterkonstruktion und der Oberbelag von punktelastischen Sportböden müssen konstruktiv so aufeinander abgestimmt sein, daß der Oberbelag nicht brüchig, rissig oder zerstört wird. Das gleiche gilt für die obere elastische Schicht von kombinierten Sportböden. Für tragende Teile aus Holz gilt DIN 1052 Teil 1, für tragende Teile aus Spanplatten DIN 68 771 in Verbindung mit DIN 68 763.			

[1]) Fließende Übergänge zwischen den Konstruktionsarten der Spalten 2 und 3 sind möglich; für sie gelten die Anforderungen der Spalte 2 und zusätzlich die Anforderungen der Spalte 3, Zeilen 7 und 8. Die Ausdehnung der Durchbiegungsmulde ist anzugeben.

Er besitzt durch seine biegeweiche Oberfläche eine dem Fuß des Sportlers in seinen einzelnen Belastungsbereichen jeweils spezifisch angepaßte Nachgiebigkeit. Wegen des relativ schnellen Ansprechens kommt er schon bei vergleichsweise geringer Belastung den Anforderungen der Schutzfunktion besonders entgegen und verringert die Verletzungsgefahr bei Stürzen. Die kleinflächig orientierte Nachgiebigkeit muß jedoch wegen der notwendigen Standsicherheit, wegen des für die Entlastung des Fußes erforderlichen Gleitverhaltens sowie wegen der Gefahr vorzeitigen Ermüdens infolge zu großer Dämpfung begrenzt werden. Eine Begrenzung der Nachgiebigkeit ist auch für den Transport von Lasten auf Rollen (z. B. Sportgeräte, Tribünen und ähnliches) und zur Vermeidung von bleibenden Resteindrücken bei kleinen Punkt-lasten (z. B. Stuhlbeine) oder Beschädigungen des Oberbelages durch zu kleine Verformungsradien erforderlich. Für Rad- und Rollsport ist er nicht geeignet.

c) Kombinierter Sportboden, bestehend aus elastischer Schicht oder Konstruktion, biegesteifer Lastverteilungsschicht, oberer elastischer Schicht und Oberbelag.
Er vereinigt weitgehend die Vorteile der Sportfunktion des flächenelastischen Konstruktionssystems mit den Vorteilen der Schutzfunktion des punktelastischen Konstruktionssystems; dabei sind alle Funktionen bestmöglich aufeinander abgestimmt. Für Rad- und Rollsport ist er nicht geeignet.

3.1.3 Auswahl der Sportbodenart
Welche Sportbodenart den Anforderungen im Einzelfall am besten gerecht wird, bedarf einer sorgfältigen Abwägung der Nutzungsschwerpunkte der Halle.

3.1.4 Gleichmäßigkeit der Eigenschaften
Voraussetzung für die Wirksamkeit der Einzelanforderungen nach den Abschnitten 3.2 und 3.3 ist, daß sie entsprechend dem Konstruktionsprinzip gleichmäßig auf der gesamten Fläche eines Sportbodens mit geringer Streuung erfüllt werden. Die Gleichmäßigkeit ist aus dem Vergleich der im Prüfzeugnis aufgeführten Einzelwerte der Messungen ersichtlich.

3.2 Konstruktionsabhängige Anforderungen
Abhängig von der Sportbodenart (siehe Abschnitte 2.5, 2.6 und 2.7) gelten die in Tabelle 1 aufgeführten Anforderungen an
— den jeweiligen Gesamtaufbau,
— eine eventuelle obere elastische Schicht,
— die Unterkonstruktion.

3.3 Konstruktionsunabhängige Anforderungen
Unabhängig von der Sportbodenart gelten für alle Sportböden zusätzlich zu Tabelle 1 die Anforderungen nach den Abschnitten 3.3.1 bis 3.3.7.

3.3.1 Ebenheit
Für die Oberfläche des fertig eingebauten Sportbodens sind die Ebenheitstoleranzen nach Tabelle 2 einzuhalten.

Tabelle 2. **Ebenheitstoleranzen**

Abstand der Meßpunkte bis	0,1 m	1 m	4 m	10 m	15 m
Ebenheitstoleranz	1 mm	3 mm	9 mm	12 mm	15 mm

Zwischenwerte sind geradlinig zu interpolieren und so zu runden, daß keine Dezimalstellen entstehen.

3.3.2 Geräuschentwicklung und Erschütterungsausbreitung
Die Entwicklung von Geräuschen und die Ausbreitung von Erschütterungen bei Benutzung des Bodens müssen gering sein.

3.3.3 Oberbelag
Das Gleitverhalten des Oberbelages muß Tabelle 1, Zeile 10, entsprechen. Die Farbe des Oberbelages darf die Erkennbarkeit der Spielfeldmarkierungen nicht beeinträchtigen. Der Lichtreflexionsgrad nach DIN 5036 Teil 1 des Oberbelages soll $\varrho = 0{,}20$ nicht unterschreiten. Der Oberbelag muß matt, pflegeleicht und dauerhaft sein. Elektrostatische Aufladungen dürfen sich nicht unangenehm bemerkbar machen.
Oberbeläge müssen DIN 280 Teil 5, DIN 16 850 (z. Z. Entwurf), DIN 16 851 (z. Z. Entwurf), DIN 16 951, DIN 16 952 Teil 2 und Teil 3 oder DIN 18 171 entsprechen. Textile Oberbeläge sind nicht geeignet.

3.3.4 Bodenöffnungen
Durch Bodenöffnungen dürfen die sport- und schutzfunktionellen Eigenschaften und die Tragfähigkeit des Bodens nicht nachteilig verändert werden.
Die Deckel von Bodenöffnungen müssen mit der Bodenoberfläche bündig sein und so fest schließen, daß sie nicht klappern, sich nicht verschieben und Putzwasser bei sachgemäßer Pflege nur in unerheblicher Menge in die Unterkonstruktion eindringen kann. Sie sollen rund oder mit gerundeten Ecken ausgebildet sein.
Der lichte Durchmesser einer Bodenöffnung darf 200 mm nicht überschreiten (ausgenommen Öffnungen für Sprunggruben und Abdeckungen für Stabhochsprung-Einstichkästen). Die Abdeckungen größerer Bodenöffnungen müssen verriegelbar sein.

3.3.5 Anschlüsse an Wände und angrenzende Böden
Je nach Sportbodenart sind am Rand des Sportbodens entsprechende Bewegungsfugen erforderlich. Sie müssen so ausgebildet werden, daß bei sachgemäßer Pflege kein Putzwasser in die Unterkonstruktion eindringen kann.

3.3.6 Spielfeldmarkierungen
Markierungsanstriche und Markierungsstreifen müssen dauerhaft sein.
Anstelle in den Oberbelag eingelassener Markierungsstreifen werden zunehmend Markierungsanstriche auf Kunststoffbasis gewählt, um Unterbrechungen des Oberbelages auf das unbedingt notwendige Maß zu beschränken.

3.3.7 Fußbodenheizung
Sofern eine Fußbodenheizung eingebaut wird, muß die gesamte Bodenkonstruktion einschließlich des Oberbelages und der verwendeten Hilfsstoffe, z. B. Kleber oder Farben, gegenüber der erhöhten Temperaturbeanspruchung ausreichend alterungsbeständig sein. Eine Verfärbung des Oberbelages darf nicht auftreten.
Die Anforderungen an den Kraftaufbau (siehe Tabelle 1, Zeile 2) und den Resteindruck (siehe Tabelle 1, Zeile 8) müssen auch bei einer Prüfkörpertemperatur erfüllt sein, die der maximal möglichen gemittelten Fußbodentemperatur entspricht. Ein zusätzlicher Nachweis hierfür ist erforderlich.
Eventuelle Estrichfugen müssen nach dem Abbinden und einer Aufheizphase kraftschlüssig geschlossen werden.

DIN 18032 Teil 2 Seite 5

3.3.8 Besondere Beanspruchung

Der dieser Norm entsprechende Sportboden ist für Belastungen durch leichtathletische Wurfgeräte und Hanteln nicht geeignet. Er muß bei solcher Beanspruchung entsprechend geschützt werden (z.B. Auslegen von ausreichend steifen Matten).

4 Prüfungen

4.1 Eignungsprüfung

Eignungsprüfungen sind vom Hersteller veranlaßte Prüfungen, mit denen nachgewiesen wird, daß der Sportboden den Anforderungen nach den Abschnitten 3.2 und 3.3.3 entspricht; sie sind grundsätzlich im Labor durchzuführen. Das Ergebnis der Eignungsprüfung wird in einem Prüfzeugnis nach Abschnitt 6 festgehalten.

Eignungsprüfungen sind nur von qualifizierten, neutralen Prüfinstituten durchzuführen; ihr Umfang richtet sich nach Abschnitt 6.1 in Verbindung mit Abschnitt 5.

Eine neue Eignungsprüfung wird erforderlich, wenn sich Art oder Eigenschaften der Werkstoffe oder des Bodenaufbaues ändern.

4.2 Überwachungsprüfung

Überwachungsprüfungen sind kontinuierliche, vom Hersteller bzw. Auftragnehmer veranlaßte Prüfungen, die die Identität und gleichbleibende Beschaffenheit von Werkstoffen und Bodenaufbau des der Eignungsprüfung nach den Abschnitten 3.2 und 3.3.3 in Verbindung mit Abschnitt 5 zugrundeliegenden Prüfbodens bei der laufenden Produktion sicherstellen sollen.

Überwachungsprüfungen bestehen aus Eigenüberwachungen und Fremdüberwachungen nach DIN 18200. Bei der Eigenüberwachung werden Art und Umfang der Überwachungsprüfungen eigenverantwortlich durch den Hersteller bzw. Auftragnehmer durchgeführt oder veranlaßt. Bei der Fremdüberwachung wird die Eigenüberwachung kontrolliert.

4.3 Kontrollprüfung

Kontrollprüfungen sind vom Auftraggeber veranlaßte Prüfungen, die nachweisen sollen, daß der Aufbau oder einzelne Eigenschaften des Sportbodens den Anforderungen dieser Norm bzw. den Vereinbarungen des Werkvertrages entsprechen.

5 Prüfverfahren

5.1 Allgemeines

5.1.1 Prüfboden

Die Prüfungen können mit Ausnahme der Eignungsprüfungen sowohl im Labor als auch in der Sporthalle durchgeführt werden. Bei Prüfungen im Labor müssen die Maße des Prüfbodens (Prüfkörper) Tabelle 3 entsprechen. Der Prüfboden (im Regelfall die Gesamtkonstruktion des Sportbodens) oder der Prüfkörper (gegebenenfalls auch nur Teile des Sportbodens — siehe hierzu Abschnitt 5.9.1.3 und 5.9.2.3 — sind auf einem ebenen unnachgiebigen Unterboden entsprechend der in der Praxis angewandten Verlegetechnik aufzubauen. Die Meßpunkte sind vom Prüfer festzulegen, gegebenenfalls einzumessen und zeichnerisch festzuhalten.

5.1.2 Prüfklima

Die Prüfung im Labor ist, soweit in den einzelnen Abschnitten nichts anderes vermerkt, bei Normalklima DIN 50014-23/50-2 durchzuführen.

Bei Prüfung in der Sporthalle sind die Klimabedingungen und Bodentemperaturen einschließlich eventueller Abweichungen vom Prüfklima festzuhalten.

Der Prüfboden darf frühestens 16 Stunden nach seinem Aufbau untersucht werden.

5.1.3 Messungen

Für jede Prüfung sind an mindestens 5 Meßstellen Messungen durchzuführen, sofern in den einzelnen Prüfbestimmungen nichts anderes vermerkt ist. Sie sind an charakteristischen Stellen des jeweiligen Prüfbodens so vorzunehmen, daß seine eventuellen konstruktionsbedingten Variationsbreiten erfaßt werden.

Tabelle 3. Mindestmaße der Prüfböden (Prüfkörper)

Spalte	1	2	3	4
		Mindestkantenlängen bei		
Zeile	Prüfung	flächenelastischem Sportboden m	punktelastischem Sportboden m	kombiniertem Sportboden m
1	Kraftabbau und Standardverformung, vertikal (siehe Abschnitte 5.2 und 5.3)	3,5	0,2	3,5
2	Durchbiegungsmulde (siehe Abschnitt 5.4)	3,5	–	3,5
3	Rollende Last (siehe Abschnitt 5.5)	3,5	1	3,5
4	Schlagfestigkeit (siehe Abschnitt 5.6)	–	0,2	0,2
5	Resteindruck (siehe Abschnitt 5.7)	–	0,1	0,1
6	Ballreflexion (siehe Abschnitt 5.8)	3,5	0,3	3,5
7	Gleitverhalten mit Gleitmeßgerät „Stuttgart" (siehe Abschnitt 5.9.1)	0,2		
8	Gleitverhalten mit Gleitmeßgerät „Berlin" (siehe Abschnitt 5.9.2)	2		

5.2 Kraftabbau (KA)

Der Kraftabbau wird durch Auswertung von Messungen mit dem „Künstlichen Sportler Berlin modifiziert" auf dem Prüfboden und auf einem starren Boden ermittelt. Als starrer Boden dient eine ebene, mindestens 10 mm dicke Stahlplatte, die mit Hilfe einer Reaktionsharzmasse (Elastizitätsmodul im ausgehärteten Zustand $\geq$ 10 kN/mm² kraftschlüssig mit einem mindestens 200 mm dicken Betonboden verbunden ist, der seinerseits auf einem unnachgiebigen Untergrund aufliegt.

5.2.1 Prüfgerät

Der in Bild 1 dargestellte „Künstliche Sportler Berlin modifiziert" besteht im wesentlichen aus dem Fallgewicht, das in einem Ständer mittels Elektromagneten an einer Hubvorrichtung festgehalten und beim Fall geführt wird sowie dem Prüffuß, der zusammen mit dem Prallkopf, der Schraubfeder und dem Kraftaufnehmer eine in einem Rohr geführte Baueinheit bildet, auf die das Fallgewicht auftrifft. Der Prüffuß überträgt so die vom Fallgewicht erzeugte Belastung auf den Prüfboden in einer durch die Schraubenfeder abgeschwächten Form. Die Stoßkraft des Prüfbodens wird hierbei mit dem Meßgerät gemessen.

Das Prüfgerät muß folgende technische Kennwerte aufweisen:

a) Fallgewicht mit (20 $^{+0,1}_{0}$) kg Masse, ebener und gehärteter Unterseite, seitlicher Führung, Hubvorrichtung sowie elektromagnetischen Halte- und Auslösevorrichtung,
b) Prallkopf als Federabdeckung mit kugelförmiger Oberseite (Radius 100 mm) aus gehärtetem Stahl,
c) Schraubenfeder(n) mit Federrate (2000 ± 250) kN/m (Bestimmung der tatsächlichen Federrate auf ± 25 kN/m, Linearität mindestens bis 7 kN),
d) Prüffuß mit kugelförmiger Unterseite (Radius 500 mm), Kantenradius 1 mm und Durchmesser (70 ± 0,1) mm,
e) Führungsrohr mit (71 ± 0,1) mm Durchmesser für Prüffuß mit Prallkopf, Schraubenfeder und Kraftaufnehmer,
f) Stativ zur Führung des Fallgewichtes mit Justierschrauben zur vertikalen Aufstellung und mindestens 500 mm Abstand zwischen der Prüffußachse und den jeweiligen Ständerfußachsen,
g) Hub-, Halte- und Auslösevorrichtung für das Fallgewicht mit Einstellmöglichkeit seiner Fallhöhe durch Endmaß auf 22 bis 88 mm (zulässige Abweichung ± 0,25 mm) zwischen Unterkante Fallgewicht und Oberkante Prallkopf.

5.2.2 Meßgerät

Kraftaufnehmer mit Verstärker und Registriergerät (Kraftmeßgerät).
Elektronischer Chebyschev-Filter mit Grenzfrequenz 120 Hz; Spitzenwerterfassung von einzelnen Impulsen ab 10 ms Impulsdauer und Meßfehlergrenze von höchstens 0,1 %.

5.2.3 Durchführung der Messungen

Das Prüfgerät wird vertikal aufgestellt. Mit Hilfe des Endmaßes wird die Fallhöhe auf (55 ± 0,25) mm eingestellt. Nach einem nicht registrierten Vorversuch folgen im Abstand von je 1 Minute jeweils 2 Messungen. Es können auch zusätzliche Messungen mit den Fallhöhen 22 und 88 mm durchgeführt werden.
Unmittelbar nach dem Fallversuch ist der Meßpunkt zu entlasten.

5.2.4 Auswertung der Messungen

Der Kraftabbau (KA) in % wird aus den gemessenen Stoßkräften $F_{\text{max.starrerBoden}}$ und $F_{\text{max.Sportboden}}$ (siehe Bild 2) wie folgt bestimmt:

$$KA_{55}{}^{1)} = \left(1 - \frac{F_{\text{max.Sportboden}}}{F_{\text{max.starrer Boden}}}\right) \cdot 100 \quad (1)$$

Für den Fall, daß die Federrate kleiner als 1975 kN/m bzw. größer als 2025 kN/m ist, muß der vorstehend ermittelte Wert wie folgt korrigiert werden:

$$KA = \overline{KA} + \frac{\overline{c}_e - 2000}{250}(0{,}03\ \overline{KA} - 4) \quad (2)$$

Hierin bedeuten:
$\overline{c}_e$ tatsächlich bestimmte Federrate in kN/m nach Abschnitt 5.2.1 c),
$\overline{KA}$ mit $\overline{c}_e$ bestimmter KA-Wert; 45 % $\leq \overline{KA} \leq$ 70 %.

5.3 Standardverformung, vertikal (StV_v)

Die Standardverformung, vertikal wird mit dem „Künstlichen Sportler Stuttgart" ermittelt.

5.3.1 Prüfgerät

Der in Bild 3 dargestellte „Künstliche Sportler Stuttgart" besteht im wesentlichen — ähnlich dem „Künstlichen Sportler Berlin modifiziert" — aus einem Fallgewicht mit Hubvorrichtung und Prüffuß, der ebenfalls die vom Fallgewicht erzeugte Belastung über eine Feder und einen Kolben auf den Prüfboden in einer durch die Feder abgeschwächten Form überträgt. Die Durchbiegung des Prüfbodens und die Stoßkraft werden hierbei mit dem Meßgerät gemessen.

Das Prüfgerät muß folgende technische Kennwerte aufweisen:

a) Fallgewicht mit (50 ± 2) kg Masse, Gleitlagerführung, Hubvorrichtung, elektromagnetische Halte- und Auslösevorrichtung sowie mindestens 30 mm Fallhöhe,
b) Stahlfeder mit Federrate (50 ± 0,1) kN/m,
c) Kolben mit (8 $^{+0,5}_{0}$) kg Masse,
d) Prüffuß mit ebener Auflagerfläche mit dem Durchmesser (70 ± 0,1) mm, kugelförmiger Oberseite mit dem Radius 35 mm und 2 gegenüberliegenden horizontalen ebenen Tastflächen (siehe Bild 4),
e) Führungsrohr für Fallgewicht, Feder und Kolben,
f) Stativ mit Justierschrauben zur vertikalen Aufstellung des Prüfgerätes (bei flächenelastischen und kombinierten Sportböden mindestens 1500 mm Abstand zwischen dem Lastaufpunkt und den jeweiligen Ständerfuß),
g) Hub-, Halte- und Auslösevorrichtung für das Fallgewicht mit Einstellmöglichkeit der Fallhöhe von mindestens 30 mm zwischen Unterkante Fallgewicht und Oberkante Feder mittels Endmaß.

5.3.2 Meßgerät

a) Kraftaufnehmer mit Verstärker und Registriergerät (Kraftmeßgerät), Meßbereich von 0 bis 2 kN und einer Frequenz bis zu 100 Hz mit einer Meßfehlergrenze von weniger als 1 %,
b) Induktiver Wegaufnehmer mit Verstärker und Meßweg-Registriergerät, Meßbereich ± 10 mm, Fehlergrenzen nicht größer als 0,05 mm,
c) Je ein Stativ für Wegaufnehmer mit Justierschrauben zur vertikalen Aufstellung und den gleichen Voraussetzungen für den Abstand zwischen Meßpunkt und Ständerfuß wie nach Abschnitt 5.3.1 f).

---
[1]) Bei einer Fallhöhe von 22 bzw. 88 mm muß dieser Index geändert werden.

DIN 18032 Teil 2 Seite 7

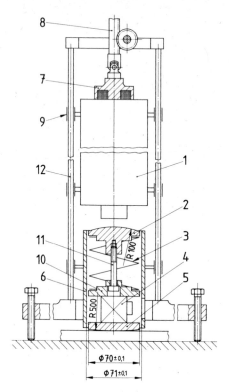

1 Fallgewicht
2 Prallkopf
3 Zylindrische Schraubenfeder(n)
4 Kraftaufnehmer
5 Prüffuß
6 Führung des Kraftmeßgerätes
7 Elektromagnet
8 Hubvorrichtung
9 Führung des Fallgewichtes
10 Abstützung für zylindrische Schraubenfeder(n)
11 Kopplung Prallkopf-Feder-Kraftaufnehmer
12 Führung

Bild 1. „Künstlicher Sportler Berlin modifiziert"
Aufbau des Prüfgeräts (Beispiel)

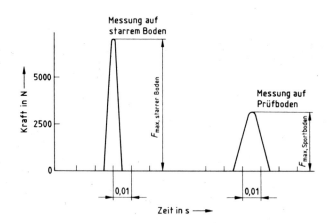

Bild 2. „Künstlicher Sportler Berlin modifiziert" Meßaufzeichnungen

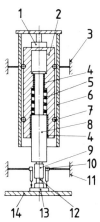

1 Elektromagnet
2 Fallgewicht
3 Stativ (nicht dargestellt)
4 Gleitlager
5 Feder
6 Außenrohr
7 Rollen zur Führung des Fallgewichtes
8 Kolben
9 Kraftmeßfühler
10 induktiver Weggeber
11 Stativ (nicht dargestellt)
12 Stahlzylinder mit ebener Aufstandsfläche
13 Prüffuß
14 elastischer Belag

Bild 3. „Künstlicher Sportler Stuttgart"

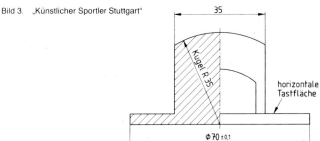

Bild 4. „Künstlicher Sportler Stuttgart" Prüffuß

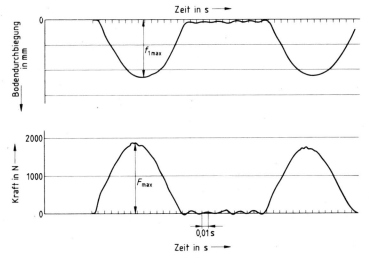

Bild 5. „Künstlicher Sportler Stuttgart" Aufzeichnung eines Prüfvorganges

5.3.3 Durchführung der Messungen

Die Prüfbelastung wirkt senkrecht auf den Belag. Das Fallgewicht fällt aus einer Höhe von 30 mm auf die Stahlfeder. Für die Prüfung von punktelastischen Sportböden wird der „Künstliche Sportler Stuttgart" und das Meßstativ auf einer stabil gelagerten, starren Meßplatte mit einer Masse von mindestens 200 kg aufgestellt.

Für die Prüfung von flächenelastischen und kombinierten Sportböden ist der „Künstliche Sportler Stuttgart" in ein Stativ einzuhängen, dessen Auflageflächen mindestens 1,5 m Abstand vom Lastaufpunkt haben müssen. Durch die Befestigung am Stativ muß sichergestellt sein, daß beim Prüfvorgang die Belastung senkrecht auf den Prüfboden wirkt. Die Weggeber für die Wegmessung sind ebenfalls an einem Stativ zu befestigen, das den Bedingungen im ersten Absatz genügt.

Das Fallgewicht wird so eingestellt, daß es gerade die unbelastete Stahlfeder berührt. Zur Einstellung der Fallhöhe wird der Kolben von Hand nach oben gedrückt, ein 30 mm hohes planparalleles Endmaß auf die Kalotte gesetzt und der Kolben daraufgestellt. Dann wird das Fallgewicht abgelassen, bis die Kraftmeßdose das Aufsetzen des Gewichtstückes auf die Feder anzeigt und das Endmaß wieder entfernt.

Zur Messung der Bodenverformung werden bei den vertikalen Prüfungen die beiden Weggeber so aufgebaut, daß ihre Tastspitzen auf den beiden gegenüberliegenden horizontalen Tastflächen des Prüffußes ruhen. Durch Ausklinken der Hubvorrichtung (Abschalten des Elektromagneten) wird das Fallgewicht ausgelöst. Das Fallgewicht hebt bei dem ersten Durchschwingen wieder von der Feder ab und fällt noch mehrere Male mit sich verringernder Fallhöhe auf die Feder zurück. Spätestens beim Ausklinken des Fallgewichts ist der Registriereinrichtung für die Aufzeichnung der Meßsignale zu starten.

Diese Messung wird bei jeder Meßstelle viermal hintereinander durchgeführt.

5.3.4 Auswertung der Messungen

Der Meßaufzeichnung werden unter Berücksichtigung der Skalenwerte (Aufzeichnungsmaßstab) die Werte folgender Meßgrößen (siehe Bild 5) entnommen:

f_{1max} maximale Durchbiegung der Sportbodenoberfläche in mm,

F_{max} maximale an der Kraftmeßdose auftretende Kraft in N.

Aus diesen Meßwerten ist die Standardverformung, vertikal (StV_v) wie folgt zu bestimmen:

Standardverformung, vertikal (StV_v) in mm

$$StV_v = 1500 \cdot \frac{f_{1max}}{F_{max}} \qquad (3)$$

Für die Auswertung wird jeweils die erste Schwingung der 3 letzten Aufzeichnungen herangezogen. Aus den dabei anfallenden 3 Einzelwerten jeder Meßgröße wird jeweils der arithmetische Mittelwert gebildet.

5.4 Durchbiegungsmulde (W)

Die Durchbiegungsmulde wird mit dem „Künstlichen Sportler Stuttgart" ermittelt.

5.4.1 Prüfgerät
Nach Abschnitt 5.3.1

5.4.2 Meßgerät
Nach Abschnitt 5.3.2

5.4.3 Durchführung der Messungen

Zur Messung nach Abschnitt 5.3.3 wird ein zusätzlicher Wegaufnehmer in x bis 500 mm Abstand von der Fallgewichtsachse des Prüfgerätes auf der Oberfläche des Sportbodens angeordnet, mit dem die Bodendurchbiegung an dieser Stelle parallel zu der Bodendurchbiegung an der Fallgewichtsachse gemessen wird.

5.4.4 Auswertung der Messungen

Die Größe der Durchbiegungsmulde wird indirekt durch die Bodendurchbiegung in x bis 500 mm Abstand von der Fallgewichtsachse definiert und in % der maximalen Bodendurchbiegung an der Fallgewichtsachse wie folgt berechnet:

$$W_x = \frac{f_x}{f_0} \cdot 100 \qquad (4)$$

$$W_{500} = \frac{f_{500}}{f_0} \cdot 100 \qquad (5)$$

Hierin bedeuten:

W_x Bodendurchbiegung in x mm Abstand von der Fallgewichtsachse in % der maximalen Bodendurchbiegung an der Fallgewichtsachse,

W_{500} in 500 mm Abstand von der Fallgewichtsachse in % der maximalen Bodendurchbiegung an der Fallgewichtsachse,

f_0 maximale Bodendurchbiegung in mm an der Fallgewichtsachse,

f_x Bodendurchbiegung in mm in x mm Abstand von der Fallgewichtsachse,

f_{500} Bodendurchbiegung in 500 mm Abstand von der Fallgewichtsachse.

5.5 Verhalten bei rollender Last (VRL)

Das Verhalten bei rollender Last wird mit einem entsprechend belasteten Prüfrad ermittelt.

5.5.1 Prüfgerät

Das Prüfgerät besteht aus einem Prüfrad aus Stahl von 100 mm Durchmesser und 30 mm Breite, dessen Kanten mit einem Radius von 1 mm gerundet sind. Das Prüfrad ist 30 b. unter einer mindestens 18 mm dicken Holzplatte eventuell zusammen mit zwei Stützrädern montiert. Die Achslast wird durch Auflegen von Bleigewichten oder ähnlichem in der Weise aufgebracht, daß der Schwerpunkt der Gewichte über der Achse des oben beschriebenen Prüfrades liegt und die beiden Stützräder hierdurch mit maximal 50 N zusätzlich belastet werden.

Die Achslast beträgt
— bei flächenelastischen und kombinierten Sporthallenböden 1500 N,
— bei punktelastischen Sporthallenböden 1000 N.

5.5.2 Durchführung der Prüfung

Für die Prüfung werden 2 mindestens 1 m lange Prüfstrecken so festgelegt, daß sie die für die Belastbarkeit kritischen Bereiche des Sportbodens erfassen. Als solche sind zumindest die Stöße der Bodenkonstruktion und die Schweißnähte des Oberbelages zu betrachten. Die Prüfstrecke muß auf einer Breite von 100 mm während des Belastungsversuches gleichmäßig beansprucht werden. Stöße und Schweißnähte sind gleichmäßig längs und quer zu belasten.

Bei der Prüfung wird das Prüfrad 150mal mit einer Geschwindigkeit von 1 m/s auf der Prüfstrecke hin- und hergefahren (insgesamt 300 Übergänge). Dabei muß ein Kippen des Gerätes vermieden werden, das zu einer Beschädigung des Bodens wegen überhöhter Beanspruchung durch die Radkanten führen kann.

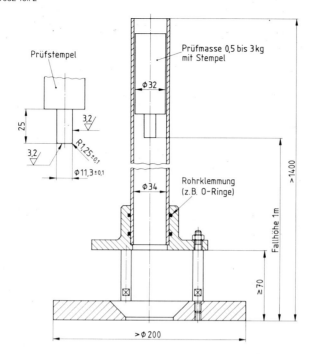

Bild 6. Schlagfestigkeitsprüfgerät

5.5.3 Auswertung der Prüfung
Nach dem Versuch ist der Boden innerhalb der Prüfstrecken aufzuschneiden und festzustellen, ob er Beschädigungen aufweist. Die Prüfung gilt als bestanden, wenn keine Schäden, z.B. Anrisse, Durchbrüche, und keine bleibenden Eindrücke von mehr als 0,5 mm Tiefe feststellbar sind.

5.6 Schlagfestigkeit (SF)
Die Schlagfestigkeit wird mit dem Schlagfestigkeitsprüfgerät (siehe Bild 6) geprüft.
Als Schlagfestigkeit wird die maximale Schlagenergie in Nm bezeichnet, bei der noch keine Beschädigung am Prüfboden feststellbar ist.

5.6.1 Prüfgerät
Das im Bild 6 dargestellte Schlagfestigkeitsprüfgerät besteht aus einer frei fallenden Masse, die in einem Fallrohr geführt ist. Das Fallgewicht ist unten mit einem zylindrischen Stempel versehen, der planeben auf den Prüfboden aufschlägt.
Die beschleunigte Masse des Fallgewichtes beträgt 0,5 kg.
Das Fallgewicht muß erschütterungsfrei ausgelöst und darf durch die Führung nicht abgebremst werden.

5.6.2 Durchführung der Prüfung
Für die Prüfung im Labor sind zwei Prüfböden erforderlich. Der eine Prüfboden wird 14 Tage bei Normalklima DIN 50014-23/50-0,5 gelagert, der andere wird 14 Tage bei 70 °C gealtert.

Nach Ablauf von 14 Tagen werden beide Prüfböden mindestens 16 Stunden bei Normalklima DIN 50014-23/50-2 konditioniert und danach auf die Prüftemperatur von 10 °C gebracht.
Bei der Prüfung wird das Fallgewicht, beginnend mit einer Eigenmasse von 0,5 kg, aus 1 m Höhe (Fallhöhe) auf den Prüfboden fallengelassen. Tritt bei dieser Stoßbelastung im Prüfboden keine Beschädigung auf, wird der Versuch mit einer jeweils um 0,1 kg erhöhten Fallmasse so oft wiederholt, bis eine Beschädigung am Oberbelag oder im Prüfboden feststellbar ist. Die Meßstelle auf dem Boden wird dabei jeweils gewechselt.

5.6.3 Auswertung der Prüfung
Nach dem Versuch ist der Boden innerhalb der Prüfstelle aufzuschneiden und festzustellen, ob er Beschädigungen aufweist.
Die Schlagfestigkeit wird für den gealterten und nicht gealterten Prüfboden in Nm angegeben. Die Prüftemperatur ist in jedem Fall mitanzugeben.

5.7 Resteindruck (RE)
Der Resteindruck wird mit einem Belastungsgerät und einem Dickenmeßgerät geprüft.

5.7.1 Prüfgerät
Das Belastungsgerät muß einen zylindrischen Eindruckstempel mit einer ebenen Fläche von 300 mm^2 (= 19,5 mm Durchmesser) sowie einen Kantenradius von 1 mm haben und den Prüfboden 5 Stunden mit einer Prüfkraft von mindestens 0,3 kN belasten können.

5.7.2 Meßgerät

Das Dickenmeßgerät hat einen ebenen Stempel von 6 mm Durchmesser und erzeugt mit einer Masse von (86,5 ± 1) g einen Meßdruck von 0,03 N/mm².

5.7.3 Durchführung der Messungen

Für die Messungen im Labor sind 4 Prüfböden erforderlich. Nach Angleichen der Prüfböden an das Normalklima DIN 50014-23/50-2 (mindestens 16 Stunden) wird die Dicke (d_a) der Prüfböden im Schnittpunkt der Diagonalen mit dem Dickenmeßgerät in mm gemessen. Danach wird der Prüfboden im Schnittpunkt der Diagonalen 5 Stunden mit dem Belastungsgerät bei einer Prüfkraft von 0,3 kN belastet. Nach einer Entlastungszeit von 25 Stunden wird die Dicke (d_e) des Prüfbodens mit dem Dickenmeßgerät im Schnittpunkt der Diagonalen erneut gemessen.

5.7.4 Auswertung der Messungen

Aus der Differenz der Dicken des Prüfbodens vor und nach der Belastung ($\Delta d = d_a - d_e$) ergibt sich der Resteindruck in mm.

5.8 Ballreflexion (BR)

Die Ballreflexion wird durch Auswertung von Messungen der Rücksprunghöhe eines Basketballs auf dem Prüfboden und einem starren Boden (Betonboden) ermittelt.

5.8.1 Prüfgerät

Das Prüfgerät besteht aus einem etwa 2,2 m hohen Ständer und einem Basketball. Der aus einer Gummiblase sowie einer Hülle aus Polyamid bestehende Ball muß vom Deutschen Basketball-Bund zugelassen sein und darf nicht weniger als 750 mm und nicht mehr als 780 mm Umfang sowie nicht weniger als 600 g und nicht mehr als 650 g Gewicht aufweisen.

5.8.2 Meßgerät

Optische oder akustische Meßeinrichtung mit einer Fehlergrenze von ± 5 mm.

5.8.3 Durchführung der Messungen

Der Basketball wird mit dem Ventil nach oben aus einer Höhe von 1,8 m, gemessen von Unterkante Ball bis Oberkante Boden, auf einen starren Boden fallengelassen, wobei seine Rücksprunghöhe von Oberkante Boden bis Oberkante Ball gemessen wird. Er muß dabei so aufgepumpt sein, daß seine Rücksprunghöhe auf dem starren Boden zwischen 1,2 und 1,4 m liegt. Unmittelbar nach Messung der Rücksprunghöhe auf dem starren Boden wird die Rücksprunghöhe auf dem Prüfboden gemessen. An jeder Meßstelle werden mindestens 5 Messungen durchgeführt.

5.8.4 Auswertung der Messungen

Die Ballreflexion (BR) in % wird wie folgt ermittelt:

$$BR = \frac{h \text{ (Prüfboden)}}{h \text{ (starrer Boden)}} \cdot 100 \qquad (6)$$

Hierin bedeutet:

h Rücksprunghöhe.

Aus den Messungen wird jeweils der Mittelwert gebildet.

5.9 Gleitverhalten (GV)

Das Gleitverhalten wird mit dem „Gleitmeßgerät Stuttgart" als Gleitreibungsbeiwert (GW) oder mit dem „Gleitmeßgerät der Bundesanstalt für Materialprüfung Berlin (BAM)" als Gleitstrecke (s) in mm ermittelt.

5.9.1 Prüfung mit dem „Gleitmeßgerät Stuttgart" (GV-GW)

5.9.1.1 Prüfgerät

Das in Bild 7 dargestellte „Gleitmeßgerät Stuttgart" besteht im wesentlichen aus einer in einem Ständer senkrecht geführten Welle, an deren Unterseite die Meßeinheit mit dem Prüffuß über ein Taumelgelenk befestigt ist. Am oberen Teil der Welle befindet sich ein angeflanschtes Gewicht, während ihr unterer Teil als Spindel ausgebildet ist. Durch ein freihängendes Gewicht wird auf die belastete Welle ein konstantes Drehmoment ausgeübt. Beim Antrieb der Welle erfolgt dabei über einen durch das freihängende Gewicht gespannten Stahldraht, der auf der Wickeltrommel aufgewickelt ist und über eine Umlenkrolle läuft. Beim Aufsetzen und Gleiten des Prüffußes kann der Reibungswiderstand zwischen Prüfsohle und Bodenoberfläche als Drehmoment gemessen werden.

Das Prüfgerät muß folgende technische Kennwerte aufweisen:

a) Ständer (eventuell mit Grundplatte),
b) Welle: Spindel-Durchmesser 20 mm, Spindelsteigung 12 m je Umdrehung, Wellenführung oben durch Gleitlager, Wellenführung unten durch radial und axial wirkendes Kugellager,
c) Prüffuß: Durchmesser 100 mm, Gleitkufen 20 mm breit, Basislänge 45 mm (Segmente eines Zylinders mit 50 mm Durchmesser), (siehe Bild 8),
d) Gesamtgewicht von Welle, angeflanschtem Gewicht und Prüffuß: (20 ± 1) kg,
e) Polares Trägheitsmoment von Welle, angeflanschtem Gewicht und Prüffuß: 2900 kg/cm²,
f) Freihängendes Gewichtsstück: (5 ± 0,1) kg,
g) Wickeltrommeldurchmesser: 54 mm,
h) Prüfsohlenmaterial: Leder nach DIN 51963 maschinell in 2 mm dicke Schichten gespalten, Oberfläche — jeweils die durch das Spalten entstandene Fläche — in Gleitrichtung von Hand mit Schleifpapier (Körnung 100) angerauht.

5.9.1.2 Meßgerät

Meßwertaufnehmer (Meßbereich 0 bis 40 Nm, Genauigkeitsklasse 0,2 nach DIN 43780) mit Registriergeräten.

5.9.1.3 Durchführung der Messungen

Als Prüfkörper ist bei punktelastischen Sportböden der Gesamtaufbau des Sportbodens, bei kombinierten Sportböden mindestens die obere elastische Schicht mit Oberbelag erforderlich. Bei flächenelastischen Sportböden ist als Prüfkörper der Oberbelag allein ausreichend.

Für die Messung wird der Prüfkörper mit der Grundplatte schubfest verbunden und die Prüfsohlen auf den Gleitkufen des Prüffußes befestigt.

Bei Messungen an einem eingebauten Sportboden wird das Prüfgerät ohne Grundplatte unmittelbar auf den zu prüfenden Sportboden gestellt.

Vor der Messung wird der auf dem Prüfkörper aufsitzende Prüffuß durch eine volle Umdrehung der Welle hochgedreht. Nach Freigabe der Welle bewegt diese sich spiralförmig nach unten, so daß der Prüffuß mit einer rotierenden Bewegung auf dem Prüfkörper aufsetzt. Unmittelbar vor dem Aufsetzen des Prüffußes wirkt die Kraft, die sonst zur Stützung der Welle und des ihr angeflanschten Gewichtes erforderlich ist, allein auf den Prüffuß. Während des Gleitens des Prüffußes auf der Prüfkörperoberfläche läuft das Kugellager in seiner Halterung an der Spindel hoch, so daß die vertikale Belastung

des Prüffußes beim Durchgleiten konstant bleibt. Der beim Aufsetzen und Gleiten des Prüffußes auf dem Prüfkörper entstehende Reibungswiderstand wird als Drehmoment im Prüffuß gemessen und kontinuierlich vom Registriergerät aufgezeichnet (siehe Bild 9).
An jeder Meßstelle sind drei Messungen hintereinander durchzuführen. Vor jeder Messung sind Prüfsohlen und Belagsoberfläche mit einer Bürste von eventuell angefallenem Schleifstaub zu säubern. Bei jeder neuen Meßstelle müssen die Prüfsohlen auf den Gleitkufen zunächst neu angerauht werden (siehe auch Abschnitt 5.9.1.1 h)).

5.9.1.4 Auswertung der Messungen

Die Gleitmeßkurve (siehe Bild 9) ist stets durch einen steilen Anstieg beim Aufsetzen des Prüffußes (Angleiten) und einem flacheren Verlauf mit unterschiedlich großer Neigung gegenüber der Zeitachse nach dem vollständigen Aufsetzen und dem weiteren Drehen des Prüffußes (Durchgleiten) gekennzeichnet.
Für die Bestimmung des Gleitreibungsbeiwertes wird der Reibungswiderstand im Übergangsbereich zwischen Angleitphase und Durchgleitphase verwendet und wie folgt ermittelt:

In den flacheren Teil der Meßkurve (Durchgleitphase) wird nach Augenmaß eine neutrale Gerade eingezeichnet und mit dem steileren Teil der Meßkurve (Angleitphase) zum Schnitt gebracht. Der Schnittpunkt ergibt den maßgebenden Reibungswiderstand (D) in Ncm auf der Drehmomentachse.
Der Gleitreibungsbeiwert μ (GW) wird dann wie folgt bestimmt:

$$\mu(GW) = 0{,}3 \cdot \frac{D}{V} \cdot \frac{1}{\text{cm}} \qquad (7)$$

Hierin bedeuten:
D maßgebender Reibungswiderstand in Ncm,
V Normalkraft in N.
Aus den so bestimmten drei Einzelwerten jeder Meßstelle wird dann der arithmetische Mittelwert gebildet.

5.9.2 Prüfung mit dem „Gleitmeßgerät der Bundesanstalt für Materialprüfung Berlin (BAM)" (GV-s)

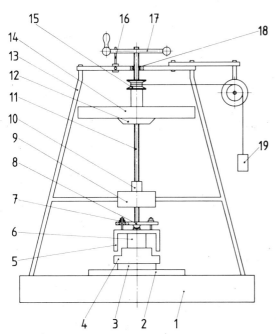

1 Grundplatte des Prüfstandes
2 Belag
3 Sohle
4 Prüffußunterteil
5 Prüffußoberteil
6 elektrischer Meßaufnehmer
7 weiche Gummischeibe
8 Taumelgelenk
9 Kugellagerhalterung
10 Kugellager
11 Spindel
12 Auflageflansch
13 Rahmen
14 Gewichtstücke
15 Wickeltrommel
16 Arretierungshebel
17 Handrad
18 Gleitlager
19 freihängendes Gewichtstück

Bild 7. „Gleitmeßgerät Stuttgart" Aufbau des Meßgerätes

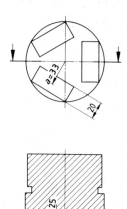

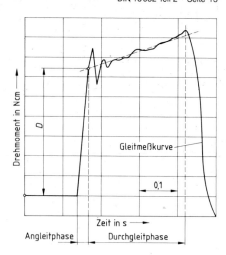

Bild 8. „Gleitmeßgerät Stuttgart" Prüffuß, Ansicht

5.9.2.1 Prüfgerät

Das „Gleitmeßgerät der Bundesanstalt für Materialprüfung Berlin (BAM)" besteht aus einem zylindrischen Gleitkörper, der an seiner Unterseite 3 Ledergleitscheiben besitzt, und einer Abschlußvorrichtung, die mit Hilfe einer gespannten Feder den Gleitkörper auf dem zu prüfenden Bodenbelag in Bewegung setzt. Die vom Gleitkörper auf dem Prüfboden oder Prüfkörper zurückgelegte Gleitstrecke wird mit einem Meßband aus Stahl gemessen.

Das Prüfgerät muß folgende technischen Kennwerte aufweisen:

a) Gleitkörper:
Stahlzylinder mit 100 mm Durchmesser, 50 mm Höhe und einem Gesamtgewicht von 3 kg; an der Unterseite drei 4 mm tiefe Ausfräsungen mit 16 mm Durchmesser zur Aufnahme der Ledergleitscheiben, die symmetrisch mit einem Achsabstand von 40 mm um den Mittelpunkt der Unterseite des Prüfkörpers und gleich weit voneinander entfernt angeordnet sind.

b) Ledergleitscheiben:
alt gegerbtes Leder nach RAL 061 A — siehe DIN 51963 — mit Rohdichte 0,97 bis 1,12 g/cm^3 und Shore-D-Härte 60 ± 5, Durchmesser 16 mm, Dicke 5 bis 6 mm, Prüffläche: Haarseite.

c) Abschußvorrichtung:
Gleitfeste Grundplatte mit zylindrischem Gehäuse zur Aufnahme und Führung der Feder, Spann- und Auslösevorrichtung für Feder und zylindrischen Bolzen.
Die Feder der Abschußvorrichtung muß so bemessen und einstellbar sein, daß der Gleitkörper auf einer Vergleichsoberfläche aus Glas eine Anfangsgeschwindigkeit von 2,8 m/s erreicht.

5.9.2.2 Meßgerät
Meßband aus Stahl

5.9.2.3 Durchführung der Messungen

Als Prüfkörper ist der Oberbelag allein ausreichend. Seine Oberfläche muß bei der Messung staubfrei sein. Der Belag wird auf einer horizontalen, ebenen und unnachgiebigen Fläche in einem Raum mit Normalklima

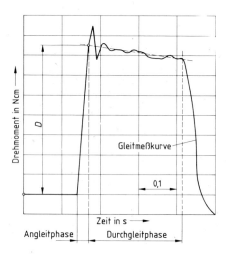

Bild 9. „Gleitmeßgerät Stuttgart" Beispiele von Meßaufzeichnungen und ihrer Auswertung

DIN 50014-23/50-2 ausgelegt, falls erforderlich schubfest aufgeklebt und nach einer Woche Lagerung geprüft. Die nach dem Abschuß des Gleitkörpers zurückgelegte Gleitstrecke (s) wird mit einem Meßband auf 5 mm gemessen. Es werden in 4 zueinander senkrechten Richtungen mindestens jeweils 3 Gleitversuche durchgeführt. Für jeden Gleitversuch sind neue Lederscheiben zu verwenden.

5.9.2.4 Auswertung der Messungen
Maßgebend für die Bewertung des Gleitverhaltens ist der arithmetische Mittelwert der gemessenen Gleitstreckenlängen.

6 Prüfzeugnis/Untersuchungsbericht

6.1 Allgemeines

a) Ein Prüfzeugnis kann ausgestellt werden, wenn das geprüfte Erzeugnis bei einer Eignungsprüfung allen Anforderungen nach Abschnitt 3.2 (ausschließlich Tabelle 1, Zeile 14) und Abschnitt 3.3.3 entspricht.

b) Ein Untersuchungsbericht hält das Ergebnis über die Messung einzelner Eigenschaften eines Sportbodens fest, unabhängig davon, ob die Anforderungen dieser Norm erfüllt werden oder nicht.

6.2 Prüfzeugnis

Ein Prüfzeugnis muß folgende Angaben erhalten:

a) Name des Antragstellers,
b) Art, Lieferform und Produktbezeichnung des geprüften Erzeugnisses mit Angabe der Sportbodenart nach den Abschnitten 2.5, 2.6 und 2.7 bzw. 3.2,
c) Beschreibung der Konstruktion und der einzelnen Bestandteile des geprüften Erzeugnisses mit Benennung der materialtechnischen Identifikationswerte,
d) Anzahl und Größe der Prüfböden (Prüfkörper),
e) Ergebnis der einzelnen Prüfungen nach Abschnitt 5 in der dort aufgeführten Reihenfolge, jeweils mit
   — Angabe des Prüfklimas,
   — Beschreibung der Prüfung unter Hinweis auf die entsprechende Norm sowie ergänzende Angaben zur Prüfung und zur Prüfvorrichtung (soweit hierfür nach der entsprechenden Norm ein Spielraum für Varianten zugelassen ist),
   — Angabe der Auswertungen der einzelnen Meßergebnisse und zeichnerische Darstellung der einzelnen Meßstellen (soweit erforderlich),
   — Vergleich der ausgewerteten Meßergebnisse mit den Anforderungen nach Abschnitt 3,
f) Zusammenfassende Beurteilung des Erzeugnisses mit Bestätigung, daß es den in Abschnitt 6.1 genannten Anforderungen entspricht,
g) Prüfdatum mit Unterschrift.

Die Einhaltung der Anforderungen an Oberbeläge (siehe Tabelle 1, Zeile 10 und die Eignung eines Sportbodens für Fußbodenheizungen (siehe Abschnitt 3.3.7) kann auch durch gesonderte Untersuchungsberichte nach Abschnitt 6.3 nachgewiesen werden.

6.3 Untersuchungsbericht

Sein Inhalt soll Abschnitt 6.2 a), b), c), d), e) und g) entsprechen. Sein Umfang kann sich im Gegensatz zum Prüfzeugnis nach Abschnitt 6.2 auf Einzelanforderungen nach Abschnitt 3 beschränken.

7 Reinigung und Pflege

Durch ungeeignete Pflegemittel kann die Sportbodenoberfläche nicht nur in ihrer Sportfunktion (Gleitverhalten) erheblich beeinträchtigt, sondern sogar durch Schädigung des Materials unbrauchbar werden.

7.1 Erstpflege

Nach Abschluß der Verlegearbeiten und Aushärtung aller Hilfsstoffe hat vor Benutzung des Sportbodens eine Erstpflege nach Anleitung des Bodenherstellers zu erfolgen.

7.2 Unterhaltsreinigung

Die Unterhaltsreinigung eines Sportbodens kann, je nach seiner Beanspruchung, nach dem Feuchtwischverfahren oder dem Naßwischverfahren erfolgen.

Wenn Hallen längere Zeit nicht benutzt werden — oder nach der Naßreinigung — sollten die Deckel von Gerätehülsen abgenommen werden, damit eventuell in der Hülse vorhandenes Wasser verdunsten kann.

7.3 Grundreinigung

Sportböden sind entsprechend ihrer Beanspruchung in bestimmten Abständen einer Bodengrundreinigung zu unterziehen. Als Reinigungspads dürfen hierbei nur solche mit leichtem Abrieb verwendet werden (grün, beige oder weiß).

7.4 Reinigungsautomaten

Die zum Einsatz auf Sportböden verwendeten Reinigungsautomaten dürfen die in Tabelle 1, Fußnote 1, genannten Belastungen in keinem Fall überschreiten. Ein Nachweis ist vorzulegen.

7.5 Reinigungs- und Pflegemittel

Vom Sportbodenhersteller sind grundsätzlich eine Pflegeanleitung und ein Reinigungs- und Pflegemittelnachweis zu liefern. Bei Reinigungs- und Pflegemitteln ist nachzuweisen, daß sie

a) im Belag keine Quellung oder Schrumpfung verursachen,
b) den Belag nicht auslaugen,
c) das Gleitverhalten des Belages nach Tabelle 1, Zeile 10, nicht wesentlich verändern,
d) keine Farbveränderungen bewirken und die Oberfläche matt erhalten.

DIN 18032 Teil 2 Seite 15

Zitierte Normen und andere Unterlagen

DIN 280 Teil 5	Parkett; Fertigparkett-Elemente
DIN 1052 Teil 1	Holzbauwerke; Berechnung und Ausführung
DIN 5036 Teil 1	Strahlungsphysikalische und lichttechnische Eigenschaften von Materialien; Begriffe, Kennzahlen
DIN 16850	(z.Z. Entwurf) Bodenbeläge; Homogene und heterogene Elastomer-Beläge; Anforderungen, Prüfung
DIN 16851	(z.Z. Entwurf) Bodenbeläge; Elastomer-Beläge mit Unterschicht aus Schaumstoff; Anforderungen, Prüfung
DIN 16951	Bodenbeläge; Polyvinylchlorid (PVC)-Beläge ohne Träger; Anforderungen, Prüfung
DIN 16952 Teil 2	Bodenbeläge; Polyvinylchlorid (PVC)-Beläge mit Träger; PVC-Beläge mit Korkment als Träger; Anforderungen, Prüfung
DIN 16952 Teil 3	Bodenbeläge; Polyvinylchlorid (PVC)-Beläge mit Träger; PVC-Beläge mit Unterschicht aus PVC-Schaumstoff; Anforderungen, Prüfung
DIN 18171	Bodenbeläge; Linoleum; Anforderungen, Prüfung
DIN 18200	Überwachung (Güteüberwachung) von Baustoffen, Bauteilen und Bauarten; Allgemeine Grundsätze
DIN 43780	Elektrische Meßgeräte; Direkt wirkende anzeigende Meßgeräte und ihr Zubehör
DIN 50014	Klimate und ihre technische Anwendung; Normalklimate
DIN 51963	Prüfung von organischen Bodenbelägen (außer textilen Bodenbelägen); Verschleißprüfung (20-Zyklen-Verfahren)
DIN 68763	Spanplatten; Flachpreßplatten für das Bauwesen; Begriffe, Anforderungen, Prüfung, Überwachung
DIN 68771	Unterböden aus Holzspanplatten
RAL 061 A[2])	Bezeichnungsvorschriften für „Altgegerbtes Leder"

Weitere Normen

DIN 18032 Teil 1	Sporthallen; Hallen für Turnen, Spiele und Mehrzwecknutzung; Grundsätze für Planung und Bau
DIN 18032 Teil 3	Sporthallen; Hallen für Turnen und Spiele; Prüfung der Ballwurfsicherheit
DIN 18032 Teil 4	Sporthallen; Hallen für Turnen, Spiele und Mehrzwecknutzung; Doppelschalige Trennvorhänge
DIN 18032 Teil 5	Sporthallen; Hallen für Turnen und Spiele; Ausziehbare Tribünen
DIN 18032 Teil 6	Sporthallen; Hallen für Turnen und Spiele; Bauliche Maßnahmen für Einbau und Verankerung von Sportgeräten

Frühere Ausgaben

DIN 18032: 10.59, 04.65
DIN 18032 Teil 1: 07.75
DIN 18032 Teil 2: 12.78, 03.86

Änderungen

Gegenüber der Ausgabe März 1986 wurden folgende Änderungen vorgenommen:
— Herausnahme der Fußnote 2 hinsichtlich der Ermittlung der Bodenpressung.

Internationale Patentklassifikation

E 04 F 15/22
G 01 N 3/00

---

[2]) Zu beziehen durch: Beuth Verlag GmbH, Postfach 11 45, 1000 Berlin 30

Entwurf Februar 1996

Sporthallen	
Hallen für Turnen, Spiele und Mehrzwecknutzung Teil 2: Sportböden Anforderungen, Prüfungen	**DIN** **18032-2**

ICS 91.060.30; 97.220.10

Sport halls - Halls for gymnastics, games and multi-purpose use -
Part 2: Floors for sporting activities, Requirements, testing

Salles de sport - Salles de gymnastique, de jeux et à usages multiples -
Partie 2: Planchers pour activités sportives, Exigences, essais

Einsprüche bis 31. Mai 1996

Anwendungswarnvermerk
auf der letzten Seite beachten!

Vorgesehen als Ersatz für
Ausgabe 1991-03

Vorwort

Dieser Norm-Entwurf wurde vom NABau-Arbeitsausschuß 01.17.00 "Sportböden" erarbeitet.

Änderungen

Gegenüber der Ausgabe März 1991 wurden folgende Änderungen vorgenommen:

- Anpassung an den neuesten Stand der Meßtechnik,
- Aktualisierung der Anforderungen an das Gleitverhalten,
- Aufnahme einer Anforderung an den Rollwiderstand und eines Prüfverfahrens,
- Detaillierte Festlegung von Meßpunkten,
- Aufnahme von Ergebnissen der Europäischen Normung.

Fortsetzung Seite 2 bis 43

Normenausschuß Bauwesen (NABau) im DIN Deutsches Institut für Normung e.V.
Normenausschuß Sport- und Freizeitgerät (NASport) im DIN

Inhalt

Seite

1	Anwendungsbereich	3
2	Normative Verweisungen	3
3	Definitionen	3
3.1	Kraftabbau, *KA*	3
3.2	Standardverformung, *StV*	3
3.3	Dickenfaktor, *D*	4
3.4	Verformungsmulde, W_x	4
3.4	Verhalten bei rollender Last, *VRL*	4
3.6	Rollwiderstand, *RW*	4
3.7	Schlagfestigkeit, *SF*	4
3.8	Resteindruck, *RE*	4
3.9	Ballreflexion, *BR*	4
3.10	Gleitverhalten, *GV*	4
3.11	Flächenelastischer Sportboden:	4
3.12	Punktelastischer Sportboden:	4
3.13	Kombiniertelastischer Sportboden	4
3.14	Mischelastischer Sportboden:	4
3.14	Sportfunktionelle Eigenschaft:	4
3.16	Schutzfunktionelle Eigenschaft:	4
3.17	Technische Eigenschaft :	5
4	Anforderungen	5
4.1	Allgemeines	5
4.2	Konstruktionsabhängige Anforderungen	9
4.3	Konstruktionsunabhängige Anforderungen	9
5	Prüfungen	10
5.1	Eignungsprüfung	10
5.2	Prüfzeugnis	11
5.3	Untersuchungsbericht	11
5.4	Kontrollprüfung	11
5.5	Güteüberwachung	11
5.6	Maße der Prüfböden und Prüfkörper	12
6	Prüfverfahren	12
6.1	Allgemeines	12
6.2	Kraftabbau, *KA*	13
6.3	Standardverformung, *StV*	14
6.4	Verformungsmulde	16
6.5	Verhalten bei rollender Last, *VRL*	17
6.6	Schlagfestigkeit, *SF*	18
6.7	Resteindruck, *RE*	18
6.8	Ballreflexion, *BR*	18
6.9	Gleitverhalten, *GV*	19
6.10	Rollwiderstand, *RW*	21
7	Reinigung und Pflege	21
Anhang A (normativ)		29

Seite 3
E DIN 18032-2 : 1996-02

1 Anwendungsbereich

Diese Norm beschreibt die Anforderungen an bestimmte sportfunktionelle, schutzfunktionelle und technische Eigenschaften der Sportböden von Hallen für Turnen, Spiele und Mehrzwecknutzung sowie deren Prüfung.

2 Normative Verweisungen

DIN 4074-1
Sortierung von Nadelholz nach der Tragfähigkeit - Nadelschnittholz

DIN 4725-1
Warmwasser-Fußbodenheizungen - Begriffe, allgemeine Formelzeichen

DIN 5036-1
Strahlungsphysikalische und lichttechnische Eigenschaften von Materialien - Begriffe, Kennzahlen

DIN 18032-1
Sporthallen - Hallen für Turnen, Spiele und Mehrzwecknutzung - Grundsätze für Planung und Bau

DIN 18032-4 : 1990-03
Sporthallen - Hallen für Turnen, Spiele und Mehrzwecknutzung - Doppelschalige Trennvorhänge

DIN 18171
Bodenbeläge - Linoleum - Anforderungen, Prüfung

DIN 18200
Überwachung (Güteüberwachung) von Baustoffen, Bauteilen und Bauarten - Allgemeine Grundsätze

DIN 18202 : 1986-05
Toleranzen im Hochbau - Bauwerke

DIN 43780
Elektrische Meßgeräte - Direkt wirkende anzeigende Meßgeräte und ihr Zubehör

DIN 50014
Klimate und ihre technische Anwendung - Normalklimate

DIN 51963
Prüfung von organischen Bodenbelägen (außer textilen Bodenbelägen) - Verschleißprüfung (20-Zyklen-Verfahren)

DIN 67530
Reflektometer als Hilfsmittel zur Glanzbeurteilung an ebenen Anstrich- und Kunststoff-Oberflächen

DIN 68365
Bauholz für Zimmerarbeiten - Gütebedingungen

DIN 68705-3
Sperrholz - Bau-Furniersperrholz

DIN 68763
Spanplatten - Flachpreßplatten für das Bauwesen - Begriffe, Anforderungen, Prüfung, Überwachung

E DIN EN 548
Bodenbeläge aus Linoleum - Spezifikation für Linoleum mit und ohne Dekoration; Deutsche Fassung prEN 548 : 1991

E DIN EN 1399
Elastische Bodenbeläge - Bestimmung der Beständigkeit gegen Ausdrücken und Abbrennen von Zigaretten; Deutsche Fassung prEN 1399 : 1994

DIN EN 1517
Bodenbeläge für Sportflächen - Bestimmung der Schlagfestigkeit künstlicher Bodenbeläge für Sportflächen - Deutsche Fassung prEN 1517 : 1994

E DIN EN 1817
Elastische Bodenbeläge - Anforderungen an homogene und heterogene glatte Gummi-Bodenbeläge; Deutsche Fassung prEN 1817 : 1995

E DIN EN 1569
Sportböden - Bestimmung des Verhaltens bei rollender Last - Deutsche Fassung prEN 1569 : 1994

RAL 061 A [1])
Bezeichnungsvorschriften für "Altgegerbtes Leder"

3 Definitionen

Für die Anwendung dieser Norm gelten die folgenden Definitionen:

3.1 Kraftabbau, KA: Verringerung der Rückprallkraft (Stoßkraft) des Bodens bei Belastung mit dem "Künstlichen Sportler 95" gegenüber einem unnachgiebigen Boden, in %.

3.2 Standardverformung, StV: Senkrechte Verformung des Bodens bei Belastung mit dem "Künstlichen Sportler 95" an der Fallgewichtsachse, in mm.

3.3 Dickenfaktor, D: Verhältnis der Dicke einer elastischen Schicht zu ihrer Standardverformung.

3.4 Verformungsmulde, W_x: Ausdehnung der Mulde im Boden bei der Messung der Standardverformung. Sie wird beschrieben in % der Standardverformung im Abstand x zur Fallgewichtsachse.

3.5 Verhalten bei rollender Last, VRL: Widerstandsfähigkeit (das Verhalten) eines Sportbodens gegenüber Belastungen, die von Rollen oder Rädern ausgeübt werden, in N.

3.6 Rollwiderstand, RW: Behinderung des Abrollvorganges belasteter Rollen oder Räder auf dem Sportboden durch dessen Verformung bei Belastung, in N.

3.7 Schlagfestigkeit, SF: Widerstandsfähigkeit eines Sportbodens gegenüber fallenden Gegenständen mit stanzender Wirkung, in Nm.

3.8 Resteindruck, RE: Charakterisiert das Verhalten eines Sportbodens (bleibende Verformung) nach der Beanspruchung mit Punktlasten, in mm.

3.9 Ballreflexion, BR: Rücksprunghöhe eines Basketballes auf einem Sportboden gegenüber der Rücksprunghöhe auf einem unnachgiebigen Boden, in %.

3.10 Gleitverhalten, GV: Charakterisiert die Eigenschaft einer Sportbodenoberfläche, die die Drehbewegungen eines Sportlers nicht behindert und ein unkontrolliertes Ausrutschen verhindert.

3.11 Flächenelastischer Sportboden: Nachgiebieger, biegesteifer Boden mit der charakteristischen Eigenschaft, bei punktförmiger Belastung an seiner Oberfläche eine großflächige Verformungsmulde zu bilden, die den Umfang der unmittelbar belasteten Fläche erheblich überschreitet.

3.12 Punktelastischer Sportboden: Nachgiebiger, biegeweicher Boden mit der charakteristischen Eigenschaft, bei punktförmiger Belastung an seiner Oberfläche eine der Form der Belastungsfläche angepaßte, kleinflächige Verformungsmulde zu bilden, die den Umfang der unmittelbar belasteten Fläche nur geringfügig überschreitet.

3.13 Kombiniertelastischer Sportboden: Flächenelastischer Sportboden mit punktelastischer Oberschicht. Er hat die charakteristische Eigenschaft, bei Belastung an seiner Oberfläche eine großflächige und unmittelbar an der Belastungsfläche eine deren Form angepaßte, kleinflächige Verformungsmulde zu bilden.

3.14 Mischelastischer Sportboden: Nachgiebiger, biegeweicher Boden mit einer flächenversteifenden Komponente. Er hat die charakteristische Eigenschaft, bei punktförmiger Belastung an seiner Oberfläche eine Verformungsmulde zu bilden, deren Ausdehnung etwa zwischen der eines flächenelastischen und der eines punktelastischen Sportbodens liegt.

3.15 Sportfunktionelle Eigenschaft: Eigenschaft des Sportbodens, die der bestmöglichen Anwendung der verschiedenen Techniken einzelner Sportarten unter Vermeidung zu großer Risiken bei der Belastung des Bewegungsapparates und zu hohen Energieverbrauchs (Ermüdung) dient.

Der sportfunktionellen Eigenschaft dienen insbesondere die Anforderungen:

– Standardverformung, (siehe Tabelle 1, Zeile 2),

– Verformungsmulde (siehe Tabelle 1, Zeilen 4 und 5),

– Ballreflexion (siehe Tabelle 1, Zeile 9),

– Gleitverhalten (siehe Tabelle 1, Zeile 10),

– Rollwiderstand (nach 4.3.9),

---

[1]) Zu beziehen durch: Beuth-Verlag GmbH, 10772 Berlin.

- Ebenheit (siehe 4.3.1),
- Geräuschentwicklung und Schallausbreitung (siehe 4.3.2),
- Oberbelag (siehe 4.3.3),
- Spielfeldmarkierungen (siehe 4.3.6).

3.16 Schutzfunktionelle Eigenschaft: Eigenschaft des Sportbodens, die der Entlastung des Bewegungsapparates des Sportlers bei Lauf, Ballspiel und Gymnastik sowie der Verringerung der Verletzungsgefahr bei Stürzen dient. Zusätzliche Bodenmatten sind bei anderen Sportarten, z. B. Turnen, Ringen oder Judo, in jedem Fall erforderlich.

Der schutzfunktionellen Eigenschaft dienen insbesondere die Anforderungen:

- Kraftabbau (siehe Tabelle 1, Zeile 1),
- Standardverformung (siehe Tabelle 1, Zeile 2),
- Dickenfaktor (siehe Tabelle 1, Zeile 3),
- Verformungsmulde (siehe Tabelle 1, Zeilen 4 und 5),
- Gleitverhalten (siehe Tabelle 1, Zeile 10),
- Ebenheit (siehe 4.3.1),
- Oberbelag (siehe 4.3.3),
- Bodenöffnungen (siehe 4.3.4).

3.17 Technische Eigenschaft: Eigenschaft des Sportbodens, die der langfristigen Erhaltung seiner sportfunktionellen und schutzfunktionellen Eigenschaften sowie seiner Gebrauchstauglichkeit für den Transport und die Benutzung von Geräten und Einrichtungen, (z. B. Stühle und Tribünen) sowie außersportliche Nutzungen dient.

Der technischen Eigenschaft dienen insbesondere die Anforderungen:

- Verhalten bei rollender Last (siehe Tabelle 1, Zeile 6),
- Schlagfestigkeit (siehe Tabelle 1, Zeile 7),
- Resteindruck (siehe Tabelle 1, Zeile 8),
- Unterkonstruktion (siehe Tabelle 1, Zeile 13),
- Oberbelag (siehe 4.3.3),
- Bodenöffnung (siehe 4.3.4),
- Anschlüsse an Wände und angrenzende Böden (siehe 4.3.5),
- Spielfeldmarkierungen (siehe 4.3.6)

gegebenenfalls

- Fußbodenheizung (siehe 4.3.7),
- Widerstandsfähigkeit gegen Zigarettenglut (siehe 4.3.8).

4 Anforderungen

4.1 Allgemeines

4.1.1 Sportfunktionelle, schutzfunktionelle, technische Eigenschaften

Die Anforderungen gehen davon aus, daß der Boden

- einen wesentlichen, sportfunktionellen Bestandteil einer Sporthalle darstellt,
- wesentliche schutzfunktionelle Aufgaben erfüllt,
- bestimmten Kriterien Rechnung trägt, die sich aus seiner technischen Eigenschaft ergeben,
- wegen seiner Schutzfunktion nur begrenzt mechanisch beanspruchbar ist (stehende, fallende und rollende Lasten).

Den Anforderungen kann nur unter gegenseitiger Abwägung und zusammenfassender Betrachtung aller sportfunktionellen, schutzfunktionellen und konstruktiven Gesichtspunkte Rechnung getragen werden. Eine die Anforderungen der Tabelle 1, Spalte 1, Zeilen 1 bis 10, nicht erfüllende Eigenschaft kann nicht durch eine andere diese Anforderungen überschreitende Eigenschaft ausgeglichen werden.

Bei der Konstruktion von in der Sporthalle genutzten Geräten (z. B. Turn- und Sportgeräte, Transportgeräte, Reinigungsgeräte) und Einrichtungen (z. B. Teleskoptribünen) müssen die in Tabelle 1, Zeile 6, angeführten Belastungsgrenzen des Bodens berücksichtigt werden. Die Überschreitung der in den Spalten 1 bis 5 aufgeführten Werte kann zu Schäden an der Bodenkonstruktion führen oder deren Zerstörung bewirken (siehe auch 4.3.8).

4.1.2 Sportbodenarten

Unter den in 4.1.1 genannten Voraussetzungen stehen folgende Sportbodenarten zur Verfügung:

a) Flächenelastischer Sportboden, bestehend aus elastischer Schicht oder Konstruktion, biegesteifer Lastverteilungsschicht und Oberbelag

Er kommt mit seiner biegesteifen Oberfläche den Anforderungen an die Standsicherheit, an das Gleitverhalten, an die Resteindrucktiefe und für rollende Lasten besonders entgegen. Auch eine vorzeitige Ermüdung des Sportlers ist im Regelfall nicht zu befürchten. Er ist für Rad- und Rollsport ohne Nachweis geeignet. Dafür müssen Einschränkungen bei der Schutzfunktion durch die harte Oberfläche und das träge Ansprechen des Sportbodens sowie eventuelle Beeinträchtigungen benachbarter Sportler durch die relativ große Durchbiegungsmulde in Kauf genommen werden.

b) Punktelastischer Sportboden, bestehend aus elastischer Schicht und Oberbelag

Er besitzt durch seine biegeweiche Oberfläche eine dem Fuß des Sportlers in seinen einzelnen Belastungsbereichen jeweils spezifisch angepaßte Nachgiebigkeit. Wegen des relativ schnellen Ansprechens kommt er schon bei vergleichsweise geringer Belastung den Anforderungen der Schutzfunktion besonders entgegen und verringert die Verletzungsgefahr bei Stürzen. Die kleinflächig orientierte Nachgiebigkeit muß jedoch wegen der notwendigen Standsicherheit, wegen des für die Entlastung des Fußes erforderlichen Gleitverhaltens sowie wegen der Gefahr vorzeitigen Ermüdens infolge zu großer Dämpfung begrenzt werden. Eine Begrenzung der Nachgiebigkeit ist auch für den Transport von Lasten auf Rollen (z. B. Sportgeräte, Tribünen und ähnliches) und zur Vermeidung von bleibenden Resteindrücken bei kleinen Punktlasten (z. B. Stuhlbeine) oder Beschädigungen des Oberbelages durch zu kleine Verformungsradien erforderlich. Für Rad-und Rollsport ist seine Eignung gesondert nachzuweisen.

c) Kombiniertelastischer Sportboden, bestehend aus elastischer Schicht oder Konstruktion, biegesteifer Lastverteilungsschicht, oberer elastischer Schicht und Oberbelag

Er vereinigt weitgehend die Vorteile der Sportfunktion des flächenelastischen Konstruktionssystems mit den Vorteilen der Schutzfunktion des punktelastischen Konstruktionssystems; dabei sind alle Funktionen bestmöglich aufeinander abgestimmt. Für Rad- und Rollsport ist seine Eignung gesondert nachzuweisen.

d) Mischelastischer Sportboden, bestehend aus elastischer Schicht, mittelsteifer Lastverteilungsschicht oder in die elastische Schicht integrierte flächenversteifende Komponente und Oberbelag

Er vermeidet durch seine flächenversteifende Konstruktion die Nachteile der kleinflächigen Verformungsmulde des punktelastischen Systems ebenso wie die Oberflächenhärte des flächenelastischen Systems. Eine vorzeitige Ermüdung des Sportlers und eine Beeinträchtigung benachbarter Sportler durch die Ausdehnung der Durchbiegungsmulde ist nicht zu befürchten. Für Rad- und Rollsport ist seine Eignung gesondert nachzuweisen.

Die Sportbodenarten unterscheiden sich im wesentlichen durch die Art ihrer Verformungsmulde (siehe Bild 1) in % der Standardverformung:

– Bei flächenelastischen Sportböden ist die Tiefe der Verformungsmulde in 500 mm Abstand von der Fallgewichtsachse (W_{500}) größer als 0 %.

– Bei punktelastischen Sportböden ist die Tiefe der Verformungsmulde in 100 mm Abstand von der Fallgewichtsachse (W_{100}) gleich 0 %.

– Bei kombiniertelastischen Sportböden ist die Tiefe der Verformungsmulde in 500 mm Abstand von der Fallgewichtsachse (W_{500}) größer als 0 %.

– Bei mischelastischen Sportböden ist die Tiefe der Verformungsmulde in 100 mm Abstand von der Fallgewichtsachse (W_{100}) größer als 0 %, in 500 mm Abstand von der Fallgewichtsachse (W_{500}) gleich 0 %.

Seite 7
E DIN 18032-2 : 1996-02

Tabelle 1: Konstruktionsabhängige Einzelanforderungen an Sportböden

Spalte	1	2	3	4	5	6
Zeile	Eigenschaft	Anforderungen				Prüfung nach
		Flächenelastischer Sportboden	Punktelastischer Sportboden	Kombiniertelastischer Sportboden	Mischelastischer Sportboden	
			Gesamtaufbau			
1	Kraftabbau, KA_{55}	mindestens 53 %	mindestens 51 %	mindestens 58 %	mindestens 53 %	6.2
2	Standardverformung, StV	mindestens 2,3 mm	maximal 3,0 mm	mindestens 3,0 mm, maximal 5,0 mm	mindestens 2,3 mm	6.3
3	Dickenfaktor, D	-	mindestens 4,0	-	-	-
4	Verformungsmulde, W_{100}	-	0 %	-	> 0 %	6.4
5	Verformungsmulde, W_{500}	maximal 15 % [1]	-	maximal 5 % [2]	0 %	6.4
6	Verhalten bei rollender Last, VRL (Achslast ohne Schäden)	1500 N	1000 N	1500 N	1500 N	6.5
7	Schlagfestigkeit, SF, bei 10 °C	-	mindestens 8 Nm	mindestens 8 Nm	mindestens 8 Nm	6.6
8	Resteindruck, RE	-	maximal 0,5 mm	maximal 0,5 mm	maximal 0,5 mm	6.7
9	Ballreflexion, BR	mindestens 90 % der Rücksprunghöhe auf einem starren Boden				6.8
10	Gleitverhalten, GV	Gleitreibungsbeiwert mindestens 0,4 und maximal 0,6 oder Mittelwert der Gleitstrecke mindestens 0,65 m und maximal 0,95 m				6.9.1 6.9.2
	Obere elastische Schicht des kombiniertelastischen Sportbodens					
11	Standardverformung, StV	-	-	mindestens 0,8 mm	-	6.3
12	Dickenfaktor, D	-	-	mindestens 5,0	-	-

(fortgesetzt)

Tabelle 1 (abgeschlossen)

Spalte	1	2	3	4	5	6
				Unterkonstruktion		
13	Unterkonstruktion	Die Unterkonstruktion, die die Nachgiebigkeit des Bodens bewirkt, darf sich in ihrem Verhalten weder unter dynamischen noch unter statischen Beanspruchungen wesentlich verändern. Verbindungen in der Unterkonstruktion müssen den vorgenannten Belastungen dauerhaft standhalten. Verklebungen müssen dauerelastisch sein; sie dürfen durch Alterung weder in ihrer Festigkeit gemindert werden noch wesentlich verspröden, verhärten oder erweichen. Die Unterkonstruktion und der Oberbelag von punktelastischen Sportböden müssen konstruktiv so aufeinander abgestimmt sein, daß der Oberbelag nicht brüchig, rissig oder zerstört wird. Das gleiche gilt für die obere elastische Schicht von kombinierten Sportböden. Tragende Teile aus Kantholz müssen DIN 4074-1, Sortierklasse S 10, entsprechen. Bei Brettern müssen mindestens die Anforderungen nach DIN 68365, Güteklasse III, erfüllt sein. Spanplatten müssen DIN 68763, Bau-Furnier-Sperrholzplatten DIN 68705-3 entsprechen.			

¹) Maximal zulässiger Mittelwert der jeweiligen Meßrichtung. Für jede Einzelmeßstelle ist jedoch ein Wert von maximal 20 % zulässig.
²) Maximal zulässiger Mittelwert der jeweiligen Meßrichtung. Für jede Einzelmeßstelle ist jedoch ein Wert von maximal 10 % zulässig.

4.1.3 Auswahl der Sportbodenart

Welche Sportbodenart den Anforderungen im Einzelfall am besten gerecht wird, bedarf einer sorgfältigen Abwägung der Nutzungsschwerpunkte der Halle.

In Sporthallen mit Mehrzwecknutzung ist ein Boden mit einem entsprechend strapazierfähigeren Oberbelag und mit einer auf Punktbelastung abgestimmten Konstruktion (für Stühle, Tische, Podien usw.) zu wählen.

4.1.4 Gleichmäßigkeit der Eigenschaften

Voraussetzung für die Wirksamkeit der Einzelanforderungen nach 4.2 und 4.3 ist, daß sie entsprechend dem Konstruktionsprinzip gleichmäßig auf der gesamten Fläche eines Sportbodens mit geringer Streuung erfüllt werden. Die Gleichmäßigkeit ist aus dem Vergleich der im Prüfzeugnis aufgeführten Einzelwerte der Messungen ersichtlich.

4.1.5 Systemmeßpunkte

Systemmeßpunkte nach 6.1.5 sind nur bei der Eignungsprüfung nach 5.1 anzuwenden. Bei Kontrollprüfungen vor Ort muß der Sportboden an jeder beliebigen Meßstelle den Anforderungen nach 4.2 und 4.3.3 bzw. den Vereinbarungen des Werkvertrages entsprechen.

4.1.6 Umweltverträglichkeit

Der Sportboden muß derart entworfen und ausgeführt sein, daß die Hygiene und die Gesundheit der Nutzer insbesondere durch folgende Einwirkungen nicht gefährdet werden:

- Freisetzung schädlicher Gase,

- Vorhandensein gefährlicher Teilchen oder Gase in der Luft.

Die geltenden Bestimmungen des Bundes und der Länder sind zusätzlich zu berücksichtigen.

Hierbei ist insbesondere zu achten auf die

- Verwendung schadstoffarmer Materialien (bei vorhandener Auswahl),

- Beschränkung auf möglichst wenig unterschiedliche Materialsorten (bei Verbundmaterialien),

- gute Trennfähigkeit der einzelnen Schichten (bei Verbundkonstruktionen),

- stoffliche Wiederverwendung der Materialien anstelle einer Deponierung oder Verbrennung (bei der Entsorgung).

4.2 Konstruktionsabhängige Anforderungen

Abhängig von der Sportbodenart (siehe 3.11 bis 3.14) gelten die in Tabelle 1 aufgeführten Anforderungen an

- den jeweiligen Gesamtaufbau,

- eine eventuelle obere elastische Schicht,

- die Unterkonstruktion.

4.3 Konstruktionsunabhängige Anforderungen

Unabhängig von der Sportbodenart gelten für alle Sportböden zusätzlich zu Tabelle 1 die Anforderungen nach 4.3.1 bis 4.3.9.

4.3.1 Ebenheit

Für die Oberfläche des fertig eingebauten Sportbodens sind die Ebenheitstoleranzen nach Tabelle 3, Zeile 4, von DIN 18202 : 1986-05 einzuhalten.

4.3.2 Geräuschentwicklung und Schallausbreitung

Die Entwicklung von Geräuschen und die Ausbreitung von Schall bei Benutzung des Bodens müssen gering sein (siehe Abschnitt 3 von DIN 18032-4 : 1990-03).

4.3.3 Oberbelag

Die Oberfläche muß matt sein, d. h. der Reflektometerwert bei der Prüfung nach DIN 67530 muß bei einem Einstrahlungswinkel von 60° < 30 % sein. Wird diese Anforderung erfüllt, erfolgt zur weiteren Differenzierung die Messung bei einem Einstrahlungswinkel von 85° (Messung an überwiegend matten Oberflächen).

Das Gleitverhalten des Oberbelages muß Tabelle 1, Zeile 10, entsprechen. Die Farbe des Oberbelages darf die Erkennbarkeit der Spielfeldmarkierungen nicht beeinträchtigen. Der Lichtreflexionsgrad nach DIN 5036-1 des Oberbelages soll $p = 0,20$ nicht unterschreiten. Der Oberbelag muß matt, pflegeleicht und dauerhaft sein.

Seite 10
E DIN 18032-2 : 1996-02

Elektrostatische Aufladungen dürfen sich nicht unangenehm bemerkbar machen.

Oberbeläge müssen den jeweils geltenden Normen entsprechen. Textile Oberbeläge sind nicht geeignet.

4.3.4 Bodenöffnungen

Durch Bodenöffnungen dürfen die sport- und schutzfunktionellen Eigenschaften und die Tragfähigkeit des Bodens nicht wesentlich verändert werden.

Die Deckel von Bodenöffnungen müssen mit der Bodenoberfläche bündig sein und so fest schließen, daß sie nicht klappern, sich nicht verschieben und Putzwasser bei sachgemäßer Nutzung und Pflege nur in unerheblicher Menge in die Unterkonstruktion eindringen kann. Sie sollten rund oder mit gerundeten Ecken ausgebildet sein.

Zur Verhinderung von Schwitzwasser ist eine entsprechende Topfrohrisolierung vorzusehen.

Der lichte Durchmesser einer Bodenöffnung darf 200 mm nicht überschreiten (ausgenommen Öffnungen für Sprunggruben und Abdeckungen für Stabhochsprung-Einstichkästen). Die Abdeckungen größerer Bodenöffnungen müssen verriegelbar sein.

4.3.5 Anschlüsse an Wände und angrenzende Böden

Je nach Sportbodenart sind am Rand des Sportbodens entsprechende Bewegungsfugen erforderlich. Sie müssen so ausgebildet werden, daß bei sachgemäßer Nutzung und Pflege keine Flüssigkeit in die Unterkonstruktion eindringen kann.

4.3.6 Spielfeldmarkierungen

Markierungsanstriche und Markierungsstreifen müssen die gleichen Oberflächeneigenschaften wie der Oberbelag der Tabelle 1, Zeile 10, aufweisen.

4.3.7 Fußbodenheizung

Wird eine Fußbodenheizung eingebaut, muß sichergestellt sein, daß die schutzfunktionellen Eigenschaften des Sportbodens durch die thermische Belastung langfristig nicht beeinträchtigt werden. DIN 4725 ist zu beachten.

ANMERKUNG: Im Hinblick auf die notwendige schnelle Regulierbarkeit der Raumtemperatur in einem multifunktional genutzten Sportraum nach DIN 18032-1 (siehe 9.2) empfiehlt sich jedoch die Ergänzung der Fußbodenheizung mit einer Luftheizung. Diese kann mit einer raumlufttechnischen Anlage wie sie in Mehrfachsporthallen oder bei Mehrzwecknutzung im Regelfall erforderlich ist, kostengünstig kombiniert werden.

4.3.8 Besondere Beanspruchung

Der dieser Norm entsprechende Sportboden ist für Belastungen durch leichtathletische Wurfgeräte und Hanteln nicht geeignet.

In Sporthallen mit Mehrzwecknutzung wird der Boden der Halle über den Sportbetrieb hinaus beansprucht. Das erfordert einen entsprechend strapazierfähigen Oberbelag und eine auf Punktbelastung (z. B. Stühle, Tische, Podien, Ausstellungsgegenstände) abgestimmte Sportbodenkonstruktion.

Bodenbeläge sollen widerstandsfähig gegen Zigarettenglut sein. Der Nachweis erfolgt durch Prüfung nach DIN EN 1399. Grenzwerte für die Widerstandsfähigkeit sind in DIN EN 548 und DIN EN 1817 enthalten. Für andere Bodenbeläge sind diese Grenzwerte sinngemäß anzuwenden. Erforderlichenfalls ist der Sportboden mit einem Schutzbelag abzudecken.

4.3.9 Rollwiderstand

Soll der Sportboden auch für Rollsport geeignet sein, darf sein Rollwiderstand bei der Prüfung nach 6.6 höchstens 15 N betragen.

5 Prüfungen

5.1 Eignungsprüfung

Eignungsprüfungen sind vom Hersteller veranlaßte Prüfungen, mit denen nachgewiesen wird, daß der Sportboden den Anforderungen nach 4.2 und 4.3.3 entspricht; sie sind grundsätzlich im Labor durchzuführen. Das Ergebnis der Eignungsprüfung wird in einem Prüfzeugnis nach 5.2 festgehalten.

Eignungsprüfungen sind nur von qualifizierten, neutralen Prüfinstituten durchzuführen; ihr Umfang richtet sich nach 5.2 in Verbindung mit Abschnitt 6.

Eine neue Eignungsprüfung wird erforderlich, wenn sich Art oder Eigenschaften der Werkstoffe oder des Bodenaufbaues ändern.

5.2 Prüfzeugnis

Ein Prüfzeugnis kann ausgestellt werden, wenn das geprüfte Erzeugnis bei einer Eignungsprüfung allen Anforderungen nach 4.2 (ausschließlich Tabelle 1, Zeile 13) und 4.3.3 entspricht.

Ein Prüfzeugnis muß folgende Angaben erhalten:

a) Name des Antragstellers;

b) Art, Lieferform und Produktbezeichnung des geprüften Erzeugnisses mit Angabe der Sportbodenart nach 4.1.2;

c) Beschreibung der Konstruktion und der einzelnen Bestandteile des geprüften Erzeugnisses mit Benennung der materialtechnischen Identifikationswerte;

d) Anzahl und Größe der Prüfböden (Prüfkörper);

e) Ergebnis der einzelnen Prüfungen nach Abschnitt 6 in der dort aufgeführten Reihenfolge, jeweils mit

- Angabe des Prüfklimas;

- Beschreibung der Prüfung unter Hinweis auf die entsprechende Norm sowie ergänzende Angaben zur Prüfung und zur Prüfvorrichtung (soweit hierfür nach der entsprechenden Norm ein Spielraum für Varianten zugelassen ist). Bei notwendigen Aushärtungszeiten ist die Zeit zwischen Fertigstellung des Prüfbodenaufbaus und dem Beginn der Prüfung im Prüfzeugnis zu nennen;

- Angabe der Auswertungen der einzelnen Meßergebnisse und zeichnerische Darstellung der Systemmeßpunkte und einzelner Meßstellen, soweit erforderlich;

- Vergleich der ausgewerteten Meßergebnisse mit den Anforderungen nach Abschnitt 4;

f) zusammenfassende Beurteilung des Erzeugnisses mit Bestätigung, daß es den in 5.1 genannten Anforderungen entspricht;

g) Prüfdatum mit Unterschrift.

Die Einhaltung der Anforderungen an Oberbeläge (siehe Tabelle 1, Zeile 10 und 4.3.3) und die Eignung eines Sporthallenbodens für Fußbodenheizungen (siehe 4.3.7) kann auch durch gesonderte Untersuchungsberichte nach 5.3 nachgewiesen werden.

5.3 Untersuchungsbericht

Ein Untersuchungsbericht hält das Ergebnis über die Messung einzelner Eigenschaften eines Sportbodens fest, unabhängig davon, ob die Anforderungen dieser Norm erfüllt werden oder nicht.

Sein Inhalt soll 5.2 a) bis e) und g) entsprechen. Sein Umfang kann sich im Gegensatz zum Prüfzeugnis nach 5.2 auf Einzelanforderungen nach Abschnitt 4 beschränken.

5.4 Kontrollprüfung

Kontrollprüfungen sind vom Auftraggeber veranlaßte Prüfungen, die nachweisen sollen, daß der Aufbau oder einzelne Eigenschaften des Sportbodens den Anforderungen dieser Norm bzw. den Vereinbarungen des Werkvertrages entsprechen.

5.5 Güteüberwachung

Die Einhaltung der Anforderungen dieser Norm mit Identität und gleichbleibender Beschaffenheit von Baustoffen und Konstruktion bei einem Sporthallenboden erfordert wegen der komplexen Zusammenhänge eine Güteüberwachung nach DIN 18200.

Die Güteüberwachung besteht aus Eigenüberwachung und Fremdüberwachung.

Bei der Eigenüberwachung werden Art und Umfang der Überwachungsprüfungen eigenverantwortlich durch den Hersteller bzw. Auftragnehmer durchgeführt oder veranlaßt.

Die Fremdüberwachung erfolgt durch ein qualifiziertes, neutrales Prüfinstitut mit Erstprüfung, Regelprüfungen und eventuelle Sonderprüfungen.

ANMERKUNG: Die Kontrolle der Güteüberwachung durch die interessierten Verkehrskreise oder eine gleichwertige unabhängige Institution ist anzustreben.

Seite 12
E DIN 18032-2 : 1996-02

5.6 Maße der Prüfböden und Prüfkörper

Für eine Eignungsprüfung nach 5.1 sind Prüfböden mit folgenden Mindestkantenlängen erforderlich:

- für flächenelastische und kombiniertelastische Sportböden 3,5 m,
- für punktelastische und mischelastische Sportböden 2,0 m.

Die notwendigen Abmessungen von Prüfkörpern für Einzelprüfungen bestimmten das Prüfinstitut.

6 Prüfverfahren

6.1 Allgemeines

6.1.1 Prüfboden

Die Prüfungen können mit Ausnahme der Eignungsprüfung sowohl im Labor als auch in der Sporthalle durchgeführt werden. Bei Prüfungen im Labor müssen die Maße des Prüfbodens und des Prüfkörpers 5.6 entsprechen. Der Prüfboden (im Regelfall die Gesamtkonstruktion des Sportbodens) oder der Prüfkörper sind auf einem ebenen, unnachgiebigen Unterboden aufzubauen. Dabei ist die in der Praxis angewandte Verlegetechnik anzuwenden.

ANMERKUNG: Kann der Unterbau Einfluß auf das Meßergebnis haben, ist er auch im Labor entsprechend vorzusehen.

Flächenelastische und kombiniertelastische Sportböden mit einer Lastverteilungsplatte, die aus vollflächig verklebten Lagen besteht, Beschichtungsmassen bei punktelastischen, mischelastischen und kombiniertelastischen Sportböden sowie für alle Arten von Versiegelungen auf Oberbelägen müssen vor der Prüfung entsprechend den Herstellerangaben ausgehärtet sein.

6.1.2 Prüfklima

Die Prüfung im Labor ist, soweit in den einzelnen Abschnitten nichts anderes vermerkt, bei Normalklima DIN 50014-23/50-2 oder DIN 50014-20/65 durchzuführen.

Bei Prüfung in der Sporthalle sind die Klimabedingungen und Bodentemperaturen einschließlich eventueller Abweichungen vom Prüfklima festzuhalten.

6.1.3 Messungen

Im Regelfall sind an jeder Meßstelle bzw. jedem Meßpunkt mehrere Messungen nacheinander vorgeschrieben. Aus ihnen wird - soweit nichts anderes bestimmt - jeweils der Mittelwert gebildet, der dann als Meßergebnis für den einzelnen Meßpunkt bzw. die Meßstelle maßgebend ist.

6.1.4 Meßstellen

Für die Prüfungen nach 6.5, 6.6, 6.7, 6.9 und 6.10 gelten für jede Meßstelle jeweils die Festlegungen des einzelnen Abschnitts.

6.1.5 Systemmeßpunkte

Die Eignungsprüfungen nach 6.2, 6.3, 6.4 und 6.8 sind an sogenannten Systemmeßpunkten (Meßstellen, die die konstruktionsbedingten, unter Umständen unterschiedlichen Eigenschaften eines Sportbodensystems erfassen) durchzuführen. Die Systemmeßpunkte sind an mindestens 5 für das Sportbodensystem charakteristischen Punkten unter Beachtung von 6.1.6 vom Prüfinstitut festzulegen, konstruktionsbezogen einzumessen und zeichnerisch im Prüfzeugnis darzustellen.

6.1.6 Lage der Systemmeßpunkte

Die Lage der Systemmeßpunkte muß in Abhängigkeit vom jeweiligen Sportbodensystem folgende Kriterien erfüllen:

6.1.6.1. bei flächenelastischen und kombielastischen Systemen

- an den im Anhang A (normativ) beispielhaft dargestellten Meßpunkten,
- bei Böden, die in ihrem Aufbau von den dargestellten Schemata abweichen, sind die Meßpunkte von den Prüfinstituten sinngemäß festzulegen, in einer Zeichnung mit Maßen darzustellen und verbal zu beschreiben.

6.1.6.2. bei punktelastischen Systemen

- in der Fläche,
- über einem Längs- und T-Stoß der Elastikschicht,
- über einem Stoß des Trägergewebes (sofern vorhanden).

6.1.6.3. bei mischelastischen Systemen

— in der Fläche,

— über einem Längs- und T-Stoß der Elastikschicht (z. B. auf einer Nahtbandage),

— über einem Längs- und T-Stoß des Armierungsgewebes (sofern nicht mit einem Stoß der Elastikschicht identisch).

6.2 Kraftabbau, KA

6.2.1 Allgemeines

Der Kraftabbau wird durch Auswertung von jeweils 2 Messungen mit dem "Künstlichen Sportler 95" an jedem Meßpunkt des Prüfbodens sowie mindestens 5 Messungen auf einem starren Boden ermittelt.

Als starrer Boden dient eine ebene, mindestens 10 mm dicke Stahlplatte, die mit Hilfe einer Reaktionsharzmasse (Elastizitätsmodul im ausgehärteten Zustand $\geq$ 10 kN/mm²) kraftschlüssig mit einem mindestens 200 mm dicken Betonboden verbunden ist, der seinerseits auf einem unnachgiebigen Untergrund aufliegt.

Die Anforderung nach Tabelle 1, Zeile 1, muß bei der Eignungsprüfung an jedem Systemmeßpunkt erfüllt werden, bei jeder anderen Prüfung vor Ort an jedem Meßpunkt.

6.2.2 Prüfgerät

Der in Bild 2 dargestellte "Künstlicher Sportler 95" besteht im wesentlichen aus dem Fallgewicht, das in seitlichen Führungssäulen mittels Elektromagneten an einer Hubvorrichtung festgehalten und beim Fall geführt wird sowie dem Prüffuß, der zusammen mit dem Prallkopf, der Feder und dem Kraftaufnehmer eine in einer Hülse geführten Baueinheit bildet, auf die das Fallgewicht auftrifft.

Der Prüffuß überträgt so die vom Fallgewicht und durch die Feder abgeschwächte Belastung auf den Prüfboden. Die Stoßkraft des Prüfbodens wird hierbei gemessen.

Das Prüfgerät muß folgende technische Kennwerte aufweisen:

a) Fallgewicht mit einem an der Unterseite befestigten (eingeschraubten) Fallbolzen, seitlicher Führung, Hubvorrichtung sowie elektromagnetischer Halte- und Auslösevorrichtung. Der Fallbolzen hat einen Durchmesser d (50 ± 1) mm, eine Länge l (75 ± 1) mm und eine ebene geschliffene Unterseite aus gehärtetem Stahl. Die Masse m des Fallgewichtes und des Fallbolzens beträgt zusammen (20 ± 0,1) kg;

b) Prallkopf als obere Federabdeckung mit balliger Oberseite, Radius r 100 mm, aus gehärtetem Stahl;

c) Feder(n) mit einer grafisch nachgewiesenen Federkonstanten C (2000 ± 60) N/mm, Linearität mindestens bis 10 kN;

d) Fußplatte mit balliger Unterseite, Radius r 500 mm, einer Dicke t 10 mm, einem Kantenradius r 1 mm und einem Durchmesser d (70,0 ± 0,1) mm;

e) Führungshülse aus Metall mit einem Durchmesser d (71,0 ± 0,1) mm für den Prüffuß;

f) der Prüffuß besteht aus der Führungshülse und der darin geführten Einheit aus Fußplatte, Kraftaufnehmer, Feder(n) und Prallkopf; sein Gesamtgewicht ohne Hülse beträgt (3,0 ± 0,3) kg;

g) zwei oder drei seitlichen Führungssäulen zur Führung des Fallgewichtes, Stativ (Stativfüße) mit Justierschrauben zur lotrechten Aufstellung und einem Abstand von 600 mm zwischen der Prüffuß- und den jeweiligen Stativfußachsen;

h) Hub-, Halte- und Auslösevorrichtungen für das Fallgewicht mit Einstellmöglichkeit der Fallhöhe von 22 mm bis 88 mm zwischen Unterkante Fallbolzen und Oberkante Prallkopf.

6.2.3 Meßgerät

Das Meßgerät besteht aus einem Kraftaufnehmer mit Verstärker und Registriereinheit.

Als Kraftaufnehmer sind z. B. DMS-Kraftmeßdosen, piezoelektrischer Druckringe oder ähnliches, im Meßbereich von 0 kN bis 10 kN mit Meßfehlergrenzen von 1 % zu verwenden.

Bei der Erfassung (Verstärkung und Registrierung) der Meßsignale des Kraftaufnehmers sind folgende Bedingungen einzuhalten:

a) Analoger Übertragungsbereich des Meßverstärkers von 0 ... 1000 Hz (- 3 dB);

b) Filterfrequenz f_c 200 ... 240 Hz;

c) Filtercharakteristik: Bessel, Butterworth oder digitale Fourier-Analyse;

d) Digitale Abtastfrequenz $f \geq 4,0$ kHz.

6.2.4 Durchführung der Messungen

Das Prüfgerät "Künstlicher Sportler 95" ist lotrecht zur Sportbodenebene aufzustellen und zwischen den Einzelmessungen des Kraftabbaus eines Systemmeßpunktes in seiner Lage nicht zu verändern.

Der Kraftabbau eines Systemmeßpunktes wird aus dem Mittelwert zweier Einzelmessungen bestimmt. Die Einzelmessungen erfolgen nacheinander im zeitlichen Abstand von 1 Minute.

Vor den zwei Einzelmessungen wird ein nicht registrierter "Vorlastschlag" (Freifall des Fallgewichts) durchgeführt.

Vor jedem Schlag ist mit Hilfe eines Endmaßes die Fallhöhe h (55,0 ± 0,25) mm einzustellen.

Unmittelbar nach einer Einzelmessung (Fallversuch) ist der Meßpunkt zu entlasten.

6.2.5 Auswertung der Messungen

Der Kraftabbau, KA, in % wird aus den gemessenen Stoßkräften $F_{max.\ starrer\ Boden}$ und $F_{max.\ Sportboden}$ (siehe Bild 3) wie folgt bestimmt:

$$KA_{55} = (1 - \frac{F_{max.\ Sportboden}}{F_{max.\ starrer\ Boden}}) \cdot 100 \tag{1}$$

Die %-Werte sind ganzzahlig anzugeben.

6.3 Standardverformung, StV

6.3.1 Allgemeines

Zur Ermittlung der Standardverformung wird gleichzeitig die Verformung des Sportbodens und die im Bereich der Verformung auf den Sportboden einwirkende Stoßkraft gemessen.

Die Standardverformung ist die auf eine Stoßkraft von 1500 N normierte Verformung des Sportbodens.

Die Standardverformung wird durch vier Einzelmessungen mit dem "Künstlichen Sportler 95" an jedem Meßpunkt des Prüfbodens ermittelt.

Dabei muß bei der Eignungsprüfung an jedem Systemmeßpunkt der Mittelwert aus den vier Einzelmessungen die Anforderung nach Tabelle 1, Zeile 2, erfüllen, bei jeder anderen Prüfung vor Ort an jedem Meßpunkt.

6.3.2 Prüfgerät

Es wird der in der Prinzipskizze nach Bild 2 dargestellte "Künstliche Sportler 95" in modifizierter Form verwendet.

Das Prüfgerät muß folgende technische Kennwerte aufweisen:

a) Fallgewicht mit einem an der Unterseite befestigten (eingeschraubten) Fallbolzen, seitlicher Führung, Hubvorrichtung sowie elektromagnetischer Halte- und Auslösevorrichtung. Der Fallbolzen hat einen Durchmesser d (50 ± 1) mm, eine Länge l (75 ± 1) mm und eine ebene geschliffene Unterseite aus gehärtetem Stahl. Die Masse m des Fallgewichtes und des Fallbolzens beträgt zusammen (20,0 ± 0,1) kg;

b) Prallkopf als obere Federabdeckung mit balliger Oberseite Radius r 100 mm aus gehärtetem Stahl;

c) Feder(n) mit einer grafisch nachgewiesenen Federkonstanten c (40,0 ± 1,5) N/mm, Linearität bis mindestens 1600 N;

d) Fußplatte mit ebener Unterseite einer Dicke t 10 mm, einem Kantenradius r 1 mm und einem Durchmesser d (70 ± 0,1) mm;

e) Führungshülse mit einem Durchmesser d (71,0 ± 0,1) mm für den Prüffuß;

f) der Prüffuß besteht aus der Führungshülse und der darin geführten Einheit aus Fußplatte, Kraftaufnehmer, Feder(n) und Prallkopf; sein Gesamtgewicht ohne Hülse beträgt (3,5 ± 0,35) kg;

g) zwei oder drei seitlichen Führungssäulen zur Führung des Fallgewichtes, Stativ (drei Stativfüße) mit Justierschrauben zur lotrechten Aufstellung und einem Abstand von 600 mm zwischen der Prüffuß- und den jeweiligen Stativfußachsen;

h) Hub-, Halte- und Auslösevorrichtungen für das Fallgewicht mit Einstellmöglichkeit der Fallhöhe auf (120,0 ± 0,25) mm zwischen Unterkante Fallbolzen und Oberkante Prallkopf.

Seite 15
E DIN 18032-2 : 1996-02

6.3.3 Meßgerät

Die auf den Sportboden einwirkende Kraft wird mit dem nach 6.2.3 beschriebenen Meßgerät aufgenommen.

Zur Ermittlung der vertikalen Durchbiegung des Prüfbodens sind mindestens zwei geeignete Wegaufnehmer (z. B. induktive Wegaufnehmer mit Tastspitze oder ähnliches) mit Verstärker und Meßweg-Registriergerät, Meßbereich ± 10 mm, Fehlergrenzen nicht größer als 0,05 mm zu verwenden.

Die Wegaufnehmer werden in einem Abstand von maximal 125 mm zur Fallgewichtsachse des Prüfgerätes angeordnet.

Für die Erfassung (Verstärkung und Registrierung) der Meßsignale der Wegaufnehmer sind folgende Vorgaben einzuhalten:

a) Analoger Übertragungsbereich des Meßverstärkers von 0 ... 1000 Hz (- 3 dB);

b) Digitale Abtastfrequenz $f \geq 4{,}0$ kHz.

6.3.4 Durchführung der Messungen

Die Prüfbelastung wirkt lotrecht zur Fläche des Sportbodens.

Das Fallgewicht fällt aus einer Höhe von 120 mm auf die Stahlfeder.

Für die Prüfung ist der "Künstliche Sportler 95" so aufzustellen, daß die Aufstandspunkte der Stativfüße in einem Abstand von 600 mm von der Fallachse des Fallgewichtes entfernt sind. Es muß sichergestellt sein, daß die Belastung lotrecht zur Sportbodenfläche auftritt.

Die Weggeber für die Wegmessung sind an einem vom "Künstlichen Sportler 95" entkoppelten Stativ zu befestigen. Die Weggeber sind so anzuordnen, daß sie jeweils den gleichen Abstand von der Fallgewichtsachse des "Künstlichen Sportler 95" haben. Die Verbindungslinie der Meßpunkte muß durch die Fallgewichtsachse des "Künstlichen Sportler 95" gehen.

Vor Beginn der Prüfung müssen die Tastspitzen der Wegaufnehmer die horizontalen Tastflächen des Prüffußes berühren. Es muß sichergestellt sein, daß die Beschleunigung der Taster der Wegaufnehmer der beim Stoß erfolgten Verformung des Sportbodens folgen kann. Spätestens beim Ausklinken des Fallgewichts ist die Registriereinrichtung für die Aufzeichnung der Meßsignale zu starten.

Diese Messung wird an jedem Meßpunkt viermal durchgeführt.

Vor der ersten Einzelmessung hat ein nicht registrierter "Vorlastschlag" (Freifall des Fallgewichtes) zu erfolgen.

Vor jeder Messung ist die Fallhöhe h (120,0 ± 0,25) mm mit einem Endmaß neu einzustellen.

6.3.5 Auswertung der Messungen

Der Meßaufzeichnung werden unter Berücksichtigung der Skalenwerte (Aufzeichnungsmaßstab) die Werte folgender Meßgrößen (siehe Bild 3) entnommen.

Dabei ist:

f_{1max} maximale Durchbiegung der Sportbodenoberfläche an der Fallgewichtsachse, in mm,

F_{max} maximale an der Kraftmeßdose auftretende Kraft, in N.

Aus diesen Meßwerten ist die Standardverformung, StV, in mm, wie folgt zu bestimmen:

$$StV = 1500 \cdot \frac{f_{1,max}}{F_{max}} \qquad (2)$$

Für die Auswertung wird jeweils die erste Schwingung jeder Messung herangezogen.

Die Standardverformung, StV, eines Meßpunktes wird aus dem Mittelwert von vier Einzelmessungen gebildet.

Werden aus meßtechnischen Gründen, z. B. Bestimmung der Verformungsmulde, $W_{500,x}$, auf einem Meßpunkt mehr als vier Einzelmessungen durchgeführt, sind nur die vier in einer engen Toleranz liegenden Meßwerte zur Bestimmung der StV auszuwerten.

Die Standardverformung eines Meßpunktes, StV_x, ist wie folgt zu bestimmen:

a) Mittelwert $f_{0,x}$ aus den beiden am Meßpunkt gemessenen Verformungen des Sportbodens bilden:

$$f_{0,x} = \frac{f_{0,x,\text{rechts}} + f_{0,x,\text{links}}}{2} \qquad (3)$$

b) StV_x einer Einzelmessung durch Normierung des Wertes $f_{0,x}$ von der zugehörigen gemessenen Kraft F_{Boden} auf eine Kraft F von 1500 N ermitteln:

$$StV_x = \frac{1500 \ N}{F_{\text{Boden, x}} \ [N]} \cdot f_{0,x} \qquad (4)$$

c) Mittelwert von vier jeweils normierten StV_x bilden. Dieser Mittelwert ist dann die Standardverformung eines Systemmeßpunktes

$$StV = \frac{StV_1 + StV_2 + StV_3 + StV_4}{4} \qquad (5)$$

Dieser Mittelwert muß die Anforderungen nach Tabelle 1, Zeile 2, erfüllen und ist mit einer Genauigkeit auf 0,1 mm anzugeben.

6.4 Verformungsmulde, W_x

6.4.1 Allgemeines

Die Verformungsmulde wird mit dem "Künstlichen Sportler 95" ermittelt.

Dabei muß bei der Eignungsprüfung an jedem Systemmeßpunkt der Mittelwert aus den vier Einzelmessungen die Anforderung nach Tabelle 1, Zeilen 4 und 5, erfüllen, bei jeder anderen Prüfung vor Ort an jedem Meßpunkt.

6.4.2 Prüfgerät

Es wird der in der Prinzipskizze nach Bild 2 dargestellte "Künstliche Sportler 95" in modifizierter Form verwendet.

a) Fallgewicht mit einem an der Unterseite befestigten (eingeschraubten) Fallbolzen, seitlicher Führung, Hubvorrichtung sowie elektromagnetischer Halte- und Auslösevorrichtung. Der Fallbolzen hat einen Durchmesser d (50 ± 1) mm, eine Länge l (75 ± 1) mm und eine ebene geschliffene Unterseite aus gehärtetem Stahl. Die Masse m des Fallgewichtes und des Fallbolzens beträgt zusammen (20,0 ± 0,1) kg;

b) Prallkopf als obere Federabdeckung mit balliger Oberseite Radius r 100 mm aus gehärtetem Stahl;

c) Feder(n) mit einer grafisch nachgewiesenen Federkonstanten c (40,0 ± 1,5) N/mm, Linearität bis mindestens 1600 N;

d) Fußplatte mit ebener Unterseite einer Dicke t 10 mm, einem Kantenradius r 1 mm und einem Durchmesser d (70 ± 0,1) mm;

e) Führungshülse mit einem Durchmesser d (71,0 ± 0,1) mm für den Prüffuß;

f) der Prüffuß besteht aus der Führungshülse und der darin geführten Einheit aus Fußplatte, Kraftaufnehmer, Feder(n) und Prallkopf; sein Gesamtgewicht ohne Hülse beträgt (3,5 ± 0,35) kg;

g) zwei oder drei seitlichen Führungssäulen zur Führung des Fallgewichtes, Stativ (drei Stativfüße) mit Justierschrauben zur lotrechten Aufstellung und einem Abstand von 600 mm zwischen der Prüffuß- und den jeweiligen Stativachsen;

h) Hub-, Halte- und Auslösevorrichtungen für das Fallgewicht mit Einstellmöglichkeit der Fallhöhe auf (120,0 ± 0,25) mm zwischen Unterkante Fallbolzen und Oberkante Prallkopf.

6.4.3 Meßgerät

Die auf den Sportboden einwirkende Kraft wird mit dem nach 6.2.3 beschriebenen Meßgerät aufgenommen.

Zur Ermittlung der vertikalen Verformung des Prüfbodens sind mindestens zwei geeignete Wegaufnehmer (z. B. induktive Wegaufnehmer mit Tastspitze oder ähnliches) mit Verstärker und Meßweg-Registriergerät, Meßbereich ± 10 mm, Fehlergrenzen nicht größer als 0,05 mm zu verwenden.

Die Wegaufnehmer werden in einem Abstand von maximal 125 mm zur Fallachse des Prüfgerätes angeordnet.

Für die Erfassung (Verstärkung und Registrierung) der Meßsignale der Wegaufnehmer sind folgende Vorgaben einzuhalten:

Seite 17
E DIN 18032-2 : 1996-02

a) Analoger Übertragungsbereich des Meßverstärkers von 0 ... 1000 Hz (- 3 dB);

b) Digitale Abtastfrequenz $f \geq 4,0$ kHz.

6.4.4 Durchführung der Messungen

Ergänzend zur Messung nach 6.3.3 wird ein zusätzlicher Wegaufnehmer im entsprechenden Abstand von 100 mm bei W_{100} und 500 mm bei W_{500} von der Fallgewichtsachse des Prüfgerätes auf der Oberfläche des Sportbodens angeordnet. Mit diesem Wegaufnehmer wird die Bodendurchbiegung an der jeweiligen Stelle parallel zu der Bodendurchbiegung unter der Fallgewichtsachse gemessen.

Der Wegaufnehmer wird an einer Traverse befestigt, deren Aufstellpunkte im Radius von 1000 mm von der Fallgewichtsachse entfernt sind.

Für die Erfassung der Meßsignale der Wegaufnehmer sind die gleichen Vorgaben einzuhalten wie bei der Ermittlung der Standardverformung.

Die Messung erfolgt je Systemmeßpunkt in vier unterschiedlichen Meßrichtungen. Die Anordnung der Meßpunkte ist für die Ermittlung der Verformungsmulde W_{500} in den Bildern 4 und 5 dargestellt.

Für die Bestimmung der Verformung der Verformungsmulde W_{100} ist gleichermaßen zu verfahren.

Je Meßpunkt werden zwei Einzelmessungen durchgeführt. Dabei wird die tatsächliche Verformung in der Fallgewichtsachse und gleichzeitig die Durchbiegung zur Bestimmung der Verformungsmulde ermittelt.

6.4.5 Auswertung der Messungen

Die Größe der Verformungsmulde in %, indirekt durch die Bodendurchbiegung in x mm bis 500 mm Abstand von der Fallgewichtsachse definiert, und der maximalen Bodendurchbiegung an der Fallgewichtsachse werden wie folgt berechnet:

$$W_{500,x} = \frac{f_{500,x}}{f_{0,x}} \cdot 100 \tag{6}$$

Dabei ist:

$W_{500,x}$ Bodendurchbiegung in x mm bis 500 mm Abstand von der Fallgewichtsachse der maximalen Bodendurchbiegung an der Fallgewichtsachse, in %,

$F_{500,x}$ Bodendurchbiegung in 500 mm Abstand von der Fallgewichtsachse,

$f_{0,x}$ maximale Bodendurchbiegung an der Fallgewichtsachse, in mm.

Die Verformungsmulde wird an jedem Meßpunkt für jede Einzelmessung ermittelt. Anschließend wird aus den Einzelmessungen je Meßpunkt die mittlere Verformungsmulde bestimmt.

Diese Verformungsmulde darf den Grenzwert nach 4.1.2 nicht überschreiten.

Der Mittelwert aus allen in einer Richtung gemessenen Verformungsmulden darf den Grenzwert nach Tabelle 1, Zeilen 4 und 5, nicht überschreiten.

Die %-Werte sind ganzzahlig anzugeben.

6.5 Verhalten bei rollender Last, VRL

6.5.1 Allgemeines

Das Verhalten bei rollender Last wird an zwei mindestens 1 m langen Prüfstrecken, die das Prüfinstitut konstruktionsbezogen festlegt, mit einem entsprechend belasteten Prüfrad ermittelt. Die Anforderung nach Tabelle 1, Zeile 6, muß eingehalten werden.

6.5.2 Prüfung und Auswertung

Die Prüfung und Auswertung ist nach DIN EN 1569 auszuführen. Die Achslast ist nach Tabelle 1, Zeile 5, zu wählen.

6.6 Schlagfestigkeit, SF

6.6.1 Allgemeines

Die Schlagfestigkeit wird mit dem Schlagfestigkeitsprüfgerät nach Bild 6 an immer wechselnden Meßstellen und mit einer in immer gleichen Stufen erhöhten Last auf einem Prüfkörper ermittelt. Die Anforderung nach Tabelle 1, Zeile 7, muß eingehalten werden.

6.6.2 Prüfung und Auswertung

Die Prüfung und Auswertung ist nach DIN EN 1517 auszuführen.

Für die Prüfung im Labor sind zwei Prüfkörper erforderlich. Der eine Prüfkörper wird 14 Tage bei Normalklima DIN 50014-23/50-0,5 gelagert, der andere wird 14 Tage bei 70 °C gealtert.

Die Schlagfestigkeit wird für den gealterten und nicht gealterten Prüfkörper in Nm angegeben, bei der der Prüfkörper unbeschädigt geblieben ist.

6.7 Resteindruck, RE

6.7.1 Allgemeines

Der Resteindruck wird an jeweils vier Stellen eines Prüfkörpers mit einem Belastungsgerät und einem Dickenmeßgerät ermittelt. Die Anforderung der Tabelle 1, Zeile 8, muß an jeder Stelle erfüllt werden.

6.7.2 Prüfgerät

Das Belastungsgerät muß einen zylindrischen Eindruckstempel mit einer ebenen Fläche von 300 mm² ($\triangleq$ 19,5 mm Durchmesser) sowie einen Kantenradius von 1 mm haben und den Prüfkörper 5 h mit einer Prüfkraft von mindestens 0,3 kN belasten können.

6.7.3 Meßgerät

Das Dickenmeßgerät hat einen ebenen Stempel von 6 mm Durchmesser und erzeugt mit einer Masse von (86,5 ± 1) g einen Meßdruck von 0,03 N/mm².

6.7.4 Durchführung der Messungen

Für die Messungen im Labor sind 4 Prüfkörper erforderlich. Nach Angleichen der Prüfkörper an das Normalklima DIN 50014-23/50-2 (mindestens 16 h) wird die Dicke, d_a, der Prüfkörper im Schnittpunkt der Diagonalen mit dem Dickenmeßgerät in mm gemessen. Danach wird der Prüfkörper im Schnittpunkt der Diagonalen 5 h mit dem Belastungsgerät bei einer Prüfkraft von 0,3 kN belastet. Nach einer Entlastungszeit von 25 h wird die Dicke, d_e, des Prüfkörpers mit dem Dickenmeßgerät im Schnittpunkt der Diagonalen erneut gemessen.

6.7.5 Auswertung der Messungen

Der Resteindruck in mm ergibt sich aus der Differenz der Dicken des Prüfkörpers vor und nach der Belastung ($\triangle d = d_a - d_e$).

6.8 Ballreflexion, BR

6.8.1 Allgemeines

Die Ballreflexion wird durch Auswertung von jeweils mindestens 5 Messungen der Rücksprunghöhe eines Basketballs an jedem Meßpunkt des Prüfbodens sowie eine Vergleichsmessung auf einem starren Boden (Betonboden) ermittelt. Die Anforderung der Tabelle 1, Zeile 9, muß an jedem Meßpunkt erfüllt werden.

6.8.2 Prüfgerät

Das Prüfgerät besteht aus einem etwa 2,2 m hohen Ständer und einem Basketball. Der aus einer Gummiblase sowie einer Hülle aus Polyamid bestehende Ball muß vom Deutschen Basketball-Bund zugelassen sein und darf nicht weniger als 750 mm und nicht mehr als 780 mm Umfang sowie nicht weniger als 600 g und nicht mehr als 650 g Gewicht aufweisen.

6.8.3 Meßgerät

Optische oder akustische Meßeinrichtung mit Fehlergrenzen von 5 mm.

6.8.4 Durchführung der Messungen

Der Basketball wird mit dem Ventil nach oben aus einer Höhe von 1,8 m, gemessen von Unterkante Ball bis Oberkante Boden, auf einen starren Boden fallengelassen, wobei seine Rücksprunghöhe von Oberkante Boden bis Oberkante Ball gemessen wird. Er muß dabei so aufgepumpt sein, daß seine Rücksprunghöhe auf dem starren Boden bei (1,30 ± 0,025) m liegt. Unmittelbar nach Messung der Rücksprunghöhe auf dem starren

Boden wird die Rücksprunghöhe auf dem Prüfboden gemessen. An jedem Systemmeßpunkt werden mindestens 5 Messungen durchgeführt. Dabei ist sicherzustellen, daß der Prüfboden nur durch das Prüfgerät belastet wird.

6.8.5 Auswertung der Messungen

Die Ballreflexion, BR, in % wird wie folgt ermittelt:

$$BR = \frac{h \text{ (Prüfboden)}}{h \text{ (starrer Boden)}} \cdot 100 \qquad (7)$$

Dabei ist:

h Rücksprunghöhe.

Die Ballreflexion für einen Meßpunkt ist der Mittelwert aus den an diesem Meßpunkt erfolgten Einzelmessungen.

Die %-Werte sind ganzzahlig anzugeben.

6.9 Gleitverhalten, GV

6.9.1 Allgemeines

Das Gleitverhalten wird durch Auswertung von jeweils drei Messungen mit dem "Gleitmeßgerät Stuttgart" an jedem Meßpunkt als Gleitreibungsbeiwert, GW, oder durch Auswertung von jeweils drei Gleitstreckenmessungen mit dem "Gleitmeßgerät der Bundesanstalt für Materialprüfung Berlin (BAM)" auf insgesamt vier Meßstrecken als Gleitstrecke, Gs, in mm ermittelt. Die Anforderungen der Tabelle 1, Zeile 10, müssen an jedem Meßpunkt bzw. an jeder Meßstrecke erfüllt werden.

6.9.2 Prüfung mit dem "Gleitmeßgerät Stuttgart", GV-GW

6.9.2.1 Prüfgerät

Das in Bild 7 dargestellte "Gleitmeßgerät Stuttgart" besteht im wesentlichen aus einer in einem Ständer senkrecht geführten Welle, an deren Unterseite die Meßeinheit mit dem Prüffuß über ein Taumelgelenk befestigt ist. Am oberen Teil der Welle befindet sich ein angeflanschtes Gewicht, während ihr unterer Teil als Spindel ausgebildet ist. Durch ein freihängendes Gewicht wird auf die belastete Welle ein konstantes Drehmoment ausgeübt. Der Antrieb der Welle erfolgt dabei über einen durch das freihängende Gewicht gespannten Stahldraht, der auf der Wickeltrommel aufgewickelt ist und über eine Umlenkrolle läuft. Beim Aufsetzen und Gleiten des Prüffußes kann der Reibungswiderstand zwischen Prüfsohle und Bodenoberfläche als Drehmoment gemessen werden.

Das Prüfgerät muß folgende technische Kennwerte aufweisen:

a) Ständer (eventuell mit Grundplatte);

b) Welle mit einem Spindel-Durchmesser von 20 mm, Spindelsteigung 12 mm/U, Wellenführung oben durch Gleitlager, Wellenführung unten durch radial und axial wirkendes Kugellager;

c) Prüffuß (siehe Bild 8) mit einem Durchmesser von 100 mm, Gleitkufen 20 mm breit, Basislänge 45 mm (Segmente eines Zylinders mit 50 mm Durchmesser);

d) Gesamtgewicht von Welle, angeflanschtem Gewicht und Prüffuß (20 ± 1) kg;

e) Polares Trägheitsmoment von Welle, angeflanschtem Gewicht und Prüffuß 2900 kg/cm²;

f) Freihängendes Gewichtsstück (5,0 ± 0,1) kg;

g) Wickeltrommeldurchmesser 54 mm;

h) Prüfsohlenmaterial aus Leder nach DIN 51963 maschinell in 2 mm dicke Schichten gespalten, Oberfläche jeweils die durch das Spalten entstandene Fläche - in Gleitrichtung von Hand mit Schleifpapier, Körnung 100, angerauht.

6.9.2.2 Meßgerät

Meßwertaufnehmer nach DIN 43780, Meßbereich 0 Nm bis 40 Nm, mit einer Genauigkeitsklasse von 0,2, mit Registriergeräten.

6.9.2.3 Durchführung der Messungen

Als Prüfkörper ist bei punktelastischen Sportböden der Gesamtaufbau des Sportbodens, bei kombiniertelastischen Sportböden mindestens die obere elastische Schicht mit Oberbelag erforderlich. Bei flächenelastischen Sportböden ist als Prüfkörper der Oberbelag allein ausreichend.

Für die Messung wird der Prüfkörper mit der Grundplatte schubfest verbunden und die Prüfsohlen auf den Gleitkufen des Prüffußes befestigt.

Bei Messungen an einem eingebauten Sportboden wird das Prüfgerät ohne Grundplatte unmittelbar auf den zu prüfenden Sportboden gestellt.

Vor der Messung wird der auf dem Prüfkörper aufsitzende Prüffuß durch eine volle Umdrehung der Welle hochgedreht. Nach Freigabe der Welle bewegt diese sich spiralförmig nach unten, so daß der Prüffuß mit einer rotierenden Bewegung auf dem Prüfkörper aufsetzt.

Unmittelbar vor dem Aufsetzen des Prüffußes wirkt die Kraft, die sonst zur Stützung der Welle und des an ihr angeflanschten Gewichtes erforderlich ist, allein auf den Prüffuß. Während des Gleitens des Prüffußes auf der Prüfkörperoberfläche läuft das Kugellager in seiner Halterung an der Spindel hoch, so daß die vertikale Belastung des Prüffußes beim Durchgleiten konstant bleibt. Der beim Aufsetzen und Gleiten des Prüffußes auf dem Prüfkörper entstehende Reibungswiderstand wird als Drehmoment im Prüffuß gemessen und kontinuierlich vom Registriergerät aufgezeichnet (siehe Bild 9).

An jeder Meßstelle sind drei Messungen hintereinander durchzuführen. Vor jeder Messung sind Prüfsohlen und Belagsoberfläche mit einer Bürste von eventuell angefallenem Schleifstaub zu säubern. Bei jeder neuen Meßstelle müssen die Prüfsohlen auf den Gleitkufen zunächst neu angerauht werden (siehe auch 6.9.2.1).

6.9.2.4 Auswertung der Messungen

Die Gleitmeßkurve (siehe Bild 9) ist stets durch einen steilen Anstieg beim Aufsetzen des Prüffußes (Angleiten) und einem flacheren Verlauf mit unterschiedlich großer Neigung gegenüber der Zeitachse nach dem vollständigen Aufsetzen und dem weiteren Drehen des Prüffußes (Durchgleiten) gekennzeichnet.

Für die Bestimmung des Gleitreibungsbeiwertes wird der Reibungswiderstand im Übergangsbereich zwischen Angleitphase und Durchgleitphase verwendet und wie folgt ermittelt:

In den flacheren Teil der Meßkurve (Durchgleitphase) wird nach Augenmaß eine neutrale Gerade eingezeichnet und mit dem steileren Teil der Meßkurve (Angleitphase) zum Schnitt gebracht. Der Schnittpunkt ergibt den maßgebenden Reibungswiderstand, D, in Ncm auf der Drehmomentachse.

Der Gleitreibungsbeiwert, GW, wird dann wie folgt bestimmt:

$$GW = \frac{0{,}3 \cdot D \cdot 1}{F \ cm} \tag{8}$$

Dabei ist:

D maßgebender Reibungswiderstand in Ncm,

F Normalkraft in N.

Das Gleitverhalten ist jeweils der Mittelwert aus den drei Einzelmessungen jedes Meßpunktes. Er muß die Anforderung nach Tabelle 1, Zeile 10, erfüllen.

6.9.3 Prüfung mit dem "Gleitmeßgerät der Bundesanstalt für Materialprüfung Berlin (BAM)" (GV-GS)

6.9.3.1 Prüfgerät

Das "Gleitmeßgerät der Bundesanstalt für Materialprüfung Berlin (BAM)" besteht aus einem zylindrischen Gleitkörper, der an seiner Unterseite 3 Ledergleitscheiben besitzt, und einer Abschußvorrichtung, die mit Hilfe einer gespannten Feder den Gleitkörper auf dem zu prüfenden Bodenbelag in Bewegung setzt. Die vom Gleitkörper auf dem Prüfboden oder Prüfkörper zurückgelegte Gleitstrecke wird mit einem Meßband aus Stahl gemessen.

Das Prüfgerät muß folgende technischen Kennwerte aufweisen:

a) Gleitkörper aus einem Stahlzylinder mit einem Durchmesser von 100 mm, 50 mm Höhe und einem Gesamtgewicht von 3 kg; an der Unterseite drei 4 mm tiefe Ausfräsungen mit einem Durchmesser von 16 mm zur Aufnahme der Ledergleitscheiben, die symmetrisch mit einem Achsabstand von 40 mm um den Mittelpunkt der Unterseite des Prüfkörpers und gleich weit voneinander entfernt angeordnet sind;

b) Ledergleitscheiben aus alt gegerbtem Leder nach RAL 061 A - siehe DIN 51963 - mit Rohdichte 0,97 g/cm^3 bis 1,12 g/cm^3 und Shore-D-Härte 60 ± 5, Durchmesser 16 mm, Dicke 5 mm bis 6 mm, Prüffläche: Haarseite;

Seite 21
E DIN 18032-2 : 1996-02

c) Abschußvorrichtung aus einer gleitfesten Grundplatte mit zylindrischem Gehäuse zur Aufnahme und Führung der Feder, Spann- und Auslösevorrichtung für Feder und zylindrischen Bolzen.

Die Feder der Abschußvorrichtung muß so bemessen und einstellbar sein, daß der Gleitkörper auf einer Vergleichsoberfläche aus Glas eine Anfangsgeschwindigkeit von 2,8 m/s erreicht.

6.9.3.2 Meßgerät

Meßband aus Stahl.

6.9.3.3 Durchführung der Messungen

Als Prüfkörper ist der Oberbelag allein ausreichend. Seine Oberfläche muß bei der Messung staubfrei sein. Der Belag wird auf einer horizontalen, ebenen und unnachgiebigen Fläche in einem Raum mit Normalklima DIN 50014-23/50-2 ausgelegt, falls erforderlich schubfest aufgeklebt und nach einer Woche Lagerung geprüft. Die nach dem Abschuß des Gleitkörpers zurückgelegte Gleitstrecke, G_s, wird mit einem Meßband auf 5 mm gemessen. Es werden in vier zueinander senkrechten Richtungen mindestens jeweils drei Gleitversuche durchgeführt. Für jeden Gleitversuch sind neue Lederscheiben zu verwenden.

6.9.3.4 Auswertung der Messungen

Das Gleitverhalten ist jeweils der Mittelwert der aus den drei gemessenen Gleitstreckenlängen. Er muß die Anforderung nach Tabelle 1, Zeile 10, erfüllen.

6.10 Rollwiderstand, *RW*

6.10.1 Allgemeines

Der Rollwiderstand wird mit einem Prüfgerät ermittelt, das im wesentlichen dem Prüfgerät nach 6.5.2 - jedoch mit einer anderen Prüfrolle - entspricht. Für die Prüfstrecken gilt 6.5.1. Rollsportgeeignete Sportbodensysteme dürfen nicht mehr als 15 N Rollwiderstand besitzen.

6.10.2 Prüfgerät

Das Prüfgerät hat als Prüfrolle eine Rollschuhrolle (Inline Skater) mit linsenförmigem Querschnitt, einem Durchmesser von 76 mm, einer Breite von maximal 23 mm und einer Laufflächenhärte von 78 Shore A, die reibungsarm (z. B. mit Wälzlagern) anzubringen ist; Achslast 600 N, Leergewicht Prüfwagen (35 ± 5) kg.

Zusätzliche Einrichtung für das Messen der zum Ziehen des Prüfwagens erforderlichen Kraft mit einem zwischen Zugseil und Prüfwagen angebrachten Kraftmeßgerät.

6.10.3 Kraftmeßgerät

Kraftaufnehmer mit Verstärker und Registriergerät, Meßbereich 1 kN und einer Frequenz bis zu 100 Hz mit Meßfehlergrenzen von weniger als 0,2 %.

Mit dem Registriergerät muß der zeitliche Verlauf der Zugkraft aufgezeichnet werden können.

6.10.4 Durchführung der Prüfung

Das Prüfgerät wird auf einer Prüfstrecke von mindestens 1 m Länge, die alle Systemmeßpunkte des Sportbodensystems kreuzt (soweit dies nicht möglich ist, muß eine zweite Prüfstrecke festgelegt werden) mit einer konstanten Geschwindigkeit von (0,30 ± 0,05) m/s hin- und zurückgefahren ($\hat{=}$ 1 Übergang). Hierbei wird der zeitliche Verlauf der benötigten Zugkraft über die Länge der Meßstrecke aufgezeichnet, zusammen mit der Geschwindigkeit des Prüfwagens. Die Prüfung im Labor ist bei Normalklima DIN 50014-23/50-2 durchzuführen. Bei einer Prüfung vor Ort ist die jeweils vorhandene Prüfraumtemperatur im Prüfprotokoll festzuhalten. Für jede Prüfung sind drei Übergänge erforderlich. Vor jeder Prüfung müssen mindestens 10 Übergänge (ohne Messungen) erfolgen.

6.10.5 Auswertung der Prüfung

Bei der Auswertung der drei "Prüfübergänge" ist nur der Kraftverlauf bei konstanter Geschwindigkeit des Prüfwagens ohne Anfangs- und Endbereich (Beschleunigungs- und Bremsvorgänge) heranzuziehen. Für jeden der drei Übergänge ist aus den aufgezeichneten Kraftverläufen grafisch oder rechnerisch die benötigte mittlere Zugkraft, die zum Ziehen des Prüfwagens erforderlich war, zu ermitteln. Der Mittelwert aus diesen drei Einzelmeßwerten ist der Rollwiderstand, *RW*, des Sportbodensystems.

7 Reinigung und Pflege

Vom Sportbodenhersteller ist grundsätzlich eine Pflegeanleitung für den Sportboden zu liefern, bei deren ordnungsgemäßer Handhabung der Erhalt der sport- und schutzfunktionellen Eigenschaften des Sportbodens gewährleistet ist.

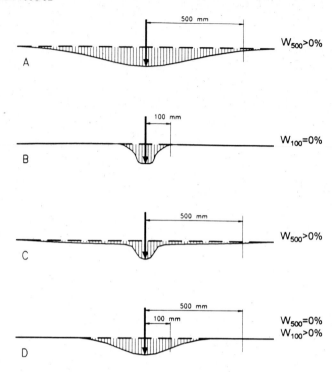

A Flächenelastischer Sporthallenboden
B Punktelastischer Sporthallenboden
C Kombiniertelastischer Sporthallenboden
D Mischelastischer Sporthallenboden

Bild 1: Verformungsmulden der Konstruktionssysteme

Seite 23
E DIN 18032-2 : 1996-02

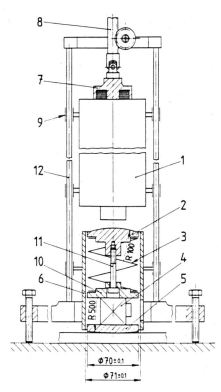

1 Fallgewicht
2 Prallkopf
3 Zylindrische Schraubenfeder(n)
4 Kraftaufnehmer
5 Prüffuß
6 Führung des Kraftmeßgerätes
7 Elektromagnet
8 Hubvorrichtung
9 Führung des Fallgewichtes
10 Abstützung für zylindrische Schraubenfeder(n)
11 Kopplung Prallkopf-Feder-Kraftaufnehmer
12 Führung

Bild 2: "Künstlicher Sportler 95" - Aufbau des Prüfgeräts (Beispiel)

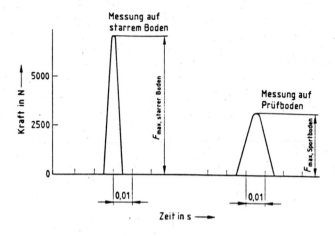

Bild 3: "Künstlicher Sportler 95 - Meßaufzeichnungen

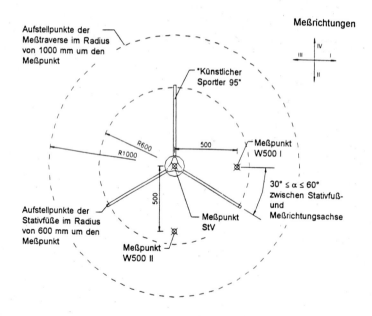

Bild 4: Anordnung des "Künstlichen Sportlers 95" und der Meßtraverse zur Bestimmung der Verformungsmulde W_{500} in den Meßrichtungen I, II, III und IV - Bestimmung der Verformungsmulde W_{500} der Meßrichtungen I und II

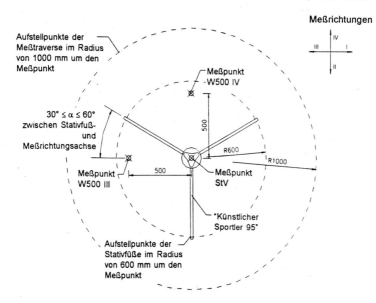

Bild 5: Anordnung des "Künstlichen Sportlers 95" und der Meßtraverse zur Bestimmung der Verformungsmulde W_{500} in den Meßrichtungen I, II, III und IV - Bestimmung der Verformungsmulde W_{500} der Meßrichtungen III und IV

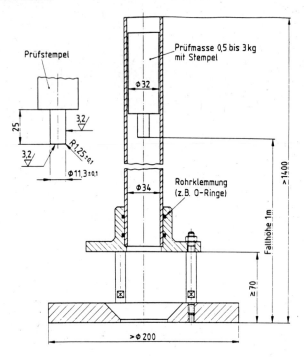

Bild 6: Schlagfestigkeitsprüfgerät

Seite 27
E DIN 18032-2 : 1996-02

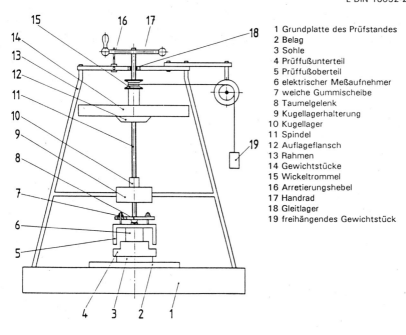

1 Grundplatte des Prüfstandes
2 Belag
3 Sohle
4 Prüffußunterteil
5 Prüffußoberteil
6 elektrischer Meßaufnehmer
7 weiche Gummischeibe
8 Taumelgelenk
9 Kugellagerhalterung
10 Kugellager
11 Spindel
12 Auflageflansch
13 Rahmen
14 Gewichtstücke
15 Wickeltrommel
16 Arretierungshebel
17 Handrad
18 Gleitlager
19 freihängendes Gewichtstück

Bild 7: "Gleitmeßgerät Stuttgart" - Aufbau des Meßgerätes

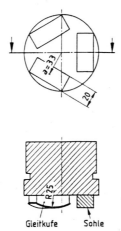

Bild 8: "Gleitmeßgerät Stuttgart" - Prüffuß, Ansicht

Seite 28
E DIN 18032-2 : 1996-02

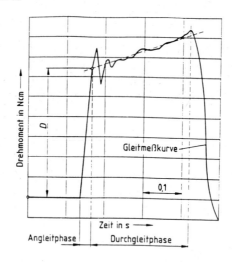

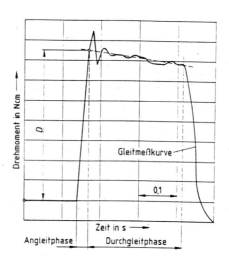

Bild 9: "Gleitmeßgerät Stuttgart" - Beispiele von Meßaufzeichnungen und ihrer Auswertung

Anhang A (normativ)

Anordnung der Systemmeßpunkte

A.1 Flächenelastischer Sportboden mit elastischer Konstruktion
(Doppelschwingträger, versetzte Auflager)

A.1.1 Legende

a Lastverteilungsplatte (Holzwerkstoffplatten mit Oberbelag oder Parkett)
b Blindboden
c obere Federbrettlage
d Zwischensteg des Schwingträgers
e untere Federbrettlage
f Lagerklotz/Pad

⊙ Systemmeßpunkt

A.1.2 Anordnung der Systemmeßpunkte

Systemmeßpunkt 1:   Über einem Lagerklotz/Pad auf dem Schwingträger
Systemmeßpunkt 2:   Über einem Zwischensteg auf dem Schwingträger
Systemmeßpunkt 3:   Mittig zwischen Meßpunkt 1 und 2 auf dem Schwingträger
Systemmeßpunkt 4:   Am Stoß des Schwingträgers
 - 4 a, wenn Stoß über dem Lagerklotz/Pad
 - 4 b, wenn Stoß am Zwischensteg
Systemmeßpunkt 5:   Mittig zwischen zwei Schwingträgern (zwischen einem Lagerklotz/Pad und einem Zwischensteg) im Feld
Systemmeßpunkt 6:   Mittig zwischen zwei Schwingträgern im Feld
Systemmeßpunkt 7:   An einem T-Stoß der Lastverteilungsplatte (eine Meßrichtung entlang eines Stoßes, eine Meßrichtung in Richtung Feldmitte)
Systemmeßpunkt 8:   An einem Stoß der Lastverteilungsplatte (eine Meßrichtung entlang eines Stoßes, eine Meßrichtung in Richtung Feldmitte)

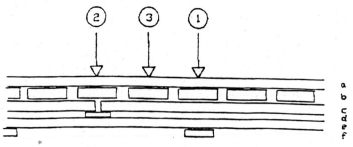

Bild A.1: **Flächenelastischer Sportboden mit elastischer Konstruktion** (Doppelschwingträger, versetzte Auflager); **Schnitt**

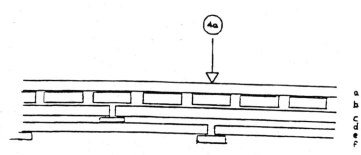

Bild A.2: **Flächenelastischer Sportboden mit elastischer Konstruktion** (Doppelschwingträger, versetzte Auflager); **Schnitt**

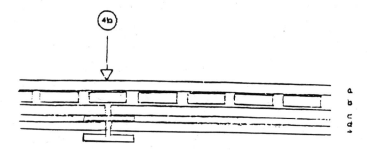

Bild A.3: **Flächenelastischer Sportboden mit elastischer Konstruktion** (Doppelschwingträger, versetzte Auflager); **Schnitt**

Seite 31
E DIN 18032-2 : 1996-02

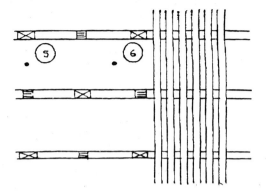

Bild A.4: Flächenelastischer Sportboden mit elastischer Konstruktion
(Doppelschwingträger, versetzte Auflager); Draufsicht Unterkonstruktion

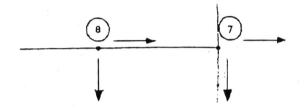

Bild A.5 : Flächenelastischer Sportboden mit elastischer Konstruktion
(Doppelschwingträger, versetzte Auflager); Draufsicht Lastverteilungsplatte

Seite 32
E DIN 18032-2 : 1996-02

A.2 Flächenelastischer Sportboden mit elastischer Konstruktion
(Doppelschwingträger, nicht versetzte Auflager)

A.2.1 Legende

a   Lastverteilungsplatte (Holzwerkstoffplatten mit Oberbelag oder Parkett)
b   Blindboden
c   obere Federbrettlage
d   Zwischensteg des Schwingträgers
e   untere Federbrettlage
f   Lagerklotz/Pad

○   Systemmeßpunkt

A.2.2 Anordnung der Systemmeßpunkte

Systemmeßpunkt 1:   Über einem Lagerklotz/Pad auf dem Schwingträger
Systemmeßpunkt 2:   Über einem Zwischensteg auf dem Schwingträger
Systemmeßpunkt 3:   Mittig zwischen Meßpunkt 1 und 2 auf dem Schwingträger
Systemmeßpunkt 4:   Am Stoß des Schwingträgers
                    - 4 a, wenn Stoß über dem Lagerklotz/Pad
                    - 4 b, wenn Stoß am Zwischensteg
Systemmeßpunkt 5:   Mittig zwischen zwei Schwingträgern (zwischen Lagerklötzen/Pads) im Feld
Systemmeßpunkt 6:   Mittig zwischen zwei Schwingträgern (zwischen Zwischenstegen) im Feld
Systemmeßpunkt 7:   Mittig zwischen zwei Schwingträgern im Feld
Systemmeßpunkt 8:   An einem T-Stoß der Lastverteilungsplatte (eine Meßrichtung entlang eines Stoßes, eine Meßrichtung in Richtung Feldmitte)
Systemmeßpunkt 9:   An einem Stoß der Lastverteilungsplatte (eine Meßrichtung entlang eines Stoßes, eine Meßrichtung in Richtung Feldmitte)

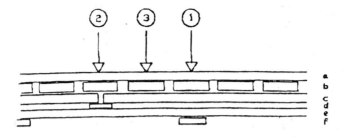

Bild A.6: Flächenelastischer Sportboden mit elastischer Konstruktion (Doppelschwingträger, nicht versetzte Auflager); Schnitt

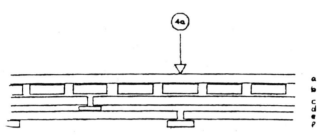

Bild A.7: Flächenelastischer Sportboden mit elastischer Konstruktion (Doppelschwingträger, nicht versetzte Auflager); Schnitt

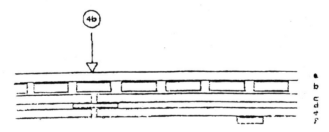

Bild A.8: Flächenelastischer Sportboden mit elastischer Konstruktion (Doppelschwingträger, nicht versetzte Auflager); Schnitt

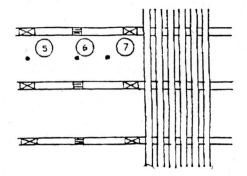

Bild A.9: Flächenelastischer Sportboden mit elastischer Konstruktion (Doppelschwingträger, nicht versetzte Auflager); **Draufsicht Unterkonstruktion**

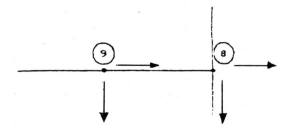

Bild A.10: Flächenelastischer Sportboden mit elastischer Konstruktion (Doppelschwingträger, nicht versetzte Auflager); **Draufsicht Lastverteilungsplatte**

Seite 35
E DIN 18032-2 : 1996-02

A.3 Flächenelastischer Sportboden mit elastischer Konstruktion (Doppelschwingboden)

A.3.1 Legende

a   Lastverteilungsplatte (Holzwerkstoffplatten mit Oberbelag oder Parkett)
b   Blindboden
c   obere Federbrettlage
d   untere Federbrettlage
e   Lagerklotz/Pad

⊙   Systemmeßpunkt

A.3.2 Anordnung der Systemmeßpunkte

Systemmeßpunkt 1:   Über einem Lagerklotz/Pad
Systemmeßpunkt 2:   Über einem Kreuzungspunkt obere/untere Federbrettlage
Systemmeßpunkt 3:   Über einem Stoß der oberen Federbrettlage
Systemmeßpunkt 4:   Über einem Stoß der unteren Federbrettlage
Systemmeßpunkt 5:   Mittig zwischen zwei Lagerklötzen/Pads im Feld
Systemmeßpunkt 6:   Mittig auf der oberen Federbrettlage im Feld
Systemmeßpunkt 7:   Mittig zwischen Lagerklotz/Pad und oberer Federbrettlage
Systemmeßpunkt 8:   An einem T-Stoß der Lastverteilungsplatte (eine Meßrichtung entlang eines Stoßes, eine Meßrichtung in Richtung Feldmitte)
Systemmeßpunkt 9:   An einem Stoß der Lastverteilungsplatte (eine Meßrichtung entlang eines Stoßes, eine Meßrichtung in Richtung Feldmitte)

Seite 36
E DIN 18032-2 : 1996-02

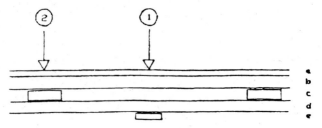

Bild A.11: Flächenelastischer Sportboden mit elastischer Konstruktion (Doppelschwingboden); Schnitt

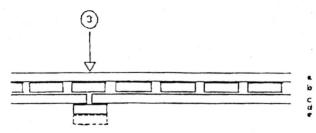

Bild A.12: Flächenelastischer Sportboden mit elastischer Konstruktion (Doppelschwingboden); Schnitt

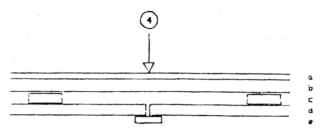

Bild A.13: Flächenelastischer Sportboden mit elastischer Konstruktion (Doppelschwingboden); Schnitt

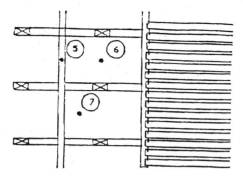

Bild A.14: Flächenelastischer Sportboden mit elastischer Konstruktion (Doppelschwingboden); Draufsicht Unterkonstruktion

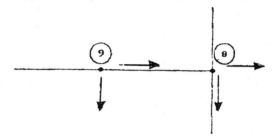

Bild A.15: Flächenelastischer Sportboden mit elastischer Konstruktion (Doppelschwingboden) Draufsicht Lastverteilungsplatte

Seite 38
E DIN 18032-2 : 1996-02

A.4 Flächenelastischer Sportboden mit elastischer Konstruktion
(Einfachschwingboden, versetzte Auflager)

A.4.1 Legende

a   Lastverteilungsplatte (Holzwerkstoffplatten mit Oberbelag oder Parkett)
b   Blindboden
c   Federbrettlage
d   Lagerklotz/Pad

⊙   Systemmeßpunkt

A.4.2 Anordnung der Systemmeßpunkte

Systemmeßpunkt 1:	Über einem Lagerklotz/Pad
Systemmeßpunkt 2:	Mittig zwischen zwei Lagerklötzen/Pads über dem Federbrett
Systemmeßpunkt 3:	Über einem Stoß der Federbrettlage
Systemmeßpunkt 4:	Mittig zwischen zwei Federbrettern im Feld (Höhe Lagerklotz/Pad)
Systemmeßpunkt 5:	Mittig zwischen zwei Federbrettern im Feld (mittig zwischen zwei versetzten Lagerklötzen/Pads)
Systemmeßpunkt 6:	An einem T-Stoß der Lastverteilungsplatte (eine Meßrichtung entlang eines Stoßes, eine Meßrichtung in Richtung Feldmitte)
Systemmeßpunkt 7:	An einem Stoß der Lastverteilungsplatte (eine Meßrichtung entlang eines Stoßes, eine Meßrichtung in Richtung Feldmitte)

Seite 39
E DIN 18032-2 : 1996-02

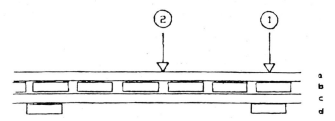

Bild A.16: Flächenelastischer Sportboden mit elastischer Konstruktion
(Einfachschwingboden, versetze Auflager); **Schnitt**

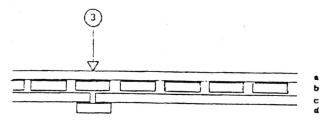

Bild A.17: Flächenelastischer Sportboden mit elastischer Konstruktion
(Einfachschwingboden, versetze Auflager); **Schnitt**

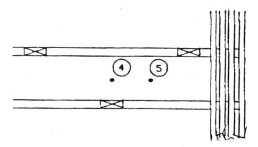

Bild A.18: Flächenelastischer Sportboden mit elastischer Konstruktion
(Einfachschwingboden, versetzte Auflager); **Draufsicht Unterkonstruktion**

Seite 40
E DIN 18032-2 : 1996-02

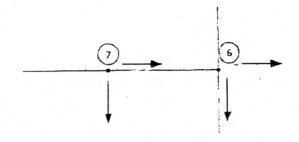

Bild A.19: Flächenelastischer Sportboden mit elastischer Konstruktion
(Einfachschwingboden, versetze Auflager); Draufsicht Lastverteilungsplatte

A.5 Flächenelastischer Sportboden mit elastischer Konstruktion
(Einfachschwingboden, nicht versetzte Auflager)

A.5.1 Legende

a   Lastverteilungsplatte (Holzwerkstoffplatten mit Oberbelag oder Parkett)
b   Blindboden
c   Federbrettlage
d   Lagerklotz/Pad

⊙   Systemmeßpunkt

A.5.2 Anordnung der Systemmeßpunkte

Systemmeßpunkt 1:	Über einem Lagerklotz/Pad
Systemmeßpunkt 2:	Mittig zwischen zwei Lagerklötzen/Pads über dem Federbrett
Systemmeßpunkt 3:	Über einem Stoß der Federbrettlage
Systemmeßpunkt 4:	Mittig zwischen zwei Federbrettern im Feld (Höhe Lagerklotz/Pad)
Systemmeßpunkt 5:	Mittig zwischen zwei Federbrettern im Feld
Systemmeßpunkt 6:	An einem T-Stoß der Lastverteilungsplatte (eine Meßrichtung entlang eines Stoßes, eine Meßrichtung in Richtung Feldmitte)
Systemmeßpunkt 7:	An einem Stoß der Lastverteilungsplatte (eine Meßrichtung entlang eines Stoßes, eine Meßrichtung in Richtung Feldmitte)

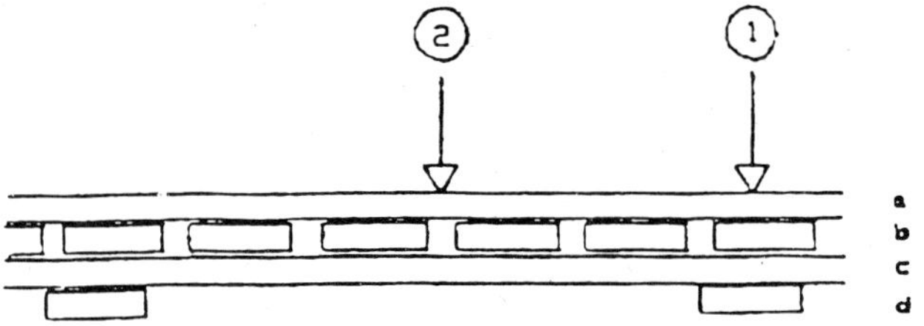

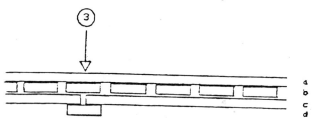

Bild A.20: Flächenelastischer Sportboden mit elastischer Konstruktion (Einfachschwingboden, nicht versetzte Auflager); **Schnitt**

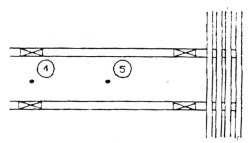

Bild A.21: Flächenelastischer Sportboden mit elastischer Konstruktion (Einfachschwingboden, nicht versetzte Auflager); **Schnitt**

Bild A.22: Flächenelastischer Sportboden mit elastischer Konstruktion (Einfachschwingboden, nicht versetzte Auflager); **Draufsicht Unterkonstruktion**

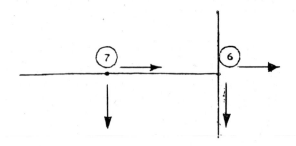

Bild A.23: Flächenelastischer Sportboden mit elastischer Konstruktion
(Einfachschwingboden, nicht versetzte Auflager); Draufsicht Lastverteilungsplatte

A.6 Flächenelastischer Sportboden mit elastischer Schicht

A.6.1 Legende

───── obere Lage der Lastverteilungsplatte (Holzwerkstoffplatten mit Oberbelag oder Parkett)

- - - - - untere Lage der Lastverteilungsplatte

⊙ Systemmeßpunkt

A.6.2 Anordnung der Systemmeßpunkte

Systemmeßpunkt 1: An einem T-Stoß der oberen Lage der Lastverteilungsplatte (eine Meßrichtung entlang eines Stoßes, eine Meßrichtung in Richtung Feldmitte)
Systemmeßpunkt 2: An einem Stoß der oberen Lage der Lastverteilungsplatte (eine Meßrichtung entlang eines Stoßes, eine Meßrichtung in Richtung Feldmitte)
Systemmeßpunkt 3: An einem T-Stoß der unteren Lage der Lastverteilungsplatte (eine Meßrichtung entlang eines Stoßes, eine Meßrichtung in Richtung Feldmitte)
Systemmeßpunkt 4: An einem Stoß der unteren Lage der Lastverteilungsplatte (eine Meßrichtung entlang eines Stoßes, eine Meßrichtung in Richtung Feldmitte)
Systemmeßpunkt 5: An einem Kreuzungspunkt (Stoß der oberen Lage der Lastverteilungsplatte/Stoß der unteren Lage der Lastverteilungsplatte)
Systemmeßpunkt 6: Im Feld (mittig zwischen Stößen)

Wird die elastische Schicht mit im Raster angeordneten Pads gebildet, sind weitere Meßpunkte anzuordnen:

Systemmeßpunkt 7: Über einem Pad
Systemmeßpunkt 8: Mittig zwischen den Pads

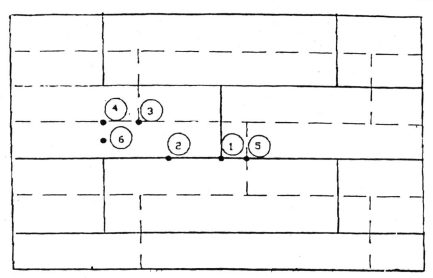

Bild A.24: Sportboden mit elastischer Schicht

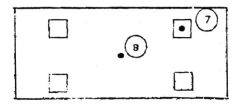

Bild A.25: Sportboden mit elastischer Schicht mit im Raster angeordneten Pads

Anwendungswarnvermerk

Dieser Norm-Entwurf wird der Öffentlichkeit zur Prüfung und Stellungnahme vorgelegt.

Weil die beabsichtigte Norm von der vorliegenden Fassung abweichen kann, ist die Anwendung dieses Entwurfes besonders zu vereinbaren.

Stellungnahmen werden erbeten an den Normenausschuß Bauwesen (NABau), 10772 Berlin.

DK 691.175-405.8 : 678.5/.8 : 699.86   August 1992

Schaumkunststoffe als Dämmstoffe für das Bauwesen
Dämmstoffe für die Wärmedämmung

DIN 18 164 Teil 1

Cellular plastics as insulating building materials; insulating materials for thermal insulation

Matières plastiques alvéolaires comme matériaux isolants dans le bâtiment; matériaux isolants pour l'isolation thermique

Ersatz für Ausgabe 12.91

Maße in mm

Inhalt

	Seite
1 Anwendungsbereich und Zweck	2
2 Stoffarten, Begriffe	2
2.1 Stoffarten	2
2.2 Dämmstoffe aus Phenolharz(PF)-Hartschaum	2
2.3 Dämmstoffe aus Polystyrol(PS)-Hartschaum	2
2.4 Dämmstoffe aus Polyurethan(PUR)-Hartschaum	2
3 Bezeichnung	2
4 Anwendungstypen und Rohdichten	2
5 Herstellungsart, Beschichtung, Profilierung, Lieferform	2
6 Anforderungen	2
6.1 Allgemeines	2
6.2 Beschaffenheit	3
6.3 Maße	3
6.4 Rohdichte	3
6.5 Zugfestigkeit	3
6.6 Druckspannung bei 10 % Stauchung oder Druckfestigkeit	4
6.7 Wärmeleitfähigkeit	4
6.8 Brandverhalten	4
6.9 Formbeständigkeit bei Wärmeeinwirkung	4
6.10 Irreversible Längenänderungen	4
6.11 Beständigkeit	4
7 Prüfung	4
7.1 Probekörpervorbereitung	4
7.2 Beschaffenheit	4
7.3 Maße	4
7.3.1 Länge und Breite	4
7.3.2 Dicke	5

	Seite
7.4 Rohdichte	5
7.5 Zugfestigkeit	5
7.6 Druckspannung bei 10 % Stauchung oder Druckfestigkeit	5
7.7 Wärmeleitfähigkeit	5
7.8 Brandverhalten	6
7.9 Formbeständigkeit bei Wärmeeinwirkung	6
7.9.1 Formbeständigkeit bei 70 °C	6
7.9.2 Formbeständigkeit bei 80 °C unter Belastung	6
7.9.3 Formbeständigkeit bei 70 °C unter erhöhter Belastung	6
7.10 Irreversible Längenänderungen	6
8 Kennzeichnung	6
9 Überwachung (Güteüberwachung)	6
9.1 Allgemeines	6
9.2 Eigenüberwachung	7
9.3 Fremdüberwachung	7
9.3.1 Umfang der Fremdüberwachung	7
9.3.2 Probenahme	7
9.3.3 Zusammenfassung der Prüfergebnisse	7
Anhang A Mustervordruck für die Zusammenfassung der Prüfergebnisse von Schaumstoffen für die Wärmedämmung	8
Zitierte Normen und andere Unterlagen	10
Frühere Ausgaben	10
Änderungen	10
Erläuterungen	10

Fortsetzung Seite 2 bis 10

Normenausschuß Bauwesen (NABau) im DIN Deutsches Institut für Normung e.V.

1 Anwendungsbereich und Zweck

Diese Norm gilt für harte Schaumstoffe nach DIN 7726 (im folgenden Hartschaum genannt), die in Form von Platten oder Bahnen für Wärmedämmzwecke im Bauwesen verwendet werden.

Sie gilt auch für profilierte Platten und Bahnen sowie für Schaumstoffe in Verbindung mit Pappe, Papier, Glasvlies, Besandungen, Kunststoffolien, Metallfolien, Dach- und Dichtungsbahnen und ähnlichen Beschichtungen, sofern diese werkmäßig aufgebracht werden (siehe Abschnitt 5).

Diese Norm gilt nicht für Wärmedämmstoffe mit Beschichtungen, die dicker als 5 mm je Schicht sind und andere Verbundbaustoffe[1]. Sie gilt ferner nicht für Schaumkunststoffe für Trittschalldämmzwecke (siehe DIN 18 164 Teil 2) und nicht für Schaumkunststoffe, die auf der Baustelle hergestellt werden (siehe DIN 18 159 Teil 1 und Teil 2).

2 Stoffarten, Begriffe

2.1 Stoffarten

In dieser Norm werden Dämmstoffe aus
— Phenolharz(PF)-Hartschaum
— Polystyrol(PS)-Hartschaum
— Polyurethan(PUR)-Hartschaum
behandelt.

2.2 Dämmstoffe aus Phenolharz(PF)-Hartschaum

Ein Dämmstoff aus Phenolharz-Hartschaum ist ein überwiegend geschlossenzelliger, harter Schaumstoff, der aus Phenolharzen durch Zugabe eines Treibmittels und eines Härters mit oder ohne Zufuhr äußerer Wärme erzeugt wird.

2.3 Dämmstoffe aus Polystyrol(PS)-Hartschaum

Ein Dämmstoff aus Polystyrol-Hartschaum ist ein überwiegend geschlossenzelliger, harter Schaumstoff aus Polystyrol oder Mischpolymerisaten mit überwiegendem Polystyrolanteil. Nach der Herstellungsart ist zu unterscheiden zwischen Partikelschaumstoff aus verschweißten, geblähtem Polystyrolgranulat (im folgenden Partikelschaum genannt) und extrudergeschäumtem Polystyrolschaumstoff[2] (im folgenden Extruderschaum genannt).

2.4 Dämmstoffe aus Polyurethan(PUR)-Hartschaum

Dämmstoffe aus Polyurethan-Hartschaum sind überwiegend geschlossenzellige, harte Schaumstoffe, die in Gegenwart von Katalysatoren und Treibmitteln[2] durch chemische Reaktion von Polyisocyanaten mit aciden Wasserstoff enthaltenden Verbindungen und/oder durch Trimerisierung von Polyisocyanaten erzeugt werden.

3 Bezeichnung

Schaumstoffe für die Wärmedämmung sind in folgender Reihenfolge zu bezeichnen:
a) Benennung
b) Norm-Hauptnummer
c) Stoffart und Lieferform
d) Anwendungszweck (Typkurzzeichen)

e) Wärmeleitfähigkeitsgruppe
f) Brandverhalten nach DIN 4102 Teil 1
g) Nenndicke in mm

Bezeichnung eines Schaumstoffes als Wärmedämmstoff aus Polyurethan(PUR)-Hartschaum als Platte (P) des Anwendungstyps WD, Wärmeleitfähigkeitsgruppe 030, normalentflammbar Baustoffklasse B 2 nach DIN 4102 Teil 1, Nenndicke $d = 50$ mm:

Wärmedämmstoff
DIN 18 164 — PUR P — WD — 030 — B 2 — 50

Beschichtungen und Profilierungen sowie Länge und Breite (sofern nicht Vorzugsmaße nach Tabelle 2) sind gesondert anzugeben.

4 Anwendungstypen und Rohdichten

Nach der Verwendbarkeit der Schaumstoffe für die Wärmedämmung im Bauwerk werden die in Tabelle 1 aufgeführten Anwendungstypen mit den entsprechenden Typkurzzeichen unterschieden[3].

5 Herstellungsart, Beschichtung, Profilierung, Lieferform

Schaumstoffe nach dieser Norm werden nach folgenden Herstellungsarten gefertigt:
a) Platten oder Bahnen, die aus Blöcken in Nennmaßen geschnitten werden (Blockware)
b) Platten oder Bahnen, die in kontinuierlichem Band gefertigt und dann auf Nennmaße geschnitten werden (Bandware)
c) Platten, die unmittelbar in Nennmaßen gefertigt werden (Automatenplatten)

Platten oder Bahnen können ein- oder mehrseitig beschichtet sein. Die Beschichtungen können aus Pappe, Papier, Glasvlies, Besandungen, Kunststoff- oder Metallfolien, Dach- und Dichtungsbahnen oder ähnlichem bestehen.

Platten und Bahnen können in ihren äußeren Zonen gegenüber dem Kern verdichtet sein.

Sie können an den Oberflächen und/oder Kanten Profilierungen haben.

Als Lieferformen werden Platten und Bahnen unterschieden. Beschichtete und profilierte Platten oder Bahnen gelten als gesonderte Lieferformen.

6 Anforderungen

6.1 Allgemeines

Für den Nachweis der Einhaltung der Anforderungen sind die Prüfungen nach Abschnitt 7 anzuwenden.

---

[1] Für Mehrschicht-Leichtbauplatten aus Hartschäumen und Holzwolle gilt DIN 1101. Für Gipskarton-Verbundplatten gilt DIN 18 184.

[2] Hierfür werden geeignete Treibmittel verwendet. Bei Dämmstoffen nach dieser Norm mit anderen Treibmitteln als vollhalogenierten Kohlenwasserstoffen muß der Zuschlagswert Z zur Ermittlung eines Rechenwertes der Wärmeleitfähigkeit festgelegt werden.

[3] Die Wasserdampfdurchlässigkeit von Schaumstoffen ist unterschiedlich und nicht Gegenstand dieser Norm.
Zur Bestimmung der Wasserdampf-Diffusionswiderstandszahlen siehe DIN 52 615.
Angaben über Wasserdampf-Diffusionswiderstandszahlen enthält DIN 4108 Teil 4.

Tabelle 1. **Anwendungstypen und Rohdichten**

Typ-kurz-zeichen	Verwendung im Bauwerk[1])	Phenolharz-Hartschaum kg/m^3 mindestens	Rohdichte in trockenem Zustand bei Polystyrol-Hartschaum		Polyurethan-Hartschaum kg/m^3 mindestens
			Partikel-schaum kg/m^3 mindestens	Extruder-schaum kg/m^3 mindestens	
W	Wärmedämmstoffe, nicht druckbelastet, z. B. in Wänden und belüfteten Dächern[2])	30	15		
WD	Wärmedämmstoffe, **d**ruckbelastet, z. B. unter druckverteilenden Böden (ohne Trittschallanforderung) und in unbelüfteten Dächern unter der Dachhaut[2])	35	20	25	30
WS	Wärmedämmstoffe, mit erhöhter Belastbarkeit für **S**ondereinsatzgebiete, z. B. Parkdecks[2])		30	30	

[1]) Schaumstoffe
— der Anwendungstypen WD und WS können auch wie der Anwendungstyp W,
— des Anwendungstyps WS können **nicht** wie der Anwendungstyp WD
verwendet werden.

[2]) Unterschiede hinsichtlich der Anforderungen siehe auch Abschnitt 6.6 und 6.9.

6.2 Beschaffenheit

Platten und Bahnen müssen an allen Stellen gleichmäßig dick und von gleichmäßigem Gefüge sein. Sie müssen gerade und parallele Kanten haben.
Die Platten müssen rechtwinklig, ihre Oberflächen eben sein. Die Anforderung an die Rechtwinkligkeit ist erfüllt, wenn bei der Prüfung nach Abschnitt 7.2 bei 500 mm Schenkellänge die Abweichung für jede Einzelmessung 3 mm nicht überschreitet.
Bei profilierten Platten muß das Profil über die ganze Fläche und/oder Kante gleichmäßig sein.

6.3 Maße

Die Maße der Platten und Bahnen sind in Tabelle 2, die Grenzabweichungen in Tabelle 3 angegeben.

6.4 Rohdichte

Der Mittelwert der Rohdichte[4]) in trockenem Zustand für die in Tabelle 1 angegebenen Anwendungstypen muß mindestens gleich den in Tabelle 1 angegebenen Werten sein. Einzelwerte (auf zwei wertanzeigende Ziffern gerundet angegeben) dürfen den in Tabelle 1 angegebenen Mindestwert um nicht mehr als 10 % unterschreiten.
Bei Polyurethan-Hartschaum müssen alle Einzelwerte gleich oder größer als der in Tabelle 1 angegebene Mindestwert sein.

6.5 Zugfestigkeit

Die Zugfestigkeit (nur als Maß für die Verschweißung) bei Platten und Bahnen des Anwendungstyps W aus Polystyrol-Partikelschaum einschließlich etwaiger Beschichtungen muß im Mittel mindestens 0,10 N/mm^2 betragen.
Einzelwerte dürfen bis 20 % unter diesem Wert liegen.

[4]) Stoffrohdichte ohne Beschichtungen oder Luftschichten, z. B. von profilierten Platten.

Tabelle 2. **Maße**

Lieferform	Nennlängen und Nennbreiten[1])	Nenndicken[2]) d
Platten (P)	1000 × 500	20 30 40 50 60 80 100
Bahnen (B)	5000 × 1000	20 30 40 50 60 80 100

[1]) Die angegebenen Maße sind Vorzugsmaße. Andere Längen und Breiten sind zu vereinbaren.
Anmerkung: Gemäß der neuen Modulordnung nach ISO 1040 und DIN 18 000 z. B. 1200 mm × 600 mm.

[2]) Die angegebenen Dicken sind Vorzugsmaße. Bei Beschichtungen mit einer Dicke < 2 mm je Schicht beziehen sich die angegebenen Dicken auf den Schaumstoff einschließlich der Beschichtung. Bei Beschichtungen mit einer Dicke ≥ 2 mm je Schicht beziehen sich die angegebenen Dicken nur auf den Schaumstoff. Die Dicke der Beschichtung ist zusätzlich anzugeben. Nenndicken, die keine Vorzugsmaße sind, sind auf ganzzahlige Vielfache von 5 mm gerundet anzugeben.

Tabelle 3. Grenzabweichungen

Liefer-form	Grenzabweichungen der gemessenen Einzelwerte von den angegebenen Nennmaßen			
	Länge	Breite	Dicke ≤ 50 mm	Dicke > 50 mm
Platten	± 0,8 % oder ± 10 mm[1])	± 2 mm	$^{+3}_{-2}$ mm	
Bahnen	− 10 mm[2])	± 0,8 % oder ± 10 mm[1])	± 2 mm	$^{+3}_{-2}$ mm

[1]) Der kleinere Wert ist maßgebend.
[2]) Überschreitung ist nicht begrenzt.

6.6 Druckspannung bei 10 % Stauchung oder Druckfestigkeit

Die Druckspannung bei 10 % Stauchung oder die Druckfestigkeit, ermittelt nach Abschnitt 7.6, muß bei den Anwendungstypen W (ausgenommen Polystyrol-Partikelschaum) und WD im Mittel mindestens 0,10 N/mm², bei dem Anwendungstyp WS mindestens 0,15 N/mm² betragen.
Einzelwerte dürfen bis 10 % unter diesen Werten liegen.

6.7 Wärmeleitfähigkeit

Die Schaumstoffe werden in Wärmeleitfähigkeitsgruppen eingestuft. Für die Anforderungen an die Wärmeleitfähigkeitsgruppen gilt Tabelle 4[5]).

Tabelle 4. Wärmeleitfähigkeitsgruppen

Gruppe	Anforderungen an die Wärmeleitfähigkeit λ_Z [1]) W/(m · K)
020	≤ 0,020
025	≤ 0,025
030	≤ 0,030
035	≤ 0,035
040	≤ 0,040
045[2])	≤ 0,045

[1]) Wärmeleitfähigkeit λ_Z nach DIN 52 612 Teil 2 (siehe jedoch Fußnote 2 zu den Abschnitten 2.3 und 2.4).
[2]) Diese Gruppe darf nur für PF-Hartschaum in Anspruch genommen werden.

[5]) Der zugehörige Rechenwert der Wärmeleitfähigkeit λ_R ist DIN 4108 Teil 4 zu entnehmen.
[6]) Prüfzeichen werden durch das Institut für Bautechnik, Reichpietschufer 74–76, 1000 Berlin 30, erteilt.
[7]) Schaumstoffe und etwaige Beschichtungen dürfen im Bauwerk nicht mit Stoffen in Berührung kommen, durch deren Einwirkung sie aufgelöst werden oder quellen, wie es bei Klebern, Holzschutzmitteln und anderem der Fall sein kann. Die in dieser Norm behandelten Schaumstoffe unterscheiden sich auf Grund ihres chemischen Aufbaus in ihrer Beständigkeit gegenüber Heißklebern, z. B. Heißbitumen. Die Hersteller haben deshalb für einzelne Produkte sondere Verlegehinweise herausgegeben.

6.8 Brandverhalten

Schaumstoffe nach dieser Norm müssen einschließlich etwaiger Beschichtungen mindestens der Baustoffklasse B 2 nach DIN 4102 Teil 1 (normalentflammbar) entsprechen.
Schaumstoffe der Baustoffklasse B 1 nach DIN 4102 Teil 1 (schwerentflammbar) unterliegen der Prüfzeichenpflicht[6]).
Bei Schaumstoffen der Baustoffklasse B 2 nach DIN 4102 Teil 1 (normalentflammbar) ist das Brandverhalten durch ein Prüfzeugnis einer hierfür anerkannten Prüfstelle nachzuweisen.

6.9 Formbeständigkeit bei Wärmeeinwirkung

Schaumstoffe des Anwendungstyps W müssen bei der Prüfung nach Abschnitt 7.9.1 bis 70 °C, Schaumstoffe des Anwendungstyps WD müssen bei der Prüfung nach Abschnitt 7.9.2 bis 80 °C unter Belastung formbeständig sein. Schaumstoffe des Anwendungstyps WS müssen bei der Prüfung nach Abschnitt 7.9.3 bis 70 °C unter erhöhter Belastung formbeständig sein.

6.10 Irreversible Längenänderungen

Schaumstoffe nach dieser Norm dürfen bei der Prüfung nach Abschnitt 7.10 für keinen Einzelwert größere irreversible Längenänderungen als + 1 % oder − 0,3 % aufweisen.

6.11 Beständigkeit

Schaumstoffe müssen ausreichend alterungsbeständig sein[7]).

7 Prüfung

7.1 Probekörpervorbereitung

Die Proben sind vor der Prüfung in trockenen Räumen so zu lagern, daß die Oberflächen der Umgebungsluft ausgesetzt sind.
Die Lagerungsdauer beträgt bei Schaumstoffen, deren Zellen ganz oder teilweise mit einem Gas gefüllt sind, dessen Wärmeleitfähigkeit bei 10 °C kleiner ist als die Wärmeleitfähigkeit ruhender Luft, 42 Tage, bei allen anderen Schaumstoffen mindestens 21 Tage.
Die Probekörper für die Prüfung nach Abschnitt 7.10 für irreversible Längenänderungen sind alsbald nach der Entnahme zu prüfen, jedoch vorher 24 Stunden bei Prüftemperatur zu lagern.

7.2 Beschaffenheit

Die gleichmäßige Dicke und das gleichmäßige Gefüge der Proben ist durch Inaugenscheinnahme und Betasten zu beurteilen.
Die Abweichung von der Rechtwinkligkeit wird bei 10 Platten oder an zwei sich diagonal gegenüberliegenden Ecken mit einem Winkel geprüft, dessen beide Schenkel mindestens 500 mm lang sind. Der größte absolute Wert der auf 500 mm Schenkellänge bezogenen Abweichungen ist in Millimeter auf die erste Stelle vor dem Komma gerundet anzugeben.

7.3 Maße

7.3.1 Länge und Breite

Länge und Breite werden an mindestens 10 Platten oder an mindestens 3 Bahnen mit einem Stahlbandmaß in Millimeter gemessen.
Bei Platten werden Länge und Breite einmal in der Mitte gemessen und die gemessenen Werte in Millimeter auf die erste Stelle vor dem Komma gerundet angegeben.
Bei Bahnen wird die Länge einmal in der Mitte gemessen.

Die gemessenen Werte sind in Millimeter auf die zweite Stelle vor dem Komma gerundet anzugeben. Die Breite wird an 2 Stellen jeder Rolle gemessen. Die gemessenen Werte sind in Millimeter auf die erste Stelle vor dem Komma gerundet anzugeben.

7.3.2 Dicke

Die Dicke wird an 10 Probekörpern mit den Maßen 1000 mm × 500 mm[8]) einschließlich etwaiger Beschichtungen gemessen, sofern die Dicke der Beschichtung < 2 mm je Schicht beträgt. Bei Beschichtungen ≥ 2 mm Dicke je Schicht ist die Dicke des Schaumstoffes ohne Beschichtung zu messen. Die Probekörper werden zwischen zwei ebene quadratische Platten von 500 mm Kantenlänge so gelegt, daß beide Hälften der Probekörper nacheinander erfaßt werden.

Das Gewicht der oberen Platte muß bei Rohdichten < 20 kg/m³ einer flächenbezogenen Beanspruchung von 0,25 kN/m², bei Rohdichten ≥ 20 kg/m³ einer flächenbezogenen Beanspruchung von 1 kN/m² entsprechen.

Die Dicke kann entweder mit einer Meßnadel an einer Meßöffnung oder mit einer Meßuhr in der Mitte der oberen Platte gemessen oder aus den beiden Meßwerten an zwei sich diagonal gegenüberliegenden Ecken ermittelt werden. Die Dickenmessung ist etwa zwei Minuten nach Auflegen der oberen Platte vorzunehmen.

Die gemessenen Werte sind zu mitteln. Der Mittelwert ist in Millimeter auf die erste Stelle vor dem Komma gerundet anzugeben.

7.4 Rohdichte

Die Rohdichte der Schaumstoffe wird an den 10 Probekörpern, an denen die Dicke nach Abschnitt 7.3.2 bestimmt wurde — einschließlich etwaiger Schäumhaut — in Anlehnung an DIN 53 420 ermittelt.

Bei beschichteten Platten ist die Rohdichte ohne Beschichtung zu bestimmen.

Die Rohdichte der einzelnen Probekörper ist mit drei wertanzeigenden Ziffern anzugeben, der Mittelwert ist in kg/m³ auf zwei wertanzeigende Ziffern gerundet anzugeben.

7.5 Zugfestigkeit

Die Zugfestigkeit wird an drei Probekörpern nach Bild 1 geprüft. Die Probekörper werden an beiden Schmalseiten, z. B. zwischen je 2 Leisten von ≈ 600 mm Länge, ≈ 110 mm Breite und ≈ 20 mm Dicke, nach Bild 2 eingespannt. Die Kanten der Leisten müssen abgerundet sein. Die Steigerung der Beanspruchung erfolgt mit etwa 0,001 N/mm² je Sekunde. Bei der Berechnung der Zugfestigkeit ist die nach Abschnitt 7.3.2 ermittelte Dicke des Probekörpers zugrunde zu legen.

Die Prüfung darf abgebrochen werden, wenn eine Zugspannung von mehr als 0,20 N/mm² erreicht ist.

7.6 Druckspannung bei 10 % Stauchung oder Druckfestigkeit

Die Druckspannung bei 10 % Stauchung oder die Druckfestigkeit ist nach DIN 53 421 an 5 Probekörpern von der Dicke der Dämmschicht und einer Fläche von 50 mm × 50 mm zu bestimmen und in N/mm² auf die zweite Stelle nach dem Komma gerundet anzugeben. Bei Schaumstoffen mit einer Dicke über 50 mm werden Würfel mit einer Kantenlänge gleich der Probendicke gewählt. Die Rohdichte der Probekörper soll etwa der mittleren Rohdichte nach Abschnitt 7.4 entsprechen. Bei beschichteten Schaumstoffen darf mit Beschichtung geprüft werden.

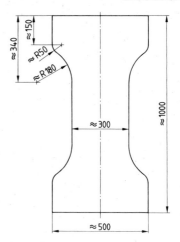

Bild 1. Form des Probekörpers für die Prüfung der Zugfestigkeit (zugleich Schablone zum Zuschneiden)

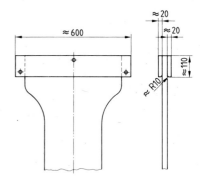

Bild 2. Einspannung des Probekörpers nach Bild 1

7.7 Wärmeleitfähigkeit

Die Wärmeleitfähigkeit λ_z wird nach DIN 52 612 Teil 1 und Teil 2[2]) an zwei quadratischen Probekörpern mit einer Kantenlänge von 500 mm bestimmt. Die Probekörper sollen etwa die nach Abschnitt 7.4 errechnete mittlere Rohdichte aufweisen.

Die Wärmeleitfähigkeit profilierter Erzeugnisse wird wie bei Erzeugnissen ohne Profilierung für die ganze Dicke einschließlich der Hohlräume gemessen und angegeben, auch in den Fällen, bei denen nach DIN 52 612 Teil 1 der Wärmedurchlaßwiderstand anzugeben wäre.

Die Wärmeleitfähigkeit beschichteter Erzeugnisse wird bei Beschichtungen mit einer Dicke < 2 mm je Schicht einschließlich der Beschichtung gemessen. Für Erzeugnisse mit Beschichtungen ≥ 2 mm Dicke je Schicht wird die Wärmeleitfähigkeit nur für den Schaumstoff gemessen.

---

[2]) Siehe Seite 2.

[8]) Bei einer kleineren Handelsgröße oder bei Rohdichten ≥ 20 kg/m³ kann eine entsprechend kleinere Probekörpergröße gewählt werden.

7.8 Brandverhalten

Das Brandverhalten der Schaumstoffe wird nach DIN 4102 Teil 1 geprüft. Bei werkseitig beschichteten Schaumstoffen erfolgt die Prüfung einschließlich der Beschichtungen.

7.9 Formbeständigkeit bei Wärmeeinwirkung

7.9.1 Formbeständigkeit bei 70 °C

Die Formbeständigkeit wird an drei Probekörpern, die der mittleren Rohdichte nach Abschnitt 7.4 am nächsten kommen, von der Dicke der Dämmschicht und einer Fläche von 100 mm × 100 mm in Anlehnung an DIN 53 431 geprüft. Die Schäumhaut ist nicht zu entfernen. Beschichtungen sind dann zu entfernen, wenn unter den Bedingungen der Prüfung das Ergebnis durch die Dickenänderung der Beschichtung beeinflußt wird.

Die Probekörper werden zwei Tage lang einer gleichbleibenden Temperatur von (70 ± 2) °C ausgesetzt.

Die Probekörper gelten als „formbeständig bis 70 °C", wenn sich die linearen Maße (Länge, Breite, Dicke) aller Einzelprobekörper nach der Prüfung jeweils um nicht mehr als 5 % verändert haben.

7.9.2 Formbeständigkeit bei 80 °C unter Belastung

Die Formbeständigkeit wird an drei Probekörpern, die der mittleren Rohdichte nach Abschnitt 7.4 am nächsten kommen, von der Dicke der Dämmschicht und einer Fläche von 50 mm × 50 mm geprüft. Bei Schaumstoffen mit einer Dicke über 50 mm werden Würfel mit einer Kantenlänge gleich der Probendicke gewählt. Die Schäumhaut ist nicht zu entfernen. Beschichtungen sind dann zu entfernen, wenn unter den Bedingungen der Prüfung das Ergebnis durch die Dickenänderung der Beschichtung beeinflußt wird.

Die Probekörper werden entsprechend einer flächenbezogenen Beanspruchung von 0,020 N/mm² gleichmäßig belastet, und zwar zunächst 2 Tage lang bei einem Normalklima DIN 50 014 — 23/50-2 und dann 2 Tage lang bei einer gleichbleibenden Temperatur von (80 ± 2) °C.

Die Probekörper gelten als „formbeständig bis 80 °C unter Belastung", wenn sich die Dicken aller Einzelprobekörper nach zweitägiger Lagerung bei 80 °C gegenüber den Meßergebnissen nach zweitägiger Lagerung bei 23 °C um nicht mehr als 5 % verändert haben.

7.9.3 Formbeständigkeit bei 70 °C unter erhöhter Belastung

Die Formbeständigkeit wird an Probekörpern nach Abschnitt 7.9.2 geprüft. Die Probekörper werden entsprechend einer flächenbezogenen Beanspruchung von 0,040 N/mm² gleichmäßig belastet, und zwar zunächst 2 Tage lang bei einem Normalklima DIN 50 014 — 23/50-2 und dann 7 Tage lang bei einer gleichbleibenden Temperatur von (70 ± 2) °C.

Die Probekörper gelten als „formbeständig bei 70 °C unter erhöhter Belastung", wenn sich die Dicken aller Einzelprobekörper nach siebentägiger Lagerung bei 70 °C gegenüber den Meßergebnissen nach zweitägiger Lagerung bei 23 °C um nicht mehr als 5 % verändert haben.

7.10 Irreversible Längenänderungen

Die irreversiblen Längenänderungen werden an drei Probekörpern von mindestens 1000 mm × 500 mm ermittelt. Länge und Breite werden nach Abschnitt 7.3.1 in Millimeter gemessen. Nach anschließender 42tägiger Lagerung der Probekörper nach Abschnitt 7.1, Absatz 1, werden Länge und Breite der Probekörper nochmals gemessen. Die Änderungen sind für Länge und Breite einzeln in % der Ausgangsmaße anzugeben.

8 Kennzeichnung

Nach dieser Norm hergestellte und überwachte Schaumstoffe (siehe Abschnitt 9) sind auf ihrer Verpackung, möglichst auch auf dem Erzeugnis selbst, in deutlicher Schrift wie folgt zu kennzeichnen:

a) Stoffart und Lieferform
b) Anwendungszweck (Typkurzzeichen)
c) DIN 18 164 Teil 1
d) „nicht unter Estrichen" (nur beim Anwendungstyp W)
e) Wärmeleitfähigkeitsgruppe
f) Brandverhalten nach DIN 4102 Teil 1[9])
g) Nenndicke in mm; Länge und Breite in mm, wenn sie von den in Tabelle 2 genannten Vorzugsmaßen abweichen
h) Name und Anschrift des Herstellers (beziehungsweise des Lieferers oder Importeurs, falls diese den Schaumstoff unter ihrem Namen in den Verkehr bringen)
i) Herstellwerk (gegebenenfalls auch Produktionslinie) und Herstellungsdatum[10])
j) Einheitliches Überwachungszeichen[11])

Beispiel:

Polyurethan-Wärmedämmplatte WD
DIN 18 164 Teil 1
Wärmeleitfähigkeitsgruppe 030
DIN 4102 — B 2
50 mm, 1200 mm × 600 mm
Müller, Postfach 47 11, 9200 Adorf
Werk Adorf, 27.11.1991
Einheitliches Überwachungszeichen

9 Überwachung (Güteüberwachung)

9.1 Allgemeines

Die Einhaltung der in den Abschnitten 6 und 8 festgelegten Anforderungen ist in jedem Herstellwerk durch eine Überwachung, bestehend aus Eigen- und Fremdüberwachung, zu prüfen. Grundlage für das Verfahren der Überwachung ist DIN 18 200.

Für Umfang und Häufigkeit der Eigen- und Fremdüberwachung sind die Festlegungen in den Abschnitten 9.2 und 9.3 maßgebend. Die Prüfungen sind nach Abschnitt 7 durchzuführen.

Werden die Platten oder Bahnen in einem gesonderten Herstellungsvorgang nachträglich beschichtet, so müssen diese Erzeugnisse im betreffenden Herstellwerk ebenfalls überwacht werden.

Die Fremdüberwachung ist von einer für die Fremdüberwachung von Hartschaum-Dämmstoffen anerkannten Überwachungsgemeinschaft oder einer hierfür anerkannten Prüfstelle aufgrund eines Überwachungsvertrages durchzuführen[12]).

---

[9]) Bei prüfzeichenpflichtigen Schaumstoffen Kennzeichnung laut Prüfbescheid.

[10]) Das Herstellungsdatum darf auch verschlüsselt angegeben werden (z. B. Chargennummer).

[11]) Siehe z. B. „Mitteilungen Institut für Bautechnik", Heft 2/1982, S. 41.

[12]) Verzeichnisse der bauaufsichtlich anerkannten Überwachungsgemeinschaften und Prüfstellen werden beim Institut für Bautechnik geführt und in seinen Mitteilungen veröffentlicht.

9.2 Eigenüberwachung

Für jede Herstellungsart, jede gefertigte Lieferform und für jeden Anwendungstyp sind täglich folgende Prüfungen an mindestens 3 Proben durchzuführen:
— Beschaffenheit
— Maße
— Rohdichte
— Kennzeichnung

Abweichend von Abschnitt 7.1 sind die Proben je nach Schaumstoffart vor Durchführung der Messungen bei erhöhten Temperaturen bis zur annähernden Gewichtskonstanz zu trocknen.

Die Eigenüberwachung des Brandverhaltens prüfzeichenpflichtiger Schaumstoffe richtet sich nach dem Prüfbescheid.

Bei Schaumstoffen der Baustoffklasse B1 nach DIN 4102 Teil 1 ist zusätzlich mindestens einmal wöchentlich das Brandverhalten nach DIN 4102 Teil 1, Ausgabe Mai 1981, Abschnitte 6.2.3 und 6.2.4, zu prüfen.

Andere Prüfverfahren als nach Abschnitt 7 können mit der fremdüberwachenden Stelle vereinbart werden, wenn dieser vom Hersteller nachgewiesen wird, daß zwischen den Prüfergebnissen eine physikalisch begründbare Korrelation besteht.

9.3 Fremdüberwachung

9.3.1 Umfang der Fremdüberwachung

Von der fremdüberwachenden Stelle sind mindestens zweimal jährlich die Eigenüberwachung und die Einhaltung der Kennzeichnung nach Abschnitt 8 nachzuprüfen. Die Prüfungen nach den Abschnitten 7.2 bis 7.6 und 7.9 sind — soweit sie für die Stoffart bzw. für den Anwendungstyp erforderlich sind — mindestens einmal jährlich durchzuführen.

Die Prüfungen sind bei jeder Fremdüberwachungsprüfung an jeder Herstellungsart und Lieferform[13]) und an jedem Anwendungstyp an je zwei Nenndicken — bei Erstprüfung möglichst an den größten und kleinsten gängigen Dicken — durchzuführen. Ist bei profilierten Schaumstoffen der Volumenanteil der Profilierung (Hohlraum) am Gesamtvolumen > 20 %, sind diese Schaumstoffe gesondert zu prüfen.

Die Prüfung der Wärmeleitfähigkeit nach Abschnitt 7.7 wird bei der Erstprüfung an zwei Nenndicken je Herstellungsart, Lieferform und Anwendungstyp[14]) durchgeführt. Bei der weiteren Überwachung wird sie einmal jährlich jeweils an einer Nenndicke je Herstellungsart, Lieferform und Anwendungstyp[14]) geprüft.

Die Nenndicken sind bei den Prüfungen so auszuwählen, daß im Laufe der Zeit alle Nenndicken erfaßt werden.

Das Brandverhalten ist bei Schaumstoffen der Baustoffklasse B 2 nach DIN 4102 Teil 1 (normalentflammbar) mindestens einmal jährlich nach Abschnitt 7.8 zu prüfen.

Die Fremdüberwachung des Brandverhaltens prüfzeichenpflichtiger Schaumstoffe richtet sich nach dem Prüfbescheid sowie der „Richtlinie für die Überwachung von prüfzeichenpflichtigen schwerentflammbaren (Klasse B 1) Baustoffen"[15]).

Die irreversiblen Längenänderungen sind nach Abschnitt 7.10 mindestens einmal jährlich an jedem Anwendungstyp zu prüfen.

9.3.2 Probenahme

Für die Probenahme gilt DIN 18 200; dabei sollen für die Entnahme aus dem Versandlager für jeden gängigen Anwendungstyp mindestens 10 m^3 vorrätig sein.

Für eine vollständige Prüfung nach dieser Norm sind für jede zu prüfende Nenndicke mindestens zu entnehmen:
a) bei Platten:
   10 Stück aus 3 Paketen
b) bei Bahnen:
   3 Rollen

Die Proben dürfen auch aus dem Händlerlager oder auf einer Baustelle entnommen werden.

9.3.3 Zusammenfassung der Prüfergebnisse

Wenn zusätzlich zum Überwachungsbericht die Ergebnisse der Prüfungen (üblicherweise Mittelwerte) zusammengefaßt werden sollen, ist dies in der Form des im Anhang A enthaltenen Mustervordrucks vorzunehmen. Dieser Vordruck darf nur verwendet werden, wenn es sich um Prüfungen im Rahmen der Überwachung handelt, die notwendigen Prüfungen nach Abschnitt 7 dieser Norm bestanden wurden, die Kennzeichnung nach Abschnitt 8 vorhanden ist und den geprüften Eigenschaften entspricht und die Eigenüberwachung für ordnungsgemäß befunden wurde.

---

[13]) Bei Erzeugnissen, die sich nur durch die Beschichtung unterscheiden, brauchen Eigenschaften, auf die die unterschiedliche Beschichtung keinen Einfluß hat, nicht gesondert geprüft zu werden.

[14]) Bei Anwendungstypen W, WD und WS gleicher Stoffart und gleicher Wärmeleitfähigkeitsgruppe genügt die Messung an dem Dämmstoff mit der wärmeschutztechnisch ungünstigsten Rohdichte.

[15]) Veröffentlicht in „Mitteilungen Institut für Bautechnik", derzeitige Fassung Januar 1988 abgedruckt in Heft 3/1988, Seite 74 – 76.

Seite 8 DIN 18 164 Teil 1

Für den Anwender dieser Norm unterliegt dieser Anhang A nicht dem Vervielfältigungsrandvermerk auf Seite 1

Anhang A
Mustervordruck für die Zusammenfassung der Prüfergebnisse von Schaumstoffen für die Wärmedämmung

Schaumkunststoffe als Dämmstoffe für das Bauwesen
nach DIN 18 164 Teil 1

Dämmstoffe für die Wärmedämmung
Zusammmenfassung der Prüfergebnisse nach Abschnitt 9: Überwachung

Diese Zusammenfassung gilt nicht als Nachweis der Überwachung[1])

Prüfende Stelle: _____

Prüfbericht Nr: _____

Antragsteller: _____

Herstellwerk (gegebenenfalls auch Produktionslinie): _____

Probenahme: _____

Ort: _____

Datum/Art: _____

Art der Überwachung: Erstprüfung / Regelprüfung / Sonderprüfung   (nichtzutreffendes streichen)

Bezeichnung des Erzeugnisses: _____

Schaumstoffart, Herstellungsart, Lieferform, Anwendungstyp: _____

Beschichtung/Profilierung: _____

Kennzeichnungen: _____

Nenndicke 1: _____

Nenndicke 2: _____

[1]) Als Nachweis der bauaufsichtlich erforderlichen Überwachung gilt nach den Landesbauordnungen (entsprechend § 24 Abs. 3 Musterbauordnung) insbesondere die Kennzeichnung des Baustoffes oder seiner Verpackung durch das einheitliche Überwachungszeichen.

Eigenschaften[2])						
		Nenndicke			Nenndicke	
		1	2		1	2
Nenndicke laut Kennzeichnung	mm			Wärmeleitfähigkeit:		
Dicke	mm			λ_Z nach DIN 52 612 Teil 2[3]) W/(m · K)		
Länge	mm			Rechenwert λ_R		
Breite	mm			nach DIN 4108 Teil 4[4]) W/(m · K)		
Rechtwinkligkeit größte Abweichung	mm			Formbeständigkeit (Verformung) bei:		
Rohdichte	kg/m^3			70 °C %		
Zugfestigkeit	N/mm^2			80 °C / 0,020 N/mm^2 %		
Druckfestigkeit	N/mm^2					
zugehörige Stauchung	%			70 °C / 0,040 N/mm^2 %		
Druckspannung bei 10 % Stauchung	N/mm^2			Irreversible Längenänderung %		

Bei Schaumstoffen der Baustoffklasse B 1 nach DIN 4102 Teil 1 (schwerentflammbar):

Prüfzeichen-Nr: PA III _____

Bei Schaumstoffen der Baustoffklasse B 2 nach DIN 4102 Teil 1 (normalentflammbar):

Prüfzeugnisnummer der Prüfstelle _____ vom _____

Der Dämmstoff erfüllt in den geprüften Eigenschaften die Anforderungen nach DIN 18 164 Teil 1.
Die Kennzeichnung ist ordnungsgemäß und entspricht den geprüften Eigenschaften.
Die Eigenüberwachung wurde für ordnungsgemäß befunden.
Bemerkungen:

_____ , den _____   _____
                                                  Siegel, Unterschrift

[2]) Einzelne Eigenschaften brauchen nur bei bestimmten Anwendungstypen bzw. Lieferformen geprüft zu werden.
[3]) Gegebenenfalls aufgrund einer besonderen Festlegung des Zuschlagswertes Z nach DIN 18164 Teil 1, Fußnote 2 zu den Abschnitten 2.3 und 2.4.
[4]) Maßgebend für die Bemessung der Wärmedämmung eines Bauteils.

Zitierte Normen und andere Unterlagen

DIN 1101	Holzwolle-Leichtbauplatten und Mehrschicht-Leichtbauplatten als Dämmstoffe für das Bauwesen; Anforderungen, Prüfung
DIN 4102 Teil 1	Brandverhalten von Baustoffen und Bauteilen; Baustoffe; Begriffe, Anforderungen und Prüfungen
DIN 4108 Teil 4	Wärmeschutz im Hochbau; Wärme- und feuchteschutztechnische Kennwerte
DIN 7726	Schaumstoffe; Begriffe und Einteilung
DIN 18 000	Modulordnung im Bauwesen
DIN 18 159 Teil 1	Schaumkunststoffe als Ortschäume im Bauwesen; Polyurethan-Ortschaum für die Wärme- und Kältedämmung; Anwendung, Eigenschaften, Ausführung, Prüfung
DIN 18 159 Teil 2	Schaumkunststoffe als Ortschäume im Bauwesen; Harnstoff-Formaldehydharz-Ortschaum für die Wärmedämmung; Anwendung, Eigenschaften, Ausführung, Prüfung
DIN 18 164 Teil 2	Schaumkunststoffe als Dämmstoffe für das Bauwesen; Dämmstoffe für die Trittschalldämmung; Polystyrol-Partikelschaumstoffe
DIN 18 184	Gipskarton-Verbundplatten mit Polystyrol- oder Polyurethan-Hartschaum als Dämmstoff
DIN 18 200	Überwachung (Güteüberwachung) von Baustoffen, Bauteilen und Bauarten; Allgemeine Grundsätze
DIN 50 014	Klimate und ihre technische Anwendung; Normalklimate
DIN 52 612 Teil 1	Wärmeschutztechnische Prüfungen; Bestimmung der Wärmeleitfähigkeit mit dem Plattengerät; Durchführung und Auswertung
DIN 52 612 Teil 2	Wärmeschutztechnische Prüfungen; Bestimmung der Wärmeleitfähigkeit mit dem Plattengerät; Weiterbehandlung der Meßwerte für die Anwendung im Bauwesen
DIN 52 615	Wärmeschutztechnische Prüfungen; Bestimmung der Wasserdampfdurchlässigkeit von Bau- und Dämmstoffen
DIN 53 420	Prüfung von Schaumstoffen; Bestimmung der Rohdichte
DIN 53 421	Prüfung von harten Schaumstoffen; Druckversuch
DIN 53 431	Prüfung von harten Schaumstoffen; Bestimmung der Formstabilität
ISO 1040	Modular co-ordination; Multimodules for horizontal co-ordinating dimensions

„Mitteilungen Institut für Bautechnik", zu beziehen beim Verlag Ernst & Sohn, Berlin

Frühere Ausgaben

DIN 18 164: 01.63, 08.66
DIN 18 164 Teil 1: 12.72, 06.79, 12.91

Änderungen

Gegenüber der Ausgabe Juni 1979 wurden folgende Änderungen vorgenommen:
a) In der Begriffsbestimmung für Dämmstoffe aus Polyurethan(PUR)-Hartschaum (Abschnitt 2.4, vorher Abschnitt 3.4) den Passus „unter Mitwirkung von Halogenkohlenwasserstoffen als" gestrichen.
b) In Abschnitt 2.3 (vorher Abschnitt 3.3) für extrudergeschäumten Polystyrolschaumstoff und in Abschnitt 2.4 (vorher Abschnitt 3.4) für Polyurethan-Hartschaum die Fußnote 2 neu aufgenommen.
c) Reihenfolge in der Normbezeichnung geändert (Nenndicke als letzte Angabe).
d) Inhalt nach DIN 820 Teil 22 neu gegliedert und insgesamt redaktionell überarbeitet.

Gegenüber der Ausgabe Dezember 1991 wurden folgende Änderungen vorgenommen:
a) In Abschnitt 7.6 die Angabe „auf die zweite Stelle vor dem Komma gerundet" in „auf die zweite Stelle **nach** dem Komma gerundet" berichtigt.
b) In Abschnitt 9.2 die Angaben bezüglich der wöchentlichen Prüfung des Brandverhaltens wieder durch den Wortlaut der Ausgabe Juni 1979 ersetzt.
c) Erläuterungen zu Fußnote 2 zu den Abschnitten 2.3, 2.4 und 7.7 neu aufgenommen.

Erläuterungen

Zu Fußnote 2 zu den Abschnitten 2.3, 2.4 und 7.7
Es wird darauf hingewiesen, daß bestimmte Dämmstoffe nach dieser Norm eines Brauchbarkeitsnachweises nach den bauaufsichtlichen Vorschriften der Länder bedürfen. Die hiervon betroffenen Dämmstoffe sowie die Kriterien für einen Verzicht auf einen besonderen Brauchbarkeitsnachweis sind in den Baustoffnormenlisten der Länder ausgewiesen. Die Baustoffnormenliste wird nach dem Stand der Kenntnisse fortgeschrieben. Die Ergebnisse werden in der Baustoffnormenliste bekanntgegeben.

DK 669.175-405.8 : 678.746.222 : 699.84   März 1991

Schaumkunststoffe als Dämmstoffe für das Bauwesen
Dämmstoffe für die Trittschalldämmung
Polystyrol-Partikelschaumstoffe

DIN 18 164
Teil 2

Ersatz für Ausgabe 12.90

Cellular plastics as insulating building materials; insulating materials for impact sound insulation; polystyrene foams made of granules

Matières plastiques alvéolaires comme matériaux isolants dans le bâtiment; matériaux isolants pour l'amortissement du bruit de pas; mousses de polystyrène fabriquées à partir de granules

Maße in mm

Inhalt

	Seite
1 Anwendungsbereich und Zweck	1
2 Begriffe	1
3 Bezeichnung	2
4 Anwendungstyp	2
5 Lieferform, Beschichtung, Profilierung	2
6 Anforderungen	2
6.1 Allgemeines	2
6.2 Beschaffenheit	2
6.3 Maße	2
6.3.1 Länge und Breite	2
6.3.2 Dicke	2
6.4 Flächenbezogene Masse	3
6.5 Zugfestigkeit	3
6.6 Dynamische Steifigkeit	3
6.7 Wärmeleitfähigkeit und Wärmedurchlaßwiderstand	3
6.8 Brandverhalten	4
7 Prüfung	4
7.1 Probekörpervorbereitung	4
7.2 Beschaffenheit	4
7.3 Maße	4
7.3.1 Länge und Breite	4
7.3.2 Dicke	4

	Seite
7.3.2.1 Dicke d_L	4
7.3.2.2 Dicke unter Belastung d_B	4
7.4 Flächenbezogene Masse	4
7.5 Zugfestigkeit	5
7.6 Dynamische Steifigkeit	5
7.7 Wärmeleitfähigkeit und Wärmedurchlaßwiderstand	5
7.8 Brandverhalten	5
8 Kennzeichnung	5
9 Überwachung	6
9.1 Allgemeines	6
9.2 Eigenüberwachung	6
9.3 Fremdüberwachung	6
9.3.1 Allgemeines	6
9.3.2 Umfang der Fremdüberwachung	6
9.3.3 Probenahme	6
9.3.4 Zusammenfassung der Prüfergebnisse	6
Anhang A Mustervordruck für die Zusammenfassung der Prüfergebnisse von Schaumstoffen für die Trittschalldämmung	7
Zitierte Normen und andere Unterlagen	9
Frühere Ausgaben	9
Änderungen	9

1 Anwendungsbereich und Zweck

Diese Norm gilt für werkmäßig hergestellte Polystyrol-Partikelschaumstoffe - im folgenden Schaumstoffe genannt -, die als Platten und Bahnen für Trittschalldämmzwecke im Bauwesen verwendet werden (Trittschalldämmstoffe). Die Schaumstoffe dienen auch der Verbesserung der Wärmedämmung und in Verbindung mit einem Estrich auch der Verbesserung der Luftschalldämmung.

Die Norm gilt auch für Schaumstoffe mit (Oberflächen-)Beschichtungen und Profilierungen (siehe auch Abschnitt 5).

Sie gilt nicht für Schaumstoffe, die nur für Wärmedämmzwecke[1] verwendet werden.

Anmerkung: Trittschalldämmstoffe, die nicht dieser Norm oder anderen Normen, z. B. DIN 18 165 Teil 2 entsprechen, bedürfen nach den bauaufsichtlichen Vorschriften eines besonderen Brauchbarkeitsnachweises, z. B. durch allgemeine bauaufsichtliche Zulassung.

2 Begriffe

Trittschalldämmstoffe aus Polystyrol-Partikelschaumstoff (EPS) sind aus vorgeschäumten geschlossenzelligen Polystyrolpartikeln auf der Basis von Polystyrol oder Mischpolymerisaten mit überwiegendem Polystyrolanteil verschweißte harte Schaumstoffe (Hartschaum), deren Zellen Luft enthalten.

Trittschalldämmstoffe aus Polystyrol-Partikelschaumstoffen sind elastifiziert.

[1] Schaumstoffe für die Wärmedämmung werden in DIN 18 164 Teil 1 behandelt.

Fortsetzung Seite 2 bis 9

Normenausschuß Bauwesen (NABau) im DIN Deutsches Institut für Normung e. V.

3 Bezeichnung

Schaumstoffe für die Trittschalldämmung sind in folgender Reihenfolge zu bezeichnen:
a) Benennung
b) Norm-Hauptnummer
c) Schaumstoffart
d) Anwendungszweck (Typkurzzeichen mit Steifigkeitsgruppe)
e) Wärmedurchlaßwiderstand [2]
f) Brandverhalten nach DIN 4102 Teil 1
g) Nenndicken d_L und d_B in der Form d_L/d_B in mm

Bezeichnung eines Schaumstoffes als Trittschall(TS)-Dämmstoff aus Polystyrol-Partikelschaumstoff (EPS), Lieferform Platte (P), des Anwendungstyps TK, Steifigkeitsgruppe 15, Wärmedurchlaßwiderstand $1/\Lambda = 0,66$ m² · K/W, schwerentflammbarer Baustoff B 1 nach DIN 4102 Teil 1, Nenndicken $d_L = 33$ mm und $d_B = 30$ mm (33/30):

TS-Dämmstoff
DIN 18 164 – EPS – P – TK 15 – 0,66 – B 1 33/30

Etwaig vorhandene Beschichtungen sind gesondert anzugeben.

4 Anwendungstyp

Tabelle 1. Anwendungstyp

Typkurzzeichen	Verwendung im Bauwerk
TK	Trittschalldämmstoffe für Decken mit Anforderungen an den Luft- und Trittschallschutz nach DIN 4109, z. B. für Estriche nach DIN 18 560 Teil 2; auch geeignet für Verwendungen mit geforderter geringerer Zusammendrückbarkeit, z. B. unter Fertigteilestrichen

5 Lieferform, Beschichtung, Profilierung

Schaumstoffe werden in den Lieferformen Platten (P) und Bahnen (B) hergestellt.

Platten und Bahnen können mit Beschichtungen, z. B. aus Pappe, Papier, Glasvlies, Folien und zusätzlichen Trägerschichten, versehen sein.

Beschichtungen können von wesentlichem Einfluß auf die Eigenschaften der Erzeugnisse sein (z. B. das Brandverhalten nach Abschnitt 6.8). Sie dürfen nicht zur Verbesserung der dynamischen Steifigkeit aufgebracht werden.

Platten und Bahnen dürfen an den Oberflächen und/oder Kanten Profilierungen haben.

Beschichtete und profilierte Platten und Bahnen gelten als gesonderte Lieferformen.

6 Anforderungen

6.1 Allgemeines

Für den Nachweis der Einhaltung der Anforderungen sind die Prüfungen nach Abschnitt 7 anzuwenden.

[2] Die Wärmeleitfähigkeitsgruppe kann zusätzlich angegeben werden.

Anmerkung: Schaumstoffe und etwaig vorhandene Beschichtungen dürfen im Bauwerk nicht mit Stoffen in Berührung kommen, durch deren Einwirkung sie aufgelöst werden oder quellen, wie es z. B. bei Klebstoffen der Fall sein kann. Ebenso kann ein Anschmelzen bei Einwirkung von höheren Temperaturen auftreten. Die Hersteller haben deshalb für einzelne Produkte besondere Verlegehinweise herausgegeben.

6.2 Beschaffenheit

Platten und Bahnen müssen an allen Stellen gleichmäßig dick und von gleichmäßigem Gefüge sein und gerade und parallele Kanten haben.

Bei profilierten Platten muß das Profil über die ganze Fläche und/oder Kante gleichmäßig sein.

Platten müssen rechtwinklig, ihre Oberflächen eben sein. Die Anforderung an die Rechtwinkligkeit ist erfüllt, wenn bei der Prüfung nach Abschnitt 7.2 bei 500 mm Schenkellänge die Abweichung 3 mm nicht überschreitet.

Schaumstoffe müssen ausreichend alterungsbeständig sein.

6.3 Maße

6.3.1 Länge und Breite

Für Länge und Breite sind Vorzugsmaße und Grenzabweichungen in Tabelle 2 angegeben.

Länge und Breite sind nach Abschnitt 7.3.1 zu messen.

Tabelle 2. Vorzugsmaße und Grenzabweichungen für Längen und Breiten

Lieferform	Vorzugsmaße	Grenzabweichungen des festgestellten Einzelwertes von den angegebenen Maßen (Nennmaßen)
Platten (P)	1000 x 500	Länge: ± 2 %
		Breite: ± 0,5 %
Bahnen (B)	5000 x 1000	Länge: – 2 %[1]
		Breite: ± 1 %

[1] Überschreitung ist nicht begrenzt.

6.3.2 Dicke

Als Nenndicke werden die Werte d_L und d_B in der Form d_L/d_B auf ganze Millimeter gerundet angegeben; z. B. 33/30 bei einer Dicke $d_L = 33$ mm und einer Dicke unter Belastung $d_B = 30$ mm.

Die Dicken d_B sind möglichst in Stufen von 5 mm anzugeben. Die kleinste Dicke d_B beträgt 15 mm.

Die Dicken beziehen sich auf den Schaumstoff einschließlich etwaig vorhandener Beschichtung (siehe Abschnitt 5).

Die Grenzabweichungen für die Dicken sind in Tabelle 3 angegeben.

Die Dicke d_L ist nach Abschnitt 7.3.2.1, die Dicke unter Belastung d_B nach Abschnitt 7.3.2.2 zu messen.

DIN 18 164 Teil 2 Seite 3

Tabelle 3. Grenzabweichungen für die Dicken

1	2	3	4	5	6	7
					Grenzabweichungen	
Lieferform	Anwendungstyp	Nenndicke unter Belastung d_B	Nenndickendifferenz $d_L - d_B$	Zulässige Überschreitung der gemessenen Nenndickendifferenzen von den angegebenen Nenndickendifferenzen $d_L - d_B$ (Einzelwert)	des gemessenen Mittelwertes der Stichprobe d_{LM} bzw. d_{BM} von der Nenndicke d_L bzw. d_B	jedes gemessenen Einzelwertes der Stichprobe d_{LE} bzw. d_{BE} von der Nenndicke d_L bzw. d_B
Platten (P) und Bahnen (B)	TK	< 30	≤ 2	2	+ 2 / 0	+ 3 / − 1
		≥ 30	≤ 3		+ 3 / 0	+ 5 / − 1

Anmerkung: Wenn aus Gründen des Wärmeschutzes eine größere Dämmstoffdicke erforderlich ist, wird empfohlen, eine Trittschalldämmplatte TK nach dieser Norm mit einer druckbelastbaren Wärmedämmplatte zu kombinieren.

6.4 Flächenbezogene Masse
An die flächenbezogene Masse der Schaumstoffe für Trittschalldämmzwecke wird keine Anforderung gestellt; ihr Wert - im trockenen Zustand - ist jedoch festzustellen.

6.5 Zugfestigkeit
Die Zugfestigkeit bei Platten und Bahnen einschließlich etwaig vorhandener Beschichtungen muß mindestens 0,02 N/mm² betragen.

6.6 Dynamische Steifigkeit
Platten und Bahnen müssen ein ausreichendes Federungsvermögen haben. Das Federungsvermögen wird gekennzeichnet durch die dynamische Steifigkeit s' der Dämmschicht einschließlich der in ihr eingeschlossenen Luft.
Die Schaumstoffe für die Trittschalldämmung werden nach ihrer dynamischen Steifigkeit in Steifigkeitsgruppen nach Tabelle 4 eingeteilt.
Für profilierte Platten siehe auch Abschnitt 7.6.

Tabelle 4. Steifigkeitsgruppen

Steifigkeitsgruppe	Anforderungen an den Mittelwert der dynamischen Steifigkeit s' MN/m³
30	≤ 30
20	≤ 20
15	≤ 15
10	≤ 10

6.7 Wärmeleitfähigkeit und Wärmedurchlaßwiderstand
Schaumstoffe sind in Abhängigkeit von ihrer Wärmeleitfähigkeit in Wärmeleitfähigkeitsgruppen einzustufen.
Entsprechend ihrer Wärmeleitfähigkeitsgruppe werden den Schaumstoffen in Abhängigkeit von der Nenndicke d_B die in Tabelle 5 genannten Wärmedurchlaßwiderstände 1/Λ zugeordnet.

Tabelle 5. Wärmedurchlaßwiderstand

d_B	Wärmedurchlaßwiderstand 1/Λ m² · K/W	
	Wärmeleitfähigkeitsgruppe 040 [1])	Wärmeleitfähigkeitsgruppe 045 [1])
15	0,37	0,33
20	0,50	0,44
25	0,62	0,55
30	0,75	0,66
35	0,87	0,77
40	1,00	0,88

[1]) Zuordnung der Anforderungen an die Wärmeleitfähigkeit λ_Z (λ_Z nach DIN 52 612 Teil 2) zu den Wärmeleitfähigkeitsgruppen siehe DIN 18 164 Teil 1.

Anmerkung zu den Abschnitten 6.3.2, 6.6 und 6.7: Zwischen den Eigenschaften „Dicke unter Belastung d_B", „Steifigkeitsgruppe" und „Wärmedurchlaßwiderstand 1/Λ" besteht eine teilweise Abhängigkeit, so daß nicht jede Kombination möglich ist. Unter Zugrundelegung der Wärmeleitfähigkeitsgruppe 045 werden in Tabelle 6 übliche Kombinationen von Eigenschaften angegeben:

Tabelle 6.

d_B	Steifigkeitsgruppe	Wärmedurchlaßwiderstand 1/Λ m² · K/W
15	30	0,33
20	20	0,44
25	15	0,55
30	15	0,66
35	10	0,77
40	10	0,88

6.8 Brandverhalten

Schaumstoffe nach dieser Norm müssen auch einschließlich etwaig vorhandener Beschichtungen mindestens der Baustoffklasse B 2 nach DIN 4102 Teil 1 (normalentflammbar) entsprechen.

Schaumstoffe nach dieser Norm der Baustoffklasse B 1 nach DIN 4102 Teil 1 (schwerentflammbar) unterliegen der Prüfzeichenpflicht [3].

7 Prüfung

7.1 Probekörpervorbereitung

Die Proben sind vor der Prüfung mindestens 21 Tage in trockenen Räumen unverpackt so zu lagern, daß die Oberflächen der Umgebungsluft gleichmäßig ausgesetzt werden.

Die Probekörper werden aus den Proben einschließlich etwaig vorhandener Beschichtungen – unter Vermeidung der Randzonen – ausgeschnitten. Bei gerollten Erzeugnissen sind die Probekörper gleichmäßig über die Fläche verteilt zu entnehmen.

7.2 Beschaffenheit

Die gleichmäßige Dicke und das gleichmäßige Gefüge der Proben ist nach Augenschein und durch Betasten zu beurteilen.

Die Abweichung von der Rechtwinkligkeit wird bei 10 Platten an zwei sich diagonal gegenüberliegenden Ecken mit einem Winkel geprüft, dessen beide Schenkel mindestens 500 mm lang sind.

Die Istwerte der auf 500 mm Schenkellänge bezogenen Abweichungen werden gemittelt. Der Mittelwert und der größte Einzelwert sind auf ganze Millimeter gerundet anzugeben.

7.3 Maße

7.3.1 Länge und Breite

Länge und Breite werden an mindestens 10 Platten oder an mindestens 3 Bahnen mit einem Stahlbandmaß in Millimeter gemessen.

Bei Platten werden Länge und Breite einmal in der Mitte gemessen und die gemessenen Werte auf ganze Millimeter gerundet angegeben.

Bei Bahnen wird die Länge einmal in der Mitte gemessen. Die gemessenen Werte sind auf 10 mm gerundet anzugeben. Die Breite wird an 2 Stellen jeder Bahn gemessen. Die gemessenen Werte sind auf ganze Millimeter gerundet anzugeben.

7.3.2 Dicke

7.3.2.1 Dicke d_L

Die Dicke d_L wird an 10 quadratischen Probekörpern mit 200 mm Kantenlänge aus 7 Platten oder 3 Bahnen einschließlich etwaig vorhandener Beschichtungen bestimmt.

Der Probekörper wird auf eine ausreichend große, ebene und waagerechte Unterlage gelegt und mit einer ebenen, starren, quadratischen und 1 kg schweren Meßplatte von

[3] Prüfzeichen werden durch das Institut für Bautechnik, Reichpietschufer 74–76, 1000 Berlin 30, erteilt.

200 mm Kantenlänge – entsprechend einer flächenbezogenen Beanspruchung von 0,25 kN/m² – belastet. Die Dicke darf mit Meßuhren an zwei diagonal gegenüberliegenden Ecken oder in der Mitte der Meßplatte ermittelt werden. Sie darf auch mit einer Meßvorrichtung durch eine Meßöffnung in der Mitte der Meßplatte bestimmt werden. Die Dickenmessung ist etwa 2 Minuten nach Auflegen der Meßplatte vorzunehmen. Die gemessenen Werte sind auf 0,1 mm gerundet anzugeben. Der Mittelwert ist auf ganze Millimeter gerundet anzugeben und gilt als Dicke d_L.

7.3.2.2 Dicke unter Belastung d_B

Die Dicke unter Belastung d_B ist an denselben 10 Probekörpern zu bestimmen, an denen vorher die Dicke d_L nach Abschnitt 7.3.2.1 ermittelt wurde.

Der Probekörper wird mit einer ebenen, starren, quadratischen und 8 kg schweren Meßplatte von 200 mm Kantenlänge – entsprechend einer flächenbezogenen Beanspruchung von 2 kN/m² – belastet. Anschließend ist nach etwa 15 Sekunden eine zusätzliche Vorbeanspruchung von 48 kN/m² aufzubringen und etwa 2 Minuten einwirken zu lassen. Etwa 5 Minuten nach Entfernen der zusätzlichen Vorbeanspruchung ist die Dicke unter Belastung zu messen. Die gemessenen Werte sind auf 0,1 mm gerundet anzugeben. Der Mittelwert ist auf ganze Millimeter gerundet anzugeben und gilt als Dicke unter Belastung d_B.

7.4 Flächenbezogene Masse

Die flächenbezogene Masse wird an den 10 Probekörpern, an denen die Dicke d_L nach Abschnitt 7.3.2.1 bestimmt wurde, ermittelt. Der Mittelwert ist in kg/m² auf 2 wertanzeigende Ziffern gerundet anzugeben.

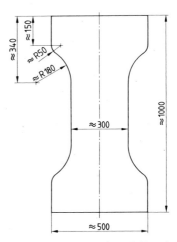

Bild 1. Form des Probekörpers für die Prüfung der Zugfestigkeit (zugleich Schablone zum Zuschneiden)

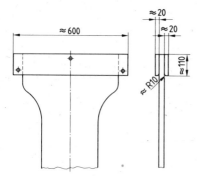

Bild 2. Einspannung des Probekörpers nach Bild 1

7.5 Zugfestigkeit

Die Zugfestigkeit wird an 3 Probekörpern nach Bild 1 einschließlich etwaig vorhandener Beschichtungen geprüft. Die Probekörper werden an beiden Schmalseiten, z. B. zwischen je 2 Leisten von $\approx$ 110 mm Breite, $\approx$ 600 mm Länge und $\approx$ 20 mm Dicke, nach Bild 2 eingespannt. Die Kanten der Leisten müssen abgerundet sein. Die Steigerung der Beanspruchung erfolgt mit etwa 0,001 N/mm² je Sekunde. Bei der Berechnung der Zugfestigkeit ist die nach Abschnitt 7.3.2.1 ermittelte Dicke d_L zugrunde zu legen.

Die Prüfung darf abgebrochen werden, wenn eine Zugspannung von mehr als 0,03 N/mm² erreicht ist.

7.6 Dynamische Steifigkeit

Die dynamische Steifigkeit wird an 3 Probekörpern, an denen vorher die Dicke d_L nach Abschnitt 7.3.2.1 und die Dicke unter Belastung d_B nach Abschnitt 7.3.2.2 bestimmt wurden, nach DIN ISO 9052 Teil 1[4] ermittelt.

Zulässige Überschreitung der ermittelten Einzelwerte über die Mittelwerte nach Tabelle 4 maximal 5 %.

Bei profilierten Platten kann die dynamische Steifigkeit nicht mit genügender Genauigkeit ermittelt werden, da sich die Prüfung nur in Anlehnung an DIN ISO 9052 Teil 1[4] durchführen läßt. Abweichend von der vorgenannten Norm kann bei profilierten Platten die Kontaktstelle zwischen dem Probekörper und der Unterlage (oder der Grundplatte) nicht - wie dort vorgesehen - an allen vier Anschlußkanten mit einem Streifen aus Vaseline abgedichtet werden.

Die Einstufung profilierter Platten in eine der Steifigkeitsgruppen nach Abschnitt 6.6 ist aufgrund des Trittschallverbesserungsmaßes ΔL_w (bisher benutztes Formelzeichen VM), das durch die Prüfung der Trittschalldämmung nach DIN 52 210 Teil 3 und Bewertung nach DIN 52 210 Teil 4 zu bestimmen ist, vorzunehmen. Aus dem so ermittelten Trittschallverbesserungsmaß $\Delta L_{w,P}$ (VM_P) wird durch Abzug des Vorhaltemaßes von 2 dB nach DIN 4109/11.89, Abschnitt 6.4.2 der Rechenwert des Trittschallverbesserungsmaßes $\Delta L_{w,R}$ (VM_R) gebildet. Durch Vergleich dieses Rechenwertes mit den in Beiblatt 1 zu DIN 4109/11.89, Tabelle 17, Zeile 2, Spalte 2 angegebenen Rechenwerten $\Delta L_{w,R}$ (VM_R) ist eine Zuordnung zu den dort zugrundegelegten Werten der dynamischen Steifigkeit s' vorzunehmen.

Für die Überwachung (Eigenüberwachung und Regelprüfung der Fremdüberwachung) darf jedoch die bei der Erstprüfung an demselben Probenmaterial nach DIN ISO 9052 Teil 1[4] ermittelte, durch das Materialgefüge bedingte dynamische Steifigkeit s'_s als Maß für eine gleichbleibende Federungseigenschaft der Dämmschicht herangezogen werden.

7.7 Wärmeleitfähigkeit und Wärmedurchlaßwiderstand

Die Wärmeleitfähigkeit λ_Z wird nach DIN 52 612 Teil 1 und Teil 2 an zwei quadratischen Probekörpern mit einer Kantenlänge von mindestens 200 mm bestimmt; bei profilierten Erzeugnissen erfolgt die Bestimmung einschließlich der Profilierung.

Sie ist an Probekörpern, die nach Abschnitt 7.3.2 vorbelastet und -beansprucht gewesen sind, zu ermitteln.

Die Probekörper sollen etwa die nach Abschnitt 7.4 bestimmte mittlere flächenbezogene Masse aufweisen. Bei der Prüfung ist die nach Abschnitt 7.3.2.2 ermittelte Dicke unter Belastung d_B einzustellen.

Die Wärmeleitfähigkeit beschichteter Erzeugnisse wird bei Beschichtungen mit einer Dicke < 2 mm je Schicht einschließlich der Beschichtung gemessen. Für Erzeugnisse mit Beschichtungen $\geq$ 2 mm Dicke je Schicht wird die Wärmeleitfähigkeit nur für den Schaumstoff gemessen.

7.8 Brandverhalten

Das Brandverhalten der Schaumstoffe wird nach DIN 4102 Teil 1 und Teil 16 geprüft. Bei werkseitig beschichteten Schaumstoffen erfolgt die Prüfung einschließlich der Beschichtungen.

8 Kennzeichnung

Nach dieser Norm hergestellte und überwachte Schaumstoffe (siehe Abschnitt 9) sind auf ihrer Verpackung, möglichst auch auf dem Erzeugnis selbst, in deutlicher Schrift wie folgt zu kennzeichnen:

a) Schaumstoffart und Lieferform
b) Anwendungszweck (Typkurzzeichen mit Steifigkeitsgruppe)
c) DIN 18 164 Teil 2
d) Wärmedurchlaßwiderstand und Wärmeleitfähigkeitsgruppe
e) Brandverhalten nach DIN 4102 Teil 1[5]
f) Nenndicken d_L und d_B; Länge und Breite in mm, wenn sie von den in Tabelle 2 genannten Vorzugsmaßen abweichen
g) Name und Anschrift des Herstellers (beziehungsweise des Lieferers oder Importeurs, falls diese den Schaumstoff unter ihrem Namen in den Verkehr bringen)
h) Herstellwerk (gegebenenfalls auch Produktionslinie) und Herstellungsdatum[6]
i) Einheitliches Überwachungszeichen[7]

Beispiel:

Polystyrol-Trittschalldämmplatte TK 15
DIN 18 164 Teil 2
Wärmedurchlaßwiderstand $1/\Lambda$ = 0,66 m² · K/W
Wärmeleitfähigkeitsgruppe 045
DIN 4102 - B 1 - PA-III ... (Nr des Prüfzeichens)
33/30 mm
Müller, Postfach 47 11, 9200 Adorf

---

[4] Z. Z. Entwurf; vorgesehen als Ersatz für DIN 52 214, Ausgabe 12.84.

[5] Bei prüfzeichenpflichtigen Schaumstoffen Kennzeichnung laut Prüfbescheid.

[6] Das Herstellungsdatum darf auch verschlüsselt angegeben werden (z. B. Chargennummer).

[7] Siehe z. B. „Mitteilungen Institut für Bautechnik", Heft 2/1982, S. 41.

Werk Adorf, 27.11.1990
... (Einheitliches Überwachungszeichen)

9 Überwachung

9.1 Allgemeines

Die Einhaltung der in den Abschnitten 6 und 8 festgelegten Anforderungen ist in jedem Herstellwerk durch eine Überwachung, bestehend aus Eigen- und Fremdüberwachung, zu prüfen. Grundlage für das Verfahren der Überwachung ist DIN 18 200.

Für Umfang und Häufigkeit der Eigen- und Fremdüberwachung sind die Festlegungen in den Abschnitten 9.2 und 9.3 maßgebend. Die Prüfungen sind nach Abschnitt 7 durchzuführen.

Werden die Platten oder Bahnen in einem gesonderten Herstellungsvorgang nachträglich beschichtet, so müssen diese Erzeugnisse im betreffenden Herstellwerk ebenfalls überwacht werden.

Die Fremdüberwachung ist von einer für die Fremdüberwachung von Hartschaum-Dämmstoffen anerkannten Überwachungsgemeinschaft oder einer hierfür anerkannten Prüfstelle aufgrund eines Überwachungsvertrages durchzuführen [8].

9.2 Eigenüberwachung

Für jede gefertigte Lieferform und Nenndicke d_L/d_B sind folgende Prüfungen durchzuführen (Probenanzahl siehe Abschnitt 7):
a) Täglich:
   – Beschaffenheit
   – Maße
   – Flächenbezogene Masse
   – Kennzeichnung
b) Wöchentlich:
   – Brandverhalten nach DIN 4102 Teil 1 auf Einhaltung der Baustoffklasse B 2 (normalentflammbar)
   – Dynamische Steifigkeit

9.3 Fremdüberwachung

9.3.1 Allgemeines

Der Hersteller hat der fremdüberwachenden Stelle schriftlich mitzuteilen:
a) die Aufnahme der Produktion
b) den Namen des technischen Werkleiters, auch bei Wechsel
c) die vorgesehenen Erzeugnisse
d) die Durchführung der Eigenüberwachung
e) die Aufnahme der Fertigung weiterer Erzeugnisgruppen

9.3.2 Umfang der Fremdüberwachung

Von der fremdüberwachenden Stelle sind mindestens zweimal jährlich die Eigenüberwachung und die Einhaltung der Kennzeichnung nach Abschnitt 8 nachzuprüfen.
Bei der Erstprüfung sind alle Prüfungen nach Abschnitt 7 an jeder Lieferform und Nenndicke durchzuführen.
Bei den weiteren Überwachungsprüfungen (Regelprüfungen) sind mindestens jährlich die folgenden Prüfungen durchzuführen:
für jede Nenndicke je Lieferform [9]
– Beschaffenheit (siehe Abschnitt 7.2)
– Maße (siehe Abschnitt 7.3)
– Flächenbezogene Masse (siehe Abschnitt 7.4)
– Dynamische Steifigkeit (siehe Abschnitt 7.6)
für eine Nenndicke je Lieferform [9]
– Zugfestigkeit (siehe Abschnitt 7.5)
– Wärmeleitfähigkeit (siehe Abschnitt 7.7)
– Brandverhalten (siehe Abschnitt 7.8)

Die Nenndicken sind bei den Prüfungen so auszuwählen, daß im Laufe der Zeit alle Nenndicken erfaßt werden.

Die Fremdüberwachung des Brandverhaltens prüfzeichenpflichtiger Schaumstoffe richtet sich nach dem Prüfbescheid sowie der „Richtlinie für die Überwachung von prüfzeichenpflichtigen schwerentflammbaren (Klasse B 1) Baustoffen" [10].

9.3.3 Probenahme

Für die Probenahme gilt DIN 18 200; dabei sollen für die Entnahme aus dem Versandlager für jede zu prüfende Nenndicke und Lieferform mindestens 10 m³ vorrätig sein.
Für eine vollständige Prüfung nach dieser Norm sind für jede zu prüfende Nenndicke und Lieferform mindestens zu entnehmen:
a) bei Platten: 10 Stück aus 3 Paketen
b) bei Bahnen: 3 Stück
Die Proben dürfen auch aus dem Händlerlager oder auf einer Baustelle entnommen werden.

9.3.4 Zusammenfassung der Prüfergebnisse

Wenn zusätzlich zum Überwachungsbericht die Ergebnisse der Prüfungen (üblicherweise Mittelwerte) zusammengefaßt werden sollen, ist dies in der Form des im Anhang A enthaltenen Mustervordrucks vorzunehmen. Dieser Vordruck darf nur verwendet werden, wenn es sich um Prüfungen im Rahmen der Überwachung handelt, die Prüfungen nach Abschnitt 7 bestanden wurden, die Kennzeichnung nach Abschnitt 8 vorhanden ist und den geprüften Eigenschaften entspricht und die Eigenüberwachung für ordnungsgemäß befunden wurde.

---

[8] Verzeichnisse der bauaufsichtlich anerkannten Überwachungsgemeinschaften und Prüfstellen werden beim Institut für Bautechnik geführt und in seinen Mitteilungen, zu beziehen beim Verlag Ernst & Sohn, Berlin, veröffentlicht.

[9] Bei Erzeugnissen, die sich nur durch die Beschichtung unterscheiden, brauchen Eigenschaften, auf die die unterschiedliche Beschichtung keinen Einfluß hat, nicht gesondert geprüft zu werden.

[10] Veröffentlicht in „Mitteilungen Institut für Bautechnik", derzeitige Fassung Januar 1988, abgedruckt in Heft 3/1988, Seite 74–76.

DIN 18 164 Teil 2 Seite 7

Für den Anwender dieser Norm unterliegt dieser Anhang A nicht dem Vervielfältigungsrandvermerk auf Seite 1

Anhang A
Mustervordruck für die Zusammenfassung der Prüfergebnisse von Schaumstoffen für die Trittschalldämmung

Schaumkunststoffe als Dämmstoffe für das Bauwesen
nach DIN 18 164 Teil 2

Dämmstoffe für die Trittschalldämmung
Zusammenfassung der Prüfergebnisse nach Abschnitt 9: Überwachung

Diese Zusammenfassung gilt nicht als Nachweis der Überwachung [1])

Prüfstelle:

Prüfbericht Nr:

Antragsteller, Herstellwerk (gegebenenfalls auch Produktionslinie):

Probenahme:
  Ort:
  Datum/Art:

Art der Überwachung: Erstprüfung/Regelprüfung/Sonderprüfung
(nichtzutreffendes streichen)

Bezeichnung des Erzeugnisses:

Schaumstoffart, Anwendungstyp, Lieferform:

Beschichtung/Trägermaterial/Profilierung:

Kennzeichnung:

Eigenschaften:

		1	2	3	4	5	6
Nenndicken d_L/d_B laut Kennzeichnung	mm	../..	../..	../..	../..	../..	../..
Gemessene Dicken d_L/d_B	mm	../..	../..	../..	../..	../..	../..
Länge	mm						
Breite	mm						
Rechtwinkligkeit:							
Mittelwert der Abweichung	mm						
Größte Abweichung	mm						
Flächenbezogene Masse	kg/m²						
Zugfestigkeit	N/mm²						
Steifigkeitsgruppe laut Kennzeichnung							
Gemessene dynamische Steifigkeit	MN/m³						
Wärmeleitfähigkeitsgruppe laut Kennzeichnung							
Wärmedurchlaßwiderstand 1/Λ laut Kennzeichnung	m² · K/W						
(für die Berechnung der Wärmedämmung nach DIN 4108 Teil 2 zu verwenden)							
Gemessene Wärmeleitfähigkeit λ_Z	W/(m · K)						
Zuordnung des Wärmedurchlaßwiderstandes 1/Λ nach Tabelle 5	m² · K/W						
Brandverhalten (Baustoffklasse nach DIN 4102 Teil 1)							

Bei Schaumstoffen der Baustoffklasse B 1
nach DIN 4102 Teil 1 (schwerentflammbar):   Prüfzeichen-Nr: PA III _____

Bei Schaumstoffen der Baustoffklasse B 2
nach DIN 4102 Teil 1 (normalentflammbar):   Prüfzeugnisnummer der Prüfstelle _____
  vom _____

---

[1]) Als Nachweis der bauaufsichtlich erforderlichen Überwachung gilt nach den Landesbauordnungen (entsprechend § 20 Abs. 3, Musterbauordnung) insbesondere die Kennzeichnung des Baustoffes oder seiner Verpackung durch das einheitliche Überwachungszeichen.

Der Dämmstoff erfüllt in den geprüften Eigenschaften die Anforderungen nach DIN 18 164 Teil 2.

Die Kennzeichnung ist ordnungsgemäß und entspricht den geprüften Eigenschaften.

Die Eigenüberwachung wird ordnungsgemäß durchgeführt.

Bemerkungen:

DIN 18 164 Teil 2 Seite 9

Zitierte Normen und andere Unterlagen

DIN 4102 Teil 1	Brandverhalten von Baustoffen und Bauteilen; Baustoffe, Begriffe, Anforderungen und Prüfungen
DIN 4102 Teil 16	Brandverhalten von Baustoffen und Bauteilen; Durchführung von Brandschachtprüfungen
DIN 4108 Teil 2	Wärmeschutz im Hochbau; Wärmedämmung und Wärmespeicherung; Anforderungen und Hinweise für Planung und Ausführung
DIN 4109	Schallschutz im Hochbau; Anforderungen und Nachweise
Beiblatt 1 zu DIN 4109	Schallschutz im Hochbau; Ausführungsbeispiele und Rechenverfahren
DIN 18 164 Teil 1	Schaumkunststoffe als Dämmstoffe für das Bauwesen; Dämmstoffe für die Wärmedämmung
DIN 18 165 Teil 2	Faserdämmstoffe für das Bauwesen; Dämmstoffe für die Trittschalldämmung
DIN 18 200	Überwachung (Güteüberwachung) von Baustoffen, Bauteilen und Bauarten; Allgemeine Grundsätze
DIN 18 560 Teil 2	Estriche im Bauwesen; Estriche auf Dämmschichten (schwimmende Estriche)
DIN 52 210 Teil 3	Bauakustische Prüfungen; Luft- und Trittschalldämmung; Prüfung von Bauteilen in Prüfständen und zwischen Räumen am Bau
DIN 52 210 Teil 4	Bauakustische Prüfungen; Luft- und Trittschalldämmung; Ermittlung von Einzahl-Angaben
DIN 52 214	Bauakustische Prüfungen; Bestimmung der dynamischen Steifigkeit von Dämmschichten für schwimmende Estriche
DIN 52 612 Teil 1	Wärmeschutztechnische Prüfungen; Bestimmung der Wärmeleitfähigkeit mit dem Plattengerät; Durchführung und Auswertung
DIN 52 612 Teil 2	Wärmeschutztechnische Prüfungen; Bestimmung der Wärmeleitfähigkeit mit dem Plattengerät; Weiterbehandlung der Meßwerte für die Anwendung im Bauwesen
DIN ISO 9052 Teil 1	(z. Z. Entwurf) Akustik; Bestimmung der dynamischen Steifigkeit; Materialien, die unter schwimmenden Estrichen in Wohngebäuden verwendet werden; Identisch mit ISO 9052-1 : 1989

„Mitteilungen Institut für Bautechnik", zu beziehen beim Verlag Ernst & Sohn, Berlin

Frühere Ausgaben
DIN 18 164: 01.63, 08.66
DIN 18 164 Teil 2: 12.72, 06.79, 12.90

Änderungen
Gegenüber der Ausgabe Juni 1979 wurden folgende Änderungen vorgenommen:
a) Inhalt nach DIN 820 Teil 22 neu gegliedert und insgesamt redaktionell überarbeitet.
b) Titel und Anwendungsbereich der Norm auf Polystyrol-Partikelschaumstoffe eingeschränkt.
c) Abschnitt „Bezeichnung" präzisiert und Bezeichnung geändert.
d) An Stelle des bisherigen Anwendungstyps T den neuen Anwendungstyp TK aufgenommen, der auf Grund geringerer Zusammendrückbarkeit auch für die Verwendung z. B. unter Fertigteilestrichen geeignet ist.
e) Nenndicken unter Belastung, zulässige Nenndickendifferenzen, Grenzabweichungen für die Nenndicken und Längen und Breiten teilweise geändert bzw. neu aufgenommen.
f) Einstufung der Schaumstoffe in Wärmeleitfähigkeitsgruppen und zugeordnete Wärmedurchlaßwiderstände neu aufgenommen.
g) Abschnitt „Probekörpervorbereitung" präzisiert.
h) Ermittlung der Steifigkeitsgruppe bei profilierten Platten präzisiert.
i) Bestimmung der Wärmeleitfähigkeit bei beschichteten und des Wärmedurchlaßwiderstandes bei profilierten Erzeugnissen präzisiert.
j) Abschnitt „Kennzeichnung" präzisiert.
k) Verweis auf DIN 18 200 als Grundlage für das Verfahren der Überwachung aufgenommen.
l) Im Rahmen der Eigenüberwachung Prüfungszyklus der dynamischen Steifigkeit auf einmal wöchentlich verkürzt.
m) Bei den weiteren Überwachungsprüfungen (Regelprüfungen) im Rahmen der Fremdüberwachung Prüfung des Brandverhaltens nur noch für eine Nenndicke je Lieferform gefordert.

Gegenüber der Ausgabe Dezember 1990 wurde folgende Berichtigung vorgenommen:
Fehlerhaftes Typkurzzeichen in Tabelle 1 in „TK" berichtigt.

Internationale Patentklassifikation
E 04 B 1/82
E 04 F 15/20
G 01 B 21/00
G 01 K 17/00
G 01 N 33/44

DK 691-494 : 699.86 : 620.1   Juli 1991

Faserdämmstoffe für das Bauwesen
Dämmstoffe für die Wärmedämmung

DIN 18 165 Teil 1

Ersatz für Ausgabe 03.87

Fibrous insulation materials for building; thermal insulation materials
Matières isolantes fibreuses pour le bâtiment; matières isolantes á l'isolation thermique

Maße in mm

Inhalt

Seite

1 Anwendungsbereich und Zweck ... 1

2 Begriffe ... 2
2.1 Faserdämmstoffe ... 2
2.2 Mineralfaser-Dämmstoffe (Min) ... 2
2.3 Pflanzliche Faserdämmstoffe (Pfl) ... 2

3 Bezeichnung ... 2

4 Anwendungstypen ... 2

5 Lieferform, Beschichtung, Profilierung ... 2

6 Anforderungen ... 3
6.1 Allgemeines ... 3
6.2 Beschaffenheit ... 3
6.3 Maße ... 3
6.4 Rohdichte ... 3
6.5 Zugfestigkeit ... 3
6.6 Wärmeleitfähigkeit ... 3
6.7 Brandverhalten ... 4
6.8 Formbeständigkeit bei Wärmeeinwirkung bis 80 °C ... 4
6.9 Druckspannung bei 10 % Stauchung ... 4
6.10 Abreißfestigkeit ... 4
6.11 Dynamische Steifigkeit ... 4
6.12 Strömungswiderstand ... 4
6.13 Wasserabweisende Eigenschaft ... 4

7 Prüfung ... 4
7.1 Probekörpervorbereitung ... 4
7.2 Beschaffenheit ... 4
7.3 Maße ... 4
7.3.1 Länge und Breite ... 4

Seite

7.3.2 Dicke ... 4
7.3.2.1 Anwendungstypen W, WD und WV ... 4
7.3.2.2 Anwendungstyp WL ... 5
7.4 Rohdichte ... 5
7.5 Zugfestigkeit ... 5
7.6 Wärmeleitfähigkeit ... 5
7.7 Brandverhalten ... 6
7.8 Formbeständigkeit bei Wärmeeinwirkung bis 80 °C ...
7.9 Druckspannung bei 10 % Stauchung ...
7.10 Abreißfestigkeit ... 6
7.11 Dynamische Steifigkeit ...
7.12 Strömungswiderstand ... 6
7.13 Wasserabweisende Eigenschaft ... 6

8 Kennzeichnung ... 7

9 Überwachung (Güteüberwachung) ... 7
9.1 Allgemeines ... 7
9.2 Eigenüberwachung ... 7
9.3 Fremdüberwachung ... 7
9.3.1 Umfang der Fremdüberwachung ... 7
9.3.2 Probenahme ... 8
9.3.3 Zusammenfassung der Prüfergebnisse ... 8

Anhang A
Mustervordruck für die Zusammenfassung der Prüfergebnisse von Faserdämmstoffen für die Wärmedämmung ... 9

Zitierte Normen und andere Unterlagen ... 11

Frühere Ausgaben ... 11

Änderungen ... 11

1 Anwendungsbereich und Zweck

Diese Norm gilt für werkmäßig hergestellte Faserdämmstoffe, die als Platten, Filze und Matten für Wärmedämmzwecke und — bei entsprechender Eignung und zusätzlicher Kennzeichnung — auch für Schalldämm- und Schallschluckzwecke im Bauwesen verwendet werden (Wärmedämmstoffe).

Die Norm gilt auch für Faserdämmstoffe mit (Oberflächen-)Beschichtungen oder Trägermaterialien sowie für profilierte Erzeugnisse (siehe auch Abschnitt 5).

Sie gilt nicht für Faserdämmstoffe für Trittschalldämmzwecke[1]) sowie nicht für Schallschluckplatten[2]) (Akustikplatten) und Holzfaserplatten[3]).

---

[1]) Faserdämmstoffe für die Trittschalldämmung werden in DIN 18 165 Teil 2 behandelt.
[2]) Siehe z.B. DIN 18 169 und DIN 68 762
[3]) Siehe DIN 68 755 (z. Z. Entwurf)

Fortsetzung Seite 2 bis 11

Normenausschuß Bauwesen (NABau) im DIN Deutsches Institut für Normung e.V.

2 Begriffe

2.1 Faserdämmstoffe

Faserdämmstoffe sind Mineralfaser-Dämmstoffe und pflanzliche Faserdämmstoffe.

2.2 Mineralfaser-Dämmstoffe (Min)

Mineralfaser-Dämmstoffe sind Dämmstoffe aus künstlichen Mineralfasern, die aus einer silikatischen Schmelze (z.B. Glas-, Gesteins- oder Schlackenschmelze) gewonnen werden, mit oder ohne Faserbindung.

2.3 Pflanzliche Faserdämmstoffe (Pfl)

Pflanzliche Faserdämmstoffe sind Dämmstoffe aus Pflanzenfasern mit oder ohne Faserbindung.
Als Pflanzenfasern können verwendet werden:
a) Kokosfasern
b) Holzfasern; chemisch und mechanisch aufbereitet[4]
c) Torffasern

3 Bezeichnung

Faserdämmstoffe für die Wärmedämmung sind in folgender Reihenfolge zu bezeichnen:
a) Benennung
b) Norm-Hauptnummer
c) Stoffart und Lieferform
d) Anwendungszweck (Typkurzzeichen)

---

[4] Chemisch: z.B. durch Natronlauge, mechanisch: z.B. gerissen

e) etwaige Sondereigenschaften (z.B. nach Tabelle 1, Fußnote 1 und Abschnitt 6.7, vierter Absatz)
f) Wärmeleitfähigkeitsgruppe
g) Brandverhalten nach DIN 4102 Teil 1
h) Nenndicke in mm

Bezeichnung eines Faserdämmstoffes als Wärmedämmstoff aus Mineralfasern (Min) als Platte (P) des Anwendungstyps W, Wärmeleitfähigkeitsgruppe 035, nichtbrennbarer Baustoff A 2 nach DIN 4102 Teil 1, Nenndicke $d = 80$ mm:

Faserdämmstoff
DIN 18 165 — MinP — W — 035 — A 2 — 80

Etwaige Beschichtungen oder Trägermaterialien sind gesondert anzugeben.

4 Anwendungstypen

Nach der Verwendbarkeit der Faserdämmstoffe für die Wärmedämmung bzw. — bei zusätzlicher Kennzeichnung — für die Schalldämmung und Schallschluckzwecke werden die in Tabelle 1 aufgeführten Anwendungstypen mit den entsprechenden Typkurzzeichen unterschieden.

5 Lieferform, Beschichtung, Profilierung

Faserdämmstoffe werden nach Tabelle 2 in den Lieferformen Platten, Filze und Matten hergestellt.
Platten und Filze können auch allseitig beschichtet sein. Platten können an den Oberflächen und/oder Kanten Profilierungen haben.

Tabelle 1. Anwendungstypen

Typkurzzeichen [1]	Verwendung im Bauwerk [2]
W	Wärmedämmstoffe, nicht druckbelastbar, z.B. für Wände, Decken und Dächer
WL	Wärmedämmstoffe, nicht druckbelastbar, z.B. für Dämmungen zwischen Sparren- und Balkenlagen
WD	Wärmedämmstoffe, druckbelastbar, z.B. unter druckverteilenden Böden (ohne Trittschallanforderung) und in Dächern unter der Dachhaut
WV	Wärmedämmstoffe, beanspruchbar auf Abreiß- und Scherbeanspruchung, z.B. für angesetzte Vorsatzschalen ohne Unterkonstruktion

[1] Faserdämmstoffe des Anwendungstyps WV können für angesetzte schalldämmende Vorsatzschalen verwendet werden, wenn sie ausreichend weichfedernd sind. Der Hersteller muß die dynamische Steifigkeit s' angeben. Solche Faserdämmstoffe erhalten neben dem Typkurzzeichen den zusätzlichen Kennbuchstaben s.
Faserdämmstoffe der Anwendungstypen W, WL, WD und WV können auch für die Hohlraumdämpfung z.B. in 2schaligen, leichten Trennwänden und bei Vorsatzschalen mit Unterkonstruktion und für Schallschluckzwecke verwendet werden (z.B. in Unterdecken auf gelochten Platten). Wenn solche Faserdämmstoffe normal zur Dämmstofffläche einen längenbezogenen Strömungswiderstand Ξ von mindestens 5 kN · s/m^4 haben, erhalten sie neben dem Typkurzzeichen den zusätzlichen Kennbuchstaben w; z.B. W — w.
Mineralfaser-Dämmstoffe, die vom Hersteller als Wärmedämmstoffe für die Anwendung in hinterlüfteten Fassaden bezeichnet werden, müssen über die ganze Dicke wasserabweisend behandelt (hydrophobiert) sein (Anforderungen siehe Abschnitt 6.13).

[2] Faserdämmstoffe
— des Anwendungstyps W können auch wie der Anwendungstyp WL,
— des Anwendungstyps WD können auch wie die Anwendungstypen W, WL und WV,
— des Anwendungstyps WV können auch wie die Anwendungstypen W und WL
verwendet werden.

Tabelle 2. **Lieferformen**

Lieferform	Faserbindung, Beschichtung [1] [2], Trägermaterial [1] [3]	Verbindung von Beschichtung oder Trägermaterial mit den Fasern	Lieferart
Platten (P)	gebunden, mit oder ohne Beschichtung	verklebt	eben
Filze (F)			eben
Matten (M)	mit oder ohne Binde- und/oder Schmälzmittel, mit oder ohne Trägermaterial	versteppt oder vernadelt	gerollt

[1] Beschichtungen und Trägermaterialien können von wesentlichem Einfluß auf die Eigenschaften der Erzeugnisse sein (z.B. auf das Brandverhalten nach Abschnitt 6.7).
[2] Z. B. Papier, Aluminium-Folie, Kunststoff-Folie, Farbbeschichtung
[3] Z. B. Drahtgeflecht, Wellpappe, Vlies

Tabelle 3. **Grenzabweichungen**

Lieferform	Breite Grenzabweichung jedes gemessenen Einzelwertes der Stichproben von den angegebenen Maßen	Länge	Dicke Grenzabweichung des gemessenen Mittelwertes der Stichprobe d_M von der angegebenen Nenndicke d bei Typ W	bei Typ WL	bei Typ WD WV	Grenzabweichung des gemessenen Einzelwertes der Stichproben d_E vom Mittelwert d_M bei Typ W	bei Typ WL	bei Typ WD WV
Platten	± 2 %	± 2 %	+ 5 mm oder + 6 % [3] - 1 mm	+ 15 mm - 5 mm	+ 5 mm - 1 mm	± 5 mm	± 10 mm	± 3 mm
Filze, Matten	+ 2 % [1] - 2 %	[2] - 2 %						

[1] Bei allseitiger Beschichtung + 5 %.
[2] Überschreitung ist nicht begrenzt.
[3] Der größere Wert ist maßgebend.

6 Anforderungen

6.1 Allgemeines
Für den Nachweis der Einhaltung der Anforderungen sind die Prüfungen nach Abschnitt 7 anzuwenden.

6.2 Beschaffenheit
Faserdämmstoffe dürfen keine groben Bestandteile enthalten. Sie müssen an allen Stellen gleichmäßig dick und von gleichmäßigem Gefüge sein und gerade und parallele Kanten haben.
Bei profilierten Platten muß das Profil über die ganze Fläche oder Kante gleichmäßig sein.
Platten müssen rechtwinklig, ihre Oberflächen eben sein. Die Anforderung an die Rechtwinkligkeit ist erfüllt, wenn bei der Prüfung nach Abschnitt 7.2 bei 500 mm Schenkellänge die Abweichung für jede Einzelmessung 3 mm nicht überschreitet.
Faserdämmstoffe und etwaige Bindemittel müssen ausreichend alterungsbeständig und widerstandsfähig gegen Schimmelpilze sein. Sie müssen auch bei hoher relativer Luftfeuchte beständig sein.

6.3 Maße
Die Nenndicken sollen auf 10 mm gerundet angegeben werden; sie schließen etwaige Beschichtungen oder Trägermaterialien ein (siehe Tabelle 2).

Die Grenzabweichungen sind in Tabelle 3 angegeben.

6.4 Rohdichte
Die Rohdichte (ohne Beschichtungen, Trägermaterialien oder Luftschichten, z.B. von profilierten Platten) ist in lufttrockenem Zustand festzustellen. Bei der Überwachung dürfen die Mittelwerte der Rohdichte um nicht mehr als ± 2,5 kg/m³ oder ± 15 % von der Rohdichte abweichen, die der Hersteller für den jeweiligen Faserdämmstoff und die Produktionslinie zugrundelegt; der größere Wert ist maßgebend. Einzelwerte dürfen um nicht mehr als ± 10 % vom gemessenen Mittelwert abweichen.

6.5 Zugfestigkeit
Die Zugfestigkeit muß im Mittel mindestens den Wert erreichen, der sich aus dem doppelten Eigengewicht des Erzeugnisses (Platte, Filz oder Matte), bezogen auf den Erzeugnisquerschnitt (Nenndicke × Breite) errechnet. Einzelwerte dürfen bis zu 20 % unter den geforderten Werten liegen. Bei diesen Beanspruchungen dürfen sich die Probekörper höchstens um 50 mm verlängern.
Bei den Anwendungstypen WD und WV braucht diese Eigenschaft nicht geprüft zu werden.

6.6 Wärmeleitfähigkeit
Es gelten die Wärmeleitfähigkeitsgruppen nach Tabelle 4.

Tabelle 4. **Wärmeleitfähigkeitsgruppen**

Gruppe	Anforderungen an die Wärmeleitfähigkeit λ_Z [1]) W/(m · K)
035	≤ 0,035
040	≤ 0,040
045 [2])	≤ 0,045
050 [2])	≤ 0,050

[1]) Wärmeleitfähigkeit λ_Z nach DIN 52612 Teil 2.

[2]) Nicht zulässig für den Anwendungstyp WL wegen möglicher zusätzlicher Wärmeverluste infolge Durchströmung des Faserdämmstoffes bei Belüftung im Dach.

6.7 Brandverhalten

Faserdämmstoffe nach dieser Norm müssen einschließlich etwaiger Beschichtungen oder Trägermaterialien mindestens der Baustoffklasse B 2 nach DIN 4102 Teil 1 (normalentflammbar) entsprechen.

Faserdämmstoffe der Baustoffklasse A nach DIN 4102 Teil 1 (nichtbrennbar) mit brennbaren organischen Bestandteilen und der Baustoffklasse B 1 nach DIN 4102 Teil 1 (schwerentflammbar) unterliegen der Prüfzeichenpflicht [5]).

Bei Faserdämmstoffen der Baustoffklasse A nach DIN 4102 Teil 1 (nichtbrennbar) ohne brennbare organische Bestandteile und der Baustoffklasse B 2 nach DIN 4102 Teil 1 (normalentflammbar) ist das Brandverhalten durch ein Prüfzeugnis einer hierfür anerkannten Prüfstelle nachzuweisen.

Bei Mineralfaser-Dämmstoffen, die als brandschutztechnisch notwendige Dämmschicht für klassifizierte Brandschutzkonstruktionen nach DIN 4102 Teil 4 verwendet werden sollen, müssen die Mindestrohdichte und erforderlichenfalls der Schmelzpunkt nach DIN 4102 Teil 17 angegeben werden.

6.8 Formbeständigkeit bei Wärmeeinwirkung bis 80 °C

Faserdämmstoffe des Anwendungstyps WD müssen bei der Prüfung nach Abschnitt 7.8 bis 80 °C formbeständig sein. Die mittlere Dickenänderung darf nach der Prüfung bei 23 °C nicht mehr als 10 %, nach der Prüfung bei 80 °C zusätzlich nicht mehr als 5 % sein.

6.9 Druckspannung bei 10 % Stauchung

Bei Faserdämmstoffen des Anwendungstyps WD muß bei Prüfung nach Abschnitt 7.9 jeder Einzelwert der Druckspannung bei 10 % Stauchung mindestens 0,040 N/mm² betragen.

6.10 Abreißfestigkeit

Zum Nachweis der Abreiß- und Scherfestigkeit müssen Faserdämmstoffe des Anwendungstyps WD bei Prüfung nach Abschnitt 7.10 eine Abreißfestigkeit von im Mittel mindestens 0,0075 N/mm² haben. Einzelwerte müssen mindestens 0,0070 N/mm² betragen.

Bei Faserdämmstoffen des Anwendungstyps WV muß jeder Einzelwert mindestens 0,0010 N/mm² betragen.

---

[5]) Prüfzeichen werden durch das Institut für Bautechnik, 1000 Berlin 30, Reichpietschufer 74-76, erteilt.

6.11 Dynamische Steifigkeit

Bei Faserdämmstoffen des Anwendungstyps WV mit dem zusätzlichen Kennzeichen s darf die vom Hersteller angegebene dynamische Steifigkeit s' nicht überschritten werden.

6.12 Strömungswiderstand

Bei Faserdämmstoffen mit dem zusätzlichen Kennbuchstaben w darf der längenbezogene Strömungswiderstand $\varXi$ normal zur Dämmstofffläche 5 kN · s/m⁴ nicht unterschreiten.

6.13 Wasserabweisende Eigenschaft

Bei Mineralfaser-Dämmstoffen nach Tabelle 1, Fußnote 1, dritter Absatz, darf bei Prüfung nach Abschnitt 7.13 die flächenbezogene Wasseraufnahme im Mittel nach 4 h 1,0 kg/m² und nach 28 d 4,0 kg/m² nicht überschreiten.

7 Prüfung

7.1 Probekörpervorbereitung

Die Proben sind vor der Prüfung mindestens 7 Tage in trockenen Räumen unverpackt zu lagern. Bei komprimierten Erzeugnissen, d. h. Erzeugnissen, die in der Verpackung eine Dicke von weniger als 90 % der Nenndicke haben, ist die Verpackung so zu öffnen, daß die Kompression erhalten bleibt, aber ein Lufteintritt möglich ist.

Als Probekörper werden bei ebenen Erzeugnissen ganze Platten verwendet oder die Probekörper aus den Proben einschließlich etwaiger Beschichtungen oder Trägermaterialien — möglichst unter Vermeidung der Randzonen — ausgeschnitten. Bei gerollten Erzeugnissen sind die Probekörper gleichmäßig über die Fläche verteilt zu entnehmen.

7.2 Beschaffenheit

Die gleichmäßige Dicke und das gleichmäßige Gefüge der Proben ist nach Augenschein und durch Betasten zu beurteilen.

Die Abweichung von der Rechtwinkligkeit wird bei 10 Platten an zwei sich diagonal gegenüberliegenden Ecken mit einem Winkel geprüft, dessen beide Schenkel mindestens 500 mm lang sind. Der größte absolute Einzelwert der auf 500 mm Schenkellänge bezogenen Abweichungen ist auf ganze Millimeter gerundet anzugeben.

7.3 Maße

7.3.1 Länge und Breite

Länge und Breite werden an mindestens 3 Proben mit einem Stahlbandmaß in Millimeter gemessen.

Bei Platten werden Länge und Breite einmal in der Mitte gemessen und die gemessenen Werte auf ganze Millimeter gerundet.

Bei Filzen und Matten wird die Länge einmal in der Mitte gemessen. Die gemessenen Werte sind auf 10 mm zu runden. Die Breite wird an 2 Stellen jeder Rolle gemessen und auf 5 mm gerundet.

7.3.2 Dicke

7.3.2.1 Anwendungstypen W, WD und WV

Die Dicke wird an 10 quadratischen Probekörpern mit 500 mm Kantenlänge aus verschiedenen Proben einschließlich etwaiger Beschichtungen oder Trägermaterialien bestimmt.

Der Probekörper wird auf eine ausreichend große, ebene und waagerechte Unterlage gelegt und mit einer ebenen, starren, quadratischen und 2,5 kg schweren Meßplatte von 500 mm Kantenlänge — entsprechend einer flächenbezogenen Beanspruchung von 0,1 kN/m² — belastet. Die Dicke kann mit Meßuhren an zwei diagonal gegenüberliegenden Ecken oder in der Mitte der Meßplatte ermittelt werden. Sie kann auch mit einer Meßvorrichtung durch eine Meßöffnung in der Mitte der Meßplatte bestimmt werden. Die Dickenmessung ist etwa 2 Minuten nach Auflegen der Meßplatte vorzunehmen. Die gemessenen Werte werden auf ganze Millimeter gerundet.

7.3.2.2 Anwendungstyp WL

Für die Bestimmung der Dicke sind 10 Probekörper mit einer Länge von 1000 mm bis 1500 mm in der gelieferten Breite einschließlich etwaiger Beschichtungen oder Trägermaterialien zu verwenden. Bei gerollten Faserdämmstoffen sind die Probekörper gleichmäßig über die Länge der Proben verteilt unter Ausschluß von etwa 300 mm langen Endzonen abzuschneiden.

Bei komprimierten Faserdämmstoffen sind die abgeschnittenen Probekörper zur beschleunigten Entspannung einmal mit einer Längsseite aus einer Höhe von etwa 450 mm auf die Unterlage fallen zu lassen; diese Behandlung ist mit der gegenüberliegenden Längsseite zu wiederholen. Die Probekörper werden dann mit einer etwaigen Beschichtung nach unten auf eine ausreichend große, ebene und waagerechte Unterlage gelegt.

Zur Bestimmung der Dicke wird eine ebene, starre, quadratische und 200 g schwere Meßplatte von 200 mm Kantenlänge — entsprechend einer flächenbezogenen Beanspruchung von 0,05 kN/m² an 4 Stellen des Probekörpers nach Bild 1 aufgelegt. Die Dicke wird in der Mitte der Meßplatte mit einer Meßnadel oder einer anderen Meßeinrichtung bestimmt.

Die gemessenen 4 Einzelwerte der Dicke sind für jeden Probekörper in Millimeter anzugeben. Als Dicke gilt der auf ganze Millimeter gerundete Mittelwert aus den Einzelwerten aller Probekörper.

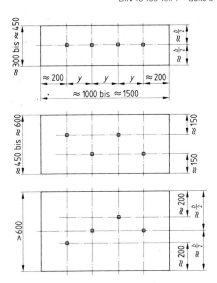

Bild 1. Meßstellen zur Dickenmessung bei verschiedener Dämmstoffbreite

7.4 Rohdichte

Die Rohdichte der Faserdämmstoffe in lufttrockenem Zustand wird an den 10 Probekörpern, an denen die Dicke nach Abschnitt 7.3.2 bestimmt wurde, ermittelt. Bei beschichteten Erzeugnissen ist die Rohdichte ohne Beschichtung zu bestimmen.

Die Rohdichten beziehen sich hierbei auf die gemessene Dicke, beim Anwendungstyp WL auf die Nenndicke. Die Rohdichte der einzelnen Probekörper ist auf 0,1 kg/m³, der Mittelwert auf ganze kg/m³ gerundet anzugeben.

7.5 Zugfestigkeit

Die Zugfestigkeit wird an 3 Probekörpern nach Bild 2 einschließlich etwaiger Beschichtungen oder Trägermaterialien geprüft. Die Probekörper werden an beiden Schmalseiten, z.B. zwischen je 2 Leisten von 110 mm Breite, 600 mm Länge und 20 mm Dicke, nach Bild 3 eingespannt. Die Kanten der Leisten müssen abgerundet sein. Die Steigerung der Beanspruchung erfolgt mit etwa 0,01 N/mm² je Minute. Bei der Berechnung der Zugfestigkeit sind die nach Abschnitt 7.3.2 ermittelte Dicke und die Breite am Bruchquerschnitt zugrunde zu legen.

Die Prüfung wird abgebrochen, wenn eine Zugspannung erreicht ist, der die Spannung bei einer Belastung von mehr als dem dreifachen Gewicht des Erzeugnisses entspricht.

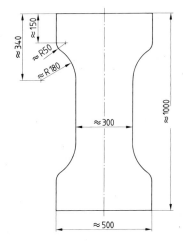

Bild 2. Probekörper für die Prüfung der Zugfestigkeit (zugleich Schablone zum Zuschneiden)

7.6 Wärmeleitfähigkeit

Die Wärmeleitfähigkeit λ_Z wird nach DIN 52612 Teil 1 und Teil 2 an zwei quadratischen Probekörpern mit einer Kantenlänge von 500 mm bestimmt. Die Wärmeleitfähigkeit beschichteter oder profilierter Erzeugnisse wird wie bei Erzeugnissen ohne Beschichtung und

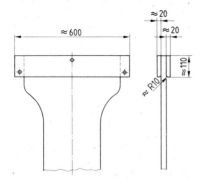

Bild 3. Einspannung des Probekörpers nach Bild 2

Profilierung für die ganze Dicke einschließlich der Beschichtung und/oder der Hohlräume gemessen und angegeben, auch in den Fällen, bei denen nach DIN 52612 Teil 1 der Wärmedurchlaßwiderstand anzugeben wäre.
Die Probekörper sollen etwa die nach Abschnitt 7.4 errechnete, mittlere Rohdichte aufweisen. Bei der Prüfung ist die nach Abschnitt 7.3.2 ermittelte Dicke, beim Anwendungstyp WL die Nenndicke einzustellen.

7.7 Brandverhalten

Das Brandverhalten der Faserdämmstoffe wird nach DIN 4102 Teil 1 geprüft.
Der Schmelzpunkt wird nach DIN 4102 Teil 17 geprüft.

7.8 Formbeständigkeit bei Wärmeeinwirkung bis 80 °C

Die Formbeständigkeit wird an drei Probekörpern von der Dicke der Dämmschicht und einer Fläche von 100 mm × 100 mm geprüft. Die Probekörper werden aus den Proben, an denen die Rohdichte nach Abschnitt 7.4 ermittelt wurde, herausgeschnitten. Sie sollen etwa die nach Abschnitt 7.4 errechnete, mittlere Rohdichte aufweisen.
Die Ausgangsdicke der Probekörper wird zunächst mit einer Belastung entsprechend einer flächenbezogenen Beanspruchung von 0,1 kN/m² ermittelt. Danach werden die Probekörper entsprechend einer flächenbezogenen Beanspruchung von 20 kN/m² gleichmäßig belastet und zwar 7 Tage bei Normalklima DIN 50014 — 23/50-2 und danach 7 Tage bei einer gleichbleibenden Temperatur von (80 ± 2) °C.
Die Probekörper gelten als „formbeständig bis 80 °C", wenn folgende Dickenänderungen nicht überschritten werden:
10 % nach siebentägiger Belastung entsprechend 20 kN/m² bei 23 °C, gemessen unter Belastung, bezogen auf die Ausgangsdicke; 5 % nach siebentägiger Belastung entsprechend 20 kN/m² bei 80 °C, gemessen unter Belastung, bezogen auf die Dicke nach siebentägiger Belastung entsprechend 20 kN/m² bei 23 °C.

7.9 Druckspannung bei 10 % Stauchung

Die Druckspannung bei 10 % Stauchung wird nach DIN 52272 Teil 1 bestimmt.

7.10 Abreißfestigkeit

Die Abreißfestigkeit wird nach DIN 52274 bestimmt.

7.11 Dynamische Steifigkeit

Die dynamische Steifigkeit wird nach DIN 52214 bestimmt. Abweichend von DIN 52214 wird die zu prüfende Probe keiner Vorbeanspruchung unterzogen und vor dem Aufbringen der Ausgleichsschicht aus Stuckgips nicht mit einer wasserabweisenden Schicht abgedeckt.
Für die Bestimmung der dynamischen Steifigkeit s' ist als Dicke der Dämmschicht die unter einer gleichmäßigen Belastung entsprechend einer flächenbezogenen Beanspruchung von 2 kN/m² gemessene Dicke (ohne Vorbeanspruchung) einzusetzen.

7.12 Strömungswiderstand

Der längenbezogene Strömungswiderstand wird nach DIN 52213 bestimmt. Die Proben sollen etwa die nach Abschnitt 7.4 errechnete, mittlere Rohdichte aufweisen. Bei der Prüfung ist die nach Abschnitt 7.3.2 ermittelte Dicke einzustellen.

7.13 Wasserabweisende Eigenschaft

Die wasserabweisende Eigenschaft, charakterisiert durch die flächenbezogene Wasseraufnahme, wird an 6 quadratischen Probekörpern mit 150 mm Kantenlänge und der Dicke der Dämmschicht einschließlich etwaiger Beschichtungen ermittelt.
Die Probekörper werden aus 3 lufttrockenen Proben, deren Dicke mindestens 40 mm betragen soll, unter Vermeidung von Randzonen senkrecht zur Dämmschichtebene ohne Beschädigung des Fasergefüges derart herausgesägt, daß jeweils 2 Probekörper direkt nebeneinander liegen. Die Oberseiten der Probekörper sind zu kennzeichnen. Die Oberflächen werden nicht bearbeitet; sie können sich, bedingt durch den Herstellungsprozeß, voneinander unterscheiden und eine unterschiedliche Wasseraufnahme aufweisen.
An den lufttrockenen Probekörpern werden die Dicke nach Abschnitt 7.3.2 und die Rohdichte nach Abschnitt 7.4 bestimmt.
Die Prüfflüssigkeit besteht aus deionisiertem Wasser unter Vermeidung der Anwesenheit irgendwelcher Detergentien und wird durch Zugabe von Calciumhydroxid auf einen pH-Wert von $9{,}0 \pm 0{,}5$ eingestellt. Während der Prüfdauer ist in angemessenen Zeitabständen der pH-Wert zu prüfen und gegebenenfalls zu korrigieren.
Die Probekörper werden waagerecht (20 ± 2) mm tief derart in die Prüfflüssigkeit eingetaucht, daß von den beiden nebeneinander liegenden Probekörpern jeweils die Oberseite des einen und die Unterseite des anderen Probekörpers von der Prüfflüssigkeit benetzt wird. Die Probekörper sind in dieser Lage zu fixieren.
Nach einer Lagerung von 4 h werden die Probekörper 15 min zum Abtropfen senkrecht über Eck aufgestellt und anschließend gewogen. Danach werden die Probekörper erneut eingetaucht und der Vorgang wird 7 d und 28 d nach dem ersten Eintauchen wiederholt.
Aus dem Gewicht der Probekörper vor dem ersten Eintauchen und dem jeweiligen Gewicht nach den einzelnen Eintauchzeiten wird die Gewichtszunahme, bezogen auf 1 m², bestimmt und der Mittelwert gebildet. Einzelwerte sind auf 0,1 g, Mittelwerte auf ganze Zahlen gerundet anzugeben.

8 Kennzeichnung

Nach dieser Norm hergestellte und überwachte Faserdämmstoffe (siehe Abschnitt 9) sind auf ihrer Verpackung, gegebenenfalls auch auf dem Erzeugnis selbst, in deutlicher Schrift wie folgt zu kennzeichnen:
a) Stoffart und Lieferform
b) Anwendungszweck (Typkurzzeichen und etwaige zusätzliche Kennbuchstaben oder Kennzeichen)
c) DIN 18 165
d) „nicht für Trittschalldämmung" (nur beim Anwendungstyp WD)
e) Wärmeleitfähigkeitsgruppe
f) Brandverhalten nach DIN 4102 Teil 1 [6])
g) Nenndicke, Länge und Breite in mm
h) Etwaige Sondereigenschaften, z.B.:
   — Angabe der entsprechenden Werte für s' bei Faserdämmstoffen mit dem zusätzlichen Kennbuchstaben s
   — Angabe der Mindestrohdichte und erforderlichenfalls des Schmelzpunktes bei Mineralfaser-Dämmstoffen mit Anforderungen nach Abschnitt 6.7, vierter Absatz
i) Name und Anschrift des Herstellers (beziehungsweise des Lieferers oder Importeurs, falls diese den Faserdämmstoff unter ihrem Namen in den Verkehr bringen)
j) Herstellwerk (gegebenenfalls auch Produktionslinie) und Herstellungsdatum [7])
k) Einheitliches Überwachungszeichen [8])

Beispiel:
Mineralfaser-Wärmedämmplatten W — DIN 18 165
Wärmeleitfähigkeitsgruppe 035
DIN 4102 — A 1 — PA-III 4 ...
(Nr des Prüfzeichens)
40 mm, 1000 mm × 500 mm
Müller, Postfach 47 11, 9200 Adorf
Werk Adorf, 27.11.1990
Einheitliches Überwachungszeichen

9 Überwachung (Güteüberwachung)

9.1 Allgemeines

Die Einhaltung der in den Abschnitten 6 und 8 festgelegten Anforderungen ist in jedem Herstellwerk durch eine Überwachung, bestehend aus Eigen- und Fremdüberwachung, zu prüfen. Grundlage für das Verfahren der Überwachung ist DIN 18 200.
Für Umfang und Häufigkeit der Eigen- und Fremdüberwachung sind die Festlegungen in den Abschnitten 9.2 und 9.3 maßgebend. Die Prüfungen sind nach Abschnitt 7 durchzuführen.
Werden die Platten, Filze oder Matten in einem gesonderten Herstellungsvorgang nachträglich beschichtet, so müssen diese Erzeugnisse im betreffenden Herstellwerk ebenfalls überwacht werden.
Die Fremdüberwachung ist von einer für die Fremdüberwachung von Faserdämmstoffen anerkannten Überwachungsgemeinschaft oder einer hierfür anerkannten Prüfstelle aufgrund eines Überwachungsvertrages durchzuführen [9]).

9.2 Eigenüberwachung

Für jede gefertigte Lieferform und Nenndicke sind folgende Prüfungen durchzuführen (Probenanzahl siehe Abschnitt 7):

a) Täglich:
   bei allen Anwendungstypen
   — Beschaffenheit
   — Maße
   — Rohdichte
b) Je zusammenhängendem Produktionszeitraum, mindestens aber wöchentlich:
   beim Anwendungstyp WD
   — Druckspannung bei 10 % Stauchung
   bei den Anwendungstypen WD und WV
   — Abreißfestigkeit
c) Wöchentlich:
   — Normalentflammbarkeit nach DIN 4102 Teil 1 bei Mineralfaser-Dämmstoffen der Baustoffklasse B 2 nach DIN 4102 Teil 1 (normalentflammbar) mit Beschichtungen oder Trägermaterialien sowie bei pflanzlichen Faserdämmstoffen.

Die Eigenüberwachung des Brandverhaltens prüfzeichenpflichtiger Faserdämmstoffe richtet sich nach dem Prüfbescheid.
Andere Prüfverfahren als nach Abschnitt 7 können mit der fremdüberwachenden Stelle vereinbart werden, wenn dieser vom Hersteller nachgewiesen wird, daß zwischen den Prüfergebnissen eine physikalisch begründbare Korrelation besteht.

9.3 Fremdüberwachung

9.3.1 Umfang der Fremdüberwachung

Von der fremdüberwachenden Stelle sind mindestens zweimal jährlich die Eigenüberwachung und die Einhaltung der Kennzeichnung nach Abschnitt 8 nachzuprüfen. Die Prüfungen nach Abschnitt 7 sind — soweit sie für den Anwendungstyp erforderlich sind — mindestens einmal jährlich durchzuführen.
Die Prüfungen sind bei jeder Fremdüberwachungsprüfung an jeder Anwendungstyp und jeder Lieferform [10]) an je zwei Nenndicken — bei Erstprüfung möglichst an den größten und kleinsten gängigen Dicken — durchzuführen. Ist bei profilierten Faserdämmstoffen der Volumenanteil der Profilierung (Hohlraum) am Gesamtvolumen >20 %, sind diese Faserdämmstoffe gesondert zu prüfen.
Die Prüfung der Wärmeleitfähigkeit nach Abschnitt 7.6 wird bei der Erstprüfung an zwei Nenndicken je Anwendungstyp und Lieferform durchgeführt. Bei der weiteren Überwachung wird sie jeweils an einer Nenndicke je Anwendungstyp und Lieferform geprüft.

---

[6]) Bei prüfzeichenpflichtigen Faserdämmstoffen Kennzeichnung laut Prüfbescheid.

[7]) Diese Angaben können auch verschlüsselt werden, wenn der Schlüssel bei der fremdüberwachenden Stelle hinterlegt ist.

[8]) Siehe z.B. „Mitteilungen Institut für Bautechnik", Heft 2/1982, S. 41.

[9]) Verzeichnisse der bauaufsichtlich anerkannten Überwachungsgemeinschaften und Prüfstellen werden beim Institut für Bautechnik geführt und in seinen Mitteilungen veröffentlicht.

[10]) Bei Erzeugnissen, die sich nur durch Beschichtung, Trägermaterial oder Lieferart (eben oder gerollt) unterscheiden, brauchen Eigenschaften, auf die unterschiedliche Beschichtung, Trägermaterial bzw. Lieferart keinen Einfluß haben, nicht gesondert geprüft zu werden.

Die Nenndicken sind bei den Prüfungen so auszuwählen, daß im Laufe der Zeit alle Nenndicken erfaßt werden.

Die Fremdüberwachung des Brandverhaltens prüfzeichenpflichtiger Faserdämmstoffe richtet sich nach dem Prüfbescheid sowie der „Richtlinie für die Überwachung von prüfzeichenpflichtigen schwerentflammbaren (Klasse B 1) Baustoffen"[11]) und der „Richtlinie für die Überwachung von prüfzeichenpflichtigen nichtbrennbaren (Klasse A) Baustoffen"[12]).

9.3.2 Probenahme
Für die Probenahme gilt DIN 18 200; dabei sollen für die Entnahme aus dem Versandlager für jeden gängigen Anwendungstyp mindestens 10 m^3 vorrätig sein.

Für eine vollständige Prüfung nach dieser Norm sind für jede zu prüfende Nenndicke mindestens zu entnehmen:
a) bei Platten:
   15 Stück aus mindestens 3 Paketen
b) bei Filzen und Matten: 15 m, jedoch mindestens 3 Rollen

Die Proben dürfen auch aus dem Händlerlager oder auf einer Baustelle entnommen werden.

9.3.3 Zusammenfassung der Prüfergebnisse
Wenn zusätzlich zum Überwachungsbericht die Ergebnisse der Prüfungen (üblicherweise Mittelwerte) zusammengefaßt werden sollen, ist dies in der Form des im Anhang A enthaltenen Mustervordrucks vorzunehmen. Dieser Vordruck darf nur verwendet werden, wenn es sich um Prüfungen im Rahmen der Überwachung handelt, die notwendigen Prüfungen nach Abschnitt 7 dieser Norm bestanden wurden, die Kennzeichnung nach Abschnitt 8 vorhanden ist und den geprüften Eigenschaften entspricht und die Eigenüberwachung für ordnungsgemäß befunden wurde.

---

[11]) Veröffentlicht in „Mitteilungen Institut für Bautechnik", derzeitige Fassung Januar 1988 abgedruckt in Heft 3/1988, Seite 74–76.

[12]) Veröffentlicht in „Mitteilungen Institut für Bautechnik", derzeitige Fassung Januar 1988 abgedruckt in Heft 3/1988, Seite 76–78.

DIN 18 165 Teil 1 Seite 9

Anhang A

Mustervordruck für die Zusammenfassung der Prüfergebnisse von Faserdämmstoffen für die Wärmedämmung

(Für den Anwender dieser Norm unterliegt dieser Anhang A nicht dem Vervielfältigungsrandvermerk auf Seite 1)

**Faserdämmstoffe für das Bauwesen
nach DIN 18 165 Teil 1
Dämmstoffe für die Wärmedämmung
Zusammenfassung der Prüfergebnisse nach Abschnitt 9.3 „Fremdüberwachung"**

Diese Zusammenfassung gilt nicht als Nachweis der Überwachung [1])

Prüfende Stelle:

Prüfbericht Nr:

Antragsteller:

Herstellwerk:

Probenahme: Ort: Datum:

　　　　　　　Art:

Art der Überwachung: Überwachungs-/Güteschutzgemeinschaft

　　　　　　　　　　　　Überwachungsvertrag

　　　　　　　　　　　　Überwachungsbeginn   Überwachungsfortführung

Bezeichnung des Erzeugnisses:

Stoffart, Lieferform und Typkurzzeichen:

bei prüfzeichenpflichtigen Erzeugnissen: Prüfbescheid-Nummer:

Beschichtung, Trägermaterial, Profilierung:

Kennzeichnungen:

　　Nenndicke Nr 1

　　Nenndicke Nr 2

---

[1]) Als Nachweis der bauaufsichtlich erforderlichen Überwachung gilt nach den Landesbauordnungen (entsprechend § 24 Abs. 3 Musterbauordnung) insbesondere die Kennzeichnung des Baustoffes oder seiner Verpackung durch ein Überwachungszeichen.

Eigenschaften [2])					
Nenndicke	Nr 1	2	Nenndicke	Nr 1	2
Nenndicke laut Kennzeichnung mm			Formbeständigkeit:		
Rechtwinkligkeit größte Abweichung mm			Dickenänderung bei 23 °C %		
Dicke mm			zusätzliche Dickenänderung bei 80 °C %		
Länge mm					
Breite mm			Druckspannung bei 10 % Stauchung N/mm^2		
Rohdichte kg/m^3			Abreißfestigkeit N/mm^2		
Zugfestigkeit N/mm^2 oder „Zugbeanspruchbarkeit erfüllt"			Dynamische Steifigkeit s' MN/m^3		
Wärmeleitfähigkeit: λ_Z nach DIN 52612 Teil 2 W/(m · K)			Längenbezogener Strömungswiderstand Ξ $kN \cdot s/m^4$		
Rechenwert λ_R nach DIN 4108 Teil 4 [3]) W/(m · K)			Wasseraufnahme: nach 4 h kg/m^2		
Brandverhalten (Baustoffklasse nach DIN 4102 Teil 1) gegebenenfalls mit Angabe des Schmelzpunktes °C			nach 7 d kg/m^2		
			nach 28 d kg/m^2		

Der Faserdämmstoff erfüllt in den geprüften Eigenschaften die Anforderungen nach DIN 18165 Teil 1.
Die Kennzeichnung ist vorhanden und entspricht den geprüften Eigenschaften.
Die Eigenüberwachung wurde für ordnungsgemäß befunden.

Bemerkungen:

        den   Siegel, Unterschrift

[2]) Einzelne Eigenschaften brauchen nur bei bestimmten Anwendungstypen bzw. Lieferformen geprüft zu werden.
[3]) Maßgebend für die Bemessung der Wärmedämmung eines Bauteils.

Zitierte Normen und andere Unterlagen

DIN 4102 Teil 1	Brandverhalten von Baustoffen und Bauteilen; Baustoffe; Begriffe, Anforderungen und Prüfungen
DIN 4102 Teil 4	Brandverhalten von Baustoffen und Bauteilen; Zusammenstellung und Anwendung klassifizierter Baustoffe, Bauteile und Sonderbauteile
DIN 4102 Teil 17	Brandverhalten von Baustoffen und Bauteilen; Schmelzpunkt von Mineralfaserdämmstoffen; Begriffe, Anforderung, Prüfung
DIN 4108 Teil 4	Wärmeschutz im Hochbau; Wärme- und feuchteschutztechnische Kennwerte
DIN 18165 Teil 2	Faserdämmstoffe für das Bauwesen; Dämmstoffe für die Trittschalldämmung
DIN 18169	Deckenplatten aus Gips; Platten mit rückseitigem Randwulst
DIN 18200	Überwachung (Güteüberwachung) von Baustoffen, Bauteilen und Bauarten; Allgemeine Grundsätze
DIN 50014	Klimate und ihre technische Anwendung; Normalklimate
DIN 52213	Bauakustische Prüfungen; Bestimmung des Strömungswiderstandes
DIN 52214	Bauakustische Prüfungen; Bestimmung der dynamischen Steifigkeit von Dämmschichten für schwimmende Estriche
DIN 52272 Teil 1	Prüfung von Mineralfaser-Dämmstoffen; Druckversuch; Ermittlung der Druckspannung und Druckfestigkeit
DIN 52274	Prüfung von Mineralfaser-Dämmstoffen; Abreißfestigkeit; Ermittlung senkrecht zur Dämmschichtebene
DIN 52612 Teil 1	Wärmeschutztechnische Prüfungen; Bestimmung der Wärmeleitfähigkeit mit dem Plattengerät; Durchführung und Auswertung
DIN 52612 Teil 2	Wärmeschutztechnische Prüfungen; Bestimmung der Wärmeleitfähigkeit mit dem Plattengerät; Weiterbehandlung der Meßwerte für die Anwendung im Bauwesen
DIN 68755	(z. Z. Entwurf) Holzfaserdämmplatten für das Bauwesen
DIN 68762	Spanplatten für Sonderzwecke im Bauwesen; Begriffe, Anforderungen, Prüfung

„Mitteilungen Institut für Bautechnik", zu beziehen beim Verlag Ernst & Sohn, Berlin

Frühere Ausgaben

DIN 18165: 08.57, 03.63; DIN 18165 Teil 1: 01.75, 03.87

Änderungen

Gegenüber der Ausgabe März 1987 wurden folgende Änderungen vorgenommen:

a) In Tabelle 1, Fußnote 1 die Forderung neu aufgenommen, daß vom Hersteller als Wärmedämmstoffe für die Anwendung in hinterlüfteten Fassaden bezeichnete Mineralfaser-Dämmstoffe über die ganze Dicke wasserabweisend behandelt (hydrophobiert) sein müssen.
b) Anforderungen an die wasserabweisende Eigenschaft von hydrophobierten Mineralfaser-Dämmstoffen nach Tabelle 1, Fußnote 1 — ausgedrückt durch obere Grenzwerte für die flächenbezogene Wasseraufnahme — neu aufgenommen.
c) Prüfverfahren zur Bestimmung der flächenbezogenen Wasseraufnahme neu aufgenommen.
d) Inhalt in einigen Punkten redaktionell überarbeitet.

Internationale Patentklassifikation

B 32 B 5/02
C 04 B 38/00
D 06 N 5/00
D 06 N 7/00
E 04 B 1/76
F 16 L 59/00
G 01 B 21/02
G 01 N 33/38

DK 691-494:699.844:620.1   März 1987

Faserdämmstoffe für das Bauwesen
Dämmstoffe für die Trittschalldämmung

DIN 18 165
Teil 2

Fibrous insulating building materials; insulating materials for impact sound insulation
Matières isolantes fibreuses pour le bâtiment; matières isolantes à l'isolation les bruits de chocs

Ersatz für Ausgabe 01.75

Maße in mm

Inhalt

	Seite
1 Anwendungsbereich und Zweck	1
2 Begriffe	1
2.1 Faserdämmstoffe	1
2.2 Mineralfaser-Dämmstoffe (Min)	2
2.3 Pflanzliche Faserdämmstoffe (Pfl)	2
3 Bezeichnung	2
4 Anwendungstypen	2
5 Lieferform, Beschichtung	2
6 Anforderungen	2
6.1 Allgemeines	2
6.2 Beschaffenheit	2
6.3 Maße	2
6.4 Flächenbezogene Masse (Flächengewicht) und Rohdichte	3
6.5 Zugfestigkeit	3
6.6 Dynamische Steifigkeit	3
6.7 Wärmeleitfähigkeit	3
6.8 Brandverhalten	3
7 Prüfung	4
7.1 Allgemeines	4
7.1.1 Probenanzahl	4
7.1.2 Probekörpervorbereitung	4
7.2 Beschaffenheit	4
7.3 Maße	4
7.3.1 Länge und Breite	4
7.3.2 Dicke	4
7.3.2.1 Dicke d_L	4
7.3.2.2 Dicke unter Belastung d_B	4
7.4 Flächenbezogene Masse (Flächengewicht) und Rohdichte	4
7.5 Zugfestigkeit	5
7.6 Dynamische Steifigkeit	5
7.7 Wärmeleitfähigkeit	5
7.8 Brandverhalten	5
8 Kennzeichnung	5
9 Überwachung (Güteüberwachung)	6
9.1 Allgemeines	6
9.2 Eigenüberwachung	6
9.3 Fremdüberwachung	6
9.3.1 Umfang der Fremdüberwachung	6
9.3.2 Probenahme	6
9.3.3 Zusammenfassung der Prüfergebnisse	6
Anhang A Mustervordruck für die Zusammenfassung der Prüfergebnisse von Faserdämmstoffen für die Trittschalldämmung	7
Zitierte Normen und andere Unterlagen	9
Frühere Ausgaben	9
Änderungen	9

1 Anwendungsbereich und Zweck

Diese Norm gilt für werksmäßig hergestellte Faserdämmstoffe, die als Matten, Filze und Platten für Trittschallzwecke im Bauwesen verwendet werden (Trittschalldämmstoffe). Die Faserdämmstoffe dienen auch der Verbesserung der Luftschalldämmung und der Wärmedämmung.
Die Norm gilt auch für Faserdämmstoffe mit (Oberflächen-)-Beschichtungen (siehe auch Abschnitt 5).
Sie gilt nicht für Faserdämmstoffe, die nur für Wärmedämmzwecke [1]) verwendet werden.

2 Begriffe

2.1 Faserdämmstoffe

Faserdämmstoffe sind Mineralfaser-Dämmstoffe und pflanzliche Faserdämmstoffe (aus: DIN 18 165 Teil 1/03.87).

---
[1]) Faserdämmstoffe für die Wärmedämmung werden in DIN 18 165 Teil 1 behandelt.

Fortsetzung Seite 2 bis 9

Normenausschuß Bauwesen (NABau) im DIN Deutsches Institut für Normung e.V.

2.2 Mineralfaser-Dämmstoffe (Min)

Mineralfaser-Dämmstoffe sind Dämmstoffe aus künstlichen Mineralfasern, die aus einer silikatischen Schmelze (z. B. Glas-, Gesteins- oder Schlackenschmelze) gewonnen werden, mit oder ohne Faserbindung (aus: DIN 18 165 Teil 1/03.87).

2.3 Pflanzliche Faserdämmstoffe (Pfl)

Pflanzliche Faserdämmstoffe sind Dämmstoffe aus Pflanzenfasern mit oder ohne Faserbindung.

Als Pflanzenfasern können verwendet werden:
a) Kokosfasern
b) Holzfasern; chemisch und mechanisch aufbereitet [2])
c) Torffasern

(aus: DIN 18 165 Teil 1/03.87)

3 Bezeichnung

Faserdämmstoffe für die Trittschalldämmung sind in folgender Reihenfolge zu bezeichnen:
a) Benennung
b) Norm-Hauptnummer
c) Stoffart und Lieferform
d) Anwendungszweck (Typkurzzeichen mit Steifigkeitsgruppe)
e) Wärmeleitfähigkeitsgruppe
f) Brandverhalten nach DIN 4102 Teil 1
g) Nenndicken d_L und d_B in der Form d_L/d_B in mm

Bezeichnung eines Faserdämmstoffes als Trittschalldämmstoff aus Mineralfasern (Min) als Platte (P) des Anwendungstyps T, Steifigkeitsgruppe 20, Wärmeleitfähigkeitsgruppe 040, schwerentflammbarer Baustoff B 1 nach DIN 4102 Teil 1, Nenndicken d_L = 20 mm und d_B = 15 mm (20/15):

Faserdämmstoff
DIN 18 165 – MinP – T20 – 040 – B 1 – 20/15

Etwaig vorhandene Beschichtungen sind gesondert anzugeben.

4 Anwendungstypen

Nach der Verwendbarkeit der Faserdämmstoffe für die Trittschalldämmung werden die in Tabelle 1 aufgeführten Anwendungstypen mit den entsprechenden Typkurzzeichen unterschieden.

[2]) Chemisch: z. B. durch Natronlauge,
mechanisch: z. B. gerissen

Tabelle 1. **Anwendungstypen**

Typkurzzeichen	Verwendung im Bauwerk
T	Trittschalldämmstoffe, z. B. unter schwimmenden Estrichen nach DIN 18 560 Teil 2
TK	Trittschalldämmstoffe mit geringer Zusammendrückbarkeit, z. B. unter Fertigteilestrichen

5 Lieferform, Beschichtung

Faserdämmstoffe werden nach Tabelle 2 in den Lieferformen Matten, Filze und Platten hergestellt.

6 Anforderungen

6.1 Allgemeines

Für den Nachweis der Einhaltung der Anforderungen sind die Prüfungen nach Abschnitt 7 anzuwenden.

6.2 Beschaffenheit

Faserdämmstoffe dürfen keine groben Bestandteile enthalten. Sie müssen an allen Stellen gleichmäßig dick und von gleichmäßigem Gefüge sein und gerade und parallele Kanten haben.

Platten müssen rechtwinklig, ihre Oberflächen eben sein. Die Anforderung an die Rechtwinkligkeit ist erfüllt, wenn bei der Prüfung nach Abschnitt 7.2 bei 500 mm Schenkellänge die Abweichung im Mittel 2 mm, die größte Einzelabweichung 3 mm nicht überschreitet.

Faserdämmstoffe und etwaig vorhandene Bindemittel müssen ausreichend alterungsbeständig und widerstandsfähig gegen Schimmelpilze sein. Sie müssen auch bei hoher relativer Luftfeuchte beständig bleiben.

6.3 Maße

Als Nenndicke werden die Werte d_L und d_B in der Form d_L/d_B auf ganze Millimeter gerundet angegeben; z. B. 20/15 bei einer Dicke d_L = 20 mm und einer Dicke unter Belastung d_B = 15 mm.

Die Nenndicken und Grenzabweichungen für die Dicken sind in Tabelle 3, die Grenzabweichungen für Längen und Breiten in Tabelle 4 angegeben.

Die Dicke d_L ist nach Abschnitt 7.3.2.1 zu messen.

Tabelle 2. **Lieferformen**

Lieferform	Faserbindung, Beschichtung [1]) [2])	Verbindung einer Beschichtung mit den Fasern	Lieferart
Matten (M)	mit oder ohne Binde- und/oder Schmälzmittel, versteppt oder vernadelt, mit oder ohne Beschichtung	versteppt oder vernadelt	gerollt
Filze (F)	gebunden, mit oder ohne Beschichtung	versteppt oder verklebt	
Platten (P)			eben

[1]) Beschichtungen können von wesentlichem Einfluß auf die Eigenschaften der Erzeugnisse sein (z. B. auf das Brandverhalten nach Abschnitt 6.8).
[2]) Z. B. Papier, Kunststoff-Folien

DIN 18165 Teil 2 Seite 3

Tabelle 3. **Nenndicken und Grenzabweichungen für die Dicken**

1	2	3	4	5	6	7	8
Lieferform	Anwendungstyp	Nenndicken		Zulässige Überschreitungen [2]) der gemessenen Nenndickendifferenzen von den angegebenen Nenndickendifferenzen $d_L - d_B$		Grenzabweichungen	
		Dicke unter Belastung d_B [1])	Nenndickendifferenz $d_L - d_B$			des gemessenen Mittelwertes der Stichprobe d_{LM} bzw. d_{BM} von der Nenndicke d_L bzw. d_B	jedes gemessenen Einzelwertes der Stichprobe d_{LE} bzw. d_{BE} von der Nenndicke d_L bzw. d_B
				Mittelwert	Einzelwert		
Matten, Filze, Platten	T	10 [3]) 15 20	≤ 5	1 [4])	3	+ 3 mm / − 1 mm oder [5]) + 15 % / − 5 %	+ 4 mm / − 2 mm oder [5]) + 20 % / − 10 %
	TK	25 30	≤ 3	1	2	+ 2 mm / 0 mm oder [5]) + 10 % / 0 %	+ 3 mm / − 1 mm oder [5]) + 15 % / − 5 %

[1]) Die angegebenen Dicken d_B sind beim Anwendungstyp T verbindlich, beim Anwendungstyp TK Vorzugsmaße. Produkte mit $d_B < 10$ mm sind nicht zulässig.
Produkte mit $d_B > 30$ mm sind zulässig, wenn
– die Dickenstufen für d_B 5 mm betragen und
– die Dickenabweichungen die für $d_B = 30$ mm in den Spalten 7 und 8 angegebenen Grenzabweichungen nicht überschreiten.
[2]) Unterschreitungen sind nicht begrenzt.
[3]) Nur für Anwendungstyp TK.
[4]) Bei $d_B \geq 25$ mm jedoch 2 mm.
[5]) Der größere Wert ist maßgebend.

Tabelle 4. **Grenzabweichungen für Längen und Breiten**

Lieferform	Grenzabweichung des festgestellten Einzelwertes von den angegebenen Maßen	
Matten, Filze	Länge: [1])	− 2 %
	Breite: ± 1 %	
Platten	Länge: ± 2 % [2])	
	Breite: ± 0,5 % [2])	

[1]) Überschreitung ist nicht begrenzt.
[2]) Gilt für Verlegung der Platten in Längsrichtung. Sind die Platten für Verlegung in Querrichtung vorgesehen und entsprechend gekennzeichnet, gilt für die Breite ± 2 % und für die Länge ± 0,5 %.

Die Dicke unter Belastung d_B ist nach Abschnitt 7.3.2.2 zu messen.
Die Dicken beziehen sich auf den Faserdämmstoff einschließlich etwaig vorhandener Beschichtung (siehe Tabelle 2).

6.4 Flächenbezogene Masse (Flächengewicht) und Rohdichte

An die flächenbezogene Masse und Rohdichte der Faserdämmstoffe für Trittschalldämmzwecke werden keine Anforderungen gestellt; ihre Werte – in trockenem Zustand – sind jedoch festzustellen.

6.5 Zugfestigkeit

Die Zugfestigkeit von Matten und Filzen einschließlich etwaig vorhandener Beschichtungen muß im Mittel mindestens 0,01 N/mm² betragen. Einzelwerte dürfen bis zu 20 % unter dem geforderten Wert liegen. Bei dieser Beanspruchung darf sich der Probekörper höchstens um 50 mm verlängern.
Bei Platten braucht die Zugfestigkeit nicht geprüft zu werden.

6.6 Dynamische Steifigkeit

Matten, Filze und Platten müssen ein ausreichendes Federungsvermögen haben. Das Federungsvermögen wird gekennzeichnet durch die dynamische Steifigkeit s' der Dämmschicht einschließlich der in ihr eingeschlossenen Luft. Die Faserdämmstoffe für die Trittschalldämmung werden nach ihrem Federungsvermögen (dynamische Steifigkeit) [3]) nach Tabelle 5 in Gruppen eingeteilt.

6.7 Wärmeleitfähigkeit

Faserdämmstoffe werden in Wärmeleitfähigkeitsgruppen eingestuft. Für die Anforderungen an die Wärmeleitfähigkeitsgruppen gilt Tabelle 6.

6.8 Brandverhalten

Faserdämmstoffe nach dieser Norm müssen einschließlich etwaig vorhandener Beschichtungen mindestens der Baustoffklasse B 2 nach DIN 4102 Teil 1 (normalentflammbar) entsprechen.

[3]) Siehe DIN 4109 Teil 1 (z. Z. Entwurf)

Seite 4 DIN 18165 Teil 2

Tabelle 5. Steifigkeitsgruppen

Steifigkeits-gruppe	Anforderungen an den Mittelwert der dynamischen Steifigkeit s' MN/m³
90	≤ 90
70	≤ 70
50	≤ 50
40	≤ 40
30	≤ 30
20	≤ 20
15	≤ 15
10	≤ 10
Zulässige Überschreitung der Einzelwerte 5 %.	

Tabelle 6. Wärmeleitfähigkeitsgruppen

Gruppe	Anforderungen an die Wärmeleitfähigkeit λ_Z [1]) W/(m · K)
035	≤ 0,035
040	≤ 0,040
045	≤ 0,045
050	≤ 0,050

[1]) Wärmeleitfähigkeit λ_Z nach DIN 52612 Teil 2.

Faserdämmstoffe der Baustoffklasse A nach DIN 4102 Teil 1 (nichtbrennbar) mit brennbaren organischen Bestandteilen und der Baustoffklasse B 1 nach DIN 4102 Teil 1 (schwerentflammbar) unterliegen der Prüfzeichenpflicht [4]).

Bei Faserdämmstoffen der Baustoffklasse A nach DIN 4102 Teil 1 (nichtbrennbar) ohne brennbare organische Bestandteile und der Baustoffklasse B 2 nach DIN 4102 Teil 1 (normalentflammbar) ist das Brandverhalten durch ein Prüfzeugnis einer hierfür anerkannten Prüfstelle nachzuweisen.

Bei Mineralfaser-Dämmstoffen, die als brandschutztechnisch notwendige Dämmschicht für klassifizierte Brandschutzkonstruktionen nach DIN 4102 Teil 4 verwendet werden sollen, müssen die Mindestrohdichte und erforderlichenfalls der Schmelzpunkt nach DIN 4102 Teil 4/03.81, Fußnote 1, angegeben werden.

7 Prüfung

7.1 Allgemeines

7.1.1 Probenanzahl

Die Proben müssen dem Durchschnitt der zu prüfenden Menge entsprechen. Für eine vollständige Prüfung sind mindestens erforderlich:
a) bei Matten und Filzen:
   3 Rollen
b) bei Platten:
   10 Stück aus mindestens 3 Paketen

7.1.2 Probekörpervorbereitung

Die Proben sind vor der Prüfung mindestens 7 Tage in trockenen Räumen unverpackt zu lagern.

---

[4]) Prüfzeichen werden durch das Institut für Bautechnik, Reichpietschufer 74–76, 1000 Berlin 30, erteilt.

Die Probekörper werden aus den Proben einschließlich etwaig vorhandener Beschichtungen – möglichst unter Vermeidung der Randzonen – ausgeschnitten. Bei gerollten Erzeugnissen sind die Probekörper gleichmäßig über die Fläche verteilt zu entnehmen.

7.2 Beschaffenheit

Die gleichmäßige Dicke und das gleichmäßige Gefüge der Proben ist nach Augenschein und durch Betasten zu beurteilen.

Die Abweichung von der Rechtwinkligkeit wird bei 10 Platten an zwei sich diagonal gegenüberliegenden Ecken mit einem Winkel geprüft, dessen beide Schenkel mindestens 500 mm lang sind.

Die Absolutwerte der auf 500 mm Schenkellänge bezogenen Abweichungen werden gemittelt. Der Mittelwert und der größte absolute Einzelwert sind auf ganze Millimeter gerundet anzugeben.

7.3 Maße

7.3.1 Länge und Breite

Länge und Breite werden an mindestens 3 Rollen oder an mindestens 10 Platten mit einem Stahlbandmaß in Millimeter gemessen.

Bei Matten und Filzen wird die Länge einmal in der Mitte gemessen. Die gemessenen Werte sind auf 10 mm zu runden. Die Breite wird an 2 Stellen jeder Rolle gemessen. Die gemessenen Werte sind auf 5 mm zu runden.

Bei Platten werden Länge und Breite einmal in der Mitte gemessen und die gemessenen Werte auf ganze Millimeter gerundet.

7.3.2 Dicke

7.3.2.1 Dicke d_L

Die Dicke d_L wird an 10 quadratischen Probekörpern mit 200 mm Kantenlänge aus verschiedenen Proben einschließlich etwaig vorhandener Beschichtungen bestimmt.

Der Probekörper wird auf eine ausreichend große, ebene und waagerechte Unterlage gelegt und mit einer ebenen, starren, quadratischen und 1 kg schweren Meßplatte von 200 mm Kantenlänge – entsprechend einer flächenbezogenen Beanspruchung von 0,25 kN/m² – belastet. Die Dicke kann mit Meßuhren an zwei diagonal gegenüberliegenden Ecken und in der Mitte der Meßplatte ermittelt werden. Sie kann auch mit einer Meßvorrichtung durch eine Meßöffnung in der Mitte der Meßplatte bestimmt werden. Die Dickenmessung ist etwa 2 Minuten nach Auflegen der Meßplatte vorzunehmen. Die gemessenen Werte sind zu mitteln, der Mittelwert ist auf ganze Millimeter gerundet anzugeben.

7.3.2.2 Dicke unter Belastung d_B

Die Dicke unter Belastung d_B ist an denselben 10 Probekörpern zu bestimmen, an denen vorher die Dicke d_L nach Abschnitt 7.3.2.1 ermittelt wurde.

Der Probekörper wird mit einer ebenen, starren, quadratischen und 8 kg schweren Meßplatte von 200 mm Kantenlänge – entsprechend einer flächenbezogenen Beanspruchung von 2 kN/m² – belastet. Anschließend ist etwa 15 Sekunden eine zusätzliche Vorbeanspruchung von 48 kN/m² aufzubringen und etwa 2 Minuten einwirken zu lassen. Etwa 2 Minuten nach Entfernen der zusätzlichen Vorbeanspruchung ist die Dicke unter Belastung zu messen. Die gemessenen Werte sind auf 0,1 mm zu runden. Der Mittelwert – gerundet auf 0,1 mm – gilt als Dicke unter Belastung d_B.

7.4 Flächenbezogene Masse (Flächengewicht) und Rohdichte

Die flächenbezogene Masse wird an den 10 Probekörpern, an denen die Dicke d_L nach Abschnitt 7.3.2.1 bestimmt wurde,

ermittelt. Der Mittelwert ist auf 0,1 kg/m² gerundet anzugeben.
Die Rohdichte – bezogen auf $d_{B,\,gemessen}$ – ist nach DIN 52 275 Teil 1 zu bestimmen.
Bei beschichteten Platten ist die Rohdichte ohne Beschichtung zu bestimmen.
Die Rohdichte der einzelnen Probekörper ist auf 0,1 kg/m³, der Mittelwert auf ganze kg/m³ gerundet anzugeben.

7.5 Zugfestigkeit

Die Zugfestigkeit wird an 3 Probekörpern nach Bild 1 einschließlich etwaig vorhandener Beschichtungen geprüft. Die Probekörper werden an beiden Schmalseiten, z. B. zwischen je 2 Leisten von 110 mm Breite, 600 mm Länge und 20 mm Dicke, nach Bild 2 eingespannt. Die Kanten der Leisten müssen abgerundet sein. Die Steigerung der Beanspruchung erfolgt mit etwa 0,01 N/mm² je Minute. Bei der Berechnung der Zugfestigkeit ist die nach Abschnitt 7.3.2.1 ermittelte Dicke d_L zugrunde zu legen.
Die Prüfung wird abgebrochen, wenn eine Zugspannung von mehr als 0,02 N/mm² erreicht ist.

7.6 Dynamische Steifigkeit

Die dynamische Steifigkeit wird nach DIN 52 214 bestimmt.

7.7 Wärmeleitfähigkeit

Die Wärmeleitfähigkeit λ_Z wird nach DIN 52 612 Teil 1 und Teil 2 an zwei quadratischen Probekörpern mit einer Kantenlänge von mindestens 200 mm einschließlich etwaig vorhandener Beschichtungen bestimmt.
Sie kann an Probekörpern, an denen vorher nach Abschnitt 7.3.2 die Dicken ermittelt wurden, gemessen werden; andere Probekörper müssen nach Abschnitt 7.3.2 vorbelastet und – beansprucht gewesen sein.
Die Probekörper sollen etwa die nach Abschnitt 7.4 bestimmte, mittlere Rohdichte aufweisen. Bei der Prüfung ist die nach Abschnitt 7.3.2.2 ermittelte Dicke unter Belastung d_B einzustellen.

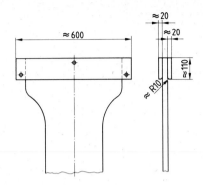

Bild 2. Einspannung des Probekörpers nach Bild 1

7.8 Brandverhalten

Das Brandverhalten der Faserdämmstoffe wird nach DIN 4102 Teil 1 geprüft.
Der Schmelzpunkt wird nach DIN 4102 Teil 4/03.81, Fußnote 1, geprüft.

8 Kennzeichnung

Nach dieser Norm hergestellte und überwachte Faserdämmstoffe (siehe Abschnitt 9) sind auf ihrer Verpackung, gegebenenfalls auch auf dem Erzeugnis selbst, in deutlicher Schrift wie folgt zu kennzeichnen:
a) Stoffart und Lieferform
b) Anwendungszweck (Typkurzzeichen mit Steifigkeitsgruppe)
c) DIN 18 165
d) Wärmeleitfähigkeitsgruppe [5])
e) Brandverhalten nach DIN 4102 Teil 1 [6])
f) Nenndicke d_L und d_B, Länge und Breite in mm
g) Name und Anschrift des Herstellers (beziehungsweise des Lieferers oder Importeurs, falls diese den Faserdämmstoff unter ihrem Namen in den Verkehr bringen)
h) Herstellwerk (gegebenenfalls auch Produktionslinie) und Herstellungsdatum [7])
i) Einheitliches Überwachungszeichen

Beispiel:
   Mineralfaser-Trittschalldämmplatten T 10 –
   DIN 18 165
   Wärmeleitfähigkeitsgruppe 035
   DIN 4102 – A 2 – PA-III 4 ... (Nr des Prüfzeichens)
   25/20 mm – 1250 mm × 600 mm
   Müller, Postfach 47 11, 9200 Adorf
   Werk Adorf, 21.11.1986
   Einheitliches Überwachungszeichen

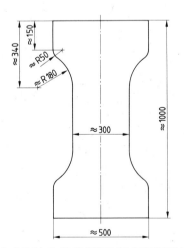

Bild 1. Probekörper für die Prüfung der Zugfestigkeit (zugleich Schablone zum Zuschneiden)

---

[5]) Wird zusätzlich der Wärmedurchlaßwiderstand $1/\Lambda$ angegeben, ist dieser mit der angegebenen Wärmeleitfähigkeitsgruppe für die Nenndicke d_B zu berechnen (siehe auch DIN 4108 Teil 2/08.81, Tabelle 1, Fußnote 6).

[6]) Bei prüfzeichenpflichtigen Faserdämmstoffen Kennzeichnung laut Prüfbescheid.

[7]) Diese Angaben können auch verschlüsselt werden, wenn der Schlüssel bei der fremdüberwachenden Stelle hinterlegt ist.

9 Überwachung (Güteüberwachung)

9.1 Allgemeines

Die Einhaltung der in den Abschnitten 6 und 8 festgelegten Anforderungen ist in jedem Herstellwerk durch eine Überwachung, bestehend aus Eigen- und Fremdüberwachung, zu prüfen. Grundlage für das Verfahren der Überwachung ist DIN 18 200.

Für Umfang und Häufigkeit der Eigen- und Fremdüberwachung sind die Festlegungen in den Abschnitten 9.2 und 9.3 maßgebend. Die Prüfungen sind nach Abschnitt 7 durchzuführen.

Werden die Matten, Filze oder Platten in einem gesonderten Herstellungsvorgang nachträglich beschichtet, so müssen diese Erzeugnisse im betreffenden Herstellwerk ebenfalls überwacht werden.

Die Fremdüberwachung ist von einer für die Fremdüberwachung von Faserdämmstoffen anerkannten Überwachungsgemeinschaft (Güteschutzgemeinschaft) oder einer hierfür anerkannten Prüfstelle aufgrund eines Überwachungsvertrages durchzuführen[8]).

Nach den bauaufsichtlichen Vorschriften ist als Nachweis der Überwachung auf dem Produkt oder der Verpackung das einheitliche Überwachungszeichen[9]) zu führen.

9.2 Eigenüberwachung

Für jeden gefertigten Anwendungstyp und jede gefertigte Lieferform und Nenndicke d_L/d_B sind folgende Prüfungen durchzuführen (Probenanzahl siehe Abschnitt 7):

a) Täglich:
 - Beschaffenheit
 - Maße
 - Flächenbezogene Masse oder Rohdichte

b) Wöchentlich:
 - Normalentflammbarkeit nach DIN 4102 Teil 1 bei beschichteten Mineralfaser-Dämmstoffen der Baustoffklasse B 2 nach DIN 4102 Teil 1 (normalentflammbar) sowie bei organischen Faserdämmstoffen.

c) Monatlich:
 - Dynamische Steifigkeit

Die Eigenüberwachung des Brandverhaltens prüfzeichenpflichtiger Faserdämmstoffe richtet sich nach dem Prüfbescheid.

Andere Prüfverfahren als nach Abschnitt 7 können mit der fremdüberwachenden Stelle vereinbart werden, wenn dieser vom Hersteller nachgewiesen wird, daß zwischen den Prüfergebnissen eine physikalisch begründbare Korrelation besteht.

9.3 Fremdüberwachung

9.3.1 Umfang der Fremdüberwachung

Von der fremdüberwachenden Stelle sind mindestens zweimal jährlich die Eigenüberwachung und die Einhaltung der Kennzeichnung nach Abschnitt 8 nachzuprüfen.

Bei der Erstprüfung sind alle Prüfungen nach Abschnitt 7 an jedem Anwendungstyp und jeder Lieferform[10]) und Nenndicke durchzuführen.

Bei den weiteren Überwachungsprüfungen sind an jedem Anwendungstyp mindestens jährlich die folgenden Prüfungen durchzuführen:

für jede Nenndicke je Lieferform
- Beschaffenheit (siehe Abschnitt 7.2)
- Maße (siehe Abschnitt 7.3)
- Flächenbezogene Masse und Rohdichte
  (bezogen auf $d_{B, \text{gemessen}}$) (siehe Abschnitt 7.4)
- Dynamische Steifigkeit (siehe Abschnitt 7.6)

für eine Nenndicke je Lieferform
- Zugfestigkeit (siehe Abschnitt 7.5)
- Wärmeleitfähigkeit (siehe Abschnitt 7.7)
- Brandverhalten (siehe Abschnitt 7.8)

Die Nenndicken sind bei den Prüfungen so auszuwählen, daß im Laufe der Zeit alle Nenndicken erfaßt werden.

Die Fremdüberwachung des Brandverhaltens prüfzeichenpflichtiger Faserdämmstoffe richtet sich nach dem Prüfbescheid sowie der Richtlinie für die Überwachung von prüfzeichenpflichtigen schwerentflammbaren (Klasse B 1) und nichtbrennbaren (Klasse A) Baustoffen[11]).

9.3.2 Probenahme

Für die Probenahme gilt DIN 18 200; dabei sollen für die Entnahme aus dem Versandlager für jeden zu prüfenden Anwendungstyp und jede zu prüfende Nenndicke und Lieferform mindestens 10 m³ vorrätig sein. Für jede zu prüfende Probe ist die erforderliche Probenanzahl nach Abschnitt 7.1.1 zu entnehmen.

9.3.3 Zusammenfassung der Prüfergebnisse

Wenn zusätzlich zum Überwachungsbericht die Ergebnisse der Prüfungen (üblicherweise Mittelwerte) zusammengefaßt werden sollen, ist dies in der Form des im Anhang A enthaltenen Mustervordrucks vorzunehmen. Dieser Vordruck darf nur verwendet werden, wenn es sich um Prüfungen im Rahmen der Überwachung (Güteüberwachung) handelt, die notwendigen Prüfungen nach Abschnitt 7 dieser Norm bestanden wurden, die Kennzeichnung nach Abschnitt 8 vorhanden ist und die geprüften Eigenschaften entspricht und die Eigenüberwachung für ordnungsgemäß befunden wurde.

---

[8]) Verzeichnisse der bauaufsichtlich anerkannten Überwachungsgemeinschaften (Güteschutzgemeinschaften) und Prüfstellen werden beim Institut für Bautechnik geführt und in seinen Mitteilungen, zu beziehen beim Verlag Ernst & Sohn, Berlin, veröffentlicht.

[9]) Siehe z. B. „Mitteilungen Institut für Bautechnik", Heft 2/1982, S. 41, zu beziehen beim Verlag Ernst & Sohn, Berlin.

[10]) Bei Erzeugnissen, die sich nur durch Beschichtung oder Lieferart (eben oder gerollt) unterscheiden, brauchen Eigenschaften, auf die die unterschiedliche Beschichtung bzw. Lieferart keinen Einfluß haben, nicht gesondert geprüft werden.

[11]) Fassung November 1981, veröffentlicht in „Mitteilungen Institut für Bautechnik", Heft 2/1982, Seite 39/40.

Anhang A

Mustervordruck für die Zusammenfassung der Prüfergebnisse von Faserdämmstoffen für die Trittschalldämmung

(Für den Anwender dieser Norm unterliegt dieser Anhang A nicht dem Vervielfältigungsrandvermerk auf Seite 1)

Faserdämmstoffe für das Bauwesen
nach DIN 18 165 Teil 2
Dämmstoffe für die Trittschalldämmung

Zusammmenfassung der Prüfergebnisse nach Abschnitt 9.3 „Fremdüberwachung"

Diese Zusammenfassung gilt nicht als Nachweis der Überwachung [1])

Prüfende Stelle:

Prüfbericht Nr:

Antragsteller:

Herstellwerk:

Probenahme: Ort: Datum:

            Art:

Art der Überwachung: Überwachungs-/Güteschutzgemeinschaft

   Überwachungsvertrag vom   Überwachungsbeginn am

Bezeichnung des Erzeugnisses:

Stoffart, Lieferform und Typkurzzeichen:

bei prüfzeichenpflichtigen Erzeugnissen: Prüfbescheid-Nummer:

Beschichtung:

Kennzeichnungen:	Steifigkeits-gruppe	d_L/d_B	Breite und Länge	Wärmeleitfähig-keitsgruppe	Baustoffklasse nach DIN 4102 Teil 1
Nenndicke Nr 1					
Nenndicke Nr 2					
Nenndicke Nr 3					
Nenndicke Nr 4					
Nenndicke Nr 5					

[1]) Als Nachweis der bauaufsichtlich erforderlichen Überwachung gilt nach den Landesbauordnungen (entsprechend § 24 Abs. 3 Musterbauordnung) insbesondere die Kennzeichnung des Baustoffes oder seiner Verpackung durch ein Überwachungszeichen.

Eigenschaften		Nr	1	2	3	4	5
Nenndicke							
Nenndicken d_L/d_B laut Kennzeichnung	mm		.../...	.../...	.../...	.../...	.../...
Rechtwinkligkeit							
Mittelwert der Abweichung	mm						
größte Abweichung	mm						
Gemessene Dicke d_L/Dicke unter Belastung d_B	mm		.../...	.../...	.../...	.../...	.../...
Länge	mm						
Breite	mm						
Flächenbezogene Masse	kg/m²						
Rohdichte	kg/m³						
Zugfestigkeit (nur bei Matten und Filzen)	N/mm²						
Dynamische Steifigkeit	MN/m³						
Steifigkeitsgruppe							
Wärmeleitfähigkeit: λ_Z nach DIN 52 612 Teil 2 [2])	W/(m · K)						
Rechenwert λ_R nach DIN 4108 Teil 4	W/(m · K)						
Brandverhalten (Baustoffklasse nach DIN 4102 Teil 1) gegebenenfalls mit Angabe des Schmelzpunktes	°C						

Der Faserdämmstoff erfüllt in den geprüften Eigenschaften die Anforderungen nach DIN 18 165 Teil 2.
Die Kennzeichnung ist vorhanden und entspricht den geprüften Eigenschaften.
Die Eigenüberwachung wurde für ordnungsgemäß befunden.

Bemerkungen:

_____

, den   Siegel, Unterschrift

[2]) Bei Überwachungsfortführung genügt die Prüfung einer Nenndicke je Lieferform.

Zitierte Normen und andere Unterlagen

DIN 4102 Teil 1	Brandverhalten von Baustoffen und Bauteilen; Baustoffe; Begriffe, Anforderungen und Prüfungen
DIN 4102 Teil 4	Brandverhalten von Baustoffen und Bauteilen; Zusammenstellung und Anwendung klassifizierter Baustoffe, Bauteile und Sonderbauteile
DIN 4108 Teil 2	Wärmeschutz im Hochbau; Wärmedämmung und Wärmespeicherung; Anforderungen und Hinweise für Planung und Ausführung
DIN 4108 Teil 4	Wärmeschutz im Hochbau; Wärme- und feuchteschutztechnische Kennwerte
DIN 4109 Teil 1*)	Schallschutz im Hochbau; Einführung und Begriffe
DIN 18 165 Teil 1	Faserdämmstoffe für das Bauwesen; Dämmstoffe für die Wärmedämmung
DIN 18 200	Überwachung (Güteüberwachung) von Baustoffen, Bauteilen und Bauarten; Allgemeine Grundsätze
DIN 18 560 Teil 2	Estriche im Bauwesen; Estriche auf Dämmschichten (schwimmende Estriche)
DIN 52 214	Bauakustische Prüfungen; Bestimmung der dynamischen Steifigkeit von Dämmschichten für schwimmende Estriche
DIN 52 275 Teil 1	Prüfung von Mineralfaser-Dämmstoffen; Bestimmung der linearen Maße und der Rohdichte; Ebene Erzeugnisse
DIN 52 612 Teil 1	Wärmeschutztechnische Prüfungen; Bestimmung der Wärmeleitfähigkeit mit dem Plattengerät; Durchführung und Auswertung
DIN 52 612 Teil 2	Wärmeschutztechnische Prüfungen; Bestimmung der Wärmeleitfähigkeit mit dem Plattengerät; Weiterbehandlung der Meßwerte für die Anwendung im Bauwesen

„Mitteilungen Institut für Bautechnik", zu beziehen beim Verlag Ernst & Sohn, Berlin

Frühere Ausgaben

DIN 18 165: 08.57, 03.63; DIN 18 165 Teil 2: 01.75

Änderungen

Gegenüber der Ausgabe Januar 1975 wurden folgende Änderungen vorgenommen:

a) Inhalt nach DIN 820 Teil 22 neu gegliedert und insgesamt redaktionell überarbeitet.
b) Abschnitt „Bezeichnung" (früher: Beschreibung) präzisiert.
c) Neuer Anwendungstyp TK mit geringer Zusammendrückbarkeit und entsprechend engeren Grenzabweichungen für die Dicken für die Verwendung z. B. unter Fertigteilestrichen aufgenommen.
d) Wegfall der Vorzugs-Breiten und -Längen.
e) Nenndicken, zulässige Nenndickendifferenzen, Grenzabweichungen für die Nenndicken, Längen und Breiten sowie einschränkende Anforderungen für Produkte mit Dicken unter Belastung d_B > 30 mm teilweise geändert bzw. neu aufgenommen.
f) Frühere Dämmschichtgruppen I und II durch 8 Steifigkeitsgruppen für die Einstufung der Faserdämmstoffe nach ihrem Federungsvermögen (dynamische Steifigkeit) ersetzt.
g) Einstufung der Faserdämmstoffe in Wärmeleitfähigkeitsgruppen neu aufgenommen.
h) Anforderung an das Brandverhalten auf mindestens Baustoffklasse B 2 (normalentflammbar) eingeschränkt und Hinweis auf gegebenenfalls erforderlichen Nachweis des Schmelzpunktes neu aufgenommen.
i) Verweis auf DIN 52 275 Teil 1 zur Bestimmung der Rohdichte aufgenommen.
j) Abschnitt „Kennzeichnung" präzisiert.
k) Verweis auf DIN 18 200 als Grundlage für das Verfahren der Überwachung aufgenommen.
l) Im Rahmen der Eigenüberwachung Prüfung auf Normalentflammbarkeit bei beschichteten Mineralfaser-Dämmstoffen sowie bei organischen Faserdämmstoffen einmal wöchentlich und Prüfung der dynamischen Steifigkeit einmal monatlich vorgeschrieben.
m) Im Rahmen der weiteren Fremdüberwachung zusätzlich mindestens jährlich Prüfung der auf die gemessene Dicke unter Belastung d_B bezogenen Rohdichte vorgeschrieben.
n) Verzeichnis „Zitierte Normen und andere Unterlagen" aufgenommen.

Internationale Patentklassifikation

E 04 B 1/74
E 04 F 15/18
G 01 N 33/36

---

*) Z.Z. Entwurf

DEUTSCHE NORM April 1997

Toleranzen im Bauwesen
Begriffe, Grundsätze, Anwendung, Prüfung

DIN 18201

ICS 91.010.30

Ersatz für Ausgabe 1984-12

Deskriptoren: Bauwesen, Toleranz, Begriffe, Grundsatz, Prüfung

Tolerances in building – Terminology, principles, application, testing
Tolérances dans le bâtiments – Terminologie, principes, application, essais

Inhalt
Seite

Vorwort 1
1 Anwendungsbereich 2
2 Normative Verweisungen 2
3 Begriffe 2
4 Grundsätze 3
5 Anwendung 3
6 Prüfung 3

Vorwort
Diese Norm wurde vom Normenausschuß Bauwesen (NABau) erarbeitet.

Die in dieser Norm festgelegten Begriffe und ihre Definitionen entsprechen den auf internationaler Ebene in ISO 1803 "Tolerances for building – Vocabulary" getroffenen Vereinbarungen.

Änderungen
Gegenüber der Ausgabe Dezember 1984 wurden folgende Änderungen vorgenommen:

a) Einige Benennungen wurden geändert.
b) Die Norm wurde redaktionell überarbeitet.

Frühere Ausgaben
DIN 18201: 1974-06, 1976-04, 1984-12

Fortsetzung Seite 2 und 3

Normenausschuß Bauwesen (NABau) im DIN Deutsches Institut für Normung e.V.

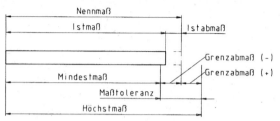

Bild 1: Anwendung der Begriffe nach 3.1 bis 3.7

1 Anwendungsbereich

Diese Norm gilt für die in DIN 18202 und DIN 18203-1, DIN 18203-2 und DIN 18203-3 festgelegten Toleranzen. Sie gilt sowohl für die Herstellung von Bauteilen als auch für die Ausführung von Bauwerken.

Diese Norm hat den Zweck, Grundlagen für Toleranzen und für die Prüfung auf ihre Einhaltung festzulegen.

Die Einhaltung von Toleranzen ist erforderlich, um trotz unvermeidlicher Ungenauigkeiten beim Messen, bei der Fertigung und bei der Montage der vorgesehene Funktion zu erfüllen und das funktionsgerechte Zusammenfügen von Bauwerken und Bauteilen des Roh- und Ausbaus ohne Anpaß- und Nacharbeiten zu ermöglichen.

2 Normative Verweisungen

Diese Norm enthält durch datierte oder undatierte Verweisungen Festlegungen aus anderen Publikationen. Diese normativen Verweisungen sind an den jeweiligen Stellen im Text zitiert, und die Publikationen sind nachstehend aufgeführt. Bei datierten Verweisungen gehören spätere Änderungen oder Überarbeitungen dieser Publikationen nur zu dieser Norm, falls sie durch Änderung oder Überarbeitung eingearbeitet sind. Bei undatierten Verweisungen gilt die letzte Ausgabe der in Bezug genommenen Publikation.

DIN 18202
    Toleranzen im Hochbau – Bauwerke
DIN 18203-1
    Toleranzen im Hochbau – Teil 1: Vorgefertigte Teile aus Beton, Stahlbeton und Spannbeton
DIN 18203-2
    Toleranzen im Hochbau – Teil 2: Vorgefertigte Teile aus Stahl
DIN 18203-3
    Toleranzen im Hochbau – Teil 3: Bauteile aus Holz und Holzwerkstoffen

3 Begriffe

3.1 Nennmaß (Sollmaß)

Das Nennmaß ist ein Maß, das zur Kennzeichnung von Größe, Gestalt und Lage eines Bauteils oder Bauwerks angegeben und in Zeichnungen eingetragen wird.

3.2 Istmaß

Das Istmaß ist ein durch Messung festgestelltes Maß.

3.3 Istabmaß[1]

Das Istabmaß ist die Differenz zwischen Ist- und Nennmaß.

3.4 Höchstmaß

Das Höchstmaß ist das größte zulässige Maß.

3.5 Mindestmaß

Das Mindestmaß ist das kleinste zulässige Maß.

3.6 Grenzabmaß

Das Grenzabmaß ist die Differenz zwischen Höchstmaß und Nennmaß oder Mindestmaß und Nennmaß.

3.7 Maßtoleranz

Die Maßtoleranz ist die Differenz zwischen Höchstmaß und Mindestmaß.

3.8 Ebenheitstoleranz

Die Ebenheitstoleranz ist der zulässige Bereich für die Abweichung einer Fläche von der Ebene.

3.9 Winkeltoleranz

Die Winkeltoleranz ist der zulässige Bereich für die Abweichung eines Winkels vom Nennwinkel. Sie wird mit dem Stichmaß nach 3.10 ermittelt.

3.10 Stichmaß

Das Stichmaß ist ein Hilfsmaß zur Ermittlung der Istabweichungen von der Ebenheit und der Winkligkeit.

Das Stichmaß ist der Abstand eines Punktes von einer Bezugslinie (siehe Bild 2).

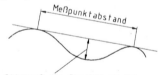

Bild 2: Stichmaße (Beispiele)

---

[1] In der Praxis gebräuchlich ist der Begriff "Abmaß".

4 Grundsätze

4.1 Toleranzen sollten die Abweichungen von den Nennmaßen der Größe, Gestalt und der Lage von Bauteilen und Bauwerken begrenzen.

Für zeit- und lastabhängige Verformungen gilt die Begrenzung der Abweichungen durch die Festlegung von Toleranzen im Sinne dieser Norm nicht.

4.2 Die in DIN 18202 und DIN 18203-1 bis DIN 18203-3 angegebenen Toleranzen sollten in der Regel angewendet werden. Sind jedoch für Bauteile oder Bauwerke andere Genauigkeiten erforderlich, so sollten sie nach wirtschaftlichen Maßstäben vereinbart werden. Die dazu erforderlichen Maßnahmen sind rechtzeitig festzulegen und die Kontrollmöglichkeiten während der Ausführung sicherzustellen.

4.3 Toleranzen nach DIN 18202 und DIN 18203-1 bis DIN 18203-3 stellen die Grundlagen von Passungsberechnungen im Bauwesen dar.

In die Passungsberechnung müssen zeit- und lastabhängige Verformungen (siehe 4.1) und funktionsbezogene Anforderungen, z. B. Grenzwerte für die zulässige Dehnung einer Fugendichtung, einbezogen werden.

5 Anwendung

5.1 Die in DIN 18202 und DIN 18203-1 bis DIN 18203-3 festgelegten Toleranzen stellen die im Rahmen üblicher Sorgfalt zu erreichende Genauigkeit dar. Sie gelten stets, soweit nicht andere Genauigkeiten vereinbart werden.

Werden andere Genauigkeiten vereinbart, so müssen sie in den Vertragsunterlagen, z. B. Leistungsverzeichnis, Zeichnungen, angegeben werden.

5.2 Notwendige Bezugspunkte sind vor der Bauausführung festzulegen.

6 Prüfung

6.1 Die Einhaltung von Toleranzen ist nur zu prüfen, wenn es erforderlich ist.

Die Prüfungen sind so früh wie möglich durchzuführen, um die zeit- und lastabhängigen Verformungen weitgehend auszuschalten, spätestens jedoch bei der Übernahme der Bauteile oder des Bauwerks durch den Folgeauftragnehmer bzw. spätestens bis zur Bauabnahme.

6.2 Die Wahl des Meßverfahrens bleibt dem Prüfer überlassen. Das angewandte Meßverfahren und die damit verbundene Meßunsicherheit sind anzugeben und bei der Beurteilung zu berücksichtigen.

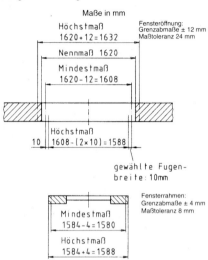

Bild 3: Anwendung der Begriffe und der Passung am Beispiel eines Fensters

DEUTSCHE NORM April 1997

Toleranzen im Hochbau
Bauwerke

DIN 18202

ICS 91.010.30 Ersatz für Ausgabe 1986-05

Deskriptoren: Bauwesen, Toleranz, Bauwerk, Hochbau

Dimensional tolerances in building construction – buildings
Tolérances dimensionelles dans la construction immobilière – bâtiments

Inhalt
Seite

Vorwort 1
1 Anwendungsbereich 2
2 Normative Verweisungen 2
3 Grenzabmaße für Bauwerksmaße 2
4 Winkeltoleranzen 2
5 Ebenheitstoleranzen 3
6 Prüfung 5
Anhang A (informativ) Erläuterungen 7
Anhang B (informativ) Literaturhinweise 8

Vorwort
Diese Norm wurde vom Normenausschuß Bauwesen (NABau) erarbeitet.

Änderungen
Gegenüber der Ausgabe Mai 1986 wurden folgende Änderungen vorgenommen:
  a) Abschnitt 5 "Ebenheitstoleranzen" verdeutlicht.
  b) Norm redaktionell überarbeitet.

Frühere Ausgaben
DIN 18202-1: 1959-02, 1969-03
DIN 18202-2: 1974-06
DIN 18202-3: 1970-09
DIN 18202-4: 1974-06
Beiblatt 1 zu DIN 18202-4: 1977-08
DIN 18202-5: 1979-10
DIN 18202: 1986-05

Fortsetzung Seite 2 bis 8

Normenausschuß Bauwesen (NABau) im DIN Deutsches Institut für Normung e.V.

Seite 2
DIN 18202 : 1997-04

1 Anwendungsbereich

Die in dieser Norm festgelegten Toleranzen gelten baustoffunabhängig für die Ausführung von Bauwerken unter Berücksichtigung von DIN 18201.

Es werden festgelegt:
- Grenzabmaße;
- Winkeltoleranzen;
- Ebenheitstoleranzen.

Für Zahlenwerte, die von dieser Norm abweichen, gilt 4.2 in DIN 18201 : 1997-04 Werte für zeit- und lastabhängige Verformungen sind nicht Gegenstand dieser Norm.

2 Normative Verweisungen

Diese Norm enthält durch datierte oder undatierte Verweisungen Festlegungen aus anderen Publikationen. Diese normativen Verweisungen sind an den jeweiligen Stellen im Text zitiert, und die Publikationen sind nachstehend aufgeführt. Bei datierten Verweisungen gehören spätere Änderungen oder Überarbeitungen dieser Publikationen nur zu dieser Norm, falls sie durch Änderung oder Überarbeitung eingearbeitet sind. Bei undatierten Verweisungen gilt die letzte Ausgabe der in Bezug genommenen Publikation.

DIN 18000
    Modulordnung im Bauwesen

DIN 18201
    Toleranzen im Bauwesen – Begriffe, Grundsätze, Anwendung, Prüfung

3 Grenzabmaße für Bauwerksmaße

Die in Tabelle 1 festgelegten Grenzabmaße gelten für
- Längen, Breiten, Höhen, Achs- und Rastermaße;
- Öffnungen, z. B. für Fenster, Türen, Einbauelemente

an den in Abschnitt 6 festgelegten Meßpunkten.

Tabelle 1: Grenzabmaße

Spalte	1	2	3	4	5	6
		Grenzabmaße in mm bei Nennmaßen in m				
Zeile	Bezug	bis 3	über 3 bis 6	über 6 bis 15	über 15 bis 30	über 30
1	Maße im Grundriß, z. B. Längen, Breiten, Achs- und Rastermaße (siehe 6.1.1)	± 12	± 16	± 20	± 24	± 30
2	Maße im Aufriß, z. B. Geschoßhöhen, Podesthöhen, Abstände von Aufstandsflächen und Konsolen (siehe 6.1.2)	± 16	± 16	± 20	± 30	± 30
3	Lichte Maße im Grundriß, z. B. Maße zwischen Stützen, Pfeilern usw. (siehe 6.1.3)	± 16	± 20	± 24	± 30	–
4	Lichte Maße im Aufriß, z. B. unter Decken und Unterzügen (siehe 6.1.4)	± 20	± 20	± 30	–	–
5	Öffnungen, z. B. für Fenster, Türen, Einbauelemente (siehe 6.1.5)	± 12	± 16	–	–	–
6	Öffnungen wie vor, jedoch mit oberflächenfertigen Leibungen (siehe 6.1.5)	± 10	± 12	–	–	–

Durch Ausnutzen der Grenzabmaße der Tabelle 1 dürfen die Grenzwerte für Stichmaße der Tabelle 2 nicht überschritten werden.

4 Winkeltoleranzen

In Tabelle 2 sind Stichmaße als Grenzwerte für Winkeltoleranzen festgelegt; diese gelten für vertikale, horizontale und geneigte Flächen, auch für Öffnungen.

Tabelle 2: Winkeltoleranzen

Spalte	1	2	3	4	5	6	7
		Stichmaße als Grenzwerte in mm bei Nennmaßen in m					
Zeile	Bezug	bis 1	von 1 bis 3	über 3 bis 6	über 6 bis 15	über 15 bis 30	über 30
1	Vertikale, horizontale und geneigte Flächen	6	8	12	16	20	30

Durch Ausnutzen der Grenzwerte für Stichmaße der Tabelle 2 dürfen die Grenzabmaße der Tabelle 1 nicht überschritten werden.

213

5 Ebenheitstoleranzen

In Tabelle 3 sind Stichmaße als Grenzwerte für Ebenheitstoleranzen festgelegt; diese gelten für Flächen von
- Decken (Ober- und Unterseite);
- Estrichen;
- Bodenbelägen

und
- Wänden,

unabhängig von ihrer Lage.

Sie gelten nicht für Spritzbetonoberflächen.

Werden nach Tabelle 3, Zeile 2, 4 oder 7 "erhöhte Anforderungen" an die Ebenheit von Flächen gestellt, so ist dies im Leistungsverzeichnis zu vereinbaren.

Bei Mauerwerk, dessen Dicke gleich einem Steinmaß ist, gelten die Ebenheitstoleranzen nur für die bündige Seite.

Bei flächenfertigen Wänden, Decken, Estrichen und Bodenbelägen sollten Sprünge und Absätze vermieden werden. Hierunter ist aber nicht die durch Flächengestaltung bedingte Struktur zu verstehen.

Absätze und Höhensprünge zwischen benachbarten Bauteilen sind gesondert zu regeln.

Die bei Baustoffen für die Ebenheit zulässigen Abweichungen sind in den Ebenheitstoleranzen nicht enthalten und daher zusätzlich zu berücksichtigen.

Tabelle 3: Ebenheitstoleranzen

Spalte	1	2	3	4	5	6
Zeile	Bezug	Stichmaße als Grenzwerte in mm bei Meßpunktabständen in m bis				
		0,1	1[1]	4[1]	10[1]	15[1] [2]
1	Nichtflächenfertige Oberseiten von Decken, Unterbeton und Unterböden	10	15	20	25	30
2	Nichtflächenfertige Oberseiten von Decken, Unterbeton und Unterböden mit erhöhten Anforderungen, z. B. zur Aufnahme von schwimmenden Estrichen, Industrieböden, Fliesen- und Plattenbelägen, Verbundestrichen. Fertige Oberflächen für untergeordnete Zwecke, z. B. in Lagerräumen, Kellern	5	8	12	15	20
3	Flächenfertige Böden, z. B. Estriche als Nutzestriche, Estriche zur Aufnahme von Bodenbelägen. Bodenbeläge, Fliesenbeläge, gespachtelte und geklebte Beläge	2	4	10	12	15
4	Wie Zeile 3, jedoch mit erhöhten Anforderungen	1	3	9	12	15
5	Nichtflächenfertige Wände und Unterseiten von Rohdecken	5	10	15	25	30
6	Flächenfertige Wände und Unterseiten von Decken, z. B. geputzte Wände, Wandbekleidungen, untergehängte Decken	3	5	10	20	25
7	Wie Zeile 6, jedoch mit erhöhten Anforderungen	2	3	8	15	20

[1] Zwischenwerte sind den Bildern 1 und 2 zu entnehmen und auf ganze mm zu runden.
[2] Die Ebenheitstoleranzen der Spalte 6 gelten auch für Meßpunktabstände über 15 m.

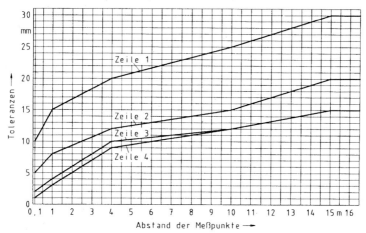

Bild 1: Ebenheitstoleranzen von Oberseiten von Decken, Estrichen und Fußböden
(Angabe der Zeilen nach Tabelle 3)

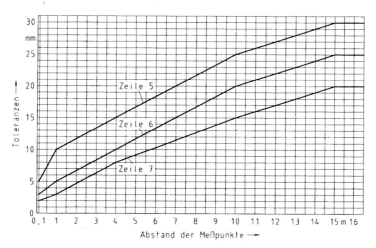

Bild 2: Ebenheitstoleranzen von Wandflächen und Unterseiten von Decken
(Angabe der Zeilen nach Tabelle 3)

6 Prüfung

6.1 Grenzabmaße und Winkeltoleranzen

6.1.1 Meßpunkte für Maße im Grundriß (Tabelle 1, Zeile 1)
Die Maße werden zwischen Gebäudeecken und/oder Achsschnittpunkten an der Deckenoberfläche gemessen (siehe Bild 3)

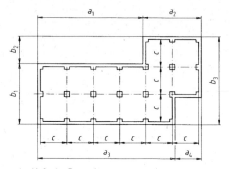

a, b = Maße des Bauwerks
c = Achsmaße der Stützen und Pfeiler

Bild 3: Bauwerksmaße und Achsmaße

6.1.2 Meßpunkte für Maße im Aufriß (Tabelle 1, Zeile 2)
Die Maße werden an übereinanderliegenden Meßpunkten an markanten Stellen des Bauwerks gemessen, z. B. Deckenkanten, Brüstungen, Unterzüge usw., an den in Bild 4 angegebenen Meßpunkten.

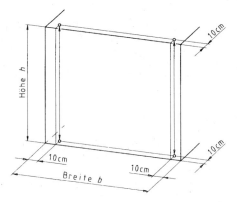

Bild 4: Prüfung einer Höhe

6.1.3 Meßpunkte für lichte Maße im Grundriß (Tabelle 1, Zeile 3)
Die Maße sind jeweils in 10 cm Abstand von den Ecken zu nehmen. Bei der Prüfung von Winkeln wird von den gleichen Meßpunkten ausgegangen. Bei nicht rechtwinkligen Räumen ist die Meßlinie senkrecht zu einer Bezugslinie anzuordnen.

Die Messungen sind in 2 Höhen vorzunehmen (siehe Bild 5):
- In 10 cm Abstand vom Fußboden;
- in 10 cm Abstand von der Decke.

6.1.4 Meßpunkte für lichte Maße im Aufriß (Tabelle 1, Zeile 4)

Die Maße sind jeweils

- in 10 cm Abstand von den Ecken zu nehmen.

Bei der Prüfung von Winkeln wird von den gleichen Meßpunkten ausgegangen. Bei nicht lotrechten Wänden oder Stützen ist die Meßlinie senkrecht zu einer Bezugslinie anzuordnen.

Die Messungen eines Raumes sind für jede Wandseite an 2 Stellen in 10 cm Abstand von der Wand vorzunehmen (siehe Bild 5).

Lichte Höhen unter Unterzügen sind an beiden Kanten in 10 cm Abstand von der Auflagerkante zu messen.

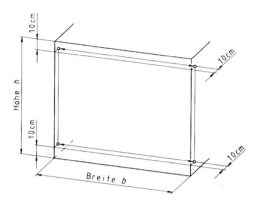

Bild 5: Prüfung Breite

6.1.5 Meßpunkte für Öffnungen (Tabelle 1, Zeilen 5 und 6)

Die Messungen sind entsprechend 6.1.3 und 6.1.4 an den Kanten

- in 10 cm Abstand von den Ecken vorzunehmen.

6.2 Ebenheitstoleranzen

Die Ebenheit wird durch Einzelmessungen, (z. B. durch Stichprobenüberprüfung nach Bild 6) oder durch Messen der Abstände zwischen rasterförmig angeordneten Meßpunkten und einer Bezugsfläche geprüft; das Raster ist einzumessen.

Die Meßpunktabstände werden nach den Bildern 6 und 7 zugeordnet.

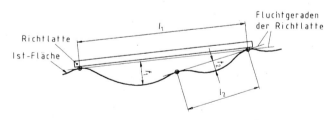

Bild 6: Zuordnung der Stichmaße zum Meßpunktabstand bei Überprüfung, z. B. durch Meßlatte und Meßkeil

Die Richtlatte wird auf den Hochpunkten der Fläche aufgelegt und das Stichmaß an der tiefsten Stelle bestimmt.

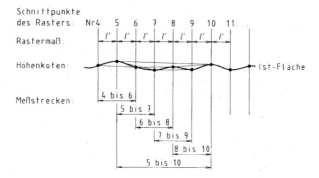

Bild 7: Ermittlung der Istabweichungen durch ein Flächennivellement

Beim Flächennivellement wird die Fläche durch ein Raster unterteilt, z. B. mit Rasterlinienabständen von 10 cm, 50 cm, 1 m, 2 m usw. Auf den Rasterschnittpunkten werden die Messungen vorgenommen. Auswertung der Meßergebnisse der Strecken 4 bis 6 an der Höhenkote Nr 5, 5 bis 10 an der Höhenkote Nr 7.

Anhang A (informativ)

Erläuterungen

Istabmaße für Bauwerksmaße; Erläuterung zum Bezugsverfahren

Das vermessungstechnische Bezugssystem des Gebäudes kann von Festpunkten nach Lage und Höhe festgelegt werden. Damit sich die damit verbundenen vermessungstechnischen Abweichungen nicht auf das Koordinationssystem[1]) des Bauwerkes und die bauwerksbedingten Istabmaße auswirken, muß ein Punkt des vermessungstechnischen Bezugssystems als absoluter Ausgangspunkt mit 0 in Grundriß und Höhe vereinbart werden. Dieser Punkt sollte in der Regel ein Schnittpunkt sein.

In jedem Fall muß seine Lage so gewählt werden, daß er auch nach Fertigstellung des Bauwerkes noch vermessungstechnisch eindeutig vermarkt, gesichert und zugänglich ist. Die Orientierung des vermessungstechnischen Bezugssystems wird durch einen zweiten vereinbarten Punkt festgelegt, der möglichst auf einer durch den Ausgangspunkt verlaufenden Linie des vermessungstechnischen Bezugssystems liegen sollte (siehe Bild 8). An ihn sind die gleichen Anforderungen wie an den Ausgangspunkt zu stellen. Für die Messung der Istabmaße des Gebäudes und seiner Teile sind der Ausgangspunkt und die Orientierung des vermessungstechnischen Bezugssystems maßgebend.

---

[1]) Siehe DIN 18000

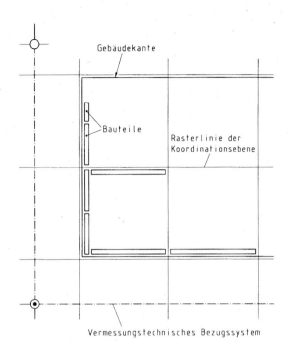

Bild 8: Vermessungstechnisches Bezugssystem

Anhang B (informativ)

Literaturhinweise

DIN 18203-1
  Toleranzen im Hochbau – Teil 1: Vorgefertigte Teile aus Beton, Stahlbeton und Spannbeton

DIN 18203-2
  Toleranzen im Hochbau – Teil 2: Vorgefertigte Teile aus Stahl

DIN 18203-3
  Toleranzen im Hochbau – Teil 3: Bauteile aus Holz und Holzwerkstoffen

DK 674.817-415 : 678.066 : 692.53
: 620.193.9 : 536.46 : 663.974

August 1984

Prüfung von Kunststoff-Oberflächen
Verhalten gegen Zigarettenglut

**DIN
51 961**

Testing of plastic surfaces; action on cigarette heat
Essai des surfaces plastiques; comportement à la chaleur de la cigarette

Ersatz für Ausgabe 03.63

1 Anwendungsbereich und Zweck

Die Prüfung nach dieser Norm dient zur Feststellung, ob und in welchem Maße Kunststoff-Oberflächen, z. B. von Bodenbelägen, kunststoffbeschichteten dekorativen Holzfaserplatten oder Flachpreßplatten, durch glimmende Zigaretten angegriffen und verändert werden.

Diese Norm gilt nicht für textile Bodenbeläge.

2 Bezeichnung

Bezeichnung des Verfahrens zur Bestimmung des Verhaltens gegen Zigarettenglut (A):

Gluteinwirkung DIN 51 961 — A

3 Prüfmittel

Zur Prüfung werden drei handelsübliche Zigarettensorten ohne Filter bzw. Mundstück mit rundem Querschnitt, mindestens 70 mm lang und einem Durchmesser von etwa 8 mm verwendet.

Die Zigaretten werden vor der Prüfung mindestens 48 Stunden im Normalklima DIN 50 014 — 23/50-2 gelagert.

Nach der Klimalagerung muß das Gewicht (0,14 ± 0,01) g je cm Länge betragen; gegebenenfalls kann dies durch senkrechtes Aufklopfen der Zigarette und der damit verbundenen Verdichtung des Tabaks erreicht werden.

4 Probe

4.1 Maße und Vorbereitung

Für die Prüfung wird eine Probe in der Größe von etwa 200 mm × 200 mm verwendet.

Proben, die mindestens 2 mm dick sind, brauchen für die Prüfung nicht auf einen Trägerwerkstoff aufgebracht zu werden. Andernfalls, wie z. B. bei dekorativen Schichtpreßstoffplatten A nach DIN 16 926, wird die Probe nach 48stündiger Lagerung im Normalklima DIN 50 014 — 23/50-2 auf eine gleich große 19 mm dicke und in gleicher Weise vorbehandelte 3-Schichten-Holzspanplatte mit einer Rohdichte von 600 bis 680 kg/m^3 geleimt.

Zum Leimen ist ein Polyvinylacetat (PVAC)-Leim mit einem Festkörpergehalt von 45 bis 50% zu verwenden. Die Auftragsmenge soll (150 ± 20) g/m^2 betragen. (Im übrigen ist die Verarbeitungsanleitung des Leimherstellers zu beachten.)

Bodenbeläge werden unabhängig von ihrer Dicke lose auf die 3-Schichten-Holzspanplatte aufgelegt.

4.2 Vorbehandlung

Die vorbereitete Probe ist vor der Prüfung 48 Stunden lang im Normalklima DIN 50 014 — 23/50-2 zu lagern.

5 Durchführung

Soweit die Gesamtdicke der Probe geringer als 10 mm ist, wird als Unterlage für die Probe eine 20 mm dicke flächengleiche lufttrockene Holzplatte verwendet.

Die Versuche werden an einem zugfreien Ort bei Raumtemperatur 18 bis 28 °C nach DIN 50 014 durchgeführt. Es wird mindestens 1 Zigarette je Zigarettensorte verwendet.

Die Zigarette wird 10 mm angeraucht und auf die zu prüfende Oberfläche gelegt. Nach dem Abbrand der Zigarette um 40 mm wird der Zigarettenrest von der Oberfläche abgenommen.

Die Einzelversuche sind zeitlich nacheinander vorzunehmen und so anzuordnen, daß eine gegenseitige Beeinflussung ausgeschlossen bleibt.

Beim vorzeitigen Verlöschen der Zigarette muß der jeweilige Versuch wiederholt werden. Die Glimmdauer, also die Dauer für das 40 mm weite Fortschreiten des Glimmens, ist zu messen.

6 Auswertung

Es wird festgestellt, ob bzw. in welcher Weise die Oberfläche der zu prüfenden Erzeugnisse unter Einwirkung der Zigarettenglut sich verändert hat. Bei Farbänderungen ist zu prüfen, ob sich die Verfärbung mit üblichen Reinigungsmitteln, besonders durch einen mit Ethanol

Fortsetzung Seite 2

Normenausschuß Materialprüfung (NMP) im DIN Deutsches Institut für Normung e.V.
Normenausschuß Kunststoffe (FNK) im DIN
Normenausschuß Holz (NAHOLZ) im DIN

getränkten Lappen, entfernen läßt. Bleibende Veränderungen z. B. Verfärbungen, Risse, Blasen, Verkohlung, Anschmelzung und ähnliche sind zu beschreiben. Gegebenenfalls ist die Tiefe der Beeinträchtigung auf 0,2 mm zu messen.

7 Prüfbericht

Im Prüfbericht sind unter Hinweis auf diese Norm anzugeben:

a) Handelsbezeichnung oder andere Kennzeichnung sowie Art, Farbe und Dicke des Erzeugnisses, bei mehrschichtigem Aufbau nach Möglichkeit Schichtdicken und bei Bodenbelägen Nutzschichtdicke sowie Gesamtdicke
b) Glimmdauer
c) Beschreibung des Prüfergebnisses nach Abschnitt 6
d) Abweichungen von dieser Norm
e) Prüdatum.

Zitierte Normen

DIN 16 926　Dekorative Schichtpreßstoffplatten A; Einteilung, Anforderungen und Prüfung
DIN 50 014　Klimate und ihre technische Anwendung; Normalklimate

Weitere Normen

DIN 53 799　Prüfung von Platten mit dekorativer Oberfläche auf Aminoplastharzbasis

Frühere Ausgaben

DIN 51 961: 03.63

Änderungen

Gegenüber der Ausgabe März 1963 wurden folgende Änderungen vorgenommen:
a) Anwendungsbereich auf Kunststoff-Oberflächen erweitert
b) Titel geändert
c) Inhalt überarbeitet; u. a. Versuch B gestrichen
d) Normbezeichnung aufgenommen

Erläuterungen

Die vorliegende Norm wurde vom Arbeitsausschuß NMP 461 „Prüfung von organischen Bodenbelägen" erarbeitet.
Die Prüfung nach dieser Norm erfaßt lediglich die optische Veränderung und die Beschädigung von Kunststoff-Oberflächen durch Einwirkung von Zigarettenglut, jedoch nicht das Brennverhalten.

Internationale Patentklassifikation

G 01 N 33-44

DK 69.025.35 : 620.178.16 : 539.538 Dezember 1980

Prüfung von organischen Bodenbelägen
(außer textilen Bodenbelägen)
Verschleißprüfung
(20-Zyklen-Verfahren)

DIN 51 963

Testing of organic floor coverings (exept textile floor coverings); wear testing (20-cycles method)
Essai des revêtements de sol organique (à l'exception des revêtements de sol textiles); essais d'usure (méthode à 20 cycles)

Maße in mm

1 Anwendungsbereich und Zweck

Der Verschleiß von Bodenbelägen, die mechanisch überwiegend durch Begehen beansprucht werden, vollzieht sich im allgemeinen während verhältnismäßig langer Zeitspannen. Da für die Prüfung solche langen Zeitspannen in der Regel nicht zur Verfügung stehen, ist man zur Beurteilung dieser Beläge gegen Verschleiß vorwiegend auf Kurzzeitversuche angewiesen. Solch einen Kurzzeitversuch stellt das nachstehend beschriebene Zyklen-Verfahren dar.

Erfahrungsgemäß ist der Verschleiß der Beläge dort am größten, wo die Benutzer Drehbewegungen ausführen („Drehgleitstellen", z. B. im Bereich von Türen, Schränken, Waschgelegenheiten). Die Proben werden deshalb nach dem in dieser Norm beschriebenen Zyklen-Verfahren Beanspruchungen unterworfen, die den durchschnittlichen Beanspruchungen an solchen „Drehgleitstellen" möglichst nahekommen.

Für die vergleichende Beurteilung des Verschleißes von Bodenbelägen reicht die Kenntnis des nach dieser Norm zu ermittelnden Dickenverlustes allein nicht aus. Hierzu ist neben dem Dickenverlust die Kenntnis der Nutzschichtdicke des Belages wesentliche Voraussetzung.

Das Verfahren läßt außerdem Beurteilungen des voraussichtlichen Verhaltens und des Widerstandes von Oberflächen-Schutzschichten (Versiegelung u. ä.) bei Verschleißbeanspruchung zu. Für derartige Prüfungen werden die ersten beiden Zyklen in 6 Sonderzyklen aufgeteilt (siehe Abschnitt 8.7).

2 Mitgeltende Normen

DIN 50 014 Klimate und ihre technische Anwendung; Normalklimate

3 Begriff „Verschleiß"

Unter Verschleiß im Sinne dieser Norm wird die unerwünschte Veränderung der Oberfläche von Gebrauchsgegenständen durch Lostrennen kleiner Teilchen infolge mechanischer Ursachen verstanden.

4 Bezeichnung des Verfahrens

Bezeichnung des Verfahrens zur Bestimmung des Verschleißes von organischen (außer textilen) Bodenbelägen (A):

Prüfung DIN 51 963 – A

5 Probenahme, Probenform und Probenanzahl

Wenn in Güte- oder Lieferbedingungen nichts anderes vorgeschrieben ist, sind mindestens 3 quadratische Proben mit einer Kantenlänge von 200 mm zu prüfen.
Bei Belägen in Bahnenform ist eine Probe aus der Bahnmitte und je eine Probe von den Rändern der Bahn in einem Abstand von 150 mm vom Rand zu entnehmen.
Bei Belägen in Plattenform sind 3 Platten willkürlich zu entnehmen.

6 Probenvorbereitung

Die Proben sind auf ebene, planparallele, quadratische Leichtmetallplatten von 4 mm Dicke und 200 mm ± 0,5 mm Kantenlänge zu kleben. Die Ebenheit der Leichtmetallplatte wird durch kreuzweises diagonales Auflegen eines Stahllineals und Einführen von Fühlerlehren in den gegebenenfalls vorhandenen Spalt zwischen Platte und Lineal geprüft. Die einführbare Fühlerlehre darf max. 0,1 mm Dicke haben.

Als Klebstoff hat sich Polychloropren bewährt. Die Proben sind nach dem Aufkleben an den Kanten unter einem Winkel von etwa 45° anzuschrägen.

Die so hergestellten Verbundproben (im folgenden weiterhin Proben genannt) werden bei 35 °C und höchstens 40 % relativer Luftfeuchte 16 Stunden lang im Wärmeschrank vorgetrocknet. Anschließend werden sie im Normalklima DIN 50 014 – 23/50-1 gelagert und bis zum Erreichen der Gewichtskonstanz in Abständen von 48 Stunden auf 0,002 g gewogen. Die Gewichtskonstanz gilt als erreicht, wenn das Probengewicht nach einer Zunahme erstmals eine Abnahme von max. 0,01 g in 48 Stunden zeigt. Als Ausgangsgewicht (m_1) für die Auswertung nach Abschnitt 8.8 gilt das größere Gewicht von 2 aufeinanderfolgenden Wägungen. Auf das Vortrocknen kann verzichtet werden, wenn die Proben bereits eine laufende Gewichtszunahme erfahren.

Zur Abkürzung der Probenvorbereitungszeit bis zur Gewichtskonstanz darf vielfach statt des oben genannten Klebers ein doppelseitiges Klebeband, 50 mm breit, etwa 0,2 mm dick, verwendet werden. Hierzu muß die quadratische Leichtmetallplatte vollflächig mit dem Klebeband belegt werden. Es muß gewährleistet sein, daß während der Verschleißversuche keine Ablösungen der Proben von den Trägerplatten auftreten.

Fortsetzung Seite 2 bis 5
Erläuterungen Seite 5

Normenausschuß Materialprüfung (NMP) im DIN Deutsches Institut für Normung e.V.

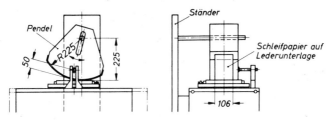

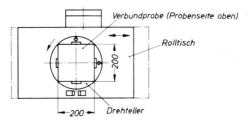

Bild 1. Schematische Darstellung des Prüfgerätes für zyklisch wechselnde Schleifbeanspruchungen (Verschleißprüfgerät Stuttgart)

7 Prüfeinrichtung

7.1 Prüfraum

Der Prüfraum muß so ausgestattet sein, daß in allen Bereichen des Raumes das Normalklima DIN 50 014 – 23/50-1 sichergestellt ist.

Über das Prüfklima ist laufend Protokoll zu führen, am zweckmäßigsten durch Registrieren mit Thermohygrographen. Bei unzulässigen Abweichungen vom Normalklima sind die Verschleißprüfungen zu unterbrechen.

7.2 Prüfgerät für Schleißbeanspruchungen (Verschleißprüfgerät Stuttgart)

Die Teilbehandlungen mit Schleifpapier- und Lederbeanspruchung (siehe Abschnitt 8) werden in einem Prüfgerät mit horizontal hin- und herbeweglichem Rolltisch vorgenommen, auf dem sich ein ebener Drehteller (zulässige Abweichung der Ebenheit ± 0,05 mm auf 200 mm Meßlänge) für Lagerung und Halterung der Probe befindet (schematische Darstellung siehe Bild 1). Zwischen Probe und Drehteller gegebenenfalls erforderliche Zwischenlagen müssen fest mit dem Drehteller verbunden sein.

Der Hubweg des Rolltisches beträgt 106 mm ± 0,5 mm, die Anzahl der Doppelhübe – ein Doppelhub bedeutet einen Hin- und Hergang – (40 ± 1) je Minute. Der Drehteller führt in der Minute (4 ± 0,1) Umdrehungen aus. Auf die Proben wird ein (17 ± 0,1) kg schweres Pendel aufgesetzt. Dieses Pendel hat 2 schwenkbare Segmente mit zylinderförmig gewölbter Unterseite. Auf die Unterseite des einen Segmentes wird Schleifpapier von 106 mm Breite über der Lederunterlage gespannt, auf die Unterseite des anderen Segmentes (Walksegment) wird eine Metallschablone[1] nach Bild 2, die der Form des zylinderförmigen Walksegmentes angepaßt ist, befestigt. Das Gewicht der Metallschablone beträgt (430 ± 20) g. An beiden Längsseiten der Schablone sind Metalleisten von 2 mm Dicke und 10 mm Breite so montiert, daß die beiden Leisten eine Fläche von 170 mm × 106 mm abgrenzen.

In diese abgegrenzte Fläche wird das im Abschnitt 8.4 näher beschriebene Leder geklebt. Während der Hin- und Herbewegungen des Rolltisches bei gleichzeitigen Drehbewegungen des Drehtellers führt das durch Mitnehmer und Gleitstück zwangsläufig geführte Pendel Drehbewegungen um eine 225 mm über der Probenoberfläche liegende Achse aus.

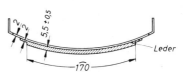

Bild 2. Schematische Darstellung der Metallschablone für Walksegment mit aufgeklebtem Leder

7.3 Druckstück für Eindruckbeanspruchung

Als Druckstück für die Teilbehandlungen mit Eindruckbeanspruchungen (siehe Abschnitt 8) dient eine planparallele Platte von 10 mm Dicke nach Bild 3, in die innerhalb einer Kreisfläche von 100 mm Durchmesser je abwechselnd 45 zylindrische Stahlstifte von 2,5 mm

---

[1] Über die Bezugsquellen gibt Auskunft:
DIN-Bezugsquellen für normgerechte Erzeugnisse im DIN, Burggrafenstraße 4-10, 1000 Berlin 30.

Durchmesser und 44 zylindrische Stahlstifte von 1,4 mm Durchmesser (z. B. aus poliertem Rundstahl 115 Cr V nach DIN 175) in Abständen von 10 mm eingedrückt sind. Sämtliche 89 Stifte ragen 3 mm über die Plattenfläche hervor; sie müssen planparallel zur Plattenebene geschliffen und frei von Graten sein.

7.4 Waage mit einer Fehlergrenze von höchstens 0,001 g

8 Durchführung

Die Verschleißbeanspruchung wird in 20 Zyklen auf die Probe aufgebracht. Jeder Zyklus setzt sich aus folgenden Teilbehandlungen zusammen:

a) Eindruckbeanspruchung mit Stahlstiften nach Abschnitt 8.2
b) Beanspruchung mit Schleifpapier nach Abschnitt 8.3, Ausführung von 3 Doppelhüben
c) Beanspruchung mit Leder nach Abschnitt 8.4, Ausführung von 4 × 50 Doppelhüben
d) Entfernen des Abriebs von der Probe nach Abschnitt 8.5
e) Aufrauhen des Leders nach Abschnitt 8.6

Sämtliche Teilbehandlungen müssen unmittelbar nacheinander im Normalklima DIN 50 014 – 23/50-1 vorgenommen werden. An einem Tag sind jedoch nicht mehr als 5 Zyklen durchzuführen.

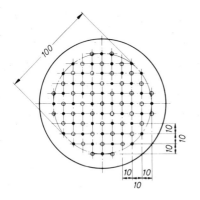

○ zylindrische Stahlstifte von 2,5 mm Durchmesser

● zylindrische Stahlstifte von 1,4 mm Durchmesser

Bild 3. Druckstück für das Zyklen-Verfahren

8.1 Wägen der Proben

Feststellen des Ausgangsgewichtes (Gewicht m_1) siehe Abschnitt 6.

Nach 20 Zyklen werden die Proben im Normalklima DIN 50 014 – 23/50-1 gelagert und in Abständen von 48 Stunden auf 0,002 g gewogen.

Als Endgewicht (Gewicht m_2) gilt nach Erreichen der Gewichtskonstanz (siehe Abschnitt 6) das größere Gewicht von zwei aufeinanderfolgenden Wägungen.

[1]) Siehe Seite 2

8.2 Eindruckbeanspruchung

Eindruckbeanspruchungen werden als erste Teilbehandlungen in jedem Zyklus vorgenommen (siehe Abschnitt 8 a).

Zu diesem Zweck wird das Druckstück nach Abschnitt 7.3 mit den vorstehenden Stahlstiften zentrisch auf die Probe aufgesetzt und 60 Sekunden lang in einer Preßvorrichtung durch eine gleichbleibende Kraft von (4000 ± 100) N beansprucht. Danach werden die Proben der Beanspruchung mit Schleifpapier nach Abschnitt 8.3 unterzogen.

8.3 Beanspruchung mit Schleifpapier

Die Proben werden in dem Prüfgerät nach Abschnitt 7.2 durch Schleifpapier der Körnung P 50 WPE 221 [1]) bei gleichzeitiger Dreh- und Längsbewegung beansprucht.

Die Probe ist bei jedem Zyklus vor der Beanspruchung mit Schleifpapier um 90° gedreht in das Prüfgerät aufzuspannen, damit die Probenoberfläche im Verlauf der Zyklen kreisförmig durch Schleifpapier beansprucht wird.

Zu jeder Teilbehandlung wird unbenutztes Schleifpapier [1]) verwendet, das mindestens 14 Tage lang im klimatisierten Prüfraum gelagert wurde. In jedem Zyklus sind die 3 Doppelhübe ohne zusätzliche Belüftung (Blasen und Saugen) der Probe durchzuführen. Die auf der Probe angefallenen abgeriebenen Teilchen (einschließlich Schleifkörnern) werden nicht entfernt, da diese bei der nachfolgenden Teilbehandlung mit aufgerauhtem Leder als Zwischenstoff dienen (siehe Abschnitt 8.4).

A n m e r k u n g : Zur Überprüfung der Eigenschaften jeder neuen Lieferung von Schleifpapier, insbesondere der Haftfestigkeit der Schleifkörner am Papier, dient folgende Prüfung:

Etwa 1 % der zugeschnittenen Schleifpapiere von 106 mm Breite und 250 bzw. 200 mm Länge werden im Normalklima DIN 50 014 – 23/50-1 bis zur Gewichtskonstanz gelagert (Streifen auf einer Längsseite lose nebeneinander stehend, keinesfalls gebündelt). Anschließend wird jeweils ein Streifen am Pendel, ein anderer in der zum Aufrauhen des Leders dienenden, auf dem Drehteller aufgesetzten Spannvorrichtung (siehe Abschnitt 8.6) befestigt. Nach Aufsetzen des Pendels werden mit der Anordnung Kornseite Schleifpapier gegen Kornseite Schleifpapier unter Längsbewegung des Rolltisches (Antrieb des Drehtellers ausgeschaltet) 10 Doppelhübe ohne Belüften oder Absaugen vorgenommen. Der nach dem Abnehmen der Streifen und anschließendem Entfernen der losen Schleifmittelteile (10maliger freier Fall der für vertikal gehaltenen Streifen aus etwa 100 mm Höhe auf eine ebene Unterlage; nach jedem Fall Streifenebene um 180° gedreht) festgestellte Gesamtgewichtsverlust von je 2 Streifen muß zwischen 0,6 und 0,8 % liegen.

Es gibt Schleifpapier, das die gestellten Bedingungen laut bereits durchgeführter amtlicher Überprüfung erfüllt [1]).

8.4 Beanspruchung mit Leder

Jeweils auf eine Teilbehandlung mit Schleifpapier folgt eine solche mit Leder.

Das Leder muß vor der Benutzung mindestens 7 Tage lang im Normalklima DIN 50 014 – 23/50-1 gelagert worden sein.

Das Leder ist ohne Vorbehandlung (Anfeuchtung usw.) auf die im Abschnitt 7.2 näher beschriebene Metallschablone zu kleben. Als Klebstoff ist Polychloropren zu verwenden. Das Leder muß so zugeschnitten sein, daß seine beiden Flächen (Narbenseite und Klebefläche) 170 mm × 106 mm betragen. Die Schablone mit Leder wird auf das Walksegment des Pendels des Verschleißprüfgerätes befestigt.

Vor dem ersten Gebrauch ist die Narbenseite des neuen Leders derart aufzurauhen, daß sie über ihre gesamte Ausdehnung gleichmäßig angeschliffen ist. Vor jedem weiteren Gebrauch ist die angeschliffene Fläche neu aufzurauhen (siehe Abschnitt 8.6).

Die Beanspruchung der Proben mit Leder wird bei gleichzeitiger Dreh- und Längsbewegung vorgenommen. Jede Teilbehandlung mit Leder umfaßt 4 × 50 = 200 Doppelhübe ohne zusätzliche Belüftung der Probe. Nach jeweils 50 Doppelhüben wird die Behandlung für 2 Minuten unterbrochen, wobei das Pendel abgehoben wird. Während der Prüfung eines Belages (im allgemeinen 3 Proben mit je 20 Zyklen) darf das Leder nicht gewechselt werden. Für jeden zu prüfenden Belag ist ein neues Leder zu verwenden.

A n m e r k u n g : *Es ist Leder mit folgenden Eigenschaften erforderlich:*

Gerbung: *Altgegerbtes Leder nach RAL 061 A*
Dicke: *5 bis 6 mm*
Rohdichte: *0,97 bis 1,12 g/cm^3*
Shore-D-Härte: *60 ± 5*

Es gibt gemäß obigen Anforderungen vorgeprüfte Lederabschnitte [1]).

8.5 Entfernen des Abriebs von den Proben und Reinigen des Leders

Nach jedem Zyklus (siehe Abschnitt 8) werden die angefallenen abgeriebenen Teilchen (einschließlich Schleifkörnern) von der Probenoberfläche mit einem feinen Handbesen abgekehrt. Nach dem letzten Zyklus wird die Probenoberfläche mit einer harten trockenen Bürste gereinigt und anschließend der feine Staub mit einem weichen Pinsel entfernt.

Dichte und Härte der Haare bzw. Borsten von Besen, Bürste und Pinsel haben einen nicht unbedeutenden Einfluß auf die Reinigung der Probenoberfläche und damit auf das Prüfergebnis. Deshalb sind auch diese Werkzeuge einheitlich bei den nach Fußnote 1 benannten Stellen zu beziehen.

8.6 Aufrauhen des Leders

Nach jeder Teilbehandlung nach Abschnitt 8.4 wird das Leder unter Verwendung neuen oder an gleicher Probe einmal verwendeten Schleifpapiers der Körnung P 50 WPE 221 aufgerauht. Das Schleifpapier wird dazu in eine Spannvorrichtung eingesetzt, die auf dem Drehteller festgehalten wird. Zum Aufrauhen dienen 5 Doppelhübe des Rolltisches (ohne Drehbewegung, d. h. der Drehteller wird festgehalten) unter gleichzeitiger Belüftung (Wegblasen und Absaugen des Schleifstaubes).

Bei der Prüfung schmierender Beläge (z. B. mancher asphalthaltiger Beläge) muß das Leder vor jedem Aufrauhen mit einer Ziehklinge abgezogen werden.

8.7 Sonderzyklen

Für die Prüfung von dünnen Oberflächen-Schutzschichten, z. B. von Versiegelungen, die schon nach Anwendung weniger Zyklen nach Abschnitt 8 durchgescheuert sein würden, empfiehlt es sich, die ersten beiden Zyklen in 6 Sonderzyklen nach Tabelle 1 aufzuteilen.

Bei derartigen Prüfungen wird der Zustand der Verschleißschicht im allgemeinen nach Augenschein beurteilt.

A n m e r k u n g : *Zur vergleichsweisen Beurteilung des Verschleißwiderstandes von dünnen Oberflächen-Schutzschichten auf Holz und holzartigen Baustoffen können sogenannte Wassereindringversuche herangezogen werden, die mit einer Befeuchtungseinrichtung nach Bild 4, unter gleichmäßigem Benetzen der Prüffläche mit 0,5 ml entspanntem Wasser, vorzunehmen sind. Dabei wird die Zeitspanne (Eindringdauer) festgestellt, die vergeht, bis das Benetzungswasser in die Probe eingedrungen ist. Mit zunehmendem Dickenverlust und zunehmendem Umfang der Verletzungen der Schutzschicht während der 6 Sonderzyklen verkürzt sich die Eindringdauer.*

Erheblicher Abfall der Eindringdauer während der 6 Sonderzyklen läßt auf kleinen Verschleißwiderstand, nur wenig sich verkürzende Eindringdauer dagegen auf verhältnismäßig großen Verschleißwiderstand einer Schutzschicht schließen.

Die Eindringversuche werden längstens bis zu 2 Stunden fortgeführt. Nach jedem Wassereindringversuch ist eine Lagerung der Probe im Normalklima DIN 50 014 – 23/50-1 von mindestens 48 Stunden Dauer einzuschalten.

Das Eindringen des Benetzungswassers an einer beliebigen Stelle der Prüffläche wird als beendet betrachtet, wenn diese Stelle matt geworden ist (stumpfes Aussehen). Als Eindringdauer gilt zweckmäßig der Mittelwert der beiden Zeitspannen.

a) *zwischen dem Auftrag des Benetzungswassers und dem Mattwerden einer ersten Teilstelle der Prüffläche und*

b) *zwischen dem Auftrag des Benetzungswassers und dem Mattwerden der gesamten Prüffläche.*

Je nach Gepflogenheiten der Praxis können die Schutzschichten auch mit Wachspflegemitteln geprüft werden. Dazu empfiehlt es sich, bei jedem der 6 Sonderzyklen 0,06 g Hartwachs innerhalb einer Kreisfläche mit 160 mm Durchmesser in der Mitte der Probenoberfläche entsprechend etwa 3 g/m^2 Auftrag aufzubringen und anschließend jeweils eine Trocknungsdauer von 5 Stunden vor Weiterführung der Prüfung einzuhalten.

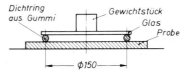

Bild 4. Befeuchtungseinrichtung für Sonderzyklen

Wassereindringversuch und anschließende Wachspflege sind bei jedem Sonderzyklus im Anschluß an die Beanspruchung mit Leder (siehe Spalte 4 von Tabelle 1) vorzunehmen, gegebenenfalls ist vor Beginn des 1. Zyklus zum Erzielen eines Bezugswertes der Eindringdauer ein Wassereindringversuch durchzuführen.

8.8 Auswertung der Ergebnisse

Als Ergebnis der Verschleißprüfung gilt der errechnete mittlere Dickenverlust Δl der kreisförmigen Verschleißzone der Probe.

Der Dickenverlust wird aus dem Gewichtsverlust und der Rohdichte der Nutzschicht unter Annahme einer kreisförmigen Verschleißfläche A von 150 cm^2 errechnet. Der Gewichtsverlust (nach 20 Zyklen) wird als Differenz Δm vom Ausgangsgewicht m_1 (siehe Abschnitt 6) und Endgewicht m_2 (siehe Abschnitt 8.1) nach Beendigung der Verschleißprüfung errechnet.

$$\Delta m = m_1 - m_2$$

Die Rohdichte ϱ der Nutzschicht ist aus Masse (Gewicht) und Volumen (ermittelt möglichst im Quecksilberverdrängungs- oder Tauchwägeverfahren) zu berechnen.

---
[1]) Siehe Seite 2

Tabelle 2. **Übersicht über die Anwendung der Sonderzyklen**
Die nachstehend angekreuzten Teilbehandlungen müssen in der Reihenfolge von links nach rechts durchgeführt werden.

1	2	3	4	5
	Lagerung der Proben im Normalklima DIN 50 014 – 23/50-1 bis zur Gewichtskonstanz			
Sonderzyklus	Eindruckbeanspruchung mit Stahlstiften nach Abschnitt 8.2	Beanspruchung mit Schleifpapier nach Abschnitt 8.3 Ausführung von 1 Doppelhub mit Schleifpapier	Beanspruchung mit Leder nach Abschnitt 8.4 Ausführung von 67 Walkhüben [2])	Aufrauhen des Leders nach Abschnitt 8.6
1 a	×	×	×	
1 b		×	×	
1 c		×	×	×
2 a	×	×	×	
2 b		×	×	
2 c		×	×	×

[2]) Anschließend Entfernen der während der Beanspruchungen nach Abschnitte 8.3 und 8.4 angefallenen abgeriebenen Teilchen (einschließlich Schleifkörnern) mit Handbesen bzw. Pinsel.

Der Dickenverlust Δl in mm beträgt demnach

$$\Delta l = \frac{10 \cdot \Delta m}{A \cdot \varrho}$$

Hierin bedeuten:
Δm Gewichtsverlust in g
ϱ Rohdichte der Nutzschicht in g/cm^3
A Verschleißfläche in cm^2 (150 cm^2)
Δl Dickenverlust in mm
m_1 Ausgangsgewicht in g
m_2 Endgewicht in g

9 Vertrauensbereich des Prüfverfahrens

Aufgrund statistischer Auswertung von Meßergebnissen an gleichen Belägen und von verschiedenen Prüfstellen ergab sich für dieses Prüfverfahren bei einer statistischen Sicherheit von 95 % eine Weite des Vertrauensbereiches von ≤ 15 %. Beträgt demnach der wahre Mittelwert des Dickenverlustes eines Belages 1,00 mm, so liegen 95 von 100 Prüfergebnissen in einem Bereich des Dickenverlustes von 0,85 bis 1,15 mm.

10 Prüfbericht

Im Prüfbericht sind unter Hinweis auf diese Norm anzugeben:
Bezeichnung des geprüften Belages (Belagsart, Handelsname, Dessin, Verkaufsdicke)
Aufbau des Belages (z. B. ein- oder mehrschichtig, homogen, heterogen), Anzahl der Schichten usw.
Bezeichnung des verwendeten Klebstoffes oder Klebebandes
Probenanzahl
Gewichtsverlust Δm in g auf 0,01 g gerundet
Rohdichte ϱ der Nutzschicht in g/cm^3 auf 0,01 g/cm^3 gerundet
Dickenverlust Δl in mm auf 0,01 mm gerundet, Einzelwerte, Mittelwert
Beschreibung des Zustandes der Verschleißflächen nach der Prüfung, gegebenenfalls unter Beifügung einer photographischen Aufnahme der Verschleißflächen (unter schrägem Lichteinfall)
Hinweis darauf, daß die Bestimmung des Dickenverlustes nicht zur Beurteilung des Gebrauchswertes des Belages hinsichtlich seines Verschleißwiderstandes ausreicht
Beginn und Ende der Prüfung.

Erläuterungen

Die vorliegende Norm wurde vom Arbeitsausschuß NMP 461 „Prüfung von organischen Bodenbelägen" erarbeitet.
Eine Überarbeitung der Norm vom September 1974 wurde notwendig, da die Schleifpapiere der Körnung 24 F und 60 A nicht mehr lieferbar waren. Umfangreiche Vergleichsversuche haben jedoch gezeigt, daß sich durch die Einführung des Schleifpapieres P 50 WPE 221 die Prüfergebnisse nur unwesentlich ändern.

DK 691.165-41 : 69.024 : 676.287 : 001.4   März 1977

Bitumendachbahnen mit Rohfilzeinlage
Begriff Bezeichnung Anforderungen

DIN 52 128

Bitumen roof sheeting with dry felt layer; definition, designation, requirements

Die vorliegende Norm besteht in ihrem materiellen Inhalt seit 1931, ohne daß wesentliche Änderungen vorgenommen wurden. Auch die vorliegende Folgeausgabe ist vom sachlichen Inhalt her gleich geblieben und erfolgt nur im Zusammenhang mit der Änderung der Bezeichnung in allen einschlägigen Normen für Dach- und Dichtungsbahnen. Durch zu beobachtende Veränderungen der Rohstoffeigenschaften haben sich jedoch verschiedentlich Schwierigkeiten in der Anwendung ergeben.

Ein Arbeitsausschuß befaßt sich z. Z. mit einer grundlegenden Überarbeitung dieser Norm, so daß in absehbarer Zeit mit einer Folgeausgabe zu rechnen ist, die auf eine Qualitätsverbesserung des Normungsgegenstandes ausgerichtet ist.

1 Geltungsbereich

Diese Norm legt die Anforderungen an handelsübliche Bitumendachbahnen mit Rohfilzeinlage fest. Diese Festlegungen gelten nur zur Zeit der Lieferung und beziehen sich nur auf Bitumendachbahnen mit Rohfilzeinlage zu deren Herstellung Rohfilzpappen mit einem Nenn-Flächengewicht von 0,500 kg/m² oder 0,333 kg/m² verarbeitet sind.

2 Begriff

Bitumendachbahnen mit Rohfilzeinlage sind aus Rohfilzpappe nach DIN 52 117 hergestellt, mit Tränkmasse nach Abschnitt 4 getränkt, beiderseits mit Deckmasse versehen und auf beiden Seiten gleichmäßig mit mineralischen Stoffen bedeckt.

3 Bezeichnung

Bitumendachbahnen mit Rohfilzeinlage werden nach dem Nenn-Flächengewicht der zu ihrer Herstellung verwendeten Rohfilzpappe gemäß Tabelle 1 bezeichnet.

Tabelle 1.

Norm-Bezeichnung		Nenn-Flächengewicht der Rohfilzpappe in kg/m²
Benennungsblock	Identifizierungsblock	
Bitumendachbahn	DIN 52 128 – R 500	0,500
Bitumendachbahn	DIN 52 128 – R 333	0,333

4 Tränk- und Deckmasse

Zur Herstellung von Tränk- und Deckmassen dürfen als bituminöse Stoffe einzeln oder in Gemischen nur verwendet werden:
a) Bitumen nach DIN 1995,
b) Naturasphalte

Ein Zusatz von Fettpechen ist zulässig.

Für die Deckmasse ist auch ein Zusatz von geeigneten Füllstoffen zulässig.

5 Anforderungen

5.1 Beschaffenheit nach Augenschein

Bitumendachbahnen mit Rohfilzeinlage müssen mit Tränkmasse durchtränkt, mit Deckmasse auf beiden Seiten überzogen und gleichmäßig mit mineralischen Stoffen bedeckt sein.

5.2 Gehalt an Löslichem
  (lösliche Tränk- und Deckmasse)

Der Gehalt an Löslichem muß bei
Bitumendachbahnen R 500 mindestens 1,250 kg/m² und bei
Bitumendachbahnen R 333 mindestens 0,900 kg/m²
betragen.

5.3 Wasserundurchlässigkeit

Bitumendachbahnen mit Rohfilzeinlage müssen unter dem Druck einer 100 mm hohen Wassersäule während einer Prüfdauer von 72 Stunden wasserundurchlässig sein.

Fortsetzung Seite 2

Normenausschuß Bauwesen (NaBau) im DIN Deutsches Institut für Normung e.V.

5.4 Bruchwiderstand (Bruchkraft)
Die Bruchwiderstände müssen mindestens den Werten der Tabelle 2 entsprechen.

Tabelle 2.

Bitumen-dachbahn	Bruchwiderstand	
	in Bahnen-längsrichtung	in Bahnen-querrichtung
R 500	300 N	200 N
R 333	250 N	150 N

5.5 Dehnung
Die Dehnung muß mindestens 2% in Bahnenlängs- und -querrichtung betragen.

5.6 Kältebeständigkeit
Bitumendachbahnen mit Rohfilzeinlage dürfen bei der Prüfung der Kältebeständigkeit nicht brechen.

5.7 Wärmebeständigkeit
Die Deckschichten der Bitumendachbahnen dürfen bei der Prüfung der Wärmebeständigkeit weder fließen noch abrutschen.

6 Prüfung
Die Prüfung auf Einhaltung der in Abschnitt 5 dieser Norm genannten Anforderungen ist nach DIN 52 123 Teil 1 ,,Prüfung von bituminösen Bahnen; Dachbahnen und nackte bituminöse Bahnen'' durchzuführen.

7 Überwachung (Güteüberwachung)
Eine Norm über die Güteüberwachung von bituminösen Dach- und Dichtungsbahnen befindet sich in Vorbereitung.

DK 691.165-41 : 676.287 November 1993

Nackte Bitumenbahnen
Begriff, Bezeichnung, Anforderungen

DIN 52 129

Uncoated bitumen saturated sheeting; definition, designation, requirements

Ersatz für Ausgabe 03.77

1 Anwendungsbereich

Diese Norm gilt für die Anforderungen an handelsübliche nackte Bitumenbahnen. Die Festlegungen gelten nur zur Zeit der Lieferung.

2 Begriff

Nackte Bitumenbahnen sind Bahnen, die durch Tränken von Rohfilzpappe mit Bitumen und/oder Naturasphalt hergestellt werden. Sie müssen vollständig mit der Tränkmasse durchtränkt sein.

3 Bezeichnung

Nackte Bitumenbahn DIN 52 129 — R 500 N

4 Ausgangsstoffe

4.1 Rohfilzpappe

Zur Herstellung von nackten Bitumenbahnen ist Rohfilzpappe nach DIN 52 117 mit einem Nenn-Flächengewicht von 0,500 kg/m^2 zu verwenden.

4.2 Tränkmasse

Als Stoffe für die Herstellung der Tränkmasse dürfen einzeln oder in Gemischen verwendet werden:
  a) Bitumen nach DIN 1995 Teil 2,
  b) Naturasphalte.

Der Erweichungspunkt der Tränkmasse muß zwischen 32 °C und 67 °C bei Prüfung mit dem Ring- und Kugel-Verfahren nach DIN 52 011 liegen.

5 Anforderungen

5.1 Gehalt an Tränkmasse

Der Anteil an Tränkmasse muß mindestens der Masse der verwendeten absolut trockenen Rohfilzpappe entsprechen.

5.2 Bruchwiderstand (Bruchkraft)

Die Bruchwiderstände müssen mindestens den Werten der Tabelle entsprechen.

Tabelle 1: Bruchwiderstände

	Bruchwiderstand	
	in Bahnen-längsrichtung N	in Bahnen-querrichtung N
Mittelwert	350	200
kleinster Einzelwert	320	180

5.3 Dehnung

Die Dehnung muß in Bahnenlängs- und -querrichtung im Mittel mindestens 1,5 % betragen, dabei darf kein Einzelwert unter 1,2 % liegen.

5.4 Kältebeständigkeit

Nackte Bitumenbahnen dürfen bei der Prüfung der Kältebeständigkeit nicht brechen.

6 Prüfung

Die Prüfung auf Einhaltung der in Abschnitt 5 dieser Norm genannten Anforderungen ist nach DIN 52 123 durchzuführen, jedoch sind die dort für die Ermittlung der Prüfwerte angegebenen Rundungsregeln nicht anzuwenden.

Fortsetzung Seite 2

Normenausschuß Bauwesen (NABau) im DIN Deutsches Institut für Normung e.V.

Zitierte Normen

DIN 1995 Teil 2	Bitumen und Steinkohlenteerpech; Anforderungen an die Bindemittel; Fluxbitumen
DIN 52 011	Prüfung von Bitumen; Bestimmung des Erweichungspunktes; Ring und Kugel
DIN 52 117	Rohfilzpappe; Begriff, Bezeichnung, Anforderungen
DIN 52 123	Prüfung von Bitumen- und Polymerbitumenbahnen

Frühere Ausgaben

DIN DVM 2129: 04.33, 07.37
DIN 52 129: 10.52, 09.59, 03.77

Änderungen

Gegenüber der Ausgabe März 1977 wurden folgende Änderungen vorgenommen:
  a) Nackte Bitumenbahnen aus Rohfilzpappe mit einem Nenngewicht von 0,333 kg/m^2 wurden gestrichen.
  b) Die Werte für den Bruchwiderstand wurden in Anpassung an die für die Herstellung zur Verfügung stehenden Rohfilzpappen erhöht und der Dehnwert dafür entsprechend ermäßigt.
  c) Die bisherigen Abschnitte 4.1 und 7 über den Paraffingehalt der Tränkmasse und über die Güteüberwachung wurden gestrichen.
  d) Der Norm-Inhalt wurde redaktionell überarbeitet.

Internationale Patentklassifikation

E 04 D 005/10
C 04 B 026/26
G 01 N 033/44
D 06 N005/00

DK 678.4.074:620.178.162   Juni 1987

Prüfung von Kautschuk und Elastomeren

Bestimmung des Abriebs

**DIN
53 516**

Testing of rubber and elastomers; determination of abrasion
Essai de caoutchouc; détermination de l'abraision

Ersatz für Ausgabe 01.77

Zusammenhang mit der von der International Organization for Standardization (ISO) herausgegebenen Internationalen Norm ISO 4649 – 1985 siehe Erläuterungen.

Maße in mm

1 Anwendungsbereich und Zweck

Das in dieser Norm festgelegte Prüfverfahren dient zur Beurteilung des Abriebs (abrasiven Verschleißes) von Elastomeren gegen reibende Abnutzung. Es ist geeignet für Vergleichsprüfungen, für die Überprüfung der Gleichmäßigkeit spezifizierter Erzeugnisse und für Spezifikationen; jedoch sagen die Ergebnisse dieses Prüfverfahrens nur bedingt etwas über das Verschleißverhalten von Elastomeren in der Praxis aus.

2 Begriffe

2.1 Abrieb A

Der Abrieb A in mm^3 ist der nach den Prüfbedingungen dieses Prüfverfahrens ermittelte Volumenverlust eines über einen Prüfschmirgelbogen definierter Angriffsschärfe (Sollangriffsschärfe) mit bestimmter Anpreßkraft und über einen bestimmten Reibweg geführten definierten Probekörpers.

2.2 Angriffsschärfe S

Die Angriffsschärfe S in mg des Prüfschmirgelbogens ist der Massenverlust eines über diesen Bogen unter festgelegten Prüfbedingungen geführten definierten Probekörpers aus dem Vergleichselastomer.

3 Kurzbeschreibung des Verfahrens

Ein Probekörper aus dem zu prüfenden Elastomer wird unter konstanter Anpreßkraft und mit konstanter Geschwindigkeit einen festgelegten Reibweg über einen Prüfschmirgelbogen geführt, der sich auf einem rotierenden Zylinder befindet, und sein Massenverlust ermittelt. Die Angriffsschärfe des Prüfschmirgelbogens wird als Massenverlust des Vergleichselastomers auf die gleiche Weise bestimmt und soll in einem festgelegten Bereich liegen. Der Massenverlust des zu prüfenden Elastomers wird mit Hilfe seiner ebenfalls ermittelten Dichte auf den Volumenverlust umgerechnet und dieser auf eine Sollangriffsschärfe bezogen.

4 Probekörper

4.1 Form und Herstellung

Die Probekörper haben eine zylindrische Form mit (16 $_{-0,2}^{0}$) mm Durchmesser und mindestens 6 mm Dicke. Die Probekörper sind mit Hilfe eines gehärteten Kreisschneiders (siehe Bild 1) herzustellen.

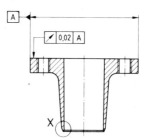

Einzelheit X

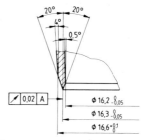

Bild 1. Beispiel eines bewährten Kreisschneiders

Fortsetzung Seite 2 bis 6

Normenausschuß Materialprüfung (NMP) im DIN Deutsches Institut für Normung e. V.
Normenausschuß Kautschuktechnik (FAKAU) im DIN

Anmerkung: Die Drehzahl des Kreisschneiders sollte im allgemeinen etwa 1000 min^{-1} betragen, bei Probekörpern einer Härte von kleiner als 50 IRHD *) ist die Drehzahl zweckmäßigerweise zu erhöhen. Während des Schneidens sollte die Schneide mit Wasser, dem ein Netzmittel zugesetzt ist, geschmiert werden.

Das Vertikalschneiden der Probekörper ist nicht zulässig. Sie können jedoch in Formen vulkanisiert werden.

Stehen keine Probekörper der notwendigen Dicke zur Verfügung, so kann die erforderliche Probekörperdicke durch Aufkleben der Probekörper von mindestens 2 mm Dicke auf einen Grundkörper mit einer Härte von mindestens 80 IRHD erreicht werden. Es ist darauf zu achten, daß die Probekörper nicht bis auf den Grundkörper abgerieben werden. Bei Untersuchung von Fertigerzeugnissen, in die z. B. Gewebe eingebettet ist (wie bei Gummifördergurten) ist der Probekörper möglichst aus dem vollen Stück einschließlich Gewebe herzustellen. Auch hier ist darauf zu achten, daß diese Probekörper nicht bis auf die Klebschicht bzw. bis auf das Gewebe abgerieben werden.

Die Dichtebestimmung darf nur an der abzureibenden Elastomerschicht erfolgen.

4.2 Anzahl

Es sind mindestens 3, in Schiedsfällen mindestens 10 Prüfläufe vorzunehmen. Je Prüflauf ist 1 Probekörper erforderlich.

Mit dem Vergleichselastomer (siehe Abschnitt 5.3) können mit einem Probekörper 3 Prüfläufe durchgeführt werden.

*) IRHD = International Rubber Hardness Degree (Internationale Gummihärtegrade); siehe auch DIN 53 519 Teil 1.

5 Prüfgerät und Prüfhilfsmittel

5.1 Prüfgerät

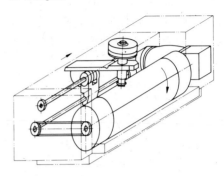

Bild 2. Schematische Darstellung des Prüfgerätes

Das Prüfgerät (siehe Bild 2) besteht im Prinzip aus einem drehbaren Zylinder, auf der ein Prüfschmirgelbogen nach Abschnitt 5.2 befestigt ist, und einem seitlich verschiebbaren Probekörperhalter. Die einzuhaltenden Maße sind in Bild 3 aufgeführt. Der Zylinder hat einen Durchmesser von $(150 \pm 0,2)$ mm und eine Länge von etwa 500 mm.

Die Drehzahl des Zylinders beträgt (40 ± 1) min^{-1}; die Drehrichtung ist in den Bildern 2 und 3 angegeben.

Der Prüfschmirgelbogen ist mit Hilfe dreier Streifen eines Doppelklebebandes (Breite etwa 50 mm, Dicke ≤ 0,2 mm), die über die gesamte Länge des Zylinders an drei über den

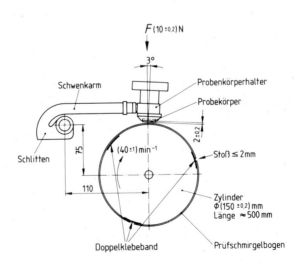

Bild 3. Seitenansicht des Prüfgerätes

Umfang gleichmäßig verteilten Stellen angebracht sind, straff aufliegend befestigt. Die Enden des Prüfschmirgelbogens werden über einem der drei Klebestreifen auf Stoß angeordnet, wobei ein Spalt von max. 2 mm zulässig ist. Beim Aufkleben ist unbedingt die Laufrichtung zu beachten, die auf dem Bogen, gegebenfalls auf der Rückseite, angegeben ist.

Der Probekörperhalter ist an einem Schwenkarm befestigt, der in einer Führung schwenkbar gelagert ist. Die Mittelachse des Probekörperhalters ist um 3° in Laufrichtung des Zylinders gegenüber der Senkrechten geneigt. Die Mitte der abzureibenden Fläche des Probekörpers darf von einer Senkrechten über der Zylinderachse ±1 mm abweichen. Das Gewicht des Schwenkarmes und des Probekörperhalters ist so bemessen, daß der Probekörper mit einer Kraft F von $(10 \pm 0{,}2)$ N auf den Prüfschmirgelbogen gedrückt wird. Der Schwenkarm einschließlich Probekörperhalter soll vibrationsfrei arbeiten.

Der Probekörperhalter besteht aus einer zylindrischen Spannöffnung, deren Durchmesser von mindestens 15,5 mm bis 16,3 mm veränderbar ist, und einer Einrichtung, die die Höhe des aus der Öffnung herausragenden Teiles des Probekörpers auf $(2{,}0 \pm 0{,}2)$ mm einzustellen erlaubt.

Der Schwenkarm mit dem Probekörperhalter wird mit einer Spindel seitlich bewegt. Der Seitenvorschub beträgt etwa 4,2 mm je Zylinderumdrehung. Dadurch wird der Probekörper nur 4mal über die gleiche Stelle des Prüfschmirgelbogens geführt.

Das Aufsetzen des Probekörpers zu Beginn und das Abheben am Ende des Prüflaufs erfolgen selbsttätig. Der normale Reibweg hat eine Länge von $(40 \pm 0{,}2)$ m entsprechend etwa 84 Umdrehungen, wobei die Dicke des Prüfschmirgelbogens mit 1 mm berücksichtigt wird. In besonderen Fällen bei großem Volumenverlust kann mit dem halben Reibweg von $(20 \pm 0{,}1)$ m entsprechend etwa 42 Umdrehungen gearbeitet werden.

Anmerkung: Zum Schutz des Prüfschmirgelbogens und des Probekörperhalters vor gegenseitiger Beschädigung wird eine Einrichtung empfohlen, die eine Berührung beider Teile verhindert.

5.2 Prüfschmirgelbogen

Als Schleifmittel ist ein Korundschmirgel der Körnung 60 zu verwenden, der auf einem Köperbogen von $\geq$ 400 mm Breite und $(472{,}5 ^{+2{,}0}_{0})$ mm Länge aufgezogen ist. Die mittlere Dicke des Prüfschmirgelbogens beträgt 1 mm. Er soll bei der Prüfung mit dem Vergleichselastomer nach Abschnitt 5.3 eine Angriffsschärfe im Bereich von 180 mg bis 220 mg je 40 m Reibweg ergeben.

Die Schmirgelbögen werden in einer erheblich höheren Angriffsschärfe hergestellt[1]. Um daraus Prüfschmirgelbögen[2] zu erhalten, müssen sie durch einen 1- oder 2maligen Lauf mit einem Stahlbolzen anstelle des Probekörpers abgestumpft werden, um in den oberen Teil des geforderten Angriffsschärfebereiches zu kommen. Nach dem Abstumpfen ist der Prüfschmirgelbogen gründlich zu reinigen. Anschließend sind zwei Prüfläufe mit dem Vergleichselastomer durchzuführen. Schließlich ist beim Abstumpfen gewählte Laufrichtung zu kennzeichnen.

Durch das Abstumpfen werden auch gleichmäßigere Abriebergebnisse erzielt. Mit einem Prüfschmirgelbogen lassen sich in Abhängigkeit von den zu prüfenden Qualitäten bis zu mehrere hundert Prüfungen durchführen.

5.3 Vergleichselastomer

Vergleichselastomerplatten können von der Bundesanstalt für Materialforschung und -prüfung (BAM) bezogen werden. Sie haben die Maße 8 mm × 116 mm × 182 mm und ergeben etwa 60 Probekörper. Wird eine eigene Herstellung der Vergleichselastomerplatten vorgenommen, so sollte unbedingt eine Vergleichselastomerplatte der BAM zum Vergleich herangezogen sowie die Gleichmäßigkeit der einzelnen Vergleichselastomerplatten sorgfältig überprüft werden.

5.3.1 Mischungszusammensetzung

Tabelle 1.

Nr	Mischungsbestandteil	Massenanteil
1	Naturkautschuk (SMR L)	100,0
2	2,2'-Dibenzothiazyldisulfid (Vulkazit DM/C)	1,2
3	N-Isopropyl-N'-phenyl-p-phenylendiamin (Vulkanox 4010 NA)	1,0
4	Zinkoxyd Typ I (Zinkweiß G 9)	50,0
5	HAF-Ruß, ASTM N 330 (Corax 3)	36,0
6	Schwefel	2,5
	Summe:	190,7

Anmerkung: Die in Klammern aufgeführten Handelsnamen bezeichnen die Produkte[3], die im Interesse bestmöglicher Reproduzierbarkeit der Prüfergebnisse verwendet werden müssen.

5.3.2 Herstellung

Zur Herstellung wird folgende Verfahrensweise empfohlen[4].

Das Mischen erfolgt in einem Innenmischer bei einer Menge von 3 kg bis 4 kg bei voller Kühlung. Bei einem Innenmischer mit ineinandergreifenden Schaufeln hat sich die nachfolgende Mischfolge bewährt:

Tabelle 2.

Zeitpunkt der Zugabe min	Mischungsbestandteil Nr
0	1
7,5	2 bis 4 gut vermischt
10	5
15	6
25	Ausstoß

Ausstoßtemperatur: etwa 100 °C

---

[1] Lieferant der Schmirgelbögen in Deutschland: Vereinigte Schmirgel- und Maschinenfabriken AG, Hannover-Hainholz; Bezeichnung der Schmirgelbögen: Vitex KK 511 X P 60

[2] Prüfschmirgelbögen können von der Bundesanstalt für Materialforschung und -prüfung (BAM), Unter den Eichen 87, 1000 Berlin 45, bezogen werden.

[3] Über Bezugsquellen gibt Auskunft: Bezugsquellenverzeichnis im DIN, Burggrafenstraße 6, 1000 Berlin 30.

[4] Siehe hierzu DIN 53 670 Teil 1

Die Weiterverarbeitung erfolgt auf einem Walzwerk bei (50 ± 5) °C Oberflächentemperatur und einer Spaltbreite von 4 mm. Bei einem Zylinderdurchmesser von 250 mm beträgt die Arbeitsbreite 400 mm und die Drehzahl der beiden Zylinder (12 ± 1) min^{-1}. Es wird 6mal rechts und 6mal links eingeschnitten und 2mal gestürzt. Nach 5 min Verarbeitungszeit wird ein Fell gezogen.

Die Rohlinge werden dubliert und mit einem Masseüberschuß von etwa 7 % hergestellt. Nach dem Einlegen in die auf die Vulkanisationstemperatur von (150 ± 2) °C gebrachte Form wird unter einem Druck von ≥ 35 bar (≥ 3,5 MPa), der sehr langsam unter mehrmaliger Be- und Entlastung aufgebracht wird, (25 ± 1) min vulkanisiert.

Die Platten sind nach der Herstellung vor ihrer Verwendung mindestens 16 h zu lagern.

Die Vergleichselastomerplatten sind kühl, trocken und unter Lichtausschluß in einem Schutzumschlag, der Ozon absorbiert (z. B. aus Polyethylen), unter Beachtung von DIN 7716 aufzubewahren.

Anmerkung: Unter diesen Voraussetzungen können die Vergleichselastomerplatten eine Gebrauchsdauer von bis zu 10 Jahren erreichen.

5.3.3 Überprüfung der Qualität

Die Qualität der Vergleichselastomerplatten wird durch Ermittlung des Massenverlustes an einem aus der Mitte der Platte entnommenen Probekörper nach den Bedingungen dieses Verfahrens und Vergleich dieses Massenverlustes mit dem Mittelwert aus mindestens 3 Probekörpern einer Bezugsplatte in aufeinanderfolgenden Versuchen überprüft. Der Unterschied dieser Massenverluste darf 20 mg nicht überschreiten.

Eine Vergleichselastomerplatte kann dann als „Bezugsplatte" dienen, wenn sich die Massenverluste an 6 verschiedenen Stellen (4 Probekörper werden aus den Ecken und 2 Probekörper aus der Mitte über die Fläche verteilt entnommen) höchstens um 20 mg unterscheiden und sich der daraus gebildete Mittelwert vom Mittelwert aus den 6 Einzelwerten einer bereits vorhandenen Bezugsplatte um nicht mehr als 15 mg unterscheidet.

Anmerkung: Es ist zulässig, mit demselben Vergleichselastomer-Probekörper bis zu 3 Prüfläufe durchzuführen.

6 Durchführung

Die Prüfung ist bei (23 ± 5) °C und nicht früher als 16 h nach der Vulkanisation durchzuführen. Es erfolgen zunächst mindestens 3 Prüfläufe mit dem Vergleichselastomer, danach max. 10 Prüfläufe mit einem oder mehreren der zu prüfenden Elastomere (Prüfserie), und danach wieder mindestens 3 Prüfläufe mit dem Vergleichselastomer.

6.1 Prüflauf

Vor jedem Prüflauf ist der Prüfschmirgelbogen von Schleifstaub aus dem vorhergehenden Prüflauf durch kräftiges Abbürsten oder durch Abblasen und Absaugen zu entfernen. Falls erforderlich, etwa nach schmierenden Proben, kann der Bogen durch einen Prüflauf mit dem Vergleichselastomer intensiv gereinigt werden.

Der Probekörper ist auf 1 mg zu wägen. Dann wird er fest im Probekörperhalter so eingespannt, daß er (2,0 ± 0,2) mm aus der Spannöffnung herausragt, was z. B. mit einer Lehre kontrolliert werden kann. Nun wird der Schlitten mit dem Schwenkarm in Ausgangsstellung gebracht und der automatische Durchlauf gestartet. Ein Vorlauf zum Hohlschleifen des Probekörpers ist nicht erforderlich.

Im Probekörperhalter dürfen keine Vibrationen auftreten.

Nach 40 m Reibweg wird der Probekörper automatisch vom Prüfschmirgelbogen abgehoben. Nach dem Prüflauf ist der Probekörper auf 1 mg zu wägen. Erwärmte Probekörper sind vorher an die Umgebungstemperatur anzugleichen. Ein anhängender Grat ist vor der Wägung zu entfernen.

6.2 Ermittlung der Angriffsschärfe des Prüfschmirgelbogens

Die Angriffsschärfe des Prüfschmirgelbogens ist mit Hilfe des Vergleichselastomers vor und nach jeder Prüfserie in mindestens je 3, in Schiedsfällen 5 Prüfläufen nach Abschnitt 6.1 zu ermitteln.

Zur Auswertung wird der Mittelwert der Angriffsschärfen vor und nach der Prüfserie herangezogen.

Es ist zulässig, mit demselben Vergleichselastomer-Probekörper bis zu 3 Prüfläufe vorzunehmen. Es ist dann darauf zu achten, daß der Probekörper immer in der gleichen Position in den Probekörperhalter eingesetzt wird.

Bei Qualitäten, die zum Schmieren neigen, kann es notwendig werden, die Angriffsschärfe nach jeder Einzelmessung zu bestimmen.

6.3 Prüfserie

Die Prüfläufe werden nach Abschnitt 6.1 durchgeführt. Bei größerem Massenverlust (≥ 400 mg bei 40 m Reibweg) darf der Zylinder auf etwa die Hälfte des Reibweges angehalten, die ursprüngliche Höhe des herausragenden Teils des Probekörpers von (2,0 ± 0,2) mm nachgestellt und der Prüflauf zu Ende geführt werden.

Es ist darauf zu achten, daß der Probekörper nicht unter eine Dicke von 5 mm abgerieben wird. Bei stärkerem Massenverlust (≥ 600 mg bei 40 m Reibweg) kann es erforderlich werden, den Prüflauf nach 20 m ganz abzubrechen. Dies ist im Prüfbericht zu vermerken. Der Volumenverlust wird auch hier durch Multiplikation mit 2 auf 40 m Reibweg bezogen.

Es sind mindestens 3, in Schiedsfällen 10 Prüfläufe durchzuführen. Zur Auswertung wird der Mittelwert herangezogen. Bei mehreren zu prüfenden Elastomeren erfolgen die Prüfläufe für ein- und dasselbe Elastomer jeweils hintereinander. Es wird mit einem Probekörper jeweils nur ein Prüflauf durchgeführt.

6.4 Messung der Dichte

Die Dichte wird mit Verfahren A nach DIN 53 479 bestimmt.

7 Auswertung

Zur Berechnung des Abriebs wird der Massenverlust (Mittelwert aus 3 bis 10 Einzelwerten) mit Hilfe der Dichte auf den Volumenverlust umgerechnet und dieser um die Abweichung der Angriffsschärfe des Prüfschmirgelbogens von der Sollangriffsschärfe korrigiert. Dazu gilt folgende Gleichung:

$$A = \frac{\Delta m \cdot S_0}{\varrho \cdot S}$$

Hierin bedeuten:

A Abrieb in mm^3
Δm Massenverlust in mg
ϱ Dichte in g/cm^3
S_0 Sollangriffsschärfe (200 mg)
S Angriffsschärfe in mg

Anmerkung: Abweichend von dieser Beschreibung kann der Volumenverlust von nicht porösen Probekörpern anstatt durch Wägung des Massenverlustes und Umrechnung mit Hilfe der ermittelten Dichte auch durch Zwangseintauchen des Probekörpers in eine Auftriebsflüssigkeit (z. B. Wasser) vor und nach dem Prüflauf bestimmt werden. Dabei wird jeweils das Volumen des Probekörpers durch Wägung der verdrängten Masse der Auftriebsflüssigkeit ermittelt.

8 Prüfbericht

Es sind unter Hinweis auf diese Norm anzugeben:
a) Art und Bezeichnung des untersuchten Erzeugnisses
b) Dichte des geprüften Elastomers
c) Entweder Mittelwert des Abriebs A in mm^3 und Vertrauensbereich für 95 % statistische Aussagewahrscheinlichkeit oder Median des Abriebs A in mm^3, Spannweite und Anzahl der Proben[5])
d) Von dieser Norm abweichende Bedingungen, insbesondere die Anwendung des halben Schleifweges
e) Prüfdatum

9 Präzision des Verfahrens

Tabelle 3 gibt die für fünf Abriebniveaus A ermittelten Wiederholbarkeiten r und Vergleichbarkeiten R, sowie die relativen Wiederholbarkeiten r_{rel} und die relativen Vergleichbarkeiten R_{rel} des Prüfverfahrens wieder (siehe Anmerkung):

Tabelle 3.

Abrieb A mm^3	r mm^3	R mm^3	r_{rel} %	R_{rel} %
68	6,5	18,8	9,6	27,6
106	10,8	21,4	10,2	20,2
160	23,2	30,4	14,5	19,0
257	30,2	57,5	11,8	22,4
345	39,8	83,0	11,5	24,1

Aus den in der Tabelle 3 angegebenen relativen Werten für die Wiederholbarkeit und Vergleichbarkeit ergeben sich die folgenden arithmetischen Mittelwerte:

$$r_{rel} = 12\%, R_{rel} = 23\%.$$

Diese relativen Werte dienen der Berechnung der vom Abriebniveau A abhängigen Wiederholbarkeit r bzw. Vergleichbarkeit R.

Die Differenz zwischen zwei einzelnen Abriebwerten nach Abschnitt 7, die ein einzelner Bearbeiter an identischem Prüfmaterial mit demselben Gerät innerhalb einer kurzen Zeitspanne erhält, wird die Wiederholbarkeit r bei normaler und korrekter Anwendung des Verfahrens im Durchschnitt nicht häufiger als einmal in 20 Fällen überschreiten.

Die Differenz zwischen zwei einzelnen und unabhängigen Abriebwerten nach Abschnitt 7, die zwei Bearbeiter, welche in verschiedenen Labors arbeiten, an identischem Prüfmaterial erhalten, wird die Vergleichbarkeit R bei normaler und korrekter Anwendung des Verfahrens im Durchschnitt nicht häufiger als einmal in 20 Fällen überschreiten.

Anmerkung: Die Präzisionsdaten wurden in einem internationalen Ringversuch bestimmt, der im Jahr 1986 durchgeführt wurde und bei dem 16 Laboratorien beteiligt waren und fünf Abriebniveaus untersucht wurden. Die Auswertung des Ringversuches erfolgte unter Beachtung von DIN ISO 5725.

Zitierte Normen

DIN 7716	Erzeugnisse aus Kautschuk und Gummi; Anforderungen an die Lagerung, Reinigung und Wartung
DIN 53 479	Erzeugnisse aus Kunststoffen und Elastomeren; Bestimmung der Dichte
DIN 53 519 Teil 1	Prüfung von Elastomeren; Bestimmung der Kugeldruckhärte von Weichgummi. Internationaler Gummihärtegrad (IRHD); Härteprüfung an Normproben
DIN 53 598 Teil 1	Statistische Auswertung; an Stichproben mit Beispielen aus der Elastomer- und Kunststoffprüfung
DIN 53 670 Teil 1	Prüfung von Kautschuk und Elastomeren; Prüfung von Kautschuk in Standardtestmischungen; Gerät und Verfahren
DIN ISO 5725	Präzision von Prüfverfahren; Bestimmung der Wiederholbarkeit und Vergleichbarkeit durch Ringversuche

Frühere Ausgaben

DIN 53 516: 03.43x; 06.64; 01.77

Änderungen

Gegenüber der Ausgabe Januar 1977 wurden folgende Änderungen vorgenommen:
a) das Formelzeichen für den Abrieb wurde in „A" umgewandelt;
b) die empfohlene Drehzahl des Kreisschneiders in 1000 min^{-1} korrigiert;
c) die Grenzabweichungen für die Massenverluste der Vergleichselastomerplatten vergrößert;
d) die Norm an die internationale Norm ISO 4649 – 1985 angepaßt;
e) die Bilder wurden verbessert und der Text redaktionell überarbeitet;
f) Abschnitt „Präzision des Verfahrens" aufgenommen.

---

[5]) Siehe DIN 53 598 Teil 1.

Erläuterungen

Der Arbeitsausschuß NMP 436 „Prüfung von Elastomeren − Umwelteinflüsse" hat diese Norm erstellt.

Das in dieser Norm beschriebene Verfahren stimmt mit dem Verfahren A der Internationalen Norm ISO 4649 − 1985 „Rubber − Determination of abraison resistance using a rotating cylindrical drum device" vollständig überein. Nach der ISO-Norm ist es lediglich zulässig, bei einem entsprechend geringen Abrieb, mit einem Probekörper bis zu drei Prüfungen durchzuführen.

Die ISO-Norm enthält daneben noch das Verfahren B, das in diese Norm nicht übernommen wurde. Die Unterschiede zum Verfahren A sind die Verwendung eines anderen Vergleichselastomers mit geringerem Abrieb, die vorzugsweise Prüfung mit rotierendem Probekörper und die Angabe des Ergebnisses als Abrieb-Widerstands-Index ("abrasion resistance index"). Zur Unterscheidung wird der Abrieb nach Verfahren A als „relativer Volumenverlust" ("relative volume loss") bezeichnet.

Bei Vulkanisaten, die bei der Durchführung des Verfahrens nach dieser Norm zum stärkerem Schmieren neigen, sind die Prüfergebnisse nicht verwendbar. Um dennoch einen Anhaltspunkt für das Abriebverhalten dieser Vulkanisate zu erhalten, wird vorgeschlagen, einen Schmirgelbogen mit größerer Körnung, z. B. 40, zu verwenden und in Anlehnung an diese Norm zu prüfen.

Internationale Patentklassifikation

G 01 N 3/56
G 01 N 33/44

DK 677.076 : 645.1 : 620.1 : 531.717

Januar 1979

Prüfung von Textilien
Bestimmung der Dicke textiler Flächengebilde
Fußbodenbeläge

**DIN
53 855**
Teil 3

Testing of textiles; determination of thickness of textile fabrics; floor coverings

Essai des textiles; détermination de l'épaisseur des étoffes; revêtements de sol

Die vorliegende Norm wurde gegenüber der Ausgabe Januar 1969 auf die durch das „Gesetz über Einheiten im Meßwesen" vom 2. Juli 1969 festgesetzten Einheiten umgestellt, ohne den sachlichen Inhalt zu ändern.

1 Zweck und Anwendungsbereich

Das Prüfverfahren nach dieser Norm dient zur Bestimmung der Norm-Dicke von textilen Fußbodenbelägen nach DIN 61151. Sie ist eine Meßgröße von grundlegender Wichtigkeit.

Das Prüfverfahren kann angewendet werden, um Dickenänderungen zu verfolgen, die durch Beanspruchung im Laboratorium oder im Gebrauch entstehen. Dickenmeßwerte dienen auch als Bezugsgrößen bei der Berechnung aus der Dicke abzuleitender Werte, so z. B. der Dickenminderung textiler Fußbodenbeläge bei statischer Druckbeanspruchung (siehe DIN 54316), der Rohdichte von Flachteppichen (siehe DIN 53855 Teil 1) sowie der Dicke und der Rohdichte (und verwandter Größen) der Pol(nutz)schicht von Polteppichen (siehe DIN 54317 und DIN 54325).

2 Mitgeltende Normen

DIN 53802	Prüfung von Textilien; Angleichen der Proben an das Normalklima
DIN 53803 Teil 1	Prüfung von Textilien; Probenahme; Statistische Grundlagen
DIN 53803 Teil 2	Prüfung von Textilien; Probenahme; Praktische Durchführung
DIN 61 151	Textile Fußbodenbeläge; Begriffe, Einteilung, Kennzeichnende Merkmale

3 Begriffe

Unter der Norm-Dicke a_{20} versteht man den Abstand zwischen Ober- und Unterseite des textilen Fußbodenbelages in seiner Gesamtheit, gegebenenfalls einschließlich Beschichtung, Zweitrücken usw., gemessen als Abstand zweier planparalleler Meßflächen zwischen denen sich die Probe unter einem Meßdruck von 20 cN/cm^2 *) bei einer Prüffläche von 10 cm^2 befindet.

4 Geräte
4.1 (Teppich-)Dickenmeßgerät

Das Dickenmeßgerät besteht aus einem Druckstempel mit kreisförmiger Meßplatte von 10 cm^2 Auflagefläche bei einem Gesamtgewicht von 200 g zur Erzeugung eines Meßdruckes von etwa 20 cN/cm^2. Der Druckstempel wirkt auf eine Meßuhr mit einem Meßbereich von 0 bis 30 mm bei einer Skalenteilung von 0,1 mm.

Anmerkung: Die Anwendung des Gerätes zur Bestimmung der Zusammendrückbarkeit bei einem Belastungsdruck von (2200 ± 50) cN/cm^2 und der Dicke nach Entlastung und Wiedererholung bei einem Meßdruck von etwa 20 cN/cm^2 ist in DIN 54316 beschrieben.

Zum Andrücken der Proben dienen Beschwerungsringe folgender Ausführung:

Äußerer Durchmesser	110 mm
Innerer Durchmesser	80 mm
Höhe	15 mm
Gewicht (Masse) etwa	500 g

4.2 Kontrolle der Meßuhr

Die Meßplatte des Druckstempels wird auf die Bodenplatte des Gerätes aufgesetzt und die Skale der Meßuhr auf Null eingestellt. Die richtige Anzeige der Meßuhr wird mit Parallelendmaßen nachgeprüft, und zwar in Stufen von 5 mm. Abweichungen in der Anzeige sind graphisch darzustellen; sie sind bei der Auswertung von Meßergebnissen zu berücksichtigen. Es wird empfohlen, vor jeder größeren Meßreihe eine Justierung der Meßuhr vorzunehmen.

5 Probenahme und Probenvorbereitung

Zu beachten sind DIN 53802 und DIN 53 803 Teil 1 und Teil 2.

Im allgemeinen ist eine besondere Probenahme nicht erforderlich. Die Prüfung kann unmittelbar auch an größeren Probestücken vorgenommen werden.

Es empfiehlt sich, für die Dickenmessung Proben von 200 mm × 200 mm Kantenlänge zu verwenden, die zur Bestimmung der Poldicke und des Flächengewichtes der Pol(nutz)schicht gebraucht werden (siehe DIN 54317 und DIN 54 325).

Die Proben oder Probestücke werden ohne Vortrocknen 48 Stunden lang im Normalklima (20 ± 2) °C und (65 ± 2) % relative Luftfeuchte nach DIN 53802 ausgelegt.

6 Durchführung

Die Probe wird auf die Bodenplatte des Dickenmeßgeräts aufgelegt und — im allgemeinen — mit einem Ring belastet. Sollte die Probe dazu neigen sich aufzuwölben, belastet man sie zusätzlich mit einem zweiten Ring.

Anmerkung: Nadelvliesproben können sich u. U. aufwölben, solange Restspannungen vorhanden sind, die vom Aufrollen der Ware herrühren.

*) 1 cN/cm^2 entspricht bis auf eine zahlenmäßige Abweichung von etwa 2% der bisherigen technischen Größe p/cm^2. Ungeachtet dieser Abweichung können für die allgemeine Meßpraxis die bisherigen Geräte weiterverwendet werden. Sollten aus besonderer Veranlassung an die Dickenmessungen höchste Genauigkeitsansprüche gestellt werden, wäre eine Geräte-Neueichung in cN/cm^2 erforderlich.

Fortsetzung Seite 2
Erläuterungen Seite 2

Fachnormenausschuß Materialprüfung (FNM) im DIN Deutsches Institut für Normung e. V.
Textilnorm, Normenausschuß Textil und Textilmaschinen im DIN

Sofern die Probe größer ist als die Bodenplatte des Geräts, ist letztere durch angepaßte Holzplatten gleicher Dicke so zu erweitern, daß die Probe auf einer ausreichend großen Auflagefläche plan aufliegt.

Anmerkung: *Falls eine große Probe seitlich der verfügbaren Auflagefläche herabhängt, besteht Gefahr, daß die Meßstelle hohl liegt und zu hohe Dickenwerte gemessen werden.*

Wenn die zu prüfende Ware eine herstellungsbedingte oder durch die Ausrüstung erzeugte Strichlage der Polschicht aufweist, darf diese vor der Prüfung nicht durch Bürsten oder entsprechende Behandlungen verändert werden.

Der Druckstempel wird aus seiner Arretierung gelöst und seine Meßplatte langsam und stoßfrei auf die Probe gesetzt. Auf keinen Fall darf der Stempel herunterfallen, weil sonst infolge gestauchter Polschicht ein falsches Dickenmaß ermittelt werden könnte. 30 Sekunden nach dem Aufsetzen ist die Dicke an der Skale auf 0,1 mm abzulesen und auf 0,02 mm zu schätzen.

Es sind jeweils mindestens 5 Messungen, über die Probenfläche verteilt, durchzuführen, wobei die Meßstellen mindestens 100 mm voneinander entfernt sein sollen.

7 Auswertung

Aus den an mindestens 5 Stellen der Probe bestimmten Werten wird der arithmetische Mittelwert gebildet und auf 0,1 mm gerundet.

8 Prüfbericht

Im Prüfbericht sind unter Hinweis auf diese Norm anzugeben:
— Art, Beschaffenheit und Bezeichnung des textilen Fußbodenbelages
— Anzahl der Messungen
— Mittelwert der Norm-Dicke a_{20}, gegebenenfalls mit Standardabweichung bzw. Variationskoeffizient und Vertrauensbereich (siehe DIN 53804)
— Von dieser Norm abweichende Bedingungen
— Prüfdatum.

Weitere Normen

DIN 53804	Prüfung von Textilien; Auswertung der Meßergebnisse
DIN 53855 Teil 1	Prüfung von Textilien; Bestimmung der Dicke textiler Flächengebilde (außer Fußbodenbeläge) mit einer Rohdichte über 0,1 g/cm^3 und der aus der Dicke abgeleiteten Kennwerte
DIN 54316	Prüfung von Textilien; Bestimmung der Zusammendrückbarkeit bei konstanter Belastung und der Wiedererholung von textilen Fußbodenbelägen
DIN 54317	Prüfung von Textilien; Bestimmung der Pol-Rohdichte und der relativen Pol-Rohdichte von Polteppichen
DIN 54325	Prüfung von Textilien; Bestimmung der Poldicke und des Polgewichts über Teppichgrund von Polteppichen, Verfahren mit der Bandmesser-Schermaschine

Erläuterungen

Die vorliegende Norm wurde vom Arbeitsausschuß FNM 534 „Prüfung von textilen Fußbodenbelägen" erarbeitet.

DK 677.074 : 620.1 : 531.717.11   Januar 1988

Prüfung von Textilien
Bestimmung des Polschichtgewichts, der Polschichtdicke und der Pol-Rohdichte von Polteppichen
Verfahren mit der Bandmesser-Schermaschine

DIN 54 325

Testing of textiles; determination of mass of effective pile per unit area above backing, of effective pile thickness and of measured surface pile density of pile carpets; band knife shearing machine method

Ersatz für Ausgabe 01.75 und DIN 54 317/09.69

Essai des textiles; détermination de la masse du velours au-dessus du soubassement, de l'épaisseur du velours et de la masse volumique du velours de surface des tapis-moquettes; méthode par tondeuse à couteau en ruban

1 Anwendungsbereich und Zweck

Die Prüfung nach dieser Norm dient dazu, das Polschichtgewicht und die Polschichtdicke über der Grundschicht zu bestimmen. Beide Meßgrößen dienen zur Errechnung der Pol-Rohdichte von Polteppichen und damit der Charakterisierung der Nutzschicht.

Die Norm kann sinngemäß auf mehrschichtige Nadelvlieserzeugnisse angewendet werden.

2 Formelzeichen und Einheiten

Siehe Tabelle 1

Anmerkung: Der Begriff „Gewicht" wird in dieser Norm entsprechend dem allgemeinen Sprachgebrauch anstelle des Wortes „Masse" angewendet, siehe DIN 1305. Dies gilt auch für Zusammensetzungen mit dem Wort „Gewicht" bzw. „Masse".

Als physikalische Größe wird in dieser Norm das Wort „Polschichtgewicht" anstelle des Begriffes „flächenbezogene Masse" genannt.

3 Geräte

3.1 Waage mit einer Fehlergrenze $G = 0{,}005$ g

3.2 Schergerät nach dem System einer Bandmesser-Spaltmaschine [1]) mit einer Scherbreite von mindestens 300 mm und einem Skalenteilungswert für die Einstellung der Scherhöhe von höchstens 0,1 mm

3.3 Teppich-Dickenmeßgerät nach DIN 53 855 Teil 3

3.4 Flachlineal mit cm- und mm-Teilung

3.5 Stanzgerät mit einem quadratischen Stanzmesser (200 mm × 200 mm) oder einem runden Stanzmesser (159,5 mm Durchmesser). Statt eines runden Stanzmessers kann auch ein Rundprobenschneider mit gleichem Durchmesser verwendet werden.

4 Probenahme und Probenvorbereitung

4.1 Probenahme

Die Probenahme erfolgt nach DIN 53 803 Teil 2. Läßt die Laborprobe eine statistische Probenahme nicht zu, so ist dies im Prüfbericht anzugeben.

---
[1]) Über die Bezugsquellen gibt Auskunft:
DIN-Bezugsquellen für normgerechte Erzeugnisse im DIN, Burggrafenstraße 6, 1000 Berlin 30.

Aus dem zu prüfenden textilen Bodenbelag sind mindestens drei quadratische Proben von je 200 mm × 200 mm oder mindestens fünf kreisförmige Proben von je 159,5 mm Durchmesser zu entnehmen. Bei manchen textilen Bodenbelägen treten in der Fläche konstruktionsbedingt Unterschiede in Gewicht und Dicke auf, z. B. bei hochtief strukturierter Oberseite oder mehrchorigen Webteppichen. In diesen Fällen ist darauf zu achten, daß ein etwa vorhandener Rapport repräsentativ vertreten ist.

4.2 Probenvorbereitung

Die Proben sind vor der Prüfung in folgender Weise vorzubereiten: Der Pol jeder Probe wird durch dreimaliges kräftiges Streichen mit der abgeschrägten Seite eines Flachlineals aufgerichtet. Das Flachlineal muß hierfür senkrecht gehalten und gegen die Strichrichtung geführt werden. Die so behandelten Proben werden ohne Vortrocknung einzeln nebeneinander liegend mindestens 48 Stunden im Normalklima DIN 50 014 – 20/65-2 angeglichen. Nach der 48-Stunden-Lagerung werden die Proben durch erneutes Überstreichen in Produktionsrichtung wieder glattgestrichen und nochmals eine Stunde einzeln im Normalklima ausgelegt.

Die Probenvorbereitung ist erforderlich, weil durch Druck bei der Lagerung von Teppichrollen, durch die Wickelspannung auf der Rolle und andere Einflüsse während der Produktion die Teppichpolschicht gestaucht und in Strich gelegt sein kann, so daß ohne eine Vorbehandlung unter Umständen eine von der Noppenschenkellänge abweichende Polschichtdicke ermittelt wird. Dies betrifft vorwiegend Schnittpolteppiche, ist aber auch bei Schlingenpolteppichen möglich.

5 Durchführung

Die Prüfung ist im Normalklima DIN 50 014 – 20/65-2 durchzuführen.

5.1 Verfahren 1

Die Fläche A ergibt sich aus den Maßen der Stanz- oder Schneidwerkzeuge. Gewicht (m) und Dicke (a_{20}) der Proben werden nach DIN 53 854 bzw. DIN 53 855 Teil 3 bestimmt. Bei Rundproben können aufgrund des Durchmessers abweichend von DIN 53 855 Teil 3 nur drei Dickenmessungen je Probe durchgeführt werden.

Die Proben werden mit einem Schergerät nach Abschnitt 3.2 geschoren. Die Scherbehandlung mit stufenweisem Tieferstellen der Transportwalze wird so lange fortgesetzt, wie ohne Verletzen der Grundschicht möglich ist. Lupen haben sich hierfür als sehr hilfreich erwiesen.

Fortsetzung Seite 2 bis 5

Normenausschuß Materialprüfung (NMP) im DIN Deutsches Institut für Normung e.V.
Textilnorm, Normenausschuß Textil und Textilmaschinen im DIN

Bei jeder Einstellung der Scherhöhe sind die Proben der Bandmesser-Spaltmaschine mehrmals in wechselnden Richtungen zuzuführen. Der Scherstaub ist durch Ausklopfen aus der Probe zu entfernen und der Restpol durch Bürsten für die nachfolgende Scherpassage aufzurichten. Nach dem Abschluß der Scherbehandlung sind die Proben nochmals gründlich vom Scherstaub zu befreien.

Die geschorenen Proben werden erneut mindestens 24 Stunden im Normalklima DIN 50 014 – 20/65-2 ausgelegt. Danach wird ihr Gewicht m_2 auf 0,01 g gewogen und ihre Dicke $a_{20,2}$ gemessen.

5.2 Verfahren 2

Es wird angewendet, wenn während des Schervorganges Durchschläge des Verfestigungsstrichs in der Polschicht beobachtet werden und diese sich gleichmäßig über die gesamte Probenfläche erstrecken. Sobald dies erkannt wird, ist zunächst der Schervorgang abzubrechen und entsprechend Verfahren 1 die Dicke $a_{20,1}$ und das Probengewicht m_1 zu ermitteln und hieraus die vorläufigen Ergebnisse für die Polschichtdicke $a_{20,P,1}$, das Polschichtgewicht $m_{A,P,1}$ und die Pol-Rohdichte $\varrho_{R,20,1}$ zu errechnen.

Tabelle 1.

Formelzeichen	Benennung	Einheit	Formelzeichen	Benennung	Einheit
m	Gewicht der ungeschorenen Probe	g	$m_{A,2}$	Flächengewicht der vollständig geschorenen Probe	g/m²
m_1	Gewicht der teilweise geschorenen Probe	g	$a_{20,P}$	Polschichtdicke [1]) der vollständig geschorenen Probe	mm
m_2	Gewicht der vollständig geschorenen Probe	g	$m_{A,P}$	Polschichtgewicht [2]) der vollständig geschorenen Probe	g/m²
a_{20}	Dicke der ungeschorenen Probe (Normdicke)	mm	$\varrho_{R,20}$	Pol-Rohdichte [3]) der vollständig geschorenen Probe	g/cm³
m_A	Flächengewicht der ungeschorenen Probe	g/m²	$a_{20,P,1}$	Zwischenwert für die Polschichtdicke der teilweise geschorenen Probe	mm
$a_{20,1}$	Dicke der teilweise geschorenen Probe	mm	$m_{A,P,1}$	Zwischenwert für das Polschichtgewicht der teilweise geschorenen Probe	g/m²
$m_{A,1}$	Flächengewicht der teilweise geschorenen Probe	g/m²			
$a_{20,2}$	Dicke der vollständig geschorenen Probe	mm	$\varrho_{R,20,1}$	Zwischenwert für die Pol-Rohdichte der teilweise geschorenen Probe	g/cm³

[1]) Zu Polschichtdicke $a_{20,P}$:
Die Polschichtdicke $a_{20,P}$ ist die Differenz der Normdicke a_{20} der Probe vor dem Abscheren und der Dicke $a_{20,2}$ nach dem Abscheren der Polschicht.
Anmerkung 1: Hierbei bedeutet a_{20} die Dicke bei einem Meßdruck des Stempels von 20 cN/cm².
Anmerkung 2: Die „Polschichtdicke" (Meßwert an Teppichen) stimmt vielfach nicht mit der „Polhöhe", einer im Sprachgebrauch der Teppichherstellung üblichen Fabrikationsangabe überein.
Mit Polhöhe ist die fertigungstechnisch eingestellte Schenkellänge der Noppen gemeint. Diese wird durch Nachbehandlungen (z. B. Scheren) verändert. Die Polschichtdicke vermindert sich durch die Strichlage des Pols. Außerdem wird bei der Messung der Polschichtdicke die Polschicht verfahrensbedingt durch den Meßstempel belastet, wodurch eine zusätzliche Deformation hervorgerufen wird.
Aus vorgenannten Gründen sollte in prüftechnischen Zusammenhängen nur von „Polschichtdicke" gesprochen, der Begriff „Polhöhe" hingegen vermieden werden. Statt dessen ist im Bedarfsfall die freie Noppenschenkellänge zu nennen.

[2]) Zu Polschichtgewicht $m_{A,P}$:
Das Polschichtgewicht $m_{A,P}$ ist die Differenz der Flächengewichte der ungeschorenen Probe m_A und der vollständig geschorenen Probe $m_{A,2}$.
Anmerkung: Zur Beachtung des Unterschiedes zwischen Polschichtgewicht (Meßwert an Teppichen) und Poleinsatzgewicht bzw. Gesamtpolgewicht (Angabe für Fertigung und Kostenrechnung) wird auf DIN 61 151/12.76, Abschnitt 10, Anmerkung 5, hingewiesen.

[3]) Zu Pol-Rohdichte $\varrho_{R,20}$:
Die Pol-Rohdichte $\varrho_{R,20}$ ist der Quotient aus Polschichtgewicht $m_{A,P}$ und Polschichtdicke $a_{20,P}$. Sie stellt die durchschnittliche Rohdichte der inhomogenen Polschicht dar, die einerseits aus der Masse des polbildenden Fasermaterials, andererseits aus jener Menge Luft besteht, die sich zwischen den Noppen und innerhalb des Garnes zwischen den einzelnen Fasern befindet.
Anmerkung: Die aus Kenntnis der Noppenanzahl/dm² (siehe ISO 1763 – 1986) und der Feinheit des Polgarnes „errechnete Pol-Rohdichte" kann von der nach dieser Norm durch Messung ermittelten Pol-Rohdichte abweichen.

DIN 54325 Seite 3

Die Proben sind dann weiter bis unmittelbar über der Grundschicht – wie in Abschnitt 5.1 beschrieben – abzuscheren. Es werden erneut die Dicke $a_{20,2}$ und das Probengewicht m_2 festgestellt. Aus diesen Meßwerten werden die Polschichtdicke $a_{20,P}$, das Polschichtgewicht $m_{A,P}$ und die Pol-Rohdichte $\varrho_{R,20}$ errechnet.

Es liegen jetzt zwei Pol-Rohdichtewerte vor. Unterscheiden sich diese um $\leq 10\%$, deutet dies darauf hin, daß die in die Polschicht gedrungene Vorstrichmenge von untergeordneter Bedeutung ist. Im Prüfbericht sind in diesem Fall die nach dem vollständigen Abscheren ermittelten Prüfdaten anzugeben.

Sind die Unterschiede zwischen den Pol-Rohdichtewerten $> 10\%$, so wird das Polschichtgewicht $m_{A,P}$ und die Pol-Rohdichte theoretisch errechnet durch Extrapolation aus den Zwischenwerten des Polschichtgewichts $m_{A,P,1}$ und der Polschichtdicke $a_{20,P,1}$ sowie der Polschichtdicke $a_{20,P}$ nach vollständigem Abscheren des Pols. Wenn dieses Verfahren angewandt wird, ist im Prüfbericht gesondert darauf hinzuweisen.

Beginnen die Durchschläge schon bei $\leq 50\%$ der Polschichtdicke, ist auch Verfahren 2 nicht mehr mit ausreichender Sicherheit anwendbar.

6 Auswertung

6.1 Die Flächengewichte der ungeschorenen Proben m_A und der vollständig geschorenen Proben $m_{A,2}$ werden aus den Gewichten m bzw. m_2 der Proben in g und ihrer Fläche A in cm^2 nach folgenden Gleichungen in g/m^2 berechnet:

$$m_A = \frac{m \cdot 10000}{A} \quad (1)$$

$$m_{A,2} = \frac{m_2 \cdot 10000}{A} \quad (2)$$

6.2 Das Polschichtgewicht $m_{A,P}$ in g/m^2 wird für jede Probe einzeln nach folgender Gleichung berechnet:

$$m_{A,P} = m_A - m_{A,2} \quad (3)$$

Muß das Polschichtgewicht durch Extrapolation bestimmt werden, ist folgende Gleichung anzuwenden:

$$m_{A,P} = \frac{m_{A,P,1} \cdot a_{20,P}}{a_{20,P,1}} \quad (4)$$

Das mittlere Polschichtgewicht ist auf 1 g/m^2 gerundet anzugeben.

6.3 Die Polschichtdicke $a_{20,P}$ in mm wird nach folgender Gleichung berechnet:

$$a_{20,P} = a_{20} - a_{20,2} \quad (5)$$

Das arithmetische Mittel aus den für die einzelnen Proben errechneten Werten ergibt die mittlere Polschichtdicke; sie ist auf 0,1 mm gerundet anzugeben.

6.4 Die Pol-Rohdichte $\varrho_{R,20}$ in g/cm^3 wird nach folgender Gleichung berechnet:

$$\varrho_{R,20} = \frac{m_{A,P}}{1000 \cdot a_{20,P}} \quad (6)$$

Das arithmetische Mittel aus den für die einzelnen Proben errechneten Werten ergibt die mittlere Pol-Rohdichte; sie ist auf 0,001 g/cm^3 gerundet anzugeben.

7 Prüfbericht

Im Prüfbericht sind unter Hinweis auf diese Norm anzugeben:
a) Art und Kennzeichnung des Bodenbelages nach DIN 61 151
b) Anzahl der Proben
c) Probenmaße
d) Mittelwert des Polschichtgewichts $m_{A,P}$
e) Mittelwert der Polschichtdicke $a_{20,P}$
f) Mittelwert der Pol-Rohdichte $\varrho_{R,20}$
g) Standardabweichung
h) Variationskoeffizient
i) Vertrauensbereich des Mittelwertes, absolute und relative Weite
j) Gegebenenfalls Angabe, daß die Ergebnisse wegen Verfestigungsdurchschlägen extrapoliert wurden
k) Abweichungen von dieser Norm
l) Prüfdatum

8 Präzision des Verfahrens

Bereich/Merkmalsniveau	m	r	R
1. Polschichtgewicht			
a) getufteter Schlingenteppich			
– PA-Feintuftschlinge	343	26,8	71,2
b) getufteter Schnittpolteppich			
– Kräuselvelours–	701	35	63,4
– PES-Softvelours–	777	37,1	70
2. Polschichtdicke			
a) wie Aufzählung 1a	3,1	0,24	0,39
b) wie Aufzählung 1b			
– Kräuselvelours–	6,6	0,36	0,87
– PES-Softvelours–	8,2	0,34	0,75

Die **Wiederholbarkeit** r ist der Betrag, unter dem der Absolutwert der Differenz zwischen zwei einzelnen Prüfergebnissen, die mit **demselben** Verfahren an **identischem** Prüfmaterial unter **denselben** Bedingungen im **selben** Laboratorium gewonnen werden, mit einer Wahrscheinlichkeit von 95% erwartet werden kann.

Die **Vergleichbarkeit** R ist der Betrag, unter dem der Absolutwert der Differenz zwischen zwei einzelnen Prüfergebnissen, die mit **demselben** Verfahren an **identischem** Prüfmaterial unter **verschiedenen** Bedingungen (verschiedene Laboratorien, verschiedene Beobachter, verschiedene Geräte) gewonnen werden, mit einer Wahrscheinlichkeit von 95% erwartet werden kann.

Das bedeutet, daß die oben genannten Beträge im Durchschnitt nicht häufiger als einmal in 20 Fällen überschritten werden.

Anhang A

Beispiele

A.1 Verfahren 1 nach Abschnitt 5.1
Ermittelt wurden folgende Einzelwerte von **einer** der mindestens drei erforderlichen Proben:

Vor dem Abscheren:

$A = 400,0 \text{ cm}^2$
$m = 80,73 \text{ g}$
a_{20} in mm: $x_1 = 5,90; x_2 = 5,89; x_3 = 5,90; x_4 = 5,86;$
$x_5 = 5,93$

Hierin bedeuten: x_1 bis x_5 = Normdicke an fünf Stellen der Probe.

Nach dem Abscheren:

$m_2 = 63,50 \text{ g}$
$a_{20,2}$ in mm: $x_1 = 2,59; x_2 = 2,57; x_3 = 2,60;$
$x_4 = 2,62; x_5 = 2,53$

Auswertung:

$$m_A = \frac{80,73 \cdot 10000}{400} = 2018,25 \text{ g/m}^2$$

$$m_{A,2} = \frac{63,50 \cdot 10000}{400} = 1587,50 \text{ g/m}^2$$

$m_{A,P} = 2018,25 - 1587,50 = 430,75 \text{ g/m}^2$

Die Errechnung des Mittelwertes $m_{A,P}$ und weiterer Kennwerte erfolgt aus den Ergebnissen aller Proben und wird auf 1 g/m² gerundet.

$a_{20} - a_{20,2} = a_{20,P}$
$x_1: 5,90 - 2,59 = 3,31$
$x_2: 5,89 - 2,57 = 3,32$
$x_3: 5,90 - 2,60 = 3,30$
$x_4: 5,86 - 2,62 = 3,24$
$x_5: 5,93 - 2,53 = 3,40$

Der Mittelwert $a_{20,P}$ jeder einzelnen Probe errechnet sich aus den fünf Einzelwerten ($a_{20,P}$ dieser Probe 3,31 mm). Er ist nur als Zwischenergebnis für die Bestimmung der Pol-Rohdichte $\varrho_{R,20}$ erforderlich.
Die Errechnung des Gesamtmittelwertes $a_{20,P}$ erfolgt aus den Einzelergebnissen ($x_1, x_2 ... x_j$) aller Proben und ist auf 0,1 mm zu runden.

$$\varrho_{R,20} = \frac{430,75}{3,31 \cdot 1000} = 0,1301 \text{ g/cm}^3$$

Die Errechnung des Mittelwertes $\varrho_{R,20}$ erfolgt aus den Ergebnissen der einzelnen Proben und wird auf 0,001 g/cm³ gerundet.

A.2 Verfahren 2 nach Abschnitt 5.2
Ermittelt wurden folgende Einzelwerte von **einer** der mindestens drei erforderlichen Proben:

Vor dem Abscheren:

$A = 400,0 \text{ cm}^2$
$m = 151,17 \text{ g}$
a_{20} in mm: $x_1 = 10,33; x_2 = 10,37; x_3 = 10,36; x_4 = 10,40;$
$x_5 = 10,39$

Während des Scherens wurden großflächige Durchschläge festgestellt, und der Schervorgang wurde abgebrochen.

$m_1 = 96,04 \text{ g}$
$a_{20,1}$ in mm: $x_1 = 4,47; x_2 = 4,48; x_3 = 4,46; x_4 = 4,52;$
$x_5 = 4,47$

Auswertung:
Aus den Daten der teilweise geschorenen Proben werden zunächst die Zwischenwerte für $m_{A,P,1}; a_{20,P,1}; \varrho_{R,20,1}$ wie in Abschnitt A.1 für Verfahren 1 beschrieben, errechnet.

$m_{A,P,1} = 1378,25 \text{ g/m}^2$
$a_{20,P,1} = 5,89 \text{ mm}$
$\varrho_{R,20,1} = 0,2340 \text{ g/cm}^3$

Die teilweise geschorenen Proben werden danach vollständig abgeschoren und die Werte m_2 und $a_{20,2}$ ermittelt:

$m_2 = 67,45 \text{ g}$
$a_{20,2}$ in mm: $x_1 = 2,77; x_2 = 2,74; x_3 = 2,75; x_4 = 2,75;$
$x_5 = 2,76$

Aus den Daten der vollständig geschorenen Proben werden die Ergebnisse für $m_{A,P}; a_{20,P}$ sowie $\varrho_{R,20}$ nach Abschnitt A.1 errechnet.

$m_{A,P} = 2093,0 \text{ g/m}^2$
$a_{20,P} = 7,616 \text{ mm}$
$\varrho_{R,20} = 0,2748 \text{ g/cm}^3$

Da die Differenz zwischen $\varrho_{R,20}$ und $\varrho_{R,20,1} > 10\%$ ist, muß das Polschichtgewicht jeder Probe nach Gleichung (4) theoretisch errechnet werden.

$$m_{A,P} = \frac{1378,25 \cdot 7,616}{5,89} = 1782,1311 \text{ g/m}^2$$

Aus den Ergebnissen aller Proben sind die Gesamtmittelwerte $\bar{x}$ zu bilden.
Im Prüfbericht sind unter Hinweis auf die theoretische Berechnung (wegen Verfestigungsdurchschlägen) anzugeben:

$m_{A,P} =$ das Gesamtmittel $\bar{\bar{x}}$ aus der theoretischen Errechnung aller Proben

$a_{20,P} =$ das Gesamtmittel $\bar{\bar{x}}$ der vollständig geschorenen Proben

$\varrho_{R,20} =$ das Gesamtmittel $\bar{\bar{x}}$ von $\varrho_{R,20,1}$ der teilweise geschorenen Proben.

Zitierte Normen

DIN 1305	Masse, Kraft, Gewichtskraft, Gewicht, Last; Begriffe
DIN 50 014	Klimate und ihre technische Anwendung; Normalklimate
DIN 53 803 Teil 2	Prüfung von Textilien; Probenahme; Praktische Durchführung
DIN 53 854	Prüfung von Textilien; Gewichtsbestimmungen an textilen Flächengebilden mit Ausnahme von Gewirken und Gestricken
DIN 53 855 Teil 3	Prüfung von Textilien; Bestimmung der Dicke textiler Flächengebilde; Fußbodenbeläge
DIN 61 151	Textile Fußbodenbeläge; Begriffe, Einteilung, Kennzeichnende Merkmale
ISO 1763 – 1986	Carpets – Determination of number of tufts and/or loops per unit length and per unit area

Frühere Ausgaben

DIN 54 317: 09.69
DIN 54 325: 01.75

Änderungen

Gegenüber der Ausgabe 01.75 und DIN 54 317/09.69 wurden folgende Änderungen vorgenommen:

a) DIN 54 317 und DIN 54 325 in einer Norm zusammengefaßt
b) Texte vollständig überarbeitet

Erläuterungen

Der Arbeitsausschuß NMP 534 „Prüfung von textilen Bodenbelägen" hat die vorliegende Norm erarbeitet. Sie entstand durch die Zusammenfassung der Normen

DIN 54 317   Bestimmung der Pol-Rohdichte und der relativen Pol-Rohdichte von Polteppichen
DIN 54 325   Bestimmung der Poldicke und des Polgewichts über Teppichgrund von Polteppichen.

Solange die Bandmesser-Schermaschine noch nicht zur Verfügung stand, war das nach DIN 54 317 für die Bestimmung der Pol-Rohdichte beschriebene Scherverfahren (von Hand) ausreichend und vertretbar, auch wenn es großen Einflüssen durch den Prüfer unterworfen war. Zur korrekten und reproduzierbaren Bestimmung von Polschichtgewicht und Polschichtdicke eignet sich das in DIN 54 317 beschriebene Handscherverfahren jedoch nicht. In den Labors hat sich daher die hierfür besser geeignete Bandmesser-Schermaschine eingeführt, die auch aus Gründen der genaueren und schnelleren Arbeitsweise in DIN 54 325 aufgenommen wurde. Da jedoch zur Bestimmung der Pol-Rohdichte die Ermittlung von Polschichtgewicht und Polschichtdicke Voraussetzung sind, wurden beide Normen zusammengefaßt.

Das in dieser Norm beschriebene Verfahren ist auch anwendbar zur Ermittlung der Dicke und des Flächengewichtes der polartigen Oberseite von Polvlies-Fußbodenbelägen sowie zur Trennung der verschiedenen Schichten von mehrschichtigen Nadelvlies-Fußbodenbelägen und deren Bestimmung von Dicke und Flächengewicht.

Internationale Patentklassifikation

D 06 H 3/00
G 01 N 33/36

DK 677.074.57/.58 : 677.076.1
: 645.1-037 : 001.4

Dezember 1976

Textile Fußbodenbeläge
Begriffe   Einteilung   Kennzeichnende Merkmale

DIN
61 151

Textile floor coverings; terms, classification, characteristics

Revêtements de sol textiles; termes, classification, caractéristiques

1 Zweck
Zweck dieser Festlegungen ist die Vereinheitlichung von Begriffen und Einteilungskriterien, um textile Fußbodenbeläge nach ihren kennzeichnenden Merkmalen eindeutig beschreiben zu können.

2 Textiler Fußbodenbelag
Ein textiler Fußbodenbelag ist ein flächenförmiges Gebilde (siehe DIN 60 000), das dafür vorgesehen ist, auf Fußböden in abgeschlossenen Räumen oder im Freien, die von Menschen begangen werden, oder auf für derartige Fußböden entsprechend vorbereitete Unterböden gelegt zu werden.

Bestimmend für die Zuordnung ist dabei die Beschaffenheit der Oberseite, die die typischen textilen physikalisch-technologischen Eigenschaften aufweisen muß. Nicht maßgebend ist das Mengenverhältnis der im Aufbau des Belages enthaltenen Anteile.

A n m e r k u n g 1 : Ein an der Oberseite mit Kunststoff dicht beschichtetes Faservlies zählt nicht zu den textilen Fußbodenbelägen, ein mit einer dünnen Schicht textiler Fasern beflockter Kunststoffgrund wird jedoch den textilen Fußbodenbelägen zugeordnet.

Mit Ausnahme der Nadelfilz- und Nadelvlies-Fußbodenbeläge werden die textilen Fußbodenbeläge im allgemeinen „Teppiche" genannt. Je nach den Maßen und/oder dem Verwendungszweck sind auch Benennungen wie Teppichboden, Brücke, Bettumrandung u. a. üblich.

3 Allgemeine Begriffe
A n m e r k u n g 2 : Begriffe, die sich nur auf eine bestimmte Herstellungstechnik beziehen, sind jeweils bei der entsprechenden Technik aufgeführt.

3.1 Oberseite (auch Nutzfläche)
Die im Gebrauch beanspruchte Seite des textilen Fußbodenbelages.

3.2 Rückseite
Die der Oberseite entgegengesetzte Seite des textilen Fußbodenbelages ohne die Rückenausrüstung.

3.3 Rückenausrüstung
Das auf der Rückseite aufgebrachte Material wie Appretur, Beschichtung, Kaschierung.

3.4 Unterseite
Die der Oberseite entgegengesetzte Seite einschließlich der Rückenausrüstung. Ist keine Rückenausrüstung vorhanden, dann ist die Rückseite gleich der Unterseite.

3.5 Längsrichtung
Die Fertigungsrichtung des textilen Fußbodenbelages.

3.6 Querrichtung
Die senkrecht zur Längsrichtung verlaufende Richtung.

4 Einteilung nach den Maßen
4.1 Abgepaßte textile Fußbodenbeläge
Textile Fußbodenbeläge mit bestimmten Maßen in Längs- und Querrichtung, die bei der Herstellung, z. B. von der Musterung her, festliegen.

4.2 Läufer
Textile Fußbodenbeläge mit bei der Herstellung festgelegter, meist geringer Breite. Die Länge ist dem Verwendungszweck angepaßt.

4.3 Auslegeware
Textile Fußbodenbeläge, die dazu bestimmt sind, den Fußboden eines Raumes von Wand zu Wand zu belegen. Die erforderlichen Maße der Fläche des Belages werden dabei durch Teilen und gegebenenfalls Zusammensetzen einer Rollenware oder durch Zusammensetzen und gegebenenfalls Teilen von Fliesen erhalten.

4.3.1 Rollenware
Textile Fußbodenbeläge, die in verschiedenen Breiten hergestellt und in Rollenform aufgemacht sind.

4.3.2 Fliesen
Textile Fußbodenbeläge, die in bestimmten kleinformatigen Flächenformen geliefert werden.

5 Einteilung nach der Herstellungstechnik
Textile Fußbodenbeläge lassen sich nach technologischen Gesichtspunkten den in DIN 60 000 festgelegten und definierten Gruppen der flächenförmigen textilen Fertigfabrikate zuordnen.

Im folgenden ist jeweils in Klammern die Gruppe aufgeführt, zu der der textile Fußbodenbelag gehört.

5.1 Webteppich (Gewebe)
5.1.1 Flachteppiche
Webteppiche aus Kett- und Schußfäden ohne polbildendes Fadensystem (Pol).

5.1.2 Polteppiche
Webteppiche aus einem Grundgewebe und einem Pol; Grundgewebe und Polschicht sind in einem Arbeitsgang hergestellt.

Fortsetzung Seite 2 bis 8
Erläuterungen Seite 8

Textilnorm, Normenausschuß Textil und Textilmaschinen im DIN Deutsches Institut für Normung e.V.
Fachnormenausschuß Materialprüfung (FNM) im DIN

5.1.2.1 Begriffe

5.1.2.1.1 Pol
Ein Fadensystem, das die Oberseite des gewebten Polteppichs bildet.

5.1.2.1.2 Schnittpol
Pol mit an der Oberseite des gewebten Polteppichs aufgeschnittenen Fäden.

5.1.2.1.3 Schlingenpol
Pol, bei dem die Fäden an der Oberseite des gewebten Polteppichs in Schlingenform liegen.

5.1.2.1.4 Schlingen-Schnittpol
Pol, bei dem die Fäden durch Wechsel von Zug- und Schnittruten teilweise in Schlingenform liegen und teilweise aufgeschnitten sind.

5.1.2.1.5 Polschicht (Polnutzschicht)
An der Oberseite des gewebten Polteppichs liegende Schicht, die vom Pol gebildet wird und sich auf festgelegte Art abscheren läßt.

5.1.2.1.6 Polnoppe
Teil des Polfadens zwischen den Abbindestellen bei Schlingenpol bzw. zwischen den Schnittstellen bei Schnittpol.

Bild 1. Schlingenpol

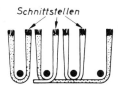

Bild 2. Schnittpol

Schnitte in Längsrichtung (hier gleich Kettrichtung)

5.1.2.1.7 Noppenlängsreihe
Die in Kettrichtung des gewebten Polteppichs hintereinander liegenden Polnoppen.

5.1.2.1.8 Noppenquerreihe
Die in Schußrichtung des gewebten Polteppichs nebeneinander liegenden Polnoppen.

5.1.2.1.9 Chor
Die in einer Noppenlängsreihe liegenden Polkettfäden. Je nachdem, wieviel verschiedene Polkettfäden in einer Noppenlängsreihe zur Polbildung herangezogen werden, d. h. ausgehoben werden, wird der Teppich ein-, zwei-, dreiusw. choriger Teppich bezeichnet. Meist entspricht die Anzahl der Chore der Anzahl der an der Musterbildung beteiligten Garnfarben in der Noppenlängsreihe. Der Teil der Polkettfäden, der keine Noppe bildet, wird „totes Chor" genannt.

5.1.2.1.10 Grundschicht
Schicht zwischen Polschicht und Rückseite. In der Grundschicht ist das Grundgewebe und der nicht abscherbare Teil des Pol enthalten.

5.1.2.2 Einteilung der gewebten Polteppiche nach der Art der Herstellung

5.1.2.2.1 Rutenteppiche
Gewebte Polteppiche, deren Polschicht mittels Ruten gebildet ist. Rutenteppiche können mit Zugruten (gebräuchliche Bezeichnungen derartiger Bodenbeläge: Bouclé, Brüssel), mit Schnittruten (gebräuchliche Bezeichnungen: Velours, Velvet, Tournay, Wilton) oder im Wechsel von Zug- und Schnittruten als Zweischuß- oder Dreischußware hergestellt sein.

5.1.2.2.2 Axminsterteppiche
Gewebte Schnittpolteppiche (ohne tote Chore).

5.1.2.2.2.1 Greifer-Axminsterteppiche
Axminsterteppiche, deren Pol mittels Greifern eingetragen ist, wobei die Auswahl der farbigen Polkettfäden durch eine Jacquardeinrichtung gesteuert wurde.

5.1.2.2.2.2 Spulen-Axminsterteppiche
Axminsterteppiche, deren Pol auf der Spulen-Axminster-Webmaschine von vorgefertigten Polkettbäumen ohne Verwendung einer Jacquardeinrichtung eingebracht wurde.

5.1.2.2.2.3 Greifer-Spulen-Axminsterteppiche
Axminsterteppiche, deren Pol auf der Greifer-Spulen-Axminster-Webmaschine von vorgefertigten Polkettbäumen ohne Verwendung einer Jacquardeinrichtung mittels Greifern eingebracht wurde.

5.1.2.2.2.4 Chenille-Axminsterteppiche
Axminsterteppiche mit vorgefertigten Chenillebändern als Polschußmaterial.

5.1.2.2.3 Doppelteppiche
Gewebte Schnittpolteppiche, die als Ober- und Unterware durch Aufschneiden einer in einem Arbeitsvorgang hergestellten „Doppelware" (gebräuchliche Bezeichnung: Doppeltournay) als Einschuß-, Zweischuß- oder Dreischußware entstanden sind.

5.1.2.2.4 Knüpfteppiche
Teppiche, bei denen zwischen den Schußfäden kurze Polfadenabschnitte in Form eines Perserknotens (Senneh) oder eines türkischen Knotens (Ghiordes, Smyrna) um zwei oder mehr Kettfäden geschlungen (geknüpft) sind. Knüpfteppiche mit manuell gebildeten Knoten werden „Handknüpfteppiche", mit maschinell gebildeten Knoten „maschinengeknüpfte Teppiche" genannt.

Bild 3. Perserknoten über 2 Kettfäden

Bild 4. Türkischer Knoten über 2 Kettfäden

Schnitte in Querrichtung (hier gleich Schußrichtung)

5.2 Wirkteppiche und Strickteppiche (Gewirke und Gestricke)

5.2.1 Flachteppiche
Auf Wirk- oder Strickmaschinen hergestellte Teppiche ohne polbildendes Fadensystem.

5.2.2 Polteppiche
Auf Wirk- oder Strickmaschinen in einem Arbeitsgang hergestellte Teppiche, die aus einem Grundgewirk oder -gestrick und einem Pol bestehen.

5.2.2.1 Begriffe
5.2.2.1.1 Pol
Ein oder mehrere, die Oberseite des Teppichs bildende Fadensysteme oder Faserbänder, die in den Grund eingebunden sind und die Oberseite bilden. Der Pol ist entweder in den Grund eingelegt oder im Grund mit zur Masche ausgebildet.

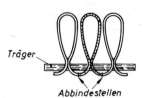

Bild 5. Schlingenpol

5.2.2.1.2 Schnittpol
Pol mit an der Oberseite während des Wirkens bzw. Strickens oder anschließend aufgeschnittenen Fäden.

5.2.2.1.3 Schlingenpol
Pol mit während des Wirkens bzw. Strickens zu Schlingen geformten Fäden.

5.2.2.1.4 Pol aus Faserbändern
Pol mit nach dem Wirk- bzw. Strickprinzip in den Grund eingebundenen Faserbändern.

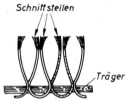

Bild 6. Schnittpol

Schnitte in Längsrichtung

5.2.2.1.5 Polschicht (Polnutzschicht)
An der Oberseite des gewirkten oder gestrickten Polteppichs liegende Schicht, die vom Pol gebildet wird und sich auf festgelegte Art abscheren läßt.

5.2.2.1.6 Grundschicht
Schicht zwischen Polschicht und Rückseite.

5.3 Tuftingteppiche (Nadelflortextilien)
Tuftingteppiche bestehen aus einem Flächengebilde als Träger, in das der Pol mit einer oder mehreren Nadeln eingearbeitet ist. Die Polfäden können beim Tuften in Schlingen belassen (Schlingenpol) und/oder aufgeschnitten sein (Schnittpol bzw. Schlingen-Schnittpol). Die Rückseite von Tuftingteppichen weist in der Regel eine Rückenbeschichtung auf, die in verschiedener Art ausgeführt sein kann.

5.3.1 Begriffe
5.3.1.1 Pol
Ein Fadensystem, das die Oberseite der Tuftingteppiche bildet.

5.3.1.2 Schnittpol
Pol, bei dem die Fäden an der Oberseite aufgeschnitten sind.

5.3.1.3 Schlingenpol
Pol, bei dem die Fäden an der Oberseite des Tuftingteppichs in Schlingenform liegen.

5.3.1.4 Schlingen-Schnittpol
Pol, bei dem die Fäden an der Oberseite des Tuftingteppichs stellenweise in Schlingenform liegen und stellenweise aufgeschnitten sind.

5.3.1.5 Polschicht (Polnutzschicht)
An der Oberseite des Tuftingteppichs liegende Schicht, die vom Pol gebildet wird und sich auf festgelegte Art abscheren läßt.

5.3.1.6 Polnoppe
Teil des Polfadens zwischen den Abbindestellen an der Rückseite bei Schlingenpol bzw. den Schnittstellen an der Oberseite bei Schnittpol.

5.3.1.7 Noppenlängsreihe
Die durch einen Polfaden gebildeten Polnoppen des Tuftingteppichs. Die Noppenlängsreihen können geradlinig oder versetzt laufen.

5.3.1.8 Noppenquerreihe
Die in Querrichtung des Tuftingteppichs nebeneinander liegenden Polnoppen.

5.3.1.9 Träger
Flächengebilde (z. B. Gewebe oder Vliesstoff), in das der Pol eingearbeitet ist.

5.3.1.10 Grundschicht
Schicht zwischen Polschicht und Rückseite. In der Grundschicht ist der Träger und der nicht abscherbare Teil des Pol enthalten.

5.4 Nadelfilz-Fußbodenbeläge (Filze)
Textile Fußbodenbeläge, die aus einem nur mechanisch durch Nadeln (nicht auch adhäsiv) verfestigten Faservlies bestehen.

5.5 Nadelvlies-Fußbodenbeläge (Vliesstoffe)
Textile Fußbodenbeläge, die aus einem mechanisch durch Nadeln und zusätzlich adhäsiv verfestigtem Faservlies bestehen.

Es gibt Nadelvlies-Fußbodenbeläge mit nicht polartiger Oberseite (Abschnitt 6.6) oder mit polartigem Aufbau (auch Pol-Vlies-Fußbodenbeläge genannt).

Nadelvlies-Fußbodenbeläge mit polartigem Aufbau können eine schlingenartige Oberseite (Abschnitt 6.1), eine veloursartige Oberseite (Abschnitt 6.2) oder eine schlingenveloursartige Oberseite (Abschnitt 6.3) aufweisen.

5.5.1 Einschichtige Nadelvlies-Fußbodenbeläge
Das den Belag bildende Faservlies ist nach Faserart, Farbe und Beschaffenheit über die Dicke des Belages einheitlich.

5.5.2 Mehrschichtige Nadelvlies-Fußbodenbeläge
Das den Belag bildende Faservlies besteht aus mehreren in Faserart oder Farbe und/oder Beschaffenheit verschiedenen Schichten.

5.5.2.1 Begriffe
5.5.2.1.1 Laufschicht (auch Gehschicht oder Nutzschicht)
Schicht des Faservlieses, die die Oberseite bildet.

5.5.2.1.2 Grundschicht (auch Basisschicht)
Bei mehrschichtigen Nadelvlies-Fußbodenbelägen die zwischen Gehschicht und Rückseite liegende Schicht.

Anmerkung 3: Infolge des Eindringens von Fasern einer Schicht in die andere ist eine exakte Trennung der einzelnen Schichten nicht möglich.

5.6 Klebpolteppiche (Klebnoppentextilien)

Auf einen vorgefertigten Träger sind Schichten aus Blöcken gebündelter Fasern oder Fäden (Schnittpol) oder eine vorgefaltete Fadenschar bzw. ein vorgefaltetes Faservlies (Schlingenpol) aufgebracht und mit dem Träger adhäsiv verbunden.

Die vorgefaltete Fadenschar oder das vorgefaltete Faservlies kann auch wechselnd mit zwei parallel geführten Träger-Bahnen adhäsiv verbunden und die so gebildete Kleb-Doppelware aufgeschnitten sein (Schnittpol).

5.6.1 Begriffe
5.6.1.1 Pol
Die Fadenschar, das Faservlies oder die Schicht aus Blöcken gebündelter Fasern oder Fäden, die die Oberseite der Klebpolteppiche bilden.

5.6.1.2 Schnittpol
Pol mit an der Oberseite des Klebpolteppichs aufgeschnittenen Fäden, aufgeschnittenem Faservlies oder einer Schicht aus Abschnitten aus Kabel bzw. gebündelter Fäden.

5.6.1.3 Schlingenpol
Pol, bei dem die Fäden oder das Faservlies des Klebpolteppichs in Schlingenform liegen.

5.6.1.4 Polschicht (Polnutzschicht)
An der Oberseite des Klebpolteppichs liegende Schicht, die vom Pol gebildet wird und sich auf festgelegte Art abscheren läßt.

5.6.1.5 Polnoppe
5.6.1.5.1 Polnoppe bei Klebpolteppichen
mit Fadenscharen als Pol
Teil einer Fadenschar zwischen den Klebstellen auf dem Träger bei Schlingenpol bzw. den Schnittstellen an der Oberseite bei Schnittpol.

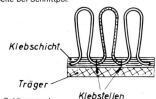
Bild 7. Schlingenpol

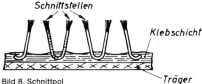
Bild 8. Schnittpol
Schnitte in Längsrichtung

5.6.1.5.2 Polnoppe bei Klebpolteppichen aus Blöcken gebündelter Fasern oder Fäden als Pol
(I-Noppe)
Teil eines Faser- oder Fadenbündels zwischen den Klebstellen auf dem Träger und den Schnittstellen an der Oberseite.

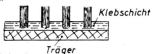
Bild 9. Schnittpol

5.6.1.6 Noppenlängsreihe
Die durch einen Polfaden gebildeten Polnoppen des Klebpolteppichs.

5.6.1.7 Noppenquerreihe
Die in Querrichtung des Klebpolteppichs nebeneinander liegenden Polnoppen.

5.6.1.8 Träger
Flächengebilde, mit dem der Pol adhäsiv verbunden ist.

5.6.1.9 Grundschicht
Schicht zwischen Polschicht und Rückseite. In der Grundschicht sind der Träger, der Kleber und der nicht abscherbare Teil des Pols enthalten.

5.7 Flockteppiche (Flocktextilien)

Mit einem vorgefertigten Träger sind eine Schicht von Flockfasern, die auf elektrostatischem Wege orientiert und aufgebracht sind, adhäsiv verbunden. Flockteppiche haben immer eine veloursartige Oberseite.

5.7.1 Begriffe
5.7.1.1 Pol
Die aufgebrachten Flockfasern, die die Oberseite des Flockteppichs bilden.

5.7.1.2 Polschicht (Polnutzschicht)
An der Oberseite des Flockteppichs liegende Schicht, die vom Pol gebildet wird und sich auf festgelegte Art abscheren läßt.

5.7.1.3 Träger
Flächengebilde, mit dem der Pol adhäsiv verbunden ist.

5.7.1.4 Grundschicht
Schicht zwischen Polschicht und Rückseite. In der Grundschicht sind der Träger, der Kleber und der nicht abscherbare Teil des Pols enthalten.

5.8 Nähwirkteppiche (Nähwirkstoffe)

Nähwirkteppiche sind Polfaden-Nähwirkstoffe (siehe DIN 61 211). Die Polfäden sind, zu Polhenkeln oder in Schlaufen geformt, in ein Grundmaterial eingebunden.

5.8.1 Begriffe
5.8.1.1 Pol
Ein Fadensystem, das bei Nähwirkteppichen die Oberseite bildet.

5.8.1.2 Polschicht (Polnutzschicht)
An der Oberseite des Nähwirkteppichs liegende Schicht, die vom Pol gebildet wird und sich auf festgelegte Art abscheren läßt.

5.8.1.3 Grundschicht
Schicht zwischen Polschicht und Rückseite.

5.9 Vlieswirkteppiche (Vlieswirkstoffe)

Vlieswirkteppiche sind Pol-Vlies-Wirkstoffe nach DIN 61 211. Sie bestehen aus einem Grundmaterial und einem zusätzlichen Faservlies, wobei die zu Polhenkeln geformten Fasern des Vlieses in das Grundmaterial eingebunden sind.

5.9.1 Begriffe
5.9.1.1 Pol
Das bei Vlieswirkteppichen die Oberseite bildende Faservlies.

5.9.1.2 Polschicht (Polnutzschicht)
An der Oberseite des Vlieswirkteppichs liegende Schicht, die vom Pol gebildet wird und sich auf festgelegte Art abscheren läßt.

5.9.1.3 Grundschicht
Schicht zwischen Polschicht und Rückseite.

5.10 Sonstige textile Fußbodenbeläge
Hierunter fallen alle textilen Fußbodenbeläge, die in den Abschnitten 5.1 bis 5.9 nicht aufgeführt sind, z. B. kunstgewerbliche Erzeugnisse sowie Fußbodenbeläge, die aus vorgefertigten und durch Adhäsion verbundenen Flächengebilden bestehen und bei denen die Oberseite durch ein textiles Flächengebilde gebildet wird.

6 Einteilung nach der strukturellen Gestaltung der Oberseite

6.1 Schlingenartige Oberseite
Die Oberseite besteht aus deutlich ausgebildeten Garn- oder Faserschlingen, die sich vom Grund abheben. Derartige schlingenartige Oberseiten sind bei Teppichen mit Schlingenpol gegeben und können auch bei polartigen Nadelvlies-Fußbodenbelägen gegeben sein. Die beiden Schlingenenden sind bei Polteppichen in der Grundschicht und bei polartigen Nadelvlies-Fußbodenbelägen in der Regel unter der Oberseite festgehalten.

6.2 Veloursartige Oberseite
Die Fasern, die die Oberseite des Belages bilden, enden an der Oberseite, wobei die Fasern bei Polteppichen in der Grundschicht und bei polartigen Nadelvlies-Fußbodenbelägen unter der Oberseite festgehalten werden. Die Fasern können in einem Garnverband liegen, der sich zur Oberseite hin möglicherweise auch mehr oder weniger auflöst. Die Fasern können aber auch angeordnet sein, ohne einem Garnverband anzugehören.
Eine veloursartige Oberfläche weisen auf:
– Teppiche mit Schnittpol
– Teppiche, deren Oberseite durch Scheren veloursartig gemacht wurde
– Flockteppiche
– polartige Nadelvlies-Fußbodenbeläge mit entsprechender Ausbildung der Oberseite und Nadelfilz- bzw. Nadelvlies-Fußbodenbeläge, bei denen die Oberseite durch Rauhen veloursartig gemacht wurde.

6.3 Schlingenveloursartige Oberseite
Die Oberseite ist stellenweise schlingenartig und stellenweise veloursartig. Eine derartige Gestaltung der Oberseite kann erzielt werden:
– bei Rutenteppichen durch Wechsel von Zug- und Schnittruten
– bei Tuftingteppichen durch Schlingen-Schnittpol
– bei Teppichen mit Schlingenpol durch Anscheren von höher liegenden Noppen auch
– bei polartigen Nadelvlies-Fußbodenbelägen durch wechselnde schlingen- und veloursartige Ausbildung der Oberseite.

6.4 Ebene Oberseite
Die Oberseite zeigt, über eine größere Fläche gesehen, gleiches Niveau. Etwaige Unebenheiten sind rein zufällig und durch die Fasern und Garne, die die Oberfläche bilden, bedingt. Eine derartige Oberseite kommt für alle in den Abschnitten 6.1 bis 6.3 aufgeführten Arten der Oberseitenstruktur infrage.

6.5 Hoch-Tief-Oberseite
Die Oberseite ist reliefartig. Höher und tiefer liegende Teilflächen der Oberseite sind bewußt gestaltet, nicht zufallsbedingt. Eine derartige Oberseite kommt ebenfalls für alle in den Abschnitten 6.1. bis 6.3 aufgeführten Arten der Oberseitenstruktur infrage und kann erzielt werden:
– bei Rutenteppichen durch Verwendung von Ruten unterschiedlicher Höhe,
– bei Tufting- und Klebpolteppichen durch Einarbeitung von Polfäden unterschiedlicher Länge,
– bei polartigen Nadelvlies-Fußbodenbelägen durch gesteuerte Nadelstichtiefen.

6.6 Oberseite ohne Pol bzw. nicht polartige Oberseite
Die Oberseite ist weder schlingen- noch veloursartig. Die Fasern der Garne oder des Faservlieses der Oberseite bilden weder einen Pol noch heben sie sich vom Grund deutlich ab.

7 Einteilung nach der farblichen Gestaltung der Oberseite

Die nachfolgende Einteilung erfolgt nicht nach den Verfahren, mittels derer eine farbliche Gestaltung erzielt werden kann, sondern dient der Beschreibung des erzielten Farbbildes. Demzufolge bezieht sich der Begriff „Mischung" nicht auf einen Vorgang des Mischens, sondern auf das Ergebnis einer Verteilung von kleinen Flächen optisch unterschiedlicher Effekte.

7.1 Einfarbig (uni)
Alle die Oberseite des Belages bildenden Fasern haben die gleiche Farbe.

7.2 Mehrfarbig

7.2.1 Mehrfarbig ungemustert
Die einzelnen farbigen Flächenanteile lassen sich nur bei genauer Betrachtung aus der Nähe unterscheiden. Aus einem Abstand von mehr als etwa 1,5 m vermittelt die Oberseite einen einheitlichen Farbeindruck. Die Mehrfarbigkeit kann auf folgende Arten erzielt werden, die auch miteinander kombiniert werden können:
a) Mischung verschiedenfarbiger Fasern (Melange)
  Die die Oberseite bildenden Fasern sind in ihrer ganzen Länge von unterschiedlicher Farbe und zufällig verteilt.
b) Mischung verschieden teilgefärbter Fasern
  Die die Oberseite bildenden Fasern haben, vorwiegend über die Länge der Fasern verteilt, auf kürzeren Abschnitten verschiedene Farben. Die Fasern sind so verteilt, daß keine Musterung entsteht (z. B. Vigoureux).
c) Mischung verschiedenfarbiger Garnkomponenten
  Die Garnkomponenten haben verschiedene Farben. Sie sind so gemischt (z. B. verzwirnt), daß keine Musterung entsteht (z. B. Mouliné).

7.2.2 Mehrfarbig gemustert
Die einzelnen farbigen Flächenanteile lassen sich auch bei Betrachtung aus einem Abstand von mehr als 1,5 m deutlich als verschiedenfarbig erkennen.

Die farbliche Musterung kann auf folgende Arten erzielt werden, die auch miteinander kombiniert werden können:
a) Durch Anordnen verschiedenfarbiger Garne
  Die die Oberseite bildenden Garne sind in ihrer ganzen Länge von unterschiedlicher Farbe und so angeordnet, daß sie an der Oberseite eine farbliche Musterung ergeben.
b) Durch Anordnen verschieden teilgefärbter Garne
  Die die Oberseite bildenden Garne sind in Längsrichtung auf längeren Abschnitten von unterschiedlicher

Farbe und so angeordnet, daß sie an der Oberseite eine farbliche Musterung ergeben.

c) Durch örtlich verschiedenfarbiges Anfärben der Oberseite
Die Oberseite des Belages ist örtlich durch verschiedenfarbiges Anfärben (z. B. Drucken, Sprühen oder Spritzen) farblich gemustert.

8 Einteilung nach der Beschaffenheit der Unterseite

8.1 Rückseite nicht behandelt
Die Rückseite des Belages ist keiner Behandlung unterzogen und damit gleichzeitig die Unterseite des Belages.

8.2 Rückseite appretiert
Der Rückseite ist durch Aufbringen von Substanzen aus einem flüssigen Medium durch geeignete Weise bestimmte Eigenschaften (z. B. Steifheit) verliehen. Die Rückseite des Belages wird jedoch hierdurch nicht verdeckt. Vielfach ist die Appretierung visuell nicht oder kaum erkennbar.

8.3 Rückseite beschichtet
Die Rückseite des Belages ist mit einer Aufstrichmasse versehen, die entweder direkt durch Spritzen, Rakeln usw. oder in Form von Pulver, das nachfolgend geschmolzen wird, aufgebracht ist und die Rückseite des Belages bedeckt.

8.3.1 Rückseite mit Verfestigungsstrich beschichtet
Auf die Rückseite des Belages (insbesondere von Tuftingteppichen) ist eine dünne Schicht aufgebracht, die in den Träger eindringt und u. a. zur adhäsiven Verbindung des Pols mit dem Träger dient. Die Struktur der Rückseite ist auf der Unterseite des Belages noch in Form von Unebenheiten deutlich erkennbar.

8.3.2 Rückseite mit Aufbauschicht beschichtet
Die Rückseite des Belages ist mit einer glatten, geprägten oder andersartig ausgebildeten Schicht versehen, die auch aufgeschäumt sein kann und die Struktur der Rückseite nicht mehr oder nur noch schwach erkennen läßt.

8.4 Rückseite kaschiert
Die Rückseite des Belages ist mit einem textilen und/oder anderen vorgefertigtem Flächengebilde (z. B. Gewebe, Vliesstoff, Folie, Pappe) beklebt. Im Gegensatz zu sogenannten „Verbund-Fußbodenbelägen" ist bei Belägen mit kaschierter Rückseite das aufgeklebte Flächengebilde nicht wesentlich am Aufbau des Belages beteiligt.

9 Einteilung nach dem Werkstoff
Für die Einteilung von textilen Fußbodenbelägen nach dem Werkstoff sind ausschließlich die für die Oberseite (Nutzfläche) verwendeten Faserstoffe maßgebend; sie ist nach DIN 60 001 Teil 1, Textile Faserstoffe, Faserarten, vorzunehmen.

10 Kennzeichnende Merkmale
Als kennzeichnende Merkmale sind zur Beschreibung eines textilen Fußbodenbelages folgende Angaben erforderlich:
Beschreibung nach den Maßen (siehe Abschnitt 4)
Beschreibung nach der Herstellungstechnik (siehe Abschnitt 5)
Beschreibung nach der strukturellen Gestaltung der Oberseite (siehe Abschnitt 6)
Beschreibung nach der farblichen Gestaltung der Oberseite (siehe Abschnitt 7)
Beschreibung nach der Beschaffenheit der Unterseite (siehe Abschnitt 8)
Beschreibung nach dem Werkstoff (siehe Abschnitt 9)
Bei Polteppichen kommen hinzu:
Poldicke und Polgewicht über dem Teppichgrund (siehe DIN 54 325).

A n m e r k u n g 4 : *Die Poldicke ist nicht immer ausreichend, um einen Polteppich zur Nachstellung als Standard- oder Prüfteppich eindeutig zu kennzeichnen. Dies gilt insbesondere für hochpolige Schnittpolware, wenn sie durch Ausrüstung oder Lagerung eine Pol-Schräglage erhalten hat. In diesen Fällen ist die Angabe der freien Noppenschenkellänge maßgebend, nicht die der Poldicke.*

A n m e r k u n g 5 : *Neben dem Polgewicht über dem Teppichgrund (= Flächengewicht der Pol(nutz)schicht) ist bisweilen von „Gesamtpol(einsatz)gewicht" die Rede. Ein solcher Wert ist nur für die Teppichherstellung aus Gründen der Materialbereitstellung und der Kostenrechnung von Interesse. Er ist an der Angabe der fertiggerüsteten Ware nicht mehr bestimmbar und kommt als kennzeichnendes Merkmal einer Teppichfertigware nicht infrage.*

Zur erweiterten Beschreibung eines textilen Fußbodenbelages können weiter folgende Angaben gemacht werden:
Länge und Breite (siehe DIN 53 851)
Flächengewicht des gesamten Belages (siehe DIN 53 854)
Dicke des gesamten Belages (siehe DIN 53 855 Teil 3)
Pol-Rohdichte (siehe DIN 54 317)

A n m e r k u n g 6 : *Bisweilen wird zur Beschreibung einer Polteppichware die Noppenzahl, bezogen auf eine Flächeneinheit (z. B. 1 dm²) oder als Gesamtnoppenzahl eines abgepaßten Teppichs, angegeben und als Dichte-Maß gewertet. Dies ist nur bedingt richtig, da erst bei Kenntnis der Noppenzahl u n d der Feinheit des Polgarnes (die jedoch meist nicht angegeben ist) auf die tatsächliche „Dichte" der Polschicht geschlossen werden kann (= errechnete Pol-Rohdichte).*

Weitere Normen

DIN 60 000	Textilien; Grundbegriffe
DIN 60 001 Teil 1	Textile Faserstoffe; Faserarten
DIN 61 211	Auf Nähwirkanlagen hergestellte textile Flächengebilde, Technologische Einteilung
DIN 53 851	Prüfung von Textilien; Bestimmung der Länge und Breite von textilen Flächengebilden
DIN 53 854	Prüfung von Textilien; Gewichtsbestimmungen an textilen Flächengebilden mit Ausnahme von Gewirken und Gestricken
DIN 53 855 Teil 3	Prüfung von Textilien; Bestimmung der Dicke textiler Flächengebilde, Fußbodenbeläge
DIN 54 317	Prüfung von Textilien; Bestimmung der Pol-Rohdichte und der relativen Pol-Rohdichte von Polteppichen
DIN 54 325	Prüfung von Textilien; Bestimmung der Poldicke und des Polgewichtes über Teppichgrund, Verfahren mit der Bandmesser-Schermaschine

Alphabetisches Verzeichnis der Benennungen auch in englischer und französischer Sprache

Die englischen und französischen Benennungen sind nicht Bestandteil dieser Norm; für ihre Richtigkeit kann keine Gewähr übernommen werden.

deutsch	englisch	französisch
Abgepaßte textile Fußbodenbeläge	rugs, mats	carpettes
Auslegeware	wall-to-wall textile floor coverings	revêtements de sol textiles mur à mur
Axminsterteppiche	Axminster carpets	moquettes tissées „Axminster"
Basisschicht	substrate	soubassement
Chenille-Axminsterteppiche	chenille Axminster carpets	moquettes chenille „Axminster"
Chor	creel	gril
Doppelteppiche	face-to-face carpets	moquettes tissées double-pièces
Ebene Oberseite	level surface	surface plaine, niveau plain
Einfarbig (uni)	plain	uni
Flachteppiche	flat carpets	revêtements de sol textiles sans velours
Fliesen	tiles	dalles
Flockteppiche	flocked carpets	moquettes floquées
Gehschicht	walking layer	couche soumise directement à l'usage
Greifer-Axminsterteppiche	gripper Axminster carpets	moquettes „Axminster" à pinces
Greifer-Spulen-Axminsterteppiche	gripper-spool Axminster carpets	moquettes „Axminster" à pinces et bobines
Grundschicht	substrate	soubassement
Hoch-Tief-Oberseite	sculptured surface	surface en relief
Klebpolteppiche	bonded pile carpets	moquettes nappées
Knüpfteppiche	knotted pile carpets	moquettes à points noués
Längsrichtung	length direction	sens longitudinal
Läufer	runners	passages
Laufschicht	walking layer	couche soumise directement à l'usage
Mehrfarbig gemustert	multicoloured, patterned	multicolore à dessin
Mehrfarbig ungemustert	multicoloured, non-patterned	multicolore, non-dessiné
Nadelfilz-Fußbodenbeläge	needle-felt floor coverings	revêtements de sol textiles aiguilletés
Nadelvlies-Fußbodenbeläge	needle-bonded floor coverings	revêtements de sol textiles enchevêtrés par aiguilletage et liage chimique
Nähwirkteppiche	stitch-bonded carpets	moquettes à velours cousu
Noppenlängsreihe	tuft (or loop) column	colonne de touffes (ou de boucles)
Noppenquerreihe	tuft (or loop) row	rangée de touffes (ou de boucles)
Nutzfläche	use surface	surface d'usage
Oberseite	upper side	face supérieure
Oberseite ohne Pol	upper side without pile	face supérieure sans velours
Perserknoten	Persian knot	noeud persan
Pol	pile	velours
Pol aus Faserbändern	pile made of slivers	velours fait avec des mèches
Polnoppe geschnitten: ungeschnitten:	tuft loop	touffe boucle
Pol(nutz)schicht	effective pile	velours utile
Polteppiche	pile carpets	(tapis) moquettes
Querrichtung	transverse direction	sens transversal

deutsch	englisch	französisch
Rollenware	textile floor coverings sold as pieces	rouleaux de tapis
Rückenausrüstung	backing	enduction du dossier
Rückseite	back	dossier
Rückseite appretiert	sized backing	dossier apprêté
Rückseite beschichtet	back coated	dossier enduit
Rückseite kaschiert	laminated backing	dossier laminé
Rückseite mit Aufbauschicht beschichtet	full coated backing	dossier plein-enduit
Rückseite mit Verfestigungsstrich beschichtet	backing pre-coated for tuft (or loop) anchorage	dossier pré-enduit pour ancrage des touffes (ou des boucles)
Rückseite nicht behandelt	non-treated backing	dossier non-traité
Rutenteppiche	pile carpets woven over wires	moquettes tissées à verges
Schlingenartige Oberseite	loop pile-like surface	surface telle que velours bouclé
Schlingenpol	loop pile	velours bouclé
Schlingen-Schnittpol	cut/loop pile	velours coupé/bouclé, velours bouclé/rasé
Schlingen-veloursartige Oberseite	cut/loop pile-like surface	surface telle que velours coupé/bouclé
Schnittpol	cut pile	velours coupé, velours rasé
Spulen-Axminsterteppiche	spool Axminster carpets	moquettes „Axminster" à bobines
Strickteppiche	knitted carpets	moquettes tricotées
Teppich	carpet	tapis
Träger	support	support
Türkischer Knoten	Turkish knot	noeud turc
Tuftingteppiche	tufted carpets	moquettes touffetées
Unterseite	lower side	face inférieure
Veloursartige Oberseite	cut pile-like surface	surface telle que velours coupé
Webteppiche	woven carpets	moquettes tissées
Wirkteppiche	knitted carpets	moquettes tricotées

Erläuterungen

Bei der Überarbeitung der Norm DIN 61 151 „Textile Fußbodenbeläge, Kennzeichnende Merkmale von Teppichwaren" vom Juni 1967 wurde der Norm-Inhalt wesentlich erweitert und durch die Aufnahme von textilen Fußbodenbelägen, die nicht zu Teppichwaren im engeren Sinne gehören, ergänzt. Diese Ausgabe entspricht ÖNORM S 1400 vom 1. Dezember 1975 und berücksichtigt auch die bisherigen Ergebnisse der im Technischen Komitee 38 „Textilien" der Internationalen Organisation für Normung (ISO) durchgeführten Arbeiten.

DK 677.074.5 : 677.076.1 : 645.1 : 620.1 : 536.46   Mai 1989

Klassifizierung des Brennverhaltens textiler Erzeugnisse
Textile Bodenbeläge

DIN 66 081

Classification of burning behaviour of textile products; textile floor coverings

Ersatz für Ausgabe 09.76

1 Anwendungsbereich und Zweck

Diese Norm legt Klassen für das Brennverhalten von textilen Bodenbelägen fest. Bei Anwendung dieser Norm sind die in DIN 66 080 festgelegten Grundsätze zu beachten.

Anmerkung: Soweit Vorschriften und Gesetze, z. B. im Bauwesen, vorhanden sind, gelten diese.

Als textile Bodenbeläge werden alle Erzeugnisse verstanden, die nach DIN 61 151 diesen zuzuordnen sind, sowie alle Bodenbeläge mit textiler Nutzschicht.

2 Prüfverfahren

Für die Prüfung des Brennverhaltens textiler Bodenbeläge ist DIN 54 332 anzuwenden.

In Abweichung von DIN 54 332 sind die jeweiligen Beflammungszeiten in den Brennzeiten für die Festlegung der Klassen nach der vorliegenden Norm eingeschlossen.

3 Klassifizierung

Textile Bodenbeläge werden eingeteilt in:
- T-a
- T-b
- T-c

Der Buchstabe T steht dabei für die Verwendung als textiler Bodenbelag, und die Kleinbuchstaben a, b und c beschreiben die Klasseneinteilung hinsichtlich des Brennverhaltens.

Zu der Probenanzahl und zur Beurteilung der Ergebnisse gilt folgende Festlegung:

Bei den beiden Beflammungszeiten 5 Sekunden und 15 Sekunden werden jeweils 5 Proben geprüft.

Erfüllen bei einer Beflammungszeit 4 Proben die Anforderung einer Klasse und eine Probe nicht, sind noch 5 Proben unter gleichen Bedingungen zu prüfen. Erfüllen nunmehr alle 5 Proben die Anforderungen, so gilt die Prüfung als bestanden. Erfüllen eine oder mehrere der nachgeprüften Proben die Anforderung nicht, so ist der geprüfte textile Bodenbelag der nachfolgenden Klasse zuzuordnen.

T-a:
Bei einer Beflammungszeit von 15 s darf der 250 mm oberhalb der Zündstelle quer über die Probe gespannte Baumwollfaden nicht durchbrennen.

Nach Entfernen der Zündquelle dürfen die Proben nicht länger als 5 s brennen oder glimmen.

T-b:
Bei einer Beflammungszeit von 15 s darf der Baumwollfaden bei keiner Probe eher als 25 s nach Beginn der Beflammung durchbrennen.

Wird diese Bedingung nicht erfüllt, so werden 5 Proben jeweils 5 s lang beflammt.

Brennt bei dieser Prüfung der Baumwollfaden nicht eher als 30 s nach Beginn der Beflammung durch, so gilt die Prüfung als bestanden.

T-c:
Bei einer Beflammungszeit von 5 s darf bei keiner Probe der Baumwollfaden eher als 10 s nach Beginn der Beflammung durchbrennen.

Die Forderungen für die einzelnen Klassen sind in der folgenden Tabelle zusammengestellt:

Beflammungszeit s	Brennzeit s	Faden brennt durch ja	Faden brennt durch nein	Klassifizierung
15	≤ 20		+	T-a
15	> 20	+		
15	≥ 25		+	T-b
5	≥ 5	+		
5	≥ 30		+	
5	≥ 10	+		T-c

Werden die Bedingungen einer dieser Klassen nicht erfüllt, so ist der textile Bodenbelag nicht nach dieser Norm einzustufen.

Anmerkung: Nach DIN 4102 Teil 1 können textile Bodenbeläge auch in die Baustoffklasse B 2 eingereiht werden, wenn sie mindestens die Anforderungen T-b nach dieser Norm erfüllen.

Nach DIN 4102 Teil 4 sind textile Bodenbeläge in die Baustoffklasse B 2 einzuordnen, wenn sie die Anforderungen nach DIN 66 090 Teil 1 an die Konstruktion erfüllen.

4 Prüfbericht

Im Prüfbericht ist anzugeben:
- Beschreibung des Materials
- die ermittelte Klassifizierung
- besondere Beobachtungen
- von dieser Norm abweichende Bedingungen
- Prüfdatum.

Fortsetzung Seite 2

Normenausschuß Gebrauchstauglichkeit (AGt) im DIN Deutsches Institut für Normung e.V.
Textilnorm, Normenausschuß Textil und Textilmaschinen im DIN
Normenausschuß Materialprüfung (NMP) im DIN

Zitierte Normen

DIN 4102 Teil 1	Brandverhalten von Baustoffen und Bauteilen; Baustoffe; Begriffe, Anforderungen und Prüfungen
DIN 4102 Teil 4	Brandverhalten von Baustoffen und Bauteilen; Zusammenstellung und Anwendung klassifizierter Baustoffe, Bauteile und Sonderbauteile
DIN 54 332	Prüfung von Textilien; Bestimmung des Brennverhaltens von textilen Bodenbelägen
DIN 61 151	Textile Fußbodenbeläge; Begriffe, Einteilung, Kennzeichnende Merkmale
DIN 66 080	Klassifizierung des Brennverhaltens textiler Erzeugnisse; Grundsätze
DIN 66 090 Teil 1	Textile Fußbodenbeläge; Anforderungen an den Aufbau, Brandverhalten

Weitere Normen

DIN 4102 Teil 14 (z.Z. Entwurf) Brandverhalten von Baustoffen und Bauteilen; Bodenbeläge und Bodenbeschichtungen; Bestimmung der Flammenausbreitung bei Beanspruchung mit einem Wärmestrahler

Frühere Ausgaben

DIN 66 081: 09.76

Änderungen

Gegenüber der Ausgabe September 1976 wurden folgende Änderungen vorgenommen:
a) Titel geändert in: Klassifizierung des Brennverhaltens textiler Erzeugnisse; Textile Bodenbeläge.
b) Benennung „Brennklassen" in „Klassen" geändert.
c) Abschnitt 3 Klassifizierung wurde präzisiert, ohne daß die Forderungen für die Klassen T-a bis T-c geändert wurden.
d) In einer Anmerkung wird die Verbindung zu den Normen der Reihe DIN 4102, Baustoffklasse B 2, hergestellt.
e) Anpassung an die Folgeausgabe der Grundnorm DIN 66 080.
f) Redaktionelle Änderungen.

Erläuterungen

Nach den bisherigen Erfahrungen und nach eingehenden Untersuchungen stellen textile Bodenbeläge in bezug auf die Brandentstehung und Brandweiterleitung kein wesentliches Risiko dar. Diese Auffassung wurde durch Rundfragen bei Feuerwehren bestätigt.
Nach den Bauordnungen der Länder müssen Baustoffe im eingebauten Zustand mindestens „normalentflammbar" sein. Dies gilt somit auch für fest eingebaute textile Bodenbeläge. Darüber hinaus stellt das Baurecht nur für begrenzte Einsatzbereiche (z.B. Fluchtwege) höhere Anforderungen an Bodenbeläge. Dabei sind dann Prüfung und Anforderung für die Baustoffklasse B 1 für Bodenbeläge in DIN 4102 Teil 1 sowie Teil 14 (z.Z. Entwurf) geregelt.
Die vorliegende Norm gibt interessierten Stellen (Baubehörden, Architekten usw.) weitere Entscheidungshilfen für den Einsatz textiler Bodenbeläge in Bereichen mit unterschiedlichem Brandrisiko. Diese Bereiche werden durch die Einteilung T-a bis T-c erfaßt. In diese Klassen sind die textilen Bodenbeläge hinsichtlich ihrer Entflammbarkeit und der Brandweiterleitung einteilbar. Diese Klassifizierung gilt nicht für textile Bodenbeläge, die als Wand- oder Deckenverkleidung eingesetzt werden.
Die Klasse T-a ist für Einsatzbereiche vorgesehen, in denen ein Interesse an erhöhten Anforderungen besteht. Die Klasse T-b umfassen alle Einsatzbereiche, in denen begrenzte Anforderungen gestellt werden. Bodenbeläge der Klasse T-c oder nicht nach dieser Norm einstufbare Bodenbeläge dürfen nicht als ganzflächig verlegter Bodenbelag eingebaut werden.
Abgepaßte Teppiche der Klasse T-c sollten nur dort verwendet werden, wo keine Brandrisiken bestehen.

Internationale Patentklassifikation

A 62 C 3/00
D 06 M 13/00
D 06 M 15/00
D 06 N 1/00
D 06 N 3/00
D 06 N 7/00
E 04 F 15/16
E 04 B 1/94

DK 677.074.5 : 677.076.1 : 645.1　　　　　　　　　　　　　　　　　　　　April 1990

Textile Bodenbeläge
Produktbeschreibung
Merkmale für die Produktbeschreibung

DIN 66 095
Teil 1

Textile floor coverings; product description; characteristics for the product description
Revêtements de sol textiles; description du produit; caractéristiques de description du produit

1 Anwendungsbereich und Zweck

In dieser Norm werden Angaben und Begriffe über textile Bodenbeläge zusammengestellt. Sie dienen der eindeutigen Charakterisierung der Konstruktion und der Eigenschaften des jeweiligen Belages.
Diese Norm gilt nicht für abgepaßte textile Bodenbeläge.
Die Vereinheitlichung der Angaben soll der besseren Vergleichbarkeit der Produkte dienen. Hinweise zu meß- und produktionstechnisch bedingten Grenzabweichungen ermöglichen eine fachgerechte Anwendung und Interpretation der entsprechenden Produktdaten. Die Zusammenstellung soll Grundlage der Produktbeschreibung sein. Sie ist aber auch die Grundlage für die Ausschreibung textiler Bodenbeläge.

2 Begriffe

2.1 Kennzeichnende Merkmale

Kennzeichnende Merkmale sind die technischen Angaben über die Beschaffenheit, die Konstruktion und die verarbeiteten Rohstoffe eines textilen Bodenbelages.

2.2 Funktionseigenschaften

Die Funktionseigenschaften sind für die Sicherung der Gebrauchstauglichkeit[1]) eines textilen Bodenbelages wichtige Eigenschaften. Sie lassen sich nur bedingt aus den Konstruktionsdaten ableiten und werden üblicherweise durch Prüfung der jeweiligen Eigenschaft ermittelt.

2.3 Bauphysikalische Eigenschaften

Die bauphysikalischen Eigenschaften im Sinne dieser Norm sind die bauakustischen, wärmeschutztechnischen und brandschutztechnischen Merkmale.
Anmerkung: Die entsprechenden Normen und Richtlinien des Hochbaus sind zu beachten.

3 Angaben zur Produktbeschreibung

3.1 Kennzeichnende Merkmale

Die in den Abschnitten 3.1.1 und 3.1.2 sowie 3.1.4 bis 3.1.8 festgelegten Merkmale sind beschreibende Merkmale. Bei den Merkmalen in den Abschnitten 3.1.3 und 3.1.9 bis 3.1.14 handelt es sich um meßbare Merkmale.

3.1.1 Artikelname

Neben dem Artikelnamen darf auch ein Firmenhinweis gegeben werden.

3.1.2 Herstellungsart

Beispiele für die Herstellungsart sind gewebt, getuftet, genadelt, bei Tuftingartikeln zusammen mit der Teilung, z.B. 5/64-Tufting, bei Nadelvliesbelägen mit der Art der Verfestigung, z. B. gepflatscht. Die Angaben sollen DIN 61 151[2]) entsprechen. Bei gewebten Artikeln ist die Anzahl der Chore anzugeben.

3.1.3 Lieferart, Maße

Es wird die Lieferart angegeben, z.B. Rollenware, Fliesen, Zuschnitte. Maßangaben werden in m gemacht. Bei Fliesen erfolgt die Angabe in cm.
Bei Rollenwaren gelten für das Nennmaß der Länge Grenzabweichungen von ± 0,5 %, für das Nennmaß der Breite Grenzabweichungen von ± 1 %, maximal jedoch $-^{0}_{3}$ cm.
Grenzabweichungen von Fliesen siehe DIN 66 095 Teil 2 und Teil 3.
Bestellte und bestätigte Fixmaße dürfen nicht unterschritten werden.

3.1.4 Oberseitengestaltung

Nach DIN 61 151, z. B. Velours.

3.1.5 Farbgestaltung

Nach DIN 61 151, z. B. gemustert. Bei gemusterter Ware soll der Rapport in Längs- und Querrichtung in cm angegeben werden.

3.1.6 Material der Nutzschicht

Angabe nach dem Textilkennzeichnungsgesetz (TKG).

3.1.7 Träger- oder Grundmaterial

Nach DIN 61 151, Angabe nach Material und Art des Trägers, z. B. PP-Vlies, Jutegewebe, bei Webwaren nach Kette und Schuß getrennt, bei nicht einheitlichem Material Fasermischung.

3.1.8 Rückenausrüstung

Nach DIN 61 151.
Angabe nach Material und Art des Rückens. Es sind Begriffe zu verwenden, die die Rückenausrüstung eindeutig beschreiben, z. B. Appretur, Verfestigungsstrich, Glattstrich[3]), Planschaum[3]), Prägeschaum[3]), Schwerbeschichtung, Zweitrücken mit Angabe der Art und des Rohstoffes.
Angaben von Sonderausstattungen, z. B. selbstklebend.

---

[1]) Begriff nach DIN 66 050
[2]) Siehe Erläuterungen
[3]) Bei Latexschäumen muß das System, z. B. geliert oder non-gel, angegeben werden.

Fortsetzung Seite 2 und 3

Normenausschuß Materialprüfung (NMP) im DIN Deutsches Institut für Normung e.V.
Textilnorm, Textil und Textilmaschinen im DIN
Normenausschuß Gebrauchstauglichkeit (AGt) im DIN

3.1.9 Flächengewicht (Flächenbezogene Masse)
Es wird das Sollgewicht angegeben. Beim Flächengewicht >1000 g/m² wird auf 50 g gerundet.
Prüfung nach DIN 53 854.

3.1.10 Gesamtdicke
Es wird die Solldicke angegeben. Diese wird auf 0,5 mm gerundet, ab 10 mm Dicke auf 1 mm gerundet.
Prüfung nach DIN 53 855 Teil 3.

3.1.11 Polschichtgewicht
Das Polschichtgewicht ist das Gewicht der Fasermenge über Teppichgrund bzw. -träger. Es wird das Sollgewicht angegeben. Dieses wird auf 10 g gerundet.
Prüfung nach DIN 54 325.

3.1.12 Polschichtdicke
Die Polschichtdicke ist die Dicke der Nutzschicht über Teppichgrund bzw. -träger. Es wird die Solldicke angegeben. Diese wird auf 0,1 mm gerundet.
Prüfung nach DIN 54 325.

3.1.13 Pol-Rohdichte
Die Pol-Rohdichte wird aus Soll-Polschichtgewicht und -dicke errechnet. Sie wird bei der 3. Dezimalstelle auf 0 oder 5 gerundet.
Prüfung nach DIN 54 325.

3.1.14 Noppenanzahl
Die Noppenzahl wird bei Teppichen mit ≤ 100 000 Noppen/m² auf 500 Noppen, bei Teppichen mit >100 000 Noppen/m² auf 1000 Noppen gerundet angegeben.
Prüfung nach ISO 1763 : 1973.

3.2 Funktionseigenschaften

3.2.1 Strapazierwert und Komfortwert
Der Strapazierwert und Komfortwert ist in Form des in DIN 66 095 Teil 2 und Teil 3 beschriebenen Balkendiagramms anzugeben.

3.2.2 Zusatzeignungen
Die Angabe von Zusatzeignungen, z.B. stuhlrollengeeignet, antistatisch, erfolgen nach DIN 66 095 Teil 4.

3.2.3 Sonderausrüstungen
Sonderausrüstungen, z. B. schmutzabweisende oder hygienisch wirksame, dürfen angegeben werden.
Für bestimmte Anwendungsbereiche können Angaben über elektrische Widerstandswerte und elektrostatische Aufladbarkeit erforderlich sein. Soweit diese gemacht werden, sollen sie, wie in den Abschnitten 3.2.4 bis 3.2.6 aufgeführt, angegeben werden.

3.2.4 Elektrostatische Aufladung
Die Angabe erfolgt in kV, gerundet auf eine Dezimalstelle, z. B. 1,5 kV.
Prüfung nach DIN 54 345 Teil 2.

3.2.5 Oberflächenwiderstand R_{OT} und Durchgangswiderstand R_{DT}
Die Angabe erfolgt in Ohm als Potenz von 10.
Prüfung nach DIN 54 345 Teil 1.

3.2.6 Erdableitwiderstand R_{ET}
Die Angabe erfolgt in Ohm als Potenz von 10. Prüfung nach DIN 54 345 Teil 1. Es darf auch eine Messung im Laboratorium in Anlehnung an DIN 54 345 Teil 1 erfolgen. Hierzu wird der Belag mit dem vorgesehenen Klebersystem geklebt und an fünf willkürlich gewählten Punkten der Teppichoberseite gemessen.

3.3 Bauphysikalische Eigenschaften
Die Produktbeschreibung nach den Abschnitten 3.1 und 3.2 darf um die in den Abschnitten 3.3.1 bis 3.3.4 genannten bauphysikalischen und brandschutztechnischen Eigenschaften ergänzt werden.

3.3.1 Trittschallverbesserungsmaß ΔL_w
Es wird das Trittschallverbesserungsmaß nach DIN 52 210 Teil 1 und Teil 4 angegeben.

3.3.2 Schallabsorptionsgrad α_S
Es werden die zu den einzelnen Meßfrequenzen gehörenden Meßwerte des Schallabsorptionsgrades nach DIN 52 212 angegeben.

3.3.3 Wärmedurchlaßwiderstand $1/\Lambda$
Der Wärmedurchlaßwiderstand nach DIN 52 612 Teil 1 wird auf zwei Dezimalstellen in m² · K/W angegeben.

3.3.4 Brandverhalten
Es wird die Baustoffklasse nach DIN 4102 Teil 1 und/oder die Klasse nach DIN 66 081 angegeben.

4 Grenzabweichungen für die Probenahme
Bei Probenahme aus verschiedenen Partien und Prüfung der Konstruktionsmerkmale nach den entsprechenden Normen sind die Partien als konstruktiv gleich zu betrachten, wenn die Abweichungen der Messung eines textilen Bodenbelages innerhalb der angegebenen Grenzabweichungen liegen:

a) Polteppiche
— Noppenzahl: ± 7,5 %
— Pol-Rohdichte: ± 7,5 %
— Polschichtgewicht: ± 10 %

b) Nadelvliesbeläge
— Gesamtdicke: ± 0,4 mm

Die übrigen meßbaren Merkmale unterliegen produktabhängig unterschiedlichen Abweichungen. Aus diesem Grunde werden keine Angaben für die Grenzabweichungen festgelegt.

Zitierte Normen und andere Unterlagen

DIN 4102 Teil 1	Brandverhalten von Baustoffen und Bauteilen; Baustoffe, Begriffe, Anforderungen und Prüfungen
DIN 52 210 Teil 1	Bauakustische Prüfungen; Luft- und Trittschalldämmung; Meßverfahren
DIN 52 210 Teil 4	Bauakustische Prüfungen; Luft- und Trittschalldämmung; Ermittlung von Einzahl-Angaben
DIN 52 212	Bauakustische Prüfungen; Bestimmung des Schallabsorptionsgrades im Hallraum
DIN 52 612 Teil 1	Wärmeschutztechnische Prüfungen; Bestimmung der Wärmeleitfähigkeit mit dem Plattengerät; Durchführung und Auswertung
DIN 53 854	Prüfung von Textilien; Gewichtsbestimmungen an textilen Flächengebilden mit Ausnahme von Gewirken und Gestricken
DIN 53 855 Teil 3	Prüfung von Textilien; Bestimmung der Dicke textiler Flächengebilde; Fußbodenbeläge
DIN 54 325	Prüfung von Textilien; Bestimmung des Polschichtgewichts, der Polschichtdicke und der Pol-Rohdichte von Polteppichen; Verfahren mit dem Bandmesser-Schermaschine
DIN 54 345 Teil 1	Prüfung von Textilien; Elektrostatisches Verhalten; Bestimmung elektrischer Widerstandsgrößen
DIN 54 345 Teil 2	Prüfung von Textilien; Beurteilung des elektrostatischen Verhaltens; Prüfung textiler Fußbodenbeläge im Begehversuch
DIN 61 151	Textile Fußbodenbeläge; Begriffe, Einteilung, Kennzeichnende Merkmale
DIN 66 050	Gebrauchstauglichkeit; Begriff
DIN 66 081	Klassifizierung des Brennverhaltens textiler Erzeugnisse; Textile Bodenbeläge
DIN 66 095 Teil 2	Textile Bodenbeläge; Produktbeschreibung; Strapazierwert und Komfortwert für Polteppiche; Einstufung, Prüfung, Kennzeichnung
DIN 66 095 Teil 3	Textile Bodenbeläge; Produktbeschreibung; Strapazierwert und Komfortwert für Nadelvlieserzeugnisse; Einstufung, Prüfung, Kennzeichnung
DIN 66 095 Teil 4	Textile Bodenbeläge; Produktbeschreibung; Zusatzeignungen; Einstufung, Prüfung, Kennzeichnung
ISO 1763 : 1973[4])	Teppiche — Bestimmung der Noppenzahl und/oder Schlingen je Längen- und Flächeneinheit
TKG[5])	Textilkennzeichnungsgesetz vom 14.8.1986

Erläuterungen

Diese Norm wurde vom Gemeinschaftsausschuß NMP/TEX 537 „Verwendungsbereichseinstufung textiler Bodenbeläge" erstellt.

Im Norm-Entwurf, Ausgabe Juni 1986, waren erstmals Toleranzen zu Konstruktionsdaten angegeben, die aus der Erfahrung gewählt wurden. Es zeigte sich jedoch, daß diese trotz ordnungsgemäßer Produktionen häufig nicht einzuhalten waren. Durch einen Rundversuch zwischen einigen Firmenlaboratorien und Instituten wurden die produktionsbedingten Abweichungen zwischen verschiedenen Fertigungen eines Artikels und die Abweichungen zwischen den Laboratorien an mehreren Teppichtypen untersucht. Die Ergebnisse bilden die Grundlage für die in dieser Norm enthaltenen Grenzabweichungen.

Zur Zeit wird ISO 2424 : 1977 „Textile floor coverings — Classification and terminology" überarbeitet. Sobald diese Überarbeitung beendet ist, soll DIN 61 151 durch die Übernahme von ISO 2424 ersetzt werden.

Internationale Patentklassifikation

D 05 C 17/02
D 04 G 3/00
D 06 N 7/00
E 04 F 15/00

---

[4]) Zu beziehen durch:
  Beuth Verlag GmbH (Auslandsnormenverkauf), Burggrafenstraße 6, 1000 Berlin 30
[5]) Zu beziehen durch:
  Deutsches Informationszentrum für technische Regeln (DITR) im DIN, Burggrafenstraße 6, 1000 Berlin 30

DK 677.076.1 : 645.1 : 620.1 Juni 1988

Textile Bodenbeläge
Produktbeschreibung
Zusatzeignungen
Einstufung, Prüfung, Kennzeichnung

DIN 66 095
Teil 4

Textile floor coverings; product description; additional suitabilities, classification, testing, labelling
Revêtements de sol textiles; description du produit; caractéristiques complémentaires, classification, essais, étiquetage

1 Anwendungsbereich und Zweck

An textile Bodenbeläge werden über einen an die Intensität der Begehung angepaßten Strapazierwert und über den Komfortwert hinaus je nach Anwendungsbereich weitere Anforderungen gestellt. Diese leiten sich entweder aus Umgebungsbedingungen des Raumes, in dem der Belag verlegt ist, oder aus speziellen Nutzungsarten ab.

In dieser Norm werden häufig geforderte Zusatzeignungen bezüglich der Kennzeichnung, Prüfung und Anforderungen festgelegt. Die Festlegungen werden zur Kennzeichnung der Gebrauchseigenschaften neben dem Strapazierwert und dem Komfortwert zur Beschreibung der Produkteigenschaften für den Anwender oder Architekten verwendet.

2 Begriffe

2.1 Antistatisch

Antistatisch sind textile Bodenbeläge, wenn beim Gehen auf dem Belag die Personenaufladung so niedrig bleibt, daß beim Berühren von Erdpotential keine spürbare Entladung auftritt.

Anmerkung: Erforderliche Randbedingungen sind bei der Prüfung festgelegt (siehe Abschnitt 3.1).

2.2 Stuhlrollengeeignet

Stuhlrollengeeignet sind textile Bodenbeläge, wenn die Nutzung mit Bürorollstühlen, die mit Hartrollen nach DIN 68 131 versehen sind, keine starke Veränderung der Oberseite des Belages hervorruft.

Anmerkung: Der Belag muß fach- und normgerecht geklebt sein. Erforderliche Randbedingungen sind bei der Prüfung festgelegt (siehe Abschnitt 3.2).

2.3 Treppengeeignet

Treppengeeignet sind textile Bodenbeläge, wenn beim Gebrauch die abgerundeten Treppenkanten keine wesentlich stärkere Veränderung und keinen wesentlich höheren Verschleiß aufweisen als die übrigen Flächen.

Anmerkung: Erforderliche Randbedingungen sind bei der Prüfung festgelegt (siehe Abschnitt 3.3).

2.4 Feuchtraumgeeignet

Feuchtraumgeeignet sind textile Bodenbeläge, wenn sie genügend farbecht, maßstabil und nicht verrottbar sind.

Anmerkung: Als Feuchträume werden solche Räume verstanden, in denen der Belag hoher Luftfeuchte ausgesetzt ist oder gelegentlich naß werden kann, z. B. Badezimmer, Küchen, Hobbyräume, Kellerräume. Erforderliche Randbedingungen sind bei der Prüfung festgelegt (siehe Abschnitt 3.4).

2.5 Fußbodenheizungsgeeignet

Fußbodenheizungsgeeignet sind textile Bodenbeläge, wenn sie eine genügende Wärmeleitfähigkeit aufweisen, genügend wärmealterungsbeständig und antistatisch sind.

Anmerkung: Die antistatische Eigenschaft darf durch die hohe Austrocknung und durch das Begehen nicht beeinträchtigt werden. Der Belag muß mit einem geeigneten Kleber fach- und normgerecht geklebt sein. Erforderliche Randbedingungen sind bei der Prüfung festgelegt (siehe Abschnitt 3.5).

3 Prüfungen

3.1 Antistatisch

Das elektrostatische Verhalten des textilen Bodenbelages wird im Begehversuch nach DIN 54 345 Teil 2 geprüft.

Die an der Versuchsperson in drei Prüfungen gemessene Körperspannung darf in keinem Versuch 2000 Volt überschreiten.

Die bei den Strapazierwerten „stark" und „extrem" mit dem Zusatzsymbol „antistatisch" ausgezeichneten Beläge dürfen außerdem bei der zusätzlich nach DIN 54 345 Teil 3 ausgeführten apparativen Aufladungsmessung keine Beeinflussung der gemessenen Spannung durch die mechanische Beanspruchung der Probe während der Prüfung erfahren. Das heißt, bei der nacheinander erfolgenden Messung an drei verschiedenen Proben darf der Meßwert ohne Reinigung des Gehradgummis nicht von Probe zu Probe abnehmen und dann bei drei aufeinanderfolgenden Versuchen an der gleichen Probe – mit jeweils gereinigtem Gehradgummi – nicht von Messung zu Messung deutlich zunehmen.

Fortsetzung Seite 2 bis 4

Normenausschuß Materialprüfung (NMP) im DIN Deutsches Institut für Normung e. V.
Normenausschuß Textil und Textilmaschinen (Textilnorm) im DIN
Normenausschuß Gebrauchstauglichkeit (AGt) im DIN

Nimmt der Meßwert zu, werden die Prüfungen an der gleichen Probe solange weitergeführt, bis sich ein konstanter Meßwert eingestellt hat. Dieser darf 2700 Volt nicht überschreiten.

3.2 Stuhlrollengeeignet

Die Prüfung der Stuhlrolleneignung erfolgt nach DIN 54 324. Dabei wird eine Probe über 5 000 und eine weitere Probe über 25 000 Geräteumdrehungen beansprucht.

Die Beurteilung der durch die Prüfung hervorgerufenen Oberseitenveränderung erfolgt nach DIN 54 328.

3.3 Treppengeeignet

Die Prüfung erfolgt mit dem Tretradversuch nach DIN 54 322. Beurteilt wird das Aussehen des textilen Bodenbelags an der Schmalkante des Lauftisches, über die die Probe unter Spannung gelegt ist und auf die die Füße des Tretrads auflaufen. Die Rundung der Treppenkante hat einen Radius von 10 cm.

Nicht geeignet: Starke Veränderungen des Aussehens des Belags im Bereich der Treppenkante. Z. B. fehlende Noppen oder starker Faserverlust (Verschleiß) oder Teppichgrund sichtbar. Faseraufrauhungen (Bartbildung) von mehr als 15 mm, völliger Drehungs- und/oder Texturverlust bei Kräuselvelourwaren, beschädigte Rückenbeschichtung.

Beim Strapazierwert „normal": Mittlere Veränderungen des Aussehens des Belags im Bereich der Treppenkante. Z. B. Faseraufrauhungen bis 15 mm, teilweise aufgebrochene Schlingen, jedoch völlige Abdeckung des Träger- oder Grundmaterials.

Beim Strapazierwert „stark" und „extrem": Geringfügige Veränderungen des Aussehens des Belags im Bereich der Treppenkante bzw. weitgehend unzerstörte Schlingen.

Die Treppeneignung gilt für den Strapazierwert, in der der textile Bodenbelag eingestuft wurde oder für den darunterliegenden Strapazierwert.

3.4 Feuchtraumgeeignet

Feuchtraumgeeignet sind textile Bodenbeläge, die folgende Anforderungen erfüllen:
- alle textilen Teile müssen aus synthetisch hergestellten Materialien bestehen
- größte zulässige Maßänderung nach DIN 54 318:
    a) für Rollen- oder Bahnenware: + 0,4 % oder − 0,8 %
    b) für Fliesenware: + 0,2 % oder − 0,4 %
- Wasserechtheit nach DIN 54 006:
    Änderung der Farbe der Nutzschicht nach Graumaßstab $\geq$ Stufe 4.
- Reibechtheit nach DIN 54 021:
    Reibechtheit naß und trocken $\geq$ Stufe 4 nach Graumaßstab.

3.5 Fußbodenheizungsgeeignet

3.5.1 Wärmedurchlaßwiderstand

Die Prüfung erfolgt nach DIN 52 612 Teil 1. Der Wärmedurchlaßwiderstand $1/\Lambda$ darf nicht größer als 0,17 m^2K/W sein.

Anmerkung: Bei Speicherheizungen hat der textile Bodenbelag die Aufgabe, die Wärmespeicherung zu verbessern und die Wärme über den Tagesverlauf gleichmäßig verteilt an den zu beheizenden Raum abzugeben. Hierzu ist ein Belag mit einem Wärmedurchlaßwiderstand von mehr als 0,12 m^2K/W vorteilhaft, jedoch sollte auch hier der Wärmedurchlaßwiderstand nicht größer als 0,17 m^2K/W sein.

3.5.2 Antistatisch

Der textile Bodenbelag muß die Bedingungen für die Zusatzeignung „antistatisch" bei den Strapazierwerten „stark" oder „extrem" erfüllen.

3.5.3 Alterungsbeständigkeit

Die künstliche Alterung erfolgt nach DIN 53 896 im Luftofen bei einer Temperatur von 70 °C über eine Zeitdauer von drei Wochen. Der Luftofen ist so einzustellen, daß er mit 10 bis 12 Luftwechseln je Stunde arbeitet.

Es wird mindestens eine Probe des zu prüfenden textilen Bodenbelages mit den Maßen 265 mm × 570 mm gealtert. Durch die Alterung dürfen keine sichtbaren Veränderungen an der Probe hervorgerufen werden. Die Farbänderung darf höchstens der Stufe 4 des Graumaßstabes entsprechen.

Die gealterte Probe wird dann zusammen mit einer gleichgroßen Rückstellprobe im Trommelversuch nach DIN 54 323 Teil 1 beansprucht. Bei der anschließenden Beurteilung der Oberseitenveränderung nach DIN 54 328 darf die gealterte Probe keine stärkere Oberseitenveränderung aufweisen als die nicht gealterte Rückstellprobe.

Die Rückenausrüstung darf nicht zerstört sein.

4 Prüfbericht

Im Prüfbericht sind unter Hinweis auf diese Norm anzugeben:

a) Beschreibung des geprüften Bodenbelages nach DIN 61 151
b) geprüfte Zusatzeignung
c) angewandte Normen
d) Prüfergebnisse für die Erteilung der betreffenden Zusatzeignung
e) Beurteilung anhand der Grenzwerte
f) Abweichungen von dieser Norm
g) Prüfdatum.

5 Kennzeichnung

Textile Bodenbeläge, deren Zusatzeignungen den Bedingungen dieser Norm entsprechen, sind mit folgenden Symbolen zu kennzeichnen:

DIN 30 600
Reg.-Nr

06328-C   antistatisch (a)

06326-C   stuhlrollengeeignet (r)

06329-C   treppengeeignet (t)

06327-C   feuchtraumgeeignet (f)

06325-C   fußbodenheizungsgeeignet (h)

Statt der Symbole können auch die Begriffe oder deren Kurzbezeichnungen verwendet werden.

Zitierte Normen

DIN 52 612 Teil 1	Wärmeschutztechnische Prüfungen; Bestimmung der Wärmeleitfähigkeit mit dem Plattengerät; Durchführung und Auswertung
DIN 53 896	Prüfung von Textilien; Künstliche Alterung durch erhöhte Temperatur in Luft oder Sauerstoff
DIN 54 006	Prüfung der Farbechtheit von Textilien; Bestimmung der Wasserechtheit von Färbungen und Drucken (schwere Beanspruchung)
DIN 54 021	Prüfung der Farbechtheit von Textilien; Bestimmung der Reibechtheit von Färbungen und Drucken
DIN 54 318	Maschinell hergestellte textile Bodenbeläge; Bestimmung der Maßänderung bei wechselnder Einwirkung von Wasser und Wärme; Identisch mit ISO 2551 Ausgabe 1981
DIN 54 322	Prüfung von Textilien; Bestimmung der Abnutzung textiler Fußbodenbeläge; Tretradversuch nach Lisson
DIN 54 323 Teil 1	Prüfung von Textilien; Bestimmung der Abnutzung textiler Bodenbeläge; Trommelversuch zur Bestimmung der Oberseitenveränderung
DIN 54 324	Prüfung von Textilien; Bestimmung der Abnutzung textiler Bodenbeläge; Stuhlrollenversuch
DIN 54 328	Prüfung von Textilien; Beurteilung der Aussehensveränderung textiler Bodenbeläge; Subjektiv-visuelles Verfahren
DIN 54 345 Teil 2	Prüfung von Textilien; Beurteilung des elektrostatischen Verhaltens; Prüfung textiler Fußbodenbeläge im Begehversuch
DIN 54 345 Teil 3	Prüfung von Textilien; Elektrostatisches Verhalten; Apparative Bestimmung der Auflading textiler Fußbodenbeläge
DIN 61 151	Textile Fußbodenbeläge; Begriffe, Einteilung, Kennzeichnende Merkmale
DIN 68 131	Rollen für Drehstühle und Drehsessel

Erläuterungen

Diese Norm wurde vom Gemeinschaftsausschuß NMP/TEX 537 „Verwendungsbereichseinstufung textiler Fußbodenbeläge" erstellt.

Internationale Patentklassifikation

D 06 N 7/00
G 01 N

DK 674-42   November 1957

Bauholz für Zimmerarbeiten
Gütebedingungen

DIN 68 365

Geltungsbereich

Diese Norm gilt für die Güte, die Bauholz für Zimmerarbeiten beim Einbau haben muß.

Diese Norm gilt nicht für die Güte von Holzwerkstoffen und Verbundplatten nach DIN 4076 — Holz, Holzwerkstoffe, Verbundplatten, Begriffe und Zeichen —.

1. Begriffe

1.1 Bauhölzer für Zimmerarbeiten sind
Bauschnitthölzer
Baurundhölzer (Rundhölzer für Zimmerarbeiten)

1.11 Bauschnitthölzer sind
Kanthölzer (Balken)
Bretter und Bohlen
Latten und Leisten

1.111 Kanthölzer sind Schnitthölzer von quadratischem oder rechteckigem Querschnitt mit Querschnittsseiten von mindestens 6 cm. Das Verhältnis der Querschnittsseiten liegt unter 1:3. Kanthölzer, deren größte Querschnittsseite 20 cm und mehr beträgt, werden auch als Balken bezeichnet.

1.112 Bretter und Bohlen, auch Rauhspund, sind Schnitthölzer von mindestens 8 cm Breite und einer Dicke von mindestens 5 mm; die kleinste Querschnittsseite ist kleiner oder gleich $1/3$ der größten. Schnitthölzer, bei denen die kleinste Querschnittsseite größer als 35 mm ist, werden als Bohlen bezeichnet. Schnitthölzer, die zwar mindestens 8 cm breit, aber unter 5 mm dick sind, werden nicht als Bauschnitthölzer bezeichnet.

1.113 Latten und Leisten sind Bauschnitthölzer, deren Querschnittsmaße kleiner sind als die in den Abschnitten 1.111 und 1.112 festgelegten.

1.12 Baurundhölzer (Rundhölzer für Zimmerarbeiten) sind abgelängte entrindete Rundhölzer, nicht geschnitten und nicht behauen, abgelängte entrindete Rundhölzer, ein- oder zweiseitig geschnitten oder behauen.

2. Feuchtigkeitsgehalt

2.1 Bauholz für Zimmerarbeiten gilt als

2.11 trocken, wenn es eine mittlere Feuchtigkeit von höchstens 20% hat,

2.12 halbtrocken, wenn es eine mittlere Feuchtigkeit von höchstens 30%, bei Querschnitten über 200 cm² von höchstens 35% hat,

2.13 frisch, wenn die Voraussetzungen nach den Abschnitten 2.11 und 2.12 nicht erfüllt sind.

2.2 Die Feuchtigkeitsprozentsätze beziehen sich auf das Darrgewicht der Hölzer.

2.3 Maßgebend ist das Ergebnis der Messung mit einem amtlich geprüften Feuchtemeßgerät.

3. Schnittklassen für Kanthölzer (Balken)

3.1 Die Schnittklassen für Kanthölzer (Balken) sind in Tabelle 1 festgelegt.

3.2 Die Breite der Baumkante (Fehlkante) wird an ihrer breitesten Stelle an der Oberfläche (schräg) gemessen und ihre Größe als Bruchteil der größten Querschnittsseite des Kantholzes angegeben.

Tabelle 1. Schnittklassen für Kanthölzer (Balken)

Schnittklasse	Baumkante zulässig
S	nein
A	$1/8$
B	$1/3$
C	ja, jedoch muß jede Seite in ganzer Länge mindestens noch von der Säge gestreift sein

4. Gütemerkmale

4.1 Die Gütemerkmale sind festgelegt
für Bauschnitthölzer und Baurundhölzer aus Nadelholz in den Tabellen 2 bis 8,
für Bauschnitthölzer und Baurundhölzer aus Laubholz in Tabelle 9.

4.2 Die Bedingungen beziehen sich auf das einzelne Stück (Kantholz, Balken, Brett, Bohle usw.).

Tabelle 2. Kantholz (Balken) aus Nadelholz

Gütemerkmale	Sonderklasse	Normalklasse
Rinde und Bast	unzulässig	
Farbe bei Fichte, Tanne, Douglasie:	zulässig: blank, d. h. weder rot noch farbig	zulässig: nagelfeste braune und rote Streifen
bei Kiefer:	blank, d. h. frei von Bläue jeder Art	blau
Äste	unzulässig: faule und lose	unzulässig: faule
Blitzrisse	unzulässig	zulässig: in geringem Maße
Frostrisse	unzulässig	zulässig: in geringem Maße
Wurm- und Käferfraß	unzulässig	zulässig: Insektenfraßstellen nur an der Oberfläche
Drehwuchs	unzulässig	zulässig: in geringem Maße
Krümmung	unzulässig	zulässig: 0,4 cm je m
Ringschäligkeit	unzulässig	zulässig: in geringem Maße
Rot- und Weißfäule	unzulässig	
Mistelbefall	unzulässig	zulässig: in geringem Maße

Fortsetzung Seite 2 bis 5

Fachnormenausschuß Holz im Deutschen Normenausschuß (DNA)
Fachnormenausschuß Bauwesen im DNA

Tabelle 3. Ungehobelte besäumte Bretter und Bohlen aus Nadelholz

Gütemerkmale	Güteklasse				
	0	I	II	III	IV
Baumkante höchstens an zwei Kanten einer Seite	unzulässig	zulässig: vereinzelt kleine, d. h. schräg gemessen höchstens ¼ der Dicke und höchstens auf ¼ der Länge	zulässig: kleine, d. h. schräg gemessen höchstens ¼ der Dicke und höchstens auf ¼ der Länge	zulässig: mittelgroße, d. h. schräg gemessen höchstens gleich der Dicke und höchstens auf ½ der Länge	zulässig: große, d. h. Schnitterzeugnis in ganzer Länge mindestens von der Säge gestreift und Mindestdeckbreite mindestens ½ der Stückbreite an der Meßstelle
Rinde und Bast	unzulässig				
Farbe bei Fichte, Tanne, Douglasie: bei Kiefer:	zulässig: blank, d. h. weder rot noch farbig —	zulässig: vereinzelt leichtfarbig - blank, vereinzelt angeblaut zulässig	zulässig: leichtfarbig, d. h. Oberfläche bis zu 10% farbig blank, vereinzelt angeblaut zulässig	zulässig: mittelfarbig, d. h. Oberfläche bis zu 40% farbig zulässig: angeblaut bis blau	zulässig: farbig, d. h. Oberfläche mehr als 40% farbig zulässig: blau
Äste bei Fichte, Tanne, Douglasie:		zulässig: je lfd. m ein kleiner Ast bis zu 2 cm breit, aber höchstens 5 cm lang	zulässig: gesunde kleine bis zu 2 cm breit, aber höchstens 5 cm lang	zulässig: gesunde mittelgroße bis zu 4 cm breit, aber höchstens 10 cm lang — und je m 2 kleine Durchfalläste aber höchstens 10 je m²	zulässig: gesunde, vereinzelt mittelgroße lose bis zu 4 cm breit aber höchstens 8 cm lang	
bei Kiefer:	—	zulässig: vereinzelt gesunde kleine, d. h. 2 cm kleinster Durchmesser	zulässig: vereinzelt gesunde lose, bei Dicken über 30 mm vereinzelt gesunde mittelgroße — bis zu 4 cm breit, aber höchstens 10 cm lang	zulässig: gesunde, vereinzelt mittelgroße lose bis zu 4 cm breit aber höchstens 8 cm lang	zulässig: große
Harzgallen	zulässig: statt eines kleinen Astes je lfd. m eine kleine Harzgalle, d. h. bis zu 0,5 cm breit und 5 cm lang	zulässig: vereinzelt kleine, d. h. bis zu 0,5 cm breit und bis zu 5 cm lang	zulässig: kleine, d. h. bis zu 0,5 cm breit und bis zu 5 cm lang	zulässig: vereinzelt mittelgroße, d. h. bis zu 1 cm breit und bis zu 10 cm lang	zulässig: große
Risse	zulässig: vereinzelt kleine, d. h. nicht länger als die Brett- oder Bohlenbreite, nicht durchgehende und nicht schräg laufende	zulässig: vereinzelt kleine, d. h. nicht länger als die Brett- oder Bohlenbreite, nicht durchgehende und nicht schräg laufende	zulässig: vereinzelt kleine — nicht länger als die Brett- oder Bohlenbreite, nicht durchgehende und nicht schräg laufende	zulässig: mittelgroße, d. h. nicht länger als die 1½fache Brett- oder Bohlenbreite	zulässig: große, d. h. auch durchgehende, aber nicht länger als ¼ der Brett- oder Bohlenlänge
Kernschiefer (Schilber)	unzulässig				zulässig

Fortsetzung Seite 3

Tabelle 3 (Fortsetzung). Ungehobelte besäumte Bretter und Bohlen aus Nadelholz

Gütemerkmale	Güteklasse				
	0	I	II	III	IV
Rotharte (buchsige) Bretter und Bohlen	unzulässig		zulässig: in geringem Maße		zulässig
Wurm- und Käferfraß	unzulässig			zulässig: geringe Insektenfraßstellen nur an der Oberfläche	zulässig: Insektenfraßstellen nur an der Oberfläche
Rot- und Weißfäule	unzulässig				
Mistelbefall	unzulässig				zulässig: in geringem Maße

Tabelle 4. Rauhspund aus Nadelholz

Gütemerkmale	Rauhspund
Baumkante	zulässig: mittelgroße, d. h. schräg gemessen höchstens gleich der Dicke und höchstens bis auf ½ der Brettlänge, aber nur auf der Unterseite bis zum Spund
Rinde und Bast	unzulässig
Farbe bei Fichte, Tanne, Douglasie: bei Kiefer:	zulässig: farbig zulässig: blau
Äste	zulässig, jedoch nur vereinzelt lose oder ausgeschlagene bis 2,5 cm Breite und Länge
Harzgallen	zulässig
Risse	zulässig, aber höchstens bis zu ⅓ der Brettlänge
Ringschäligkeit	unzulässig
Wurm- und Käferfraß	zulässig: geringe Insektenfraßstellen nur an der Oberfläche
Rot- und Weißfäule, Mistelbefall	unzulässig

Tabelle 5. Ungehobelte Latten und Leisten aus Nadelholz

Gütemerkmale	Güteklasse	
	I	II
Baumkante	zulässig: kleine, d. h. schräg gemessen höchstens ¼ der Dicke und höchstens ¼ der Länge der Latten oder Leisten	zulässig

Tabelle 5 (Fortsetzung). Ungehobelte Latten und Leisten aus Nadelholz

Gütemerkmale	Güteklasse	
	I	II
Rinde und Bast	unzulässig	unzulässig
Farbe bei Fichte, Tanne, Douglasie: bei Kiefer:	zulässig: leichtfarbig, d. h. Oberfläche bis zu 10% farbig zulässig: angeblaut, d. h. Oberfläche bis zu 10% angeblaut	zulässig: farbig zulässig: blau
Äste	zulässig: kleine, d. h. bis zu 2 cm kleinstem Durchmesser, aber höchstens auf einem Drittel der Breite der Querschnittsseite, an der der Ast sitzt	zulässig: aber höchstens bis zur halben Breite der Querschnittsseite, an der der Ast sitzt
Risse	zulässig: kleine, d. h. nicht länger als die Latten- oder Leistenbreite, nicht schräg laufende und nicht durchgehende	zulässig: mittelgroße, d. h. nicht länger als die 1½fache Latten- oder Leistenbreite und nicht durchgehend
Ringschäligkeit	unzulässig	zulässig: in geringem Maße
Kernschiefer (Schilber)	unzulässig	unzulässig
Wurm- und Käferfraß	unzulässig	zulässig: geringe Insektenfraßstellen nur an der Oberfläche
Rot- und Weißfäule, Mistelbefall	unzulässig	unzulässig

Seite 4 DIN 68 365

Tabelle 6. Gehobelte Bretter und Bohlen aus Nadelholz

Güte-merkmale	Güteklasse I	Güteklasse II	Güteklasse III
Baumkante	zulässig: auf der ungehobelten Seite kleine, d. h. schräg gemessen höchstens ¼ der Dicke und höchstens auf ¼ der Länge des Schnitterzeugnisses		
Rinde und Bast	unzulässig		
Farbe bei Fichte, Tanne, Douglasie:	zulässig: blank, d. h. weder rot noch farbig	zulässig: leichtfarbig, d. h. Oberfläche bis zu 10% farbig	zulässig: mittelfarbig, d. h. Oberfläche bis zu 40% farbig
bei Kiefer, Weymouthskiefer:	zulässig: blank, d. h. frei von Bläue jeder Art	zulässig: angeblaut, d. h. Oberfläche bis zu 10% blau	zulässig: blau
bei Lärche:	zulässig: blank		
Äste bei Fichte, Tanne, Douglasie, Lärche:	zulässig: gesunde bis zu 2,5 cm breit aber höchstens 5 cm lang	zulässig: schwarze, festverwachsene kleine bis zu 5 cm größtem Durchmesser und gesunde mittelgroße bis zu 4 cm kleinstem und bis zu 7 cm größtem Durchmesser	zulässig: gesunde, vereinzelt nur kleine, ausgeschlagene, d. h. bis zu 2 cm kleinstem Durchmesser
bei Kiefer, Weymouthskiefer:	zulässig: vereinzelt gesunde kleine bis zu 2 cm breit aber höchstens 5 cm lang	zulässig: gesunde kleine, vereinzelt lose, bei Dicken über 30 mm vereinzelt gesunde mittelgroße bis zu 4 cm breit aber höchstens 10 cm lang	zulässig: gesunde, vereinzelt nur kleine, ausgeschlagene, d. h. bis zu 2 cm kleinstem Durchmesser
Harzgallen	zulässig: sehr kleine, d. h. bis zu 0,2 cm breit und bis zu 2 cm lang und vereinzelt kleine bis zu 0,5 cm breit und bis zu 5 cm lang	zulässig: kleine, d. h. bis zu 0,5 cm breit und bis zu 5 cm lang	zulässig

Tabelle 6 (Fortsetzung). Gehobelte Bretter und Bohlen aus Nadelholz

Güte-merkmale	Güteklasse I	Güteklasse II	Güteklasse III
Risse	zulässig: kleine, d. h. nicht länger als die Breite des Schnitterzeugnisses, nicht durchgehend und nicht schräg laufend		zulässig
Kernschiefer (Schilber)	unzulässig		
Hobelfehler	unzulässig	zulässig: kleine	zulässig
ausgedübelte Stellen	unzulässig	zulässig: Kettendübelung bis 2 Stück	zulässig
Wurm- und Käferfraß	unzulässig		
Rot- und Weißfäule	unzulässig		
Mistelbefall	unzulässig		

Tabelle 7. Gehobelte Latten und Leisten aus Nadelholz

Güte-merkmale	Güteklasse I	Güteklasse II
Baumkante	zulässig: auf der ungehobelten Seite kleine, d. h. schräg gemessen höchstens ¼ der Dicke und höchstens auf ¼ der Länge der Latten oder Leisten	zulässig: mittelgroße, d. h. schräg gemessen höchstens gleich der Dicke und höchstens auf ½ der Länge der Latten oder Leisten
Rinde u. Bast	unzulässig	
Farbe bei Fichte, Tanne, Douglasie:	zulässig: blank, d. h. weder rot noch farbig	zulässig: leichtfarbig, d. h. Oberfläche bis zu 10% farbig
bei Kiefer:	zulässig: blank, d. h. frei von Bläue jeder Art	zulässig: angeblaut, d. h. Oberfläche bis zu 10% blau
bei Lärche:	zulässig: blank	—
Äste	zulässig: gesunde kleine bis zu 2 cm breit, aber höchstens 4 cm lang und höchstens ⅓ der Breite der Querschnittsseite, an der der Ast sitzt	zulässig: gesunde kleine, d. h. bis zu 2 cm kleinstem Durchmesser, aber höchstens ½ der Breite der Querschnittsseite, an der der Ast sitzt

Fortsetzung Seite 5

Tabelle 7 (Fortsetzung). Gehobelte Latten und Leisten aus Nadelholz

Gütemerkmale	Güteklasse	
	I	II
Harzgallen	zulässig: sehr kleine, d. h. bis zu 0,2 cm breit und bis zu 2 cm lang	zulässig: vereinzelt kleine, d. h. bis zu 0,5 cm breit und bis zu 5 cm lang
Risse	zulässig: kleine, d. h. nicht länger als die Latten- oder Leistenbreite, nicht durchgehend, nicht schräg laufend	zulässig: mittelgroße, d. h. nicht länger als das 1½fache der Latten- oder Leistenbreite. Sie können durchgehen, wenn sie nicht schräg laufen
Kernschiefer (Schilber)	unzulässig	
Hobelfehler und ausgedübelte Stellen	unzulässig	zulässig: kleine
Wurm- und Käferfraß	unzulässig	
Rot- und Weißfäule	unzulässig	
Mistelbefall	unzulässig	

Tabelle 8. Baurundholz aus Nadelholz

Gütemerkmale	Normalklasse
Rinde und Bast	unzulässig
Äste	zulässig: in geringem Maße
Drehwuchs	zulässig: in geringem Maße
Krümmung	zulässig: 0,4 cm je m

Tabelle 9. Bauschnitt- und Baurundholz aus Laubholz

Gütemerkmale	Normalklasse
Rinde und Bast	unzulässig
Äste	zulässig: gesunde unzulässig: faule
Frost- und Blitzrisse	unzulässig
Ringschäligkeit	zulässig: in geringem Maße
Drehwuchs	zulässig: in geringem Maße
Splint bei Eichenholz	unzulässig
Wurm- und Käferfraß	unzulässig

Holzpflaster GE
für gewerbliche und industrielle Zwecke

DIN 68 701

September 1993

DK 625.83 : 692.535.1 : 725/727

Wood paving GE for industrial purposes

Ersatz für Ausgabe 06.90

Maße in mm

1 Anwendungsbereich

Diese Norm gilt für imprägniertes Holzpflaster in Innenräumen, für gewerbliche und industrielle Zwecke, an das besondere Anforderungen hinsichtlich Schub- und Zugbeanspruchung durch Stapler- und Fahrverkehr mit hoher Frequenz und/oder hohen Momentlasten sowie hinsichtlich Feuchtebeanspruchung zu stellen sind. Hohe Feuchtebeanspruchungen liegen z.B. vor in Gießereien, in Fahrzeug- und Industriehallen, insbesondere, wenn sie abtropfendem Eis- und Schmutzwasser ausgesetzt sind. Wenn derartige besondere Anforderungen nicht gegeben sind, soll Holzpflaster RE-W nach DIN 68 702 verlegt werden.

ANMERKUNG: Abweichungen von dieser Norm bezüglich der Klebung bedürfen der besonderen vertraglichen Vereinbarung.

2 Begriff

Holzpflaster GE nach dieser Norm ist ein Fußboden für gewerbliche und industrielle Zwecke; er besteht aus scharfkantigen, imprägnierten Holzklötzen (im folgenden Klötze genannt), die einzeln so gepflasterten Flächen so verlegt sind, daß eine Hirnholzfläche als Nutzfläche dient.

ANMERKUNG: Holzpflaster RE nach DIN 68 702 ist ein Fußboden für Räume in Schulen, Verwaltungs- und Versammlungsstätten und ähnlichen Anwendungsbereichen, und zwar Holzpflaster RE-V als repräsentativ rustikaler Fußboden, z.B. in Kirchen, Schulen, Theatern, Gemeinde- und Freizeitzentren, Hobbyräumen und im Wohnbereich

oder

Holzpflaster RE-W als Fußboden in Werkräumen im Ausbildungsbereich und für Räume mit gleichartiger Beanspruchung ohne große Klimaschwankungen und ohne Fahrzeug- und Staplerverkehr (außer Leichttransporten).

3 Holzarten

Kiefer (KI), Lärche (LA), Fichte (FI), Eiche (EI) oder an diesen Holzarten in der Eignung gleichwertiges Holz (Holzarten siehe DIN 4076 Teil 1 und DIN 68 364).

4 Maße und Bezeichnung der Klötze

Bild 1: Klotz

Bezeichnung eines Klotzes für Holzpflaster GE von 80 mm Höhe aus Kiefer (KI):

Klotz DIN 68 701 — 80 KI

Tabelle

Höhe h ±1	Breite b ±1,5	Länge l
50		
60	80	80 bis 160 je nach Anfall
80		
100		

5 Gütebedingungen

Klötze müssen aus gesundem, trockenem Schnittholz (Bohlen oder Kantholz) hergestellt sein. Sie dürfen keine den Gebrauchswert beeinträchtigenden Fehler und Schäden haben.

Festverwachsene Äste, unschädliche Trockenrisse und leichte Bläue sind zulässig. Klötze von 80 bis 100 mm Länge aus einstieligem (nicht kerngetrenntem) Schnittholz sind nur bis 10% der Gesamtmenge zulässig.

Fortsetzung Seite 2 bis 5

Normenausschuß Holzwirtschaft und Möbel (NHM) im DIN Deutsches Institut für Normung e.V.
Normenausschuß Bauwesen (NABau) im DIN

6 Imprägnierung der Klötze

Für die biozidfreie Imprägnierung der Klötze, die nur zur Verzögerung der Feuchteaufnahme wirksam sein darf, sind solche Mittel anzuwenden, die bei ordnungsgemäßer Anwendung die erforderliche wasserabweisende Wirkung erzielen und gegen die beim bestimmungsgemäßen Gebrauch keine gesundheitlichen Bedenken bestehen.

Bei der Auswahl der Imprägniermittel ist darüber hinaus bei Räumen, die den Anforderungen der Raumgruppe C der Arbeitsstättenverordnung und den Arbeitsstätten-Richtlinien nicht entsprechen, grundsätzlich die Imprägnierung mit Mitteln nach Abschnitt 6.1 vorzunehmen, die geruchsschwach sind.

Bei der Verwendung von imprägniertem Holzpflaster nach dieser Norm in industriellen und gewerblichen Räumen sind Raum-Mindestdimensionen und Vorkehrungen für ausreichenden Luftwechsel entsprechend wie für Räume in Arbeitsstätten (siehe Arbeitsstättenverordnung) einzuhalten.

6.1 Die Klötze sind mit geeigneten öligen Imprägniermitteln (nach Abschnitt 6) nach Vorschriften des Herstellers des Imprägniermittels zu behandeln. Imprägniermittel, die Teeröle oder Bestandteile aus Teerölen enthalten, dürfen in Innenräumen nicht verwendet werden. Die Teerölverordnung ist zu beachten. Soweit flüchtige (ölige) Imprägniermittel verwendet werden, sind Nachbehandlungsmaßnahmen notwendig, die den Pflegeanweisungen der Herstellerfirmen zu entnehmen sind. Bei solchen Imprägniermitteln sollten grundsätzlich paraffinhaltige Zusätze enthalten sein.

6.2 Bei Verwendung von Voranstrichmitteln und Unterlagsbahnen sowie Klebe- und Vergußmassen auf Steinkohlenteerpechbasis sind die besonderen Vorschriften für den Umgang mit krebserzeugenden Gefahrstoffen des Anhangs II der Gefahrstoff-Verordnung sowie die berufsgenossenschaftlichen Unfallverhütungsvorschriften (UVV) VBG 113 und VBG 100 und die Technische Regel für gefährliche Arbeitsstoffe TRgA 126 mit den dort zitierten Vorschriften und Regeln zu beachten.

6.3 Da auch die Einhaltung der Auslöseschwelle für Benzo(a)pyren in der Luft am Arbeitsplatz aus arbeitsmedizinisch-toxikologischer Sicht keinen vollständigen Gefahrenausschluß bedeutet, dürfen Produkte auf Steinkohlenteerbasis nur verwendet werden, wenn dies zur Erfüllung der unter den Abschnitten 1 und 6 genannten Bedingungen zwingend erforderlich ist.

7 Feuchtegehalt

Der Feuchtegehalt der Klötze richtet sich nach den örtlichen Gegebenheiten (Raumklima) am Einbauort. Er darf jedoch höchstens 16%, bezogen auf die Darrmasse, betragen.

> ANMERKUNG: Der Feuchtegehalt kann mit geeigneten elektrischen Feuchtemeßgeräten ermittelt werden. Maßgebend für die Klotzherstellung oder im Zweifelsfall ist das Ergebnis der Darrprobe nach DIN 52 183.

8 Verlegung

Voranstrichmittel, Unterlagsbahnen, Klebe- und Vergußmassen sind so auszuwählen und zu verarbeiten, daß sie sich miteinander, mit dem Untergrund und mit dem zur Schutzbehandlung der Klötze verwendeten Stoff vertragen.

Beim Umgang mit Klebstoffen, Vergußmassen und Unterlagsbahnen auf Teerpechbasis sind die unter Abschnitt 6.2 genannten Regeln und Vorschriften zu beachten.

8.1 Klebemassen

Die Klebung von Holzpflaster nach dieser Norm erfolgt mit geeigneter heißflüssiger Klebemasse (plastischer Klebstoff). Diese hat folgende Eigenschaften aufzuweisen:

a) Ölbeständigkeit:

Die Ölbeständigkeit ist erforderlich, damit die Klebemasse von den Imprägniermitteln und den technischen Ölen, die beim Betrieb von Maschinen Verwendung finden, nicht aufgelöst werden kann.

b) Verträglichkeit mit dem Imprägniermittel:

siehe Abschnitt 6.

c) Feuchtebeständigkeit:

Wenn mineralische Zusatzstoffe in der Klebemasse enthalten sind, müssen sie feuchtebeständig sein; in Wasser dürfen sie nicht quellen und sich nicht lösen.

d) Ausreichende Wärme- und Kältebeständigkeit:

Falls Steinkohlenteerprodukte als Kleber verwendet werden, sind folgende Bedingungen einzuhalten:

Wärmebeständigkeit:

Erweichungspunkt, Ring und Kugel, mindestens 45 °C (Prüfverfahren nach DIN 52 011)

Kältebeständigkeit:

Fallhöhe bei 0 °C mindestens 55 cm (Prüfverfahren Kugelfallversuch nach DIN 1996 Teil 18).

Bei der Verwendung von Heißklebemassen auf Steinkohlenteerpechbasis ist Abschnitt 6.2 zu beachten.

8.2 Vergußmassen

Für Heißvergußmassen gilt Abschnitt 8.1 sinngemäß.

Bei Verwendung von Vergußmassen auf Steinkohlenteerbasis ist Abschnitt 6.2 zu beachten.

Die Vergußmasse muß außerdem folgenden Anforderungen genügen:

Gießbarkeit:

Die Vergußmasse muß bei der vom Lieferwerk angegebenen Verarbeitungstemperatur so flüssig sein, daß damit eine 4 mm breite und 100 mm tiefe Fuge voll vergossen werden kann.

Entmischungsneigung:

Die Vergußmasse darf sich bei der vom Lieferwerk angegebenen Verarbeitungstemperatur innerhalb von 30 Minuten höchstens bis zu der im Prüfverfahren nach DIN 1996 Teil 12 zulässigen Grenze entmischen.

8.3 Voranstrichmittel (kalt zu verarbeiten)

Die zu verwendenden Voranstrichmittel sind hinsichtlich ihrer Zusammensetzung und Lösung auf die Klebemasse nach Abschnitt 8.1 abzustimmen.

Bei Verwendung von Voranstrichmitteln auf Steinkohlenteerölbasis ist Abschnitt 6.2 zu beachten.

8.4 Unterlagsbahnen

Es sind nackte 500er Unterlagsbahnen (Pappen) — z.B. nach DIN 52 129 — zu verwenden, die nach ihrer Zusammensetzung auf die Klebemassen nach Abschnitt 8.1 abzustimmen sind.

8.5 Fugenfüllstoffe

Quarzsand oder bituminierter Sand ist nur mit einer Korngröße bis zu 3 mm zu verwenden.

8.6 Verlegetemperatur

Bei der Verlegung darf die Temperatur der Raumluft 10 °C und die der Unterbodenoberfläche 5 °C nicht unterschreiten.

8.7 Art der Verlegung

Die Klötze sind im Verband mit geradlinig durchgehenden Längsfugen zu verlegen. Sie müssen parallel zur Schmalseite der zu pflasternden Fläche verlaufen, wenn in der Leistungsbeschreibung nicht eine andere Verlegungsart (z. B. diagonale Verlegung) vorgeschrieben ist.

Einstielige Klötze müssen auf die gesamte zu pflasternde Fläche verteilt werden.

An Vorstoß- (Anschlag-) und anderen Schienen ist das Holzpflaster unmittelbar anzustoßen.

Zwischen dem zu verlegenden Holzpflaster und angrenzenden Wänden, ausgenommen Schienen, sind — soweit nichts anderes vereinbart ist — Arbeitsfugen anzulegen; diese sind zu zwei Dritteln mit Fugenfüllstoff und darüber mit Vergußmasse zu schließen.

ANMERKUNG: Arbeitsfugen dienen zum Ausgleich von Maßabweichungen im Bau, z. B. der Wände; sie sind keine Dehnungsfugen.

8.7.1 Verlegen ohne Fugenleisten (Preßverlegung)

8.7.1.1 Das Preßverlegen von Holzpflaster mit heißflüssiger Klebemasse umfaßt folgende Leistungen:
Voranstrich nach Abschnitt 8.7.1.2,
Aufkleben von Unterlagsbahnen nach Abschnitt 8.7.1.4 bei Preßverlegung auf Unterlagsbahnen,
Verlegen der Klötze nach Abschnitt 8.7.1.5.

8.7.1.2 Auf Betonuntergrund ist vor dem Verlegen zur Verbesserung der Haftverbindung zwischen Untergrund und Unterlagsbahn oder zwischen Untergrund und Holzpflaster ein Voranstrich aufzubringen, wenn in der Leistungsbeschreibung nichts anderes vorgeschrieben ist.

8.7.1.3 Der Voranstrich muß abgetrocknet sein, bevor die Unterlagsbahn aufgeklebt oder Holzpflaster verlegt wird.

8.7.1.4 Unterlagsbahnen nach Abschnitt 8.4 sind auf den nach Abschnitt 8.7.1.2 vorgestrichenen Untergrund mit der zum Verlegen des Holzpflasters nach Abschnitt 8.1 vorgesehenen Klebemasse vollflächig aufzukleben. Die Unterlagsbahnen sind stumpf zu stoßen, an den Stößen hochquellende Klebemasse ist zu glätten.

8.7.1.5 Die Klötze sind mit der Unterseite in heißflüssige Klebemasse nach Abschnitt 8.1 zu tauchen und vollflächig mit dem Untergrund zu verkleben (preßgestoßen). Sie müssen auf dem Untergrund gleichmäßig aufliegen und dürfen nach dem Anpressen nicht verkantet sein.

8.7.1.6 Nach dem Verlegen des Holzpflasters ist der Belag mit Quarzsand abzukehren, wenn in der Leistungsbeschreibung nichts anderes vorgeschrieben ist. Bituminierter Sand eignet sich nur für das Nachfüllen der Fugen nach der zweiten Heizperiode.

8.7.2 Verlegen mit Fugenleisten (Lättchenverlegung)

Verwendung (Verlegung) von Holzpflaster mit Fugenleisten (Lättchenverlegung) ist beschränkt auf die Einsatzgebiete: Schwerindustrie (Eisen/Stahl) und Industriehallen mit hoher Zug- und Schubbeanspruchung — z. B. Hammerwerke, Gießereien, Fahrzeughallen mit abtropfendem Eis- und Schmutzwasser.

8.7.2.1 Verlegen mit und ohne Aufkleben der Klötze
Die Klötze sind — an den Stoßseiten preßgestoßen — derart zu verlegen, daß zwischen den Klotzreihen 4 bis 6 mm breite gleichmäßige Längsfugen entstehen. Die Höhe der Fugenleisten beträgt $1/3$ bis $2/3$ der Klotzhöhe. Die verbleibende Restfuge ist mit heißflüssiger Vergußmasse nach Abschnitt 8.2 zu füllen. Überstehende Vergußmasse ist zu entfernen.

8.7.2.2 Verlegen mit Aufkleben der Klötze
Die Verlegung umfaßt folgende Leistungen:
Voranstrich nach Abschnitt 8.7.1.2,
Aufkleben von Unterlagsbahnen wie es in der Leistungsbeschreibung vorgeschrieben ist,
Verlegen der aufzuklebenden Klötze nach den Abschnitten 8.7.1.5 und 8.7.2.1.

8.7.2.3 Der Auftragnehmer hat die vergossenen Fugen mit einem geeigneten Füllstoff (z. B. bituminierter Quarzsand) nachzufüllen, wenn die Vergußmasse um mehr als 10 mm unter die Oberfläche des Holzpflasters abgesunken ist, jedoch frühestens 2 Monate nach Ende der ersten Heizperiode, spätestens innerhalb von 2 Jahren nach Abnahme.

8.8 Anforderungen an den Unterboden (Mindestwerte)

Es ist Verbundestrich ZE 30 nach DIN 18 560 Teil 3 und/ oder Beton B 25 nach DIN 1045 zu verwenden. Voraussetzung für die Eignung des Betons für Holzpflaster ist, daß er sachgemäß zusammengesetzt, hergestellt und eingebaut wird, daß er sich nicht entmischt und daß er vollständig verdichtet und sorgfältig nachbehandelt wird. Die Oberfläche für die Aufnahme des Holzpflasterbelages ist abzureiben, aber nicht zu glätten. Sie soll nicht absanden. Deshalb ist eine Nachbehandlung nach der „Richtlinie zur Nachbehandlung von Beton" durch Auflegen von Folien oder ähnlichem unbedingt erforderlich.

ANMERKUNG: Mit der vorgesehenen Nachbehandlung soll auch erreicht werden, daß die Oberfläche bei der in der Praxis üblichen Gitterritzprüfung nicht einritzbar ist.

Die Ebenheitstoleranzen müssen mindestens den Werten der Zeile 3, Tabelle 3 von DIN 18 202/05.86 entsprechen.

Erfordert die Nutzungsbelastung höhere Festigkeitswerte für den Beton, so sind diese ausdrücklich zu vereinbaren.

9 Pflegeanweisung

Die nach dem Verlegen zu übergebende schriftliche Pflegeanweisung soll auch Hinweise auf das zweckmäßige Raumklima enthalten. Ergänzend ist auf Abschnitt 6.1 dieser Norm zu verweisen.

Die Pflegeanweisung muß einen Hinweis auf die Biozidfreiheit *) des Holzpflasters enthalten.

10 Entsorgungshinweis

Zur ordnungsgemäßen Entsorgung von Holzpflaster nach dieser Norm ist in die Pflegeanweisung (siehe Abschnitt 9), in die Lieferpapiere und in die Rechnung der Hinweis aufzunehmen, daß dieses Holzpflaster biozidfrei ist.

---

*) Als biozidfrei wird ein Holzpflaster bezeichnet, wenn es keine chemischen Schutzmittel gegen holzzerstörende Pilze und/oder Insekten enthält.

Zitierte Normen und andere Unterlagen

DIN 1045	Beton und Stahlbeton; Bemessung und Ausführung
DIN 1996 Teil 16	Prüfung bituminöser Massen für den Straßenbau und verwandte Gebiete; Bestimmung der Entmischungsneigung
DIN 1996 Teil 18	Prüfung von Asphalt; Kugelfallversuch nach Herrmann
DIN 4076 Teil 1	Benennungen und Kurzzeichen auf dem Holzgebiet; Holzarten
DIN 18 202	Toleranzen im Hochbau; Bauwerke
DIN 18 560 Teil 3	Estriche im Bauwesen; Verbundestriche
DIN 52 011	Prüfung von Bitumen; Bestimmung des Erweichungspunktes, Ring und Kugel
DIN 52 129	Nackte Bitumenbahnen; Begriff, Bezeichnung, Anforderungen
DIN 52 183	Prüfung von Holz; Bestimmung des Feuchtigkeitsgehaltes
DIN 68 364	Kennwerte für Holzarten; Festigkeit, Elastizität, Resistenz
DIN 68 702	Holzpflaster RE für Räume in Versammlungsstätten, Schulen, Wohnungen (RE-V), für Werkräume im Ausbildungsbereich (RE-W) und ähnliche Anwendungsbereiche

Verordnung über gefährliche Stoffe (Gefahrstoffverordnung — GefStoffV), Anhang II[1])
Arbeitsstättenverordnung- ArbStättV — und Arbeitsstätten-Richtlinien — ASR, Stand August 1985[1])
Verordnung zur Beschränkung des Herstellens, des Inverkehrbringens und der Verwendung von Teerölen zum Holzschutz (Teerölverordnung — TeerölV)[1])

TRgA 126	Auslöseschwelle für Benzo(a)pyren[1])
VBG 100	Arbeitsmedizinische Vorsorge, vom 1. Oktober 1984 in der Fassung von 1985[2])
VBG 113	Schutzmaßnahmen beim Umgang mit krebserzeugenden Arbeitsstoffen[2])

Richtlinie zur Nachbehandlung von Beton[3]) (Vertriebs-Nr 65009)

Weitere Normen

DIN 18 195 Teil 4	Bauwerksabdichtungen; Abdichtungen gegen Bodenfeuchtigkeit, Bemessung und Ausführung
DIN 18 367	VOB Verdingungsordnung für Bauleistungen; Teil C: Allgemeine Technische Vertragsbedingungen für Bauleistungen (ATV); Holzpflasterarbeiten
DIN 52 181	Bestimmung der Wuchseigenschaften von Nadelschnittholz
DIN 68 256	Gütemerkmale von Schnittholz; Begriffe
DIN 68 367	Bestimmung der Gütemerkmale von Laubschnittholz

Frühere Ausgaben

DIN 68 701: 08.54, 03.58, 06.64, 12.74, 06.76, 02.89, 06.90

Änderungen

Gegenüber der Ausgabe Juni 1990 wurden folgende Änderungen vorgenommen:
— Die Teerölverordnung wurde berücksichtigt.

---

[1]) Zu beziehen durch:
Deutsches Informationszentrum für Technische Regeln (DITR) im DIN Deutsches Institut für Normung e.V.,
Burggrafenstraße 6, 10787 Berlin; Postanschrift 10772 Berlin
[2]) Zu beziehen durch:
Carl Heymanns Verlag KG, Luxemburger Straße 449, 50939 Köln
[3]) Herausgeber: Deutscher Ausschuß für Stahlbeton, Berlin; zu beziehen über:
Beuth Verlag, Burggrafenstraße 6, 10787 Berlin; Postanschrift 10772 Berlin

Erläuterungen

Diese Norm wurde vom NHM-Arbeitsausschuß 4.11 Holzpflaster erarbeitet.

Beispiele für die genormten Verlegungsarten

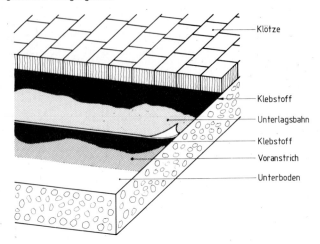

Bild 2: Verlegen ohne Fugenleisten (Preßverlegung)

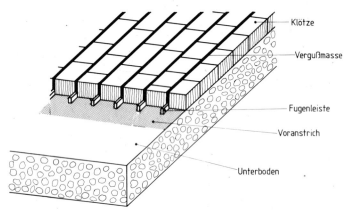

Bild 3: Verlegung mit Fugenleisten (Lättchenverlegung)

DIN 68 701 GE ist maßgebend für Holzpflaster im industriellen und gewerblichen Bereich, in dem aus Gründen der statischen und dynamischen Belastung (z. B. Gabelstaplerverkehr) und/oder wegen der klimatischen Beanspruchung eine Imprägnierung und die Verwendung plastischer Klebstoffe erforderlich ist.

DIN 68 702 RE-W ist maßgebend für Holzpflaster in Werkstätten und ähnlichen Verwendungsbereichen, in denen wegen der vergleichsweise geringen Beanspruchung und den günstigeren klimatischen Verhältnissen Holzpflaster ohne Imprägnierung mit hartplastischen Klebstoffen verlegt werden kann.

DIN 68 702 RE-V ist für Holzpflaster im repräsentativen Bereich anzuwenden.

Internationale Patentklassifikation

B 27 M 003/04
E 04 F 015/04

DK 625.83 : 692.535.1 : 725.2/.4   Juni 1990

DIN 68 702

Holzpflaster RE für Räume in Versammlungsstätten, Schulen, Wohnungen (RE-V), für Werkräume im Ausbildungsbereich (RE-W) und ähnliche Anwendungsbereiche

RE wood paving blocks for assembly rooms, schools, dwellings (RE-V), for workrooms in the field of education (RE-W), and similar fields of application

Ersatz für Ausgabe 06.87

Maße in mm

1 Anwendungsbereich

Diese Norm gilt für Holzpflaster als repräsentativer Fußboden z. B. in Versammlungsstätten und im Wohnbereich, sowie als Fußboden in Werkräumen des Ausbildungsbereichs.

2 Begriffe

Holzpflaster RE nach dieser Norm ist ein Fußboden für Innenräume. Er besteht aus scharfkantigen, nicht imprägnierten Holzklötzen (im folgenden Klötze genannt), die einzeln zu gepflasterten Flächen so verlegt werden, daß eine Hirnholzfläche als Nutzfläche dient.

Holzpflaster RE nach dieser Norm wird unterteilt in:

Holzpflaster RE-V als repräsentativer rustikaler Fußboden in Verwaltungsgebäuden und Versammlungsstätten (z. B. Kirchen, Schulen, Theater), Gemeinde- und Freizeitzentren, Hobbyräumen und im Wohnbereich.

Holzpflaster RE-W als Fußboden in Werkräumen im Ausbildungsbereich und für Räume mit gleichartiger Beanspruchung ohne große Klimaschwankungen und ohne Fahrzeug- und Staplerverkehr (außer Leichttransporte).

Anmerkung: Holzpflaster GE für gewerbliche Zwecke siehe DIN 68 701.

3 Holzarten

Kiefer (Kl), Lärche (LA), Fichte (Fl), Eiche (El) oder ein diesen Holzarten in der Eignung gleichwertiges Holz (Holzarten siehe DIN 4076 Teil 1 und DIN 68 364).

4 Maße, Bezeichnung der Klötze

Bild 1. Klotz

Bezeichnung eines Klotzes für Holzpflaster RE-V (RE-V) von 40 mm Höhe (40) aus Kiefer (Kl):

Klotz DIN 68 702 — RE-V — 40 — Kl

Tabelle.

Höhe h ±1	Breite b ±1	Länge l
22 *)		
25 *)		
30		
40	40 bis 80	40 bis 120 (bei RE-W 40 bis 140 je nach Anfall)
50		
60		
80		

*) Nur bei RE-V

Anmerkung: Bei RE-W mit Eignung für Leichttransporte (siehe Abschnitt 2) Höhe min. 40 mm, Breite max. 80 mm, Länge max. 100 mm.

5 Gütebedingungen

Die Klötze sind aus gesundem, mehrstielig (kerngetrennt) geschnittenem, vierseitig gehobeltem, technisch (künstlich) getrocknetem, scharfkantigem Schnittholz (Bohlen oder Kantholz) herzustellen. Bei Holzpflaster RE-W sind ab 100 mm Länge auch zweiseitig gehobelte, mindestens 40 mm hohe einstielige Klötze zulässig.

Gesunde, festverwachsene Äste, unbedeutende Trockenrisse sowie Farbunterschiede, die den Gebrauchswert nicht beeinträchtigen, sind zulässig. Bei Klötzen aus Eiche ist gesunder Splint in geringem Umfang, bei Klötzen aus Kiefer leichte Bläue zulässig.

Bei RE-V darf der rustikale Gesamteindruck des Holzpflasters nicht durch andere optisch wahrnehmbare Effekte, z. B. plakatartige Flächen mit wesentlich anderem Farbton, beeinträchtigt werden.

Bei RE-W sind Farbunterschiede grundsätzlich zulässig.

Fortsetzung Seite 2 bis 4

Normenausschuß Holzwirtschaft und Möbel (NHM) im DIN Deutsches Institut für Normung e.V.
Normenausschuß Bauwesen (NABau) im DIN

Anmerkung: Geringer Umfang des gesunden Splints bei Eichenklötzen und leichte Bläue bei Kiefernklötzen bedeuten beim Einzelklotz max. 5 % und bei der Gesamtfläche max. 3 %.

6 Feuchtegehalt

Der mittlere Feuchtegehalt der Klötze RE-V ist im Bereich von 8 bis 12 % (bei Anlieferung) nach den örtlichen Verhältnissen festzulegen. Der Feuchtegehalt einzelner Klötze darf von der Festlegung um ± 2 % Holzfeuchte abweichen.
Bei RE-W gilt der Bereich von 8 bis 13 %.

Anmerkung: Der Feuchtegehalt kann mit geeigneten elektrischen Feuchtemeßgeräten ermittelt werden. Maßgebend ist bei der Klotzherstellung oder im Zweifelsfall ist das Ergebnis der Darrprobe nach DIN 52 183.

7 Verlegung (Preßverlegung)

7.1 Art der Verlegung

Die Klötze sind im Verband mit geradlinig durchgehenden Längsfugen zu verlegen. Sie müssen parallel zur Schmalseite der zu pflasternden Flächen verlaufen, wenn nicht eine andere Verlegeart (z. B. diagonale Verlegung) vereinbart ist. An Vorstoß- (Anschlag-) und anderen Schienen sind die Klötze unmittelbar anzustoßen, wenn in der Leistungsbeschreibung nichts anderes vorgeschrieben ist.

Zwischen dem Holzpflaster und den angrenzenden Bauteilen sind – soweit erforderlich – entsprechende Abstände (z. B. Randfugen, Wandfugen, Sicherheitsabstände) vorzusehen. Über Dehnungsfugen des Bauwerks sind Fugen im Holzpflaster anzulegen. Diese Fugen sind mit plastischen Stoffen zu füllen, wenn in der Leistungsbeschreibung nichts anderes vorgeschrieben ist.

7.2 Anforderungen an den Unterboden (Mindestwerte)

Es ist Verbundestrich ZE 30 nach DIN 18 560 Teil 3 und/oder Beton B 25 nach DIN 1045 zu verwenden.

Ist ein schwimmender Estrich oder ein Estrich auf Trennschicht erforderlich, so ist dieser ebenfalls in ZE 30 zu verlegen und im Wohnungsbau in einer Nenndicke von mindestens 45 mm und sonst in einer Nenndicke von mindestens 60 mm nach DIN 18 560 Teil 2 oder Teil 4 jedoch mit Bewehrung auszuführen.

Voraussetzung für die Eignung des Betons für Holzpflaster ist, daß er sachgemäß zusammengesetzt, hergestellt und eingebaut wird, daß er sich nicht entmischt und er vollständig verdichtet und sorgfältig nachbehandelt wird. Für den Estrich gilt dies sinngemäß.

Die Oberfläche für die Aufnahme des Holzpflasterbelages ist abzureiben, aber nicht zu glätten. Sie soll nicht absanden. Deshalb ist eine Nachbehandlung nach der „Richtlinie zur Nachbehandlung von Beton" durch Auflegen von Folien oder ähnlichem unbedingt erforderlich.

Anmerkung: Mit der vorgesehenen Nachbehandlung soll auch erreicht werden, daß die Oberfläche bei der in der Praxis üblichen Gitterritzprüfung nicht einritzbar ist.

Die Ebenheitstoleranzen müssen mindestens den Werten der Zeile 3 der Tabelle 3 von DIN 18 202/05.86 entsprechen.

8 Kleben

8.1 Voranstrichmittel sind auf den Klebstoff abzustimmen.

8.2 Holzpflaster ist mit hartplastischem, schubfestem, vom Klebstoffhersteller als geeignet bezeichnetem Klebstoff aufzukleben.

Die Verarbeitungshinweise des Klebstoffherstellers sind zu beachten.

Bei der Verlegung darf die Temperatur der Raumluft 15 °C und die der Unterbodenoberfläche 10 °C nicht unterschreiten.

Die relative Luftfeuchte soll 65 % nicht überschreiten.

Dieses Raumklima ist bis zur Fertigstellung der Oberflächenbehandlung aufrecht zu erhalten.

9 Oberflächenbehandlung

9.1 Schleifen

Das verlegte Holzpflaster ist gleichmäßig abzuschleifen. Die Anzahl der Schleifgänge und die Feinheit der Körnung richten sich nach der vorgeschriebenen anschließenden Oberflächenbehandlung.

Bei Holzpflaster RE-W ist Schleifen besonders zu vereinbaren.

9.2 Oberflächenschutz

Auf das Holzpflaster RE-V ist sofort nach dem Abschleifen ein Oberflächenschutz aufzubringen. Es ist zu versiegeln, wenn nicht etwas anderes vereinbart ist, z. B. kalt- oder warmwachsen, heiß einbrennen, ölen, farblos oder farbig lasieren.

Bei Holzpflaster RE-W ist Oberflächenschutz besonders zu vereinbaren.

9.2.1 Versiegeln

Ist die Versiegelungsart in der Leistungsbeschreibung nicht vorgeschrieben, hat der Auftragnehmer die Versiegelungsart, das Versiegelungsmittel und die Anzahl der Auftragungen im Einvernehmen mit dem Auftraggeber entsprechend dem Verwendungszweck des Raumes und der vorgesehenen Beanspruchung zu wählen. Die Versiegelung ist so auszuführen, daß eine möglichst gleichmäßige Oberfläche entsteht; dies gilt auch dann, wenn die Oberfläche farbig oder farblos lackiert wurde.

9.2.2 Verarbeitungshinweise

Bei den verschiedenen Möglichkeiten, einen Oberflächenschutz nach Abschnitt 9.2 aufzubringen, sind die besonderen Verarbeitungshinweise der jeweiligen Materialhersteller sorgfältig zu beachten und anzuwenden. Der Verarbeiter hat sich dabei zu vergewissern, daß die Materialhersteller jeweils die Verwendung für Holzpflaster empfehlen.

9.3 Schutzbehandlung

Holzpflaster RE-W ist, wenn kein Oberflächenschutz nach Abschnitt 9.2 vereinbart ist, zur Verzögerung der Feuchteaufnahme mit geeigneten geruchsschwachen, z. B. öligen, paraffinhaltigen Mitteln nach der Verlegung zu behandeln. Bei Verwendung von flüchtigen (öligen) Mitteln sind Nachbehandlungsmaßnahmen notwendig, die den Pflegeanweisungen der Herstellerfirmen zu entnehmen sind. Bei solchen vorerwähnten Mitteln sollten grundsätzlich Paraffinzusätze enthalten sein.

9.4 Pflegeanweisung

Nach der Oberflächenbehandlung hat der Auftragnehmer dem Auftraggeber eine schriftliche Pflegeanweisung zu übergeben. Diese hat auch Hinweise auf das zweckmäßige Raumklima zu enthalten. Ergänzend wird auf Abschnitt 9.3 verwiesen.

Zitierte Normen und andere Unterlagen

DIN 1045	Beton und Stahlbeton; Bemessung und Ausführung
DIN 4076 Teil 1	Benennungen und Kurzzeichen auf dem Holzgebiet; Holzarten
DIN 18 202	Toleranzen im Hochbau; Bauwerke
DIN 18 560 Teil 2	Estriche im Bauwesen; Estriche auf Dämmschichten (schwimmende Estriche)
DIN 18 560 Teil 3	Estriche im Bauwesen; Verbundestriche
DIN 18 560 Teil 4	Estriche im Bauwesen; Estriche auf Trennschicht
DIN 52 183	Prüfung von Holz; Bestimmung des Feuchtigkeitsgehaltes
DIN 68 364	Kennwerte von Holzarten; Festigkeit, Elastizität, Resistenz
DIN 68 701	Holzpflaster GE für gewerbliche und industrielle Zwecke

Richtlinie zur Nachbehandlung von Beton [1] (Vertriebs-Nr. 65 009)

Weitere Normen

DIN 18 195 Teil 4	Bauwerksabdichtungen; Abdichtungen gegen Bodenfeuchtigkeit; Bemessung und Ausführung
DIN 18 367	VOB Verdingungsordnung für Bauleistungen; Teil C: Allgemeine Technische Vertragsbedingungen für Bauleistungen (ATV); Holzpflasterarbeiten
DIN 52 181	Bestimmung der Wuchseigenschaften von Nadelschnittholz
DIN 68 256	Gütemerkmale von Schnittholz; Begriffe
DIN 68 367	Bestimmung der Gütemerkmale von Laubschnittholz
DIN EN 113	Prüfung von Holzschutzmitteln; Bestimmung der Grenze der Wirksamkeit gegenüber holzzerstörenden Basidiomyceten, die auf Agar gezüchtet werden

Frühere Ausgaben

DIN 68 702: 12.74, 05.76, 06.87

Änderungen

Gegenüber der Ausgabe Juni 1987 wurden folgende Änderungen vorgenommen:

a) Der Abschnitt 7 Verlegung (Preßverlegung) wurde in Abstimmung mit der Neufassung von DIN 68 701 überarbeitet.
b) Es wurden Anforderungen an den Unterboden aufgenommen, analog DIN 68 701.

---

[1] Herausgeber:
Deutscher Ausschuß für Stahlbeton, Berlin; zu beziehen über: Beuth Verlag GmbH, Burggrafenstraße 6, 1000 Berlin 30

Erläuterungen

Diese Norm wurde vom NHM-Arbeitsausschuß 4.11 Holzpflaster erarbeitet.

Bei der Beurteilung der Oberfläche ist zu beachten, daß Holzpflaster ein rustikaler Fußboden ist. Er kann raumklimatisch bedingte Fugen haben:

Fugenbreite bei RE-V im Mittel bis 1 mm,
bei RE-W im Mittel bis 3 mm.

In geringem Umfang sind größere Fugen zu tolerieren, wenn dadurch der Gesamteindruck der Fläche nicht beeinträchtigt wird.

Natürliches Wachstum und die Struktur des Holzes verleihen ihm eine besondere Note. Wichtig ist eine möglichst gleichbleibende Luftfeuchte (Wasserbehälter an den Heizröhren, bei großen Räumen Luft-Befeuchtungsgeräte). Eine konstante relative Luftfeuchte zwischen 55 % und 65 % ist sowohl für das Wohlbefinden der Bewohner als auch für die Beschaffenheit des Holzpflasters erforderlich. Einfache Meßgeräte (Hygrometer) ermöglichen die Kontrolle.

Der NHM arbeitet an einer Norm für Holzpflasterklebstoffe (Heiß- und Kaltklebemassen) sowie für Heißvergußmassen und Voranstrichmittel. Dort werden Begriffe, Anforderungen und Prüfverfahren festgelegt.

DIN 68 701 ist maßgebend für Holzpflaster im industriellen und gewerblichen Bereich, in dem aus Gründen der statischen und dynamischen Belastung (z. B. Gabelstaplerverkehr) und/oder wegen der klimatischen Beanspruchung eine Imprägnierung und die Verwendung plastischer Klebstoffe erforderlich ist.

Bei der Auswahl der Imprägniermittel ist auf die Raumhöhe und Raumgröße sowie die Belüftung Rücksicht zu nehmen. Bei kleinen und niedrigen Räumen ist grundsätzlich die Imprägnierung mit geruchsschwachen Holzschutzmitteln vorzunehmen.

Holzpflaster RE-W ist maßgebend für Werkstätten und ähnliche Verwendungsbereiche, in denen wegen der vergleichsweise geringeren Beanspruchung und den günstigeren klimatischen Verhältnissen Holzpflaster ohne Imprägnierung mit hartplastischen Klebstoffen verlegt werden kann.

Holzpflaster RE-V ist im repräsentativen Bereich anzuwenden.

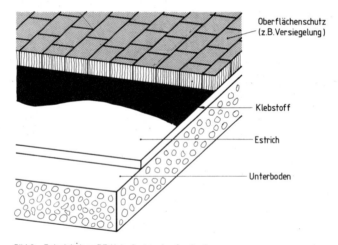

Bild 2. Beispiel eines RE-Holzpflasters (preßverlegt)

Internationale Patentklassifikation

B 27 M 3/06
E 04 F 15/04

DK 674.817-41-032.37 Dezember 1974

Bitumen-Holzfaserplatten
Gütebedingungen

DIN 68 752

Asphalt treated boards; quality requirements

1. Geltungsbereich
Die Gütebedingungen gelten für Bitumen-Holzfaserplatten (Kurzzeichen BPH[1])) mit einer Rohdichte ab 230 kg/m^3 bis 400 kg/m^3.

2. Begriffe
Bitumen-Holzfaserplatten sind poröse Platten, die aus verholzten Fasern mit einem Zusatz von Bitumen hergestellt sind.

2.1. Bitumen-Holzfaserplatten (normal)
BPH 1 sind poröse Holzfaserplatten mit einem Bitumengehalt von 10 bis 15 Gewichts-Prozent.

2.2. Bitumen-Holzfaserplatten (extra)
BPH 2 sind poröse Holzfaserplatten mit einem Bitumengehalt über 15 Gewichts-Prozent.

3. Beschaffenheit
3.1. Die Platten sollen fehlerfrei sein und ein gleichmäßiges Farbbild zeigen. Sie müssen durchgehend bituminiert sein. Vereinzelt sind dunkle Rindenteilchen und geringfügige Siebfehler[2]) zulässig.

3.2. Die Farbe der Platten ist von den verwendeten Rohstoffen und der Art der Herstellung abhängig. Farbzusätze[3]) sind zulässig, soweit sie die Faserstruktur erkennen lassen.

3.3. Die Platten müssen rechtwinklig, parallel- und vollkantig sein.

4. Eigenschaften

Eigenschaft		Plattenart BPH 1	Plattenart BPH 2	Prüfung nach
zulässige Abweichung vom rechten Winkel		$\leq$ 2 mm auf 1000 mm Schenkellänge		–
zulässige Herstellungsabweichung für die Plattendicke	bei Dicken $\leq$ 8 mm	$\pm$ 6 %		DIN 52 350 Ausgabe September 1953 Abschnitt 4
	bei Dicken > 8 mm	$\pm$ 5 %		
zulässige Herstellungsabweichung für die Plattenbreite		$\pm$ 3 mm		–
zulässige Herstellungsabweichung für die Plattenlänge		$\pm$ 5 mm		–
Rohdichte		$\geq$ 230 kg/m^3 bis $\leq$ 400 kg/m^3		DIN 52 350 Ausgabe September 1953 Abschnitt 5
mittlere Wasseraufnahme		$\leq$ 25 %	$\leq$ 20 %	DIN 52 351 jedoch nach einer Wasserlagerung von 2 Stunden
mittlere Dickenquellung		$\leq$ 7 %		
Biegefestigkeit Mittelwert in Längs- und Querrichtung	bei Dicken $\leq$ 10 mm	$\geq$ 2,0 N/mm^2 ($\approx$ 20 kp/cm^2)		DIN 52 352
	bei Dicken > 10 mm $\leq$ 15 mm	$\geq$ 1,8 N/mm^2 ($\approx$ 18 kp/cm^2)		
	bei Dicken > 15 mm	$\geq$ 1,5 N/mm^2 ($\approx$ 15 kp/cm^2)		
Bitumengehalt		$\geq$ 10 % bis $\leq$ 15 %	> 15 %	DIN 52 123 Ausgabe November 1960 Abschnitt 3.2.1, jedoch Gewichtsverlust als Bitumengehalt der Platte in Gew.-%, bezogen auf die absolute Trockenmasse, angegeben.

5. Probenahme
Die Probenahme ist nach DIN 52 350 vorzunehmen. Für Prüfung nach DIN 52 123 sind aus jeder zu prüfenden Platte mindestens 3 Proben zu entnehmen. Die Einzelprobe soll mindestens 5 g absolute Trockenmasse enthalten. Die Prüfung muß die gesamte Plattendicke zu gleichen Teilen erfassen.

6. Kennzeichnung
Bei Kennzeichnung der Platten, die dieser Norm entsprechen, ist anzugeben:
Name und Zeichen des Herstellers
Plattenart (BPH 1 oder BPH 2)
Dicke in mm DIN 68 752

---
[1]) Kurzzeichen nach DIN 4076 Blatt 2 (z. Z. noch Entwurf)
[2]) Unter geringfügigen Siebfehlern sind solche zu verstehen, die durch die Reparatur kleiner Schadstellen an den Sieben entstehen.
[3]) Beim Bezug gefärbter Platten wird empfohlen, Vereinbarungen über die Lichtechtheit zu treffen.

Fachnormenausschuß Holz (FNHOLZ) im Deutschen Normenausschuß (DNA)

DK 674.815.03-41 : 691.115 : 001.4 : 620.1 September 1990

Spanplatten
Flachpreßplatten für das Bauwesen
Begriffe Anforderungen Prüfung Überwachung

DIN 68 763

Particle boards; Flat pressed boards for building; concepts, requirements testing, inspection

Ersatz für Ausgabe 07.80

Wegen der Erfordernis bauaufsichtlicher Zulassung wird diese Norm im Vorgriff auf die Ergebnisse laufender europäischer Normung im CEN/TC 112 herausgegeben und später durch die EN-Norm ersetzt.

Inhalt

	Seite
1 Anwendungsbereich	2
2 Begriffe	2
2.1 Spanplatte	2
2.2 Flachpreßplatte	2
2.3 Holzspanplatte	2
3 Plattentypen	2
4 Anforderungen	2
4.1 Grenzabmaße	2
4.2 Klebstoffe	2
4.3 Biegefestigkeit	2
4.4 Querzugfestigkeit	2
4.5 Dickenquellung	2
4.6 Feuchtegehalt	2
4.7 Holzschutz	2
4.8 Brandverhalten	2
5 Prüfung	3
5.1 Grenzabmaße	3
5.2 Klebstoffe	3
5.2.1 Klebstoffart und Formaldehydabgabe	3
5.2.2 Berechnung des Alkaligehaltes von Phenolharz-Spanplatten	3
5.2.3 Verfahren für die Bestimmung des Alkaligehaltes von Spanplatten	3
5.3 Biegefestigkeit	4
5.3.1 Probenahme	4
5.3.2 Vorbehandlungen der Proben	4
5.3.3 Durchführung der Prüfung	4
5.3.4 Auswertung	4
5.4 Querzugfestigkeit	4

	Seite
5.4.1 Probenahme	4
5.4.2 Vorbehandlung der Proben	4
5.4.3 Durchführung der Prüfung	5
5.4.4 Auswertung	5
5.5 Dickenquellung	5
5.5.1 Probenahme	5
5.5.2 Vorbehandlung der Proben	5
5.5.3 Durchführung der Prüfung	5
5.5.4 Auswertung	5
5.6 Feuchtegehalt	5
5.7 Holzschutz	5
6 Überwachung	5
6.1 Eigenüberwachung	5
6.1.1 Umfang	5
6.1.2 Probenahme	5
6.1.3 Registrierung der Meßergebnisse	5
6.1.4 Prüfung nicht klimatisierter Proben	5
6.1.5 Beurteilung der Ergebnisse	5
6.2 Fremdüberwachung	5
6.2.1 Fremdüberwachung und Voraussetzungen	5
6.2.2 Überwachungsvertrag, Überwachungszeichen	6
6.2.3 Prüfumfang	6
6.2.4 Probenahme, Probenmaße	6
6.2.5 Durchführung und Bewertung der Fremdprüfung im Rahmen der laufenden Fremdüberwachung	6
6.2.6 Überwachungsbericht	6
6.2.7 Wiederholungsprüfung	7
7 Bezeichnung	7
8 Kennzeichnung	7

Fortsetzung Seite 2 bis 8

Normenausschuß Holzwirtschaft und Möbel (NHM) im DIN Deutsches Institut für Normung e.V.
Normenausschuß Bauwesen (NABau) im DIN
Normenausschuß Materialprüfung (NMP) im DIN

1 Anwendungsbereich

Diese Norm gilt für Flachpreßplatten (im folgenden kurz Platten genannt), die im Bauwesen, z.b. für tragende und aussteifende Zwecke, entsprechend DIN 1052, Teil 1 und Teil 3, sowie DIN 68800 Teil 2 verwendet werden.

2 Begriffe

2.1 Spanplatte

Plattenförmiger Holzwerkstoff, hergestellt durch Verpressen von im wesentlichen kleinen Teilen aus Holz und/oder anderem holzartigem Material (z.B. Flachsschäben, Hanfschäben) mit Klebstoffen.

2.2 Flachpreßplatte

Spanplatte, deren Späne vorzugsweise parallel zur Plattenebene liegen. Sie wird einschichtig, mehrschichtig oder mit stetigem Übergang in der Struktur hergestellt. Nach der Oberfläche werden unterschieden: geschliffene und ungeschliffene Platten.

2.3 Holzspanplatte

Spanplatte, deren Spanmaterial nur aus Holzspänen besteht.

3 Plattentypen

Nach der Verklebung und den Holzschutzmittel-Zusätzen werden folgende Plattentypen unterschieden:

V20: Verklebung beständig bei Verwendung in Räumen mit im allgemeinen niedriger Luftfeuchte; Klebstoffe: Aminoplaste, alkalisch härtende Phenolharze, polymere Diphenylmethan-Diisocyanate (PMDI)[1].

V100: Verklebung beständig gegen hohe Luftfeuchte; Klebstoffe: alkalisch härtende Phenoplaste, Phenolresorcinharze, PMDI[1]

V100G: Verklebung beständig gegen hohe Luftfeuchte; Klebstoffe: alkalisch härtende Phenoplaste, Phenolresorcinharze, PMDI[1]. Mit einem Holzschutzmittel[2] geschützt gegen holzzerstörende Pilze (Basidiomyceten).

Die bei den einzelnen Plattentypen genannten Klebstoffe dürfen innerhalb des jeweiligen Plattentyps schichtweise (Mittelschicht/Deckschicht) kombiniert werden.

Anmerkung: Plattentyp V100G nur Holzspanplatte, siehe Abschnitt 2.3.

4 Anforderungen

4.1 Grenzabmaße

Dicke (geschliffene Platten)	
— innerhalb einer Platte:	± 0,2 mm
— von Platte zu Platte:	± 0,3 mm
Dicke (ungeschliffene Platten)	
— innerhalb einer Platte	+ 1,7 mm
sowie von Platte zu Platte:	− 0,3 mm
Länge und Breite bei handelsüblichen Plattengrößen einschließlich Abweichungen von der Rechtwinkligkeit:	
sowie bei Zuschnitten	± 5 mm
— bis 2 m Kantenlänge:	± 2,5 mm
— über 2 m Kantenlänge sowie bei Trennschnitten:	± 5 mm
Rechtwinkligkeit bezogen auf 1000 mm Schenkellänge:	2 mm

4.2 Klebstoffe

Die Platten müssen mit den in Abschnitt 3 angegebenen Klebstoffen hergestellt sein. Die Klebstoffart ist in Zweifels- oder Schadensfällen nachzuweisen.

Der Alkaligehalt von Spanplatten darf in der Deckschicht 1,7% (rechnerisch ermittelt) und über den gesamten Querschnitt der Platte 2,0% (analytisch ermittelt) nicht überschreiten, jeweils bezogen auf atro Plattenmasse. Berechnungsformel bzw. Bestimmungsmethode siehe Abschnitte 5.2.2 und 5.2.3.

Die Platten müssen hinsichtlich Formaldehyd den Festlegungen der Emissionsklasse E1 nach der „ETB-Richtlinie über die Verwendung von Spanplatten hinsichtlich der Vermeidung unzumutbarer Formaldehydkonzentration in der Raumluft" entsprechen.

4.3 Biegefestigkeit

In jeder der beiden Prüfrichtungen müssen die Mindestwerte der Biegefestigkeit nach der Tabelle 1 erreicht werden (siehe Abschnitt 5.3).

4.4 Querzugfestigkeit

Beim Plattentyp V20 müssen nach Lagerung im Normalklima DIN 50014 — 20/65 — 1, bei den Plattentypen V100 und V100G nach 2 Stunden Lagerung in kochendem Wasser die in der Tabelle 1 angegebenen Mindestwerte der Querzugfestigkeit erreicht werden (siehe Abschnitt 5.4).

4.5 Dickenquellung

Nach 24stündiger Lagerung unter Wasser von Raumtemperatur dürfen die in der Tabelle 1 angegebenen Höchstwerte für die Dickenquellung nicht überschritten werden (siehe Abschnitt 5.5).

4.6 Feuchtegehalt

Der Feuchtegehalt der Platten, bezogen auf die Darrmasse, muß ab Werk 5 bis 12% betragen (siehe Abschnitt 5.6).

Anmerkung: Für gewisse Verwendungsbereiche, z.B. Fußbodenverlegung nach DIN 68771, können engere Feuchtebereiche empfehlenswert sein, die einer Vereinbarung zwischen Abnehmer und Hersteller bedürfen.

4.7 Holzschutz

Platten des Typs V100G müssen gegen holzzerstörende Pilze (Basidiomyceten) mit einem bei der Herstellung der Platten zugegebenen Holzschutzmittel geschützt sein. Bei der Herstellung der Platten sind die im Prüfbescheid des Holzschutzmittels festgelegten Herstellungsbedingungen einzuhalten. Der Holzschutzmittelgehalt der Platten muß mindestens der im Prüfbescheid angegebenen Mindestdosierung entsprechen (siehe Abschnitt 5.7).

4.8 Brandverhalten

Die Platten müssen mindestens der Baustoffklasse B 2 nach DIN 4102 Teil 1 (normalentflammbar) entsprechen.

---

[1]) Die Verwendung anderer Klebstoffe bedarf insbesondere hinsichtlich ihres Langzeitverhaltens nach den bauaufsichtlichen Vorschriften des Nachweises der Brauchbarkeit, z. B. durch eine allgemeine bauaufsichtliche Zulassung.

[2]) Nach den bauaufsichtlichen Vorschriften dürfen nur Holzschutzmittel verwendet werden, die ein gültiges Prüfzeichen haben. Prüfzeichen mit zugehörigem Prüfbescheid erteilt das Institut für Bautechnik, Reichpietschufer 74—76, 1000 Berlin 30.

DIN 68763 Seite 3

Tabelle 1. **Mindestwerte für die Biege- und Querzugfestigkeit, Höchstwerte für die Dickenquellung**

Eigenschaften		Biegefestigkeit β_B N/mm²		Querzugfestigkeit $\beta_{Z\perp}$ N/mm²		Dickenquellung q_{24} %	
Plattentyp		V20	V100 V100G	V20	V100 V100G	V20	V100 V100G
Nenndicken-bereich in mm	6 bis 13	18	19	0,40			
	über 13 bis 20	16	18	0,35	0,15		
	über 20 bis 25	14	15	0,30		16	12
	über 25 bis 32	12	12	0,24	0,10		
	über 32 bis 40	10	10	0,20			
	über 40 bis 50	8	8	0,20	0,07		
Die Werte dieser Tabelle gelten für Mittelwerte einzelner Platten (siehe Abschnitte 6.1.5 und 6.2.5).							

Anmerkung: Nach DIN 4102 Teil 4 gelten die Spanplatten mit einer Rohdichte ≥ 400 kg/m³ und einer Dicke über 2 mm ohne besonderen Nachweis als Baustoff der Baustoffklasse B 2 nach DIN 4102 Teil 1 (normalentflammbar). Sollen Spanplatten hinsichtlich ihres Brandverhaltens höheren Anforderungen genügen (z. B. Baustoffklasse B 1 nach DIN 4102 Teil 1), so muss die entsprechenden Eigenschaften nachgewiesen werden. Baustoffe einer solchen Baustoffklasse unterliegen nach den bauaufsichtlichen Vorschriften der Prüfzeichenpflicht. Prüfzeichen erteilt das Institut für Bautechnik, Reichpietschufer 74—76, 1000 Berlin 30.

5 Prüfung

5.1 Grenzabmaße
Ermittlung nach DIN 52361

5.2 Klebstoffe

5.2.1 Klebstoffart und Formaldehydabgabe
Die Klebstoffart und die Formaldehydabgabe werden analytisch ermittelt. Für die Bestimmung der Formaldehydabgabe gilt die „Richtlinie über die Klassifizierung von Spanplatten bezüglich der Formaldehydabgabe".

5.2.2 Berechnung des Alkaligehaltes von Phenolharz-Spanplatten

5.2.2.1 Alkaligehalt einer Plattenschicht (Deckschicht bzw. Mittelschicht)

$$A_{DS} \text{ bzw. } A_{MS} = \frac{H \cdot (100 \cdot A_{\text{Flüssigharz}} + Z \cdot 29)}{T \cdot (100 + H + \dfrac{Z \cdot 0,5 \cdot H}{T} + P + F)}$$

Hierin bedeutet:
- A Alkaligehalt (NAOH) in %
- F Fungizidauftrag fest in %, bez. auf atro Span (bei V100G-Platten)
- H Harzauftrag fest in %, bez. auf atro Span
- P Paraffinauftrag fest in %, bez. auf atro Span
- T Trockenharzgehalt (nichtflüchtige Anteile) des flüssigen Harzes in %, ermittelt nach DIN 12605 (Schalendurchmesser 35 mm, Einwaage 1 g, Trocknung 2 h bei 120 °C)
- Z Zusatzmenge in % an 50%iger Kaliumkarbonat-Lösung, bez. auf die Flüssigharzmenge (üblicherweise nur bei Mittelschicht-Beleimung)

5.2.2.2 Alkaligehalt der Spanplatte

$$A_{\text{atro Platte}} = \frac{A_{DS} \cdot g_{DS} + A_{MS} \cdot g_{DS}}{100}$$

Hierin bedeutet:
- A_{DS} Alkaligehalt in % der Deckschichten
- A_{MS} Alkaligehalt in % der Mittelschicht
- g_{DS} Gewichtsanteil in % der Deckschichten in der atro Spanplatte
- g_{MS} Gewichtsanteil in % der Mittelschicht in der atro Spanplatte

5.2.3 Verfahren für die Bestimmung des Alkaligehaltes von Spanplatten

a) Prüfprinzip
   Getrocknete Spanplattenabschnitte werden durch Glühen bei 550 °C verascht. Anschließend nimmt man den Rückstand in Wasser auf und ermittelt den Alkaligehalt durch Titration. Diese Bestimmung ist dreimal durchzuführen.

b) Geräte
   - 1 Analysenwaage
   - 1 Wärmeschrank (Trockenschrank, 105 °C)
   - 1 elektrischer Muffelofen (550 °C)
   - 1 Exsikkator
   - 1 Bunsenbrenner
   - 1 Dreifuß
   - 1 Tondreieck
   - 2 Nickeltiegel (72 ml Inhalt mit Deckel)
   - 1 Tiegelzange
   - 2 Bechergläser mit 250 ml
   - 1 Glasstab mit Gummiwischer
   - 1 Magnetrührer
   - 1 Bürette (25 ml)

c) Chemikalien
   - Destilliertes Wasser
   - 0,5 mol/l Schwefelsäure (1 n)
   - Methylrot (0,1%ige Lösung in Ethanol) bzw. pH-Elektrode

d) Prüfkörper
   Für die Bestimmung des Alkaligehaltes der gesamten Platte sind die Abmessungen 25 mm × 4 mm × Plattendicke.

e) **Vorbehandlung der Tiegel**
Nickeltiegel mindestens 1 Stunde im elektrischen Muffelofen bei 550 °C glühen und danach kurz an der Luft und dann im Exsikkator auf Raumtemperatur abkühlen. Den Tiegel auf der Analysenwaage auf 0,0001 g wiegen: G_I in g.

f) **Einwaage und Trocknung der Prüfkörper**
Mehrere Prüfkörper mit einem Gesamtgewicht von etwa 10 g in den Porzellantiegel füllen und im Wärmeschrank bei 105 °C bis zur Gewichtskonstanz trocknen. Gewichtskonstanz ist erreicht, wenn sich das Gesamtgewicht der Prüfkörper während einer Trocknungsdauer von 4 Stunden um nicht mehr als 0,01 g ändert.

Vor jeder Wägung den Tiegel mit den Prüfkörpern im verschlossenen Exsikkator auf Raumtemperatur abkühlen.

Ist die derzeitige Feuchte der Probe von anderen Untersuchungen bekannt, so kann die Probe auch lutro eingesetzt werden.

Gewicht des Tiegels mit den getrockneten Prüfkörpern nach Erreichen der Gewichtskonstanz: G_{II} in g.

g) **Veraschung**
Den Nickeltiegel mit den getrockneten Prüfkörpern in das auf dem Dreifuß liegende Tondreieck setzen und einen Bunsenbrenner darunter stellen. Die Veraschung muß sehr vorsichtig begonnen werden. Der Bunsenbrenner ist so auf- und einzustellen, daß nur gerade so viel Wärme wie nötig auf den Tiegel übergeht. Sollten sich die entweichenden Gase hierbei entzünden, sofort einen bereitliegenden Deckel auf den Tiegel setzen.

Sobald keine Gase mehr entweichen, den Tiegel in den auf 550°C eingestellten Muffelofen stellen und einen Deckel darauflegen. Den Tiegel so lange im Muffelofen belassen, bis Gewichtskonstanz erreicht ist[3]), wobei der Tiegel vor jeder Wägung kurz an der Luft und schließlich im Exsikkator auf Raumtemperatur abzukühlen ist.

h) **Lösen der Asche**
Die Asche im Nickeltiegel in insgesamt 100 ml destilliertem Wasser (in mehreren Portionen) aufnehmen und in ein 250-ml-Becherglas spülen.

Etwa 10 Tropfen Methylrot-Lösung zufügen und mit Hilfe des Magnetrührers gut verrühren.

i) **Titration des Alkaligehaltes**
Aus der Bürette Schwefelsäure unter ständigem Rühren zutropfen lassen, bis die Farbe der Lösung von orangegelb nach rot umschlägt.

Die Titration kann auch mit einer pH-Elektrode durchgeführt werden.

k) **Errechnung des Ergebnisses**

$$A = \frac{V \cdot 4}{G_{II} - G_I}$$

Hierbei bedeutet:
G_I Gewicht des Nickeltiegels in g
G_{II} Gewicht des Nickeltiegels mit getrockneten Prüfkörpern in g
V verbrauchte Volumenmenge an Schwefelsäure in ml

5.3 Biegefestigkeit
5.3.1 Probenahme
Jeder zu prüfenden Platte sind 10 Biegeproben nach DIN 52362 Teil 1 zu entnehmen. Für die Probenahme gilt DIN 52360.

5.3.2 Vorbehandlungen der Proben
Sämtliche Biegeproben sind vor der Prüfung im Normalklima DIN 50014 — 20/65-1 bis zur Gewichtskonstanz zu lagern. Die Gewichtskonstanz gilt als erreicht, wenn sich das Gewicht der Proben gegenüber der vorherigen Wägung im Abstand von 24 Stunden um nicht mehr als 0,1 % geändert hat. Die Dicke der klimatisierten Proben wird in der Mitte der Stützweite auf 0,05 mm gemessen.

5.3.3 Durchführung der Prüfung
Die Biegefestigkeit ist nach DIN 52362 Teil 1 zu ermitteln. Es sind 5 Proben parallel und 5 Proben senkrecht zur Herstellrichtung der Platten zu prüfen.

5.3.4 Auswertung
Für jede Biegeprobe ist die Biegefestigkeit nach DIN 52362 Teil 1 zu berechnen. Dabei darf die an den 10 klimatisierten Biegeproben gemessene mittlere Plattendicke eingesetzt werden.

Aus den Ergebnissen der je 5 in gleicher Richtung aus der Platte entnommene Biegeproben sind das arithmetische Mittel (Plattenmittel) und die Standardabweichung zu berechnen (siehe DIN 52360).

Maßgebend für die Beurteilung nach Tabelle 1 sind die Proben der Richtung mit den ungünstigeren Werten. Stellt sich bei der laufenden Überwachung heraus, daß die ungünstigeren Werte stets in derselben Richtung ermittelt werden, dann dürfen alle 10 Proben in dieser Richtung geprüft werden.

5.4 Querzugfestigkeit
5.4.1 Probenahme
Jeder zu prüfenden Platte sind 10 Querzugproben nach DIN 52365 zu entnehmen. Für die Probenahme gilt DIN 52360.

Für die Joche zur Prüfung der V20-, V100- und V100G-Proben ist biegesteifes Material entsprechend 11fach verleimtem Bau-Furniersperrholz BFU-BU 100 der Dicke 15 mm nach DIN 68705 Teil 5 zu verwenden.

5.4.2 Vorbehandlung der Proben
a) Plattentyp V20:
Probenvorbereitung nach DIN 52365.
b) Plattentypen V100 und V100G:
Die mit den Jochen verleimten Proben werden zunächst in Wasser von (20 ± 5) °C eingelegt, das dann in 1 bis 2 Stunden langsam auf 100 °C erwärmt wird. Danach beginnt die eigentliche 2stündige Lagerungszeit in kochendem Wasser. Der Abstand zwischen den einzelnen Proben im Wasserbad muß allseitig mindestens 15 mm betragen, damit das Wasser von allen Seiten freien Zutritt hat. Die Dickenquellung ist entprechend zu berücksichtigen. Nach dieser Lagerung sind die Proben in Wasser von (20 ± 5) °C mindestens 1 Stunde lang abzukühlen, kurz abzutupfen und in nassem Zustand zu prüfen.

---

[3]) Die Veraschungszeit sollte so kurz wie möglich gehalten werden, da bei diesen Temperaturen über den Zeitpunkt der Gewichtskonstanz hinaus mit einem allmählichen Verlust von Kalium zu rechnen ist [1]. Eventuell sind zwischenzeitlich oxidationsfördernde Chemikalien (z.B. Wasserstoffperoxidlösung) hinzuzufügen, um die Veraschung zu beschleunigen. Es ist u. U. ausreichend, nur so lange zu veraschen, bis man keine Asche ohne Kohlenstoffrückstände vorfindet.

DIN 68763 Seite 5

5.4.3 Durchführung der Prüfung
Die Querzugfestigkeit ist nach DIN 52365 zu ermitteln.

5.4.4 Auswertung
Die Querzugfestigkeit ist als Quotient aus der an der Prüfmaschine angezeigten Höchstkraft und der an den Proben im trockenen Zustand gemessenen Trennfläche zu berechnen. Bei sorgfältiger Probenherstellung (auf 0,1 mm) kann mit konstanter Solltrennfläche von 25 cm^2 gerechnet werden.
Für die Auswertung gilt Abschnitt 5.3.4 sinngemäß.

5.5 Dickenquellung

5.5.1 Probenahme
Jeder zu prüfenden Platte sind 10 Quellproben nach DIN 52364 zu entnehmen. Für die Probenahme gilt DIN 52360.

5.5.2 Vorbehandlung der Proben
Die Quellproben sind vor der Prüfung nach Abschnitt 5.3.2 bis zur Gewichtskonstanz zu klimatisieren. Anschließend sind die Quellproben 24 Stunden unter Wasser von (20 ± 1) °C zu lagern.

5.5.3 Durchführung der Prüfung
Die Dickenquellung ist nach DIN 52364 zu prüfen.

5.5.4 Auswertung
Für die Auswertung gilt Abschnitt 5.3.4 sinngemäß.

5.6 Feuchtegehalt
Prüfung nach DIN 52361

5.7 Holzschutz
Der quantitative Nachweis von Holzschutzmitteln in Platten des Plattentyps V100G erfolgt nach der „Richtlinie zur Überwachung von Holzwerkstoffplatten — Mengenbestimmung der eingebrachten Holzschutzmittel"[4]).

6 Überwachung
Die Einhaltung der in Abschnitt 4 geforderten Eigenschaften ist durch eine Überwachung, bestehend aus Eigenüberwachung und Fremdüberwachung, zu prüfen. Die dazu erforderlichen Prüfungen sind nach Abschnitt 5 durchzuführen. Für die Klassifizierung und Überwachung hinsichtlich der Formaldehydabgabe der Platten gilt die „Richtlinie über die Klassifizierung von Spanplatten bezüglich der Formaldehydabgabe".

6.1 Eigenüberwachung

6.1.1 Umfang
Der Hersteller hat die Eigenschaften der Platten in jedem Werk zu überwachen. Dabei sind täglich wenigstens an einer Platte je gefertigten Werkstyps, Plattentyps und Dickenbereiches mindestens folgende Eigenschaften zu bestimmen:
Biegefestigkeit
Querzugfestigkeit

Dickenquellung
Feuchtegehalt
Formaldehydgehalt (Dickenbereich und Prüfumfang siehe Richtlinie über die Klassifizierung von Spanplatten bezüglich der Formaldehydabgabe)

6.1.2 Probenahme
Die Anzahl der zu entnehmenden Platten richtet sich nach dem jeweiligen Fertigungsprogramm. Aus jeder gefertigen Grundgesamtheit (Werkstyp, Plattentyp, Dickenbereich) muß täglich mindestens eine Platte nach Zufallsgesichtspunkten entnommen und auf die vorschriebenen Eigenschaften geprüft werden.
Innerhalb der in der Tabelle 1 angegebenen Dickenbereiche dürfen mehrere Plattendicken zu einer Grundgesamtheit zusammengefaßt werden, wenn die Eigenschaften der betreffenden Plattendicken keine statistisch gesicherten Unterschiede aufweisen.

6.1.3 Registrierung der Meßergebnisse
Die Ergebnisse der Eigenüberwachung sind aufzuzeichnen und die Biegefestigkeit, Querzugfestigkeit und Dickenquellung statistisch auszuwerten. Die statistische Auswertung umfaßt die Plattenwerte $\bar{x}$ und die Standardabweichungen s. Die Ergebnisse der statistischen Auswertung sind in Kontrollkarten ($\bar{x}$-s-Karten) einzuzeichnen.
Die Aufzeichnungen der Eigenüberwachung müssen mindestens 5 Jahre aufbewahrt werden.

6.1.4 Prüfung nicht klimatisierter Proben
Die Prüfung nicht klimatisierter Proben kann systematische Abweichungen gegenüber Messungen ergeben, die an klimatisierten Proben vorgenommen werden. Bei der Biegefestigkeit sind die Unterschiede im allgemeinen nicht groß, bei Dickenquellung und Querzugfestigkeit mitunter aber erheblich.
Die systematischen Abweichungen der Eigenschaften nicht klimatisierter Proben müssen deshalb durch Korrekturfaktoren berücksichtigt werden. Die experimentell ermittelten Korrekturfaktoren sind von Zeit zu Zeit zu überprüfen. Die Ergebnisse dieser Überprüfung sind Bestandteil der Eigenüberwachung im Sinne dieser Norm. Sie sind bei der Beurteilung der Eigenüberwachung durch die fremdüberwachende Stelle mit zu überprüfen (siehe Abschnitt 6.2.2).

6.1.5 Beurteilung der Ergebnisse
Die Anforderungen an die in der Tabelle 1 aufgeführten Eigenschaften gelten bei der Eigenüberwachung als erfüllt, wenn durch statistische Auswertung nachgewiesen wurde und für die weiteren Prüfungen laufend nachgewiesen wird, daß die 5%-Fraktile der Grundgesamtheit der Plattenmittel für jede dieser Eigenschaften den geforderten Mindestwert nicht unterschreitet bzw. Höchstwert nicht überschreitet.
Hinsichtlich der Beurteilung des Formaldehydgehaltes ist Abschnitt 4.2 zu beachten.
Nach ungenügendem Prüfergebnis sind vom Hersteller unverzüglich die erforderlichen Maßnahmen zur Abstellung der Mängel zu treffen.

6.2 Fremdüberwachung

6.2.1 Fremdüberwachung und Voraussetzungen
Die Fremdüberwachung ist durch eine für die Überwachung von Holzwerkstoffen anerkannte Überwachungs-/Güteschutzgemeinschaft oder aufgrund eines Überwachungsvertrages durch eine hierfür anerkannte Prüfstelle[5]) durchzuführen.

---

[4]) Z. Z. Fassung Januar 1975, veröffentlicht in den Mitteilungen Institut für Bautechnik, Heft 5, 1975, Seite 147, Verlag Wilhelm Ernst & Sohn KG, 1000 Berlin 31.

[5]) Verzeichnisse der bauaufsichtlich anerkannten Überwachungs-/Gütegemeinschaften und Prüfstellen werden unter Abdruck des Überwachungszeichens (Gütezeichen) beim Institut für Bautechnik geführt und in seinen Mitteilungen veröffentlicht beim Verlag Wilh. Ernst & Sohn KG, Berlin.

Vor Aufnahme der Fremdüberwachung hat die fremdüberwachende Stelle eine vollständige Erstprüfung nach Abschnitt 6.2.2 für jede Überwachungseinheit [6]) durchzuführen und festzustellen, ob die Platten den Anforderungen nach Abschnitt 4 entsprechen. Sie hat sich davon zu überzeugen, daß die personellen und gerätemäßigen Voraussetzungen für eine ständig ordnungsgemäße Herstellung gegeben sind.

6.2.2 Überwachungsvertrag, Überwachungszeichen

Ein Überwachungsvertrag darf erst abgeschlossen oder ein Überwachungszeichen/Gütezeichen für eine oder mehrere Überwachungseinheiten darf erst dann erteilt werden, wenn die folgenden Voraussetzungen erfüllt sind:

a) Der fremdüberwachenden Stelle muß anhand der Eigenüberwachung die Erfüllung der Anforderungen nach den Abschnitten 4.3 bis 4.6 nachgewiesen werden; dazu sind je Überwachungseinheit mindestens 3 nach Zufallsgesichtspunkten entnommene Platten aus je 3 Fertigungsperioden [7]) erforderlich (insgesamt also mindestens 9 Platten); die 3 Fertigungsperioden müssen mindestens eine Woche auseinanderliegen.

b) Bei der Prüfung durch die fremdüberwachende Stelle müssen je Überwachungseinheit an je 6 Platten aus je 3 verschiedenen Fertigungsperioden (insgesamt also an 18 Platten) die Anforderungen nach den Abschnitten 4.3 bis 4.6, bei Plattentyp V100G außerdem nach Abschnitt 4.7, erfüllt werden.

Sowohl die Protokolle der Eigenüberwachung als auch die Ergebnisse der ersten Prüfung durch die fremdüberwachende Stelle (an 18 Platten) sind statistisch auszuwerten.

Sollen in die Fremdüberwachung später weitere Dickenbereiche desselben Plattentyps einbezogen werden, so genügt für die Voraussetzung b) der Nachweis der Erfüllung der Anforderungen an je einer Platte aus 3 Fertigungsperioden (also 3 statt 18 Platten).

Fällt das Ergebnis der ersten Prüfung durch die fremdüberwachende Stelle negativ aus, so ist die Prüfung mit der jeweils gleichen Plattenanzahl zu wiederholen.

Fällt auch diese Prüfung negativ aus, ist eine neue Erstprüfung erforderlich, die auch die Ergebnisse der Eigenüberwachung aus mindestens 3 neuen Fertigungsperioden umfassen muß.

Der Hersteller hat der fremdüberwachenden Stelle schriftlich mitzuteilen:

a) Inbetriebnahme des Werkes
b) den Namen des technischen Werkleiters (auch bei Wechsel)
c) die vorgesehenen Überwachungseinheiten
d) die Durchführung der Eigenüberwachung
e) die Aufnahme der Fertigung weiterer Überwachungseinheiten

6.2.3 Prüfumfang

Bei der laufenden Fremdüberwachung sind mindestens zweimal jährlich die Eigenüberwachung sowie die personellen und gerätemäßigen Voraussetzungen zu überprüfen.

Außerdem sind dabei mindestens folgende Eigenschaften je Überwachungseinheit zu prüfen:

Biegefestigkeit
Querzugfestigkeit
Dickenquellung
Feuchtegehalt
Holzschutzmittelgehalt (bei Plattentyp V100G)
Formaldehydgehalt (Dickenbereich und Prüfumfang siehe Richtlinie über die Klassifizierung von Spanplatten bezüglich der Formaldehydabgabe)

6.2.4 Probenahme, Probenmaße

Die Probenahme erfolgt unangemeldet durch einen Beauftragten der fremdüberwachenden Stelle. Proben sind nur Platten zu entnehmen, die nach Abschnitt 7.2 gekennzeichnet sind. Je Überwachungseinheit sind stets 3 Platten nach Zufallsgesichtspunkten zu ziehen. Jeder Platte ist ein Querstreifen zu entnehmen (Länge = Plattenbreite, Breite = 300 mm (bis 25 mm Plattendicke) bzw. 550 mm (über 25 mm Plattendicke), Abstand vom Plattenende mindestens 500 mm).

Über die Entnahme der Stichprobe ist von dem Probenehmer ein Protokoll anzufertigen und durch den Betriebsleiter oder dessen Vertreter gegenzuzeichnen. Das Protokoll muß folgende Angaben enthalten:

a) Datum und Ort der Probenahme
b) etwaige Größe des Vorrats, dem die Platten entnommen sind
c) Anzahl und Produktionsdatum der Platten, die zur Stichprobe gehören
d) Angabe, wie die entnommenen Platten vom Probenehmer gekennzeichnet wurden
e) Erklärung, daß die Stichprobe nach Zufallsgesichtspunkten entnommen wurde
f) Benennung der Personen, die bei der Probenahme zugegen waren

Das Protokoll ist der zuständigen Prüfstelle zusammen mit der Stichprobe einzureichen.

6.2.5 Durchführung und Bewertung der Fremdprüfung im Rahmen der laufenden Fremdüberwachung

Aus den 3 gezogenen Platten ist zunächst an einer Platte, bei der Mengenbestimmung der eingebrachten Holzschutzmittels an jeder Platte, die Einhaltung der Eigenschaften nach Abschnitt 6.2.3 zu prüfen.

Die Prüfung gilt als bestanden, wenn die Werte der Tabelle 1 — und bei V100G außerdem die Bedingungen des Abschnittes 4.7 für jede der 3 Platten — erfüllt sind.

Erfüllt die erste Platte die Anforderungen der Tabelle 1 nicht, so müssen die beiden anderen Platten in gleicher Weise wie die erste Platte geprüft werden.

Die Prüfung gilt in diesem Fall als bestanden, wenn der Gesamtmittelwert aus den 3 Platten die Anforderungen erfüllt und keiner der 3 Plattenmittelwerte die geforderten Mindest- bzw. Höchstwerte um mehr als 10 % unter- bzw. überschreitet.

Bei der Mengenbestimmung der eingebrachten Holzschutzmittel (siehe Abschnitt 6.2.3) ist die Einhaltung der Anforderungen an jeder der 3 gezogenen Platten zu prüfen. Hinsichtlich der Bewertung der Formaldehydergebnisse siehe Abschnitt 4.2.

6.2.6 Überwachungsbericht

Die Ergebnisse der Fremdüberwachung sind in einem Überwachungsbericht festzuhalten.
Der Überwachungsbericht muß unter Hinweis auf diese Norm folgende Angaben enthalten:

a) Hersteller und Werk
b) Überwachungseinheiten

---

[6]) Zu einer Überwachungseinheit werden Platten eines Dickenbereichs nach Tabelle 1 für einen Werkstyp zusammengefaßt.

[7]) In jeder der 3 Perioden müssen mindestens 100 Platten gefertigt worden sein.

c) Umfang, Ergebnisse und Bewertung der Eigenüberwachung
d) Angaben über die Probenahme
e) Ergebnisse und Bewertung der bei der Fremdüberwachung durchgeführten Prüfungen
f) Gesamtbewertung
g) Ort und Datum
h) Unterschrift und Stempel der fremdüberwachenden Stelle

Der Bericht ist beim Hersteller und bei der fremdüberwachenden Stelle mindestens fünf Jahre aufzubewahren.

6.2.7 Wiederholungsprüfung

Wird die Prüfung von einer Überwachungseinheit im Rahmen der laufenden Fremdüberwachung wegen wesentlicher Mängel nicht bestanden, so muß die Probenahme für die Wiederholungsprüfung kurzfristig vorgenommen werden.
Wird diese Prüfung ebenfalls wegen wesentlicher Mängel nicht bestanden, so wird die Überwachung dieser Überwachungseinheit eingestellt.

7 Bezeichnung

Platten nach dieser Norm werden wie folgt bezeichnet:
Benennung
DIN-Nummer
Plattentyp einschließlich Emissionsklasse E1
Nenndicke, Länge, Breite in mm

Spanmaterial (z.B. Holzspäne (H) oder Flachsschäben (F)) etwaige Sondereigenschaften
Bezeichnung einer Flachpreßplatte vom Typ V20, Emissionsklasse E1, der Nenndicke 19 mm, der Länge 5000 mm, der Breite 2000 mm aus Holzspänen (H):

Flachpreßplatte DIN 68 763 — V20 — E1 —
19 × 5000 × 2000 — H

8 Kennzeichnung

Nach dieser Norm hergestellte und nach Abschnitt 6 überwachte Platten sind vom Hersteller an geeigneter Stelle wie folgt zu kennzeichnen:
Herstellwerk und Werkstyp (gegebenenfalls verschlüsselt)
DIN-Nummer
Plattentyp einschließlich Emissionsklasse E1
Nenndicke in mm
Fremdüberwachende Stelle (z.B. „überwacht durch...", oder Überwachungszeichen)
Beispiel:

(Müller 123) — DIN 68 763 — V100G — E1 — 16 — (Überwachungszeichen)

Anmerkung: Für die Kennzeichnung von Platten der Baustoffklasse B 1 nach DIN 4102 Teil 1 gelten zusätzlich die Bestimmungen des Prüfbescheides (siehe Anmerkung zu Abschnitt 4.8). Für die Kennzeichnung hinsichtlich der Formaldehydabgabe der Platten gilt die in Abschnitt 4.2 genannte Richtlinie.

Zitierte Normen und andere Unterlagen

DIN 1052 Teil 1	Holzbauwerke; Berechnung und Ausführung
DIN 1052 Teil 3	Holzbauwerke; Holzhäuser in Tafelbauart; Berechnung und Ausführung
DIN 4102 Teil 1	Brandverhalten von Baustoffen und Bauteilen; Baustoffe; Begriffe, Anforderungen, Prüfung
DIN 4102 Teil 4	Brandverhalten von Baustoffen und Bauteilen; Zusammenstellung und Anwendung klassifizierter Baustoffe, Bauteile und Sonderbauteile
DIN 12 605	Laborgeräte aus Glas; Wägegläser
DIN 50 014	Klimate und ihre technische Anwendung; Normalklimate
DIN 52 360	Prüfung von Holzspanplatten; Allgemeines, Probenahme, Auswertung
DIN 52 361	Prüfung von Holzspanplatten; Bestimmung der Abmessungen, der Rohdichte und des Feuchtigkeitsgehaltes
DIN 52 362 Teil 1	Prüfung von Holzspanplatten; Biegeversuch, Bestimmung der Biegefestigkeit
DIN 52 364	Prüfung von Holzspanplatten; Bestimmung der Dickenquellung
DIN 52 365	Prüfung von Holzspanplatten; Bestimmung der Zugfestigkeit senkrecht zur Plattenebene
DIN 68 705 Teil 5	Sperrholz; Bau-Furniersperrholz aus Buche
DIN 68 771	Unterböden aus Holzspanplatten
DIN 68 800 Teil 2	Holzschutz im Hochbau; Vorbeugende bauliche Maßnahmen

Richtlinie über die Klassifizierung von Spanplatten bezüglich der Formaldehydabgabe [*])
ETB-Richtlinie über die Verwendung von Spanplatten hinsichtlich der Vermeidung unzumutbarer Formaldehydkonzentration in der Raumluft [*])
Richtlinie zur Überwachung von Holzwerkstoffplatten — Mengenbestimmung der eingebrachten Holzschutzmittel [*])
[1] Rowan, C. A., Zajicek, O. T. Calabrese, E. J. (1982): Dry ashing vegetables for the determination of the sodium and potassium by atomic absorbtion spectromety. Anal. chem. **54**: S. 149—151.

---

[*]) Zu beziehen durch Beuth Verlag GmbH, Burggrafenstraße 6, 1000 Berlin 30.

Weitere Normen

DIN 4108 Teil 4	Wärmeschutz im Hochbau; Wärme- und feuchteschutztechnische Kennwerte
DIN 52 366	Prüfung von Spanplatten; Bestimmung der Abhebefestigkeit und der Schichtfestigkeit
DIN 53 368	Prüfung von Spanplatten; Bestimmung der Formaldehydabgabe durch Gasanalyse
DIN 68 761 Teil 1	Spanplatten; Flachpreßplatten für allgmeine Zwecke; FPY-Platte
DIN 68 762	Spanplatten für Sonderzwecke im Bauwesen; Begriffe, Anforderungen, Prüfung
DIN 68 764 Teil 1	Spanplatten; Strangpreßplatten für das Bauwesen; Begriffe, Eigenschaften, Prüfung, Überwachung
DIN 68 764 Teil 2	Spanplatten; Strangpreßplatten für das Bauwesen; Beplankte Strangpreßplatten für die Tafelbauart
DIN 68 765	Spanplatten; Kunststoffbeschichtete dekorative Flachpreßplatten; Begriff, Anforderungen
DIN 68 800 Teil 5	Holzschutz im Hochbau; Vorbeugender chemischer Schutz von Holzwerkstoffen
DIN EN 120	Spanplatten; Bestimmung des Formaldehydgehaltes; Extraktionsverfahren genannt Perforatormethode

Frühere Ausgaben

DIN 68 761 Teil 3: 09.67
DIN 68 763: 09.73, 07.80

Änderungen

Gegenüber der Ausgabe Juli 1980 wurden folgende Änderungen vorgenommen:
a) Norm redaktionell überarbeitet.
b) PMDI-Klebstoffe wurden in die Norm aufgenommen, sowohl für V20- als auch für V100/V 100G-Verleimung, ebenso alkalisch härtende Phenolharze für die V20-Verleimung.
 Alle genannten Klebstoffe können schichtweise (Mittelschicht/Deckschicht) innerhalb des jeweiligen Plattentyps kombiniert werden.
c) Die Grenzabmaße der Dicke wurden bei geschliffenen Platten innerhalb einer Platte auf ± 0,2 mm, bei ungeschliffenen Platten sowohl innerhalb einer Platte als auch von Platte zu Platte auf $^{+1,7\,mm}_{-0,3\,mm}$ festgelegt.
d) Hinsichtlich Formaldehyd wurde die Emissionsklasse „E1" festgelegt.
e) Die Ermittlung des Alkaligehaltes der Spanplatten über den gesamten Querschnitt erfolgt analytisch; er darf 2,0 % nicht überschreiten.
f) Für den Feuchtegehalt der Platten wurde ein Bereich von 5 bis 12 % festgelegt.
g) Der untere Dickenbereich wurde mit einer Nenndicke von 6 mm nach unten begrenzt.

Erläuterungen

Diese Norm wurde vom Arbeitsausschuß NHM 2.7 „Spanplatten, Anforderungen" (Obmann: E. Brinkmann, Springe) erarbeitet.

Untersuchungen haben ergeben, daß bei der V100-Querzugprüfung während der bisherigen Art der Vorbehandlung Vorschädigungen der Spanplatten auftreten können (siehe entsprechende Veröffentlichungen im Holzzentralblatt, z.B. vom 11. 03. 1988 und vom 26. 09. 1988), die die ermittelte Querzugfestigkeit beeinflussen. Zur Zeit laufen hierzu Untersuchungen. Sobald gesicherte Untersuchungsergebnisse und Erfahrungswerte aus der Praxis vorliegen, wird die Norm gegebenenfalls entsprechend geändert.

Die untere Plattendicke wurde aus prüftechnischen Gründen auf 6 mm begrenzt. Für die künftige Erfassung von Platten mit Dicken unter 6 mm sind sowohl die Anforderungswerte als auch die Prüfmethoden noch zu erarbeiten.

Internationale Patentklassifikation

B 27 N 3/00
D 21 J 1/00
E 04 C 2/16
G 01 B 21/00

DK 69.025.2 : 674.815-41   September 1973

Unterböden aus Holzspanplatten

DIN 68 771

Sub-floors of wood chipboards

1. Geltungsbereich

Diese Norm gilt für Unterböden aus Holzspanplatten für Fußböden in Räumen, die zum dauernden Aufenthalt von Menschen bestimmt sind. In speziellen Anwendungsfällen (z. B. Schwingböden in Sportstätten, Lagerhallen u. ä.) sind die jeweiligen Anforderungen und konstruktiven Eigenheiten zu berücksichtigen. Unterböden, die zugleich tragende Bestandteile von Decken in Tafelbauart sind, müssen unter Beachtung des Feuchtigkeitsschutzes nach DIN 68 800 Blatt 2 (z. Z. noch Entwurf) auf der Grundlage der ETB-Richtlinie für die Bemessung und Ausführung von Holzhäusern in Tafelbauart, Ergänzung zu DIN 1052, bemessen werden.

Sollen besondere Anforderungen an den Wärme- bzw. Schallschutz erfüllt werden, so sind die Normen DIN 4108 bzw. DIN 4109 zu beachten.

2. Ausführungsarten

Behandelt werden die drei häufigsten Anwendungsfälle.

2.1. Verlegen auf Lagerhölzern oder Deckenbalken

Befestigen der Platten auf Lagerhölzern oder auf Balken von Holzbalkendecken. Die Platten wirken statisch als Ein- oder Mehrfeldplatten. Zur Verbesserung der Schalldämmung können unter den Lagerhölzern Dämmstreifen angeordnet werden (siehe Bild 1).

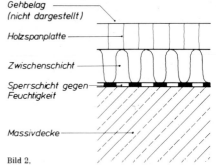

Bild 2.

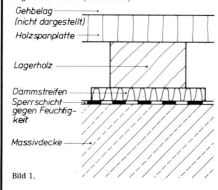

Bild 1.

2.2. Vollflächig schwimmende Verlegung

Platten werden ohne zusätzliche Unterstützung und ohne Befestigung an der Unterkonstruktion vollflächig auf einer Zwischenschicht (z. B. Dämmschicht) angeordnet. Sie wirken statisch als Platten auf elastischer Unterlage (siehe Bild 2).

2.3. Abdecken und Ausgleichen vorhandener Holzfußböden

Befestigen von Holzspanplatten auf vorhandenen Holzfußböden aller Art als ebene Ausgleichsschicht für zusätzlich aufzubringende Beläge (siehe Bild 3).

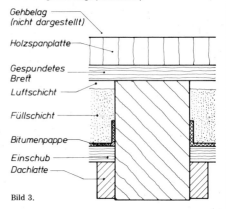

Bild 3.

3. Plattentypen

Für die Auswahl der Typen nach DIN 68 763 gelten folgende Richtlinien:

- V 100. Allgemein
- V 20. Nur unter der Voraussetzung, daß Bauunternehmer und Verleger in jeder Hinsicht gewährleisten, daß

Fortsetzung Seite 2 bis 4
Erläuterungen Seite 4

Fachnormenausschuß Holz (FNHOLZ) im Deutschen Normenausschuß (DNA)
Fachnormenausschuß Bauwesen im DNA

a) nach dem Transport und der Lagerung die Plattenfeuchtigkeit beim Einbau nicht mehr als 13 Gew.-% beträgt, und

b) während der späteren Nutzung die Erhöhung der Plattenfeuchtigkeit gegenüber der tatsächlichen Feuchtigkeit beim Einbau (z. B. durch aus dem Erdreich aufsteigende Feuchtigkeit, durch Baufeuchtigkeit, durch Tauwasserbildung infolge Dampfdiffusion, durch Reinigungswasser) mit Sicherheit an keiner Stelle mehr als 3 Gew.-% betragen kann.

- V100G. In Sonderfällen (z. B. für Unterböden auf nicht ausreichend belüfteten Holzbalkendecken in Bädern).

Entsprechende Feuchtigkeits-Schutzmaßnahmen (siehe Abschnitt 5) sind in jedem Fall vorzunehmen.

4. Anforderungen an die Unterkonstruktion

4.1. Verlegen auf Lagerhölzern oder Deckenbalken

Die Rohdecke muß ausreichend trocken und so eben sein, daß die Funktion der Dampfbremse (siehe Feuchtigkeitsschutz) nicht beeinträchtigt wird. Auch die übrigen Bestandteile des Fußbodens müssen trocken eingebracht werden. Direkte Verbindungen zwischen Lagerholz und Rohdecke bzw. den angrenzenden Wänden sind zu vermeiden.

Für Holzbalkendecken gelten die Anforderungen sinngemäß.

4.2. Vollflächig schwimmende Verlegung

Für die Rohdecke gelten die gleichen Anforderungen wie unter Abschnitt 4.1. Die Zwischenschicht muß trocken sein und ist vollflächig anzuordnen. Bei Einzellasten sind in die Zwischenschicht eingelegte Holzleisten zu empfehlen.

4.3. Abdecken und Ausgleichen vorhandener Holzfußböden

Der vorhandene Boden muß trocken und fest sein, beschädigte bzw. nicht einwandfreie Bestandteile sind auszubessern. Das Knarren alter Dielen ist vor dem Aufbringen des neuen Fußbodens zu beseitigen (zusätzliches Verschrauben). Bei großen Unebenheiten können für den Ausgleich zusätzliche Zwischenschichten erforderlich werden (siehe vollflächig schwimmende Verlegung).

5. Feuchtigkeitsschutz

Der bauphysikalische Feuchtigkeitsschutz muß so bemessen sein, daß eine Tauwasserbildung innerhalb des Fußbodens verhindert wird. Ferner darf keine Durchfeuchtung der Platten aus den zusätzlich eingebrachten Materialien, aus der Unterkonstruktion oder aus dem Untergrund erfolgen. Die Platten sind vor Feuchtigkeitseinwirkungen aus der Nutzung (z. B. durch schlecht abgedichtete Fugen im Belag eindringendes Reinigungswasser) zu schützen.

5.1. Verlegen auf Lagerhölzern oder Deckenbalken

Auf massiven Rohdecken ist eine dampfbremsende Schicht, deren Produkt aus Wasserdampfdiffusionswiderstandsfaktor und Dicke mindestens 20 m betragen sollte, vollflächig anzuordnen (z. B. 0,2 mm dicke PE-Folie, in Heißbitumen verklebte Dichtungspappen bzw. -bahnen). Die Dampfbremse ist an den Raumwänden so hoch zu ziehen, daß auch die Plattenränder geschützt sind. Die Folienstöße sind abzudichten (Verschweißen, Verkleben) bzw. ausreichend zu überlappen (Überlappungsbreite mindestens 30 cm), wobei der Stoß möglichst unter einem Lagerholz liegen sollte. Beschädigungen der Dampfbremse sind unbedingt zu vermeiden.

Bei Holzbalkendecken ist es im allgemeinen ausreichend, wenn der Hohlraum unter dem Fußboden in jedem Gefach durch genügend große Öffnungen an beiden Enden mit der Luft des darüberliegenden Raumes verbunden ist. In speziellen Fällen ist rechnerisch nachzuweisen, ob bzw. an welcher Stelle eine zusätzliche Dampfbremse in der Decke erforderlich ist. Bei der Bemessung des Feuchtigkeitsschutzes ist der Feuchtigkeitsgehalt der Holzbalken sowie der übrigen eingebauten Materialien zu berücksichtigen.

5.2. Vollflächig schwimmende Verlegung

Anforderungen an die dampfbremsende Schicht wie unter Abschnitt 5.1. Sie ist unter der Zwischenschicht anzuordnen und an den seitlichen Wänden mindestens bis Oberkante Fußboden hochzuziehen. Bei Böden in nicht unterkellerten Räumen oder bei Schüttstoffen für die Zwischenschicht kann die zusätzliche Dampfbremse auf der Zwischenschicht erforderlich werden.

5.3. Abdecken und Ausgleichen vorhandener Holzfußböden

Durch weitgehend dampfundurchlässige Beläge können die Feuchtigkeitsverhältnisse in den Dielenböden entscheidend verändert werden. Besteht aufgrund der Nutzungsart übereinanderliegender Räume die Gefahr der Durchfeuchtung des Fußbodens infolge Dampfdiffusion, so ist durch Verringerung der Dampfdurchlässigkeit an der Deckenunterseite oder durch Einschalten eines belüfteten Hohlraumes unter dem Fußboden für Abhilfe zu sorgen.

6. Verarbeitung der Platten

6.1. Transport, Lagerung

Der Feuchtigkeitsgehalt der Holzspanplatten beträgt ab Werk (9 ± 4) %, bezogen auf das Darrgewicht. Transport und Lagerung der Platten müssen so erfolgen, daß dieser Feuchtigkeitsbereich nicht überschritten wird. Eine Lagerung der Platten in Feuchträumen bzw. im Freien (auch mit Abdeckung) ist zu vermeiden. Die Platten sind eben, waagerecht und auf trockenem Untergrund zu lagern.

6.2. Verlegen und Befestigen

Die Platten müssen beim Einbau und Aufbringen des Belags trocken sein.

Die Verlegung der Holzspanplatten sollte unter „normalen" Klimabedingungen, also weder in überheizten noch in ungelüfteten, kalt-feuchten Räumen vorgenommen werden.

Beim Verlegen ist auf einen ausreichenden Randabstand zwischen Fußboden und Wand zu achten, der ≈ 2 bis 3 mm je m Raumtiefe, mindestens jedoch 10 bis 15 mm betragen sollte. Dadurch kann sich der Fußboden in seiner Ebene bewegen. Besteht die Gefahr der Körperschallübertragung, so sind weichfedernde Dämmschichten zwischen Fußboden und Wand anzuordnen.

Verlegte Platten sollen sofort mit dem vorgesehenen Belag versehen werden, damit mögliche Feuchtigkeitseinwirkungen und eventuelle Beschädigungen vermieden werden (siehe auch Abschnitt 7).

6.2.1. Verlegen auf Lagerhölzern oder Deckenbalken

Die Plattenstöße sind zu versetzen. Die parallel zu den Lagerhölzern oder Deckenbalken verlaufenden Plattenstöße sind auf diesen anzuordnen.

Die Platten werden auf der Auflager geschraubt; Abstand der Schrauben untereinander: an den Plattenrändern ≈ 20 bis 30 cm, an übrigen Auflagern: ≈ 40 bis 50 cm. Die Vertiefungen an den Schraubenköpfen sind auszuspachteln und falls erforderlich überzuschleifen. Die Plattenstöße rechtwinklig zu den Auflagern sollten zusätzlich verleimt werden.

DIN 68 771 Seite 3

Die zulässige Stützweite der Platten in Abhängigkeit von der Dicke, dem statischen System, der Art und Größe der Belastung sowie der zulässigen Durchbiegung geht aus Tabelle 1 hervor.

In Abweichung von DIN 1055 Blatt 3 sollte hier die gleichmäßig verteilte Belastung q nur bei beweglichen Verkehrslasten (Personen) zugrunde gelegt werden, während für normale Einrichtungsgegenstände in Wohnzimmern die Einzellast $F = 100$ kp (1 kN) für schwere Einrichtungsgegenstände $F = 200$ kp (2 kN) berücksichtigt werden sollte.

Bei dauernd wirkenden Einzellasten empfiehlt es sich, die rechnerische Durchbiegung auf $1/500$ der Stützweite l zu beschränken.

6.2.2. Vollflächig schwimmende Verlegung

Hierfür sind nur Holzspanplatten mit umlaufendem Randprofil (z. B. Nut und Feder) geeignet. Die Platten werden mit versetzten Stoßfugen verlegt. Alle Plattenränder sind zu verleimen.

Der erforderliche Preßdruck kann z. B. durch Verkeilen der Fußbodenfläche an den umlaufenden Rändern oder durch geeignete Spannvorrichtungen erzeugt werden. Die Verkeilung ist nach Abbinden des Leimes zu entfernen, um die Bewegungsmöglichkeit des Fußbodens nicht zu beeinträchtigen. Als federnde Zwischenschicht sind entsprechende Dämmplatten sowie lose anorganische bzw. fäulnisbeständige organische Schüttstoffe geeignet. Sand ist nicht zu empfehlen. Bei üblicher Belastung ist je nach Steifigkeit des Untergrundes eine Plattendicke von 19 bis 22 mm ausreichend.

6.2.3. Abdecken und Ausgleichen vorhandener Holzfußböden

Verlegen und Befestigen wie unter Abschnitt 6.2.1 beschrieben. Im Normalfall ist eine Plattendicke von 10 mm ausreichend. Bei größeren Unebenheiten, z. B. bei breiten, geschüsselten Dielen, sollten die Angaben in Tabelle 1 berücksichtigt werden.

7. Fußbodenbeläge

Geeignet sind alle gebräuchlichen Belagarten, wie Parkett, Kunststoff- und Gummibeläge, Linoleum sowie Textilbeläge. Für die Verklebung sind die Anweisungen der Herstellwerke zu beachten, gegebenenfalls sind Probeklebungen vorzunehmen.

Der Belag muß so bald wie möglich verlegt werden, um die Holzspanplatten vor ungünstigen Klimaeinflüssen zu schützen (z. B. Schüsselungen, Verwölbungen, Markierung einzelner Stoßfugen oder Abzeichnen einzelner Platten).

Für die hartplastische („schubfeste") Verklebung von Parkett können schwimmend verlegte Holzspanplatten-Unterböden nur empfohlen werden, wenn die gesamte Fußbodenkonstruktion in jeder Beziehung trocken ist und trocken bleibt. In allen anderen Fällen empfiehlt es sich, Parkett auf Unterböden nach den Abschnitten 2.1 und 2.3 zu verkleben.

Tabelle 1. Maximale Stützweite (Achsabstand der Unterstützungen) [1])

Statisches System	rechnerische Durchbiegung f	Belastung F kp (kN)	Belastung q kp/m² (kN/m²)	Maximale Stützweite l in cm für Plattendicke in mm				
				13	16	19	22	25
Einfeldplatte	$f = \dfrac{1}{300} \cdot l$	100 (1)		21	27	35	41	50
		200 (2)		11	15	21	24	31
	$f = \dfrac{1}{500} \cdot l$	100 (1)		16	21	27	32	38
		200 (2)		11	15	19	22	27
	$f = \dfrac{1}{300} \cdot l$		200 (2)	41	48	57	62	71
Mehrfeldplatte	$f = \dfrac{1}{300} \cdot l$	100 (1)		24	31	40	46	56
		200 (2)		13	18	25	28	36
	$f = \dfrac{1}{500} \cdot l$	100 (1)		19	24	31	36	44
		200 (2)		13	17	22	25	31
	$f = \dfrac{1}{300} \cdot l$		200 (2)	45	53	62	68	78

Klammerangaben siehe Erläuterungen
[1]) Die maximale Stützweite für den Lastfall „Einzellast F" wurde nach den „Leichtdach-Richtlinien", Fassung Mai 1967, Abschnitt 3.3 unter der Annahme einer Plattenbreite von mindestens 80 cm ermittelt.

Seite 4 DIN 68 771

Hinweise auf weitere Normen

DIN 280 Blatt 1 Parkett; Parkettstäbe und Tafeln für Tafelparkett
DIN 280 Blatt 2 —; Mosaikparkettlamellen
DIN 280 Blatt 3 —; Parkettriemen
DIN 1052 Blatt 1 Holzbauwerke; Berechnung und Ausführung
DIN 1052 Blatt 2 —; Bestimmungen der Dübelverbindungen besonderer Bauart
DIN 4108 Wärmeschutz im Hochbau
DIN 4109 Blatt 1 Schallschutz im Hochbau; Begriffe
DIN 4109 Blatt 2 —; Anforderungen
DIN 4109 Blatt 3 —; Ausführungsbeispiele
DIN 4109 Blatt 4 —; Schwimmende Estriche auf Massivdecken, Richtlinien für die Ausführung
DIN 4109 Blatt 5 —; Erläuterungen
DIN 68 763 Spanplatten; Flachpreßplatten für das Bauwesen; Begriffe, Eigenschaften, Prüfung, Überwachung
DIN 68 800 Blatt 2 Holzschutz im Hochbau; Vorbeugende bauliche Maßnahmen (z. Z. noch Entwurf)

Erläuterungen

Nach der „Ausführungsverordnung zum Gesetz über Einheiten im Meßwesen" vom 26. Juni 1970 dürfen die bisher üblichen Krafteinheiten Kilopond (kp) und Megapond (Mp) nur noch bis zum 31. Dezember 1977 benutzt werden. Bei der Umstellung auf die gesetzliche Krafteinheit Newton (N) (1 kp = 9,80665 N) ist im Rahmen des Anwendungsbereiches dieser Norm für 1 kp = 0,01 kN und für 1 kp/m^2 = 0,01 kN/m^2 zu setzen. Diese Angaben sind in der vorliegenden Norm in Klammern hinzugefügt.

DEUTSCHE NORM   **Juni 1997**

Spanplatten
Anforderungen
Teil 5: Anforderungen an Platten für tragende Zwecke
zur Verwendung im Feuchtbereich
Deutsche Fassung EN 312-5 : 1997

DIN
EN 312-5

ICS 79.060.20

Deskriptoren: Spanplatte, Anforderung, Feuchtbereich, hochbelastbar, Platte

Particleboards, Specifications — Part 5: Requirements for load-bearing boards for use in humid conditions; German version EN 312-5 : 1997

Panneaux de particules, Exigences — Partie 5: Exigences pour panneaux travaillants utilisés en milieu humide; Version allemande EN 312-5 : 1997

Teilweise Ersatz für
DIN 68763 : 1990-09,
siehe auch
nationales Vorwort

Die Europäische Norm EN 312-5 : 1997 hat den Status einer Deutschen Norm.

Nationales Vorwort

Diese Europäische Norm wurde von der Arbeitsgruppe 1 "Spanplatten" des Technischen Komitees 112 "Holzwerkstoffe" erarbeitet. Die Sekretariatsführung der Arbeitsgruppe liegt beim DIN.

Der zuständige Arbeitsausschuß im DIN ist der NHM 2.15 "SPA CEN/TC 112 — ISO/TC 89".

In welchem Umfang diese Norm Eingang in das deutsche Baurecht im Rahmen der Bauproduktenrichtlinie findet, bleibt weiteren administrativen Entscheidungen vorbehalten. Auf Grund baurechtlicher Bestimmungen kann auch weiterhin die Anwendung der DIN 68763 verlangt werden.

Änderungen

Gegenüber DIN 68763 : 1990-09 wurden folgende Änderungen vorgenommen:
— EN 312-5 : 1997 übernommen.

Frühere Ausgaben

DIN 68763: 1973-09, 1980-07, 1990-09

Fortsetzung 7 Seiten EN

Normenausschuß Holzwirtschaft und Möbel (NHM) im DIN Deutsches Institut für Normung e.V.

EUROPÄISCHE NORM
EUROPEAN STANDARD
NORME EUROPÉENNE

EN 312-5

März 1997

ICS 79.060.20

Deskriptoren: Holzplatte, Spanplatte, Eigenschaft, Anforderung, Umgebung, Feuchtigkeitsbedingung, Konformitätsprüfung, Kennzeichnung

Deutsche Fassung

Spanplatten
Anforderungen
Teil 5: Anforderungen an Platten für tragende Zwecke
zur Verwendung im Feuchtbereich

Particleboards, Specifications — Part 5: Requirements for load-bearing boards for use in humid conditions

Panneaux de particules, Exigences — Partie 5: Exigences pour panneaux travaillants utilisés en milieu humide

Diese Europäische Norm wurde von CEN am 1997-02-27 angenommen.

Die CEN-Mitglieder sind gehalten, die CEN/CENELEC-Geschäftsordnung zu erfüllen, in der die Bedingungen festgelegt sind, unter denen dieser Europäischen Norm ohne jede Änderung der Status einer nationalen Norm zu geben ist.

Auf dem letzten Stand befindliche Listen dieser nationalen Normen mit ihren bibliographischen Angaben sind beim Zentralsekretariat oder bei jedem CEN-Mitglied auf Anfrage erhältlich.

Diese Europäische Norm besteht in drei offiziellen Fassungen (Deutsch, Englisch, Französisch). Eine Fassung in einer anderen Sprache, die von einem CEN-Mitglied in eigener Verantwortung durch Übersetzung in seine Landessprache gemacht und dem Zentralsekretariat mitgeteilt worden ist, hat den gleichen Status wie die offiziellen Fassungen.

CEN-Mitglieder sind die nationalen Normungsinstitute von Belgien, Dänemark, Deutschland, Finnland, Frankreich, Griechenland, Irland, Island, Italien, Luxemburg, Niederlande, Norwegen, Österreich, Portugal, Schweden, Schweiz, Spanien und dem Vereinigten Königreich.

CEN

EUROPÄISCHES KOMITEE FÜR NORMUNG
European Committee for Standardization
Comité Européen de Normalisation

Zentralsekretariat: rue de Stassart 36, B-1050 Brüssel

© 1997. Das Copyright ist den CEN-Mitgliedern vorbehalten.

Ref. Nr. EN 312-5 : 1997 D

Inhalt

	Seite
Vorwort	2
1 Anwendungsbereich	2
2 Normative Verweisungen	2
3 Anforderungen	3
4 Nachweis der Übereinstimmung	4
5 Kennzeichnung	4
Anhang A (informativ) Option 2 für Spanplatten unter Verwendung eines anderen Klebstofftyps oder -systems als alkalisch härtende Phenolharze oder Isocyanat PMDI	5
Anhang B (informativ) Literaturhinweise	7

Vorwort

Diese Europäische Norm wurde vom Technischen Komitee CEN/TC 112 "Holzwerkstoffplatten" erarbeitet, dessen Sekretariat vom DIN gehalten wird.

Diese Europäische Norm muß den Status einer nationalen Norm erhalten, entweder durch Veröffentlichung eines identischen Textes oder durch Anerkennung bis September 1997, und etwaige entgegenstehende nationale Normen müssen bis September 1997 zurückgezogen werden.

Diese Norm gehört zu einer Normenreihe, die Anforderungen an Spanplatten festlegt. Die anderen Teile dieser Reihe sind in Abschnitt 2 und Anhang B aufgeführt.

Entsprechend der CEN/CENELEC-Geschäftsordnung sind die nationalen Normungsinstitute der folgenden Länder gehalten, diese Europäische Norm zu übernehmen:

Belgien, Dänemark, Deutschland, Finnland, Frankreich, Griechenland, Irland, Island, Italien, Luxemburg, Niederlande, Norwegen, Österreich, Portugal, Schweden, Schweiz, Spanien und das Vereinigte Königreich.

1 Anwendungsbereich

Diese Europäische Norm legt Anforderungen an Spanplatten für tragende Zwecke zur Verwendung im Feuchtbereich[1]) fest.

ANMERKUNG: Diese Platten sind zur Berechnung und Ausführung von tragenden oder aussteifenden Bauteilen vorgesehen, z. B. Wand-, Fußboden-, Dachkonstruktionen oder I-Trägern (siehe ENV 1995-1-1 und/oder Leistungsnormen).

Die in dieser Norm angegebenen Werte beziehen sich auf Produkteigenschaften, es sind keine charakteristischen Werte, die für konstruktive Berechnungen verwendet werden können[2]).

Sie enthält zusätzliche Informationen über weitere Eigenschaften für bestimmte Verwendungszwecke.

Spanplatten nach dieser Norm dürfen als P5-Platten bezeichnet werden.

Diese Norm enthält keine Anforderungen für Platten mit langen, schlanken, ausgerichteten Spänen (OSB); diese sind in EN 300 enthalten.

2 Normative Verweisungen

Diese Europäische Norm enthält durch datierte oder undatierte Verweisungen Festlegungen aus anderen Publikationen. Diese normativen Verweisungen sind an den jeweiligen Stellen im Text zitiert, und die Publikationen sind nachstehend aufgeführt. Bei datierten Verweisungen gehören spätere Änderungen oder Überarbeitungen dieser Publikationen nur zu dieser Europäischen Norm, falls sie durch Änderung oder Überarbeitung eingearbeitet sind. Bei undatierten Verweisungen gilt die letzte Ausgabe der in Bezug genommenen Publikation.

EN 310
  Holzwerkstoffe — Bestimmung des Biege-Elastizitätsmoduls und der Biegefestigkeit

EN 311
  Spanplatten — Abhebefestigkeit von Spanplatten — Prüfverfahren

EN 312-1
  Spanplatten — Anforderungen — Teil 1: Allgemeine Anforderungen an alle Plattentypen

EN 317
  Spanplatten und Faserplatten — Bestimmung der Dickenquellung nach Wasserlagerung

EN 318
  Faserplatten — Bestimmung von Maßänderungen in Verbindung mit Änderungen der relativen Luftfeuchte

EN 319
  Spanplatten und Faserplatten — Bestimmung der Zugfestigkeit senkrecht zur Plattenebene

EN 321
  Faserplatten — Zyklustest im Feuchtbereich

EN 323
  Holzwerkstoffe — Bestimmung der Rohdichte

EN 326-1
  Holzwerkstoffe — Probenahme, Zuschnitt und Überwachung — Teil 1: Probenahme und Zuschnitt von Prüfkörpern sowie Angabe der Prüfergebnisse

EN 1087-1
  Spanplatten — Bestimmung der Feuchtebeständigkeit — Teil 1: Kochprüfung

---
[1]) Der Feuchtbereich ist durch die Nutzungsklasse (Service class) 2 nach ENV 1995-1-1 definiert, welche durch eine Feuchte im Werkstoff gekennzeichnet wird, die einer Temperatur von 20°C und einer relativen Luftfeuchte entspricht, die nur wenige Wochen im Jahr 85 % überschreitet. Platten dieser Art sind für die Anwendung in den biologischen Gefährdungsklassen 1 und 2 nach EN 335-2 geeignet.

[2]) Solche charakteristischen Werte (z. B. für konstruktive Berechnungen) in ENV 1995-1-1) sind entweder in prEN 12369 angegeben oder werden durch Prüfung nach EN 789, EN 1058 und prEN 1156 ermittelt.

3 Anforderungen

3.1 Allgemeines

Spanplatten müssen den allgemeinen Anforderungen der EN 312-1 sowie den in den Tabellen 1 und 2 dieser Norm aufgeführten Anforderungen entsprechen.

Die Anforderungen in den Tabellen 1 und 2 müssen von 5 % Quantil (Fraktil)-Werten (95 % Quantil-Werten im Falle der Dickenquellung) erfüllt werden, die aus Mittelwerten von einzelnen Platten nach EN 326-1 berechnet worden sind. Sie dürfen im Falle der Dickenquellung höchstens so groß sein wie die Werte in den Tabellen 1 und 2. Für alle anderen Eigenschaften müssen sie mindestens so groß sein wie die Werte in den Tabellen 1 und 2.

Die in Tabelle 1 angegebenen Werte für die Biegefestigkeit und den Elastizitätsmodul müssen in allen Richtungen der Plattenebene nachgewiesen werden.

3.2 Mechanische Eigenschaften und Quellung

Tabelle 1: Anforderungen an die festgelegten mechanischen Eigenschaften und die Quellung

Eigenschaft	Prüf-verfahren	Einheit	Anforderung							
			Dickenbereich (mm, Nennmaß)							
			3 bis 4	> 4 bis 6	> 6 bis 13	> 13 bis 20	> 20 bis 25	> 25 bis 32	> 32 bis 40	> 40
Biegefestigkeit	EN 310	N/mm²	20	19	18	16	14	12	10	9
Biege-Elastizitätsmodul	EN 310	N/mm²	2 550	2 550	2 550	2 400	2 150	1 900	1 700	1 550
Querzugfestigkeit	EN 319	N/mm²	0,50	0,50	0,45	0,45	0,40	0,35	0,30	0,25
Dickenquellung 24 h	EN 317	%	13	12	11	10	10	10	9	9

ANMERKUNG 1: Die Werte für Biegeeigenschaften und Querzeugfestigkeit gelten für einen Feuchtegehalt, der sich im Werkstoff bei einer relativen Luftfeuchte von 65 % und einer Temperatur von 20 °C einstellt.

Die Werte für Dickenquellung gelten für einen Feuchtegehalt, der sich im Werkstoff vor der Behandlung bei einer relativen Luftfeuchte von 65 % und einer Temperatur von 20 °C einstellt.

ANMERKUNG 2: Wenn durch den Käufer bekanntgegeben wurde, daß die Platten für den speziellen Einsatz in Fußböden, bei Wänden oder Dachkonstruktionen verwendet werden sollen, sind auch die entsprechenden Leistungsnormen in Betracht zu ziehen. Deshalb kann gegebenenfalls die Einhaltung zusätzlicher Anforderungen verlangt werden.

3.3 Feuchtebeständigkeit

Tabelle 2: Anforderungen an die Feuchtebeständigkeit

Eigenschaft	Prüf-verfahren	Einheit	Anforderung							
			Dickenbereich (mm, Nennmaß)							
			3 bis 4	> 4 bis 6	> 6 bis 13	> 13 bis 20	> 20 bis 25	> 25 bis 32	> 32 bis 40	> 40
OPTION 1*)										
Querzugfestigkeit nach Zyklustest	EN 321	N/mm²	0,30	0,30	0,25	0,22	0,20	0,17	0,15	0,12
Dickenquellung nach Zyklustest	EN 321	%	12	12	11	11	10	10	9	9
OPTION 2*)										
Querzugfestigkeit nach Kochprüfung	EN 1087-1	N/mm²	0,15	0,15	0,15	0,14	0,12	0,11	0,10	0,09

*) Die vorgenannte Verfahrensauswahl sollte nur als vorläufige Maßnahme betrachtet werden, bis durch eine pränormative Untersuchung eine von der Plattenzusammensetzung unabhängige Lösung erarbeitet wird.

ANMERKUNG: Die Werte für Querzugfestigkeit und Dickenquellung nach Option 1-Behandlung gelten für einen Feuchtegehalt, der sich im Werkstoff (vor und nach dem Zyklustest) einer relativen Luftfeuchte von 65 % und einer Temperatur von 20 °C einstellt.

Die Werte für die Querzugfestigkeit nach Option 2-Behandlung gelten für einen Feuchtegehalt, der sich im Werkstoff (vor der Kochprüfung) bei einer relativen Luftfeuchte von 65 % und einer Temperatur von 20 °C einstellt.

Anforderungen an Feuchtebeständigkeit und gegebenenfalls an Quellung sind vom Prüfverfahren abhängig, das zur Beurteilung dieser Eigenschaften angewendet wird. Entsprechend den zwei hauptsächlich anerkannten Prüfverfahren werden daher in Tabelle 2 jeweils unterschiedliche Anforderungen aufgeführt (Option 1 und Option 2). Der Hersteller muß deshalb in Übereinstimmung mit einer der beiden Optionen verfahren.

Anforderungen der Option 1 werden an Platten gestellt, die einer beschleunigten Alterungsprüfung unterzogen werden, dem sogenannten "Zyklustest im Feuchtbereich" nach EN 321. Für Klebstoffe oder Klebsysteme, die für die Anwendung von Option 1 geeignet sind, gelten keine Einschränkungen.

Anforderungen der Option 2 werden an Platten gestellt, deren Klebsystem auf alkalisch härtenden Phenol-Harzen, auf dem Isocyanat PMDI oder auf jedem anderen Klebsystem basiert, das nach dem in A.1 dargestellten Verfahren von einer akkreditierten Institution zugelassen worden ist. Die Querzugfestigkeit nach Kochprüfung dient zum Nachweis der Übereinstimmung mit der Verklebungsqualität.

Der Alkaligehalt von Platten in ihrer Gesamtdicke darf nicht mehr als 2,0 % der darrtrockenen Masse (analytisch geprüft) betragen und nicht mehr als 1,7 % in den Außenschichten (durch Berechnung).

Wenn die Übereinstimmung durch Fremdüberwachung nachzuweisen ist, muß dies nach der vom Hersteller angewendeten und mitgeteilten Option erfolgen. Wenn die Option nicht bekannt ist, sind beide Verfahrensweisen durchzuführen, auch wenn Übereinstimmung nur mit den Anforderungen einer Verfahrensweise gefordert ist.

3.4 Weitere Eigenschaften

Für bestimmte Verwendungszwecke können Informationen über einige der in Tabelle 3 aufgeführten Eigenschaften erforderlich sein. Diese Informationen liefert der Plattenhersteller auf Anfrage; in diesem Fall müssen sie nach den in Tabelle 3 aufgeführten EN-Prüfverfahren ermittelt werden.

Tabelle 3: Weitere Eigenschaften und Prüfverfahren

Eigenschaft	Prüfverfahren
Rohdichte	EN 323
Maßänderung	EN 318
Abhebefestigkeit	EN 311

ANMERKUNG: Für bestimmte Verwendungszwecke können Informationen über zusätzliche Eigenschaften, die nicht in Tabelle 3 genannt sind, erforderlich sein. Zum Beispiel werden im CEN/TC 89 Arbeiten zur Bestimmung der Wärmeleitfähigkeit und der Wasserdampfdurchlässigkeit durchgeführt. Bis diese Arbeiten abgeschlossen sind, sollte der Verwender auf nationale Veröffentlichungen zurückgreifen. Diese sollten ebenso für Informationen zum Brandverhalten von Spanplatten benutzt werden.

4 Nachweis der Übereinstimmung

4.1 Allgemeines

Der Nachweis der Übereinstimmung mit dieser EN muß nach den in Tabellen 1 und 2 und in EN 312-1 aufgeführten Prüfverfahren erfolgen.

4.2 Fremdüberwachung

Die Fremdüberwachung des Produktionsbetriebs, falls notwendig, ist auf statistischer Grundlage[3]) durchzuführen.

Die Abnahmeprüfung von Lieferungen ist auf statistischer Grundlage[3]) durchzuführen.

4.3 Eigenüberwachung

Die Eigenüberwachung ist auf statistischer Grundlage[3]) durchzuführen.

Die in den Tabellen 1 und 2 und in EN 312-1 aufgeführten Eigenschaften sind zu überwachen, wobei die Zeitabstände zwischen den Prüfungen nicht größer sein dürfen als in Tabelle 4 angegeben. Die Probenahme ist nach Zufallsgesichtspunkten durchzuführen. Andere Prüfverfahren und/oder nicht klimatisierte Prüfkörper dürfen verwendet werden, wenn eine gültige Korrelation zu den angegebenen Prüfverfahren nachgewiesen werden kann (siehe prEN 326-2[3]). Die in Tabelle 4 angegebenen Zeitabstände zwischen den Prüfungen beziehen sich auf eine statistisch zu überwachende Fertigung.

Tabelle 4: Maximale Zeitabstände zwischen den Prüfungen für jede Fertigungslinie

Eigenschaft	Maximaler Zeitabstand zwischen den Prüfungen
Allgemeine Eigenschaften	Siehe EN 312-1
Feuchtebeständigkeit Option 1 Option 2	eine Woche 8 h*)
Alle anderen in Tabelle 1 aufgeführten Eigenschaften	8 h*)

*) Wenn mehrere Dickenbereiche in einer 8-h-Schicht gefertigt werden, ist die Eigenüberwachung so durchzuführen, daß mindestens eine Platte je Dickenbereich und Produktionswoche geprüft wird.

5 Kennzeichnung

Jede Platte muß deutlich vom Hersteller durch dauerhaften Aufdruck mindestens mit den folgenden Angaben in dieser Reihenfolge gekennzeichnet sein:

a) dem Namen des Herstellers, der Handelsmarke oder dem Zeichen;
b) der Nummer dieser EN 312-5;
c) der Nenndicke;
d) der Formaldehyd-Klasse;
e) der Chargennummer oder Herstellungswoche und -jahr.

ANMERKUNG: Bei Zuschnitten ist die Kennzeichnung jedes einzelnen Zuschnittes im Stapel dann nicht erforderlich, wenn der erste Käufer zugleich der Verwender ist und wenn er dem Verzicht auf die Kennzeichnung (abgesehen von der des Stapels) zustimmt.

Zusätzlich dürfen die Platten farbig gekennzeichnet werden, indem eine Reihenfolge von 25 mm breiten, farbigen Streifen senkrecht in der Nähe einer Ecke angebracht werden; die Farben müssen mit dem in EN 312-1 angegebenen Farbkennzeichnungssystem übereinstimmen.

---

[3]) Es wird beabsichtigt, EN 326-2 und EN 326-3 (derzeit in Vorbereitung) als statistische Grundlage nach deren Einführung anzuwenden.

Seite 5
EN 312-5 : 1997

Anhang A (informativ)

Option 2 für Spanplatten unter Verwendung eines anderen Klebstofftyps oder -systems als alkalisch härtende Phenolharze oder Isocyanat PMDI

A.1 Zulassungsverfahren

Die als vorläufige Lösung anzusehende EN 312-5 schließt in 3.3 für Platten nach Option 2 ein Zulassungsverfahren für jene Platten ein, bei denen andere Klebstofftypen oder -systeme eingesetzt werden als alkalisch härtende Phenolharze oder das Isocyanat PMDI. Das Verfahren ist in Tabelle A.1 dargestellt. Alle Anforderungen der Tabelle A.1 müssen erfüllt werden. Nähere Einzelheiten können beim CEN/TC 112-Sekretariat erfragt werden.

Tabelle A.1: Zulassungsverfahren für Spanplatten nach Option 2 unter Verwendung eines anderen Klebstofftyps oder -systems als alkalisch härtende Phenolharze oder Isocyanat PMDI

Eigenschaft		Prüfverfahren	Klimabedingung	Anforderungen an mechanische und Quell-Eigenschaften im Verhältnis zur Dicke (mm)[1]	
				19	36
Biegefestigkeit	N/mm²	DIN 52362-1	20 °C/65 % relative Luftfeuchte	≥ 18	≥ 10
Dickenquellung	%	DIN 52364	24 h 20 °C Wasser	≤ 12	
Option 2 Querzugfestigkeit $\bar{x}_0$ nach Kochprüfung	N/mm²	EN 1087-1 und EN 319 (naß geprüft)	2 h 100 °C + 1 h 20 °C Joche vor Wasserlagerung aufgeklebt	≥ 0,2[2]	≥ 0,15[2]
Option 2 Querzugfestigkeit nach Säure-Prüfung und Kochprüfung	N/mm²	EN 1087-1 und EN 319 nach Säure-Prüfung (naß geprüft)	24 h 70 °C Wasser mit pH = 2 Joche vor Wasserlagerung aufgeklebt 2 h 100 °C + 1 h 20 °C	≥ 0,75 $\bar{x}_0$	≥ 0,75 $\bar{x}_0$
Option 2 Querzugfestigkeit nach Xenotest[3] und Kochprüfung	N/mm²	EN 1087-1 und EN 319 Kochprüfung nach Xenotest (naß geprüft)	Zyklische Änderung: (53 % Regen; 33 % UV-Licht; 14 % Frost − 20 °C)	(Nur 19-mm-Platten werden geprüft) nach 36 Wochen ≥ 0,75 $\bar{x}_0$ nach 48 Wochen ≥ 0,70 $\bar{x}_0$[4]	
Kriechverhalten bei Biegung		4-Punkt-Belastung;[5] Maße: Länge 700 mm Breite 300 mm	Zyklische Änderung: 1 Woche 20 °C/ 90 % relative Luftfeuchte; 1 Woche 20 °C/ 30 % relative Luftfeuchte	(Nur 19-mm-Platten werden geprüft) nach 56 d: $f_t : f_0 \leq 3{,}0$ nach 112 d: $f_t : f_0 \leq 3{,}5$ nach 224 d: $f_t : f_0 \leq 4{,}0$	

[1] Mindestanzahl der zu prüfenden Platten (Labor-Platten) und Dichte: 6 mit 19 mm (660 ± 20) kg/m³, 3 mit 36 mm (570 ± 20) kg/m³; 19 mm: repräsentieren 6 mm bis 25 mm, 36 mm: repräsentieren dicker als 25 mm bis 50 mm.
[2] Jeder Platten-Mittelwert $\bar{x}_0$ muß den geforderten Wert erfüllen, darf aber nicht mehr als 0,03 N/mm² darüberliegen.
[3] Xenotest-Beschreibung ist erhältlich beim CEN/TC 112-Sekretariat.
[4] Der Unterschied zwischen den Querzugfestigkeitswerten nach 36 Wochen und nach 48 Wochen darf nicht größer als 0,05 $\bar{x}_0$ sein.
[5] Last-Höhe: 33 % der gemessenen Biegefestigkeit; Last aufgebracht in den Viertel-Punkten der Stützweite (600 mm); 4 Prüfkörper von verschiedenen Platten.

Wenn — in der Übergangszeit — eine Zulassung für Platten nach Option 2 mit nicht phenolischen/nicht PMDI-Klebstoffen beantragt werden soll, wird empfohlen, vorher Kontakt mit der jeweiligen Bauaufsichtsbehörde aufzunehmen.
Ein informatives Verzeichnis mit Prüfnummern von Platten nach Option 2 mit speziellen Klebstoffen oder Klebstoffsystemen, die bereits in bestimmten Ländern zugelassen sind, enthält Anhang A.2.

A.2 Verzeichnis der Prüfnummern von Platten nach Option 2 mit bestimmten Klebstoffen oder Klebstoffsystemen

Tabelle A.2: Verzeichnis der Prüfnummern von Platten nach Option 2 mit bestimmten Klebstoffen oder Klebstoffsystemen (siehe 3.3)
(Aktualisierte Listen können beim TC 112-Sekretariat erfragt werden)

Zulassungsstelle	Prüfnummer*)
Deutsches Institut für Bautechnik, Berlin	Z.9.1-5
	Z.9.1-76
	Z.9.1-112
	Z.9.1-128
	Z.9.1-129
	Z.9.1-133
	Z.9.1-134
	Z.9.1-156
	Z.9.1-176
	Z.9.1-182
	Z.9.1-201
	Z.9.1-202
	Z.9.1-224
	Z.9.1-365
Österreichisches Holzforschungsinstitut, Wien	513/92/I
	513/92/II
	513/92/III
	683/96
	934/95
	513/92/V
	513/92/VI
Centre Technique de l'Industrie du Bois, Bruxelles	95/H558
	93/H560
	92/H561
	92/H562
	95/H643

*) Einzelheiten zu den einzelnen Prüfnummern können bei der Zulassungsstelle erfragt werden.

A.3 Abweichung

A-Abweichung: Nationale Abweichung, die auf Vorschriften beruht, dessen Veränderung zum gegenwärtigen Zeitpunkt außerhalb der Kompetenz des CEN/CENELEC-Mitglieds liegt.

Deutschland

Spanplatten nach Option 2, deren Klebstoffe nicht alkalisch härtende Phenoplaste, Phenolresorcinharze oder Isocyanate PMDI sind, gehören in Deutschland nicht zu den geregelten Bauprodukten nach den Landesbauordnungen (der 16 Bundesländer), da sie wesentlich von den (in der Bauregelliste A Teil 1 bekanntgemachten) technischen Regeln abweichen. Sie bedürfen daher für die Anwendung im bauaufsichtlich relevanten Bereich einer allgemeinen bauaufsichtlichen Zulassung durch das Deutsche Institut für Bautechnik (DIBt), Berlin, nach den in A.1 dieser Norm dargestellten Verfahren. Zum Nachweis der Übereinstimmung müssen bei diesen Platten die in der jeweiligen Zulassung des DIBt angegebenen Anforderungen an die Querzugfestigkeit nach Kochprüfung auch bei der Konformitätsprüfung nach Abschnitt 4 dieser Norm erfüllt werden.

Anhang B (informativ)

Literaturhinweise

EN 300
Platten aus langen, schlanken, ausgerichteten Spänen (OSB) — Definitionen, Klassifizierung und Anforderungen

EN 309
Spanplatten — Definition und Klassifizierung

EN 312-2
Spanplatten — Anforderungen — Teil 2: Anforderungen an Platten für allgemeine Zwecke zur Verwendung im Trockenbereich

EN 312-3
Spanplatten — Anforderungen — Teil 3: Anforderungen an Platten für Inneneinrichtungen (einschließlich Möbeln) zur Verwendung im Trockenbereich

EN 312-4
Spanplatten — Anforderungen — Teil 4: Anforderungen an Platten für tragende Zwecke zur Verwendung im Trockenbereich

EN 312-6
Spanplatten — Anforderungen — Teil 6: Anforderungen an hochbelastbare Platten für tragende Zwecke zur Verwendung im Trockenbereich

EN 312-7
Spanplatten — Anforderungen — Teil 7: Anforderungen an hochbelastbare Platten für tragende Zwecke zur Verwendung im Feuchtbereich

prEN 326-2
Holzwerkstoffe — Probenahme, Zuschnitt und Überwachung — Teil 2: Qualitätskontrolle in der Fertigung

EN 326-3
Holzwerkstoffe — Probenahme, Zuschnitt und Überwachung — Teil 3: Abnahmeprüfung einer Plattenlieferung

EN 335-3
Dauerhaftigkeit von Holz und Holzprodukten — Definition der Gefährdungsklassen für einen biologischen Befall — Teil 3: Anwendung bei Holzwerkstoffen

EN 789
Holzbauwerke — Prüfverfahren — Bestimmung der mechanischen Eigenschaften von Holzwerkstoffen

EN 1058
Holzwerkstoffe — Bestimmung der charakteristischen Werte der mechanischen Eigenschaften und der Rohdichte

prEN 1156
Holzwerkstoffe — Bestimmung der Zeitstandfestigkeit und Kriechzahl

prEN 12369
Holzwerkstoffe — Charakteristische Werte für eingeführte Erzeugnisse

ENV 1995-1-1
Eurocode 5 — Entwurf, Berechnung und Bemessung von Holzbauwerken — Teil 1-1: Allgemeine Bemessungsregeln, Bemessungsregeln für den Hochbau

DIN 52362-1
Prüfung von Holzspanplatten — Biegeversuch — Bestimmung der Biegefestigkeit

DIN 52364
Prüfung von Holzspanplatten — Bestimmung der Dickenquellung

DK 674.03 : 674.817 : 001.4   August 1993

	Holzfaserplatten	
	Definition, Klassifizierung und Kurzzeichen Deutsche Fassung EN 316 : 1993	**DIN** **EN 316**

Wood fibreboards; Definition, classification and symbols;
German version EN 316 : 1993
Panneaux de fibres de bois; Définition, classification et symbôls;
Version allemande EN 316 : 1993

Vorgesehen als
Ersatz für DIN 68 753/01.76;
siehe auch
Nationales Vorwort

Die Europäische Norm EN 316 : 1993 hat den Status einer Deutschen Norm.

Nationales Vorwort

Diese Europäische Norm wurde von der Arbeitsgruppe 3 „Faserplatten" des Technischen Komitees 112 „Holzwerkstoffe" erarbeitet. Die Sekretariatsführung der Arbeitsgruppe liegt bei Italien.
Der zuständige Arbeitsausschuß im DIN ist der NHM 2.15 „SPA CEN/TC 112 — ISO/TC 89".
Diese Europäische Norm gehört zu einer Normenreihe, die sich mit Holzwerkstoffen im Rahmen der Bauprodukterichtlinie befaßt und auch zur Unterstützung von Eurocode No. 5 „Gemeinsame einheitliche Regeln für Holzbauwerke" herausgebracht wird.
Da sowohl die bisherigen DIN-Normen als auch die EN-Normen jeweils ein geschlossenes System z. B. aus Prüf- und Anforderungsnormen bilden, ist ein Ersatz von einzelnen DIN-Normen durch DIN-EN-Normen meist erst dann möglich, wenn alle Elemente des neuen „Normenpaketes" vorliegen. Aus diesem Grunde werden „EN-Normenpakete" gebildet, die zu einem festgelegten Zeitpunkt die entgegenstehenden nationalen Normen ersetzen.
In Resolution CEN/BT 22/93 ist festgelegt, daß die Normen des CEN/TC 112 ein „EN-Normenpaket" bilden. Für diese Europäische Norm und für alle weiteren Normen des CEN/TC 112, die bis zum 30.06.1994 in der formellen Abstimmung angenommen werden, ist ein spätestes Datum für die Zurückziehung (DOW) der entgegenstehenden nationalen Normen bis zum 31.12.1994 vorgesehen. Daraus ergibt sich, daß die im Ersatzvermerk aufgeführten DIN-Normen noch bis zum 31.12.1994 weiterbestehen.

Frühere Ausgaben

DIN 68 753: 01.76

Änderungen

Gegenüber DIN 68 753/01.76 wurden folgende Änderungen vorgenommen:
— EN 316 übernommen.

Internationale Patentklassifikation

B 27 N 003/00
B 27 N 007/00
B 27 N 009/00
E 04 B 001/72
E 04 B 001/90
E 04 B 001/94

Fortsetzung 3 Seiten EN-Norm

Normenausschuß Holzwirtschaft und Möbel (NHM) im DIN Deutsches Institut für Normung e.V.

EUROPÄISCHE NORM
EUROPEAN STANDARD
NORME EUROPÉENNE

EN 316

Februar 1993

DK 674.03 : 674.817 : 001.4

Deskriptoren: Faserplatte, Definition, Klassifizierung, Naßverfahren, Trockenverfahren, Kurzzeichen, poröse Faserplatte, mittelharte Faserplatte, harte Faserplatte, mitteldichte Faserplatte

Deutsche Fassung

Holzfaserplatten
Definition
Klassifizierung und Kurzzeichen

Wood fibreboards — Definition, classification and symbols

Panneaux de fibres de bois — Définition, classification et symbôls

Diese Europäische Norm wurde von CEN am 1992-12-15 angenommen.

Die CEN-Mitglieder sind gehalten, die CEN/CENELEC-Geschäftsordnung zu erfüllen, in der die Bedingungen festgelegt sind, unter denen dieser Europäischen Norm ohne jede Änderung der Status einer nationalen Norm zu geben ist.

Auf dem letzten Stand befindliche Listen dieser nationalen Normen mit ihren bibliographischen Angaben sind beim Zentralsekretariat oder bei jedem CEN-Mitglied auf Anfrage erhältlich.

Diese Europäische Norm besteht in drei offiziellen Fassungen (Deutsch, Englisch, Französisch). Eine Fassung in einer anderen Sprache, die von einem CEN-Mitglied in eigener Verantwortung durch Übersetzung in die Landessprache gemacht und dem Zentralsekretariat mitgeteilt worden ist, hat den gleichen Status wie die offiziellen Fassungen.

CEN-Mitglieder sind die nationalen Normungsinstitute von Belgien, Dänemark, Deutschland, Finnland, Frankreich, Griechenland, Irland, Island, Italien, Luxemburg, Niederlande, Norwegen, Österreich, Portugal, Schweden, Schweiz, Spanien und dem Vereinigten Königreich.

CEN

EUROPÄISCHES KOMITEE FÜR NORMUNG
European Committee for Standardization
Comité Européen de Normalisation

Zentralsekretariat: rue de Stassart 36, B-1050 Brüssel

© 1993. Das Copyright ist den CEN-Mitgliedern vorbehalten.

Ref.-Nr. EN 316 : 1993 D

Inhalt

Seite

1 Anwendungsbereich 3

2 Definition 3

3 Klassifizierung 3

4 Kurzzeichen 3

Vorwort

Diese Europäische Norm wurde von der Arbeitsgruppe 3 "Faserplatten" (Sekretariat: Italien) des Technischen Komitees CEN/TC 112 "Holzwerkstoffe" (Sekretariat: Deutschland) ausgearbeitet.

Es gibt keinen Vorläufer für diese Europäische Norm.

Diese Norm muß den Status einer nationalen Norm erhalten, entweder durch Veröffentlichung eines identischen Textes oder durch Anerkennung bis August 1993, und etwaige entgegenstehende nationale Normen müssen bis Dezember 1994 zurückgezogen werden.

Entsprechend der CEN/CENELEC-Geschäftsordnung sind folgende Länder gehalten, diese Europäische Norm zu übernehmen:

Belgien, Dänemark, Deutschland, Finnland, Frankreich, Griechenland, Irland, Island, Luxemburg, Niederlande, Norwegen, Österreich, Portugal, Schweden, Schweiz, Spanien und das Vereinigte Königreich.

1 Anwendungsbereich

Diese Europäische Norm gibt die Definition, Klassifizierung und Kurzzeichen für Holzfaserplatten.

2 Definition

Holzfaserplatte (nachfolgend Faserplatte genannt):
Plattenförmiger Werkstoff, mit einer Dicke von 1,5 mm und größer, hergestellt aus Lignozellulosefasern unter Anwendung von Druck und/oder Hitze. Die Bindung der Fasern beruht
— entweder auf der Verfilzung der Fasern sowie deren inhärenter Verklebungseigenschaft.
— oder auf der Zugabe eines synthetischen Bindemittels.
Es können weitere Zusätze beigegeben sein.

3 Klassifizierung

Faserplatten werden anhand ihres Herstellverfahrens wie folgt eingeteilt:
— Faserplatten nach dem Naßverfahren
— Faserplatten nach dem Trockenverfahren

3.1 Faserplatten nach dem Naßverfahren

Diese Faserplatten weisen eine Faserfeuchte von mehr als 20 % im Stadium der Plattenformung auf. Anhand ihrer Rohdichte werden folgende Typen unterschieden:

3.1.1 Poröse Faserplatten (Dichte < 400 kg/m³)
Diese Faserplatten haben thermische und akustische Grundeigenschaften. Ihnen können zusätzliche Eigenschaften verliehen werden, z.B. Feuerschutz, Feuchteresistenz.

3.1.2 Mittelharte Faserplatten
(Dichte ≥ 400 kg/m³ bis < 900 kg/m³)
— mittelharte Faserplatten geringer Dichte (400 kg/m³ bis < 560 kg/m³)
— mittelharte Faserplatten hoher Dichte (560 kg/m³ bis < 900 kg/m³)
Ihnen können zusätzliche Eigenschaften verliehen werden, z.B. Feuerschutz, Feuchteresistenz.

3.1.3 Harte Faserplatten (Dichte ≥ 900 kg/m³)
Ihnen können zusätzliche Eigenschaften verliehen werden, z.B. Feuerschutz, Feuchteresistenz, Resistenz gegen biologische Angriffe, Bearbeitbarkeit (z.B. Formbarkeit).

3.2 Faserplatten nach dem Trockenverfahren

Diese Faserplatten weisen eine Faserfeuchte von weniger als 20 % im Stadium der Plattenformung auf und haben eine Dichte von ≥ 600 kg/m³. Sogenannte "mitteldichte Faserplatten (MDF)" werden unter Zusatz eines synthetischen Bindemittels unter Druck und Hitze hergestellt.
Ihnen können zusätzliche Eigenschaften verliehen werden, z.B. Feuerschutz, Feuchteresistenz, Resistenz gegen biologische Angriffe.

4 Kurzzeichen

Bei einer Kennzeichnung der in dieser Norm definierten Faserplattentypen sind folgende Kurzzeichen zu verwenden:

Faserplattentyp	Kurzzeichen
Poröse Faserplatte	SB
Poröse Faserplatte mit zusätzlichen Eigenschaften	SB.I
Mittelharte Faserplatte geringer Dichte	MB.L
Mittelharte Faserplatte hoher Dichte	MB.H
Mittelharte Faserplatte hoher Dichte mit zusätzlichen Eigenschaften	MB.I
Harte Faserplatte	HB
Harte Faserplatte mit zusätzlichen Eigenschaften	HB.I
Mitteldichte Faserplatte	MDF
Mitteldichte Faserplatte mit zusätzlichen Eigenschaften	MDF.I

ANMERKUNG: Es gibt verschiedene Möglichkeiten (z.B. spezifische Behandlung, Zusätze), um den Faserplatten zusätzliche Eigenschaften (z.B. verbesserte Festigkeiten, verbesserte Feuchteresistenz) zu verleihen. Einzelheiten hierzu sind in den entsprechenden Anforderungen für die betreffenden Faserplattentypen enthalten.

DEUTSCHE NORM *Entwurf* Mai 1997

Holzfaserplatten
Definition, Klassifizierung und Kurzzeichen
Deutsche Fassung prEN 316 : 1997

DIN
EN 316

Einsprüche bis 30. Jun 1997

ICS 79.060.20

Vorgesehen als
Ersatz für
Ausgabe 1993-08

Wood fibreboards – Definition, classification and symbols;
German version prEN 316 : 1997

Panneaux de fibres de bois – Définition, classification et symboles;
Version allemande prEN 316 : 1997

Anwendungswarnvermerk

Dieser Norm-Entwurf wird der Öffentlichkeit zur Prüfung und Stellungnahme vorgelegt.

Weil die beabsichtigte Norm von der vorliegenden Fassung abweichen kann, ist die Anwendung dieses Entwurfes besonders zu vereinbaren.

Stellungnahmen werden erbeten an den Normenausschuß Holzwirtschaft und Möbel (NHM) im DIN Deutsches Institut für Normung e. V., Kamekestraße 8, 50672 Köln.

Nationales Vorwort

Dieser Europäische Norm-Entwurf wurde von der Arbeitsgruppe 3 "Faserplatten" des Technischen Komitees 112 "Holzwerkstoffe" erarbeitet. Die Sekretariatsführung der Arbeitsgruppe liegt bei Italien.

Der zuständige Arbeitsausschuß im DIN ist der NHM 2.15 "SPA CEN/TC 112 – ISO/TC 89".

Änderungen

Gegenüber der Ausgabe August 1993 wurden folgende Änderungen vorgenommen:

a) Rohdichteuntergrenze bei MDF von 600 kg/m^3 auf 450 kg/m^3 gesenkt.

b) Zusätzliche Kurzzeichen für Anwendungsbedingung/Verwendungszweck aufgenommen.

Fortsetzung 6 Seiten prEN

Normenausschuß Holzwirtschaft und Möbel (NHM) im DIN Deutsches Institut für Normung e. V.

EUROPÄISCHE NORM
EUROPEAN STANDARD
NORME EUROPÉENNE

ENTWURF
prEN 316

Februar 1997

ICS 79.060.20 wird EN 316 : 1993 ersetzen

Deskriptoren: Faserplatte, Definition, Klassifizierung, Naßverfahren, Trockenverfahren, Kurzzeichen, poröse Faserplatte, mittelharte Faserplatte, harte Faserplatte, mitteldichte Faserplatte

Deutsche Fassung

Holzfaserplatten
Definition, Klassifizierung und Kurzzeichen

Wood fibreboards –
Definition, classification and symbols

Panneaux de fibres de bois –
Définition, classification et symboles

Dieser Europäische Norm-Entwurf wird den CEN-Mitgliedern zur CEN-Umfrage vorgelegt.

Er wurde vom Technischen Komitee CEN/TC 112 erstellt.

Wenn aus diesem Norm-Entwurf eine Europäische Norm wird, sind die CEN-Mitglieder gehalten, die CEN/CENELEC-Geschäftsordnung zu erfüllen, in der die Bedingungen festgelegt sind, unter denen dieser Europäischen Norm ohne jede Änderung der Status einer nationalen Norm zu geben ist.

Dieser Europäische Norm-Entwurf wurde von CEN in drei offiziellen Fassungen (Deutsch, Englisch, Französisch) erstellt. Eine Fassung in einer anderen Sprache, die von einem CEN-Mitglied in eigener Verantwortung durch Übersetzung in seine Landessprache gemacht und dem Zentralsekretariat mitgeteilt worden ist, hat den gleichen Status wie die offiziellen Fassungen.

CEN-Mitglieder sind die nationalen Normungsinstitute von Belgien, Dänemark, Deutschland, Finnland, Frankreich, Griechenland, Irland, Island, Italien, Luxemburg, Niederlande, Norwegen, Österreich, Portugal, Schweden, Schweiz, Spanien und dem Vereinigten Königreich.

CEN

Europäisches Komitee für Normung
European Committee for Standardization
Comité Européen de Normalisation

Zentralsekretariat: rue de Stassart 36, B-1050 Brüssel

© 1997. Das Copyright ist den CEN-Mitgliedern vorbehalten

Ref. Nr. prEN 316 : 1997 D

Inhalt

Seite

Vorwort 2
1 Anwendungsbereich 3
2 Definition 3
3 Klassifizierung 3
4 Kurzzeichen 5
Anhang A (informativ) Literaturhinweise 6

Vorwort

Diese Europäische Norm wurde von der Arbeitsgruppe 3 "Faserplatten" (Sekretariat: Italien) des Technischen Komitees CEN/TC 112 "Holzwerkstoffe" (Sekretariat: Deutschland) ausgearbeitet.

Diese Norm ist eine überarbeitete Fassung der EN 316 : 1993.

Entsprechend den Gemeinsamen CEN/CENELEC-Regeln sind folgende Länder gehalten, diese Europäische Norm zu übernehmen:

1 Anwendungsbereich

Diese Europäische Norm gibt die Definition, Klassifizierung und Kurzzeichen für Holzfaserplatten.

2 Definition

Holzfaserplatte (nachfolgend Faserplatte genannt):

Plattenförmiger Werkstoff, mit einer Dicke von 1,5 mm und größer, hergestellt aus Lignozellulosefasern unter Anwendung von Druck und/oder Hitze. Die Bindung der Fasern beruht

- entweder auf der Verfilzung der Fasern und deren inhärenter Verklebungseigenschaft,

- oder auf der Zugabe eines synthetischen Bindemittels.

Es können weitere Zusätze beigegeben sein.

3 Klassifizierung

3.1 Allgemeines

Faserplatten können anhand verschiedener Kriterien klassifiziert werden, z. B. in Abhängigkeit von ihrem Herstellverfahren, ihrer Dicke, Rohdichte, spezifischen Eigenschaften und Verwendungszwecken.

In dieser Norm wird ein kombiniertes System von Kriterien zur Klassifizierung von Faserplatten angewendet, ausgehend von ihrem Herstellverfahren.

3.2 Klassifizierung nach dem Herstellverfahren

3.2.1 Allgemeines

Die Haupt-Faserplattentypen werden anhand ihres Herstellverfahrens wie folgt bezeichnet:

- Platten nach dem Naßverfahren

- Platten nach dem Trockenverfahren

3.2.2 Platten nach dem Naßverfahren

Diese Faserplatten weisen eine Faserfeuchte von mehr als 20 % im Stadium der Plattenformung auf. Anhand ihrer Rohdichte werden folgende Typen unterschieden:

- **Harte Platten** (Dichte $\geq$ 900 kg/m^3)

Ihnen können zusätzliche Eigenschaften verliehen werden, z. B. Feuerschutz, Feuchteresistenz, Resistenz gegen biologischen Befall, Bearbeitbarkeit (z. B. Formbarkeit), sei es durch spezielle Behandlung (z. B. "Härtung", Ölhärtung), sei es durch Zugabe geringer Mengen eines synthetischen Bindemittels oder anderer Zusätze.

- **Mittelharte Platten** (Dichte $\geq$ 400 kg/m^3 bis < 900 kg/m^3)

Mittelharte Platten unterscheiden sich nach ihrer Rohdichte in zwei Unterkategorien, wie folgt:

- mittelharte Platten geringer Dichte (400 kg/m^3 bis < 560 kg/m^3)

- mittelharte Platten hoher Dichte (560 kg/m^3 bis < 900 kg/m^3)

Ihnen können zusätzliche Eigenschaften verliehen werden, z. B. Feuerschutz, Feuchteresistenz.

- Poröse Platten (Dichte $\geq$ 230 kg/m^3 bis < 400 kg/m^3)

Diese Platten haben thermische und akustische Grundeigenschaften. Ihnen können zusätzliche Eigenschaften verliehen werden, z. B. Feuerschutz. Verbesserte Feuchteresistenz sowie erhöhte Festigkeit werden meist durch Zugabe einer petrochemischen Substanz (z. B. Bitumen) erreicht.

3.2.3 Platten nach dem Trockenverfahren

Diese Faserplatten weisen eine Faserfeuchte von weniger als 20 % im Stadium der Plattenformung auf und haben eine Dichte von $\geq$ 450 kg/m^3. Sogenannte "mitteldichte Faserplatten (MDF)" werden unter Zusatz eines synthetischen Bindemittels unter Druck und Hitze hergestellt.

> ANMERKUNG 1: In Europa hergestellte Platten nach dem Trockenverfahren (MDF) haben im Regelfall Rohdichten von $\geq$ 600 kg/m^3.

> ANMERKUNG 2: Die Rohdichte ist kein geeignetes Klassifizierungskriterium für Platten nach dem Trockenverfahren (MDF), da moderne Produktionstechnologien eine Variation der Rohdichte unabhängig von der Plattendicke erlauben.

Ihnen können zusätzliche Eigenschaften verliehen werden, z. B. Feuerschutz, Feuchteresistenz, Resistenz gegen biologischen Befall, entweder durch Änderung der Formulierung des synthetischen Bindemittels oder durch Zugabe anderer Zusätze.

3.3 Klassifizierung anhand zusätzlicher Eigenschaften und Anwendungen

Innerhalb jedes in 3.2.2 und 3.2.3 definierten Haupt-Faserplattentyps erfolgt eine weitere Klassifizierung dieser Faserplatten anhand von Kriterien, die sich auf spezifische Anwendungsbedingungen und verschiedene Verwendungszwecke beziehen:

Anwendungsbedingungen

- Trockenbereich

- Feuchtbereich

- Außenbereich.

Verwendungszwecke

- allgemeine Verwendung

- tragende Verwendung

   a) für alle Kategorien der Lasteinwirkungsdauer
   b) nur für sehr kurze und kurze Lasteinwirkungsdauer.

4 Kurzzeichen

4.1 Haupt-Faserplattentypen

Bei einer Kennzeichnung der in dieser Norm definierten Faserplattentypen sind folgende Kurzzeichen zu verwenden:

Faserplattentyp	Kurzzeichen
Harte Platte	HB
Mittelharte Platte geringer Dichte	MBL
Mittelharte Platte hoher Dichte	MBH
Poröse Platte	SB
Platte nach dem Trockenverfahren (mitteldichte Faserplatte)	MDF

4.2 Auf Anwendungsbedingungen und Verwendungszwecke bezogene Kurzzeichen

Um spezifische Anwendungsbedingungen oder Verwendungszwecke zu kennzeichnen, müssen folgende Kurzzeichen verwendet werden:

Anwendungsbedingung/Verwendungszweck	Kurzzeichen
Feuchtbereich	H
Außenbereich	E
Tragende Verwendung	
– für alle Kategorien der Lasteinwirkungsdauer	L A
– nur für sehr kurze und kurze Lasteinwirkungsdauer	S

Verschiedene Kategorien tragender Platten werden durch Hinzufügen einer entsprechenden Ziffer zum Kurzzeichen gekennzeichnet, d. h. die Ziffer 1 wird zur Kennzeichnung von Platten für tragende Zwecke verwendet, die Ziffer 2 zur Kennzeichnung hochbelastbarer Platten für tragende Zwecke.

4.3 Zusammensetzung der Kurzzeichen

Kurzzeichen, die spezifische Eigenschaften oder Verwendungszwecke kennzeichnen werden dem Kurzzeichen des Haupt-Plattentyps nach einem Punkt in dieser Reihenfolge zugefügt:

Haupt-Plattentyp.spezifische Eigenschaft + Verwendungszweck + Kategorie de Lasteinwirkungsdauer[1])

BEISPIELE:
HB.HLA2   hochbelastbare harte Platte zur tragenden Verwendung im Feuchtbereich, für alle Kategorien der Lasteinwirkungsdauer

MDF-HLS   Platte nach dem Trockenverfahren (MDF) zur tragenden Verwendung im Feuchtbereich, nur für sehr kurze und kurze Lasteinwirkungsdauer.

---

[1]) Falls zutreffend

Anhang A (informativ)

Literaturhinweise

EN 622-1
Faserplatten – Anforderungen – Teil 1: Allgemeine Anforderungen

EN 622-2
Faserplatten – Anforderungen – Teil 2: Anforderungen an harte Platten

EN 622-3
Faserplatten – Anforderungen – Teil 3: Anforderungen an mittelharte Platten

EN 622-4
Faserplatten – Anforderungen – Teil 4: Anforderungen an poröse Platten

EN 622-5
Faserplatten – Anforderungen – Teil 5: Anforderungen an Platten nach dem Trockenverfahren (MDF)

DK 698.7 : 692.535.6 : 645.13
: 620.17 : 620.197

Oktober 1993

Elastische Bodenbeläge
Verhalten gegenüber Flecken
Deutsche Fassung EN 423 : 1993

**DIN
EN 423**

Resilient floorcoverings; Determination of the effect of stains;
German version EN 423 : 1993
Revêtements de sol souples; Détermination de l'action des taches;
Version allemande EN 423 : 1993

Die Europäische Norm EN 423 : 1993 hat den Status einer Deutschen Norm.

Nationales Vorwort

Diese Europäische Norm wurde vom CEN/TC 134 „Elastische und textile Bodenbeläge" erarbeitet. Deutschland war durch den als Spiegelausschuß des FNK für elastische Bodenbeläge eingesetzten FNK-Arbeitsausschuß 403.5 „Bodenbeläge" an der Bearbeitung beteiligt.

Internationale Patentklassifikation

E 04 F 015/16
G 01 J 003/46
G 01 N 033/44

Fortsetzung 3 Seiten EN-Norm

Normenausschuß Kunststoffe (FNK) im DIN Deutsches Institut für Normung e.V.
Normenausschuß Materialprüfung (NMP) im DIN

EUROPÄISCHE NORM
EUROPEAN STANDARD
NORME EUROPÉENNE

EN 423

August 1993

DK 698.7 : 692.535.6 : 645.13 : 620.17 : 620.197

Deskriptoren: Bodenbelag, elastischer Bodenbelag, physikalische Prüfung, Bestimmung, Zersetzung, Chemieprodukt, Aussehen, Fleck

Deutsche Fassung

Elastische Bodenbeläge

Verhalten gegenüber Flecken

Resilient floorcoverings — Determination of the effect of stains

Revêtements de sol souples — Détermination de l'action des taches

Diese Europäische Norm wurde von CEN am 1993-08-20 angenommen.

Die CEN-Mitglieder sind gehalten, die CEN/CENELEC-Geschäftsordnung zu erfüllen, in der die Bedingungen festgelegt sind, unter denen dieser Europäischen Norm ohne jede Änderung der Status einer nationalen Norm zu geben ist.

Auf dem letzten Stand befindliche Listen dieser nationalen Normen mit ihren bibliographischen Angaben sind beim Zentralsekretariat oder bei jedem CEN-Mitglied auf Anfrage erhältlich.

Diese Europäische Norm besteht in drei offiziellen Fassungen (Deutsch, Englisch, Französisch). Eine Fassung in einer anderen Sprache, die von einem CEN-Mitglied in eigener Verantwortung durch Übersetzung in seine Landessprache gemacht und dem Zentralsekretariat mitgeteilt worden ist, hat den gleichen Status wie die offiziellen Fassungen.

CEN-Mitglieder sind die nationalen Normungsinstitute von Belgien, Dänemark, Deutschland, Finnland, Frankreich, Griechenland, Irland, Island, Italien, Luxemburg, Niederlande, Norwegen, Österreich, Portugal, Schweden, Schweiz, Spanien und dem Vereinigten Königreich.

CEN

EUROPÄISCHES KOMITEE FÜR NORMUNG
European Committee for Standardization
Comité Européen de Normalisation

Zentralsekretariat: rue de Stassart 36, B-1050 Brüssel

© 1993. Das Copyright ist den CEN-Mitgliedern vorbehalten.

Ref.-Nr. EN 423 : 1993 D

Vorwort

Diese Europäische Norm wurde vom Technischen Komitee CEN/TC 134 "Elastische und textile Bodenbeläge" erstellt, dessen Sekretariat BSI hat.

Diese Europäische Norm muß den Status einer nationalen Norm erhalten, entweder durch Veröffentlichung eines identischen Textes oder durch Anerkennung bis Februar 1994, und etwaige entgegenstehende nationale Normen müssen bis Februar 1994 zurückgezogen werden.

Die Norm wurde angenommen, und entsprechend der CEN/CENELEC-Geschäftsordnung sind folgende Länder gehalten, diese Europäische Norm zu übernehmen: Belgien, Dänemark, Deutschland, Finnland, Frankreich, Griechenland, Irland, Island, Italien, Luxemburg, Niederlande, Norwegen, Österreich, Portugal, Schweden, Schweiz, Spanien und das Vereinigte Königreich.

Elastische Bodenbeläge

Verhalten gegenüber Flecken

1 Anwendungsbereich

Diese Europäische Norm legt ein Verfahren zur Bestimmung des Verhaltens der Oberfläche eines elastischen Bodenbelags bei Einwirkung von chemischen Substanzen, die in der Praxis Anwendung finden, fest.

2 Kurzbeschreibung des Verfahrens

Verschiedene flüssige oder pastenförmige Substanzen werden für festgelegte Zeitspannen auf einen Probekörper aufgebracht und wieder entfernt. Nach der Reinigung werden die entstandenen Aussehensveränderungen unter festgelegten Beleuchtungsbedingungen untersucht.

3 Geräte

3.1 Handelsübliche Laborausrüstung:
a) **Pipetten**;
b) **Uhrenglas**, Durchmesser 40 mm;
c) **Spachtel**.

3.2 Flüssige und pastenförmige Substanzen nach Vereinbarung der beteiligten Kreise.

3.3 Handelsübliche Reinigungs- und Fleckentfernungsmittel

3.3.1 **Watte** oder **Baumwolltuch**

3.3.2 **Harte Bürsten**, die jedoch die Oberfläche nicht zerkratzen

3.3.3 **Warmes Wasser**, rein oder in Verbindung mit:
a) synthetischen Reinigungsmitteln, z.B. Natrium-Alkylsulfat;
b) Seife;
c) alkalischen Substanzen, z.B. auf Basis von Sodakarbonat oder Salmiakgeist;
d) Wasserstoffsuperoxid;
e) Natriumhypochlorit;
f) 1%iger Natriumhyposulfitlösung;
g) Oxalsäure.

3.3.4 **Brennspiritus**

3.3.5 **Testbenzin** *)

3.3.6 **Terpentin** *)

---

*) Diese sollten sofort nach der Anwendung mit Alkohol abgespült werden.

3.4 Scheuermittel

Scheuerbausch, Stahlwolle Nr 00, oder **Scheuerpulver** oder **Naßschleifpapier**, Körnung P 240 oder feiner.

3.5 Besondere Reinigungsmittel

Besondere, vom Bodenbelagshersteller empfohlene Produkte.

3.6 Beleuchtungseinrichtung

Die Beleuchtungseinrichtung besteht aus einer Lampe mit einer Farbtemperatur von 5500 K bis 6500 K, so angebracht ist, daß die Beleuchtungsstärke auf der Beobachtungsfläche (1500 ± 100) lx ist und das Licht senkrecht auf den Probekörper fällt. Die Umgebung ist neutral und abgedunkelt.

Die Beleuchtungsstärke ist regelmäßig mit Hilfe eines Luxmeters zu überprüfen. Die vom Hersteller angegebene Lebensdauer der Lampe darf nicht überschritten werden.

3.7 Drehbarer Beobachtungstisch

Der Beobachtungstisch erlaubt es, den Probekörper so zu drehen, daß er bei vorgeschriebener Beleuchtung von allen Richtungen betrachtet werden kann.

4 Probenahme und Herstellung der Probekörper

Aus dem zur Verfügung stehenden Material ist eine repräsentative Probe zu entnehmen.

Für jede Fleckprüfung ist ein Probekörper aus dem oder den Farbtönen, deren Verwendung vorgesehen sind, mit einer Fläche von mindestens 3000 mm^2 zu entnehmen. Werden bei der Prüfung Substanzen verwendet, die ein Quellen oder eine Verformung des Probekörpers hervorrufen, z.B. bei längerem Kontakt mit einem Lösemittel, ist der Probekörper mindestens 7 Tage vor der Prüfung auf eine Faserzementplatte aufzukleben.

Gegebenenfalls ist der Probekörper einer vorgesehenen Behandlung zu unterziehen, z.B. leichtes Aufrauhen der Oberfläche, um Pflegemittel zu entfernen, oder Aufbringen eines bestimmten Pflegeproduktes.

Durch Markierung des Probekörpers mit Nummern (die Markierung darf nicht durch die bei der Prüfung verwendeten Substanzen angegriffen werden), durch eine Skizze, ein Diagramm oder ein Foto ist die Position jeder aufgebrachten Substanz festzuhalten.

5 Durchführung

5.1 Aufbringen flüssiger Substanzen

In der Mitte der markierten Position wird ein wenig Flüssigkeit ausgegossen. Die konvexe Seite eines Uhrenglases wird auf die Flüssigkeit gelegt und sofort wieder entfernt.

Wenn der Durchmesser des Flecks kleiner als 15 mm ist, werden noch einige Tropfen zusätzlich aufgebracht und nochmals mit dem Uhrenglas verteilt. Das Uhrenglas wird in seiner Position gehalten, so daß man einen Fleck von 300 mm^2 bis 400 mm^2 erhält.

5.2 Aufbringen pastenförmiger Substanzen

Mit Hilfe einer Spachtel verteilt man etwa 1000 mm^3 der Substanz auf einer Fläche von 300 mm^2 bis 400 mm^2 (z. B. Dicke 2,5 mm bis 3 mm).

5.3 Dauer der Einwirkung

Die Haupteinwirkungsdauer beträgt 2 h. Wenn auf dem Probekörper nach 2 h ein Fleck auftritt, muß eine neue Prüfung mit einer Einwirkungsdauer von 30 min durchgeführt werden.

5.4 Reinigungs- und Beobachtungsbedingungen

5.4.1 Vor jeder Reinigung werden die noch feuchten Flecken mit Watte abgetupft, und zwar beginnend vom Rand zur Fleckenmitte. Bei pastenförmigen Substanzen wird die Substanz mit einer Spachtel abgekratzt und wie oben beschrieben mit Watte abgewischt.

Nach der Reinigung werden die verbliebenen Flecken unter einem Beobachtungswinkel von etwa 45° aus einer Entfernung von etwa 800 mm und bei langsamer Drehung des Beobachtungstisches von allen Seiten betrachtet.

5.4.2 Wenn ein Fleck sichtbar ist, wird dieser mit einem leichten Schleifmittel oder einem vom Hersteller empfohlenen Reinigungsmittel bearbeitet und die Prüfung nach Abschnitt 5.4.1 durchgeführt.

6 Auswertung

Die Ergebnisse werden ausgewertet und im Prüfbericht entsprechend Tabelle 1 dargestellt.

Tabelle 1:
Erklärung und Darstellung der Prüfergebnisse

Index	Prüfauswirkung nach Reinigen/Scheuern
0	unverändert
1	sehr wenig verändert
2	wenig verändert
3	verändert
4	sehr verändert

7 Prüfbericht

Im Prüfbericht sind anzugeben:
a) Hinweis auf diese Norm, z. B. EN 423;
b) ausführliche Beschreibung des geprüften Produktes einschließlich Typ, Herkunft, Farbe und Herstellernummer;
c) Vorgeschichte der Probe;
d) Angabe der fleckenverursachenden Substanzen, der durchgeführten Reinigungsart und der Einwirkungsdauer;
e) Angabe der Prüfergebnisse nach Tabelle 1;
f) Abweichungen von dieser Norm, die die Prüfergebnisse hätten beeinflussen können.

DEUTSCHE NORM September 1997

Spezifikation für Linoleum mit und ohne Muster

Elastische Bodenbeläge
Deutsche Fassung EN 548:1997

DIN EN 548

ICS 97.150

Ersatz für
DIN 18171:1978-02

Deskriptoren: Elastisch, Bodenbelag, Linoleum

Resilient floor coverings – Specification for plain and decorative linoleum;
German version EN 548:1997

Revêtements de sol résilients – Spécifications pour le linoléum uni et décoratif;
Version allemande EN 548:1997

Die Europäische Norm EN 548:1997 hat den Status einer Deutschen Norm.

Nationales Vorwort

Diese Europäische Norm wurde vom CEN/TC 134 "Elastische und textile Bodenbeläge" erarbeitet. Deutschland war durch den als Spiegelausschuß des FNK für elastische Bodenbeläge eingesetzten FNK-Arbeitsausschuß 403.5 "Bodenbeläge" an der Bearbeitung beteiligt.

Für die im Abschnitt 2 zitierten Europäischen und Internationalen Normen wird im folgenden auf die entsprechenden Deutschen Normen hingewiesen:
EN 20105-B02 siehe DIN 54004

Änderungen

Gegenüber DIN 18171:1978-02 wurden folgende Änderungen vorgenommen:
– Europäische Norm EN 548 übernommen.

Frühere Ausgaben

DIN 18171: 1968-09, 1978-02

Nationaler Anhang NA (informativ)

Literaturhinweis

DIN 54004
 Prüfung der Farbechtheit von Textilien – Bestimmung der Lichtechtheit von Färbungen und Drucken mit Xenonbogenlicht

Fortsetzung 5 Seiten EN

Normenausschuß Kunststoffe (FNK) im DIN Deutsches Institut für Normung e.V.
Normenausschuß Bauwesen (NABau) im DIN
Normenausschuß Materialprüfung (NMP) im DIN

EUROPÄISCHE NORM
EUROPEAN STANDARD
NORME EUROPÉENNE

EN 548

Mai 1997

ICS 97.150

Deskriptoren: Bodenbelag, Linoleum, Platte, Spezifikation, Anforderung, Eigenschaft, Prüfung, Sicherheit, Klassifikation, Tabelle, Symbol, Kennzeichnung

Deutsche Fassung

Elastische Bodenbeläge

Spezifikation für Linoleum mit und ohne Muster

Resilient floor coverings – Specification for plain and decorative linoleum

Revêtements de sol résilients – Spécifications pour le linoléum uni et décoratif

Diese Europäische Norm wurde von CEN am 1997-04-11 angenommen.

Die CEN-Mitglieder sind gehalten, die CEN/CENELEC-Geschäftsordnung zu erfüllen, in der die Bedingungen festgelegt sind, unter denen dieser Europäischen Norm ohne jede Änderung der Status einer nationalen Norm zu geben ist.

Auf dem letzten Stand befindliche Listen dieser nationalen Normen mit ihren bibliographischen Angaben sind beim Zentralsekretariat oder bei jedem CEN-Mitglied auf Anfrage erhältlich.

Diese Europäische Norm besteht in drei offiziellen Fassungen (Deutsch, Englisch, Französisch). Eine Fassung in einer anderen Sprache, die von einem CEN-Mitglied in eigener Verantwortung durch Übersetzung in seine Landessprache gemacht und dem Zentralsekretariat mitgeteilt worden ist, hat den gleichen Status wie die offiziellen Fassungen.

CEN-Mitglieder sind die nationalen Normungsinstitute von Belgien, Dänemark, Deutschland, Finnland, Frankreich, Griechenland, Irland, Island, Italien, Luxemburg, Niederlande, Norwegen, Österreich, Portugal, Schweden, Schweiz, Spanien, Tschechische Republik und dem Vereinigten Königreich.

CEN

EUROPÄISCHES KOMITEE FÜR NORMUNG
European Committee for Standardization
Comité Européen de Normalisation

Zentralsekretariat: rue de Stassart 36, B-1050 Brüssel

© 1997 CEN. Alle Rechte der Verwertung, gleich in welcher Form und in welchem Verfahren, sind weltweit den nationalen Mitgliedern von CEN vorbehalten.

Ref. Nr. EN 548:1997 D

Vorwort

Diese Europäische Norm wurde vom Technischen Komitee CEN/TC 134 "Elastische und textile Bodenbeläge" erarbeitet, dessen Sekretariat vom BSI gehalten wird.

Anhang A und Anhang B sind informativ.

Diese Europäische Norm muß den Status einer nationalen Norm erhalten, entweder durch Veröffentlichung eines identischen Textes oder durch Anerkennung bis November 1997, und etwaige entgegenstehende nationale Normen müssen bis November 1997 zurückgezogen werden.

Entsprechend der CEN/CENELEC-Geschäftsordnung sind die nationalen Normungsinstitute der folgenden Länder gehalten, diese Europäische Norm zu übernehmen:

Belgien, Dänemark, Deutschland, Finnland, Frankreich, Griechenland, Irland, Island, Italien, Luxemburg, Niederlande, Norwegen, Österreich, Portugal, Schweden, Schweiz, Spanien, die Tschechische Republik und das Vereinigte Königreich.

1 Anwendungsbereich

Diese Europäische Norm legt die Eigenschaften von ungemustertem und gemustertem Linoleum fest, das sowohl in Form von Platten als auch als Rollen geliefert wird.

Um den Verbraucher bei seiner Auswahl zu unterstützen, enthält diese Norm ein Klassifizierungssystem (siehe EN 685) auf Basis der Nutzungsintensität, das zeigt, wo für diese Bodenbeläge ein zufriedenstellender Nutzen möglich wäre. Die Norm legt auch die Anforderungen zur Kennzeichnung fest.

Der Begriff "Linoleum" wird häufig fälschlicherweise auch für andere Bodenbeläge, oft für solche auf Basis von Polyvinylchlorid oder Elastomeren, verwendet. Derartige Materialien sind nicht in dieser Norm eingeschlossen.

2 Normative Verweisungen

Diese Europäische Norm enthält durch datierte oder undatierte Verweisungen Festlegungen aus anderen Publikationen. Diese normativen Verweisungen sind an den jeweiligen Stellen im Text zitiert, und die Publikationen sind nachstehend aufgeführt. Bei datierten Verweisungen gehören spätere Änderungen oder Überarbeitungen dieser Publikationen nur zu dieser Europäischen Norm, falls sie durch Änderung oder Überarbeitung eingearbeitet sind. Bei undatierten Verweisungen gilt die letzte Ausgabe der in Bezug genommenen Publikation.

EN 426
Elastische Bodenbeläge – Bestimmung von Breite, Länge, Ebenheit und Geradheit von Bahnen

EN 427
Elastische Bodenbeläge – Bestimmung der Kantenlänge, Rechtwinkligkeit und Geradheit von Platten

EN 428
Elastische Bodenbeläge – Bestimmung der Gesamtdicke

EN 429
Elastische Bodenbeläge – Bestimmung der Dicke der Schichten

EN 430
Elastische Bodenbeläge – Bestimmung der flächenbezogenen Masse

EN 433
Elastische Bodenbeläge – Bestimmung des Resteindruckes nach konstanter Belastung

EN 435
Elastische Bodenbeläge – Bestimmung der Biegsamkeit

prEN 669
Elastische Bodenbeläge – Bestimmung der Maßänderung von Platten durch Veränderung der Luftfeuchte

prEN 670
Elastische Bodenbeläge – Erkennung von Linoleum und Bestimmung des Gehaltes an Bindemittel und anorganischen Füllstoffen

EN 685
Elastische Bodenbeläge – Klassifizierung

EN 20105-B02
Textilien – Farbechtheitsprüfung – Teil B02: Lichtechtheit mit künstlichem Licht (Xenonbogenlicht) (ISO 105-B02:1988)

3 Definitionen

Für die Anwendung dieser Norm gelten folgende Definitionen:

3.1 Linoleum-Cement: Bindemittel in Linoleum, bestehend aus einem Gemisch aus Leinöl und/oder anderen trocknenden pflanzlichen Ölen, Baumharz und normalen Sikkativen, das durch einen oxidativen Vernetzungsvorgang in eine halbelastische Masse umgewandelt wird.

3.2 Linoleum: Bodenbelag, hergestellt durch Kalandrieren eines homogenen Gemisches aus Linoleum-Cement, Kork- und/oder Holzmehl, Pigmenten und anorganischen Füllstoffen auf einem Faserstoffrücken. Das Produkt wird anschließend durch einen oxidativen Vernetzungsprozeß in den endgültigen Zustand gebracht.

ANMERKUNG: Die einzigen chemischen Vernetzungen in Linoleum sind diejenigen, die durch das Oxidationsverfahren gebildet werden.

4 Identifizierung

Linoleum wird dadurch identifiziert, daß es in einer Lösung von 0,5 mol/l Kaliumhydroxid in Methanol aufgelöst werden kann, und durch Bestimmung des Gehaltes an Cement und des Ascherückstandes.

Bei Prüfung nach prEN 670 muß der Mindestgehalt an Linoleum-Cement 30 % betragen.

Bei Prüfung nach prEN 670 muß der Maximalgehalt an anorganischen Füllstoffen (Ascherückstand) 50 % betragen.

5 Anforderungen

5.1 Allgemeine Anforderungen

Alle Arten von ungemustertem und gemustertem Linoleum müssen die entsprechenden allgemeinen Anforderungen, festgelegt in Tabelle 1, erfüllen, wenn sie in Übereinstimmung mit den darin genannten Prüfverfahren geprüft wurden.

5.2 Klassifizierungsanforderungen

Das Schema für die Klassifizierung ist in EN 685 beschrieben. Die Anforderungen für ungemustertes und gemustertes Linoleum unter Berücksichtigung dieses Schemas beziehen sich auf den Nennwert der Gesamtdicke des Linoleums, wie in Tabelle 2 dargestellt.

Tabelle 1: Allgemeine Anforderungen

Eigenschaft		Anforderung		Prüfverfahren
Rollen: Länge: Breite:	 m mm	Keine Abweichung unter die Nennwerte		EN 426
Platten: Seitenlänge: Rechtwinkligkeit und Geradheit bei einer Seitenlänge: ≤ 400 mm > 400 mm	 mm mm	Abweichung von der Nennlänge $\leq 0,15\%$ bis max. 0,5 mm zulässige Abweichung an jedem Punkt $\leq 0,25$ $\leq 0,35$		EN 427
Maßänderungen von Platten durch Veränderung der Luftfeuchte	 %	Veränderung $\leq 0,1$		prEN 669
Gesamtdicke: Mittelwert Einzelwerte	mm	Nennwert Nennwert	$\pm 0,15$ $\pm 0,20$	EN 428
Dicke des Faserstoffrückens (Mittelwert)	mm	$\leq 0,80$		EN 429
Flächenbezogene Masse: (Mittelwert)	g/m²	Nennwert	$\pm 10\%$	EN 430
Resteindruck nach konstanter Belastung (Mittelwert) Nenndicke $\leq 3,2$ mm $\geq 4,0$ mm	 mm	 $\leq 0,15$ $\leq 0,12$		EN 433
Biegsamkeit von Bahnen (Nenn)Dicke Dorndurchmesser 2,0 mm 30 mm 2,5 mm 40 mm 3,2 mm 50 mm 4,0 mm 60 mm		Keine Rißbildung beim Biegen um den zugehörigen Dorn.		EN 435 Verfahren A
Farbbeständigkeit gegenüber künstlichem Licht		6 min		EN 20105-B02: Verfahren 3[1]

[1] Vor einem Vergleich des Probestücks muß die Referenzprobe zusammen mit dem Blauwolltuch mit der Xenonlampe bestrahlt werden, bis ein Kontrast nach der Blauwollskala Ref. 2 entsteht, der dem Kontrast nach der Grauskala 3 entspricht. Dieser Schritt ist erforderlich, um den dem Linoleum eigenen "Reifeschleier" vor Erzielung der stabilen Färbung aufzuheben.

Ungemustertes und gemustertes Linoleum, das den Anforderungen dieser Norm entspricht, ist Stuhlrollen geeignet.

Tabelle 2: Klassifizierung

Klasse	Symbol	Verwendungsbereich	Nennwert der Gesamtdicke mm
21		Wohnen mäßig	2,0
22		Wohnen normal	2,0
23		Wohnen stark	2,0
31		Gewerblich mäßig	2,0
32		Gewerblich normal	2,0
33		Gewerblich stark	2,5
34		Gewerblich sehr stark	2,5[1])
41		Industriell mäßig	2,0[1])
42		Industriell normal	2,5[1])
43		Industriell stark	---[2])

[1]) Andere Dicken, z. B. 3,2 mm und 4,0 mm können festgelegt werden, um besonderen Kundenerfordernissen zu entsprechen.

[2]) Alle Anforderungen für Klasse 43 sollten in Absprache zwischen den beteiligten Kreisen bestimmt und vereinbart werden, die Spezifikation für den Gebrauch beachtend.

5 Kennzeichnung

Ungemusterte und gemusterte Linoleum-Bodenbeläge und/oder deren Verpackung müssen folgende Kennzeichnung tragen:
a) Nummer und Datum dieser Europäischen Norm, d. h. EN 548:1997;
b) Identifizierung des Herstellers oder der Lieferfirma;
c) Produktname;
d) Farbe/Muster sowie Chargen- und Rollennummer, falls zutreffend;
e) Klasse/Symbol, passend für das Produkt;
f) für Rollen: Länge, Breite und Dicke;
g) für Platten: Abmessungen einer Platte und die in der Packung enthaltenen Quadratmeter.

Anhang A (informativ)
Wahlfreie Eigenschaften

Werden die nachfolgend genannten Eigenschaften für spezielle Anwendungen gefordert, sollte der Bodenbelag in Übereinstimmung mit dem geeigneten Verfahren geprüft werden:
- Verhalten gegenüber Flecken (EN 423)
- elektrischer Widerstand (prEN 1081)
- Beständigkeit gegen Zigaretten (prEN 1399)

  Im allgemeinen Gebrauch erreicht ein Linoleum-Bodenbelag, abhängig von Farbe und/oder Muster, bei Prüfung nach prEN 1399, folgende Rate:

  Verfahren A, Ausdrücken von Zigaretten; Rate 4 oder höher
  Verfahren B, Abbrennen von Zigaretten; Rate 3 oder höher
- elektrostatisches Verhalten (prEN 1815)
- Schwerlastrollenversuch (prEN 1818)

Anhang B (informativ)
Literaturhinweise

EN 423
  Elastische Bodenbeläge – Verhalten gegenüber Flecken
prEN 1081
  Elastische Bodenbeläge – Bestimmung des elektrischen Widerstandes
prEN 1399
  Elastische Bodenbeläge – Bestimmung der Beständigkeit gegen Ausdrücken und Abbrennen von Zigaretten
prEN 1815
  Elastische Bodenbeläge – Beurteilung des elektrostatischen Verhaltens
prEN 1818
  Elastische Bodenbeläge – Bestimmung des Verhaltens gegenüber Schwenkrollen an schweren Möbelstücken

DEUTSCHE NORM   August 1997

Faserplatten
Anforderungen
Teil 1: Allgemeine Anforderungen
Deutsche Fassung EN 622-1 : 1997

DIN
EN 622-1

ICS 79.060.20

Deskriptoren: Faserplatte, Anforderung, Eigenschaft

Fibreboards, Specifications —
Part 1: General requirements;
German version EN 622-1 : 1997

Panneaux de fibres, Exigences —
Partie 1: Exigences générales;
Version allemande EN 622-1 : 1997

Mit DIN EN 622-2 : 1997-08
und DIN EN 622-4 : 1997-08
Ersatz für
DIN 68750 : 1958-04;
teilweise Ersatz für
DIN 68754-1 : 1976-02,
siehe auch nationales Vorwort

Die Europäische Norm EN 622-1 : 1997 hat den Status einer Deutschen Norm.

Nationales Vorwort

Diese Europäische Norm wurde von der Arbeitsgruppe 3 "Faserplatten" des Technischen Komitees 112 "Holzwerkstoffe" erarbeitet. Die Sekretariatsführung der Arbeitsgruppe liegt bei Italien.

Der zuständige Arbeitsausschuß im DIN ist der NHM 2.15 "SPA CEN/TC 112 — ISO/TC 89".

In welchem Umfang diese Norm Eingang in das deutsche Baurecht im Rahmen der Bauproduktenrichtlinie findet, bleibt weiteren administrativen Entscheidungen vorbehalten. Auf Grund baurechtlicher Bestimmungen kann auch weiterhin die Anwendung der DIN 68754-1 verlangt werden. Im Hinblick auf das Formaldehydpotential von Faserplatten wird auf die z. Z. in Deutschland geltenden Bestimmungen der Chemikalienverbotsverordnung hingewiesen (siehe Anhang C).

Änderungen

Gegenüber DIN 68750 : 1958-04 und DIN 68754-1 : 1976-02 wurden folgende Änderungen vorgenommen:

— EN 622-1 : 1997 übernommen.

Frühere Ausgaben

DIN 68750: 1952-04, 1958-04
DIN 68754-1: 1976-02

Fortsetzung 6 Seiten EN

Normenausschuß Holzwirtschaft und Möbel (NHM) im DIN Deutsches Institut für Normung e.V.

EUROPÄISCHE NORM
EUROPEAN STANDARD
NORME EUROPÉENNE

EN 622-1

Juni 1997

ICS 79.060.20

Deskriptoren: Holzplatte, Faserplatte, Eigenschaft, Anforderung

Deutsche Fassung

Faserplatten
Anforderungen
Teil 1: Allgemeine Anforderungen

Fibreboards, Specifications — Part 1: General requirements

Panneaux de fibres, Exigences — Partie 1: Exigences générales

Diese Europäische Norm wurde von CEN am 1997-04-21 angenommen.

Die CEN-Mitglieder sind gehalten, die CEN/CENELEC-Geschäftsordnung zu erfüllen, in der die Bedingungen festgelegt sind, unter denen dieser Europäischen Norm ohne jede Änderung der Status einer nationalen Norm zu geben ist.

Auf dem letzten Stand befindliche Listen dieser nationalen Normen mit ihren bibliographischen Angaben sind beim Zentralsekretariat oder bei jedem CEN-Mitglied auf Anfrage erhältlich.

Diese Europäische Norm besteht in drei offiziellen Fassungen (Deutsch, Englisch, Französisch). Eine Fassung in einer anderen Sprache, die von einem CEN-Mitglied in eigener Verantwortung durch Übersetzung in seine Landessprache gemacht und dem Zentralsekretariat mitgeteilt worden ist, hat den gleichen Status wie die offiziellen Fassungen.

CEN-Mitglieder sind die nationalen Normungsinstitute von Belgien, Dänemark, Deutschland, Finnland, Frankreich, Griechenland, Irland, Island, Italien, Luxemburg, Niederlande, Norwegen, Österreich, Portugal, Schweden, Schweiz, Spanien, Tschechische Republik und dem Vereinigten Königreich.

CEN

EUROPÄISCHES KOMITEE FÜR NORMUNG
European Committee for Standardization
Comité Européen de Normalisation

Zentralsekretariat: rue de Stassart 36, B-1050 Brüssel

© 1997 CEN. Alle Rechte der Verwertung, gleich in welcher Form und in welchem Verfahren, sind weltweit den nationalen Mitgliedern von CEN vorbehalten.

Ref. Nr. EN 622-1 : 1997 D

Seite 2
EN 622-1:1997

Inhalt

	Seite
Vorwort	2
1 Anwendungsbereich	2
2 Normative Verweisungen	2
3 Anforderungen	2
4 Nachweis der Übereinstimmung	4
5 Kennzeichnung	4
Anhang A (informativ) Literaturhinweise	4
Anhang B (normativ) Freiwilliges Farb-Kennzeichnungssystem für Faserplatten	4
Anhang C (informativ) A-Abweichungen	5

Vorwort

Diese Europäische Norm wurde vom Technischen Komitee CEN/TC 112 "Holzwerkstoffe" erarbeitet, dessen Sekretariat vom DIN gehalten wird.

Diese Norm gehört zu einer Normenreihe, die Anforderungen für Faserplatten festlegt. Die anderen Teile dieser Reihe sind in Abschnitt 2 aufgeführt.

In einigen CEN-Mitgliedsländern bestehen rechtsverbindliche Anforderungen an die Formaldehydemission von Holzwerkstoffen. Diese A-Abweichungen sind im informativen Anhang C dargestellt.

Diese Europäische Norm muß den Status einer nationalen Norm erhalten, entweder durch Veröffentlichung eines identischen Textes oder durch Anerkennung bis Dezember 1997, und etwaige entgegenstehende nationale Normen müssen bis Dezember 1997 zurückgezogen werden.

Diese Europäische Norm wurde unter einem Mandat erarbeitet, das die Europäische Kommission und die Europäische Freihandelszone dem CEN erteilt haben, und unterstützt grundlegende Anforderungen der EU-Richtlinien.

Entsprechend der CEN/CENELEC-Geschäftsordnung sind die nationalen Normungsinstitute der folgenden Länder gehalten, diese Europäische Norm zu übernehmen:

Belgien, Dänemark, Deutschland, Finnland, Frankreich, Griechenland, Irland, Island, Italien, Luxemburg, Niederlande, Norwegen, Österreich, Portugal, Schweden, Schweiz, Spanien, Tschechische Republik und das Vereinigte Königreich.

1 Anwendungsbereich

Diese Europäische Norm legt die Anforderungen an einige Eigenschaften fest, die für alle Typen unbeschichteter Faserplatten nach EN 316 gleich sind.

2 Normative Verweisungen

Diese Europäische Norm enthält durch datierte oder undatierte Verweisungen Festlegungen aus anderen Publikationen. Diese normativen Verweisungen sind an den jeweiligen Stellen im Text zitiert, und die Publikationen sind nachstehend aufgeführt. Bei datierten Verweisungen gehören spätere Änderungen oder Überarbeitungen dieser Publikationen nur zu dieser Europäischen Norm, falls sie durch Änderung oder Überarbeitung eingearbeitet sind. Bei undatierten Verweisungen gilt die letzte Ausgabe der in Bezug genommenen Publikation.

EN 120
  Holzwerkstoffe — Bestimmung des Formaldehydgehalts — Extraktionsverfahren genannt Perforatormethode

EN 316
  Holzfaserplatten — Definition, Klassifizierung und Kurzzeichen

EN 322
  Holzwerkstoffe — Bestimmung des Feuchtegehaltes

EN 323
  Holzwerkstoffe — Bestimmung der Rohdichte

EN 324-1
  Holzwerkstoffe — Bestimmung der Plattenmaße — Teil 1: Bestimmung der Dicke, Breite und Länge

EN 324-2
  Holzwerkstoffe — Bestimmung der Plattenmaße — Teil 2: Bestimmung der Rechtwinkligkeit und der Kantengeradheit

EN 622-2
  Faserplatten — Anforderungen — Teil 2: Anforderungen an harte Platten

EN 622-3
  Faserplatten — Anforderungen — Teil 3: Anforderungen an mittelharte Platten

EN 622-4
  Faserplatten — Anforderungen — Teil 4: Anforderungen an poröse Platten

EN 622-5
  Faserplatten — Anforderungen — Teil 5: Anforderungen an Platten nach dem Trockenverfahren (MDF)

3 Anforderungen

Faserplatten müssen bei Auslieferung aus dem Herstellwerk die allgemeinen Anforderungen der Tabelle 1 und die Grenzabmaße für die Dicke der Tabelle 2 erfüllen. Bei bestimmten Verwendungen von Faserplatten (siehe spezielle Normen für Faserplattentypen und allgemeine Normen für Leistungsfähigkeit von Holzwerkstoffen) oder zur Auslieferung in Zuschnitten oder nach zusätzlicher maschineller Bearbeitung (z. B. mit Nut- und Federprofil) dürfen spezielle Grenzabmaße und Toleranzen für Rechtwinkligkeit und Kantengeradheit vereinbart werden. Die in Tabelle 1 und Tabelle 2 angegebenen Werte für Grenzabmaße (Dicke, Breite und Länge), Toleranzen für Rechtwinkligkeit, Kantengeradheit und Grenzabweichungen der Rohdichte innerhalb einer Platte gelten für einen Feuchtegehalt, der sich im Werkstoff bei einer Temperatur von 20 °C und einer relativen Luftfeuchte von 65 % einstellt. Eigenschaften, die für spezifische Plattentypen nicht zutreffen, sind mit "—" gekennzeichnet.

Die Anforderungen an das Formaldehydpotential (Perforatorwert) müssen von 95 %-Quantil-(Fraktil-)Werten erfüllt werden, die auf den Prüfergebnissen von Einzelplatten basieren. Die 95 %-Quantil-(Fraktil-)Werte dürfen höchstens so groß wie die entsprechenden Werte der Tabelle 1 sein.

Tabelle 1: Allgemeine Anforderungen für unterschiedliche Plattentypen bei Auslieferung

Eigenschaft	Prüfverfahren	Plattentypen			
		harte Platten (HB)	mittelharte Platten (MBL und MBH)	poröse Platten (SB)	Platten nach dem Trockenverfahren (MDF)
Grenzabmaße Dicke Länge und Breite	EN 324-1 EN 324-1	siehe Tabelle 2			
		± 2 mm/m, höchstens ± 5 mm			
Rechtwinkligkeitstoleranz	EN 324-2	2 mm/m			
Kantengeradheitstoleranz Länge und Breite	EN 324-2	1,5 mm/m			
Plattenfeuchte	EN 322	4 % bis 9 %	4 % bis 9 %	4 % bis 9 %	4 % bis 11 %
Rohdichtegrenzabweichungen bezogen auf die mittlere Rohdichte innerhalb einer Platte	EN 323	—	—	—	± 7 %
Formaldehydpotential (Perforatorwert)*) Klasse A Klasse B	EN 120	— —	— —	— —	≤ 9 mg/100 g ≤ 40 mg/100 g

*) Die Perforatorwerte gelten für eine Materialfeuchte (H) von 6,5 %. Für Platten nach dem Trockenverfahren mit anderen Materialfeuchten ist der Perforatorwert mit einem Faktor F zu multiplizieren, der sich aus folgenden Gleichungen ergibt:
bei Platten mit einem Feuchtgehalt im Bereich von 4 % ≤ H ≤ 9 %:
$F = -0{,}133\,H + 1{,}86$
bzw. bei Platten mit Feuchtegehalten $H < 4\,\%$ und $H > 9\,\%$:
$F = 0{,}636 + 3{,}12\,e^{(-0{,}346\,H)}$

Tabelle 2: Grenzabmaße für die Dicke von Faserplatten bei Auslieferung

Plattentypen		Nenndicke (mm)		
harte Platten (HB)		≤ 3,5	> 3,5 bis 5,5	> 5,5
		± 0,3 mm	± 0,5 mm	± 0,7 mm
mittelharte Platten (MBL und MBH)		Nenndicke (mm)		
		≤ 10		> 10
		± 0,7 mm		± 0,8 mm
poröse Platten (SB)		Nenndicke (mm)		
		≤ 10	> 10 bis 19	> 19
		± 0,7 mm	± 1,2 mm	± 1,8 mm
Platten nach dem Trockenverfahren (MDF)		Nenndicke (mm)		
		≤ 6	> 6 bis 19	> 19
		± 0,2 mm	± 0,2 mm	± 0,3 mm

4 Nachweis der Übereinstimmung

4.1 Allgemeines

Der Nachweis der Übereinstimmung mit dieser Europäischen Norm erfolgt nach den in Tabelle 1 aufgeführten Prüfverfahren.

4.2 Fremdüberwachung

Die Fremdüberwachung des Produktionsbetriebs, falls notwendig, ist auf statistischer Grundlage[1]) durchzuführen.

Die Abnahmeprüfung von Lieferungen ist auf statistischer Grundlage[1]) durchzuführen.

Bezüglich Formaldehydpotential muß jedoch sowohl bei der Fremdüberwachung als auch bei der Abnahmeprüfung einer Lieferung der Mittelwert von mindestens drei geprüften Platten die entsprechende Anforderung der Tabelle 1 erfüllen. Zusätzlich darf keine der Einzelplatten die obere Toleranzschwelle von ±10% überschreiten.

4.3 Eigenüberwachung

Die Eigenüberwachung ist auf statistischer Grundlage[1]) durchzuführen.

Die in den Tabellen 1 und 2 aufgeführten Eigenschaften sind zu überwachen, wobei die Zeitabstände zwischen den Prüfungen nicht größer sein dürfen als in Tabelle 3 angegeben. Die Probenahme ist nach Zufallsgesichtspunkten durchzuführen. Andere Prüfverfahren und/oder nichtklimatisierte Prüfkörper dürfen verwendet werden, wenn eine gültige Korrelation zu den angegebenen Prüfverfahren nachgewiesen werden kann.

---

[1]) Es ist beabsichtigt, EN 326-2 und EN 326-3 (derzeit in Vorbereitung) als statistische Grundlage nach deren Einführung anzuwenden.

Die in Tabelle 3 angegebenen Zeitabstände beziehen sich auf eine statistisch zu überwachende Fertigung.

Tabelle 3: Maximale Zeitabstände zwischen den Prüfungen für jede Fertigungslinie

Eigenschaft	Maximaler Zeitabstand zwischen Prüfungen
Formaldehyd-Potential*) Klasse A Klasse B	24 h je Plattentyp 1 Woche je Plattentyp
Plattenfeuchte	8 h je Plattentyp
Alle anderen in den Tabellen 1 und 2 aufgeführten Werte	8 h je Dickenbereich und Plattentyp

*) Die Erfahrung hat gezeigt, daß manche Faserplattentypen wenig oder keinen Formaldehyd abgeben. In diesen Fällen dürfen die Zeitabstände zwischen den Prüfungen vergrößert werden. In jedem Fall bleibt der Hersteller bzw., falls notwendig, die Prüfbehörde verantwortlich für den Nachweis der Übereinstimmung mit dieser Europäischen Norm.

5 Kennzeichnung

Die Kennzeichnung der Faserplatten ist jeweils in Übereinstimmung mit EN 622-2, EN 622-3, EN 622-4 und EN 622-5 durchzuführen.

Farbkennzeichnung erfolgt freiwillig. Wenn sie erfolgt, muß sie dem System nach Anhang B entsprechen. Diese Norm schließt das Einfärben von Platten oder gewisser Schichten der Platten nach üblicher nationaler Praxis nicht aus.

Anhang A (informativ)

Literaturhinweise

prEN 326-2
  Holzwerkstoffe — Probenahme, Zuschnitt und Überwachung — Teil 2: Qualitätskontrolle in der Fertigung

prEN 326-3
  Holzwerkstoffe — Probenahme, Zuschnitt und Überwachung — Teil 3: Abnahmeprüfung einer Plattenlieferung

Anhang B (normativ)

Freiwilliges Farb-Kennzeichnungssystem für Faserplatten

Es werden jeweils zwei Farben verwendet. Die erste Farbe gibt an, ob die Platte für allgemeine oder für tragende Zwecke vorgesehen ist (ein oder zwei Streifen dieser Farbe werden benutzt). Die zweite Farbe gibt an, ob die Platte zur Verwendung im Trocken-, Feucht-, oder Außenbereich geeignet ist.

Erste Farbe	Weiß	Allgemeine Zwecke
Erste Farbe	Gelb	Tragende Zwecke
Zweite Farbe	Blau	Trockenbereich
Zweite Farbe	Grün	Feuchtbereich
Zweite Farbe	Braun	Außenbereich

Anhang C (informativ)

A-Abweichungen

A-Abweichung: Nationale Abweichung, die auf Vorschriften beruht, deren Veränderung zum gegenwärtigen Zeitpunkt außerhalb der Kompetenz des CEN/CENELEC-Mitglieds liegt.

Österreich:
Abweichende nationale Vorschriften: Formaldehydverordnung, Bundesgesetzblatt Nr. 194/1990
In Österreich ist aufgrund der gesetzlichen Bestimmungen vorgeschrieben, daß Holzwerkstoffe nicht in den Verkehr gesetzt werden dürfen, wenn die durch den Holzwerkstoff verursachte Ausgleichskonzentration des Formaldehyds in der Luft eines Prüfraums 0,1 ml/m^3 (ppm) überschreitet.
Diesem Grenzwert liegen folgende Prüfraumdaten zugrunde:

Rauminhalt der Kammer	40 m^3 ± 10 %
Luftfeuchte	45 % ± 3 %
Temperatur	23 °C ± 0,5 °C
Luftwechsel	1/h
Raumbeladung	1 m^2 Gesamtplattenoberfläche 1 m^3 Prüfraumvolumen.

Dänemark:
Abweichende nationale Vorschriften: Dänische Bauvorschriften (Danish Building Regulations) BR 1982 und BR 1985
Die in diesen Vorschriften festgelegten Regelungen umfassen wahlweise 2 Verfahren der Zertifizierung und Güteüberwachung von Holzwerkstoffen im Hinblick auf Formaldehydabgabe.
Abschnitt 1: Spanplatten, Sperrholz und andere Holzwerkstoffe, die mit einem formaldehydabgebenden Harz verklebt sind, dürfen höchstens die Menge an Formaldehyd abgeben, die der Ausgleichskonzentration von 0,15 mg Formaldehyd je m^3 Luft bei der Prüfung in einer Klimakammer entspricht.
Abschnitt 2: Wenn die Erfüllung der Anforderungen nach Abschnitt 1 nicht nachgewiesen werden kann, dürfen nur solche Platten verwendet werden, deren Formaldehydgehalt 25 mg je 100 g atro Platte nicht übersteigt. Für Verwendungen wie Wände, Dächer, Fußböden, Türen und Zubehör müssen die Platten in Übereinstimmung mit dem vom dänischen Bauministerium zugelassenen Verfahren nachbehandelt werden. Bei Verwendung in nicht bewohnten Bereichen kann auf die Nachbehandlung verzichtet werden.
Durch Forschung und Weiterentwicklung auf dem Gebiet der Klebstoffe und der Technologie der Plattenherstellung wurden die Grundlagen dieser Regelung sehr bald verändert. Deshalb beschloß das Bauministerium und die dänische Überwachungsorganisation für Holzwerkstoffe, Træpladekontrollen (TP), im Jahre 1982, den Grenzwert für den Formaldehydgehalt auf 10 mg je 100 g atro Platte zu senken. Dies entsprach der Klasse E 1 der deutschen Formaldehydvorschriften in der ETB-Richtlinie von April 1980.
Im Oktober 1991 wurden die Prüfverfahren für Holzwerkstoffe mit Bezug auf die deutsche Gefahrstoffverordnung veröffentlicht. Die in diesen Vorschriften festgelegten Formaldehyd-Anforderungen wurden von der dänischen Überwachungsorganisation für Holzwerkstoffe (TP) übernommen.
Demzufolge gelten nach den TP-Zertifizierungs- und Güteüberwachungsregeln die folgenden Perforator-Grenzwerte:

Perforatorwerte (mg/100 g atro Platte)	
Mittelwert*)	Kontrollgrenze Einzelwert**)
7,0	8,0

*) Gleitender Mittelwert der Ergebnisse der Güteüberwachung über einen Zeitraum von ½ Jahr.
**) Kontrollgrenze: 95 %-Quantil-Wert. Einzelwerte repräsentieren einen Produktionszeitraum von einer Schicht. Wenn mehrere Prüfungen in einer Schicht durchgeführt werden, wird der Mittelwert zur Berechnung des gleitenden Mittelwerts benutzt. Kein Einzelwert darf den Grenzwert um mehr als 10 % überschreiten.

Bis auf weiteres wird für diesen Plattentyp die Bezeichnung P25B verwendet, obwohl sich diese nicht auf die geltenden Grenzwerte bezieht. Geänderte Anforderungen und Kennzeichnungsregeln werden eingeführt, sobald eine europäische Vereinheitlichung erreicht ist.
Für weitere Einzelheiten wird verwiesen auf Anhang 2 der Regel für Zertifizierung und Güteüberwachung von TP.

Deutschland:
Abweichende nationale Vorschriften: "Chemikalienverbotsverordnung-ChemVerbotsV", Anhang zu § 1, Abschnitt 3 vom 14. Oktober 1993 (früher GefstoffV § 9 [3]).
Das zugehörige Prüfverfahren wurde vom Bundesgesundheitsamt im Einvernehmen mit der Bundesanstalt für Materialforschung und -prüfung veröffentlicht (Bundesgesundheitsblatt 10/91). Demzufolge gelten folgende Anforderungen:
1) Unbeschichtete Faserplatten der Formaldehydpotentialklasse A nach Tabelle 1 von EN 622-1 sind in Deutschland nicht zulässig. Unbeschichtete Faserplatten der Klasse A dürfen jedoch — abweichend von dem Voranstehenden — in den Verkehr gebracht werden, wenn ein Grenzwert (95 %-Quantil-Wert) von 8,0 mg/100 g (Perforatorwert, photometrisch ermittelt) und zusätzlich ein Mittelwert von 7,0 mg/100 g eingehalten werden; dieser Mittelwert ist als gleitender Halbjahreswert definiert.
2) Unbeschichtete Faserplatten der Formaldehydpotentialklasse B nach Tabelle 1 von EN 622-1 sind in Deutschland nicht zulässig. Unbeschichtete Faserplatten mit Perforatorwerten > 8,0 mg/100 g und ≤ 10,0 mg/100 g dürfen jedoch — abweichend von dem Voranstehenden — mit nachfolgender Kennzeichnung in den Verkehr gebracht werden:
"Nur im beschichteten Zustand verwenden. Die Eignung der Beschichtung ist nachzuweisen."
Die Eignung liegt vor, wenn es sich um eine Beschichtung gemäß der Anlage zur DIBt-Richtlinie 100[1]) in der jeweils gültigen Fassung handelt. Abweichend hiervon darf der Perforatorwert beschichteter Platten nach Abschliff 2 mg/100 g höher liegen (höchstens 12 mg/100 g).

---

[1]) DIBt: Deutsches Institut für Bautechnik

Schweden:

Abweichende nationale Vorschrift: Nationale Chemikalienüberwachungsvorschrift (KIFS 1989:5) über Formaldehyd in Holzwerkstoffen (geändert durch KIFS 1993:3)

ANMERKUNG: Im Zweifelsfall gilt nur die offizielle schwedische Fassung.

Anwendungsbereich

Abschnitt 1
Diese Vorschriften gelten für Holzwerkstoffe (Spanplatten, Sperrholz, Holzfaserplatten, Mittellagen-Sperrholz und ähnliche Platten), die Zusätze auf Formaldehyd-Basis enthalten.

Diese Vorschriften gelten nicht für phenolharzgebundene Platten, wobei der zugesetzte Formaldehyd nur als Copolymer mit Phenol auftritt (KIFS 1993:3).

Qualitätssicherung in der Fertigung

Abschnitt 2
Jeder Hersteller von Holzwerkstoffen muß sicherstellen, daß die Rohplatten nicht mehr Formaldehyd abgeben als:

1. 0,13 mg/m^3 Luft, geprüft nach der schwedischen Norm SS 270236, Ausgabe Nr 1, 1. Januar 1988 oder
2. einen in einer harmonisierten Norm zu Prüfung der Emission aus Holzwerkstoffen festgelegten Wert, durch den sichergestellt ist, daß dieser Emissions-Grenzwert nicht überschritten wird.

Für diesen Zweck muß der Hersteller entweder ein Qualitätssicherungssystem haben, das durch eine Zertifizierungsstelle zugelassen worden ist und das mindestens die Anforderungen nach ISO 9003 erfüllt oder ein Qualitätssystem verwenden und die Zertifizierungsstelle bestätigen lassen, daß die Platten die Anforderungen des ersten Absatzes erfüllen (KIFS 1993:3).

Qualitätssicherung beim Import

Abschnitt 3
Ein Importeur von Holzwerkstoffen muß entweder nachweisen können, daß die Herstellung seiner Platten die Anforderungen nach Abschnitt 2 erfüllen, oder er muß ein Qualitätssicherungssystem haben, das durch eine Zertifizierungsstelle zugelassen worden ist und mindestens die Anforderungen nach ISO 9003 erfüllt und das sicherstellt,
daß die Platten die Anforderungen nach Abschnitt 2, erster Absatz, erfüllen (KIFS 1993:3).

Andere Qualitätssicherung

Abschnitt 4
Jeder, der gewerbsmäßig Holzwerkstoffe zum Kauf anbietet, muß sicherstellen, daß die Platten die Anforderungen dieser Vorschriften erfüllen und dies auf Anfrage nachweisen (KIFS 1993:3).

Abschnitt 5
Jeder, der gewerbsmäßig aus Holzwerkstoffen gefertigte bewegliche und unbewegliche Gegenstände für den Innenbereich herstellt, importiert oder zum Kauf anbietet, muß sicherstellen, daß die Platten die Anforderungen dieser Vorschriften erfüllen und dies auf Anfrage nachweisen (KIFS 1993:3).

Verbot des Verkaufs usw.

Abschnitt 6
Platten, die die Anforderungen nach Abschnitt 2 nicht erfüllen, dürfen nicht zum Verkauf angeboten oder in den Verkehr gebracht werden (KIFS 1993:3).

Andere Prüfverfahren

Abschnitt 7
Bei der Eigen- und Fremdüberwachung dürfen auch andere Prüfverfahren verwendet werden, wenn sie gut mit dem in Abschnitt 2 angegebenen Prüfverfahren korrelieren (KIFS 1993:3).

Überwachung durch nationale Prüfinstitute

Abschnitt 8 und 9
Die Abschnitte 8 und 9 sind durch (KIFS 1993:3) aufgehoben worden.

Ausnahmen

Abschnitt 10
Die nationale Chemikalienkommission (Kemikalieninspektionen) kann Ausnahmen von diesen Regelungen gewähren, wenn es hierfür besondere Gründe gibt.

Haftung und Bestrafung

Abschnitt 11
Regelungen zu Haftung und Bestrafung bei einer Verletzung dieser Vorschriften enthält die Verordnung (1985:426) über Chemikalien.

DEUTSCHE NORM August 1997

Faserplatten
Anforderungen
Teil 2: Anforderungen an harte Platten
Deutsche Fassung EN 622-2 : 1997

DIN EN 622-2

ICS 79.060.20

Deskriptoren: Faserplatte, Anforderung, Eigenschaft

Fibreboards, Specifications —
Part 2: Requirements for hardboards;
German version EN 622-2 : 1997

Panneaux de fibres, Exigences —
Partie 2: Exigences pour panneaux durs;
Version allemande EN 622-2 : 1997

Mit DIN EN 622-1 : 1997-08
und DIN EN 622-4 : 1997-08
Ersatz für
DIN 68750 : 1958-04;
teilweise Ersatz für
DIN 68754-1 : 1976-02,
siehe auch nationales Vorwort

Die Europäische Norm EN 622-2 : 1997 hat den Status einer Deutschen Norm.

Nationales Vorwort

Diese Europäische Norm wurde von der Arbeitsgruppe 3 "Faserplatten" des Technischen Komitees 112 "Holzwerkstoffe" erarbeitet. Die Sekretariatsführung der Arbeitsgruppe liegt bei Italien.

Der zuständige Arbeitsausschuß im DIN ist der NHM 2.15 "SPA CEN/TC 112 — ISO/TC 89".

In welchem Umfang diese Norm Eingang in das deutsche Baurecht im Rahmen der Bauproduktenrichtlinie findet, bleibt weiteren administrativen Entscheidungen vorbehalten. Auf Grund baurechtlicher Bestimmungen kann auch weiterhin die Anwendung der DIN 68754-1 verlangt werden.

Änderungen

Gegenüber DIN 68750 : 1958-04 und DIN 68754-1 : 1976-02 wurden folgende Änderungen vorgenommen:

— EN 622-2 : 1997 übernommen.

Frühere Ausgaben

DIN 68750: 1952-04, 1958-04
DIN 68754-1: 1976-02

Fortsetzung 8 Seiten EN

Normenausschuß Holzwirtschaft und Möbel (NHM) im DIN Deutsches Institut für Normung e.V.

EUROPÄISCHE NORM
EUROPEAN STANDARD
NORME EUROPÉENNE

EN 622-2

Juni 1997

ICS 79.060.20

Deskriptoren: Holzplatte, Faserplatte, Isolierplatte, Eigenschaft, Anforderung, Umgebung, Feuchtigkeitsbedingung, Konformitätsprüfung, Kennzeichnung

Deutsche Fassung

Faserplatten
Anforderungen
Teil 2: Anforderungen an harte Platten

Fibreboards, Specifications — Part 2: Panneaux de fibres, Exigences — Partie 2:
Requirements for hardboards   Exigences pour panneaux durs

Diese Europäische Norm wurde von CEN am 1997-04-21 angenommen.

Die CEN-Mitglieder sind gehalten, die CEN/CENELEC-Geschäftsordnung zu erfüllen, in der die Bedingungen festgelegt sind, unter denen dieser Europäischen Norm ohne jede Änderung der Status einer nationalen Norm zu geben ist.

Auf dem letzten Stand befindliche Listen dieser nationalen Normen mit ihren bibliographischen Angaben sind beim Zentralsekretariat oder bei jedem CEN-Mitglied auf Anfrage erhältlich.

Diese Europäische Norm besteht in drei offiziellen Fassungen (Deutsch, Englisch, Französisch). Eine Fassung in einer anderen Sprache, die von einem CEN-Mitglied in eigener Verantwortung durch Übersetzung in seine Landessprache gemacht und dem Zentralsekretariat mitgeteilt worden ist, hat den gleichen Status wie die offiziellen Fassungen.

CEN-Mitglieder sind die nationalen Normungsinstitute von Belgien, Dänemark, Deutschland, Finnland, Frankreich, Griechenland, Irland, Island, Italien, Luxemburg, Niederlande, Norwegen, Österreich, Portugal, Schweden, Schweiz, Spanien, Tschechische Republik und dem Vereinigten Königreich.

CEN

EUROPÄISCHES KOMITEE FÜR NORMUNG
European Committee for Standardization
Comité Européen de Normalisation

Zentralsekretariat: rue de Stassart 36, B-1050 Brüssel

© 1997 CEN. Alle Rechte der Verwertung, gleich in welcher Form und in welchem Verfahren, sind weltweit den nationalen Mitgliedern von CEN vorbehalten.

Ref. Nr. EN 622-2 : 1997 D

Inhalt

		Seite
Vorwort		2
1	Anwendungsbereich	2
2	Normative Verweisungen	2
3	Definitionen	3
4	Anforderungen	3
5	Nachweis der Übereinstimmung	5
6	Kennzeichnung	6
Anhang A (normativ)	Weitere Eigenschaften	7
Anhang B (normativ)	Kochprüfung nach EN 1087-1 : 1995 — Modifiziertes Verfahren	7
Anhang C (normativ)	Bestimmung der Biegefestigkeit nach Kochprüfung nach EN 1087-1 : 1995 — Modifiziertes Verfahren	8
Anhang D (informativ)	Literaturhinweise	8

Vorwort

Diese Europäische Norm wurde vom Technischen Komitee CEN/TC 112 "Holzwerkstoffe" erarbeitet, dessen Sekretariat vom DIN gehalten wird.

Diese Norm gehört zu einer Normenreihe, die Anforderungen für Faserplatten festlegt. Die anderen Teile dieser Reihe sind in Abschnitt 2 und Anhang D aufgeführt.

Diese Europäische Norm muß den Status einer nationalen Norm erhalten, entweder durch Veröffentlichung eines identischen Textes oder durch Anerkennung bis Dezember 1997, und etwaige entgegenstehende nationale Normen müssen bis Dezember 1997 zurückgezogen werden.

Entsprechend der CEN/CENELEC-Geschäftsordnung sind die nationalen Normungsinstitute der folgenden Länder gehalten, diese Europäische Norm zu übernehmen:
Belgien, Dänemark, Deutschland, Finnland, Frankreich, Griechenland, Irland, Island, Italien, Luxemburg, Niederlande, Norwegen, Österreich, Portugal, Schweden, Schweiz, Spanien, Tschechische Republik und das Vereinigte Königreich.

1 Anwendungsbereich

Diese Europäische Norm legt die Anforderungen an harte Platten nach EN 316 fest.

Die in dieser Norm angegebenen Werte beziehen sich auf Produkteigenschaften, es sind keine charakteristischen Werte, die für konstruktive Berechnungen verwendet werden können[1]).

2 Normative Verweisungen

Diese Europäische Norm enthält durch datierte oder undatierte Verweisungen Festlegungen aus anderen Publikationen. Diese normativen Verweisungen sind an den jeweiligen Stellen im Text zitiert, und die Publikationen sind nachstehend aufgeführt. Bei datierten Verweisungen gehören spätere Änderungen oder Überarbeitungen dieser Publikation nur zu dieser Europäischen Norm, falls sie durch Änderung oder Überarbeitung eingearbeitet sind. Bei undatierten Verweisungen gilt die letzte Ausgabe der in Bezug genommenen Publikation.

EN 310 : 1993
    Holzwerkstoffe — Bestimmung des Biege-Elastizitätsmoduls und der Biegefestigkeit

EN 316
    Holzfaserplatten — Definition, Klassifizierung und Kurzzeichen

EN 317
    Spanplatten und Faserplatten — Bestimmung der Dickenquellung nach Wasserlagerung

EN 318
    Faserplatten — Bestimmung von Maßänderungen in Verbindung mit Änderungen der relativen Luftfeuchte

EN 319
    Spanplatten und Faserplatten — Bestimmung der Zugfestigkeit senkrecht zur Plattenebene

EN 326-1
    Holzwerkstoffe — Probenahme, Zuschnitt und Überwachung — Teil 1: Probenahme und Zuschnitt der Prüfkörper sowie Angabe der Prüfergebnisse

EN 382-2
    Faserplatten — Bestimmung der Oberflächenabsorption — Teil 2: Prüfverfahren für harte Platten

EN 622-1
    Faserplatten — Anforderungen — Teil 1: Allgemeine Anforderungen

EN 1087-1 : 1995
    Spanplatten — Feuchtebeständigkeit — Teil 1: Kochprüfung

ISO 3340
    Fibre building boards — Determination of sand content

---

[1]) Solche charakteristischen Werte (z. B. für konstruktive Berechnungen in ENV 1995-1-1) sind entweder in prEN 12369 angegeben oder werden nach EN 789, EN 1058 und ENV 1156 ermittelt.

3 Definitionen

Für die Anwendung dieser Norm gelten die folgenden Definitionen:

3.1 Trockenbereich: Bereich (definiert durch die Nutzungsklasse 1 (Service class 1) nach ENV 1995-1-1 für tragende Platten), gekennzeichnet durch einen Feuchtegehalt des Werkstoffs, der einer Temperatur von 20 °C und einer relativen Luftfeuchte der Umgebung entspricht, die nur wenige Wochen im Jahr 65 % überschreitet. Platten dieses Typs eignen sich nur für die Verwendung in der Gefährdungsklasse 1 nach EN 335-3.

3.2 Feuchtbereich: Bereich (definiert durch die Nutzungsklasse 2 (Service class 2) nach ENV 1995-1-1 für tragende Platten), gekennzeichnet durch einen Feuchtegehalt des Werkstoffs, der einer Temperatur von 20 °C und einer relativen Luftfeuchte der Umgebung entspricht, die nur wenige Wochen im Jahr 85 % überschreitet. Platten dieses Typs eignen sich für die Verwendung in den Gefährdungsklassen 1 und 2 nach EN 335-3.

3.3 Außenbereich: Schließt Bewitterung oder Kontakt mit Wasser oder Wasserdampf an einem feuchten, jedoch belüfteten Ort ein. Platten dieses Typs eignen sich zur Verwendung in den Gefährdungsklassen 1, 2 und 3 nach EN 335-3.

3.4 allgemeine Zwecke: Alle nichttragenden Anwendungen, z. B. Möbel und Innenausbau.

3.5 tragende Zwecke: Einsatz in einer tragenden Konstruktion, d. h. in planmäßig miteinander verbundenen Teilen, deren mechanische Festigkeit und Standsicherheit berechnet wird, auch als "Tragwerk" bezeichnet.

3.6 Kategorie der Lasteinwirkungsdauer: Siehe Tabelle 1

4 Anforderungen

4.1 Allgemeines

Harte Platten müssen die allgemeinen Anforderungen nach EN 622-1 und die zutreffenden Anforderungen in 4.2 und 4.3 dieser Norm erfüllen. Anforderungen an einige weitere Eigenschaften werden in Anhang A angegeben.

Die Anforderungen in den Tabellen müssen von 5%-Quantil (Fraktil)-Werten (95%-Quantil (Fraktil)-Werten im Falle der Dickenquellung) erfüllt werden, die aus Mittelwerten einzelner Platten nach EN 326-1 berechnet werden. Sie dürfen im Falle der Dickenquellung höchstens so groß sein wie die Werte in den Tabellen. Für alle anderen Eigenschaften müssen sie mindestens so groß sein wie die Werte in den Tabellen. Die in den Tabellen angegebenen Werte für die Biegefestigkeit und den Elastizitätsmodul müssen in allen Richtungen der Plattenebene nachgewiesen werden.

Mit Ausnahme der Dickenquellung, der Querzugfestigkeit nach Kochprüfung (siehe Tabellen 3, 4, 6 und 7) und der Biegefestigkeit nach Kochprüfung (siehe Tabelle 7) sind alle Tabellenwerte durch einen Feuchtegehalt des Werkstoffs gekennzeichnet, der sich bei einer Temperatur von 20 °C und einer relativen Luftfeuchte von 65 % einstellt. Die Werte für die Dickenquellung, die Querzugfestigkeit nach Kochprüfung sowie die Biegefestigkeit nach Kochprüfung sind durch einen Feuchtegehalt des Werkstoffs gekennzeichnet, der sich bei einer Temperatur von 20 °C und einer relativen Luftfeuchte von 65 % vor der Behandlung (Wasserlagerung, Kochprüfung) einstellt.

Die Feuchtebeständigkeit von harten Platten zur Verwendung im Feuchtbereich und im Außenbereich (siehe Tabellen 3, 6 und 7) wird entweder anhand der Querzugfestigkeit nach Kochprüfung (nach EN 1087-1 : 1995) samt modifiziertem Verfahren in Anhang B oder anhand der Biegefestigkeit nach Kochprüfung (nach EN 1087-1 : 1995) samt modifiziertem Verfahren in Anhang C ermittelt. Diese beiden Verfahrensweisen werden als gleichwertige Alternativen angesehen. Wenn Anforderungen für beide Prüfverfahren angegeben sind (siehe Tabelle 7), ist Übereinstimmung nur mit den Anforderungen einer Verfahrensweise erforderlich.

ANMERKUNG: Die vorgenannte Verfahrensauswahl sollte nur als vorläufige Maßnahme betrachtet werden, bis durch eine pränormative Untersuchung eine von der Plattenzusammensetzung unabhängige Lösung erarbeitet wird.

4.2 Anforderungen an Platten für allgemeine Zwecke

4.2.1 Anforderungen an Platten zur Verwendung im Trockenbereich

Tabelle 2 legt die Anforderungen an Platten für allgemeine Zwecke zur Verwendung im Trockenbereich, z. B. Innenausbau einschließlich Möbel, fest.

Tabelle 1: Kategorien der Lasteinwirkungsdauer

Kategorie der Lasteinwirkungsdauer	Größenordnung der akkumulierten Dauer der charakteristischen Lasteinwirkung	Beispiele für Lasten
ständig	länger als 10 Jahre	Eigenlast
lang	6 Monate bis 10 Jahre	Nutzlasten in Lagerhallen
mittel	1 Woche bis 6 Monate	Verkehrslasten
kurz	kürzer als eine Woche	Schnee*) und Wind
sehr kurz		außergewöhnliche Einwirkungen

*) In Gegenden, in denen über längere Zeiträume höhere Schneelasten auftreten, sollte ein Teil der Schneelast als zur Lasteinwirkungskategorie mittel gehörend angesehen werden.

Seite 4
EN 622-2 : 1997

Tabelle 2: Anforderungen an Platten für allgemeine Zwecke zur Verwendung im Trockenbereich (Typ HB)

Eigenschaft	Prüfverfahren	Einheit	Nenndickenbereiche (mm)		
			≤ 3,5	> 3,5 bis 5,5	> 5,5
Dickenquellung 24 h	EN 317	%	35	30	25
Querzugfestigkeit	EN 319	N/mm^2	0,50	0,50	0,50
Biegefestigkeit	EN 310	N/mm^2	30	30	25

4.2.2 Anforderungen an Platten zur Verwendung im Feuchtbereich

Tabelle 3 legt die Anforderungen an Platten für allgemeine Zwecke zur Verwendung im Feuchtbereich fest.

Tabelle 3: Anforderungen an Platten für allgemeine Zwecke zur Verwendung im Feuchtbereich (Typ HB.H)

Eigenschaft	Prüfverfahren	Einheit	Nenndickenbereiche (mm)		
			≤ 3,5	> 3,5 bis 5,5	> 5,5
Dickenquellung 24 h	EN 317	%	25	20	20
Querzugfestigkeit	EN 319	N/mm^2	0,60	0,60	0,60
Biegefestigkeit	EN 310	N/mm^2	35	32	30
Querzugfestigkeit nach Kochprüfung*)	EN 319 EN 1087-1	N/mm^2	0,30	0,30	0,25

*) EN 1087-1 : 1995 gilt samt modifiziertem Verfahren in Anhang B

4.2.3 Anforderungen an Platten zur Verwendung im Außenbereich

Tabelle 4 legt die Anforderungen an Platten für allgemeine Zwecke zur Verwendung im Außenbereich fest.

Tabelle 4: Anforderungen an Platten für allgemeine Zwecke zur Verwendung im Außenbereich (Typ HB.E)

Eigenschaft	Prüfverfahren	Einheit	Nenndickenbereiche (mm)		
			≤ 3,5	> 3,5 bis 5,5	> 5,5
Dickenquellung 24 h	EN 317	%	12	10	8
Querzugfestigkeit	EN 319	N/mm^2	0,70	0,60	0,50
Biegefestigkeit	EN 310	N/mm^2	40	35	32
Biege-Elastizitätsmodul	EN 310	N/mm^2	3 600	3 100	2 900
Querzugfestigkeit nach Kochprüfung*)	EN 319 EN 1087-1	N/mm^2	0,50	0,42	0,35

*) EN 1087-1 : 1995 gilt samt modifiziertem Verfahren in Anhang B.

Tabelle 5: Anforderungen an Platten für tragende Zwecke zur Verwendung im Trockenbereich (Typ HB.LA)

Eigenschaft	Prüfverfahren	Einheit	Nenndickenbereiche (mm)		
			≤ 3,5	> 3,5 bis 5,5	> 5,5
Dickenquellung 24 h	EN 317	%	35	30	25
Querzugfestigkeit	EN 319	N/mm^2	0,60	0,60	0,60
Biegefestigkeit	EN 310	N/mm^2	33	32	30
Biege-Elastizitätsmodul	EN 310	N/mm^2	2 700	2 500	2 300

ANMERKUNG: Wenn durch den Käufer bekanntgegeben wurde, daß die Platten für den speziellen Einsatz in Fußböden, bei Innenwänden oder Dachkonstruktionen verwendet werden sollen, sind auch die entsprechenden Leistungsfähigkeits-Normen in Betracht zu ziehen. Deshalb kann die Einhaltung zusätzlicher Anforderungen verlangt werden.

4.3 Anforderungen an Platten für tragende Zwecke

4.3.1 Anforderungen an Platten zur Verwendung im Trockenbereich

Tabelle 5 legt die Anforderungen an Platten für tragende Zwecke zur Verwendung im Trockenbereich **für alle Kategorien der Lasteinwirkungsdauer** fest.

4.3.2 Anforderungen an Platten zur Verwendung im Feuchtbereich

Tabelle 6 legt die Anforderungen an Platten für tragende Zwecke zur Verwendung im Feuchtbereich **für alle Kategorien der Lasteinwirkungsdauer** fest.

Tabelle 6: Anforderungen an Platten für tragende Zwecke zur Verwendung im Feuchtbereich (Typ HB.HLA1)

Eigenschaft	Prüfverfahren	Einheit	Nenndickenbereiche (mm)		
			≤ 3,5	> 3,5 bis 5,5	> 5,5
Dickenquellung 24 h	EN 317	%	15	13	10
Querzugfestigkeit	EN 319	N/mm^2	0,80	0,70	0,65
Biegefestigkeit	EN 310	N/mm^2	38	36	34
Biege-Elastizitätsmodul	EN 310	N/mm^2	3 800	3 600	3 100
Querzugfestigkeit nach Kochprüfung*)	EN 319 EN 1087-1	N/mm^2	0,50	0,42	0,35

*) EN 1087-1 : 1995 gilt samt modifiziertem Verfahren in Anhang B.

ANMERKUNG: Wenn durch den Käufer bekanntgegeben wurde, daß die Platten für den speziellen Einsatz in Fußböden, bei Innenwänden oder Dachkonstruktionen verwendet werden sollen, sind auch die entsprechenden Leistungsfähigkeits-Normen in Betracht zu ziehen. Deshalb kann die Einhaltung zusätzlicher Anforderungen verlangt werden.

Tabelle 7 legt die Anforderungen an hochbelastbare Platten für tragende Zwecke zur Verwendung im Feuchtbereich **für alle Kategorien der Lasteinwirkungsdauer** fest.

Tabelle 7: Anforderungen an hochbelastbare Platten für tragende Zwecke zur Verwendung im Feuchtbereich (Typ HB. HLA2)

Eigenschaft	Prüfverfahren	Einheit	Nenndickenbereiche (mm)		
			≤ 3,5	> 3,5 bis 5,5	> 5,5
Dickenquellung 24 h	EN 317	%	15	13	10
Querzugfestigkeit	EN 319	N/mm^2	0,80	0,70	0,65
Biegefestigkeit	EN 310	N/mm^2	44	42	38
Biege-Elastizitätsmodul	EN 310	N/mm^2	4 500	4 300	4 100
Querzugfestigkeit nach Kochprüfung*)	EN 319 EN 1087-1	N/mm^2	0,50	0,42	0,35
Biegefestigkeit nach Kochprüfung**)	EN 310 EN 1087-1	N/mm^2	17	16	15

*) EN 1087-1 : 1995 gilt samt modifiziertem Verfahren in Anhang B.
**) EN 1087-1 : 1995 gilt samt modifiziertem Verfahren in Anhang C. Die Biegefestigkeit nach Kochprüfung wird aus den Maßen der Prüfkörper vor der Behandlung (Kochprüfung) berechnet.

ANMERKUNG: Wenn durch den Käufer bekanntgegeben wurde, daß die Platten für den speziellen Einsatz in Fußböden, bei Innenwänden oder Dachkonstruktionen verwendet werden sollen, sind auch die entsprechenden Leistungsfähigkeits-Normen in Betracht zu ziehen. Deshalb kann die Einhaltung zusätzlicher Anforderungen verlangt werden.

5 Nachweis der Übereinstimmung

5.1 Allgemeines

Der Nachweis der Übereinstimmung mit dieser Europäischen Norm erfolgt jeweils nach den in EN 622-1 sowie in den Tabellen 2, 3, 4, 5, 6 und 7 aufgeführten Prüfverfahren.

5.2 Fremdüberwachung

Die Fremdüberwachung des Produktionsbetriebs, falls notwendig, ist auf statistischer Grundlage[2]) durchzuführen.

Die Abnahmeprüfung von Lieferungen ist auf statistischer Grundlage[2]) durchzuführen.

5.3 Eigenüberwachung

Die Eigenüberwachung ist auf statistischer Grundlage[2]) durchzuführen.

Die in den Tabellen 2, 3, 4, 5, 6 und 7 sowie in EN 622-1 aufgeführten Eigenschaften sind zu überwachen, wobei die Zeitabstände zwischen den Prüfungen nicht größer sein dürfen als in Tabelle 8 angegeben. Die Probenahme ist nach Zufallsgesichtspunkten durchzuführen. Andere Prüfverfahren und/oder nichtklimatisierte Prüfkörper dürfen verwendet werden, wenn eine gültige Korrelation zu den angegebenen Prüfverfahren nachgewiesen werden kann. Die in Tabelle 8 angegebenen Zeitabstände zwischen den Prüfungen beziehen sich auf eine statistisch zu überwachende Fertigung.

Tabelle 8: Maximale Zeitabstände zwischen den Prüfungen für jede Fertigungslinie

Eigenschaft	Maximaler Zeitabstand zwischen den Prüfungen
Allgemeine Eigenschaften	siehe EN 622-1
Feuchtebeständigkeit	24 h*)
Alle anderen, in den Tabellen 2, 3, 4, 5, 6 und 7 aufgeführten Eigenschaften	8 h**)

*) Gilt nur für die Querzugfestigkeit nach Kochprüfung.
**) Werden mehrere Dickenbereiche innerhalb von 8 h gefertigt, ist die Eigenüberwachung so durchzuführen, daß mindestens eine Platte je Dickenbereich und Produktionswoche geprüft wird.

6 Kennzeichnung

6.1 Platten für allgemeine Zwecke

Jede Platte oder jeder Stapel muß deutlich vom Hersteller entweder durch dauerhaften Aufdruck oder durch einen Aufkleber mindestens mit den folgenden Angaben in dieser Reihenfolge gekennzeichnet sein:
   a) dem Namen des Herstellers, der Handelsmarke oder dem Zeichen;
   b) der Nummer dieser EN 622-2 und dem Kurzzeichen für den Plattentyp (HB, HB.H, oder HB.E);
   c) der Nenndicke;
   d) der Chargennummer oder Herstellungswoche und -jahr.

6.2 Platten für tragende Zwecke

Jede Platte muß deutlich vom Hersteller durch dauerhaften Aufdruck mindestens mit den folgenden Angaben in dieser Reihenfolge gekennzeichnet sein:
   a) dem Namen des Herstellers, der Handelsmarke oder dem Zeichen;
   b) der Nummer dieser EN 622-2 und dem Kurzzeichen für den Plattentyp (HB. LA, oder HB.HLA1/HB.HLA2);
   c) der Nenndicke;
   d) der Chargennummer oder Herstellungswoche und -jahr.

ANMERKUNG: Bei Zuschnitten ist die Kennzeichnung jedes einzelnen Zuschnitts im Stapel dann nicht erforderlich, wenn der erste Käufer zugleich der Verwender ist und wenn er dem Verzicht auf die Kennzeichnung (abgesehen von der des Stapels) zustimmt.

6.3 Farbkennzeichnung

Zusätzlich dürfen die Platten farbig gekennzeichnet werden, indem eine Reihenfolge von mindestens 12 mm breiten, farbigen Streifen senkrecht in der Nähe einer Ecke angebracht wird. Bei Platten, die nach dieser Norm hergestellt wurden, sind die Farbkennzeichnungen in Tabelle 9 anzuwenden.

---

[2]) Es ist beabsichtigt, EN 326-2 und EN 326-3 (derzeit in Vorbereitung) als statistische Grundlage nach deren Einführung anzuwenden.

Seite 7
EN 622-2 : 1997

Tabelle 9: Farbkennzeichnung von harten Platten

Anforderung	Farbkennzeichnung	Plattentyp	Bezugstabelle
allgemeine Zwecke, trocken	weiß, weiß, blau	HB	Tabelle 2
allgemeine Zwecke, feucht	weiß, weiß, grün	HB.H	Tabelle 3
allgemeine Zwecke, außen	weiß, weiß, braun	HB.E	Tabelle 4
tragende Zwecke, trocken	gelb, gelb, blau	HB.LA	Tabelle 5
tragende Zwecke, feucht	gelb, gelb, grün	HB.HLA1	Tabelle 6
tragend, hochbelastbar, feucht	gelb, grün	HB.HLA2	Tabelle 7

ANMERKUNG: Das Farbkennzeichnungssystem wird in EN 622-1 erklärt.

Anhang A (normativ)

Weitere Eigenschaften

Für bestimmte Verwendungszwecke können Informationen über einige der in Tabelle A.1 festgelegten Eigenschaften erforderlich sein. Diese Informationen liefert der Plattenhersteller auf Anfrage; in diesem Fall müssen sie nach den in Tabelle A.1 aufgeführten Prüfverfahren ermittelt worden sein.
Die Werte in Tabelle A.1 sind wie folgt definiert:
— Maßänderungen in Verbindung mit Änderungen der relativen Luftfeuchte, einseitige Wasserabsorption und Sandgehalt sind individuelle Höchstwerte. d. h. kein Prüfergebnis darf höher sein als die Werte in der Tabelle.

Tabelle A.1: Anforderungen an zusätzliche Eigenschaften

Eigenschaft	Prüfverfahren	Einheit	Anforderung
Maßänderung Länge Dicke	EN 318 EN 318	% %	0,25 10
Einseitige Wasserabsorption	EN 382-2	g/m^2	300
Sandgehalt	ISO 3340	%	0,05

ANMERKUNG: Für bestimmte Verwendungszwecke können Informationen über zusätzliche, nicht in Tabelle A.1 genannte Eigenschaften erforderlich sein. Zum Beispiel werden im CEN/TC 89 Arbeiten zur Bestimmung der Wärmeleitfähigkeit und der Wasserdampfdurchlässigkeit durchgeführt. Bis diese Arbeiten abgeschlossen sind, sollte der Anwender auf nationale Veröffentlichungen zurückgreifen. Diese sollten ebenso für Informationen zum Brandverhalten von harten Platten benutzt werden.

Anhang B (normativ)

Kochprüfung nach EN 1087-1 : 1995 — Modifiziertes Verfahren

EN 1087-1 : 1995 gilt unter Berücksichtigung der folgenden Änderungen zu den Abschnitten:
4.5 Zwangsbelüfteter Trockenschrank mit gleichmäßiger Luftverteilung, in dem eine Innentemperatur von (70 ± 2) °C aufrechterhalten wird.
5.4 Die Verklebung der Prüfkörper mit den Prüfjochen erfolgt erst nach Beendigung der Lagerung im kochenden Wasser (6.1) und anschließender Weiterbehandlung (6.2).
Alle anderen Bestimmungen dieses Abschnitts gelten.
6.2 Nach (120 ± 5) min werden die Prüfkörper dem kochenden Wasser entnommen und für (60 ± 5) min vertikal in Wasser von (20 ± 5) °C gelegt. Ihr Abstand voneinander sowie vom Boden der Wanne muß mindestens 15 mm betragen.
Die Prüfkörper werden dem Wasser entnommen, mit Saugpapier abgetrocknet und horizontal für (960 ± 15) min im Trockenschrank bei (70 ± 2) °C gelagert. Anschließend werden die Prüfkörper dem Trockenschrank entnommen, auf Raumtemperatur abgekühlt und die Prüfjoche werden auf die Prüfkörperoberflächen geklebt.
ANMERKUNG: Prüfkörper mit rauhen oder unebenen Oberflächen können vor der Verklebung mit den Prüfjochen durch Reiben auf Schleifpapier, das einer ebenen Fläche aufliegt, geglättet werden.

Anhang C (normativ)

Bestimmung der Biegefestigkeit nach Kochprüfung nach EN 1087-1 : 1995 — Modifiziertes Verfahren

EN 1087-1 : 1995 gilt unter Berücksichtigung der folgenden Änderungen zu den Abschnitten:

4.3 Prüfmaschine — wie in 4.2.1 und 4.2.3 von EN 310 : 1993 angegeben;

4.4 Prüfjoche — nicht gültig;

5.2 Prüfkörper — Maße — wie in 5.2 von EN 310 : 1993 angegeben;

5.4 Bestimmung der Maße — nicht gültig;

6.1 Gilt mit der Maßgabe, daß die in 5.2 von EN 310 : 1993 beschriebenen Biegeprüfkörper der Kochprüfung — wie beschrieben — unterzogen werden;

6.3 Aufbringung der Last und Messung der Bruchkraft — hierfür ist das in Abschnitt 6 von EN 310 : 1993 beschriebene Verfahren anzuwenden;

7 Darstellung der Ergebnisse — wie in 7.2 von EN 310 : 1993 angegeben.

Anhang D (informativ)

Literaturhinweise

prEN 326-2
   Holzwerkstoffe — Probenahme, Zuschnitt und Überwachung — Teil 2: Qualitätskontrolle in der Fertigung

prEN 326-3
   Holzwerkstoffe — Probenahme, Zuschnitt und Überwachung — Teil 3: Abnahmeprüfung einer Plattenlieferung

EN 335-3
   Dauerhaftigkeit von Holz und Holzprodukten — Definition von Gefährdungsklassen für einen biologischen Befall — Teil 3: Anwendung bei Holzwerkstoffen

EN 622-3
   Faserplatten — Anforderungen — Teil 3: Anforderungen an mittelharte Platten

EN 622-4
   Faserplatten — Anforderungen — Teil 4: Anforderungen an poröse Platten

EN 622-5
   Faserplatten — Anforderungen — Teil 5: Anforderungen an Platten nach dem Trockenverfahren (MDF)

EN 789
   Holzbauwerke — Prüfverfahren — Bestimmung der mechanischen Eigenschaften von Holzwerkstoffen

EN 1058
   Holzwerkstoffe — Bestimmung der charakteristischen Werte der mechanischen Eigenschaften und der Rohdichte

ENV 1156
   Holzwerkstoffe — Bestimmung der Zeitstandfestigkeit und Kriechzahl[3]

ENV 1995-1-1
   Eurocode 5 — Entwurf, Berechnung und Bemessung von Holzbauwerken — Teil 1-1: Allgemeine Bemessungsregeln, Bemessungsregeln für den Hochbau

prEN 12369
   Holzwerkstoffe — Charakteristische Werte für eingeführte Erzeugnisse

...
   Holzwerkstoffe — Tragende Unterböden auf Lagerhölzern — Teil 2: Leistungsanforderungen[3]

...
   Holzwerkstoffe — Tragende Wandbeplankungen auf Rippen — Teil 2: Leistungsanforderungen[3]

...
   Holzwerkstoffe — Tragende Dachschalungen auf Balken — Teil 2: Leistungsanforderungen[3]

---

[3] In Vorbereitung

DEUTSCHE NORM August 1997

Faserplatten
Anforderungen
Teil 3: Anforderungen an mittelharte Platten
Deutsche Fassung EN 622-3 : 1997

DIN
EN 622-3

ICS 79.060.20

Deskriptoren: Faserplatte, Anforderung, Eigenschaft

Teilweise Ersatz für
DIN 68754-1 : 1976-02,
siehe auch nationales Vorwort

Fibreboards, Specifications —
Part 3: Requirements for medium boards;
German version EN 622-3 : 1997

Panneaux de fibres, Exigences —
Partie 3: Exigences pour panneaux mi-durs;
Version allemande EN 622-3 : 1997

Die Europäische Norm EN 622-3 : 1997 hat den Status einer Deutschen Norm.

Nationales Vorwort

Diese Europäische Norm wurde von der Arbeitsgruppe 3 "Faserplatten" des Technischen Komitees 112 "Holzwerkstoffe" erarbeitet. Die Sekretariatsführung der Arbeitsgruppe liegt bei Italien.

Der zuständige Arbeitsausschuß im DIN ist der NHM 2.15 "SPA CEN/TC 112 — ISO/TC 89".

In welchem Umfang diese Norm Eingang in das deutsche Baurecht im Rahmen der Bauproduktenrichtlinie findet, bleibt weiteren administrativen Entscheidungen vorbehalten. Auf Grund baurechtlicher Bestimmungen kann auch weiterhin die Anwendung der DIN 68754-1 verlangt werden.

Änderungen

Gegenüber DIN 68754-1 : 1976-02 wurden folgende Änderungen vorgenommen:

— EN 622-3 : 1997 übernommen.

Frühere Ausgaben

DIN 68754-1: 1976-02

Fortsetzung 9 Seiten EN

Normenausschuß Holzwirtschaft und Möbel (NHM) im DIN Deutsches Institut für Normung e.V.

EUROPÄISCHE NORM
EUROPEAN STANDARD
NORME EUROPÉENNE

EN 622-3

Juni 1997

ICS 79.060.20

Deskriptoren: Holzplatte, Faserplatte, Isolierplatte, Eigenschaft, Anforderung, Umgebung, Feuchtigkeitsbedingung, Konformitätsprüfung, Kennzeichnung

Deutsche Fassung

Faserplatten
Anforderungen
Teil 3: Anforderungen an mittelharte Platten

Fibreboards, Specifications — Part 3: Requirements for medium boards

Panneaux de fibres, Exigences — Partie 3: Exigences pour panneaux mi-durs

Diese Europäische Norm wurde von CEN am 1997-04-21 angenommen.

Die CEN-Mitglieder sind gehalten, die CEN/CENELEC-Geschäftsordnung zu erfüllen, in der die Bedingungen festgelegt sind, unter denen dieser Europäischen Norm ohne jede Änderung der Status einer nationalen Norm zu geben ist.

Auf dem letzten Stand befindliche Listen dieser nationalen Normen mit ihren bibliographischen Angaben sind beim Zentralsekretariat oder bei jedem CEN-Mitglied auf Anfrage erhältlich.

Diese Europäische Norm besteht in drei offiziellen Fassungen (Deutsch, Englisch, Französisch). Eine Fassung in einer anderen Sprache, die von einem CEN-Mitglied in eigener Verantwortung durch Übersetzung in seine Landessprache gemacht und dem Zentralsekretariat mitgeteilt worden ist, hat den gleichen Status wie die offiziellen Fassungen.

CEN-Mitglieder sind die nationalen Normungsinstitute von Belgien, Dänemark, Deutschland, Finnland, Frankreich, Griechenland, Irland, Island, Italien, Luxemburg, Niederlande, Norwegen, Österreich, Portugal, Schweden, Schweiz, Spanien, Tschechische Republik und dem Vereinigten Königreich.

CEN

EUROPÄISCHES KOMITEE FÜR NORMUNG
European Committee for Standardization
Comité Européen de Normalisation

Zentralsekretariat: rue de Stassart 36, B-1050 Brüssel

© 1997 CEN. Alle Rechte der Verwertung, gleich in welcher Form und in welchem Verfahren, sind weltweit den nationalen Mitgliedern von CEN vorbehalten.

Ref. Nr. EN 622-3 : 1997 D

Inhalt

	Seite
Vorwort	2
1 Anwendungsbereich	2
2 Normative Verweisungen	2
3 Definitionen	3
4 Anforderungen	3
5 Nachweis der Übereinstimmung	6
6 Kennzeichnung	7
Anhang A (normativ) Weitere Eigenschaften	8
Anhang B (normativ) Kochprüfung nach EN 1087-1 : 1995 — Modifiziertes Verfahren	8
Anhang C (normativ) Bestimmung der Biegefestigkeit nach Kochprüfung nach EN 1087-1 : 1995 — Modifiziertes Verfahren	8
Anhang D (informativ) Literaturhinweise	9

Vorwort

Diese Europäische Norm wurde vom Technischen Komitee CEN/TC 112 "Holzwerkstoffe" erarbeitet, dessen Sekretariat vom DIN gehalten wird.

Diese Norm gehört zu einer Normenreihe, die Anforderungen für Faserplatten festlegt. Die anderen Teile dieser Reihe sind in Abschnitt 2 und Anhang D aufgeführt.

Diese Europäische Norm muß den Status einer nationalen Norm erhalten, entweder durch Veröffentlichung eines identischen Textes oder durch Anerkennung bis Dezember 1997, und etwaige entgegenstehende nationale Normen müssen bis Dezember 1997 zurückgezogen werden.

Entsprechend der CEN/CENELEC-Geschäftsordnung sind die nationalen Normungsinstitute der folgenden Länder gehalten, diese Europäische Norm zu übernehmen:
Belgien, Dänemark, Deutschland, Finnland, Frankreich, Griechenland, Irland, Island, Italien, Luxemburg, Niederlande, Norwegen, Österreich, Portugal, Schweden, Schweiz, Spanien, Tschechische Republik und das Vereinigte Königreich.

1 Anwendungsbereich

Diese Europäische Norm legt die Anforderungen an die Eigenschaften an mittelharte Platten nach EN 316 fest.

Die in dieser Norm angegebenen Werte beziehen sich auf Produkteigenschaften, es sind keine charakteristischen Werte, die für konstruktive Berechnungen verwendet werden können[1].

2 Normative Verweisungen

Diese Europäische Norm enthält durch datierte oder undatierte Verweisungen Festlegungen aus anderen Publikationen. Diese normativen Verweisungen sind an den jeweiligen Stellen im Text zitiert, und die Publikationen sind nachstehend aufgeführt. Bei datierten Verweisungen gehören spätere Änderungen oder Überarbeitungen dieser Publikationen nur zu dieser Europäischen Norm, falls sie durch Änderung oder Überarbeitung eingearbeitet sind. Bei undatierten Verweisungen gilt die letzte Ausgabe der in Bezug genommenen Publikation.

EN 310 : 1993
  Holzwerkstoffe — Bestimmung des Biege-Elastizitätsmoduls und der Biegefestigkeit
EN 316
  Holzfaserplatten — Definition, Klassifizierung und Kurzzeichen
EN 317
  Spanplatten und Faserplatten — Bestimmung der Dickenquellung nach Wasserlagerung
EN 318
  Faserplatten — Bestimmung von Maßänderungen in Verbindung mit Änderungen der relativen Luftfeuchte
EN 319
  Spanplatten und Faserplatten — Bestimmung der Zugfestigkeit senkrecht zur Plattenebene
EN 320
  Faserplatten — Bestimmung des achsenparallelen Schraubenausziehwiderstandes
EN 326-1
  Holzwerkstoffe — Probenahme, Zuschnitt und Überwachung — Teil 1: Probenahme und Zuschnitt der Prüfkörper sowie Angabe der Prüfergebnisse
EN 622-1
  Faserplatten — Anforderungen — Teil 1: Allgemeine Anforderungen
EN 1087-1 : 1995
  Spanplatten — Feuchtebeständigkeit — Teil 1: Kochprüfung
ISO 3340
  Fibre building boards — Determination of sand content

---

[1] Solche charakteristischen Werte (z. B. für konstruktive Berechnungen in ENV 1995-1-1) sind entweder in prEN 12369 angegeben oder werden nach EN 789, EN 1058 und ENV 1156 ermittelt.

3 Definitionen

Für die Anwendung dieser Norm gelten die folgenden Definitionen:

3.1 Trockenbereich: Bereich (definiert durch die Nutzungsklasse 1 (Service class 1) nach ENV 1995-1-1 für tragende Platten), gekennzeichnet durch einen Feuchtegehalt des Werkstoffs, der einer Temperatur von 20°C und einer relativen Luftfeuchte der Umgebung entspricht, die nur wenige Wochen im Jahr 65% überschreitet. Platten dieses Typs eignen sich nur für die Verwendung in der Gefährdungsklasse 1 nach EN 335-3.

3.2 Feuchtbereich: Bereich (definiert durch die Nutzungsklasse 2 (Service Class 2) nach ENV 1995-1-1 für tragende Platten), gekennzeichnet durch einen Feuchtegehalt des Werkstoffs, der einer Temperatur von 20°C und einer relativen Luftfeuchte der Umgebung entspricht, die nur wenige Wochen im Jahr 85% überschreitet. Platten dieses Typs eignen sich für die Verwendung in den Gefährdungsklassen 1 und 2 nach EN 335-3.

3.3 Außenbereich: Schließt Bewitterung oder Kontakt mit Wasser oder Wasserdampf an einem feuchten, jedoch belüfteten Ort ein. Platten dieses Typs eignen sich zur Verwendung in den Gefährdungsklassen 1, 2 und 3 nach EN 335-3.

3.4 allgemeine Zwecke: Alle nichttragenden Anwendungen, z. B. Möbel und Innenausbau.

3.5 tragende Zwecke: Einsatz in einer tragenden Konstruktion, d. h. in planmäßig miteinander verbundenen Teilen, deren mechanische Festigkeit und Standsicherheit berechnet wird, auch als "Tragwerk" bezeichnet.

3.6 Kategorie der Lasteinwirkungsdauer: Siehe Tabelle 1

4 Anforderungen

4.1 Allgemeines

Mittelharte Platten müssen die allgemeinen Anforderungen nach EN 622-1 und die zutreffenden Anforderungen in 4.2 und 4.3 dieser Norm erfüllen. Anforderungen an einige weitere Eigenschaften werden in Anhang A angegeben.

Die Anforderungen in den Tabellen müssen von 5% Quantil (Fraktil)-Werten (95%-Quantil (Fraktil)-Werten im Falle der Dickenquellung) erfüllt werden, die aus Mittelwerten einzelner Platten nach EN 326-1 berechnet wurden. Sie dürfen im Falle der Dickenquellung höchstens so groß sein wie die Werte in den Tabellen. Für alle anderen Eigenschaften müssen sie mindestens so groß sein wie die Werte in den Tabellen. Die in den Tabellen angegebenen Werte für die Biegefestigkeit und den Elastizitätsmodul müssen in allen Richtungen der Plattenebene nachgewiesen werden.

Eigenschaften, die für bestimmte Plattentypen nicht erforderlich sind, sind mit "—" gekennzeichnet.

Mit Ausnahme der Dickenquellung, der Querzugfestigkeit nach Kochprüfung (siehe Tabellen 7 und 8) und der Biegefestigkeit nach Kochprüfung (siehe Tabellen 3, 4, 8) sind alle Tabellenwerte durch einen Feuchtegehalt des Werkstoffs gekennzeichnet, der sich bei einer Temperatur von 20°C und einer relativen Luftfeuchte von 65% einstellt. Die Werte für die Dickenquellung, die Querzugfestigkeit nach Kochprüfung sowie die Biegefestigkeit nach Kochprüfung sind durch einen Feuchtegehalt des Werkstoffs gekennzeichnet, der sich bei einer Temperatur von 20°C und einer relativen Luftfeuchte von 65% vor der Behandlung (Wasserlagerung, Kochprüfung) einstellt.

Die Feuchtebeständigkeit von mittelharten Platten zur Verwendung im Feuchtbereich und im Außenbereich (siehe Tabellen 3, 4, 7 und 8) wird entweder anhand der Querzugfestigkeit nach Kochprüfung (nach EN 1087-1 : 1995) samt modifiziertem Verfahren in Anhang B oder anhand der Biegefestigkeit nach Kochprüfung (nach EN 1087-1 : 1995) samt modifiziertem Verfahren in Anhang C ermittelt. Diese beiden Verfahrensweisen werden als gleichwertige Alternativen angesehen. Wenn Anforderungen für beide Prüfverfahren angegeben sind (siehe Tabelle 8), ist Übereinstimmung nur mit den Anforderungen einer Verfahrensweise erforderlich.

ANMERKUNG: Die vorgenannte Verfahrensauswahl sollte nur als vorläufige Maßnahme betrachtet werden, bis durch eine pränormative Untersuchung eine von der Plattenzusammensetzung unabhängige Lösung erarbeitet wird.

4.2 Anforderungen an Platten für allgemeine Zwecke

4.2.1 Anforderungen an Platten zur Verwendung im Trockenbereich

Tabelle 2 legt die Anforderungen an Platten für allgemeine Zwecke zur Verwendung im Trockenbereich, z. B. Innenausbau einschließlich Möbel, fest.

Tabelle 1: Kategorien der Lasteinwirkungsdauer

Kategorie der Lasteinwirkungsdauer	Größenordnung der akkumulierten Dauer der charakteristischen Lasteinwirkung	Beispiele für Lasten
ständig	länger als 10 Jahre	Eigenlast
lang	6 Monate bis 10 Jahre	Nutzlasten in Lagerhallen
mittel	1 Woche bis 6 Monate	Verkehrslasten
kurz	kürzer als eine Woche	Schnee*) und Wind
sehr kurz		außergewöhnliche Einwirkungen

*) In Gegenden, in denen über längere Zeiträume höhere Schneelasten auftreten, sollte ein Teil der Schneelast als zur Lasteinwirkungskategorie mittel gehörend angesehen werden.

Seite 4
EN 622-3 : 1997

Tabelle 2: Anforderungen an Platten für allgemeine Zwecke zur Verwendung im Trockenbereich (Typen MBL und MBH)

Eigenschaft	Prüfverfahren	Einheit	Nenndickenbereiche (mm) Plattentypen			
			≤ 10		> 10	
			MBL	MBH	MBL	MBH
Dickenquellung 24 h	EN 317	%	20	15	20	15
Querzugfestigkeit	EN 319	N/mm²	—	0,10	—	0,10
Biegefestigkeit	EN 310	N/mm²	10	15	8	12

4.2.2 Anforderungen an Platten zur Verwendung im Feuchtbereich

Tabelle 3 legt die Anforderungen an Platten für allgemeine Zwecke zur Verwendung im Feuchtbereich fest.

Tabelle 3: Anforderungen an Platten für allgemeine Zwecke zur Verwendung im Feuchtbereich (Typen MBL.H und MBH.H)

Eigenschaft	Prüfverfahren	Einheit	Nenndickenbereiche (mm) Plattentypen			
			≤ 10		> 10	
			MBL.H	MBH.H	MBL.H	MBH.H
Dickenquellung 24 h	EN 317	%	15	10	15	10
Querzugfestigkeit	EN 319	N/mm²	—	0,30	—	0,30
Biegefestigkeit	EN 310	N/mm²	12	18	10	15
Biegefestigkeit nach Kochprüfung*)	EN 310 EN 1087-1	N/mm²	—	6	—	5

*) EN 1087-1 : 1995 gilt samt modifiziertem Verfahren in Anhang C. Die Biegefestigkeit nach Kochprüfung wird aus den Maßen der Prüfkörper vor der Behandlung (Kochprüfung) berechnet.

4.2.3 Anforderungen an Platten zur Verwendung im Außenbereich

Tabelle 4 legt die Anforderungen an Platten für allgemeine Zwecke zur Verwendung im Außenbereich fest.

Tabelle 4: Anforderungen an Platten für allgemeine Zwecke zur Verwendung im Außenbereich (Typen MBL.E und MBH.E)

Eigenschaft	Prüfverfahren	Einheit	Nenndickenbereiche (mm) Plattentypen			
			≤ 10		> 10	
			MBL.E	MBH.E	MBL.E	MBH.E
Dickenquellung 24 h	EN 317	%	9	6	9	6
Querzugfestigkeit	EN 319	N/mm²	—	0,30	—	0,30
Biegefestigkeit	EN 310	N/mm²	14	21	12	18
Biege-Elastizitätsmodul	EN 310	N/mm²	—	2 400	—	2 200
Biegefestigkeit nach Kochprüfung*)	EN 310 EN 1087-1	N/mm²	—	8	—	6

*) EN 1087-1 : 1995 gilt samt modifiziertem Verfahren in Anhang C. Die Biegefestigkeit nach Kochprüfung wird aus den Maßen der Prüfkörper vor der Behandlung (Kochprüfung) berechnet.

4.3 Anforderungen an Platten für tragende Zwecke
4.3.1 Allgemeines
Die Anforderungen an Platten für tragende Zwecke gelten nur für **mittelharte Platten hoher Dichte** des Gattungstyps **MBH**.

Seite 5
EN 622-3 : 1997

4.3.2 Anforderungen an Platten zur Verwendung im Trockenbereich

Tabelle 5 legt die Anforderungen an Platten für tragende Zwecke zur Verwendung im Trockenbereich **für alle Klassen der Lasteinwirkungsdauer** fest.

Tabelle 5: Anforderungen an Platten für tragende Zwecke zur Verwendung im Trockenbereich (Typ MBH.LA1)

Eigenschaft	Prüfverfahren	Einheit	Nenndickenbereiche (mm)	
			≤ 10	> 10
Dickenquellung 24 h	EN 317	%	15	15
Querzugfestigkeit	EN 319	N/mm^2	0,10	0,10
Biegefestigkeit	EN 310	N/mm^2	18	15
Biege-Elastizitätsmodul	EN 310	N/mm^2	1 800	1 600
ANMERKUNG: Wenn durch den Käufer bekanntgegeben wurde, daß die Platten für den speziellen Einsatz in Fußböden, bei Innenwänden oder Dachkonstruktionen verwendet werden sollen, sind auch die entsprechenden Leistungsfähigkeits-Normen in Betracht zu ziehen. Deshalb kann die Einhaltung zusätzlicher Anforderungen verlangt werden.				

Tabelle 6 legt die Anforderungen an hochbelastbare Platten für tragende Zwecke zur Verwendung im Trockenbereich **für alle Klassen der Lasteinwirkungsdauer** fest.

Tabelle 6: Anforderungen an hochbelastbare Platten für tragende Zwecke zur Verwendung im Trockenbereich (Typ MBH.LA2)

Eigenschaft	Prüfverfahren	Einheit	Nenndickenbereiche (mm)	
			≤ 10	> 10
Dickenquellung 24 h	EN 317	%	15	15
Querzugfestigkeit	EN 319	N/mm^2	0,20	0,20
Biegefestigkeit	EN 310	N/mm^2	21	18
Biege-Elastizitätsmodul	EN 310	N/mm^2	2 700	2 500
ANMERKUNG: Wenn durch den Käufer bekanntgegeben wurde, daß die Platten für den speziellen Einsatz in Fußböden, bei Innenwänden oder Dachkonstruktionen verwendet werden sollen, sind auch die entsprechenden Leistungsfähigkeits-Normen in Betracht zu ziehen. Deshalb kann die Einhaltung zusätzlicher Anforderungen verlangt werden.				

4.3.3 Anforderungen an Platten zur Verwendung im Feuchtbereich

Tabelle 7 legt die Anforderungen an Platten für tragende Zwecke zur Verwendung im Feuchtbereich **nur für sehr kurze und kurze Lasteinwirkungsdauer** fest.

Tabelle 7: Anforderungen an Platten für tragende Zwecke zur Verwendung im Feuchtbereich (Typ MBH.HLS1)

Eigenschaft	Prüfverfahren	Einheit	Nenndickenbereiche (mm)	
			≤ 10	> 10
Dickenquellung 24 h	EN 317	%	7	7
Querzugfestigkeit	EN 319	N/mm^2	0,40	0,40
Biegefestigkeit	EN 310	N/mm^2	25	22
Biege-Elastizitätsmodul	EN 310	N/mm^2	2 300	2 100
Querzugfestigkeit nach Kochprüfung*)	EN 319 EN 1087-1	N/mm^2	0,20	0,20
*) EN 1087-1 : 1995 gilt samt modifiziertem Verfahren in Anhang B. ANMERKUNG: Wenn durch den Käufer bekanntgegeben wurde, daß die Platten für den speziellen Einsatz in Fußböden, bei Innenwänden oder Dachkonstruktionen verwendet werden sollen, sind auch die entsprechenden Leistungsfähigkeits-Normen in Betracht zu ziehen. Deshalb kann die Einhaltung zusätzlicher Anforderungen verlangt werden.				

Tabelle 8 legt die Anforderungen an hochbelastbare Platten für tragende Zwecke zur Verwendung im Feuchbereich **nur für sehr kurze und kurze Lasteinwirkungsdauer** fest.

Tabelle 8: Anforderungen an hochbelastbare Platten für tragende Zwecke zur Verwendung im Feuchtbereich (Typ MBH.HLS2)

Eigenschaft	Prüfverfahren	Einheit	Nenndickenbereiche (mm) ≤ 10	Nenndickenbereiche (mm) > 10
Dickenquellung 24 h	EN 317	%	7	7
Querzugfestigkeit	EN 319	N/mm^2	0,40	0,40
Biegefestigkeit	EN 310	N/mm^2	28	25
Biege-Elastizitätsmodul	EN 310	N/mm^2	2 900	2 800
Querzugfestigkeit nach Kochprüfung*)	EN 319 EN 1087-1	N/mm^2	0,20	0,20
Biegefestigkeit nach Kochprüfung**)	EN 310 EN 1087-1	N/mm^2	10	9

*) EN 1087-1 : 1995 gilt samt modifiziertem Verfahren in Anhang B.
**) EN 1087-1 : 1995 gilt samt modifiziertem Verfahren in Anhang C. Die Biegefestigkeit nach Kochprüfung wird aus den Maßen der Prüfkörper vor der Behandlung (Kochprüfung) berechnet.

ANMERKUNG: Wenn durch den Käufer bekanntgegeben wurde, daß die Platten für den speziellen Einsatz in Fußböden, bei Innenwänden oder Dachkonstruktionen verwendet werden sollen, sind auch die entsprechenden Leistungsfähigkeits-Normen in Betracht zu ziehen. Deshalb kann die Einhaltung zusätzlicher Anforderungen verlangt werden.

5 Nachweis der Übereinstimmung

5.1 Allgemeines

Der Nachweis der Übereinstimmung mit dieser Europäischen Norm erfolgt jeweils nach den in EN 622-1 sowie in den Tabellen 2, 3, 4, 5, 6, 7 und 8 aufgeführten Prüfverfahren.

5.2 Fremdüberwachung

Die Fremdüberwachung des Produktionsbetriebs, falls notwendig, ist auf statistischer Grundlage[2]) durchzuführen.
Die Abnahmeprüfung von Lieferungen ist auf statistischer Grundlage[2]) durchzuführen.

5.3 Eigenüberwachung

Die Eigenüberwachung ist auf statistischer Grundlage[2]) durchzuführen.
Die in den Tabellen 2, 3, 4, 5, 6, 7 und 8 sowie in EN 622-1 aufgeführten Eigenschaften sind zu überwachen, wobei die Zeitabstände zwischen den Prüfungen nicht größer sein dürfen als in Tabelle 9 angegeben. Die Probenahme ist nach Zufallsgesichtspunkten durchzuführen. Andere Prüfverfahren und/oder nichtklimatisierte Prüfkörper dürfen verwendet werden, wenn eine gültige Korrelation zu den angegebenen Prüfverfahren nachgewiesen werden kann. Die in Tabelle 9 angegebenen Zeitabstände zwischen den Prüfungen beziehen sich auf eine statistisch zu überwachende Fertigung.

Tabelle 9: Maximale Zeitabstände zwischen den Prüfungen für jede Fertigungslinie

Eigenschaft	Maximaler Zeitabstand zwischen den Prüfungen
Allgemeine Eigenschaften	siehe EN 622-1
Feuchtebeständigkeit	24 h*)
Alle anderen, in den Tabellen 2, 3, 4, 5, 6, 7 und 8 aufgeführten Eigenschaften	8 h**)

*) Gilt nur für die Querzugfestigkeit nach Kochprüfung.
**) Werden mehrere Dickenbereiche innerhalb von 8 h gefertigt, ist die Eigenüberwachung so durchzuführen, daß mindestens eine Platte je Dickenbereich und Produktionswoche geprüft wird.

[2]) Es ist beabsichtigt, EN 326-2 und EN 326-3 (derzeit in Vorbereitung) als statistische Grundlage nach deren Einführung anzuwenden.

Seite 7
EN 622-3 : 1997

6 Kennzeichnung

6.1 Platten für allgemeine Zwecke

Jede Platte oder jeder Stapel muß deutlich vom Hersteller entweder durch dauerhaften Aufdruck oder durch einen Aufkleber mindestens mit den folgenden Angaben in dieser Reihenfolge gekennzeichnet sein:

a) dem Namen des Herstellers, der Handelsmarke oder dem Zeichen;
b) der Nummer dieser EN 622-3 und dem Kurzzeichen für den Plattentyp (MBL, MBH, MBL.H, MBH.H, MBL.E oder MBH.E);
c) der Nenndicke;
d) der Chargennummer oder Herstellungswoche und -jahr.

6.2 Platten für tragende Zwecke

Jede Platte muß deutlich vom Hersteller durch dauerhaften Aufdruck mindestens mit den folgenden Angaben in dieser Reihenfolge gekennzeichnet sein:

a) dem Namen des Herstellers, der Handelsmarke oder dem Zeichen;
b) der Nummer dieser EN 622-3 und dem Kurzzeichen für den Plattentyp (MBH.LA1/MBH.LA2, oder MBH.HLS1/ MBH.HLS2);
c) der Nenndicke;
d) der Chargennummer oder Herstellungswoche und -jahr.

ANMERKUNG: Bei Zuschnitten ist die Kennzeichnung jedes einzelnen Zuschnitts im Stapel dann nicht erforderlich, wenn der erste Käufer zugleich der Verwender ist und wenn er dem Verzicht auf die Kennzeichnung (abgesehen von der des Stapels) zustimmt.

6.3 Farbkennzeichnung

Zusätzlich dürfen die Platten bei der Herstellung farbig gekennzeichnet werden, indem eine Reihe von mindestens 12 mm breiten, farbigen Streifen senkrecht in der Nähe einer Ecke angebracht wird. Bei Platten, die nach dieser Norm hergestellt wurden, sind die Farbkennzeichnungen in Tabelle 10 anzuwenden.

Tabelle 10: Farbkennzeichnung von mittelharten Platten

Anforderung	Farbkennzeichnung	Plattentyp	Bezugstabelle
allgemeine Zwecke, trocken	weiß, weiß, blau	MBL, MBH	Tabelle 2
allgemeine Zwecke, feucht	weiß, weiß, grün	MBL.H, MBH.H	Tabelle 3
allgemeine Zwecke, außen	weiß, weiß, braun	MBL.E, MBH.E	Tabelle 4
tragende Zwecke, trocken	gelb, gelb, blau	MBH.LA1	Tabelle 5
tragende Zwecke, hochbelastbar, trocken	gelb, blau	MBH.LA2	Tabelle 6
tragende Zwecke, feucht	gelb, gelb, grün	MBH.HLS1	Tabelle 7
tragend, hochbelastbar, feucht	gelb, grün	MBH.HLS2	Tabelle 8

ANMERKUNG: Das Farbkennzeichnungssystem wird in EN 622-1 erklärt.

Anhang A (normativ)

Weitere Eigenschaften

Für bestimmte Verwendungszwecke können Informationen über einige der in Tabelle A.1 festgelegten Eigenschaften erforderlich sein. Diese Informationen liefert der Plattenhersteller auf Anfrage; in diesem Fall müssen sie nach den in Tabelle A.1 aufgeführten Prüfverfahren ermittelt worden sein.

Die Werte in Tabelle A.1 sind wie folgt definiert:
- Der achsenparallele Schraubenausziehwiderstand ist ein 5%-Quantil (Fraktil)-Wert (siehe Abschnitt 4).
- Maßänderung in Verbindung mit Änderungen der relativen Luftfeuchte und Sandgehalt sind individuelle Höchstwerte, d. h. kein Prüfergebnis darf höher sein als die Werte in der Tabelle.

Tabelle A.1: Anforderungen an zusätzliche Eigenschaften

Eigenschaft	Prüfverfahren	Einheit	Anforderung
Schraubenausziehwiderstand, Oberfläche	EN 320	N/mm	30
Maßänderung Länge Dicke	 EN 318 EN 318	 % %	 0,20 7
Sandgehalt	ISO 3340	%	0,05

ANMERKUNG: Für bestimmte Verwendungszwecke können Informationen über zusätzliche, nicht in Tabelle A.1 genannte Eigenschaften erforderlich sein. Zum Beispiel werden im CEN/TC 89 Arbeiten zur Bestimmung der Wärmeleitfähigkeit und der Wasserdampfdurchlässigkeit durchgeführt. Bis diese Arbeiten abgeschlossen sind, sollte der Anwender auf nationale Veröffentlichungen zurückgreifen. Diese sollten ebenso für Informationen zum Brandverhalten von mittelharten Platten benutzt werden.

Anhang B (normativ)

Kochprüfung nach EN 1087-1 : 1995 — Modifiziertes Verfahren

EN 1087-1 : 1995 gilt unter Berücksichtigung der folgenden Änderungen zu den Abschnitten:

4.5 Zwangsbelüfteter Trockenschrank mit gleichmäßiger Luftverteilung, in dem eine Innentemperatur von (70 ± 2)°C aufrechterhalten wird.

5.4 Die Verklebung der Prüfkörper mit den Prüfjochen erfolgt erst **nach** Beendigung der Lagerung im kochenden Wasser (6.1) und anschließender Weiterbehandlung (6.2).

Alle anderen Bestimmungen dieses Abschnitts gelten.

6.2 Nach (120 ± 5) min werden die Prüfkörper dem kochenden Wasser entnommen und für (60 ± 5) min vertikal in Wasser von (20 ± 5)°C gelegt. Ihr Abstand voneinander sowie vom Boden der Wanne muß mindestens 15 mm betragen.

Die Prüfkörper werden dem Wasser entnommen, mit Saugpapier abgetrocknet und horizontal für (960 ± 15) min im Trockenschrank bei (70 ± 2)°C gelagert. Anschließend werden die Prüfkörper dem Trockenschrank entnommen, auf Raumtemperatur abgekühlt und die Prüfjoche werden auf die Prüfkörperoberflächen geklebt.

ANMERKUNG: Prüfkörper mit rauhen oder unebenen Oberflächen können vor der Verklebung mit den Prüfjochen durch Reiben auf Schleifpapier, das einer ebenen Fläche aufliegt, geglättet werden.

Anhang C (normativ)

Bestimmung der Biegefestigkeit nach Kochprüfung nach EN 1087-1 : 1995 — Modifiziertes Verfahren

EN 1087-1 : 1995 gilt unter Berücksichtigung der folgenden Änderungen zu den Abschnitten:

4.3 Prüfmaschine — wie in 4.2.1 und 4.2.3 von EN 310 : 1993 angegeben;
4.4 Prüfjoche — nicht gültig;
5.2 Prüfkörper — Maße — wie in 5.2 von EN 310 : 1993 angegeben;
5.4 Bestimmung der Maße — nicht gültig;
6.1 Gilt mit der Maßgabe, daß die in 5.2 von EN 310 : 1993 beschriebenen Biegeprüfkörper der Kochprüfung — wie beschrieben — unterzogen werden;
6.3 Aufbringung der Last und Messung der Bruchkraft — hierfür ist das in Abschnitt 6 von EN 310 : 1993 beschriebene Verfahren anzuwenden;
7 Darstellung der Ergebnisse — wie in 7.2 von EN 310 : 1993 angegeben.

Anhang D (informativ)

Literaturhinweise

prEN 326-2
  Holzwerkstoffe — Probenahme, Zuschnitt und Überwachung — Teil 2: Qualitätskontrolle in der Fertigung

prEN 326-3
  Holzwerkstoffe — Probenahme, Zuschnitt und Überwachung — Teil 3: Abnahmeprüfung einer Plattenlieferung

EN 335-3
  Dauerhaftigkeit von Holz und Holzprodukten — Definition von Gefährdungsklassen für einen biologischen Befall — Teil 3: Anwendung bei Holzwerkstoffen

EN 622-2
  Faserplatten — Anforderungen — Teil 3: Anforderungen an harte Platten

EN 622-4
  Faserplatten — Anforderungen — Teil 4: Anforderungen an poröse Platten

EN 622-5
  Faserplatten — Anforderungen — Teil 5: Anforderungen an Platten nach dem Trockenverfahren (MDF)

EN 789
  Holzbauwerke — Prüfverfahren — Bestimmung der mechanischen Eigenschaften von Holzwerkstoffen

EN 1058
  Holzwerkstoffe — Bestimmung der charakteristischen Werte der mechanischen Eigenschaften und der Rohdichte

ENV 1156
  Holzwerkstoffe — Bestimmung der Zeitstandfestigkeit und Kriechzahl[3])

ENV 1995-1-1
  Eurocode 5 — Entwurf, Berechnung und Bemessung von Holzbauwerken — Teil 1-1: Allgemeine Bemessungsregeln, Bemessungsregeln für den Hochbau

prEN 12369
  Holzwerkstoffe — Charakteristische Werte für eingeführte Erzeugnisse

....
  Holzwerkstoffe — Tragende Unterböden auf Lagerhölzern — Teil 2: Leistungsanforderungen[3])

....
  Holzwerkstoffe — Tragende Wandbeplankungen auf Rippen — Teil 2: Leistungsanforderungen[3])

....
  Holzwerkstoffe — Tragende Dachschalungen auf Balken — Teil 2: Leistungsanforderungen[3])

---

[3]) In Vorbereitung

DEUTSCHE NORM August 1997

Faserplatten
Anforderungen
Teil 4: Anforderungen an poröse Platten
Deutsche Fassung EN 622-4 : 1997

DIN
EN 622-4

ICS 79.060.20

Mit DIN EN 622-1 : 1997-08
und DIN EN 622-2 : 1997-08
Ersatz für
DIN 68750 : 1958-04

Deskriptoren: Faserplatte, Anforderung, Eigenschaft

Fibreboards, Specifications —
Part 4: Requirements for softboards;
German version EN 622-4 : 1997

Panneaux de fibres, Exigences —
Partie 4: Exigences pour panneaux isolants;
Version allemande EN 622-4 : 1997

Die Europäische Norm EN 622-4 : 1997 hat den Status einer Deutschen Norm.

Nationales Vorwort

Diese Europäische Norm wurde von der Arbeitsgruppe 3 "Faserplatten" des Technischen Komitees 112 "Holzwerkstoffe" erarbeitet. Die Sekretariatsführung der Arbeitsgruppe liegt bei Italien.

Der zuständige Arbeitsausschuß im DIN ist der NHM 2.15 "SPA CEN/TC 112 — ISO/TC 89".

In welchem Umfang diese Norm Eingang in das deutsche Baurecht im Rahmen der Bauproduktenrichtlinie findet, bleibt weiteren administrativen Entscheidungen vorbehalten.

Änderungen

Gegenüber DIN 68750-1 : 1958-04 wurden folgende Änderungen vorgenommen:
— EN 622-4 : 1997 übernommen.

Frühere Ausgaben

DIN 68750-1: 1952-04, 1958-04

Fortsetzung 6 Seiten EN

Normenausschuß Holzwirtschaft und Möbel (NHM) im DIN Deutsches Institut für Normung e.V.

EUROPÄISCHE NORM
EUROPEAN STANDARD
NORME EUROPÉENNE

EN 622-4

Juni 1997

ICS 79.060.20

Deskriptoren: Holzplatte, Faserplatte, Isolierplatte, Eigenschaft, Anforderung, Umgebung, Feuchtigkeitsbedingung, Konformitätsprüfung, Kennzeichnung

Deutsche Fassung

Faserplatten
Anforderungen
Teil 4: Anforderungen an poröse Platten

Fibreboards, Specifications — Part 4: Requirements for softboards

Panneaux de fibres, Exigences — Partie 4: Exigences pour panneaux isolants

Diese Europäische Norm wurde von CEN am 1997-04-21 angenommen.

Die CEN-Mitglieder sind gehalten, die CEN/CENELEC-Geschäftsordnung zu erfüllen, in der die Bedingungen festgelegt sind, unter denen dieser Europäischen Norm ohne jede Änderung der Status einer nationalen Norm zu geben ist.

Auf dem letzten Stand befindliche Listen dieser nationalen Normen mit ihren bibliographischen Angaben sind beim Zentralsekretariat oder bei jedem CEN-Mitglied auf Anfrage erhältlich.

Diese Europäische Norm besteht in drei offiziellen Fassungen (Deutsch, Englisch, Französisch). Eine Fassung in einer anderen Sprache, die von einem CEN-Mitglied in eigener Verantwortung durch Übersetzung in seine Landessprache gemacht und dem Zentralsekretariat mitgeteilt worden ist, hat den gleichen Status wie die offiziellen Fassungen.

CEN-Mitglieder sind die nationalen Normungsinstitute von Belgien, Dänemark, Deutschland, Finnland, Frankreich, Griechenland, Irland, Island, Italien, Luxemburg, Niederlande, Norwegen, Österreich, Portugal, Schweden, Schweiz, Spanien, Tschechische Republik und dem Vereinigten Königreich.

CEN

EUROPÄISCHES KOMITEE FÜR NORMUNG
European Committee for Standardization
Comité Européen de Normalisation

Zentralsekretariat: rue de Stassart 36, B-1050 Brüssel

© 1997 CEN. Alle Rechte der Verwertung, gleich in welcher Form und in welchem Verfahren, sind weltweit den nationalen Mitgliedern von CEN vorbehalten.

Ref. Nr. EN 622-4 : 1997 D

Inhalt

	Seite
Vorwort	2
1 Anwendungsbereich	2
2 Normative Verweisungen	2
3 Definitionen	2
4 Anforderungen	3
5 Nachweis der Übereinstimmung	4
6 Kennzeichnung	5
Anhang A (normativ) Literaturhinweise	6

Vorwort

Diese Europäische Norm wurde vom Technischen Komitee CEN/TC 112 "Holzwerkstoffe" erarbeitet, dessen Sekretariat vom DIN gehalten wird.

Diese Norm gehört zu einer Normenreihe, die Anforderungen für Faserplatten festlegt. Die anderen Teile dieser Reihe sind in Abschnitt 2 und Anhang A aufgeführt.

Diese Europäische Norm muß den Status einer nationalen Norm erhalten, entweder durch Veröffentlichung eines identischen Textes oder durch Anerkennung bis Dezember 1997, und etwaige entgegenstehende nationale Normen müssen bis Dezember 1997 zurückgezogen werden.

Entsprechend der CEN/CENELEC-Geschäftsordnung sind die nationalen Normungsinstitute der folgenden Länder gehalten, diese Europäische Norm zu übernehmen:
Belgien, Dänemark, Deutschland, Finnland, Frankreich, Griechenland, Irland, Island, Italien, Luxemburg, Niederlande, Norwegen, Österreich, Portugal, Schweden, Schweiz, Spanien, Tschechische Republik und das Vereinigte Königreich.

1 Anwendungsbereich

Diese Europäische Norm legt die Anforderungen an poröse Platten nach EN 316 mit einer Rohdichte von mehr als 230 kg/m^3 fest.

ANMERKUNG: Sind die Platten ausschließlich zur Anwendung als Isolationsmaterial vorgesehen, sollte die entsprechende Norm-Entwurf des CEN/TC 88 herangezogen werden.

Die in dieser Norm angegebenen Werte beziehen sich auf Produkteigenschaften, es sind keine charakteristischen Werte, die für konstruktive Berechnungen verwendet werden können[1].

2 Normative Verweisungen

Diese Europäische Norm enthält durch datierte oder undatierte Verweisungen Festlegungen aus anderen Publikationen. Diese normativen Verweisungen sind an den jeweiligen Stellen im Text zitiert, und die Publikationen sind nachstehend aufgeführt. Bei datierten Verweisungen gehören spätere Änderungen oder Überarbeitungen dieser Publikationen nur zu dieser Europäischen Norm, falls sie durch Änderung oder Überarbeitung eingearbeitet sind. Bei undatierten Verweisungen gilt die letzte Ausgabe der in Bezug genommenen Publikation.

EN 310
  Holzwerkstoffe — Bestimmung des Biege-Elastizitätsmoduls und der Biegefestigkeit
EN 316
  Holzfaserplatten — Definition, Klassifizierung und Kurzzeichen
EN 317
  Spanplatten und Faserplatten — Bestimmung der Dikkenquellung nach Wasserlagerung
EN 326-1
  Holzwerkstoffe — Probenahme, Zuschnitt und Überwachung — Teil 1: Probenahme und Zuschnitt der Prüfkörper sowie Angabe der Prüfergebnisse
EN 622-1
  Faserplatten — Anforderungen — Teil 1: Allgemeine Anforderungen

3 Definitionen

Für die Anwendung dieser Norm gelten die folgenden Definitionen:

3.1 Trockenbereich: Bereich (definiert durch die Nutzungsklasse 1 (Service class 1) von ENV 1995-1-1 für tragende Platten), gekennzeichnet durch einen Feuchtegehalt des Werkstoffs, der einer Temperatur von 20 °C und einer relativen Luftfeuchte der Umgebung entspricht, die nur wenige Wochen im Jahr 65 % überschreitet. Platten dieses Typs eignen sich nur für die Verwendung in der Gefährdungsklasse 1 nach EN 335-3.

3.2 Feuchtbereich: Bereich (definiert durch die Nutzungsklasse 2 (Service Class 2) von ENV 1995-1-1 für tragende Platten), gekennzeichnet durch einen Feuchtegehalt des Werkstoffs, der einer Temperatur von 20 °C und einer relativen Luftfeuchte der Umgebung entspricht, die nur wenige Wochen im Jahr 85 % überschreitet. Platten dieses Typs eignen sich für die Verwendung in den Gefährdungsklassen 1 und 2 nach EN 335-3.

3.3 Außenbereich: Schließt Bewitterung oder Kontakt mit Wasser oder Wasserdampf an einem feuchten, jedoch belüfteten Ort ein. Platten dieses Typs eignen sich zur Verwendung in den Gefährdungsklassen 1, 2 und 3 nach EN 335-3.

---

[1] Solche charakteristischen Werte (z. B. für konstruktive Berechnungen in ENV 1995-1-1) sind entweder in prEN 12369 angegeben oder werden nach EN 789, EN 1058 und ENV 1156 ermittelt.

3.4 allgemeine Zwecke: Alle nichttragenden Anwendungen, z. B. Möbel und Innenausbau.

3.5 tragende Zwecke: Einsatz in einer tragenden Konstruktion, d. h. in planmäßig miteinander verbundenen Teilen, deren mechanische Festigkeit und Standsicherheit berechnet wird, auch als "Tragwerk" bezeichnet.

3.6 Kategorie der Lasteinwirkungsdauer: Siehe Tabelle 1

4 Anforderungen

4.1 Allgemeines

Poröse Platten müssen die allgemeinen Anforderungen nach EN 622-1 und die zutreffenden Anforderungen in 4.2 und 4.3 dieser Norm erfüllen.

Die Anforderungen in den Tabellen müssen von 5%-Quantil (Fraktil)-Werten (95%-Quantil (Fraktil)-Werten im Falle der Dickenquellung) erfüllt werden, die aus Mittelwerten einzelner Platten nach EN 326-1 berechnet wurden. Sie dürfen im Falle der Dickenquellung höchstens so groß sein wie die Werte in den Tabellen. Für alle anderen Eigenschaften müssen sie mindestens so groß sein wie die Werte in den Tabellen. Die in den Tabellen angegebenen Werte für die Biegefestigkeit und den Elastizitätsmodul müssen in allen Richtungen der Plattenebene nachgewiesen werden.

Mit Ausnahme der Dickenquellung sind alle Tabellenwerte durch einen Feuchtegehalt des Werkstoffs gekennzeichnet, der einer Temperatur von 20°C und einer relativen Luftfeuchte von 65% entspricht. Die Tabellenwerte für Dickenquellung sind durch einen Feuchtegehalt des Werkstoffs gekennzeichnet, der einer Temperatur von 20°C und einer relativen Luftfeuchte von 65% vor der Behandlung (Wasserlagerung) entspricht.

Die Feuchtebeständigkeit von porösen Platten zur Verwendung im Feuchtbereich und im Außenbereich (siehe Tabellen 3, 4 und 6) wird durch die Anforderungen an die Dickenquellung nach zweistündiger Lagerung im kalten Wasser (nach EN 317) wiedergegeben. Diese Eigenschaft sowie die Verbesserung der Festigkeitseigenschaften von Platten für tragende Verwendung bei sehr kurzer oder kurzer Lasteinwirkungsdauer beruht auf der Zugabe einer petrochemischen Substanz (z. B. Bitumen).

4.2 Anforderungen an Platten für allgemeine Zwecke

4.2.1 Anforderungen an Platten zur Verwendung im Trockenbereich

Tabelle 2 legt die Anforderungen an Platten für allgemeine Zwecke zur Verwendung im Trockenbereich fest.

4.2.2 Anforderungen an Platten zur Verwendung im Feuchtbereich

Tabelle 3 legt die Anforderungen an Platten für allgemeine Zwecke zur Verwendung im Feuchtbereich fest.

Tabelle 1: Kategorien der Lasteinwirkungsdauer

Kategorie der Lasteinwirkungsdauer	Größenordnung der akkumulierten Dauer der charakteristischen Lasteinwirkung	Beispiele für Lasten
ständig	länger als 10 Jahre	Eigenlast
lang	6 Monate bis 10 Jahre	Nutzlasten in Lagerhallen
mittel	1 Woche bis 6 Monate	Verkehrslasten
kurz	kürzer als eine Woche	Schnee*) und Wind
sehr kurz		außergewöhnliche Einwirkungen

*) In Gegenden, in denen über längere Zeiträume höhere Schneelasten auftreten, sollte ein Teil der Schneelast als zur Lasteinwirkungskategorie mittel gehörend angesehen werden.

Tabelle 2: Anforderungen an Platten für allgemeine Zwecke zur Verwendung im Trockenbereich (Typ SB)

Eigenschaft	Prüfverfahren	Einheit	Nenndickenbereiche (mm)		
			≤ 10	> 10 bis 19	> 19
Dickenquellung 2 h	EN 317	%	10	10	10
Biegefestigkeit	EN 310	N/mm^2	0,9	0,8	0,8

Tabelle 3: Anforderungen an Platten für allgemeine Zwecke zur Verwendung im Feuchtbereich (Typ SB.H)

Eigenschaft	Prüfverfahren	Einheit	Nenndickenbereiche (mm)		
			≤ 10	> 10 bis 19	> 19
Dickenquellung 2 h	EN 317	%	7	7	7
Biegefestigkeit	EN 310	N/mm^2	1,1	1,0	0,8

4.2.3 Anforderungen an Platten zur Verwendung im Außenbereich

Tabelle 4 legt die Anforderungen an Platten für allgemeine Zwecke zur Verwendung im Außenbereich fest.

Tabelle 4: Anforderungen an Platten für allgemeine Zwecke zur Verwendung im Außenbereich (Typ SB.E)

Eigenschaft	Prüfverfahren	Einheit	Nenndickenbereiche (mm)		
			≤ 10	> 10 bis 19	> 19
Dickenquellung 2 h	EN 317	%	6	6	6
Biegefestigkeit	EN 310	N/mm^2	1,2	1,1	0,9

4.3 Anforderungen an Platten für tragende Zwecke

4.3.1 Anforderungen an Platten zur Verwendung im Trockenbereich

Tabelle 5 legt die Anforderungen an Platten für tragende Zwecke zur Verwendung im Trockenbereich **nur für sehr kurze und kurze Lasteinwirkungsdauer** fest.

Tabelle 5: Anforderungen an Platten für tragende Zwecke zur Verwendung im Trockenbereich (Typ SB.LS)

Eigenschaft	Prüfverfahren	Einheit	Nenndickenbereiche (mm)		
			≤ 10	> 10 bis 19	> 19
Dickenquellung 2 h	EN 317	%	8	8	8
Biegefestigkeit	EN 310	N/mm^2	1,2	1,1	0,9
Biege-Elastizitätsmodul	EN 310	N/mm^2	140	130	100

ANMERKUNG: Wenn durch den Käufer bekanntgegeben wurde, daß die Platten für den speziellen Einsatz in Fußböden, bei Innenwänden oder Dachkonstruktionen verwendet werden sollen, sind auch die entsprechenden Leistungsfähigkeits-Normen in Betracht zu ziehen. Deshalb kann die Einhaltung zusätzlicher Anforderungen verlangt werden.

4.3.2 Anforderungen an Platten zur Verwendung im Feuchtbereich

In Tabelle 6 sind die Anforderungen an Platten für tragende Zwecke zur Verwendung im Feuchtbereich **nur für sehr kurze und kurze Lasteinwirkungsdauer** aufgeführt.

Tabelle 6: Anforderungen an Platten für tragende Zwecke zur Verwendung im Feuchtbereich (Typ SB.HLS)

Eigenschaft	Prüfverfahren	Einheit	Nenndickenbereiche (mm)		
			≤ 10	> 10 bis 19	> 19
Dickenquellung 2 h	EN 317	%	6	6	6
Biegefestigkeit	EN 310	N/mm^2	1,3	1,2	1,0
Biege-Elastizitätsmodul	EN 310	N/mm^2	150	140	120

ANMERKUNG: Wenn durch den Käufer bekanntgegeben wurde, daß die Platten für den speziellen Einsatz in Fußböden, bei Innenwänden oder Dachkonstruktionen verwendet werden sollen, sind auch die entsprechenden Leistungsfähigkeits-Normen in Betracht zu ziehen. Deshalb kann die Einhaltung zusätzlicher Anforderungen verlangt werden.

5 Nachweis der Übereinstimmung

5.1 Allgemeines

Der Nachweis der Übereinstimmung mit dieser Europäischen Norm erfolgt jeweils nach den in EN 622-1 sowie in den Tabellen 2, 3, 4, 5 und 6 aufgeführten Prüfverfahren.

5.2 Fremdüberwachung

Die Fremdüberwachung des Produktionsbetriebs, falls notwendig, ist auf statistischer Grundlage[2]) durchzuführen. Die Abnahmeprüfung von Lieferungen ist auf statistischer Grundlage[2]) durchzuführen.

---

[2]) Es ist beabsichtigt, EN 326-2 und EN 326-3 (derzeit in Vorbereitung) als statistische Grundlage nach deren Einführung anzuwenden.

Seite 5
EN 622-4 : 1997

5.3 Eigenüberwachung

Die Eigenüberwachung ist auf statistischer Grundlage[2]) durchzuführen.

Die in den Tabellen 2, 3, 4, 5 und 6 sowie in EN 622-1 aufgeführten Eigenschaften sind zu überwachen, wobei die Zeitabstände zwischen den Prüfungen nicht größer sein dürfen als in Tabelle 7 angegeben. Die Probenahme ist nach Zufallsgesichtspunkten durchzuführen. Andere Prüfverfahren und/oder nichtklimatisierte Prüfkörper dürfen verwendet werden, wenn eine gültige Korrelation zu den angegebenen Prüfverfahren nachgewiesen werden kann. Die in Tabelle 7 angegebenen Zeitabstände zwischen den Prüfungen beziehen sich auf eine statistisch zu überwachende Fertigung.

Tabelle 7: Maximale Zeitabstände zwischen den Prüfungen für jede Fertigungslinie

Eigenschaft	Maximaler Zeitabstand zwischen den Prüfungen
Allgemeine Eigenschaften	siehe EN 622-1
Alle anderen, in den Tabellen 2, 3, 4, 5 und 6 aufgeführten Eigenschaften	8 h*)

*) Werden mehrere Dickenbereiche innerhalb von 8 h gefertigt, ist die Eigenüberwachung so durchzuführen, daß mindestens eine Platte je Dickenbereich und Produktionswoche geprüft wird.

6 Kennzeichnung

6.1 Platten für allgemeine Zwecke

Jede Platte oder jeder Stapel muß deutlich vom Hersteller entweder durch dauerhaften Aufdruck oder durch einen Aufkleber mindestens mit den folgenden Angaben in dieser Reihenfolge gekennzeichnet sein:
 a) dem Namen des Herstellers, der Handelsmarke oder dem Zeichen;
 b) der Nummer dieser EN 622-4 und dem Kurzzeichen für den Plattentyp (SB, SB.H, oder SB.E);
 c) der Nenndicke;
 d) der Chargennummer oder Herstellungswoche und -jahr.

6.2 Platten für tragende Zwecke

Jede Platte muß deutlich vom Hersteller durch dauerhaften Aufdruck mindestens mit den folgenden Angaben in dieser Reihenfolge gekennzeichnet sein:
 a) dem Namen des Herstellers, der Handelsmarke oder dem Zeichen;
 b) der Nummer dieser EN 622-4 und dem Kurzzeichen für den Plattentyp (SB.LS, oder SB.HLS);
 c) der Nenndicke;
 d) der Chargennummer oder Herstellungswoche und -jahr.
  ANMERKUNG: Bei Zuschnitten ist die Kennzeichnung jedes einzelnen Zuschnitts im Stapel dann nicht erforderlich, wenn der erste Käufer zugleich der Verwender ist und wenn er dem Verzicht auf die Kennzeichnung (abgesehen von der des Stapels) zustimmt.

6.3 Farbkennzeichnung

Zusätzlich dürfen die Platten bei der Herstellung farbig gekennzeichnet werden, indem eine Reihe von mindestens 12 mm breiten, farbigen Streifen senkrecht in der Nähe einer Ecke angebracht wird. Bei Platten, die nach dieser Norm hergestellt wurden, sind die Farbkennzeichnungen in Tabelle 8 anzuwenden.

Tabelle 8: Farbkennzeichnung von porösen Platten

Anforderung	Farbkennzeichnung	Plattentyp	Bezugstabelle
allgemeine Zwecke, trocken	weiß, weiß, blau	SB	Tabelle 2
allgemeine Zwecke, feucht	weiß, weiß, grün	SB.H	Tabelle 3
allgemeine Zwecke, außen	weiß, weiß, braun	SB.E	Tabelle 4
tragende Zwecke, trocken	gelb, gelb, blau	SB.LS	Tabelle 5
tragende Zwecke, feucht	gelb, gelb, grün	SB.HLS	Tabelle 6

ANMERKUNG: Das Farbkennzeichnungssystem wird in EN 622-1 erklärt.

---

[2]) Siehe Seite 4.

Anhang A (informativ)

Literaturhinweise

prEN 326-2
    Holzwerkstoffe — Probenahme, Zuschnitt und Überwachung — Teil 2: Qualitätskontrolle in der Fertigung

prEN 326-3
    Holzwerkstoffe — Probenahme, Zuschnitt und Überwachung — Teil 3: Abnahmeprüfung einer Plattenlieferung

EN 335-3
    Dauerhaftigkeit von Holz und Holzprodukten — Definition von Gefährdungsklassen für einen biologischen Befall — Teil 3: Anwendung bei Holzwerkstoffen

EN 622-2
    Faserplatten — Anforderungen — Teil 2: Anforderungen an harte Platten

EN 622-3
    Faserplatten — Anforderungen — Teil 3: Anforderungen an mittelharte Platten

EN 622-5
    Faserplatten — Anforderungen — Teil 5: Anforderungen an Platten nach dem Trockenverfahren (MDF)

EN 789
    Holzbauwerke — Prüfverfahren — Bestimmung der mechanischen Eigenschaften von Holzwerkstoffen

EN 1058
    Holzwerkstoffe — Bestimmung der charakteristischen Werte der mechanischen Eigenschaften und der Rohdichte

ENV 1156
    Holzwerkstoffe — Bestimmung der Zeitstandfestigkeit und Kriechzahl[3])

ENV 1995-1-1
    Eurocode 5 — Entwurf, Berechnung und Bemessung von Holzbauwerken — Teil 1-1: Allgemeine Bemessungsregeln, Bemessungsregeln für den Hochbau

prEN 12369
    Holzwerkstoffe — Charakteristische Werte für eingeführte Erzeugnisse

....
    Holzwerkstoffe — Tragende Unterböden auf Lagerhölzern — Teil 2: Leistungsanforderungen[3])

....
    Holzwerkstoffe — Tragende Wandbeplankungen auf Rippen — Teil 2: Leistungsanforderungen[3])

....
    Holzwerkstoffe — Tragende Dachschalungen auf Balken — Teil 2: Leistungsanforderungen[3])

CEN/TC 88/WG 17
    Wärmedämmstoffe für das Bauwesen — Werkmäßig hergestellte Holzfaserdämmstoffe (Arbeitsentwurf)[3])

---

[3]) In Vorbereitung

DEUTSCHE NORM August 1997

Faserplatten
Anforderungen
Teil 5: Anforderungen an Platten nach dem Trockenverfahren (MDF)
Deutsche Fassung EN 622-5 : 1997

**DIN
EN 622-5**

ICS 79.060.20

Deskriptoren: Faserplatte, Anforderung, Eigenschaft

Fibreboards,
Specifications —
Part 5: Requirements for dry process boards (MDF);
German version EN 622-5 : 1997

Panneaux de fibres,
Exigences —
Partie 5: Exigences pour panneaux obtenus par procédé à sec (MDF);
Version allemande EN 622-5 : 1997

Die Europäische Norm EN 622-5 : 1997 hat den Status einer Deutschen Norm.

Nationales Vorwort

Diese Europäische Norm wurde von der Arbeitsgruppe 3 "Faserplatten" des Technischen Komitees 112 "Holzwerkstoffe" erarbeitet. Die Sekretariatsführung der Arbeitsgruppe liegt bei Italien.

Der zuständige Arbeitsausschuß im DIN ist der NHM 2.15 "SPA CEN/TC 112 — ISO/TC 89".

In welchem Umfang diese Norm Eingang in das deutsche Baurecht im Rahmen der Bauproduktenrichtlinie findet, bleibt weiteren administrativen Entscheidungen vorbehalten.

Fortsetzung 12 Seiten EN

Normenausschuß Holzwirtschaft und Möbel (NHM) im DIN Deutsches Institut für Normung e. V.

EUROPÄISCHE NORM
EUROPEAN STANDARD
NORME EUROPÉENNE

EN 622-5

Juni 1997

ICS 79.060.20

Deskriptoren: Holzplatte, Faserplatte, Isolierplatte, Eigenschaft, Anforderung, Umgebung, Feuchtigkeitsbedingung, Konformitätsprüfung, Kennzeichnung

Deutsche Fassung

Faserplatten
Anforderungen
Teil 5: Anforderungen an Platten nach dem Trockenverfahren (MDF)

Fibreboards,
Specifications –
Part 5: Requirements for dry process boards (MDF)

Panneaux de fibres,
Exigences –
Partie 5: Exigences pour panneaux obtenus par procédé à sec (MDF)

Diese Europäische Norm wurde von CEN am 1997-04-21 angenommen.

Die CEN-Mitglieder sind gehalten, die CEN/CENELEC-Geschäftsordnung zu erfüllen, in der die Bedingungen festgelegt sind, unter denen dieser Europäischen Norm ohne jede Änderung der Status einer nationalen Norm zu geben ist.

Auf dem letzten Stand befindliche Listen dieser nationalen Normen mit ihren bibliographischen Angaben sind beim Zentralsekretariat oder bei jedem CEN-Mitglied auf Anfrage erhältlich.

Diese Europäische Norm besteht in drei offiziellen Fassungen (Deutsch, Englisch, Französisch). Eine Fassung in einer anderen Sprache, die von einem CEN-Mitglied in eigener Verantwortung durch Übersetzung in seine Landessprache gemacht und dem Zentralsekretariat mitgeteilt worden ist, hat den gleichen Status wie die offiziellen Fassungen.

CEN-Mitglieder sind die nationalen Normungsinstitute von Belgien, Dänemark, Deutschland, Finnland, Frankreich, Griechenland, Irland, Island, Italien, Luxemburg, Niederlande, Norwegen, Österreich, Portugal, Schweden, Schweiz, Spanien, Tschechische Republik und dem Vereinigten Königreich.

CEN

EUROPÄISCHES KOMITEE FÜR NORMUNG
European Committee for Standardization
Comité Européen de Normalisation

Zentralsekretariat: rue de Stassart 36, B-1050 Brüssel

© 1997 CEN – Alle Rechte der Verwertung, gleich in welcher Form und in welchem Verfahren, sind weltweit den nationalen Mitgliedern von CEN vorbehalten.

Ref. Nr. EN 622-5 : 1997 D

Vorwort

Seite

Vorwort	2
1 Anwendungsbereich	3
2 Normative Verweisungen	3
3 Definitionen	4
4 Anforderungen	4
5 Nachweis der Übereinstimmung	7
6 Kennzeichnung	8
Anhang A (normativ) Weitere Eigenschaften	10
Anhang B (normativ) Kochprüfung nach EN 1087-1 : 1995 – Modifiziertes Verfahren	10
Anhang C (informativ) Zulassungsverfahren für Platten der Option 2	11
Anhang D (informativ) Literaturhinweise	12

Vorwort

Diese Europäische Norm wurde vom Technischen Komitee CEN/TC 112 "Holzwerkstoffe" erarbeitet, dessen Sekretariat vom DIN gehalten wird.

Diese Norm gehört zu einer Normenreihe, die Anforderungen für Faserplatten festlegt. Die anderen Teile dieser Reihe sind in Abschnitt 2 und Anhang D aufgeführt.

Diese Europäische Norm muß den Status einer nationalen Norm erhalten, entweder durch Veröffentlichung eines identischen Textes oder durch Anerkennung bis Dezember 1997, und etwaige entgegenstehende nationale Normen müssen bis Dezember 1997 zurückgezogen werden.

Entsprechend der CEN/CENELEC-Geschäftsordnung sind die nationalen Normungsinstitute der folgenden Länder gehalten, diese Europäische Norm zu übernehmen: Belgien, Dänemark, Deutschland, Finnland, Frankreich, Griechenland, Irland, Island, Italien, Luxemburg, Niederlande, Norwegen, Österreich, Portugal, Schweden, Schweiz, Spanien, die Tschechische Republik und das Vereinigte Königreich.

Seite 3
EN 622-5 : 1997

1 Anwendungsbereich

Diese Europäische Norm legt die Anforderungen an Platten nach dem Trockenverfahren (MDF) nach EN 316 fest.

Die in dieser Norm angegebenen Werte beziehen sich auf Produkteigenschaften, es sind keine charakteristischen Werte, die für konstruktive Berechnungen verwendet werden können[1]).

2 Normative Verweisungen

Diese Europäische Norm enthält durch datierte oder undatierte Verweisungen Festlegungen aus anderen Publikationen. Diese normativen Verweisungen sind an den jeweiligen Stellen im Text zitiert, und die Publikationen sind nachstehend aufgeführt. Bei datierten Verweisungen gehören spätere Änderungen oder Überarbeitungen dieser Publikationen nur zu dieser Europäischen Norm, falls sie durch Änderung oder Überarbeitung eingearbeitet sind. Bei undatierten Verweisungen gilt die letzte Ausgabe der in Bezug genommenen Publikation.

EN 310
   Holzwerkstoffe – Bestimmung des Biege-Elastizitätsmoduls und der Biegefestigkeit

EN 311
   Spanplatten – Abhebefestigkeit von Spanplatten – Prüfverfahren

EN 316
   Holzfaserplatten – Definition, Klassifizierung und Kurzzeichen

EN 317
   Spanplatten und Faserplatten – Bestimmung der Dickenquellung nach Wasserlagerung

EN 318
   Faserplatten – Bestimmung von Maßänderungen in Verbindung mit Änderungen der relativen Luftfeuchte

EN 319
   Spanplatten und Faserplatten – Bestimmung der Zugfestigkeit senkrecht zur Plattenebene

EN 320
   Faserplatten – Bestimmung des achsenparallelen Schraubenausziehwiderstandes

EN 321
   Faserplatten – Zyklustest im Feuchtbereich

EN 326-1
   Holzwerkstoffe – Probenahme, Zuschnitt und Überwachung – Teil 1: Probenahme und Zuschnitt der Prüfkörper sowie Angabe der Prüfergebnisse

EN 382-1
   Faserplatten – Bestimmung der Oberflächenabsorption – Teil 1: Prüfverfahren für Platten nach dem Trockenverfahren

EN 622-1
   Faserplatten – Anforderungen – Teil 1: Allgemeine Anforderungen

EN 1087-1 : 1995
   Spanplatten – Feuchtebeständigkeit – Teil 1: Kochprüfung

ISO 3340
   Fibre building boards – Determination of sand content

---

[1]) Solche charakteristischen Werte (z. B. für konstruktive Berechnungen in ENV 1995-1-1) sind entweder in prEN 12369 angegeben oder werden nach EN 789, EN 1058 und ENV 1156 ermittelt.

3 Definitionen

Für die Anwendung dieser Norm gelten die folgenden Definitionen:

3.1 Trockenbereich: Bereich (definiert durch die Nutzungsklasse 1 (Service class 1) nach ENV 1995-1 für tragende Platten), gekennzeichnet durch einen Feuchtegehalt des Werkstoffs, der einer Temperatur von 20 °C und einer relativen Luftfeuchte der Umgebung entspricht, die nur wenige Wochen im Jahr 65 % überschreitet. Platten dieses Typs eignen sich nur für die Verwendung in der Gefährdungsklasse 1 nach EN 335-3.

3.2 Feuchtbereich: Bereich (definiert durch die Nutzungsklasse 2 (Service Class 2) nach ENV 1995-1 für tragende Platten), gekennzeichnet durch einen Feuchtegehalt des Werkstoffs, der einer Temperatur von 20 °C und einer relativen Luftfeuchte der Umgebung entspricht, die nur wenige Wochen im Jahr 85 % überschreitet. Platten dieses Typs eignen sich für die Verwendung in den Gefährdungsklassen 1 und 2 nach EN 335-3.

3.3 Außenbereich: Schließt Bewitterung oder Kontakt mit Wasser oder Wasserdampf an einem feuchten, jedoch belüfteten Ort ein. Platten dieses Typs eignen sich zur Verwendung in den Gefährdungsklassen 1, 2 und 3 nach EN 335-3.

3.4 allgemeine Zwecke: Alle nichttragenden Anwendungen, z. B. Möbel und Innenausbau.

3.5 tragende Zwecke: Einsatz in einer tragenden Konstruktion, d. h. in planmäßig miteinander verbundenen Teilen, deren mechanische Festigkeit und Standsicherheit berechnet wird, auch als "Tragwerk" bezeichnet.

3.6 Kategorie der Lasteinwirkungsdauer: Siehe Tabelle 1

Tabelle 1: Kategorien der Lasteinwirkungsdauer

Kategorie der Lasteinwirkungsdauer	Größenordnung der akkumulierten Dauer der charakteristischen Lasteinwirkung	Beispiele für Lasten
ständig	länger als 10 Jahre	Eigenlast
lang	6 Monate bis 10 Jahre	Nutzlasten in Lagerhallen
mittel	1 Woche bis 6 Monate	Verkehrslasten
kurz	kürzer als eine Woche	Schnee*) und Wind
sehr kurz		außergewöhnliche Einwirkungen
*) In Gegenden, in denen über längere Zeiträume höhere Schneelasten auftreten, sollte ein Teil der Schneelast als zur Lasteinwirkungskategorie mittel gehörend angesehen werden.		

4 Anforderungen

4.1 Allgemeines

Platten nach dem Trockenverfahren müssen die allgemeinen Anforderungen nach EN 622-1 und die zutreffenden Anforderungen in 4.2 und 4.3 dieser Norm erfüllen. Angaben über einige weitere Eigenschaften und die zugehörigen Prüfverfahren sind in Anhang A enthalten.

Die Anforderungen in den Tabellen müssen von 5 %-Quantil (Fraktil)-Werten (95 %-Quantil (Fraktil)-Werten im Falle der Dickenquellung) erfüllt werden, die aus Mittelwerten einzelner Platten nach EN 326-1 berechnet wurden. Sie dürfen im Falle der Dickenquellung höchstens so groß sein wie die Werte in den Tabellen. Für alle anderen

Seite 5
EN 622-5 : 1997

Eigenschaften müssen sie mindestens so groß sein wie die Werte in den Tabellen. Die in den Tabellen angegebenen Werte für die Biegefestigkeit und den Elastizitätsmodul müssen in allen Richtungen der Plattenebene nachgewiesen werden.

Eigenschaften, die für bestimmte Dickenbereiche nicht zutreffen, sind mit "–" gekennzeichnet.

Mit Ausnahme der Dickenquellung und der Querzugfestigkeit nach Kochprüfung (siehe Tabellen 3 und 5) sind alle Tabellenwerte durch einen Feuchtegehalt des Werkstoffs gekennzeichnet, der einer Temperatur von 20 °C und einer relativen Luftfeuchte von 65 % entspricht. Die Tabellenwerte für Dickenquellung und Querzugfestigkeit nach Kochprüfung sind durch einen Feuchtegehalt des Werkstoffs gekennzeichnet, der einer Temperatur von 20 °C und einer relativen Luftfeuchte von 65 % vor der Behandlung (Wasserlagerung, Kochprüfung) entspricht.

Die Feuchtebeständigkeit von Platten nach dem Trockenverfahren zur Verwendung im Feuchtbereich (siehe Tabellen 3 und 5) wird durch Nachweis der Übereinstimmung mit einer von zwei Optionen nachgewiesen:

– Option 1: Dickenquellung und Querzugfestigkeit nach Zyklustest im Feuchtbereich (nach EN 321).

– Option 2: Querzugfestigkeit nach Kochprüfung (nach EN 1087-1 : 1995) samt modifiziertem Verfahren in Anhang B.

Anforderungen der Option 2 werden an Platten gestellt, deren Klebsystem auf alkalisch härtenden Phenolharzen, auf dem Isocyanat PMDI oder auf jedem anderen Klebsystem basiert, dessen Eignung durch ein anerkanntes Prüfinstitut in Übereinstimmung mit dem Zulassungsverfahren in Anhang C nachgewiesen wurde. Die Kochprüfung dient zum Nachweis der Verklebungsqualität.

Wenn die Übereinstimmung durch Fremdüberwachung nachzuweisen ist, muß dies nach der vom Hersteller angewendeten und mitgeteilten Option erfolgen. Wenn die Option nicht bekannt ist, sind beide Verfahrensweisen durchzuführen, auch wenn Übereinstimmung nur mit den Anforderungen einer Verfahrensweise gefordert ist.

ANMERKUNG: Die vorgenannte Verfahrensauswahl sollte nur als vorläufige Maßnahme betracht werden, bis durch eine pränormative Untersuchung eine von der Plattenzusammensetzung unabhängige Lösung erarbeitet wird.

4.2 Anforderungen an Platten für allgemeine Zwecke

4.2.1 Anforderungen an Platten zur Verwendung im Trockenbereich

Tabelle 2 legt die Anforderungen an Platten für allgemeine Zwecke zur Verwendung im Trockenbereich, z. B. Innenausbau einschließlich Möbel, fest.

Tabelle 2: Anforderungen an Platten für allgemeine Zwecke zur Verwendung im Trockenbereich (Typ MDF)

Eigenschaft	Prüf-verfahren	Ein-heit	Nenndickenbereiche (mm)							
			1,8 bis 2,5	> 2,5 bis 4,0	> 4 bis 6	> 6 bis 9	> 9 bis 12	> 12 bis 19	> 19 bis 30	> 30 bis 45	> 45
Dickenquellung 24 h	EN 317	%	45	35	30	17	15	12	10	8	6
Querzugfestigkeit	EN 319	N/mm^2	0,65	0,65	0,65	0,65	0,60	0,55	0,55	0,50	0,50
Biegefestigkeit	EN 310	N/mm^2	23	23	23	23	22	20	18	17	15
Biege-Elastizitätsmodul	EN 310	N/mm^2	–	–	2 700	2 700	2 500	2 200	2 000	1 900	1 700

4.2.2 Anforderungen an Platten zur Verwendung im Feuchtbereich

Tabelle 3 legt die Anforderungen an Platten für allgemeine Zwecke zur Verwendung im Feuchtbereich fest.

Seite 6
EN 622-5 : 1997

Tabelle 3: Anforderungen an Platten für allgemeine Zwecke zur Verwendung im Feuchtbereich (Typ MDF.H)

Eigenschaft	Prüf-verfahren	Ein-heit	Nenndickenbereiche (mm)								
			1,8 bis 2,5	> 2,5 bis 4,0	> 4 bis 6	> 6 bis 9	> 9 bis 12	> 12 bis 19	> 19 bis 30	> 30 bis 45	> 45
Dickenquellung 24 h	EN 317	%	35	30	18	12	10	8	7	7	6
Querzugfestigkeit	EN 319	N/mm²	0,70	0,70	0,70	0,80	0,80	0,75	0,75	0,70	0,60
Biegefestigkeit	EN 310	N/mm²	27	27	27	27	26	24	22	17	15
Biege-Elastizitätsmodul	EN 310	N/mm²	2 700	2 700	2 700	2 700	2 500	2 400	2 300	2 200	2 000
Option 1 Dickenquellung nach Zyklustest	EN 317 EN 321	%	50	40	25	19	16	15	15	15	15
Querzugfestigkeit nach Zyklustest	EN 319 EN 321	N/mm²	0,35	0,35	0,35	0,30	0,25	0,20	0,15	0,10	0,10
Option 2 Querzugfestigkeit nach Kochprüfung*)	EN 319 EN 1087-1	N/mm²	0,20	0,20	0,20	0,15	0,15	0,12	0,12	0,10	0,10

*) EN 1087-1 : 1995 gilt samt modifiziertem Verfahren in Anhang B.

4.3 Anforderungen an Platten für tragende Zwecke

4.3.1 Anforderungen an Platten zur Verwendung im Trockenbereich

Tabelle 4 legt die Anforderungen an Platten für tragende Zwecke zur Verwendung im Trockenbereich **für alle Kategorien der Lasteinwirkungsdauer** fest.

Tabelle 4: Anforderungen an Platten für tragende Zwecke zur Verwendung im Trockenbereich (Typ MDF.LA)

Eigenschaft	Prüf-verfahren	Ein-heit	Nenndickenbereiche (mm)								
			1,8 bis 2,5	> 2,5 bis 4,0	> 4 bis 6	> 6 bis 9	> 9 bis 12	> 12 bis 19	> 19 bis 30	> 30 bis 45	> 45
Dickenquellung 24 h	EN 317	%	45	35	30	17	15	12	10	8	6
Querzugfestigkeit	EN 319	N/mm²	0,70	0,70	0,70	0,70	0,65	0,60	0,60	0,55	0,50
Biegefestigkeit	EN 310	N/mm²	29	29	29	29	27	25	23	21	19
Biege-Elastizitätsmodul	EN 310	N/mm²	3 000	3 000	3 000	3 000	2 800	2 500	2 300	2 100	1 900

ANMERKUNG: Wenn durch den Käufer bekanntgegeben wurde, daß die Platten für den speziellen Einsatz in Fußböden, bei Innenwänden oder Dachkonstruktionen verwendet werden sollen, sind auch die entsprechenden Leistungsfähigkeits-Normen in Betracht zu ziehen. Deshalb kann die Einhaltung zusätzlicher Anforderungen verlangt werden.

4.3.2 Anforderungen an Platten zur Verwendung im Feuchtbereich

Tabelle 5 legt die Anforderungen an Platten für tragende Zwecke zur Verwendung im Feuchtbereich **nur für sehr kurze und kurze Lasteinwirkungsdauer** fest.

Seite 7
EN 622-5 : 1997

Tabelle 5: Anforderungen an Platten für tragende Zwecke zur Verwendung im Feuchtbereich (Typen MDF.HLS)

Eigenschaft	Prüf-verfahren	Ein-heit	Nenndickenbereiche (mm)							
			1,8 bis 2,5	> 2,5 bis 4,0	> 4 bis 6	> 6 bis 9	> 9 bis 12	> 12 bis 19	> 19 bis 30	> 30 bis 45	> 45
Dickenquellung 24 h	EN 317	%	35	30	18	12	10	8	7	7	6
Querzugfestigkeit	EN 319	N/mm²	0,70	0,70	0,70	0,80	0,80	0,75	0,75	0,70	0,60
Biegefestigkeit	EN 310	N/mm²	34	34	34	34	32	30	28	21	19
Biege-Elastizitätsmodul	EN 310	N/mm²	3 000	3 000	3 000	3 000	2 800	2 700	2 600	2 400	2 200
Option 1 Dickenquellung nach Zyklustest	EN 317 EN 321	%	50	40	25	19	16	15	15	15	15
Querzugfestigkeit nach Zyklustest	EN 319 EN 321	N/mm²	0,35	0,35	0,35	0,30	0,25	0,20	0,15	0,10	0,10
Option 2 Querzugfestigkeit nach Kochprüfung*)	EN 319 EN 1087-1	N/mm²	0,20	0,20	0,20	0,15	0,15	0,12	0,12	0,10	0,10

*) EN 1087-1 : 1995 gilt samt modifiziertem Verfahren in Anhang B.

ANMERKUNG: Wenn durch den Käufer bekanntgegeben wurde, daß die Platten für den speziellen Einsatz in Fußböden, bei Innenwänden oder Dachkonstruktionen verwendet werden sollen, sind auch die entsprechenden Leistungsfähigkeits-Normen in Betracht zu ziehen. Deshalb kann die Einhaltung zusätzlicher Anforderungen verlangt werden.

5 Nachweis der Übereinstimmung

5.1 Allgemeines

Der Nachweis der Übereinstimmung mit dieser Europäischen Norm erfolgt jeweils nach den in EN 622-1 sowie in den Tabellen 2, 3, 4 und 5 aufgeführten Prüfverfahren.

5.2 Fremdüberwachung

Die Fremdüberwachung des Produktionsbetriebs, falls notwendig, ist auf statistischer Grundlage[2]) durchzuführen.

Die Abnahmeprüfung von Lieferungen ist auf statistischer Grundlage[2]) durchzuführen.

5.3 Eigenüberwachung

Die Eigenüberwachung ist auf statistischer Grundlage[2]) durchzuführen.

Die in den Tabellen 2, 3, 4 und 5 sowie in EN 622-1 aufgeführten Eigenschaften sind zu überwachen, wobei die Zeitabstände zwischen den Prüfungen nicht größer sein dürfen als in Tabelle 6 angegeben. Die Probenahme ist nach Zufallsgesichtspunkten durchzuführen. Andere Prüfverfahren und/oder nichtklimatisierte Prüfkörper dürfen verwendet werden, wenn eine gültige Korrelation zu den angegebenen Prüfverfahren nachgewiesen werden kann. Die in Tabelle 6 angegebenen Zeitabstände zwischen den Prüfungen beziehen sich auf eine statistisch zu überwachende Fertigung.

---

[2]) Es ist beabsichtigt, EN 326-2 und EN 326-3 (derzeit in Vorbereitung) als statistische Grundlage nach deren Einführung anzuwenden.

Tabelle 6: Maximale Zeitabstände zwischen den Prüfungen für jede Fertigungslinie

Eigenschaft	Maximaler Zeitabstand zwischen den Prüfungen
Allgemeine Eigenschaften	siehe EN 622-1
Feuchtebeständigkeit Option 1 Option 2	1 Woche 8 h*)
Alle anderen, in den Tabellen 2, 3, 4, und 5 aufgeführten Eigenschaften	8 h*)

*) Werden mehrere Dickenbereiche innerhalb von 8 h gefertigt, ist die Eigenüberwachung so durchzuführen, daß mindestens eine Platte je Dickenbereich und Produktionswoche geprüft wird.

6 Kennzeichnung

6.1 Platten für allgemeine Zwecke

Jede Platte oder jeder Stapel muß deutlich vom Hersteller entweder durch dauerhaften Aufdruck oder durch einen Aufkleber mindestens mit den folgenden Angaben in dieser Reihenfolge gekennzeichnet sein:

a) dem Namen des Herstellers, der Handelsmarke oder dem Zeichen;

b) der Nummer dieser EN 622-5 und dem Kurzzeichen für den Plattentyp (MDF oder MDF.H);

c) der Nenndicke;

d) der Formaldehydklasse nach EN 622-1;

e) der Chargennummer oder Herstellungswoche und -jahr.

6.2 Platten für tragende Zwecke

Jede Platte muß deutlich vom Hersteller durch dauerhaften Aufdruck mindestens mit den folgenden Angaben in dieser Reihenfolge gekennzeichnet sein:

a) dem Namen des Herstellers, der Handelsmarke oder dem Zeichen;

b) der Nummer dieser EN 622-5 und dem Kurzzeichen für den Plattentyp (MDF.LA oder MDF.HLS);

c) der Nenndicke;

d) der Formaldehydklasse nach EN 622-1;

e) der Chargennummer oder Herstellungswoche und -jahr.

ANMERKUNG: Bei Zuschnitten ist die Kennzeichnung jedes einzelnen Zuschnitts im Stapel dann nicht erforderlich, wenn der erste Käufer zugleich der Verwender ist und wenn er dem Verzicht auf die Kennzeichnung (abgesehen von der des Stapels) zustimmt.

6.3 Farbkennzeichnung

Zusätzlich dürfen die Platten farbig gekennzeichnet werden, indem eine Reihenfolge von mindestens 12 mm breiten, farbigen Streifen senkrecht in der Nähe einer Ecke angebracht wird. Bei Platten, die nach dieser Norm hergestellt wurden, sind die Farbkennzeichnungen in Tabelle 7 anzuwenden.

Tabelle 7: Farbkennzeichnung von Platten nach dem Trockenverfahren (MDF)

Anforderung	Farbkennzeichnung	Plattentyp	Bezugstabelle
allgemeine Zwecke, trocken	weiß, weiß, blau	MDF	Tabelle 2
allgemeine Zwecke, feucht	weiß, weiß, grün	MDF.H	Tabelle 3
tragende Zwecke, trocken	gelb, gelb, blau	MDF.LA	Tabelle 4
tragende Zwecke, feucht	gelb, gelb, grün	MDF.HLS	Tabelle 5

ANMERKUNG: Das Farbkennzeichnungssystem wird in EN 622-1 erklärt.

Anhang A (normativ)

Weitere Eigenschaften

Für bestimmte Verwendungszwecke können Informationen über einige der in Tabelle A.1 festgelegten Eigenschaften erforderlich sein. Diese Informationen liefert der Plattenhersteller auf Anfrage; in diesem Fall müssen sie nach den in Tabelle A.1 aufgeführten Prüfverfahren ermittelt worden sein.

Tabelle A.1: Weitere Eigenschaften

Eigenschaft	Prüfverfahren
Schraubenausziehwiderstand	EN 320
Abhebefestigkeit	EN 311
Maßänderungen	EN 318
Oberflächenabsorption	EN 382-1
Sandgehalt	ISO 3340

ANMERKUNG: Für bestimmte Verwendungszwecke können Informationen über zusätzliche, nicht in Tabelle A.1 genannte Eigenschaften erforderlich sein. Zum Beispiel werden im CEN/TC 89 Arbeiten zur Bestimmung der Wärmeleitfähigkeit und der Wasserdampfdurchlässigkeit durchgeführt. Bis diese Arbeiten abgeschlossen sind, sollte der Anwender auf nationale Veröffentlichungen zurückgreifen. Diese sollten ebenso für Informationen zum Brandverhalten von Platten nach dem Trockenverfahren benutzt werden.

Anhang B (normativ)

Kochprüfung nach EN 1087-1 : 1995 – Modifiziertes Verfahren

EN 1087-1 : 1995 gilt unter Berücksichtigung der folgenden Änderungen zu den Abschnitten:

4.5 Zwangsbelüfteter Trockenschrank mit gleichmäßiger Luftverteilung, in dem eine Innentemperatur von (70±2) °C aufrechterhalten wird.

5.4 Die Verklebung der Prüfkörper mit den Prüfjochen erfolgt erst **nach** Beendigung der Lagerung im kochenden Wasser (6.1) und anschließender Weiterbehandlung (6.2).

Alle anderen Bestimmungen dieses Abschnitts gelten.

6.2 Nach (120±5) min werden die Prüfkörper dem kochenden Wasser entnommen und für (60±5) min vertikal in Wasser von (20±5) °C gelegt. Ihr Abstand voneinander sowie vom Boden der Wanne muß mindestens 15 mm betragen.

Die Prüfkörper werden dem Wasser entnommen, mit Saugpapier abgetrocknet und horizontal für (960±15) min im Trockenschrank bei (70±2) °C gelagert. Anschließend werden die Prüfkörper dem Trockenschrank entnommen, auf Raumtemperatur abgekühlt und die Prüfjoche werden auf die Prüfkörperoberflächen geklebt.

ANMERKUNG: Prüfkörper mit rauhen oder unebenen Oberflächen können vor der Verklebung mit den Prüfjochen durch Reiben auf Schleifpapier, das einer ebenen Fläche aufliegt, geglättet werden.

Seite 11
EN 622-5 : 1997

Anhang C (informativ)

Zulassungsverfahren für Platten der Option 2

Die vorläufige Lösung für feuchtebeständige Platten (siehe Abschnitt 4) enthält ein Zulassungsverfahren für Platten der Option 2 mit anderen Klebsystem als alkalisch härtenden Phenolharzen oder dem Isocyanat PMDI. Dieses Zulassungsverfahren ist in Tabelle C.1 dargestellt. Weitere Einzelheiten sind beim Sekretariat von CEN/TC 112 verfügbar. Soll während der Zwischenzeit die Zulassung für eine Platte der Option 2 mit anderen Klebsystemen als alkalisch härtenden Phenolharzen oder PMDI beantragt werden, wird empfohlen, sich im Vorfeld mit der zuständigen Baubehörde bezüglich der Prüfbedingungen und Anforderungen in Verbindung zu setzen. In solchen Fällen müssen Laborplatten die Anforderungen aller sechs nachstehend aufgeführten Prüfverfahren erfüllen. Die Anforderungen können nach Plattenart und Klebsystem variieren.

Tabelle C.1: Zulassungsverfahren für Platten der Option 2 mit anderen Klebsystemen als alkalisch härtende Phenolharze oder PMDI

Eigenschaft	Prüfverfahren	Einheit	Prüfbedingungen
Biegefestigkeit	ähnlich EN 310	N/mm^2	20 °C/65 % relative Luftfeuchte
Dickenquellung	ähnlich EN 317	%	24 h in Wasser von 20 °C
Querzugfestigkeit nach Kochprüfung	EN 1087-1+EN 319 (naß geprüft)	N/mm^2	2 h bei 100 °C+1 h bei 20 °C, Joche vor Kochprüfung aufgeklebt.
Querzugfestigkeit nach Säuretest und Kochprüfung	EN 1087-1+EN 319 nach Säuretest (naß geprüft)	N/mm^2	24 h in Wasser (pH = 2) von 70 °C, Joche vor Kochprüfung aufgeklebt. +2 h bei 100 °C+1 h bei 20 °C
Querzugfestigkeit nach Xenotest und Kochprüfung	EN 1087-1+EN 319 nach Xenotest (naß geprüft)	N/mm^2	Klimazyklus, bestehend aus: 53 % Regen, 33 % UV-Licht, 14 % Frostperiode bei -20 °C; +2 h bei 100 °C+1 h bei 20 °C
Kriechverhalten bei Biegebelastung	4-Punkt-Belastung		Klimazyklus, bestehend aus wöchentlich wechselnder Klimabelastung bei 20 °C/90 % relativer Luftfeuchte und bei 20 °C/30 % relativer Luftfeuchte

361

Anhang D (informativ)

Literaturhinweise

prEN 326-2
    Holzwerkstoffe – Probenahme, Zuschnitt und Überwachung – Teil 2: Qualitätskontrolle in der Fertigung

prEN 326-3
    Holzwerkstoffe – Probenahme, Zuschnitt und Überwachung – Teil 3: Abnahmeprüfung einer Plattenlieferung

EN 335-3
    Dauerhaftigkeit von Holz und Holzprodukten – Definition von Gefährdungsklassen für einen biologischen Befall – Teil 3: Anwendung bei Holzwerkstoffen

EN 622-2
    Faserplatten – Anforderungen – Teil 2: Anforderungen an harte Platten

EN 622-3
    Faserplatten – Anforderungen – Teil 3: Anforderungen an mittelharte Platten

EN 622-4
    Faserplatten – Anforderungen – Teil 4: Anforderungen an poröse Platten

EN 789
    Holzbauwerke – Prüfverfahren – Bestimmung der mechanischen Eigenschaften von Holzwerkstoffen

EN 1058
    Holzwerkstoffe – Bestimmung der charakteristischen Werte der mechanischen Eigenschaften und der Rohdichte

ENV 1156
    Holzwerkstoffe – Bestimmung der Zeitstandfestigkeit und Kriechzahl[3])

ENV 1995-1-1
    Eurocode 5 – Entwurf, Berechnung und Bemessung von Holzbauwerken – Teil 1-1: Allgemeine Bemessungsregeln, Bemessungsregeln für den Hochbau

prEN 12369
    Holzwerkstoffe – Charakteristische Werte für eingeführte Erzeugnisse

...
    Holzwerkstoffe – Tragende Unterböden auf Lagerhölzern – Teil 2: Leistungsanforderungen[3])

...
    Holzwerkstoffe – Tragende Wandbeplankungen auf Rippen – Teil 2: Leistungsanforderungen[3])

...
    Holzwerkstoffe – Tragende Dachschalungen auf Balken – Teil 2: Leistungsanforderungen[3])

---

[3]) In Vorbereitung

DEUTSCHE NORM   Januar 1997

Elastische Bodenbeläge
Homogene und heterogene Polyvinylchlorid- Bodenbeläge
Spezifikation
Deutsche Fassung EN 649 : 1996

**DIN
EN 649**

ICS 97.150

Ersatz für
DIN 16951 : 1977-04

Deskriptoren: Bodenbelag, Polyvinylchlorid, homogen, heterogen, elastisch

Resilient floor coverings — Homogeneous and heterogeneous polyvinyl chloride floor coverings — Specification;
German version EN 649 : 1996
Revêtements de sol résilients — Revêtements de sol homogènes et hétérogènes à base de polychlorure de vinyle — Spécifications;
Version allemande EN 649 : 1996

Die Europäische Norm EN 649 : 1996 hat den Status einer Deutschen Norm.

Nationales Vorwort
Diese Europäische Norm wurde vom CEN/TC 134 "Elastische und textile Bodenbeläge" erarbeitet. Deutschland war durch den als Spiegelausschuß des FNK für elastische Bodenbeläge eingesetzten FNK-Arbeitsausschuß 403.5 "Bodenbeläge" an der Bearbeitung beteiligt.
Für die im Abschnitt 2 zitierten Europäischen Normen wird, soweit die Norm-Nr geändert ist, im folgenden auf die entsprechende Deutsche Norm hingewiesen:
EN 20105-B02 entspricht DIN 54004

Änderungen
Gegenüber DIN 16951 : 1977-04 wurden folgende Änderungen vorgenommen:
— Europäische Norm EN 649 : 1996 übernommen.

Frühere Ausgaben
DIN 16951: 1971-09, 1977-04

Nationaler Anhang NA (informativ)
Literaturhinweise
DIN 54004
  Prüfung der Farbechtheit von Textilien — Bestimmung der Lichtechtheit von Färbungen und Drucken mit Xenonbogenlicht

Fortsetzung 6 Seiten EN

Normenausschuß Kunststoffe (FNK) im DIN Deutsches Institut für Normung e.V.
Normenausschuß Materialprüfung (NMP) im DIN

EUROPÄISCHE NORM
EUROPEAN STANDARD
NORME EUROPÉENNE

EN 649

Oktober 1996

ICS 91.180

Deskriptoren: Bodenbelag, Kunststoffbeschichtung, flexibler Stoff, Vinylharz, Spezifikation, Eigenschaft, Verschleiß, Klassifikation, graphisches Symbol, Verwendung

Deutsche Fassung

Elastische Bodenbeläge

Homogene und heterogene Polyvinylchlorid- Bodenbeläge
Spezifikation

Resilient floor coverings — Homogeneous and heterogeneous polyvinyl chloride floor coverings — Specification

Revêtements de sol résilients — Revêtements de sol homogènes et hétérogènes à base de polychlorure de vinyle — Spécifications

Diese Europäische Norm wurde von CEN am 1996-09-07 angenommen.

Die CEN-Mitglieder sind gehalten, die CEN/CENELEC-Geschäftsordnung zu erfüllen, in der die Bedingungen festgelegt sind, unter denen dieser Europäischen Norm ohne jede Änderung der Status einer nationalen Norm zu geben ist.

Auf dem letzten Stand befindliche Listen dieser nationalen Normen mit ihren bibliographischen Angaben sind beim Zentralsekretariat oder bei jedem CEN-Mitglied auf Anfrage erhältlich.

Diese Europäische Norm besteht in drei offiziellen Fassungen (Deutsch, Englisch, Französisch). Eine Fassung in einer anderen Sprache, die von einem CEN-Mitglied in eigener Verantwortung durch Übersetzung in seine Landessprache gemacht und dem Zentralsekretariat mitgeteilt worden ist, hat den gleichen Status wie die offiziellen Fassungen.

CEN-Mitglieder sind die nationalen Normungsinstitute von Belgien, Dänemark, Deutschland, Finnland, Frankreich, Griechenland, Irland, Island, Italien, Luxemburg, Niederlande, Norwegen, Österreich, Portugal, Schweden, Schweiz, Spanien und dem Vereinigten Königreich.

CEN

EUROPÄISCHES KOMITEE FÜR NORMUNG
European Committee for Standardization
Comité Européen de Normalisation

Zentralsekretariat: rue de Stassart 36, B-1050 Brüssel

© 1996. Das Copyright ist den CEN-Mitgliedern vorbehalten.

Ref. Nr. EN 649 : 1996 D

Vorwort

Diese Europäische Norm wurde vom Technischen Komitee CEN/TC 134 "Elastische und textile Bodenbeläge" erarbeitet, dessen Sekretariat vom BSI gehalten wird.

Diese Europäische Norm muß den Status einer nationalen Norm erhalten, entweder durch Veröffentlichung eines identischen Textes oder durch Anerkennung bis April 1997, und etwaige entgegenstehende nationale Normen müssen bis April 1997 zurückgezogen werden.

Entsprechend der CEN/CENELEC-Geschäftsordnung sind die nationalen Normungsinstitute der folgenden Länder gehalten, diese Europäische Norm zu übernehmen:

Belgien, Dänemark, Deutschland, Finnland, Frankreich, Griechenland, Irland, Island, Italien, Luxemburg, Niederlande, Norwegen, Österreich, Portugal, Schweden, Schweiz, Spanien und das Vereinigte Königreich.

Anhang A ist informativ, Anhang B ist informativ und Anhang C ist informativ.

1 Anwendungsbereich

Diese Europäische Norm legt die Eigenschaften von homogenen und heterogenen Bodenbelägen auf der Basis von Polyvinylchlorid und dessen Modifikationen fest, die sowohl in Form von Platten als auch als Rollen geliefert werden.

Um den Verbraucher bei seiner Auswahl zu unterstützen, enthält diese Norm ein Klassifizierungssystem (siehe EN 685) auf Basis der Nutzungsintensität, das zeigt, wo für diese Bodenbeläge ein zufriedenstellender Nutzen möglich wäre. Die Norm legt auch die Anforderungen zur Kennzeichnung fest.

2 Normative Verweisungen

Diese Europäische Norm enthält durch datierte oder undatierte Verweisungen Festlegungen aus anderen Publikationen. Diese normativen Verweisungen sind an den jeweiligen Stellen im Text zitiert, und die Publikationen sind nachstehend aufgeführt. Bei datierten Verweisungen gehören spätere Änderungen oder Überarbeitungen dieser Publikationen nur zu dieser Europäischen Norm, falls sie durch Änderung oder Überarbeitung eingearbeitet sind. Bei undatierten Verweisungen gilt die letzte Ausgabe der in Bezug genommenen Publikation.

EN 425
    Elastische Bodenbeläge – Stuhlrollenversuch

EN 426
    Elastische Bodenbeläge – Bestimmung von Breite, Länge, Geradheit und Ebenheit von Bahnen

EN 427
    Elastische Bodenbeläge – Bestimmung der Kantenlänge, Rechtwinkligkeit und Geradheit von Platten

EN 428
    Elastische Bodenbeläge – Bestimmung der Gesamtdicke

EN 429
    Elastische Bodenbeläge – Bestimmung der Dicke der Schichten

EN 430
    Elastische Bodenbeläge – Bestimmung der flächenbezogenen Masse

EN 433
    Elastische Bodenbeläge – Bestimmung des Resteindruckes nach konstanter Belastung

EN 434
    Elastische Bodenbeläge – Bestimmung der Maßänderung und Schlüsselung nach Wärmeeinwirkung

EN 435
    Elastische Bodenbeläge – Bestimmung der Biegsamkeit

EN 436
    Elastische Bodenbeläge – Bestimmung der Dichte

prEN 660-1
    Elastische Bodenbeläge – Ermittlung des Verschleißverhaltens – Teil 1: Stuttgarter Prüfung

prEN 660-2
    Elastische Bodenbeläge – Ermittlung des Verschleißverhaltens – Teil 2: Fricke-Taber-Prüfung

EN 684
    Elastische Bodenbeläge – Bestimmung der Nahtfestigkeit

EN 685
    Elastische Bodenbeläge – Klassifizierung

EN 20105-BO2
    Textilien – Farbechtheitsprüfung – Teil B02: Lichtechtheit mit künstlichem Licht (Xenonbogenlicht) (ISO 105-B02 : 1988)

3 Definitionen

Für die Anwendung dieser Norm gelten die folgenden Definitionen:

3.1 Homogener Bodenbelag: Bodenbelag mit einer oder mehreren Schichten gleicher Zusammensetzung und Farbe, gemustert über die gesamte Dicke.

3.2 Heterogener Bodenbelag: Bodenbelag, bestehend aus einer Nutzschicht und anderen kompakten Schichten, die sich in Zusammensetzung und/oder Design unterscheiden und eine Stabilisierungseinlage enthalten können.

3.3 Polyvinylchlorid-Bodenbelag: Bodenbelag mit Oberschichten, hergestellt mit Polyvinylchlorid (und Modifikationen daraus) als Bindemittel.

4 Anforderungen

4.1 Allgemeine Anforderungen

Die in dieser Norm beschriebenen Bodenbeläge müssen die entsprechenden allgemeinen Anforderungen, festgelegt in Tabelle 1, erfüllen, wenn sie in Übereinstimmung mit den darin genannten Prüfverfahren geprüft wurden.

4.2 Klassifizierungsanforderungen

4.2.1 Verschleißgruppen-Klassifizierung

Die in dieser Norm beschriebenen Bodenbeläge müssen entsprechend der in Tabelle 2 festgelegten Verschleißgruppe klassifiziert werden, d. h. in Gruppe T, P, M oder F, wenn in Übereinstimmung mit prEN 660-1 oder prEN 660-2 geprüft wurde.

ANMERKUNG: Mit den Prüfungen soll das Verschleißverhalten der Nutzschicht, entweder durch Dickenverlust (prEN 660-1), oder durch Volumenverlust (prEN 660-2) festgestellt werden.

Bodenbeläge mit einer transparenten Nutzschicht gehören a priori zur Gruppe T und brauchen keiner Prüfung unterzogen werden.

4.2.2 Verwendungsbereich-Klassifizierung

Die in dieser Norm beschriebenen Bodenbeläge müssen in Übereinstimmung mit den in Tabelle 3 festgelegten Leistungsanforderungen als anwendbar für verschiedene Verwendungsbereiche klassifiziert werden, wenn sie nach den darin genannten Prüfverfahren geprüft wurden. Die Klassifizierung muß dem Schema, festgelegt in EN 685, entsprechen.

Tabelle 1: Allgemeine Anforderungen

Eigenschaft		Anforderung	Prüfverfahren
Rollen: Länge: Breite:	 m mm	Keine Abweichung unter die Nennwerte	EN 426
Platten:			EN 427
Seitenlänge:	mm	Abweichung von der Nennlänge $\leq 0,13\%$ bis max. 0,5 mm	
Rechtwinkligkeit und Geradheit bei einer Seitenlänge:	mm	zulässige Abweichung an jedem Punkt	
≤ 400 mm > 400 mm > 400 mm (zum Verschweißen vorgesehen)		$\leq 0,25$ $\leq 0,35$ $\leq 0,50$	
Gesamtdicke:	mm		EN 428
Mittelwert Einzelwerte		Nennwert $+ 0,13$ $- 0,10$ Mittelwert $\pm 0,15$	
flächenbezogene Gesamtmasse: (Mittelwert)	g/m²	Nennwert $+ 13\%$ $- 10\%$	EN 430
Dichte (Mittelwert): für homogene und die Nutzschicht von heterogenen Belägen	kg/m³	Nennwert ± 50	EN 436
Resteindruck (Mittelwert):	mm	$\leq 0,1$	EN 433
Maßänderung nach Wärmeeinwirkung:	%		EN 434
Bahnen und Platten (zum Verschweißen vorgesehen)		$\leq 0,4$	
Platten (Verlegung im Trockenfugenverfahren vorgesehen)		$\leq 0,25$	
Schlüsselung nach Wärmeeinwirkung:	mm		
Bahnen und Platten (zum Verschweißen vorgesehen)		≤ 8	
Platten (Verlegung im Trockenfugenverfahren vorgesehen)		≤ 2	
Biegsamkeit:		Die Prüfung wird mit einem Dorn von 20 mm durchgeführt. Produkte, die dabei Rißbildung zeigen, werden in einer weiteren Prüfung mit einem Dorn von 40 mm geprüft. Zeigen sie keine Rißbildung, ist der Einsatz eines Dornes von 40 mm anzugeben.	EN 435 Verfahren A
Farbbeständigkeit gegenüber künstlichem Licht		6 min	EN 20105-BO2: Verfahren 3 [1]

[1]) Die Prüfung ist an einer Probe von voller Größe durchzuführen. Eine weitere Probe, die als Referenzprobe für die Bewertung der Farbänderung dienen wird, ist im Dunkeln zu lagern.

Tabelle 2: Klassifizierungsanforderungen für Verschleißgruppen

Eigenschaft	Anforderungen an Verschleißgruppe				Prüfverfahren
	T	P	M	F	
Dickenverlust Δl mm	$\Delta l \leq 0,08$ [1])	$0,08 < \Delta l \leq 0,15$	$0,15 < \Delta l \leq 0,30$	$0,30 < \Delta l \leq 0,60$	prEN 660-1
Volumenverlust F_v mm³	$F_v \leq 2,0$ [1])	$2,0 < F_v \leq 4,0$	$4,0 < F_v \leq 7,5$	$7,5 < F_v \leq 15,0$	prEN 660-2

[1]) Wenn zur Verifikation geprüft

Seite 4
EN 649 : 1996

Tabelle 3: Klassifizierungsanforderungen für Verwendungsbereiche

Klasse	Symbol	Verwendungs-bereich	Gesamtdicke [1]) (homogen und heterogen) Nennwert mm				Nutzschichtdicke [2]) (heterogen) Nennwert mm				Auswirkung von Stuhlrollen [3])	Nahtfestigkeit N/50 mm
			T	P	M	F	T	P	M	F		
21		Wohnen mäßig	1,0	1,0	1,0	1,0	0,15	0,25	0,40	0,60	Keine Anforderung	Keine Anforderung
22		Wohnen normal	1,5	1,5	1,5	1,5	0,20	0,35	0,50	0,80		
23		Wohnen stark	1,5	1,5	1,5	1,5	0,30	0,45	0,65	1,00		
31		Gewerblich mäßig										
32		Gewerblich normal	1,5	1,5	1,5	2,0	0,40	0,55	0,80	1,20	Wenn zur Verifikation geprüft, dürfen nur leichte Oberflächenveränderungen und keine Delamierung auftreten.	Wenn nach Angaben des Herstellers verschweißt: Mittelwert ≥ 240. Einzelwerte ≥ 180.
41		Gewerblich stark										
33		Industriell mäßig										
42		Industriell normal	2,0	2,0	2,0	2,0	0,55	0,70	1,00	1,50		

[1]) bis [3]) siehe Seite 5

(fortgesetzt)

Seite 5
EN 649 : 1996

Tabelle 3 (abgeschlossen)

Klasse	Symbol	Verwendungs-bereich	Gesamtdicke [1] (homogen und heterogen) Nennwert mm				Nutzschichtdicke [2] (heterogen) Nennwert mm				Auswirkung von Stuhlrollen [3]	Nahtfestigkeit N/50 mm
			T	P	M	F	T	P	M	F		
34		Gewerblich sehr stark	2,0	2,0	2,0	2,5	0,70	1,00	1,50	2,00	Wenn zur Verifikation geprüft, dürfen nur leichte Oberflächenveränderungen und keine Delamierung auftreten.	Wenn nach Angaben des Herstellers verschweißt: Mittelwert ≥ 240. Einzelwerte ≥ 180.
43		Industriell stark										
Prüfverfahren			EN 428				EN 429				EN 425	EN 684

[1] Der Mittelwert muß der Nennwert $^{+0,13}_{-0,10}$ mm sein. Der Einzelwert darf mehr als ± 0,15 mm vom Mittelwert abweichen.

[2] Der Mittelwert muß der Nennwert mit den Grenzabmaßen von $^{+13}_{-10}$%, aber nicht mehr als 0,1 mm sein. Kein Einzelwert darf mehr als 0,05 mm oder 15 % unter dem Mittelwert liegen, wer immer der größere Wert ist. Wird diese Anforderung nur von einem Einzelwert nicht eingehalten, ist die Prüfung nochmals durchzuführen.

[3] Bodenbeläge der Klassen 32 bis 43 sind a priori Stuhlrollen geeignet und müssen nicht geprüft werden.

5 Kennzeichnung

Bodenbeläge nach dieser Norm und/oder deren Verpakkung müssen folgende Kennzeichnung tragen:

a) Nummer und Datum dieser Europäischen Norm, d. h. EN 649 : 1996;
b) Identifizierung des Herstellers oder der Lieferfirma;
c) Produktname;
d) Farbe/Muster sowie Chargen- und gegebenenfalls Rollennummer;
e) Klasse/Symbol passend für das Produkt;
f) Für Rollen: Länge, Breite und Dicke;
g) Für Platten: Abmessungen einer Platte und die in der Packung enthaltenen Quadratmeter.

Anhang A (informativ)

Wahlfreie Eigenschaften

Werden die nachfolgend genannten Eigenschaften für spezielle Anwendungen gefordert, sollte der Bodenbelag in Übereinstimmung mit dem geeigneten Verfahren geprüft werden:
- elektrischer Widerstand (prEN 1081);
- elektrostatisches Verhalten (prEN 1815);
- Verhalten gegenüber Flecken (EN 423);
- Schwerlastrollenversuch (prEN 1818).

Anhang B (informativ)

Zusätzliche Prüfverfahren

Die nachfolgend genannten Prüfverfahren sind für diese Art von Produkten ebenfalls verfügbar, sie sind jedoch nicht Bestandteil der Spezifikation:
- Verhalten bei der Simulation des Verschiebens eines Möbelfußes (EN 424);
- Trennwiderstand (EN 431);
- Scherkraft (EN 432);
- Wasserausbreitung (EN 661);
- Schüsselung bei Feuchteeinwirkung (EN 662);
- Dekortiefe (EN 663);
- Verlust an flüchtigen Bestandteilen (EN 664);
- Weichmacherabgabe (EN 665);
- Gelierung (EN 666);
- flächenbezogene Masse von Verstärkung oder Rücken (EN 718).

Anhang C (informativ)

Literaturhinweise

EN 423
  Elastische Bodenbeläge – Verhalten gegenüber Flecken
EN 424
  Elastische Bodenbeläge – Bestimmung des Verhaltens bei der Simulation des Verschiebens eines Möbelfußes
EN 431
  Elastische Bodenbeläge – Bestimmung des Trennwiderstandes
EN 432
  Elastische Bodenbeläge – Bestimmung der Scherkraft
EN 661
  Elastische Bodenbeläge – Bestimmung der Wasserausbreitung
EN 662
  Elastische Bodenbeläge – Bestimmung der Schlüsselung bei Feuchteeinwirkung
EN 663
  Elastische Bodenbeläge – Bestimmung der Dekortiefe
EN 664
  Elastische Bodenbeläge – Bestimmung des Verlustes an flüchtigen Bestandteilen
EN 665
  Elastische Bodenbeläge – Bestimmung der Weichmacherabgabe
EN 666
  Elastische Bodenbeläge – Bestimmung der Gelierung
EN 718
  Elastische Bodenbeläge – Bestimmung der flächenbezogenen Masse von Verstärkung oder Rücken von Bodenbelägen aus Polyvinylchlorid
prEN 1081
  Elastische Bodenbeläge – Bestimmung des elektrischen Widerstandes
prEN 1815
  Elastische Bodenbeläge – Beurteilung des elektrostatischen Verhaltens
prEN 1818
  Elastische Bodenbeläge – Bestimmung des Verhaltens gegenüber Schwenkrollen an schweren Möbelstücken

DEUTSCHE NORM   Januar 1997

Elastische Bodenbeläge
Bodenbeläge aus Polyvinylchlorid mit einem Rücken aus Jute oder
Polyestervlies oder auf Polyestervlies mit einem Rücken aus Polyvinylchlorid
Spezifikation
Deutsche Fassung EN 650 : 1996

**DIN
EN 650**

ICS 97.150

Deskriptoren: Bodenbelag, Polyvinylchlorid, Polyesterflies, Jute, elastisch

Ersatz für
DIN 16952-1 : 1977-04
und
DIN 16952-4 : 1977-04

Resilient floor coverings — Polyvinyl chloride floor coverings on jute
backing or on polyester felt backing or on polyester felt
with polyvinyl chloride backing — Specification;
German version EN 650 : 1996

Revêtements de sol résilients — Revêtements de sol à base de polychlorure
de vinyle sur support de jute ou de polyester ou sur feutre de polyester
avec polychlorure de vinyle — Spécification;
Version allemande EN 650 : 1996

Die Europäische Norm EN 650 : 1996 hat den Status einer Deutschen
Norm.

Nationales Vorwort

Diese Europäische Norm wurde vom CEN/TC 134 "Elastische und textile Bodenbeläge"
erarbeitet. Deutschland war durch den als Spiegelausschuß des FNK für elastische
Bodenbeläge eingesetzten FNK-Arbeitsausschuß 403.5 "Bodenbeläge" an der Bearbeitung beteiligt.

Für die im Abschnitt 2 zitierten Europäischen Normen wird, soweit die Norm-Nr geändert
ist, im folgenden auf die entsprechende Deutsche Norm hingewiesen:

EN 20105-B02   entspricht DIN 54004

Änderungen

Gegenüber DIN 16952-1 : 1977-04 und DIN 16952-4 : 1977-04 wurden folgende Änderungen vorgenommen:

— Europäische Norm EN 650 : 1996 übernommen.

Frühere Ausgaben

DIN 16952-1: 1972-02, 1977-04
DIN 16952-4: 1977-04

Nationaler Anhang NA   (informativ)
Literaturhinweise
DIN 54004
    Prüfung der Farbechtheit von Textilien — Bestimmung der Lichtechtheit von Färbungen und Drucken mit Xenonbogenlicht

Fortsetzung 6 Seiten EN

Normenausschuß Kunststoffe (FNK) im DIN Deutsches Institut für Normung e.V.
Normenausschuß Materialprüfung (NMP) im DIN

EUROPÄISCHE NORM
EUROPEAN STANDARD
NORME EUROPÉENNE

EN 650

Oktober 1996

ICS 91.180

Deskriptoren: Bodenbelag, Kunststoffbeschichtung, Vinylharz, Unterlage, Jute, Polyesterharz, Filz, Spezifikation, Eigenschaft, Verschleiß, Klassifikation, graphisches Symbol, Verwendung, Kennzeichnung

Deutsche Fassung

Elastische Bodenbeläge

Bodenbeläge aus Polyvinylchlorid mit einem Rücken aus Jute oder Polyestervlies oder auf Polyestervlies mit einem Rücken aus Polyvinylchlorid
Spezifikation

Resilient floor coverings — Polyvinyl chloride floor coverings on jute backing or on polyester felt backing or on polyester felt with polyvinyl chloride backing — Specification

Revêtements de sol résilients — Revêtements de sol à base de polychlorure de vinyle sur support de jute ou de polyester ou sur feutre de polyester avec polychlorure de vinyle — Spécification

Diese Europäische Norm wurde von CEN am 1996-09-07 angenommen.

Die CEN-Mitglieder sind gehalten, die CEN/CENELEC-Geschäftsordnung zu erfüllen, in der die Bedingungen festgelegt sind, unter denen dieser Europäischen Norm ohne jede Änderung der Status einer nationalen Norm zu geben ist.

Auf dem letzten Stand befindliche Listen dieser nationalen Normen mit ihren bibliographischen Angaben sind beim Zentralsekretariat oder bei jedem CEN-Mitglied auf Anfrage erhältlich.

Diese Europäische Norm besteht in drei offiziellen Fassungen (Deutsch, Englisch, Französisch). Eine Fassung in einer anderen Sprache, die von einem CEN-Mitglied in eigener Verantwortung durch Übersetzung in seine Landessprache gemacht und dem Zentralsekretariat mitgeteilt worden ist, hat den gleichen Status wie die offiziellen Fassungen.

CEN-Mitglieder sind die nationalen Normungsinstitute von Belgien, Dänemark, Deutschland, Finnland, Frankreich, Griechenland, Irland, Island, Italien, Luxemburg, Niederlande, Norwegen, Österreich, Portugal, Schweden, Schweiz, Spanien und dem Vereinigten Königreich.

CEN

EUROPÄISCHES KOMITEE FÜR NORMUNG
European Committee for Standardization
Comité Européen de Normalisation

Zentralsekretariat: rue de Stassart 36, B-1050 Brüssel

© 1996. Das Copyright ist den CEN-Mitgliedern vorbehalten.

Ref. Nr. EN 650 : 1996 D

Vorwort

Diese Europäische Norm wurde vom Technischen Komitee CEN/TC 134 "Elastische und textile Bodenbeläge" erarbeitet, dessen Sekretariat vom BSI gehalten wird.

Diese Europäische Norm muß den Status einer nationalen Norm erhalten, entweder durch Veröffentlichung eines identischen Textes oder durch Anerkennung bis April 1997, und etwaige entgegenstehende nationale Normen müssen bis April 1997 zurückgezogen werden.

Entsprechend der CEN/CENELEC-Geschäftsordnung sind die nationalen Normungsinstitute der folgenden Länder gehalten, diese Europäische Norm zu übernehmen:
Belgien, Dänemark, Deutschland, Finnland, Frankreich, Griechenland, Irland, Island, Italien, Luxemburg, Niederlande, Norwegen, Österreich, Portugal, Schweden, Schweiz, Spanien und das Vereinigte Königreich.

Anhang A ist informativ, Anhang B ist informativ und Anhang C ist informativ.

1 Anwendungsbereich

Diese Europäische Norm legt die Eigenschaften von Bodenbelägen auf der Basis von Polyvinylchlorid und dessen Modifikationen, ausgestattet mit einem Rücken aus Jute oder Polyestervlies oder aus Polyestervlies mit einem Rücken aus Polyvinylchlorid, fest, die sowohl in Form von Platten als auch als Rollen geliefert werden.

Um dem Verbraucher bei seiner Auswahl zu unterstützen, enthält diese Norm ein Klassifizierungssystem (siehe EN 685) auf Basis der Nutzungsintensität, das zeigt, wo für diese Bodenbeläge ein zufriedenstellender Nutzen möglich ist. Die Norm legt auch die Anforderungen zur Kennzeichnung fest.

2 Normative Verweisungen

Diese Europäische Norm enthält durch datierte oder undatierte Verweisungen Festlegungen aus anderen Publikationen. Diese normativen Verweisungen sind an den jeweiligen Stellen im Text zitiert, und die Publikationen sind nachstehend aufgeführt. Bei datierten Verweisungen gehören spätere Änderungen oder Überarbeitungen dieser Publikationen nur zu dieser Europäischen Norm, falls sie durch Änderung oder Überarbeitung eingearbeitet sind. Bei undatierten Verweisungen gilt die letzte Ausgabe der in Bezug genommenen Publikation.

EN 424
   Elastische Bodenbeläge — Bestimmung des Verhaltens bei der Simulation des Verschiebens eines Möbelfußes

EN 425
   Elastische Bodenbeläge — Stuhlrollenversuch

EN 426
   Elastische Bodenbeläge — Bestimmung von Breite, Länge, Geradheit und Ebenheit von Bahnen

EN 427
   Elastische Bodenbeläge — Bestimmung der Kantenlänge, Rechtwinkligkeit und Geradheit von Platten

EN 428
   Elastische Bodenbeläge — Bestimmung der Gesamtdicke

EN 429
   Elastische Bodenbeläge — Bestimmung der Dicke der Schichten

EN 430
   Elastische Bodenbeläge — Bestimmung der flächenbezogenen Masse

EN 431
   Elastische Bodenbeläge — Bestimmung des Trennwiderstandes

EN 432
   Elastische Bodenbeläge — Bestimmung der Scherkraft

EN 433
   Elastische Bodenbeläge — Bestimmung des Resteindruckes nach konstanter Belastung

EN 434
   Elastische Bodenbeläge — Bestimmung der Maßänderung und Schüsselung nach Wärmeeinwirkung

EN 436
   Elastische Bodenbeläge — Bestimmung der Dichte

prEN 660-1
   Elastische Bodenbeläge — Ermittlung des Verschleißverhaltens — Teil 1: Stuttgarter Prüfung

prEN 660-2
   Elastische Bodenbeläge — Ermittlung des Verschleißverhaltens — Teil 2: Frick-Taber-Prüfung

EN 661
   Elastische Bodenbeläge — Bestimmung der Wasserausbreitung

EN 663
   Elastische Bodenbeläge — Bestimmung der Dekortiefe

EN 684
   Elastische Bodenbeläge — Bestimmung der Nahtfestigkeit

EN 685
   Elastische Bodenbeläge — Klassifizierung

EN 718
   Elastische Bodenbeläge — Bestimmung der flächenbezogenen Masse von Verstärkung oder Rücken von Bodenbelägen aus Polyvinylchlorid

EN 20105-B02
   Textilien — Farbechtheitsprüfung — Teil B02: Lichtechtheit mit künstlichem Licht (Xenonbogenlicht) (ISO 105-B02 : 1988)

3 Definitionen

Für die Anwendung dieser Norm gelten die folgenden Definitionen:

3.1 Bodenbelag aus Polyvinylchlorid mit einem Rücken aus Jute: Bodenbelag bestehend aus einer Oberschicht aus Polyvinylchlorid verbunden mit einem Rücken aus Jutevlies.

3.2 Bodenbelag aus Polyvinylchlorid mit einem Rücken aus Polyestervlies: Bodenbelag bestehend aus einer Oberschicht aus Polyvinylchlorid verbunden mit einem Rücken aus Polyestervlies.

3.3 Bodenbelag aus Polyvinylchlorid auf Polyestervlies auf einem Rücken aus Polyvinylchlorid: Bodenbelag bestehend aus einer Oberschicht aus Polyvinylchlorid verbunden mit einem Polyestervlies mit einem Rücken aus Polyvinylchlorid.

Seite 3
EN 650 : 1996

Tabelle 1: Allgemeine Anforderungen

Eigenschaft		Anforderung	Prüfverfahren
Rollen: Länge: Breite:	m mm	Keine Abweichung unter die Nennwerte	EN 426
Platten: Seitenlänge:	mm	Abweichung von der Nennlänge $\leq 0{,}13\%$ bis max. 0,5 mm	EN 427
Rechtwinkligkeit und Geradheit bei einer Seitenlänge: ≤ 400 mm > 400 mm > 400 mm (zum Verschweißen vorgesehen)	mm	zulässige Abweichung an jedem Punkt $\leq 0{,}25$ $\leq 0{,}35$ $\leq 0{,}50$	
Gesamtdicke: Mittelwert Einzelwerte	mm	Nennwert $+0{,}18$ $\qquad\quad -0{,}15$ Mittelwert $\pm 0{,}20$	EN 428
flächenbezogene Gesamtmasse: (Mittelwert)	g/m²	Nennwert $+13\%$ $\qquad\quad -10\%$	EN 430
flächenbezogene Masse des Rückens: Jute Rücken (Mittelwert) Einzelwerte Polyester Rücken (Mittelwert) Einzelwerte	g/m²	 ≥ 500 ≥ 450 ≥ 300 ≥ 270	EN 718
Dichte der Nutzschicht (Mittelwert):	kg/m³	Nennwert ± 50	EN 436
Maßänderung nach Wärmeeinwirkung: Bodenbeläge auf Jute oder Polyestervlies Bodenbeläge auf Polyestervlies mit einem Rücken aus Polyvinylchlorid: Bahnen und Platten (zum Verschweißen vorgesehen) Platten (Verlegung im Trockenfugenverfahren vorgesehen)	%	 $\leq 0{,}4$ $\leq 0{,}4$ $\leq 0{,}25$	EN 434
Schüsselung nach Wärmeeinwirkung: Bodenbeläge auf Jute oder Polyestervlies Bodenbeläge auf Polyestervlies mit einem Rücken aus Polyvinylchlorid: Bahnen und Platten (zum Verschweißen vorgesehen) Platten (Verlegung im Trockenfugenverfahren vorgesehen)	mm	 ≤ 8 ≤ 8 ≤ 2	
Farbbeständigkeit gegenüber künstlichem Licht		6 min.	EN 20105-B02: Verfahren 3[1])
Trennwiderstand (Mittelwert) Einzelwerte	N/50 mm	≥ 50 ≥ 40	EN 431
Scherkraft des Rückens (nur für Jute Rücken) (Mittelwert) Einzelwerte	N	≥ 360 ≥ 280	EN 432
Wasserausbreitung[2])		Die Zeit zur Ausbreitung bis zu einer Kante der Probe muß mehr als 16 h betragen.	EN 661

[1]) Die Prüfung ist an einer Probe von voller Größe durchzuführen. Eine weitere Probe, die als Referenzprobe für die Bewertung der Farbbänderung dienen wird, ist im Dunkeln zu lagern.

[2]) Für Bodenbeläge — außer denen mit einem Rücken aus Jute — die für den Einsatz unter feuchten Bedingungen vorgesehen sind.

Tabelle 2: Klassifizierungsanforderungen für Verschleißgruppen

Eigenschaft		Anforderungen an Verschleißgruppe			Prüfverfahren
		T	P	M	F	
Dickenverlust Δl	mm	$\Delta l \leq 0{,}08^{1)}$	$0{,}08 < \Delta l \leq 0{,}15$	$0{,}15 < \Delta l \leq 0{,}30$	$0{,}30 < \Delta l \leq 0{,}60$	prEN 660-1
Volumenverlust F_v	mm³	$F_v \leq 2{,}0^{1)}$	$2{,}0 < F_v \leq 4{,}0$	$4{,}0 < F_v \leq 7{,}5$	$7{,}5 < F_v \leq 15{,}0$	prEN 660-2

$^{1)}$ Wenn zur Verifikation geprüft.

Tabelle 3: Klassifizierungsanforderungen für Verwendungsbereiche

Klasse	Symbol	Verwendungs-bereich	Nutzschichtdicke Nennwert³⁾ mm			Dekortiefe Nennwert (Minimum) mm			Auswirkung von Stuhlrollen	Simulation des Verschiebens eines Möbelfußes	Nahtfestigkeit, wenn nach Herstellerangaben verschweißt N/50 mm	Fußkomfort Eindruck bei konstanter Belastung²⁾ (Mittelwert) (mm)	Resteindruck nach konstanter Belastung Mittelwert, mm		
			T	P		T		P					Bodenbeläge mit Jute-Rücken	Bodenbeläge auf Polyestervlies	Bodenbeläge mit Polyestervlies mit Polyvinyl-chlorid-Rücken
21		Wohnen mäßig	0,15	0,20		0,13		0,15	Keine Anforderung	—	Keine Anforderung	≥ 0,40, wenn nach 15 s unter Last gemessen	≤ 0,50	≤ 0,40	≤ 0,35
22		Wohnen normal	0,20	0,30		0,15		0,18		Bei Prüfung mit Stempel Typ 3 darf keine Beschädigung sichtbar sein.					
23		Wohnen stark	0,25	0,40		0,18		0,20							
31		Gewerblich mäßig	0,25	0,40		0,18		0,20				Keine Anforderung			

(fortgesetzt)

Seite 5
EN 650 : 1996

Tabelle 3 (abgeschlossen)

Klasse	Symbol	Verwendungsbereich	Nutzschichtdicke Nennwert[3] mm T	Nutzschichtdicke Nennwert[3] mm P	Dekortiefe Nennwert (Minimum) mm T	Dekortiefe Nennwert (Minimum) mm P	Auswirkung von Stuhlrollen	Simulation des Verschiebens eines Möbelfußes		Nahtfestigkeit wenn nach Herstellerangaben verschweißt N/50 mm	Fußkomfort Eindruck bei konstanter Belastung[2] (Mittelwert) (mm)	Resteindruck nach konstanter Belastung Mittelwert, mm Bodenbeläge mit Jute-Rücken	Resteindruck nach konstanter Belastung Mittelwert, mm Bodenbeläge auf Polyestervlies	Resteindruck nach konstanter Belastung Mittelwert, mm Bodenbeläge mit Polyestervlies mit Polyvinylchlorid-Rücken
32[1])[2]		Gewerblich normal	0,35	0,50	0,30	—	Nur leichte Oberflächenveränderungen und keine Delaminierung dürfen auftreten.	Bei Prüfung mit Stempel Typ 2 darf keine Beschädigung sichtbar sein.	Bei Prüfung mit Stempel Typ 0 darf die Naht, wenn diese nach Herstellerangaben geschweißt wurde, nicht beschädigt sein.	Mittelwert ≥150 Einzelwerte ≥120	Keine Anforderung	nicht geeignet	≤0,40	≤0,20
41[2]		Industriell mäßig	0,35	0,50	0,30	—				Mittelwert ≥240 Einzelwerte ≥180			nicht geeignet	
33[2]		Gewerblich stark	0,50	0,65	—	—								
42[2]		Industriell normal	0,50	0,65	—	—								
34[2]		Gewerblich sehr stark	0,65	1,00	—	—								
Prüfverfahren			EN 429		EN 663		EN 425	EN 424		EN 684	EN 433			

[1]) Bodenbeläge mit Polyestervlies-Rücken
[2]) Bodenbeläge mit Polyestervlies mit Polyvinylchlorid-Rücken
[3]) Der Mittelwert muß der Nennwert mit Grenzabmaßen von $^{+13}_{-10}$ %, aber nicht mehr als 0,1 mm sein. Kein Einzelwert darf mehr als 0,05 mm oder 15 % unter dem Mittelwert liegen, wer immer der größere Wert ist. Wird diese Anforderung nur von einem Einzelwert nicht eingehalten, ist die Prüfung nochmals durchzuführen.

4 Anforderungen

4.1 Allgemeine Anforderungen

Die in dieser Norm beschriebenen Bodenbeläge müssen die entsprechenden allgemeinen Anforderungen, festgelegt in Tabelle 1, erfüllen, wenn sie in Übereinstimmung mit den darin genannten Prüfverfahren geprüft wurden.

4.2 Klassifizierungsanforderungen

4.2.1 Verschleißgruppen-Klassifizierung

Bodenbeläge aus Polyvinylchlorid sind entsprechend den in Tabelle 2 festgelegten Verschleißgruppen klassifiziert, wenn diese in Übereinstimmung mit prEN 660-1 und prEN 660-2 geprüft wurden.

ANMERKUNG: Mit den Prüfungen soll das Verschleißverhalten der Nutzschicht, entweder durch Dickenverlust (prEN 660-1), oder durch Volumenverlust (prEN 660-2) festgestellt werden.

Die in dieser Norm beschriebenen Bodenbeläge sind in Verschleißgruppe T oder P zu klassifizieren.

Bodenbeläge mit einer transparenten Nutzschicht gehören a priori zur Gruppe T und brauchen keiner Prüfung unterzogen werden.

4.2.2 Verwendungsbereich-Klassifizierung

Die in dieser Norm beschriebenen Bodenbeläge müssen in Übereinstimmung mit den in Tabelle 3 festgelegten Leistungsanforderungen als anwendbar für verschiedene Verwendungsbereiche klassifiziert werden, wenn sie nach den darin genannten Prüfverfahren geprüft wurden. Die Klassifizierung muß dem Schema, festgelegt in EN 685, entsprechen.

5 Kennzeichnung

Bodenbeläge nach dieser Norm und/oder deren Verpakkung müssen folgende Kennzeichnung tragen:

a) Nummer und Datum dieser Europäischen Norm, d. h. EN 650 : 1996;
b) Identifizierung des Herstellers oder der Lieferfirma;
c) Produktname;
d) Farbe/Muster sowie Chargen- und gegebenenfalls Rollennummer;
e) Klasse/Symbol passend für das Produkt;
f) Für Rollen: Länge, Breite und Dicke;
g) Für Platten: Abmessungen einer Platte und die in der Packung enthaltenen Quadratmeter.

Anhang A (informativ)

Wahlfreie Eigenschaften

Werden die nachfolgend genannten Eigenschaften für spezielle Anwendungen gefordert, sollte der Bodenbelag in Übereinstimmung mit dem geeigneten Verfahren geprüft werden:

— Verhalten gegen Flecken (EN 423);
— elektrischer Widerstand (EN 1081);
— elektrostatisches Verhalten (prEN 1815).

Anhang B (informativ)

Zusätzliche Prüfverfahren

Die nachfolgend genannten Prüfverfahren sind für diese Art von Produkten ebenfalls verfügbar, sie sind jedoch nicht Bestandteil der Spezifikation:

— Verlust an flüchtigen Bestandteilen (EN 664)
— Weichmacherabgabe (EN 665)
— Gelierung (EN 666)

Anhang C (informativ)

Literaturhinweise

EN 423
    Elastische Bodenbeläge — Verhalten gegenüber Flecken

EN 664
    Elastische Bodenbeläge — Bestimmung des Verlustes an flüchtigen Bestandteilen

EN 665
    Elastische Bodenbeläge — Bestimmung der Weichmacherabgabe

EN 666
    Elastische Bodenbeläge — Bestimmung der Gelierung

prEN 1081
    Elastische Bodenbeläge — Bestimmung des elektrischen Widerstandes

prEN 1815
    Elastische Bodenbeläge — Beurteilung des elektrostatischen Verhaltens

DEUTSCHE NORM   **Januar 1997**

Elastische Bodenbeläge
Polyvinylchlorid-Bodenbeläge mit einer Schaumstoffschicht
Spezifikation
Deutsche Fassung EN 651 : 1996

DIN

EN 651

ICS 97.150

Ersatz für
DIN 16952-3 : 1977-04

Deskriptoren: Bodenbelag, Polyvinylchlorid, Schaumstoff, elastisch

Resilient floor coverings — Polyvinyl chloride floor coverings with foam layer — Specification;
German version EN 651 : 1996
Revêtements de sol résilients — Revêtements de sol à base de polychlorure de vinyle sur mousse — Spécification;
Version allemande EN 651 : 1996

Die Europäische Norm EN 651 : 1996 hat den Status einer Deutschen Norm.

Nationales Vorwort

Diese Europäische Norm wurde vom CEN/TC 134 "Elastische und textile Bodenbeläge" erarbeitet. Deutschland war durch den als Spiegelausschuß des FNK für elastische Bodenbeläge eingesetzten FNK-Arbeitsausschuß 403.5 "Bodenbeläge" an der Bearbeitung beteiligt.

Für die im Abschnitt 2 zitierten Europäischen Normen wird, soweit die Norm-Nr. geändert ist, im folgenden auf die entsprechende Deutsche Norm hingewiesen:

EN 20105-B02   entspricht DIN 54004

Änderungen

Gegenüber DIN 16952-3 : 1977-04 wurden folgende Änderungen vorgenommen:
— Europäische Norm EN 651 : 1996 übernommen.

Frühere Ausgaben

DIN 16952-3: 1973-10, 1977-04

Nationaler Anhang NA   (informativ)

Literaturhinweise

DIN 54004
    Prüfung der Farbechtheit von Textilien — Bestimmung der Lichtechtheit von Färbungen und Drucken mit Xenonbogenlicht

Fortsetzung 5 Seiten EN

Normenausschuß Kunststoffe (FNK) im DIN Deutsches Institut für Normung e.V.
Normenausschuß Materialprüfung (NMP) im DIN

EUROPÄISCHE NORM
EUROPEAN STANDARD
NORME EUROPÉENNE

EN 651

Oktober 1996

ICS 91.180

Deskriptoren: Bodenbelag, Kunststoffbeschichtung, flexibler Stoff, Vinylharz, Spezifikation, Eigenschaft, Verschleiß, Klassifikation, graphisches Symbol, Verwendung, Kennzeichnung

Deutsche Fassung

Elastische Bodenbeläge

Polyvinylchlorid-Bodenbeläge mit einer Schaumstoffschicht
Spezifikation

Resilient floor coverings — Polyvinyl chloride floor coverings with foam layer — Specification

Revêtements de sol résilients — Revêtements de sol à base de polychlorure de vinyle sur mousse — Spécification

---

Diese Europäische Norm wurde von CEN am 1996-09-07 angenommen.

Die CEN-Mitglieder sind gehalten, die CEN/CENELEC-Geschäftsordnung zu erfüllen, in der die Bedingungen festgelegt sind, unter denen dieser Europäischen Norm ohne jede Änderung der Status einer nationalen Norm zu geben ist.

Auf dem letzten Stand befindliche Listen dieser nationalen Normen mit ihren bibliographischen Angaben sind beim Zentralsekretariat oder bei jedem CEN-Mitglied auf Anfrage erhältlich.

Diese Europäische Norm besteht in drei offiziellen Fassungen (Deutsch, Englisch, Französisch). Eine Fassung in einer anderen Sprache, die von einem CEN-Mitglied in eigener Verantwortung durch Übersetzung in seine Landessprache gemacht und dem Zentralsekretariat mitgeteilt worden ist, hat den gleichen Status wie die offiziellen Fassungen.

CEN-Mitglieder sind die nationalen Normungsinstitute von Belgien, Dänemark, Deutschland, Finnland, Frankreich, Griechenland, Irland, Island, Italien, Luxemburg, Niederlande, Norwegen, Österreich, Portugal, Schweden, Schweiz, Spanien und dem Vereinigten Königreich.

CEN

EUROPÄISCHES KOMITEE FÜR NORMUNG
European Committee for Standardization
Comité Européen de Normalisation

Zentralsekretariat: rue de Stassart 36, B-1050 Brüssel

© 1996. Das Copyright ist den CEN-Mitgliedern vorbehalten.

Ref. Nr. EN 651 : 1996 D

Seite 2
EN 651 : 1996

Vorwort

Diese Europäische Norm wurde vom Technischen Komitee CEN/TC 134 "Elastische und textile Bodenbeläge" erarbeitet, dessen Sekretariat vom BSI gehalten wird.

Diese Europäische Norm muß den Status einer nationalen Norm erhalten, entweder durch Veröffentlichung eine identischen Textes oder durch Anerkennung bis April 1997, und etwaige entgegenstehende nationale Normen müssen bis April 1997 zurückgezogen werden.

Entsprechend der CEN/CENELEC-Geschäftsordnung sind die nationalen Normungsinstitute der folgenden Länder gehalten, diese Europäische Norm zu übernehmen:
Belgien, Dänemark, Deutschland, Finnland, Frankreich, Griechenland, Irland, Island, Italien, Luxemburg, Niederlande, Norwegen, Österreich, Portugal, Schweden, Schweiz, Spanien und das Vereinigte Königreich.

Anhang A ist informativ, Anhang B ist informativ, Anhang C ist informativ.

1 Anwendungsbereich

Diese Europäische Norm legt die Eigenschaften von Bodenbelägen aus Polyvinylchlorid mit einer Schaumstoffschicht aus Polyvinylchlorid fest, die sowohl in Form von Platten als auch als Rollen geliefert werden.

Um den Verbraucher bei seiner Auswahl zu unterstützen, enthält diese Norm ein Klassifizierungssystem (siehe EN 685) auf Basis der Nutzungsintensität, das zeigt, wo für diese Bodenbeläge ein zufriedenstellender Nutzen möglich wäre. Die Norm legt auch die Anforderungen zur Kennzeichnung fest.

2 Normative Verweisungen

Diese Europäische Norm enthält durch datierte oder undatierte Verweisungen Festlegungen aus anderen Publikationen. Diese normativen Verweisungen sind an den jeweiligen Stellen im Text zitiert, und die Publikationen sind nachstehend aufgeführt. Bei datierten Verweisungen gehören spätere Änderungen oder Überarbeitungen dieser Publikationen nur zu dieser Europäischen Norm, falls sie durch Änderung oder Überarbeitung eingearbeitet sind. Bei undatierten Verweisungen gilt die letzte Ausgabe der in Bezug genommenen Publikation.

EN 424
 Elastische Bodenbeläge — Bestimmung des Verhaltens bei der Simulation des Verschiebens eines Möbelfußes

EN 425
 Elastische Bodenbeläge — Stuhlrollenversuch

EN 426
 Elastische Bodenbeläge — Bestimmung von Breite, Länge, Geradheit und Ebenheit von Bahnen

EN 427
 Elastische Bodenbeläge — Bestimmung der Kantenlänge, Rechtwinkligkeit und Geradheit von Platten

EN 428
 Elastische Bodenbeläge — Bestimmung der Gesamtdicke

EN 429
 Elastische Bodenbeläge — Bestimmung der Dicke der Schichten

EN 430
 Elastische Bodenbeläge — Bestimmung der flächenbezogenen Masse

EN 431
 Elastische Bodenbeläge — Bestimmung des Trennwiderstandes

EN 433
 Elastische Bodenbeläge — Bestimmung des Resteindruckes nach konstanter Belastung

EN 434
 Elastische Bodenbeläge — Bestimmung der Maßänderung und Schüsselung nach Wärmeeinwirkung

EN 436
 Elastische Bodenbeläge — Bestimmung der Dichte

prEN 660-1
 Elastische Bodenbeläge — Ermittlung des Verschleißverhaltens — Teil 1: Stuttgarter Prüfung

prEN 660-2
 Elastische Bodenbeläge — Ermittlung des Verschleißverhaltens — Teil 2: Frick-Taber-Prüfung

EN 684
 Elastische Bodenbeläge — Bestimmung der Nahtfestigkeit

EN 685
 Elastische Bodenbeläge — Klassifizierung

EN 20105-B02
 Textilien — Farbechtheitsprüfung — Teil B02: Lichtechtheit mit künstlichem Licht (Xenonbogenlicht) (ISO 105-B02 : 1988)

3 Definitionen

Für die Anwendung dieser Norm gelten die folgenden Definitionen:

Polyvinylchlorid-Bodenbelag: Bodenbelag mit Oberschichten, hergestellt mit Polyvinylchlorid (und Modifikationen daraus) als Bindemittel.

4 Anforderungen

4.1 Allgemeine Anforderungen

Die in dieser Norm beschriebenen Bodenbeläge müssen die entsprechenden allgemeinen Anforderungen, festgelegt in Tabelle 1, erfüllen, wenn sie in Übereinstimmung mit den darin genannten Prüfverfahren geprüft wurden.

4.2 Klassifizierungsanforderungen

4.2.1 Verschleißgruppen-Klassifizierung

Bodenbeläge aus Polyvinylchlorid sind entsprechend den in Tabelle 2 festgelegten Verschleißgruppen klassifiziert, wenn diese in Übereinstimmung mit prEN 660-1 und prEN 660-2 geprüft wurden.

ANMERKUNG: Mit den Prüfungen soll das Verschleißverhalten der Nutzschicht, entweder durch Dickenverlust (prEN 660-1), oder durch Volumenverlust (prEN 660-2) festgestellt werden.

Die in dieser Norm beschriebenen Bodenbeläge sind in Verschleißgruppen T, P oder M zu klassifizieren.

Bodenbeläge mit einer transparenten Nutzschicht gehören a priori zur Gruppe T und brauchen keiner Prüfung unterzogen werden.

379

Tabelle 1: Allgemeine Anforderungen

Eigenschaft		Anforderung	Prüfverfahren
Rollen: Länge: Breite:	 m mm	Keine Abweichung unter die Nennwerte	EN 426
Platten: Seitenlänge: Rechtwinkligkeit und Geradheit bei einer Seitenlänge: ≤ 400 mm > 400 mm > 400 mm (zum Verschweißen vorgesehen)	 mm mm	Abweichung von der Nennlänge ≤ 0,13 % bis max. 0,5 mm zulässige Abweichung an jedem Punkt ≤ 0,25 ≤ 0,35 ≤ 0,50	EN 427
Gesamtdicke: Mittelwert Einzelwerte	mm	 Nennwert + 0,18 − 0,15 Mittelwert ± 0,20	EN 428
Dicke der Schaumstoffschicht	mm	Die Nenndicke ist anzugeben.	EN 429
flächenbezogene Gesamtmasse (Mittelwert):	g/m²	Nennwert + 13 % − 10 %	EN 430
Dichte der Nutzschicht (Mittelwert):	kg/m³	Nennwert ± 50	EN 436
Maßänderung nach Wärmeeinwirkung: Bahnen und Platten (zum Verschweißen vorgesehen) Platten (Verlegung im Trockenfugenverfahren vorgesehen)	%	 ≤ 0,40 % ≤ 0,25 %	EN 434
Schüsselung nach Wärmeeinwirkung: Bahnen und Platten (zum Verschweißen vorgesehen) Platten (Verlegung im Trockenfugenverfahren vorgesehen)	mm	 ≤ 8 ≤ 2	
Farbbeständigkeit gegenüber künstlichem Licht		6 min	EN 20105-B02: Verfahren 3[1])
Trennwiderstand: Mittelwert Einzelwerte	N/50 mm	 ≥ 50 ≥ 40	EN 431

[1]) Die Prüfung ist an einer Probe von voller Größe durchzuführen. Eine weitere Probe, die als Referenzprobe für die Bewertung der Farbänderung dienen wird, ist im Dunkeln zu lagern.

Tabelle 2: Klassifizierungsanforderungen für Verschleißgruppen

Eigenschaft	Anforderungen an Verschleißgruppe				Prüfverfahren
	T	P	M	F	
Dickenverlust Δl mm	$\Delta l \leq 0{,}08$[1])	$0{,}08 < \Delta l \leq 0{,}15$	$0{,}15 < \Delta l \leq 0{,}30$	$0{,}30 < \Delta l \leq 0{,}60$	prEN 660-1
Volumenverlust F_v mm³	$F_v \leq 2{,}0$[1])	$2{,}0 < F_v \leq 4{,}0$	$4{,}0 < F_v \leq 7{,}5$	$7{,}5 < F_v \leq 15{,}0$	prEN 660-2

[1]) Wenn zur Verifikation geprüft.

4.2.2 Verwendungsbereich-Klassifizierung

Die in dieser Norm beschriebenen Bodenbeläge müssen in Übereinstimmung mit den in Tabelle 3 festgelegten Leistungsanforderungen als anwendbar für verschiedene Verwendungsbereiche klassifiziert werden, wenn sie nach den darin genannten Prüfverfahren geprüft wurden. Die Klassifizierung muß dem Schema, festgelegt in EN 685, entsprechen.

Tabelle 3: Klassifizierungsanforderungen für Verwendungsbereiche

Klasse	Symbol	Verwendungsbereich	Nutzschichtdicke Nennwert[1] mm			Auswirkung von Stuhlrollen	Simulation des Verschiebens eines Möbelfußes	Nahtfestigkeit, wenn nach Herstellerangaben verschweißt N/50 mm	Fußkomfort	Resteindruck nach konstanter Belastung mm
			T	P	M					
21		Wohnen mäßig	0,15	0,20	0,30	—			Eindruck bei konstanter Belastung (gemessen 15 s nach Belastung) ≥ 0,40 mm	
22		Wohnen normal	0,20	0,30	0,45	Keine Anforderung	Bei Prüfung mit Stempel Typ 3 darf keine Beschädigung sichtbar sein.	Keine Anforderung		≥ 0,35
23		Wohnen stark	0,25	0,40	0,60					
31		Gewerblich mäßig								
32		Gewerblich normal	0,35	0,50	0,75	Nur leichte Oberflächenveränderungen und keine Delamierung dürfen auftreten.	Bei Prüfung mit Stempel Typ 2 darf keine Beschädigung sichtbar sein.	Bei Prüfung mit Stempel Typ 0 darf die Naht, wenn diese nach Herstellerangaben geschweißt wurde, nicht beschädigt sein.	Mittelwert ≥ 240 Einzelwerte ≥ 180	Keine Anforderung ≥ 0,20
41		Industriell mäßig								
33		Gewerblich stark	0,50	0,65	1,00					
42		Industriell normal								
34		Gewerblich sehr stark	0,65	1,00	1,50					
Prüfverfahren			EN 429			EN 425	EN 424	EN 684		EN 433

[1] Der Mittelwert muß der Nennwert mit Grenzabmaßen von $^{+13}_{-10}$ %, aber nicht mehr als 0,1 mm sein. Kein Einzelwert darf mehr als 0,05 mm oder 15 % unter dem Mittelwert liegen, wer immer der größere Wert ist. Wird diese Anforderung nur von einem Einzelwert nicht eingehalten, ist die Prüfung nochmals durchzuführen.

Seite 5
EN 651 : 1996

5 Kennzeichnung

Bodenbeläge nach dieser Norm und/oder deren Verpackung müssen folgende Kennzeichnung tragen:
a) Nummer und Datum dieser Europäischen Norm, d. h. EN 651 : 1996;
b) Identifizierung des Herstellers oder der Lieferfirma;
c) Produktname;
d) Farbe/Muster sowie Chargen- und gegebenenfalls Rollennummer;
e) Klasse/Symbol passend für das Produkt;
f) Für Rollen: Länge, Breite und Dicke;
g) Für Platten: Abmessungen einer Platte und die in der Packung enthaltenen Quadratmeter.

Anhang A (informativ)
Wahlfreie Eigenschaften

Werden die nachfolgend genannten Eigenschaften für spezielle Anwendungen gefordert, sollte der Bodenbelag in Übereinstimmung mit dem geeigneten Verfahren geprüft werden:
— Verhalten gegen Flecken (EN 423)
— elektrischer Widerstand (prEN 1081)
— elektrostatisches Verhalten (prEN 1815)

Anhang B (informativ)
Zusätzliche Prüfverfahren

Die nachfolgend genannten Prüfverfahren sind für diese Art von Produkten ebenfalls verfügbar, sie sind jedoch nicht Bestandteil der Spezifikation:
— Scherkraft (EN 432)
— Wasserausbreitung (EN 661)
— Schüsselung bei Feuchteeinwirkung (EN 662)
— Dekortiefe (EN 663)
— Verlust an flüchtigen Bestandteilen (EN 664)
— Weichmacherabgabe (EN 665)
— Gelierung (EN 666).

Anhang C (informativ)
Literaturhinweise

EN 423
    Elastische Bodenbeläge — Verhalten gegenüber Flecken
EN 432
    Elastische Bodenbeläge — Bestimmung der Scherkraft
EN 661
    Elastische Bodenbeläge — Bestimmung der Wasserausbreitung
EN 662
    Elastische Bodenbeläge — Bestimmung der Schüsselung bei Feuchteeinwirkung
EN 663
    Elastische Bodenbeläge — Bestimmung der Dekortiefe
EN 664
    Elastische Bodenbeläge — Bestimmung des Verlustes an flüchtigen Bestandteilen
EN 665
    Elastische Bodenbeläge — Bestimmung der Weichmacherabgabe
EN 666
    Elastische Bodenbeläge — Bestimmung der Gelierung
prEN 1081
    Elastische Bodenbeläge — Bestimmung des elektrischen Widerstandes
prEN 1815
    Elastische Bodenbeläge — Beurteilung des elektrostatischen Verhaltens

DEUTSCHE NORM Januar 1997

Elastische Bodenbeläge
Polyvinylchlorid-Bodenbeläge mit einem Rücken auf Korkbasis
Spezifikation
Deutsche Fassung EN 652 : 1996

DIN
EN 652

ICS 97.150

Ersatz für
DIN 16952-2 : 1979-01

Deskriptoren: Bodenbelag, Polyvinylchlorid, Kork, elastisch

Resilient floor coverings — Polyvinyl chloride floor coverings
with cork-based backing — Specification;
German version EN 652 : 1996
Revêtements de sol résilients — Revêtements de sol à base de
polychlorure de vinyle avec support à base de liège — Spécification;
Version allemande EN 652 : 1996

Die Europäische Norm EN 652 : 1996 hat den Status einer Deutschen Norm.

Nationales Vorwort

Diese Europäische Norm wurde vom CEN/TC 134 "Elastische und textile Bodenbeläge" erarbeitet. Deutschland war durch den als Spiegelausschuß des FNK für elastische Bodenbeläge eingesetzten FNK-Arbeitsausschuß 403.5 "Bodenbeläge" an der Bearbeitung beteiligt.

Für die im Abschnitt 2 zitierten Europäischen Normen wird, soweit die Norm-Nr geändert ist, im folgenden auf die entsprechende Deutsche Norm hingewiesen:

EN 20105-B02   entspricht DIN 54004

Änderungen

Gegenüber DIN 16952-2 : 1979-01 wurden folgende Änderungen vorgenommen:
— Europäische Norm EN 652 : 1996 übernommen.

Frühere Ausgaben

DIN 16952-2: 1972-02, 1977-04, 1979-01

Nationaler Anhang NA   (informativ)
Literaturhinweise

DIN 54004
   Prüfung der Farbechtheit von Textilien — Bestimmung der Lichtechtheit von Färbungen und Drucken mit Xenonbogenlicht

Fortsetzung 5 Seiten EN

Normenausschuß Kunststoffe (FNK) im DIN Deutsches Institut für Normung e.V.
Normenausschuß Materialprüfung (NMP) im DIN

EUROPÄISCHE NORM
EUROPEAN STANDARD
NORME EUROPÉENNE

EN 652

Oktober 1996

ICS 91.180

Deskriptoren: Bodenbelag, Kunststoffbeschichtung, flexibler Stoff, Vinylharz, Unterlage, Kork, Spezifikation, Eigenschaft, Verschleiß, Klassifikation, graphisches Symbol, Verwendung, Kennzeichnung

Deutsche Fassung

Elastische Bodenbeläge
Polyvinylchlorid-Bodenbeläge mit einem Rücken auf Korkbasis
Spezifikation

Resilient floor coverings — Polyvinyl chloride floor coverings with cork-based backing — Specification

Revêtements de sol résilients — Revêtements de sol à base de polychlorure de vinyle avec support à base de liège — Spécification

Diese Europäische Norm wurde von CEN am 1996-09-07 angenommen.

Die CEN-Mitglieder sind gehalten, die CEN/CENELEC-Geschäftsordnung zu erfüllen, in der die Bedingungen festgelegt sind, unter denen dieser Europäischen Norm ohne jede Änderung der Status einer nationalen Norm zu geben ist.

Auf dem letzten Stand befindliche Listen dieser nationalen Normen mit ihren bibliographischen Angaben sind beim Zentralsekretariat oder bei jedem CEN-Mitglied auf Anfrage erhältlich.

Diese Europäische Norm besteht in drei offiziellen Fassungen (Deutsch, Englisch, Französisch). Eine Fassung in einer anderen Sprache, die von einem CEN-Mitglied in eigener Verantwortung durch Übersetzung in seine Landessprache gemacht und dem Zentralsekretariat mitgeteilt worden ist, hat den gleichen Status wie die offiziellen Fassungen.

CEN-Mitglieder sind die nationalen Normungsinstitute von Belgien, Dänemark, Deutschland, Finnland, Frankreich, Griechenland, Irland, Island, Italien, Luxemburg, Niederlande, Norwegen, Österreich, Portugal, Schweden, Schweiz, Spanien und dem Vereinigten Königreich.

CEN

EUROPÄISCHES KOMITEE FÜR NORMUNG
European Committee for Standardization
Comité Européen de Normalisation

Zentralsekretariat: rue de Stassart 36, B-1050 Brüssel

© 1996. Das Copyright ist den CEN-Mitgliedern vorbehalten.

Ref. Nr. EN 652 : 1996 D

Vorwort

Diese Europäische Norm wurde vom Technischen Komitee CEN/TC 134 "Elastische und textile Bodenbeläge" erarbeitet, dessen Sekretariat vom BSI gehalten wird.

Diese Europäische Norm muß den Status einer nationalen Norm erhalten, entweder durch Veröffentlichung eines identischen Textes oder durch Anerkennung bis April 1997, und etwaige entgegenstehende nationale Normen müssen bis April 1997 zurückgezogen werden.

Entsprechend der CEN/CENELEC-Geschäftsordnung sind die nationalen Normungsinstitute der folgenden Länder gehalten, diese Europäische Norm zu übernehmen:
Belgien, Dänemark, Deutschland, Finnland, Frankreich, Griechenland, Irland, Island, Italien, Luxemburg, Niederlande, Norwegen, Österreich, Portugal, Schweden, Schweiz, Spanien und das Vereinigte Königreich.

Anhang A ist informativ, Anhang B ist informativ, Anhang C ist informativ.

1 Anwendungsbereich

Diese Europäische Norm legt die allgemeinen Eigenschaften von Bodenbelägen auf der Basis von Polyvinylchlorid und dessen Modifikationen mit einem Rücken auf Korkbasis fest, die sowohl in Form von Platten als auch als Rollen geliefert werden.

Um den Verbraucher bei seiner Auswahl zu unterstützen, enthält diese Norm ein Klassifizierungssystem (siehe EN 685) auf Basis der Nutzungsintensität, das zeigt, wo für diese Bodenbeläge ein zufriedenstellender Nutzen möglich wäre. Die Norm legt auch die Anforderungen zur Kennzeichnung fest.

2 Normative Verweisungen

Diese Europäische Norm enthält durch datierte oder undatierte Verweisungen Festlegungen aus anderen Publikationen. Diese normativen Verweisungen sind an den jeweiligen Stellen im Text zitiert, und die Publikationen sind nachstehend aufgeführt. Bei datierten Verweisungen gehören spätere Änderungen oder Überarbeitungen dieser Publikationen nur zu dieser Europäischen Norm, falls sie durch Änderung oder Überarbeitung eingearbeitet sind. Bei undatierten Verweisungen gilt die letzte Ausgabe der in Bezug genommenen Publikation.

EN 424
   Elastische Bodenbeläge — Bestimmung des Verhaltens bei der Simulation des Verschiebens eines Möbelfußes

EN 425
   Elastische Bodenbeläge — Stuhlrollenversuch

EN 426
   Elastische Bodenbeläge — Bestimmung von Breite, Länge, Geradheit und Ebenheit von Bahnen

EN 427
   Elastische Bodenbeläge — Bestimmung der Kantenlänge, Rechtwinkligkeit und Geradheit von Platten

EN 428
   Elastische Bodenbeläge — Bestimmung der Gesamtdicke

EN 429
   Elastische Bodenbeläge — Bestimmung der Dicke der Schichten

EN 430
   Elastische Bodenbeläge — Bestimmung der flächenbezogenen Masse

EN 431
   Elastische Bodenbeläge — Bestimmung des Trennwiderstandes

EN 433
   Elastische Bodenbeläge — Bestimmung des Resteindruckes nach konstanter Belastung

EN 434
   Elastische Bodenbeläge — Bestimmung der Maßänderung und Schüsselung nach Wärmeeinwirkung

EN 436
   Elastische Bodenbeläge — Bestimmung der Dichte

prEN 660-1
   Elastische Bodenbeläge — Ermittlung des Verschleißverhaltens — Teil 1: Stuttgarter Prüfung

prEN 660-2
   Elastische Bodenbeläge — Ermittlung des Verschleißverhaltens — Teil 2: Frick-Taber-Prüfung

EN 684
   Elastische Bodenbeläge — Bestimmung der Nahtfestigkeit

EN 685
   Elastische Bodenbeläge — Klassifizierung

EN 20105-B02
   Textilien — Farbechtheitsprüfung — Teil B02: Lichtechtheit mit künstlichem Licht (Xenonbogenlicht) (ISO 105-B02 : 1988)

3 Definitionen

Für die Anwendung dieser Norm gelten die folgenden Definitionen:

3.1 Polyvinylchlorid-Bodenbelag: Bodenbelag mit Oberschicht, hergestellt mit Polyvinylchlorid (und Modifikationen daraus) als Bindemittel.

3.2 Polyvinylchlorid-Bodenbelag mit einem Rücken auf Korkbasis: Bodenbelag mit einer homogenen oder heterogenen Polyvinylchlorid-Oberschicht auf einer Schicht aus Korkment oder Kork mit Polyvinylchlorid als Bindemittel.

4 Anforderungen

4.1 Allgemeine Anforderungen

Die in dieser Norm beschriebenen Bodenbeläge müssen die entsprechenden allgemeinen Anforderungen, festgelegt in Tabelle 1, erfüllen, wenn sie in Übereinstimmung mit den darin genannten Prüfverfahren geprüft wurden.

4.2 Klassifizierungsanforderungen

4.2.1 Verschleißgruppen-Klassifizierung

Die in dieser Norm beschriebenen Bodenbeläge müssen entsprechend der in Tabelle 2 festgelegten Verschleißgruppen klassifiziert werden, d. h. in Gruppe T, P, M oder F, wenn in Übereinstimmung mit prEN 660-1 oder prEN 660-2 geprüft wurde.

   ANMERKUNG: Mit den Prüfungen soll das Verschleißverhalten der Nutzschicht, entweder durch Dickenverlust (prEN 660-1), oder durch Volumenverlust (prEN 660-2) festgestellt werden.

Bodenbeläge mit einer transparenten Nutzschicht gehören a priori zur Gruppe T und brauchen keiner Prüfung unterzogen werden.

385

Tabelle 1: Allgemeine Anforderungen

Eigenschaft	Anforderung	Prüfverfahren
Rollen: Länge: m Breite: mm	Keine Abweichung unter die Nennwerte	EN 426
Platten: Seitenlänge: mm	Abweichung von der Nennlänge ≤ 0,13 % bis max. 0,5 mm	EN 427
Rechtwinkligkeit und Geradheit bei einer Seitenlänge: mm ≤ 400 mm > 400 mm > 400 mm (zum Verschweißen vorgesehen)	zulässige Abweichung an jedem Punkt ≤ 0,25 ≤ 0,35 ≤ 0,50	
Gesamtdicke: mm Mittelwert Einzelwerte	 Nennwert + 0,18 − 0,15 Mittelwert ± 0,20	EN 428
Dicke des Korkment-Rücken mm	Die Nenndicke ist anzugeben.	EN 429
flächenbezogene Gesamtmasse g/m² (Mittelwert):	Nennwert + 13 % − 10 %	EN 430
Dichte der Nutzschicht kg/m³ (Mittelwert):	Nennwert ± 50	EN 436
Resteindruck nach konstanter Belastung (Mittelwert): mm	≤ 0,40	EN 433
Maßänderung nach Wärmeeinwirkung: % Bahnen und Platten (zum Verschweißen vorgesehen) Platten (Verlegung im Trockenfugenverfahren vorgesehen)	 ≤ 0,40 % ≤ 0,25 %	EN 434
Schüsselung nach Wärmeeinwirkung: mm Bahnen und Platten (zum Verschweißen vorgesehen) Platten (Verlegung im Trockenfugenverfahren vorgesehen)	 ≤ 8 ≤ 2	
Trennwiderstand: N/50 mm Mittelwert Einzelwerte	 ≥ 50 ≥ 40	EN 431
Farbbeständigkeit gegenüber künstlichem Licht	6 min	EN 20105-B02: Verfahren 3[1]

[1] Die Prüfung ist an einer Probe von voller Größe durchzuführen. Eine weitere Probe, die als Referenzprobe für die Bewertung der Farbänderung dienen wird, ist im Dunkeln zu lagern.

Tabelle 2: Klassifizierungsanforderungen für Verschleißgruppen

| Eigenschaft | Anforderungen an Verschleißgruppe | | | | Prüfverfahren |
	T	P	M	F	
Dickenverlust Δl mm	$\Delta l \leq 0{,}08$[1]	$0{,}08 < \Delta l \leq 0{,}15$	$0{,}15 < \Delta l \leq 0{,}30$	$0{,}30 < \Delta l \leq 0{,}60$	prEN 660-1
Volumenverlust F_v mm³	$F_v \leq 2{,}0$[1]	$2{,}0 < F_v \leq 4{,}0$	$4{,}0 < F_v \leq 7{,}5$	$7{,}5 < F_v \leq 15{,}0$	prEN 660-2

[1] Wenn zur Verifikation geprüft.

4.2.2 Verwendungsbereich-Klassifizierung

Die in dieser Norm beschriebenen Bodenbeläge müssen in Übereinstimmung mit den in Tabelle 3 festgelegten Leistungsanforderungen als anwendbar für verschiedene Verwendungsbereiche klassifiziert werden, wenn sie nach den darin genannten Prüfverfahren geprüft wurden. Die Klassifizierung muß dem Schema, festgelegt in EN 685, entsprechen.

Tabelle 3: Klassifizierungsanforderungen für Verwendungsbereiche

Klasse	Symbol	Verwendungsbereich	Nutzschichtdicke Nennwert[1]) mm				Auswirkung von Stuhlrollen	Simulation des Verschiebens eines Möbelfußes	Nahtfestigkeit, wenn nach Herstellerangaben verschweißt N/50 mm
			T	P	M	F			
21		Wohnen mäßig	0,15	0,20	0,30	0,40	Keine Anforderung	—	Keine Anforderung
22		Wohnen normal	0,20	0,30	0,45	0,60		Bei Prüfung mit Stempel Typ 3 darf keine Beschädigung sichtbar sein.	
23		Wohnen stark							
31		Gewerblich mäßig	0,25	0,40	0,60	0,80			
32		Gewerblich normal	0,35	0,50	0,75	1,00	Nur leichte Oberflächenveränderungen und keine Delamierung dürfen auftreten.	Bei Prüfung mit Stempel Typ 2 darf keine Beschädigung sichtbar sein.	Bei Prüfung mit Stempel Typ 0 darf die Naht, wenn diese nach Herstellerangaben geschweißt wurde, nicht beschädigt sein.
41		Industriell mäßig							
33		Gewerblich stark	0,50	0,65	1,00	1,30			Mittelwert ≥ 240 Einzelwerte ≥ 180
42		Industriell normal							
34		Gewerblich sehr stark	0,65	1,00	1,50	2,00			
Prüfverfahren			EN 429				EN 425	EN 424	EN 684

[1]) Der Mittelwert muß der Nennwert mit Grenzabmaßen von $^{+13}_{-10}$ %, aber nicht mehr als 0,1 mm sein. Kein Einzelwert darf mehr als 0,05 mm oder 15 % unter dem Mittelwert liegen, wer immer der größere Wert ist. Wird diese Anforderung nur von einem Einzelwert nicht eingehalten, ist die Prüfung nochmals durchzuführen.

Seite 5
EN 652 : 1996

5 Kennzeichnung

Bodenbeläge nach dieser Norm und/oder deren Verpackung müssen folgende Kennzeichnung tragen:
a) Nummer und Datum dieser Europäischen Norm, d. h. EN 652 : 1996;
b) Identifizierung des Herstellers oder der Lieferfirma;
c) Produktname;
d) Farbe/Muster sowie Chargen- und gegebenenfalls Rollennummer;
e) Klasse/Symbol passend für das Produkt;
f) Für Rollen: Länge, Breite und Dicke;
g) Für Platten: Abmessungen einer Platte und die in der Packung enthaltenen Quadratmeter.

Anhang A (informativ)
Wahlfreie Eigenschaften

Werden die nachfolgend genannten Eigenschaften für spezielle Anwendungen gefordert, sollte der Bodenbelag in Übereinstimmung mit dem geeigneten Verfahren geprüft werden:
— elektrischer Widerstand (prEN 1081)
— elektrostatisches Verhalten (prEN 1815)
— Verhalten gegenüber Flecken (EN 423)
— Schwerlastrollenversuch (prEN 1818)

Anhang B (informativ)
Zusätzliche Prüfverfahren

Die nachfolgend genannten Prüfverfahren sind für diese Art von Produkten ebenfalls verfügbar, sie sind jedoch nicht Bestandteil der Spezifikation:
— Schüsselung bei Feuchteeinwirkung (EN 662)
— Verlust an flüchtigen Bestandteilen (EN 664)
— Weichmacherabgabe (EN 665)
— Gelierung (EN 666)
— flächenbezogene Masse von Verstärkung oder Rücken (EN 718).

Anhang C (informativ)
Literaturhinweise

EN 423
    Elastische Bodenbeläge — Verhalten gegenüber Flecken
EN 662
    Elastische Bodenbeläge — Bestimmung der Schüsselung bei Feuchteeinwirkung
EN 664
    Elastische Bodenbeläge — Bestimmung des Verlustes an flüchtigen Bestandteilen
EN 665
    Elastische Bodenbeläge — Bestimmung der Weichmacherabgabe
EN 666
    Elastische Bodenbeläge — Bestimmung der Gelierung
EN 718
    Elastische Bodenbeläge — Bestimmung der flächenbezogenen Masse von Verstärkung oder Rücken von Bodenbelägen aus Polyvinylchlorid
prEN 1081
    Elastische Bodenbeläge — Bestimmung des elektrischen Widerstandes
prEN 1815
    Elastische Bodenbeläge — Beurteilung des elektrostatischen Verhaltens
prEN 1818
    Elastische Bodenbeläge — Bestimmung des Verhaltens gegenüber Schwenkrollen an schweren Möbelstücken

DEUTSCHE NORM Januar 1997

Elastische Bodenbeläge
Geschäumte Polyvinylchlorid-Bodenbeläge
Spezifikation
Deutsche Fassung EN 653 : 1996

DIN
EN 653

ICS 97.150

Ersatz für
DIN 16952-5 : 1980-12

Deskriptoren: Bodenbelag, Polyvinylchlorid, geschäumt, elastisch

Resilient floor coverings — Expanded (cushioned) polyvinyl chloride floor coverings —
Specification; German version EN 653 : 1996
Revêtements de sol résilients — Revêtements de sol à base de polychlorure
de vinyle expansé — Spécification; Version allemande EN 653 : 1996

Die Europäische Norm EN 653 : 1996 hat den Status einer Deutschen Norm.

Nationales Vorwort

Diese Europäische Norm wurde vom CEN/TC 134 "Elastische und textile Bodenbeläge" erarbeitet. Deutschland war durch den als Spiegelausschuß des FNK für elastische Bodenbeläge eingesetzten FNK-Arbeitsausschuß 403.5 "Bodenbeläge" an der Bearbeitung beteiligt.

Für die im Abschnitt 2 zitierten Europäischen Normen wird, soweit die Norm-Nr geändert ist, im folgenden auf die entsprechende Deutsche Norm hingewiesen:
EN 20105-B02   entspricht DIN 54004

Änderungen

Gegenüber DIN 16952-5 : 1980-12 wurden folgende Änderungen vorgenommen:
— Europäische Norm EN 653 : 1996 übernommen.

Frühere Ausgaben
DIN 16951-5: 1980-12

Nationaler Anhang NA   (informativ)
Literaturhinweise
DIN 54004
    Prüfung der Farbechtheit von Textilien — Bestimmung der Lichtechtheit von Färbungen und Drucken mit Xenonbogenlicht

Fortsetzung 5 Seiten EN

Normenausschuß Kunststoffe (FNK) im DIN Deutsches Institut für Normung e.V.
Normenausschuß Materialprüfung (NMP) im DIN

EUROPÄISCHE NORM
EUROPEAN STANDARD
NORME EUROPÉENNE

EN 653

Oktober 1996

ICS 91.180

Deskriptoren: Bodenbelag, Kunststoffbeschichtung, Vinylharz, Spezifikation, Eigenschaft, Verschleiß, Klassifikation, graphisches Symbol, Verwendung, Kennzeichnung

Deutsche Fassung

Elastische Bodenbeläge
Geschäumte Polyvinylchlorid-Bodenbeläge
Spezifikation

Resilient floor coverings — Expanded (cushioned) polyvinyl chloride floor coverings — Specification

Revêtements de sol résilients — Revêtements de sol à base de polychlorure de vinyle expansé — Spécification

Diese Europäische Norm wurde von CEN am 1996-09-07 angenommen.

Die CEN-Mitglieder sind gehalten, die CEN/CENELEC-Geschäftsordnung zu erfüllen, in der die Bedingungen festgelegt sind, unter denen dieser Europäischen Norm ohne jede Änderung der Status einer nationalen Norm zu geben ist.

Auf dem letzten Stand befindliche Listen dieser nationalen Normen mit ihren bibliographischen Angaben sind beim Zentralsekretariat oder bei jedem CEN-Mitglied auf Anfrage erhältlich.

Diese Europäische Norm besteht in drei offiziellen Fassungen (Deutsch, Englisch, Französisch). Eine Fassung in einer anderen Sprache, die von einem CEN-Mitglied in eigener Verantwortung durch Übersetzung in seine Landessprache gemacht und dem Zentralsekretariat mitgeteilt worden ist, hat den gleichen Status wie die offiziellen Fassungen.

CEN-Mitglieder sind die nationalen Normungsinstitute von Belgien, Dänemark, Deutschland, Finnland, Frankreich, Griechenland, Irland, Island, Italien, Luxemburg, Niederlande, Norwegen, Österreich, Portugal, Schweden, Schweiz, Spanien und dem Vereinigten Königreich.

CEN

EUROPÄISCHES KOMITEE FÜR NORMUNG
European Committee for Standardization
Comité Européen de Normalisation

Zentralsekretariat: rue de Stassart 36, B-1050 Brüssel

© 1996. Das Copyright ist den CEN-Mitgliedern vorbehalten.

Ref. Nr. EN 653 : 1996 D

Vorwort

Diese Europäische Norm wurde vom Technischen Komitee CEN/TC 134 "Elastische und textile Bodenbeläge" erarbeitet, dessen Sekretariat vom BSI gehalten wird.

Diese Europäische Norm muß den Status einer nationalen Norm erhalten, entweder durch Veröffentlichung eines identischen Textes oder durch Anerkennung bis April 1997, und etwaige entgegenstehende nationale Normen müssen bis April 1997 zurückgezogen werden.

Entsprechend der CEN/CENELEC-Geschäftsordnung sind die nationalen Normungsinstitute der folgenden Länder gehalten, diese Europäische Norm zu übernehmen:
Belgien, Dänemark, Deutschland, Finnland, Frankreich, Griechenland, Irland, Island, Italien, Luxemburg, Niederlande, Norwegen, Österreich, Portugal, Schweden, Schweiz, Spanien und das Vereinigte Königreich.

Anhang A ist informativ, Anhang B ist informativ und Anhang C ist informativ.

1 Anwendungsbereich

Diese Europäische Norm legt die Eigenschaften von Bodenbelägen aus geschäumten Polyvinylchlorid und dessen Modifikationen fest, die sowohl in Form von Platten als auch als Rollen geliefert werden.

Um den Verbraucher bei seiner Auswahl zu unterstützen, enthält diese Norm ein Klassifizierungssystem (siehe EN 685) auf Basis der Nutzungsintensität, das zeigt, wo für diese Bodenbeläge ein zufriedenstellender Nutzen möglich wäre. Die Norm legt auch die Anforderungen zur Kennzeichnung fest.

2 Normative Verweisungen

Diese Europäische Norm enthält durch datierte oder undatierte Verweisungen Festlegungen aus anderen Publikationen. Diese normativen Verweisungen sind an den jeweiligen Stellen im Text zitiert, und die Publikationen sind nachstehend aufgeführt. Bei datierten Verweisungen gehören spätere Änderungen oder Überarbeitungen dieser Publikationen nur zu dieser Europäischen Norm, falls sie durch Änderung oder Überarbeitung eingearbeitet sind. Bei undatierten Verweisungen gilt die letzte Ausgabe der in Bezug genommenen Publikation.

EN 424
    Elastische Bodenbeläge — Bestimmung des Verhaltens bei der Simulation des Verschiebens eines Möbelfußes

EN 425
    Elastische Bodenbeläge — Stuhlrollenversuch

EN 426
    Elastische Bodenbeläge — Bestimmung von Breite, Länge, Geradheit und Ebenheit von Bahnen

EN 427
    Elastische Bodenbeläge — Bestimmung der Kantenlänge, Rechtwinkligkeit und Geradheit von Platten

EN 428
    Elastische Bodenbeläge — Bestimmung der Gesamtdicke

EN 429
    Elastische Bodenbeläge — Bestimmung der Dicke der Schichten

EN 430
    Elastische Bodenbeläge — Bestimmung der flächenbezogenen Masse

EN 431
    Elastische Bodenbeläge — Bestimmung des Trennwiderstandes

EN 433
    Elastische Bodenbeläge — Bestimmung des Resteindruckes nach konstanter Belastung

EN 434
    Elastische Bodenbeläge — Bestimmung der Maßänderung und Schüsselung nach Wärmeeinwirkung

EN 436
    Elastische Bodenbeläge — Bestimmung der Dichte

prEN 660-1
    Elastische Bodenbeläge — Ermittlung des Verschleißverhaltens — Teil 1: Stuttgarter Prüfung

prEN 660-2
    Elastische Bodenbeläge — Ermittlung des Verschleißverhaltens — Teil 2: Frick-Taber-Prüfung

EN 684
    Elastische Bodenbeläge — Bestimmung der Nahtfestigkeit

EN 685
    Elastische Bodenbeläge — Klassifizierung

EN 20105-B02
    Textilien — Farbechtheitsprüfung — Teil B02: Lichtechtheit mit künstlichem Licht (Xenonbogenlicht) (ISO 105-B02 : 1988)

3 Definitionen

Für die Anwendung dieser Norm gelten die folgenden Definitionen:

3.1 Polyvinylchlorid-Bodenbelag: Bodenbelag mit Oberschichten, hergestellt mit Polyvinylchlorid (und Modifikationen daraus) als Bindemittel.

3.2 Geschäumter Polyvinylchlorid-Bodenbelag: Bodenbelag mit einer transparenten Nutzschicht über einer Schicht geschäumten Polyvinylchlorids mit gedrucktem Dekor, der wie das gedruckte Dekor geprägt sein kann.

4 Anforderungen

4.1 Allgemeine Anforderungen

Die in dieser Norm beschriebenen Bodenbeläge müssen die entsprechenden allgemeinen Anforderungen, festgelegt in Tabelle 1, erfüllen, wenn sie in Übereinstimmung mit den darin genannten Prüfverfahren geprüft wurden.

4.2 Klassifizierungsanforderungen

4.2.1 Verschleißgruppen-Klassifizierung

Die in dieser Norm beschriebenen Bodenbeläge müssen entsprechend der in Tabelle 2 festgelegten Verschleißgruppen klassifiziert werden, wenn in Übereinstimmung mit prEN 660-1 oder prEN 660-2 geprüft wurde.

ANMERKUNG: Mit den Prüfungen soll das Verschleißverhalten der Nutzschicht, entweder durch Dickenverlust (prEN 660-1) oder durch Volumenverlust (prEN 660-2) festgestellt werden.

Bodenbeläge mit einer transparenten Nutzschicht gehören a priori zur Gruppe T und brauchen keiner Prüfung unterzogen werden.

Seite 3
EN 653 : 1996

Tabelle 1: Allgemeine Anforderungen

Eigenschaft	Anforderung	Prüfverfahren
Rollen: Länge: m Breite: mm	Keine Abweichung unter die Nennwerte	EN 426
Platten: Seitenlänge: mm	Abweichung von der Nennlänge ≤ 0,13 % bis max. 0,5 mm	EN 427
Rechtwinkligkeit und Geradheit bei einer Seitenlänge: mm ≤ 400 mm > 400 mm > 400 mm (zum Verschweißen vorgesehen)	zulässige Abweichung an jedem Punkt ≤ 0,25 ≤ 0,35 ≤ 0,50	
Gesamtdicke: mm Mittelwert Einzelwerte	Nennwert + 0,18 − 0,15 Mittelwert ± 0,20	EN 428
flächenbezogene Gesamtmasse g/m² (Mittelwert):	Nennwert + 13 % − 10 %	EN 430
Dichte der Nutzschicht kg/m³ (Mittelwert):	Nennwert ± 50	EN 436
Maßänderung nach Wärmeeinwirkung: % Bahnen und Platten (zum Verschweißen vorgesehen) Platten (Verlegung im Trockenfugenverfahren vorgesehen)	 ≤ 0,40 % ≤ 0,25 %	EN 434
Schüsselung nach Wärmeeinwirkung: mm Bahnen und Platten (zum Verschweißen vorgesehen) Platten (Verlegung im Trockenfugenverfahren vorgesehen)	 ≤ 8 ≤ 2	
Farbbeständigkeit gegenüber künstlichem Licht	6 min	EN 20105-B02: Verfahren 3[1])

[1]) Die Prüfung ist an einer Probe von voller Größe durchzuführen. Eine weitere Probe, die als Referenzprobe für die Bewertung der Farbänderung dienen wird, ist im Dunkeln zu lagern.

Tabelle 2: Klassifizierungsanforderungen für Verschleißgruppen

Eigenschaft	Anforderungen an Verschleißgruppe				Prüfverfahren
	T	P	M	F	
Dickenverlust Δl mm	$\Delta l \leq 0{,}08$[1])	$0{,}08 < \Delta l \leq 0{,}15$	$0{,}15 < \Delta l \leq 0{,}30$	$0{,}30 < \Delta l \leq 0{,}60$	prEN 660-1
Volumenverlust F_v mm³	$F_v \leq 2{,}0$[1])	$2{,}0 < F_v \leq 4{,}0$	$4{,}0 < F_v \leq 7{,}0$	$7{,}5 < F_v \leq 15{,}0$	prEN 660-2

[1]) Wenn zur Verifikation geprüft.

4.2.2 Verwendungsbereich-Klassifizierung

Die in dieser Norm beschriebenen Bodenbeläge müssen in Übereinstimmung mit den in Tabelle 3 festgelegten Leistungsanforderungen als anwendbar für verschiedene Verwendungsbereiche klassifiziert werden, wenn sie nach den darin genannten Prüfverfahren geprüft wurden. Die Klassifizierung muß dem Schema, festgelegt in EN 685, entsprechen.

Seite 4
EN 653 : 1996

Tabelle 3: Klassifizierungsanforderungen für Verwendungsbereiche

Klasse	Symbol	Verwendungsbereich	Nutzschichtdicke Nennwert[1]) mm Verschleißgruppe T	Auswirkung von Stuhlrollen	Simulation des Verschiebens eines Möbelfußes	Nahtfestigkeit wenn nach Herstellerangaben verschweißt N/50 mm	Trennwiderstand N/50 mm	Fußkomfort Eindruck bei konstanter Belastung (Mittelwert) mm	Resteindruck nach konstanter Belastung (Mittelwert) mm
21		Wohnen mäßig	0,15	Keine Anforderung	—	Keine Anforderung	Keine Anforderung	Keine Anforderung	≥ 0,40 wenn 15 s nach Belastung gemessen	≤ 0,35
22		Wohnen normal	0,20		Bei Prüfung mit Stempel Typ 3 darf keine Beschädigung sichtbar sein.				
23		Wohnen stark	0,25						
31		Gewerblich mäßig							
32		Gewerblich normal	0,35	Nur leichte Oberflächenveränderungen und keine Delamierung dürfen auftreten.	Bei Prüfung mit Stempel Typ 2 darf keine Beschädigung sichtbar sein.	Bei Prüfung mit Stempel Typ 0 darf die Naht, wenn diese nach Herstellerangaben geschweißt wurde, nicht beschädigt sein.	Mittelwert ≥ 150 Einzelwerte ≥ 120	Mittelwert ≥ 50 Einzelwerte ≥ 40	Keine Anforderung	≤ 0,20
41		Industriell mäßig							
33		Gewerblich stark	0,50						
42		Industriell normal							
Prüfverfahren			EN 429	EN 425	EN 424	EN 684	EN 431	EN 433	

[1]) Der Mittelwert muß der Nennwert mit Grenzabmaßen von $^{+13}_{-10}$ %, aber nicht mehr als 0,1 mm sein. Kein Einzelwert darf mehr als 0,05 mm oder 15 % unter dem Mittelwert liegen, wer immer der größere Wert ist. Wird diese Anforderung nur von einem Einzelwert nicht eingehalten, ist die Prüfung nochmals durchzuführen.

5 Kennzeichnung

Bodenbeläge nach dieser Norm und/oder deren Verpackung müssen folgende Kennzeichnung tragen:
  a) Nummer und Datum dieser Europäischen Norm, d. h. EN 653 : 1996;
  b) Identifizierung des Herstellers oder der Lieferfirma;
  c) Produktname;
  d) Farbe/Muster sowie Chargen- und gegebenenfalls Rollennummer;
  e) Klasse/Symbol passend für das Produkt;
  f) Für Rollen: Länge, Breite und Dicke;
  g) Für Platten: Abmessungen einer Platte und die in der Packung enthaltenen Quadratmeter.

Seite 5
EN 653 : 1996

Anhang A (informativ)

Wahlfreie Eigenschaften

Werden die nachfolgend genannten Eigenschaften für spezielle Anwendungen gefordert, sollte der Bodenbelag in Übereinstimmung mit dem geeigneten Verfahren geprüft werden:
— elektrischer Widerstand (prEN 1081)
— elektrostatisches Verhalten (prEN 1815)
— Verhalten gegenüber Flecken (EN 423)

Anhang B (informativ)

Zusätzliche Prüfverfahren

Die nachfolgend genannten Prüfverfahren sind für diese Art von Produkten ebenfalls verfügbar, sie sind jedoch nicht Bestandteil der Spezifikation:
— Scherkraft (EN 432)
— Wasserausbreitung (EN 661)
— Verlust an flüchtigen Bestandteilen (EN 664)
— Weichmacherabgabe (EN 665)
— Gelierung (EN 666)
— flächenbezogene Masse von Verstärkung oder Rücken (EN 718).

Anhang C (informativ)

Literaturhinweise

EN 423
  Elastische Bodenbeläge — Verhalten gegenüber Flecken
EN 432
  Elastische Bodenbeläge — Bestimmung der Scherkraft
EN 661
  Elastische Bodenbeläge — Bestimmung der Wasserausbreitung
EN 664
  Elastische Bodenbeläge — Bestimmung des Verlustes an flüchtigen Bestandteilen
EN 665
  Elastische Bodenbeläge — Bestimmung der Weichmacherabgabe
EN 666
  Elastische Bodenbeläge — Bestimmung der Gelierung
EN 718
  Elastische Bodenbeläge — Bestimmung der flächenbezogenen Masse von Verstärkung oder Rücken von Bodenbelägen aus Polyvinylchlorid
prEN 1081
  Elastische Bodenbeläge — Bestimmung des elektrischen Widerstandes
prEN 1815
  Elastische Bodenbeläge — Beurteilung des elektrostatischen Verhaltens

DEUTSCHE NORM   Januar 1997

Elastische Bodenbeläge
Polyvinylchlorid-Flex-Platten
Spezifikation
Deutsche Fassung EN 654 : 1996

DIN

EN 654

ICS 97.150

Ersatz für
DIN 16950 : 1977-04

Deskriptoren: Bodenbelag, Polyvinylchlorid, Flex-Platte, elastisch

Resilient floor coverings — Semi-flexible polyvinyl chloride tiles —
Specification; German version EN 654 : 1996
Revêtements de sol résilients — Dalles semi-flexibles à base de
polychlorure de vinyle — Spécification; Version allemande EN 654 : 1996

Die Europäische Norm EN 654 : 1996 hat den Status einer Deutschen Norm.

Nationales Vorwort

Diese Europäische Norm wurde vom CEN/TC 134 "Elastische und textile Bodenbeläge" erarbeitet. Deutschland war durch den als Spiegelausschuß des FNK für elastische Bodenbeläge eingesetzten FNK-Arbeitsausschuß 403.5 "Bodenbeläge" an der Bearbeitung beteiligt.
Für die im Abschnitt 2 zitierten Europäischen Normen wird, soweit die Norm-Nr geändert ist, im folgenden auf die entsprechende Deutsche Norm hingewiesen:
EN 20105-B02   entspricht DIN 54004

Änderungen
Gegenüber DIN 16950 : 1977-04 wurden folgende Änderungen vorgenommen:
  a) Titel in Flex-Platten geändert.
  b) Europäische Norm EN 654 : 1996 übernommen.

Frühere Ausgaben
DIN 16950: 1961-11, 1971-09, 1977-04

Nationaler Anhang NA   (informativ)
Literaturhinweise
DIN 54004
  Prüfung der Farbechtheit von Textilien — Bestimmung der Lichtechtheit von Färbungen und Drucken mit Xenonbogenlicht

Fortsetzung 5 Seiten EN

Normenausschuß Kunststoffe (FNK) im DIN Deutsches Institut für Normung e.V.
Normenausschuß Materialprüfung (NMP) im DIN

EUROPÄISCHE NORM
EUROPEAN STANDARD
NORME EUROPÉENNE

EN 654

Oktober 1996

ICS 91.180

Deskriptoren: Bodenbelag, Kunststoffbeschichtung, Bodenbelagsplatte, Vinylharz, Spezifikation, Eigenschaft, Verschleiß, Klassifikation, graphisches Symbol, Verwendung, Kennzeichnung

Deutsche Fassung

Elastische Bodenbeläge

Polyvinylchlorid-Flex-Platten

Spezifikation

Resilient floor coverings — Semi-flexible polyvinyl chloride tiles — Specification

Revêtements de sol résilients — Dalles semi-flexibles à base de polychlorure de vinyle — Spécification

Diese Europäische Norm wurde von CEN am 1996-09-07 angenommen.

Die CEN-Mitglieder sind gehalten, die CEN/CENELEC-Geschäftsordnung zu erfüllen, in der die Bedingungen festgelegt sind, unter denen dieser Europäischen Norm ohne jede Änderung der Status einer nationalen Norm zu geben ist.

Auf dem letzten Stand befindliche Listen dieser nationalen Normen mit ihren bibliographischen Angaben sind beim Zentralsekretariat oder bei jedem CEN-Mitglied auf Anfrage erhältlich.

Diese Europäische Norm besteht in drei offiziellen Fassungen (Deutsch, Englisch, Französisch). Eine Fassung in einer anderen Sprache, die von einem CEN-Mitglied in eigener Verantwortung durch Übersetzung in seine Landessprache gemacht und dem Zentralsekretariat mitgeteilt worden ist, hat den gleichen Status wie die offiziellen Fassungen.

CEN-Mitglieder sind die nationalen Normungsinstitute von Belgien, Dänemark, Deutschland, Finnland, Frankreich, Griechenland, Irland, Island, Italien, Luxemburg, Niederlande, Norwegen, Österreich, Portugal, Schweden, Schweiz, Spanien und dem Vereinigten Königreich.

CEN

EUROPÄISCHES KOMITEE FÜR NORMUNG
European Committee for Standardization
Comité Européen de Normalisation

Zentralsekretariat: rue de Stassart 36, B-1050 Brüssel

© 1996. Das Copyright ist den CEN-Mitgliedern vorbehalten.

Ref. Nr. EN 654 : 1996 D

Vorwort

Diese Europäische Norm wurde vom Technischen Komitee CEN/TC 134 "Elastische und textile Bodenbeläge" erarbeitet, dessen Sekretariat vom BSI gehalten wird.

Diese Europäische Norm muß den Status einer nationalen Norm erhalten, entweder durch Veröffentlichung eines identischen Textes oder durch Anerkennung bis April 1997, und etwaige entgegenstehende nationale Normen müssen bis April 1997 zurückgezogen werden.

Entsprechend der CEN/CENELEC-Geschäftsordnung sind die nationalen Normungsinstitute der folgenden Länder gehalten, diese Europäische Norm zu übernehmen:

Belgien, Dänemark, Deutschland, Finnland, Frankreich, Griechenland, Irland, Island, Italien, Luxemburg, Niederlande, Norwegen, Österreich, Portugal, Schweden, Schweiz, Spanien und das Vereinigte Königreich.

Anhang A ist informativ, Anhang B ist in informativ und Anhang C ist informativ.

1 Anwendungsbereich

Diese Europäische Norm legt die Eigenschaften von Flex-Platten aus Polyvinylchlorid und dessen Modifikationen fest.

Um den Verbraucher bei seiner Auswahl zu unterstützen, enthält diese Norm ein Klassifizierungssystem (siehe EN 685) auf Basis der Nutzungsintensität, das zeigt, wo für diese Bodenbeläge ein zufriedenstellender Nutzen möglich wäre. Die Norm legt auch die Anforderungen zur Kennzeichnung fest.

2 Normative Verweisungen

Diese Europäische Norm enthält durch datierte oder undatierte Verweisungen Festlegungen aus anderen Publikationen. Diese normativen Verweisungen sind an den jeweiligen Stellen im Text zitiert, und die Publikationen sind nachstehend aufgeführt. Bei datierten Verweisungen gehören spätere Änderungen oder Überarbeitungen dieser Publikationen nur zu dieser Europäischen Norm, falls sie durch Änderung und Überarbeitung eingearbeitet sind. Bei undatierten Verweisungen gilt die letzte Ausgabe der in Bezug genommenen Publikation.

EN 425
    Elastische Bodenbeläge — Stuhlrollenversuch
EN 427
    Elastische Bodenbeläge — Bestimmung der Kantenlänge, Rechtwinkligkeit und Geradheit von Platten
EN 428
    Elastische Bodenbeläge — Bestimmung der Gesamtdicke
EN 429
    Elastische Bodenbeläge — Bestimmung der Dicke der Schichten
EN 430
    Elastische Bodenbeläge — Bestimmung der flächenbezogenen Masse
EN 433
    Elastische Bodenbeläge — Bestimmung des Resteindruckes nach konstanter Belastung
EN 434
    Elastische Bodenbeläge — Bestimmung der Maßänderung und Schüsselung nach Wärmeeinwirkung
EN 435
    Elastische Bodenbeläge — Bestimmung der Biegsamkeit
EN 436
    Elastische Bodenbeläge — Bestimmung der Dichte

prEN 660-1
    Elastische Bodenbeläge — Ermittlung des Verschleißverhaltens — Teil 1: Stuttgarter Prüfung
prEN 660-2
    Elastische Bodenbeläge — Ermittlung des Verschleißverhaltens — Teil 2: Frick-Taber-Prüfung
EN 662
    Elastische Bodenbeläge — Bestimmung der Schüsselung bei Feuchteeinwirkung
EN 663
    Elastische Bodenbeläge — Bestimmung der Dekortiefe
EN 685
    Elastische Bodenbeläge — Klassifizierung
EN 20105-B02
    Textilien — Farbechtheitsprüfung — Teil B02: Lichtechtheit mit künstlichem Licht (Xenonbogenlicht) (ISO 105-B02 : 1988)

3 Definitionen

Für die Anwendung dieser Norm gelten die folgenden Definitionen:

3.1 Polyvinylchlorid-Bodenbelag: Bodenbelag mit Oberschichten, hergestellt mit Polyvinylchlorid (und Modifikationen daraus) als Bindemittel.

3.2 Flex-Bodenbelag aus Polyvinylchlorid: Feste Platten aus Polyvinylchlorid (und deren Modifikationen), die nun unter festgelegten Bedingungen gebogen werden können.

4 Anforderungen

4.1 Allgemeine Anforderungen

Die in dieser Norm beschriebenen Bodenbeläge müssen die entsprechenden allgemeinen Anforderungen, festgelegt in Tabelle 1, erfüllen, wenn sie in Übereinstimmung mit den darin genannten Prüfverfahren geprüft wurden.

4.2 Klassifizierungsanforderungen — Verwendungsbereich-Klassifizierung

Die in dieser Norm beschriebenen Bodenbeläge müssen in Übereinstimmung mit den in Tabelle 2 festgelegten Leistungsanforderungen als anwendbar für verschiedene Verwendungsbereiche klassifiziert werden, wenn sie nach den darin genannten Prüfverfahren geprüft wurden. Die Klassifizierung muß dem Schema, festgelegt in EN 685, entsprechen.

Seite 3
EN 654 : 1996

Tabelle 1: Allgemeine Anforderungen

Eigenschaft		Anforderung	Prüfverfahren
Seitenlänge der Platten:	mm	Abweichung von der Nennlänge ≤ 0,13% bis max. 0,5 mm	EN 427
Rechtwinkligkeit und Geradheit bei einer Seitenlänge: ≤ 400 mm > 400 mm	mm	zulässige Abweichung an jedem Punkt ≤ 0,25 ≤ 0,35	
Gesamtdicke: Mittelwert Einzelwerte	mm	 Nennwert + 0,13 − 0,10 Mittelwert ± 0,15	EN 428
flächenbezogene Gesamtmasse (Mittelwert)	g/m²	Nennwert + 13% − 10%	EN 430
Dichte: Mittelwert Produkte mit einer Nenndichte ≥ 230 kg/m³	kg/m³	 Nennwert ± 75 Nennwert ± 100	EN 436
Resteindruck nach konstanter Belastung (Mittelwert):	mm	≤ 0,10	EN 433
Maßänderung nach Wärmeeinwirkung:	%	≤ 0,25	EN 434
Schüsselung bei Feuchteeinwirkung:	mm	≤ 0,75	EN 662
Biegsamkeit:		Darf beim Biegen bis min. 15 mm keine Rißbildung zeigen.	EN 435 Verfahren B
Farbbeständigkeit gegenüber künstlichem Licht		6 min	EN 20105-B02: Verfahren 3[1])

[1]) Die Prüfung ist an einer Probe von voller Größe durchzuführen. Eine weitere Probe, die als Referenzprobe für die Bewertung der Farbänderung dienen wird, ist im Dunkeln zu lagern.

5 Kennzeichnung

Bodenbeläge nach dieser Norm und/oder deren Verpackung müssen folgende Kennzeichnung tragen:
- a) Nummer und Datum dieser Europäischen Norm, d. h. EN 654 : 1996;
- b) Identifizierung des Herstellers oder der Lieferfirma;
- c) Produktname;
- d) Farbe/Muster sowie Chargen- und gegebenenfalls Rollennummer;
- e) Klasse/Symbol passend für das Produkt;
- f) die Länge, Breite und Dicke;
- g) die in der Packung enthaltenen Quadratmeter.

Tabelle 2: Klassifizierungsanforderungen für Verwendungsbereiche

Klasse	Symbol	Verwendungsbereich	Gesamtdicke Nennwert[1] mm		Auswirkung von Stuhlrollen[4]
			Ebene Platten	Spezialprodukte[2]	
21[3]		Wohnen mäßig	ohne Relief 1,6	ohne Relief 1,6	
22[3]		Wohnen normal	mit Relief 2,0	mit Relief 2,0	
23[3]		Wohnen stark	2,0	2,0	Keine Anforderung
31[3]		Gewerblich mäßig			
32		Gewerblich normal	2,5	2,0	Wenn zur Verifikation geprüft, dürfen nur leichte Oberflächenveränderungen und keine Delaminierung auftreten.
41		Industriell mäßig			
33		Gewerblich stark	2,5	2,0	
42		Industriell normal			
34		Gewerblich sehr stark	3,2	2,5	
Prüfverfahren			EN 429		EN 425

[1] Der Mittelwert muß der Nennwert $^{+13}_{-10}$ mm sein. Kein Einzelwert darf mehr als ± 0,15 mm vom Mittelwert abweichen.
[2] Platten sind als Spezialprodukte einzuordnen, wenn bei Prüfung nach prEN 660-1 bzw. prEN 660-2 der Dickenverlust ≤ 0,4 mm und der Volumenverlust ≤ 10 mm³ ist.
[3] Platten mit Relief müssen mindestens 2 mm dick sein und müssen bei Prüfung nach EN 663 eine Dekortiefe von mindestens 0,5 mm haben. Diese Platten sind klassifiziert in 21, 22, 23 und 31.
[4] Bodenbeläge der Klassen 32 bis 42 sind a priori als stuhlrollengeeignet klassifiziert und brauchen nicht geprüft werden.

Anhang A (informativ)
Wahlfreie Eigenschaften

Werden die nachfolgend genannten Eigenschaften für spezielle Anwendungen gefordert, sollte der Bodenbelag in Übereinstimmung mit dem geeigneten Verfahren geprüft werden:
- elektrischer Widerstand (prEN 1081)
- elektrostatisches Verhalten (prEN 1815)
- Verhalten gegenüber Flecken (EN 423)
- Schwerlastrollenversuch (prEN 1818)

Anhang B (informativ)
Zusätzliche Prüfverfahren

Die nachfolgend genannten Prüfverfahren sind für diese Art von Produkten ebenfalls verfügbar, sie sind jedoch nicht Bestandteil der Spezifikation:
- Verlust an flüchtigen Bestandteilen (EN 664)
- Weichmacherabgabe (EN 665)
- Gelierung (EN 666).

Anhang C (informativ)
Literaturhinweise

EN 423
    Elastische Bodenbeläge — Verhalten gegenüber Flecken

EN 664
    Elastische Bodenbeläge — Bestimmung des Verlustes an flüchtigen Bestandteilen

EN 665
    Elastische Bodenbeläge — Bestimmung der Weichmacherabgabe

EN 666
    Elastische Bodenbeläge — Bestimmung der Gelierung

prEN 1081
    Elastische Bodenbeläge — Bestimmung des elektrischen Widerstandes

prEN 1815
    Elastische Bodenbeläge — Beurteilung des elektrostatischen Verhaltens

prEN 1818
    Elastische Bodenbeläge — Bestimmung des Verhaltens gegenüber Schwenkrollen an schweren Möbelstücken

DEUTSCHE NORM September 1997

Elastische Bodenbeläge
Spezifikation für Linoleum mit und ohne Muster mit Korkmentrücken
Deutsche Fassung EN 687:1997

DIN

EN 687

ICS 97.150

Ersatz für
DIN 18173:1978-02

Deskriptoren: Elastisch, Bodenbelag, Kork, Linoleum

Resilient floor coverings –
Specification for plain and decorative linoleum on a corkment backing;
German version EN 687:1997

Revêtements de sol résilients –
Spécifications pour le linoléum uni et décoratif sur support en composition de liège;
Version allemande EN 687:1997

Die Europäische Norm EN 687:1997 hat den Status einer Deutschen Norm.

Nationales Vorwort

Diese Europäische Norm wurde vom CEN/TC 134 "Elastische und textile Bodenbeläge" erarbeitet. Deutschland war durch den als Spiegelausschuß des FNK für elastische Bodenbeläge eingesetzten FNK-Arbeitsausschuß 403.5 "Bodenbeläge" an der Bearbeitung beteiligt.

Für die im Abschnitt 2 zitierten Europäischen und Internationalen Normen wird im folgenden auf die entsprechenden Deutschen Normen hingewiesen:

EN 20105-B02 siehe DIN 54004

Änderungen
Gegenüber DIN 18173:1978-02 wurden folgende Änderungen vorgenommen:
– Europäische Norm EN 687 übernommen.

Frühere Ausgaben
DIN 18173: 1968-09, 1978-02

Nationaler Anhang NA (informativ)
Literaturhinweis

DIN 54004
Prüfung der Farbechtheit von Textilien – Bestimmung der Lichtechtheit von Färbungen und Drucken mit Xenonbogenlicht

Fortsetzung 5 Seiten EN

Normenausschuß Kunststoffe (FNK) im DIN Deutsches Institut für Normung e.V.
Normenausschuß Bauwesen (NaBau) im DIN
Normenausschuß Materialprüfung (NMP) im DIN

EUROPÄISCHE NORM
EUROPEAN STANDARD
NORME EUROPÉENNE

EN 687

Mai 1997

ICS 97.150

Deskriptoren: Bodenbelag, Linoleum, Kork, Anforderung, Eigenschaft, Klassifikation, graphisches Symbol, Nutzung, Kennzeichnung

Deutsche Fassung

Elastische Bodenbeläge
Spezifikation für Linoleum mit und ohne Muster mit Korkmentrücken

Resilient floor coverings – Specification for plain and decorative linoleum on a corkment backing

Revêtements de sol résilients – Spécifications pour le linoléum uni et décoratif sur support en composition de liège

Diese Europäische Norm wurde von CEN am 1997-04-11 angenommen.

Die CEN-Mitglieder sind gehalten, die CEN/CENELEC-Geschäftsordnung zu erfüllen, in der die Bedingungen festgelegt sind, unter denen dieser Europäischen Norm ohne jede Änderung der Status einer nationalen Norm zu geben ist.

Auf dem letzten Stand befindliche Listen dieser nationalen Normen mit ihren bibliographischen Angaben sind beim Zentralsekretariat oder bei jedem CEN-Mitglied auf Anfrage erhältlich.

Diese Europäische Norm besteht in drei offiziellen Fassungen (Deutsch, Englisch, Französisch). Eine Fassung in einer anderen Sprache, die von einem CEN-Mitglied in eigener Verantwortung durch Übersetzung in seine Landessprache gemacht und dem Zentralsekretariat mitgeteilt worden ist, hat den gleichen Status wie die offiziellen Fassungen.

CEN-Mitglieder sind die nationalen Normungsinstitute von Belgien, Dänemark, Deutschland, Finnland, Frankreich, Griechenland, Irland, Island, Italien, Luxemburg, Niederlande, Norwegen, Österreich, Portugal, Schweden, Schweiz, Spanien, Tschechische Republik und dem Vereinigten Königreich.

CEN

EUROPÄISCHES KOMITEE FÜR NORMUNG
European Committee for Standardization
Comité Européen de Normalisation

Zentralsekretariat: rue de Stassart 36, B-1050 Brüssel

© 1997 CEN. Alle Rechte der Verwertung, gleich in welcher Form und in welchem Verfahren, sind weltweit den nationalen Mitgliedern von CEN vorbehalten.

Ref. Nr. EN 687:1997 D

Seite 2
EN 687:1997

Vorwort

Diese Europäische Norm wurde vom Technischen Komitee CEN/TC 134 "Elastische und textile Bodenbeläge" erarbeitet, dessen Sekretariat vom BSI gehalten wird.

Anhang A und Anhang B sind informativ.

Diese Europäische Norm muß den Status einer nationalen Norm erhalten, entweder durch Veröffentlichung eines identischen Textes oder durch Anerkennung bis November 1997, und etwaige entgegenstehende nationale Normen müssen bis November 1997 zurückgezogen werden.

Entsprechend der CEN/CENELEC-Geschäftsordnung sind die nationalen Normungsinstitute der folgenden Länder gehalten, diese Europäische Norm zu übernehmen:

Belgien, Dänemark, Deutschland, Finnland, Frankreich, Griechenland, Irland, Island, Italien, Luxemburg, Niederlande, Norwegen, Österreich, Portugal, Schweden, Schweiz, Spanien, die Tschechische Republik und das Vereinigte Königreich.

1 Anwendungsbereich

Diese Europäische Norm legt die allgemeinen Eigenschaften von ungemusterten und gemusterten Linoleum-Bodenbelägen mit Korkmentrücken fest, die in Form von Rollen geliefert werden.

Um den Verbraucher bei seiner Auswahl zu unterstützen, enthält diese Norm ein Klassifizierungssystem (siehe EN 685) auf Basis der Nutzungsintensität, das zeigt, wo für diese Bodenbeläge ein zufriedenstellender Nutzen möglich wäre. Die Norm legt auch die Anforderungen zur Kennzeichnung fest.

Der Begriff "Linoleum" wird häufig fälschlicherweise auch für andere Bodenbeläge, oft für solche auf Basis von Polyvinylchlorid oder Elastomeren, verwendet. Derartige Materialien sind nicht in dieser Norm eingeschlossen.

2 Normative Verweisungen

Diese Europäische Norm enthält durch datierte oder undatierte Verweisungen Festlegungen aus anderen Publikationen. Diese normativen Verweisungen sind an den jeweiligen Stellen im Text zitiert, und die Publikationen sind nachstehend aufgeführt. Bei datierten Verweisungen gehören spätere Änderungen oder Überarbeitungen dieser Publikationen nur zu dieser Europäischen Norm, falls sie durch Änderung oder Überarbeitung eingearbeitet sind. Bei undatierten Verweisungen gilt die letzte Ausgabe der in Bezug genommenen Publikation.

EN 425
    Elastische Bodenbeläge - Stuhlrollenversuch
EN 426
    Elastische Bodenbeläge - Bestimmung von Breite, Länge, Ebenheit und Geradheit von Bahnen
EN 428
    Elastische Bodenbeläge - Bestimmung der Gesamtdicke
EN 429
    Elastische Bodenbeläge - Bestimmung der Dicke der Schichten
EN 430
    Elastische Bodenbeläge - Bestimmung der flächenbezogenen Masse
EN 433
    Elastische Bodenbeläge - Bestimmung des Resteindruckes nach konstanter Belastung
EN 435
    Elastische Bodenbeläge - Bestimmung der Biegsamkeit
prEN 670
    Elastische Bodenbeläge - Erkennung von Linoleum und Bestimmung des Gehaltes an Bindemittel und anorganischen Füllstoffen

EN 685
    Elastische Bodenbeläge - Klassifizierung
EN 20105-B02
    Textilien - Farbechtheitsprüfung - Teil B02: Lichtechtheit mit künstlichem Licht (Xenonbogenlicht) (ISO 105-B02:1988)

3 Definitionen

Für die Anwendung dieser Norm gelten folgende Definitionen:

3.1 Linoleum-Cement: Bindemittel in Linoleum, bestehend aus einem Gemisch aus Leinöl und/oder anderen trocknenden pflanzlichen Ölen, Baumharz und normalen Sikkativen, das durch einen oxidativen Vernetzungsvorgang in eine halbelastische Masse umgewandelt wird.

3.2 Linoleum mit Korkmentrücken: Produkt, hergestellt durch Kalandrieren eines homogenen Gemisches aus Linoleum-Cement, Kork- und/oder Holzmehl, Pigmenten und anorganischen Füllstoffen auf einem Korkmentrücken. Das Produkt wird dann durch einen oxidativen Vernetzungsvorgang in den endgültigen Zustand gebracht.

3.3 Korkment: Rücken oder Unterlage, hergestellt durch Kalandrieren einer homogenen Mischung aus Linoleum-Cement, Korkgranulat, Pigment und anorganischen Füllstoffen auf einem Faserstoffrücken. Das Produkt wird dann durch einen oxidativen Vernetzungsvorgang in den endgültigen Zustand gebracht.

    ANMERKUNG: Die einzigen chemischen Vernetzungen in Linoleum sind diejenigen, die durch das Oxidationsverfahren gebildet werden.

4 Identifizierung

Linoleum wird dadurch identifiziert, daß es in einer Lösung von 0,5 mol/l Kaliumhydroxid in Methanol aufgelöst werden kann, und durch Bestimmung des Gehaltes an Cement und des Ascherückstandes.

Bei Prüfung nach prEN 670 muß der Mindestgehalt an Linoleum-Cement 30% betragen.

Bei Prüfung nach prEN 670 muß der Maximalgehalt an anorganischen Füllstoffen (Ascherückstand) 50% betragen.

Korkment wird dadurch identifiziert, daß es in einer Lösung von 0,5 mol/l Kaliumhydroxidlösung in Methanol aufgelöst werden kann.

5 Anforderungen

5.1 Allgemeine Anforderungen

Alle Arten von Linoleum mit Korkmentrücken müssen die entsprechenden allgemeinen Anforderungen, festgelegt in

Tabelle 1, erfüllen, wenn sie in Übereinstimmung mit den darin genannten Prüfverfahren geprüft wurden.

Linoleum mit Korkmentrücken unter Berücksichtigung dieses Schemas beziehen sich auf die Nenndicke der Linoleum-Komposition, wie in Tabelle 2 dargestellt.

5.2 Klassifizierungsanforderungen

Das Schema für die Klassifizierung ist in EN 685 beschrieben. Die Anforderungen für ungemusteres und gemustertes

Tabelle 1: Allgemeine Anforderungen

Eigenschaft	Anforderung	Prüfverfahren
Rollen: Länge: m Breite: mm	Keine Abweichung unter die Nennwerte	EN 426
Gesamtdicke: mm Nennwert Mittelwert Einzelwerte	$\geq 4{,}0$ Nennwert $\pm 0{,}20$ Nennwert $\pm 0{,}25$	EN 428
Dicke der Linoleum-Schichten mm (Mittelwert) Einzelwerte	Nennwert $\pm 0{,}15$ Nennwert $\pm 0{,}20$	EN 429
Flächenbezogene Masse: g/m² (Mittelwert)	Nennwert $\pm 10\%$	EN 430
Resteindruck nach konstanter Belastung (Mittelwert): mm	$\leq 0{,}40$	EN 433
Biegsamkeit um einen Dorn von 60 mm Duchmesser	Keine Rißbildung.	EN 435 Verfahren A
Farbbeständigkeit gegenüber künstlichem Licht	6 min	EN 20105-B02: Verfahren 3 [1]
Auswirkung von Stuhlrollen	Keine Beschädigung darf sichtbar sein.	EN 425

[1] Vor einem Vergleich des Probestücks muß die Referenzprobe zusammen mit dem Blauwolltuch mit der Xenonlampe bestrahlt werden, bis ein Kontrast nach der Blauwollskala Ref. 2 entsteht, der dem Kontrast nach der Grauskala 3 entspricht. Dieser Schritt ist erforderlich, um den dem Linoleum eigenen "Reifeschleier" vor Erzielung der stabilen Färbung aufzuheben.

Tabelle 2: Klassifizierung

Klasse	Symbol	Verwendungsbereich	Nenndicke der Linoleum-Komposition mm
21		Wohnen mäßig	1,5
22		Wohnen normal	1,5
23		Wohnen stark	1,5
31		Gewerblich mäßig	1,5
32		Gewerblich normal	1,5
33		Gewerblich stark	2,0
41		Industriell mäßig	2,0

6 Kennzeichnung

Bodenbeläge aus ungemusterten und gemusterten Linoleum mit Korkmentrücken und/oder deren Verpackung müssen folgende Kennzeichnung tragen:

a) Nummer und Datum dieser Europäischen Norm, d. h. EN 687:1997;
b) Identifizierung des Herstellers oder der Lieferfirma;
c) Produktname;
d) Farbe/Muster sowie Chargen- und Rollennummer;
e) Klasse/Symbol, passend für das Produkt;
f) die Länge, Breite und Dicke der Rollen.

Seite 5
EN 687:1997

Anhang A (informativ)
Wahlfreie Eigenschaften

Werden die nachfolgend genannten Eigenschaften für spezielle Anwendungen gefordert, sollte der Bodenbelag in Übereinstimmung mit dem geeigneten Verfahren geprüft werden:

- Verhalten gegenüber Flecken (EN 423)
- elektrischer Widerstand (prEN 1081)
- Beständigkeit gegen Zigaretten (prEN 1399)
    Im allgemeinen Gebrauch erreicht ein Linoleum-Bodenbelag, abhängig von Farbe und/oder Muster, bei Prüfung nach prEN 1399, folgende Rate:
    Verfahren A, Ausdrücken von Zigaretten; Rate 4 oder höher
    Verfahren B, Abbrennen von Zigaretten; Rate 3 oder höher
- elektrostatisches Verhalten (prEN 1815)
- Schallisolierung (ISO 140-8 und ISO 717-2)

Anhang B (informativ)
Literaturhinweise

EN 423
    Elastische Bodenbeläge – Verhalten gegenüber Flecken
prEN 1081
    Elastische Bodenbeläge – Bestimmung des elektrischen Widerstandes
prEN 1399
    Elastische Bodenbeläge – Bestimmung der Beständigkeit gegen Ausdrücken und Abbrennen von Zigaretten
prEN 1815
    Elastische Bodenbeläge – Beurteilung des elektrostatischen Verhaltens
ISO 140-8:1978
    Acoustics – Measurement of sound insulation in buildings and of building elements – Part 8: Laboratory measurements of the reduction of transmitted impact noise by floor coverings on a standard floor
ISO 717-2:1982
    Acoustics – Rating of sound insulation in buildings and of building elements – Part 2: Impact sound insulation

DEUTSCHE NORM

Mai 1996

Schweißzusätze
Pulver zum Unterpulverschweißen
Einteilung

Deutsche Fassung EN 760 : 1996

DIN

EN 760

ICS 25.160.20

Ersatz für
DIN 32522 : 1981-04

Deskriptoren: Schweißzusatz, Pulver, Unterpulverschweißen, Einteilung, Schweißtechnik

Welding consumables — Fluxes for submerged arc welding — Classification;
German version EN 760 : 1996
Produits consommables pour le soudage — Flux pour le soudage à l'arc sous flux —
Classification;
Version allemande EN 760 : 1996

Die Europäische Norm EN 760 : 1996 hat den Status einer Deutschen Norm.

Nationales Vorwort

Aufbau und Inhalt der EN 760 entsprechen weitgehend der ersetzten DIN 32522.
Die Normbezeichnung der Schweißpulver ist aus sieben Merkmalen zusammengesetzt. Abweichend von DIN 32522 ist diese Bezeichnung in zwei Teile, einen verbindlichen und einen nichtverbindlichen Teil, gegliedert (siehe Abschnitt 3). Dabei sind die wesentlichen Kennzeichen, und zwar jene für das Produkt, die Herstellungsart, den Pulvertyp und die Pulverklasse in der Reihenfolge wie in DIN 32522 unverändert enthalten. Folgende sachliche Änderungen sind zu beachten:
Die aus DIN 32522 bekannten Pulvertypen wurden durch drei weitere Silikat-Typen, ZS, RS und AS sowie den aluminatfluoridbasischen Typ, AF, ergänzt. Letzterer ist in der Praxis von besonderer Bedeutung, da sich Schweißpulver dieses Typs sehr gut für das UP-Schweißen von nichtrostenden Stählen und Nickellegierungen bewährt haben.
Die Pulverklassen wurden von sieben auf drei reduziert, wobei in der Klasse 1 alle Anwendungen des Unterpulverschweißens an unlegierten und niedriglegierten Baustählen zusammengefaßt sind.
Das wichtige Merkmal des metallurgischen Verhaltens der Schweißpulver konnte nur als Bestandteil des nichtverbindlichen Teils der Bezeichnung erhalten bleiben.
Von den weiteren in DIN 32522 bezeichneten Pulvereigenschaften sind im nichtverbindlichen Teil nur noch die Merkmale Stromart und Wasserstoffgehalt berücksichtigt. Die Kennzeichen für "sonstige Eigenschaften" und die Strombelastbarkeit entfallen also.
Im Abschnitt 4.7, Tabelle 4, werden für den Wasserstoffgehalt die auch für Stabelektroden eingeführten Kennzeichen H 5, H 10 und H 15 benutzt. Hierzu ist zu bemerken, daß die diesbezüglichen Prüfbedingungen nicht ausreichend definiert sind. Es wird deshalb darauf hingewiesen, daß die Bedeutung der Wasserstoffkennzeichen dieser Norm mit den Kurzzeichen HP in DIN 32522 identisch ist. Jedoch wurde das Kennzeichen H 7, entsprechend HP 7 in DIN 32522, nicht aufgenommen.
In Tabelle 4 wird der Wasserstoffgehalt auf das reine Schweißgut bezogen. Zwischenzeitlich hat sich CEN/TC 121/SC 3 darauf verständigt, das aufgetragene Schweißgut als Bezugsgröße anzugeben.
Für die im Abschnitt 2 zitierten Europäischen Norm-Entwürfe, soweit die Norm-Nummer geändert ist, und die Internationale Norm wird im folgenden auf die entsprechenden Deutschen Normen hingewiesen:

prEN 1597-1   siehe E DIN 32525-1
ISO 3690   siehe DIN 8572-1

Änderungen
Gegenüber DIN 32522 : 1981-04 wurden folgende Änderungen vorgenommen:
— Inhalt der Europäischen Norm übernommen. Siehe nationales Vorwort.

Frühere Ausgaben
DIN 8557: 1961-08
DIN 8557-1: 1981-04
DIN 32522: 1981-04

Nationaler Anhang NA   (informativ)
Literaturhinweise
DIN 8572-1
  Bestimmung des diffusiblen Wasserstoffs im Schweißgut — Lichtbogenhandschweißen
E DIN 32525-1
  Prüfung von Schweißzusätzen — Prüfstück zur Entnahme von Schweißgutproben an Stahl, Nickel und Nickellegierungen (Vorschlag für eine Europäische Norm)

Fortsetzung 7 Seiten EN

Normenausschuß Schweißtechnik (NAS) im DIN Deutsches Institut für Normung e. V.

EUROPÄISCHE NORM
EUROPEAN STANDARD
NORME EUROPÉENNE

EN 760

März 1996

ICS 25.160.20

Deskriptoren: Lichtbogenschweißen, Unterpulverschweißen, Schweißpulver, unlegierter Stahl, niedriglegierter Stahl, hochlegierter Stahl, Schweißdraht, Einteilung, Kennzeichen, Kennzeichnung

Deutsche Fassung

Schweißzusätze
Pulver zum Unterpulverschweißen
Einteilung

Welding consumables — Fluxes for submerged arc welding — Classification

Produits consommables pour le soudage — Flux pour le soudage à l'arc sous flux — Classification

Diese Europäische Norm wurde von CEN am 1996-02-12 angenommen.

Die CEN-Mitglieder sind gehalten, die CEN/CENELEC-Geschäftsordnung zu erfüllen, in der die Bedingungen festgelegt sind, unter denen dieser Europäischen Norm ohne jede Änderung der Status einer nationalen Norm zu geben ist.

Auf dem letzten Stand befindliche Listen dieser nationalen Normen mit ihren bibliographischen Angaben sind beim Zentralsekretariat oder bei jedem CEN-Mitglied auf Anfrage erhältlich.

Diese Europäische Norm besteht in drei offiziellen Fassungen (Deutsch, Englisch, Französisch). Eine Fassung in einer anderen Sprache, die von einem CEN-Mitglied in eigener Verantwortung durch Übersetzung in seine Landessprache gemacht und dem Zentralsekretariat mitgeteilt worden ist, hat den gleichen Status wie die offiziellen Fassungen.

CEN-Mitglieder sind die nationalen Normungsinstitute von Belgien, Dänemark, Deutschland, Finnland, Frankreich, Griechenland, Irland, Island, Italien, Luxemburg, Niederlande, Norwegen, Österreich, Portugal, Schweden, Schweiz, Spanien und dem Vereinigten Königreich.

CEN

EUROPÄISCHES KOMITEE FÜR NORMUNG
European Committee for Standardization
Comité Européen de Normalisation

Zentralsekretariat: rue de Stassart 36, B-1050 Brüssel

© 1996. Das Copyright ist den CEN-Mitgliedern vorbehalten.

Ref. Nr. EN 760 : 1996 D

Inhalt

	Seite
Vorwort	2
1 Anwendungsbereich	2
2 Normative Verweisungen	2
3 Einleitung	2
4 Kennzeichen und Anforderungen	3
4.1 Kurzzeichen für das Produkt/den Schweißprozeß	3
4.2 Kennbuchstabe für die Herstellungsart	3
4.3 Kennzeichen für den Pulvertyp, charakteristische chemische Bestandteile	3
4.4 Kennzahl für die Anwendung, Pulverklasse	4
4.5 Kennziffer für das metallurgische Verhalten	4
4.6 Kennzeichen für die Stromart	4
4.7 Kennzeichen für Wasserstoffgehalt des reinen Schweißgutes	4
4.8 Strombelastbarkeit	5
5 Korngrößenbereich	5
6 Technische Lieferbedingungen	5
7 Kennzeichnung	5
8 Bezeichnung	5
Anhang A (informativ) Beschreibung der Pulvertypen	6

Vorwort

Diese Europäische Norm wurde vom Technischen Komitee CEN/TC 121 "Schweißen" erarbeitet, dessen Sekretariat vom DS betreut wird.

Diese Europäische Norm muß den Status einer nationalen Norm erhalten; entweder durch Veröffentlichung eines identischen Textes oder durch Anerkennung bis September 1996, und etwaige entgegenstehende nationale Normen müssen bis September 1996 zurückgezogen werden.

Anhang A ist informativ und enthält "Beschreibung der Pulvertypen".

In den normativen Verweisungen wird auf ISO 3690 Bezug genommen. Es sollte beachtet werden, daß eine Europäische Norm zum selben Thema im CEN/TC 121/SC 3 in Vorbereitung ist.

Entsprechend der CEN/CENELEC-Geschäftsordnung sind die nationalen Normungsinstitute der folgenden Länder gehalten, diese Europäische Norm zu übernehmen:

Belgien, Dänemark, Deutschland, Finnland, Frankreich, Griechenland, Irland, Island, Italien, Luxemburg, Niederlande, Norwegen, Österreich, Portugal, Schweden, Schweiz, Spanien und das Vereinigte Königreich.

1 Anwendungsbereich

Diese Norm gilt für Schweißpulver zum Unterpulverschweißen mit Draht- und Bandelektroden von unlegierten, niedriglegierten und hochlegierten nichtrostenden und hitzebeständigen Stählen sowie von Nickel und Nickellegierungen.

2 Normative Verweisungen

Diese Europäische Norm enthält durch datierte oder undatierte Verweisungen Festlegungen aus anderen Publikationen. Diese normativen Verweisungen sind an den jeweiligen Stellen im Text zitiert, und die Publikationen sind nachstehend aufgeführt. Bei datierten Verweisungen gehören spätere Änderungen oder Überarbeitungen dieser Publikationen nur zu dieser Europäischen Norm, falls sie durch Änderung oder Überarbeitung eingearbeitet sind. Bei undatierten Verweisungen gilt die letzte Ausgabe der in Bezug genommenen Publikation.

EN 756
Schweißzusätze – Drahtelektroden und Draht-Pulver-Kombinationen zum Unterpulverschweißen von unlegierten Stählen und Feinkornstählen – Einteilung

EN 1597-1
Schweißzusätze – Prüfung zur Einteilung – Teil 1: Prüfstück zur Entnahme von Schweißgutproben an Stahl, Nickel und Nickellegierungen

ISO 3690
de: Schweißen – Bestimmung des Wasserstoffs im Schweißgut unlegierter und niedriglegierter Stähle
en: Welding – Determination of hydrogen in deposited weld metal arising from the use of covered electrodes for welding mild and low alloy steels

3 Einleitung

Schweißpulver zum Unterpulverschweißen sind körnige, schmelzbare Produkte mineralischen Ursprungs, die nach unterschiedlichen Methoden hergestellt werden. Schweißpulver beeinflussen die chemische Zusammensetzung und die mechanischen Eigenschaften des Schweißgutes. Die Strombelastbarkeit eines Schweißpulvers ist abhängig von verschiedenen Schweißbedingungen. Sie ist nicht durch ein Kurzzeichen in dieser Pulvereinteilung erfaßt (siehe 4.8).

Die Einteilung der Schweißpulver besteht aus sieben Merkmalen:

1) Das erste Merkmal besteht aus dem Kurzzeichen für das Produkt/den Schweißprozeß;

2) das zweite Merkmal enthält den Kennbuchstaben für die Herstellungsart;

3) das dritte Merkmal enthält das Kennzeichen für den Pulvertyp, chemische Hauptbestandteile;

4) das vierte Merkmal enthält die Kennzahl für die Anwendung, Pulverklasse;
5) das fünfte Merkmal enthält die Kennziffer für das metallurgische Verhalten;
6) das sechste Merkmal enthält das Kennzeichen für die Stromart;
7) das siebte Merkmal enthält das Kennzeichen für den Wasserstoffgehalt des reinen Schweißgutes.

Die Normbezeichnung ist in zwei Teile gegliedert, um den Gebrauch dieser Norm zu erleichtern.

a) Verbindlicher Teil
Dieser Teil enthält die Kennzeichen für das Produkt/den Schweißprozeß, die Herstellungsart, die chemischen Hauptbestandteile (Pulvertyp) und die Anwendungen, d. h. die Kennzeichen, die in 4.1, 4.2, 4.3 und 4.4 beschrieben sind.

b) Nicht verbindlicher Teil
Dieser Teil enthält die Kennzeichen für das metallurgische Verhalten, die Stromart und den Wasserstoffgehalt, d. h. die Kennzeichen, die in 4.5, 4.6 und 4.7 beschrieben sind.

Eignet sich ein Schweißpulver für mehrere Anwendungsfälle, so ist eine Doppelkennzeichnung zulässig.

4 Kennzeichen und Anforderungen

4.1 Kurzzeichen für das Produkt/den Schweißprozeß

Das Kurzzeichen für Pulver zum Unterpulverschweißen ist der Buchstabe S.

4.2 Kennbuchstabe für die Herstellungsart

Die Kennbuchstaben für die Herstellungsart sind:

F (fused)   erschmolzenes Pulver;
A (agglomerated)   agglomeriertes Pulver;
M (mixed)   Mischpulver.

Schmelzpulver werden erschmolzen und gekörnt. Agglomerierte Pulver sind gebundene, körnige Gemische aus gemahlenen Rohstoffen. Mischpulver sind alle Pulver, die vom Hersteller aus zwei oder mehreren Pulvertypen gemischt werden.

Anforderung zur Korngrößen-Kennzeichnung siehe Abschnitt 5

4.3 Kennzeichen für den Pulvertyp, charakteristische chemische Bestandteile

Das Kennzeichen nach Tabelle 1 erfaßt den Pulvertyp entsprechend den charakteristischen chemischen Bestandteilen.

Tabelle 1: Kennzeichen für den Pulvertyp, charakteristische chemische Bestandteile

Kennzeichen	Charakteristische chemische Zusammensetzung Bestandteile	Grenzwerte %
MS Mangan-Silikat	$MnO + SiO_2$	min. 50
	CaO	max. 15
CS Calcium-Silikat	$CaO + MgO + SiO_2$	min. 55
	$CaO + MgO$	min. 15
ZS Zirkon-Silikat	$ZrO_2 + SiO_2 + MnO$	min. 45
	ZrO_2	min. 15
RS Rutil-Silikat	$TiO_2 + SiO_2$	min. 50
	TiO_2	min. 20
AR Aluminat-Rutil	$Al_2O_3 + TiO_2$	min. 40
AB Aluminat-basisch	$Al_2O_3 + CaO + MgO$	min. 40
	Al_2O_3	min. 20
	CaF_2	max. 22
AS Aluminat-Silikat	$Al_2O_3 + SiO_2 + ZrO_2$	min. 40
	$CaF_2 + MgO$	min. 30
	ZrO_2	min. 5
AF Aluminat-Fluorid-basisch	$Al_2O_3 + CaF_2$	min. 70
FB Fluorid-basisch	$CaO + MgO + CaF_2 + MnO$	min. 50
	SiO_2	max. 20
	CaF_2	min. 15
Z	Andere Zusammensetzungen	

ANMERKUNG: Eine Beschreibung der Eigenschaften der einzelnen Pulvertypen enthält Anhang A.

4.4 Kennzahl für die Anwendung, Pulverklasse

4.4.1 Pulverklasse 1

Schweißpulver für das Unterpulverschweißen von unlegierten und niedriglegierten Stählen, wie allgemeine Baustähle, hochfeste und warmfeste Stähle. Die Pulver enthalten im allgemeinen außer Mn und Si keine Legierungselemente, so daß die Zusammensetzung des Schweißgutes hauptsächlich durch die Zusammensetzung der Drahtelektrode und metallurgische Reaktionen beeinflußt wird. Die Pulver eignen sich für das Verbindungs- und Auftragschweißen. Im Falle des Verbindungsschweißens können die meisten Pulver für das Mehrlagenschweißen sowie das Einlagen- und/oder Lage-/Gegenlageschweißen angewendet werden.

In der Pulverbezeichnung wird die Klasse 1 durch die Ziffer 1 angegeben.

4.4.2 Pulverklasse 2

Schweißpulver zum Verbindungs- und Auftragschweißen von nichtrostenden und hitzebeständigen Cr- und Cr-Ni-Stählen und/oder Nickel und Nickellegierungen.

In der Pulverbezeichnung wird die Klasse 2 durch die Ziffer 2 angegeben.

4.4.3 Pulverklasse 3

Schweißpulver, bevorzugt zum Auftragschweißen, die durch Zubrand von Legierungselementen, wie C, Cr oder Mo, aus dem Pulver ein verschleißfestes Schweißgut ergeben.

In der Pulverbezeichnung wird die Klasse 3 durch die Ziffer 3 angegeben.

4.5 Kennziffer für das metallurgische Verhalten

4.5.1 Allgemein

Das metallurgische Verhalten eines Pulvers ist durch den Zu- und/oder Abbrand von Legierungsbestandteilen gekennzeichnet. Unter Zubrand oder Abbrand wird die Differenz der chemischen Zusammensetzung von reinem Schweißgut und der Drahtelektrode verstanden. Allgemeine Hinweise dazu werden in der Beschreibung der Pulvertypen gegeben.

Für ein Pulver der Klasse 1 wird das metallurgische Verhalten durch Kennziffern nach Tabelle 2 ausgedrückt.

4.5.1.1 Metallurgisches Verhalten, Pulverklasse 1

Zur Ermittlung des Zu- und Abbrandverhaltens nach 4.5.2 wird die Drahtelektrode EN 756-S2 verwendet. Zu- oder Abbrand der Elemente Silicium und Mangan werden in dieser Reihenfolge angegeben.

Tabelle 2: Kennziffern für das metallurgische Verhalten von Schweißpulvern der Pulverklasse 1

Metallurgisches Verhalten	Kennziffer	Anteil durch Pulver im reinen Schweißgut % (m/m)
Abbrand	1	über 0,7
	2	über 0,5 bis 0,7
	3	über 0,3 bis 0,5
	4	über 0,1 bis 0,3
Zu- und/oder Abbrand	5	0 bis 0,1
Zubrand	6	über 0,1 bis 0,3
	7	über 0,3 bis 0,5
	8	über 0,5 bis 0,7
	9	über 0,7

4.5.1.2 Metallurgisches Verhalten, Pulverklasse 2

Der Zubrand von Legierungselementen, außer Si und Mn, wird mittels des entsprechenden chemischen Symbols angegeben (z. B. Cr).

4.5.1.3 Metallurgisches Verhalten, Pulverklasse 3

Der Zubrand der Legierungselemente wird durch die entsprechenden chemischen Symbole angegeben (z. B. C, Cr).

Das metallurgische Verhalten des Pulvers soll in den technischen Unterlagen oder Kennblättern des Herstellers angegeben werden.

4.5.2 Bestimmung der Kennziffern

Für die Bestimmung der Kennziffern für Pulver der Klasse 1 muß eine Schweißgutprobe nach EN 1597-1 oder eine Schweißgut-Auftragprobe aus mindestens acht Lagen mit mindestens zwei Raupen je Lage entsprechend den Angaben in Tabelle 3 hergestellt werden. Die Probe für die Analyse ist der Mitte der Auftragung oder der Prüfstückoberfläche zu entnehmen.

Tabelle 3: Schweißbedingungen für die Herstellung der Schweißgut-Auftragprobe

Bedingungen für Eindraht-Mehrlagenschweißung [1] [2]	Drahtdurchmesser mm 4,0
Freie Drahtelektrodenlänge, mm	30 ± 5
Länge des Schweißgutes, mm	min. 200
Stromart	DC
Schweißstromstärke, A	580 ± 20
Schweißspannung, V	29 ± 1
Schweißgeschwindigkeit, mm/min	550 ± 50
Zwischenlagentemperatur, °C	150 ± 50

[1] Wird AC und DC angegeben, ist die Probeschweißung nur mit AC durchzuführen.
[2] AC ist das Kennzeichen für Wechselstrom, DC ist das Kennzeichen für Gleichstrom.

4.6 Kennzeichen für die Stromart

Die Stromart, für die das Pulver geeignet ist, wird mit folgenden Kennzeichen angegeben:

DC ist das Kennzeichen für Gleichstrom
AC ist das Kennzeichen für Wechselstrom

Die Eignung mit Wechselstrom schließt im allgemeinen die mit Gleichstrom ein.

Um die Eignung mit Wechselstrom nachzuweisen, sind Probeschweißungen bei einer Leerlaufspannung von nicht höher als 70 Volt durchzuführen.

4.7 Kennzeichen für Wasserstoffgehalt des reinen Schweißgutes

Das Kennzeichen nach Tabelle 4 enthält den Wasserstoffgehalt, der an reinem Schweißgut in Anlehnung an ISO 3690 bestimmt wird.

Tabelle 4: Kennzeichen für den Wasserstoffgehalt des reinen Schweißgutes

Kennzeichen	Wasserstoffgehalt ml/100 g reines Schweißgut max.
H5	5
H10	10
H15	15

Ist mit Rücksicht auf den zu schweißenden Grundwerkstoff ein wasserstoffarmes Schweißgut erforderlich, so sind die pulverspezifischen Rücktrocknungsbedingungen beim Pulverhersteller zu erfragen.

Übliche Rücktrocknungsbedingungen für Schmelzpulver sind 2 h bei (250 ± 50) °C oder für agglomerierte Pulver 2 h bei (350 ± 50) °C.

4.8 Strombelastbarkeit

Die Strombelastbarkeit eines Pulvers hängt von verschiedenen Schweißbedingungen ab. Die Pulverbezeichnung sieht dafür kein Kennzeichen vor.

ANMERKUNG: Für Vergleichszwecke hat der Hersteller in seinen technischen Unterlagen oder Kennblättern die Strombelastbarkeit des Pulvers anzugeben. Die Strombelastbarkeit ist die höchste Stromstärke für eine Drahtelektrode von 4 mm Durchmesser, bei der unter normalen Bedingungen noch ein glattes und gleichmäßiges Nahtaussehen erreicht wird. Die üblichen Bedingungen für eine solche Prüfung sind folgende:

Schweißgeschwindigkeit	550 mm/min
Freie Drahtelektrodenlänge	30 ± 5 mm
Stromart und Polung der Drahtelektrode	DC, Pluspol
Lichtbogenspannung	der Stromstärke angepaßt
Blechdicke	min 20 mm

Während sich auf diese Weise die höchste Stromstärke bestimmen läßt, sollte bedacht werden, daß sich dieser Wert in gewissen Fällen erhöhen kann, z. B. beim Mehrdraht-Verfahren.

5 Korngrößenbereich

Der Korngrößenbereich ist nicht Teil der Pulverbezeichnung, er dient jedoch als Information bei der Kennzeichnung von Verpackungseinheiten.

Die Körnung muß durch das Kennzeichen für die kleinste und größte Korngröße nach Tabelle 5 oder direkt in Millimeter angegeben werden.

Tabelle 5: Korngrößen

Korngrößen mm	Kennzeichen
2,5	25
2,0	20
1,6	16
1,25	12
0,8	8
0,5	5
0,315	3
0,2	2
0,1	1
< 0,1	D

Beispiel eines typischen Korngrößenbereiches ist 2 – 16 oder 0,2 mm – 1,6 mm

6 Technische Lieferbedingungen

Ein Pulver muß körnig und so beschaffen sein, daß es im Pulverzuführungssystem ungestört gefördert werden kann. Die Korngrößenverteilung muß gleichmäßig und in den verschiedenen Verpackungseinheiten gleich sein. Schweißpulver sind in unterschiedlichen Körnungen erhältlich.

Schweißpulver sind verpackt anzuliefern. Die Verpackung muß bei sachgemäßer Beförderung und Lagerung so widerstandsfähig sein, daß der Inhalt vor Schäden weitgehend geschützt ist.

7 Kennzeichnung

Die Verpackung muß deutlich wie folgt gekennzeichnet sein:

– Handelsname;
– Bezeichnung nach dieser Norm;
– Fabrikationsnummer;
– Nettogewicht;
– Hersteller oder Lieferer;
– Korngrößenbereich nach Abschnitt 5.

8 Bezeichnung

Die Bezeichnung eines Pulvers muß den Grundsätzen gemäß nachfolgendem Beispiel entsprechen.

BEISPIEL:

Erschmolzenes Pulver zum Unterpulverschweißen (SF) des Calcium-Silikat-Typs (CS) für den Anwendungsbereich der Klasse 1 (1), mit Zubrand an Silicium 0,2 % (6) und Mangan 0,5 % (7), geeignet für Wechsel- oder Gleichstrom (AC), das im reinen Schweißgut einen Wasserstoffgehalt von 8 ml/100 g erzeugt (H10).

Die Bezeichnung lautet:

Schweißpulver EN 760-SF CS 1 67 AC H10

Der verbindliche Teil ist:

Schweißpulver EN 760-SF CS 1

Hierbei bedeuten:

EN 760	= Norm-Nummer
S	= Pulver/Unterpulverschweißen (siehe 4.1)
F	= Erschmolzenes Pulver (siehe 4.2)
CS	= Pulvertyp (siehe Tabelle 1)
1	= Anwendung, Pulverklasse (siehe 4.4)
67	= metallurgisches Verhalten (siehe Tabelle 2)
AC	= Stromart (siehe 4.6)
H10	= Wasserstoffgehalt (siehe Tabelle 4)

Anhang A (informativ)
Beschreibung der Pulvertypen

A.1 Mangan-Silikat-Typ MS

Schweißpulver dieses Typs enthalten im wesentlichen MnO und SiO_2. Sie sind gewöhnlich durch einen hohen Manganzubrand im Schweißgut gekennzeichnet, so daß sie vorzugsweise in Verbindung mit niedrig manganhaltigen Drahtelektroden verwendet werden. Der Siliciumzubrand im Schweißgut ist gleichfalls hoch. Viele Pulver dieses Typs ergeben Schweißgut mit eingeschränkten Zähigkeitswerten, was zum Teil auf einen hohen Sauerstoffgehalt zurückzuführen ist.

Mangan-Silikat-Pulver sind relativ hoch strombelastbar und für hohe Schweißgeschwindigkeiten geeignet. Das Schweißgut ist auch beim Schweißen auf rostigem Grundwerkstoff unempfindlich gegen Porenbildung. Die Schweißnähte zeigen eine regelmäßige Ausbildung, und die Nahtübergänge sind frei von Einbrandkerben.

Einschränkungen hinsichtlich der Zähigkeitswerte schließen die Verwendung dieser Pulver für das Mehrlagenschweißen dicker Abmessungen gewöhnlich aus. Sie sind jedoch gut geeignet für das Schnellschweißen dünner Werkstücke sowie für Kehlnähte.

A.2 Calcium-Silikat-Typ CS

Schweißpulver dieses Typs bestehen im wesentlichen aus CaO, MgO und SiO_2. Diese Gruppe umfaßt eine Reihe von Pulvern, von denen die mehr sauren Typen die höchste Strombelastbarkeit aller Pulver aufweisen und einen hohen Siliciumzubrand bewirken. Diese Pulver eignen sich für das Lage- und Gegenlageschweißen von dicken Werkstücken mit geringeren Anforderungen an die mechanischen Eigenschaften.

Die mehr basischen Pulver der Gruppe bewirken einen geringeren Si-Zubrand und können für Mehrlagenschweißungen mit höheren Anforderungen an die Festigkeits- und Zähigkeitswerte angewendet werden. Die Strombelastbarkeit der Pulver sinkt mit zunehmendem Basizitätsgrad, die entstehenden Nähte sind glatt ausgebildet und ohne Randkerben.

A.3 Zirkon-Silikat-Typ ZS

Schweißpulver dieses Typs bestehen hauptsächlich aus ZrO_2 und SiO_2.

Diese Pulver werden für das Schnellschweißen von einlagigen Nähten auf sauberen Blechen und Dünnblechen empfohlen. Die gute Benetzungsfähigkeit der Schlacke ist ausschlaggebend für gleichmäßig ausgebildete Nähte ohne Randkerben, bei hoher Geschwindigkeit.

A.4 Rutil-Silikat-Typ RS

Die Hauptbestandteile der Schweißpulver dieses Typs sind TiO_2 und SiO_2. Neben einem hohen Manganabbrand verursachen diese Pulver einen hohen Siliciumzubrand im Schweißgut. Sie können somit zusammen mit Drahtelektroden mit mittlerem und hohem Manganabhalt verwendet werden. Die Zähigkeit des Schweißgutes bleibt infolge eines relativ hohen Sauerstoffgehaltes eingeschränkt.

Die Strombelastbarkeit dieser Pulver ist ziemlich hoch, sie eignen sich infolgedessen für das Ein- und Mehrdrahtschweißen bei hohen Geschwindigkeiten. Ein typisches Anwendungsgebiet ist das Schweißen von Lage und Gegenlage bei der Herstellung von Großrohren.

A.5 Aluminat-Rutil-Typ AR

Diese Schweißpulver enthalten im wesentlichen Al_2O_3 und TiO_2. Sie ergeben einen mittleren Mangan- und Siliciumzubrand. Aufgrund der hohen Schlackenviskosität verfügen diese Pulver über eine Reihe von vorteilhaften Verarbeitungseigenschaften wie gutes Nahtaussehen, hohe Schweißgeschwindigkeit und sehr gute Schlackenentfernbarkeit, besonders bei Kehlnähten. Die Pulver sind für das Schweißen mit Gleich- und Wechselstrom geeignet und daher für das Ein- und Mehrdrahtschweißen einsetzbar. Infolge des relativ hohen Sauerstoffgehaltes erzeugen sie ein Schweißgut mit mittleren mechanischen Eigenschaften.

Die Hauptanwendungsgebiete umfassen das Schweißen von dünnwandigen Behältern und Rohren, Rohr-Steg-Verbindungen von Flossenrohren, Kehlnähten bei Stahlkonstruktionen und Schiffbau.

A.6 Aluminat-basischer Typ AB

Neben Al_2O_3 als Hauptbestandteil enthalten diese Pulver im wesentlichen noch MgO und CaO. Sie ergeben einen mittleren Manganzubrand im Schweißgut. Aufgrund des hohen Al_2O_3-Anteils ergeben die Pulver eine kurze Schlacke, wobei eine optimale Ausgewogenheit zwischen Schweißgutqualität und Verarbeitungseigenschaften besteht. Die Verarbeitungseigenschaften dieser Pulver sind gut, und infolge des basischen Schlackencharakteristik (mittlerer Sauerstoffgehalt) werden speziell beim Schweißen von Lage und Gegenlage gute Zähigkeitswerte erzielt.

Diese Pulver werden in großem Umfang für das Schweißen von unlegierten und niedriglegierten Baustählen für die unterschiedlichen Anwendungsgebiete eingesetzt. Sie können sowohl mit Gleich- als auch mit Wechselstrom für das Mehrlagenschweißen oder das Schweißen von Lage und Gegenlage eingesetzt werden.

A.7 Aluminat-Silikat-Typ AS

Schweißpulver dieses Typs sind gekennzeichnet durch einen mäßig hohen Anteil an basischen Verbindungen wie MgO und CaF_2 und ergeben erhebliche Anteile an Silikaten, Al_2O_3 und ZrO_2. Das metallurgische Verhalten dieser Pulver ist meist neutral, jedoch ist Manganabbrand möglich. Es werden daher vorzugsweise Drahtelektroden mit höherem Mangangehalt, wie z. B. S3-Typen, angewendet.

Infolge der mäßig hohen Schlackenbasizität erzeugen diese Pulver ein sehr sauberes, niedrig sauerstoffhaltiges Schweißgut. Wegen ihres basischen Charakters in Verbindung mit einer geringen Schlackenviskosität besitzen diese Pulver entsprechende Verarbeitungseigenschaften wie eingeschränkte Strombelastbarkeit und Schweißgeschwindigkeit. Schlackenlöslichkeit und Nahtaussehen sind gut, auch bei Engspaltschweißung. Obwohl Gleichstrom vorzuziehen ist (niedriger Wasserstoffgehalt im Schweißgut), können einige dieser Pulver auch mit Wechselstrom und damit für das Mehrdrahtverfahren angewendet werden.

Diese Pulver sind wie die fluoridbasischen Typen für das Mehrlagenschweißen, besonders bei hohen Zähigkeitsanforderungen, zu empfehlen. Ihr besonderes Einsatzgebiet ist daher das Schweißen von hochfesten Feinkornstählen im Druckbehälterbau, bei der Herstellung von Nuklear- und Offshore-Bauteilen.

A.8 Aluminat-Fluorid-basischer Typ AF

Diese Schweißpulver enthalten Al_2O_3 und CaF_2 als Hauptbestandteile. Sie werden hauptsächlich mit legierten Drahtelektroden für das Schweißen nichtrostender Stähle und Nickellegierungen angewendet. Hinsichtlich Mangan, Silicium und anderen Legierungsbestandteilen im Schweißgut verhalten sich die Pulver neutral. Infolge des hohen Fluoridanteils besitzen die Pulver eine gute Benetzungsfähigkeit und erzeugen ein sauberes Nahtaussehen. Die Lichtbogenspannung muß im Vergleich zum aluminat-basischen Typ höher sein.

A.9 Fluorid-basischer Typ FB

Die Schweißpulver dieses Typs sind durch einen hohen Anteil an basischen Bestandteilen, wie CaO, MgO, MnO und CaF_2 gekennzeichnet. Der Anteil an SiO_2 ist niedrig. Ihr metallurgisches Verhalten ist weitgehend neutral, jedoch ist Manganabbrand möglich, so daß vorzugsweise Drahtelektroden mit einem höheren Mangangehalt, z. B. S3-Typen, angewendet werden sollten.

Als Folge der hohen Schlackenbasizität wird ein metallurgisch sehr sauberes, niedrig sauerstoffhaltiges Schweißgut erzielt. Es können höchste Zähigkeitswerte bis zu sehr tiefen Temperaturen erreicht werden. Wegen der basischen Schlackencharakteristik, in Verbindung mit einer geringen Schlackenviskosität, haben diese Pulver entsprechende Verarbeitungseigenschaften, wie begrenzte Strombelastbarkeit und Schweißgeschwindigkeit. Schlackenlöslichkeit und Nahtaussehen sind auch im Engspaltverfahren gut. Obwohl zur Erzeugung eines niedrigen Wasserstoffgehaltes im Schweißgut das Schweißen mit Gleichstrom bevorzugt wird, können einige dieser Pulver auch mit Wechselstrom und somit für das Mehrdrahtschweißen eingesetzt werden.

Die Pulver werden für das Mehrlagenschweißen empfohlen, besonders wenn hohe Anforderungen an die Zähigkeit gestellt werden. Ein bevorzugtes Anwendungsgebiet ist das Schweißen von hochfesten Feinkornstählen, z. B. im Druckbehälterbau, bei Herstellung von Nuklear- und Offshore-Bauteilen.

Pulver dieses Typs können auch für das Schweißen von nichtrostenden Stählen und Nickellegierungen angewendet werden.

A.10 Typen mit anderen Zusammensetzungen Z

Andere Typen, die durch diese Beschreibung nicht erfaßt sind

DEUTSCHE NORM　　　　　　　　　　　　　　　　　　　Mai 1996

Wärmedämmstoffe für das Bauwesen
Bestimmung des Verhaltens bei Druckbeanspruchung
Deutsche Fassung EN 826 : 1996

DIN EN 826

ICS 91.120.10

Deskriptoren: Wärmedämmstoff, Bauwesen, Druckbeanspruchung, Druckfestigkeit, Materialprüfung

Thermal insulating products for building applications — Determination of compression behaviour;
German version EN 826 : 1996

Produits isolants thermiques destinés aux applications du bâtiment — Détermination du comportement en compression;
Version allemande EN 826 : 1996

Vorgesehen als teilweiser Ersatz für
DIN 1101 : 1989-11,
DIN 18161-1 : 1976-12,
DIN 18164-1 : 1992-08,
DIN 18165-1 : 1991-07,
DIN 18174 : 1981-01
und
DIN 52272-1 : 1982-10;
siehe auch
Nationales Vorwort

Die Europäische Norm EN 826 : 1996 hat den Status einer Deutschen Norm.

Nationales Vorwort

Diese Europäische Norm wurde von der Arbeitsgruppe 1 "Gemeinsame allgemeine Prüfverfahren" (Federführung: Frankreich) des Technischen Komitees CEN/TC 88 "Wärmedämmstoffe und wärmedämmende Produkte" (Sekretariat: Deutschland) unter deutscher Mitwirkung erarbeitet.
Der für die deutsche Mitarbeit zuständige Arbeitsausschuß im DIN Deutsches Institut für Normung e.V. ist der als Spiegelausschuß zu CEN/TC 88 eingesetzte Arbeitsausschuß 00.88.00 "Wärmedämmstoffe" des Normenausschusses Bauwesen (NABau) in Verbindung mit dem NABau-Arbeitskreis 00.88.01 "Gemeinsame allgemeine Prüfverfahren".
Da sowohl die bisherigen DIN-Normen als auch die EN-Normen jeweils ein geschlossenes System z. B. aus Prüf- und Stoff-(Anforderungs-)normen bilden, ist ein Ersatz von einzelnen DIN-Normen durch DIN-EN-Normen meist erst dann möglich, wenn alle Elemente des neuen "Normenpaketes" vorliegen. Aus diesem Grunde werden "EN-Normenpakete" gebildet, die zu einem festgelegten Zeitpunkt die entgegenstehenden nationalen Normen ersetzen oder teilweise ersetzen.
Für diese Europäische Norm und weitere Prüfnormen des CEN/TC 88, die zusammen ein erstes "EN-Normenpaket" mit Prüfnormen bilden (siehe Vorwort in der Deutschen Fassung), ist ein spätestes Datum für die Zurückziehung (dow) der entgegenstehenden nationalen Normen bis zum 31.12.1996 vorgesehen. Daraus ergibt sich, daß die im Ersatzvermerk aufgeführten DIN-Normen noch bis zum 31.12.1996 weiterbestehen.

Änderungen
Gegenüber DIN 1101 : 1989-11, DIN 18161-1 : 1976-12, DIN 18164-1 : 1992-08, DIN 18165-1 : 1991-07, DIN 18174 : 1981-01 und DIN 52272-1 : 1982-10 wurden folgende Änderungen vorgenommen:
— EN 826 : 1996 übernommen.

Frühere Ausgaben
DIN 1101: 1938-09, 1952x-01, 1960-10, 1970-04, 1980-03, 1989-11
DIN 1104-1: 1970-04, 1980-03
DIN 18161-1: 1976-12
DIN 18164: 1963-01, 1966-08
DIN 18164-1: 1972-12, 1979-06, 1991-12, 1992-08
DIN 18165: 1957-08, 1963-03
DIN 18165-1: 1975-01, 1987-03, 1991-07
DIN 18174: 1981-01
DIN 52272-1: 1982-10

Fortsetzung 7 Seiten EN

Normenausschuß Bauwesen (NABau) im DIN Deutsches Institut für Normung e.V.
Normenausschuß Kunststoffe (FNK) im DIN
Normenausschuß Materialprüfung (NMP) im DIN

EUROPÄISCHE NORM
EUROPEAN STANDARD
NORME EUROPÉENNE

EN 826

März 1996

ICS 91.120.10

Deskriptoren: Gebäude, Wärmedämmung, Wärmedämmstoff, Druckversuch, Bestimmung, Druckfestigkeit

Deutsche Fassung

Wärmedämmstoffe für das Bauwesen
Bestimmung des Verhaltens bei Druckbeanspruchung

Thermal insulating products for building applications — Determination of compression behaviour

Produits isolants thermiques destinés aux applications du bâtiment — Détermination du comportement en compression

Diese Europäische Norm wurde von CEN am 1996-02-09 angenommen.

Die CEN-Mitglieder sind gehalten, die CEN/CENELEC-Geschäftsordnung zu erfüllen, in der die Bedingungen festgelegt sind, unter denen dieser Europäischen Norm ohne jede Änderung der Status einer nationalen Norm zu geben ist.

Auf dem letzten Stand befindliche Listen dieser nationalen Normen mit ihren bibliographischen Angaben sind beim Zentralsekretariat oder bei jedem CEN-Mitglied auf Anfrage erhältlich.

Diese Europäische Norm besteht in drei offiziellen Fassungen (Deutsch, Englisch, Französisch). Eine Fassung in einer anderen Sprache, die von einem CEN-Mitglied in eigener Verantwortung durch Übersetzung in seine Landessprache gemacht und dem Zentralsekretariat mitgeteilt worden ist, hat den gleichen Status wie die offiziellen Fassungen.

CEN-Mitglieder sind die nationalen Normungsinstitute von Belgien, Dänemark, Deutschland, Finnland, Frankreich, Griechenland, Irland, Island, Italien, Luxemburg, Niederlande, Norwegen, Österreich, Portugal, Schweden, Schweiz, Spanien und dem Vereinigten Königreich.

CEN

EUROPÄISCHES KOMITEE FÜR NORMUNG
European Committee for Standardization
Comité Européen de Normalisation

Zentralsekretariat: rue de Stassart 36, B-1050 Brüssel

© 1996. Das Copyright ist den CEN-Mitgliedern vorbehalten.

Ref. Nr. EN 826 : 1996 D

Inhalt

	Seite
Vorwort	2
1 Anwendungsbereich	3
2 Normative Verweisungen	3
3 Definitionen	3
4 Prinzip	3
5 Prüfeinrichtungen	3
6 Probekörper	4
7 Prüfverfahren	5
8 Ermittlung und Angabe der Ergebnisse	5
9 Genauigkeit der Messungen	6
10 Prüfbericht	6
Anhang A (normativ) Abweichungen vom allgemeinen Prüfverfahren für Schaumglas	7

Vorwort

Diese Europäische Norm wurde vom Technischen Komitee CEN/TC 88 "Wärmedämmstoffe und wärmedämmende Produkte" erarbeitet, dessen Sekretariat vom DIN geführt wird.

Diese Europäische Norm muß den Status einer nationalen Norm erhalten, entweder durch Veröffentlichung eines identischen Textes oder durch Anerkennung bis September 1996, und etwaige entgegenstehende nationale Normen müssen bis Dezember 1996 zurückgezogen werden.

Diese Europäische Norm gehört zu einer Normenreihe, die Prüfverfahren zur Bestimmung der Maße und Eigenschaften von Wärmedämmstoffen und -produkten festlegt. Sie unterstützt eine Reihe von Produktnormen für Wärmedämmstoffe und -produkte, welche entsprechend der Richtlinie des Rates vom 21.12.1988 zur Angleichung von Gesetzen, Verordnungen und Verwaltungsvorschriften der Mitgliedstaaten für Bauprodukte (Richtlinie 89/106/EEC) unter Beachtung der wesentlichen Anforderungen erarbeitet wurden.

Diese Europäische Norm enthält einen normativen Anhang:

Anhang A — Abweichungen vom allgemeinen Prüfverfahren für Schaumglas.

Diese Europäische Norm gilt für Anwendungen im Bauwesen; sie kann aber auch in anderen Bereichen, sofern geeignet, angewendet werden.

In Anwendung der Resolution BT20/1993 Revised hat CEN/TC 88 vorgeschlagen, das nachstehend aufgeführte Europäische "Normenpaket" zu definieren und als Datum der Zurückziehung (dow) der den Normen dieses "Paketes" entgegenstehenden nationalen Normen den 31. Dezember 1996 festgelegt.

Das "Normenpaket" umfaßt die folgende Gruppe von miteinander zusammenhängenden Normen über Prüfverfahren, die der Bestimmung der Maße und Eigenschaften von Wärmedämmstoffen und -produkten dienen und sämtlich in den Aufgabenbereich des CEN/TC 88 fallen:

EN 822
  Wärmedämmstoffe für das Bauwesen — Bestimmung der Länge und Breite
EN 823
  Wärmedämmstoffe für das Bauwesen — Bestimmung der Dicke
EN 824
  Wärmedämmstoffe für das Bauwesen — Bestimmung der Rechtwinkligkeit
EN 825
  Wärmedämmstoffe für das Bauwesen — Bestimmung der Ebenheit
EN 826
  Wärmedämmstoffe für das Bauwesen — Bestimmung des Verhaltens bei Druckbeanspruchung
prEN 1602
  Wärmedämmstoffe für das Bauwesen — Bestimmung der Rohdichte
prEN 1603
  Wärmedämmstoffe für das Bauwesen — Bestimmung der Dimensionsstabilität im Normalklima (23 °C/50 % relative Luftfeuchte)
prEN 1604
  Wärmedämmstoffe für das Bauwesen — Bestimmung der Dimensionsstabilität bei definierten Temperatur- und Feuchtebedingungen
prEN 1605
  Wärmedämmstoffe für das Bauwesen — Bestimmung der Verformung bei definierter Druck- und Temperaturbeanspruchung
prEN 1606
  Wärmedämmstoffe für das Bauwesen — Bestimmung des Langzeit-Kriechverhaltens bei Druckbeanspruchung
prEN 1607
  Wärmedämmstoffe für das Bauwesen — Bestimmung der Zugfestigkeit senkrecht zur Plattenebene
prEN 1608
  Wärmedämmstoffe für das Bauwesen — Bestimmung der Zugfestigkeit in Plattenebene

prEN 1609
Wärmedämmstoffe für das Bauwesen — Bestimmung der Wasseraufnahme bei kurzzeitigem teilweisem Eintauchen
prEN 12085
Wärmedämmstoffe für das Bauwesen — Bestimmung der linearen Maße von Probekörpern
prEN 12086
Wärmedämmstoffe für das Bauwesen — Bestimmung der Wasserdampfdurchlässigkeit
prEN 12087
Wärmedämmstoffe für das Bauwesen — Bestimmung der Wasseraufnahme bei langzeitigem Eintauchen
prEN 12088
Wärmedämmstoffe für das Bauwesen — Bestimmung der Wasseraufnahme durch Diffusion
prEN 12089
Wärmedämmstoffe für das Bauwesen — Bestimmung des Verhaltens bei Biegebeanspruchung
prEN 12090
Wärmedämmstoffe für das Bauwesen — Bestimmung des Verhaltens bei Scherbeanspruchung
prEN 12091
Wärmedämmstoffe für das Bauwesen — Bestimmung des Verhaltens bei Frost-Tau-Wechselbeanspruchung

Entsprechend der CEN/CENELEC-Geschäftsordnung sind die nationalen Normungsinstitute folgender Länder gehalten, diese Europäische Norm zu übernehmen:

Belgien, Dänemark, Deutschland, Finnland, Frankreich, Griechenland, Irland, Island, Italien, Luxemburg, Niederlande, Norwegen, Österreich, Portugal, Schweden, Schweiz, Spanien und das Vereinigte Königreich.

1 Anwendungsbereich

Diese Norm legt Prüfeinrichtungen und Verfahren zur Bestimmung des Verhaltens von Probekörpern bei Druckbeanspruchung fest. Sie gilt für Wärmedämmstoffe.

Die Norm kann verwendet werden, um Druckspannungen für Langzeit-Kriechversuche festzulegen und für Anwendungen, in welchen die Dämmstoffe nur kurzzeitig belastet werden.

Das Verfahren kann zur Qualitätskontrolle verwendet werden. Es ist auch anwendbar, um Bezugswerte zu erhalten, aus denen unter Verwendung von Sicherheitsbeiwerten Bemessungswerte berechnet werden können.

2 Normative Verweisungen

Diese Europäische Norm enthält durch datierte oder undatierte Verweisungen Festlegungen aus anderen Publikationen. Diese normativen Verweisungen sind an den jeweiligen Stellen im Text zitiert, und die Publikationen sind nachstehend aufgeführt. Bei datierten Verweisungen gehören spätere Änderungen oder Überarbeitungen dieser Publikationen nur zu dieser Europäischen Norm, falls sie durch Änderung oder Überarbeitung eingearbeitet sind. Bei undatierten Verweisungen gilt die letzte Ausgabe der in Bezug genommenen Publikation.

prEN 12085
    Wärmedämmstoffe für das Bauwesen — Bestimmung der linearen Maße von Probekörpern
ISO 5725 : 1986
    Precision of test methods — Determination of repeatability and reproducibility for a standard test method by inter-laboratory tests

3 Definitionen

Für die Anwendung dieser Norm gelten die folgenden Definitionen:

3.1 Stauchung, ε: Verhältnis der Dickenverminderung des Probekörpers zu seiner Ausgangsdicke d_0, in Belastungsrichtung gemessen und in Prozent ausgedrückt.

3.2 Druckfestigkeit, σ_m: Verhältnis von Höchstkraft F_m zum Ausgangsquerschnitt des Probekörpers senkrecht zur Kraftrichtung, sofern bei Erreichen der Quetschgrenze (siehe Bild 1 b)) oder des Bruches (siehe Bild 1 a)) die Stauchung ε kleiner als 10 % ist.

3.3 Druckspannung bei 10 % Stauchung, σ_{10}: Verhältnis von Druckkraft F_{10} bei 10 % Stauchung (ε_{10}) zum Ausgangsquerschnitt des Probekörpers (siehe Bilder 1 c) und 1 d)) für Produkte, bei denen die 10 % Stauchung vor der Quetschgrenze oder dem Bruch erreicht wird.

3.4 Druck-Elastizitätsmodul, E: Verhältnis von Druckspannung zur zugehörigen Stauchung unterhalb der Proportionalitätsgrenze, sofern ein linearer Zusammenhang vorliegt (siehe Bild 1).

4 Prinzip

Eine Druckkraft wird mit vorgegebener Geschwindigkeit senkrecht zu den größeren Oberflächen eines rechtwinkligen, quaderförmigen Probekörpers aufgebracht und die vom Probekörper höchstens aufnehmbare Spannung berechnet.

Wenn der Wert der größten Spannung bei einer Stauchung kleiner als 10 % erreicht wird, wird er als Druckfestigkeit bezeichnet und die zugehörige Stauchung angegeben. Falls bis zum Erreichen der 10 % Stauchung kein Bruch festzustellen ist, wird die Druckspannung bei 10 % Stauchung berechnet und der Wert als Druckspannung bei 10 % Stauchung angegeben.

5 Prüfeinrichtungen

5.1 Druckprüfmaschine

Druckprüfmaschine, geeignet für den erforderlichen Kraft- und Wegbereich mit zwei sehr steifen, geschliffenen quadratischen oder runden Platten, deren Seitenlängen (oder deren Durchmesser) mindestens so groß wie die Seitenlänge (oder die Diagonale) des zu prüfenden Probekörpers sind. Eine der beiden Platten muß fest, die andere beweglich und erforderlichenfalls mit einem zentrisch angebrachten Kugelgelenk versehen sein, um sicherzustellen, daß die Kraft nur senkrecht auf den Probekörper wirkt. Die bewegliche Platte muß mit konstanter Vorschubgeschwindigkeit nach Abschnitt 7 bewegt werden können.

Seite 4
EN 826 : 1996

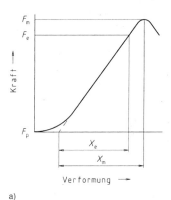

a)

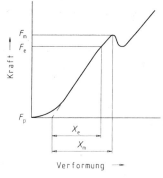

b) (X_m ist kleiner als 10 %)

c)

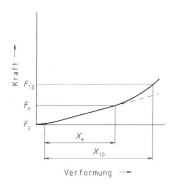

d)

F_p der Vorbelastung entsprechende Kraft
F_m Höchstkraft
X_m Verformung bei Höchstkraft
F_{10} Kraft bei 10 % Stauchung
X_{10} Verformung bei 10 % Stauchung
F_e zu X_e gehörige Kraft (konventionelle Proportionalitätsgrenze)
X_e Gesamtverformung im konventionellen elastischen Bereich

Bild 1: Beispiele für Kraft-Verformungs-Diagramme

5.2 Messen der Verformung

Verformungs-Meßgerät, eingebaut in die Druckprüfmaschine, zum kontinuierlichen Messen der Verschiebung der beweglichen Platte auf ± 5 % oder ± 0,1 mm; der kleinere Wert ist maßgebend (siehe 5.3).

5.3 Messen der Kraft

Kraftaufnehmer, befestigt an einer der Druckplatten, zum Messen der Kraft, die der Probekörper als Widerstand auf die Platten ausübt. Die Verformung des Kraftaufnehmers selbst muß während des Messens vernachlässigbar klein sein im Vergleich zu der zu messenden Verschiebung.

Andernfalls ist die Verformung des Kraftaufnehmers rechnerisch zu berücksichtigen. Der Kraftaufnehmer muß das kontinuierliche Messen der Kraft auf ± 1 % erlauben.

5.4 Aufzeichnungsgerät

Gerät zur gleichzeitigen Aufzeichnung der Kraft F und der Verschiebung X als Kurve mit F als Funktion von X (siehe 7.2).

ANMERKUNG: Die Kurve liefert zusätzliche Informationen über das Verhalten des Produkts und gestattet gegebenenfalls, den Druck-Elastizitätsmodul zu bestimmen.

419

6 Probekörper

6.1 Maße der Probekörper

Die Probekörper sind in der Lieferdicke des Produkts zu prüfen. Die Breite der Probekörper darf nicht kleiner als ihre Dicke sein. Produkte mit verdichteten und/oder kaschierten Oberflächenschichten müssen mit unversehrten Schichten geprüft werden, wenn diese im Anwendungsfall erhalten bleiben.

Es ist nicht erlaubt, mehrere Probekörper übereinander zu legen, um eine größere Dicke für die Prüfung zu erhalten.

Die Probekörper müssen Quader mit folgenden Maßen sein:

50 mm × 50 mm oder
100 mm × 100 mm oder
150 mm × 150 mm oder
200 mm × 200 mm oder
300 mm × 300 mm.

Die Auswahl der zu verwendenden Maße ist in der entsprechenden Produktnorm festzulegen.

ANMERKUNG 1: Existiert keine Produktnorm, können die Maße der Probekörper zwischen den Parteien vereinbart werden.

Die Maße sind nach prEN 12085 auf 0,5 % zu bestimmen.

Die Grenzabweichungen für Parallelität und Ebenheit zwischen den beiden Druckflächen des Probekörpers dürfen nicht mehr als 0,5 % der Kantenlänge des Probekörpers oder 0,5 mm betragen; der kleinere Wert ist maßgebend.

Wenn die Probekörper nicht eben sind, müssen sie eben geschliffen werden, oder es muß eine geeignete Beschichtung aufgebracht werden, um die Oberfläche für den Versuch vorzubereiten. Während des Versuchs darf keine bedeutsame Verformung der Beschichtung auftreten.

ANMERKUNG 2: Die Genauigkeit des Prüfergebnisses wird vermindert, wenn die Dicken der Probekörper kleiner als 20 mm sind.

6.2 Vorbereitung der Probekörper

Probekörper sind so herauszuschneiden, daß die Grundfläche der Probekörper senkrecht zur Druckrichtung bei der vorgesehenen Anwendung des Produkts steht. Die zum Schneiden des Probekörpers angewendeten Verfahren dürfen die ursprüngliche Struktur des Produkts nicht verändern.

Das Verfahren zur Auswahl der Probekörper ist nach der Festlegung in der entsprechenden Produktnorm durchzuführen. Bei Produkten mit sich verjüngenden Flächen muß die Parallelität der beiden Druckflächen des Probekörpers den Anforderungen nach 6.1 entsprechen.

ANMERKUNG 1: Existiert keine Produktnorm, darf die Auswahl der Probekörper zwischen den Parteien vereinbart werden.

ANMERKUNG 2: Sind besondere Vorbereitungen nötig, werden sie in der entsprechenden Produktnorm angegeben.

ANMERKUNG 3: In Fällen, wo das Verhalten von anisotropem Material vollständig untersucht werden soll oder wo die Hauptrichtung der Anisotropie unbekannt ist, kann es erforderlich sein, zusätzliche Serien von Probekörpern vorzubereiten.

6.3 Anzahl der Probekörper

Für die Anzahl der Probekörper gilt die Festlegung in der entsprechenden Produktnorm. Fehlt eine solche Festlegung, sind mindestens fünf Probekörper zu verwenden.

ANMERKUNG: Existiert keine Produktnorm, darf die Anzahl der Probekörper zwischen den Parteien vereinbart werden.

6.4 Vorbehandlung der Probekörper

Die Probekörper müssen mindestens 6 h bei (23 ± 5) °C gelagert werden. In Schiedsfällen sind sie bei (23 ± 2) °C und (50 ± 5) % relativer Luftfeuchte für die in der entsprechenden Produktnorm festgelegte Zeit zu lagern.

7 Prüfverfahren

7.1 Prüfbedingungen

Die Prüfung muß bei (23 ± 5) °C durchgeführt werden. In Schiedsfällen ist sie bei (23 ± 2) °C und (50 ± 5) % relativer Luftfeuchte durchzuführen.

7.2 Durchführung der Prüfung

Die Maße des Probekörpers sind nach prEN 12085 zu bestimmen.

Der Probekörper ist zentrisch zwischen den beiden parallelen Platten der Druckprüfmaschine einzubauen. Als Vorlast wird eine Druckspannung von (250 ± 10) Pa aufgebracht.

ANMERKUNG: Falls eine bedeutsame Verformung unter der Vorlast von 250 Pa auftritt, darf eine Vorlast von 50 Pa verwendet werden, sofern dies in der entsprechenden Produktnorm festgelegt ist. In diesem Fall sollte die Dicke d_0 unter der gleichen Vorlast bestimmt werden.

Der Probekörper ist mittels der beweglichen Platte mit konstanter Vorschubgeschwindigkeit von 0,1 d je Minute, mit einer Grenzabweichung von ± 25 %, zusammenzudrücken, wobei d die Dicke des Probekörpers in Millimeter ist.

Der Versuch wird fortgesetzt, bis der Probekörper versagt und somit die Druckfestigkeit erreicht ist oder bis eine Stauchung von 10 % erreicht ist und somit die Druckspannung bei 10 % Stauchung bestimmt werden kann.

Die Kraft-Verformungs-Kurve ist aufzuzeichnen.

8 Ermittlung und Angabe der Ergebnisse

Das Ergebnis ist als Mittelwert der Messungen auf drei wertanzeigende Ziffern anzugeben.

ANMERKUNG: Die Ergebnisse sollten nicht auf andere Dicken umgerechnet werden.

Je nach Verhalten (siehe 7.2) sind σ_m und ε_m oder σ_{10} (siehe Abschnitt 3) zu berechnen.

8.1 Druckfestigkeit und zugehörige Stauchung

8.1.1 Druckfestigkeit

Die Druckfestigkeit, σ_m, in Kilopascal ist nach folgender Gleichung zu berechnen:

$$\sigma_m = 10^3 \frac{F_m}{A_0}$$

Dabei ist:

F_m die Höchstkraft, in Newton;
A_0 der Ausgangsquerschnitt des Probekörpers, in Quadratmillimeter.

8.1.2 Stauchung

Die Nullpunktverformung ist zu bestimmen, indem z. B. mit einem Lineal die steilste gerade Strecke der Kraft-Verformungs-Kurve (siehe 5.4) bis zur Nullachse der Kraft F_p verlängert wird. Alle Verschiebungen zur Berechnung der Stauchung sind vom "Verformungsnullpunkt" aus zu messen, bezogen auf F_p entsprechend (250 ± 10) Pa.

ANMERKUNG: Das Vorgehen wird an vier Beispielen in Bild 1 verdeutlicht.

Seite 6
EN 826 : 1996

Die Stauchung, ε_m, in Prozent ist nach folgender Gleichung zu berechnen:

$$\varepsilon_m = \frac{X_m}{d_0} \cdot 100$$

Dabei ist:
X_m die Verformung bei Höchstkraft, in Millimeter;
d_0 die Ausgangsdicke (wie gemessen) des Probekörpers, in Millimeter.

8.2 Druckspannung bei 10% Stauchung

Die Druckspannung bei 10% Stauchung, σ_{10}, in Kilopascal ist nach folgender Gleichung zu berechnen:

$$\sigma_{10} = 10^3 \, \frac{F_{10}}{A_0}$$

Dabei ist:
F_{10} die Kraft bei einer Stauchung von 10%, in Newton;
A_0 der Ausgangsquerschnitt des Probekörpers, in Quadratmillimeter.

ANMERKUNG: Falls erforderlich, kann die Druckspannung auch für geringere Stauchungen als 10% berechnet werden.

8.3 Druck-Elastizitätsmodul

Falls erforderlich, ist der Druck-Elastizitätsmodul, E, in Kilopascal nach folgender Gleichung zu berechnen:

$$E = \sigma_e \, \frac{d_0}{X_e}$$

mit

$$\sigma_e = 10^3 \, \frac{F_e}{A_0}$$

Dabei ist:
F_e die Kraft am Ende des konventionellen elastischen Bereichs (exakt gerader Abschnitt der Kraft-Verformungs-Kurve), in Newton;
X_e die Verformung bei F_e, in Millimeter.

Wenn es keinen exakt geraden Abschnitt der Kraft-Verformungs-Kurve gibt, oder wenn der "Verformungsnullpunkt" nach 8.1.2 einen negativen Wert ergibt, ist das Verfahren nicht anwendbar. Als "Verformungsnullpunkt" gilt dann die zur Druckspannung (250 ± 10) Pa gehörige Verformung.

9 Genauigkeit der Messungen

Im Jahr 1993 wurde unter Beteiligung von zehn Prüfanstalten ein Ringversuch durchgeführt. Es wurden vier Produkte mit unterschiedlichem Verhalten bei Druckbeanspruchung geprüft. Davon wurden drei Produkte für die statistische Auswertung der Vergleichvarianz verwendet (zwei Prüfergebnisse für jedes Produkt), und ein Produkt wurde für die statistische Bewertung der Wiederholvarianz herangezogen (fünf Prüfergebnisse).
Die Ergebnisse, bestimmt nach ISO 5725 : 1986, sind in den Tabellen 1 und 2 zusammengestellt.
Die in den Tabellen 1 und 2 genannten Begriffe wurden nach ISO 5725 : 1986 verwendet.

Tabelle 1: Druckfestigkeit, σ_m, oder Druckspannung bei 10% Stauchung, σ_{10}

Bereich	95 kPa bis 230 kPa
Schätzwert für die Wiederholvarianz s_r	0,5%
95% Wiederholgrenze	2%
Schätzwert für die Vergleichvarianz s_R	3%
95% Vergleichgrenze	9%

Tabelle 2: Druck-Elastizitätsmodul E

Bereich	2 500 kPa bis 8 500 kPa
Schätzwert für die Wiederholvarianz s_r	3%
95% Wiederholgrenze	8%
Schätzwert für die Vergleichvarianz s_R	10%
95% Vergleichgrenze	25%

10 Prüfbericht

Der Prüfbericht muß die folgenden Angaben enthalten:
a) Hinweis auf diese Europäische Norm;
b) Produktkennzeichnung
   1) Produktname, Herstellwerk, Hersteller oder Lieferant;
   2) Produktions-Code;
   3) Produktart und -typ;
   4) Verpackung;
   5) Form, in der das Produkt im Labor ankam;
   6) weitere zugehörige Informationen, z. B. Nenndicke, Nenn-Rohdichte;
c) Durchführung der Prüfung
   1) Vorgeschichte und Probenahme, z. B. wer hat entnommen und wo;
   2) Vorbehandlung;
   3) gegebenenfalls Abweichungen von den Abschnitten 6 und 7;
   4) Prüfdatum;
   5) Maße und Anzahl der Probekörper;
   6) Art der Oberflächenbehandlung (Schleifen oder Art der Beschichtung);
   7) allgemeine Angaben zur Prüfung;
   8) besondere Umstände, die die Ergebnisse beeinflußt haben können;
   ANMERKUNG: Angaben über Prüfeinrichtungen und Name des Prüfers sollten im Labor verfügbar sein, brauchen aber nicht im Prüfbericht aufgeführt zu werden;
d) Ergebnisse
Alle Einzelwerte der Druckfestigkeit und zugehörigen Stauchungen oder der Druckspannung bei 10% Stauchung, arithmetischer Mittelwert und der Druck-Elastizitätsmodul, falls gefordert.

Seite 7
EN 826 : 1996

Anhang A (normativ)
Abweichungen vom allgemeinen Prüfverfahren für Schaumglas

Für Schaumglas ist das in dieser Norm beschriebene allgemeine Prüfverfahren wie folgt abzuändern:

A.1 Prüfeinrichtungen

Die Druckprüfmaschine wird an einer der beiden Platten mit einem Kugelgelenk ausgerüstet.

A.2 Probekörper
A.2.1 Maße der Probekörper

Als Probekörper ist ein Viertel einer Platte in Liefermaßen zu verwenden. Zum Beispiel sind bei Platten mit den Maßen 600 mm × 450 mm die Maße der Probekörper 300 mm × 225 mm, und zwar derart, daß sie zwei Kanten der originalen Platte aufweisen.

Wenn dies nicht möglich ist, sind Probekörper von 200 mm × 200 mm aus einem der gleichgroßen vier Viertel so zu entnehmen, daß der Symmetrie des Viertels Rechnung getragen wird. Aus jeder Platte ist nur ein Probekörper zu entnehmen.

A.2.2 Vorbehandlung der Probekörper

A.2.2.1 Die Druckflächen des Probekörpers müssen parallel und eben sein (siehe 6.1). Falls notwendig, sind sie auf einer geeigneten Reibefläche so zu schleifen, daß die geforderte Oberflächenebenheit erreicht wird.

A.2.2.2 Um ebene Druckflächen zu erhalten, ist eine Lage heißen Bitumens R 85/25, erhitzt auf (170 ± 10) °C, aufzubringen, so daß die offenen Oberflächenzellen mit einem kleinen Überschuß ganz gefüllt werden.
Die Bitumenmenge beträgt (1 ± 0,25) kg/m².
Der Probekörper ist leicht zu neigen und die Druckfläche ist entweder in ein Bitumenbad zu tauchen oder vorzugsweise über eine horizontale Rolle zu führen, die sich im Bitumenbad dreht (siehe Bild A.1). Überschüssiges Bitumen ist abzustreifen. Wenn die offenen Oberflächenzellen nicht ausreichend gefüllt sind, ist der Vorgang zu wiederholen. Der Probekörper ist mit der beschichteten Druckfläche nach unten nochmals einzutauchen oder nochmals über die horizontale Rolle zu führen. Das überschüssige Bitumen ist von der behandelten Fläche abtropfen zu lassen. Der Probekörper ist mit dem Bitumen nach oben zu drehen und in horizontaler Lage leicht zu schütteln, um eine gleichmäßige Verteilung des Bitumens sicherzustellen.

ANMERKUNG: Es hat sich als zweckmäßig erwiesen, zum Auftragen des Bitumens eine teilweise eingetauchte Rolle zu verwenden (siehe Bild A.1).

A.2.2.3 Der Probekörper ist mit der behandelten Druckfläche auf ein dünnes Blatt zu legen, das allseitig über den Probekörper übersteht und auf einer ebenen Stahlplatte liegt. Das Blatt muß dünn, flexibel, homogen und mit heißem Bitumen verträglich sein, z. B. eine dünne Bitumendachbahn mit einer flächenbezogenen Masse von (1 ± 0,25) kg/m² oder ein leichtes Kraftpapier oder eine Plastikfolie, die gegebenenfalls mit einer nicht gewebten Glasfaser von (0,15 ± 0,08) kg/m² verstärkt werden kann.
Über eine Lastverteilungsplatte, die nicht kleiner als der Probekörper ist, ist eine Beanspruchung von (200 ± 25) N aufzubringen.
Nach etwa 1 min ist die Beanspruchung zu entfernen.
Nach 15 min ist die zweite Druckfläche auf die gleiche Weise zu beschichten.

ANMERKUNG: Durch das dünne, flexible Blatt soll vermieden werden, daß das auf den Probekörper aufgebrachte Bitumen während der Prüfung an den Druckplatten kleben bleibt.

A.2.2.4 Der Probekörper ist auf eine Kante zu stellen, wobei nur der Schaumglaskern z. B. mit einem kleinen Stück Holz gestützt wird; die beiden beschichteten Flächen sind mindestens 15 min der Raumtemperatur auszusetzen, damit das Bitumen vor der Prüfung aushärten kann.

A.2.2.5 Das Bitumen darf nicht zu hohen Temperaturen, die Oxydation verursachen, ausgesetzt werden.

A.2.2.6 Bei großformatigen, kaschierten Schaumglasplatten, die aus Einzelplatten zusammengefügt sind, muß der Probekörper aus einer vollständigen Einzelplatte nach A.2.1 herausgeschnitten werden.
Kaschierte Schaumglasplatten dürfen nicht mit heißem Bitumen vorbehandelt werden.
Wenn die Druckfläche nicht eben genug ist, ist eine Gipsschicht mit einer Dicke von (2 ± 1) mm auf die Fläche aufzubringen. Die Druckprüfung ist erst durchzuführen, wenn der Gips trocken ist.

A.3 Durchführung der Prüfung

Die Vorschubgeschwindigkeit der beweglichen Platte muß 0,01 d je Minute, mit Grenzabweichungen von ± 25 %, betragen, wobei d die Dicke des Probekörpers in Millimeter ist.
Die Prüfung ist bis zum Versagen des Probekörpers durchzuführen, üblicherweise gekennzeichnet durch einen scharfen Lastabfall, begleitet von einem lauten Geräusch.

ANMERKUNG: Wegen der Druckflächenvorbehandlung eignet sich das Verfahren, bei dem die gegenseitige Verschiebung der Platten der Druckprüfmaschine gemessen wird, nicht zur Bestimmung der Stauchung und des Druck-Elastizitätsmoduls. Ein alternatives Verfahren besteht darin, Meßpunkte an den Kanten des Probekörpers zu befestigen und deren gegenseitige Verschiebung zu messen.

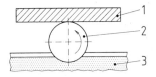

1 Probekörper 2 Rolle 3 Bitumen

Bild A.1: Auftragen des heißen Bitumens auf die Probekörperdruckfläche

Mai 1995

	Textile Bodenbeläge	**DIN**
	Stuhlrollenprüfung	**EN 985**
	Deutsche Fassung EN 985 : 1994	

ICS 59.080.60　　　　　　　　　　　　　　　　　　　　　　　Ersatz für DIN 54324 : 1988-01

Deskriptoren: Bodenbelag, Stuhlrollenversuch, Materialprüfung, Textilien

Textile floor coverings — Castor chair test;
German version EN 985 : 1994
Revêtements de sol textiles — Essai à l'appareil à roulettes;
Version allemande EN 985 : 1994

Die Europäische Norm EN 985 : 1994 hat den Status einer Deutschen Norm.

Nationales Vorwort

Die vorliegende Norm wurde erstellt vom CEN/TC 134. Für die Deutsche Fassung ist der Arbeitsausschuß NMP 534 "Prüfung und Verwendungsbereichseinstufung textiler Bodenbeläge" zuständig.

Für die im Abschnitt 2 zitierten Internationalen Normen wird im folgenden auf die entsprechenden Deutschen Normen hingewiesen:

ISO 1957 siehe DIN 53803-2

Änderungen

Gegenüber DIN 54324 : 1988-01 wurden folgende Änderungen vorgenommen:
    a) Inhalt vollständig überarbeitet.
    b) EN 985 vollständig übernommen.

Frühere Ausgaben

DIN 54324: 1976-02, 1988-01

Nationaler Anhang NA　(informativ)

Literaturhinweise in nationalen Zusätzen

DIN 53803-2　Probenahme — Praktische Durchführung

Fortsetzung 6 Seiten EN

Normenausschuß Materialprüfung (NMP) im DIN Deutsches Institut für Normung e.V.
Textilnorm, Normenausschuß Textil und Textilmaschinen im DIN

EUROPÄISCHE NORM
EUROPEAN STANDARD
NORME EUROPÉENNE

EN 985

Dezember 1994

ICS 59.080.60; 91.180

Deskriptoren: Textilien, textiler Bodenbelag, Verschleißversuch, Bestimmung, Verschleiß, Prüfgerät, Laufrolle

Deutsche Fassung

Textile Bodenbeläge
Stuhlrollenprüfung

Textile floor coverings — Castor chair test   Revêtements de sol textiles — Essai à l'appareil à roulettes

Diese Europäische Norm wurde von CEN am 1994-11-15 angenommen.

Die CEN-Mitglieder sind gehalten, die CEN/CENELEC-Geschäftsordnung zu erfüllen, in der die Bedingungen festgelegt sind, unter denen dieser Europäischen Norm ohne jede Änderung der Status einer nationalen Norm zu geben ist.

Auf dem letzten Stand befindliche Listen dieser nationalen Normen mit ihren bibliographischen Angaben sind beim Zentralsekretariat oder bei jedem CEN-Mitglied auf Anfrage erhältlich.

Diese Europäische Norm besteht in drei offiziellen Fassungen (Deutsch, Englisch, Französisch). Eine Fassung in einer anderen Sprache, die von einem CEN-Mitglied in eigener Verantwortung durch Übersetzung in seine Landessprache gemacht und dem Zentralsekretariat mitgeteilt worden ist, hat den gleichen Status wie die offiziellen Fassungen.

CEN-Mitglieder sind die nationalen Normungsinstitute von Belgien, Dänemark, Deutschland, Finnland, Frankreich, Griechenland, Irland, Island, Italien, Luxemburg, Niederlande, Norwegen, Österreich, Portugal, Schweden, Schweiz, Spanien und dem Vereinigten Königreich.

CEN

EUROPÄISCHES KOMITEE FÜR NORMUNG
European Committee for Standardization
Comité Européen de Normalisation

Zentralsekretariat: rue de Stassart 36, B-1050 Brüssel

© 1994. Das Copyright ist den CEN-Mitgliedern vorbehalten.   Ref. Nr. EN 985 : 1994 D

Vorwort

Diese Europäische Norm wurde vom Technischen Komitee CEN/TC 134 "Elastische und textile Bodenbeläge" erarbeitet, dessen Sekretariat vom BSI betreut wird.

Diese Europäische Norm muß den Status einer nationalen Norm erhalten, entweder durch Veröffentlichung eines identischen Textes oder durch Anerkennung bis Juni 1995, und etwaige entgegenstehende nationale Normen müssen bis Juni 1995 zurückgezogen werden.

Entsprechend der CEN/CENELEC-Geschäftsordnung sind folgende Länder gehalten, diese Europäische Norm zu übernehmen:

Belgien, Dänemark, Deutschland, Finnland, Frankreich, Griechenland, Irland, Island, Italien, Luxemburg, Niederlande, Norwegen, Österreich, Portugal, Schweden, Schweiz, Spanien und das Vereinigte Königreich.

1 Anwendungsbereich

Diese Europäische Norm legt ein Verfahren zur Bestimmung der Abnutzung von textilen Bodenbelägen unter Einwirkung von Stuhlrollen fest.

— Prüfung A: Bestimmung der Abnutzung eines textilen Bodenbelages unter Stuhlrollenbeanspruchung,

— Prüfung B: Bestimmung der Farbänderung (Glanz/Aufhellung) von Nadelvlies-Bodenbelägen,

— Prüfung C: Bestimmung der allgemeinen Widerstandsfähigkeit von Nadelvlies-Bodenbelägen

2 Normative Verweisungen

Die vorliegende Europäische Norm enthält durch datierte oder undatierte Verweisungen Festlegungen aus anderen Publikationen. Diese normativen Verweisungen sind an den jeweiligen Stellen im Text zitiert, und die Publikationen sind nachstehend aufgeführt. Bei datierten Verweisungen gehören spätere Änderungen oder Überarbeitungen dieser Publikationen nur zu dieser Europäischen Norm, falls sie durch Änderung oder Überarbeitung eingearbeitet sind. Bei undatierten Verweisungen gilt die letzte Ausgabe der in Bezug genommenen Publikation.

prEN 1471
Textile Bodenbeläge — Beurteilung der Aussehensveränderung

EN 20139
Textilien — Normalklima für die Probenvorbereitung und Prüfung (ISO 139 : 1973)

ISO 1957
Machine-made textile floor coverings — Sampling and cutting specimens for physical tests

3 Prinzip

Die Oberseite eines textilen Bodenbelags wird bei einer vorgeschriebenen Anzahl von Umdrehungen der Wirkung von drei Laufrollen, die eine exzentrische Drehbewegung ausführen, ausgesetzt.

Am Ende jeder Prüfung ist zu bestimmen:

— die Aussehensveränderung wird nach prEN 1471, nach 5 000 Umdrehungen und 25 000 Umdrehungen (Prüfung A), beurteilt,

— die Farbänderung anhand von Graumaßstäben wird nach 750 Umdrehungen (Prüfung B) beurteilt,

— das Ausmaß von eventuellen Beschädigungen der Meßprobe wird nach 10 000 oder 25 000 Umdrehungen (Prüfung C) beurteilt.

4 Prüfeinrichtungen

4.1 Prüfgerät mit Laufrollen mit den folgenden Merkmalen (siehe Bild 1)

4.1.1 Ein rotierender, kreisförmiger Probentisch (P) mit einem Durchmesser von 800 mm ± 5 mm, auf dem die Meßproben befestigt sind.

4.1.2 Eine Laufrollenanordnung (R) bestehend aus einer senkrechten Welle und einer die Rollen tragenden Halterung. Diese Rollenanordnung ist mit einem Abstand von 198 mm ± 1 mm von der Mitte des rotierenden Probentisches versetzt.

Die drei Rollen sind konzentrisch um den Drehpunkt der Rollenhalterung jeweils um 120° versetzt mit einem Abstand von 130 mm ± 1 mm vom Rollenhalterungsmittelpunkt beweglich so angeordnet, daß sie der Drehbewegung der Halterung nachlaufen.

Die Beanspruchungsfläche ergibt sich aus dem Abstand der beiden Drehachsen sowie dem Abstand der Rollen vom Drehpunkt der Rollenhalterung und beträgt ungefähr 0,3 m^2.

Die Rollenhalterung läßt sich bei Stillstand des Prüfgerätes durch eine Spindel vom Probentisch abheben.

Über die Rollenhalterung wirkt eine Masse M von 90 kg ± 1 kg gleichmäßig verteilt auf die drei Rollen.

Der Abstand (unter Last) zwischen der Rollenhalterungsplatte (r) und der Antriebsplatte (C) muß größer als 3 mm sein (siehe Bild 1).

4.1.3 Antriebsmechanismus

Probentisch und Rollenhalterung sind miteinander gekoppelt und ändern die Drehrichtung über ein entsprechendes Umschaltwerk.

Die Anzahl der Umdrehungen wird mit einem voreinstellbaren Zählwerk eingestellt.

Die Drehzahl des Probentisches beträgt (19 ± 1) min^{-1} bei (50 ± 1) min^{-1} der Rollenhalterung.

Etwa alle 3 min ändert sich die Drehrichtung. Die Stillstandsdauer beim Wechseln der Drehrichtung beträgt etwa (5 ± 1) s.

Das Verhältnis zwischen der Drehzahl des Probentisches und der der Rollenhalterung bedingt eine Umkehrbewegung der Rollen innerhalb der beanspruchten Probenfläche.

4.1.4 Absaugvorrichtung A

Über die Breite des beanspruchten Kreisringes der Probe ist eine Absaugvorrichtung angebracht, deren Absaugdüsen in der Höhe einstellbar sein müssen. Die Saugleistung beträgt 25 l/s bis 30 l/s.

4.1.5 Rollen

Die drei Rollen müssen die folgenden Maße haben (siehe Bild 2):
— Rollendurchmesser: 50 mm ± 2 mm;
— Rollenbreite: 20 mm;
— Krümmungsradius der Rollenlauffläche: 100 mm;
— Schwenkradius: 32 mm.

Der Abstand zwischen jeweils zwei Rollenhalterungen beträgt 225 mm. Die Laufflächen der Rollen bestehen aus Polyamid und haben eine Shore-A-Härte zwischen 90 und 100.

Nach spätestens 2 000 000 Umdrehungen des Probentisches sind die Rollen auszuwechseln, erforderlichenfalls früher.

4.1.6 Probenunterlage

Als Träger der Proben dient eine kreisförmige, 8 mm dicke Scheibe aus nicht verformbarem Kunststoff (z.B. Acrylglas) mit einem Durchmesser von 800 mm. Die Unterlage ist mit dem Probentisch formschlüssig verbunden, Bohrungen in der Unterlage und Bolzen auf der Drehscheibe verhindern das Verrutschen.

4.1.7 Metallring (optional)

Ein Metallring von 10 mm Höhe und 700 mm Durchmesser kann verwendet werden, um ein Wandern selbstliegender Fliesen während der Berollung zu verhindern.

4.2 Bürstenstaubsauger

Staubsauger mit rotierender Bürste, die von einem eigenständigen Motor angetrieben wird.

4.3 Großer Graumaßstab mit Halbstufen-Unterteilung nach prEN 1471

5 Probenahme

Die Probenahme erfolgt nach ISO 1957.

Es sind entweder 3 Halbkreise oder 6 Viertelkreise mit einem Radius von etwa 350 mm zuzuschneiden. Die Viertelkreisschnitte müssen parallel oder im rechten Winkel zur Herstellungsrichtung verlaufen. Es ist ebenso eine Vergleichsmeßprobe mit den Maßen 200 mm × 200 mm auszuschneiden. In allen Fällen ist die Herstellungsrichtung zu kennzeichnen.

Zwei Halbkreis- oder vier Viertelkreismeßproben sind auf der Unterlage ganzflächig mit doppelseitigem Klebeband oder mit einem Klebegitter so anzubringen, daß sie fugenlos aneinanderstoßen.

6 Konditionierung

Die Meßproben werden im Normalprüfklima wie in EN 20139 angegeben mindestens 24 h konditioniert.

7 Arbeitsablauf

Die Prüfungen werden im Normalprüfklima für Textilien durchgeführt.

7.1 Auflegen der Meßproben

Die Meßprobenunterlage mit den befestigten Meßproben ist auf den Probentisch aufzulegen, wobei sicherzustellen ist, daß die Bolzen des Probentisches in die Löcher der Meßprobenunterlage eingreifen.

7.2 Prüfen der Rollen

Es ist zu prüfen, ob die Rollen frei drehbar sind und ob jegliche Faserstoffreste, die sich in die Lager setzen können, entfernt wurden, beispielsweise mit Preßluft.

7.3 Einstellen des Gerätes

Die Rollen werden durch Senken auf die Probe aufgesetzt. Die Staubsaugerdüse ist so nahe wie möglich an die Meßprobe heranzuführen, ohne diese zu berühren. Der Staubsauger ist anzuschalten; die Absaugung erfolgt kontinuierlich.

7.4 Prüfung A — Bestimmung der Abnutzung eines textilen Bodenbelages unter Stuhlrollenbeanspruchung

7.4.1 Prüfvorgang — Stufe 1

Das Zählwerk ist auf 5 000 Umdrehungen einzustellen, und das Gerät ist zu starten.

Nach 5 000 Umdrehungen des Probentisches stellt sich das Gerät ab, und die Hälfte der Meßproben ist zur Beurteilung der Kurzzeitbeanspruchung zu entnehmen, während die andere Hälfte für Stufe 2 der Prüfung auf der Unterlage verbleibt.

Die beanspruchte Meßprobe (5 000 Umdrehungen) ist unmittelbar nach der Behandlung mit dem Stuhlrollengerät mit dem Bürststaubsauger abzusaugen. Die Probe ist viermal in beiden Richtungen mit dem Bürststaubsauger langsam und mit dem Vorgang in Strichrichtung endend zu bürsten. Die Meßprobe ist mindestens 24 h im Normalprüfklima zu konditionieren, wobei die Meßprobe flach mit der Nutzfläche nach oben liegt oder frei hängt.

7.4.2 Prüfvorgang — Stufe 2

Eine nicht beanspruchte Meßprobe des gleichen oder eines vergleichbaren Teppichs ist auf dem Probentisch anzubringen, um die Hälfte zu ersetzen, die für Stufe 1 der Prüfung entnommen wurde.

Das Zählwerk ist auf 20 000 Umdrehungen einzustellen und das Gerät ist in Betrieb zu setzen.

Wenn sich das Gerät abstellt, sind die seit Beginn der Prüfung (Stufe 1) beanspruchten Meßproben zur Beurteilung zu entnehmen und wie zuvor beschrieben zu reinigen. Sie haben nun eine Beanspruchung von 25 000 Umdrehungen.

7.5 Prüfung B — Bestimmung der Farbänderung (Glanz, Aufhellung) von Nadelvlies-Bodenbelägen

Das Zählwerk ist auf 750 Umdrehungen einzustellen und das Gerät ist in Betrieb zu setzen. Sobald sich das Gerät abgestellt hat, sind die Meßproben zu entnehmen und im Normalprüfklima für Textilien mindestens 24 h zu konditionieren.

7.6 Prüfung C — Bestimmung der allgemeinen Widerstandsfähigkeit

Das Zählwerk ist auf 10 000 oder 25 000 Umdrehungen einzustellen, und das Gerät ist in Betrieb zu setzen.

Die Meßproben werden regelmäßig während der Prüfung und nach der vorgeschriebenen Anzahl von Umdrehungen überprüft. Entstehung und Ausmaß von Verschlechterungen des Probenzustandes sind zu beschreiben.

8 Beurteilung

8.1 Prüfung A

Die beanspruchten Meßproben und die Vergleichsprobe werden in gleicher Richtung nebeneinandergelegt und nach prEN 1471[1]) beurteilt, wobei innerer und äußerer Kreis, der durch die Rollenbeanspruchung entstand, zu ignorieren ist. Wird eine beginnende Beschädigung (z.B. Delamination) beobachtet, hat der Artikel die Prüfung nicht bestanden. Die Art der Beschädigung ist im Prüfbericht anzugeben.

8.2 Prüfung B

Die beanspruchte Meßprobe und die Vergleichsprobe werden in gleicher Richtung nebeneinandergelegt und die Farbänderung mit Hilfe des großformatigen Graumaßstabes nach prEN 1471 beurteilt. Es ist die Graumaßstabsstufe festzustellen, die dem Kontrast zwischen unbeanspruchtem Original und der beanspruchten Meßprobe am nächsten kommt.

8.3 Prüfung C

Im Verlauf der Prüfung sind Entstehung und Ausmaß von Verschlechterungen des Probenzustandes festzustellen, wie:

— Lösen, Beulenbildung, Rißbildung;

— Delamination, Trennung und Zerreiben von Schaumbeschichtungen;

— Trennen, Schuppenbildung, Pudern, Kreiden durch Imprägnierungen und/oder Binder;

— jede Art beginnender Schäden am Bodenbelag als solchem.

9 Berechnungen und Darstellung der Ergebnisse

9.1 Prüfung A

Aus den Medianen der Beurteilungsnoten nach 5 000 und 25 000 Umdrehungen ist der Stuhlrollen-Index r nach folgender Gleichung zu berechnen:

$$r = 0{,}75\, a_1 + 0{,}25\, a_2$$

Der Stuhlrollen-Index r wird auf eine Dezimalstelle gerundet.
Dabei ist:

a_1 der Median der Beurteilungsnoten nach 5 000 Umdrehungen;

a_2 der Median der Beurteilungsnoten nach 25 000 Umdrehungen.

9.2 Prüfung B

Das Ergebnis wird durch den Median aus den individuellen Beurteilungsnoten für die Farbänderung ausgedrückt.

9.3 Prüfung C

Das Ergebnis wird durch Art und Ausmaß von Zustandsverschlechterungen nach 8.3 beschrieben.

10 Prüfbericht

Der Prüfbericht muß folgende Angaben enthalten:

a) Bezug auf die vorliegende Norm EN 985;

b) angewandtes Prüfverfahren (Prüfung A, B oder C);

c) vollständige Beschreibung des geprüften Erzeugnisses, einschließlich Art, Herkunft, Farbe und Herstellerangaben;

d) Vorgeschichte der Probe;

e) festgestellte Schäden in Prüfung A;

f) Ergebnisse nach den Abschnitten 8 und 9;

g) Abweichungen von dieser Norm, die die Ergebnisse dieser Norm beeinflußt haben können.

---

[1]) Glatte, strukturlose Nadelvlies-Bodenbeläge werden mit Hilfe des Graumaßstabes beurteilt.

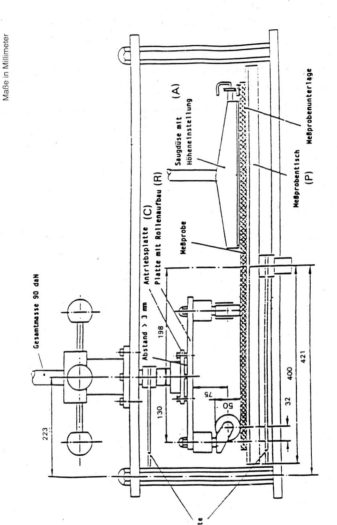

Bild 1: Stuhlrollengerät

Maße in Millimeter

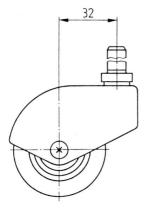 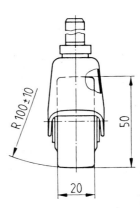

Bild 2: Rollendetails

DEUTSCHE NORM April 1998

Elastische Bodenbeläge
Bestimmung des elektrischen Widerstandes
Deutsche Fassung EN 1081 : 1998

DIN

EN 1081

ICS 97.150

Ersatz für
DIN 51953 : 1975-08

Deskriptoren: Bodenbelag, elektrischer Widerstand

Resilient floor coverings — Determination of the electrical resistance;
German version EN 1081 : 1998
Revêtements de sol résilients — Détermination de la résistance électrique; Version allemande EN 1081 : 1998

Die Europäische Norm EN 1081 : 1998 hat den Status einer Deutschen Norm.

Nationales Vorwort

Diese Europäische Norm wurde vom CEN/TC 134 „Elastische und textile Bodenbeläge" erarbeitet. Deutschland war durch den als Spiegelausschuß des FNK für elastische Bodenbeläge eingesetzten FNK-Arbeitsausschuß 403.5 „Bodenbeläge" an der Bearbeitung beteiligt.

Für die in Abschnitt 2 zitierten Internationalen Normen wird im folgenden auf die entsprechenden Deutschen Normen hingewiesen:
IEC 93 siehe DIN IEC 93 (VDE 0303 Teil 30)
ISO 48 siehe DIN 53519-1, DIN 53519-2

Änderungen

Gegenüber DIN 51953 : 1975-08 wurden folgende Änderungen vorgenommen:
– Europäische Norm EN 1081 übernommen.

Frühere Ausgaben
DIN 51953: 1960-12, 1975-08

Nationaler Anhang NA   (informativ)
Literaturhinweise

DIN 53519-1
   Prüfung von Elastomeren — Bestimmung der Kugeldruckhärte von Weichgummi, Internationaler Gummihärtegrad (IRHD), Härteprüfung an Normproben

DIN 53519-2
   Prüfung von Elastomeren — Bestimmung der Kugeldruckhärte von Weichgummi, Internationaler Gummihärtegrad (IRHD), Härteprüfung an Proben geringer Abmessungen, Mikrohärteprüfung

DIN IEC 93
(VDE 0303 Teil 30)
   Prüfverfahren für Elektroisolierstoffe — Spezifischer Durchgangswiderstand und spezifischer Oberflächenwiderstand von festen, elektrisch isolierenden Werkstoffen (IEC 93 : 1980); Deutsche Fassung HD 429 S1 : 1983

Fortsetzung 5 Seiten EN

Normenausschuß Kunststoffe (FNK) im DIN Deutsches Institut für Normung e.V.
Normenausschuß Materialprüfung (NMP) im DIN

EUROPÄISCHE NORM
EUROPEAN STANDARD
NORME EUROPÉENNE

EN 1081

Januar 1998

ICS 97.150

Deskriptoren: Bodenbelag, Prüfung, Bestimmung, elektrische Eigenschaft

Deutsche Fassung

Elastische Bodenbeläge

Bestimmung des elektrischen Widerstandes

Resilient floor coverings — Determination of the electrical resistance

Revêtements de sol résilients — Détermination de la résistance électrique

Diese Europäische Norm wurde von CEN am 1998-11-23 angenommen.

Die CEN-Mitglieder sind gehalten, die CEN/CENELEC-Geschäftsordnung zu erfüllen, in der die Bedingungen festgelegt sind, unter denen dieser Europäischen Norm ohne jede Änderung der Status einer nationalen Norm zu geben ist.

Auf dem letzten Stand befindliche Listen dieser nationalen Normen mit ihren bibliographischen Angaben sind beim Zentralsekretariat oder bei jedem CEN-Mitglied auf Anfrage erhältlich.

Diese Europäische Norm besteht in drei offiziellen Fassungen (Deutsch, Englisch, Französisch). Eine Fassung in einer anderen Sprache, die von einem CEN-Mitglied in eigener Verantwortung durch Übersetzung in seine Landessprache gemacht und dem Zentralsekretariat mitgeteilt worden ist, hat den gleichen Status wie die offiziellen Fassungen.

CEN-Mitglieder sind die nationalen Normungsinstitute von Belgien, Dänemark, Deutschland, Finnland, Frankreich, Griechenland, Irland, Island, Italien, Luxemburg, Niederlande, Norwegen, Österreich, Portugal, Schweden, Schweiz, Spanien, der Tschechischen Republik und dem Vereinigten Königreich.

CEN

EUROPÄISCHES KOMITEE FÜR NORMUNG
European Committee for Standardization
Comité Européen de Normalisation

Zentralsekretariat: rue de Stassart 36, B-1050 Brüssel

© 1998 CEN — Alle Rechte der Verwertung, gleich in welcher Form und in welchem Verfahren, sind weltweit den nationalen Mitgliedern von CEN vorbehalten.

Ref. Nr. EN 1081 : 1998 D

Seite 2
EN 1081 : 1998

Vorwort

Diese Europäische Norm wurde vom Technischen Komitee CEN/TC 134 „Elastische und textile Bodenbeläge" erarbeitet, dessen Sekretariat vom BSI gehalten wird.

Diese Europäische Norm muß den Status einer nationalen Norm erhalten, entweder durch Veröffentlichung eines identischen Textes oder durch Anerkennung bis Juli 1998, und etwaige entgegenstehende nationale Normen müssen bis Juli 1998 zurückgezogen werden.

Entsprechend der CEN/CENELEC-Geschäftsordnung sind die nationalen Normungsinstitute der folgenden Länder gehalten, diese Europäische Norm zu übernehmen:

Belgien, Dänemark, Deutschland, Finnland, Frankreich, Griechenland, Irland, Island, Italien, Luxemburg, Niederlande, Norwegen, Österreich, Portugal, Schweden, Schweiz, Spanien, die Tschechische Republik und das Vereinigte Königreich.

1 Anwendungsbereich

Diese Europäische Norm legt fest: ein Verfahren zur Bestimmung des Durchgangswiderstandes eines Bodenbelags, ein Verfahren zur Bestimmung des Oberflächenwiderstandes und ein Verfahren zur Bestimmung des Erdableitungswiderstandes eines verlegten Bodenbelags.

2 Normative Verweisungen

Diese Europäische Norm enthält durch datierte oder undatierte Verweisungen Festlegungen aus anderen Publikationen. Diese normativen Verweisungen sind an den jeweiligen Stellen im Text zitiert, und die Publikationen sind nachstehend aufgeführt. Bei datierten Verweisungen gehören spätere Änderungen oder Überarbeitungen dieser Publikationen nur zu dieser Europäischen Norm, falls sie durch Änderung oder Überarbeitung eingearbeitet sind. Bei undatierten Verweisungen gilt die letzte Ausgabe der in Bezug genommenen Publikation.

IEC 93 : 1980
Methods of test for volume resistivity and surface resistivity of solid electrical insulating materials

ISO 48
Rubber, vulcanized or thermoplastic — Determination of hardness (hardness between 10 IRHD and 100 IRHD)

3 Definitionen

Für die Anwendung dieser Norm gelten folgende Definitionen:

3.1 Durchgangswiderstand R_1

Der elektrische Widerstand, gemessen an einer Probe zwischen der Dreifußelektrode (siehe Bild 1) auf der Oberfläche des Bodenbelages und einer Elektrode auf der unmittelbar gegenüberliegenden Unterseite (siehe Bild 2).

3.2 Erdableitwiderstand R_2

Der elektrische Widerstand, gemessen an einem verlegten Bodenbelag zwischen der auf die Oberseite gedrückten Dreifußelektrode und Erde.

3.3 Oberflächenwiderstand R_3

Der elektrische Widerstand, gemessen an einem verlegten Bodenbelag zwischen zwei Dreifußelektroden (siehe Bild 4), die in einem Abstand von 100 mm aufgesetzt sind (siehe Bild 3).

4 Probenahme

Aus dem zur Verfügung stehenden Material ist eine repräsentative Probe zu entnehmen. Im Falle von Rollenmaterial soll etwa ein Drittel der Probekörper aus dem Bereich in der Nähe der Kanten kommen, mit Abständen von 50 mm bis 100 mm zwischen der äußeren Kante des Probekörpers und der nächstliegenden Rollenkante.

5 Geräte und Hilfsmittel

5.1 Dreifußelektrode (siehe Bild 1), bestehend aus einer dreiseitigen Aluminiumplatte mit aufgeklebter, isolierender Trittfläche und drei angeschraubten zylindrischen Gummifüßen im Abstand von 180 mm zueinander auf der Unterseite.

Die Gummifüße müssen eine nach ISO 48 entsprechende Härte von 50 IRHD bis 70 IRHD haben, und der elektrische Widerstand jedes Gummifußes muß kleiner $10^3 \, \Omega$ sein, wenn er — gehalten zwischen zwei Metalloberflächen — geprüft wird.

ANMERKUNG: Die zuvor beschriebene „weiche Elektrode" ermöglicht einen innigen Kontakt mit einem glatten Bodenbelag und hat sich in der Praxis als die zufriedenstellendste herausgestellt.

5.2 Eine Last, die mindestens 300 N auf die Dreifußelektrode drücken kann.

ANMERKUNG: Dies kann durch Belastung durch das Körpergewicht erfolgen. Bei Verfahren C stellt sich eine Prüfperson mit einem Fuß auf jede der Elektroden.

5.3 Widerstandsmeßgerät, kalibriert, geeignet zur Bestimmung des Widerstandes R eines Bodenbelages mit einer Unsicherheit von $\pm 5\%$ in dem Bereich von $10^3 \, \Omega$ bis $10^{10} \, \Omega$ und von $\pm 10\%$ für mehr als $10^{10} \, \Omega$. Für $R \leq 10^6 \Omega$ muß die Gleichspannung 100 V und für $R > 10^6 \, \Omega$ 500 V betragen.

ANMERKUNG: Vorzugsweise werden Widerstandsmeßgeräte mit Schaltung nach IEC 93, Abschnitt 2.2, benutzt, vorteilhaft mit digitaler Meßwertanzeige des Stromes.

5.4 Prüfgeräte, für Temperaturmessungen mit einer Unsicherheit von ± 2 °C und für relative Feuchtigkeit mit einer Unsicherheit von $\pm 5\%$.

6 Verfahren A – für Durchgangswiderstand R_1

6.1 Kurzbeschreibung

Der Durchgangswiderstand einer Bodenbelagsprobe wird gemessen zwischen je einer Elektrode auf der Oberseite und der Rückseite mit Hilfe einer bestimmten Spannung und einem geeigneten Widerstandsmeßgerät.

6.2 Zusätzliche Geräte und Hilfsmittel

6.2.1 Geräte

6.2.1.1 Leitfähige Unterlage, z. B. eine Metallplatte, die größer ist als die zu prüfende Probe.

6.2.1.2 Umluft-Wärmeschrank, dessen Temperatur auf (40 ± 2) °C gehalten werden kann.

6.2.2 Hilfsmittel

6.2.2.1 Graphit-Suspension, Kolloidgraphit der Art, die in Luft bei Raumtemperatur trocknet.

6.2.2.2 Reinigungsmittel, z. B. Ethanol, Isopropanol.

6.3 Herstellung der Probekörper

Es sind drei Platten aus der Lieferung oder drei Probekörper von 400 mm Kantenlänge aus einer Bodenbelagsbahn zu entnehmen. Die Probekörper sind mit Reinigungsmittel abzuwischen, auf der Unterseite mit der stabilisierenden, wäßrigen Graphitsuspension über eine Fläche von mehr als 200 mm Durchmesser zu bestreichen und in einem Umluftofen 96 h bei (40 ± 2) °C zu trocknen.

6.4 Vorbehandlung

Die Probekörper werden vor der Messung mindestens 48 h bei einer Temperatur (23 ± 2) °C und einer relativen Luftfeuchte (50 ± 5) % gelagert. Die Prüfung ist ebenfalls in diesem Klima durchzuführen.
Andere Klimata dürfen, wenn zwischen den interessierten Kreisen vereinbart, angewendet werden.

6.5 Durchführung

Die Dreifußelektrode wird auf die Oberfläche des Probekörpers gesetzt und mit dem Widerstandsmeßgerät verbunden. Vor dem Einschalten der Spannung ist die Dreifußelektrode mit einer Last $(F) > 300$ N zu belasten.

ANMERKUNG: Eine stoßfreie Belastung ist notwendig für einen guten elektrischen Kontakt.
Nach 10 s bis 15 s ist der Widerstand abzulesen. Die Messung ist für den Probekörper nach Versetzen der Dreifußelektrode zu wiederholen.

7 Verfahren B – für Erdableitwiderstand R_2

7.1 Kurzbeschreibung

Der elektrische Widerstand eines verlegten Bodenbelags wird gemessen zwischen einer Elektrode auf der Oberfläche und Erde.

7.2 Vorbereitung der Probekörper

Die Messung des Erdableitwiderstandes R_2 ist frühestens 48 h nach Verlegung und vorheriger Beseitigung des Schmutzes von der Oberfläche nach den Anweisungen des Herstellers durchzuführen.

7.3 Durchführung

Die Temperatur und die relative Luftfeuchte sind aufzuschreiben.
Die Dreifußelektrode wird auf den trockenen Bodenbelag aufgesetzt und mit dem Widerstandsmeßgerät verbunden. Ebenso wird der Erdanschluß mit dem Widerstandsmeßgerät verbunden. Vor dem Einschalten der Spannung ist die Dreifußelektrode mit mindestens 300 N zu belasten (siehe 6.5, Anmerkung).

10 s bis 15 s nach Anlegen der Spannung ist der Widerstand abzulesen. Wenn erforderlich, sind die Messungen nach Versetzen der Dreifußelektrode zu wiederholen.
Für Flächen $< 10 \text{ m}^2$ müssen mindestens drei Messungen gemacht werden. Für größere Flächen ist die Anzahl der Messungen von den Vertragspartnern zu vereinbaren.

8 Verfahren C – für Oberflächenwiderstand R_3

8.1 Kurzbeschreibung

Der elektrische Widerstand eines verlegten Bodenbelags wird zwischen zwei Elektroden auf der Oberfläche gemessen.

8.2 Vorbereitung der Probekörper

Die Messung des Widerstandes zwischen zwei Dreifußelektroden R_3 auf der Oberfläche erfolgt frühestens 48 h nach der Verlegung und vorheriger Beseitigung des Schmutzes von der Oberfläche.

8.3 Durchführung

Die Temperatur und die relative Luftfeuchte sind aufzuschreiben.
Zwei Dreifußelektroden werden im Abstand von 100 mm auf den trockenen Bodenbelag aufgesetzt (siehe Bild 3). Vor dem Einschalten der Spannung werden beide Dreifußelektroden mit mindestens 300 N belastet (siehe 6.5, Anmerkung).
10 s bis 15 s nach Anlegen der Spannung ist der Widerstand abzulesen. Wenn erforderlich, sind die Messungen nach Versetzen der Dreifußelektrode(n) zu wiederholen.
Für Flächen $< 10 \text{ m}^2$ sind mindestens drei Messungen erforderlich. Für größere Flächen ist die Anzahl der Messungen von den Vertragspartnern zu vereinbaren.

9 Berechnung und Ermittlung der Ergebnisse

9.1 Direkt anzeigende Widerstandsmeßgeräte

Die Einzelwerte sind auf zwei wertanzeigende Ziffern abzulesen.

9.2 Widerstandsmeßgerät

In Anlehnung an IEC 93 : 1980, 2.2.
Die Einzelwerte der elektrischen Widerstände sind nach der folgenden Gleichung auf drei wertanzeigende Ziffern zu berechnen:

$$R_x = R_i \left(\frac{I_1}{I_2} - 1 \right) \tag{1}$$

Hierin bedeuten:

R_x = elektrischer Widerstand R_1, R_2 oder R_3, in Ω
R_i = 100 kΩ Innenwiderstand des Meßgerätes
I_1 = Stromstärke ohne Meßobjekt (Bodenbelag), in mA
I_2 = Stromstärke mit Meßobjekt (Bodenbelag), in mA

ANMERKUNG: Die Spannung am Bodenbelag stellt sich selbsttätig nach der Größe des Widerstandes R_x ein

U_x ist nach folgender Gleichung in Volt zu berechnen:

$$U_x = \left(\frac{R_x}{R_x - R_i}\right) U_0 \qquad (2)$$

Dabei ist:
U_0 = Gleichspannung des unbelasteten Meßkreises, in Volt.

10 Prüfbericht

Im Prüfbericht sind anzugeben:
a) Hinweis auf diese Norm, d. h. EN 1081, Verfahren A, B oder C;
b) ausführliche Beschreibung des geprüften Produktes, einschließlich Typ, Herkunft, Farbe, Herstellernummer;
c) Vorgeschichte der Probe;
d) Temperatur und relative Luftfeuchte während der Prüfung;
e) verwendete Spannung;
f) für Verfahren A: Median, Größt- und Kleinstwert des Durchgangswiderstandes;
g) für Verfahren B:
Median und Einzelwerte des Erdableitwiderstandes;
die Art und der Zeitpunkt der Verlegung;
h) für Verfahren C:
Median und Einzelwerte des Oberflächenwiderstandes;
das Installationssystem und der Zeitpunkt der Verlegung;
i) Abweichungen von dieser Norm, die die Prüfergebnisse hätten beeinflussen können.

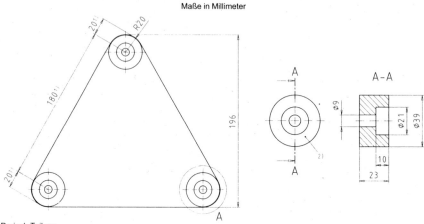

1) Dreieck-Teilung
2) Gummifuß

Bild 1: Dreifußelektrode

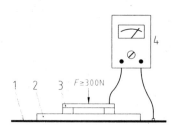

1 Metallplatte
2 Probekörper
3 Dreifußelektrode
4 Widerstandsmeßgerät

Bild 2: Messung des Durchgangswiderstands

Maße in Millimeter

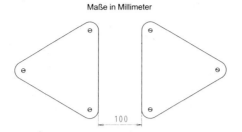

Bild 3: Abstand zwischen den Kanten von Dreifußelektroden

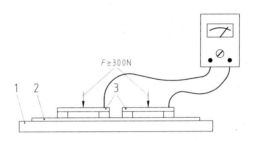

1 Isolatorstütze
2 Probekörper
3 Dreifußelektroden

Bild 4: Messung des Oberflächenwiderstandes

DEUTSCHE NORM Juni 1997

Textile Bodenbeläge
Einstufung von Polteppichen
Deutsche Fassung EN 1307 : 1997

DIN EN 1307

ICS 59.080.60

Deskriptoren: Textiler Fußbodenbelag, Polteppich, Einstufung

Ersatz für
DIN 66095-2 : 1988-06

Textile floor coverings – Classification of pile carpets;
German version EN 1307 : 1997
Revêtements de sol textiles – Classification d'usage des moquettes en les;
Version allemande EN 1307 : 1997

Die Europäische Norm EN 1307 : 1997 hat den Status einer Deutschen Norm.

Nationales Vorwort

Diese Europäische Norm wurde im Komitee CEN/TC 134 "Elastische und textile Bodenbeläge" unter intensiver deutscher Mitarbeit ausgearbeitet. Zuständig für die Deutsche Fassung ist der Arbeitsausschuß NMP 534 "Prüfung und Verwendungsbereichseinstufung textiler Bodenbeläge".

Für die im Abschnitt 2 zitierten Internationalen Normen wird im folgenden auf die entsprechenden Deutschen Normen hingewiesen:

ISO 140-8 siehe DIN 52210-1
ISO 354 siehe DIN EN 20354
ISO 717-2 siehe DIN EN ISO 717-2
ISO 845 siehe DIN EN ISO 845
ISO 2424 siehe E DIN ISO 2424

Änderungen

Gegenüber DIN 66095-2 : 1988-06 wurden folgende Änderungen vorgenommen:

  a) Einteilung in verschiedene Teppichkategorien aufgenommen.
  b) Aufgrund dieser Teppichkategorien Prüf- und Beurteilungskriterien geändert.
  c) EN 1307 vollständig übernommen.

Frühere Ausgaben

DIN 66095-2 : 1988-06

Nationaler Anhang NA (informativ)
Literaturhinweise

DIN 52210-1 : 1984
  Bauakustische Prüfungen – Luft- und Trittschalldämmung – Meßverfahren
DIN 52210-4 : 1984
  Bauakustische Prüfungen – Luft- und Trittschalldämmung – Ermittlung von Einzahl-Angaben
E DIN ISO 2424
  Textile Bodenbeläge – Begriffe (ISO 2424 : 1992)
DIN EN 20354
  Akustik – Messung der Schallabsorption im Hallraum (ISO 354 : 1985); Deutsche Fassung EN 20354 : 1993
DIN EN ISO 717-2
  Akustik – Bewertung der Schalldämmung in Gebäuden und von Bauteilen – Teil 2: Trittschalldämmung (ISO 717-2 : 1996); Deutsche Fassung EN ISO 717-2 : 1996
DIN EN ISO 845
  Schaumstoffe aus Kautschuk und Kunststoffen – Bestimmung der Rohdichte (ISO 845 : 1988); Deutsche Fassung EN ISO 845 : 1995

Fortsetzung 12 Seiten EN

Normenausschuß Materialprüfung (NMP) im DIN Deutsches Institut für Normung e. V.
Textilnorm, Normenausschuß Textil und Textilmaschinen im DIN

EUROPÄISCHE NORM
EUROPEAN STANDARD
NORME EUROPÉENNE

EN 1307

Januar 1997

ICS 59.080.60

Deskriptoren: Textilien, Bodenbelag, textiler Fußbodenbelag, Teppich, Bodenfliese, Klassifikation, Aussehen, Verschleißwiderstand, Bezeichnung, Schalldämmung, Eigenschaft, Anforderung

Deutsche Fassung

Textile Bodenbeläge
Einstufung von Polteppichen

Textile floor coverings – Classification of pile carpets

Revêtements de sol textiles – Classification d'usage des moquettes en les

Diese Europäische Norm wurde von CEN am 1996-11-25 angenommen.

Die CEN-Mitglieder sind gehalten, die CEN/CENELEC-Geschäftsordnung zu erfüllen, in der die Bedingungen festgelegt sind, unter denen dieser Europäischen Norm ohne jede Änderung der Status einer nationalen Norm zu geben ist.

Auf dem letzten Stand befindliche Listen dieser nationalen Normen mit ihren bibliographischen Angaben sind beim Zentralsekretariat oder bei jedem CEN-Mitglied auf Anfrage erhältlich.

Diese Europäische Norm besteht in drei offiziellen Fassungen (Deutsch, Englisch, Französisch). Eine Fassung in einer anderen Sprache, die von einem CEN-Mitglied in eigener Verantwortung durch Übersetzung in seine Landessprache gemacht und dem Zentralsekretariat mitgeteilt worden ist, hat den gleichen Status wie die offiziellen Fassungen.

CEN-Mitglieder sind die nationalen Normungsinstitute von Belgien, Dänemark, Deutschland, Finnland, Frankreich, Griechenland, Irland, Island, Italien, Luxemburg, Niederlande, Norwegen, Österreich, Portugal, Schweden, Schweiz, Spanien und dem Vereinigten Königreich.

CEN

EUROPÄISCHES KOMITEE FÜR NORMUNG
European Committee for Standardization
Comité Européen de Normalisation

Zentralsekretariat: rue de Stassart 36, B-1050 Brüssel

© 1997. Das Copyright ist den CEN-Mitgliedern vorbehalten.

Ref. Nr. EN 1307 : 1997 D

Inhalt

	Seite
Vorwort	2
1 Anwendungsbereich	2
2 Normative Verweisungen	2
3 Definitionen	3
4 Beschreibung der Beanspruchungsbereiche	3
5 Kennzeichnende Merkmale	4
6 Grundanforderungen	5
7 Einstufung in Beanspruchungsbereiche	5
8 Komfort-Anforderungen	9
9 Zusätzliche Eigenschaften	10
Anhang A (normativ) Zusatzanforderungen für Polteppich-Fliesen	11
Anhang B (normativ) Berechnung der Verschleißzahl und der Komfort-Einstufung	12

Vorwort

Diese Europäische Norm wurde vom Technischen Komitee CEN/TC 134 "Elastische und textile Bodenbeläge" erarbeitet, dessen Sekretariat vom BSI gehalten wird.

Diese Europäische Norm muß den Status einer nationalen Norm erhalten, entweder durch Veröffentlichung eines identischen Textes oder durch Anerkennung bis Juli 1997, und etwaige entgegenstehende nationale Normen müssen bis Juli 1997 zurückgezogen werden.

Die Anhänge A und B sind normativ.

Entsprechend der CEN/CENELEC-Geschäftsordnung sind die nationalen Normungsinstitute der folgenden Länder gehalten, diese Europäische Norm zu übernehmen:
Belgien, Dänemark, Deutschland, Finnland, Frankreich, Griechenland, Irland, Island, Italien, Luxemburg, Niederlande, Norwegen, Österreich, Portugal, Schweden, Schweiz, Spanien und das Vereinigte Königreich.

1 Anwendungsbereich

Diese Europäische Norm legt Anforderungen an die Einstufung von Polteppichböden und Polteppich-Fliesen fest und beschreibt deren Gebrauchseinstufung unter Berücksichtigung von Verschleiß und Aussehenserhalt sowie der Komforteinstufung.

Diese Norm ist auf alle maschinengefertigten Polteppiche (gewirkt, getuftet, gewebt und beflockt) nach ISO 2424 anwendbar. Sie ist nicht auf Nadelfilzteppiche anwendbar.

Diese Norm ist auch auf Fliesen anwendbar; die zusätzlichen Anforderungen an Fliesen sind in Anhang A der vorliegenden Norm enthalten.

Diese Norm gilt nicht für abgepaßte Teppiche.

2 Normative Verweisungen

Diese Europäische Norm enthält durch datierte oder undatierte Verweisungen Festlegungen aus anderen Publikationen. Diese normativen Verweisungen sind an den jeweiligen Stellen im Text zitiert, und die Publikationen sind nachstehend aufgeführt. Bei datierten Verweisungen gehören spätere Änderungen oder Überarbeitungen dieser Publikationen nur zu dieser Europäischen Norm, falls sie durch Änderung oder Überarbeitung eingearbeitet sind. Bei undatierten Verweisungen gilt die letzte Ausgabe der in Bezug genommenen Publikation.

EN 434
    Elastische Bodenbeläge – Bestimmung der Maßänderung und Schüsselung nach Wärmeeinwirkung

EN 984
    Bestimmung des Nutzschichtgewichts genadelter Bodenbeläge

EN 985
    Textile Bodenbeläge – Stuhlrollenprüfung

EN 986
    Textile Bodenbeläge – Fliesen – Bestimmung der Maßänderung infolge der Wirkungen wechselnder Feuchte- und Temperaturbedingungen und vertikale Flächenverformung

EN 994
    Textile Bodenbeläge – Bestimmung der Länge und Geradheit der Kanten und der Rechtwinkligkeit von Fliesen

EN 995
    Textile Bodenbeläge – Bestimmung der Verformbarkeit von Rückenbeschichtungen ("Kalter Fluß")

EN 1318
    Textile Bodenbeläge – Bestimmung der sichtbaren Dicke von Rückenbeschichtungen

EN 1471
    Textile Bodenbeläge – Beurteilung der Aussehensveränderung

prEN 1813
    Textile Bodenbeläge – Bestimmung der Widerstandsfähigkeit von Wolle gegen Scheuerbeanspruchung

prEN 1814
Textile Bodenbeläge − Bestimmung der Schnittkantenfestigkeit − Modifizierter Trommeltest nach Vettermann
prEN 1815
Elastische Bodenbeläge − Bestimmung des elektrostatischen Verhaltens
prEN 1963
Textile Bodenbeläge − Prüfung des Verschleißverhaltens mit dem Tretradgerät System Lisson
EN ISO 105-A01 : 1995
Textilien − Farbechtheitsprüfungen − Teil A01: Allgemeine Prüfgrundlagen (ISO 105-A01 : 1994)
ISO 105-B02 : 1994
Textiles − Tests for colour fastness − Part B02: Colour fastness to artificial light: Xenon arc fading lamp test
EN ISO 105-E01 : 1996
Textilien − Farbechtheitsprüfungen − Teil E01: Farbechtheit gegen Wasser (ISO 105-E01 : 1994)
EN ISO 105-X12 : 1995
Textilien − Farbechtheitsprüfungen − Teil X12: Reibechtheit von Färbungen (ISO 105-X12 : 1993)
ISO 140-8 : 1996
Acoustics − Measurement of sound insulation in buildings and of buildings elements − Part 8: Laboratory measurements of the reduction of transmitted impact noise by floorcoverings on a standard floor
ISO 354 : 1985
Acoustics − Measurement of sound absorption in a reverberation room
ISO 717-2
Acoustics − Rating of sound insulation in buildings and of building elements − Part 2: Impact sound insulation
ISO 845 : 1988
Cellular plastics and rubbers − Determination of apparent (bulk) density
ISO 1763
Carpets − Determination of number of tufts and/or loops per unit length and per unit area
ISO 1765
Machine-made textile floor coverings − Determination of thickness
ISO 1766
Textile floor coverings − Determination of thickness of pile above the substrate
ISO 2424
Textile floor coverings − Vocabulary
ISO 2551
Machine-made textile floor coverings − Determination of dimensional changes due to the effects of varied water and heat conditions
ISO 3018
Textile floor coverings − Rectangular textile floorcoverings − Determination of dimensions
ISO 8302 : 1991
Thermal insulation − Determination of steady-state thermal resistance and related properties − Guarded hot plate apparatus
ISO 8543 : 1986
Textile floorcoverings − Methods for determination of mass
ISO/TR 10361
Textile floorcoverings − Production of changes in appearance by means of a Vettermann drum and hexapod tumbler testers
ISO/DIS 10965
Textile floorcoverings − Determination of electrical resistance

3 Definitionen
Begriffe und Definitionen für textile Bodenbeläge sind in ISO 2424 festgelegt.

4 Beschreibung der Beanspruchungsbereiche
4.1 Teppiche werden nach Tabelle 1 in die Kategorien L, M und N eingeteilt.

Tabelle 1

Polschichtdicke nach ISO 1766	Polschichtgewicht je Flächeneinheit nach Abschnitt 8, ISO 8543 : 1986 g/m^2			
mm	< 500	≥ 500 und < 600	≥ 600 und < 900	≥ 900
< 5	N			L
≥ 5 und < 6	N	M		L
≥ 6	N	M	L	

ANMERKUNG: Mit Kategorie L werden schwere, dicke Teppiche bezeichnet, Kategorie M ist eine mittlere Kategorie, und Kategorie N beschreibt alle anderen Teppiche.

4.2 Beanspruchungsbereiche

Textile Bodenbeläge werden nach ihrer Eignung für unterschiedliche Beanspruchungsbereiche entsprechend den in Abschnitt 6[N1]) festgelegten Anforderungskriterien eingestuft.

Die unterschiedlichen Beanspruchungsbereiche werden wie folgt beschrieben:

Tabelle 2

Klasse des Beanspruchungs-bereiches	Nutzungsintensität	Beanspruchungsbeispiele	
		Wohnbereich	Geschäftsbereich
1	leichte Beanspruchung	leicht	
2	normale Beanspruchung	normal	
3	starke Beanspruchung	stark	normal
4	extreme Beanspruchung		stark

ANMERKUNG: Für den stark beanspruchenden Geschäftsbereich sollte Klasse 4 als Grundlage verwendet werden. Darüber hinaus kann es in Einzelfällen erforderlich sein, zusätzliche Anforderungen zu stellen, um individuellen Bedürfnissen gerecht zu werden.

5 Kennzeichnende Merkmale

Dieser Abschnitt legt die Anforderungen an die Kennzeichnung des Erzeugnisses und die Grenzwerte für die kennzeichnenden Merkmale fest.

Der Hersteller muß die folgenden Angaben nach ISO 2424 machen:
- Handelsbezeichnungen;
- Herstellungsart und Teilung (getuftet, gewebt usw.);
- Oberseitengestaltung (Schlinge, Schnittpol usw.);
- Rückenausrüstung,

und die Werte für die in Tabelle 3 zusammengestellten Merkmale angeben.

Tabelle 3

Merkmale	Prüfverfahren	Grenzwerte
Faserzusammensetzung der Nutzschicht	Direktive 71/307/CEE modifiziert	
Abmessungen	ISO 3018	
Gesamtdicke in mm	ISO 1765	
Polschichtdicke in mm	ISO 1766	
Dichte des Schaumrückens in g/cm^3 (bei Bedarf)	ISO 845 : 1988	
Anzahl der Noppen oder Schlingen	ISO 1763	Nennwert $^{+10\ \%}_{-\ 7,5\ \%}$
Flächengewicht in g/m^2	ISO 8543	Nennwert $\pm$ 15 %
Polschichtgewicht je Flächeneinheit in g/m^2	ISO 8543	Nennwert $^{+15\ \%}_{-10\ \%}$
Pol-Rohdichte in g/cm^3	ISO 8543	Nennwert $^{+10\ \%}_{-\ 7,5\ \%}$
Sichtbare Dicke des Schaumrückens in mm (bei Bedarf)	EN 1318	Nennwert $\pm$ 0,5 mm

---

[N1]) Nationale Fußnote: Es muß lauten: Abschnitt 7

6 Grundanforderungen

Polteppiche entsprechen dieser Norm, wenn sie die in Tabelle 4 enthaltenen Grundanforderungen erfüllen.

Tabelle 4

Eigenschaften	Anforderungen	Prüfverfahren
Farbechtheit[1]) unter Einwirkung von		
• Licht	≥ 5 Pastellfarbton[2]) ≥ 4	ISO 105-B02 : 1994
• Reibung		EN ISO 105-X12 : 1995
– naß	≥ 3	
– trocken	≥ 3–4	
• Wasser		EN ISO 105-E01 : 1996[3])
– ungemusterte Teppiche	≥ 3–4	
– gemusterte Teppiche und Teppiche mit "Farbeffekten"	≥ 4	
Fasereinbindung für Teppiche aus synthetischen Fasern		
– Schlingenpolteppiche	Aufrauhung geringer als beim Foto-Maßstab	prEN 1963 Prüfung C (400 Doppeltouren)
– Schnittpolteppiche	Gewichtsverlust ≤ 25 % des Polschichtgewichtes	prEN 1963 Prüfung A Anzahl der Doppeltouren festgelegt durch die Kalibrierung
Scheuerbeständigkeit – Wolle – Wolle/Polyamid (80/20)	Gewichtsverlust ≤ 350 mg ≤ 225 mg	prEN 1813 (5 000 Touren)

[1]) Der Hersteller muß sicherstellen, daß die Anforderungen von allen Farben erfüllt werden.
[2]) Pastellfarbton: Farbe entsprechend einer Normtiefe ≤ 1/12 (EN ISO 105-A01 : 1995).
[3]) Änderung der Farbe

7 Einstufung in Beanspruchungsbereiche

Polteppiche werden entsprechend ihren Gebrauchseigenschaften unterschiedlichen Einsatzbereichen zugeordnet. Es gibt zwei für die Einstufung wesentliche Eigenschaften: Verschleiß und Aussehenserhalt. Diese beiden Eigenschaften dienen der Beschreibung des Gebrauchsverhaltens in Abhängigkeit von der Nutzungsintensität (Klassen des Beanspruchungsbereiches 1 bis 4 in aufsteigender Reihenfolge der Nutzungsintensität). Die einem Teppich zugeordnete Klasse des Beanspruchungsbereiches ist die niedrigere der Klassen, die nach Anwendung der Prüfungen in 7.1 und 7.2 erreicht werden.

7.1 Einstufung des Verschleißverhaltens

Derzeit ist kein einzelnes Verfahren in der Lage, das Verschleißverhalten von Polteppichen sämtlicher Polmaterialien und Konstruktionen vorherzubestimmen. Aus diesem Grunde wurden Polteppiche in drei Kategorien L, M und N eingeteilt (siehe Tabelle 1), so daß das am besten geeignete Verfahren auf jede Teppichkategorie angewendet wird.

7.1.1 Dicke, schwere Teppiche – Kategorie L

Die Einstufung des Verschleißverhaltens von Teppichen der Kategorie L basiert auf der nach Anhang B.1 berechneten und als Verschleißzahl (W_l) bezeichneten Konstruktionsformel. Die für jede Klasse geforderte Verschleißzahl (W_l) ist in Tabelle 5 zusammengestellt.

Tabelle 5

Klasse	Verschleißzahl (W_l)
1	> 0,8
2	≥ 1,7
3	≥ 2,5
4	≥ 3,3

Seite 6
EN 1307 : 1997

7.1.2 Mittlere Teppiche – Kategorie M

Für Teppiche der Kategorie M müssen die Prüfungen nach 7.1.1 und 7.1.3 angewendet werden. Die Klasse des Beanspruchungsbereiches ist die niedrigere der beiden nach Anwendung von 7.1.1 und 7.1.3 erhaltenen Ergebnisse.

7.1.3 Sonstige Teppiche – Kategorie N

Die Verschleißanforderungen an Teppiche der Kategorie N werden als Grundeinstufung (7.1.3.1) angegeben, die für alle Beanspruchungsklassen gelten, und zusätzliche Anforderungen (7.1.3.2) für die Beanspruchungsklassen 3 und 4. Für die Einstufung in die Beanspruchungsklassen 3 und 4 müssen sowohl die Anforderungen der Grundeinstufung als auch die zutreffenden zusätzlichen Konstruktionsanforderungen erfüllt werden.

Spezielle Anforderungen an Flockteppiche sind in den Abschnitten 7.1.3.1 und 7.1.3.2 enthalten.

7.1.3.1 Grundeinstufung

Der Grundeinstufung liegt eine Formel I_{TR} [1]) zugrunde, die das Polschichtgewicht je Flächeneinheit (m_{AP}) mit dem Ergebnis der Lisson-Prüfung nach prEN 1963 verbindet (m_{rv} ist der relative Faserverlust für Teppiche, außer bei Flockteppichen; m_v ist der absolute Faserverlust für Flockteppiche).

Die Anforderungen für die Grundeinstufung werden in Tabelle 6 angegeben.

Tabelle 6

Klasse	I_{TR}	Prüfverfahren
1	$\geq 0,9$	
2	$\geq 1,7$	prEN 1963, Prüfung A
3	$\geq 3,0$ [1]), [2])	
4	$\geq 3,0$ [1]), [2])	

[1]) Bei Teppichen mit $m_{AP} < 250$ g/m² wird I_{TR} der Wert 3,0 zugeordnet, wenn der relative Gewichtsverlust (m_{rv}) < 2 % ist.

[2]) Bei Flockteppichen gibt es keine Anforderung für die Klassen 1 und 2. Bei den Klassen 3 und 4 wird für I_{TR} der Wert $\geq 3,0$ angenommen, wenn der Gewichtsverlust (m_v) < 30 g/m² ist.

7.1.3.2 Zusätzliche Anforderungen für Klasse 3

Für die Einordnung in Klasse 3 müssen Teppiche der Kategorie N eine der zusätzlichen alternativen Anforderungen (Tabelle 7) erfüllen. Für Flockteppiche gilt nur die Alternative 1b.

Tabelle 7

Eigenschaft	Anforderungen				Prüfverfahren
	Alternative 1		Alternative 2	Alternative 3	
	a)	b) (nur für Flockteppiche)			
Polschichtgewicht je Flächeneinheit g/m²	≥ 310	≥ 150			ISO 8543 EN 984
Anzahl der Noppen/dm²			≥ 1100		ISO 1763
Pol-Rohdichte g/cm³				$\geq 0,09$	ISO 8543

[1]) $I_{TR} = 0,19 \sqrt{m_{AP}} \times \left(\dfrac{100 - m_{rv}}{100}\right)$

m_{AP} ist das Polschichtgewicht in g/m²;
m_{rv} ist der relative Faserverlust in Prozent, bezogen auf das Polschichtgewicht.

442

7.1.3.3 Zusätzliche Anforderungen für Klasse 4

Für die Einstufung von Teppichen der Kategorie N in Klasse 4 müssen alle Anforderungen der Alternativen 1 oder 2 in Tabelle 8 erfüllt werden.

Für die Einstufung in Klasse 4 müssen Flockteppiche der Kategorie N alle Anforderungen in Tabelle 9 erfüllen.

Tabelle 8

Eigenschaften	Prüfverfahren	Anforderungen	
		Alternative 1	Alternative 2
Polschichtgewicht je Flächeneinheit in g/m²	ISO 8543	≥ 310	–
Pol-Rohdichte g/cm³ – für Wirk- und Webteppiche – andere Teppiche	ISO 8543	≥ 0,09 ≥ 0,10	≥ 0,09 ≥ 0,10
Anzahl der Noppen/dm²	ISO 1763	–	≥ 1 100
Faserfeinheit (mittlere)		≥ 7,0 dtex [2])	≥ 7,0 dtex [2])

Tabelle 9

Eigenschaften	Prüfverfahren	Anforderungen
Polschichtgewicht je Flächeneinheit g/m²	EN 984	≥ 165
Faserfeinheit (mittlere)		≥ 15,0 dtex [2])

7.2 Einstufung der Aussehensveränderung

Teppiche müssen nach ISO/TR 10361 geprüft werden. Die Teppiche können entweder in der Apparatur nach Hexapod- oder der Vettermann-Trommel mit den in den Tabellen 10, 11 und 12 angegebenen Tourenzahlen für die Kurz- und Langzeitprüfungen beansprucht werden. Die geprüften Probestücke müssen nach EN 1471 bewertet werden, und der Median aus den individuellen Beurteilungsnoten für die Aussehensveränderung muß den Anforderungen in den Tabellen 10, 11 und 12 entsprechen.

7.2.1 Anforderungen an Teppiche der Kategorien M und N

Die Anforderungen an Teppiche der Kategorien M und N sind in Tabelle 10 zusammengestellt.

Tabelle 10

Klasse	Anforderungen für die Aussehensveränderung	
	Kurzzeitprüfung	Langzeitprüfung
	5 000 Touren Vettermann oder 4 000 Touren Hexapod	22 000 Touren Vettermann oder 12 000 Touren Hexapod
1	2,0	1,0
2	2,5	2,0
3	3,0	3,0
4	4,0	3,5

---

[2]) Vom Hersteller anzugeben

7.2.2 Anforderungen an Teppiche der Kategorie L

Die Anforderungen an Teppiche der Kategorie L mit einem Polfasergehalt von 100 % Wolle oder 80 % Wolle/20 % Polyamid sind in Tabelle 11 zusammengestellt.

Die Anforderungen an Teppiche der Kategorie L mit einem anderen Polfasergehalt von 100 % Wolle oder 80 % Wolle/20 % Polyamid sind in Tabelle 12 zusammengestellt.

Tabelle 11

Klasse	D_{SP} g/cm³	Anforderungen für die Aussehensveränderung	
		Kurzzeitprüfung	Langzeitprüfung
		5 000 Touren Vettermann oder 4 000 Touren Hexapod	22 000 Touren Vettermann oder 12 000 Touren Hexapod
1		2,0	1,0
2		2,5	2,0
3	gemusterte Teppiche ≥ 0,10 ungemusterte Teppiche und Teppiche mit Farbeffekten ≥ 0,12		2,5
4	gemusterte Teppiche ≥ 0,12 ungemusterte Teppiche und Teppiche mit Farbeffekten ≥ 0,14		2,5

D_{SP} (surface pile density) = Pol-Rohdichte in g/cm³, geprüft nach ISO 8543

Tabelle 12

Klasse	Anforderungen für die Aussehensveränderung	
	Kurzzeitprüfung	Langzeitprüfung
	5 000 Touren Vettermann oder 4 000 Touren Hexapod	22 000 Touren Vettermann oder 12 000 Touren Hexapod
1	2,0	1,0
2	2,5	2,0
3	3,0	2,5
4	4,0	3,0

8 Komfort-Anforderungen

Polteppiche sind in Komfort-Klassen nach dem in Anhang B.2 zu bestimmenden Komfort-Faktor C_F (Tabelle 13) oder den alternativen Konstruktionsanforderungen (Tabelle 14) einzustufen.

Tabelle 13

Komfortklasse	C_F
LC 1	$C_F < 12$
LC 2	$12 \leq C_F < 24$
LC 3	$24 \leq C_F < 36$
LC 4	$36 \leq C_F < 72$
LC 5	$C_F \geq 72$

Tabelle 14

Komfortklasse	Alternative 1 Polschichtgewicht je Flächeneinheit (g/m²)	Alternative 2 Anzahl der Noppen je dm²	Alternative 3 Teppichart
LC 2	≥ 400	$> 5\,000$ nur Schnittpolteppich	Webteppich mit geschnittenem Pol beflockter Teppich
LC 3	≥ 700		
LC 4	$\geq 1\,000$		
Prüfverfahren	ISO 8543	ISO 1763	

9 Zusätzliche Eigenschaften

An die Erzeugnisse können die in dieser Norm beschriebenen zusätzlichen Ansprüche gestellt werden. Sie müssen sich auf die in Tabelle 15 zusammengestellten Eigenschaften und die entsprechenden Anforderungen beziehen.

Tabelle 15

Eigenschaft	Prüfverfahren	Anforderungen
Stuhlrolleneignung A ständige Nutzung B gelegentliche Nutzung	EN 985	A → r ≥ 2,4 B → r ≥ 2,0
Elektrische Eigenschaften Begehversuch	prEN 1815	≤ 2 kV
Durchgangswiderstand	ISO/DIS 10965 (bei 25 % r. F.)	Wiedergabe der Ergebnisse entweder als ≤ 10^{10} Ω oder > 10^{10} Ω
Akustische Eigenschaften Trittschallschutz	ISO 140-8 : 1996	Berechnung nach ISO 717-2 Angabe des berechneten Wertes
Schallabsorption	ISO 354 : 1985	Angabe des berechneten Wertes
Wärmedurchlaßwiderstand	ISO 8302 : 1991	Angabe des berechneten Wertes
Feuchtraumeignung Maßbeständigkeit Flockteppiche (nach Wärmebehandlung)	ISO 2551 EN 434	Schrumpfung ≤ 0,8 % in jeder Richtung Ausdehnung ≤ 0,4 % in jeder Richtung Schrumpfung ≤ 0,4 % in jeder Richtung
Reibechtheit – naß – trocken Verrottungsbeständigkeit	EN ISO 105-X12 : 1995	≥ 4 ≥ 4 Alle textilen Teile müssen verrottungs- beständig sein.
Treppeneignung	prEN 1963 Prüfung B	prEN 1963 – Anhang A
Schnittkantenfestigkeit (nur für Klasse 4)	prEN 1814	Nicht mehr als eine Probe darf einen von oben sichtbaren Schaden zeigen, und/oder es darf an keinem Probestück zu einer Delaminierung mit > 30 mm Länge und > 10 mm Breite kommen.
Verformbarkeit (nur für Fliesen)	EN 995	ΔE_m (zwischen 1 h und 24 h) ≤ 0,8 mm

Seite 11
EN 1307 : 1997

Anhang A (normativ)
Zusatzanforderungen für Polteppich-Fliesen

A.1 Anwendungsbereich
Dieser Anhang bezieht sich auf Polteppiche in Fliesenform und ergänzt die Anforderungen im Hauptteil der Norm.

A.2 Definitionen

A.2.1 Lose auslegbare Fliesen
Fliesen, die so ausgelegt werden, daß sie von Hand leicht entfernt werden können; sie sollten ein Flächengewicht $\geq 3,5$ kg/m² und die in A.3 angegebenen Eigenschaften aufweisen.

ANMERKUNG: In einigen Fällen kann das Liegeverhalten von lose auslegbaren Fliesen durch Verwendung eines Antigleitsystems, wie z. B. eines Fixiermittels, verbessert werden.

A.2.2 Klebefliesen
a) Fliesen, die mit einem dauerhaften Klebesystem verlegt werden und die in A.3 angegebenen Eigenschaften aufweisen.
b) Fliesen, die mit einem vom Hersteller empfohlenen Klebesystem verlegt werden und die in A.3 angegebenen Eigenschaften aufweisen.

ANMERKUNG: Bei dieser Klebart können die Fliesen entfernt und wieder verlegt werden.

A.3 Anforderungen

Tabelle A.1

Eigenschaften	Prüfverfahren	Lose auslegbare Fliesen A.2.1	Klebefliesen	
			A.2.2 a)	A.2.2 b)
Flächengewicht	ISO 8543	$\geq 3,5$ kg/m²		
Maße	EN 994	± 0,3 % auf die Nennmaße ± 0,2 % in der gleichen Partie		
Rechtwinkligkeit und gerader Verlauf der Kanten	EN 994	± 0,15 % in beiden Richtungen		
Maßbeständigkeit	EN 986	Schrumpfung und Ausdehnung $\leq 0,2$ % in beiden Richtungen	Maximale Schrumpfung 0,4 % in beiden Richtungen Maximale Ausdehnung 0,2 % in beiden Richtungen	Schrumpfung und Ausdehnung $\leq 0,2$ % in beiden Richtungen
Liegeverhalten	EN 986	Maximale vertikale Flächenverformung ≤ 2 mm		Maximale vertikale Flächenverformung ≤ 2 mm
Beschädigung an der Schnittkante	prEN 1814		Keine Beschädigung	

Seite 12
EN 1307 : 1997

Anhang B (normativ)
Berechnung der Verschleißzahl und der Komfort-Einstufung

B.1 Verfahren zur Berechnung der Verschleißzahl (W_1)
Die Verschleißzahl wird nach folgender Gleichung berechnet:

$$W_1 = \frac{m_{AP} \times D_{SP}}{F_F \times 18}$$

Dabei sind:

m_{AP} das nach ISO 8543 gemessene Polschichtgewicht je Flächeneinheit in g/m²;

D_{SP} die nach ISO 8543 gemessene Pol-Rohdichte in g/cm³;

F_F der Faserfaktor (siehe Tabelle B.1).

Tabelle B.1

Faser	Faserfaktor F_F
BCF Polyamide	1,0
Polyamid-Stapelfaser	1,2
BCF Polypropylen	1,2
Polypropylen-Stapelfaser	1,4
Polyester-Stapelfaser	1,6
Polyacryl-Stapelfaser	1,8
Wolle	1,9
Baumwolle	2,0
Modifizierte Viskose-Stapelfaser	2,2
Modacryl-Stapelfaser	2,4
Mischungen	anteilmäßig

B.2 Verfahren zur Berechnung der Komfort-Einstufung
Der Komfort-Faktor C_F wird durch die folgenden Gleichungen bestimmt:

a) Schnittpolteppiche

$$C_F = \frac{a_{20P}}{5} \times \frac{m_{AP}}{100} \times \sqrt{\frac{N_z + 200}{100}}$$

b) Nicht-Schnittpolteppiche

$$C_F = \frac{a_{20P}}{6} \times \frac{m_{AP}}{100} \times \sqrt{\frac{N_z + 200}{100}}$$

Dabei sind:

C_F der Komfort-Faktor;

a_{20P} die Polschichtdicke nach ISO 1766 in Millimeter;

m_{AP} das Polschichtgewicht je Flächeneinheit nach ISO 8543 in Gramm je Quadratmeter;

N_z die Anzahl der Noppen je Flächeneinheit nach ISO 1763.

Bei Schnitt-/Schlingen-Polteppichen mit einem Schnittpolanteil von ²/₃ oder darüber ist die in a) gegebene Gleichung anzuwenden.

DEUTSCHE NORM

Februar 1998

Elastische Bodenbeläge
Bestimmung der Widerstandsfähigkeit gegen Ausdrücken und Abbrennen von Zigaretten

Deutsche Fassung EN 1399 : 1997

DIN EN 1399

ICS 13.220.40; 97.150

Deskriptoren: Kunststoff, Bodenbelag, Widerstandsfähigkeit, Zigarettenglut

Resilient floor coverings — Determination of resistance to stubbed and burning cigarettes;
German version EN 1399 : 1997
Revêtements de sol résilients — Détermination de la résistance aux brûlures de cigarette et la cigarette écrassée;
Version allemande EN 1399 : 1997

Die Europäische Norm EN 1399 : 1997 hat den Status einer Deutschen Norm.

Nationales Vorwort

Diese Europäische Norm wurde vom CEN/TC 134 "Elastische und textile Bodenbeläge" erarbeitet. Deutschland war durch den als Spiegelausschuß des FNK für elastische Bodenbeläge eingesetzten FNK-Arbeitsausschuß 403.5 "Bodenbeläge" an der Bearbeitung beteiligt.

Fortsetzung 4 Seiten EN

Normenausschuß Kunststoffe (FNK) im DIN Deutsches Institut für Normung e.V.
Normenausschuß Kautschuktechnik (FAKAU) im DIN
Normenausschuß Materialprüfung (NMP) im DIN

EUROPÄISCHE NORM
EUROPEAN STANDARD
NORME EUROPÉENNE

EN 1399

September 1997

ICS 13.220.40; 97.150

Deskriptoren: Elastischer Bodenbelag, Prüfung, Zigarette, Abbrennen, Ausdrücken

Deutsche Fassung

Elastische Bodenbeläge

Bestimmung der Widerstandsfähigkeit gegen Ausdrücken und Abbrennen von Zigaretten

Resilient floor coverings — Determination of resistance to stubbed and burning cigarettes

Revêtements de sol résilients — Détermination de la résistance aux brûlures de cigarette et la cigarette écrasée

Diese Europäische Norm wurde von CEN am 1997-08-03 angenommen.

Die CEN-Mitglieder sind gehalten, die CEN/CENELEC-Geschäftsordnung zu erfüllen, in der die Bedingungen festgelegt sind, unter denen dieser Europäischen Norm ohne jede Änderung der Status einer nationalen Norm zu geben ist.

Auf dem letzten Stand befindliche Listen dieser nationalen Normen mit ihren bibliographischen Angaben sind beim Zentralsekretariat oder bei jedem CEN-Mitglied auf Anfrage erhältlich.

Diese Europäische Norm besteht in drei offiziellen Fassungen (Deutsch, Englisch, Französisch). Eine Fassung in einer anderen Sprache, die von einem CEN-Mitglied in eigener Verantwortung durch Übersetzung in seine Landessprache gemacht und dem Zentralsekretariat mitgeteilt worden ist, hat den gleichen Status wie die offiziellen Fassungen.

CEN-Mitglieder sind die nationalen Normungsinstitute von Belgien, Dänemark, Deutschland, Finnland, Frankreich, Griechenland, Irland, Island, Italien, Luxemburg, Niederlande, Norwegen, Österreich, Portugal, Schweden, Schweiz, Spanien, der Tschechischen Republik und dem Vereinigten Königreich.

CEN

EUROPÄISCHES KOMITEE FÜR NORMUNG
European Committee for Standardization
Comité Européen de Normalisation

Zentralsekretariat: rue de Stassart 36, B-1050 Brüssel

© 1997 CEN — Alle Rechte der Verwertung, gleich in welcher Form und in welchem Verfahren, sind weltweit den nationalen Mitgliedern von CEN vorbehalten.

Ref. Nr. EN 1399 : 1997 D

Vorwort

Diese Europäische Norm wurde vom Technischen Komitee CEN/TC 134 "Elastische und textile Bodenbeläge" erarbeitet, dessen Sekretariat vom BSI gehalten wird.

Diese Europäische Norm muß den Status einer nationalen Norm erhalten, entweder durch Veröffentlichung eines identischen Textes oder durch Anerkennung bis März 1998, und etwaige entgegenstehende nationale Normen müssen bis März 1998 zurückgezogen werden.

Entsprechend der CEN/CENELEC-Geschäftsordnung sind die nationalen Normungsinstitute der folgenden Länder gehalten, diese Europäische Norm zu übernehmen:
Belgien, Dänemark, Deutschland, Finnland, Frankreich, Griechenland, Irland, Island, Italien, Luxemburg, Niederlande, Norwegen, Österreich, Portugal, Schweden, Schweiz, Spanien, die Tschechische Republik und das Vereinigte Königreich.

1 Anwendungsbereich

Diese Europäische Norm legt zwei Verfahren zur Bestimmung der Widerstandsfähigkeit von Bodenbelägen gegen das Ausdrücken und Abbrennen von Zigaretten fest.

2 Prinzip

2.1 Verfahren A — Widerstandsfähigkeit gegen das Ausdrücken einer Zigarette

Ein brennender Zigarettenstummel wird auf die Oberfläche eines Probekörpers gelegt und durch ein Gewicht belastet. Nach der Reinigung wird die Oberfläche bei festgelegter Beleuchtung auf sichbare Veränderungen untersucht.

2.2 Verfahren B — Widerstandsfähigkeit gegen das Abbrennen einer Zigarette

Eine brennende Zigarette wird so auf die waagerechte Oberfläche eines Probekörpers gelegt, daß diese in ganzer Länge Oberflächenkontakt hat. Nach der Reinigung wird die Oberfläche bei festgelegter Beleuchtung auf sichtbare Veränderungen untersucht.

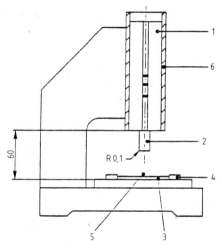

1 zylindrisches Messinggewicht
2 Stempel
3 Probekörper
4 Probekörperhalter
5 brennende Zigarette
6 Stahlrohr

Bild 1: Prüfeinrichtung

3 Geräte und Materialien

3.1 Thermometer zur Messung der Lufttemperatur.

3.2 Uhr mit einem Skalenteilungswert von 1 s.

3.3 Prüfeinrichtung nach Bild 1, bestehend aus:

3.3.1 Einem geraden nahtlosen Stahlrohr mit zwei Führungsstiften, mit einem Innendurchmesser von $(49{,}8 \, ^{+0{,}2}_{0})$ mm und einer Mindestwanddicke von 3,6 mm.

3.3.2 Einem zylindrischen Messinggewicht mit zwei Führungsrillen, mit einem Durchmesser von $(49{,}5 \, ^{+0{,}2}_{0})$ mm, einer Länge von $(152 \, ^{+0{,}5}_{0})$ mm und einer Masse von etwa 2,5 kg, mit einem unteren Stempel mit einem Durchmesser von $(16 \, ^{+1}_{0})$ mm und einer Länge von etwa 30 mm.

3.3.3 Einem drehbaren Halter für den Probekörper.

3.3.4 Einem Rahmen zur Befestigung der Teile aus 3.3.1 und 3.3.2.

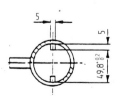

Bild 2: Stahlrohr mit Führungsstiften und zylindrischem Messinggewicht mit Führungsrillen

3.4 Beleuchtungseinrichtung mit einer Lampe, die einer Farbtemperatur von 5 500 K bis 6 500 K entspricht und so befestigt ist, daß der Probekörper senkrecht von oben mit einer Beleuchtungsstärke auf dem Beobachtungstisch von (1 500 ± 100) lx beleuchtet wird. Die Umgebung muß neutral und abgedunkelt sein. Mit einem Luxmeter ist die Beleuchtungsstärke in regelmäßigen Abständen zu überprüfen. Die vom Hersteller angegebene Lebensdauer der Lampe darf nicht überschritten werden.

3.5 Drehbarer Beobachtungstisch, der es erlaubt, den Probekörper so zu drehen, daß er bei der festgelegten Beleuchtung von allen Richtungen betrachtet werden kann.

3.6 Materialien

3.6.1 Drei gängige Zigarettenmarken aus hellem Tabak, ohne Filter und Mundstück mit rundem Querschnitt, einem Durchmesser von etwa 8 mm und einer Länge von etwa 70 mm.

3.6.2 Handelsübliche Reinigungs- und Fleckentfernungsmittel

3.6.2.1 Weiße Baumwolle, als Bausch oder Tuch.

3.6.2.2 Harte Bürsten, die jedoch die Oberfläche nicht zerkratzen.

3.6.2.3 Brennspiritus

3.6.2.4 Scheuermittel, Scheuerbausch, Stahlwolle Nr 00 oder Scheuerpulver oder Naßschleifpapier, Körnung P240 oder feiner.

3.6.2.5 Besondere Reinigungsmittel; besonders von Bodenbelagsherstellern empfohlene Produkte.

4 Probenahme und Herstellung der Probekörper

Aus dem zur Verfügung stehenden Material ist eine repräsentative Probe zu entnehmen.

Für jeden Zigarettentyp ist gleichmäßig über die Probe verteilt mindestens ein Probekörper mit einer Mindestlänge von 100 mm und einer Mindestbreite von 100 mm zu entnehmen. Die Entnahme ist mindestens 100 mm von den Kanten der Probe vorzunehmen.

5 Vorbehandlung

Die Probekörper und die Zigaretten sind mindestens 48 h bei einer Temperatur von (23 ± 2) °C und einer relativen Luftfeuchte von (50 ± 5) % zu lagern. Diese Bedingungen sind bis unmittelbar vor der Durchführung der Prüfung einzuhalten.

6 Durchführung

6.1 Allgemeines

Die Prüfung ist bei Raumtemperatur in einem im wesentlichen zugfreien Raum durchzuführen. Die Raumtemperatur ist aufzuzeichnen.

Es ist mindestens eine Zigarette je Zigarettenmarke zu benutzen.

Werden Prüfungen gleichzeitig durchgeführt, muß der Abstand der Zigaretten so gewählt werden, daß kein wechselseitiger Einfluß möglich ist.

Die längenbezogene Masse jeder Zigarette muß (0,14 ± 0,02) g/cm betragen.

ANMERKUNG: Dies kann, falls notwendig, durch leichtes senkrechtes Aufstoßen der Zigarette zum Verdichten des Tabaks erreicht werden.

6.2 Verfahren A — Ausdrücken einer Zigarette

Das eine Ende der Zigarette ist anzuzünden und solange Luft hindurchzuziehen, bis durch diese Maßnahme 10 mm angeraucht sind. Anschließend wird die glimmende Zigarette in voller Länge auf den waagerecht angeordneten Probekörper gelegt. Es ist darauf zu achten, daß die Klebenaht der Zigarette nach oben zeigt.

Bei Bodenbelägen mit profilierter Oberseite ist die Zigarette auf eine Noppe oder eine irgendwie geartete Erhebung zu legen.

Die Zigarette ist für 20 s weiterbrennen zu lassen. Anschließend wird die Last so aufgebracht, daß der Stempel auf die Glut drückt. Danach ist der Probekörper innerhalb von 2 s um 90° zu drehen und die Last zu entfernen.

Falls eine Zigarette vor den vorgenannten 20 s verlischt, ist die Prüfung mit einer neuen Zigarette an einer neuen Stelle des Probekörpers zu wiederholen.

6.3 Verfahren B — Abbrennen einer Zigarette

Das eine Ende der Zigarette ist anzuzünden und solange Luft hindurchzuziehen, bis durch diese Maßnahme 10 mm angeraucht sind. Anschließend wird die glimmende Zigarette in voller Länge auf den waagerecht angeordneten Probekörper gelegt. Es ist darauf zu achten, daß die Klebenaht der Zigarette nach oben zeigt.

Bei Bodenbelägen mit profilierter Oberseite ist die Zigarette zwischen die Noppen oder die irgendwie gearteten Erhebungen zu legen.

Die Zigarette ist weitere 20 mm weiterbrennen zu lassen und dann zusammen mit den Resten von der Oberfläche des Probekörpers zu entfernen.

Falls eine Zigarette vor den vorgenannten 20 mm verlischt, ist die Prüfung mit einer neuen Zigarette an einer neuen Stelle des Probekörpers zu wiederholen.

6.4 Reinigung und Betrachtung

6.4.1 Soweit möglich, werden Verbrennungsrückstände mit Brennspiritus befeuchteter Baumwolle entfernt. Nach der Reinigung werden die verbleibenden Flecken unter einem Beobachtungswinkel von 45° aus einer Entfernung von etwa 800 mm und bei langsamer Drehung des Beobachtungstisches von allen Seiten betrachtet.

6.4.2 Wenn ein Fleck sichtbar ist, wird die Oberfläche mit einem Reinigungsmittel, ausgewählt aus den in 3.6.2, 3.6.4 oder 3.6.5 aufgelisteten, gereinigt und wie in 6.4.1 beschrieben untersucht. Das benutzte Reinigungsmittel ist zu notieren.

7 Auswertung

Für jede Zigarettenmarke sind nach der Reinigung entsprechend 6.4.1 und 6.4.2 die Ergebnisse nach der in Tabelle 1 angegebenen Stufen anzugeben. Als Gesamtergebnis ist das Einzelergebnis mit der stärksten Beschädigung (niedrigste Stufe) im Prüfbericht anzugeben.

Tabelle 1: Darstellung der Prüfergebnisse

Stufe	Auswirkung auf die Oberfläche des Probekörpers
5	keine sichtbare Veränderung
4	leichte Veränderung des Glanzes, nur unter bestimmtem Blickwinkel erkennbar und/oder leichte braune Verfärbung
3	mäßige Veränderung des Glanzes und/oder braune Verfärbung
2	starke braune Markierung, aber keine Beschädigung der Oberfläche
1	Blasenbildung und/oder Beschädigung der Oberfläche

8 Prüfbericht

Im Prüfbericht sind anzugeben:
a) Hinweis auf diese Norm, d.h. EN 1399 : 1997 und das angewendete Verfahren, d.h. Verfahren A für Ausdrücken einer Zigarette oder Verfahren B für Abbrennen einer Zigarette;
b) ausführliche Beschreibung des geprüften Produktes einschließlich Typ, Herkunft, Farbe und Herstellnummer;
c) Vorgeschichte der Probe;
d) Marke der verwendeten Zigarette;
e) Prüftemperatur;
f) verwendetes Reinigungsprodukt und Beschreibung des Reinigungsvorganges;
g) Gesamtergebnis nach Abschnitt 7;
h) Abweichungen von dieser Norm, die die Prüfergebnisse hätten beeinflussen können.

DEUTSCHE NORM   Januar 1998

Textile Bodenbeläge
Einstufung von Nadelvlies-Bodenbelägen ausgenommen Polvlies-Bodenbeläge
Deutsche Fassung EN 1470 : 1997

DIN EN 1470

ICS 59.080.60

Deskriptoren: Textiler Bodenbelag, Einstufung, Bodenbelag, Nadelvlies

Ersatz für
DIN 66095-3 : 1988-06

Textile floor coverings — Classification of needled floor coverings except for needled pile floor coverings; German version EN 1470 : 1997

Revêtements de sol textiles — Classement des revêtements de sol aiguilletés à l'exception des moquettes aiguilletées; Version allemande EN 1470 : 1997

Die Europäische Norm EN 1470 : 1997 hat den Status einer Deutschen Norm.

Nationales Vorwort

Diese Europäische Norm wurde im Komitee CEN/TC 134 "Elastische und textile Bodenbeläge" unter intensiver deutscher Mitarbeit ausgearbeitet. Zuständig für die Deutsche Fassung ist der Arbeitsausschuß NMP 534 "Prüfung und Verwendungsbereichseinstufung textiler Bodenbeläge".

Für die im Abschnitt 2 zitierten Internationalen Normen wird im folgenden auf die entsprechenden Deutschen Normen hingewiesen:

ISO 140-8	siehe DIN 52210-1
ISO 354	siehe DIN EN 20354/A1
ISO 717-2	siehe DIN EN ISO 717-2
ISO 1765	siehe DIN 53855-3
ISO 2424	siehe E DIN ISO 2424
ISO 2551	siehe DIN 54318
ISO 3018	siehe DIN 53851
ISO 3415	siehe DIN 54316
ISO 8543	siehe DIN 53854
ISO 8302	siehe DIN 52612-1

Änderungen

Gegenüber DIN 66095-3 : 1988-06 wurden folgende Änderungen vorgenommen:

a) Einstufung des Verschleißverhaltens.
b) Allgemeine Widerstandsfähigkeit.
c) Aussehensveränderung.
d) Liegeverhalten.
e) EN 1470 vollständig übernommen.

Frühere Ausgaben

DIN 66095-3: 1988-06

Fortsetzung Seite 2
und 8 Seiten EN

Normenausschuß Materialprüfung (NMP) im DIN Deutsches Institut für Normung e.V.
Textilnorm, Normenausschuß Textil und Textilmaschinen im DIN

Seite 2
DIN EN 1470 : 1998-01

Nationaler Anhang NA (informativ)

Literaturhinweise

DIN 52210-1 : 1984
Bauakustische Prüfungen — Luft- und Trittschalldämmung — Meßverfahren

DIN 52612-1
Wärmeschutztechnische Prüfungen — Bestimmung der Wärmeleitfähigkeit mit dem Plattengerät — Durchführung und Auswertung

DIN 53851
Prüfung von Textilien — Bestimmung der Länge und Breite von textilen Flächengebilden

DIN 53854
Prüfung von Textilien — Gewichtsbestimmungen an textilen Flächengebilden mit Ausnahme von Gewirken, Gestricken und Vliesstoffen

DIN 53855-3
Prüfung von Textilien — Bestimmung der Dicke textiler Flächengebilde, Fußbodenbeläge

DIN 54316
Prüfung von Textilien — Bestimmung des Eindruckverhaltens textiler Bodenbeläge unter statischer Druckbeanspruchung

DIN 54318
Maschinell hergestellte textile Bodenbeläge — Bestimmung der Maßänderung bei wechselnder Einwirkung von Wasser und Wärme

DIN EN 20354
Akustik — Messung der Schallabsorption im Hallraum (ISO 354 : 1985); Deutsche Fassung EN 20354 : 1993

DIN EN ISO 717-2
Akustik — Bewertung der Schalldämmung in Gebäuden und Bauteilen — Teil 2: Trittschalldämmung (ISO 717-2 : 1996); Deutsche Fassung EN ISO 717-2 : 1996

E DIN ISO 2424
Textile Bodenbeläge — Begriffe (ISO 2424 : 1992)

EUROPÄISCHE NORM
EUROPEAN STANDARD
NORME EUROPÉENNE

EN 1470

Oktober 1997

ICS 59.080.60; 91.180

Deskriptoren: Bodenbelag, textiler Fußbodenbelag, Nadelvlies-Bodenbelag, Anforderung, Bezeichnung, Eigenschaft, Klassifikation, Verschleißversuch, Aussehen, Farbechtheit

Deutsche Fassung

Textile Bodenbeläge

Einstufung von Nadelvlies-Bodenbelägen ausgenommen Polvlies-Bodenbeläge

Textile floor coverings — Classification of needled floor coverings except for needled pile floor coverings

Revêtements de sol textiles — Classement des revêtements de sol aiguilletés à l'exception des moquettes aiguilletées

Diese Europäische Norm wurde von CEN am 1997-09-26 angenommen.

Die CEN-Mitglieder sind gehalten, die CEN/CENELEC-Geschäftsordnung zu erfüllen, in der die Bedingungen festgelegt sind, unter denen dieser Europäischen Norm ohne jede Änderung der Status einer nationalen Norm zu geben ist.

Auf dem letzten Stand befindliche Listen dieser nationalen Normen mit ihren bibliographischen Angaben sind beim Zentralsekretariat oder bei jedem CEN-Mitglied auf Anfrage erhältlich.

Diese Europäische Norm besteht in drei offiziellen Fassungen (Deutsch, Englisch, Französisch). Eine Fassung in einer anderen Sprache, die von einem CEN-Mitglied in eigener Verantwortung durch Übersetzung in seine Landessprache gemacht und dem Zentralsekretariat mitgeteilt worden ist, hat den gleichen Status wie die offiziellen Fassungen.

CEN-Mitglieder sind die nationalen Normungsinstitute von Belgien, Dänemark, Deutschland, Finnland, Frankreich, Griechenland, Irland, Island, Italien, Luxemburg, Niederlande, Norwegen, Österreich, Portugal, Schweden, Schweiz, Spanien, der Tschechischen Republik und dem Vereinigten Königreich.

CEN

EUROPÄISCHES KOMITEE FÜR NORMUNG
European Committee for Standardization
Comité Européen de Normalisation

Zentralsekretariat: rue de Stassart 36, B-1050 Brüssel

© 1997 CEN — Alle Rechte der Verwertung, gleich in welcher Form und in welchem Verfahren, sind weltweit den nationalen Mitgliedern von CEN vorbehalten.

Ref. Nr. EN 1470 : 1997 D

Vorwort

Diese Europäische Norm wurde vom Technischen Komitee CEN/TC 134 "Elastische und textile Bodenbeläge" erarbeitet, dessen Sekretariat vom BSI gehalten wird.

Diese Europäische Norm muß den Status einer nationalen Norm erhalten, entweder durch Veröffentlichung eines identischen Textes oder durch Anerkennung bis April 1998, und etwaige entgegenstehende nationale Normen müssen bis April 1998 zurückgezogen werden.

Entsprechend der CEN/CENELEC-Geschäftsordnung sind die nationalen Normungsinstitute der folgenden Länder gehalten, diese Europäische Norm zu übernehmen:
Belgien, Dänemark, Deutschland, Finnland, Frankreich, Griechenland, Irland, Island, Italien, Luxemburg, Niederlande, Norwegen, Österreich, Portugal, Schweden, Schweiz, Spanien, die Tschechische Republik und das Vereinigte Königreich.

1 Anwendungsbereich

Diese Europäische Norm legt Anforderungen an die Einstufung von Nadelvlies-Bodenbelägen als Rollenware fest und beschreibt deren Gebrauchseinstufung unter Berücksichtigung von Verschleiß und Aussehenserhalt. Diese Bodenbeläge sind zum ganzflächigen Kleben auf dem Unterboden vorgesehen.

Diese Norm ist auch auf Fliesen anwendbar; die zusätzlichen Anforderungen an Fliesen sind in Anhang A enthalten.

Diese Norm gilt nicht für Polvliesbeläge.

2 Normative Verweisungen

Diese Europäische Norm enthält durch datierte oder undatierte Verweisungen Festlegungen aus anderen Publikationen. Diese normativen Verweisungen sind an den jeweiligen Stellen im Text zitiert, und die Publikationen sind nachstehend aufgeführt. Bei datierten Verweisungen gehören spätere Änderungen oder Überarbeitungen dieser Publikationen nur zu dieser Europäischen Norm, falls sie durch Änderung oder Überarbeitung eingearbeitet sind. Bei undatierten Verweisungen gilt die letzte Ausgabe der in bezug genommenen Publikation.

EN 984
Bestimmung des Nutzschichtgewichts genadelter Bodenbeläge

EN 985
Textile Bodenbeläge — Stuhlrollenprüfung

EN 986
Textile Bodenbeläge — Fliesen — Bestimmung der Maßänderung infolge der Wirkungen wechselnder Feuchte- und Temperaturbedingungen und vertikaler Flächenverformung

EN 994
Textile Bodenbeläge — Bestimmung der Länge und Geradheit der Kanten sowie der Rechtwinkligkeit von Fliesen

EN 995
Textile Bodenbeläge — Bestimmung der Verformbarkeit von Rückenbeschichtungen ("Kalter Fluß")

EN 1269
Textile Bodenbeläge — Beurteilung von Ausrüstungsmitteln in Nadelvliesbelägen durch die Anschmutzneigung

EN 1307
Textile Bodenbeläge — Einstufung von Polteppichen

EN 1318
Textile Bodenbeläge — Bestimmung der sichtbaren Dicke von Rückenbeschichtungen

prEN 1814
Textile Bodenbeläge — Bestimmung der Schnittkantenfestigkeit — Modifizierte Trommelprüfung nach Vettermann

prEN 1815
Elastische und textile Bodenbeläge — Beurteilung des elektrostatischen Verhaltens

EN 1963
Textile Bodenbeläge — Prüfungen mit dem Tretradgerät — System Lisson

EN ISO 105-A01 : 1995
Textilien — Farbechtheitsprüfungen — Teil A01: Allgemeine Prüfgrundlagen (ISO 105-A01 : 1994)

EN ISO 105-E01 : 1996
Textilien — Farbechtheitsprüfungen — Teil E01: Farbechtheit gegen Wasser (ISO 105-E01 : 1994)

EN ISO 105-X12 : 1995
Textilien — Farbechtheitsprüfungen — Teil X12: Reibechtheit von Färbungen (ISO 105-X12 : 1993)

ISO 105-B02 : 1994
Textiles — Tests for colour fastness — Part B02: Colour fastness to artificial light: Xenon arc fading lamp test

ISO 140-8 : 1978
Acoustics — Measurement of sound insulation in buildings and of buildings elements — Part 8: Laboratory measurements of the reduction of transmitted impact noise by floor coverings on a standard floor

ISO 354 : 1985
Acoustics — Measurement of sound absorption in a reverberation room

ISO 717-2 : 1982
Acoustics — Rating of sound insulation in buildings and of building elements — Part 2: Impact sound insulation

ISO 1765
Machine-made textile floor coverings — Determination of thickness

ISO 2424
Textile floor coverings — Vocabulary

ISO 2551 : 1981
Machine-made textile floor coverings — Determination of dimensional changes due to the effects of varied water and heat conditions

ISO 3018
Textile floor coverings — Rectangular textile floor coverings — Determination of dimensions

ISO 3415
Textile floor coverings — Determination of thickness loss after brief, moderate static loading

ISO 8543 : 1986
Textile floor coverings — Methods for determination of mass

ISO 8302 : 1991
Thermal insulation — Determination of steady-state thermal resistance and related properties — Guarded hot plate apparatus

ISO/DIS 10965
Textile floor coverings — Determination of electrical resistance

3 Definitionen

Für die Anwendung der vorliegenden Europäischen Norm gelten die in ISO 2424 festgelegten Begriffe und Definitionen und die folgenden Definitionen:

3.1 teilimprägnierter genadelter Bodenbelag: Genadelter Bodenbelag, auf dessen Rücken ein Bindemittel so aufgetragen wurde, daß es nicht die Nutzschicht erreicht, das Bindemittel ist nur im unteren Teil des genadelten Bodenbelages vorhanden.

3.2 voll imprägnierter genadelter Bodenbelag: Der genadelte Bodenbelag ist vollständig durchdrungen vom Bindemittel, so daß im Endprodukt das Bindemittel im gesamten Nadelvlies vorhanden ist.

4 Beanspruchungsbereiche

Textile Bodenbeläge werden nach ihrer Eignung für unterschiedliche Beanspruchungsbereiche entsprechend den in Abschnitt 7 festgelegten Anforderungskriterien eingestuft.

Die unterschiedlichen Beanspruchungsbereiche werden in Tabelle 1 beschrieben.

5 Kennzeichnende Merkmale

Dieser Abschnitt legt Anforderungen an die Kennzeichnung des Erzeugnisses und die Grenzwerte für die kennzeichnenden Merkmale fest.

Der Hersteller muß die folgenden Angaben nach ISO 2424 machen:

— Handelsbezeichnungen;
— Art der Verfestigung (Vollimprägnierung oder Teilimprägnierung);
— Rückenbeschichtung nach ISO 2424, sofern vorhanden;
— Herstellungsart (Einschichtbeläge oder Mehrschichtbeläge, siehe ISO 2424 und EN 984)

und die Werte für die in Tabelle 2 zusammengestellten Merkmale angeben.

Tabelle 1

Klasse des Beanspruchungsbereiches	Nutzungsintensität	Beanspruchungsbeispiele	
		Wohnbereich	Geschäftsbereich
1	leichte Beanspruchung	leicht	
2	normale Beanspruchung	normal	
3	starke Beanspruchung	stark	normal
4	extreme Beanspruchung		stark

ANMERKUNG: Für den stark beanspruchenden Geschäftsbereich sollte Klasse 4 als Grundlage verwendet werden. Darüber hinaus kann es in Einzelfällen erforderlich sein, zusätzliche Anforderungen zu stellen, um individuellen Bedürfnissen gerecht zu werden.

Tabelle 2

Merkmale	Prüfverfahren	Grenzwerte
Faserzusammensetzung der Nutzschicht	EN 1307[N1])	
Abmessungen	ISO 3018	
Gesamtdicke in mm	ISO 1765	
Flächengewicht in g/m^2	ISO 8543	Nennwert ± 15 %
Flächengewicht der Nutzschicht (für Mehrschichtbeläge) in g/m^2	EN 984	Nennwert ± 15 %
Sichtbare Dicke des Schaumrückens in mm (bei Bedarf)	EN 1318	Nennwert ± 0,5 mm

[N1]) Nationale Fußnote: es muß lauten: Direktive 71/30/CEE (Textilkennzeichnungsgesetz)

6 Grundanforderungen

Nadelvlies-Bodenbeläge entsprechend dieser Norm müssen die in Tabelle 3 enthaltenen Grundanforderungen erfüllen.

Tabelle 3

Eigenschaften	Anforderungen	Prüfverfahren
Maßbeständigkeit	Schrumpf $\leq 1,2\%$ in jeder Richtung Ausdehnung $\leq 0,5\%$ in jeder Richtung	ISO 2551 : 1981
Bewertung der Imprägnierung durch eine Anschmutzprüfung	≥ 3 [1]	EN 1269
Farbechtheit [2] unter Einwirkung von		
— Licht	≥ 5 Pastellfarbton [3] ≥ 4	ISO 105-B02 : 1994
— Reibung		EN ISO 105-X12 : 1995
— naß — trocken	≥ 3 ≥ 3 bis 4	
— Wasser		EN ISO 105-E01 : 1996 [4]
— ungemusterte Teppiche — gemusterte Teppiche und Teppiche mit "Farbeffekten"	≥ 3 bis 4 ≥ 4	
Haarigkeit (Pilling)	$\geq 2,5$	EN 1963 — Prüfung D Nach 100 und 200 Doppeltouren Bewertung mit Fotostandards
Statische Belastung	$\leq 0,8$ mm	ISO 3415

[1] Für Erzeugnisse der Klasse 1 ist die Anforderung ≥ 2 annehmbar.
[2] Der Hersteller muß gewährleisten, daß die Anforderungen von allen Farben erfüllt werden.
[3] Pastellfarbton: Farbe entsprechend einer Normtiefe $\leq 1/12$ (ISO 105-A01 : 1995).
[4] Änderung der Farbe

7 Einstufung in Beanspruchungsbereiche

Nadelvlies-Bodenbeläge werden entsprechend ihrer Gebrauchseigenschaften unterschiedlichen Einsatzbereichen zugeordnet. Es gibt drei für die Einstufung wesentliche Eigenschaften: Verschleiß, allgemeine Widerstandsfähigkeit und Aussehensveränderung. Diese Eigenschaften dienen der Beschreibung des Gebrauchsverhaltens in Abhängigkeit von der Nutzungsintensität (Klasse des Beanspruchungsbereiches 1 bis 4 in aufsteigender Reihenfolge der Nutzungsintensität).

Die einem Nadelvlies-Bodenbelag zugeordnete Klasse des Beanspruchungsbereiches ist die niedrigere der Klassen, die für Verschleiß, allgemeine Widerstandsfähigkeit und Aussehensveränderung erhalten werden (7.1 bis 7.3).

7.1 Einstufung des Verschleißverhaltens
7.1.1 Grundanforderungen für die Nutzschicht
Die Grundanforderungen für jede Klasse sind in Tabelle 4 angegeben.

7.1.2 Verschleißbewertung — Lisson-Prüfung
Die Verschleißbewertung ergibt sich aus dem besten Ergebnis, das nach Anwendung von 7.1.2.1 und 7.1.2.2 erhalten wurde.

7.1.2.1 Flächengewichtverlust (m_v)
Die Anforderungen für jede Klasse sind in Tabelle 5 festgelegt; m_v wird nach EN 1963, Prüfung A, berechnet.

7.1.2.2 Relativer Gewichtsverlust (m_{rv})
Die Anforderungen für jede Klasse sind in Tabelle 6 festgelegt.

Seite 5
EN 1470 : 1997

a) Einschicht-Nadelvlies-Bodenbeläge
Der relative Gewichtsverlust wird aus dem in 7.1.2.1 bestimmten Wert m_v und dem nach ISO 8543 bestimmten Flächengewicht berechnet:

$$\text{relativer Gewichtsverlust} = \frac{m_v}{\text{Gesamt-Flächengewicht}} \cdot 100$$

b) Mehrschicht-Nadelvlies-Bodenbeläge
Der relative Gewichtsverlust wird aus dem in 7.1.2.1 bestimmten Wert m_v und dem nach EN 984 bestimmten Flächengewicht der Nutzschicht berechnet:

$$\text{relativer Gewichtsverlust} = \frac{m_v}{\text{Flächengewicht der Nutzschicht}} \cdot 100$$

Tabelle 4

Klasse	Nenn-Faserfeinheit dtex [1])	Gemessenes Gesamtflächengewicht Einschichtbeläge g/m²	Gemessenes Flächengewicht der Nutzschicht Mehrschichtbeläge g/m²	
			vollimprägniert	teilimprägniert
1		≥ 550	≥ 150	≥ 135
2				
3	≥ 11	≥ 700	≥ 200	≥ 180
4	≥ 15	≥ 900	≥ 250	≥ 225
	≥ 130 [2])	≥ 1000	≥ 400	≥ 360
Prüfverfahren		ISO 8543	EN 984	

[1]) Vom Hersteller anzugeben
[2]) Mindestens 50 % der Masse der Nutzschicht müssen aus Fasern mit einer Feinheit ≥ 130 dtex bestehen.

Tabelle 5

Klasse	Prüfverfahren	m_v g/m²
1	EN 1963 Prüfung A 2 000 Doppeltouren ± x [1])	≤ 80
2		
3		≤ 50
4		≤ 30

[1]) x: je nach Kalibrierung des Gerätes (siehe EN 1963)

Tabelle 6

Klasse	relativer Gewichtsverlust in %	
	einschichtig	mehrschichtig
1	≤ 30	≤ 50
2		
3	≤ 20	≤ 35
4	≤ 15	≤ 20

7.2 Allgemeine Widerstandsfähigkeit

Die Anforderungen für jede Klasse sind in Tabelle 7 festgelegt.

Tabelle 7

Klasse	Prüfverfahren	Anforderungen
1	EN 985 (10 000 Umdrehungen) Prüfung C	Keine Zerstörung (wie Delaminieren usw.)
2		
3	EN 985 (25 000 Umdrehungen) Prüfung C	
4		

7.3 Aussehensveränderung

Die Anforderungen für jede Klasse sind in Tabelle 8 festgelegt.

Tabelle 8

Klasse	Farbänderung (Glanz, Aufhellung)	Stuhlrolleneignung
1	≥ 2	
2	$\geq 2{,}5$	
3		
4	≥ 3 und	$r \geq 2{,}4$
Prüfverfahren	EN 985, Prüfung B	EN 985, Prüfung A

8 Zusätzliche Eigenschaften

An die Erzeugnisse können die in dieser Norm beschriebenen zusätzlichen Ansprüche gestellt werden. Sie müssen sich auf die in Tabelle 9 zusammengestellten Eigenschaften und die entsprechenden Anforderungen beziehen.

Tabelle 9

Eigenschaften	Prüfverfahren	Anforderungen
Stuhlrolleneignung	EN 985	
A ständige Nutzung B gelegentliche Nutzung		A → $\geq 2{,}4$ B → $\geq 2{,}0$
Elektrische Eigenschaften		
Begehversuch	prEN 1815	$\leq 2\,\text{kV}$
Durchgangswiderstand	ISO/DIS 10965 (bei 25 % r. F.)	Wiedergabe der Ergebnisse entweder als $\leq 10^{10}\,\Omega$ oder $> 10^{10}\,\Omega$
Akustische Eigenschaften		Berechnung nach ISO 717.2 : 1982
Trittschallschutz	ISO 140-8	Angabe des berechneten Wertes
Schallabsorption	ISO 354	Angabe des berechneten Wertes
Wärmedurchlaßwiderstand	ISO 8302 : 1991	Angabe des berechneten Wertes
	(fortgesetzt)	

Seite 7
EN 1470 : 1997

Tabelle 9 (abgeschlossen)

Eigenschaften	Prüfverfahren	Anforderungen
Feuchtraumeignung		
Maßbeständigkeit	ISO 2551	Schrumpfung $\leq 0,8\,\%$ in jeder Richtung
		Ausdehnung $\leq 0,4\,\%$ in jeder Richtung
Reibechtheit von Färbungen	EN ISO 105-X12 : 1995	
— naß		≥ 4
— trocken		≥ 4
Verrottungsbeständigkeit		alle textilen Teile müssen verrottungsbeständig sein
Treppeneignung	EN 1963, Prüfung B	EN 1963 — Anhang A
Verformbarkeit (nur für Fliesen)	EN 995	Δ_{Em} (zwischen 1 h und 24 h) $\leq 0,8\,\mathrm{mm}$

Anhang A (normativ)

Zusatzanforderungen für Fliesen

A.1 Anwendungsbereich

Dieser Anhang bezieht sich auf Nadelvlies-Bodenbeläge in Fliesenform und ergänzt die Anforderungen im Hauptteil der Norm.

A.2 Definitionen

A.2.1 lose auslegbare Fliesen: Fliesen, die so ausgelegt werden, daß sie von Hand leicht entfernt werden können, sie sollten ein Flächengewicht $\geq 3,5$ kg/m² und die in A.3 angegebenen Eigenschaften aufweisen.

ANMERKUNG: In einigen Fällen kann das Liegeverhalten von lose auslegbaren Fliesen durch Verwendung eines Antigleitsystems, wie z. B. eines Fixiermittels, verbessert werden.

A.2.2 Klebefliesen
a) Fliesen, die mit einem dauerhaften Klebesystem verlegt werden und die in A.3 angegebenen Eigenschaften aufweisen.
b) Fliesen, die mit einem vom Hersteller empfohlenen Klebesystem verlegt werden und die in A.3 angegebenen Eigenschaften aufweisen.

ANMERKUNG: Bei dieser Klebeart können die Fliesen entfernt und wieder verlegt werden.

A.3 Anforderungen

Eigenschaften	Prüfverfahren	Lose auslegbare Fliesen A.2.1	Klebefliesen	
			A.2.2a)	A.2.2b)
Flächengewicht	ISO 8543	$\geq 3,5$ kg/m²		
Abmessungen	EN 994	± 0,3 % auf die Nennmaße ± 0,2 % in der gleichen Partie		
Rechtwinkligkeit und gerader Verlauf der Kanten	EN 994	± 0,15 % in beiden Richtungen		
Maßbeständigkeit	EN 986	Schrumpfung und Ausdehnung $\leq 0,2$ % in beiden Richtungen	Maximale Schrumpfung 0,4 % in beiden Richtungen Maximale Ausdehnung 0,2 % in beiden Richtungen	Schrumpfung und Ausdehnung $\leq 0,2$ % in beiden Richtungen
Liegeverhalten	EN 986	Maximale vertikale Flächenverformung ≤ 2 mm		Maximale vertikale Flächenverformung ≤ 2 mm
Beschädigung an der Schnittkante	EN 1814	Keine Beschädigung		

DEUTSCHE NORM Mai 1998

Elastische Bodenbeläge
Spezifikation für homogene und heterogene ebene Elastomer-Bodenbeläge mit Schaumstoffbeschichtung
Deutsche Fassung EN 1816 : 1998

DIN
EN 1816

ICS 97.150

Deskriptoren: Kunststoff, Bodenbelag, Elastomerbelag, Schaumstoffbeschichtung, Anforderung

Resilient floor coverings – Specification for homogeneous and heterogeneous smooth rubber floor coverings with foam backing;
German version EN 1816 : 1998

Revêtements de sol résilients – Spécifications des revêtements de sol homogènes et hétérogènes en caoutchouc lisse avec semelle en mousse;
Version allemande EN 1816 : 1998

Die Europäische Norm EN 1816 : 1998 hat den Status einer Deutschen Norm.

Nationales Vorwort

Diese Europäische Norm wurde vom CEN/TC 134 "Elastische und textile Bodenbeläge" erarbeitet. Deutschland war durch den als Spiegelausschuß des FNK für elastische Bodenbeläge eingesetzten FNK-Arbeitsausschuß 403.5 "Bodenbeläge" an der Bearbeitung beteiligt.

Für die in Abschnitt 2 zitierten Internationalen Normen wird im folgenden auf die entsprechenden Deutschen Normen hingewiesen:

EN 20105-B02   siehe   DIN 54004
ISO 4649   siehe   DIN 53516

Nationaler Anhang NA (informativ)

Literaturhinweise

DIN 53516
 Prüfung von Kautschuk und Elastomeren – Bestimmung des Abriebs

DIN 54004
 Prüfung der Farbechtheit von Textilien; Bestimmung der Lichtechtheit von Färbungen und Drucken mit Xenonbogenlicht

Fortsetzung 6 Seiten EN

Normenausschuß Kunststoffe (FNK) im DIN Deutsches Institut für Normung e.V.
Normenausschuß Kautschuktechnik (FAKAU) im DIN
Normenausschuß Materialprüfung (NMP) im DIN

EUROPÄISCHE NORM
EUROPEAN STANDARD
NORME EUROPÉENNE

EN 1816

März 1998

ICS 97.150

Deskriptoren: Bodenbelag, Gummierung, Begriffe, Klassifikation, Anforderung, Prüfung, Kennzeichnung

Deutsche Fassung

Elastische Bodenbeläge
Spezifikation für homogene und heterogene ebene Elastomer-Bodenbeläge mit Schaumstoffbeschichtung

Resilient floor coverings – Specification for homogeneous and heterogeneous smooth rubber floor coverings with foam backing

Revêtements de sol résilients – Spécifications des revêtements de sol homogènes et hétérogènes en caoutchouc lisse avec semelle en mousse

Diese Europäische Norm wurde von CEN am 1998-02-13 angenommen.

Die CEN-Mitglieder sind gehalten, die CEN/CENELEC-Geschäftsordnung zu erfüllen, in der die Bedingungen festgelegt sind, unter denen dieser Europäischen Norm ohne jede Änderung der Status einer nationalen Norm zu geben ist.

Auf dem letzten Stand befindliche Listen dieser nationalen Normen mit ihren bibliographischen Angaben sind beim Zentralsekretariat oder bei jedem CEN-Mitglied auf Anfrage erhältlich.

Diese Europäische Norm besteht in drei offiziellen Fassungen (Deutsch, Englisch, Französisch). Eine Fassung in einer anderen Sprache, die von einem CEN-Mitglied in eigener Verantwortung durch Übersetzung in seine Landessprache gemacht und dem Zentralsekretariat mitgeteilt worden ist, hat den gleichen Status wie die offiziellen Fassungen.

CEN-Mitglieder sind die nationalen Normungsinstitute von Belgien, Dänemark, Deutschland, Finnland, Frankreich, Griechenland, Irland, Island, Italien, Luxemburg, Niederlande, Norwegen, Österreich, Portugal, Schweden, Schweiz, Spanien, der Tschechischen Republik und dem Vereinigten Königreich.

CEN

EUROPÄISCHES KOMITEE FÜR NORMUNG
European Committee for Standardization
Comité Européen de Normalisation

Zentralsekretariat: rue de Stassart 36, B 1050-Brüssel

© 1998 CEN - Alle Rechte der Verwertung, gleich in welcher Form und in welchem Verfahren, sind weltweit den nationalen Mitgliedern von CEN vorbehalten.

Ref. Nr. EN 1816 : 1998 D

Vorwort

Diese Europäische Norm wurde vom Technischen Komitee CEN/TC 134 "Elastische und textile Bodenbeläge" erarbeitet, dessen Sekretariat vom BSI gehalten wird.

Diese Europäische Norm muß den Status einer nationalen Norm erhalten, entweder durch Veröffentlichung eines identischen Textes oder durch Anerkennung bis September 1998, und etwaige entgegenstehende nationale Normen müssen bis September 1998 zurückgezogen werden.

Entsprechend der CEN/CENELEC-Geschäftsordnung sind die nationalen Normungsinstitute der folgenden Länder gehalten, diese Europäische Norm zu übernehmen:

Belgien, Dänemark, Deutschland, Finnland, Frankreich, Griechenland, Irland, Island, Italien, Luxemburg, Niederlande, Norwegen, Österreich, Portugal, Schweden, Schweiz, Spanien, die Tschechische Republik und das Vereinigte Königreich.

Anhang A und Anhang B sind informativ.

Seite 3
EN 1816 : 1998

1 Anwendungsbereich

Diese Europäische Norm legt die Eigenschaften von homogenen und heterogenen ebenen, einschließlich genarbten oder geprägten Elastomer-Bodenbelägen mit Schaumstoffbeschichtung fest, die als Rollen geliefert werden.

Diese Europäische Norm enthält ein Klassifizierungssystem auf der Grundlage der Nutzungsintensität, das zeigt, wo für diese Bodenbeläge ein zufriedenstellender Nutzen möglich wäre (siehe EN 685). Die Norm legt auch die Anforderungen zur Kennzeichnung fest.

2 Normative Verweisungen

Diese Europäische Norm enthält durch datierte oder undatierte Verweisungen Festlegungen aus anderen Publikationen. Diese normativen Verweisungen sind an den jeweiligen Stellen im Text zitiert, und die Publikationen sind nachstehend aufgeführt. Bei datierten Verweisungen gehören spätere Änderungen oder Überarbeitungen dieser Publikationen nur zu dieser Europäischen Norm, falls sie durch Änderung oder Überarbeitung eingearbeitet sind. Bei undatierten Verweisungen gilt die letzte Ausgabe der in Bezug genommenen Publikation.

EN 425
    Elastische Bodenbeläge – Stuhlrollenversuch

EN 426
    Elastische Bodenbeläge – Bestimmung von Breite, Länge, Ebenheit und Geradheit von Bahnen

EN 428
    Elastische Bodenbeläge – Bestimmung der Gesamtdicke

EN 429
    Elastische Bodenbeläge – Bestimmung der Dicke der Schichten

EN 431
    Elastische Bodenbeläge – Bestimmung des Trennwiderstands

EN 433
    Elastische Bodenbeläge – Bestimmung des Resteindruckes nach konstanter Belastung

EN 434
    Elastische Bodenbeläge – Bestimmung der Maßänderung und Schüsselung nach Wärmeeinwirkung

EN 435
    Elastische Bodenbeläge – Bestimmung der Biegsamkeit

EN 685
    Elastische Bodenbeläge – Klassifizierung

EN 1399
    Elastische Bodenbeläge – Bestimmung der Widerstandsfähigkeit gegen Ausdrücken und Abbrennen von Zigaretten

EN 12466
    Elastische Bodenbeläge – Begriffe

EN 20105-B02 : 1992
    Textilien – Farbechtheitsprüfung – Teil B02; Lichtechtheit mit künstlichem Licht (Xenonbogenlicht)
    (ISO 105-B02 : 1988)

ISO 4649 : 1985
    Rubber – Determination of abrasion resistance using a rotating cylindrical drum device

ISO 7619 : 1986
    Rubber – Determination of indentation hardness by means of pocket hardness meters

3 Definitionen

Für die Anwendung dieser Norm gelten die folgenden und die in EN 12466 festgelegten Definitionen:

3.1 homogener Elastomer-Bodenbelag: Bodenbelag bestehend aus Natur- oder Synthesekautschuk, mit einer oder mehreren Schichten mit der gleichen Zusammensetzung und Farbe, durchgehend durch die gesamte Dicke gemustert.

3.2 heterogener Elastomer-Bodenbelag: Bodenbelag bestehend aus Natur- oder Synthesekautschuk, mit einer Nutzschicht und weiteren kompakten Schichten, die sich in der Zusammensetzung und/oder Musterung unterscheiden und eine Stabilisierungseinlage enthalten können.

4 Allgemeine Anforderungen

Alle homogenen und heterogenen ebenen Elastomer-Bodenbeläge mit Schaumstoffbeschichtung müssen die in Tabelle 1 festgelegten allgemeinen Anforderungen erfüllen, wenn sie nach den darin angegebenen Verfahren geprüft werden.

Tabelle 1: Allgemeine Anforderungen

Eigenschaft	Anforderungen	Prüfverfahren
Rolle: Länge Breite	nicht weniger als die angegebenen Nennwerte	EN 426
Maßbeständigkeit	Grenzabweichung ± 0,4 %	EN 434
Dicke der Schaumstoffbeschichtung	nicht weniger als der angegebene Nennwert	EN 429
Beständigkeit gegen Zigaretten: ausgedrückt brennend	Verfahren A ≥ Stufe 4 Verfahren B ≥ Stufe 3	EN 1399
Biegsamkeit: Durchmesser des Dorns 20 mm	keine Rißbildung	EN 435 Verfahren A
Härte der Nutzschicht	≥ 75 Shore A	ISO 7619 : 1986
Resteindruck (nach konstanter Belastung)	Mittelwert ≤ 0,25 mm	EN 433
Trennwiderstand	Mittelwert ≥ 50 N/50 mm oder Bruch im Schaum	EN 431
Abriebfestigkeit der Nutzschicht	≤ 250 mm^3	ISO 4649 : 1985 Verfahren A Auflast (5 ± 0,1) N
Farbbeständigkeit gegenüber künstlichem Licht [1])	mindestens 6 des Blaumaßstabs ≥ 3 des Graumaßstabs	7.2.3. von EN 20105-B02 : 1992 Verfahren 3 Prüfbedingungen 6.1 a) In Europa gebräuchliche Bedingungen

[1]) Die Untersuchung ist an einem Probekörper von voller Größe durchzuführen. Ein weiterer Probekörper, der als Bezugsstandard für die Bewertung der Farbveränderung dienen soll, ist im Dunkeln zu lagern.

Seite 5
EN 1816 : 1998

5 Klassifizierungsanforderungen

Homogene und heterogene ebene Elastomer-Bodenbeläge mit Schaumstoffbeschichtung müssen entsprechend den in Tabelle 2 festgelegten Anforderungen an die Gesamtdicke und Nutzschichtdicke klassifiziert werden, wenn diese in Übereinstimmung mit den genannten Prüfverfahren geprüft wurden.

Tabelle 2: Klassifizierunganforderungen

Klasse (siehe EN 685)	Verwendungsbereich	Mindestgesamtdicke [1]) (homogene und heterogene Beläge) mm	Mindestdicke der Nutzschicht [2]) (heterogene Beläge) mm	Auswirkung von Stuhlrollen
21	Wohnen mäßig	2,5	1,0	keine Anforderung
22	Wohnen normal	2,5	1,0	keine Anforderung
23	Wohnen stark	3,5	1,0	keine Anforderung
31	Gewerblich mäßig	3,5	1,0	
32	Gewerblich normal	3,5	1,0	Wenn zur Verifikation geprüft, dürfen nur leichte Oberflächenveränderungen und keine Delaminierung der Schichten auftreten.
33	Gewerblich stark	3,5	1,0	
Prüfverfahren		EN 428	EN 429	EN 425

[1]) Die durchschnittliche Gesamtdicke darf ein Grenzabmaß von ± 0,20 mm haben und kein Einzelergebnis darf vom Nennwert um mehr als 0,25 mm abweichen.

[2]) Die durchschnittliche Dicke der Nutzschicht darf ein Grenzabmaß von ± 0,20 mm haben, und kein Einzelergebnis darf vom Nennwert um mehr als 0,25 mm abweichen.

6 Kennzeichnung

Bodenbeläge nach dieser Norm und/oder deren Verpackung müssen in der folgenden Weise gekennzeichnet sein:

a) Hinweis auf diese Europäische Norm, d. h. EN 1816 : 1998;

b) Identifizierung des Herstellers oder der Lieferfirma;

c) Produktname;

d) Farbe/Muster sowie Chargen- und Rollennummer, soweit bekannt;

e) Klasse/Symbol, wie in EN 685 festgelegt;

f) bedeckte Fläche bei Rollenware.

Anhang A (informativ)

Wahlfreie Eigenschaften

Die folgenden Eigenschaften werden für einige besondere Anwendungsbereiche als wichtig erachtet:

– elektrostatisches Verhalten (EN 1815);

– Verhalten gegenüber Flecken (EN 423);

– Auswirkung des simulierten Verschiebens eines Möbelfußes (EN 424).

Anhang B (informativ)

Literaturhinweise

EN 423
Elastische Bodenbeläge – Verhalten gegenüber Flecken

EN 424
Elastische Bodenbeläge – Bestimmung des Verhaltens bei der Simulation des Verschiebens eines Möbelfußes

EN 1815
Elastische Bodenbeläge – Beurteilung des elektrostatischen Verhaltens

DEUTSCHE NORM

Mai 1998

Elastische Bodenbeläge
Spezifikation für homogene und heterogene ebene Elastomer-Bodenbeläge
Deutsche Fassung EN 1817 : 1998

DIN
EN 1817

ICS 97.150

Deskriptoren: Kunststoff, Bodenbelag, Elastomerbelag, Anforderung

Resilient floor coverings –
Specification for homogeneous and heterogeneous smooth rubber floor coverings;
German version EN 1817 : 1998

Revêtements de sol résilients –
Spécifications des revêtements de sol homogènes et hétérogènes en caoutchouc lisse;
Version allemande EN 1817 : 1998

Die Europäische Norm EN 1817 : 1998 hat den Status einer Deutschen Norm.

Nationales Vorwort

Diese Europäische Norm wurde vom CEN/TC 134 "Elastische und textile Bodenbeläge" erarbeitet. Deutschland war durch den als Spiegelausschuß des FNK für elastische Bodenbeläge eingesetzten FNK-Arbeitsausschuß 403.5 "Bodenbeläge" an der Bearbeitung beteiligt.

Für die in Abschnitt 2 zitierten Internationalen Normen wird im folgenden auf die entsprechenden Deutschen Normen hingewiesen:

EN 20105-B02   siehe DIN 54004
ISO 4649   siehe DIN 53516

Nationaler Anhang NA (informativ)

Literaturhinweise

DIN 53516
    Prüfung von Kautschuk und Elastomeren – Bestimmung des Abriebs

DIN 54004
    Prüfung der Farbechtheit von Textilien – Bestimmung der Lichtechtheit von Färbungen und Drucken mit Xenonbogenlicht

Fortsetzung 6 Seiten EN

Normenausschuß Kunststoffe (FNK) im DIN Deutsches Institut für Normung e.V.
Normenausschuß Kautschuktechnik (FAKAU) im DIN
Normenausschuß Materialprüfung (NMP) im DIN

EUROPÄISCHE NORM
EUROPEAN STANDARD
NORME EUROPÉENNE

EN 1817

März 1998

ICS 97.150

Deskriptoren: Bodenbelag, Gummierung, Begriffe, Klassifikation, Anforderung, Prüfung, Kennzeichnung

Deutsche Fassung

Elastische Bodenbeläge
Spezifikation für homogene und heterogene ebene Elastomer-Bodenbeläge

Resilient floor coverings – Specification for homogeneous and heterogeneous smooth rubber floor coverings

Revêtements de sol résilients – Spécifications des revêtements de sol homogènes et hétérogènes en caoutchouc lisse

Diese Europäische Norm wurde von CEN am 1998-02-13 angenommen.

Die CEN-Mitglieder sind gehalten, die CEN/CENELEC-Geschäftsordnung zu erfüllen, in der die Bedingungen festgelegt sind, unter denen dieser Europäischen Norm ohne jede Änderung der Status einer nationalen Norm zu geben ist.

Auf dem letzten Stand befindliche Listen dieser nationalen Normen mit ihren bibliographischen Angaben sind beim Zentralsekretariat oder bei jedem CEN-Mitglied auf Anfrage erhältlich.

Diese Europäische Norm besteht in drei offiziellen Fassungen (Deutsch, Englisch, Französisch). Eine Fassung in einer anderen Sprache, die von einem CEN-Mitglied in eigener Verantwortung durch Übersetzung in seine Landessprache gemacht und dem Zentralsekretariat mitgeteilt worden ist, hat den gleichen Status wie die offiziellen Fassungen.

CEN-Mitglieder sind die nationalen Normungsinstitute von Belgien, Dänemark, Deutschland, Finnland, Frankreich, Griechenland, Irland, Island, Italien, Luxemburg, Niederlande, Norwegen, Österreich, Portugal, Schweden, Schweiz, Spanien, der Tschechischen Republik und dem Vereinigten Königreich.

CEN

EUROPÄISCHES KOMITEE FÜR NORMUNG
European Committee for Standardization
Comité Européen de Normalisation

Zentralsekretariat: rue de Stassart 36, B-1050 Brüssel

© 1998 CEN – Alle Rechte der Verwertung, gleich in welcher Form und in welchem Verfahren, sind weltweit den nationalen Mitgliedern von CEN vorbehalten.

Ref. Nr. EN 1817 : 1998 D

Seite 2
EN 1817 : 1998

Vorwort

Diese Europäische Norm wurde vom Technischen Komitee CEN/TC 134 "Elastische und textile Bodenbeläge" erarbeitet, dessen Sekretariat vom BSI gehalten wird.

Diese Europäische Norm muß den Status einer nationalen Norm erhalten, entweder durch Veröffentlichung eines identischen Textes oder durch Anerkennung bis September 1998, und etwaige entgegenstehende nationale Normen müssen bis September 1998 zurückgezogen werden.

Entsprechend der CEN/CENELEC-Geschäftsordnung sind die nationalen Normungsinstitute der folgenden Länder gehalten, diese Europäische Norm zu übernehmen:
Belgien, Dänemark, Deutschland, Finnland, Frankreich, Griechenland, Irland, Island, Italien, Luxemburg, Niederlande, Norwegen, Österreich, Portugal, Schweden, Schweiz, Spanien, die Tschechische Republik und das Vereinigte Königreich.

Anhang A und Anhang B sind informativ.

1 Anwendungsbereich

Diese Europäische Norm legt die Eigenschaften von homogenen und heterogenen ebenen, einschließlich genarbten oder geprägten Elastomer-Bodenbelägen fest, die entweder in Platten- oder in Rollenform geliefert werden.

Diese Europäische Norm enthält ein Klassifizierungssystem auf der Grundlage der Nutzungsintensität, das zeigt, wo für diese Bodenbeläge ein zufriedenstellender Nutzen möglich wäre (siehe EN 685). Die Norm legt auch die Anforderungen zur Kennzeichnung fest.

2 Normative Verweisungen

Diese Europäische Norm enthält durch datierte oder undatierte Verweisungen Festlegungen aus anderen Publikationen. Diese normativen Verweisungen sind an den jeweiligen Stellen im Text zitiert, und die Publikationen sind nachstehend aufgeführt. Bei datierten Verweisungen gehören spätere Änderungen oder Überarbeitungen dieser Publikationen nur zu dieser Europäischen Norm, falls sie durch Änderung oder Überarbeitung eingearbeitet sind. Bei undatierten Verweisungen gilt die letzte Ausgabe der in Bezug genommenen Publikation.

EN 425
    Elastische Bodenbeläge – Stuhlrollenversuch

EN 426
    Elastische Bodenbeläge – Bestimmung von Breite, Länge, Ebenheit und Geradheit von Bahnen

EN 427
    Elastische Bodenbeläge – Bestimmung der Kantenlänge, Rechtwinkligkeit und Geradheit von Platten

EN 428
    Elastische Bodenbeläge – Bestimmung der Gesamtdicke

EN 429
    Elastische Bodenbeläge – Bestimmung der Dicke der Schichten

EN 433
    Elastische Bodenbeläge – Bestimmung des Resteindruckes nach konstanter Belastung

EN 434
    Elastische Bodenbeläge – Bestimmung der Maßänderung und Schüsselung nach Wärmeeinwirkung

EN 435
    Elastische Bodenbeläge – Bestimmung der Biegsamkeit

EN 685
    Elastische Bodenbeläge – Klassifizierung

EN 1399
    Elastische Bodenbeläge – Bestimmung der Widerstandsfähigkeit gegen Ausdrücken und Abbrennen von Zigaretten

EN 12466
    Elastische Bodenbeläge – Begriffe

EN 20105-B02 : 1992
Textilien – Farbechtheitsprüfung – Teil B02: Lichtechtheit mit künstlichem Licht (Xenonbogenlicht)
(ISO 105-B02 : 1988)

ISO 4649 : 1985
Rubber – Determination of abrasion resistance using a rotating cylindrical drum device

ISO 7619 : 1986
Rubber – Determination of indentation hardness by means of pocket hardness meters

3 Definitionen

Für die Anwendung dieser Norm gelten die folgenden und die in EN 12466 festgelegten Definitionen:

3.1 homogener Elastomer-Bodenbelag: Bodenbelag bestehend aus Natur- oder Synthesekautschuk, mit einer oder mehreren Schichten mit der gleichen Zusammensetzung und Farbe, durchgehend durch die gesamte Dicke gemustert.

3.2 heterogener Elastomer-Bodenbelag: Bodenbelag bestehend aus Natur- oder Synthesekautschuk, mit einer Nutzschicht und weiteren kompakten Schichten, die sich in der Zusammensetzung und/oder Musterung unterscheiden und eine Stabilisierungseinlage enthalten können.

4 Allgemeine Anforderungen

Alle homogenen und heterogenen ebenen Elastomer-Bodenbeläge müssen die in Tabelle 1 festgelegten allgemeinen Anforderungen erfüllen, wenn sie nach den darin angegebenen Verfahren geprüft werden.

Tabelle 1: Allgemeine Anforderungen

Eigenschaft	Anforderungen	Prüfverfahren
Dicke	siehe Tabelle 2	EN 428
Rolle: Länge Breite	nicht weniger als die angegebenen Nennwerte	EN 426
Platten: Seitenlänge	Grenzabweichung von der Nennlänge ± 0,15 %	EN 427
Rechtwinkligkeit und Geradheit bei einer Seitenlänge: ≤ 610 mm ≥ 610 mm	Grenzabweichung ± 0,25 % ± 0,35 %	
Maßbeständigkeit	Grenzabweichung ± 0,4 %	EN 434
Beständigkeit gegen Zigaretten: ausgedrückt brennend	Verfahren A ≥ Stufe 4 Verfahren B ≥ Stufe 3	EN 1399
Biegsamkeit: Durchmesser des Dorns 20 mm	keine Rißbildung	EN 435 Verfahren A
Härte der Nutzschicht	≥ 75 Shore A	ISO 7619 : 1986
Resteindruck (nach konstanter Belastung) Nennmaß: < 2,5 mm ≥ 2,5 mm	Mittelwert ≤ 0,15 mm Mittelwert ≤ 0,20 mm	EN 433
Abriebfestigkeit	≤ 250 mm^3	ISO 4649 : 1985 Verfahren A Auflast (5 ± 0,1) N
Farbbeständigkeit gegenüber künstlichem Licht[1])	mindestens 6 des Blaumaßstabs ≥ 3 des Graumaßstabs	7.2.3 von EN 20105-B02 : 1992 Verfahren 3 Prüfbedingungen 6.1 a) In Europa gebräuchliche Bedingungen

[1]) Die Untersuchung ist an einem Probekörper von voller Größe durchzuführen. Ein weiterer Probekörper, der als Bezugsstandard für die Bewertung der Farbveränderung dienen soll, ist im Dunkeln zu lagern.

Seite 5
EN 1817 : 1998

5 Klassifizierungsanforderungen

Homogene und heterogene ebene Elastomer-Bodenbeläge müssen entsprechend den in Tabelle 2 festgelegten Anforderungen an die Gesamtdicke und Nutzschichtdicke klassifiziert werden, wenn diese in Übereinstimmung mit den genannten Prüfverfahren geprüft wurden.

Tabelle 2: Klassifizierungsanforderungen

Klasse (siehe EN 685)	Verwendungs-bereich	Mindestgesamt-dicke[1]) (homogene und heterogene Beläge) mm	Mindestdicke der Nutzschicht[2]) (heterogene Beläge) mm	Auswirkung von Stuhlrollen
21	Wohnen mäßig	1,8	1,0	keine Anforderung
22	Wohnen normal	1,8	1,0	
23	Wohnen stark	2,0	1,0	
31	Gewerblich mäßig	2,0	1,0	
32	Gewerblich normal	2,0	1,0	
33	Gewerblich stark	2,0	1,0	
34	Gewerblich sehr stark	2,0	1,0	Wenn zur Verifikation geprüft, dürfen nur leichte, durch Kompression erfolgte Oberflächenverände-rungen und keine Delaminierung der Schichten auftreten.
41	Industriell mäßig	2,0	1,0	
42	Industriell normal	2,0	1,0	
43	Industriell stark	2,5	1,0	
Prüfverfahren		EN 428	EN 429	EN 425

[1]) Die durchschnittliche Gesamtdicke darf ein Grenzabmaß von ± 0,15 mm haben und kein Einzelergebnis darf vom Nennwert um mehr als 0,20 mm abweichen.

[2]) Die durchschnittliche Dicke der Nutzschicht darf ein Grenzabmaß von ± 0,15 mm haben und kein Einzel-ergebnis darf vom Nennwert um mehr als 0,20 mm abweichen.

6 Kennzeichnung

Bodenbeläge nach dieser Norm und/oder deren Verpackung müssen in der folgenden Weise gekennzeichnet sein:

a) Hinweis auf diese Europäische Norm, d.h. EN 1817 : 1998;
b) Identifizierung des Herstellers oder der Lieferfirma;
c) Produktname;
d) Farbe/Muster sowie Chargen- und Rollennummer, soweit bekannt;
e) Klasse/Symbol, wie in EN 685 festgelegt;
f) Abmessungen bei Platten;
g) bedeckte Fläche bei Rollenware.

Anhang A (informativ)
Wahlfreie Eigenschaften

Die folgenden Eigenschaften werden für einige besondere Anwendungsbereiche als wichtig erachtet:

– elektrischer Widerstand (EN 1081);
– elektrostatisches Verhalten (EN 1815);
– Verhalten gegenüber Flecken (EN 423);
– Auswirkung des simulierten Verschiebens eines Möbelfußes (EN 424).

Anhang B (informativ)
Literaturhinweise

EN 423
   Elastische Bodenbeläge – Verhalten gegenüber Flecken

EN 424
   Elastische Bodenbeläge – Bestimmung des Verhaltens bei der Simulation des Verschiebens eines Möbelfußes

EN 1081
   Elastische Bodenbeläge – Bestimmung des elektrischen Widerstandes

EN 1815
   Elastische Bodenbeläge – Beurteilung des elektrostatischen Verhaltens

DEUTSCHE NORM Mai 1998

Elastische Bodenbeläge
Spezifikation für homogene und heterogene profilierte
Elastomer-Bodenbeläge

Deutsche Fassung EN 12199 : 1998

**DIN
EN 12199**

ICS 97.150

Deskriptoren: Kunststoff, Bodenbelag, Elastomerbelag, Anforderung

Ersatz für
DIN 16852 : 1980-11

Resilient floor coverings –
Specifications for homogeneous and heterogeneous relief rubber floor coverings;
German version EN 12199 : 1998

Revêtements de sol résilients –
Spécifications des revêtements de sol homogènes et hétérogènes en caoutchouc
à relief;
Version allemande EN 12199 : 1998

Die Europäische Norm EN 12199 : 1998 hat den Status einer
Deutschen Norm.

Nationales Vorwort

Diese Europäische Norm wurde vom CEN/TC 134 "Elastische und textile Bodenbeläge" erarbeitet. Deutschland war durch den als Spiegelausschuß des FNK für elastische Bodenbeläge eingesetzten FNK-Arbeitsausschuß 403.5 "Bodenbeläge" an der Bearbeitung beteiligt.

Für die in Abschnitt 2 zitierten Internationalen Normen wird im folgenden auf die entsprechenden Deutschen Normen hingewiesen:

EN 20105-B02 siehe DIN 54004
ISO 34-1   siehe DIN 53507 und DIN 53515
ISO 4649   siehe DIN 53516

Änderungen

Gegenüber DIN 16852 : 1980-11 wurden folgende Änderungen vorgenommen:

– Europäische Norm EN 12199 : 1998 übernommen.

Frühere Ausgaben

DIN 16852: 1980-11

Fortsetzung Seite 2
und 6 Seiten EN

Normenausschuß Kunststoffe (FNK) im DIN Deutsches Institut für Normung e.V.
Normenausschuß Kautschuktechnik (FAKAU) im DIN
Normenausschuß Materialprüfung (NMP) im DIN

Nationaler Anhang NA (informativ)

Literaturhinweise

DIN 53507
  Prüfung von Kautschuk und Elastomeren – Bestimmung des Weiterreißwiderstandes von Elastomeren – Streifenprobe

DIN 53515
  Prüfung von Kautschuk und Elastomeren und von Kunststoff-Folien – Weiterreißversuch mit der Winkelprobe nach Graves mit Einschnitt

DIN 53516
  Prüfung von Kautschuk und Elastomeren – Bestimmung des Abriebs

DIN 54004
  Prüfung der Farbechtheit von Textilien; Bestimmung der Lichtechtheit von Färbungen und Drucken mit Xenonbogenlicht

EUROPÄISCHE NORM
EUROPEAN STANDARD
NORME EUROPÉENNE

EN 12199

März 1998

ICS 97.150

Deskriptoren: Bodenbelag, Gummierung, Fußbodenbelag, Begriffe, Klassifikation, Eigenschaft, Prüfung, Kennzeichnung

Deutsche Fassung

Elastische Bodenbeläge
Spezifikation für homogene und heterogene profilierte Elastomer-Bodenbeläge

Resilient floor coverings – Specifications for homogeneous and heterogeneous relief rubber floor coverings

Revêtements de sol résilients – Spécifications des revêtements de sol homogènes et hétérogènes en caoutchouc à relief

Diese Europäische Norm wurde von CEN am 1998-02-13 angenommen.

Die CEN-Mitglieder sind gehalten, die CEN/CENELEC-Geschäftsordnung zu erfüllen, in der die Bedingungen festgelegt sind, unter denen dieser Europäischen Norm ohne jede Änderung der Status einer nationalen Norm zu geben ist.

Auf dem letzten Stand befindliche Listen dieser nationalen Normen mit ihren bibliographischen Angaben sind beim Zentralsekretariat oder bei jedem CEN-Mitglied auf Anfrage erhältlich.

Diese Europäische Norm besteht in drei offiziellen Fassungen (Deutsch, Englisch, Französisch). Eine Fassung in einer anderen Sprache, die von einem CEN-Mitglied in eigener Verantwortung durch Übersetzung in seine Landessprache gemacht und dem Zentralsekretariat mitgeteilt worden ist, hat den gleichen Status wie die offiziellen Fassungen.

CEN-Mitglieder sind die nationalen Normungsinstitute von Belgien, Dänemark, Deutschland, Finnland, Frankreich, Griechenland, Irland, Island, Italien, Luxemburg, Niederlande, Norwegen, Österreich, Portugal, Schweden, Schweiz, Spanien, der Tschechischen Republik und dem Vereinigten Königreich.

CEN

EUROPÄISCHES KOMITEE FÜR NORMUNG
European Committee for Standardization
Comité Européen de Normalisation

Zentralsekretariat: rue de Stassart 36, B-1050 Brüssel

© 1998 CEN – Alle Rechte der Verwertung, gleich in welcher Form und in welchem Verfahren, sind weltweit den nationalen Mitgliedern von CEN vorbehalten.

Ref. Nr. EN 12199 : 1998 D

Seite 2
EN 12199 : 1998

Vorwort

Diese Europäische Norm wurde vom Technischen Komitee CEN/TC 134 "Elastische und textile Bodenbeläge" erarbeitet, dessen Sekretariat vom BSI gehalten wird.

Diese Europäische Norm muß den Status einer nationalen Norm erhalten, entweder durch Veröffentlichung eines identischen Textes oder durch Anerkennung bis September 1998, und etwaige entgegenstehende nationale Normen müssen bis September 1998 zurückgezogen werden.

Entsprechend der CEN/CENELEC-Geschäftsordnung sind die nationalen Normungsinstitute der folgenden Länder gehalten, diese Europäische Norm zu übernehmen:

Belgien, Dänemark, Deutschland, Finnland, Frankreich, Griechenland, Irland, Island, Italien, Luxemburg, Niederlande, Norwegen, Österreich, Portugal, Schweden, Schweiz, Spanien, die Tschechische Republik und das Vereinigte Königreich.

Anhang A und Anhang B sind informativ.

1 Anwendungsbereich

Diese Europäische Norm legt die Eigenschaften homogener und heterogener profilierter Elastomer-Bodenbeläge fest, die entweder in Platten- oder in Rollenform geliefert werden.

Diese Europäische Norm enthält ein Klassifizierungssystem auf der Grundlage der Nutzungsintensität, das zeigt, wo für diese Bodenbeläge ein zufriedenstellender Nutzen möglich wäre (siehe EN 685). Die Norm legt auch die Anforderungen zur Kennzeichnung fest.

2 Normative Verweisungen

Diese Europäische Norm enthält durch datierte oder undatierte Verweisungen Festlegungen aus anderen Publikationen. Diese normativen Verweisungen sind an den jeweiligen Stellen im Text zitiert, und die Publikationen sind nachstehend aufgeführt. Bei datierten Verweisungen gehören spätere Änderungen oder Überarbeitungen dieser Publikationen nur zu dieser Europäischen Norm, falls sie durch Änderung oder Überarbeitung eingearbeitet sind. Bei undatierten Verweisungen gilt die letzte Ausgabe der in Bezug genommenen Publikation.

EN 426
    Elastische Bodenbeläge – Bestimmung von Breite, Länge, Ebenheit und Geradheit von Bahnen

EN 427
    Elastische Bodenbeläge – Bestimmung der Kantenlänge, Rechtwinkligkeit und Geradheit von Platten

EN 428
    Elastische Bodenbeläge – Bestimmung der Gesamtdicke

EN 429
    Elastische Bodenbeläge – Bestimmung der Dicke der Schichten

EN 433
    Elastische Bodenbeläge – Bestimmung des Resteindruckes nach konstanter Belastung

EN 434
    Elastische Bodenbeläge – Bestimmung der Maßänderung und Schüsselung nach Wärmeeinwirkung

EN 435
    Elastische Bodenbeläge – Bestimmung der Biegsamkeit

EN 685
    Elastische Bodenbeläge – Klassifizierung

EN 1399
    Elastische Bodenbeläge – Bestimmung der Beständigkeit gegen Ausdrücken und Abbrennen von Zigaretten

EN 12466
    Elastische Bodenbeläge – Begriffe

Seite 3
EN 12199 : 1998

EN 20105-B02 : 1992
Textilien – Farbechtheitsprüfung – Teil B02: Lichtechtheit mit künstlichem Licht (Xenonbogenlicht)
(ISO 105-B02 : 1988)

ISO 34-1 : 1994
Rubber, vulcanized or thermoplastics – Determination of tear strength – Trouser, angle and crescent test pieces

ISO 4649 : 1985
Rubber – Determination of abrasion resistance using a rotating cylindrical drum device

ISO 7619 : 1986
Rubber – Determination of indentation hardness by means of pocket hardness meters

3 Definitionen

Für die Anwendung dieser Norm gelten die folgenden und die in EN 12466 festgelegten Definitionen.

3.1 homogener Elastomer-Bodenbelag: Bodenbelag bestehend aus Natur- oder Synthesekautschuk, mit einer oder mehreren Schichten mit der gleichen Zusammensetzung und Farbe, durchgehend durch die gesamte Dicke gemustert.

3.2 heterogener Elastomer-Bodenbelag: Bodenbelag, bestehend aus Natur- oder Synthesekautschuk, mit einer Nutzschicht und weiteren kompakten Schichten, die sich in Zusammensetzung und/oder Musterung unterscheiden und eine Stabilisierungseinlage enthalten können.

4 Allgemeine Anforderungen

Alle homogenen und heterogenen profilierten Elastomer-Bodenbeläge müssen die in Tabelle 1 festgelegten entsprechenden allgemeinen Anforderungen erfüllen, wenn sie nach den darin angegebenen Verfahren geprüft werden.

Tabelle 1: Allgemeine Anforderungen

Eigenschaft	Anforderungen	Untersuchungsverfahren
Dicke	siehe Tabelle 2	EN 428
Rollenform: Länge Breite	nicht weniger als die angegebenen Nennwerte	EN 426
Platten: Seitenlänge	Abweichung ± 0,15 % der Nennlänge	EN 427
Rechtwinkligkeit und Geradheit bei einer Seitenlänge: ≤ 610 mm > 610 mm	zulässige Abweichung ± 0,25 mm ± 0,35 mm	
Maßbeständigkeit	zulässige Abweichung ± 0,4 %	EN 434
Weiterreißwiderstand	Mittelwert ≥ 20 N/mm	ISO 34-1: 1994 Verfahren B Arbeitsweise A
Beständigkeit gegen Zigaretten: ausgedrückt brennend	Verfahren A ≥ Stufe 4 Verfahren B ≥ Stufe 3	EN 1399
Biegsamkeit: Durchmesser des Dorns 20 mm	keine Rißbildung	EN 435 Verfahren A
Härte	≥ 75 Shore A	ISO 7619 : 1986
Resteindruck (nach konstanter Belastung) Nennmaß: < 3,0 mm ≥ 3,0 mm	Mittelwert ≤ 0,20 mm Mittelwert ≤ 0,25 mm	EN 433
Abriebfestigkeit	≤ 250 mm^3	ISO 4649 : 1985 Verfahren A Auflast (5 ± 0,1) N
Farbbeständigkeit gegenüber künstlichem Licht [1])	mindestens 6 des Blaumaßstabs ≥ 3 des Graumaßstabs	7.2.3 von EN 20105-B02 : 1992 Verfahren 3 Prüfbedingungen 6.1 a) In Europa gebräuchliche Bedingungen

[1]) Die Untersuchung ist an einem Probekörper von voller Größe durchzuführen. Ein weiterer Probekörper, der als Bezugsstandard für die Bewertung der Farbveränderung dienen soll, ist im Dunkeln zu lagern.

5 Klassifizierungsanforderungen

Homogene und heterogene profilierte Elastomer-Bodenbeläge müssen entsprechend den in Tabelle 2 festgelegten Anforderungen an die Gesamtdicke und Nutzschichtdicke klassifiziert werden, wenn diese in Übereinstimmung mit den genannten Prüfverfahren geprüft wurden.

Tabelle 2: Klassifizierungsanforderungen

Klasse (siehe EN 685)	Verwendungsbereich	Gesamtdicke[1] (homogen und heterogen) mm	Dicke der Nutzschicht[2] (heterogen) mm
21	Wohnen: mäßig	2,5	1,0
22	Wohnen: normal	2,5	1,0
23	Wohnen: stark	2,5	1,0
31	Gewerblich: mäßig	2,5	1,0
32	Gewerblich: normal	2,5	1,0
33	Gewerblich: stark	3,5	1,0
34	Gewerblich: sehr stark	3,5	1,0
41	Industriell: mäßig	2,5	1,0
42	Industriell: normal	3,5	1,0
43	Industriell: stark	3,5	1,0
Prüfverfahren		EN 428	EN 429

[1]) Die durchschnittliche Gesamtdicke darf eine Toleranz von ± 0,20 mm haben und kein Einzelergebnis darf vom Nennwert um mehr als 0,25 mm abweichen.

[2]) Die durchschnittliche Dicke der Nutzschicht darf eine Toleranz von ± 0,15 mm haben und kein Einzelergebnis darf vom Nennwert um mehr als 0,20 mm abweichen.

6 Kennzeichnung

Bodenbeläge nach dieser Norm und/oder deren Verpackung müssen in der folgenden Weise gekennzeichnet sein:

a) Hinweis auf diese Europäische Norm; d. h. EN 12199 : 1998;

b) Identifizierung des Herstellers oder der Lieferfirma;

c) Produktname;

d) Farbe/Muster sowie Chargen- und Rollennummer, soweit bekannt;

e) Klasse/Symbol, wie in EN 685 festgelegt;

f) Abmessungen bei Platten;

g) bedeckte Fläche bei Rollenware.

Seite 6
EN 12199 : 1998

Anhang A (informativ)

Wahlfreie Eigenschaften

Die folgenden Eigenschaften werden bei bestimmten Anwendungen für wichtig gehalten:
- elektrischer Widerstand (EN 1081);
- elektrostatisches Verhalten (EN 1815);
- Verhalten gegenüber Flecken (EN 423);
- Stuhlrollenversuch (EN 425);
- Verhalten bei der Simulation des Verschiebens eines Möbelfußes (EN 424).

Anhang B (informativ)

Literaturhinweise

EN 423
Elastische Bodenbeläge – Verhalten gegenüber Flecken

EN 424
Elastische Bodenbeläge – Bestimmung des Verhaltens bei der Simulation des Verschiebens eines Möbelfußes

EN 425
Elastische Bodenbeläge – Stuhlrollenversuch

EN 1081
Elastische Bodenbeläge – Bestimmung des elektrischen Widerstandes

EN 1815
Elastische Bodenbeläge – Bestimmung des elektrostatischen Verhaltens

Verzeichnis nicht abgedruckter Normen und Norm-Entwürfe

Dokument	Ausgabe	Titel
DIN 1960	1992-12	VOB Verdingungsordnung für Bauleistungen – Teil A: Allgemeine Bestimmungen für die Vergabe von Bauleistungen
DIN 4102-1	1998-05	Brandverhalten von Baustoffen und Bauteilen – Teil 1: Baustoffe; Begriffe, Anforderungen und Prüfungen
DIN 18334	1998-05	VOB Verdingungsordnung für Bauleistungen – Teil C: Allgemeine Technische Vertragsbedingungen für Bauleistungen (ATV); Zimmer- und Holzbauarbeiten
DIN 25415-1	1988-08	Dekontamination von radioaktiv kontaminierten Oberflächen; Verfahren zur Prüfung und Bewertung der Dekontaminierbarkeit
DIN 52210-1	1984-08	Bauakustische Prüfungen; Luft- und Trittschalldämmung; Meßverfahren
DIN 52612-1	1979-09	Wärmeschutztechnische Prüfungen; Bestimmung der Wärmeleitfähigkeit mit dem Plattengerät, Durchführung und Auswertung
DIN 52612-2	1984-06	Wärmeschutztechnische Prüfungen; Bestimmung der Wärmeleitfähigkeit mit dem Plattengerät; Weiterbehandlung der Meßwerte für die Anwendung im Bauwesen
DIN 52612-3	1979-09	Wärmeschutztechnische Prüfungen; Bestimmung der Wärmeleitfähigkeit mit dem Plattengerät, Wärmedurchlaßwiderstand geschichteter Materialien für die Anwendung im Bauwesen
DIN 53276	1977-05	Prüfung von Klebstoffen für Bodenbeläge; Prüfung zur Ermittlung der elektrischen Leitfähigkeit von Klebstoffilmen
E DIN 53276-1	1992-10	Prüfung von Klebstoffen für Bodenbeläge; Bestimmung der elektrischen Leitfähigkeit von Klebstoffilmen; Klebstoffilme ohne Kontakt zu Bodenbelägen
E DIN 53276-2	1992-10	Prüfung von Klebstoffen für Bodenbeläge; Bestimmung der elektrischen Leitfähigkeit von Klebstoffilmen; Klebstoffilme mit Kontakt zu Bodenbelägen (Verbunde)
DIN 54345-2	1991-09	Prüfung von Textilien; Elektrostatisches Verhalten; Bestimmung der Personenaufladung beim Begehen von textilen Bodenbelägen
DIN 54345-6	1992-02	Prüfung von Textilien; Elektrostatisches Verhalten; Bestimmung elektrischer Widerstandsgrößen von textilen Bodenbelägen
DIN 68283	1991-02	Parkett-Rohfriesen aus Eiche und Rotbuche
DIN EN 424	1993-10	Elastische Bodenbeläge; Bestimmung des Verhaltens bei der Simulation des Verschiebens eines Möbelfußes; Deutsche Fassung EN 424 : 1993
DIN EN 425	1994-11	Elastische Bodenbeläge – Stuhlrollenversuch; Deutsche Fassung EN 425 : 1994
DIN EN 426	1993-10	Elastische Bodenbeläge; Bestimmung von Breite, Länge, Ebenheit und Geradheit von Bahnen; Deutsche Fassung EN 426 : 1993

Dokument	Ausgabe	Titel
DIN EN 427	1994-11	Elastische Bodenbeläge – Bestimmung der Kantenlänge, Rechtwinkligkeit und Geradheit von Platten; Deutsche Fassung EN 427 : 1994
DIN EN 428	1993-11	Elastische Bodenbeläge; Bestimmung der Gesamtdicke; Deutsche Fassung EN 428 : 1993
DIN EN 429	1993-11	Elastische Bodenbeläge; Bestimmung der Dicke der Schichten; Deutsche Fassung EN 429 : 1993
DIN EN 430	1994-11	Elastische Bodenbeläge – Bestimmung der flächenbezogenen Masse; Deutsche Fassung EN 430 : 1994
DIN EN 431	1994-11	Elastische Bodenbeläge – Bestimmung des Trennwiderstandes; Deutsche Fassung EN 431 : 1994
DIN EN 432	1994-11	Elastische Bodenbeläge – Bestimmung der Scherkraft; Deutsche Fassung EN 432 : 1994
DIN EN 433	1994-11	Elastische Bodenbeläge – Bestimmung des Resteindruckes nach konstanter Belastung; Deutsche Fassung EN 433 : 1994
DIN EN 434	1994-11	Elastische Bodenbeläge – Bestimmung der Maßänderung und Schlüsselung nach Wärmeeinwirkung; Deutsche Fassung EN 434 : 1994
DIN EN 435	1994-11	Elastische Bodenbeläge – Bestimmung der Biegsamkeit; Deutsche Fassung EN 435 : 1994
DIN EN 436	1994-11	Elastische Bodenbeläge – Bestimmung der Dichte; Deutsche Fassung EN 436 : 1994
DIN EN 654	1997-01	Elastische Bodenbeläge – Polyvinylchlorid-Flex-Platten – Spezifikation; Deutsche Fassung EN 654 : 1996
DIN EN 655	1997-01	Elastische Bodenbeläge – Platten auf einem Rücken aus Preßkork mit einer Polyvinylchlorid-Nutzschicht – Spezifikation; Deutsche Fassung EN 655 : 1996
E DIN EN 660-1	1996-02	Elastische Bodenbeläge – Ermittlung des Verschleißverhaltens – Teil 1: Stuttgarter Prüfung; Deutsche Fassung prEN 660-1 : 1995
E DIN EN 660-2	1996-02	Elastische Bodenbeläge – Ermittlung des Verschleißverhaltens – Teil 2: Frick-Taber-Prüfung; Deutsche Fassung prEN 660-2 : 1995
DIN EN 661	1995-01	Elastische Bodenbeläge – Bestimmung der Wasserausbreitung; Deutsche Fassung EN 661 : 1994
DIN EN 662	1995-01	Elastische Bodenbeläge – Bestimmung der Schüsselung bei Feuchteeinwirkung; Deutsche Fassung EN 662 : 1994
DIN EN 663	1995-01	Elastische Bodenbeläge – Bestimmung der Dekortiefe; Deutsche Fassung EN 663 : 1994
DIN EN 664	1995-01	Elastische Bodenbeläge – Bestimmung des Verlustes an flüchtigen Bestandteilen; Deutsche Fassung EN 664 : 1994
DIN EN 665	1995-01	Elastische Bodenbeläge – Bestimmung der Weichmacherabgabe; Deutsche Fassung EN 665 : 1994
DIN EN 666	1995-01	Elastische Bodenbeläge – Bestimmung der Gelierung; Deutsche Fassung EN 666 : 1994

Dokument	Ausgabe	Titel
DIN EN 669	1997-11	Elastische Bodenbeläge – Bestimmung der Maßänderung von Linoleum-Platten durch Veränderung der Luftfeuchte; Deutsche Fassung EN 669 : 1997
DIN EN 670	1997-11	Elastische Bodenbeläge – Erkennung von Linoleum und Bestimmung des Gehaltes an Bindemittel und anorganischen Füllstoffen; Deutsche Fassung EN 670 : 1997
DIN EN 672	1997-03	Elastische Bodenbeläge – Bestimmung der Rohdichte von Preßkork; Deutsche Fassung EN 672 : 1996
DIN EN 684	1996-07	Elastische Bodenbeläge – Bestimmung der Nahtfestigkeit; Deutsche Fassung EN 684 : 1995
DIN EN 685	1996-07	Elastische Bodenbeläge – Klassifizierung; Deutsche Fassung EN 685 : 1995
DIN EN 686	1997-09	Elastische Bodenbeläge – Spezifikation für Linoleum mit und ohne Muster mit Schaumrücken; Deutsche Fassung EN 686 : 1997
DIN EN 688	1997-09	Elastische Bodenbeläge – Spezifikation für Korklinoleum; Deutsche Fassung EN 688 : 1997
DIN EN 718	1996-07	Elastische Bodenbeläge – Bestimmung der flächenbezogenen Masse von Verstärkung oder Rücken von Bodenbelägen aus Polyvinylchlorid; Deutsche Fassung EN 718 : 1995
DIN EN 984	1995-06	Bestimmung des Nutzschichtgewichts genadelter Bodenbeläge; Deutsche Fassung EN 984 : 1995
DIN EN 986	1995-06	Textile Bodenbeläge – Fliesen – Bestimmung der Maßänderung infolge der Wirkungen wechselnder Feuchte- und Temperaturbedingungen und vertikale Flächenverformung; Deutsche Fassung EN 986 : 1995
DIN EN 994	1995-08	Textile Bodenbeläge – Bestimmung der Länge und Geradheit der Kanten und der Rechtwinkligkeit von Fliesen; Deutsche Fassung EN 994 : 1995
DIN EN 995	1995-08	Textile Bodenbeläge – Bestimmung der Verformbarkeit von Rückenbeschichtungen ("Kalter Fluß"); Deutsche Fassung EN 995 : 1995
DIN EN 1318	1997-03	Textile Bodenbeläge – Bestimmung der sichtbaren Dicke von Rückenbeschichtungen; Deutsche Fassung EN 1318 : 1996
E DIN EN 1357	1994-04	Holzfußböden (einschließlich Parkett), Innen- und Außenwandbekleidungen sowie Deckenbekleidungen aus Holz; Allgemeine Merkmale; Deutsche Fassung prEN 1357 : 1993
E DIN EN 1358	1994-04	Holzfußböden (einschließlich Parkett), Innen- und Außenbekleidungen sowie Deckenbekleidungen aus Holz; Allgemeine Annahme; Kennzeichnungs- und Lieferregelungen; Deutsche Fassung prEN 1358 : 1993
E DIN EN 1368	1994-05	Holzfußböden (einschließlich Parkett) und Innen- und Außenwandbekleidungen sowie Deckenbekleidungen aus Holz; Aspekte; Allgemeine Merkmale; Deutsche Fassung prEN 1368 : 1993

Dokument	Ausgabe	Titel
DIN EN 1471	1997-03	Textile Bodenbeläge – Beurteilung der Aussehensveränderung; Deutsche Fassung EN 1471 : 1996
E DIN EN 1533	1995-01	Holzfußböden (einschließlich Parkett) und Holztäfelung – Typische Prüfanordnung zur Bestimmung der Biegeeigenschaften; Deutsche Fassung prEN 1533 : 1994
E DIN EN 1534	1995-01	Holzfußböden (einschließlich Parkett) und Holztäfelungen – Verfahren zur Prüfung der Eindruckfestigkeit; Deutsche Fassung prEN 1534 : 1994
DIN EN 1813	1998-01	Textile Bodenbeläge – Bestimmung der Widerstandsfähigkeit von Wolle gegen Scheuerbeanspruchung; Deutsche Fassung EN 1813 : 1997
DIN EN 1814	1998-02	Textile Bodenbeläge – Bestimmung der Schnittkantenfestigkeit durch modifizierte Trommelprüfung nach Vettermann; Deutsche Fassung EN 1814 : 1997
DIN EN 1815	1998-01	Elastische und textile Bodenbeläge – Beurteilung des elektrostatischen Verhaltens; Deutsche Fassung EN 1815 : 1997
E DIN EN 1818	1995-06	Elastische Bodenbeläge – Bestimmung des Verhaltens gegenüber Schwenkrollen an schweren Möbelstücken; Deutsche Fassung prEN 1818 : 1995
E DIN EN 1910	1995-11	Holzfußböden (einschließlich Parkett) und Innen- und Außenwandbekleidungen sowie Deckenbekleidungen aus Holz – Verfahren zur Bestimmung der Maßhaltigkeit; Deutsche Fassung prEN 1910 : 1995
DIN EN 1963	1998-01	Textile Bodenbeläge – Prüfung mit dem Tretradgerät System Lisson; Deutsche Fassung EN 1963 : 1997
E DIN EN 12103	1995-12	Elastische Bodenbeläge – Korkunterläge; Deutsche Fassung prEN 12103 : 1995
E DIN EN 12104	1995-12	Elastische Bodenbeläge – Bodenbelagsplatten aus Preßkork; Deutsche Fassung prEN 12104 : 1995
E DIN EN 12105	1995-12	Elastische Bodenbeläge – Bestimmung des Feuchtegehaltes von Verbundkork; Deutsche Fassung prEN 12105 : 1995
DIN VDE 0100-610 (VDE 0100 T 610)	1994-04	Errichten von Starkstromanlagen mit Nennspannungen bis 1000 V; Prüfungen; Erstprüfungen
E DIN VDE 0100-610/A1 (VDE 0100 T 610/A1)	1995-01	Errichten von Starkstromanlagen mit Nennspannungen bis 1000 V – Nachweise – Teil 610: Nachweise vor erster Inbetriebnahme; Änderung A1 (IEC 64(Sec)723 : 1994 und IEC 64(Sec)727 : 1994)
TA Abfall	1991-03	Zweite allgemeine Verwaltungsvorschrift zum Abfallgesetz (TA Abfall); Teil 1: Technische Anleitung zur Lagerung, chemisch/physikalischen und biologischen Behandlung, Verbrennung und Ablagerung von besonders überwachungsbedürftigen Abfällen

Anschriftenverzeichnis von "VOB-Stellen/Vergabeprüfstellen", nach Bundesländern geordnet*)

Baden-Württemberg

Regierungspräsidium Stuttgart
70565 Stuttgart
Telefon: (07 11) 90 40   Telefax: (07 11) 9 04 24 08

Regierungspräsidium Karlsruhe
Schloßplatz 1–3
76131 Karlsruhe
Telefon: (07 21) 92 60   Telefax: (07 21) 9 26 62 11

Regierungspräsidium Freiburg
79083 Freiburg
Telefon: (07 61) 20 80   Telefax: (07 61) 2 08 10 80

Regierungspräsidium Tübingen
Konrad-Adenauer-Straße 20
72072 Tübingen
Telefon: (0 70 71) 75 70
Telefax: (0 70 71) 7 57 31 90

Bayern

Regierung von Oberbayern
Maximilianstraße 39
80538 München
Telefon: (0 89) 2 17 60   Telefax: (0 89) 28 59

Regierung von Niederbayern
Regierungsplatz 540
84028 Landshut
Telefon: (08 71) 8 08 01
Telefax: (08 71) 8 08 14 98

Regierung der Oberpfalz
Emmeramsplatz 8
93047 Regensburg
Telefon: (09 41) 5 68 00
Telefax: (09 41) 5 68 04 99/1 88

Regierung von Oberfranken
Ludwigstraße 20
95444 Bayreuth
Telefon: (09 21) 60 41   Telefax: (09 21) 60 46 64

Regierung von Mittelfranken
Promenade 27
91522 Ansbach
Telefon: (09 81) 5 30   Telefax: (09 81) 5 37 72

Regierung von Unterfranken
Peterplatz 9
97070 Würzburg
Telefon: (09 31) 38 00   Telefax: (09 31) 3 80 29 12

Regierung von Schwaben
Fronhof 10
86152 Augsburg
Telefon: (08 21) 3 27 01
Telefax: (08 21) 3 27 26 60

Berlin

Senatsverwaltung für Bauen, Wohnen und Verkehr
Behrenstraße 42–46
10117 Berlin
Telefon: (0 30) 2 17 40
Telefax: (0 30) 21 74 56 54

Brandenburg

Ministerium für Wirtschaft, Mittelstand und Technologie
Heinrich-Mann-Allee 107
14473 Potsdam
Telefon: (03 31) 8 66 16 64
Telefax: (03 31) 8 66 17 99

Bremen

Senator für Bauwesen
Ansgaritorstraße 2
28195 Bremen
Telefon: (04 21) 3 61 44 72
Telefax: (04 21) 3 61 20 50

Hamburg

VOB-Prüf- und Beratungsstelle Hamburg
Neuer Wall 88
20354 Hamburg
Telefon: (0 40) 3 49 13 30 41
Telefax: (0 40) 3 49 13 24 96

Hessen

Oberfinanzdirektion Frankfurt
Adickesallee 32
60322 Frankfurt
Telefon: (0 69) 1 56 03 91/68
Telefax: (0 69) 1 56 07 77

Hessisches Landesamt für Straßen- und Verkehrswesen
Wilhelmstraße 10
65185 Wiesbaden
Telefon: (06 11) 36 61   Telefax: (06 11) 36 64 35

---

*) Stand: Mai 1998

Hessisches Landesamt für Regionalentwicklung
und Landwirtschaft
Parkstraße 44
65189 Wiesbaden
Telefon: (06 11) 57 90   Telefax: (06 11) 57 91 00

Hessisches Ministerium für Wirtschaft, Verkehr
und Landesentwicklung
Kaiser-Friedrich-Ring 75
65185 Wiesbaden
Telefon: (06 11) 8 15 20 74
Telefax: (06 11) 8 15 22 25/6

Regierungspräsidium Darmstadt
67278 Darmstadt
Telefon: (0 61 51) 12 60 36
Telefax: (0 61 51) 12 63 82

Regierungspräsidium Gießen
35338 Gießen
Telefon: (06 41) 30 30/1   Telefax: (06 41) 21 97

Regierungspräsidium Kassel
Steinweg 6
34117 Kassel
Telefon: (05 61) 10 61   Telefax: (05 61) 16 32

Mecklenburg-Vorpommern

Ministerium für Wirtschaft, Technik, Energie,
Verkehr und Tourismus
19048 Schwerin
Telefon: (03 85) 58 80   Telefax: (03 85) 5 88 58 61

Oberfinanzdirektion Rostock
18055 Rostock
Telefon: (03 81) 46 90
Telefax: (03 81) 4 69 49 00/49 10

Innenministerium des Landes Mecklenburg-
Vorpommern
Wismarsche Straße 133
19048 Schwerin
Telefon: (03 85) 58 80   Telefax: (03 85) 5 88 29 72

Niedersachsen

Niedersächsischer Minister für Wirtschaft,
Technologie und Verkehr
30001 Hannover
Telefon: (05 11) 12 01   Telefax: (05 11) 1 20 80 18

Bezirksregierung Braunschweig
38022 Braunschweig
Telefon: (05 31) 48 40   Telefax: (05 31) 4 84 32 16

Bezirksregierung Hannover
30002 Hannover
Telefon: (05 11) 10 61   Telefax (05 11) 1 06 24 84

Bezirksregierung Lüneburg
21332 Lüneburg
Telefon: (0 41 31) 1 50
Telefax: (0 41 31) 15 29 43

Bezirksregierung Weser-Ems
26106 Oldenburg
Telefon: (04 41) 79 90   Telefax: (04 41) 7 99 20 04

Bezirksregierung Weser-Ems
49025 Osnabrück
Telefon: (05 41) 31 41   Telefax: (05 41) 31 44 00

Nordrhein-Westfalen

Minister für Wirtschaft und Mittelstand,
Technologie und Verkehr
Haroldstraße 4
40190 Düsseldorf
Telefon: (02 11) 8 37 02
Telefax: (02 11) 8 37 22 00

Bezirksregierung Arnsberg
Seibertzstraße 1
59821 Arnsberg
Telefon: (0 29 31) 8 20   Telefax: (0 29 31) 82 25 20

Bezirksregierung Detmold
Leopoldstraße 15
32756 Detmold
Telefon: (0 52 31) 7 10
Telefax: (0 52 31) 71 12 95/7

Bezirksregierung Düsseldorf
Cäcilienallee 2
40474 Düsseldorf
Telefon: (02 11) 4 75 22 84
Telefax: (02 11) 4 75 26 71

Bezirksregierung Köln
Zeughausstraße 2–10
50667 Köln
Telefon: (02 21) 14 70   Telefax: (02 21) 1 47 31 85

Bezirksregierung Münster
48128 Münster
Telefon: (02 51) 41 10   Telefax: (02 51) 4 11 25 25

Rheinland-Pfalz

Bezirksregierung Koblenz
56002 Koblenz
Telefon: (02 61) 12 00   Telefax: (02 61) 1 20 22 00

Saarland

Ministerium für Umwelt, Energie und Verkehr
Talstraße 43–51
66119 Saarbrücken
Telefon: (06 81) 5 01 00
Telefax: (06 81) 5 01 35 09

Ministerium für Wirtschaft und Finanzen
Hardenbergstraße 6
66119 Saarbrücken
Telefon: (06 81) 5 01 00
Telefax: (06 81) 5 01 44 40

Ministerium des Innern
Franz-Josef-Röder-Straße 21
66119 Saarbrücken
Telefon: (06 81) 5 01 00
Telefax: (06 81) 5 01 22 22

Oberfinanzdirektion Saarbrücken
Präsident-Baltz-Straße 5
66119 Saarbrücken
Telefon: (06 81) 5 01 00
Telefax: (06 81) 5 01 65 94

Sachsen

Regierungspräsidium Chemnitz
Altchemnitzer Straße 41
09105 Chemnitz
Telefon: (03 71) 53 20   Telefax: (03 71) 5 32 19 29

Regierungspräsidium Dresden
01294 Dresden
Telefon: (03 51) 4 69 50
Telefax: (03 51) 4 69 54 99

Regierungspräsidium Leipzig
Braustraße 2
04107 Leipzig
Telefon: (03 41) 97 70
Telefax: (03 41) 97 73 09 99

Oberfinanzdirektion Chemnitz
Brückenstraße 10
09111 Chemnitz
Telefon: (03 71) 45 70   Telefax: (03 71) 4 57 22 34

Sachsen-Anhalt

Ministerium für Wirtschaft, Technologie und Verkehr
Wilhelm-Höpfner-Ring 4
39116 Magdeburg
Telefon: (03 91) 5 67 43 45
Telefax: (03 91) 5 67 44 44

Schleswig-Holstein

Innenminister des Landes Schleswig-Holstein
Postfach 11 33
24100 Kiel
Telefon: (04 31) 98 80   Telefax: (04 31) 9 88 28 33

Oberfinanzdirektion Kiel
Postfach 11 42
24096 Kiel
Telefon: (04 31) 59 51   Telefax: (04 31) 5 95 25 51

Thüringen

Oberfinanzdirektion Erfurt
Jenaer Straße 37
99099 Erfurt
Telefon: (03 61) 50 70   Telefax: (03 61) 5 07 21 99

Thüringer Finanzministerium
Jenaer Straße 37
99099 Erfurt
Telefon: (03 61) 5 07 10
Telefax: (03 61) 5 07 16 50

Thüringer Landesamt für Straßenbau
Hallesche Straße 15
99085 Erfurt
Telefon: (03 61) 5 96 70
Telefax: (03 61) 5 96 73 18

Thüringer Ministerium für Landwirtschaft, Naturschutz und Umwelt
Rudolfstraße 47
99092 Erfurt
Telefon: (03 61) 6 66 00
Telefax: (03 61) 2 14 47 50

Thüringer Landesverwaltungsamt
Carl-August-Allee 2a
99423 Weimar
Telefon: (0 36 43) 5 85
Telefax: (0 36 43) 58 81 13

Druckfehlerberichtigung

Folgende Druckfehlerberichtigung wurde in den DIN-Mitteilungen + elektronorm zu der in diesem DIN-Taschenbuch enthaltenen Norm veröffentlicht.

Die abgedruckte Norm entspricht der Originalfassung und wurde nicht korrigiert. In der Folgeausgabe wird der aufgeführte Druckfehler berichtigt.

DIN 66095-4

Textile Bodenbeläge; Produktbeschreibung; Zusatzeignungen; Einstufung, Prüfung, Kennzeichnung

Im Abschnitt 3.3, erster Absatz, letzter Satz, ist die Angabe des Radius der Rundung der Treppenkante von "10 cm" in "10 mm" zu ändern.

Gesamt-Stichwortverzeichnis

Die hinter den Stichwörtern stehenden Nummern sind die DIN-Nummern (ohne die Buchstaben DIN) der abgedruckten Normen bzw. der Norm-Entwürfe.

Abbrennen von Zigaretten EN 1399
Abfall, Entsorgen von 18299
Abkommen über den Europäischen Wirtschaftsraum 1961
Ableitfähigkeit 51953
Abnahme von Bauleistungen 1961
Abrechnung von Bauleistungen 1961, 18299, 18356, 18365, 18367
Abrechnungseinheiten 18299, 18356, 18365, 18367
Abschlagszahlung 1961
Abschleifen 18356
Abstecken von Hauptachsen, Grenzen usw. 1961
Abweichung EN 312-5, EN 622-1
Abweichung von vorgeschriebenen Maßen 18367
Abweichungen von ATV 18299, 18356, 18365, 18367
Allgemeine Technische Vertragsbedingungen für Bauleistungen 18299, 18356, 18365, 18367
Anbringen von Leisten 18365
Anbringen von Profilen 18365
Anbringen von Stoßkanten 18365
Anforderung, allgemein EN 622-1
Anforderung an harte Platten EN 622-2
Anforderung an mittelharte Platten EN 622-3
Anforderung an Platten für tragende Zwecke EN 312-5
Anforderung an poröse Platten EN 622-4
Angabe des Ergebnisses EN 826
Angaben zum Gelände 1961
Angaben zur Ausführung 18299, 18356, 18365, 18367
Angaben zur Baustelle 18299, 18356, 18365, 18367
Anwendung 18201
Art der Leistungen 1961
ATV, Abweichungen von 18299, 18356, 18365, 18367

Aufmaß 1961
Aufstellung, Leistungsbeschreibung 18299, 18356, 18365, 18367
Auftraggeber 1961
Auftragnehmer 1961
Aufzeichnungsgerät EN 826
Ausdrücken von Zigaretten EN 1399
Außenbereich EN 622-2 bis -5
Ausführung 18356, 18365, 18367
Ausführung, Angaben zur 18299
Ausführung, Behinderungen und Unterbrechungen 1961
Ausführung, Leistungen 1961, 18299
Ausführungsfristen 1961
Ausführungsunterlagen 1961
Ausgleichmasse 18365
Auslieferung EN 622-1
Aussehen 18365, EN 1307, EN 1470
Aussehensveränderung EN 1307
Auswertung EN 1399

Bauleistungen 1961
Baustelle 1961, 18299, 18356, 18365, 18367
Baustelle, Angaben zur 18299
Baustelleneinrichtungen 1961, 18299
Bauteil 1961, 18299, 18356, 19365, 18367
Bauvertrag 1961
Bauwerk 18202
Bauwerksmaß 18202
Beanspruchungsbeispiele EN 1470
Beanspruchungsbereich EN 1307, EN 1470
Bedenken 18356, 18365, 18367
Bedenken gegen Ausführung 1961
Begriff 18201
Behinderung der Ausführung 1961
Beleuchtungseinrichtung EN 423
Berechnungen 1961, EN 1081

Beseitigung von Eis   1961
Besondere Leistung   18299, 18356, 18365, 18367
Bestimmung der Widerstandsfähigkeit gegen Abbrennen von Zigaretten   EN 1399
Bestimmung der Widerstandsfähigkeit gegen Ausdrücken von Zigaretten   EN 1399
Bestimmung des elektrischen Widerstands   EN 1081
Bestimmung des Verhaltens bei Druckbeanspruchung   EN 826
Betrachtung   EN 1399
Bezeichnung   EN 1307, EN 1470
Biege-Elastizitätsmodul   EN 312-5
Biegefestigkeit   EN 312-5, 622-3
Biegefestigkeit nach Kochprüfung   EN 622-3
Bitumen-Holzfaserplatte   68752
Bodenbelag   18365, 16850, 16851, 16852, 18365, 66095-1 und -4, EN 423, EN 548, EN 649, EN 650, EN 651, EN 652, EN 653, EN 654, EN 687, EN 1081, EN 1307, EN 1399, E EN 1470, EN 1816, E EN 1817, E EN 12199
Bodenbelag auf Polyestervlies   EN 650
Bodenbelag aus Kunststoff   18365
Bodenbelag aus Linoleum   18365
Bodenbelag aus Naturkautschuk   18365
Bodenbelag aus Polyvinylchlorid   EN 650
Bodenbelag aus Polyvinylchlorid auf Polyestervlies auf einem Rücken mit Polyvinylchlorid   EN 650
Bodenbelag aus Polyvinylchlorid mit einem Rücken aus Jute   EN 650
Bodenbelag aus Polyvinylchlorid mit einem Rücken aus Polyestervlies   EN 650
Bodenbelag aus Textilien   18365
Bodenbelag, elastischer   EN 548, EN 649, EN 650, EN 651, EN 652, EN 653, EN 654, EN 687, EN 1081, EN 1399
Bodenbelag, heterogener   EN 649

Bodenbelag, homogener   EN 649
Bodenbelag, Prüfung   51953, 51961, 51963, 53516, 53855-3, 54325, 66081
Bodenbelag, teilimprägnierter genadelter   EN 1470
Bodenbelag, textiler   EN 1307, EN 1470
Bodenbelag, voll imprägnierter genadelter   EN 1470
Bodenbelagarbeiten   18365, 18365
Bodenbelagsplatte   EN 654
Bodenfliese   EN 1307
Brennverhalten   66081
Bürge   1961
Bürgschaft eines Kreditinstituts bzw. Kreditversicherers   1961

Dämmstoff   1101, 18164-1 und -2, 18165-1 und -2, 18356
Darstellung der Bauaufgabe   1961
Deckleiste   18356
Dicke   53855-3
Dickenquellung   EN 312-5
Drahtstift   1151
Dreifußelektrode   EN 1081
Druck-Elastizitätsmodul   EN 826
Druckbeanspruchung   EN 826
Druckfestigkeit   EN 826
Druckprüfmaschine   EN 826
Druckspannung   EN 826
Druckversuch   EN 826
Durchgangswiderstand   EN 1081

Ebenheitstoleranz   18201, 18202
Eigenlast   EN 622-2
Eigenschaft   EN 312-5, EN 548, EN 622-1 bis -5, EN 649, EN 650, EN 651, EN 652, EN 653, EN 654, EN 687, EN 1307, EN 1470
Eigenschaft, weitere   EN 622-2, -3 und -5, EN 687
Eigenschaft, zusätzliche   EN 1307, EN 1470
Eigenüberwachung   EN 312-5, EN 622-1 bis -5
Eignungsprüfung   18032-2

Einbehalt von Geld   1961
Einheitspreis   1961
Einrichtungen der Baustelle   1961
Einstufung   EN 1307, EN 1470
Einstufung von Nadelvlies-Bodenbelägen, ausgenommen Polvlies-Bodenbeläge   EN 1470
Einstufung von Polteppichen   EN 1307
Einwirkungen, außergewöhnliche   EN 622-2
Einzelangaben bei Abweichungen von den ATV   18356, 18365, 18367
Einzelangaben zu Besonderen Leistungen   18356, 18365, 18367
Einzelangaben zu Nebenleistungen   18356, 18365, 18367
Eisbeseitigung   1961
Elastischer Bodenbelag   EN 548, EN 649, EN 650, EN 651, EN 652, EN 653, EN 654, EN 687, EN 1399
Elastomer-Belag   16850, 16851
Entsorgen von Abfall   18299
Erdableitwiderstand   EN 1081
Ermittlung des Ergebnisses   EN 826, EN 1081
Europäische Gemeinschaft   1961
Europäischer Wirtschaftsraum   1961

Farb-Kennzeichnungssystem, freiwilliges   EN 622-1
Farbechtheit   EN 1470
Farbkennzeichnung   EN 622-2 bis -5
Faserdämmstoff   18165-1 und -2
Faserplatte   EN 316, EN 622-1 bis -5
Faserplatte, Anforderungen   EN 316, EN 622-1 bis -5
Fertigparkett-Element   280-5
Fertigparkett-Element, schwimmend verlegt   18356
Fertigungslinie   EN 312-5, EN 622-1 bis -3
Feuchtbereich   EN 312-5, EN 622-2 bis -5
Feuchtebeständigkeit   EN 312-5
Feuchtigkeitsbedingung   EN 312-5, EN 622-1 bis -5
Filz   EN 650

Fleckentfernungsmittel   EN 423
Flex-Bodenbelag aus Polyvinylchlorid   EN 654
Flex-Platte   EN 654
Fliese, lose auslegbare   EN 1307, EN 1470
Fremdüberwachung   DIN 312-5, EN 622-1 bis -5
Fristen   1961
Fußbodenbelag, textiler   EN 1307, EN 1470
Fußbodenwachs   18356
Fußbodenwäsche   18356
Fußleiste   18356

Gebäude   EN 826
Gefahrenverteilung   1961
Gehalts- und Lohnkosten   1961
Gelände, Angaben zum   1961
Genauigkeit der Messung   EN 826
Gerät   EN 423, EN 1081, EN 1399
Geräte zur Baudurchführung   1961
Geschäftsbereich   EN 1470
Geschäumter Polyvinylchlorid-Bodenbelag   EN 653
Gewährleistung   1961
Graphisches Symbol   EN 649, EN 650, EN 651, EN 652, EN 653, EN 654
Grenzabmaß   18201, 18202, EN 622-1
Grenzwert   EN 1470
Grundanforderung   EN 1307
Grundeinstufung   EN 1307
Grundsatz   18201
Grundwasser   1961
Gummi-Bodenbelag   E EN 1816, E EN 1817, E EN 12199
Gummi-Bodenbelag, homogen und heterogen   E EN 1816, E EN 1817, E EN 12199
Güteüberwachung   E 18032-2

Haftung   1961
Halle für Turnen, Spiele und Mehrzwecknutzung   E 18032-2
Halle für Turnen und Spiele   18032-2

Halter, drehbar   EN 1399
Heterogener Polyvinylchlorid-Bodenbelag
   EN 649
Hilfsmittel   EN 1081
Hinterlegung von Geld   1961
Hinweise für das Aufstellen der
   Leistungsbeschreibung   18356, 18365,
   18367
Hinweise zur Leistungsbeschreibung
   18299
Hochbau   18201, 18202
Höchstmaß   18201
Hölzerne Deckleisten   18356
Hölzerne Fußleisten   18356
Holzfaserplatte   EN 316
Holzpflaster   18367, 68701, 68702
Holzpflaster GE   18367
Holzpflaster RE-V   18367
Holzpflaster RE-W   18367
Holzpflasterarbeiten   18367
Holzplatte   EN 312-5, EN 622-1 bis -5
Holzwolle-Leichtbauplatte   1101
Homogener Polyvinylchlorid-Bodenbelag
   EN 649

Identifizierung   EN 548, EN 687
Isolierplatte   EN 622-1 bis -5
Istabmaß   18201

Jute   EN 650

Kategorie der Lasteinwirkungsdauer
   EN 622-2, -3 und 5
Kategorie   EN 622-4 und -5, EN 1307
Kennzeichnende Merkmale   EN 312-5,
   EN 548, EN 622-1 bis -5, EN 687,
   EN 1307, EN 1470
Kennzeichnung   EN 649, EN 650,
   EN 651, EN 652, EN 653, EN 654,
   E EN 1816, E EN 1817
Kennzeichnungssystem   EN 622-1
Klassifikation   EN 548, EN 649, EN 650,
   EN 651, EN 652, EN 653, EN 654,
   EN 687, EN 1307, EN 1470
Klassifikationsanforderung   E EN 1816,
   E EN 1817, E EN 12199

Klassifizierung   EN 316
Klassifizierungsanforderung   EN 548,
   EN 687
Klebefliese   EN 1307, EN 1470
Klebstoff   18365
Kochprüfung   EN 622-3 und -5
Komfort-Anforderung   EN 1307
Konformitätsprüfung   EN 312-5,
   EN 622-1 bis -5
Kontrollprüfung   18032-2
Kork   EN 652, EN 687
Korkbasis   EN 652
Korkment   EN 687
Korkmentrücken   EN 687
Kreditinstitut in der Europäischen
   Gemeinschaft   1961
Kreditinstitut in einem Staat der Vertrags-
   parteien des Abkommens über den
   Europäischen Wirtschaftsraum   1961
Kreditinstitut in einem Staat der Vertrags-
   parteien des WTO-Übereinkommens
   über das öffentliche Beschaffungs-
   wesen   1961
Kreditversicherer in der Europäischen
   Gemeinschaft   1961
Kreditversicherer in einem Staat der
   Vertragsparteien des Abkommens über
   den Europäischen Wirtschaftsraum
   1961
Kreditversicherer in einem Staat der
   Vertragsparteien des WTO-Überein-
   kommens über das öffentliche
   Beschaffungswesen   1961
Kündigung des Vertrages   1961
Kunststoff   18365, EN 649, EN 650,
   EN 651, EN 652, EN 653, EN 654,
   EN 1399
Kunststoffbeschichtung   EN 649,
   EN 650, EN 651, EN 652, EN 653,
   EN 654
Kurzbeschreibung   EN 1081

Laborausrüstung   EN 423
Lagern von Stoffen und Bauteilen   18299
Last   EN 1081
Lasteinwirkungsdauer   EN 622-3 bis -5

Lasteinwirkungsdauer, Kategorie
  EN 622-3
Leisten 18365
Leistungen, Art und Umfang 1961
Leistungsbeschreibung, Aufstellung
  18299
Liefern von Stoffen und Bauteilen 18299
Linoleum 18365, EN 548, EN 687
Linoleum mit Korkmentrücken EN 687
Linoleum mit Muster mit Korkmentrücken
  EN 687
Linoleum ohne Muster mit Korkmentrücken EN 687
Linoleum-Cement EN 548, EN 687
Lisson-Prüfung EN 1470
Lohn- und Gehaltskosten 1961

Mängel 1961
Markierung E EN 12199
Maßtoleranz 18201, 18365
Material EN 1399
Materialprüfung EN 826
Mechanische Eigenschaft EN 312-5
Mechanische Quellung EN 312-5
Mehr- oder Minderkosten 1961
Meinungsverschiedenheiten bei Verträgen
  1961
Mengenangaben 1961
Merkmal EN 1307, EN 1470
Merkmal, kennzeichnendes EN 1470
Meßpunkt 18201, 18202
Messen der Kraft EN 826
Messen der Verformung EN 826
Messinggewicht EN 1399
Messung EN 826
Mindestmaß 18201
Mosaikparkett 18356
Mosaikparkettlamellen 280-2

Nachweis der Übereinstimmung
  EN 622-1 bis -5
Nadelvlies EN 1470
Nadelvlies-Bodenbelag EN 1470
Nägel 18356

Naßverfahren EN 316
Naturkautschuk 18365
Nebenleistung 18299, 18356, 18365, 18367
Nennmaß 18201
Nutzlast in Lagerhallen EN 622-2
Nutzschicht EN 1470
Nutzung EN 687
Nutzungsintensität EN 1470

Oberflächenwiderstand EN 1081

Parkett 280-1, -2 und -5, 18356
Parkett, geklebt 18356
Parkett, genagelt 18356
Parkett-Versiegelungsmittel 18356
Parkettafel 280-1
Parkettarbeiten 18356
Parketthölzer 18356
Parkettklebstoff 281, 18356
Parkettriemen 280-1, 18356
Parkettstab 280-1
Parkettunterlage 18356
Pflege E 18032-2
Platte EN 548
Platte für allgemeine Zwecke EN 622-2 bis -5
Platte für tragende Zwecke EN 622-2 bis -5
Platte, hart EN 622-2
Platte, mittelhart EN 622-3
Platte, porös EN 622-4
Platten für tragende Zwecke EN 312-5
Platten für tragende Zwecke zur Verwendung im Feuchtbereich
  EN 312-5
Plattentyp EN 622-1
Polschichtdicke EN 1307
Polschichtgewicht 54325
Polteppich EN 1307
Polteppich-Fliese EN 1307
Polyesterharz EN 650
Polyestervlies EN 650
Polyvinylchlorid EN 651, EN 652, EN 653, EN 654

Polyvinylchlorid-Bodenbelag EN 651, EN 652, EN 653
Polyvinylchlorid-Bodenbelag, geschäumt EN 653
Polyvinylchlorid-Bodenbelag, heterogen EN 649
Polyvinylchlorid-Bodenbelag, homogen EN 649
Polyvinylchlorid-Bodenbelag mit einem Rücken auf Korkbasis EN 652
Polyvinylchlorid-Bodenbelag mit einer Schaumstoffschicht EN 651
Polyvinylchlorid-Flex-Platte EN 654
Poröse Platte EN 622-4
Preise 1961
Prinzip EN 826, EN 1399
Probekörper EN 423, EN 826, EN 1081, EN 1399
Probenahme EN 423, EN 1081
Profile 18365
Prüfbedingung EN 826
Prüfbericht EN 826, EN 1081, EN 1399
Prüfboden E 18032-2
Prüfeinrichtung EN 826, EN 1399
Prüfgerät EN 1081
Prüfkörper E 18032-2
Prüfung 18201, 51961, 51963, 53516, 53855-3, 54325, 66081, EN 1081
Prüfverfahren EN 312-5, EN 548, EN 826, EN 1470
Prüfzeugnis 18032-2
PVC-Belag 16952-1 bis -5

Querzugfestigkeit EN 312-5

Rahmen EN 1399
Rechnungen 1961
Reinigung E 18032-2, EN 1399
Reinigung und Pflege E 18032-2
Reinigungsmittel EN 423
Rücken auf Korkbasis EN 652
Rücken aus Jute EN 650
Rücken aus Polyestervlies EN 650

Schadenersatz 1961
Schalldämmung EN 1307

Schaumkunststoff 18164-1 und -2
Schaumstoff EN 651
Schaumstoffbeschichtung E EN 1816
Schaumstoffschicht EN 651
Scheuermittel EN 423
Schichtstoff-Elemente 18365
Schichtstoff-Elemente, schwimmend verlegt 18365
Schlußrechnung 1961
Schlußzahlung 1961
Schnee 1961, EN 622-2
Sicherheit 1961, EN 548
Sicherheitseinbehalt 1961
Sicherheitsleistung 1961
Spachtelmasse 18365
Spanplatte 68763, EN 312-5
Spezifikation EN 548, EN 649, EN 650, EN 651, EN 652, EN 653, EN 654
Spezifikation für Linoleum mit und ohne Muster EN 548
Spezifikation für Linoleum ohne Muster mit Korkmentrücken EN 687
Sportboden 18032-2, E 18032-2
Sportfunktionelle Eigenschaft E 18032-2
Sporthalle 18032-2, E 18032-2
Staat der Vertragsparteien 1961
Stabparkett 18356
Stahlrohr EN 1399
Stauchung EN 826
Stichmaß 18201
Stoff 18356, 18365, 18367
Stoff, flexibler EN 649, EN 652
Stoffe 1961, 18299
Stoffe und Bauteile 1961, 18299, 18356, 18365, 18367
Stoßkante 18365
Streik 1961
Streitigkeiten 1961
Stuhlrollen geeignet EN 548
Stundenlohnarbeiten 1961
Symbol EN 548
Symbol, graphisches EN 649, EN 650, EN 651, EN 652, EN 653, EN 654, EN 687
Synthesekautschuk 18365

Tafelparkett 18356
Teilabnahme 1961
Teilleistung 1961
Teppich, dicker schwerer EN 1307
Teppich EN 1307
Teppich, mittlerer EN 1307
Teppich, sonstiger EN 1307
Textiler Bodenbelag 61151, 66095-1 und -4, EN 1307, EN 1470
Textilien 18365
Thermometer EN 1399
Toleranz 18201, 18202
Toleranzen im Hochbau 18201, 18202
Trockenbereich EN 622-3 bis -5
Trockenverfahren EN 316, EN 622-5

Übereinstimmung EN 312-5, EN 622-1
Überwachungsprüfung 18032-2
Uhr EN 1399
Umfang der Leistungen 1961
Umgebung EN 312-5, EN 622-1 bis -5
Unterboden 68771
Unterbrechung der Ausführung 1961
Unterlage 18365, EN 650, EN 652
Unterlagen 1961
Untersuchungsbericht 18032-2

Verarbeitungshinweis 281
Verdingungsordnung für Bauleistungen 18356, 18365, 18367
Verfahren EN 1081
Vergütung 1961
Verhalten bei Druckbeanspruchung EN 826
Verhalten gegenüber Flecken EN 423
Verjährungsfrist 1961
Verkehrslast EN 622-2
Verlegen der Bodenbeläge 18365
Verlegen von Parkett 18356
Verschleiß 51963, EN 649, EN 650, EN 651, EN 652, EN 653, EN 654
Verschleißbewertung EN 1470
Verschleißgruppe EN 649, EN 650, EN 651, EN 652, EN 653, EN 654
Verschleißverhalten EN 1307, EN 1470

Verschleißwiderstand EN 1307
Verschleißzahl EN 1307
Versiegeln 18356
Vertrag 1961
Vertrag, Kündigung 1961
Vertrag, Meinungsverschiedenheiten 1961
Vertragsbedingungen, allgemeine 1961
Vertragspartei 1961
Vertragsstrafe 1961
Verwendung EN 649, EN 650, EN 651, EN 652, EN 653, EN 654
Verwendungsbereich EN 649, EN 650, EN 651, EN 652, EN 653, EN 654
Vinylharz EN 649, EN 650, EN 651, EN 652, EN 653, EN 654
Vorauszahlung 1961
Vorbehalte wegen Mängeln 1961
Vorbehandlung EN 1081, EN 1399
Vorbereiten des Untergrundes 18365
Vorhalten von Stoffen und Bauteilen 18299
Vorstrich 18365

Wachsen 18356
Wagnis des Unternehmers 1961
Wärmedämmstoff für das Bauwesen EN 826
Wärmedämmung EN 826
Wasseranschlüsse 1961
Widerstand, elektrischer EN 1081
Widerstandsfähigkeit EN 1399
Widerstandsmeßgerät EN 1081
Wind EN 622-2
Winkeltoleranz 18201, 18202
Wohnbereich EN 1470
WTO-Übereinkommen über das öffentliche Beschaffungswesen 1961

Zahlung 1961
Zeichnungen 1961
Zigarettenglut 51961, EN 1399
Zulassungsverfahren EN 312-5, EN 622-5
Zusatzanforderung für Fliesen EN 1470
Zweck, allgemeiner EN 622-3 bis -5
Zweck, tragender EN 622-3 bis -5

Für das Fachgebiet Bauwesen bestehen folgende DIN-Taschenbücher:

TAB		Titel
5	Bauwesen 1.	Beton- und Stahlbeton-Fertigteile. Normen
33	Bauwesen 2.	Baustoffe, Bindemittel, Zuschlagstoffe, Mauersteine, Bauplatten, Glas und Dämmstoffe. Normen
34	Bauwesen 3.	Holzbau. Normen
35	Bauwesen 4.	Schallschutz. Anforderungen, Nachweise, Berechnungsverfahren und bauakustische Prüfungen. Normen
36	Bauwesen 5.	Erd- und Grundbau. Normen
37	Bauwesen 6.	Beton- und Stahlbetonbau. Normen
38	Bauwesen 7.	Bauplanung. Normen
39	Bauwesen 8.	Ausbau. Normen
68	Bauwesen 9.	Mauerwerksbau. Normen
69	Bauwesen 10.	Stahlhochbau. Normen, Richtlinien
110	Bauwesen 11.	Wohnungsbau. Normen
111	Bauwesen 12.	Vermessungswesen. Normen
112	Bauwesen 13.	Berechnungsgrundlagen für Bauten. Normen
113	Bauwesen 14.	Erkundung und Untersuchung des Baugrunds. Normen
114	Bauwesen 15.	Kosten im Hochbau, Flächen, Rauminhalte. Normen, Gesetze, Verordnungen
115	Bauwesen 16.	Baubetrieb; Schalung, Gerüste, Geräte, Baustelleneinrichtung. Normen
120	Bauwesen 18.	Brandschutzmaßnahmen. Normen
129	Bauwesen 19.	Bauwerksabdichtungen, Dachabdichtungen, Feuchteschutz. Normen
133		Partikelmeßtechnik. Normen
134	Bauwesen 20.	Sporthallen, Sportplätze, Spielplätze. Normen
144	Bauwesen 22.	Stahlbau; Ingenieurbau. Normen, Richtlinien
146	Bauwesen 23.	Schornsteine. Planung, Berechnung, Ausführung. Normen, Richtlinien
158	Bauwesen 24.	Wärmeschutz. Planung, Berechnung, Prüfung. Normen, Gesetze, Verordnungen, Richtlinien
199	Bauwesen 25.	Bauen für Behinderte und alte Menschen. Normen
240	Bauwesen 26.	Türen und Türzubehör. Normen
253	Bauwesen 27.	Einbruchschutz. Normen, Technische Regeln (DIN-VDE)

DIN-Taschenbücher mit Normen für das Studium:

176 Baukonstruktionen; Lastannahmen, Baugrund, Beton- und Stahlbetonbau, Mauerwerksbau, Holzbau, Stahlbau

189 Bauphysik; Brandschutz, Feuchtigkeitsschutz, Lüftung, Schallschutz, Wärmebedarfsermittlung, Wärmeschutz

DIN-Taschenbücher sind vollständig oder nach verschiedenen thematischen Gruppen auch im Abonnement erhältlich.
Für Auskünfte und Bestellungen wählen Sie bitte im Beuth Verlag Tel.: (0 30) 26 01 - 22 60.

Für das Fachgebiet "Bauen in Europa" bestehen folgende DIN-Taschenbücher:

Bauen in Europa.
Beton, Stahlbeton, Spannbeton.
Eurocode 2 Teil 1 · DIN V ENV 206.
Normen, Richtlinien

Bauen in Europa.
Beton, Stahlbeton, Spannbeton.
DIN V ENV 1992 Teil 1-1 (Eurocode 2 Teil 1), Ergänzung

Bauen in Europa.
Stahlbau, Stahlhochbau.
Eurocode 3 Teil 1-1 · DIN V ENV 1993 Teil 1-1.
Normen, Richtlinien

Bauen in Europa.
Verbundtragwerke aus Stahl und Beton.
Eurocode 4 Teil 1-1 · DIN V ENV 1994-1-1.
Normen, Richtlinien

Bauen in Europa.
Geotechnik.
Eurocode 7-1 · DIN V ENV 1997-1.
Normen

DIN-Taschenbücher sind vollständig oder nach verschiedenen thematischen Gruppen auch im Abonnement erhältlich.
Für Auskünfte und Bestellungen wählen Sie bitte im Beuth Verlag Tel.: (0 30) 26 01 - 22 60.

Fragen zur Verwendung von Parkett und Holzpflaster und zur Ausschreibung entsprechender Arbeiten sowie zum Nachweis von Fachbetrieben beantworten die nachfolgenden Organisationen:

PARKETT
ein gutes Stück
Persönlichkeit

Informationsgemeinschaft Parkett e.V.
und
Chemisch Technische Arbeitsgemeinschaft Parkettversiegelung (CTA)
beide
Meineckestraße 53
40474 Düsseldorf
Telefon: (02 11) 43 49 04
Telefax: (02 11) 4 54 13 74

Fachverband Holzpflaster e.V.
Meineckestraße 53
40474 Düsseldorf
Telefon: (02 11) 43 49 04
Telefax: (02 11) 4 54 13 74

Mitglied im DIN werden?

DIN

Das DIN Deutsches Institut für Normung e.V. ist eine technisch-wissenschaftliche Einrichtung mit Sitz in Berlin. Es ist als Selbstverwaltungsorgan der Wirtschaft und aller weiteren Interessierten zuständig für die technische Normung in Deutschland. In den internationalen und europäischen Normungsinstituten vertritt das DIN die Interessen unseres Landes.

Als Mitglied des DIN unterstützen Sie das DIN ideell und finanziell.

Doch Sie ziehen auch Vorteile aus der Mitgliedschaft. Den wichtigsten materiellen Vorteil bildet das vom DIN seinen Mitgliedern eingeräumte Recht, DIN-Normen für innerbetriebliche Zwecke zu vervielfältigen und in interne elektronische Netzwerke einzuspeisen.

Beim Kauf von DIN-Normen erhalten Sie als DIN-Mitglied einen Rabatt von 15 %. Rabatt in gleicher Höhe erhalten Sie auf den DIN-Katalog und das Abonnement der DIN-Mitteilungen. Bei Lehrgängen des DIN wird den Mitgliedern ein Preisnachlaß gewährt.

Meistens lohnt sich die Mitgliedschaft im DIN schon aus betriebswirtschaftlichen Gründen. Darüber hinaus stärken Sie mit Ihrer Mitgliedschaft den Gedanken der Selbstverwaltung auf einem volkswirtschaftlich und technik-politisch wichtigen Gebiet.

Mitglied des DIN können Unternehmen oder juristische Personen werden. Die Mitgliedschaft erwerben Sie auf einen schriftlichen Antrag (siehe Beitrittserklärung).

Ihre Ansprechpartner in unserem Haus:
Frau Florczak, Tel.: +49 30 26 01-23 36
E-Mail: Florczak@AOE.DIN.DE
Frau Behnke, Tel.: +49 30 26 01-27 89
E-Mail: Behnke@Vertr.DIN.DE

Die Beitragshöhe richtet sich nach der Anzahl der Beschäftigten eines Unternehmens.
Beispiel: 1.000 Beschäftigte   4.382,76 DEM
                10.000 Beschäftigte 20.871,51 DEM

DIN Deutsches Institut
für Normung e.V.
Burggrafenstraße 6
10787 Berlin
Telefon +49 30 26 01-0
Telefax +49 30 26 01 17 24

How to become a member of DIN?

DIN, the acronym of the German Institute for Standardization, is known worldwide.

DIN, based in Berlin, is a registered association that is operated in the interest of the entire community to promote rationalization, quality assurance, safety, and mutual understanding in commerce, industry, science and government at national, European, and international level.

This work is performed with the participation and support of German industry and of all other interested parties, including, increasingly, companies and organizations from abroad.

Why should a non-German company want to become a member of the Deutsches Institut für Normung?

It is not simply a question of prestige. In most cases, economic considerations alone will justify membership. Members of DIN are granted a 15% discount on all purchases of DIN Standards, on the price of the DIN Catalogue, and on subscriptions to the monthly journal published by DIN.

Another, perhaps the most important, advantage enjoyed by members is that they may acquire from DIN licence to make copies of DIN Standards for their own in-house purposes and to use them, again for in-house purposes, in electronic form in internal networks.

To give substance to the structure of the single European market, the member countries need harmonized standards as the basis for the free exchange of goods. In this respect, DIN is the most actively committed of all European partners, bearing the responsibility for 28 % of all technical secretariats. Only 15 % of the standards work undertaken by DIN is now directed at the creation of purely German standards. Members of DIN are thus also lending their support, both ideally and materially, to the continuing removal of technical barriers to trade throughout Europe.

For further information, please contact:
Mrs. Florczak, Tel. +49 30 26 01-23 36
E-Mail: Florczak@AOE.DIN.DE
Mrs. Behnke, Tel. +49 30 26 01-27 89
E-Mail: Behnke@Vertr.DIN.DE

The rate of subscription varies according to the number of persons employed in the company/organization.
Example: 1,000 employees   2.240,87 EUR
                10,000 employees 10.671,43 EUR

Parkett hat einen Namen

GUNREBEN

Parkett-Tradition
-seit 1895-

- **Stabparkett**
- **Mosaikparkett**
- **Mehrzweckparkett**
- **Holzpflaster**
- **Landhausdielen**
  massiv
- **Fertigparkett**
  2- u. 3-Schichtelemente

Fertigparkett
Landhaus

·DOMINIK·

2-Schicht-Fertigparkett

GEORG GUNREBEN
Parkettfabrik und Holzgroßhandlung GmbH

Pointstraße 1-3 · 96129 Strullendorf
Telefon 0 95 43/4 48-0
Telefax 0 95 43/63 22